Rudolf Trostel

Mathematische Grundlagen der Technischen Mechanik I
Vektor- und Tensoralgebra

Beiträge zur Theoretischen Mechanik

Mathematische Grundlagen der Technischen Mechanik I
Vektor- und Tensoralgebra,
von Rudolf Trostel

Mathematische Grundlagen der Technischen Mechanik II,
Vektor- und Tensoranalysis, i.V.,
von Rudolf Trostel

Kontinuumsmechanik, i.V.,
von Rudolf Trostel

Materialgleichungen spezieller Medien, i.V.,
von Rudolf Trostel

Manuskripte oder Buchentwürfe werden gerne im Verlag beraten
und erbeten unter folgender Adresse:

´ Verlag Vieweg, Postfach 58 29, 65048 Wiesbaden

Rudolf Trostel

Mathematische Grundlagen
der Technischen Mechanik I

Vektor- und Tensoralgebra

Mit 63 Bildern

Prof. Dr.-Ing. Rudolf Trostel
Fachbereich 9 – Physikalische Ingenieurwissenschaft
2. Institut für Mechanik
Technische Universität Berlin
Jebenstraße 1
Berlin

ISBN 978-3-528-06537-9   ISBN 978-3-322-93972-2 (eBook)
DOI 10.1007/978-3-322-93972-2

© Springer Fachmedien Wiesbaden 1993

Ursprünglich erschienen bei Friedr. Vieweg & Sohn Verlagsgesellschaft mbH, Braunschweig/Wiesbaden, 1993

Gedruckt auf säurefreiem Papier

Vorwort

Das vorliegende Druckwerk ist eine erweiterte Fassung eines Manuskriptes einer Vorlesungsreihe, die der Verfasser unter der Bezeichnung "Mechanik V" seit Anfang der 60iger Jahre an der T.U. Berlin veranstaltet hat. Es richtet sich an Studierende des Fachbereiches "Physikalische Ingenieurwissenschaften" und ist daher weniger "abstrakt-mathematisch", sondern mehr geometrisch-anschaulich angelegt. Zu einer anschaulichen Einführung gehört nach der Ansicht des Verfassers auch – soweit möglich – das konsequente Vermeiden formaler Überfrachtungen im Hinblick auf "Komponenten-Repräsentationen" in schiefwinkligen Bezugsbasen. Nachdem sich der Leser durch den Haupttext durchgearbeitet hat, steht es ihm aber im ersten Ergänzungsparagraphen frei, sich auch über den Ricci-Kalkül [2] zu informieren. Die Frage der "Darstellungsweise" ist hier also primär unter dem Gesichtspunkt der Bevorzugung einer sog. "geschlossenen" bzw. "symbolischen" Schreibweise im Sinne von Lagally-Gibbs [1] beantwortet worden, weil sie der – auch in der modernen Kontinuumsmechanik [3] überwiegend geübten – Verfahrensweise entgegenkommt, die Notation extensiver physikalischer Größen in einfachen Symbolen zu konzentrieren. Der hiermit zweifellos verbundene Nachteil einer größeren Menge symbolisch zu definierender "Rechenregeln" ist nach Ansicht des Verfassers in Kauf zu nehmen.

Trotz des relativ einfach gehaltenen Zugangs zur Algebra extensiver Größen ist das Studium dieses Bändchens mühevoll insbesondere bei den Ergänzungsparagraphen, die sich hauptsächlich mit den für das moderne Ingenieurwesen wichtigen "Isotropieanalysen" auch für höherstufige extensive Größen befassen. Durch vielzählig eingestreute Beispiele aus der Mechanik wurde thematische Auflockerung angestrebt.

An der Herstellung des Druckwerkes waren meine Mitarbeiter Frau I. Ottmers, Frau G. Schmidt und die Herren Dipl.-Ing. G. Gödert, Dipl.-Ing. U. Görn, cand.-Ing. M. Kühl und Dipl.-Ing. J. Villwock beteiligt, denen ich für ihre erfolgreiche Entzifferung meines nicht immer leicht lesbaren Hand-Manuskriptes sowie dessen mühevolle Umsetzung in unser Textsystem verdanke, dessen Komplettierung durch Herrn Dr.-Ing. S.-P. Scholz eine derart vorzügliche drucktechnische Ausstattung überhaupt erst möglich gemacht hat. Ein wesentlicher Dank gebührt Herrn Görn für die hervorragende redaktionelle Betreuung dieses Manuskriptes und insbesondere meinem langjährigen Mitarbeiter Ass.-Prof. Dr.-Ing. Dipl. math. C. Alexandru, der weite Teile dieses Manuskriptes durch konkretes Nachrechnen überprüft und auch manchen kritischen Verbesserungsvorschlag eingebracht hat.

im Juni 1993

Inhalt

§ 1 Bemerkungen zur Vektoralgebra; Definitionen und Rechenregeln

Man bezeichnet geometrische oder physikalische Größen [1] als vektorwertig, wenn sie durch Angabe eines Betrages und einer Richtung zu charakterisieren sind. Unter der

1.1 Addition von Vektoren

$\mathfrak{a}_i$ (i = 1..n) versteht man die Bildung ihrer Resultierenden

$$\mathfrak{a}_R = \mathfrak{a}_1 + \mathfrak{a}_2 + \ldots + \mathfrak{a}_n = \sum_{i=1}^{n} \mathfrak{a}_i \qquad (1.1)$$

im Sinne des Parallelogrammaxioms von STEVIN (Abb. 1.1). Für die Addition gelten, wie man Abb. 1.1 unmittelbar entnimmt, das kommutative und das assoziative Gesetz

$$\mathfrak{a}_1 + \mathfrak{a}_2 = \mathfrak{a}_2 + \mathfrak{a}_1,$$
$$(\mathfrak{a}_1 + \mathfrak{a}_2) + \mathfrak{a}_3 = \mathfrak{a}_1 + (\mathfrak{a}_2 + \mathfrak{a}_3)$$
$$= \mathfrak{a}_1 + \mathfrak{a}_2 + \mathfrak{a}_3 ,$$

und man folgert aus (1.1), insbesondere für ein geschlossenes Vektoreck (die Spitze von $\mathfrak{a}_n$ fällt mit dem Endpunkt von $\mathfrak{a}_1$ zusammen)

$$\mathfrak{a}_R = \sum_{i=1}^{n} \mathfrak{a}_i = \mathbb{0} , \qquad (1.1a)$$

d.h. die Aussage, daß die gerichtete Umfangslinie eines geschlossenen Polygones verschwindet. Die

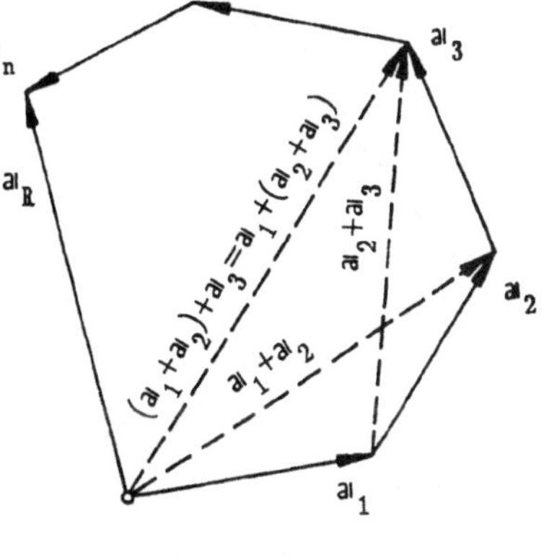

Abb. 1.1

---

[1] Hier und im Folgenden —sofern nicht ausdrücklich Anderes vermerkt— aufgefaßt als Elemente des reellen dreidimensionalen Euklidischen Vektorraums $\mathscr{V}_3$, wo in Form sog. Skalarprodukte zweier Vektoren (vgl. §1.3) (bezugsbasis–) invariante Skalare definiert sind.

1.2 Multiplikation eines Vektors $\mathbf{a}$ mit einem Skalar λ

(d.i. eine gewöhnliche positive oder negative Zahl) ergibt einen zu $\mathbf{a}$ parallelen Vektor $\mathbf{b} = \lambda\mathbf{a} = \mathbf{a}\lambda$, für dessen Betrag (d. i. die positive Maßzahl seiner Länge) $|\mathbf{b}| = |\lambda|\,|\mathbf{a}|$ gilt, und der für $\lambda > 0$ denselben Richtungssinn wie $\mathbf{a}$, für $\lambda < 0$ einen $\mathbf{a}$ entgegengesetzten Richtungssinn[2] hat. Für $\lambda = 1/|\mathbf{a}|$ erhält man als sog. Einheitsvektor in der $\mathbf{a}$-Richtung (Abb. 1.2)

$$\mathbf{e}_{\mathbf{a}} = \mathbf{a}/|\mathbf{a}| \,, \qquad |\mathbf{e}_{\mathbf{a}}| = 1 \,. \tag{1.2}$$

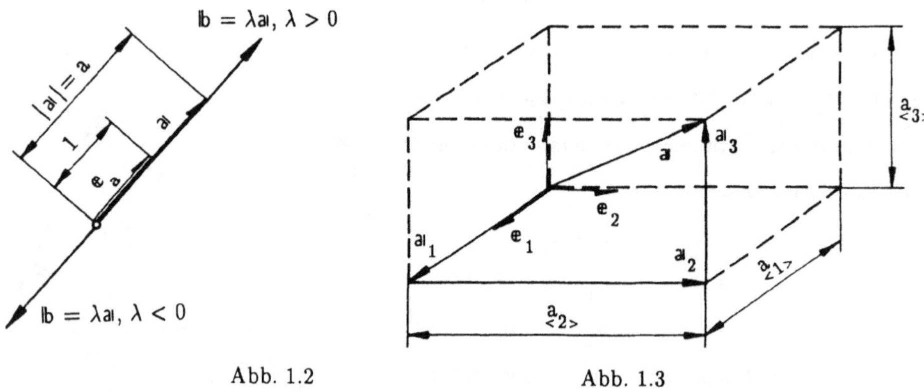

Abb. 1.2   Abb. 1.3

Jeder (im dreidimensionalen Raum definierte) Vektor läßt sich eindeutig aus drei nicht in einer Ebene liegenden Vektoren zusammensetzen, was unmittelbar mit Hilfe der Vorstellung einleuchtet, daß man einen Vektor z.B. als gerichtete Raumdiagonale eines Parallelepipedes auffassen kann, dessen gerichtete Kantenlängen ebenfalls Vektoren sind. Betrachtet man anstelle eines Parallelepipeds einen Quader (Abb. 1.3), so kommt man mit dessen gerichteten Kantenlängen

$$\mathbf{a}_j = a_{<j>}\,\mathbf{e}_j \,, \tag{1.3}$$

---

worin $\mathbf{e}_j$ $(j = 1,..,3)$ die Einheitsvektoren in den Richtungen der Quaderkanten und $a_{\langle j \rangle}$ $(j = 1,..,3)$ die erforderlichen Maßzahlen bedeuten, im Sinne von (1.1) zu der auf eine orthogonale Einheitsvektorbasis $\langle \mathbf{e}_j \rangle$ (eine sog. "Orthonormalbasis") bezüglichen Komponentendarstellung eines Vektors

$$\mathbf{a} = \sum_{j=1}^{3} \mathbf{a}_j = \sum_{j=1}^{3} a_{\langle j \rangle} \mathbf{e}_j \ , \tag{1.3a}$$

die auch in den Versionen

$$\mathbf{a} \ \hat{=} \ \left\{ a_{\langle 1 \rangle} ; a_{\langle 2 \rangle} ; a_{\langle 3 \rangle} \right\}, \langle \mathbf{e}_j \rangle \ , \text{ bzw. } \mathbf{a} \ \hat{=} \ \begin{pmatrix} a_{\langle 1 \rangle} & a_{\langle 2 \rangle} & a_{\langle 3 \rangle} \\ 0 & 0 & 0 \\ 0 & 0 & 0 \end{pmatrix}_{\langle \mathbf{e}_j \rangle} \hat{=} \begin{pmatrix} a_{\langle 1 \rangle} & 0 & 0 \\ a_{\langle 2 \rangle} & 0 & 0 \\ a_{\langle 3 \rangle} & 0 & 0 \end{pmatrix}_{\langle \mathbf{e}_j \rangle} \tag{1.3b,c,d}$$

geschrieben wird, d.h. in der "Klammersymbolik" (1.3b) bzw. in den Versionen als "einzeilige" bzw. "einspaltige" 3×3-Matrizen. Die Maßzahlen $a_{\langle j \rangle}$ nennt man die (skalaren) Komponenten des Vektors $\mathbf{a}$ in Bezug auf das Basissystem $\langle \mathbf{e}_j \rangle$. Ihre absoluten Beträge sind die Kantenlängen desjenigen Quaders, dessen gerichtete Raumdiagonale $\mathbf{a}$ ist.

Mit der Deutung als gerichtete Raumdiagonale eines Quaders sind die formalen Prozeduren an in "Standardform" (1.3b) gegebenen Vektoren im Zusammenhang mit den Operationen $\mathbf{a}+\mathbf{b}$ bzw. $\lambda\mathbf{a}$ geometrisch unmittelbar einleuchtend: Es bedeuten

$$\mathbf{a} + \mathbf{b} \ \hat{=} \ \left\{ a_{\langle 1 \rangle} ; a_{\langle 2 \rangle} ; a_{\langle 3 \rangle} \right\} + \left\{ b_{\langle 1 \rangle} ; b_{\langle 2 \rangle} ; b_{\langle 3 \rangle} \right\} = \left\{ a_{\langle 1 \rangle} + b_{\langle 1 \rangle} ; a_{\langle 2 \rangle} + b_{\langle 2 \rangle} ; a_{\langle 3 \rangle} + b_{\langle 3 \rangle} \right\}, \langle \mathbf{e}_j \rangle, \tag{1.1b}$$

also die vektorielle Addition "komponentenweises Addieren",[3]

$$\lambda\mathbf{a} \ \hat{=} \ \lambda \left\{ a_{\langle 1 \rangle} ; a_{\langle 2 \rangle} ; a_{\langle 3 \rangle} \right\} = \left\{ \lambda a_{\langle 1 \rangle} ; \lambda a_{\langle 2 \rangle} ; \lambda a_{\langle 3 \rangle} \right\}, \langle \mathbf{e}_j \rangle \ , \tag{1.2a}$$

also die Operation $\lambda\mathbf{a}$ Multiplizieren der einzelnen Komponenten.[4] Unter dem

---

[3] Man setze zwei entsprechende kantenparallele Quader an ihren "Raumdiagonalen-Eckpunkten" zusammen.

[4] Man vervielfache die Raumdiagonalen-Länge eines Quaders mit λ

1.3 Skalarprodukt

$a \cdot b$ zweier Vektoren wird mit dem von beiden eingeschlossenen und zwischen 0 und π liegenden Winkel $\alpha_{a,b}$ die skalare Größe

$$a \cdot b = |a|\,|b|\,\cos \alpha_{ab} \tag{1.4}$$

verstanden (Abb. 1.4). Für Skalarprodukte gelten das kommutative Gesetz

$$a \cdot b = b \cdot a \; , \tag{1.5a}$$

das distributive Gesetz[5]

$$a \cdot (b+c) = a \cdot b + a \cdot c \tag{1.5b}$$

sowie in Verbindung mit der Multiplikation mit einem Skalar das assoziative und kommutative Gesetz

$$(\lambda a) \cdot b = a \cdot (\lambda b) = \lambda (a \cdot b) = \lambda a \cdot b \; . \tag{1.5c}$$

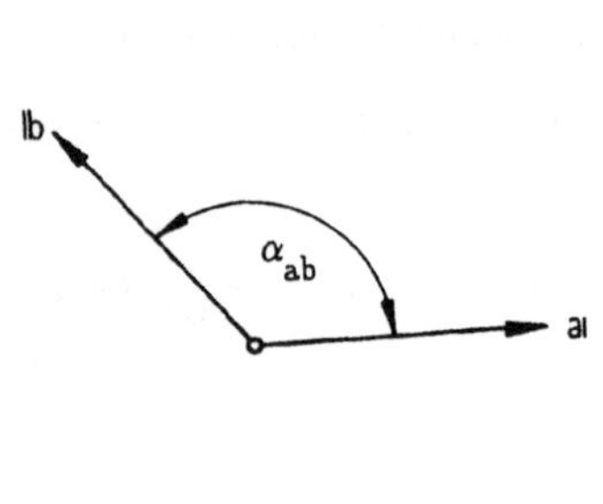

Abb. 1.4

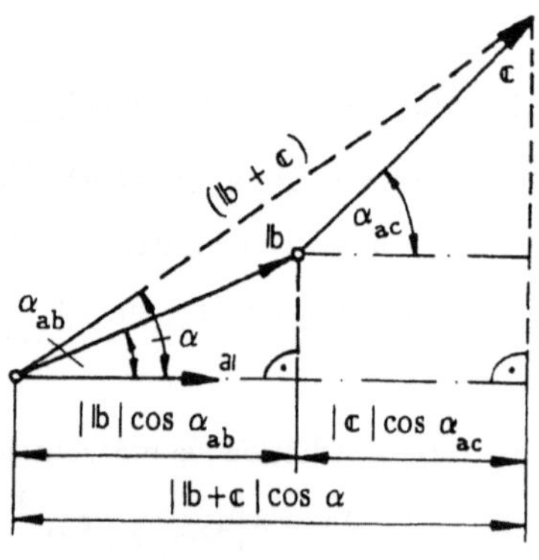

Abb. 1.5

Insbesondere für orthogonale Vektoren a und b ($\alpha_{ab} = \pi/2$, $\cos \alpha_{ab} = 0$) hat man $a \cdot b = 0$,

---

[5] Zum Beweise von (1.5b) betrachte man Abb. 1.5. Hiernach ist

$$|b+c|\cos \alpha = |b|\cos \alpha_{ab} + |c|\cos \alpha_{ac}$$

d.h. in der Tat

$$|a|\,|b+c|\cos \alpha = a \cdot (b+c) = |a|\,|b|\cos \alpha_{ab} + |a|\,|c|\cos \alpha_{ac} = a \cdot b + a \cdot c.$$

S.a. [1]

während für parallele Vektoren gleichen Richtungssinns $(\alpha_{ab} = 0$, $\cos \alpha_{ab} = 1)$ $\mathfrak{a} \cdot \mathfrak{b} = |\mathfrak{a}||\mathfrak{b}|$ und entgegengesetzten Richtungssinns $(\alpha_{ab} = \pi$, $\cos \alpha_{ab} = -1)$ $\mathfrak{a} \cdot \mathfrak{b} = -|\mathfrak{a}||\mathfrak{b}|$ hervorgehen. Das Skalarprodukt eines Vektors mit sich selbst ist demnach

$$\mathfrak{a}^2 \equiv \mathfrak{a} \cdot \mathfrak{a} = |\mathfrak{a}||\mathfrak{a}| = |\mathfrak{a}|^2 = a^2 \quad \text{bzw.} \quad a = |\mathfrak{a}| = \sqrt{\mathfrak{a} \cdot \mathfrak{a}} = \sqrt{\mathfrak{a}^2}, \quad (1.6)$$

und für die Einheitsvektoren einer Orthonormalbasis $\langle \mathfrak{e}_j \rangle$ gilt

$$\mathfrak{e}_j \cdot \mathfrak{e}_k = \delta_{\langle jk \rangle} = \begin{cases} 0 \ \text{für } j \neq k \\ 1 \ \text{für } j = k \end{cases}, \quad (1.7)$$

womit man bei einer auf eine Orthonormalbasis bezüglichen Komponentendarstellung $\left[\mathfrak{a} = \sum\limits_j a_{\langle j \rangle} \mathfrak{e}_j, \ \mathfrak{b} = \sum\limits_k b_{\langle k \rangle} \mathfrak{e}_k\right]$ der zum Produkt kommenden Vektoren für das Skalarprodukt die einfache Beziehung

$$\mathfrak{a} \cdot \mathfrak{b} = \left\{\sum_{j=1}^{3} a_{\langle j \rangle} \mathfrak{e}_j\right\} \cdot \left\{\sum_{k=1}^{3} b_{\langle k \rangle} \mathfrak{e}_k\right\} = \sum_{j,k=1}^{3} a_{\langle j \rangle} b_{\langle k \rangle} \mathfrak{e}_j \cdot \mathfrak{e}_k = \sum_{j=1}^{3} a_{\langle j \rangle} b_{\langle j \rangle} \quad (1.8a)$$

und speziell

$$\mathfrak{a} \cdot \mathfrak{a} = \mathfrak{a}^2 = |\mathfrak{a}|^2 = \sum_{j=1}^{3} a_{\langle j \rangle}^2 \quad (1.8b)$$

auffindet. Die Komponenten $a_{\langle j \rangle}$ werden aus (1.8a) mit $\mathfrak{b} = 1\mathfrak{e}_j = \mathfrak{e}_j$ in der Form

$$\mathfrak{a} \cdot \mathfrak{e}_j = a_{\langle j \rangle} 1 = a_{\langle j \rangle} \quad (1.9a)$$

erhalten, so daß anstelle von (1.3b) als Komponentendarstellung hinsichtlich einer Orthonormalbasis $\langle \mathfrak{e}_j \rangle$ auch

$$\mathfrak{a} = \sum_{j=1}^{3} a_{\langle j \rangle} \mathfrak{e}_j = \sum_{j=1}^{3} (\mathfrak{a} \cdot \mathfrak{e}_j) \mathfrak{e}_j \quad (1.9b)$$

geschrieben werden kann. Eine (1.8) bzw. (1.9b) entsprechende einfache Darstellung läßt sich auch bei Verwendung schiefwinkliger Basissysteme erreichen, wenn man sich bei der Komponentendarstellung der zum Produkt kommenden Vektoren zweier verschiedener Basissysteme bedient, die zueinander reziprok sind (vgl. § E1). Schließlich sei noch angemerkt, daß wegen der sog. Cauchy-Schwarzschen Ungleichung

$$\mathbb{b} \cdot \mathbb{c} \leq |\mathbb{b}||\mathbb{c}| \tag{1.9c}$$

-man beachte $-1 \leq \cos \alpha_{bc} \leq 1$!- desweiteren

$$(\mathbb{b}+\mathbb{c})^2 \equiv |\mathbb{b}+\mathbb{c}|^2 = \mathbb{b}^2 + \mathbb{c}^2 + 2\mathbb{b}\cdot\mathbb{c} \equiv |\mathbb{b}|^2+|\mathbb{c}|^2 + 2\mathbb{b}\cdot\mathbb{c}$$

$$\overset{(1.9c)}{\leq} |\mathbb{b}|^2+|\mathbb{c}|^2 + 2|\mathbb{b}||\mathbb{c}| = (|\mathbb{b}|+|\mathbb{c}|)^2,$$

d.h. die auch aus Abb. 1.5 unmittelbar abzulesende sog. "Dreiecksungleichung"

$$|\mathbb{b}+\mathbb{c}| \leq |\mathbb{b}|+|\mathbb{c}| \tag{1.9d}$$

zu folgern ist. Unter dem

1.4 Vektorprodukt

$\mathbb{f} = \mathbb{a}\times\mathbb{b}$ zweier Vektoren $\mathbb{a}$ und $\mathbb{b}$ versteht man einen Vektor, dessen Betrag gleich dem Flächeninhalt des durch die Vektoren $\mathbb{a}$ und $\mathbb{b}$ aufgespannten Parallelogramms ist (Abb. 1.6),

$$|\mathbb{f}| = |\mathbb{a}\times\mathbb{b}| = f_{ab}$$
$$= |\mathbb{a}||\mathbb{b}| \sin \alpha_{ab} , \tag{1.10}$$

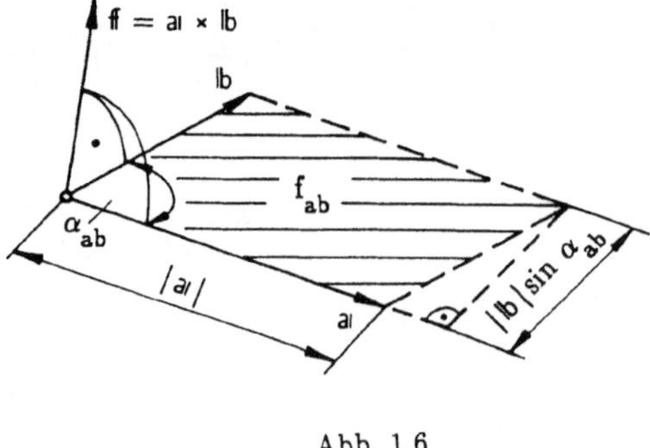

Abb. 1.6

der auf der durch die Vektoren $\mathbb{a}$ und $\mathbb{b}$ definierten Ebene senkrecht steht und dessen Richtungssinn dadurch festgelegt ist, daß die Vektoren $\mathbb{a}$, $\mathbb{b}$ und $\mathbb{f} = \mathbb{a}\times\mathbb{b}$ in der Reihenfolge ihrer Nennung ein sog."Orientiertes Rechtssystem" bilden. Hierunter versteht man den Sachverhalt, daß die kürzeste Drehung, die notwendig wäre, um $\mathbb{a}$ parallel und gleichgerichtet zu $\mathbb{b}$ zu machen, zusammen mit dem Richtungssinn von $\mathbb{f}$ der Bewegung einer Rechtsschraube entsprechen soll. Für Vektorprodukte gelten im Zusammenhang mit der Multiplikation mit einem Skalar λ das assoziative Gesetz

$$\lambda(\mathrm{a}\times\mathrm{b}) = (\lambda\mathrm{a})\times\mathrm{b} = \mathrm{a}\times(\lambda\mathrm{b}) = \mathrm{a}\times\mathrm{b}\lambda \ , \tag{1.10a}$$

wie man aus der "Flächeninhalte-Interpretation" des Vektorprodukt-Betrages sogleich erschließt, das distributive Gesetz[6]

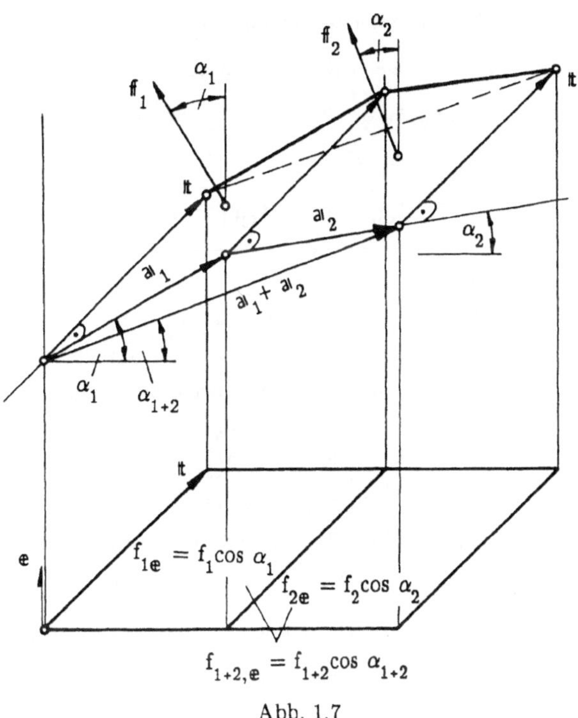

Abb. 1.7

<hr>

[6] dessen Gültigkeit man am einfachsten aus der Forderung erschließt, daß die Summe der auf eine beliebige Richtung e bezogenen Flächenprojektionen $f_{j\mathrm{e}}$ (j=1,2) zweier Rechteckflächen $\mathrm{ff}_j = \mathrm{a}_j \times \mathrm{tt}$ (j=1,2) nach Abb. 1.7 identisch sein muß mit der entsprechenden Projektion $f_{1+2,\mathrm{e}}$ der Fläche $\mathrm{ff}_{1+2} = (\mathrm{a}_1 + \mathrm{a}_2)\times\mathrm{tt}$. Bezeichnen n_j die jeweiligen Einheitsnormalen der Flächenvektoren ff_j, so sind

$$\mathrm{ff}_j = \mathrm{a}_j \times \mathrm{tt} = f_j \mathrm{n}_j, \ j=1,2, \qquad \mathrm{ff}_{1+2} = (\mathrm{a}_1 + \mathrm{a}_2)\times\mathrm{tt} = f_{1+2}\mathrm{n}_{1+2},$$

und

$$f_{j,\mathrm{e}} = f_j \cos \alpha_j \equiv f_j \mathrm{n}_j \cdot \mathrm{e} = \mathrm{ff}_j \cdot \mathrm{e} \ , \ j = 1,2,$$

$$f_{1+2,\mathrm{e}} = f_{1+2} \cos \alpha_{1+2} \equiv f_{1+2}\mathrm{n}_{1+2} \cdot \mathrm{e} = \mathrm{ff}_{1+2} \cdot \mathrm{e} \ ,$$

womit $\mathrm{ff}_{1+2} \cdot \mathrm{e} = \mathrm{ff}_1 \cdot \mathrm{e} + \mathrm{ff}_2 \cdot \mathrm{e}$, d.h. $[(\mathrm{a}_1 + \mathrm{a}_2)\times\mathrm{tt} - \mathrm{a}_1\times\mathrm{tt} - \mathrm{a}_2\times\mathrm{tt}] \cdot \mathrm{e} = 0$ für beliebige Richtungen e zu gelten hat, was nur für $(\mathrm{a}_1 + \mathrm{a}_2)\times\mathrm{tt} = \mathrm{a}_1\times\mathrm{tt} + \mathrm{a}_2\times\mathrm{tt}$, d.h. bei Gültigkeit des distributiven Gesetzes erfüllt werden kann.

$$(\mathbf{a}+\mathbf{b})\times\mathbf{c} = \mathbf{a}\times\mathbf{c} + \mathbf{b}\times\mathbf{c} \tag{1.10b}$$

sowie das (durch die "Rechtsschrauben-Konvention" bedingte) alternative Gesetz

$$\mathbf{a}\times\mathbf{b} = -\,\mathbf{b}\times\mathbf{a} \;, \tag{1.10c}$$

womit für Vektorprodukte Komponentendarstellungen erzeugt werden können. Bei Bezugnahme auf ein Rechtssystem orthogonaler Einheitsvektoren $\langle \mathbf{e}_j\rangle$ (Orthonormalbasis) mit

$$\mathbf{e}_1\times\mathbf{e}_2 = -\,\mathbf{e}_2\times\mathbf{e}_1 = \mathbf{e}_3 \qquad \mathbf{e}_2\times\mathbf{e}_3 = -\,\mathbf{e}_3\times\mathbf{e}_2 = \mathbf{e}_1 \qquad \mathbf{e}_3\times\mathbf{e}_1 = -\,\mathbf{e}_1\times\mathbf{e}_3 = \mathbf{e}_2 \tag{1.11a}$$

sowie wegen
$$\mathbf{e}_j\times\mathbf{e}_j =^{7)} 0 \;, \qquad j = 1,..3 \tag{1.11b}$$

d.h allgemein mit
$$\mathbf{e}_j\times\mathbf{e}_k =^{8)} \epsilon_{\langle jkl\rangle}\mathbf{e}_l, \qquad \epsilon_{\langle jkl\rangle} = [\mathbf{e}_j\mathbf{e}_k\mathbf{e}_l] \tag{1.11c,d}$$

findet man

$$\mathbf{a}\times\mathbf{b} = \left[\sum_{j=1}^{3} a_{\langle j\rangle}\mathbf{e}_j\right] \times \left[\sum_{k=1}^{3} b_{\langle k\rangle}\mathbf{e}_k\right] = \sum_{j,k=1}^{3} a_{\langle j\rangle} b_{\langle k\rangle}\, \mathbf{e}_j\times\mathbf{e}_k = \sum_{j,k,l=1}^{3} a_{\langle j\rangle} b_{\langle k\rangle} \epsilon_{\langle jkl\rangle}\mathbf{e}_l, \tag{1.12a}$$

was man äquivalent durch eine Darstellung in Form einer Determinante

$$\mathbf{a}\times\mathbf{b} \overset{\wedge}{=} \begin{vmatrix} \mathbf{e}_1 & \mathbf{e}_2 & \mathbf{e}_3 \\ a_{\langle 1\rangle} & a_{\langle 2\rangle} & a_{\langle 3\rangle} \\ b_{\langle 1\rangle} & b_{\langle 2\rangle} & b_{\langle 3\rangle} \end{vmatrix} \tag{1.12b}$$

ausdrückt, deren "Entwicklungsregel" (1.12a) repräsentiert. Auch hier kann bei Bezugnahme auf schiefwinklige Basissysteme eine (1.12) formal gleichende Darstellung bei Verwendung sog. reziproker Basissysteme erreicht werden (vgl. §E1). Mit Hilfe der Vektorprodukt-Operation kann der Flächeninhalt einer ebenen Fläche f (Abb. 1.8) durch ein Linienintegral längs der Flächenberandung l(f) dargestellt werden:

Ausgangspunkt für ein solches "Planimeter–Verfahren" ist die Erkenntnis, den Flächeninhalt eines Flächenelementes nach Abb. 1.8 als

---

7) Man beachte, daß das Vektorprodukt kolinearer Vektoren $\mathbf{a}_1$ und $\mathbf{a}_2 = \lambda\mathbf{a}_1$ stets verschwindet, da sie keine Parallelogrammfläche aufspannen.

8) worin für die Größen $\epsilon_{\langle jkl\rangle}$ zu setzen sind

$\epsilon_{\langle jkl\rangle} = 1$, wenn j,k,l = 1,2,3 oder eine zyklische Permutation von 1,2,3 ist,

$\epsilon_{\langle jkl\rangle} = -1$, wenn j,k,l eine nichtzyklische Permutation von 1,2,3 ist und schließlich

$\epsilon_{\langle jkl\rangle} = 0$, wenn jeweils zwei oder alle drei Indizes gleich sind. Betr. die sog. "Spatprodukt"–Darstellung (1.11d) vgl. §1.5

$$df = \frac{1}{2}\,|\,\varkappa(s)\,|\,|\,d\mathbf{r}\,|\sin\alpha = \frac{1}{2}\,|\,\varkappa\times d\mathbf{r}\,| \tag{1.13a}$$

notieren zu können, worin $\varkappa(s)$ ein von einem Flächenpunkt F aus zählender Ortsvektor zur Flächenberandung l(f), $d\mathbf{r}$ ein Linienelement derselben und α den jeweils zwischen $\varkappa(s)$ und $d\mathbf{r}$ eingeschlossenen Winkel bedeuten.

Da nach der Vektorprodukt–Definition $\varkappa\times d\mathbf{r}$ einen Vektor in Richtung der Flächennormalen $\mathbf{n}$ der Gesamtfläche $\mathbf{f}$ darstellt, ist gleichermaßen

$$df = \frac{1}{2}\,|\,\varkappa(s)\times d\mathbf{r}\,|$$
$$= \mathbf{n}\cdot\frac{1}{2}\,(\varkappa(s)\times d\mathbf{r}) = \mathbf{n}\cdot d\mathbf{f}, \tag{1.13b}$$

also der Inhalt des Flächenelementes identisch mit der in Richtung der Flächennormalen $(\mathbf{n})$ genommenen Komponente des df per

$$d\mathbf{f} = \frac{1}{2}\,\varkappa(s)\times d\mathbf{r} \tag{1.13c}$$

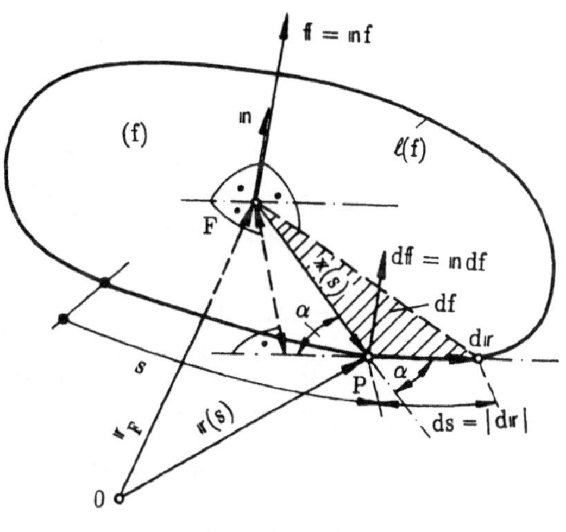

Abb. 1.8

zuzuweisenden Flächenelementenvektors (sog. "gerichtetes Flächenelement"), sofern $\mathbf{n}$ derart festgelegt wird, daß die Vektoren $\varkappa(s)$, $d\mathbf{r}$ und $\mathbf{n}$ ein rechtsorientiertes System bilden.[9] Aus

$$\mathbf{f} = \int\limits_{(f)} d\mathbf{f} = \int\limits_{(f)} \mathbf{n}\cdot d\mathbf{f} \equiv^{[10]} \mathbf{n}\cdot\int\limits_{(f)} d\mathbf{f} = \mathbf{n}\cdot\mathbf{f} \tag{1.13d}$$

folgert man dann mit dem Gesamtflächen–Vektor[11]

$$\mathbf{f} = \int\limits_{(f)} d\mathbf{f} = \frac{1}{2}\oint \varkappa(s)\times d\mathbf{r} \tag{1.13e}$$

schließlich in der Tat die Formulierung des Planimeterproblems. Mit $\varkappa(s) = \mathbf{r}(s) - \mathbf{r}_F$ gilt wegen

---

[9] Bildeten $\varkappa(s)$, $d\mathbf{r}$, $\mathbf{n}$ ein "Linkssystem", ergäbe sich $\mathbf{n}\cdot d\mathbf{f} = -\,df$.

[10] Man beachte, daß die Normalen aller Flächenelementenvektoren mit der Normalen $\mathbf{n}$ der Gesamtfläche identisch sind.

[11] dessen Richtung $(\mathbf{n})$, zusammen mit der "Umlaufrichtung" der Randlinienintegration ein rechtsorientiertes System bildet.

$\oint d\mathbf{r} = 0$ nach (1.1a) anstelle von (1.13e) auch allgemeiner

$$\mathbf{f} = \frac{1}{2} \oint_{1(f)} (\mathbf{r}(s)-\mathbf{r}_F)\times d\mathbf{r} = \frac{1}{2} \int_{1(f)} \mathbf{r}(s)\times d\mathbf{r} \tag{1.13f}$$

und mit $\mathbf{f} \rightarrow d\mathbf{f}$, $1(f) \rightarrow dl(df)$ als Darstellung für ein gerichtetes Flächenelement in Form eines Linienintegrales längs dessen infinitesimaler Umfangslinie $dl(df)$ (Abb. 1.9)

$$d\mathbf{f} \equiv \mathbf{n}df = \frac{1}{2} \oint_{dl(df)} \mathbf{r}(s')\times d\mathbf{r}' \tag{1.13g,h}$$

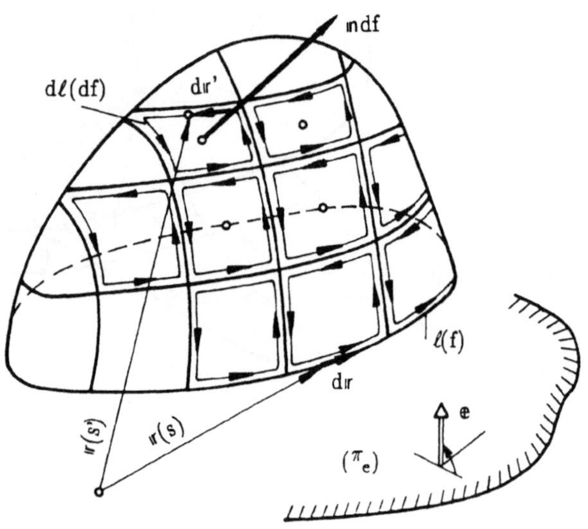

Abb. 1.9

Integriert man mittels letzterer Darstellung als "gerichteten Oberflächenvektor" $\mathbf{f}$ einer gekrümmten Haubenfläche die Beziehung

$$\mathbf{f} = \int_{(f)} d\mathbf{f} = \int_{(f)} \left\{ \frac{1}{2} \oint_{dl(df)} \mathbf{r}(s')\times d\mathbf{r}' \right\} \equiv^{12)} \frac{1}{2} \oint_{1(f)} \mathbf{r}(s)\times d\mathbf{r} \ , \tag{1.14a}$$

so repräsentiert $|\mathbf{f}|$ hier zwar selbstverständlich nicht mehr den Flächeninhalt , jedoch ist $\mathbf{f}$ nach (1.14a)

---

[12] Man beachte für die letztere Umformung, daß sich bei der Summation aller elementaren Linienintegrale die Anteile der (jeweils zweimal, jedoch mit entgegengesetztem "Umfahrungssinn" durchlaufenen) inneren Umläufe gegenseitig aufheben, sofern man verfügt, daß sämtliche (lokalen)Oberflächennormalen auf einer Seite der Fläche liegen sollen.

noch für die Berechnung von Flächenprojektionen brauchbar. Für die in eine Π_e–Ebene projizierte Fläche f_e der Haube nach Abb. 1.9 ergibt sich[13]

$$f_e = e \cdot f = e \cdot \frac{1}{2} \oint_{l(f)} r(s) \times dr \qquad (1.14b)$$

und daraus für eine geschlossene Fläche mit $l \longrightarrow 0$

$$f_e = 0 , \qquad (1.14c)$$

weil in diesem Falle jeweils mindestens zwei Flächenelemente df, $d\bar{f}$ auf die Ebene Π_e "denselben Schatten $|df_e| = |d\bar{f}_e|$ werfen", wobei die Vorzeichen ihrer anteiligen Schattenflächenelemente df_e, $d\bar{f}_e$ verschieden sind. Wegen der Beliebigkeit der Projektions-richtungen e folgt daraus gleichwertig

$$f = \oint\!\!\!\oint df = 0, \qquad (1.14d)$$

wonach die "gerichtete Fläche"[14] jeder geschlossenen Oberfläche verschwindet. Durch Randlinien–Integraloperationen lassen sich übrigens auch die in Stabtheorien aufscheinenden Flächenmomente ebener (Stabquerschnitts–) Flächen ausdrücken, so z.B. der Vektor des sog. statischen Momentes

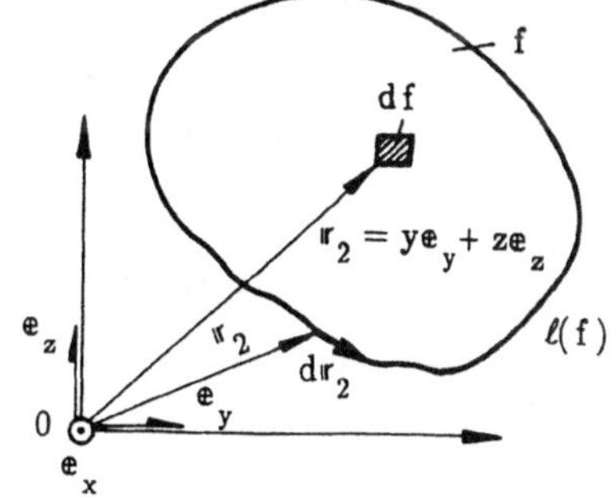

Abb. 1.10

$$s_F = \int_{(f)} (e_x \times r_2) dF \qquad (1.15a)$$

hinsichtlich eines durch $r_2 = 0$ beschriebenen Bezugspunktes O (Abb.1.10) als

---

[13] Mit den entsprechenden Projektionen

$$r_e = r(s) - (e \cdot r(s))e , \quad dr_e = r - (e \cdot dr)e$$

berechnet man sich zunächst aus

$$f_e = \frac{1}{2} \oint r_e \times dr_e = \frac{1}{2} \oint [r - (e \cdot r)e] \times [dr - (e \cdot dr)e] \overset{(1.10b)}{=}$$

$$= \frac{1}{2} \oint [r \times dr - (e \cdot r)e \times dr - (e \cdot dr)r \times e] \equiv f_e e$$

– man beachte $e \times e = 0$ – den Projektionsflächen–Vektor f_e und daraus schließlich in der Tat

$$f_e = e \cdot f_e = e \cdot \frac{1}{2} \oint r \times dr$$

indem man noch $e \cdot (e \times dr) = 0$, $e \cdot (r \times e) = 0$ beachtet, weil die Vektoren $e \times dr$ bzw. $r \times e$ auf e senkrecht stehen. Der mit (1.14b) berechnete Flächeninhalt ist "vorzeichenbehaftet".

[14] wo sämtliche Flächennormalen "auf einer Seite" liegen, also entweder alle "nach außen" oder alle ins Innere weisen.

$$\mathbf{s}_F = \frac{1}{2} \oint_{1(F)} \mathbf{r}_2^2 \, d\mathbf{r}_2 \tag{1.15a}$$

und der sog. Flächenträgheitsmomententensor[15]

$$\mathbb{J} = - \mathbf{e}_x \times \int_{(F)} \mathbf{r}_2 \circ \mathbf{r}_2 \, dF \times \mathbf{e}_x \tag{1.16a}$$

als
$$\mathbb{J} = \oint_{1(f)} \frac{\mathbf{r}_2^2}{2} \left(d\mathbf{r}_2 \circ (\mathbf{e}_x \times \mathbf{r}_2) - \frac{1}{4} (d\mathbf{r}_2 \cdot (\mathbf{e}_x \times \mathbf{r}_2)) \, \mathbb{E}_2 \right). \tag{1.16b}$$

Solcherart Linienintegraldarstellungen von Flächenmomenten werden in der Theorie sog."antiebener Probleme"[16] [27] benötigt und am einfachsten mittels entsprechender Stokes'scher Integralsätze verifiziert. Als

1.5 Spatprodukt [abc] dreier Vektoren

wird ein Skalar bezeichnet, den man nach Skalarproduktbildung eines Vektors $(\mathbf{a})$ mit einem Vektorprodukt $(\mathbf{b} \times \mathbf{c})$ erhält:

$$[\mathbf{a}\,\mathbf{b}\,\mathbf{c}] = \mathbf{a} \cdot (\mathbf{b} \times \mathbf{c}). \tag{1.17a}$$

Aus seiner geometrischen Deutung (sein Betrag kann als Volumen eines Parallelepipedes (Spats)) gedeutet werden, dessen Kantenlängen die Beträge der Vektoren $\mathbf{a}$, $\mathbf{b}$ und $\mathbf{c}$ darstellen[17]) ergibt sich unmittelbar, daß sämtliche Spatprodukt- Varianten, die man aus drei Vektoren bilden kann, denselben Betrag aufweisen. Die einzelnen Produkte selbst können

---

[15] dies sei hier unter Vorgriff vermerkt (vgl 3.21b). Das Symbol "o" bedeutet hierin die dyadische bzw. tensorielle Produktbildung, $\mathbb{E}_2$ den planaren Einheitsoperator (vgl. §2.1).

[16] wo auf der Basis von "Wölbkraftfreiheit" Querkraft– bzw. Torsions–Schubspannungsverteilungen in Stabquerschnitten berechnet werden.

[17] Man erkennt dies in Abb. 1.11: Mit dem Abstande $h = |\mathbf{a}| \cos \varphi$ der Deckfläche von der Grundfläche $f_{bc} = |\mathbf{b} \times \mathbf{c}|$ ist $\qquad V = h f_{bc} = |\mathbf{a}| \, |\mathbf{b} \times \mathbf{c}| \cos \varphi = \mathbf{a} \cdot (\mathbf{b} \times \mathbf{c})$
in der Tat das Volumen eines Parallelepipeds, dessen Kanten durch die drei Vektoren $\mathbf{a}, \mathbf{b}$ und $\mathbf{c}$ gebildet werden.

jedoch vorzeichenmäßig verschieden sein[18], was Folge der für Vektorprodukte definierten Rechtsschraubenregel ist. Dieser Sachverhalt wird in dem sog. <u>Vertauschungssatz</u> zusammengefaßt:

Der Wert eines Spatproduktes ändert sich nicht, wenn man die Faktoren zyklisch oder aber die vektorielle und die skalare Multiplikation vertauscht,

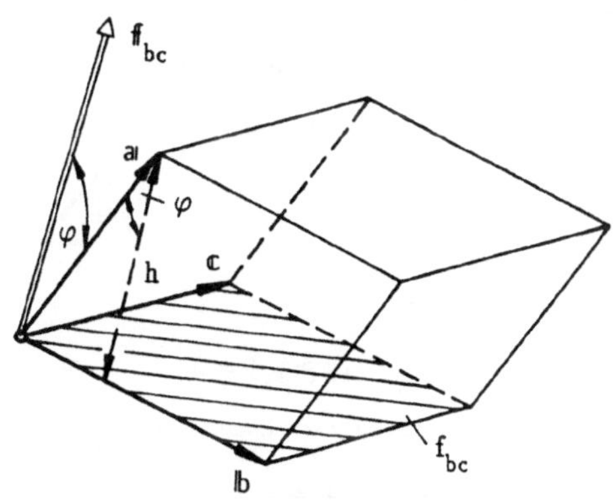

Abb. 1.11

$$[\mathbf{a}\,\mathbf{b}\,\mathbf{c}] = \mathbf{a}\cdot(\mathbf{b}\times\mathbf{c}) = (\mathbf{a}\times\mathbf{b})\cdot\mathbf{c} = [\mathbf{b}\,\mathbf{c}\,\mathbf{a}] = [\mathbf{c}\,\mathbf{a}\,\mathbf{b}]. \tag{1.17b}$$

Bei nichtzyklischer Vertauschung tritt Vorzeichenwechsel ein, z.B.

$$[\mathbf{a}\,\mathbf{b}\,\mathbf{c}] = -[\mathbf{a}\,\mathbf{c}\,\mathbf{b}]. \tag{1.17c}$$

Bei Komponentendarstellung der zum Produkt kommenden Vektoren in der Form

$$\mathbf{a} = \sum_{j} a_{\langle j\rangle}\mathbf{e}_{j}, \quad \mathbf{b} = \sum_{k} b_{\langle k\rangle}\mathbf{e}_{k}, \quad \mathbf{c} = \sum_{l} c_{\langle l\rangle}\mathbf{e}_{l}$$

entsteht mit
$$[\mathbf{e}_{j}\,\mathbf{e}_{k}\,\mathbf{e}_{l}] = \epsilon_{\langle jkl\rangle} \tag{1.18a}$$

die einfache Beziehung

$$[\mathbf{a}\,\mathbf{b}\,\mathbf{c}] = \sum_{j,k,\,l=1}^{3} a_{\langle j\rangle} b_{\langle k\rangle} c_{\langle l\rangle} [\mathbf{e}_{j}\,\mathbf{e}_{k}\,\mathbf{e}_{l}] = \sum_{j,k,\,l=1}^{3} a_{\langle j\rangle} b_{\langle k\rangle} c_{\langle l\rangle}\, \epsilon_{\langle jkl\rangle}, \tag{1.18b}$$

die man äquivalent auch in der Form

$$[\mathbf{a}\,\mathbf{b}\,\mathbf{c}] = \begin{vmatrix} a_{\langle 1\rangle} & a_{\langle 2\rangle} & a_{\langle 3\rangle} \\ b_{\langle 1\rangle} & b_{\langle 2\rangle} & b_{\langle 3\rangle} \\ c_{\langle 1\rangle} & c_{\langle 2\rangle} & c_{\langle 3\rangle} \end{vmatrix}, \tag{1.18c}$$

d.h. als Determinante notiert. Spatprodukte verschwinden, wenn die zum Produkt kommen-

---

[18] je nach dem, ob die Vektoren $\mathbf{a}, \mathbf{b}, \mathbf{c}$ (in der Reihenfolge ihrer Nennung) rechtsorientiert sind oder nicht.

den Vektoren kolinear[19] ($\mathbb{b} = \lambda_b \mathbb{a}$, $\mathbb{c} = \lambda_c \mathbb{a}$) bzw. komplanar[18] ($\mathbb{c} = \lambda_{ac}\mathbb{a} + \lambda_{bc}\mathbb{b}$) sind.

Unter Benutzung von Spatprodukten ist der Nachweis des Satzes, daß sich jeder Vektor ($\mathbb{y}$) eindeutig in drei weder kolineare noch komplanare Vektoren $\mathfrak{g}_j$ (j = 1,..3) zerlegen läßt, besonders elegant. Aus

$$y = \sum_{j=1}^{3} y^j \mathfrak{g}_j \tag{1.19a}$$

bekommt man wegen

$$\mathfrak{g}_i \cdot (\mathfrak{g}_j \times \mathfrak{g}_k) = 0 \qquad \text{für i = j oder i = k oder j = k ,} \tag{1.19b}$$

indem man (1.19a) skalar nacheinander mit $\mathfrak{g}_2 \times \mathfrak{g}_3$, $\mathfrak{g}_3 \times \mathfrak{g}_1$ bzw. $\mathfrak{g}_1 \times \mathfrak{g}_2$ multipliziert, die "skalaren Komponenten" y^j (j = 1,..3) als

$$y^1 = \frac{[\mathbb{y}\, \mathfrak{g}_2 \mathfrak{g}_3]}{[\mathfrak{g}_1 \mathfrak{g}_2 \mathfrak{g}_3]} \qquad y^2 = \frac{[\mathfrak{g}_1 \mathbb{y}\, \mathfrak{g}_3]}{[\mathfrak{g}_1 \mathfrak{g}_2 \mathfrak{g}_3]} \qquad y^3 = \frac{[\mathfrak{g}_1 \mathfrak{g}_2\, \mathbb{y}]}{[\mathfrak{g}_1 \mathfrak{g}_2 \mathfrak{g}_3]} \qquad \text{(Cramersche Regel),} \tag{1.19c}$$

die hiernach für

$$[\mathfrak{g}_1 \mathfrak{g}_2 \mathfrak{g}_3] \neq 0 \tag{1.19d}$$

in der Tat eindeutig ermittelt werden können. Für

1.6   Zweifache Vektorprodukte

gilt die als "Entwicklungssatz" bezeichnete Beziehung

$$\mathbb{a} \times (\mathbb{b} \times \mathbb{c}) = \mathbb{b}(\mathbb{a} \cdot \mathbb{c}) - \mathbb{c}(\mathbb{a} \cdot \mathbb{b}) \tag{1.20a}$$

und hiermit desweiteren

$$\mathbb{a} \times (\mathbb{b} \times \mathbb{c}) + \mathbb{b} \times (\mathbb{c} \times \mathbb{a}) + \mathbb{c} \times (\mathbb{a} \times \mathbb{b}) = 0 , \tag{1.20b}$$

was man zweckmäßig in zwei Schritten nachweist.

Zunächst sucht man die Struktur $(\mathbb{u} \times \mathbb{w}) \times \mathbb{u}$ in Komponenten der Vektoren $(\mathbb{u}, \mathbb{w})$ auszudrücken, was möglich sein muß, da $(\mathbb{u} \times \mathbb{w}) \times \mathbb{u}$, wie Abb.1.12 zeigt, in der durch die Vektoren $\mathbb{u}$ und $\mathbb{w}$

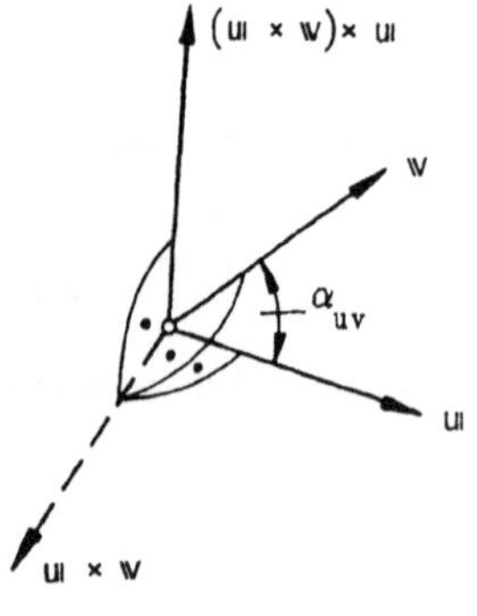

Abb. 1.12

gebildeten Ebene liegen muß. Aus

$$(\mathbf{u}\times\mathbf{v})\times\mathbf{u} \equiv \lambda_u \mathbf{u} + \lambda_v \mathbf{w}$$

bekommt man nach Skalarmultiplikation mit $\mathbf{u}$ bzw. $\mathbf{w}$ für die Skalare λ_u, λ_v die beiden Gleichungen

$$\lambda_u \mathbf{u}^2 + \lambda_v \mathbf{u}\cdot\mathbf{w} = 0 \,,$$

$$\lambda_u \mathbf{u}\cdot\mathbf{w} + \lambda_v \mathbf{w}^2 = ((\mathbf{u}\times\mathbf{w})\times\mathbf{u})\cdot\mathbf{w} = (\mathbf{u}\times\mathbf{w})\cdot(\mathbf{u}\times\mathbf{w}) \equiv (\mathbf{u}\times\mathbf{w})^2 \equiv |\mathbf{u}\times\mathbf{w}|^2 =$$

$$= |\mathbf{u}|^2|\mathbf{w}|^2 \sin^2\alpha_{uv} = \mathbf{u}^2\mathbf{w}^2 \sin^2\alpha_{uv} = \mathbf{u}^2\mathbf{w}^2 (1 - \cos^2\alpha_{uv}) =$$

$$= \mathbf{u}^2\mathbf{w}^2\left[1 - \frac{(\mathbf{u}\cdot\mathbf{w})^2}{\mathbf{u}^2\mathbf{w}^2}\right] = \mathbf{u}^2\mathbf{w}^2 - (\mathbf{u}\cdot\mathbf{w})^2$$

mit den Lösungen $\lambda_u = -\mathbf{u}\cdot\mathbf{w}$, $\lambda_v = \mathbf{u}^2$ und damit vorerst die Zerlegungsformel

$$(\mathbf{u}\times\mathbf{w})\times\mathbf{u} \equiv -\mathbf{u}\times(\mathbf{u}\times\mathbf{w}) \equiv \mathbf{u}\times(\mathbf{w}\times\mathbf{u}) = (\mathbf{u}^2)\mathbf{w} - (\mathbf{w}\cdot\mathbf{u})\mathbf{u} \,. \tag{1.21}$$

Im zweiten Schritt benutzt man die (im allgemeinen weder kolinearen noch komplanaren Fall) nach (1.19)

durchführbare Zerlegungsmöglichkeit

$$\mathbf{a}\times(\mathbf{b}\times\mathbf{c}) = \lambda_a \mathbf{a} + \lambda_b \mathbf{b} + \lambda_c \mathbf{c}$$

und erhält

$$\lambda_a = \frac{(\mathbf{a}\times(\mathbf{b}\times\mathbf{c}))\cdot(\mathbf{b}\times\mathbf{c})}{[\mathbf{a}\mathbf{b}\mathbf{c}]} \equiv \mathbf{a}\cdot\frac{(\mathbf{b}\times\mathbf{c}))\times(\mathbf{b}\times\mathbf{c})}{[\mathbf{a}\mathbf{b}\mathbf{c}]} = 0,$$

$$[\mathbf{a}\mathbf{b}\mathbf{c}]\lambda_b = (\mathbf{a}\times(\mathbf{b}\times\mathbf{c}))\cdot(\mathbf{c}\times\mathbf{a}) \equiv ((\mathbf{c}\times\mathbf{a})\times\mathbf{a})\cdot(\mathbf{b}\times\mathbf{c}) \equiv -((\mathbf{a}\times\mathbf{c})\times\mathbf{a})\cdot(\mathbf{b}\times\mathbf{c}) =$$

$$\overset{(1.21)}{=} -\left[(\mathbf{a}^2)\mathbf{c} - (\mathbf{a}\cdot\mathbf{c})\mathbf{a}\right]\cdot(\mathbf{b}\times\mathbf{c}) = (\mathbf{a}\cdot\mathbf{c})[\mathbf{a}\mathbf{b}\mathbf{c}], \qquad \text{d.h.} \qquad \lambda_b = \mathbf{a}\cdot\mathbf{c},$$

und entsprechend schließlich

$$[\mathbf{a}\mathbf{b}\mathbf{c}]\lambda_c = (\mathbf{a}\times(\mathbf{b}\times\mathbf{c}))\cdot(\mathbf{a}\times\mathbf{b}) \equiv ((\mathbf{a}\times\mathbf{b})\times\mathbf{a})\cdot(\mathbf{b}\times\mathbf{c}) \overset{(1.21)}{=} ((\mathbf{a}^2)\mathbf{b} - (\mathbf{a}\cdot\mathbf{b})\mathbf{a})\cdot(\mathbf{b}\times\mathbf{c}) =$$

$$= -(\mathbf{a}\cdot\mathbf{b})[\mathbf{a}\mathbf{b}\mathbf{c}] \quad \text{d.h.} \quad \lambda_c = -(\mathbf{a}\cdot\mathbf{b}),$$

womit (1.20) verifiziert ist.

1.7 Reziproke Basissysteme

benutzt man mit Vorteil für die Berechnung der skalaren Komponenten eines Vektors ($\mathbf{y}$),

wenn dessen Darstellung auf eine allgemeine (d.h. weder normierte noch orthogonale)

"Vektorbasis" $\langle \mathfrak{g}_1, \mathfrak{g}_2, \mathfrak{g}_3 \rangle$ Bezug nimmt.[20] Bezeichnen

$$\mathfrak{g}^1 = \frac{\mathfrak{g}_2 \times \mathfrak{g}_3}{[\mathfrak{g}_1 \mathfrak{g}_2 \mathfrak{g}_3]}, \qquad \mathfrak{g}^2 = \frac{\mathfrak{g}_3 \times \mathfrak{g}_1}{[\mathfrak{g}_1 \mathfrak{g}_2 \mathfrak{g}_3]}, \qquad \mathfrak{g}^3 = \frac{\mathfrak{g}_1 \times \mathfrak{g}_2}{[\mathfrak{g}_1 \mathfrak{g}_2 \mathfrak{g}_3]}, \qquad (1.22\text{a–c})$$

d.h. $\qquad \mathfrak{g}^i = \epsilon_{\langle ijk \rangle} \dfrac{\mathfrak{g}_j \times \mathfrak{g}_k}{[\mathfrak{g}_1 \mathfrak{g}_2 \mathfrak{g}_3]} \qquad$ mit $\quad \epsilon_{\langle ijk \rangle} = \dfrac{[\mathfrak{g}_i \mathfrak{g}_j \mathfrak{g}_k]}{[\mathfrak{g}_1 \mathfrak{g}_2 \mathfrak{g}_3]} \qquad (1.22\text{d,e})$

die zu einer Basis $\langle \mathfrak{g}_i \rangle$ sog. "reziproke Basis" $\langle \mathfrak{g}^i \rangle$ mit der Eigenschaft[21]

$$\mathfrak{g}_j \cdot \mathfrak{g}^k = \delta_{j\cdot}^{\cdot k} = \begin{cases} 0 \text{ für } j \neq k \\ 1 \text{ für } j = k \end{cases}, \qquad (1.22\text{f})$$

so gilt nach (1.19) in Verallgemeinerung von (1.3b)

$$y = \sum_{j=1}^{3} y^j \mathfrak{g}_j = \sum_{j=1}^{3} (y \cdot \mathfrak{g}^j) \mathfrak{g}_j \;\widehat{=}\; \left\{ y^1; y^2; y^3 \right\}_{\langle \mathfrak{g}_j \rangle}, \qquad (1.22\text{g})$$

desweiteren aber auch

$$y = \sum_{j=1}^{3} y_j \mathfrak{g}^j = \sum_{j=1}^{3} (y \cdot \mathfrak{g}_j) \mathfrak{g}^j \;\widehat{=}\; \left\{ y_1; y_2; y_3 \right\}_{\langle \mathfrak{g}^j \rangle}, \qquad (1.23\text{a})$$

wobei man übrigens mittels (1.17b),(1.20a) die zu (1.22a–c) "dualen" Beziehungen

$$\mathfrak{g}_1 = \frac{\mathfrak{g}^2 \times \mathfrak{g}^3}{[\mathfrak{g}^1 \mathfrak{g}^2 \mathfrak{g}^3]} \qquad \mathfrak{g}_2 = \frac{\mathfrak{g}^3 \times \mathfrak{g}^1}{[\mathfrak{g}^1 \mathfrak{g}^2 \mathfrak{g}^3]} \qquad \mathfrak{g}_3 = \frac{\mathfrak{g}^1 \times \mathfrak{g}^2}{[\mathfrak{g}^1 \mathfrak{g}^2 \mathfrak{g}^3]} \qquad (1.23\text{b–d})$$

d.h. $\qquad \mathfrak{g}_i = \epsilon_{\langle ijk \rangle} \dfrac{\mathfrak{g}^j \times \mathfrak{g}^k}{[\mathfrak{g}^1 \mathfrak{g}^2 \mathfrak{g}^3]} \qquad$ mit $\quad \epsilon_{\langle ijk \rangle} = \dfrac{[\mathfrak{g}^i \mathfrak{g}^j \mathfrak{g}^k]}{[\mathfrak{g}^1 \mathfrak{g}^2 \mathfrak{g}^3]} \qquad (1.23\text{e,f})$

und $\qquad\qquad\qquad [\mathfrak{g}^1 \mathfrak{g}^2 \mathfrak{g}^3] = 1/[\mathfrak{g}_1 \mathfrak{g}_2 \mathfrak{g}_3] \qquad\qquad\qquad (1.23\text{g})$

verifiziert. Im Gegensatz zu Einheitsvektorbasen repräsentieren die Skalare y_j, y^j nicht mehr die sog. "physikalischen Komponenten" eines Vektors, weil die Basen $\langle \mathfrak{g}^j \rangle$, $\langle \mathfrak{g}_j \rangle$ nicht auf Einheitsbeträge normiert sind, also jeweils eine "eigene Metrik" installieren. Indem betreffend Notationen hinsichtlich reziproker Basissysteme auf §E1 verwiesen wird, sollen hier nur noch einige für das Folgende wesentliche Determinantensätze referiert

---

[20] Abgesehen von §E1 wird bei Komponentendarstellungen zwecks Vermeidung formaler Überfrachtungen nur auf Orthonormalbasen $\langle \mathfrak{e}_j \rangle$ Bezug genommen.

[21] d.h. mit der Eigenschaft, daß jeweils zwei Vektoren einer Basis senkrecht stehen auf einem Vektor der reziproken Basis.

werden, deren Verifizierung mit Verwendung reziproker Basissysteme besonders einfach wird:

$$\text{Den Satz} \quad \det(\varkappa_j \cdot \mathfrak{a}_k) \equiv \begin{vmatrix} \varkappa_1 \cdot \mathfrak{a}_1 & \varkappa_1 \cdot \mathfrak{a}_2 & \varkappa_1 \cdot \mathfrak{a}_3 \\ \varkappa_2 \cdot \mathfrak{a}_1 & \varkappa_2 \cdot \mathfrak{a}_2 & \varkappa_2 \cdot \mathfrak{a}_3 \\ \varkappa_3 \cdot \mathfrak{a}_1 & \varkappa_3 \cdot \mathfrak{a}_2 & \varkappa_3 \cdot \mathfrak{a}_3 \end{vmatrix} \equiv \sum_{i,j,k=1}^{3} \epsilon_{\langle ijk \rangle} (\varkappa_1 \cdot \mathfrak{a}_i)(\varkappa_2 \cdot \mathfrak{a}_j)(\varkappa_3 \cdot \mathfrak{a}_k) =$$

$$= [\varkappa_1 \varkappa_2 \varkappa_3][\mathfrak{a}_1 \mathfrak{a}_2 \mathfrak{a}_3] \tag{1.24a}$$

beweist man in konkreter Rechnung ("Entwicklung" der Determinante z. B. nach den Elementen der ersten Zeile). Man erhält

$$\det(\varkappa_j \cdot \mathfrak{a}_k) = (\varkappa_1 \cdot \mathfrak{a}_1)[(\varkappa_2 \cdot \mathfrak{a}_2)(\varkappa_3 \cdot \mathfrak{a}_3) - (\varkappa_2 \cdot \mathfrak{a}_3)(\varkappa_3 \cdot \mathfrak{a}_2)] +$$

$$(\varkappa_1 \cdot \mathfrak{a}_2)[(\varkappa_2 \cdot \mathfrak{a}_3)(\varkappa_3 \cdot \mathfrak{a}_1) - (\varkappa_2 \cdot \mathfrak{a}_1)(\varkappa_3 \cdot \mathfrak{a}_3)] + (\varkappa_1 \cdot \mathfrak{a}_3)[(\varkappa_2 \cdot \mathfrak{a}_1)(\varkappa_3 \cdot \mathfrak{a}_2) - (\varkappa_2 \cdot \mathfrak{a}_2)(\varkappa_3 \cdot \mathfrak{a}_1)] =$$

$$= (\varkappa_1 \cdot \mathfrak{a}_1)\left\{\varkappa_2 \cdot [\mathfrak{a}_2(\varkappa_3 \cdot \mathfrak{a}_3) - \mathfrak{a}_3(\varkappa_3 \cdot \mathfrak{a}_2)]\right\} + (\varkappa_1 \cdot \mathfrak{a}_2)\left\{\varkappa_2 \cdot [\mathfrak{a}_3(\varkappa_3 \cdot \mathfrak{a}_1) - \mathfrak{a}_1(\varkappa_3 \cdot \mathfrak{a}_3)]\right\} +$$

$$(\varkappa_1 \cdot \mathfrak{a}_3)\left\{\varkappa_2 \cdot [\mathfrak{a}_1(\varkappa_3 \cdot \mathfrak{a}_2) - \mathfrak{a}_2(\varkappa_3 \cdot \mathfrak{a}_1)]\right\} \overset{(1.20a)}{=}$$

$$= (\varkappa_1 \cdot \mathfrak{a}_1)\left\{\varkappa_2 \cdot [\varkappa_3 \times (\mathfrak{a}_2 \times \mathfrak{a}_3)]\right\} + (\varkappa_1 \cdot \mathfrak{a}_2)\left\{\varkappa_2 \cdot [\varkappa_3 \times (\mathfrak{a}_3 \times \mathfrak{a}_1)]\right\} + (\varkappa_1 \cdot \mathfrak{a}_3)\left\{\varkappa_2 \cdot [\varkappa_3 \times (\mathfrak{a}_1 \times \mathfrak{a}_2)]\right\} =$$

$$= (\varkappa_1 \cdot \mathfrak{a}_1)\left\{(\varkappa_2 \times \varkappa_3) \cdot (\mathfrak{a}_2 \times \mathfrak{a}_3)\right\} + (\varkappa_1 \cdot \mathfrak{a}_2)\left\{(\varkappa_2 \times \varkappa_3) \cdot (\mathfrak{a}_3 \times \mathfrak{a}_1)\right\} + (\varkappa_1 \cdot \mathfrak{a}_3)\left\{(\varkappa_2 \times \varkappa_3) \cdot (\mathfrak{a}_1 \times \mathfrak{a}_2)\right\} =$$

$$\overset{(1.22a\text{-}c)}{=} [\mathfrak{a}_1 \mathfrak{a}_2 \mathfrak{a}_3]\left\{(\varkappa_1 \cdot \mathfrak{a}_1)\mathfrak{a}^1 + (\varkappa_1 \cdot \mathfrak{a}_2)\mathfrak{a}^2 + (\varkappa_1 \cdot \mathfrak{a}_3)\mathfrak{a}^3\right\} \cdot (\varkappa_2 \times \varkappa_3)$$

und damit in der Tat (1.24a) indem man in Anbetracht von (1.23a) feststellt, daß in der geschweiften Klammer der Vektor $\varkappa_1$ repräsentiert ist. Gleichung (1.24a) ist eine koordinateninvariante Version des Determinanten–Multiplikationssatzes (2.38b). Gleichwertig zu (1.24a) ist die in (2.66) benutzte Identität

$$[\mathfrak{a}\mathfrak{b}\mathfrak{c}][\mathfrak{c}'\mathfrak{b}'\mathfrak{a}'] = (\mathfrak{a} \cdot \mathfrak{a}')(\mathfrak{b} \cdot \mathfrak{c}')(\mathfrak{c} \cdot \mathfrak{b}') + (\mathfrak{b} \cdot \mathfrak{b}')(\mathfrak{a} \cdot \mathfrak{c}')(\mathfrak{c} \cdot \mathfrak{a}') +$$

$$+ (\mathfrak{c} \cdot \mathfrak{c}')(\mathfrak{a} \times \mathfrak{b}) \cdot (\mathfrak{b}' \times \mathfrak{a}') - (\mathfrak{b}' \cdot \mathfrak{c})(\mathfrak{a} \cdot \mathfrak{c}')(\mathfrak{a}' \cdot \mathfrak{b}) - (\mathfrak{b} \cdot \mathfrak{c}')(\mathfrak{a} \cdot \mathfrak{b}')(\mathfrak{a}' \cdot \mathfrak{c}), \tag{1.24b}$$

die man mit Beachtung von

$$(\mathfrak{a} \times \mathfrak{b}) \cdot (\mathfrak{b}' \times \mathfrak{a}') \overset{(1.17b)}{=} \mathfrak{a} \cdot [\mathfrak{b} \times (\mathfrak{b}' \times \mathfrak{a}')] \overset{(1.20a)}{=} \mathfrak{a} \cdot [\mathfrak{b}'(\mathfrak{b} \cdot \mathfrak{a}') - \mathfrak{a}'(\mathfrak{b} \cdot \mathfrak{b}')] =$$

$$(\mathfrak{a} \cdot \mathfrak{b}')(\mathfrak{b} \cdot \mathfrak{a}') - (\mathfrak{a} \cdot \mathfrak{a}')(\mathfrak{b} \cdot \mathfrak{b}')$$

leicht nachrechnet, indem man feststellt, daß auf der rechten Seite von (1.24b) letztlich der – nach (1.24a) mit $[\mathfrak{a}\mathfrak{b}\mathfrak{c}][\mathfrak{c}'\mathfrak{b}'\mathfrak{a}']$ identische –Wert der Determinante

$$\begin{vmatrix} \mathfrak{a} \cdot \mathfrak{c}' & \mathfrak{a} \cdot \mathfrak{b}' & \mathfrak{a} \cdot \mathfrak{a}' \\ \mathfrak{b} \cdot \mathfrak{c}' & \mathfrak{b} \cdot \mathfrak{b}' & \mathfrak{b} \cdot \mathfrak{a}' \\ \mathfrak{c} \cdot \mathfrak{c}' & \mathfrak{c} \cdot \mathfrak{b}' & \mathfrak{c} \cdot \mathfrak{a}' \end{vmatrix}$$

notiert ist. Eine Verallgemeinerung von (1.24a) ist die Identität

$$\left[\sum_{i,j,k=1}^{3}(\mathbf{x}_1\cdot\mathbf{a}_i)\mathbf{b}_i\right]\cdot\left\{\left[\sum_{j=1}^{3}(\mathbf{x}_2\cdot\mathbf{a}_j)\mathbf{b}_j\right]\times\left[\sum_{k=1}^{3}(\mathbf{x}_3\cdot\mathbf{a}_k)\mathbf{b}_k\right]\right\} \tag{1.24c}$$

$$=[\mathbf{b}_1\mathbf{b}_2\mathbf{b}_3]\begin{vmatrix}\mathbf{x}_1\cdot\mathbf{a}_1 & \mathbf{x}_1\cdot\mathbf{a}_2 & \mathbf{x}_1\cdot\mathbf{a}_3\\ \mathbf{x}_2\cdot\mathbf{a}_1 & \mathbf{x}_2\cdot\mathbf{a}_2 & \mathbf{x}_2\cdot\mathbf{a}_3\\ \mathbf{x}_3\cdot\mathbf{a}_1 & \mathbf{x}_3\cdot\mathbf{a}_2 & \mathbf{x}_3\cdot\mathbf{a}_3\end{vmatrix}\overset{(1.24a)}{=}[\mathbf{a}_1\mathbf{a}_2\mathbf{a}_3][\mathbf{b}_1\mathbf{b}_2\mathbf{b}_3][\mathbf{x}_1\mathbf{x}_2\mathbf{x}_3],$$

indem man

$$\mathbf{b}_i\cdot(\mathbf{b}_j\times\mathbf{b}_k)\overset{(1.22a-c)}{=}\epsilon_{\langle ijk\rangle}[\mathbf{b}_1\mathbf{b}_2\mathbf{b}_3] \tag{1.25}$$

mit der Bedeutung von $\epsilon_{\langle ijk\rangle}$ nach Fußnote 7 beachtet. Weitere für das Folgende wesentliche Identitäten sind schließlich

$$\sum_{j,k=1}^{3}(\mathbf{a}_j\times\mathbf{a}_k)\cdot(\mathbf{b}_j\times\mathbf{b}_k)=\frac{1}{2}\sum_{j,k=1}^{3}\mathbf{a}_j\cdot(\mathbf{a}_k\times(\mathbf{b}_j\times\mathbf{b}_k)\left[\overset{22)}{\equiv}[\mathbf{a}_1\mathbf{a}_2\mathbf{a}_3][\mathbf{b}_1\mathbf{b}_2\mathbf{b}_3]\sum_{j=1}^{3}\mathbf{a}^j\cdot\mathbf{b}^j\right]=$$

$$=\frac{1}{2}\sum_{j,k=1}^{3}\mathbf{a}_j\cdot\left[\mathbf{b}_j(\mathbf{a}_k\cdot\mathbf{b}_k)-\mathbf{b}_k(\mathbf{a}_k\cdot\mathbf{b}_j)\right]\equiv\frac{1}{2}\left[\left(\sum_{j=1}^{3}\mathbf{a}_j\mathbf{b}_j\right)^2-\sum_{j,k=1}^{3}(\mathbf{a}_j\cdot\mathbf{b}_k)(\mathbf{a}_k\cdot\mathbf{b}_j)\right]\equiv$$

$$\equiv\begin{vmatrix}1 & 0 & 0\\ 0 & \mathbf{a}_2\cdot\mathbf{b}_2 & \mathbf{a}_2\cdot\mathbf{b}_3\\ 0 & \mathbf{a}_3\cdot\mathbf{b}_2 & \mathbf{a}_3\cdot\mathbf{b}_3\end{vmatrix}+\begin{vmatrix}\mathbf{a}_1\cdot\mathbf{b}_1 & 0 & \mathbf{a}_1\cdot\mathbf{b}_3\\ 0 & 1 & 0\\ \mathbf{a}_3\cdot\mathbf{b}_1 & 0 & \mathbf{a}_3\cdot\mathbf{b}_3\end{vmatrix}+\begin{vmatrix}\mathbf{a}_1\cdot\mathbf{b}_1 & \mathbf{a}_1\cdot\mathbf{b}_2 & 0\\ \mathbf{a}_2\cdot\mathbf{b}_1 & \mathbf{a}_2\cdot\mathbf{b}_2 & 0\\ 0 & 0 & 1\end{vmatrix} \tag{1.26a}$$

und dementsprechend

$$\frac{1}{2}\sum_{j,k=1}^{3}(\mathbf{a}^j\times\mathbf{a}^k)\cdot(\mathbf{b}^j\times\mathbf{b}^k)=[\mathbf{a}^1\mathbf{a}^2\mathbf{a}^3][\mathbf{b}^1\mathbf{b}^2\mathbf{b}^3]\sum_{j=1}^{3}\mathbf{a}_j\cdot\mathbf{b}_j=\left\{[\mathbf{a}_1\mathbf{a}_2\mathbf{a}_3][\mathbf{b}_1\mathbf{b}_2\mathbf{b}_3]\right\}^{-1}\sum_{j=1}^{3}\mathbf{a}_j\cdot\mathbf{b}_j. \tag{1.26b}$$

1.8 Beispiele für vektorielle Größen in der Mechanik

sind die dynamischen Größen Kraft und Moment, die kinematischen Größen Verschiebung, Geschwindigkeit, Beschleunigung, Verdrehung, Winkelgeschwindigkeit, Winkelbeschleunigung.

---

22) Man führe in die erste Version (gestrichelt) im Sinne von (1.22a–c) die reziproken Vektoren $\mathbf{a}^j$, $\mathbf{b}^j$ ein.

Mit der Kraft $\mathbb{k}$ und dem von einem (sog. "Bezugs"–) Punkt O zum Kraftangriffspunkt weisenden Ortsvektor $\mathbb{r}_{0 \to K}$ ist das Moment einer Kraft $\mathbb{k}$ hinsichtlich eines Bezugspunktes O durch den Vektor

$$\mathbb{m}_0 = \mathbb{r}_{0 \to K} \times \mathbb{k} \qquad (1.27a)$$

definiert, der auf der durch die Vektoren $\mathbb{r}$ und $\mathbb{k}$ definierten "Wirkungsebene" des Momentes senkrecht steht, und dessen Betrag

$$|\mathbb{m}_0| = |\mathbb{r}_{0 \to K}| \, |\mathbb{k}| \sin \alpha_{r,k} = |\mathbb{k}| h \qquad (1.27b)$$

gleich ist dem Produkt aus dem Betrag der Kraft und ihrem senkrechtem Abstand h (Hebelarm) vom Bezugspunkt.

Der bei der Drehung eines starren Körpers um eine durch einen festen Punkt O verlaufende Achse $(\mathbb{e})$ vorliegende Geschwindigkeitszustand läßt sich durch den Vektor $\omega = |\omega| \mathbb{e} = \omega \, \mathbb{e}$ der Winkelgeschwindigkeit kennzeichnen, dessen Betrag gleich der Winkelgeschwindigkeit des Körpers und dessen Richtung parallel zu Drehachse ist. Sein Richtungssinn wird unter dem Gesichtspunkt festgelegt, daß die Drehung des Körpers zusammen mit ω ein Rechtssystem bilden soll.. Zwischen ω und dem Vektor $\mathbb{w}_\omega$ der Umfangsgeschwindigkeit eines Körperpunktes P gilt mit dem von O zum Punkte P weisenden Ortsvektor $\mathbb{r}$

$$\mathbb{w}_\omega = \omega \times \mathbb{r}. \qquad (1.28a)$$

Führt der Punkt O selbst eine Bewegung mit der Geschwindigkeit $\mathbb{w}_0$ aus, so erhält man die resultierend aus der Translation $(\mathbb{w}_0)$ und der Rotation ω des starren Körpers hervorgehende Geschwindigkeit des Punktes P als

$$\mathbb{w} = \mathbb{w}_0 + \mathbb{w}_\omega = \mathbb{w}_0 + \omega \times \mathbb{r} \qquad (1.28b)$$

und dementsprechend das während eines Zeitelementes dt eintretende Verschiebungsdifferential in der Gestalt

$$d\mathbb{u} = \mathbb{w} dt = \mathbb{w}_0 dt + \omega \times \mathbb{r} = d\mathbb{u}_0 + d\varphi \times \mathbb{r} \quad \text{(Eulersche Formel)} \qquad (1.29a)$$

mit

$$d\mathbb{u}_0 = \mathbb{w}_0 dt , \qquad d\varphi = \omega dt. \qquad (1.29b)$$

Jede infinitesimale Verschiebung $(d\mathbb{u})$ eines Punktes P eines starren Körpers setzt sich danach aus einer infinitesimalen Körper–Translation $(d\mathbb{u}_0)$ und einer infinitesimalen Körper–Drehung (Drehwinkel $d\varphi$) zusammen.

§ 2 Grundbegriffe der Algebra der Tensoren zweiter Stufe

2.1 Allgemeine Bemerkungen

Tensoren zweiter Stufe sind Operatoren, die lineare Vektortransformationen vermitteln. Unter einer linearen Abbildung

$$y(x) = \mathbb{L}(x) \qquad (2.1)$$

versteht man eine Prozedur, mit der man einem Vektorbüschel (x) ein ("Ergebnis"-)Büschel $(y\,(x))$ in spezieller Weise zuordnet, indem

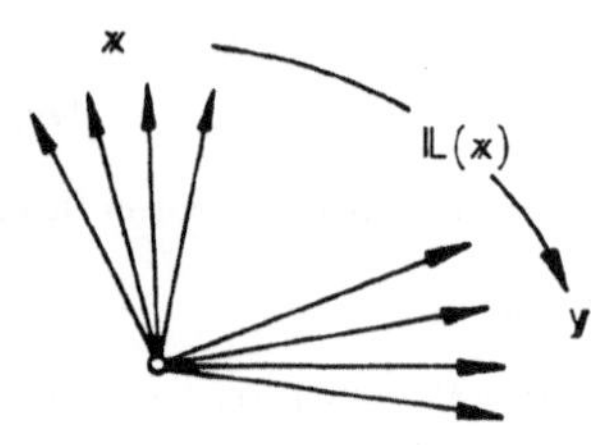

Abb. 2.1

$$. \;\mathbb{L}(x_1) + \mathbb{L}(x_2) =^{1)} \mathbb{L}(x_1 + x_2) \qquad (2.2)$$

und insbesondere

$$\mathbb{L}(\lambda x) = \mathbb{L}(x\lambda) =^{1)} \lambda\mathbb{L}(x) = \mathbb{L}(x)\lambda , \quad \lambda \text{ skalar} \qquad (2.3)$$

gelten soll. Eine konkrete Darstellung der Operation (2.1) etwa mit Bezugnahme auf eine Orthonormalbasis $\langle e_j \rangle$ im Sinne von (1.7), wofür (2.1) die Gestalt

$$
\begin{aligned}
y \cdot e_1 &= y_1 = x_1 a_{11} + x_2 a_{21} + x_3 a_{31} \, , \\
y \cdot e_2 &= y_2 = x_1 a_{12} + x_2 a_{22} + x_3 a_{32} \, , \\
y \cdot e_3 &= y_3 = x_1 a_{13} + x_2 a_{23} + x_3 a_{33} \, , \\
x_j &= x \cdot e_j , \qquad j = 1,..,3 \, , \qquad a_{jk} = \text{const.,}
\end{aligned}
\qquad (2.4)
$$

annimmt[2], also mit (2.1) gemeint ist, daß jede "Komponente" y_j $(j = 1,..,3)$ eines "Ergebnisvektors" y eine lineare Funktion der Komponenten x_k $(k = 1,..,3)$ des zugehörigen Vek-

---

[1] Betreffend die Definition der Operationen $x_1 + x_2$ bzw. λx s.§1

[2] Die für Orthonormalbasis–Darstellungen in §1 (zur Unterscheidung gegenüber Darstellungen von der Qualität (1.22g, 23a)) verwendeten spitzen Klammern bei den Indizierungen (etwa $y_{\langle 1 \rangle} = y \cdot e_1$ oder $a_{\langle jk \rangle}$) werden im Folgenden aus Raumgründen fortgelassen.

tors $\mathbf{x}$ sein soll, läßt erkennen, daß solcherart Abbildungen zu charakterisieren sind jeweils durch eine "Neunergruppe"

$$\begin{pmatrix} a_{11} & a_{12} & a_{13} \\ a_{21} & a_{22} & a_{23} \\ a_{31} & a_{32} & a_{33} \end{pmatrix} \stackrel{\wedge}{=} \mathbb{A} \tag{2.5a}$$

von Konstanten, die man als Bestimmungsstücke eines Abbildungs-Operators $\mathbb{A}$ auffassen kann. Mit dem in (2.5a) vorgenommenen Konstanten-Arrangement erkennt man, daß man in Matrizen-Notationsweise anstelle von (2.4) kürzer

$$\mathbf{y} \stackrel{\wedge}{=} \begin{pmatrix} y_1 & y_2 & y_3 \\ 0 & 0 & 0 \\ 0 & 0 & 0 \end{pmatrix} = \mathbf{x} \cdot \mathbb{A} = \begin{pmatrix} x_1 & x_2 & x_3 \\ 0 & 0 & 0 \\ 0 & 0 & 0 \end{pmatrix} \cdot \begin{pmatrix} a_{11} & a_{12} & a_{13} \\ a_{21} & a_{22} & a_{23} \\ a_{31} & a_{32} & a_{33} \end{pmatrix} \tag{2.5b}$$

schreiben kann, worin das Multiplikationssymbol " $\cdot$ " die sog. Matrizenmultiplikationsregel zweier Matrizen symbolisiert, sofern man die beteiligten Vektoren als einzeilige Matrizen auffaßt, womit man die algebraische Qualität von $\mathbb{A}$ zunächst als Diejenige einer Matrix und dementsprechend für die lineare Vektorfunktion $\mathbb{L}(\mathbf{x})$ die Struktur $\mathbf{x} \cdot \mathbb{A}$ identifiziert.

Das Matrizenschema (2.5a) repräsentiert - analog den entsprechenden Darstellungen der Vektoren $\mathbf{x}$, $\mathbf{y}$ als einzeilige Matrizen in (2.5b) - die auf eine Orthonormalbasis $\langle \mathbf{e}_j \rangle$ bezogene Komponentendarstellung des Abbildungsoperators $\mathbb{A}$, der als Folge der für Vektoren $(\mathbf{x},\mathbf{y})$ verlangten Invarianzeigenschaften (vgl. §E5) hinsichtlich Bezugsbasiswechseln analoge Eigenschaften aufweisen muß (vgl. §3.2, E1.6) und - für sog. nichtausgeartete Abbildungen [3]. - als <u>vollständiger Tensor zweiter Stufe</u> bezeichnet wird.

Eine begriffliche Vereinfachung des Tensorbegriffes wird mit Definition sog. dyadischer bzw. tensorieller Produkte von Vektoren erreicht. Zu deren Einführung wird zunächst der Spezialfall betrachtet, daß die Ergebnisvektoren $\mathbf{y}$ $(\mathbf{x})$ einer linearen Abbildung parallel zu einer (festen) Richtung $\mathbf{e}$ sein sollen, also

$$\mathbf{y} = \mathbb{L}(\mathbf{x}) = L(\mathbf{x})\mathbf{e} \ , \quad \text{d.h.} \quad y_j = L(\mathbf{x})\mathbf{e} \cdot \mathbf{e}_j \ , \quad j = 1,...3 \ , \tag{2.6a,b}$$

---

[3] für die das Gleichungssystem (2.4) invertiert werden kann, also $\det(\mathbb{A}) \neq 0$ gilt.

mit einem linear von x abhängigen Skalar

$$L(x) = a_1 x_1 + a_2 x_2 + a_3 x_3 \,, \qquad (\text{Orthonormalbasis } \langle e_j \rangle) \qquad (2.6c)$$

gesetzt, der aber bezugssysteminvariant sein und dementsprechend als Skalarprodukt $x \cdot a$ zweier Vektoren aufgefaßt werden können muß[4]. Es entsteht

$$y(x) = (x \cdot a)e, \qquad (2.6d)$$

was jedoch andererseits gleichermaßen durch die Rechenanweisung (2.5b) beschrieben werden können soll, freilich für die Betrachtnahme eines speziellen Abbildungsoperators A, der im vorliegenden Falle aus den (die Abbildung (2.6a) vollständig beschreibenden) vektorwertigen "Bestimmungsstücken" a und e bestehen muß. Bezeichnet man letzteren Operator, dieses Sachverhaltes wegen, mit $a \circ e$, das Symbol "$\circ$" als unbestimmte, dyadische bzw. tensorielle Multiplikation , so bekommt man durch Gleichsetzen von (2.6a) mit (2.5b) unter Verwendung der speziellen Abbildungsbezeichnung $a \circ e$ anstelle von A

$$y = (x \cdot a)e \equiv x \cdot (a \circ e) \,, \qquad (2.6e)$$

oder, allgemeiner, als Definitionsgleichung für dyadische Produkte $a \circ b$ zweier Vektoren

$$x \cdot (a \circ b) = (x \cdot a)b, \qquad (2.7)$$

was man nunmehr als "Rechenregel" auffaßt dergestalt, daß man durch skalare (Links-[5])-multiplikation einer Dyade $a \circ b$ mit einem Vektor x die Dyade "aufbricht" in der Weise, daß dabei der (dem Vektor x nächststehende) Produktfaktor a der Dyade zum Skalarprodukt mit x gebracht wird, während der Rechtsfaktor (b) der Dyade unverändert bleibt. Man stellt nun durch Nachrechnen leicht fest, daß, wenn man die linksseitig in (2.6e) bzw. (2.7) stehende Operation - analog (2.5b) auch hier - als Skalarmultiplikation im Sinne der Matrizen-Notationsweise deuten und dabei die Resultate (2.6b) mit (2.6c) erhalten will, für dyadische Produkte die Gültigkeit

---

[4] Man beachte die "Koordinaten–Invarianz" der Definition (1.4) für das Skalarprodukt: Die "Längen" zweier Vektoren und der zwischen beiden eingeschlossene Winkel sind koordinateninvariante Größen.

[5] wo, wie bisher ausschließlich in Betracht genommen, der Vektor x an Tensor bzw. Dyade links "heranmultipliziert" wird.

a)   des kommutativen Gesetzes hinsichtlich der Multiplikation mit einem Skalar λ, d.h.

$$(\lambda_1 \mathsf{a})\circ(\lambda_2 \mathsf{b}) = \lambda_1(\mathsf{a}\circ\mathsf{b})\lambda_2 = \lambda_1\lambda_2(\mathsf{a}\circ\mathsf{b}) \qquad (2.8\text{a})$$

sowie

b)   des distributiven Gesetzes

$$\mathsf{a}\circ(\mathsf{b}+\mathsf{c}) = \mathsf{a}\circ\mathsf{b} + \mathsf{a}\circ\mathsf{c} \qquad (2.8\text{b})$$

verlangen muß, mit deren Hilfe unter Verwendung der Komponentendarstellungen

$$\mathsf{a} = \sum_{j=1}^{3} a_j \mathsf{e}_j \, , \qquad\qquad \mathsf{b} = \sum_{k=1}^{3} b_k \mathsf{e}_k \qquad (2.9\text{a,b})$$

der dyadischen Produktfaktoren – analog zur Komponentendarstellung von Vektoren – eine

"Standardisierung" einer Dyade in der Form

$$\mathsf{a}\circ\mathsf{b} = \left\{\sum_{j=1}^{3} a_j \mathsf{e}_j\right\}\circ\left\{\sum_{k=1}^{3} b_k \mathsf{e}_k\right\} = \sum_{j,k=1}^{3} a_j b_k \, \mathsf{e}_j\circ\mathsf{e}_k \mathrel{\widehat{=}} \begin{pmatrix} a_1 b_1 & a_1 b_2 & a_1 b_3 \\ a_2 b_1 & a_2 b_2 & a_2 b_3 \\ a_3 b_1 & a_3 b_2 & a_3 b_3 \end{pmatrix}\langle \mathsf{e}_j\rangle \qquad (2.9\text{c})$$

in Termen von neun Basisdyaden $\mathsf{e}_j\circ\mathsf{e}_k$, j, $k = 1, .., 3$ vorgenommen werden kann [6].

Daß unter dem Aspekt der Gültigkeit der Prozedur (2.9c) in der Tat (2.6b) mit (2.6c) hervorgebracht

werden kann, läßt sich leicht ausrechnen: Mit $\mathsf{b} = \mathsf{e}$, d.h., $b_k = \mathsf{e}\cdot\mathsf{e}_k$, ist nämlich in Spezialisierung

$$\text{von (2.9c)} \qquad \mathsf{a}\circ\mathsf{e} = \sum_{k=1}^{3} \mathsf{a}\circ\left[\mathsf{e}_k(\mathsf{e}\cdot\mathsf{e}_k)\right] \mathrel{\widehat{=}} \begin{pmatrix} a_1(\mathsf{e}\cdot\mathsf{e}_1) & a_1(\mathsf{e}\cdot\mathsf{e}_2) & a_1(\mathsf{e}\cdot\mathsf{e}_3) \\ a_2(\mathsf{e}\cdot\mathsf{e}_1) & a_2(\mathsf{e}\cdot\mathsf{e}_2) & a_2(\mathsf{e}\cdot\mathsf{e}_3) \\ a_3(\mathsf{e}\cdot\mathsf{e}_1) & a_3(\mathsf{e}\cdot\mathsf{e}_2) & a_3(\mathsf{e}\cdot\mathsf{e}_3) \end{pmatrix},$$

$$\text{womit per} \qquad \mathsf{x}\cdot(\mathsf{a}\circ\mathsf{e}) \mathrel{\widehat{=}} \begin{pmatrix} x_1 & x_2 & x_3 \\ 0 & 0 & 0 \\ 0 & 0 & 0 \end{pmatrix}\cdot\begin{pmatrix} a_1(\mathsf{e}\cdot\mathsf{e}_1) & a_1(\mathsf{e}\cdot\mathsf{e}_2) & a_1(\mathsf{e}\cdot\mathsf{e}_3) \\ a_2(\mathsf{e}\cdot\mathsf{e}_1) & a_2(\mathsf{e}\cdot\mathsf{e}_2) & a_2(\mathsf{e}\cdot\mathsf{e}_3) \\ a_3(\mathsf{e}\cdot\mathsf{e}_1) & a_3(\mathsf{e}\cdot\mathsf{e}_2) & a_3(\mathsf{e}\cdot\mathsf{e}_3) \end{pmatrix} =$$

$$= \left(\sum_{j=1}^{3} x_j a_j\right)\begin{pmatrix} \mathsf{e}\cdot\mathsf{e}_1 & \mathsf{e}\cdot\mathsf{e}_2 & \mathsf{e}\cdot\mathsf{e}_3 \\ 0 & 0 & 0 \\ 0 & 0 & 0 \end{pmatrix} = (\mathsf{x}\cdot\mathsf{a})\sum_{k=1}^{3}(\mathsf{e}\cdot\mathsf{e}_k)\mathsf{e}_k = (\mathsf{x}\cdot\mathsf{a})\mathsf{e} \equiv \mathsf{y} = \sum_{k=1}^{3} y_k \mathsf{e}_k \, ,$$

$$\text{d.h. in der Tat} \qquad y_k = (\mathsf{x}\cdot\mathsf{a})\,(\mathsf{e}\cdot\mathsf{e}_k) = \sum_{j=1}^{3}(x_j a_j)\,(\mathsf{e}\cdot\mathsf{e}_k) \qquad \text{(vgl. (2.6b,c)) erreicht wird.}$$

---

[6] wobei die in der Matrizendarstellung (2.9c) notierten Skalare $a_j b_k$ (die sog. "skalaren Komponenten"
der Dyade $\mathsf{a}\circ\mathsf{b}$) die Maßzahlen der Basisdyaden bezeichnen, die per Vervielfachung mit den jeweiligen
Komponenten einen dyadischen "Neunerset" ergeben, der $\mathsf{a}\circ\mathsf{b}$ gleichwertig ist.

In dem hier zunächst behandelten Spezialfall $\mathbb{A} = \mathbb{A}_L = \mathsf{a}\!\circ\!\mathsf{b}$, der in der Form

$$y = x \cdot (\mathsf{a}\!\circ\!\mathsf{b}) = (x \cdot \mathsf{a})\mathsf{b}$$

eine spezielle (ausgeartete) Abbildung beschreibt, nämlich eine Solche, wo die den Vektoren x zugeordneten ("Ergebnis-")Vektoren y stets proportional zu einem konstanten Vektor b sind, bezeichnet man $\mathsf{a}\!\circ\!\mathsf{b}$ als sog. lineare Dyade. Planare Dyaden

$$\mathbb{A}_{PL} = \mathsf{a}_1\!\circ\!\mathsf{b}_1 + \mathsf{a}_2\!\circ\!\mathsf{b}_2 \,, \qquad \mathsf{b}_2 \neq \lambda\mathsf{b}_1 \qquad\qquad (2.10a)$$

sind solche, mit denen per

$$y = x \cdot \mathbb{A}_{PL} = x \cdot (\mathsf{a}_1\!\circ\!\mathsf{b}_1 + \mathsf{a}_2\!\circ\!\mathsf{b}_2) \equiv {}^{7)} (x \cdot \mathsf{a}_1)\mathsf{b}_1 + (x \cdot \mathsf{a}_2)\mathsf{b}_2 \qquad (2.10b)$$

Vektoren x ("Ergebnis-")Vektoren y zugeordnet werden, die sämtlich in einer durch die Vektoren b_1, und b_2 definierten Ebene liegen. Auch planare Abbildungen sind (wegen $\det(\mathbb{A}_{PL}) = 0$) "ausgeartet", was - im Sinne der Theorie der linearen Gleichungen - gleichbedeutend damit ist, die Beziehung (2.10b) nicht "invertieren", d. h. nach x auflösen zu können, ein übrigens auch geometrisch einleuchtendes Resultat, weil ja offenbar zum Wert y diejenige Komponente des Vektors x, die senkrecht zu a_1, und a_2 steht, keinen Anteil ergibt und demgemäß umgekehrt ein bestimmter Vektor y einen "zugehörigen Vektor $x(y)$" auch nur bis auf seine zu a_1 und a_2 senkrechte Komponente festlegen kann.[8] Für allgemeine nicht ausgeartete Vektortransformationen benötigt man einen Satz dreier linearer Dyaden, deren dyadische Faktoren weder kolinear noch komplanar sind[9] also einen Set

---

[7] Gl. (2.10b) ist als Definitionsgleichung für die Addition von Dyaden (charakterisiert durch das Zeichen +) aufzufassen. Für Komponentendarstellungen bedeutet dies, wie man durch Bildung der "Standardformen" analog (2.9c) leicht nachweist, die "Komponenten" der Teildyaden ($\mathsf{a}_1\!\circ\!\mathsf{b}_1$, $\mathsf{a}_2\!\circ\!\mathsf{b}_2$) in gewöhnlicher Weise zu addieren.

[8] Eine entsprechende Argumentation gilt für die linearen Dyaden.

[9] Wäre etwa in (2.11a) $\mathsf{b}_3 = \lambda_{31}\mathsf{b}_1 + \lambda_{32}\mathsf{b}_2$, so könnte man

$$\mathbb{A} = (\mathsf{a}_1 + \lambda_{31}\mathsf{a}_3)\!\circ\!\mathsf{b}_1 + (\mathsf{a}_2 + \lambda_{32}\mathsf{a}_3)\!\circ\!\mathsf{b}_2 = \bar{\mathsf{a}}_1\!\circ\!\mathsf{b}_1 + \bar{\mathsf{a}}_2\!\circ\!\mathsf{b}_2$$

schreiben, hätte also im Falle komplanarer Vektoren b_1, b_2, b_3 anstelle eines vollständigen Tensors zweiter Stufe eine planare Dyade, im Falle der Kolinearität mit $\mathsf{b}_2 = \lambda_{21}\mathsf{b}_1$, $\mathsf{b}_3 = \lambda_{31}\mathsf{b}_1$ sogar nur eine lineare Dyade.

$$\mathbb{A} = \sum_{k=1}^{3} \mathbf{a}_k \circ \mathbf{b}_k \tag{2.11a}$$

als Darstellungsstruktur für einen "vollständigen Tensor zweiter Stufe" in Termen dyadischer Produkte, die übrigens in der Tat - die dyadischen Produktfaktoren $\mathbf{a}_k$ bzw. $\mathbf{b}_k$ sind (als Vektoren!) Bezugsbasis-invariant - die Bezugsbasis-Invarianz von Tensoren unmittelbar erkennen läßt. Ohne Einschränkung der Allgemeinheit kann man in (2.11a) etwa bei Verwendung einer Orthonormalbasis $\langle \mathbf{e}_j \rangle$ die Produktfaktoren $\mathbf{b}_k$ durch Basisvektoren $\mathbf{e}_k$ ersetzen und bekommt die "Neunerform"

$$\mathbb{A} = \sum_{k=1}^{3} \mathbf{a}_k \circ \mathbf{e}_k = \sum_{j,k=1}^{3} a_{jk}\, \mathbf{e}_j \circ \mathbf{e}_k \;\widehat{=}\; \begin{pmatrix} \overset{\mathbf{a}_1}{|\overline{a}_{11}|} & \overset{\mathbf{a}_2}{|\overline{a}_{12}|} & \overset{\mathbf{a}_3}{|\overline{a}_{13}|} \\ |a_{21}| & |a_{22}| & |a_{23}| \\ |\underline{a}_{31}| & |\underline{a}_{32}| & |\underline{a}_{33}| \end{pmatrix}\langle \mathbf{e}_j \rangle \;, \tag{2.11b}$$

wobei in der äquivalenten Matrizendarstellung[10] die Komponenten a_{jk} die spaltenweise orientierten Komponenten der dyadischen Produktfaktoren $\mathbf{a}_1$, $\mathbf{a}_2$ bzw. $\mathbf{a}_3$ darstellen. Dyadische Produkte sind nicht kommutativ,

$$\mathbf{a} \circ \mathbf{b} \neq \mathbf{b} \circ \mathbf{a}, \tag{2.12}$$

weil mittels
$$\mathbf{y} = \mathbf{x} \cdot (\mathbf{a} \circ \mathbf{b}) \equiv (\mathbf{x} \cdot \mathbf{a})\mathbf{b} = \mathbf{y}_1 \tag{2.12a}$$

ein anderer Ergebnisvektor $\mathbf{y}$ ($= \mathbf{y}_1$) erhalten wird als mit der Operation

$$\mathbf{y} = \mathbf{x} \cdot (\mathbf{b} \circ \mathbf{a}) \equiv (\mathbf{x} \cdot \mathbf{b})\mathbf{a} = \mathbf{y}_2. \tag{2.12b}$$

Insofern sind $\mathbf{a} \circ \mathbf{b}$ und $\mathbf{b} \circ \mathbf{a}$ verschiedene Strukturen, wie z. B. auch die Verschiedenheit der jeweils zugehörigen Komponentendarstellungen sogleich erkennen läßt [11]. Entsprechendes gilt für die in "Neunerformen" (etwa (2.11b)) aufscheinenden Basisdyaden $\mathbf{e}_j \circ \mathbf{e}_k$ ($\neq \mathbf{e}_k \circ \mathbf{e}_j$).

---

[10] die man als "Komponentendarstellung" dergestalt zu verstehen hat, daß im Schnittpunkt der j–ten Zeile und k–ten Spalte die Maßzahl (a_{jk}) der jeweiligen "Basisdyade" $\mathbf{e}_j \circ \mathbf{e}_k$ aufgelistet ist.

[11] Es bedeuten $\quad \mathbf{a} \circ \mathbf{b} = \sum_{j,k=1}^{3} a_j b_k\, \mathbf{e}_j \circ \mathbf{e}_k \quad , \quad \mathbf{b} \circ \mathbf{a} = \sum_{j,k=1}^{3} a_k b_j\, \mathbf{e}_j \circ \mathbf{e}_k$

Sie stellen substantiell nicht weiter reduzierbare Strukturen dar.

Entsprechend der Tatsache, eine lineare Abbildung anstelle von (2.5) auch in der Form

$$y\,(x) = \mathbb{B} \cdot x \,,\text{ d.h. } \begin{pmatrix} y_1 & 0 & 0 \\ y_2 & 0 & 0 \\ y_3 & 0 & 0 \end{pmatrix} = \begin{pmatrix} b_{11} & b_{12} & b_{13} \\ b_{21} & b_{22} & b_{23} \\ b_{31} & b_{32} & b_{33} \end{pmatrix} \cdot \begin{pmatrix} x_1 & 0 & 0 \\ x_2 & 0 & 0 \\ x_3 & 0 & 0 \end{pmatrix} , \qquad (2.13\text{a})$$

also im Zusammenhang mit skalarer Rechtsmultiplikation mit Vektoren (x) definieren zu können,[12] läßt sich in zum Vorangegangenen analoger Weise eine Definitionsgleichung für dyadische Produkte im Zusammenhang mit Rechtsmultiplikationen von Vektoren extrahieren. Man bekommt

$$(a \circ b) \cdot x \equiv a(b \cdot x) \qquad (2.13\text{b})$$

als Definitionsgleichung, die analog (2.7) als "Rechenregel" interpretiert werden kann: Hier wird die Dyade dergestalt "auseinandergebrochen", daß ihr dem Vektor x nächststehender (diesesmal Rechts-)Faktor, nämlich b, mit x "skalar gebunden" wird, während nunmehr der Linksfaktor a unverändert bleibt. Der Unterschied bei der Benutzung von Links- bzw. Rechts-Faktorierung besteht daher lediglich in einer Vertauschung der dyadischen Faktoren im Hinblick auf ihre skalarmultiplikative Verbindung mit x, was entsprechende strukturelle Auswirkungen auf die jeweils zu benutzenden Abbildungsdyaden hat. Will man ein und dieselbe Abbildung y einerseits durch Linksmultiplikation, also mittels

$$y = x \cdot (a \circ b) \equiv (x \cdot a)b \qquad (2.14\text{a})$$

definieren, andererseits aber gleichermaßen per

$$y = (c \circ d) \cdot x \equiv c(d \cdot x), \qquad (2.14\text{b})$$

so hat man offenbar - wegen der in Betracht zu nehmenden Beliebigkeit von x -

$$c = b \,, \quad d = a \qquad (2.14\text{c,d})$$

zu setzen, um in der Tat

$$y = x \cdot (a \circ b) = (b \circ a) \cdot x \equiv (x \cdot a)b \,, \qquad (2.14\text{e})$$

also dasselbe Resultat zu erhalten. Wie ein Vergleich der Komponentendarstellung von

---

[12] Im Sinne der Matrizen–Notationsweise sind hierbei (bei Beibehaltung der Matrizenmultiplikationsregel) die Vektoren y bzw. x als einspaltige Matrizen aufzufassen.

$\mathbb{b} \circ \mathbb{a}$, nämlich

$$\mathbb{b} \circ \mathbb{a} = \left\{ \sum_{j=1}^{3} b_j \mathbb{e}_j \right\} \circ \left\{ \sum_{k=1}^{3} a_k \mathbb{e}_k \right\} = \sum_{j,k=1}^{3} b_j a_k \mathbb{e}_j \circ \mathbb{e}_k \stackrel{\wedge}{=} \begin{pmatrix} a_1 b_1 & a_2 b_1 & a_3 b_1 \\ a_1 b_2 & a_2 b_2 & a_3 b_2 \\ a_1 b_3 & a_2 b_3 & a_3 b_3 \end{pmatrix} \langle \mathbb{e}_j \rangle \qquad (2.14f)$$

mit Derjenigen von $\mathbb{a} \circ \mathbb{b}$ nach (2.9c) zeigt, unterscheiden sich beide Matrizendarstellungen voneinander durch Spiegelung der "Elemente" an der "Hauptdiagonalen", was man in der Theorie der Matrizen als Transponieren einer Matrix bezeichnet. Man übernimmt dies in die Tensorrechnung und schreibt

$$\mathbb{b} \circ \mathbb{a} = (\mathbb{a} \circ \mathbb{b})^T, \qquad (2.14g)$$

definiert also allgemein den zu $\mathbb{A}$ transponierten Tensor $\mathbb{A}^T$ durch die Gleichung

$$(\mathbb{y} =) \; \mathbb{x} \cdot \mathbb{A} \equiv \mathbb{A}^T \cdot \mathbb{x} \qquad (2.15a)$$

bzw. durch die koordinateninvariante Anweisung

$$\mathbb{A}^T = \left\{ \sum_{j=1}^{3} \mathbb{a}_j \circ \mathbb{b}_j \right\}^T = \sum_{j=1}^{3} \mathbb{b}_j \circ \mathbb{a}_j \; . \qquad (2.15b)$$

Zweimaliges Transponieren ergibt den ursprünglichen Operator:

$$(\mathbb{A}^T)^T = \mathbb{A} \; . \qquad (2.15c)$$

Jeder Tensor $\mathbb{A}$ läßt sich gemäß[13]

$$\mathbb{A} = \tfrac{1}{2}(\mathbb{A} + \mathbb{A}^T) + \tfrac{1}{2}(\mathbb{A} - \mathbb{A}^T) = \mathbb{A}_s + \mathbb{A}_a \qquad (2.16a)$$

zerlegen in einen sog. "symmetrischen" Tensor $\mathbb{A}_s$ mit der Eigenschaft

$$\mathbb{A}_s = \tfrac{1}{2}(\mathbb{A} + \mathbb{A}^T) = \tfrac{1}{2}[(\mathbb{A}^T)^T + \mathbb{A}^T] = \tfrac{1}{2}(\mathbb{A}^T + \mathbb{A})^T = \tfrac{1}{2}(\mathbb{A} + \mathbb{A}^T)^T = \mathbb{A}_s^T \qquad (2.16b)$$

und einen sog. "anti-(sym-)metrischen" Tensor $\mathbb{A}_a$ mit

$$\mathbb{A}_a = \tfrac{1}{2}(\mathbb{A} - \mathbb{A}^T) = \tfrac{1}{2}[(\mathbb{A}^T)^T - \mathbb{A}^T] = \tfrac{1}{2}(\mathbb{A}^T - \mathbb{A})^T = -\tfrac{1}{2}(\mathbb{A} - \mathbb{A}^T)^T = -\mathbb{A}_a^T . \qquad (2.16c)$$

Für symmetrische Tensoren gilt demgemäß

$$(\mathbb{y} =) \; \mathbb{x} \cdot \mathbb{A}_s \equiv \mathbb{A}_s^T \cdot \mathbb{x} = \mathbb{A}_s \cdot \mathbb{x} \; , \qquad (2.17a)$$

wonach Links- mit Rechtsmultiplikation ohne Resultatänderung vertauscht werden dürfen.

---

[13] Hinsichtlich der durch $\mathbb{x} \cdot (\mathbb{A} + \mathbb{B}) = \mathbb{x} \cdot \mathbb{A} + \mathbb{x} \cdot \mathbb{B}$ definierten "Addition zweier Tensoren" sei nochmals an Fußn.7 erinnert Für Komponentendarstellungen , etwa $\mathbb{A} = \Sigma \, a_{jk} \mathbb{e}_j \circ \mathbb{e}_k$, $\mathbb{B} = \Sigma \, b_{jk} \mathbb{e}_j \circ \mathbb{e}_k$ gilt "komponentenweises Addieren", d.h. $\mathbb{A} + \mathbb{B} = \Sigma \, (a_{jk} + b_{jk}) \mathbb{e}_j \circ \mathbb{e}_k$

Die diesbezüglichen Darstellungs-Matrizen sind "zur Hauptdiagonale" symmetrisch,

$$\mathbb{A}_s \mathrel{\hat{=}} \begin{pmatrix} a_{11} & \alpha & \beta \\ \alpha & a_{22} & \gamma \\ \beta & \gamma & a_{33} \end{pmatrix}, \tag{2.17b}$$

weshalb solcherart Operatoren nur "sechs skalare Bestimmungsstücke"[14] aufweisen. Für anti-(sym-)metrische Tensoren ist bei Vertauschung von Links- mit Rechtsmultiplikation zwecks Erhalts desselben Resultates auch das Vorzeichen von $\mathbb{A}_a$ zu vertauschen,

$$y = x \cdot \mathbb{A}_a \equiv \mathbb{A}_a^T \cdot x = - \mathbb{A}_a \cdot x \quad, \tag{2.18a}$$

die diesbezüglichen Matrizen sind "zur Hauptdiagonale" anti(sym-)metrisch,

$$\mathbb{A}_a \mathrel{\hat{=}} \begin{pmatrix} 0 & \alpha' & \beta' \\ -\alpha' & 0 & \gamma' \\ -\beta' & -\gamma' & 0 \end{pmatrix}, \tag{2.18b}$$

und weisen dementsprechend nur "drei Bestimmungsstücke" auf. Sie definieren spezielle planare Abbildungen, was man in der Notationsweise mittels dyadischer Produkte besonders leicht einsieht. Hiernach hat ein antisymmetrischer Operator nach (2.16c) mit (2.11a) grundsätzlich die Struktur

$$\mathbb{A}_a = \frac{1}{2} \sum_{j=1}^{3} (\mathbb{a}_j \circ \mathbb{b}_j - \mathbb{b}_j \circ \mathbb{a}_j) , \tag{2.18c}$$

womit

$$y = x \cdot \mathbb{A}_a = \frac{1}{2}\left[\sum_{j=1}^{3} [(x \cdot \mathbb{a}_j)\mathbb{b}_j - (x \cdot \mathbb{b}_j)\mathbb{a}_j] \right] = -\frac{1}{2} x \times \left[\sum_{j=1}^{3} \mathbb{a}_j \times \mathbb{b}_j \right] = - \frac{x \times \overset{\times}{\mathbb{a}}}{2} \tag{2.19a}$$

- man beachte den Entwicklungssatz (1.20a) für zweifache Vektorprodukte - entsteht, also eine Abbildung, bei der sämtliche Ergebnisvektoren (y) in einer Ebene (mit Normalen-

vektor $\sum_{j=1}^{3} \mathbb{a}_j \times \mathbb{b}_j = \overset{\times}{\mathbb{a}}$, dem sog. "Vektor des Tensors") liegen.

Die auf eine Orthonormalbasis $<\mathbb{e}_j>$ bezüglichen Komponenten a_{jk} eines Tensors $\mathbb{A}$ sind in zu (1.9a) analoger Weise durch Produktbildungen des Tensors mit Einheitsvektoren hervorzubringen. Wegen der

[14] etwa ihre drei Haupt- (bzw. Eigen-)Werte und die zugehörigen drei (zueinander orthogonalen) Hauptrichtungen (vgl. §4)

für Orthonormalbasen gültigen Orthogonalitätsrelationen (1.7) hat man unter Beachtung der Definitions-

gleichungen (2.7, 13b) für dyadische Produkte

$$(\mathbf{e}_1 \cdot \mathbb{A}) \cdot \mathbf{e}_m = \mathbf{e}_1 \cdot (\mathbb{A} \cdot \mathbf{e}_m) \equiv \mathbf{e}_1 \cdot \mathbb{A} \cdot \mathbf{e}_m = \mathbf{e}_m \cdot (\mathbf{e}_1 \cdot \mathbb{A}) = (\mathbb{A} \cdot \mathbf{e}_m) \cdot \mathbf{e}_1 =$$

$$\mathbf{e}_1 \cdot \left(\sum_{j,k=1}^{3} a_{jk} \mathbf{e}_j \circ \mathbf{e}_k \right) \cdot \mathbf{e}_m = \sum_{j,k=1}^{3} (\mathbf{e}_1 \cdot \mathbf{e}_j)(\mathbf{e}_k \cdot \mathbf{e}_m) a_{jk} = a_{1m}. \qquad (2.19b)$$

Generell definiert der nach der Prozedur (2.19a) gebildete Vektor $\overset{\times}{\mathbb{a}}$ eines Tensors $\mathbb{A}$ dessen antime-

trischen Anteil in Form dreier Differenzen der Werte der zur Hauptdiagonale spiegelbildlich liegenden

Komponenten. Mit den Bezeichnungen von (2.11b) bekommt man

$$\overset{\times}{\mathbb{a}} = \sum_{j,k=1}^{3} a_{jk} \mathbf{e}_j \overset{\wedge}{\times} \mathbf{e}_k = \left\{ a_{23} - a_{32};\ a_{31} - a_{13};\ a_{12} - a_{21} \right\}_{\langle \mathbf{e}_j \rangle}, \qquad (2.19c)$$

so daß insbesondere der Vektor $\overset{\times}{\mathbb{a}}$ jedes symmetrischen Tensors (wegen $a_{jk} = a_{kj}$, $j \neq k$, $j,k = 1...3$) ver-

schwindet.

2.2 Mehrfache Abbildungen

<u>2.2 a</u>   <u>Skalarprodukte von Tensoren</u>

Werden zwei hintereinander geschaltete Abbildungen

$$\mathbf{x} \longrightarrow \mathbf{y}: \quad \mathbf{y} = \mathbf{x} \cdot \mathbb{A} = \mathbb{A}^T \cdot \mathbf{x}, \qquad (2.20a)$$

$$\mathbf{y} \longrightarrow \mathbf{z}: \quad \mathbf{z} = \mathbf{y} \cdot \mathbb{B} = \mathbb{B}^T \cdot \mathbf{y} \qquad (2.20b)$$

zu einer "resultierenden Abbildung"

$$\mathbf{x} \longrightarrow \mathbf{z}: \quad \mathbf{z} = \mathbf{x} \cdot \mathbb{C} = \mathbb{C}^T \cdot \mathbf{x} \qquad (2.20c)$$

zusammengefaßt (Abb. 2.2), so bezeichnet man den dies

bewirkenden resultierenden Abbildungsoperator $\mathbb{C}$ mit

$\mathbb{A} \cdot \mathbb{B}$, schreibt also

$$\mathbf{z} = \mathbf{x} \cdot (\mathbb{A} \cdot \mathbb{B}) \qquad (2.20d)$$

und hat demgemäß, da man $\mathbf{z}(\mathbf{x})$ im Sinne von (2.20a,b) konkret als

$$\mathbf{z} = \mathbf{y} \cdot \mathbb{B} = (\mathbf{x} \cdot \mathbb{A}) \cdot \mathbb{B} \qquad (2.20e)$$

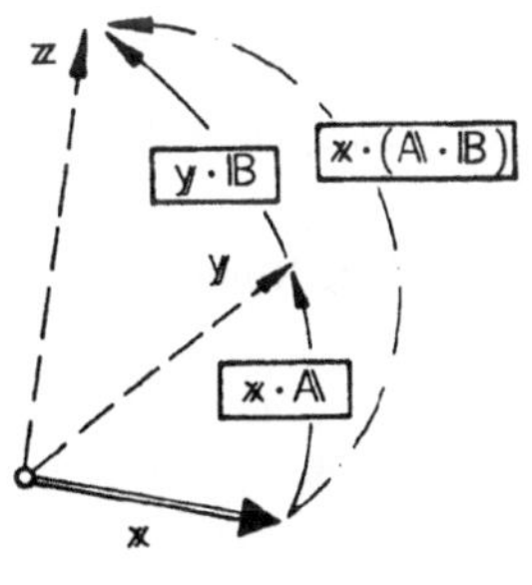

Abb. 2.2

ausrechnen kann, indem man letzteren Ausdruck mit (2.20d) gleichsetzt,

$$\mathbf{x}\cdot(\mathbb{A}\cdot\mathbb{B}) = (\mathbf{x}\cdot\mathbb{A})\cdot\mathbb{B} \tag{2.21}$$

als Definitionsgleichung und Rechenvorschrift [15] für den resultierenden Operator $\mathbb{A}\cdot\mathbb{B}$. Die Berechnungsvorschrift, wie man $\mathbb{A}\cdot\mathbb{B}$ erzeugt, extrahiert man indessen am einfachsten mittels der dyadischen Produktdarstellungen für Tensoren, insbesondere mit Betrachtnahme linearer Dyaden [16]

$$\mathbb{A} = \mathfrak{a}_1\circ\mathfrak{a}_2\,, \qquad \mathbb{B} = \mathfrak{b}_1\circ\mathfrak{b}_2$$

wofür (2.21) die Ausführungsvorschrift

$$\mathbf{x}\cdot[(\mathfrak{a}_1\circ\mathfrak{a}_2)\cdot(\mathfrak{b}_1\circ\mathfrak{b}_2)] \equiv [\mathbf{x}\cdot(\mathfrak{a}_1\circ\mathfrak{a}_2)]\cdot(\mathfrak{b}_1\circ\mathfrak{b}_2) \tag{2.21a}$$

ergibt. Wegen $\mathbf{x}\cdot(\mathfrak{a}_1\circ\mathfrak{a}_2) \equiv (\mathbf{x}\cdot\mathfrak{a}_1)\mathfrak{a}_2$ und damit

$$[\mathbf{x}\cdot(\mathfrak{a}_1\circ\mathfrak{a}_2)]\cdot(\mathfrak{b}_1\circ\mathfrak{b}_2) = (\mathbf{x}\cdot\mathfrak{a}_1)\mathfrak{a}_2\cdot(\mathfrak{b}_1\circ\mathfrak{b}_2) \equiv (\mathbf{x}\cdot\mathfrak{a}_1)(\mathfrak{a}_2\cdot\mathfrak{b}_1)\mathfrak{b}_2$$

folgt dann aber

$$\mathbf{x}\cdot[(\mathfrak{a}_1\circ\mathfrak{a}_2)\cdot(\mathfrak{b}_1\circ\mathfrak{b}_2)] = (\mathbf{x}\cdot\mathfrak{a}_1)(\mathfrak{a}_2\cdot\mathfrak{b}_1)\mathfrak{b}_2 \equiv \mathbf{x}\cdot[\mathfrak{a}_1\circ\mathfrak{b}_2](\mathfrak{a}_2\cdot\mathfrak{b}_1)$$

bzw. – man vergleiche mit dem in (2.21a) links stehenden Ausdruck (gestrichelt) –

$$(\mathfrak{a}_1\circ\mathfrak{a}_2)\cdot(\mathfrak{b}_1\circ\mathfrak{b}_2) \equiv (\mathfrak{a}_2\cdot\mathfrak{b}_1)\mathfrak{a}_1\circ\mathfrak{b}_2\,, \tag{2.21b}$$

wonach der resultierende Abbildungsoperator $(\mathfrak{a}_1\circ\mathfrak{a}_2)\cdot(\mathfrak{b}_1\circ\mathfrak{b}_2)$ dadurch erhalten wird, daß man von beiden Einzeldyaden die beiden benachbart stehenden (inneren) Faktoren $(\mathfrak{a}_2, \mathfrak{b}_1)$ "herausbricht", um sie skalarmultiplikativ zu verbinden, weswegen dann nur noch die beiden "äußeren Faktoren" $(\mathfrak{a}_1, \mathfrak{b}_2)$ dyadisch-multiplikativ verbunden bleiben. Entsprechend stellt mit

$$\mathbb{A} = \sum_{j=1}^{3} \mathfrak{a}_j\circ\hat{\mathfrak{a}}_j\,, \qquad \mathbb{B} = \sum_{k=1}^{3} \mathfrak{b}_k\circ\hat{\mathfrak{b}}_k \tag{2.21c,d}$$

die Beziehung

$$\mathbb{A}\cdot\mathbb{B} = \sum_{j,k=1}^{3} (\mathfrak{a}_j\circ\hat{\mathfrak{a}}_j)\cdot(\mathfrak{b}_k\circ\hat{\mathfrak{b}}_k) = \sum_{j,k=1}^{3} (\hat{\mathfrak{a}}_j\cdot\mathfrak{b}_k)\,\mathfrak{a}_j\circ\hat{\mathfrak{b}}_k \tag{2.21e}$$

---

[15] $\mathbb{A}\cdot\mathbb{B}$ ist gerade derjenige Tensor, der per $\mathbf{x}\cdot(\mathbb{A}\cdot\mathbb{B})$ diejenige lineare Vektorfunktion ergibt, die man in konkreter Rechnung als $(\mathbf{x}\cdot\mathbb{A})\cdot\mathbb{B}$ ermittelt hat. Unter dem Gesichtspunkt beliebiger Werte $\mathbf{x}$ ist so $\mathbb{A}\cdot\mathbb{B}$ vollständig zu identifizieren.

[16] die Verallgemeinerung auf einen vollständigen Tensor zweiter Stufe als Summe dreier linearer Dyaden ist dann trivial

die Rechenvorschrift zur Berechnung des resultierenden Operators in Termen dyadischer Produkte dar.[17]

Aufgrund der Gültigkeit des kommutativen und assoziativen Gesetzes im Zusammenhang mit der Multiplikation mit einem Skalar λ, d. h. aufgrund von

$$\lambda(a_1 \circ a_2)\cdot(b_1 \circ b_2) = (a_1 \circ a_2)\cdot\lambda(b_1 \circ b_2) = (a_1 \circ a_2)\cdot(b_1 \circ b_2)\lambda^{[18]} \qquad (2.22)$$

ist schließlich die Rechenanweisung (2.21e) direkt in Termen der Komponenten der beteiligten Tensoren

$$A = \sum_{j,\mu=1}^{3} a_{j\mu}\, e_j \circ e_\mu\,, \qquad\qquad B = \sum_{\nu,k=1}^{3} b_{\nu k}\, e_\nu \circ e_k \qquad (2.23a,b)$$

anzugeben. Wegen

$$C = A\cdot B = \sum_{j,k,\mu,\nu=1}^{3} a_{j\mu}(e_j \circ e_\mu)\cdot(e_\nu \circ e_k)b_{\nu k} = \sum_{j,k,\mu,\nu=1}^{3} a_{j\mu}b_{\nu k}(e_\mu \cdot e_\nu)e_j \circ e_k$$

ergibt sich insbesondere für Orthonormalbasen $\langle e_j \rangle$ nach (1.7)

$$C = A\cdot B = \sum_{j,k=1}^{3} \left[\sum_{\mu=1}^{3} a_{j\mu}b_{\mu k}\right] e_j \circ e_k = \sum_{j,k=1}^{3} c_{jk}\, e_j \circ e_k, \qquad (2.23c)$$

d.h. als "resultierender Tensor $C = A\cdot B$" ein Solcher, dessen Komponenten-Matrix nach der Regel der Skalarmultiplikation zweier Matrizen aus den Komponenten-Matrizen der Teil-Abbildungsoperatoren A und B hervorgebracht wird. In diesem Sinne bezeichnet man $A\cdot B$ auch als Skalarprodukt zweier Tensoren.

Die hier zunächst nur für Vektor-Linksmultiplikationen aufgelisteten Beziehungen gelten entsprechend auch für Rechtsmultiplikationen:

In Analogie zum Vorausgegangenen läßt sich zunächst feststellen, daß der zwei Abbildungen

$$x \rightarrow y: \quad y = \bar{A}\cdot x\,, \qquad\qquad y \rightarrow z: \quad z = \bar{B}\cdot y \qquad (2.24a,b)$$

zusammenfassende Operator $(\bar{B}\cdot\bar{A})$

---

[17] Daß man, wie in der letzteren Darstellung von (2.21e) geschehen, unter Benutzung des distributiven Gesetzes ausmultiplizieren darf, ist bereits mittels (2.8b) impliziert.

[18] Man multipliziere (2.22) skalar mit einem beliebigen Vektor x.

$$x \longrightarrow z : \qquad z \left[= \bar{\mathbb{B}} \cdot y = \bar{\mathbb{B}} \cdot (\bar{\mathbb{A}} \cdot x) \right] \equiv (\bar{\mathbb{B}} \cdot \bar{\mathbb{A}}) \cdot x \qquad (2.24c)$$

in derselben Weise wie unter (2.21, 23) definiert, also insbesondere, was eine Komponenten-darstellung betrifft, mittels der Matrizenmultiplikationsregel identifiziert wird. Um einen Zusammenhang zwischen den links- bzw. rechtsmultiplikativ definierten resultierenden Ab-bildungsoperatoren herzustellen, benutzt man von (2.20a,b) die jeweils letzteren Darstellungen, findet also im Sinne von (2.24c) mit $\bar{\mathbb{A}} = \mathbb{A}^T$, $\bar{\mathbb{B}} = \mathbb{B}^T$

$$z = (\mathbb{B}^T \cdot \mathbb{A}^T) \cdot x \; ,$$

was aber - im Sinne von (2.20d) und (2.15a) - mit

$$z = x \cdot (\mathbb{A} \cdot \mathbb{B}) \equiv (\mathbb{A} \cdot \mathbb{B})^T \cdot x$$

identisch sein muß und zu

$$(\mathbb{A} \cdot \mathbb{B})^T = \mathbb{B}^T \cdot \mathbb{A}^T \qquad (2.25)$$

führt. Mit $\mathbb{B} = \mathbb{A}^T$ folgt dann übrigens noch

$$(\mathbb{A} \cdot \mathbb{A}^T)^T = (\mathbb{A}^T)^T \cdot \mathbb{A}^T \overset{(2.15c)}{=} \mathbb{A} \cdot \mathbb{A}^T \; , \qquad (2.25a)$$

wonach die Operation $\mathbb{A} \cdot \mathbb{A}^T$ (für beliebige Tensoren $\mathbb{A}$) stets einen symmetrischen und überdies im Sinne von

$$x \cdot \mathbb{A} \cdot \mathbb{A}^T \cdot x = (x \cdot \mathbb{A}) \cdot (x \cdot \mathbb{A}) = (x \cdot \mathbb{A})^2 \geq 0 \qquad (2.25b)$$

positiv-definiten Tensor ergibt. Mehrfachabbildungen

$$x \longrightarrow y : \quad y = x \cdot \mathbb{A} \; ; \qquad y \longrightarrow z : \quad z = y \cdot \mathbb{B} \; ; \qquad z \longrightarrow v : \quad v = z \cdot \mathbb{C} \; ;$$

werden entsprechend

$$x \longrightarrow v : \quad v = x \cdot (\mathbb{A} \cdot \mathbb{B} \cdot \mathbb{C})$$

durch einen resultierenden Operator $\mathbb{A} \cdot \mathbb{B} \cdot \mathbb{C}$ repräsentiert, wobei die Multiplikationspunkte im Hinblick auf Komponenten-Repräsentationen die Matrizenmultiplikationsregel sym-bolisieren. Mittels der "Technik des Aufbrechens der Einzeldyaden" bei der Skalarmultipli-kation erkennt man leicht die Gültigkeit des assoziativen Gesetzes

$$(\mathbb{A} \cdot \mathbb{B}) \cdot \mathbb{C} = \mathbb{A} \cdot (\mathbb{B} \cdot \mathbb{C}) = \mathbb{A} \cdot \mathbb{B} \cdot \mathbb{C} \; , \qquad (2.26a)$$

weshalb in der Notationsweise $\mathbb{A} \cdot \mathbb{B} \cdot \mathbb{C}$ die Klammern entbehrlich sind. In Erweiterung von

(2.25) hat man

$$\overset{(2.26\text{a})}{(\mathbb{A}\cdot\mathbb{B}\cdot\mathbb{C})^T} = [(\mathbb{A}\cdot\mathbb{B})\cdot\mathbb{C}]^T \overset{(2.25)}{=} \mathbb{C}^T\cdot(\mathbb{A}\cdot\mathbb{B})^T = \mathbb{C}^T\cdot\mathbb{B}^T\cdot\mathbb{A}^T . \qquad (2.26\text{b})$$

Vollständige Tensoren zweiter Stufe sind "invertierbar", vermitteln also einen umkehrbar—

eindeutigen Zusammenhang zwischen zwei Vektorbüscheln.

Man bezeichnet die zu

$$y = x\cdot\mathbb{A} = \mathbb{A}^T\cdot x \qquad (2.27\text{a,b})$$

inverse Transformation durch die Operatoren $\mathbb{A}^{-1}$ bzw. $(\mathbb{A}^T)^{-1}$, schreibt also

$$x = y\cdot\mathbb{A}^{-1} = (\mathbb{A}^T)^{-1}\cdot y \qquad (2.27\text{c,d})$$

und hat dementsprechend nach Einsetzen in (2.27a,b) - Abbildung und Inversion hinterein-

anderschaltend -

$$y = x\cdot\mathbb{A} = (y\cdot\mathbb{A}^{-1})\cdot\mathbb{A} \equiv y\cdot(\mathbb{A}^{-1}\cdot\mathbb{A}) \qquad (2.27\text{e})$$

bzw. $\qquad y = \mathbb{A}^T\cdot x = \mathbb{A}^T\cdot[(\mathbb{A}^T)^{-1}\cdot y] \equiv [\mathbb{A}^T\cdot(\mathbb{A}^T)^{-1}]\cdot y , \qquad (2.27\text{f})$

wonach offenbar die resultierenden Operationen $\mathbb{A}^{-1}\cdot\mathbb{A}$ bzw. $\mathbb{A}^T\cdot(\mathbb{A}^T)^{-1}$ identische Abbild-

ungen vermitteln müssen. Der zugehörige (symmetrische) Operator wird als Einheitstensor

$\mathbb{E}$ bezeichnet,

$$y = y\cdot\mathbb{E} = \mathbb{E}\cdot y , \qquad (2.28\text{a})$$

und z. B. bei Bezugnahme auf eine Orthonormalbasis $\langle e_j\rangle$ wegen

$$y \overset{(1.3\text{b})}{=} \sum_{j=1}^{3}(y\cdot e_j)e_j \overset{19)}{\equiv} y\cdot\sum_{j=1}^{3}e_j\circ e_j = y\cdot\mathbb{E} \qquad (2.28\text{b})$$

als $\qquad \mathbb{E} = \sum_{j=1}^{3}e_j\circ e_j \;\hat{=}\; \begin{pmatrix} 1 & 0 & 0 \\ 0 & 1 & 0 \\ 0 & 0 & 1 \end{pmatrix} \;\hat{=}\; \mathbb{E}^T \qquad (2.28\text{c})$

dargestellt. Wegen

$$y = x\cdot\mathbb{A} \overset{(2.28\text{b})}{=} y\cdot\mathbb{E} = (x\cdot\mathbb{A})\cdot\mathbb{E} \overset{(2.21)}{\equiv} x\cdot(\mathbb{A}\cdot\mathbb{E}) \overset{(2.15\text{a})}{\equiv} (\mathbb{A}\cdot\mathbb{E})^T\cdot x$$

$$\overset{(2.25)}{=} \mathbb{E}^T\cdot\mathbb{A}^T\cdot x \overset{(2.28\text{c})}{=} \mathbb{E}\cdot\mathbb{A}^T\cdot x \;(= y \equiv x\cdot\mathbb{A}) \equiv \mathbb{A}^T\cdot x$$

---

19) Man beachte die Definitionsgleichung (2.7) für dyadische Produkte.

gilt
$$\mathbb{A}\cdot\mathbb{E} = \mathbb{E}\cdot\mathbb{A} = \mathbb{A}\,, \qquad (2.29)$$

und aus (2.27e) bekommt man

$$\mathbb{A}^{-1}\cdot\mathbb{A} = \mathbb{E} = \mathbb{E}^T = (\mathbb{A}^{-1}\cdot\mathbb{A})^T \overset{(2.25)}{=} \mathbb{A}^T\cdot(\mathbb{A}^{-1})^T, \qquad (2.30a)$$

aus (2.27f) entsprechend

$$\mathbb{A}^T\cdot(\mathbb{A}^T)^{-1} = \mathbb{E}, \qquad (2.30b)$$

was gleichgesetzt wird und zu

$$\mathbb{A}^T\cdot(\mathbb{A}^{-1})^T = \mathbb{A}^T\cdot(\mathbb{A}^T)^{-1}$$

bzw. –man multipliziere links skalar mit $(\mathbb{A}^T)^{-1}$ und benutze $(\mathbb{A}^T)^{-1}\cdot\mathbb{A}^T\cdot\mathbb{Z} = \mathbb{E}\cdot\mathbb{Z} = \mathbb{Z}$– zu

$$(\mathbb{A}^{-1})^T = (\mathbb{A}^T)^{-1} \qquad (2.30c)$$

führt, wonach die Reihenfolge Transponieren → Invertieren vertauscht werden darf.

Hiermit folgt dann aus (2.30a), d. h. aus

$$\mathbb{E} = \mathbb{A}^T\cdot(\mathbb{A}^{-1})^T = \mathbb{A}^T\cdot(\mathbb{A}^T)^{-1}$$

mit $\mathbb{A}$ anstelle von $\mathbb{A}^T$ desweiteren

$$\mathbb{A}\cdot\mathbb{A}^{-1} = \mathbb{E}(\overset{(2.30a)}{=}\mathbb{A}^{-1}\cdot\mathbb{A}). \qquad (2.30d)$$

Unter Benutzung der Darstellung (2.11a) ist die Notation einer Inversion besonders einfach. Man

bekommt
$$\mathbb{A}^{-1} = \left[\sum_{k=1}^{3} \mathbb{a}_k\circ\mathbb{b}_k\right]^{-1} = \sum_{k=1}^{3} \mathbb{b}^k\circ\mathbb{a}^k \qquad (2.31a)$$

mit den zu den Vektoren $\mathbb{a}_k, \mathbb{b}_k$ $(k = 1...3)$ reziproken Größen (vgl. § 1.6)

$$\mathbb{a}^1 = \frac{\mathbb{a}_2\times\mathbb{a}_3}{[\mathbb{a}_1\mathbb{a}_2\mathbb{a}_3]}, \quad \mathbb{a}^2 = \frac{\mathbb{a}_3\times\mathbb{a}_1}{[\mathbb{a}_1\mathbb{a}_2\mathbb{a}_3]}, \quad \mathbb{a}^3 = \frac{\mathbb{a}_1\times\mathbb{a}_2}{[\mathbb{a}_1\mathbb{a}_2\mathbb{a}_3]}, \quad \text{d.h.,} \quad \mathbb{a}^i = \epsilon_{\langle ijk\rangle}\frac{\mathbb{a}_j\times\mathbb{a}_k}{[\mathbb{a}_1\mathbb{a}_2\mathbb{a}_3]},$$

$$\mathbb{b}^1 = \frac{\mathbb{b}_2\times\mathbb{b}_3}{[\mathbb{b}_1\mathbb{b}_2\mathbb{b}_3]}, \quad \mathbb{b}^2 = \frac{\mathbb{b}_3\times\mathbb{b}_1}{[\mathbb{b}_1\mathbb{b}_2\mathbb{b}_3]}, \quad \mathbb{b}^3 = \frac{\mathbb{b}_1\times\mathbb{b}_2}{[\mathbb{b}_1\mathbb{b}_2\mathbb{b}_3]}, \quad \text{d.h.,} \quad \mathbb{b}^i = \epsilon_{\langle ijk\rangle}\frac{\mathbb{b}_j\times\mathbb{b}_k}{[\mathbb{b}_1\mathbb{b}_2\mathbb{b}_3]} \qquad (2.31b)$$

und daraus insbesondere wegen

$$\mathbb{a}^j\cdot\mathbb{a}_k = \mathbb{b}^j\cdot\mathbb{b}_k = \delta^j_{\cdot k} = \begin{cases} 0 \text{ für } j \neq k \\ 1 \text{ für } j = k \end{cases} \qquad (2.31c)$$

für den Einheitstensor in Verallgemeinerung von (2.28c)

$$\mathbb{E} = \mathbb{A}^{-1} \cdot \mathbb{A} = \sum_{k=1}^{3} \mathbf{b}^{k} \circ \mathbf{b}_{k} = \mathbb{A} \cdot \mathbb{A}^{-1} = \sum_{k=1}^{3} \mathbf{a}_{k} \circ \mathbf{a}^{k} \, , \qquad (2.31d)$$

was übrigens bereits in (1.22g,23a) impliziert ist.[20]

Mehrfach-Vollzug derselben Abbildung wird analog der Notation für die Darstellung von Potenzen eines Skalars bezeichnet. So bedeuten

$$\mathbb{A}^{2} = \mathbb{A} \cdot \mathbb{A} \, , \qquad \mathbb{A}^{3} = \mathbb{A} \cdot \mathbb{A} \cdot \mathbb{A} \qquad (2.32a,b)$$

usw., d. h. insbesondere

$$\mathbb{A}^{1} = \mathbb{A} \, , \qquad \mathbb{A}^{0} = \mathbb{E} \, , \qquad (2.32c,d)$$

wobei zwischen vier aufeinanderfolgenden Tensorpotenzen die Gleichung von

<u>Cayley-Hamilton</u> $\qquad A_{3}\mathbb{A}^{p} - A_{2}\mathbb{A}^{p+1} + A_{1}\mathbb{A}^{p+2} - \mathbb{A}^{p+3} = 0 \qquad (2.33a)$

bzw., wenn $\mathbb{A}$ invertierbar ist, mit p $= -1$

$$\mathbb{A}^{-1} = (A_{2}\mathbb{E} - A_{1}\mathbb{A} + \mathbb{A}^{2})/A_{3} \qquad (2.33b)$$

gilt, wie unter Ziffer 2.2c nachgewiesen wird. Die darin auftretenden drei sog. "Grundinvarianten"[21] A_{j} (j $= 1...3$) sind skalarwertige (Tensor-)Funktionen von $\mathbb{A}$ und darzustellen

a) für die Notation $\qquad\qquad \mathbb{A} = \sum_{k=1}^{3} \mathbf{a}_{k} \circ \mathbf{b}_{k} \qquad (2.34a)$

als

$$A_{1}\langle\mathbb{A}\rangle = (\mathbb{A})_{1} = \sum_{k=1}^{3} \mathbf{a}_{k} \cdot \mathbf{b}_{k} \, , \qquad (2.34b)$$

$$A_{2}\langle\mathbb{A}\rangle = (\mathbb{A})_{2} = \begin{vmatrix} 1 & 0 & 0 \\ 0 & \mathbf{a}_{2}\cdot\mathbf{b}_{2} & \mathbf{a}_{2}\cdot\mathbf{b}_{3} \\ 0 & \mathbf{a}_{3}\cdot\mathbf{b}_{2} & \mathbf{a}_{3}\cdot\mathbf{b}_{3} \end{vmatrix} + \begin{vmatrix} \mathbf{a}_{1}\cdot\mathbf{b}_{1} & 0 & \mathbf{a}_{1}\cdot\mathbf{b}_{3} \\ 0 & 1 & 0 \\ \mathbf{a}_{3}\cdot\mathbf{b}_{1} & 0 & \mathbf{a}_{3}\cdot\mathbf{b}_{3} \end{vmatrix} + \begin{vmatrix} \mathbf{a}_{1}\cdot\mathbf{b}_{1} & \mathbf{a}_{1}\cdot\mathbf{b}_{2} & 0 \\ \mathbf{a}_{2}\cdot\mathbf{b}_{1} & \mathbf{a}_{2}\cdot\mathbf{b}_{2} & 0 \\ 0 & 0 & 1 \end{vmatrix} =$$

---

[20] Man vergleiche letztgenannte Formeln mit

$$\mathbf{y} \equiv \mathbf{y} \cdot \mathbb{E} \overset{(2.31d)}{=} \mathbf{y} \cdot \begin{cases} \Sigma\, \mathbf{b}^{k}\circ\mathbf{b}_{k} & (2.7) & \Sigma\,(\mathbf{y}\cdot\mathbf{b}^{k})\mathbf{b}_{k} \\ & \equiv & \\ \Sigma\, \mathbf{a}_{k}\circ\mathbf{a}^{k} & & \Sigma\,(\mathbf{y}\cdot\mathbf{a}_{k})\mathbf{a}^{k} \end{cases}$$

[21] auch als "erster Skalar", "zweiter Skalar", "dritter Skalar" eines Tensors bezeichnet, aber auch als erste, zweite bzw. dritte "Invariante", weil sie, wie insbesondere die Darstellungen (2.34 b,c,d) zeigen, bezugsbasis—invariant sind.

$$= \frac{1}{2} \sum_{j,k=1}^{3} (\mathbf{a}_j \times \mathbf{a}_k) \cdot (\mathbf{b}_j \times \mathbf{b}_k) \overset{(1.26)}{=} \frac{1}{2} [A_1^2 - \sum_{j,k=1}^{3} (\mathbf{a}_j \cdot \mathbf{b}_k)(\mathbf{a}_k \cdot \mathbf{b}_j)] \equiv$$

$$\overset{(2.31b)}{\equiv} [\mathbf{a}_1 \mathbf{a}_2 \mathbf{a}_3] [\mathbf{b}_1 \mathbf{b}_2 \mathbf{b}_3] \sum_{j=1}^{3} \mathbf{a}^j \cdot \mathbf{b}^j \,, \tag{2.34c}$$

$$A_3 \langle \mathbb{A} \rangle = (\mathbb{A})_3 = \frac{1}{3} \left[A_1^2 - A_2 \sum_{j,k=1}^{3} (\mathbf{a}_j \cdot \mathbf{b}_k)(\mathbf{a}_k \cdot \mathbf{b}_j) + \sum_{j,k,l=1}^{3} (\mathbf{a}_j \cdot \mathbf{b}_l)(\mathbf{a}_k \cdot \mathbf{b}_j)(\mathbf{a}_l \cdot \mathbf{b}_k) \right] =$$

$$= \begin{vmatrix} \mathbf{a}_1 \cdot \mathbf{b}_1 & \mathbf{a}_1 \cdot \mathbf{b}_2 & \mathbf{a}_1 \cdot \mathbf{b}_3 \\ \mathbf{a}_2 \cdot \mathbf{b}_1 & \mathbf{a}_2 \cdot \mathbf{b}_2 & \mathbf{a}_2 \cdot \mathbf{b}_3 \\ \mathbf{a}_3 \cdot \mathbf{b}_1 & \mathbf{a}_3 \cdot \mathbf{b}_2 & \mathbf{a}_3 \cdot \mathbf{b}_3 \end{vmatrix} \overset{(1.24a)}{=} [\mathbf{a}_1 \mathbf{a}_2 \mathbf{a}_3] [\mathbf{b}_1 \mathbf{b}_2 \mathbf{b}_3] \,, \tag{2.34d}$$

b) mit $\mathbf{b}_k = \mathbf{e}_k$, $k = 1,..,3$ und $\mathbf{a}_k = \sum_{j=1}^{3} a_{jk} \mathbf{e}_j$, also für die Darstellung

$$\mathbb{A} = \sum_{k=1}^{3} \mathbf{a}_k \circ \mathbf{e}_k = \sum_{j,k=1}^{3} a_{jk}\, \mathbf{e}_j \circ \mathbf{e}_k \; \hat{=} \; \begin{pmatrix} a_{11} & a_{12} & a_{13} \\ a_{21} & a_{22} & a_{23} \\ a_{31} & a_{32} & a_{33} \end{pmatrix} \langle \mathbf{e}_j \rangle \tag{2.35a}$$

unter Verwendung einer Orthonormalbasis $\langle \mathbf{e}_j \rangle$ als

$$A_1 \langle \mathbb{A} \rangle = \sum_{k=1}^{3} \mathbf{a}_k \cdot \mathbf{e}_k = \sum_{k=1}^{3} a_{kk} \overset{22)}{=} \mathrm{sp}\,(\mathbb{A})\,, \tag{2.35b}$$

$$A_2 \langle \mathbb{A} \rangle = \frac{1}{2} [A_1^2 - \sum_{j,k=1}^{3} a_{jk} a_{kj}] = \begin{vmatrix} a_{22} & a_{23} \\ a_{32} & a_{33} \end{vmatrix} + \begin{vmatrix} a_{11} & a_{13} \\ a_{31} & a_{33} \end{vmatrix} + \begin{vmatrix} a_{11} & a_{12} \\ a_{21} & a_{22} \end{vmatrix}, \tag{2.35c}$$

$$A_3 \langle \mathbb{A} \rangle = (\mathbb{A})_3 = [\mathbf{a}_1 \mathbf{a}_2 \mathbf{a}_3] = \begin{vmatrix} a_{11} & a_{12} & a_{13} \\ a_{21} & a_{22} & a_{23} \\ a_{31} & a_{32} & a_{33} \end{vmatrix} = \text{"det } \mathbb{A}\text{"}\,, \tag{2.35d}$$

wobei man leicht feststellt, daß die Invarianten A_j (j=1...3) eines Tensors $\mathbb{A}$ mit Denjenigen seiner transponierten Version identisch sind,

$$(\mathbb{A})_j = (\mathbb{A}^T)_j \qquad , j = 1...3, \tag{2.36a}$$

und desweiteren, daß die Darstellungen (2.34a-c) unter Benutzung von (2.31a) die Beziehungen

---

22) Die Summe $\sum a_{kk}$ der Hauptdiagonalglieder wird auch als " Spur von $\mathbb{A}$" (Sp $\mathbb{A}$, tr $\mathbb{A}$) bezeichnet.

$$(\mathbb{A}^{-1})_3 = 1/(\mathbb{A})_3, \quad (\mathbb{A})_2 = (\mathbb{A})_3(\mathbb{A}^{-1})_1, \quad (\mathbb{A})_1 = (\mathbb{A})_3(\mathbb{A}^{-1})_2 \qquad (2.36\text{b-d})$$

usw. erschließen lassen.

2.2 b   Deformationsgeometrische Deutungen

Haben die Vektoren x bzw. y in der linearen Transformation $y = x \cdot \mathbb{F}$ die Bedeutung von Ortsvektoren zu (materiellen) Punkten, so hat $\mathbb{F}$ den Charakter eines Operators, der eine sog. "homogene Konfigurationsänderung" gerichteter (materieller) Linienelemente x (in eine Konfiguration "$\langle y \rangle$") beschreibt.[23] Entsprechende konfigurationsgeometrische Interpretationen sind dann auch für die Invarianten möglich. So charakterisiert etwa die dritte Invariante die sog. Volumendehnung ϵ_v , die als auf die Volumeneinheit (der Konfiguration "$\langle x \rangle$") bezogene Volumenänderung im homogenen Konfigurationsänderungsfeld definiert wird.

Bezeichnen x_1 , x_2 , x_3 drei von einem Punkte ausgehende (Orts-) Vektoren (materielle Linienelemente) mit denen ein Parallelepiped vom Volumen

$$V_x = [x_1 x_2 x_3] = (x_1 \times x_2) \cdot x_3$$

aufgespannt wird, und sind

$$y_1 = x_1 \cdot \mathbb{F} , \qquad y_2 = x_2 \cdot \mathbb{F} , \qquad y_3 = x_3 \cdot \mathbb{F}$$

die "deformierten Bilder" der Vektoren x_1 , x_2 , x_3 , so ist

$$V_y = [y_1 y_2 y_3] = (y_1 \times y_2) \cdot y_3$$

das Parallelepiped-Volumen nach der durch $\mathbb{F}$ gekennzeichneten Konfigurationstransformation und

$$(1 + \epsilon_v) = \frac{V_y}{V_x}$$

das Volumenverhältnis, das - wegen der Homogenität des Konfigurationsänderungsfeldes -

---

[23] was letztlich der Grund ist, weswegen man in der Theorie der sog. einfachen Stoffe (lokale) Konfigurationsänderungen mittels zweistufiger Tensoren , sog. "materieller Verschiebungsgradienten" (bestehend aus lokale Drehungen beschreibender sog. Versoren zuzüglich lokale Deformationen beschreibender sog. Verzerrungstensoren), charakterisieren kann. Denn einfache Stoffe sind definitionsgemäß Solche, bei denen es hinsichtlich der Recherchen ihrer materiellen Eigenschaften betreffend die Konfigurationsgeometrie hinreicht, homogene Konfigurationsänderungszustände in Betracht zu nehmen [3].

für beliebige (nicht komplanare) Dreiersets $(\varkappa_1, \varkappa_2, \varkappa_3)$ denselben Wert haben muß. Mit der Notation nach (2.34a) bekommt man wegen

$$\left[(\varkappa_1\cdot\mathbb{F})(\varkappa_2\cdot\mathbb{F})(\varkappa_3\cdot\mathbb{F})\right] =^{24)} \sum_{i,j,k}(\varkappa_1\cdot a_i)(\varkappa_2\cdot a_j)(\varkappa_3\cdot a_k)\,[b_i b_j b_k]^{(1.24c)} =$$

$$= [\varkappa_1\varkappa_2\varkappa_3][a_1 a_2 a_3][b_1 b_2 b_3] \tag{2.37a}$$

schließlich

$$1+\epsilon_v = \frac{V_{\text{\it y}}}{V_{\varkappa}} = \frac{[(\varkappa_1\cdot\mathbb{F})(\varkappa_2\cdot\mathbb{F})(\varkappa_3\cdot\mathbb{F})]}{[\varkappa_1\varkappa_2\varkappa_3]} = [a_1 a_2 a_3][b_1 b_2 b_3] = (\mathbb{F})_3, \tag{2.37b}$$

d.h. denn auch in der Tat einen von der Wahl des Parallelepipeds $(\varkappa_1,\varkappa_2,\varkappa_3)$ unabhängigen Wert[25] für die Volumendehnung, die die dritte Grundinvariante des Konfigurationstensors $\mathbb{F}$ kennzeichnet.

$$(\mathbb{F})_3 > 0 \tag{2.37c}$$

bedeutet, daß materielle Linienelemente $\varkappa_j$ (j=1..3) auch nach der Deformation (in die Konfiguration y_j, j=1..3) dieselbe räumliche Orientierung behalten, also keine Spiegelungen bzw. "Teilinversionen" (vgl. §3) des "deformierbaren Kontinuums" stattgefunden haben.

Im Falle zweier hintereinandergeschalteter Abbildungen

$$\varkappa \to y: \quad y = \varkappa\cdot\mathbb{A} \quad\text{und}\quad y \to z: \quad z = y\cdot\mathbb{B}$$

sind

$$(\mathbb{A})_3 = \frac{V_{\text{\it y}}}{V_{\varkappa}} \quad\text{und}\quad (\mathbb{B})_3 = \frac{V_{z}}{V_{y}}$$

die jeweiligen Volumenverhältnisse, und weil für die resultierende Abbildung

$$\varkappa \to z: \quad z = \varkappa\cdot(\mathbb{A}\cdot\mathbb{B}) \quad\text{analog}\quad (\mathbb{A}\cdot\mathbb{B})_3 = \frac{V_{z}}{V_{\varkappa}}$$

gelten muß, verifiziert man

$$\frac{V_{z}}{V_{\varkappa}} = (\mathbb{A}\cdot\mathbb{B})_3 = \left(\frac{V_{z}}{V_{y}}\right)\left(\frac{V_{\text{\it y}}}{V_{\varkappa}}\right) = (\mathbb{A})_3(\mathbb{B})_3 \tag{2.38a}$$

---

[24] Man benutze für $\mathbb{F}$ die allgemeine Darstellung $\mathbb{F} = \Sigma\, a_k\circ b_k$ (vgl. (2.34a))

[25] das Spatprodukt $[\varkappa_1\varkappa_2\varkappa_3]$ hebt sich heraus!

und damit - angesichts von (2.35d) - den Multiplikationssatz für Determinaten

$$\det\,(\mathbb{A}\cdot\mathbb{B}) = (\det\,\mathbb{A})(\det\,\mathbb{B}) \overset{(2.36a)}{=} (\det\,\mathbb{A}^T)(\det\,\mathbb{B}^T). \qquad (2.38\ b)$$

Wegen
$$1+\epsilon_v = (\mathbb{F})_3 = \frac{[y_1 y_2 y_3]}{[\varkappa_1 \varkappa_2 \varkappa_3]} = \frac{(\varkappa_1\cdot\mathbb{F})\times(\varkappa_2\cdot\mathbb{F})]\cdot(\varkappa_3\cdot\mathbb{F})}{(\varkappa\times\varkappa_2)\cdot\varkappa_3} ,$$

d.h. der für beliebige $\varkappa_3$ geltenden Beziehung

$$\left\{(\mathbb{F})_3\,(\varkappa_1\times\varkappa_2) - [(\varkappa_1\cdot\mathbb{F})\times(\varkappa_2\cdot\mathbb{F})]\cdot\mathbb{F}^T\right\}\cdot\varkappa_3 =^{26)} 0$$

folgert man die wichtige Relation

$$(\varkappa_1\cdot\mathbb{F})\times(\varkappa_2\cdot\mathbb{F}) = (\mathbb{F})_3\,(\varkappa_1\times\varkappa_2)\cdot\left[\mathbb{F}^T\right]^{-1} \qquad (2.39a)$$

und entsprechend mit $\mathbb{F}^T$ anstelle von $\mathbb{F}$ sowie $(\mathbb{F})_3 = (\mathbb{F}^T)_3$

$$(\mathbb{F}\cdot\varkappa_1)\times(\mathbb{F}\cdot\varkappa_2) = (\mathbb{F})_3(\varkappa_1\times\varkappa_2)\cdot\mathbb{F}^{-1} = (\mathbb{F})_3\mathbb{F}^{T^{-1}}\cdot(\varkappa_1\times\varkappa_2), \qquad (2.39b)$$

womit Konfigurationsänderungen materieller Flächenelemente durch eine lineare Transformation beschreibbar werden:

Bezeichnet
$$\mathfrak{f}_\varkappa = \varkappa_1\times\varkappa_2 \qquad (2.40a)$$

ein - durch zwei materielle Linienelemente $\varkappa_1$ und $\varkappa_2$ aufgespanntes - materielles Flächenelement und dementsprechend

$$\mathfrak{f}_y = y_1\times y_2 = (\varkappa_1\cdot\mathbb{F})\times(\varkappa_2\cdot\mathbb{F}) \qquad (2.40b)$$

dessen Konfiguration nach Vollzug des durch $\mathbb{F}$ charakterisierten Konfigurationsänderungs-prozesses, so gilt nach (2.39 a,b)

$$\mathfrak{f}_y = \mathfrak{f}_\varkappa\cdot\mathbb{F}_f = \mathbb{F}_f^T\cdot\mathfrak{f}_\varkappa \qquad (2.40c)$$

mit dem - selbstverständlich als Tensorfunktion von $\mathbb{F}$ darstellbaren [27)] -

<u>Flächenkonfigurationsänderungstensor</u>

[26)] Man beachte $\varkappa\cdot\mathbb{A} = \mathbb{A}^T\cdot\varkappa$

[27)] Da durch $\mathbb{F}$ die Gesamtheit der Abbildungen eines Vektorbüschels $(\varkappa)$ beschrieben wird, ist klar, daß sich auch daraus abgeleitete Abbildungs−Detailprobleme durch $\mathbb{F}$ charakterisieren lassen müssen, wie man auch an der Darstellung (2.37) für die Volumendehnung bemerkt. Über Tensorfunktionen wird in § 5 referiert.

$$\mathbb{F}_f = (\mathbb{F})_3 \mathbb{F}^{T^{-1}} =^{28)} (\mathbb{F})_2 \mathbb{E} - (\mathbb{F})_1 \mathbb{F}^T + \left[\mathbb{F}^T\right]^2 = (\mathbb{F})_2 \mathbb{E} - (\mathbb{F})_1 \mathbb{F}^T + (\mathbb{F}^2)^T . \qquad (2.40d)$$

Eine deformationsgeometrische Deutung der ersten (linearen) Invarianten eines Tensors ist Diejenige einer auf eine Momentankonfiguration bezogenen Volumenänderungsgeschwindigkeit im (räumlich-)homogenen Konfigurationsänderungsfeld. Denkt man sich per

$$y(t) = x \cdot \mathbb{F}(t), \qquad (2.41a)$$

d. h. mit

$$\dot{y}(t) = x \cdot \dot{\mathbb{F}}(t) = x \cdot \mathbb{F}(t) \cdot \mathbb{F}^{-1}(t) \cdot \dot{\mathbb{F}}(t) = y(t) \cdot \mathbb{F}^{-1} \cdot \dot{\mathbb{F}} = y(t) \cdot \bar{\mathbb{V}}(t) \qquad (2.41b)$$

eine zeitabhängige homogene Konfigurationsänderung vollzogen, so ist

$$\bar{C}_1 = \frac{\dot{V}_y(t)}{V_y(t)} = \left[\ln \frac{V_y(t)}{V_y(t_0)} \right]^{\cdot} = (\bar{\mathbb{V}}(t))_1 , \qquad (2.41c)$$

also die auf die Momentankonfiguration $\langle y(t) \rangle$ bezogene Änderungsgeschwindigkeit des Volumens $V_y(t) = [y_1(t)\, y_2(t)\, y_3(t)]$ eines Parallelepipeds $\langle\, y_1(t),\, y_2(t),\, y_3(t)\, \rangle$ mit der ersten Invarianten des (die lineare Zuordnung $y \to \dot{y}$ vermittelnden) Tensors [29] $\bar{\mathbb{V}}$ identisch.

Da nämlich $\qquad \dfrac{V_y(t)}{V_x} \overset{(2.37b)}{=} (\mathbb{F}(t))_3,\qquad$ d. h. $\qquad \dfrac{\dot{\mathbb{V}}_y}{\mathbb{V}_y} = \dfrac{\dot{V}_y}{V_x} \dfrac{V_x}{V_y} = \dfrac{(\mathbb{F}(t))_3^{\cdot}}{(\mathbb{F}(t))_3}$

gilt , wobei $\qquad [x_1 x_2 x_3]\, (\mathbb{F})_3 = [(x_1 \cdot \mathbb{F})(x_2 \cdot \mathbb{F})(x_3 \cdot \mathbb{F})] \overset{(2.37b)}{=} [y_1 y_2 y_3]$

und demgemäß $\qquad [x_1 x_2 x_3]\, (\mathbb{F})_3^{\cdot} = [\dot{y}_1 y_2 y_3] + [y_1 \dot{y}_2 y_3] + [y_1 y_2 \dot{y}_3]$

sind, entsteht zunächst

$$\bar{C}_1 = \frac{[\dot{y}_1 y_2 y_3]+[y_1 \dot{y}_2 y_3]+[y_1 y_2 \dot{y}_3]}{[y_1 y_2 y_3]} = \sum_{j=1}^{3} \dot{y}_j \cdot y^j \overset{(2.41b)}{=} \sum_{j=1}^{3} y_j \cdot \bar{\mathbb{V}} \cdot y^j ,$$

nachdem man noch

$$y^1 = \frac{y_2 \times y_3}{[y_1 y_2 y_3]} , \qquad y^2 = \frac{y_3 \times y_1}{[y_1 y_2 y_3]} , \qquad y^3 = \frac{y_1 \times y_2}{[y_1 y_2 y_3]} ,$$

---

[28] Man beachte die Cayley – Hamilton'sche Gleichung (2.33 b) sowie, daß die drei Grundinvarianten eines Tensors mit Denjenigen seiner transponierten Version identisch sind.

[29] auch als "auf die Momentankonfiguration $(y(t))$" bezogener Geschwindigkeitstensor bezeichnet. Er entspricht in der Kontinuumskinematik dem sog. "räumlichen Geschwindigkeitsgradienten".

(vgl. (1.22a–c)) beachtet hat, und daraus mit der allgemeinen Darstellung

$$\bar{\mathbb{V}}(t) = \sum_{\alpha=1}^{3} \mathsf{a}_{\alpha} \circ \mathsf{b}_{\alpha}$$

(vgl. (2.11a)) schließlich in der Tat

$$\bar{C}_1 = \sum_{j,\,\alpha=1}^{3} (\mathsf{y}_j \cdot \mathsf{a}_{\alpha})(\mathsf{y}^j \cdot \mathsf{b}_{\alpha})) = \sum_{\alpha=1}^{3} \left[\sum_{j=1}^{3} (\mathsf{a}_{\alpha} \cdot \mathsf{y}_j)\mathsf{y}^j \right] \cdot \mathsf{b}_{\alpha}$$

$$\stackrel{30)}{\equiv} \sum_{\alpha=1}^{3} \mathsf{a}_{\alpha} \cdot \mathsf{b}_{\alpha} \stackrel{(2.34b)}{=} (\bar{\mathbb{V}})_1 = (\mathbb{F}^{-1} \cdot \dot{\mathbb{F}})_1 = \frac{(\mathbb{F}(t))_3^{\cdot}}{(\mathbb{F}(t))_3} = \left[\ln \frac{(\mathbb{F}(t))_3}{(\mathbb{F}(t_0))_3} \right]^{\cdot} . \qquad (2.41\text{d})$$

Zum

2.2 c   <u>Nachweis der Cayley-Hamiltonschen Gleichung</u>

bildet man mit einem beliebigen Vektor r nach der Vorschrift

$$\mathsf{x}_0 = \mathsf{r} \cdot \mathbb{E} = \mathsf{r}\ , \quad \mathsf{x}_1 = \mathsf{r} \cdot \mathbb{A}, \quad \mathsf{x}_2 = \mathsf{r} \cdot \mathbb{A} \cdot \mathbb{A} = \mathsf{r} \cdot \mathbb{A}^2, \quad \mathsf{x}_3 = \mathsf{r} \cdot \mathbb{A} \cdot \mathbb{A} \cdot \mathbb{A} = \mathsf{r} \cdot \mathbb{A}^3 \qquad (2.42)$$

vier Vektoren, von denen man, von Spezialfällen (etwa $\mathbb{A} = \mathbb{E}$) abgesehen, annimmt, daß sie weder kolinear noch komplanar sind, und benutzt den Satz, daß sich jeder Vektor (etwa x_3) eindeutig durch drei andere weder kolineare noch komplanare Vektoren (z. B. die Vektoren $\mathsf{x}_j (j = 0...2)$) darstellen lassen muß. Dies ergibt die Forderung

$$A_3 \mathsf{x}_0 - A_2 \mathsf{x}_1 + A_1 \mathsf{x}_2 - \mathsf{x}_3 = 0 \qquad (2.42\text{a})$$

bzw. $$\mathsf{r} \cdot (A_3 \mathbb{E} - A_2 \mathbb{A} + A_1 \mathbb{A}^2 - \mathbb{A}^3) = 0\ , \qquad (2.42\text{b})$$

woraus für die zunächst als Komponenten von x_3 hinsichtlich der "Basisvektoren" $(\mathsf{x}_0, \mathsf{x}_1, \mathsf{x}_2)$ zu deutenden Skalare A_j $(j = 1...3)$

$$A_1 = \frac{[\mathsf{x}_3 \mathsf{x}_0 \mathsf{x}_1]}{[\mathsf{x}_0 \mathsf{x}_1 \mathsf{x}_2]} = \frac{[(\mathsf{r} \cdot \mathbb{A}^3)\mathsf{r}(\mathsf{r} \cdot \mathbb{A})]}{[\mathsf{r}(\mathsf{r} \cdot \mathbb{A})(\mathsf{r} \cdot \mathbb{A}^2)]}\ , \qquad A_2 = - \frac{[\mathsf{x}_3 \mathsf{x}_2 \mathsf{x}_0]}{[\mathsf{x}_0 \mathsf{x}_1 \mathsf{x}_2]} = \frac{[\mathsf{r}(\mathsf{r} \cdot \mathbb{A}^2)(\mathsf{r} \cdot \mathbb{A}^3)]}{[\mathsf{r}(\mathsf{r} \cdot \mathbb{A})(\mathsf{r} \cdot \mathbb{A}^2)]}\ , \qquad (2.42\text{c})$$

$$A_3 = \frac{[\mathsf{x}_3 \mathsf{x}_1 \mathsf{x}_2]}{[\mathsf{x}_0 \mathsf{x}_1 \mathsf{x}_2]} = \frac{[(\mathsf{r} \cdot \mathbb{A})(\mathsf{r} \cdot \mathbb{A}^2)(\mathsf{r} \cdot \mathbb{A}^3)]}{[\mathsf{r}(\mathsf{r} \cdot \mathbb{A})(\mathsf{r} \cdot \mathbb{A}^2)]}\ ,$$

---

30) Man beachte $\mathsf{a}_{\alpha} = \displaystyle\sum_{j=1}^{3} (\mathsf{a}_{\alpha} \cdot \mathsf{y}_j)\,\mathsf{y}^j$ im Sinne von (1.23a)

erhalten wird.[31] An diesen Formeln wird aber sogleich ersichtlich, daß die Größen A_j allenfalls von einer beliebigen Richtung $\mathbf{e} = \mathbf{r}/|\mathbf{r}|$ abhängen könnten, weil sich mit $\mathbf{r} = |\mathbf{r}|\,\mathbf{e}$ die Betragsgröße $|\mathbf{r}|^3$ in den Quotienten heraushebt. Daß aber auch keine Abhängigkeit der Skalare A_j von einer Richtungsgröße $\mathbf{e}$ vorliegt, erkennt man schließlich an der mit $\varkappa_0 = \mathbf{e}$, d. h. $\varkappa_1 = \mathbf{e}\cdot\mathbb{A}$, $\varkappa_2 = \mathbf{e}\cdot\mathbb{A}^2$, $\varkappa_3 = \mathbf{e}\cdot\mathbb{A}^3$ aus (2.42a) (mit zunächst von $\mathbf{e}$ abhängig genommenen Größen A_j ($j = 1...3$)) erhältlichen Beziehung

$$\mathbf{e} = \mathbf{e}\cdot\left[\frac{A_2}{A_3}\,\mathbb{A} - \frac{A_1}{A_3}\,\mathbb{A}^2 + \frac{1}{A_3}\,\mathbb{A}^3\right] \tag{2.42d}$$

in folgender Weise: Man differenziert (2.42d), d.h. die Beziehung

$$\mathbf{e} = F(\mathbb{A},\mathbf{e})\mathbf{e}\cdot\mathbb{A} - G(\mathbb{A},\mathbf{e})\mathbf{e}\cdot\mathbb{A}^2 + H(\mathbb{A},\mathbf{e})\mathbf{e}\cdot\mathbb{A}^3 ,$$

in der man die skalaren Größen

$$\frac{A_2}{A_3} = F = F(\mathbb{A},\mathbf{e}), \qquad \frac{A_1}{A_3} = G = G(\mathbb{A},\mathbf{e}), \qquad \frac{1}{A_3} = H = H(\mathbb{A},\mathbf{e}), \quad (2.42e\text{-}g)$$

zunächst auch als von $\mathbf{e}$ abhängig unterstellt, nach der Richtungsgröße $\mathbf{e}$. Es entsteht

$$d\mathbf{e} = \partial_{\mathbf{e}}[\mathbf{e}\,F(\mathbb{A},\mathbf{e})]\cdot\mathbb{A} - \partial_{\mathbf{e}}[\mathbf{e}\,G(\mathbb{A},\mathbf{e})]\cdot\mathbb{A}^2 + \partial_{\mathbf{e}}[\mathbf{e}\,H(\mathbb{A},\mathbf{e})]\cdot\mathbb{A}^3 \tag{2.42h}$$

wohingegen aber andererseits im Sinne von (2.42b) mit $\mathbf{r} = d\mathbf{e}$ auch

$$d\mathbf{e} = d\mathbf{e}\,F(\mathbb{A},d\mathbf{e})\cdot\mathbb{A} - d\mathbf{e}\,G(\mathbb{A},d\mathbf{e})\cdot\mathbb{A}^2 + d\mathbf{e}\,H(\mathbb{A},d\mathbf{e})\cdot\mathbb{A}^3 \tag{2.42i}$$

gelten muß. Gleichsetzen von (2.42h) mit (2.42i) ergibt dann

$$[\partial_{\mathbf{e}}(\mathbf{e}\,F(\mathbb{A},\mathbf{e})) - d\mathbf{e}\,F(\mathbb{A},d\mathbf{e})]\cdot\mathbb{A} - [\partial_{\mathbf{e}}(\mathbf{e}\,G(\mathbb{A},\mathbf{e})) - d\mathbf{e}\,G(\mathbb{A},d\mathbf{e})]\cdot\mathbb{A}^2 +$$
$$+ [\partial_{\mathbf{e}}(\mathbf{e}\,H(\mathbb{A},\mathbf{e})) - d\mathbf{e}\,H(\mathbb{A},d\mathbf{e})]\cdot\mathbb{A}^3 = \mathbb{O}$$

und mit der Begründung, drei beliebige von Null verschiedene Vektoren nicht zum Nullvektor zusammensetzen zu können

$$\partial_{\mathbf{e}}(\mathbf{e}\,F(\mathbb{A},\mathbf{e})) - d\mathbf{e}\,F(\mathbb{A},d\mathbf{e}) = d\mathbf{e}\,[F(\mathbb{A},\mathbf{e})) - F(\mathbb{A},d\mathbf{e})] + \mathbf{e}\,\partial_{\mathbf{e}}F(\mathbb{A},\mathbf{e}) = \mathbb{O},$$

d. h. – man beachte $\mathbf{e}\cdot d\mathbf{e} = 0$ –

---

[31] Die in eckigen Klammern stehenden Ausdrücke sollen Spatprodukte bedeuten, z. B. $[\varkappa_3\varkappa_0\varkappa_2] = \varkappa_3\cdot(\varkappa_0\times\varkappa_2)$, $[\varkappa_0\varkappa_1\varkappa_2] = \varkappa_0\cdot(\varkappa_1\times\varkappa_2) = (\varkappa_0\times\varkappa_1)\cdot\varkappa_2$ usw. Zur Formel für A_1 kommt man z.B. indem man (2.42a) skalar mit $\varkappa_0\times\varkappa_1$ multipliziert und $\varkappa_0\cdot(\varkappa_0\times\varkappa_1) = 0$, $\varkappa_1\cdot(\varkappa_0\times\varkappa_1) = 0$ beachtet. Entsprechend erhält man A_2 bzw. A_3 nach Skalarmultiplikation von (2.42a) mit $\varkappa_2\times\varkappa_0$ bzw. $\varkappa_1\times\varkappa_2$.

$$\partial_{\mathbb{e}} F = 0 \ , \ \text{also} \ F(\mathbb{A},\mathbb{e}) = F(\mathbb{A},d\mathbb{e}) = F(\mathbb{A})$$

und entsprechend
$$G = G(\mathbb{A}) \ , \qquad H = H(\mathbb{A}) \ ,$$

was (vgl.(2.42e–g)) in der Tat jetzt auch die Unabhängigkeit der Skalare A_j von den Richtungsgrößen

sicherstellt.

Der Nachweis, daß die Größen A_j (j = 1...3) in der Darstellungsversion (2.42c) von $\mathbb{r}$ unabhängig sind,

ist auch durch konkrete Rechnung zu erbringen, und zwar zweckmäßig in zwei Schritten. Im ersten

Schritt wird zunächst unter Bezugnahme auf (2.37b) mit $\mathbb{A}$ anstelle von $\mathbb{F}$ sowie mit

$$\mathbb{x}_1 = \mathbb{r} \ , \qquad \mathbb{x}_2 = \mathbb{r}\cdot\mathbb{A} \ , \qquad \mathbb{x}_3 = \mathbb{r}\cdot\mathbb{A}^2$$

die "$\mathbb{r}$–Unabhängigkeit" der in der Version (2.42c) dargestellten dritten Invarianten A_3 eines Tensors $\mathbb{A}$

festgestellt und damit auch für die dritte Invariante eines Tensors

$$\mathbb{A}^* = \mathbb{A} - \lambda\mathbb{E} \ ,$$

worin λ einen beliebigen Skalar bedeutet. Stellt man für Letzteren dessen dritte Invariante in der Version

(2.42c) als
$$(\mathbb{A} - \lambda\mathbb{E})_3 = \frac{[(\mathbb{r}\cdot(\mathbb{A}-\lambda\mathbb{E}))\,(\mathbb{r}\cdot(\mathbb{A}-\lambda\mathbb{E})^2)\,(\mathbb{r}\cdot(\mathbb{A}-\lambda\mathbb{E})^3)]}{[\mathbb{r}\ (\mathbb{r}\cdot(\mathbb{A}-\lambda\mathbb{E}))\,(\mathbb{r}\cdot(\mathbb{A}-\lambda\mathbb{E})^2)]}$$

dar, so weiß man also, daß auch dieser Spatprodukt–Quotient von $\mathbb{r}$ unabhängig sein muß. Durch konkre-

tes Ausrechnen findet man

$$[\mathbb{r}\,(\mathbb{r}\cdot(\mathbb{A}-\lambda\mathbb{E}))(\mathbb{r}\cdot(\mathbb{A}-\lambda\mathbb{E})^2] = [\mathbb{r}(\mathbb{r}\cdot\mathbb{A})(\mathbb{r}\cdot\mathbb{A}^2)] \ ,$$

$$[(\mathbb{r}\cdot(\mathbb{A}-\lambda\mathbb{E}))(\mathbb{r}\cdot(\mathbb{A}-\lambda\mathbb{E})^2)(\mathbb{r}\cdot(\mathbb{A}-\lambda\mathbb{E})^3)] = [(\mathbb{r}\cdot\mathbb{A})(\mathbb{r}\cdot\mathbb{A}^2)(\mathbb{r}\cdot\mathbb{A}^3)] -$$
$$- \lambda\,[\mathbb{r}\,(\mathbb{r}\cdot\mathbb{A}^2)(\mathbb{r}\cdot\mathbb{A}^3)] + \lambda^2\,[\mathbb{r}\,(\mathbb{r}\cdot\mathbb{A})(\mathbb{r}\cdot\mathbb{A}^3)] - \lambda^3\,[\mathbb{r}\,(\mathbb{r}\cdot\mathbb{A})(\mathbb{r}\cdot\mathbb{A}^2)]$$

und dergestalt die Feststellung, daß

$$(\mathbb{A} - \lambda\mathbb{E})_3 = \frac{[(\mathbb{r}\cdot\mathbb{A})\,(\mathbb{r}\cdot\mathbb{A}^2)\,(\mathbb{r}\cdot\mathbb{A}^3)]}{[\mathbb{r}\,(\mathbb{r}\cdot\mathbb{A})\,(\mathbb{r}\cdot\mathbb{A}^2)]} - \lambda\,\frac{[\mathbb{r}\,(\mathbb{r}\cdot\mathbb{A}^2)(\mathbb{r}\cdot\mathbb{A}^3)]}{[\mathbb{r}(\mathbb{r}\cdot\mathbb{A})(\mathbb{r}\cdot\mathbb{A}^2)]} +$$
$$+ \lambda^2\,\frac{[\mathbb{r}\,(\mathbb{r}\cdot\mathbb{A})(\mathbb{r}\cdot\mathbb{A}^3)]}{[\mathbb{r}(\mathbb{r}\cdot\mathbb{A})\,(\mathbb{r}\cdot\mathbb{A}^2)]} - \lambda^3$$

von $\mathbb{r}$ unabhängig sein muß. In der Bezeichnungsweise (2.42c) ist danach

$$(\mathbb{A} - \lambda\mathbb{E})_3 = A_3 - \lambda A_2 + \lambda^2 A_1 - \lambda^3 \qquad\qquad (2.43a)$$

für beliebige Werte λ unabhängig von $\mathbb{r}$, wobei übrigens die $\mathbb{r}$–Unabhängigkeit von A_3 bereits gezeigt worden war. Da man nun, etwa mit $\lambda = -1$ bzw. $\lambda = 1$, Gl.(2.43a)zu einem linearen Gleichungssystem

für A_1, A_2

$$(A + E)_3 - (A)_3 - 1 = A_1 + A_2$$
$$(A - E)_3 - (A)_3 + 1 = A_1 - A_2$$

"erweitern" kann, woraus z. B.

$$A_1 = (A)_1 = \tfrac{1}{2} \left[(A + E)_3 + (A - E)_3 \right] - (A)_3$$
$$A_2 = (A)_2 = \tfrac{1}{2} \left[(A + E)_3 - (A - E)_3 \right] - 1 \qquad (2.43b,c)$$

hervorgebracht wird ist dann danach schließlich – die jeweils rechten Seiten in (2.43b,c) sind

"ir–unabhängig" ! – in der Tat die "ir–Unabhängigkeit" auch der Größen $A_j(A) = (A)_j$, $j = 1,2$ nach-

gewiesen. In der Klammer der Gleichung (2.42b) stehen also von ir unabhängige Größen, was wegen der

Beliebigkeit von ir auf das Verschwinden der Klammer und damit in der Tat auf Gültigkeit der

Cayley–Hamiltonschen Gleichung (2.33a,b) schließen läßt. Der Determinanten–Multiplikationssatz (2.38b)

gilt übrigens allgemein für n × n – Determinanten, die Cayley–Hamilton'sche Gleichung in der entsprech-

enden Erweiterung

$$\sum_{k=0}^{n} (-1)^k \, A_{n-k} \, \mathfrak{A}^k = 0 , \qquad A_0 = 1 , \qquad (2.44a)$$

auch für zweistufige Tensoren $\mathfrak{A}$ im n–dimensionalen Vektorraum $\mathcal{V}_n$ (vgl. §6.6. u. § E2), wobei – (2.23c)

verallgemeinernd – für Orthonormalbasis–Darstellungen (mit $\mathfrak{e}_j \odot \mathfrak{e}_k = \delta_{jk}$)

$$\mathfrak{A} = \sum_{j,k=1}^{n} a_{jk} \, \mathfrak{e}_j \otimes \mathfrak{e}_k \quad , \qquad \mathfrak{B} = \sum_{j,k=1}^{n} b_{jk} \, \mathfrak{e}_j \otimes \mathfrak{e}_k \qquad (2.44b)$$

im Sinne von

$$A \odot B = \sum_{j,k=1}^{n} \left(\sum_{\mu=1}^{n} a_{j\mu} \, b_{\mu k} \right) \mathfrak{e}_j \otimes \mathfrak{e}_k \qquad (2.44c)$$

das Skalarprodukt zweier Tensoren durch das Skalarprodukt der jeweiligen n × n – Matrizen repräsentiert

wird und

$$\mathfrak{A}^k = \underbrace{\mathfrak{A} \odot \mathfrak{A} \odot \ldots \odot \mathfrak{A}}_{k\text{-mal}} \qquad (2.44d)$$

bedeuten.[32] Betreffend die Bildungsgesetze für die in (2.44a) aufscheinenden Grundinvarianten s. §E2.

---

[32] Abweichend von den entsprechenden Bezeichnungsweisen in dreidimensionalen Vektorräumen werden in den (Voigtschen) Darstellungen von §6.6., E §2 mit $\otimes$ dyadische , mit $\odot$ skalare Multiplikationen bezeichnet.

2.3 Vektorprodukte zwischen Dyaden und Vektoren

entstehen als "resultierende Operatoren" im Zusammenhang mit Hintereinanderschaltungen von Abbildungen, wovon eine speziell durch eine Vektorprodukt-Operation beschrieben wird. Die, die nacheinander auszuführenden Abbildungen

$$y_1 = x \cdot (a \circ b)\,, \quad z_1 = y_1 \times c \quad \text{bzw.} \quad y_2 = (a \circ b) \cdot x\,, \quad z_2 = c \times y_2 \quad (2.45\text{a,b})$$

in einen jeweils "resultierenden Abbildungsvorgang" $z = z(x)$ zusammenfassenden Abbildungsoperatoren werden mit

$$(a \circ b) \times c \qquad \text{bzw.} \qquad c \times (a \circ b) \qquad\qquad (2.45\text{c,d})$$

bezeichnet. Für diese gelten demgemäß die Definitionsgleichungen

$$z_1 = y_1 \times c = [x \cdot (a \circ b)] \times c \equiv x \cdot [(a \circ b) \times c]$$

bzw.

$$z_2 = c \times y_2 = c \times [(a \circ b) \cdot x] \equiv [c \times (a \circ b)] \cdot x\,, \qquad (2.45\text{e,f})$$

wohingegen andererseits aufgrund der Definitionsgleichungen (2.7,13b) für dyadische Produkte –

$$[x \cdot (a \circ b)] \times c = [(x \cdot a) b] \times c = (x \cdot a)(b \times c) \equiv x \cdot [a \circ (b \times c)]$$

bzw.

$$c \times [(a \circ b) \cdot x] = c \times [a (b \cdot x)] = (c \times a)(b \cdot x) \equiv [(c \times a) \circ b] \cdot x$$

zu folgern sind. Gleichsetzen mit (2.45e,f) ergibt

$$[x \cdot (a \circ b)] \times c = x \cdot [a \circ (b \times c)] \overset{(2.45\text{e})}{\equiv} x \cdot [(a \circ b) \times c]$$

bzw.

$$c \times [(a \circ b) \cdot x] = [(c \times a) \circ b] \cdot x \overset{(2.45\text{f})}{\equiv} [c \times (a \circ b)] \cdot x\,,$$

und so für die Operatoren $(a \circ b) \times c$ bzw. $c \times (a \circ b)$ die "Berechnungsvorschriften"

$$(a \circ b) \times c = a \circ (b \times c) =^{33)} a \circ b \times c$$

---

33) Indem man diese Formeln derart deutet, daß offenbar die "Klammerung" benachbart stehender Vektoren unerheblich ist, können die Klammern auch fortgelassen werden, freilich unter Erinnerung an die "Operationsanweisung", daß bei Vektorproduktoperationen zwischen Dyaden $(a \circ b)$ und Vektoren (c) die Vektorproduktbildung nur das dem Faktor (c) jeweils nächststehende "vektorwertige Element" $(b$ bzw. $a)$ der Dyade "erfaßt", also das jeweils entfernt stehende "Element" $(a$ bzw. $b)$ "unbeeinflußt" läßt.

bzw.
$$\mathbb{c} \times (\mathbb{a} \circ \mathbb{b}) = (\mathbb{c} \times \mathbb{a}) \circ \mathbb{b} = \mathbb{c} \times \mathbb{a} \circ \mathbb{b} \ . \tag{2.46a,b}$$

Danach hat man die jeweils "resultierenden Dyaden" $(\mathbb{a} \circ \mathbb{b}) \times \mathbb{c}$ bzw. $\mathbb{c} \times (\mathbb{a} \circ \mathbb{b})$ derart zu bilden, daß man die jeweils benachbart stehenden Vektoren $(\mathbb{b}, \mathbb{c})$ bzw. $(\mathbb{c}, \mathbb{a})$ zu Vektorprodukten "verbindet". Für Produkte dieser Art gelten das distributive Gesetz[34]

$$(\mathbb{a}_1 \circ \mathbb{b}_1 + \mathbb{a}_2 \circ \mathbb{b}_2) \times \mathbb{c} = \mathbb{a}_1 \circ \mathbb{b}_1 \times \mathbb{c} + \mathbb{a}_2 \circ \mathbb{b}_2 \times \mathbb{c} \tag{2.46c}$$

(und entsprechend für die vektorwertige Linksmultiplikation) und im Zusammenhang mit der Multiplikation mit einem Skalar λ das kommutative und assoziative Gesetz

$$\lambda \, \mathbb{a} \circ \mathbb{b} \times \mathbb{c} = \mathbb{a} \circ \lambda \mathbb{b} \times \mathbb{c} = \mathbb{a} \circ \mathbb{b} \times \lambda \mathbb{c} \ , \tag{2.46d}$$

womit als Komponentendarstellung des Operators $\mathbb{B} = \mathbb{A} \times \mathbb{c}$ z. B. hinsichtlich einer Orthonormalbasis $\langle \mathbb{e}_j \rangle$

$$\mathbb{B} = \sum_{i,l=1}^{3} b_{il} \, \mathbb{e}_i \circ \mathbb{e}_l = \mathbb{A} \times \mathbb{c} = \left[\sum_{i,j=1}^{3} a_{ij} \, \mathbb{e}_i \circ \mathbb{e}_j \right] \times \left[\sum_{k=1}^{3} c_k \mathbb{e}_k \right] =$$

$$= \sum_{i,j,k=1}^{3} a_{ij} \, c_k \, \mathbb{e}_i \circ (\mathbb{e}_j \times \mathbb{e}_k) = \sum_{i,l=1}^{3} \left[\sum_{j,k=1}^{3} a_{ij} \, c_k \, \epsilon_{jkl} \right] \mathbb{e}_i \circ \mathbb{e}_l \ ,$$

d.h.
$$b_{il} = \sum_{j,k=1}^{3} a_{ij} \, c_k \, \epsilon_{jkl} \ , \tag{2.47a}$$

also in auf eine Orthonormalbasis $\langle \mathbb{e}_j \rangle$ bezogener Matrizen - Notation

$$\mathbb{A} \times \mathbb{c} \; \hat{=} \; \left[\begin{array}{c|c|c} a_{12}c_3 - a_{13}c_2 & a_{13}c_1 - a_{11}c_3 & a_{11}c_2 - a_{12}c_1 \\ \hline a_{22}c_3 - a_{23}c_2 & a_{23}c_1 - a_{21}c_3 & a_{21}c_2 - a_{22}c_1 \\ \hline a_{32}c_3 - a_{33}c_2 & a_{33}c_1 - a_{31}c_3 & a_{31}c_2 - a_{32}c_1 \end{array} \right] \tag{2.47b}$$

erhalten wird. Darin ist $\mathbb{B} = \mathbb{A} \times \mathbb{c}$ derjenige resultierende Operator, der die beiden Abbildungen $\mathbb{y} = \mathbb{x} \cdot \mathbb{A}$ und $\mathbb{z} = \mathbb{y} \times \mathbb{c}$ in der Form

$$\mathbb{z} = \mathbb{z}(\mathbb{x}) = \mathbb{y} \times \mathbb{c} = (\mathbb{x} \cdot \mathbb{A}) \times \mathbb{c} \; \equiv \; \mathbb{x} \cdot (\mathbb{A} \times \mathbb{c}) = \mathbb{x} \cdot \mathbb{A} \times \mathbb{c} \tag{2.47c}$$

zu einem Transformationsvorgang zusammenfaßt.

Die vektorielle Rechts- und Linksmultiplikation stehen in dem Zusammenhang[35]

---

[34] Beweis durch Skalarmultiplikation mit einem Vektor.

[35] Zum Beweise benutze man für $\mathbb{A}$ eine lineare Dyade $\mathbb{A} = \mathbb{a} \circ \mathbb{b}$ und beachte (2.46 a,b), sowie (1.10c)

$$A \times c = -(c \times A^T)^T \quad , \quad c \times A = -(A^T \times c)^T \ , \qquad (2.48a,b)$$

und man beweist - ebenfalls unter Benutzung linearer Dyaden - mit Hilfe der Spatprodukt-

regeln $\qquad (a \times b) \cdot A = a \cdot (b \times A) \quad , \quad A \cdot (b \times a) = (A \times b) \cdot a . \qquad (2.49a,b)$

Da die vektorische Multiplikation, wie (2.46a,b) zeigen, nur die jeweils benachbarten vek-

torwertigen Elemente betrifft, gelten desweiteren

$$(a \times B) \cdot c = a \times (B \cdot c) = a \times B \cdot c \quad \text{bzw.} \quad (a \cdot B) \times c = a \cdot (B \times c) = a \cdot B \times c \quad (2.49c,d)$$

und insbesondere mit $B = E$

$$(a \times E) \cdot c = a \times (E \cdot c) = a \times c = E \cdot (a \times c) \overset{(2.49b)}{=} (E \times a) \cdot c \ , \qquad (2.50a)$$

d.h. $\qquad a \times E = E \times a \overset{(2.48a)}{=} -(a \times E)^T = -(E \times a)^T \ , \qquad (2.50b)$

wonach der Tensor

$$a \times E = E \times a = -(a \times E)^T = -(E \times a)^T \overset{\wedge}{=} \begin{pmatrix} 0 & -a_3 & a_2 \\ a_3 & 0 & -a_1 \\ -a_2 & a_1 & 0 \end{pmatrix}_{\langle e_j \rangle} \qquad (2.50c)$$

antimetrisch ist.[36] Er läßt sich daher generell zur Darstellung des antimetrischen Anteils

$A_a = (A - A^T)/2$ eines Tensors zweiter Stufe A verwenden:

Weil die Beziehung (2.19a), nämlich $x \cdot A_a = -\frac{1}{2} x \times \overset{x}{a}$ jetzt auch in der Form

$$x \cdot A_a = -x \times \left[\frac{\overset{x}{a}}{2} \right] = -(x \cdot E) \times \left[\frac{\overset{x}{a}}{2} \right] = -x \cdot (E \times \frac{\overset{x}{a}}{2})$$

unter Benutzung des Vektors $\overset{x}{a}$ (etwa nach (2.19c)) dargestellt werden kann, folgert man -

wegen der Beliebigkeit von x - $\qquad A_a = -\frac{1}{2} E \times \overset{x}{a} = -\frac{1}{2} \overset{x}{a} \times E \qquad (2.51a)$

und damit die Zerlegungsformel in symmetrische bzw. antimetrische Anteile

$$A = \frac{1}{2}(A + A^T) + \frac{1}{2}(A - A^T) = A_s - \frac{1}{2} E \times \overset{x}{a} \ . \qquad (2.51b)$$

Mittels des Entwicklungssatzes (1.20a) für zweifache Vektorprodukte beweist man die Gül-

tigkeit folgender Identitäten[37]

---

[36] Die "Planarität" der zugehörigen Abbildung (vgl. (2.18,19)) wird hier unmittelbar deutlich: Per
$$y = x \cdot (a \times E) = x \cdot (E \times a) = (x \cdot E) \times a = x \times a$$
wird ein Büschel (x) in ein Büschel (y) überführt, das in der zu a senkrechten Ebene liegt.

[37] Zum Beweise von (2.52) – (2.54) benutze man lineare Dyaden $A = a \circ b$, zum Beweise von (2.54a)
eine symmetrische Dyade $A = b \circ b$.

$$\mathbf{u}\times(\mathbf{v}\times\mathbf{A}) \;=\; (\mathbf{v}\circ\mathbf{u})\cdot\mathbf{A} - (\mathbf{v}\cdot\mathbf{u})\mathbf{A} \;=\; \mathbf{v}\circ(\mathbf{u}\cdot\mathbf{A}) - \mathbf{v}\cdot(\mathbf{u}\circ\mathbf{A}),$$

$$(\mathbf{A}\times\mathbf{v})\times\mathbf{u} \;=\; \mathbf{A}\cdot(\mathbf{u}\circ\mathbf{v}) - \mathbf{A}(\mathbf{u}\cdot\mathbf{v}) \;=\; (\mathbf{A}\cdot\mathbf{u})\circ\mathbf{v} - (\mathbf{A}\circ\mathbf{u})\cdot\mathbf{v}, \qquad (2.52a,b)$$

$$(\mathbf{u}\times\mathbf{v})\times\mathbf{A} \;=\; (-\mathbf{u}\circ\mathbf{v} + \mathbf{v}\circ\mathbf{u})\cdot\mathbf{A}, \qquad \mathbf{A}\times(\mathbf{v}\times\mathbf{u}) \;=\; \mathbf{A}\cdot(\mathbf{u}\circ\mathbf{v} - \mathbf{v}\circ\mathbf{u}), \qquad (2.53a,b)$$

und desweiteren gilt
$$\mathbf{a}\times(\mathbf{A}\times\mathbf{b}) = (\mathbf{a}\times\mathbf{A})\times\mathbf{b} = \mathbf{a}\times\mathbf{A}\times\mathbf{b}. \qquad (2.54)$$

Ist $\mathbf{A}$ ein symmetrischer Tensor $(\mathbf{A} = \mathbf{A}^T)$ so ist auch $\mathbb{C} = \mathbf{a}\times\mathbf{A}\times\mathbf{a}$ symmetrisch[38]:

$$\mathbf{a}\times\mathbf{A}\times\mathbf{a} = (\mathbf{a}\times\mathbf{A}\times\mathbf{a})^T \qquad \text{für} \qquad \mathbf{A} = \mathbf{A}^T. \qquad (2.54a)$$

Mit $\mathbf{A} = \mathbb{E}$ und $\mathbf{u} = \mathbf{v} = \mathbf{a}$ folgt mittels (2.52a)

$$(\mathbf{a}\times\mathbb{E})\cdot(\mathbf{a}\times\mathbb{E}) = (\mathbb{E}\times\mathbf{a})\cdot(\mathbf{a}\times\mathbb{E}) = \mathbb{E}\cdot[\mathbf{a}\times(\mathbf{a}\times\mathbb{E})] = \mathbf{a}\times(\mathbf{a}\times\mathbb{E}) =$$

$$\overset{(2.52a)}{=}\; \mathbf{a}\circ(\mathbf{a}\cdot\mathbb{E}) - \mathbf{a}\cdot(\mathbf{a}\circ\mathbb{E}) = - (\mathbf{a}^2\mathbb{E} - \mathbf{a}\circ\mathbf{a}) \equiv - (\mathbf{a}^2\mathbb{E} - \mathbf{a}\circ\mathbf{a})^T = [(\mathbf{a}\times\mathbb{E})\cdot(\mathbf{a}\times\mathbb{E})]^T, \qquad (2.54b)$$

wonach das Skalarprodukt zweier antimetrischer Tensoren symmetrisch ist. Weitere Produktbildungen bringen wechselweise symmetrische bzw. antimetrische Tensoren hervor:

$$(\mathbf{a}\times\mathbb{E})^{2k+1} = (-1)^k\, \mathbf{a}^{2k}\, \mathbf{a}\times\mathbb{E} \qquad \text{mit} \qquad \mathbf{a}^{2k} = (\mathbf{a}^2)^k = (\mathbf{a}\cdot\mathbf{a})^k,$$

$$(\mathbf{a}\times\mathbb{E})^{2k} = - (-1)^k \mathbf{a}^{2(k-1)} (\mathbf{a}\times\mathbb{E})^2 = (-1)^k \mathbf{a}^{2(k-1)} (\mathbf{a}^2\mathbb{E} - \mathbf{a}\circ\mathbf{a}). \qquad (2.54c,d)$$

2.4 Das doppelte Skalarprodukt (Doppeltskalarprodukt)

zweier Dyaden $\mathbf{a}_1\circ\mathbf{b}_1$ und $\mathbf{a}_2\circ\mathbf{b}_2$ wird durch

$$(\mathbf{a}_1\circ\mathbf{b}_1)\cdot\cdot(\mathbf{a}_2\circ\mathbf{b}_2) = (\mathbf{a}_1\cdot\mathbf{b}_2)(\mathbf{b}_1\cdot\mathbf{a}_2) \qquad (2.55)$$

definiert. Der entstehende Skalar ist das Produkt der Skalarprodukte der beiden "randlichen" bzw. der beiden "mittleren" Vektoren. Für doppelte Skalarprodukte gelten das distributive Gesetz,

$$(\mathbf{a}_1\circ\mathbf{b}_1)\cdot\cdot(\mathbf{a}_2\circ\mathbf{b}_2 + \mathbf{a}_3\circ\mathbf{b}_3) \;=\; (\mathbf{a}_1\circ\mathbf{b}_1)\cdot\cdot(\mathbf{a}_2\circ\mathbf{b}_2) + (\mathbf{a}_1\circ\mathbf{b}_1)\cdot\cdot(\mathbf{a}_3\circ\mathbf{b}_3)$$

und, im Zusammenhang mit der Multiplikation mit einem Skalar, das kommutative und

---

[38] Mit $\mathbf{A} = \mathbf{b}\circ\mathbf{b}$ als Repräsentant eines symmetrischen Tensors bekommt man
$$\mathbf{x}\cdot(\mathbf{a}\times\mathbf{b}\circ\mathbf{b}\times\mathbf{a}) = [\mathbf{x}\,\mathbf{a}\,\mathbf{b}]\,(\mathbf{b}\times\mathbf{a}) \equiv (\mathbf{a}\times\mathbf{b})\,[\mathbf{b}\,\mathbf{a}\,\mathbf{x}] \equiv (\mathbf{a}\times\mathbf{b}\circ\mathbf{b}\times\mathbf{a})\cdot\mathbf{x},$$
womit (vgl. (2.17a)) die Symmetrie von $\mathbf{a}\times\mathbf{A}\times\mathbf{a}$ nachgewiesen ist.

das assoziative Gesetz[39], so daß man für das doppelte Skalarprodukt zweier Tensoren bei Orthonormalbasis-Darstellung

$$\mathbb{A} = \sum_{j,k=1}^{3} a_{jk}\, \mathbf{e}_j \circ \mathbf{e}_k \ , \qquad \mathbb{B} = \sum_{l,m=1}^{3} b_{lm}\, \mathbf{e}_l \circ \mathbf{e}_m \qquad (\text{Orthonormalbasis } \langle \mathbf{e}_j \rangle)$$

den Wert
$$\mathbb{A} \cdot\cdot \mathbb{B} = \left(\sum_{j,k=1}^{3} a_{jk}\, \mathbf{e}_j \circ \mathbf{e}_k \right) \cdot\cdot \left(\sum_{l,m=1}^{3} b_{lm}\, \mathbf{e}_l \circ \mathbf{e}_m \right) =$$

$$= \sum_{j,k,l,m=1}^{3} a_{jk}\, b_{lm} (\mathbf{e}_j \cdot \mathbf{e}_m)(\mathbf{e}_k \cdot \mathbf{e}_l) = \sum_{j,k,l,m=1}^{3} a_{jk}\, b_{lm}\, \delta_{jm}\, \delta_{kl} = \sum_{j,k=1}^{3} a_{jk}\, b_{kj} \qquad (2.56)$$

auffindet. Es werden die Elemente (a_{jk}) von $\mathbb{A}$ mit den entsprechenden an der Hauptdiagonalen gespiegelten Elementen (b_{kj}) des Tensors $\mathbb{B}$ multipliziert und sämtliche entstehenden Produkte summiert. Es gelten noch folgende Identitäten

$$\mathbb{A} \cdot\cdot \mathbb{B} = \mathbb{B} \cdot\cdot \mathbb{A} \qquad (\text{kommutatives Gesetz}) , \qquad \mathbb{A} \cdot\cdot \mathbb{B} = \mathbb{A}^{\mathrm{T}} \cdot\cdot \mathbb{B}^{\mathrm{T}} , \qquad (2.57\text{a,b})$$

sowie
$$\mathbb{A} \cdot\cdot (\mathbb{B} \cdot \mathbb{C}) = (\mathbb{A} \cdot \mathbb{B}) \cdot\cdot \mathbb{C} \qquad (2.57\text{c})$$

(Beweis mit linearen Dyaden) und insbesondere mit $\mathbb{B} = \mathbb{A}^{-1}$, $\mathbb{C} = \mathbb{E}$

$$\mathbb{A} \cdot\cdot (\mathbb{A}^{-1} \cdot \mathbb{E}) = \mathbb{A} \cdot\cdot \mathbb{A}^{-1} = (\mathbb{A} \cdot \mathbb{A}^{-1}) \cdot\cdot \mathbb{E} = \mathbb{E} \cdot\cdot \mathbb{E} = 3 \ . \qquad (2.58)$$

Ferner ist
$$\mathbf{a} \cdot (\mathbf{b} \cdot \mathbb{A}) = (\mathbf{a} \circ \mathbf{b}) \cdot\cdot \mathbb{A} , \qquad (\mathbb{A} \cdot \mathbf{b}) \cdot \mathbf{a} = \mathbb{A} \cdot\cdot (\mathbf{b} \circ \mathbf{a}) , \qquad (2.59)$$

und es gilt für den sog. <u>Betrag eines Tensors</u>

$$|\mathbb{A}| = \sqrt{\sum_{j,k=1}^{3} a_{jk}^{2}} = \sqrt{\mathbb{A} \cdot\cdot \mathbb{A}^{\mathrm{T}}} \ . \qquad (2.60)$$

Mit Doppeltskalarprodukten sind die Grundinvarianten eines Tensors (vgl.(2.34,35)) auch

als
$$A_1 = (\mathbb{A})_1 = \sum_{k=1}^{3} a_{kk} = \mathbb{E} \cdot\cdot \mathbb{A} = \mathbb{A} \cdot\cdot \mathbb{E} , \qquad (2.61\text{a})$$

$$A_2 = (\mathbb{A})_2 = \frac{1}{2} \left[(\mathbb{E} \cdot\cdot \mathbb{A})^2 - \mathbb{A} \cdot\cdot \mathbb{A} \right] = \frac{1}{2} (A_1^2 - \mathbb{A} \cdot\cdot \mathbb{A}) , \qquad (2.61\text{b})$$

$$A_3 = (\mathbb{A})_3 = \frac{1}{3} \left[A_1 A_2 - A_1\, \mathbb{A} \cdot\cdot \mathbb{A} + \mathbb{A}^2 \cdot\cdot \mathbb{A} \right] , \qquad (2.61\text{c})$$

---

[39] Weil diese Rechenregeln für Skalarprodukte von Vektoren gelten, auf die ja letztlich Doppeltskalarprodukte von Dyaden führen.

darzustellen, wobei insbesondere (2.61c) mit Hilfe der Cayley-Hamilton'schen Gleichung (2.33a) mit p=0 verifiziert wird. Speziell ergeben sich

$$(\mathbb{E})_1 = \mathbb{E}\cdot\cdot\mathbb{E} = 3, \qquad (\mathbb{E})_2 = \tfrac{1}{2}\left[(\mathbb{E})_1^2 - \mathbb{E}\cdot\cdot\mathbb{E}\right] = 3, \qquad (\mathbb{E})_3 = 1 \qquad (2.62\text{a-c})$$

sowie $\quad (\mathbb{E}+\mathbb{A})_1 = 3+A_1, \qquad (\mathbb{E}+\mathbb{A})_2 = 3+2A_1+A_2, \qquad (\mathbb{E}+\mathbb{A})_3 = 1+A_1+A_2+A_3 \quad (2.63\text{a-c})$

(für die letztere Formel vgl.a. (2.43a) mit $\lambda = -1$) und damit (unter Benutzung der Cayley-Hamilton'schen Gleichung)

$$(\mathbb{E}+\mathbb{A})^{-1} = \frac{1}{(\mathbb{E}+\mathbb{A})_3}\left[(\mathbb{E}+\mathbb{A})_2\,\mathbb{E} - (\mathbb{E}+\mathbb{A})_1(\mathbb{E}+\mathbb{A}) + (\mathbb{E}+\mathbb{A})^2\right] =$$

$$= \frac{1+A_1+A_2}{1+A_1+A_2+A_3}\,\mathbb{E} - \frac{1+A_1}{1+A_1+A_2+A_3}\,\mathbb{A} + \frac{1}{1+A_1+A_2+A_3}\,\mathbb{A}^2. \qquad (2.63\text{d})$$

Anstelle der Grundinvarianten A_j (j=1,..,3) benutzt man, ihrer einfacheren Darstellung wegen, häufig die Größen

$$\bar{A}_1 = \mathbb{E}\cdot\cdot\mathbb{A} \overset{(2.61\text{a})}{=} A_1,$$

$$\bar{A}_2 = \mathbb{E}\cdot\cdot\mathbb{A}^2 = \mathbb{E}\cdot\cdot(\mathbb{A}\cdot\mathbb{A}) \overset{(2.57\text{c})}{=} (\mathbb{E}\cdot\mathbb{A})\cdot\cdot\mathbb{A} = \mathbb{A}\cdot\cdot\mathbb{A} \overset{(2.61\text{b})}{=} A_1^2 - 2A_2,$$

$$\bar{A}_3 = \mathbb{E}\cdot\cdot\mathbb{A}^3 \overset{(2.57\text{c})}{=} \mathbb{A}\cdot\cdot\mathbb{A}^2 \overset{(2.57\text{a})}{=} \mathbb{A}^2\cdot\cdot\mathbb{A} \overset{(2.61\text{c})}{=} 3A_3 - 3A_1 A_2 + A_1^3 \qquad (2.64\text{a-c})$$

(sog. "Momente"), die umkehrbar-eindeutig mit den Grundinvarianten A_j (j=1,..,3) per

$$A_1 = \bar{A}_1, \qquad A_2 = \tfrac{1}{2}(\bar{A}_1^2 - \bar{A}_2), \qquad A_3 = \tfrac{1}{6}(\bar{A}_1^3 - 3\bar{A}_1\bar{A}_2 + 2\bar{A}_3) \qquad (2.64\text{d-f})$$

zusammenhängen.[40]

---

[40] was auf den Nachweis hinausläuft, daß die Funktionaldeterminante des Gleichungssystems (2.64d–f) nicht verschwindet, womit umkehrbar–eindeutiger Zusammenhang zwischen den Differentialen dA_j (j = 1,..,3) und $d\bar{A}_k$ (k = 1,..,3) und damit letzlich auch zwischen den Größen A_j und $\bar{A}_k$ selbst sichergestellt wird. Das (2.64d–f) äquivalente Gleichungssystem für die Differentiale lautet

$$d\bar{A}_1 = dA_1, \qquad \bar{A}_1 d\bar{A}_1 - \tfrac{1}{2}d\bar{A}_2 = dA_2, \qquad \tfrac{1}{2}(\bar{A}_1^2 - \bar{A}_2)d\bar{A}_1 - \tfrac{1}{2}\bar{A}_1 d\bar{A}_2 + \tfrac{1}{3}d\bar{A}_3 = dA_3$$

und ist wegen

$$\begin{vmatrix} 1 & 0 & 0 \\ \bar{A}_1 & -\tfrac{1}{2} & 0 \\ \tfrac{1}{2}(\bar{A}_1^2 - \bar{A}_2) & -\tfrac{\bar{A}_1}{2} & \tfrac{1}{3} \end{vmatrix} = -\tfrac{1}{6} \neq 0$$

in der Tat eindeutig invertierbar.

Das Invariantenproblem werden wir im Zusammenhang mit Isotropieanalysen [41] nochmals aufgreifen und feststellen, daß die drei Grundinvarianten A_j, (j=1,..,3) nur für symmetrische Tensoren als Argumente einer isotropen Funktion den "vollständigen Satz" skalarer Invarianten darstellen. Bei nichtsymmetrischen Tensoren existieren – neben den Grundinvarianten – drei weitere Invarianten, die mit dem Vektor $\overset{\times}{\mathbb{a}}$ des Tensors $\mathbb{A}$ (vgl. (2.19a)) nach den Vorschriften

$$\overset{\times}{\mathbb{a}}{}^2 = \overset{\times}{\mathbb{a}} \cdot \mathbb{E} \cdot \overset{\times}{\mathbb{a}} \ , \qquad\qquad \overset{\times}{\mathbb{a}} \cdot \mathbb{A} \cdot \overset{\times}{\mathbb{a}} \ , \qquad\qquad \overset{\times}{\mathbb{a}} \cdot \mathbb{A}^2 \cdot \overset{\times}{\mathbb{a}} \tag{2.65}$$

gebildet werden.

Eine weitere die Doppeltskalarprodukt-Operation benutzende Beziehung ist die koordinateninvariante Relation

$$\mathbb{b} \times \mathbb{T} \times \mathbb{b}' = (\mathbb{b}' \cdot \mathbb{T} \cdot \mathbb{b})\mathbb{E} + (\mathbb{b} \cdot \mathbb{b}')\mathbb{T}^T + (\mathbb{T} \cdot \cdot \mathbb{E})\, \mathbb{b} \times \mathbb{E} \times \mathbb{b}' - \mathbb{b}' \circ \mathbb{T} \cdot \mathbb{b} - \mathbb{b}' \cdot \mathbb{T} \circ \mathbb{b} \ , \tag{2.66a}$$

die man mit Hilfe linearer Dyaden unter Berücksichtigung von (1.24b) nachweist. Daraus folgt speziell mit $\mathbb{T} = \mathbb{E}$

$$\mathbb{b} \times \mathbb{E} \times \mathbb{b}' = 2(\mathbb{b} \cdot \mathbb{b}')\mathbb{E} + 3\mathbb{b} \times \mathbb{E} \times \mathbb{b}' - 2\, \mathbb{b}' \circ \mathbb{b} \ , \quad \text{d.h.,}$$

$$\mathbb{b} \times \mathbb{E} \times \mathbb{b}' = \mathbb{b}' \circ \mathbb{b} - (\mathbb{b} \cdot \mathbb{b}')\mathbb{E}, \tag{2.66b}$$

womit schließlich (2.66a) in der Form

$$\mathbb{b} \times \mathbb{T} \times \mathbb{b}' = [\mathbb{b}' \cdot \mathbb{T} \cdot \mathbb{b} - (\mathbb{b} \cdot \mathbb{b}')(\mathbb{T} \cdot \cdot \mathbb{E})]\mathbb{E} + (\mathbb{b} \cdot \mathbb{b}')\mathbb{T}^T + (\mathbb{T} \cdot \cdot \mathbb{E})\mathbb{b}' \circ \mathbb{b} -$$

$$\mathbb{b}' \circ \mathbb{T} \cdot \mathbb{b} - \mathbb{b}' \cdot \mathbb{T} \circ \mathbb{b} \tag{2.66c}$$

geschrieben werden kann. Die Beziehungen (2.66) werden bei der Spannungsanalyse in der Elastizitätstheorie kleiner Verformungen benötigt.

Zum Beweis setzt man $\mathbb{T} = \mathbb{c} \circ \mathbb{c}'$, also $\mathbb{T}^T = \mathbb{c}' \circ \mathbb{c}$ sowie $\mathbb{T} \cdot \cdot \mathbb{E} = (\mathbb{c} \circ \mathbb{c}') \cdot \cdot \mathbb{E} = \mathbb{c} \cdot \mathbb{c}'$ und bekommt zunächst aus (2.66a)

$$\mathbb{b} \times \mathbb{c} \circ \mathbb{c}' \times \mathbb{b}' = \quad (\mathbb{b}' \cdot \mathbb{c})(\mathbb{c}' \cdot \mathbb{b})\mathbb{E} + (\mathbb{b} \cdot \mathbb{b}')\mathbb{c}' \circ \mathbb{c} + (\mathbb{c} \cdot \mathbb{c}')\mathbb{b} \times \mathbb{E} \times \mathbb{b}' -$$

$$- \mathbb{b}' \circ \mathbb{c}(\mathbb{c}' \cdot \mathbb{b}) - (\mathbb{b}' \cdot \mathbb{c})\mathbb{c}' \circ \mathbb{b}$$

und hiermit weiter, indem man nacheinander mit zwei Vektoren $\mathbb{a}$ und $\mathbb{a}'$ skalar multipliziert und

$$\mathbb{a} \cdot (\mathbb{b} \times \mathbb{E} \times \mathbb{b}') \cdot \mathbb{a}' = \mathbb{a} \cdot [\mathbb{b} \times (\mathbb{b}' \times \mathbb{E})] \cdot \mathbb{a}' = (\mathbb{a} \times \mathbb{b}) \cdot (\mathbb{b}' \times \mathbb{E}) \cdot \mathbb{a}' = (\mathbb{a} \times \mathbb{b}) \cdot (\mathbb{b}' \times \mathbb{a}')$$

---

[41] vgl. § E3

beachtet, schließlich in Übereinstimmung mit (1.24b)

$$\mathbb{a} \cdot (\mathbb{b} \times \mathbb{c}) \circ (\mathbb{c}' \times \mathbb{b}') \cdot \mathbb{a}' = [\mathbb{a}\mathbb{b}\mathbb{c}][\mathbb{c}'\mathbb{b}'\mathbb{a}'] = (\mathbb{a} \cdot \mathbb{a}')(\mathbb{b}' \cdot \mathbb{c})(\mathbb{c}' \cdot \mathbb{b}) + (\mathbb{b} \cdot \mathbb{b}')(\mathbb{a} \cdot \mathbb{c}')(\mathbb{c} \cdot \mathbb{a}') +$$

$$+ (\mathbb{c} \cdot \mathbb{c}')[(\mathbb{a} \times \mathbb{b}) \cdot (\mathbb{b}' \times \mathbb{a}')] - (\mathbb{a} \cdot \mathbb{b}')(\mathbb{c}' \cdot \mathbb{b})(\mathbb{c} \cdot \mathbb{a}') - (\mathbb{a} \cdot \mathbb{c}')(\mathbb{b}' \cdot \mathbb{c})(\mathbb{b} \cdot \mathbb{a}').$$

Als abschließendes Beispiel zu diesem Paragraphen diene die

2.5 Vereinfachte Pfahlrostberechnung in der Bodenmechanik [4],

wo man den Verrückungszustand einer auf Pfählen gelagerten Grundplatte (Abb. 2.3) und die Pfahlkräfte unter beliebiger Belastung mit den Voraussetzungen berechnet, daß

1.) die Grundplatte näherungsweise als starr, die Stabanschlüsse an die Platte als gelenkig angesehen werden dürfen und

2.) die "Mantelreibung" vernachlässigend, die Lastübertragung auf den Baugrund allein an den Stabenden stattfinden soll, die im Baugrund ebenfalls als gelenkig gelagert angenommen werden[42].

Die an der Grundplatte angreifende äußere Belastung wird auf eine in einem (beliebig gewählten) Punkte 0 angreifende Kraft $\mathbb{p}$ und ein resultierendes Moment $\mathbb{m}$ reduziert, die Verschiebung des Punktes 0 wird mit $\mathbb{u}$, der Vektor der Grundplattendrehung mit φ bezeichnet. Dann gilt unter der Voraussetzung kleiner Grundplattenverrückungen für den Verschiebungsvektor $\mathbb{u}_p$ eines beliebigen Anschlußpunktes P_p ($p = 1,..,n$) eines Pfahles p an die Grundplatte mit dem Ortsvektor $\overline{0\vec{P}}_p = \mathbb{r}_p$ im Sinne der Eulerschen Formel (1.29a)

$$\mathbb{u}_p = \mathbb{u} + \varphi \times \mathbb{r}_p \ . \tag{2.67}$$

Mit den, die Pfahlneigungen hinsichtlich der Achsen eines orthogonalen Koordinatensystems (x_1, x_2, x_3) charakterisierenden, Stabachsen – Einheitsvektoren

---

[42] Genauere Berechnungen unter Einbeziehung der Biegesteifigkeit der Pfähle, deren Mantelreibung und elastischer Einspannung im Baugrund findet man u.a. in [4a].

$$\mathbf{e}^P = \sum_{j=1}^{3} e_j^P \mathbf{e}_j \;\hat{=}\; \left\{ e_1^P;\, e_2^P;\, e_3^P \right\} = \left\{ \cos \alpha_1^P;\, \cos \alpha_2^P;\, \cos \alpha_3^P \right\} {}^{43)},\; \langle \mathbf{e}_j \rangle \qquad (2.68)$$

(positiv in Richtung des jeweiligen Pfahl–Fußpunktes gerichtet) bekommt man für die Komponenten u_p der Pfahlkopf – Verschiebungen $\mathbf{u}_p$ in Richtung der jeweiligen Pfahlachsen

$$u_p = \mathbf{u}_p \cdot \mathbf{e}^P = \left(\mathbf{u} + \boldsymbol{\varphi} \times \mathbf{r}_p \right) \cdot \mathbf{e}^P = \mathbf{u} \cdot \mathbf{e}^P + \boldsymbol{\varphi} \cdot \left(\mathbf{r}_p \times \mathbf{e}^P \right). \qquad (2.69)$$

Sie sind wegen der vorausgesetzten Unverschieblichkeit der Fußpunkte mit den Längenänderungen der Pfähle identisch, so daß man – das Hooke'sche Gesetz für die Pfähle unterstellend – die auf die Grundplatte ausgeübten Pfahlkräfte schließlich in der Form [44]

$$\mathbf{s}_p = E_p F_p \epsilon_p \mathbf{e}^P = -c_p \left[\mathbf{u} \cdot \mathbf{e}^P + \boldsymbol{\varphi} \cdot \left(\mathbf{r}_p \times \mathbf{e}^P \right) \right] \mathbf{e}^P , \qquad c_p = \frac{E_p F_p}{l_p} \qquad (2.70)$$

in Abhängigkeit von den Verrückungsgrößen $\left(\mathbf{u},\, \boldsymbol{\varphi} \right)$ der Grundplatte darstellen kann. Für Letztere folgert man aus den Gleichgewichtsbedingungen

$$\sum_{p=1}^{n} \mathbf{s}_p + \mathbf{p} = \mathbf{0} , \qquad \sum_{p=1}^{n} \mathbf{r}_p \times \mathbf{s}_p + \mathbf{m} = \mathbf{0} \qquad (2.71\text{a,b})$$

für die Grundplatten – Kinematik die beiden linearen Vektorgleichungen

$$\sum_{p=1}^{n} c_p \left[\mathbf{u} \cdot \mathbf{e}^P + \boldsymbol{\varphi} \cdot \left(\mathbf{r}_p \times \mathbf{e}^P \right) \right] \mathbf{e}^P = \mathbf{p}, \qquad \sum_{p=1}^{n} c_p \left[\mathbf{u} \cdot \mathbf{e}^P + \boldsymbol{\varphi} \cdot \left(\mathbf{r}_p \times \mathbf{e}^P \right) \right] \left(\mathbf{r}_p \times \mathbf{e}^P \right) = \mathbf{m} , \qquad (2.72\text{a,b})$$

die mit

$$\left(\mathbf{u} \cdot \mathbf{e}^P \right) \mathbf{e}^P = \mathbf{u} \cdot \left(\mathbf{e}^P \circ \mathbf{e}^P \right) , \qquad \left[\boldsymbol{\varphi} \cdot \left(\mathbf{r}_p \times \mathbf{e}^P \right) \right] \mathbf{e}^P = \boldsymbol{\varphi} \cdot \left(\mathbf{r}_p \times \mathbf{e}^P \circ \mathbf{e}^P \right) ,$$

$$\left(\mathbf{u} \cdot \mathbf{e}^P \right) \left(\mathbf{r}_p \times \mathbf{e}^P \right) = \mathbf{u} \cdot \left(\mathbf{e}^P \circ \mathbf{r}_p \times \mathbf{e}^P \right) = \mathbf{u} \cdot \left(\mathbf{r}_p \times \mathbf{e}^P \circ \mathbf{e}^P \right)^{\mathrm{T}} ,$$

$$\left[\boldsymbol{\varphi} \cdot \left(\mathbf{r}_p \times \mathbf{e}^P \right) \right] \left(\mathbf{r}_p \times \mathbf{e}^P \right) = \boldsymbol{\varphi} \cdot \left(\mathbf{r}_p \times \mathbf{e}^P \circ \mathbf{r}_p \times \mathbf{e}^P \right)$$

(man beachte die Definitionsgleichung (2.7) für dyadische Produkte) sowie mit Einführung der dyadischen Systemwerte

---

[43] α_j^P bedeutet den Neigungswinkel einer Pfahlachse p gegenüber der Koordinatenachse x_j .

[44] E_p, F_p, ϵ_p bzw. l_p bedeuten Elastizitätsmodul, Querschnittsfläche, Dehnung bzw. Länge eines Pfahles. Dabei ist $\epsilon_p = - \left[\mathbf{u} \cdot \mathbf{e}^P + \boldsymbol{\varphi} \cdot \left(\mathbf{r}_p \times \mathbf{e}^P \right) \right] / l_p$.

$$\mathbb{A} = \mathbb{A}^T = \sum_{p=1}^{n} c_p \mathbb{e}^P \circ \mathbb{e}^P = \sum_{j,k=1}^{3} a_{jk} \mathbb{e}_j \circ \mathbb{e}_k \ , \qquad a_{jk} = \sum_{p=1}^{n} c_p \cos \alpha_j^p \cos \alpha_k^p \ ,$$

$$\mathbb{B} = \sum_{p=1}^{n} c_p \mathbb{r}_p \times \mathbb{e}^P \circ \mathbb{e}^P = \sum_{j,k=1}^{3} b_{jk} \mathbb{e}_j \circ \mathbb{e}_k, \qquad b_{jk} = \sum_{p=1}^{n} c_p [\mathbb{r}_p \mathbb{e}^P \mathbb{e}_j] \cos \alpha_k^p, \qquad (2.73\text{a-c})$$

$$\mathbb{C} = \mathbb{C}^T = \sum_{p=1}^{n} c_p \, \mathbb{r}_p \times \mathbb{e}^P \circ \mathbb{r}_p \times \mathbb{e}^P = \sum_{j,k=1}^{3} c_{jk} \, \mathbb{e}_j \circ \mathbb{e}_k \ , \qquad c_{jk} = \sum_{p=1}^{n} c_p [\mathbb{r}_p \mathbb{e}^P \mathbb{e}_j][\mathbb{r}_p \mathbb{e}^P \mathbb{e}_k]$$

schließlich in der einfachen Gestalt

$$\mathbb{u} \cdot \mathbb{A} + \varphi \cdot \mathbb{B} = \mathbb{p} \ , \qquad \mathbb{u} \cdot \mathbb{B}^T + \varphi \cdot \mathbb{C} = \mathbb{m} \qquad (2.74\text{a,b})$$

geschrieben werden können. Einsetzen z.B. von

$$\varphi = \left(\mathbb{m} - \mathbb{u} \cdot \mathbb{B}^T \right) \cdot \mathbb{C}^{-1} \qquad (2.75)$$

— nach (2.74b) — in (2.74a) ergibt für $\mathbb{u}$ die lineare Gleichung

$$\mathbb{u} \cdot \left(\mathbb{A} - \mathbb{B}^T \cdot \mathbb{C}^{-1} \cdot \mathbb{B} \right) = \mathbb{p} - \mathbb{m} \cdot \mathbb{C}^{-1} \cdot \mathbb{B}$$

mit der Lösung

$$\mathbb{u} = \mathbb{p} \cdot \mathbb{D}_{KK} + \mathbb{m} \cdot \mathbb{D}_{KM} \ , \qquad (2.76\text{a})$$

womit dann auch φ nach (2.75) festliegt:

$$\varphi = \mathbb{p} \cdot \mathbb{D}_{KM}^T + \mathbb{m} \cdot \mathbb{D}_{MM} \ . \qquad (2.76\text{b})$$

Hierin haben die Nachgiebigkeitstensoren $\mathbb{D}_{\alpha\beta}$ die Bedeutung [45]

$$\mathbb{D}_{KK} = \mathbb{D}_{KK}^T = [\mathbb{A} - \mathbb{B}^T \cdot \mathbb{C}^{-1} \cdot \mathbb{B}]^{-1} \ , \quad \mathbb{D}_{MM} = \mathbb{D}_{MM}^T = [\mathbb{C} - \mathbb{B} \cdot \mathbb{A}^{-1} \cdot \mathbb{B}^T]^{-1}, \qquad (2.76\text{c-e})$$

$$\mathbb{D}_{KM} = -\mathbb{C}^{-1} \cdot \mathbb{B} \cdot [\mathbb{A} - \mathbb{B}^T \cdot \mathbb{C}^{-1} \cdot \mathbb{B}]^{-1} = -[\mathbb{C} - \mathbb{B} \cdot \mathbb{A}^{-1} \cdot \mathbb{B}^T]^{-1} \cdot \mathbb{B} \cdot \mathbb{A}^{-1} \ .$$

---

[45] ist $\mathbb{A}$ ein symmetrischer Tensor, so ist — man benutze etwa (2.40d) — auch $\mathbb{A}^{-1}$ symmetrisch. Dann ist aber, wie man durch Multiplikation mit einem Vektor sogleich nachweist, auch $\mathbb{B} \cdot \mathbb{A}^{-1} \cdot \mathbb{B}^T$ symmetrisch. Dasselbe gilt für $\mathbb{B}^T \cdot \mathbb{C}^{-1} \cdot \mathbb{B}$, so daß die Tensoren $\mathbb{D}_{KK}$ bzw. $\mathbb{D}_{MM}$ in der Tat symmetrisch sind.

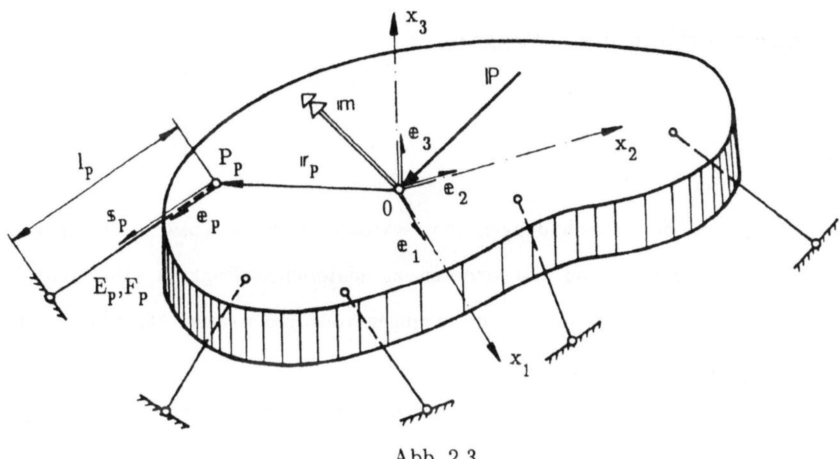

Abb. 2.3

In den folgenden drei Paragraphen sollen die Eigenschaften einiger spezieller zweistufiger Tensoren eingehender recherchiert werden.

§ 3 Versoren, orthogonale Tensoren

3.1 Versoren

sind Operatoren, mit denen Abbildungen von Vektorbüscheln ($\varkappa$) (bzw., wenn man den Vektoren $\varkappa$ die Bedeutung von Ortsvektoren zu materiellen Punkten gibt, beliebiger Konfigurationen) in Form von Starrkörperdrehungen vollzogen werden. Darunter versteht man Überführungen

$$\varkappa \to y(\varkappa) = \varkappa^* = \varkappa \cdot \mathbb{R} \tag{3.1}$$

unter den Bedingungen, daß dabei

    a) die Beträge und

    b) die "relative räumliche Orientierung"

der Vektoren gleichbleiben. Als Ergebnis der Forderung a), nämlich

$$y^2 = y \cdot y = (\varkappa \cdot \mathbb{R}) \cdot (\varkappa \cdot \mathbb{R}) = \varkappa \cdot \mathbb{R} \cdot (\mathbb{R}^T \cdot \varkappa) = \varkappa \cdot \mathbb{R} \cdot \mathbb{R}^T \cdot \varkappa \equiv \varkappa^2 = \varkappa \cdot \mathbb{E} \cdot \varkappa$$

erschließt man für Versoren $\mathbb{R}$ – wegen der Beliebigkeit von $\varkappa$ sowie der Symmetrie von $\mathbb{R} \cdot \mathbb{R}^T$ – die Eigenschaften

$$\mathbb{R} \cdot \mathbb{R}^T = \mathbb{E} \;,\; \mathbb{R}^T = \mathbb{R}^{-1} \;,\quad \text{also auch } \mathbb{R}^T \cdot \mathbb{R} = \mathbb{E}. \tag{3.2a,b,c}$$

Unter der Bedingung b) versteht man, daß per (3.1) die Überführung ansonsten beliebiger aber nicht-komplanarer Dreiertupel ($\varkappa_1, \varkappa_2, \varkappa_3$) in die zugehörigen Dreiertupel (y_1, y_2, y_3) derart vollzogen wird, daß die Spatprodukte $[\varkappa_1 \varkappa_2 \varkappa_3]$ und $[y_1 y_2 y_3]$ dasselbe Vorzeichen haben, also etwa ein orientiertes Rechtssystem (Linkssystem) nur in ein "System

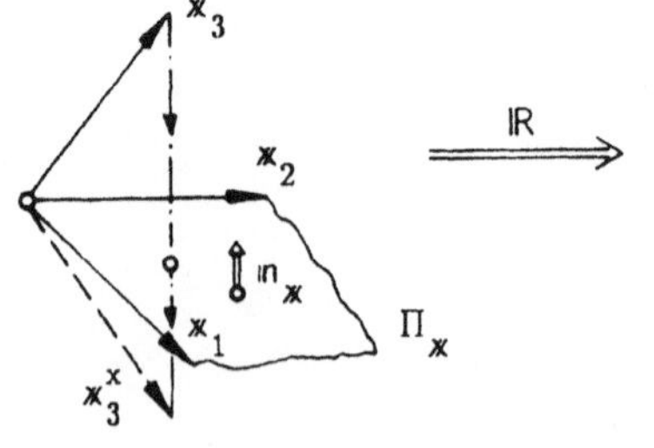
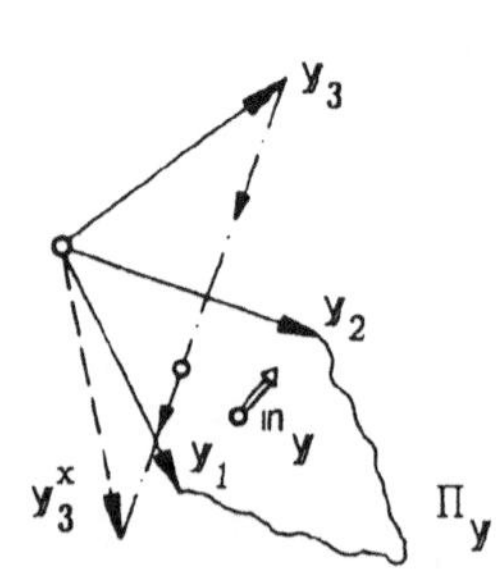

Abb. 3.1

gleicher Orientierung" überführt und damit der z.B. in Abb. 3.1 gestrichelt dargestellte Fall

(Überführung von Rechtssystem, etwa $\langle \varkappa_1, \varkappa_2, \varkappa_3 \rangle$, in Linkssystem $\langle y_1, y_2, y_3^* \rangle$)

ausgeschlossen wird. [1] Angesichts von (2.37) führt dies zu

$$(\mathbb{R})_3 = \left[\frac{V_{y}}{V_{\varkappa}} = \frac{[y_0 y_1 y_2]}{[\varkappa_0 \varkappa_1 \varkappa_2]} \right] \geq 0 \, , \qquad (3.2\,\text{d})$$

d.h. der Feststellung, daß die dritte Invariante eines Versors positiv sein muß, womit die

aus (3.2 a) unter Benutzung von (2.38a) erhältliche Beziehung

$$(\mathbb{E})_3 \left[= \det (\mathbb{E}) \right] = 1 = (\mathbb{R} \cdot \mathbb{R}^T)_3 \overset{(2.38a)}{=} (\mathbb{R})_3 (\mathbb{R}^T)_3 \equiv (\mathbb{R})_3 (\mathbb{R})_3 = [(\mathbb{R}_3)]^2$$

eindeutig gelöst werden kann:

$$(\mathbb{R})_3 \left[= \det (\mathbb{R}) \right] = \pm 1 \overset{b)}{\Rightarrow} 1 \, . \qquad (3.2e)$$

Unter dem Gesichtspunkt, daß sich alle Vektoren $\varkappa$ eines Büschels darstellen lassen in der Form

$$\varkappa = \sum_{j=1}^{3} x_j \, \mathbb{e}_j$$

als lineare Kombination dreier (weder kolinearer noch komplanarer) Repräsentanten (z.B. der Einheitsvek-

toren einer Orthonormalbasis $\langle \mathbb{e}_j \rangle$), wobei die "Komponenten" x_j (j=1,..,3) die relative Lage von $\varkappa$

gegenüber der Basis kennzeichnen, muß bei reinen Drehungen der Gesamtanordnung, wo die relativen

Lagen des gedrehten Büschels zu den mitgedrehten Repräsentanten unverändert bleibt, bereits allein die

Drehung der Basis den gesamten Abbildungsoperator $(\mathbb{R})$ definieren. Dies erkennt man in der sog.

"gemischten Darstellung" eines Versors,

die man unter letzterem Gesichtspunkt erzeugt, wonach ein Vektor

$$\varkappa = \sum_{j=1}^{3} x_j \, \mathbb{e}_j = \sum_{j=1}^{3} (\varkappa \cdot \mathbb{e}_j) \mathbb{e}_j$$

per Versor-Transformation $\mathbb{R}$ in einen Vektor y derart überführt wird, daß im Falle seiner

Komponentendarstellung

---

[1] Transformationen letzterer Art gehören zu den sog. "Spiegelungen". Sie sind —als geeignete
Kombinationen von Drehungen und sog. "Inversionen" — in der Gruppe der sog. "orthogonalen Tensoren"
enthalten (vgl. 3.4).

$$y = x^* = \sum_{j=1}^{3}(y\cdot e_j^*)e_j^* = \sum_{j=1}^{3}(x^*\cdot e_j^*)e_j^* = \sum_{j=1}^{3}x_j^* e_j^* \qquad (3.3a)$$

hinsichtlich der (mit-)gedrehten Basisvektoren

$$e_j^* = e_j\cdot \mathbb{R} \qquad\qquad , \; j = 1,..,3 , \qquad\qquad (3.3b)$$

die Komponenten zahlenmäßig gleichgeblieben sind:

$$y_j = x^*\cdot e_j^* = x_j = x\cdot e_j . \qquad\qquad (3.3c)$$

Einsetzen in (3.3 a) ergibt

$$y = x^* = \sum_{j=1}^{3}(x\cdot e_j)e_j^* \stackrel{(2.7)}{=} x\cdot \sum_{j=1}^{3}e_j\circ e_j^* = x\cdot \mathbb{R} \qquad (3.3d)$$

und dergestalt die "gemischte Darstellung"

$$\mathbb{R} = \sum_{j=1}^{3}e_j\circ e_j^* \qquad\qquad (3.4a)$$

in Termen der Basisvektoren vor bzw. nach der Drehung.

Neben Letzterer sind selbstverständlich auch Komponentendarstellungen allein hinsichtlich der Basen $\langle e_j\rangle$ bzw. $\langle e_j^*\rangle$ möglich. Im ersteren Falle setzt man

$$e_j^* = \sum_{k=1}^{3}(e_j^*\cdot e_k)e_k = \sum_{k=1}^{3}r_{jk}e_k , \qquad r_{jk} = e_j^*\cdot e_k = \cos\angle(e_j^*,e_k) \qquad (3.4b,c)$$

und bekommt aus (3.4a)

$$\mathbb{R} = \sum_{j=1}^{3}e_j\circ e_j^* = \sum_{j,k=1}^{3}r_{jk}e_j\circ e_k \;\hat{=}\; \begin{pmatrix} r_{11} & r_{12} & r_{13} \\ r_{21} & r_{22} & r_{23} \\ r_{31} & r_{32} & r_{33} \end{pmatrix}_{\langle e_j\rangle} , \qquad (3.4d)$$

im zweiten Falle wird von

$$e_j = \sum_{k=1}^{3}(e_j\cdot e_k^*)e_k^* = \sum_{k=1}^{3}r_{kj}e_k^* \qquad\qquad (3.4e)$$

Gebrauch gemacht, was nach Einsetzen in (3.4 a)

$$\mathbb{R} = \sum_{j=1}^{3}e_j\circ e_j^* = \sum_{j,k=1}^{3}r_{kj}e_k^*\circ e_j^* = \sum_{j,k=1}^{3}r_{jk}e_j^*\circ e_k^* \;\hat{=}\; \begin{pmatrix} r_{11} & r_{12} & r_{13} \\ r_{21} & r_{22} & r_{23} \\ r_{31} & r_{32} & r_{33} \end{pmatrix}_{\langle e_j^*\rangle} \qquad (3.4f)$$

ergibt, wonach die zugehörigen Matrizen- (Komponenten-)Darstellungen in beiden Fällen gleich sind. Es ist dies eine spezielle Eigenschaft von Versoren, die auch nur gilt in Bezug auf solche Bezugsbasen $\langle e_j \rangle$ bzw. $\langle e_j^* \rangle$, hinsichtlich der sich die (Starrkörper-)Konfiguration $(\varkappa)$ bzw. $(\varkappa^*)$ jeweils gleich darstellt. Versoren sind sehr spezielle zweistufige Operatoren. Da Drehungen allgemein durch eine Drehachse (e) und einen Winkel (φ) beschrieben werden, d.h. durch einen Drehvektor

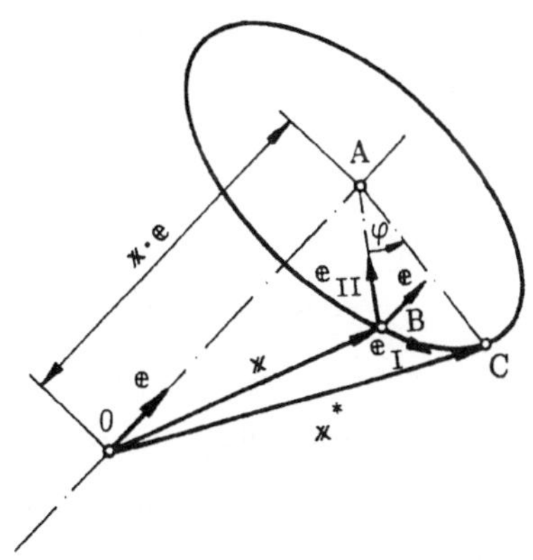

Abb. 3.2

$\varphi = {}^{2)} \varphi\, e$, muß Letzterer den zugehörigen Versor $\mathbb{R} = \mathbb{R}(\varphi)$ festlegen. Danach sind Versoren durch drei skalare "Bestimmungsstücke" zu kennzeichnen. Um den Zusammenhang $\mathbb{R} = \mathbb{R}\,(\varphi)$ aufzudecken, benutzt man (Abb. 3.2)

$$\varkappa^* = (\varkappa \cdot e)e + \overrightarrow{AC} \qquad (3.5a)$$

mit

$$AC = |\overrightarrow{AC}| = \sqrt{\varkappa^2 - (\varkappa \cdot e)^2} = |e \times \varkappa|, \qquad (3.5b)$$

so daß man mit zwei in der Ebene ABC liegenden Einheitsvektoren

$$e_I = \frac{e \times \varkappa}{|e \times \varkappa|}, \qquad e_{II} = e \times e_I = \frac{e \times (e \times \varkappa)}{|e \times \varkappa|} \qquad \text{weiter}$$

$$\overrightarrow{AC} = |\overrightarrow{AC}|(e_I \sin \varphi - e_{II} \cos \varphi) =$$

$$= e \times \varkappa \sin \varphi - e \times (e \times \varkappa) \cos \varphi = {}^{3)} -\varkappa \times e \sin \varphi - [(\varkappa \cdot e)e - \varkappa] \cos \varphi \qquad (3.5c)$$

schreiben kann. Einsetzen in (3.5a) ergibt

$$\varkappa^* = (\varkappa \cdot e)e - \varkappa \times e \sin \varphi - [(\varkappa \cdot e)e - \varkappa]\cos \varphi = {}^{4)} \varkappa \cdot [e \circ e - \mathbb{E} \times e \sin \varphi + (\mathbb{E} - e \circ e)\cos \varphi]$$

und dementsprechend nach Gleichsetzen mit (3.1)

${}^{2)}$ dessen Richtung im Sinne der "Rechtsschrauben-Konvention" verfügt wird.

${}^{3)}$ Man beachte $e \times (e \times \varkappa) = (\varkappa \cdot e)e - \varkappa$ nach dem Entwicklungssatz für zweifache Vektorprodukte.

${}^{4)}$ Man beachte $\varkappa \times e = (\varkappa \cdot \mathbb{E}) \times e = \varkappa \cdot (\mathbb{E} \times e)$, $\varkappa = \varkappa \cdot \mathbb{E}$, $(\varkappa \cdot e)e = \varkappa \cdot (e \circ e)$

$$\mathbb{R}\langle\varphi\rangle = \mathbf{e}\circ\mathbf{e} + (\mathbb{E}-\mathbf{e}\circ\mathbf{e})\cos\varphi - \mathbb{E}\times\mathbf{e}\sin\varphi . \tag{3.5d}$$

Für kleine Verdrehungen ($\varphi \to \mathrm{d}\varphi \ll 1$) ist mit $\cos\mathrm{d}\varphi \approx 1$, $\sin\mathrm{d}\varphi \approx \mathrm{d}\varphi$ aus (3.5d)

$$\mathbb{R}\langle\mathrm{d}\varphi\rangle = \mathbb{E}-\mathbb{E}\times\mathrm{d}\varphi\,\mathbf{e} = \mathbb{E}-\mathbb{E}\times\mathrm{d}\boldsymbol{\varphi} \tag{3.6a}$$

und damit weiter

$$\mathbf{x}^* = \mathbf{x}\cdot\mathbb{R} = \mathbf{x}\cdot(\mathbb{E}-\mathbb{E}\times\mathrm{d}\boldsymbol{\varphi}) = \mathbf{x}-\mathbf{x}\cdot(\mathbb{E}\times\mathrm{d}\boldsymbol{\varphi}) = \mathbf{x} + \mathrm{d}\boldsymbol{\varphi}\times\mathbf{x}$$

$$\text{bzw.} \qquad \mathrm{d}\mathbf{x} = \mathbf{x}^*-\mathbf{x} = \mathrm{d}\boldsymbol{\varphi}\times\mathbf{x} \tag{3.6b,c}$$

(vgl. a. (1.29a)) erhältlich, wonach Lageänderungen als Folge infinitesimaler Drehungen durch Vektorprodukte beschrieben werden können. Die aus (3.5 d) insbesondere mit $\varphi = \pi$ erhältliche Darstellung für eine sog. "Umklappung"

$$\mathbb{R}\langle\pi\mathbf{e}\rangle = 2\mathbf{e}\circ\mathbf{e}-\mathbb{E} \tag{3.7}$$

ist von Bedeutung für den Fall einer allgemeinen Drehung, die sich stets durch eine Folge zweier nacheinander (um entsprechende Achsen) vorgenommener Umklappungen darstellen läßt [1].

Für die formale Analyse der Theorie der Stockwerkrahmen findet sich in der Ingenieur–Elastizitätstheorie großer Verformungen neuerdings anstelle von (3.5d) die von trigonometrischen Funktionen freie Darstellung [19]

$$\mathbb{R}\langle\hat{\varphi}\rangle = \frac{1}{1+\hat{\varphi}^2}\left[(1-\hat{\varphi}^2)\mathbb{E} + 2\hat{\boldsymbol{\varphi}}\circ\hat{\boldsymbol{\varphi}} - 2\mathbb{E}\times\hat{\boldsymbol{\varphi}}\right] , \tag{3.8a}$$

indem man als "Dreh – Freiheitsgrad" (etwa eines "Knotenpunktes") anstelle von $\boldsymbol{\varphi}$ die Größe

$$\hat{\boldsymbol{\varphi}} = \boldsymbol{\varphi}\,\frac{\mathrm{tg}(\varphi/2)}{\varphi} = \mathbf{e}\,\mathrm{tg}\,\frac{\varphi}{2} = \hat{\varphi}\mathbf{e} , \qquad \hat{\varphi} = \mathrm{tg}\,\frac{\varphi}{2} \tag{3.8b,c}$$

verwendet. Mit

$$\sin\varphi = \frac{2\hat{\varphi}}{1+\hat{\varphi}^2} , \qquad \cos\varphi = \frac{1-\hat{\varphi}^2}{1+\hat{\varphi}^2} \tag{3.8d,e}$$

erkennt man unschwer die Gleichwertigkeit von (3.8) und (3.5d). Die gegenüber (3.5d) als numerisch bequemer aufarbeitbar angesehene Struktur (3.8a) findet sich bereits in [1].

Mit Heranziehung des Versorbegriffs lassen sich die für die Mechanik bedeutsamen[5]

---

[5] vgl. h. die Transformationsformeln für Trägheitsmomente bzw. Spannungszustände in §3, §4.

3.2 Komponenten-Transformationsformeln für Vektoren und Tensoren

im Zusammenhang mit Wechsel orthonormaler Bezugsbasen gleicher Orientierung geometrisch leicht

veranschaulichen[6]. Bezugsbasis – Invarianz eines Vektors (a) bedeutet hier, daß sich a in Bezug auf ei-

ne gegenüber einer Basis $\langle e_j \rangle$ gedrehten Basis[6] $\langle e_j^* = e_j \cdot \mathbb{R}_{j \to j*} \rangle$ in Komponenten ebenso darstellen

muß, wie die (um $\mathbb{R}_{j* \to j}$) entsprechend "zurückgedrehte" Version $a^{**} = a \cdot \mathbb{R}_{j* \to j} = a \cdot \mathbb{R}^T_{j \to j*}$ in

Komponenten hinsichtlich der Ausgangsbasis $\langle e_j \rangle$ repräsentiert ist. Formal wird das hier referierte

Komponenten – Transformationsproblem in der Weise bewältigt, daß man für Vektoren (bzw. Tensoren)

Komponentendarstellungen hinsichtlich zweier gegeneinander verdrehter Orthonormalbasen $\langle e_j \rangle$ bzw.

$\langle e_j^* \rangle$ niederschreibt und den Zusammenhang zwischen beiden Basen mittels eines ("Transformations–")-

Versors

$$\Lambda = \sum_{j=1}^{3} e_j \circ e_j^* = \sum_{j,k=1}^{3} \lambda_{jk} e_j \circ e_k = \sum_{j,k=1}^{3} \lambda_{jk} e_j^* \circ e_k^* , \quad \lambda_{jk} = e_j^* \cdot e_k , \quad (3.9a,b)$$

per

$$e_j^* = e_j \cdot \Lambda , \qquad e_j = e_j^* \cdot \Lambda^T \qquad\qquad (3.9c)$$

herstellt.

3.2 a <u>Vektoren</u>

Soll ein in Bezug auf eine (Orthonormal–)Basis $\langle e_j \rangle$ in Komponenten gegebener Vektor

$$a = \sum_{j=1}^{3} (a \cdot e_j) e_j = \sum_{j=1}^{3} a_j e_j \quad\text{gemäß}\quad a = \sum_{j=1}^{3} (a \cdot e_j^*) e_j^* = \sum_{j=1}^{3} a_j^* e_j^* \quad (3.10a,b)$$

in Komponenten hinsichtlich einer gegenüber der Basis $\langle e_j \rangle$ gedrehten Basis $\langle e_j^* \rangle$ dargestellt werden,

so ersetzt man in (3.10a) die Basisvektoren e_j durch die Größen e_j^* mittels

$$e_j = e_j^* \cdot \Lambda^{-1} = e_j^* \cdot \Lambda^T = e_j^* \cdot \sum_{s,n=1}^{3} \lambda_{sn} e_n^* \circ e_s^* = \sum_{s=1}^{3} \lambda_{sj} e_s^* ,$$

---

6) Vom Standpunkt einer allgemeinen Transformationsanalyse (vgl.§E1.6) her handelt es sich hier um spezielle Formalien betr. den Wechsel von durch Starrdrehungen auseinander hervorgehender Bezugsbasen.

bekommt so

$$\mathbb{a} = \sum_{j=1}^{3} a_j \mathbb{e}_j = \sum_{j,s=1}^{3} a_j \lambda_{sj} \mathbb{e}_s^* = \sum_{s=1}^{3} \left[\sum_{j=1}^{3} a_j \lambda_{sj} \right] \mathbb{e}_s^* = \sum_{s=1}^{3} a_s^* \mathbb{e}_s^* \;,$$

was als Komponentendarstellung von $\mathbb{a}$ hinsichtlich der Basis $\langle \mathbb{e}_j^* \rangle$ aufzufassen ist, und demgemäß

$$a_s^* = \sum_{j=1}^{3} a_j \lambda_{sj} \;, \qquad s = 1...3, \tag{3.10c}$$

als Anweisung, wie man die Komponenten von $\mathbb{a}$ hinsichtlich der gedrehten Basis $\langle \mathbb{e}_j^* \rangle$ durch die Komponenten hinsichtlich der Basis $\langle \mathbb{e}_j \rangle$ und die Drehungsglieder λ_{jk} auszudrücken hat. Entsprechend findet man mit

$$\mathbb{e}_j^* = \mathbb{e}_j \cdot \Lambda = \mathbb{e}_j \cdot \sum_{s,n=1}^{3} \lambda_{ns} \mathbb{e}_n \circ \mathbb{e}_s = \sum_{s=1}^{3} \lambda_{js} \mathbb{e}_s \;,$$

nach Einsetzen in (3.10b)

$$\mathbb{a} = \sum_{j=1}^{3} a_j^* \mathbb{e}_j^* = \sum_{j,s=1}^{3} a_j^* \lambda_{js} \mathbb{e}_s = \sum_{s=1}^{3} \left[\sum_{j=1}^{3} a_j^* \lambda_{js} \right] \mathbb{e}_s = \sum_{s=1}^{3} a_s \mathbb{e}_s \;,$$

d.h. die zu (3.10c) inversen Transformationsformeln

$$a_s = \sum_{j=1}^{3} a_j^* \lambda_{js} \;, \qquad s = 1...3 \;. \tag{3.10d}$$

Für

3.2 b Tensoren zweiter Stufe

$$\mathbb{A} = \sum_{j,k=1}^{3} a_{jk} \mathbb{e}_j \circ \mathbb{e}_k \tag{3.11a}$$

bekommt man die auf eine gedrehte Basis $\langle \mathbb{e}_j^* \rangle$ bezügliche Darstellung mit

$$\mathbb{e}_j = \mathbb{e}_j^* \cdot \Lambda^{-1} = \sum_{s=1}^{3} \lambda_{sj} \mathbb{e}_s^* \;, \qquad \mathbb{e}_k = \mathbb{e}_k^* \cdot \Lambda^{-1} = \sum_{\mu=1}^{3} \lambda_{\mu k} \mathbb{e}_\mu^* \tag{3.11b,c}$$

nach Einsetzen in (3.11a) als

$$\mathbb{A} = \sum_{j,k,s,\mu=1}^{3} a_{jk} \lambda_{sj} \lambda_{\mu k} \, \mathbb{e}_s^* \circ \mathbb{e}_\mu^* = \sum_{s,\mu=1}^{3} \left[\sum_{j,k=1}^{3} a_{jk} \lambda_{sj} \lambda_{\mu k} \right] \mathbb{e}_s^* \circ \mathbb{e}_\mu^*$$

und damit für die Komponenten von $\mathbb{A}$ hinsichtlich einer gegenüber $\langle e_j \rangle$ gedrehten Basis $\langle e_j^* \rangle$

$$a^*_{s\mu} = \sum_{j,k=1}^{3} a_{jk}\lambda_{sj}\lambda_{\mu k} \ , \qquad (3.11d)$$

und entsprechend aus

$$\mathbb{A} = \sum_{j,k=1}^{3} a^*_{jk} e^*_j \circ e^*_k \qquad (3.11e)$$

mit

$$e^*_j = e_j \cdot \Lambda = \sum_{s=1}^{3} \lambda_{js} e_s \quad , \qquad e^*_k = e_k \cdot \Lambda = \sum_{\mu=1}^{3} \lambda_{k\mu} e_\mu$$

nach Einsetzen in (3.11e)

$$\mathbb{A} = \sum_{s,\mu=1}^{3} \left[\sum_{j,k=1}^{3} a^*_{jk}\lambda_{js}\lambda_{k\mu} \right] e_s \circ e_\mu \ ,$$

d.h. die zu (3.11d) inversen Beziehungen

$$a_{s\mu} = \sum_{j,k=1}^{3} a^*_{jk}\lambda_{js}\lambda_{k\mu} \ . \qquad (3.11f)$$

Die voraufgegangenen Formalien gelten übrigens auch für Wechsel zwischen Basen "verschiedener räumlicher Orientierung" mit

$$\frac{[e^*_1 e^*_2 e^*_3]}{[e_1 e_2 e_3]} < 0 \ ,$$

allerdings dann mit sog. "orthogonalen Tensoren" anstelle von Versoren (vgl. § 3.4). Der in (3.6a) notierte Befund, daß sich kleine Drehungen durch Vektorprodukte bzw. einen antimetrischen Tensor ($\mathbb{E} \times d\varphi$) approximieren lassen, läßt erkennen, daß bei der

3.3 Ableitung von Versoren nach skalaren Parametern

antimetrische Tensoren auftreten. Als Beispiel für eine Zeitableitung betrachten wir die durch

$$x(P,t) = x_0(P) \cdot \mathbb{R}(t) \qquad (3.12a)$$

zu beschreibende Drehbewegung eines starren Körpers

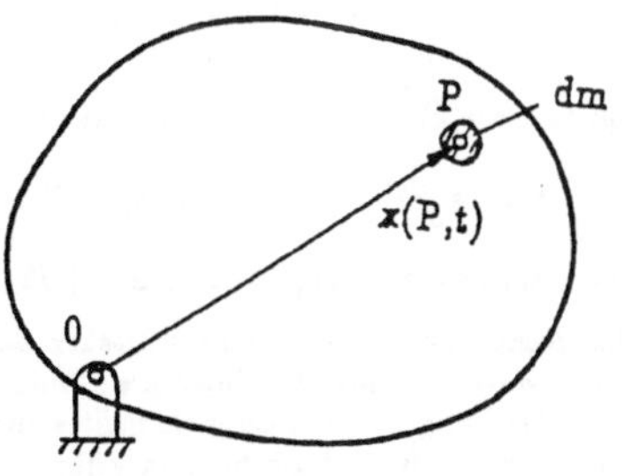

Abb. 3.3

um einen (raum–)festen Punkt 0 [7] (Abb. 3.3), womit als Geschwindigkeitsfeld

$$\dot{\mathbf{x}}(P,t) = \mathbf{v}(P,t) = \mathbf{x}_0(P)\cdot\dot{\mathbb{R}}(t) \qquad (3.12b)$$

identifiziert wird, das man hingegen andererseits nach der Eulerschen Formel (1.28a) mit der Winkelgeschwindigkeit ω auch als

$$\mathbf{v}(P,t) = \omega\times\mathbf{x}(P,t) = \omega\times(\mathbf{x}_0(P)\cdot\mathbb{R}(t)) = -\mathbf{x}_0(P)\cdot\mathbb{R}(t)\times\omega \qquad (3.12c)$$

darstellen kann Dementsprechend liefert Gleichsetzen von (3.12b) mit (3.12c)

$$\dot{\mathbb{R}}(t) = -\mathbb{R}(t)\times\omega(t) = -\mathbb{R}(t)\cdot(\mathbb{E}\times\omega(t)) \quad \text{bzw.}$$

$$\mathbb{R}^{-1}\cdot\dot{\mathbb{R}} = \mathbb{R}^T\cdot\dot{\mathbb{R}} \overset{8)}{=} -(\mathbb{R}^T)^{\cdot}\cdot\mathbb{R} \overset{9)}{=} -\dot{\mathbb{R}}^T\cdot\mathbb{R} = -\mathbb{E}\times\omega \overset{(2.50b)}{=} (\mathbb{E}\times\omega)^T, \qquad (3.12d)$$

wobei übrigens nach Einsetzen von $\mathbb{R}$ nach (3.5d)

mit kurzer Rechnung

$$\omega = \dot{\varphi}\,\mathbf{e} + \dot{\mathbf{e}}\,\sin\varphi + (1-\cos\varphi)\,\mathbf{e}\times\dot{\mathbf{e}} =$$

$$\overset{(3.8)}{=} \frac{2}{1+\hat{\varphi}^2}(\mathbb{E} + \mathbb{E}\times\hat{\varphi})\cdot\dot{\hat{\varphi}} \qquad (3.12e)$$

$$\text{bzw.}\quad 2\dot{\hat{\varphi}} = (1+\hat{\varphi}^2)(\mathbb{E}+\mathbb{E}\times\hat{\varphi})^{-1}\cdot\omega =$$

$$\overset{(2.63d)}{=} (\mathbb{E} + \hat{\varphi}\circ\hat{\varphi} - \mathbb{E}\times\hat{\varphi})\cdot\omega \qquad (3.12f)$$

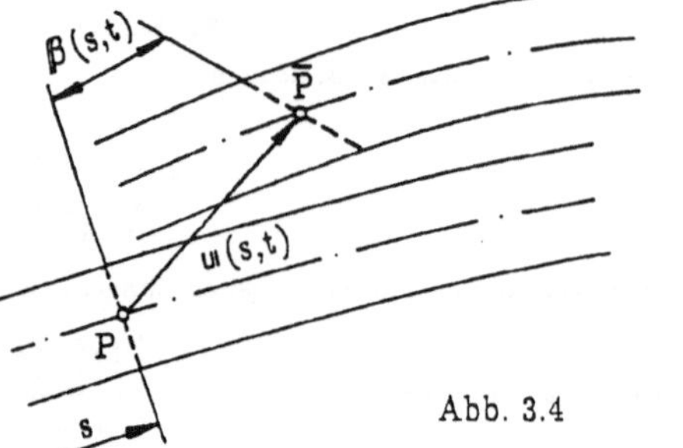

Abb. 3.4

identifiziert werden kann. Eine (3.12d) entsprechende Formel gilt für Ortsableitungen von Versoren, auf

die man z.B. bei der Analyse der sog. Cosserat–Kontinua [10] stößt. Beschreibt R $\langle\beta\rangle$ die Drehung eines

Stabquerschnittes im Zusammenhang mit der Verrückung eines Stabes, so hat man für die gegenseitige

---

[7] P bezeichnet materielle Punkte, $\mathbf{x}_0(P) = \mathbf{x}(P,t_0)$ eine "Bezugskonfiguration des Körpers".

[8] Man beachte $\mathbb{R}^T\cdot\mathbb{R} = \mathbb{E}$ und damit $(\mathbb{R}^T)^{\cdot}\cdot\mathbb{R} = -\mathbb{R}^T\cdot\dot{\mathbb{R}}$

[9] Mit $\mathbf{y} = \mathbf{x}_0\cdot\mathbb{A}(t) = \mathbb{A}^T(t)\cdot\mathbf{x}_0$ gilt $\dot{\mathbf{y}} = (\mathbb{A}^T)^{\cdot}\cdot\mathbf{x}_0$ aber auch $\dot{\mathbf{y}} = \mathbf{x}_0\cdot\dot{\mathbb{A}} = (\dot{\mathbb{A}})^T\cdot\mathbf{x}_0$ also

allgemein für zeitabhängige Tensoren $(\mathbb{A}^T)^{\cdot} = (\dot{\mathbb{A}})^T = \dot{\mathbb{A}}^T$ $\hspace{2cm}$ (3.13)

[10] d.s. Kontinua, zu deren kinematischer Beschreibung man je Körperpunkt zwei (Feld–)Größen (u, $\mathbb{R}$) benötigt, wovon u als die (mittlere Translations–)Verschiebung und $\mathbb{R}$ als die (von u unabhängige mittlere) Drehung eines Massenelementes interpretiert wird. Auf sog. "eindimensionale Cosserat–Kontinua" wird man z.B. in Stabtheorien geführt, wenn man – in Verallgemeinerung der Bernoullischen Hypothese – neben der "Stabachsenverschiebung" u(s,t) eine von u unabhängige (mittlere) "Stab-Querschnittsflächen–Drehung" $\mathbb{R}(s,t)$ als zusätzlichen Freiheitsgrad zuläßt (Abb. 3.4), also die "Verrückungs-Situation" eines Stabes durch eine vektorwertige und eine versorwertige Funktion der Stabachsenordinate (s) und der Zeit (t) "modelliert". Diese Vorgehensweise führt zu einer "verfeinerten Biegetheorie" mit näherungsweiser Berücksichtigung der sog. "Querkraftdeformationen".

Verdrehung zweier inkrementell benachbarter Querschnitte analog (3.12d)

$$\mathbb{R}^T \cdot \partial_s \mathbb{R} = \mathbb{R}^T \cdot \frac{\partial \mathbb{R}}{\partial s}\, ds = -\, \mathbb{E} \times d\beta$$

und damit als Zusammenhang mit der durch $d\beta = \psi ds$ definierten Biegeverzerrung ψ der Stabtheorie

$$\mathbb{R}^T \cdot \frac{\partial \mathbb{R}}{\partial s} = -\, \mathbb{E} \times \psi. \tag{3.14}$$

3.4 Orthogonale Tensoren,

für die in Verallgemeinerung von (3.2 a,b,e)

$$\mathbb{Q} \cdot \mathbb{Q}^T = \mathbb{Q}^T \cdot \mathbb{Q} = \mathbb{E}\,, \qquad (\mathbb{Q})_3 \left[= \det \mathbb{Q} \right] = \pm 1 \tag{3.15a,b}$$

gilt, beschreiben - neben den durch Versoren $\mathbb{R}$ gekennzeichneten Abbildungen der reinen Drehungen mit $\det \mathbb{R} = +1$ - auch die als "Spiegelungen" bzw. "Inversionen" bezeichneten Transformationen (mit $\det \mathbb{Q} = -1$), bei denen sich die räumliche Orientierung des abzubildenden Vektorbüschels ändert [11] (vgl. die gestrichelte Abbildung von Abb. 3.1, die u.a. eine Spiegelung bzw. (Teil-)Inversion eines Büschels $\mathbf{y}$ an der durch $\mathbf{y}_1$ und $\mathbf{y}_2$ gebildeten Ebene $\Pi_\mathbf{y}$ zeigt). Sämtliche Spiegelungen $(\mathbb{Q}_S)$ lassen sich stets als Aufeinanderfolge von Umklappungen $(\mathbb{R}_\pi)$ und der durch

$$\mathbb{Q}_Z = -\mathbb{E} \tag{3.16}$$

definierten (Total- bzw. Zentral-)Inversion darstellen, mit der wegen

$$\mathbf{y}(\mathbf{x}) = \mathbf{x} \cdot \mathbb{Q}_Z = -\, \mathbf{x} \cdot \mathbb{E} = -\, \mathbf{x} \tag{3.16a}$$

---

[11] ohne dabei die Längeninvarianzforderung a) aufzuheben. Daher gilt hier nach wie vor

$$\mathbf{y}^2 = (\mathbf{x} \cdot \mathbb{Q}) \cdot (\mathbf{x} \cdot \mathbb{Q}) = \mathbf{x} \cdot \mathbb{Q} \cdot \mathbb{Q}^T \cdot \mathbf{x} = \mathbf{x}^2 = \mathbf{x} \cdot \mathbb{E} \cdot \mathbf{x}$$

woraus (3.15a) folgt. Gibt man schließlich noch die Längeninvarianzforderung auf und schränkt Abbildungen nur noch dahingehend ein, daß sie volumenbetrags-erhaltend sein sollen, so nennt man solcherart Transformationen $\mathbb{U}$ mit

$$\det (\mathbb{U} \cdot \mathbb{U}^T) = \det (\mathbb{U}^2) = 1, \text{ d.h. } \det \mathbb{U} = \pm 1 \tag{*}$$

unitär. Die Gruppe der unitären Tensoren, die man wegen (*) mit beliebigen zweistufigen Tensoren $\mathbb{F}$ nach der Vorschrift

$$\mathbb{U} = \mathbb{F} \Big/ \sqrt[3]{|(\mathbb{F})_3|} \tag{**}$$

konstruieren kann, enthält also die Gruppe der orthogonalen und insbesondere der Versortransformationen als Spezialfall. Sie wird in der Kontinuumsmechanik zur Definition von Fluiden im Zusammenhang mit "Durchmischungsinvarianz"-Forderungen benötigt [28].

sämtliche Vektoren eines Büschels ($\varkappa$) umgekehrt werden.[12] Formal schlägt sich der genannte Befund in

$$\mathbb{Q} = \mathbb{R} \cdot (\pm \mathbb{E}) = \pm \mathbb{R} \tag{3.17}$$

nieder, je nachdem, ob nur gedreht ($\mathbb{Q} = \mathbb{R}$), gespiegelt ($\mathbb{Q} = \mathbb{Q}_S = -\mathbb{R}_\pi$) bzw. zentral-invertiert ($\mathbb{Q} = -\mathbb{E}$) wird.

Betrachtet man, etwa nach Abb. 3.1, als Beispiel die Spiegelung eines Büschels ($\varkappa$) an einer Ebene $\Pi_\varkappa$ (Normale $\mathsf{in}_\varkappa$), so hat man $\varkappa$ in $\mathsf{y}_s(\varkappa)$ mit

$$\mathsf{y}_s(\varkappa) = \varkappa - 2(\varkappa \cdot \mathsf{in}_\varkappa)\mathsf{in}_\varkappa \equiv \varkappa \cdot (\mathbb{E} - 2\mathsf{in}_\varkappa \circ \mathsf{in}_\varkappa) \tag{3.18a}$$

zu überführen, wozu der Operator

$$\mathbb{Q}_S = \mathbb{E} - 2\mathsf{in}_\varkappa \circ \mathsf{in}_\varkappa \tag{3.18b}$$

benötigt wird. Schreibt man anstelle von (3.18b)

$$\mathbb{Q}_S = -(2\,\mathsf{in}_\varkappa \circ \mathsf{in}_\varkappa - \mathbb{E}) = -\mathbb{R}\langle \pi\,\mathsf{in}_x\rangle = \mathbb{R}\langle \pi\,\mathsf{in}_x\rangle \cdot (-\mathbb{E}) = -\mathbb{E} \cdot \mathbb{R}\langle \pi\,\mathsf{in}_x\rangle, \tag{3.18c}$$

so erkennt man $\mathbb{Q}_S$ in der Tat als einen "Umklappungsversor" negativen Vorzeichens (vgl. (3.7)), was bedeutet, daß man die Spiegelung – übrigens in gleichgültiger Reihenfolge, wie (3.18c) ausweist – durch Umklappung der Gesamtanordnung ($\varkappa$) [um die Spiegelebenen–Normale als Achse (Versor $\mathbb{R}\langle \pi\,\mathsf{in}_x\rangle$)] und anschließende Zentralinversion ($-\mathbb{E}$) realisieren kann, indem man die Formulierungen $\mathbb{R}\langle \pi\,\mathsf{in}_x\rangle \cdot (-\mathbb{E})$ bzw. $(-\mathbb{E}) \cdot \mathbb{R}\langle \pi\,\mathsf{in}_x\rangle$ als Ausdruck des "Abarbeitens" zweier aufeinander folgender Transformationsoperationen interpretiert.

Für die Transformationsformeln (3.10,11) findet man

3.5 Anwendungen in der Mechanik

– neben den Spannungstransformationsformeln nach Mohr[13] – in den Transformationsbeziehungen für

---

die Flächen– bzw. Massenmomente zweiten Grades in der Theorie der (schiefen) Balkenbiegung bzw. bei der Analyse der Drehbewegungen starrer Körper. Für die

3.5 a   (schiefe) Stabbiegung

wird auf der Basis der Bernoullischen Hypothese die in Abb. 3.5 skizzierte Standard–Biegeverzerrung eines Stabelementes eingeführt und für kleine Verformungen mit $\mathbb{R} \approx \mathbb{E} - \mathbb{E} \times \beta$ per

$$\epsilon_p ds = (\frac{\partial \beta}{\partial s} ds \times \mathbb{r}_2) \cdot \mathbb{e}_\xi$$

bzw. $\qquad \epsilon_p(s,\mathbb{r}_2,t) = \frac{\partial \beta}{\partial s} \cdot (\mathbb{r}_2 \times \mathbb{e}_\xi) = \psi \cdot (\mathbb{r}_2 \times \mathbb{e}_\xi) \qquad\qquad (3.19a)$

der Dehnungszustand des Stabkontinuums, d.h. die Dehnungen aller zur Stabachse $\mathbb{e}_\xi$ parallelen materiellen Linienelemente ds_p, durch die Änderung des Querschnitts– Drehwinkels $\beta(s,t)$ längs der Stabachse (s) ausgedrückt.

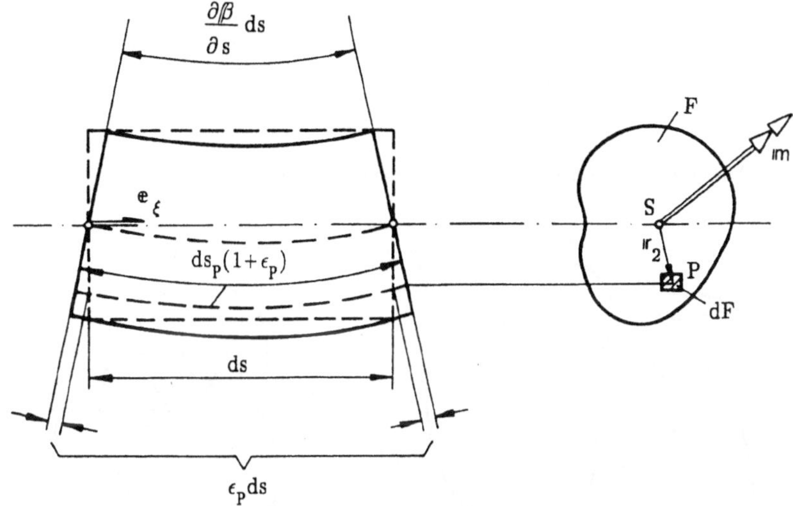

Abb. 3.5

Mit dem einachsigen Hookeschen Gesetz findet man so für die in Flächenelementen dF wirkenden (Normal–) Spannungsvektoren

$$\mathbb{s} = {}^{14)} E \epsilon_p \mathbb{e}_\xi = E[\psi \cdot (\mathbb{r}_2 \times \mathbb{e}_\xi)] \mathbb{e}_\xi , \qquad\qquad (3.19b)$$

[14)] E bedeutet den Elastizitätsmodul

mit denen die Stabschnittlasten (Längskräfte $N(s,t)$, Biegemomente $\mathrm{m}(s,t)$) als

$$N(s,t) = \int\limits_{(F)} \mathbf{e}_\xi \cdot \mathbf{s}\, dF\,, \qquad \mathrm{m}(s,t) = \int\limits_{(F)} \mathbf{r}_2 \times \mathbf{s}\, dF \qquad (3.20a,b)$$

definiert werden. Für längskraftfreie Biegung ist

$$N(s,t) = \int\limits_{(F)} \mathbf{e}_\xi \cdot \mathbf{s}\, dF \overset{(3.19b)}{=} E\mathbf{e}_\xi \times \psi \cdot \int\limits_{(F)} \mathbf{r}_2\, dF = 0$$

zu fordern, weshalb die spannungs- und verzerrungsfreie Faser ($\mathbf{r}_2 = \mathbf{0}$) die Schwerfaser sein muß, während das den Schnittspannungen äquivalente Biegemoment mit $\mathbf{s}$ nach (3.19b) in Abhängigkeit von den Krümmungsverzerrungen ψ schließlich als

$$\mathrm{m}(s,t) = E\int\limits_{(F)}[\psi\cdot(\mathbf{r}_2\times\mathbf{e}_\xi)]\mathbf{r}_2\times\mathbf{e}_\xi dF \overset{(2.7)}{\equiv} E\psi(s,t)\cdot\int\limits_{(F)}(\mathbf{r}_2\times\mathbf{e}_\xi)\circ(\mathbf{r}_2\times\mathbf{e}_\xi)dF = \psi(s,t)\cdot E\mathbb{J} \quad (3.21a)$$

darzustellen ist, worin

$$\mathbb{J} = \int\limits_{(F)} (\mathbf{r}_2\times\mathbf{e}_\xi)\circ(\mathbf{r}_2\times\mathbf{e}_\xi)\, dF \qquad (3.21b)$$

den (planaren) symmetrischen Flächenträgheitsmomententensor bedeutet.

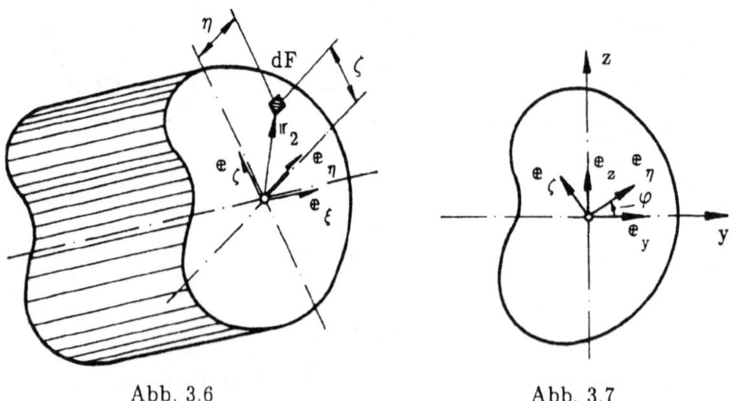

Abb. 3.6　　　　　　　　　　　　Abb. 3.7

Wegen

$$J_{\eta\eta} = \mathbf{e}_\eta \cdot \mathbb{J} \cdot \mathbf{e}_\eta = \int\limits_{(F)} [\mathbf{e}_\eta \mathbf{r}_2 \mathbf{e}_\xi]^2 dF = \int\limits_{(F)} [\mathbf{r}_2\cdot(\mathbf{e}_\xi\times\mathbf{e}_\eta)]^2 dF = \int\limits_{(F)} (\mathbf{r}_2\cdot\mathbf{e}_\zeta)^2 dF = \int\limits_{(F)} \zeta^2 dF\,,$$

$$J_{\zeta\zeta} = \mathbf{e}_\zeta \cdot \mathbb{J} \cdot \mathbf{e}_\zeta = \int\limits_{(F)} [\mathbf{e}_\zeta \mathbf{r}_2 \mathbf{e}_\xi]^2 \, dF = \int\limits_{(F)} \eta^2 \, dF \qquad (3.22\text{a-c})$$

$$\mathbf{e}_\eta \cdot \mathbb{J} \cdot \mathbf{e}_\zeta = \mathbf{e}_\zeta \cdot \mathbb{J} \cdot \mathbf{e}_\eta = J_{\eta\zeta} = \int\limits_{(F)} [\mathbf{e}_\eta \mathbf{r}_2 \mathbf{e}_\xi][\mathbf{e}_\zeta \mathbf{r}_2 \mathbf{e}_\xi] \, dF =$$

$$= \int\limits_{(F)} [\mathbf{r}_2 \cdot (\mathbf{e}_\xi \times \mathbf{e}_\eta)][\mathbf{r}_2 \cdot (\mathbf{e}_\xi \times \mathbf{e}_\zeta)] \, dF = -\int\limits_{(F)} (\mathbf{r}_2 \cdot \mathbf{e}_\zeta)(\mathbf{r}_2 \cdot \mathbf{e}_\eta) \, dF = -\int\limits_{(F)} \eta\zeta \, dF = -J_{\eta\zeta}^{(z)}$$

definieren dessen Komponenten $\mathbf{e}_\eta \cdot \mathbb{J} \cdot \mathbf{e}_\eta$, $\mathbf{e}_\zeta \cdot \mathbb{J} \cdot \mathbf{e}_\zeta$, $\mathbf{e}_\eta \cdot \mathbb{J} \cdot \mathbf{e}_\zeta$ die auf die Achsen $\mathbf{e}_\eta$ bzw. $\mathbf{e}_\zeta$ bezogenen axialen Flächenträgheits– bzw. die negativen Zentrifugalmomente.

Mit einer Komponentendarstellung des Tensors $\mathbb{J}$ hinsichtlich der kartesischen Basis $\langle \mathbf{e}_y, \mathbf{e}_z \rangle$

$$\mathbb{J} = \sum_{i,k=y,z} J_{ik} \mathbf{e}_i \circ \mathbf{e}_k \,\hat{=}\, \begin{pmatrix} 0 & 0 & 0 \\ 0 & J_{yy} & J_{yz} \\ 0 & J_{yz} & J_{zz} \end{pmatrix} \langle \mathbf{e}_y, \mathbf{e}_z \rangle$$

und den entsprechenden Komponentendarstellungen für die Richtungsvektoren $\mathbf{e}_\eta$ bzw. $\mathbf{e}_\zeta$ (jeweils als Zeilen– bzw. Spalten– Matrizen geschrieben)

$$\mathbf{e}_\eta = \mathbf{e}_y \cos\varphi + \mathbf{e}_z \sin\varphi \,\hat{=}\, \begin{bmatrix} 0 & \cos\varphi & \sin\varphi \\ 0 & 0 & 0 \\ 0 & 0 & 0 \end{bmatrix} \hat{=} \begin{bmatrix} 0 & 0 & 0 \\ \cos\varphi & 0 & 0 \\ \sin\varphi & 0 & 0 \end{bmatrix} \langle \mathbf{e}_y, \mathbf{e}_z \rangle$$

bzw.

$$\mathbf{e}_\zeta = -\mathbf{e}_y \sin\varphi + \mathbf{e}_z \cos\varphi \,\hat{=}\, \begin{bmatrix} 0 & -\sin\varphi & \cos\varphi \\ 0 & 0 & 0 \\ 0 & 0 & 0 \end{bmatrix} \hat{=} \begin{bmatrix} 0 & 0 & 0 \\ -\sin\varphi & 0 & 0 \\ \cos\varphi & 0 & 0 \end{bmatrix} \langle \mathbf{e}_y, \mathbf{e}_z \rangle$$

bekommt man dann

$$J_\eta = J_{\eta\eta} = \mathbf{e}_\eta \cdot \mathbb{J} \cdot \mathbf{e}_\eta = \begin{bmatrix} 0 & \cos\varphi & \sin\varphi \\ 0 & 0 & 0 \\ 0 & 0 & 0 \end{bmatrix} \cdot \begin{pmatrix} 0 & 0 & 0 \\ 0 & J_{yy} & -J_{yz}^{(z)} \\ 0 & -J_{yz}^{(z)} & J_{zz} \end{pmatrix} \cdot \begin{bmatrix} 0 & 0 & 0 \\ \cos\varphi & 0 & 0 \\ \sin\varphi & 0 & 0 \end{bmatrix} =$$

$$= J_{yy}\cos^2\varphi + J_{zz}\sin^2\varphi - J_{yz}^{(z)}\sin\varphi\cos\varphi = \tfrac{1}{2}(J_{yy}+J_{zz}) + \tfrac{1}{2}(J_{yy}-J_{zz})\cos2\varphi - J_{yz}^{(z)}\sin2\varphi, \quad (3.22\text{d})$$

$$J_{\eta\zeta}^{(z)} = -J_{\eta\zeta} = -\mathbf{e}_\eta \cdot \mathbb{J} \cdot \mathbf{e}_\zeta = -\begin{bmatrix} 0 & \cos\varphi & \sin\varphi \\ 0 & 0 & 0 \\ 0 & 0 & 0 \end{bmatrix} \cdot \begin{pmatrix} 0 & 0 & 0 \\ 0 & J_{yy} & -J_{yz}^{(z)} \\ 0 & -J_{yz}^{(z)} & J_{zz} \end{pmatrix} \cdot \begin{bmatrix} 0 & 0 & 0 \\ -\sin\varphi & 0 & 0 \\ \cos\varphi & 0 & 0 \end{bmatrix} =$$

$$= J_{yz}^{(z)}(\cos^2\varphi - \sin^2\varphi) + (J_{yy}-J_{zz})\sin\varphi\cos\varphi = \tfrac{1}{2}(J_{yy}-J_{zz})\sin2\varphi + J_{yz}^{(z)}\cos2\varphi, \qquad (3.22\text{e})$$

also die bekannten Transformationsformeln für die Flächenmomente zweiten Grades, die man mit den

Transformationsformeln (3.11) gleichermaßen verifiziert, indem man dort

$$a_{yy} = J_{yy} \, , \qquad a_{zz} = J_{zz} \, , \qquad a_{yz} = J_{yz} \, , \qquad a_{xj} = a_{jx} = 0, \qquad j = x,y,z \quad \text{sowie}$$

$$\lambda_{xx} = 1 \, , \quad \lambda_{xy} = \lambda_{xz} = \lambda_{yz} = 0 \, , \quad \lambda_{zx} = 0 \, , \quad \lambda_{yy} = \lambda_{zz} = \cos\varphi \, , \quad \lambda_{yz} = -\lambda_{zy} = \sin\varphi$$

setzt. Als eine dreidimensionale Verallgemeinerung des Flächenträgheitsmomententensors ist der Massenträgheitsmomententensor anzusehen, der in den Formalien für die

3.5 b Räumliche Drehbewegung starrer Körper

vorgefunden wird. Zunächst die räumliche Drehbewegung um einen festen Punkt 0 betrachtend, wird Letztere durch die Drallsatz–Version

$$\mathbb{m}_{"0"} = \dot{\mathbb{d}}_{"0"} \, , \qquad (3.23)$$

beschrieben, wonach das auf den Punkt 0 bezogene Moment $\mathbb{m}_{"0"}$ der am Körper wirkenden Belastung gleich der zeitlichen Änderung des Drallvektors

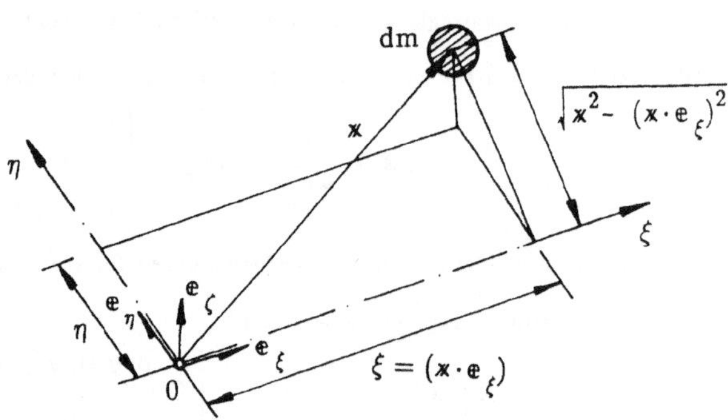

Abb. 3.8

$$\dot{\mathbb{d}}_{"0"} = \int\limits_{(m)} \varkappa \times \dot{\varkappa} \; dm \qquad (3.24a)$$

ist (vgl. Abb. 3.8). Setzt man hierin im Sinne von (1.28a) das mit der Winkelgeschwindigkeit ω als

$$\dot{\varkappa}(\varkappa) = \omega \times \varkappa \qquad (3.25a)$$

darzustellende Geschwindigkeitsfeld der Starrkörper – Rotation ein, so entsteht

$$\dot{\mathbb{d}}_{"0"} = \int\limits_{(m)} \varkappa \times (\omega \times \varkappa) \; dm = \int\limits_{(m)} [\omega(\varkappa^2) - (\omega \cdot \varkappa)\varkappa] \; dm = \omega \cdot \int\limits_{(m)} [\varkappa^2 \mathbb{E} - \varkappa \circ \varkappa] dm = \omega \cdot \Theta_{"0"} \, ,$$

$$\Theta_{"0"} = \int\limits_{(m)} (\varkappa^2 \mathbb{E} - \varkappa \circ \varkappa) \; dm \, , \qquad (3.25b,c)$$

und damit die Drallsatz–Version

$$\mathbb{m}_{"0"} = (\omega \cdot \Theta_{"0"})^{\cdot} \, . \qquad (3.25d)$$

Der symmetrische Tensor Θ heißt Massenträgheitsmomententensor. Wegen

$$\mathbf{e}_\xi \cdot \Theta_{"0"} \cdot \mathbf{e}_\xi = \theta_{\xi\xi"0"} = \int\limits_{(m)} [\mathbf{x}^2 - (\mathbf{x} \cdot \mathbf{e}_\xi)^2]\, dm \ , \tag{3.26a}$$

$$\mathbf{e}_\eta \cdot \Theta_{"0"} \cdot \mathbf{e}_\xi = \mathbf{e}_\xi \cdot \Theta_{"0"} \cdot \mathbf{e}_\eta = \theta_{\xi\eta"0"} = -\int\limits_{(m)} (\mathbf{x} \cdot \mathbf{e}_\xi)(\mathbf{x} \cdot \mathbf{e}_\eta)\, dm = -\theta^{(z)}_{\xi\eta"0"} \ , \tag{3.26b}$$

$$\mathbf{e}_\zeta \cdot \Theta_{"0"} \cdot \mathbf{e}_\xi = \mathbf{e}_\xi \cdot \Theta_{"0"} \cdot \mathbf{e}_\zeta = \theta_{\xi\zeta"0"} = -\int\limits_{(m)} (\mathbf{x} \cdot \mathbf{e}_\xi)(\mathbf{x} \cdot \mathbf{e}_\zeta)\, dm = -\theta^{(z)}_{\xi\zeta"0"} \tag{3.26c}$$

definieren dessen auf eine Orthonormalbasis $\langle \mathbf{e}_\xi, \mathbf{e}_\eta, \mathbf{e}_\zeta \rangle$ bezogenen Komponenten $\theta_{\xi\xi}$, $\theta_{\xi\eta}$, $\theta_{\xi\zeta}$ die

axialen Trägheitsmomente $\theta_{\xi\xi}$ bzw. die negativen Zentrifugalmomente hinsichtlich der entsprechenden

durch den "Bezugspunkt" 0 verlaufenden Achsen $\langle \mathbf{e}_\xi, \mathbf{e}_\eta, \mathbf{e}_\zeta \rangle$, (vgl. Abb. 3.8).

Für konkrete Rechnung hat man, etwa von einer Orthonormalbasis – Darstellung

$$\Theta_{"0"} = \sum_{j,k=x,y,z} \theta_{jk"0"}\, \mathbf{e}_j \circ \mathbf{e}_k \ \widehat{=} \ \begin{pmatrix} \theta_{xx"0"} & -\theta^{(z)}_{xy"0"} & -\theta^{(z)}_{xz"0"} \\ -\theta^{(z)}_{xy"0"} & \theta^{(z)}_{yy"0"} & -\theta^{(z)}_{yz"0"} \\ -\theta^{(z)}_{xz"0"} & -\theta^{(z)}_{yz"0"} & \theta_{zz"0"} \end{pmatrix}_{\langle \mathbf{e}_x, \mathbf{e}_y, \mathbf{e}_z \rangle}$$

des Tensors Θ ausgehend, die Richtungsvektoren $\mathbf{e}_\xi$, $\mathbf{e}_\eta$, $\mathbf{e}_\zeta$ in derselben Basisdarstellung, also z. B. in

der Form

$$\mathbf{e}_\xi \ \widehat{=} \ \begin{bmatrix} \sin\vartheta\,\cos\varphi & \sin\vartheta\,\sin\varphi & \cos\vartheta \\ 0 & 0 & 0 \\ 0 & 0 & 0 \end{bmatrix} \ \widehat{=} \ \begin{bmatrix} \sin\vartheta\,\cos\varphi & 0 & 0 \\ \sin\vartheta\,\sin\varphi & 0 & 0 \\ \cos\vartheta & 0 & 0 \end{bmatrix}_{\langle \mathbf{e}_x, \mathbf{e}_y, \mathbf{e}_z \rangle}$$

$$\mathbf{e}_\eta \ \widehat{=} \ \begin{bmatrix} -\sin\varphi & \cos\varphi & 0 \\ 0 & 0 & 0 \\ 0 & 0 & 0 \end{bmatrix} \ \widehat{=} \ \begin{bmatrix} -\sin\varphi & 0 & 0 \\ \cos\varphi & 0 & 0 \\ 0 & 0 & 0 \end{bmatrix}_{\langle \mathbf{e}_x, \mathbf{e}_y, \mathbf{e}_z \rangle}$$

$$\mathbf{e}_\zeta \ \widehat{=} \ \begin{bmatrix} -\cos\vartheta\,\cos\varphi & -\cos\vartheta\,\sin\varphi & \sin\vartheta \\ 0 & 0 & 0 \\ 0 & 0 & 0 \end{bmatrix} \ \widehat{=} \ \begin{bmatrix} -\cos\vartheta\,\cos\varphi & 0 & 0 \\ -\cos\vartheta\,\sin\varphi & 0 & 0 \\ \sin\vartheta & 0 & 0 \end{bmatrix}_{\langle \mathbf{e}_x, \mathbf{e}_y, \mathbf{e}_z \rangle}$$

vgl. (Abb. 3.9) als Zeilen – bzw. Spaltenmatrizen zu notieren[15] und die in (3.26) geforderten Operationen

durchzuführen, womit dann die bekannten Transformationsformeln entstehen, mit denen die auf beliebige

---

[15] sofern man, wie hier geschehen, $\mathbf{e}_\xi$, $\mathbf{e}_\eta$, $\mathbf{e}_\zeta$ mit dem "Kugelkoordinaten – Einheitsvektorsystem" $\langle \mathbf{e}, \mathbf{e}_\varphi, \mathbf{e}_\vartheta \rangle$ nach (Abb. 4.3) identifiziert. Abb. 3.9 zeigt exemplarisch die Zerlegung von $\mathbf{e} = \mathbf{e}_\xi$ nach den kartesischen Koordinatenrichtungen.

Achsen $\langle \mathbb{e}_\xi, \mathbb{e}_\eta, \mathbb{e}_\zeta \rangle$ bezogenen Massenmomente $\theta_{\xi\xi"0"}, \theta_{\xi\eta"0"'}, \theta_{\xi\zeta"0"}$ dargestellt werden in Abhängigkeit von den "koordinatenachsenorientierten" Werten $\theta_{jk"0"}$ (j,k = x,y,z) und den Winkeln (φ, ϑ), die die Lage des Basissystems $\langle \mathbb{e}_\xi, \mathbb{e}_\eta, \mathbb{e}_\zeta \rangle$ relativ zur Basis $\langle \mathbb{e}_x, \mathbb{e}_y, \mathbb{e}_z \rangle$ kennzeichnen.

Diese Ziffer beschließend, sollen schließlich noch die wichtigsten weiteren mechanischen Befunde für die Starrkörperbewegung notiert werden. Dazu gehören die Darstellung der kinetischen Energie $\mathscr{E}$ bei Drehung um einen (raum –)festen Punkt 0, wofür mit $\mathbb{v} = \dot{\mathbb{x}}$ nach (3.25a)

$$\mathscr{E} = \int\limits_{(m)} \frac{dm}{2} \mathbb{v}^2 = \int\limits_{(m)} \frac{dm}{2} (\omega\times\mathbb{x})^2 = \int\limits_{(m)} \frac{dm}{2} (\omega\times\mathbb{x})\cdot(\omega\times\mathbb{x}) = \int\limits_{(m)} \frac{dm}{2}\, \omega\cdot[\mathbb{x}\times(\omega\times\mathbb{x})] =$$

$$\int\limits_{(m)} \frac{dm}{2}\, \omega\cdot[\omega\mathbb{x}^2 - \mathbb{x}(\mathbb{x}\cdot\omega)] = \int\limits_{(m)} \frac{dm}{2}\, \omega\cdot[(\mathbb{x}^2\mathbb{E} - \mathbb{x}\circ\mathbb{x})\cdot\omega] = \frac{1}{2}\,\omega\cdot\Theta_{"0"}\cdot\omega \qquad (3.27a)$$

bzw. mit $\omega = \omega\,\mathbb{e}_\omega$

$$\mathscr{E} = \frac{\omega^2}{2}\,\mathbb{e}_\omega\cdot\Theta_{"0"}\cdot\mathbb{e}_\omega = \frac{1}{2}\,\omega^2\,\theta_{\omega\omega"0"} \qquad (3.27b)$$

mit dem "axialen" Massenträgheitsmoment $\theta_{\omega\omega"0"}$ hinsichtlich der durch 0 verlaufenden und zu $\mathbb{e}_\omega$ parallelen Achse erhalten wird, die Notation der Formalien im Falle, daß man anstelle eines raumfesten Punktes 0 den (körperfesten) Schwerpunkt S als Bezugspunkt für Moment und Drallvektor wählt und schließlich die Problemdarstellung in sog. "körperfesten Koordinaten" mit den Eulerschen Kreiselgleichungen als Spezialfälle. Dabei soll unter Hinweis auf [29] hier die Feststellung genügen, daß bei Bezugnahme auf den Körperschwerpunkt S der Drallsatz in der Form

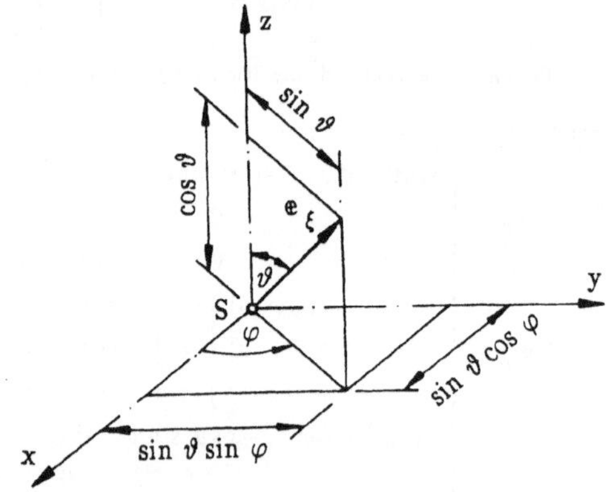

Abb. 3.9

$$\mathbb{m}_{"S"} = \dot{\mathbb{d}}_{"S"} = (\omega\cdot\Theta_{"S"})^{\boldsymbol{\cdot}} \qquad (3.28a)$$

mit $\qquad \mathbb{d}_{"S"} = \omega\cdot\Theta_{"S"}, \qquad \Theta_{"S"} = \int\limits_{(m)} (\mathbb{x}^2\mathbb{E} - \mathbb{x}\circ\mathbb{x})\, dm, \qquad (3.28b,c)$

also strukturell gleichartig wie bei Bewegung um einen raumfesten Punkt 0 anfällt — wobei zum Unterschied von (3.25c) alle Ortsvektoren $\mathbf{x}$ zu Massenelementen (dm) jetzt vom Körperschwerpunkt (S) aus zählen — und die kinetische Energie gegenüber (3.27b) in der Form

$$\mathcal{E} = \frac{m}{2}\, \mathbf{v}_S^2 + \frac{1}{2}\, \omega \cdot \Theta_{"S"} \cdot \omega = \frac{m}{2}\, \mathbf{v}_S^2 + \frac{\omega^2}{2}\, \theta_{\omega\omega"S"} \qquad (3.28\mathrm{d})$$

notiert werden muß, worin $\mathbf{v}_S$ die Geschwindigkeit des Schwerpunktes und $\theta_{\omega\omega"S"}$ das Massenträgheitsmoment um die durch S verlaufende und zur Winkelgeschwindigkeitsrichtung $\mathbf{e}_\omega$ parallele Achse bedeuten. Die (Versor–)Transformations–Modalitäten für auf den Schwerpunkt (S) bezogene Massenträgheitsmomente bleiben gegenüber Denjenigen für auf einen raumfesten Punkt (0) bezogene Größen formal unverändert. Die unter Benutzung von

$$\mathbf{x}(P,t) = \mathbf{x}(P,t_0) \cdot \mathbb{R}(t) = \mathbf{x}_0(P) \cdot \mathbb{R}(t), \qquad \text{d. h.}$$

$$\Theta(t) =^{16)} \mathbb{R}^T(t) \cdot \Theta_0 \cdot \mathbb{R}(t) \qquad \text{mit } \Theta_0 = \int\limits_{(m)} (\mathbf{x}_0^2 \mathbb{E} - \mathbf{x}_0 \circ \mathbf{x}_0)\, dm \qquad (3.29\mathrm{a,b})$$

und desweiteren von

$$\dot{\Theta}(t) = \dot{\mathbb{R}}^T \cdot \Theta_0 \cdot \mathbb{R} + \mathbb{R}^T \cdot \Theta_0 \cdot \dot{\mathbb{R}} \equiv (\dot{\mathbb{R}}^T \cdot \mathbb{R}) \cdot \mathbb{R}^T \cdot \Theta_0 \cdot \mathbb{R} + \mathbb{R}^T \cdot \Theta_0 \cdot \mathbb{R} \cdot (\mathbb{R}^T \cdot \dot{\mathbb{R}}) =$$

$$\overset{(3.12\mathrm{d})}{=} (\mathbb{E} \times \omega) \cdot \Theta(t) - \Theta(t) \cdot (\mathbb{E} \times \omega) = \omega \times \Theta - \Theta \times \omega , \qquad (3.29\mathrm{c})$$

d.h.
$$\mathbf{d} = (\omega \cdot \Theta)^{\cdot} = \dot{\omega} \cdot \Theta + \omega \cdot \dot{\Theta} = \dot{\omega} \cdot \Theta - \omega \cdot \Theta \times \omega \qquad (3.29\mathrm{d})$$

erhältliche Variante des Drallsatzes

$$\mathbf{m} = \dot{\mathbf{d}} = \dot{\omega}(t) \cdot \Theta(t) - \omega(t) \cdot \Theta(t) \times \omega(t) \equiv \frac{d\omega}{dt} \cdot \Theta(t) - \omega(t) \cdot \Theta(t) \times \omega(t) \qquad (3.29\mathrm{e})$$

mit der sog. "körperfesten Zeitableitung" $d\omega/dt$ der Winkelgeschwindigkeit ω (vgl. die folgenden Erläuterungen) wird als eine sog. "körperfeste Version" interpretiert und liefert die Eulerschen Kreiselgleichungen

$$m_1^{(H)} =^{17)} \mathbf{m} \cdot \mathbf{e}_1^{(H)} = \theta_{11}^{(H)} \dot{\omega}_1^{(H)} - (\theta_{22}^{(H)} - \theta_{33}^{(H)})\omega_2^{(H)} \omega_3^{(H)} , \qquad (3.29\mathrm{f})$$

(die beiden übrigen Gleichungen erhält man durch zyklische Indexvertauschung $1 \to 2 \to 3 \to 1$)

---

[16] auf Indizierungen "0" bzw. "S" wird jetzt verzichtet

[17] Hierin bedeuten $\omega_j^{(H)}(t) = \omega(t) \cdot \mathbf{e}_j^{(H)}(t)$, $j = 1...3$ die auf die momentane Hauptachsenbasis von $\Theta(t)$ bezogenen Komponenten der Winkelgeschwindigkeit.

indem man (3.29e) in Komponenten hinsichtlich der momentanen Orthonormalbasis $\langle \mathbf{e}_j^{(H)}(t)\rangle$ der sog. Hauptträgheitsrichtungen [18] darstellt.

Körperfeste Darstellungen nutzen mit Vorteil den Befund, daß ein starrer Körper hinsichtlich eines mitbewegten (sog. "körperfesten") Koordinatensystems $\langle K\rangle$ zeitlich konstante Trägheitsmomententensor – Komponenten hat, wie auch schon (3.29a) andeutet und am einfachsten unter Benutzung einer auf dem Drehkörper fest etablierten (Orthonormal–)Basis $\langle \mathbf{e}_j^{(K)}(t)\rangle$ verdeutlicht werden kann. Da sich nämlich unter Bezugnahme auf Letztere der Ortsvektor in der Form

$$\mathbf{x}(P,t) = \sum_{j=1}^{3} x_j^{(K)}(P)\,\mathbf{e}_j^{(K)}(t) \tag{3.30a}$$

mit zeitlich konstanten "sog. körperfesten Koordinaten"

$$x_j^{(K)} = \mathbf{x}(P,t)\cdot\mathbf{e}_j^{(K)}(t) = x_j^{(K)}(P) = \text{const.} \tag{3.30b}$$

darstellen läßt, sind auch die skalaren Komponenten $\theta_{jk}^{(K)}$ des Trägheitsmomententensors

$$\Theta(t) = \sum_{j,k=1}^{3} \theta_{jk}^{(K)}\,\mathbf{e}_j^{(K)}(t) \circ \mathbf{e}_k^{(K)}(t) \tag{3.30c}$$

zeitlich konstant, die Zeitabhängigkeit von Θ also allein durch die zeitliche (Richtungs–) Veränderlichkeit der Basisvektoren $\mathbf{e}_j^{(K)}(t)$ bestimmt. Mit

$$\dot{\mathbf{e}}_j^{(K)} = \omega \times \mathbf{e}_j^{(K)} \tag{3.31}$$

nach der Eulerschen Formel, also

$$\dot{\Theta} = \sum_{j,k=1}^{3} \theta_{jk}^{(K)}\left(\dot{\mathbf{e}}_j^{(K)}\circ\mathbf{e}_k^{(K)} + \mathbf{e}_j^{(K)}\circ\dot{\mathbf{e}}_k^{(K)}\right) =$$

---

[18] d. i. diejenige Basis, in Bezug auf die der Trägheitsmomententensor Θ im Sinne von

$$\Theta(t) \;\hat{=}\; \begin{pmatrix} \theta_{11}^{(H)} & 0 & 0 \\ 0 & \theta_{22}^{(H)} & 0 \\ 0 & 0 & \theta_{33}^{(H)} \end{pmatrix} \langle \mathbf{e}_j^{(H)}(t)\rangle$$

"diagonalisiert" werden kann. Daß dies, wie für alle symmetrischen Tensoren, immer möglich ist, wird hier unter Vorgriff auf §4 vermerkt. Die für starre Drehkörper zeitlich konstanten Größen $\theta_{jj}^{(H)}$ $(j = 1...3)$ heißen Hauptträgheitsmomente (vgl. a. [29]).

$$\omega \times \left[\sum_{j,k=1}^{3} \theta_{jk}^{(K)}\, \mathbb{e}_{j}^{(K)} \circ \mathbb{e}_{k}^{(K)}\right] - \left[\sum_{j,k=1}^{3} \theta_{jk}^{(K)}\, \mathbb{e}_{j}^{(K)} \circ \mathbb{e}_{k}^{(K)}\right] \times \omega = \omega \times \Theta - \Theta \times \omega \qquad (3.31a)$$

erscheint nun (3.29c) als Konsequenz dieser Tatsache. Die weitere Reduktion auf (3.29e) ist leicht bewerk-stelligt, indem man sich auch die Winkelgeschwindigkeit in der Form

$$\omega = \sum_{j=1}^{3} \omega_{j}^{(K)}(t)\, \mathbb{e}_{j}^{(K)}(t) \qquad (3.31b)$$

in Komponenten hinsichtlich der körperfesten Basis $\mathbb{e}_{j}^{(K)}$ dargestellt denkt und desweiteren unter Be-nutzung der "körperfesten Zeitableitung"

$$\frac{d\omega}{dt} = \sum_{j=1}^{3} \dot{\omega}_{j}^{(K)}\, \mathbb{e}_{j}^{(K)}(t) \qquad (3.31c)$$

die Identität

$$\dot{\omega} = \sum_{j=1}^{3}\left(\dot{\omega}_{j}^{(K)}\, \mathbb{e}_{j}^{(K)} + \omega_{j}^{(K)}\, \dot{\mathbb{e}}_{j}^{(K)}\right) \overset{(3.31)}{=} \sum_{j=1}^{3}\dot{\omega}_{j}^{(K)}\, \mathbb{e}_{j}^{(K)} + \sum_{j=1}^{3}\omega_{j}^{(K)}\, \omega \times \mathbb{e}_{j}^{(K)} =$$

$$= \frac{d\omega}{dt} + \omega \times \sum_{j=1}^{3}\omega_{j}^{(K)}\, \mathbb{e}_{j}^{(K)} = \frac{d\omega}{dt} + \omega \times \omega = \frac{d\omega}{dt} \qquad (3.31d)$$

beachtet. Wählt man schließlich speziell als körperfeste Basis die Hauptachsenbasis $\left\langle \mathbb{e}_{j}^{(H)}(t)\right\rangle$ mit der in Fußnote 18) benannten "Diagonalisierungseigenschaft", so entstehen die Eulerschen Kreiselgleichungen (3.29f) als Ausdruck des "auf körperfeste Hauptachsenkoordinaten" bezogenen Drallsatzes.

Die neben (3.29e) wegen

$$\dot{\mathbb{d}} \overset{(3.29d,a)}{=} \dot{\omega} \cdot \mathbb{R}^{T} \cdot \Theta_{0} \cdot \mathbb{R} - \omega \cdot \mathbb{R}^{T} \cdot \Theta_{0} \cdot \mathbb{R} \times \omega$$

$$\overset{19)}{\equiv} \left[\dot{\omega} \cdot \mathbb{R}^{T} \cdot \Theta_{0} - (\omega \cdot \mathbb{R}^{T}) \cdot \Theta_{0} \times (\omega \cdot \mathbb{R}^{T})\right] \cdot \mathbb{R}$$

desweiteren mögliche Drallsatzversion

---

19) Man benutze $\quad (\omega \cdot \mathbb{R}^{T} \cdot \Theta_{0} \cdot \mathbb{R}) \times \omega \equiv (\omega \cdot \mathbb{R}^{T} \cdot \Theta_{0} \cdot \mathbb{R}) \times (\omega \cdot \mathbb{R}^{T} \cdot \mathbb{R}) \overset{(2.39a)}{=}$

$$= [(\omega \cdot \mathbb{R}^{T} \cdot \Theta_{0}) \times (\omega \cdot \mathbb{R}^{T})](\mathbb{R})_{3} \cdot \mathbb{R}^{T-1} = \left[(\omega \cdot \mathbb{R}^{T} \cdot \Theta_{0}) \times (\omega \cdot \mathbb{R}^{T})\right] \cdot \mathbb{R} .$$

Für die (2.39a) benutzende Umformung setze man in (2.39a)

$$\mathbb{x}_{1} = \omega \cdot \mathbb{R}^{T} \cdot \Theta_{0}, \quad \mathbb{x}_{2} = \omega \cdot \mathbb{R}^{T} \quad \text{und} \quad \mathbb{F} = \mathbb{R} \text{ und beachte } (\mathbb{R}_{3}) = 1,\ \mathbb{R}^{T-1} = \mathbb{R}.$$

$$\mathsf{m} \cdot \mathbb{R}^T = \dot{\mathsf{d}} \cdot \mathbb{R}^T = (\dot{\omega} \cdot \mathbb{R}^T) \cdot \Theta_0 - (\omega \cdot \mathbb{R}^T) \cdot \Theta_0 \times (\omega \cdot \mathbb{R}^T)$$

$$\equiv^{20)} (\omega \cdot \mathbb{R}^T)^{\cdot} \cdot \Theta_0 - (\omega \cdot \mathbb{R}^T) \cdot \Theta_0 \times (\omega \cdot \mathbb{R}^T)$$

kann als eine "Lagrangesche Beschreibung" des genannten Sachverhaltes interpretiert werden.

---

[20] Man beachte unter Benutzung von (3.12d)

$$\omega \cdot \dot{\mathbb{R}}^T = \omega \cdot \left[(\mathbb{E} \times \omega) \cdot \mathbb{R}^T \right] = \omega \cdot (\omega \times \mathbb{R}^T) \equiv (\omega \times \omega) \cdot \mathbb{R}^T = 0$$

§ 4 Symmetrische zweistufige Tensoren

haben in der Kontinuumsphysik überragende Bedeutung. In der Mechanik treten sie im Zusammenhang mit Trägheitsmomenten–Darstellungen (vgl. §3) aber auch im Zusammenhang mit der Darstellung von Spannungs– bzw. Verzerrungszuständen in der Theorie sog. einfacher Stoffe auf, in der Thermodynamik als Materialtensoren der Wärmeleitung usw.. Dies veranlaßt, symmetrische Tensoren betreffende Detailbefunde konkreter zu recherchieren, wozu im Folgenden beispielhaft der Spannungstensor herangezogen werden soll.

Symmetrische Tensoren $\math$ = $\math^T$ sind, wie schon unter (2.17a) vermerkt, durch

$$y(\varkappa) = \varkappa \cdot \math\; \equiv \math\; \cdot \varkappa \tag{4.1}$$

und damit letztlich durch sechs "skalare Bestimmungsstücke" definiert, als die man etwa die sechs voneinander unabhängigen "Komponenten" $\sigma_{jk} = \sigma_{kj} = e_j \cdot \math\; \cdot e_k$, $j,k = 1,..,3$, einer auf eine vorgegebene (Orthonormal–)Basis $\langle e_j \rangle$ bezogenen Matrizen–Repräsentation

$$\math\; = \sum_{j,\,k=1}^{3} \sigma_{jk}\, e_j \circ e_k \;\widehat=\; \begin{pmatrix} \sigma_{1\,1} & \sigma_{1\,2} & \sigma_{13} \\ \sigma_{21}=\sigma_{12} & \sigma_{2\,2} & \sigma_{23} \\ \sigma_{31}=\sigma_{13} & \sigma_{3\,2}=\sigma_{23} & \sigma_{33} \end{pmatrix} \langle e_j \rangle \tag{4.2}$$

solcherart Tensoren ansehen kann. Die Bestimmungsstücke symmetrischer Tensoren lassen sich aber auch koordinateninvariant definieren unter Heranziehung des unter § 4.2 zu erarbeitenden Befundes , daß jeder symmetrische Tensor zweiter Stufe vollständig beschrieben werden kann durch seine drei orthogonalen sog. Haupt–(bzw. Eigen–)richtungen $e_j^{(H)}$, $j=1..3$, und die zugehörigen drei Haupt– (bzw. Eigen–)werte $\sigma_j^{(H)}$, $j=1..3$, in der Form

$$\math\; = \sum_{j=1}^{3} \sigma_j^{(H)}\, e_j^{(H)} \circ e_j^{(H)} \;\widehat=\; \begin{pmatrix} \sigma_1^{(H)} & 0 & 0 \\ 0 & \sigma_2^{(H)} & 0 \\ 0 & 0 & \sigma_3^{(H)} \end{pmatrix} \langle e_j^{(H)} \rangle \;\;, \tag{4.3}$$

wozu man gleichermaßen sechs skalare Größen benötigt, nämlich drei für die·Angabe der drei Hauptwerte und drei weitere zur Festlegung des Haupt–Richtungssystems $\langle e_j^{(H)} \rangle$ im Raume.

Als "physikalisches Beispiel" für Detailrecherchen wird, wie vermerkt,

4.1 Der Spannungstensor

gewählt. In der Kontinuumstheorie der sog. einfachen Stoffe wird als (einzige) dynamische Schnittgröße die (Kraft-)Spannung $\mathfrak{s}(P,t,\mathfrak{e})$ eingeführt, worunter man die in der Flächeneinheit übertragene Kraft versteht [1]. Läßt sich der Spannungsvektor für beliebige, durch P (momentan) legbare Flächenelemente (d.h. für beliebige Richtungsgrößen $\mathfrak{e}$) angeben, so sagt man, daß "der Spannungszustand" in P (momentan) bekannt sei. Die Kennzeichnung von Spannungszuständen ist durch einen Tensor zweiter Stufe, den sog. Spannungstensor $\mathfrak{S}(P,t)$ in der Form

$$\mathfrak{s}\,(P,t,\mathfrak{e}) = \mathfrak{e}\cdot\mathfrak{S} \qquad (4.4)$$

möglich, wonach sich $\mathfrak{s}(P,t,\mathfrak{e})$ generell als Produkt einer Richtungsgröße ($\mathfrak{e}$) mit einer zweistufig-tensorwertigen am Raumpunkt definierten sog. Feldgröße ($\mathfrak{S}$) in Form einer linearen Abbildung darstellen läßt. Letztere transformiert also das Büschel ($\varkappa =$) $\mathfrak{e}$ der Einheits-Flächennormalen in das Büschel ($\mathfrak{y} =$) $\mathfrak{s}$ der "zugehörigen" Spannungsvektoren.

Die Herleitung des Zusammenhanges (4.4) wird mit Hilfe der dynamischen Grundgleichungen (Schwerpunkt- und Drallsatz) vorgenommen, die z. B. für ein infinitesimales tetraederförmiges Raumelement nach Abb. 4.2 angeschrieben werden.

Mit (vorläufiger [2]) Beschränkung auf eine Darstellung hinsichtlich einer (lokalen) Orthonormalbasis $\langle \mathfrak{e}_j \rangle$ wird ein Tetraeder betrachtet, von dem drei Oberflächenelemente $df_j = |d\mathfrak{f}_j|$, j=1,..3 parallel zu (lokal-) orthogonalen Koordinatenflächen $x_j = $ const. sind, womit das "Deckflächen"-

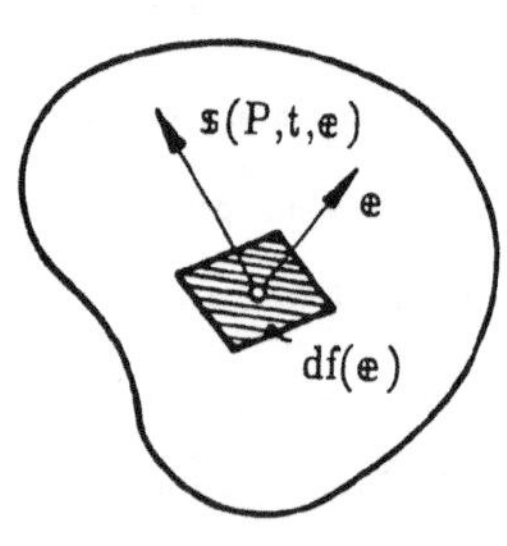

Abb. 4.1

---

[1] $\mathfrak{e}$ bedeutet die Flächenelementen–Einheitsnormale, $\mathfrak{s}(P,t,\mathfrak{e})$ den Spannungsvektor, der auf derjenigen "Flächenseite" "angreift", zu der (im Zusammenhang mit der "Flächenelementen – Umfahrung" im Sinne der Rechtsschraubenkonvention) die Normale $\mathfrak{e}$ "gehört", P den Punkt, durch den das Flächenelement gelegt wurde (Abb. 4.1) und t die Zeit.

[2] hinsichtlich einer allgemeineren Notation vgl. § E1

Element df($\mathbf{e}$) mit den df$_j$ in den Zusammenhang

$$df_j = df(\mathbf{e})(\mathbf{e} \cdot \mathbf{e}_j) \tag{4.5a}$$

gebracht werden kann. $\mathbf{e} \cdot \mathbf{e}_j = \cos \alpha_{\mathbf{e},\mathbf{e}_j}$ sind darin die "Richtungskosinus" des Flächennormalen–Einheitsvektors $\mathbf{e}$ hinsichtlich der Achsenrichtungen $\mathbf{e}_j$, j=1...3.

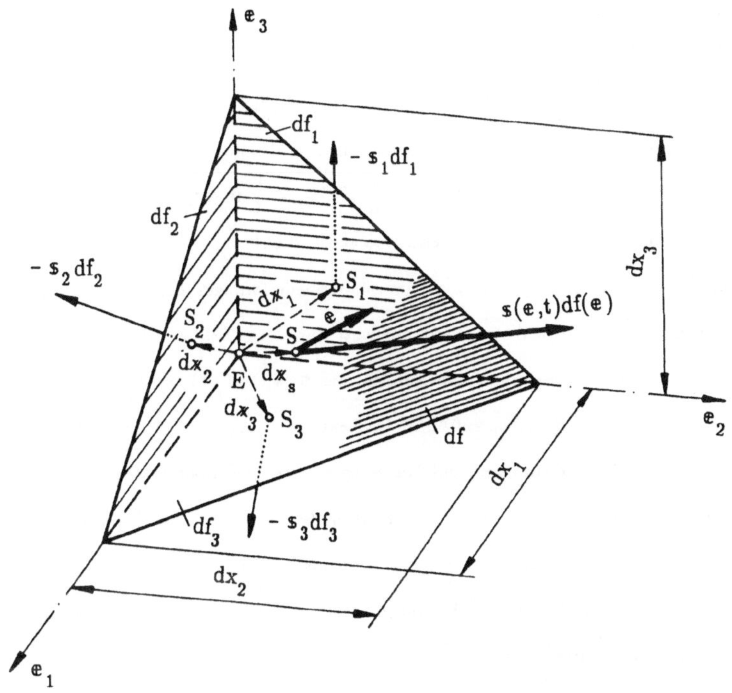

Abb. 4.2

In Abb. 4.2 bedeuten S bzw. S$_j$ (j=1,..,3) die Flächenschwerpunkte des Deckflächen–Elementes df($\mathbf{e}$) bzw. der Koordinatenflächen–Elemente df$_j$ (j=1..3), deren vom "hinteren Eckpunkt" E gemessene Ortsvektoren

$$d\varkappa_S = \left\{ dx_1;\ dx_2;\ dx_3 \right\} / 3 \tag{4.5b}$$

und z. B.

$$d\varkappa_2 = \left\{ dx_1;\ 0;\ dx_3 \right\}/3 = d\varkappa_S - \frac{dx_2}{3}\, \mathbf{e}_2 \,,$$

d. h. allgemein

$$d\varkappa_j = d\varkappa_S - \frac{dx_j}{3}\, \mathbf{e}_j \,, \qquad j = 1..3 \,, \tag{4.5c}$$

sind, womit für die von S aus zu den Schwerpunkten S_j weisenden Ortsvektoren

$$d\varkappa_j - d\varkappa_S = \overrightarrow{SS}_j = - \frac{dx_j}{3}\, \mathbf{e}_j \qquad (4.5d)$$

identifiziert wird. Der Schwerpunkt (Konvergenzpunkt) des Raumelementes (in Abb. 4.2 nicht eingezeichnet) wird von E aus durch

$$d\varkappa_K = \left\{ dx_1;\ dx_2;\ dx_3 \right\}/4$$

festgelegt, womit

$$\overrightarrow{SS}_K = d\varkappa_K - d\varkappa_S = - \frac{1}{12}\, d\varkappa_S \qquad (4.5e)$$

erhalten wird, und schließlich läßt sich das Volumenelement in der Form

$$dV = \frac{1}{3}\, df_1 dx_1 = \frac{1}{3}\, df_2 dx_2 = \frac{1}{3}\, df_3 dx_3 \qquad (4.5f)$$

durch die Koordinaten–Flächen– bzw. Linienelemente ausdrücken.

Den Spannungszustand im Kontinuum (von dem ein tetraederförmiges Element nach Abb. 4.2 in Betracht genommen werden soll) denkt man sich zunächst durch drei vektorwertige Funktionen $\mathbf{s}_j(\mathbf{r},t)$, j = 1...3, beschrieben, die die Eigenschaft haben sollen, per $\mathbf{s}_j(\mathbf{r},t)\, df_j(\mathbf{r}) = d\mathbf{k}_j(\mathbf{r},t)$ jeweils die auf ein (momentanes) in $\mathbf{r}$ liegendes Koordinatenflächen–Element df_j "ausgeübte" Elementarkraft zu definieren. Dabei wird verfügt, daß der Kraftangriff auf "derjenigen Seite" der Koordinatenfläche stattfinde, deren Flächennormale in Richtung $\langle \mathbf{e}_j \rangle$ wachsender Koordinatenwerte weist. Auf der der Richtung $\langle \mathbf{e}_j \rangle$ "abgewandten Seite" ist dann wegen des Reaktionsprinzips ein Elementarkraft–Angriff $-\mathbf{s}_j df_j$ vorzusehen. Für die Belastung des Elements nach Abb. 4.2 bedeutet dies, daß man längs seiner Koordinatenflächen die angreifenden Kräfte

$$- \mathbf{s}_j(S_j,t)\, df_j$$

in Betracht zu nehmen hat[3], so daß nach dem Schwerpunktsatz für das Massenelement $dm = \rho\, dV$ bis auf in Längenabmessungen höhere als von dritter Ordnung kleine Glieder

$$- \sum_{j=1}^{3} \mathbf{s}_j(S_j,t)\, df_j + \mathbf{s}(S,\mathbf{e},t)\, df(\mathbf{e}) + (\rho\mathbf{k})_K\, dV = (\rho dV \mathbf{b})_K \qquad (4.6a)$$

---

[3] Die Ortsabhängigkeit wurde in letzterer Darstellung anstelle des Ortsvektors $(\mathbf{r}_j)$ durch die Notation des jeweiligen Flächenschwerpunktes (S_j) gekennzeichnet.

gelten muß. Mit den an der Stelle S definierten Funktionen $\mathbf{s}_j(S,t)$ zuzüglich deren Ortsableitungen

$$(\partial\mathbf{s}_j/\partial x_k)_{S,t} \equiv \partial\mathbf{s}_j/\partial x_k$$

wird nun $\qquad \mathbf{s}_j(S_j,t) = \mathbf{s}_j(S,t) + \dfrac{\partial\mathbf{s}_j}{\partial x_j}\,\overline{SS}_j = \mathbf{s}_j(S,t) - \dfrac{\partial\mathbf{s}_j}{\partial x_j}\dfrac{dx_j}{3}$ (4.6b)

gesetzt und aus (4.6a,b) mit $df_j dx_j/3 = dV$ sowie $df_j = df(\mathbf{e})\,\mathbf{e}\cdot\mathbf{e}_j$ schließlich

$$df(\mathbf{e})\left[\mathbf{s}(S,\mathbf{e},t)-\sum_{j=1}^{3}(\mathbf{e}\cdot\mathbf{e}_j)\mathbf{s}_j(S,t)\right]+dV\left[(\rho\mathbf{k})_K-(\rho\mathbf{b})_K-\sum_{j=1}^{3}\left[\frac{\partial\mathbf{s}_j}{\partial x_j}\right]_S\right]\approx$$

$$\approx^{4)} df(\mathbf{e})\left[\mathbf{s}(S,\mathbf{e},t)-\sum_{j=1}^{3}(\mathbf{e}\cdot\mathbf{e}_j)\mathbf{s}_j(S,t)\right]+dV\left[(\rho\mathbf{k})_K-(\rho\mathbf{b})_K-\sum_{j=1}^{3}\left[\frac{\partial\mathbf{s}_j}{\partial x_j}\right]_K\right]=\mathbb{0} \quad (4.6c)$$

hervorgebracht. Man zieht nun das Element auf seinen Konvergenzpunkt zusammen, womit der zweite

Summand (für als endlich unterstellte Massenkräfte $\mathbb{k}$, Beschleunigungen $\mathbb{b}$ und Spannungsableitungen)

gegenüber dem Ersten von höherer Ordnung klein wird, so daß im Sinne einer Bilanz der von zweiter

Ordnung kleinen Größen, d. h. einer Gleichgewichtsbilanz der Oberflächenkräfte

$$\mathbf{s}(S,\mathbf{e},t) = \sum_{j=1}^{3}(\mathbf{e}\cdot\mathbf{e}_j)\,\mathbf{s}_j(S,t) = \mathbf{e}\cdot\sum_{j=1}^{3}\mathbf{e}_j\circ\mathbf{s}_j(S,t) = \mathbf{e}\cdot\mathbb{S}(S,t) \quad (4.7a)$$

entsteht (vgl. (4.4) und demnach der Operator

$$\mathbb{S} = \sum_{j=1}^{3}\mathbf{e}_j\circ\mathbf{s}_j \quad (4.7b)$$

den Spannungstensor bedeutet [5]. Von der Qualität her ist — dies soll hier unter Hinweis auf detaillierte

Betrachtungen z.B. in [3] vermerkt werden — mit den voraufgegangenen Prozeduren die

---

[4] Unterschiede zwischen $dV\left[\dfrac{\partial\mathbf{s}_j}{\partial x_j}\right]_S$ und $dV\left[\dfrac{\partial\mathbf{s}_j}{\partial x_j}\right]_K$ sind von vierter Ordnung klein und bleiben

daher außer Betracht.

[5] Da wegen (4.7a,b) in (4.6c) nunmehr der erste Summand exakt verschwinden muß, hat jetzt aber auch der — hinsichtlich der von dritter Ordnung kleinen Größen vollständige — zweite Summand von (4.6c) zu verschwinden, was zur Impulsbilanz — Feldgleichung (sog. Newton-Eulersche Feldgleichung)

$$\sum_{j=1}^{3}\frac{\partial\mathbf{s}_j}{\partial x_j} + \rho\mathbb{k} = \text{div }\mathbb{S} + \rho\mathbb{k} = \rho\mathbb{b}$$

führt (vgl. z.B. [30])

Existenz des sog. Eulerschen(Momentan – bzw. Bilanz–)Spannungstensors nachgewiesen worden, der – im Sinne von (4.7a) – eine Beziehung zwischen den sog. Eulerschen Spannungen [6] und den Flächennormalen der Momentankonfiguration herstellt. So haben also, da per

$$\mathfrak{s}_j = \sum_{k=1}^{3} (\mathfrak{s}_j \cdot \mathfrak{e}_k)\mathfrak{e}_k = \sum_{j=1}^{3} \sigma_{jk}\,\mathfrak{e}_k, \quad j,k = 1...3 \tag{4.7c}$$

eine Zerlegung der Spannungsvektoren in Normal – bzw. Schubspannungen σ_{jj}, $j = 1...3$ bzw. σ_{jk} ($j \neq k$, $j,k = 1...3$) vorgenommen wird, die "Komponenten" des Eulerschen Spannungstensors in der nach Einsetzen von (4.7c) in (4.7b) erhältlichen Darstellung (4.2) die Bedeutung auf momentane Flächeneinheiten bezogener angreifender Kräfte an einem momentanen orthogonalen Parallelepiped, dessen Kanten hinsichtlich einer (momentanen) Orthonormalbasis $\langle \mathfrak{e}_j \rangle$ orientiert sind.

Die Symmetrie des Spannungstensors wird mit Hilfe des Drallsatzes für das Element nach Abb. 4.2 nachgewiesen. Bilanziert man die Momente der Oberflächenkräfte (hinsichtlich des Massenelementenschwerpunktes), so erhält man, endliche Werte der Spannungen $\mathfrak{s}_j$ ($j = 1...3$) bzw. $\mathfrak{s}(\mathfrak{e})$ vorausgesetzt, von dritter Ordnung kleine Größen, für die zeitliche Ableitung des Drallvektors hingegen eine vektorielle Größe, die – wenn man die "konventionelle" Dralldefinition benutzt und endliche Winkelbeschleunigungen des Massenelements unterstellt – von fünfter Ordnung klein ist. Dies bedeutet, daß die aus dem Drallsatz zu folgernden Beziehungen bis auf von zweiter Ordnung kleine Glieder mit Denjenigen identisch sind, die man aus der Momenten – Gleichgewichtsbedingung aller am Massenelement angreifenden Kräfte auffindet. Sieht man noch von den (von vierter Ordnung kleinen) Momentenbeiträgen der Massenkräfte sowie von volumenverteilten Momenten ab, so gilt anstelle des Drallsatzes die Momentengleichgewichtsbedingung der Oberflächenkräfte, die nun z. B. hinsichtlich des Schwerpunktes S der Deckfläche df($\mathfrak{e}$) angeschrieben werden kann. Man bekommt

$$\sum_{j=1}^{3} (\overrightarrow{SS_j}) \times (-\mathfrak{s}_j df_j) \overset{(4.5d)}{=} \sum_{j=1}^{3} \frac{dx_j\,df_j}{3}\,\mathfrak{e}_j \times \mathfrak{s}_j = {}^{7)} dV \sum_{j=1}^{3} \mathfrak{e}_j \times \mathfrak{s}_j = 0\ , \quad \text{d.h.}$$

---

[6] das sind die auf die Flächeneinheit der Momentankonfiguration bezogenen Übertragungskräfte.

[7] Man beachte $\quad dV = df_j\,dx_j/3$

$$\sum_{j=1}^{3} \mathbf{e}_j \times \mathbf{s}_j = \overset{\times}{\mathbf{S}} = \mathbf{0} \, , \tag{4.8a}$$

woraus mit $\mathbf{s}_j = \displaystyle\sum_{k=1}^{3} \sigma_{jk}\, \mathbf{e}_k$ schließlich – man benutze die Darstellung von $\overset{\times}{\mathbf{S}}$ nach (2.19c) –

$$\sigma_{jk} = \mathbf{s}_j \cdot \mathbf{e}_k = \mathbf{e}_j \cdot \mathbf{S} \cdot \mathbf{e}_k = \sigma_{kj} = \mathbf{s}_k \cdot \mathbf{e}_j = \mathbf{e}_k \cdot \mathbf{S} \cdot \mathbf{e}_j \, , \tag{4.8b}$$

also die Symmetrie des Spannungstensors gefolgert werden kann.

4.2 Haupt- (bzw. Eigen-)Werte, Haupt- (bzw. Eigen-) Richtungen symmetrischer Tensoren

Für jeden symmetrischen Tensor zweiter Stufe existieren drei spezielle orthogonale Richtungen $\mathbf{e}_j^{(H)}$ ($j = 1 \ldots 3$), die bei der Transformation (4.1) unverändert bleiben, für die also

$$\mathbf{s}_j^{(H)}(\mathbf{e}_j^{(H)}) = \mathbf{e}_j^{(H)} \cdot \mathbf{S} = \sigma_j^{(H)} \mathbf{e}_j^{(H)}, \quad j = 1 \ldots 3, \tag{4.9a}$$

gilt. Man nennt diese Richtungen Haupt - (bzw. Eigen -)Richtungen des Tensors $\mathbf{S}$, die zugehörigen Größen $\mathbf{s}_j^{(H)}(\mathbf{e}_j^{(H)}) = \sigma_j^{(H)} \mathbf{e}_j^{(H)}$, $j = 1 \ldots 3$, seine Haupt-(bzw. Eigen-)Vektoren und deren Maßzahlen $\sigma_j^{(H)}$ die Haupt - (bzw. Eigen -)Werte.

Benutzt man für $\mathbf{S}$, wie dies im Folgenden der Fall sein soll, das physikalische Beispiel des Spannungstensors, so beschreiben dessen per

$$\mathbf{s}(\mathbf{e}_j^{(H)}) = \mathbf{e}_j^{(H)} \cdot \mathbf{S} = \sigma_j^{(H)} \mathbf{e}_j^{(H)}, \quad j = 1 \ldots 3 \, , \tag{4.9b}$$

definierten Hauptrichtungen die Flächennormalen derjenigen Flächenelemente, die nur durch (Haupt–) Normalspannungen beansprucht werden, was bedeutet, daß man einen beliebigen Spannungszustand (in einem Punkte P) stets dergestalt beschreiben können muß, daß man um P einen geeignet orientierten Elementarquader anordnet[8], dessen Oberflächen allein Normalspannungsbelastungen erleiden[9] (Abb. 4.5).

---

[8] mit nach den Hauptrichtungen $\mathbf{e}_j^{(H)}$, $j = 1 \ldots 3$, des Spannungstensors orientierten Kantenrichtungen

[9] Neben der veranschaulichenden Interpretation des Spannungszustandes unter Benutzung eines "Quadermodells" ist in speziellen isotropen Kontinuumstheorien (etwa der sog. "Plastizitätstheorie") auch die Betrachtnahme eines geeignet orientierten "elementaren Oktaeders" gebräuchlich (vgl. Abb. 4.5).

Ausgangspunkt der Eigenwertanalyse ist die Erwägung, inwieweit man der Forderung

$$\mathfrak{s}(\mathbf{e}_j^{(H)}) = \mathbf{e}_j^{(H)} \cdot \mathfrak{S} \equiv \sigma_j^{(H)} \mathbf{e}_j^{(H)} \tag{4.10a}$$

bzw.

$$\mathbf{e}^{(H)} \cdot (\sigma^{(H)} \mathbb{E} - \mathfrak{S}) \,\hat{=}\, \begin{pmatrix} e_1^{(H)} e_2^{(H)} e_3^{(H)} \\ 0 \quad 0 \quad 0 \\ 0 \quad 0 \quad 0 \end{pmatrix} \cdot \begin{pmatrix} \sigma^{(H)} - \sigma_{11} & -\sigma_{12} & -\sigma_{13} \\ -\sigma_{21} & \sigma^{(H)} - \sigma_{22} & -\sigma_{23} \\ -\sigma_{31} & -\sigma_{32} & \sigma^{(H)} - \sigma_{33} \end{pmatrix} \begin{matrix} = \mathbb{0} \\ \\ \langle \mathbf{e}_j \rangle \end{matrix} \tag{4.10b}$$

mit reellen Richtungsgrößen $\mathbf{e}^{(H)} = \sum\limits_{\alpha=1}^{3} e_\alpha^{(H)} \mathbf{e}_\alpha$ und Hauptwerten $\sigma^{(H)}$ überhaupt entsprechen kann, was darauf hinausläuft, zu prüfen, ob man aus dem linearen Gleichungssystem (4.10b) für die Richtungskosinus $e_\alpha^{(H)} = \mathbf{e}^{(H)} \cdot \mathbf{e}_\alpha$, $\alpha = 1...3$, einer Hauptrichtung $\mathbf{e}^{(H)}$ überhaupt reellwertige und von Null verschiedene Werte extrahieren kann[10]. Da Letzteres bekanntlich nur möglich ist, wenn man verlangt, daß die Koeffizientendeterminante des linearen homogenen Gleichungssystems für die Richtungskosinus verschwindet, stellt dementsprechend

$$\det(\sigma^{(H)} \mathbb{E} - \mathfrak{S}) = \begin{vmatrix} \sigma^{(H)} - \sigma_{11} & -\sigma_{12} & -\sigma_{13} \\ -\sigma_{21} & \sigma^{(H)} - \sigma_{22} & -\sigma_{23} \\ -\sigma_{31} & -\sigma_{32} & \sigma^{(H)} - \sigma_{33} \end{vmatrix} = 0 \tag{4.11a}$$

die notwendige Restriktion für die Existenz von Eigenlösungen im Sinne von (4.9) dar, die die Haupt-(Spannungs-)Werte durch die Beziehung

$$\sigma^{(H)^3} - S_1 \sigma^{(H)^2} + S_2 \sigma^{(H)} - S_3 = 0 \tag{4.11b}$$

festlegt. Darin bedeuten die Größen S_j die im Sinne von (2.34b-d) bzw. (2.35b-d), (2.61a-c) definierten drei Grundinvarianten des Tensors $\mathfrak{S}$. Als kubische Gleichung hat (4.11b) <u>drei</u> Wurzeln $\sigma_j^{(H)}$ $(j = 1...3)$ - für die man übrigens durch Gleichsetzen von (4.11b)

---

[10] Man beachte, daß nicht alle der fraglichen Richtungskosinus wegen

$$\mathbf{e}^{(H)^2} = \sum\limits_{\alpha=1}^{3} e_\alpha^{(H)^2} = 1 \tag{4.10c}$$

verschwinden dürfen.

mit der äquivalenten Darstellung

$$(\sigma^{(H)} - \sigma_1^{(H)})\,(\sigma^{(H)} - \sigma_2^{(H)})\,(\sigma^{(H)} - \sigma_3^{(H)}) = 0$$

und Koeffizientenvergleich hinsichtlich $(\sigma^{(H)})^j$, $j = 1...3$, die Beziehungen

$$\sigma_1^{(H)} + \sigma_2^{(H)} + \sigma_3^{(H)} = S_1 = \sigma_{11} + \sigma_{22} + \sigma_{33}\,,$$

$$\sigma_1^{(H)}\sigma_2^{(H)} + \sigma_2^{(H)}\sigma_3^{(H)} + \sigma_3^{(H)}\sigma_1^{(H)} = S_2 = \sigma_{11}\sigma_{22} + \sigma_{22}\sigma_{33} + \sigma_{33}\sigma_{11} - (\sigma_{12}^2 + \sigma_{23}^2 + \sigma_{31}^2)\,,$$

$$\sigma_1^{(H)}\sigma_2^{(H)}\sigma_3^{(H)} = \begin{vmatrix} \sigma_1^{(H)} & 0 & 0 \\ 0 & \sigma_2^{(H)} & 0 \\ 0 & 0 & \sigma_3^{(H)} \end{vmatrix} = S_3 = \begin{vmatrix} \sigma_{11} & \sigma_{12} & \sigma_{13} \\ \sigma_{21} & \sigma_{22} & \sigma_{23} \\ \sigma_{31} & \sigma_{32} & \sigma_{33} \end{vmatrix} \qquad (4.12\text{a--c})$$

auffindet [11] - womit also (i. allg. [12]) drei verschiedene Haupt-(Spannungs -)Werte anfallen, die übrigens - als Konsequenz aus der Symmetrie von $\mathfrak{S}$ - stets reell sind, sofern die "koordinatenorientierten Größen" σ_{jk} (j,k = 1...3) bzw. die Invarianten S_j (j = 1...3) reellwertig sind [13]. Daher sind etwa auf der Basis der Cardanischen Formeln erzeugte Lösungen von (4.11b) nur scheinbar komplex. Man erhält mit den nach (4.20b,f) definierten Größen S', I'_{3S} unter Benutzung der in [31] angegebenen Formeln

$$\sigma_{1,2}^{(H)} = \tfrac{1}{3} S_1 - \sqrt{\tfrac{2}{3}}\; S'\cos(60° \pm \alpha)$$

---

[11] Diese Beziehungen verdeutlichen die Interpretation der Größen S_j (j = 1...3) als Invarianten: Da Haupt-(Spannungs -)Werte (und Hauptrichtungen) koordinateninvariante Begriffe sind, müssen auch die daraus berechenbaren Größen S_j (j = 1...3) unabhängig von der zufälligen Wahl einer Bezugsbasis $\langle \mathfrak{e}_j \rangle$ sein. Dasselbe gilt dann aber auch für die in (4.12a–c) gestrichelten Komponenten — Kombinationen bei auf beliebige Orthogonalbasen $\langle \mathfrak{e}_j \rangle$ bezüglichen Komponentendarstellungen von Tensoren. So besagt etwa (4.12a) für Spannungszustände, daß die Summe der (in einem Punkte P zu verstehenden) Normalspannungen in drei zueinander senkrechten aber ansonsten beliebig räumlich orientierten Schnittflächenelementen (in P) stets denselben Wert haben muß usw..

[12] In Spezialfällen sog. "Mehrfachwurzeln" können zwei oder auch alle drei Hauptwerte gleich groß sein. Im ersteren Falle spricht man von Zylinder — im zweiten von Kugelsymmetrie.

[13] Bezeichnete, (4.9b) verallgemeinernd, mit zunächst allgemein als komplexwertig angesehenen Größen $\varkappa$, λ die Forderung (Querstriche bezeichnen konjugiert–komplexe Größen)

$\varkappa \cdot \mathbb{A} = \lambda\varkappa$ bzw. $\overline{\varkappa \cdot \mathbb{A}} \equiv \bar\varkappa \cdot \mathbb{A} = \overline{\lambda\varkappa} \equiv \bar\lambda\,\bar\varkappa$ das Eigenwertproblem reellwertiger symmetrischer Tensoren $\mathbb{A} = \mathbb{A}^T$, so stellt man aber — man multipliziere skalar mit $\varkappa$ bzw. $\bar\varkappa$ —

$\varkappa \cdot \mathbb{A} \cdot \bar\varkappa = \lambda\varkappa \cdot \bar\varkappa$ bzw. $\bar\varkappa \cdot \mathbb{A} \cdot \varkappa = \bar\lambda\,\varkappa \cdot \bar\varkappa$ und demgemäß wegen der Symmetrie von $\mathbb{A}$, d.h. wegen $\varkappa \cdot \mathbb{A} \cdot \bar\varkappa \equiv \bar\varkappa \cdot \mathbb{A} \cdot \varkappa$ in der Tat sogleich $\lambda = \bar\lambda$, d.h. reellwertige Eigenwerte fest.

$$\sigma_3^{(H)} = \tfrac{1}{3}S_1 + \sqrt{\tfrac{2}{3}}\ S'\cos\alpha \quad \text{mit}\ \cos 3\alpha = -\sqrt{54}\ I'_{3S} \qquad (4.13\text{a–c})$$

als Lösungen der mit $\sigma_j^{(H)} = x + (S_1/3)$ aus (4.11b) erhältlichen Gleichung

$$x^3 - x(S'^2/2) - S'^3\, I'_{3S} = 0\ . \qquad (4.13\text{d})$$

Für die Berechnung der Richtungskosinus $e_\alpha^{(H)}$ ($\alpha = 1...3$) einer Hauptrichtung $\mathbf{e}^{(H)}$ stehen die Gleichung (4.10c) sowie mit Rücksicht auf (4.11a) bzw. (4.11b) nur zwei der drei skalaren Gleichungen (4.10b) zur Verfügung. Indem man z. B. die dritte Gleichung von (4.10b) als Linearkombination der beiden Ersten unterstellt, bekommt man

$$e_1^H = e_3^H \begin{vmatrix} \sigma_{31} & -\sigma_{21} \\ \sigma_{32} & \sigma^{(H)}-\sigma_{22} \end{vmatrix} \Big/ \begin{vmatrix} \sigma^{(H)}-\sigma_{11} & -\sigma_{21} \\ -\sigma_{12} & \sigma^{(H)}-\sigma_{22} \end{vmatrix} = e_3^H\, \zeta_{13}(\sigma^{(H)})\ ,$$

$$e_2^H = e_3^H \begin{vmatrix} \sigma^{(H)}-\sigma_{11} & \sigma_{31} \\ -\sigma_{12} & \sigma_{32} \end{vmatrix} \Big/ \begin{vmatrix} \sigma^{(H)}-\sigma_{11} & -\sigma_{21} \\ -\sigma_{12} & \sigma^{(H)}-\sigma_{22} \end{vmatrix} = e_3^H\, \zeta_{23}(\sigma^{(H)})$$

und damit schließlich nach Einsetzen in (4.10c)

$$e_3^H(\sigma^{(H)}) = \pm\, \frac{1}{\sqrt{1+\zeta_{13}^2+\zeta_{23}^2}}\ , \qquad (4.14\text{a})$$

also

$$e_1^H(\sigma^{(H)}) = \frac{\pm\,\zeta_{13}(\sigma^{(H)})}{\sqrt{1+\zeta_{13}^2(\sigma^{(H)})+\zeta_{23}^2(\sigma^{(H)})}}\ , \quad e_2^H(\sigma^{(H)}) = \frac{\pm\,\zeta_{23}(\sigma^{(H)})}{\sqrt{1+\zeta_{13}^2(\sigma^{(H)})+\zeta_{23}^2(\sigma^{(H)})}}\ , \qquad (4.14\text{b,c})$$

wobei jeweils die Plus- bzw. Minuszeichen zu einem Satz zusammengehöriger Richtungskosinus gehören und den Sachverhalt ausdrücken, daß neben $\mathbf{e}^{(H)}$ auch $-\mathbf{e}^{(H)}$ eine Hauptrichtung definiert.

Zufolge der nach (4.13a–c) festgestellten drei reellen Lösungen $\sigma^{(H)} = \sigma_j^{(H)}$ ($j = 1...3$) folgert man aus (4.14a–c) nun auch drei reelle Hauptrichtungen $\mathbf{e}^{(H)} = \mathbf{e}_j^{(H)}$ ($j = 1...3$)[14], deren Orthogonalität man mit Hilfe der Symmetrie des (Spannungs-)Tensors $\mathfrak{S}$ nachweist. Man bildet z. B.

---

[14] Zuzüglich der entsprechenden Richtungen $\mathbf{e}_j^{(H)x} = -\mathbf{e}_j^{(H)}$ ($j = 1...3$)

$$\mathbf{s}(\mathbf{e}_1^{(H)}) = \sigma_1^{(H)} \mathbf{e}_1^{(H)} = \mathbf{e}_1^{(H)} \cdot \mathbb{S} , \qquad \mathbf{s}(\mathbf{e}_2^{(H)}) = \sigma_2^{(H)} \mathbf{e}_2^{(H)} = \mathbf{e}_2^{(H)} \cdot \mathbb{S} , \qquad (4.15a,b)$$

multipliziert Gleichung (4.15a) bzw. (4.15b) skalar mit $\mathbf{e}_2^{(H)}$ bzw. $\mathbf{e}_1^{(H)}$, subtrahiert und erhält wegen der für symmetrische Tensoren $\mathbb{S}$ allgemein gültigen Beziehung

$$\mathbf{a} \cdot \mathbb{S} \cdot \mathbf{b} = \mathbf{b} \cdot \mathbb{S} \cdot \mathbf{a}$$

$$\mathbf{s}(\mathbf{e}_1^{(H)}) \cdot \mathbf{e}_2^{(H)} - \mathbf{s}(\mathbf{e}_2^{(H)}) \cdot \mathbf{e}_1^{(H)} = (\sigma_1^{(H)} - \sigma_2^{(H)}) \mathbf{e}_1^{(H)} \cdot \mathbf{e}_2^{(H)} = \mathbf{e}_1^{(H)} \cdot \mathbb{S} \cdot \mathbf{e}_2^{(H)} - \mathbf{e}_2^{(H)} \cdot \mathbb{S} \cdot \mathbf{e}_1^{(H)} = 0,$$

woraus für $\sigma_1^{(H)} \neq \sigma_2^{(H)}$

$$\mathbf{e}_1^{(H)} \cdot \mathbf{e}_2^{(H)} = 0,$$

d. h. die Orthogonalität der Hauptrichtungen hervorgeht [15]. Entsprechend wird die Orthogonalität der übrigen Hauptrichtungen nachgewiesen, die man nun anstelle beliebiger Orthogonalbasen in der Darstellung (4.7b) speziell verwenden kann. Man bekommt mit den zugehörigen Hauptvektoren $\mathbf{s}_j = \mathbf{s}(\mathbf{e}_j^{(H)}) = \sigma_j \mathbf{e}_j^{(H)}$

$$\mathbb{S} = \sum_{j=1}^{3} \mathbf{e}_j^{(H)} \circ \mathbf{s}(\mathbf{e}_j^{(H)}) = \sum_{j=1}^{3} \sigma_j^{(H)} \mathbf{e}_j^{(H)} \circ \mathbf{e}_j^{(H)} \mathrel{\widehat{=}} \begin{pmatrix} \sigma_1^{(H)} & 0 & 0 \\ 0 & \sigma_2^{(H)} & 0 \\ 0 & 0 & \sigma_3^{(H)} \end{pmatrix}_{\langle \mathbf{e}_j^{(H)} \rangle} \qquad (4.15c)$$

(vgl. (4.3)), d. h. als Komponentendarstellung hinsichtlich der Hauptachsenbasis eine Diagonalmatrix. Deren Äquivalenz mit der allgemeinen Darstellung (4.7b), d. h. die Identität

$$\mathbb{S} = \sum_{j=1}^{3} \sigma_j^{(H)} \, \mathbf{e}_j^{(H)} \circ \mathbf{e}_j^{(H)} = \sum_{j=1}^{3} \sigma_{jk} \, \mathbf{e}_j \circ \mathbf{e}_k \qquad (4.15d)$$

ist Grundlage für die Erzeugung von Komponenten - Transformationsformeln auf der Basis der Formeln (3.11d,f), wenn man Normal- und Schubspannungen in beliebigen Schnittflächenelementen (Normalen $\mathbf{e}$) in Abhängigkeit von den Hauptspannungen und den relativen räumlichen Orientierungen der Richtungsgrößen $\mathbf{e}_j$, $\mathbf{e}_k$ hinsichtlich der Hauptachsen-

---

basis darstellen will. Solcherart Prozeduren sollen in der nächsten Ziffer detailliert werden.

4.3 Graphische Darstellungen des Spannungszustandes

a) Das Cauchysche Spannungsellipsoid

Legt man die Achsen eines Ellipsoids in die Hauptrichtungen $\mathbb{e}_j^{(H)}$ (j = 1...3) und setzt die Länge der Halbachsen mit $1/\sigma_j^{(H)}$ (j = 1...3) fest, so definiert der in Richtung $\mathbb{e}$ gemessene Polstrahl r($\mathbb{e}$) vom Mittelpunkt des Ellipsoids bis zu dessen Oberfläche gemäß

$$s(\mathbb{e}) = \frac{1}{r(\mathbb{e})} \qquad (4.16a)$$

den reziproken Wert des Betrages $s(\mathbb{e}) = |\mathbb{s}(\mathbb{e})|$ desjenigen Spannungsvektors $\mathbb{s}(\mathbb{e})$, der in dem durch die Einheitsnormale $\mathbb{e}$ gekennzeichneten Flächenelement df($\mathbb{e}$) angreift.

Den Beweis dieses Sachverhaltes führt man, von der Hauptachsendarstellung des Spannungszustandes ausgehend, mittels der nach (4.1) gültigen Beziehung

$$\mathbb{s}(\mathbb{e}) = \mathbb{e} \cdot \mathbb{S} \; \hat{=} \; \begin{pmatrix} e_1 & e_2 & e_3 \\ 0 & 0 & 0 \\ 0 & 0 & 0 \end{pmatrix} \cdot \begin{pmatrix} \sigma_1^{(H)} & 0 & 0 \\ 0 & \sigma_2^{(H)} & 0 \\ 0 & 0 & \sigma_3^{(H)} \end{pmatrix} = \sum_{j=1}^{3} \left[\sigma_j^{(H)} e_j \right] \mathbb{e}_j^{(H)},$$

woraus für den Spannungsvektorbetrag

$$\mathbb{s}^2(\mathbb{e}) = s^2(\mathbb{e}) = \sum_{j=1}^{3} \sigma_j^{(H)^2} e_j^2 \qquad (4.16b)$$

hervorgeht. Setzt man hierin mit dem Betrag r($\mathbb{e}$) = $|\mathbb{r}(\mathbb{e})|$ des (Ellipsoid –)Polstrahles und dessen Projektonen x_j (j = 1...3) auf die Koordinatenrichtungen $\mathbb{e}_j^{(H)}$ (j = 1...3)

$$\mathbb{e} \cdot \mathbb{e}_j^{(H)} = e_j = \frac{x_j}{r} = \cos \angle \left(\mathbb{r}(\mathbb{e}), \mathbb{e}_j^{(H)} \right) \quad , \qquad (4.16c)$$

so bekommt man schließlich

$$\sum_{j=1}^{3} \frac{x_j^2}{(r(\mathbb{e})s(\mathbb{e})/\sigma_j^{(H)})^2} \overset{(4.16a)}{=} \sum_{j=1}^{3} \left[\frac{x_j}{1/\sigma_j^{(H)}} \right]^2 = 1 \quad , \qquad (4.16d)$$

also für den Fall der Gültigkeit von (4.16a) in der Tat die Gleichung eines Ellipsoids mit den Halbachsen $1/|\sigma_j^{(H)}|$ (j = 1...3). Man erkennt hieraus leicht die Extremaleigenschaft der Hauptnormalspannungen.

Für $\sigma_1^{(H)} = \sigma_2^{(H)} = \sigma_3^{(H)} = \sigma_0 = -p$ entartet das Ellipsoid zur Kugel, weswegen man einen solchen Zustand beschreibenden Tensor

$$\mathbb{S} \stackrel{\wedge}{=} \begin{pmatrix} -p & 0 & 0 \\ 0 & -p & 0 \\ 0 & 0 & -p \end{pmatrix} = -p\mathbb{E}$$

auch als Kugeltensor bezeichnet. Wegen

$$\mathbb{s}(\mathbb{e}) = \mathbb{e}\cdot\mathbb{S} = -\mathbb{e}\cdot p\mathbb{E} = -p\mathbb{e}$$

treten in diesem "hydrostatischen Falle" überhaupt keine Schubspannungen auf.

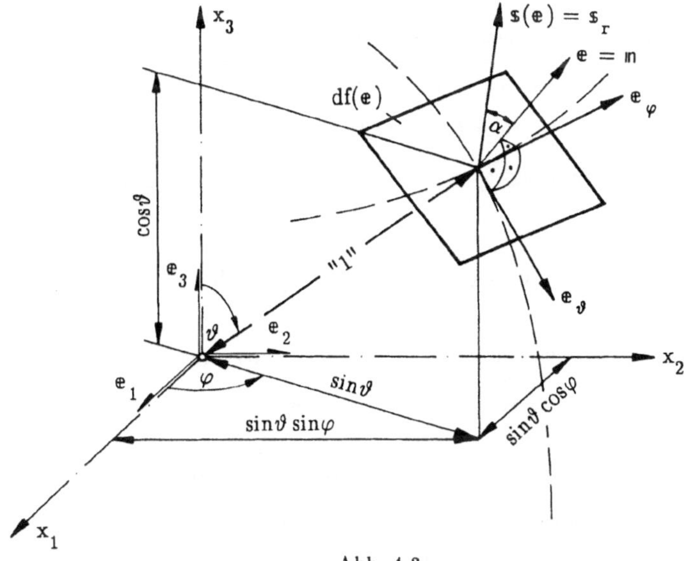

Abb. 4.3

b) Spannungskreise

werden im Zusammenhang mit graphischen Lösungsverfahren für Gleichung (4.1) konstruiert. Hierbei wird in der Regel von einer Darstellung von $\mathbb{e}$ sowie zweier in $df(\mathbb{e})$ liegender Richtungsvektoren $\mathbb{e}_\varphi$ bzw. $\mathbb{e}_\vartheta$ in Abhängigkeit vom Meridian − bzw. Breitenkreiswinkel φ bzw. ϑ ausgegangen, welche $\mathbb{e}$, $\mathbb{e}_\varphi$, $\mathbb{e}_\vartheta$ im Sinne von

$$\mathbb{e}(\varphi,\vartheta) = \left\{\sin\vartheta\,\cos\varphi;\ \sin\vartheta\,\sin\varphi;\ \cos\vartheta\right\},$$

$$\mathbb{e}_\varphi(\varphi,\vartheta) = \left\{-\sin\varphi;\ \cos\varphi;\ 0\right\},$$

$$\mathbb{e}_\vartheta(\varphi,\vartheta) = \left\{\cos\vartheta\,\cos\varphi;\ \cos\vartheta\,\sin\varphi;\ -\sin\vartheta\right\},\quad \langle\mathbb{e}_j\rangle,$$

relativ zu einer kartesischen Orthonormalbasis $\langle \mathfrak{e}_j \rangle$ festlegen (Abb. 4.3). Die Operation

$$\mathfrak{s}(\mathfrak{e}) = \mathfrak{s}(\varphi,\vartheta) = \mathfrak{e}(\varphi,\vartheta)\cdot\mathfrak{S},$$

legt dann den Spannungsvektor, d. h. die Normalspannungen als

$$\sigma_{\mathfrak{e},\mathfrak{e}} = \mathfrak{e}\cdot\mathfrak{s}(\mathfrak{e}) = \sigma_{\mathfrak{e},\mathfrak{e}}(\varphi,\vartheta) = \mathfrak{e}(\varphi,\vartheta)\cdot\mathfrak{S}\cdot\mathfrak{e}(\varphi,\vartheta)$$

und die Schubspannungskomponenten als

$$\sigma_{\mathfrak{e},\mathfrak{e}_\varphi} = \mathfrak{s}(\mathfrak{e})\cdot\mathfrak{e}_\varphi = \sigma_{\mathfrak{e},\mathfrak{e}_\varphi}(\varphi,\vartheta) = \mathfrak{e}(\varphi,\vartheta)\cdot\mathfrak{S}\cdot\mathfrak{e}_\varphi(\varphi,\vartheta)$$

bzw.
$$\sigma_{\mathfrak{e},\mathfrak{e}_\vartheta} = \mathfrak{s}(\mathfrak{e})\cdot\mathfrak{e}_\vartheta = \sigma_{\mathfrak{e},\mathfrak{e}_\vartheta}(\varphi,\vartheta) = \mathfrak{e}(\varphi,\vartheta)\cdot\mathfrak{S}\cdot\mathfrak{e}_\vartheta(\varphi,\vartheta)$$

in Abhängigkeit von Meridian – und Breitenkreiswinkel fest.

Eine insbesondere in der Bodenmechanik für die Beurteilung eines Spannungszustandes im Hinblick auf das Fließen bedeutsame Darstellung geht auf O. Mohr [16] zurück. Hiernach werden, ausgehend von der Hauptachsenform des Spannungstensors, die Normalspannung $\sigma_{\mathfrak{e},\mathfrak{e}}(\varphi,\vartheta)$ bzw. der Schubspannungsbetrag

$$\tau(\varphi,\vartheta) = \sqrt{\sigma^2_{\mathfrak{e},\mathfrak{e}_\varphi}(\varphi,\vartheta)+\sigma^2_{\mathfrak{e},\mathfrak{e}_\vartheta}(\varphi,\vartheta)}$$

als Abzisse bzw. Ordinate eines "Spannungspunktes" $P^*(\varphi,\vartheta)$ erhalten (Abb. 4.4), so daß $\overline{OP}^*(\varphi,\vartheta)$ den Betrag $|\mathfrak{s}(\mathfrak{e})|$ des auf ein Flächenelement $df(\mathfrak{e})$ wirkenden Spannungsvektors $\mathfrak{s}(\mathfrak{e})$ und der von

$\overline{OP}^*(\varphi,\vartheta)$ mit der Abzissenachse eingeschlossene Winkel $\alpha(\varphi,\vartheta)$ den Neigungswinkel des Spannungsvektors $\mathfrak{s}(\mathfrak{e})$ gegenüber der Flächenelementen – Normalen $\mathfrak{e}$ bedeuten. Nachdem man mit den als bekannt anzusehenden Hauptspannungen [17] $\sigma_j^{(H)}$ ($j = 1\ldots3$) die Kreise $K_{i,k}$ ($i,k = 1\ldots3$) (Mittelpunkte M_{ik}, Radien $R_{ik} = (\sigma_i^{(H)}-\sigma_k^{(H)})/2$) gezeichnet hat, wird der einem Wertepaar (φ,ϑ) zugehörige "Spannungspunkt" $P^*(\varphi,\vartheta)$ wie folgt ermittelt:

Eine in M_{23} angetragene und um 2ϑ gegen die $\sigma_{\mathfrak{e},\mathfrak{e}}$ – Achse geneigte Gerade schneidet den Kreis K_{23} in H_{23}. Mit dem Radius $R_\vartheta = \overline{H_{23}M_{12}}$ schlägt man nun um M_{12} einen Kreis K_ϑ der der erste geome

---

[16] Der Zivilingenieur 1882, S. 113

[17] In Abb. 4.4 wurde z. B. $\sigma_1^{(H)} > \sigma_2^{(H)} > \sigma_3^{(H)}$ vorausgesetzt.

$\sigma_{\mathfrak{e}\mathfrak{e}}(\varphi,\vartheta)$
C
R_ϑ
H_{13}
2φ
M_{12}
K_{12}
2ϑ
M_{13}
K_{13}
K_ϑ
H_{12}
B
$\tau(\varphi,\vartheta)$
$P^{*}(\varphi,\vartheta)$
D
H_{23}
M_φ
K_φ
Q_{12}
M_{23}
K_{23}
2ϑ
R_φ
$\sigma_{\mathfrak{e}\mathfrak{e}}(\varphi,\vartheta)$
A
$\sigma(\mathfrak{e})$
$\alpha(\varphi,\vartheta)$
$\tau(\varphi,\vartheta)$
0
$\frac{1}{2}\left(\sigma_1^{(H)}-\sigma_2^{(H)}\right)$
$\sigma_1^{(H)}$
$\frac{1}{2}\left(\sigma_1^{(H)}+\sigma_2^{(H)}\right)$
$\frac{1}{2}\left(\sigma_2^{(H)}-\sigma_3^{(H)}\right)$
$\sigma_2^{(H)}$
$\frac{1}{2}\left(\sigma_2^{(H)}+\sigma_3^{(H)}\right)$
$\sigma_3^{(H)}$

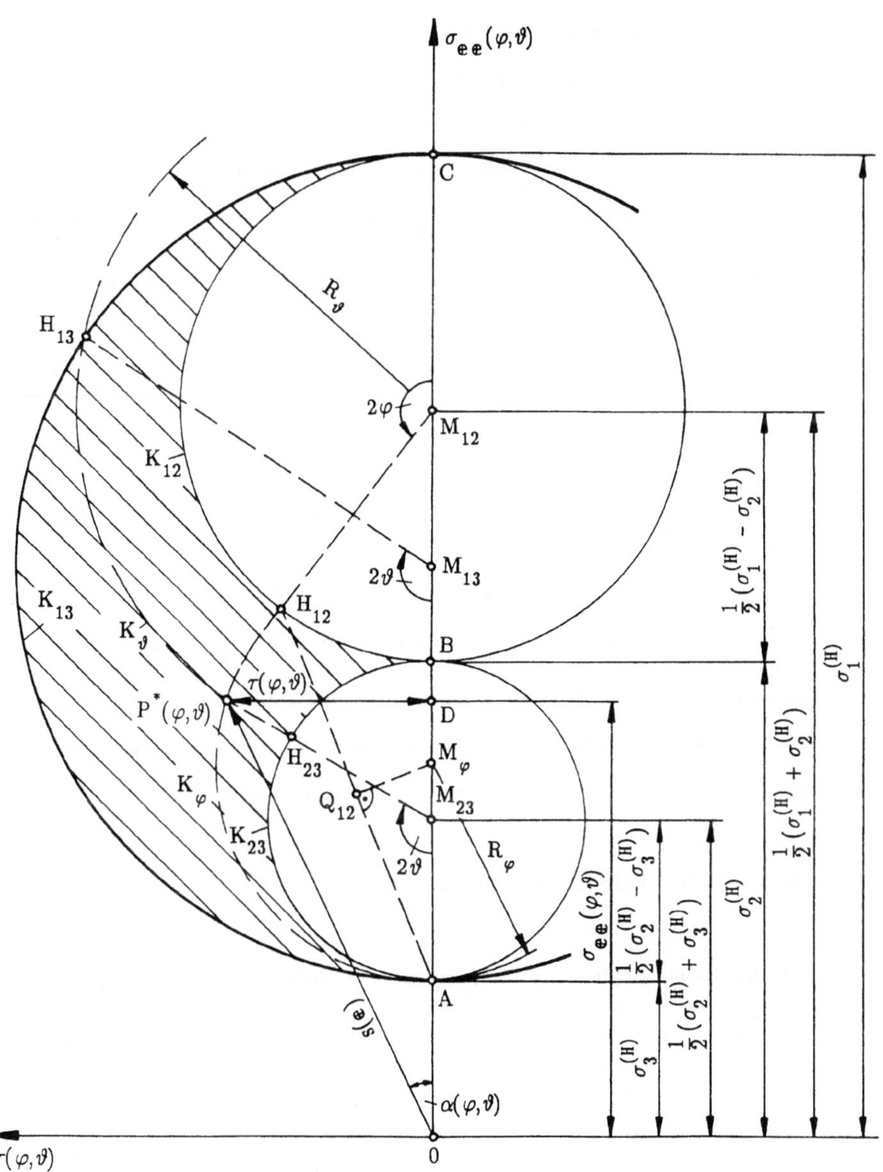

Abb. 4.4

trische Ort von $P^*(\varphi,\vartheta)$ ist. (Der Kreis K_ϑ schneidet den Kreis K_{13} in H_{13}, und man kann zeigen, daß $\overline{M_{13}H_{13}}$ stets parallel zu $\overline{M_{23}H_{23}}$, also ebenfalls um 2ϑ gegen die $\sigma_{e,e}$ – Achse geneigt ist.) Der zweite geometrische Ort von $P^*(\varphi,\vartheta)$ ist der Kreisbogen K_φ, der durch die Punkte A und H_{12} (Schnittpunkt einer um 2φ gegen die $\sigma_{e,e}$– Achse geneigten Geraden durch M_{12} mit dem Kreis K_{12}) hindurchgeht, und dessen Mittelpunkt M_φ auf der $\sigma_{e,e}$ – Achse liegt. (Zur Auffindung von K_φ bzw. dessen Mittelpunkt M_φ wird auf $\overline{AH_{12}}$ im Punkte Q_{12} das Mittellot errichtet, das die $\sigma_{e,e}$ – Achse in M_φ trifft.) Dann sind $\qquad \overline{OD} = \sigma_{e,e}(\varphi,\vartheta)$, $\overline{P^*(\varphi,\vartheta)D} = \tau(\varphi,\vartheta)$.

Aus dieser Konstruktion entnimmt man einerseits, daß sämtliche möglichen Spannungspunkte $P_i^*(\varphi,\vartheta)$ nur in dem durch die drei Kreise K_{12}, K_{23} und K_{13} begrenzten Kreisdreieck (schraffiert) liegen können, und andererseits, daß es auch Richtungen extremaler Schubspannungen gibt, und zwar die Richtungen

$$\varphi = 0,\ \vartheta = \pm\frac{\pi}{4},\ (K_\varphi \to K_{13})\ \text{mit}\ \tau = |\sigma_{e,e_\vartheta}| = |(\sigma_1^{(H)} - \sigma_3^{(H)})/2|,\ \sigma_{ee} = (\sigma_1^{(H)} + \sigma_2^{(H)})/2 ,$$

$$\varphi = \frac{\pi}{2},\ \vartheta = \pm\frac{\pi}{4},\ (K_\varphi \to K_{23})\ \text{mit}\ \tau = |\sigma_{e,e_\vartheta}| = |(\sigma_2^{(H)} - \sigma_3^{(H)})/2|,\ \sigma_{ee} \doteq (\sigma_1^{(H)} + \sigma_3^{(H)})/2 ,$$

$$\varphi = \pm\frac{\pi}{4},\ \vartheta = \frac{\pi}{2},\ (K_\vartheta \to K_{12})\ \text{mit}\ \tau = |\sigma_{e,e_\varphi}| = |(\sigma_1^{(H)} - \sigma_2^{(H)})/2|,\ \sigma_{ee} = (\sigma_1^{(H)} + \sigma_2^{(H)})/2 .$$

Man bezeichnet diese Schubspannungen als Hauptschubspannungen und die zugehörigen Richtungen als Hauptschubrichtungen. Sie sind, jeweils in einer Hauptnormalspannungsebene liegend, gegen die diese Hauptnormalspannungsebene bildenden Hauptnormalspannungsrichtungen um 45^0 geneigt.

4.4 Spannungsdeviator, Oktaederschubspannung

Für Probleme der Kontinuumsmechanik wird der Spannungstensor häufig in der Form

$$S = (S - \frac{S_1}{3}\,E) + \frac{S_1}{3}\,E = S' + \frac{S_1}{3}\,E = S' + \sigma_0 E, \qquad S_1 = 3\sigma_0 = E\cdot\cdot S \qquad (4.17a)$$

in einen Kugeltensoranteil $\sigma_0 E$ und den sog. "Spannungsdeviator"

$$\mathbb{S}' = \mathbb{S} - \frac{S_1}{3}\,\mathbb{E} \;\hat{=}\; \begin{bmatrix} \sigma'_{11} & \sigma'_{12} & \sigma'_{13} \\ \sigma'_{21} & \sigma'_{22} & \sigma'_{23} \\ \sigma'_{31} & \sigma'_{32} & \sigma'_{33} \end{bmatrix} \;\hat{=}\; \begin{pmatrix} \dfrac{2\sigma_{11}-\sigma_{22}-\sigma_{33}}{3} & \sigma_{12} & \sigma_{13} \\[2mm] \sigma_{21} & \dfrac{2\sigma_{22}-\sigma_{33}-\sigma_{11}}{3} & \sigma_{23} \\[2mm] \sigma_{31} & \sigma_{32} & \dfrac{2\sigma_{33}-\sigma_{11}-\sigma_{22}}{3} \end{pmatrix} \langle \mathbf{e}_j \rangle \qquad (4.17b)$$

zerlegt. Letzterer ist wegen

$$\mathbf{e}^{(H)} \cdot \mathbb{S}' = \mathbf{e}^{(H)} \cdot (\mathbb{S} - \sigma_0 \mathbb{E}) = \mathbf{e}^{(H)} (\sigma^{(H)} - \sigma_0) = \mathbf{e}^{(H)} \sigma^{(H)'} \qquad (4.18a)$$

mit
$$\sigma^{(H)'} = \sigma^{(H)} - \sigma_0 = \sigma^{(H)} - \frac{S_1}{3}$$

zum Spannungstensor koaxial[18] und hat die Eigenschaft, daß

$$\mathbb{E} \cdot\cdot\, \mathbb{S}' = S'_1 = \mathbb{E} \cdot\cdot\, \left(\mathbb{S} - \frac{S_1}{3}\,\mathbb{E}\right) = S_1 - \frac{S_1}{3}\,3 \overset{(2.62a)}{=} 0 \;, \qquad (4.18b)$$

also seine erste Invariante verschwindet. Seine zweite und dritte Invariante ergeben sich mit Beachtung von (4.18b) nach (2.61b,c) als

$$S'_2 = \frac{1}{2}\,(S'^2_1 - \mathbb{S}' \cdot\cdot\, \mathbb{S}') = -\mathbb{S}' \cdot\cdot\, \frac{\mathbb{S}'}{2} = -\mathbb{E} \cdot\cdot\, \frac{\mathbb{S}'^2}{2}, \qquad S'_3 = \mathbb{S}'^2 \cdot\cdot\, \frac{\mathbb{S}'}{3} = \mathbb{E} \cdot\cdot\, \frac{\mathbb{S}'^3}{3}\;, \quad (4.18c,d)$$

und man stellt insbesondere für dessen zweite Invariante mit der sog. Oktaederschubspannung τ_0 den Zusammenhang

$$\tau_0 = \sqrt{-2S'_2/3} = \sqrt{\mathbb{S}' \cdot\cdot\, \mathbb{S}'/3} \qquad (4.18e)$$

fest.

Der Begriff der Oktaederschubspannung wird im Zusammenhang mit der Überlegung eingeführt, daß man den in einem Punkte herrschenden Spannungszustand auch dadurch definieren kann, daß man ein (infinitesimales) oktaederförmiges Massenelement [19], dessen Ecken auf den Hauptspannungsachsen x_j^H (j=1...3) liegen, auf seinen acht dreieckigen Oberflächenelementen mit der mittleren Normalspannung $\sigma_0 = S_1/3$ und mit Schubspannungen belastet, deren Beträge mit τ_0 nach (4.18e) identisch sind (Abb. 4.5). Den Beweis führt man z. B. für das Oberflächenelement ABC.

---

[18] hat also dieselben Hauptrichtungen

[19] Mit Konvergenzpunkt P

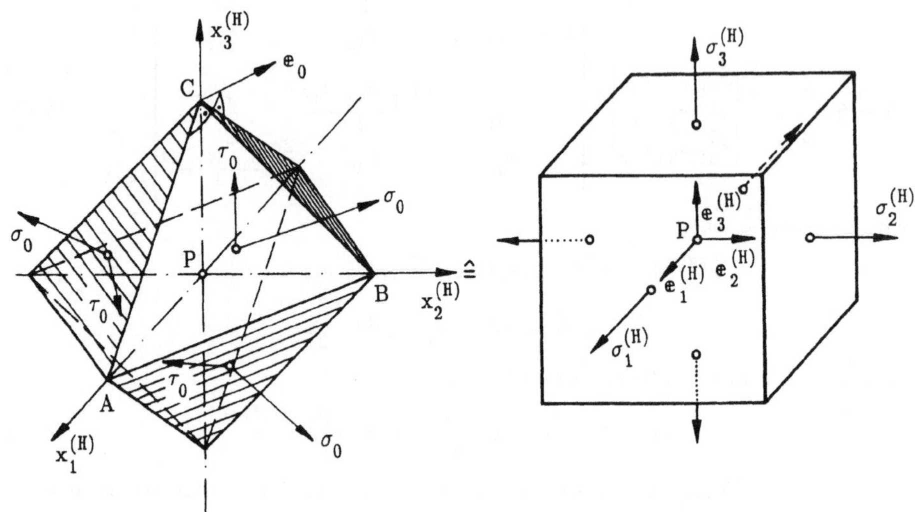

Abb. 4.5

Mit
$$\mathbb{e}_0 = \sum_{j=1}^{3} \mathbb{e}_j^{(H)} / \sqrt{3} \; \hat{=} \; \left\{1,1,1\right\}/\sqrt{3}$$

findet man zunächst für den Spannungsvektor

$$\mathbb{s}_0 = \mathbb{e}_0 \cdot \mathbb{S} \; \hat{=} \; \frac{1}{\sqrt{3}} \begin{pmatrix} 1 & 1 & 1 \\ 0 & 0 & 0 \\ 0 & 0 & 0 \end{pmatrix} \cdot \begin{pmatrix} \sigma_1 & 0 & 0 \\ 0 & \sigma_2 & 0 \\ 0 & 0 & \sigma_3 \end{pmatrix} = \sum_{j=1}^{3} \sigma_j^{(H)} \mathbb{e}_j^{(H)} / \sqrt{3} \qquad (4.19a)$$

und weiter für seine Normalkomponente auf ABC

$$\sigma_0 = \mathbb{e}_0 \cdot \mathbb{s}_0 = S_1/3 \; . \qquad (4.19b)$$

Dann ist mit
$$\mathbb{s}_0^2 = s_0^2 = \sum_{j=1}^{3} \sigma_j^{2\,(H)}/3$$

schließlich für den Betrag τ_0 der Schubspannung auf ABC

$$\tau_0 = \sqrt{s_0^2 - \sigma_0^2} = \sqrt{\frac{1}{3}\left[\sum_{j=1}^{3} \sigma_j^{(H)2}\right] - \sigma_0^2} \equiv \sqrt{\frac{1}{3}\sum_{j=1}^{3}(\sigma_j^{(H)2} - \sigma_0^2)} \equiv \sqrt{\frac{1}{3}\sum_{j=1}^{3}(\sigma_j^{(H)} - \sigma_0)(\sigma_j^{(H)} + \sigma_0)} =$$

$$= \sqrt{\frac{1}{3}\, \mathbb{S}' \cdot\cdot (\mathbb{S}+\sigma_0\mathbb{E})} \overset{20)}{=} \sqrt{\frac{1}{3}\, \mathbb{S}'\cdot\cdot\mathbb{S}} = \sqrt{\frac{1}{3}\, \mathbb{S}'\cdot\cdot(\mathbb{S}-\sigma_0\mathbb{E})} \overset{20)}{=} \sqrt{\frac{1}{3}\, \mathbb{S}'\cdot\cdot\mathbb{S}'} \;, \qquad (4.19c)$$

also in der Tat die Form (4.18e) zu folgern.

Für Probleme in der Plastizitätstheorie verwendet man für den Spannungsdeviator $\mathbb{S}'$ mit Vorteil die Zerlegung

$$\mathbb{S}' = \sqrt{\mathbb{S}'\cdot\cdot\mathbb{S}'}\left[\mathbb{S}'/\sqrt{\mathbb{S}'\cdot\cdot\mathbb{S}'}\right] = S'\,\mathbb{E}'_S \qquad (4.20a)$$

mit dem Spannungsdeviatorbetrag

$$S' = \sqrt{\mathbb{S}'\cdot\cdot\mathbb{S}'} = \sqrt{\bar{S}'_2} = \sqrt{-2S'_2} \qquad (4.20b)$$

und dem sog. Einheits–Spannungsdeviator

$$\mathbb{E}'_S = \mathbb{S}'/S'\;, \quad \mathbb{E}'_S\cdot\cdot\mathbb{E}'_S = 1 \qquad (4.20c)$$

mit den Invarianten

$$(\mathbb{E}'_S)_1 \doteq \mathbb{E}\cdot\cdot\mathbb{E}'_S = 0 \;, \; (\mathbb{E}'_S)_2 = -\frac{1}{2}\,\mathbb{E}'_S\cdot\cdot\mathbb{E}'_S = -\frac{1}{2}\;,$$

$$(\mathbb{E}'_S)_3 = I'_{3S} = \left[\mathbb{E}\cdot\cdot\mathbb{E}'^3_S\right]/3 = \frac{1}{3}\frac{\mathbb{E}\cdot\cdot\mathbb{S}'^3}{S'^3} \qquad (4.20d\text{--}f)$$

und der Cayley–Hamilton–Gleichung

$$\mathbb{E}'^{P+3}_S - \frac{1}{2}\,\mathbb{E}'^{P+1}_S - I'_{3S}\mathbb{E}'^{P}_S = 0 \;, \qquad (4.20g)$$

wobei sich die dritte Invariante I'_{3S} in der Form

$$I'^2_{3S} \leq 1/54 \qquad (4.20h)$$

einschranken läßt. Die Grenzfälle $I'^2_{3S} = 1/54$ entsprechen rotationssymmetrischen Spannungszuständen, nichttriviale Zustände für $I'_{3S} = 0$ sind ebene Deviatorzustände. Zum Nachweis von (4.20h) stellt man zunächst fest, daß sich jeder Einheitsdeviator $\mathbb{E}'_x$ neben seinen Hauptrichtungen $\mathfrak{e}_j^{(H)}$, $j = 1,...,3$, d. h. Denjenigen des zugehörigen Tensors, durch einen Skalar x in der Form

---

20) Man beachte $\mathbb{S}'\cdot\cdot\mathbb{E} = 0$ nach (4.18b).

$$\mathfrak{C}'_x \overset{\wedge}{=} \frac{1}{2} \begin{bmatrix} -x \pm \sqrt{2-3x^2} & 0 & 0 \\ 0 & 2x & 0 \\ 0 & 0 & -x \mp \sqrt{2-3x^2} \end{bmatrix} \langle \mathbf{e}_j^{(H)} \rangle \qquad (4.20i)$$

ausdrücken läßt, wobei x durch

$$x^2 \le \frac{2}{3}$$

eingeschränkt ist (Auftragung der Komponentenfunktionen s. Abb. 4.6).

Danach ist

$$I'_{3x} = \left[\mathfrak{C}'_x\right]_3 = \det \mathfrak{C}'_x = \frac{x}{2}(2x^2 - 1) \qquad (4.20k)$$

(vgl. Abb. 4.7), wovon man in der Tat (4.20h) abliest.

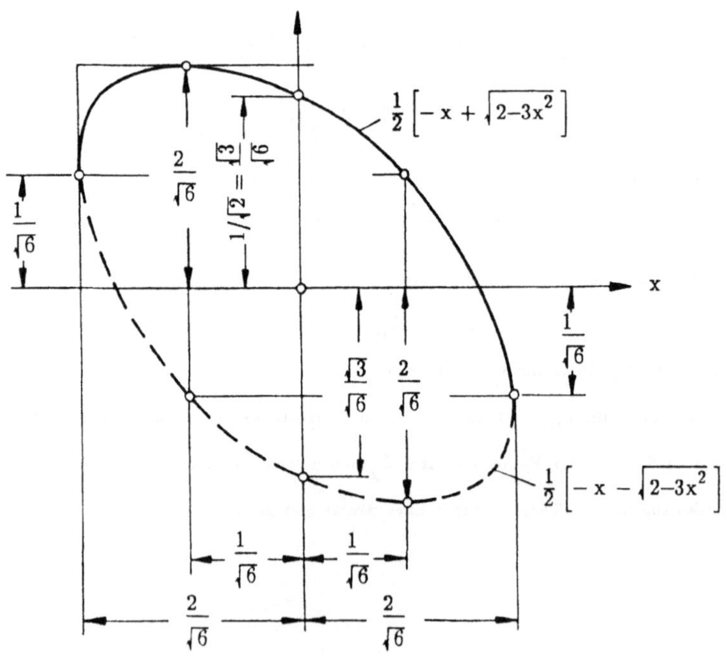

Abb. 4.6

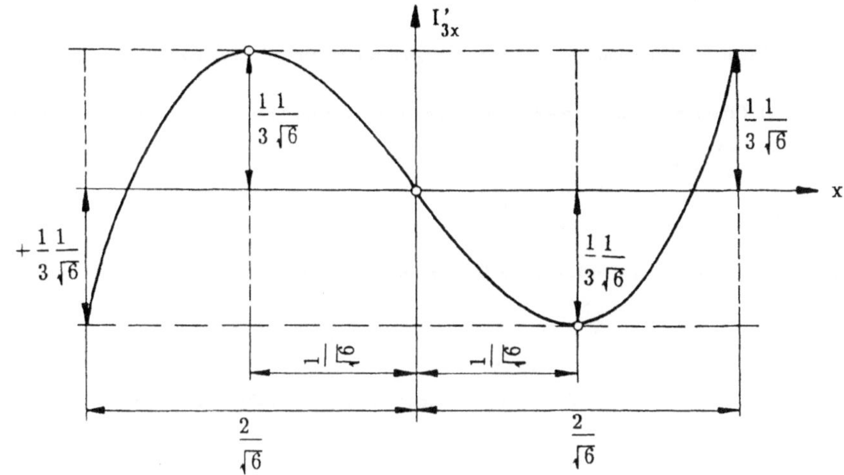

Abb. 4.7

Für die insgesamt vier rotationssymmetrischen Grenzfälle

$$\mathfrak{E}'_x(\frac{1}{\sqrt{6}}) \hat{=} \begin{cases} \dfrac{1}{\sqrt{6}} \begin{bmatrix} 1 & 0 & 0 \\ 0 & 1 & 0 \\ 0 & 0 & -2 \end{bmatrix} \\ \dfrac{1}{\sqrt{6}} \begin{bmatrix} -2 & 0 & 0 \\ 0 & 1 & 0 \\ 0 & 0 & 1 \end{bmatrix} \text{ mit } I'_{3x} = -\dfrac{1}{\sqrt{54}} \end{cases}$$

$$\mathfrak{E}'_x(-\frac{1}{\sqrt{6}}) \hat{=} \begin{cases} -\dfrac{1}{\sqrt{6}} \begin{bmatrix} -2 & 0 & 0 \\ 0 & 1 & 0 \\ 0 & 0 & 1 \end{bmatrix} \\ -\dfrac{1}{\sqrt{6}} \begin{bmatrix} 1 & 0 & 0 \\ 0 & 1 & 0 \\ 0 & 0 & -2 \end{bmatrix} \text{ mit } I'_{3x} = \dfrac{1}{\sqrt{54}} \end{cases}$$

$$\mathfrak{E}'_x(\frac{2}{\sqrt{6}}) = -\mathfrak{E}'_x(-\frac{2}{\sqrt{6}}) - \frac{1}{\sqrt{6}} \begin{bmatrix} 1 & 0 & 0 \\ 0 & -2 & 0 \\ 0 & 0 & 1 \end{bmatrix} \quad \text{mit } I'_{3S} = 1/\sqrt{54} \text{ bzw. } I'_{3S} = -1/\sqrt{54}$$

sind die Tensoren $\left[\mathfrak{E}'^2_x - \frac{1}{3}\mathbb{E}\right]$ und $\mathfrak{E}'_x$ proportional,

$$\mathfrak{E}'^2_x - \frac{1}{3}\mathbb{E} = \left[\mathfrak{E}'^2_x\right]' = -\frac{1}{\sqrt{6}}\mathfrak{E}'_x \qquad \text{für } x = \frac{1}{\sqrt{6}}, \qquad I'_{3x} = -1/\sqrt{54},$$

$$\mathfrak{E}'^2_x - \frac{1}{3}\mathbb{E} = \left[\mathfrak{E}'^2_x\right]' = \frac{1}{\sqrt{6}}\mathfrak{E}'_x \qquad \text{für } x = -\frac{1}{\sqrt{6}}, \qquad I'_{3x} = 1/\sqrt{54},$$

$$\mathfrak{E}'^2_x - \frac{1}{3}\mathbb{E} = \left[\mathfrak{E}'^2_x\right]' = \frac{1}{\sqrt{6}}\mathfrak{E}'_x \qquad \text{für } x = \frac{2}{\sqrt{6}}, \qquad I'_{3x} = 1/\sqrt{54},$$

$$\mathfrak{E}'^2_x - \frac{1}{3}\mathbb{E} = \left[\mathfrak{E}'^2_x\right]' = -\frac{1}{\sqrt{6}}\mathfrak{E}'_x \qquad \text{für } x = -\frac{2}{\sqrt{6}}, \qquad I'_{3x} = -1/\sqrt{54},$$

was man einheitlich zu

$$\mathfrak{E}'^2_x - \frac{1}{3}\mathbb{E} = \left[\mathfrak{E}'^2_x\right]' = 3I'_{3x}\,\mathfrak{E}'_x \equiv \mathfrak{E}'_x/(18I'_{3x}) \text{ für } I'_{3x} = \pm 1/\sqrt{54} \tag{4.201}$$

zusammenfassen kann. Die Zerlegung (4.17a) ist aufzufassen als Spezialfall eines insbesondere für höherstufige (n–stufige) Tensoren $\overset{\langle n \rangle}{A}$ auf Frobenius zurückgehenden allgemeinen Verfahrens der "Deviatorzerlegungen", wonach $\overset{\langle n \rangle}{A}$ im Sinne von

$$\overset{\langle n \rangle}{A} = \overset{\langle n \rangle}{A}_{[1]} + \overset{\langle n \rangle}{A}_{[2]} + \dots$$

in "Deviatoren" derart zerlegt werden kann, daß Letztere im Sinne von

$$\overset{\langle n \rangle}{A}_{[j]} \underbrace{\cdots\cdots}_{n-fach} \overset{\langle n \rangle}{A}_{[k]} = 0 \quad \text{für } j \neq k$$

im Hinblick auf $n - fach -$ Skalarproduktbildungen zueinander orthogonal sind (vgl. §E8). Für die Klasse der zweistufigen Tensoren (A) ist das Deviatorproblem mit der Zerlegung

$$A = A_s + A_a = \tfrac{1}{2}(A + A^T) + \tfrac{1}{2}(A - A^T) = \tfrac{1}{2}(A + A^T)' + \tfrac{1}{3}(E \cdot\cdot A)E + \tfrac{1}{2}(A - A^T)$$
$$= A_{[1]} + A_{[2]} + A_{[3]}$$

gelöst, weil Doppelskalarprodukte von symmetrischen mit antimetrischen Tensoren wie auch Doppeltskalarprodukte zwischen Kugeltensoren und nach (4.17b) definierten "Deviatoren" verschwinden. Die Erzeugung der einer Tensorklasse ($\overset{\langle n \rangle}{A}$) zukommenden Deviatoren $\overset{\langle n \rangle}{A}_{[j]}$ wird unter Benutzung der jeweiligen (2n – stufigen) Menge sog. "irreduzibler" bzw. "idempotenter" Elemente vorgenommen, die in der jeweiligen isotropen Gruppe 2nter Stufe enthalten ist (vgl. §E8). Im Falle der Deviatorzerlegungen zweistufiger Tensoren ist die (vierstufige) Menge der irreduziblen Elemente mit der vollständigen isotropen Gruppe vierter Stufe identisch (vgl. §E4).

In Analogie zum Begriff der "Matrizenfunktion" [5] bezeichnet man als

4.5 Tensorfunktionen p = p(S)

Strukturen von der Form
$$p(S) = \sum_{j=1}^{3} p(\sigma_j^{(H)}) e_j^{(H)} \circ e_j^{(H)} \,, \qquad (4.21a)$$

bei denen also

a)   die Hauptachsenrichtungen mit Denjenigen des "erzeugenden Tensors" (S) übereinstimmen ("Koaxialität") und

b)   die Hauptwerte $\qquad (p(\mathbb{S}))_j^{(H)} = p(\sigma_j^{(H)}), \quad j = 1...3 \qquad$ (4.21b)

durch eine skalarwertige Funktion $p(\sigma_j^{(H)})$ der jeweiligen Hauptwerte $\sigma_j^{(H)}$ des erzeugenden Tensors festgelegt werden.

Solcherart Tensorfunktionen sind spezielle Varianten isotroper zweistufig – tensorwertiger Funktionen $\mathbb{T}(\mathbb{A})$ tensorwertiger Variabler $(\mathbb{A})$, die mit beliebigen orthogonalen Tensoren $\mathbb{Q}$ durch die Funktional-gleichung

$$\mathbb{Q}^T \cdot \mathbb{T}(\mathbb{A}) \cdot \mathbb{Q} = \mathbb{T}(\mathbb{Q}^T \cdot \mathbb{A} \cdot \mathbb{Q}) \qquad (4.22a)$$

beschrieben und im Falle symmetrischer Größen $(\mathbb{T},\mathbb{A})$ mit drei skalarwertigen Funktionen g_j $(j{=}0...2)$ der Tensor – Invarianten A_j $(j{=}1...3)$ durch den "Darstellungssatz" von Reiner

$$\mathbb{T}(\mathbb{A}) = \sum_{j=0}^{2} g_j(A_1,A_2,A_3)\, \mathbb{A}^j \qquad (4.22b)$$

strukturiert werden [21] (vgl. § E3.4).

---

[21] Daß Tensorfunktionen nach (4.21) im Sinne von (4.22a) isotrop sind, ist übrigens leicht einzusehen: Weil eine aus $\mathbb{S}$ nach der Prozedur

$$\mathbb{S}^* \left[\equiv \sum_{j=1}^{3} \sigma_j^{(H)*} \mathbb{e}_j^{(H)*} \circ \mathbb{e}_j^{(H)*} \right] = \mathbb{Q}^T \cdot \mathbb{S} \cdot \mathbb{Q} = \mathbb{Q}^T \cdot \sum_{j=1}^{3} \sigma_j^{(H)} \mathbb{e}_j^{(H)} \circ \mathbb{e}_j^{(H)} \cdot \mathbb{Q} =$$

$$= \sum_{j=1}^{3} \sigma_j^{(H)} (\mathbb{e}_j^{(H)} \cdot \mathbb{Q}) \circ (\mathbb{e}_j^{(H)} \cdot \mathbb{Q})$$

erzeugte Größe dieselben Hauptwerte wie der ursprüngliche Tensor besitzt,

$$\sigma_j^{(H)*} = \sigma_j^{(H)}, \qquad j = 1...3,$$

sich also von $\mathbb{S}$ nur durch ein anderes Hauptrichtungs – Arrangement

$$\mathbb{e}_j^{(H)*} = \mathbb{e}_j^{(H)} \cdot \mathbb{Q}, \qquad j = 1...3,$$

von $\mathbb{S}^*$ unterscheidet, sind

$$[p(\mathbb{S}^*)]_j^{(H)} = [p(\mathbb{Q}^T \cdot \mathbb{S} \cdot \mathbb{Q})]_j^{(H)} = p(\sigma_j^{(H)*}) \equiv p(\sigma_j^{(H)}), \qquad j = 1...3,$$

womit dann in der Tat schließlich die Gültigkeit von

$$p(\mathbb{S}^*) = p(\mathbb{Q}^T \cdot \mathbb{S} \cdot \mathbb{Q}) = \sum_{j=1}^{3} p(\sigma_j^{(H)}) \mathbb{e}_j^{(H)*} \circ \mathbb{e}_j^{(H)*} \equiv \mathbb{Q}^T \cdot p(\mathbb{S}) \cdot \mathbb{Q} \qquad (4.22c)$$

(vgl. (4.22a)) hervorgebracht wird.

Für Tensorfunktionen ist - neben (4.21a) - auch die Darstellung in Form eines sog. "Ersatzpolynoms" gebräuchlich, womit p($\mathbb{S}$) ohne Kenntnis der Hauptrichtungen [22] des erzeugenden Tensors ($\mathbb{S}$) angegeben werden kann.

Die Struktur des "Ersatzpolynoms" bekommt man durch Gleichsetzen von (4.21a) mit der (generell möglichen) Reinerschen Darstellung von p($\mathbb{S}$), nämlich mit

$$p(\mathbb{S}) = \sum_{k=0}^{2} g_{kp}(S_1,S_2,S_3)\mathbb{S}^k =^{[23]} \sum_{j=1}^{3} (g_{0p}+g_{1p}\sigma_j^{(H)}+g_{2p}\sigma_j^{(H)2})\mathbb{e}_j^{(H)}\circ\mathbb{e}_j^{(H)} \qquad (4.23a)$$

und Komponentenvergleich. Man berechnet aus

$$g_{0p}+ g_{1p}\sigma_j^{(H)} + g_{2p}\sigma_j^{(H)2} = p(\sigma_j^{(H)}) , \qquad j = 1\ldots3,$$

die Größen g_{kp} (k = 0...2) und bekommt schließlich nach Einsetzen in (4.22b)

$$p(\mathbb{S}) = p(\sigma_1^{(H)}) \frac{(\mathbb{S} - \sigma_2^{(H)}\mathbb{E})\cdot(\mathbb{S} - \sigma_3^{(H)}\mathbb{E})}{(\sigma_1^{(H)} - \sigma_2^{(H)})(\sigma_1^{(H)} - \sigma_3^{(H)})} + p(\sigma_2^{(H)}) \frac{(\mathbb{S} - \sigma_3^{(H)}\mathbb{E})\cdot(\mathbb{S} - \sigma_1^{(H)}\mathbb{E})}{(\sigma_2^{(H)} - \sigma_3^{(H)})(\sigma_2^{(H)} - \sigma_1^{(H)})} +$$

$$+ p(\sigma_3^{(H)}) \frac{(\mathbb{S} - \sigma_1^{(H)}\mathbb{E})\cdot(\mathbb{S} - \sigma_2^{(H)}\mathbb{E})}{(\sigma_3^{(H)} - \sigma_1^{(H)})(\sigma_3^{(H)} - \sigma_2^{(H)})} \qquad (4.23b)$$

und insbesondere für Spezialfälle gleicher Hauptwerte die vereinfachten Beziehungen

a) für $\sigma_1^{(H)} = \sigma_2^{(H)} = \sigma$

$$p(\mathbb{S}) = p(\sigma) \frac{\mathbb{S}-\sigma_3^{(H)}\mathbb{E}}{\sigma-\sigma_3^{(H)}} + p(\sigma_3^{(H)}) \frac{\mathbb{S}-\sigma\,\mathbb{E}}{\sigma_3^{(H)}-\sigma} , \qquad (4.23c)$$

b) für $\sigma_1^{(H)} = \sigma_2^{(H)} = \sigma_3^{(H)} = \sigma$

$$p(\mathbb{S}) = p(\sigma)\mathbb{E} , \qquad (4.23d)$$

---

[22] also allein mit Kenntnis der Hauptwerte.

[23] Man beachte $\qquad \mathbb{S}^k = \underbrace{\mathbb{S}\cdot\mathbb{S}\cdot\ldots\cdot\mathbb{S}}_{k\text{-mal}} = \sum_{j=1}^{3} \sigma_j^{(H)k}\mathbb{e}_j^{(H)}\circ\mathbb{e}_j^{(H)}$

wie man mittels entsprechender Grenzübergänge an (4.23b) nachweisen kann [24].

Wie schon in (4.21a) praktiziert, wählt man als Funktionsbezeichnung für Tensorfunktionen Diejenige, die die entsprechende Operation an den skalaren Hauptwerten $\sigma_j^{(H)}$, (j = 1...3) definiert, etwa

$$\sin \mathbb{S} = \sum_{j=1}^{3} \sin \sigma_j^{(H)} \, \mathbb{e}_{\sigma_j}^{(H)} \circ \mathbb{e}_{\sigma_j}^{(H)} \, , \qquad \sqrt{\mathbb{F} \cdot \mathbb{F}^T} = \sum_{j=1}^{3} \sqrt{(\mathbb{F} \cdot \mathbb{F}^T)_j^{(H)}} \, \mathbb{e}_{d_j}^{(H)} \circ \mathbb{e}_{d_j}^{(H)} \, , \qquad (4.24a,b)$$

im letzteren Falle mit den Hauptwerten bzw. Hauptrichtungen $(\mathbb{F} \cdot \mathbb{F}^T)_j^{(H)} = \mathbb{e}_{dj}^{(H)} \cdot \mathbb{F} \cdot \mathbb{F}^T \cdot \mathbb{e}_{dj}^{(H)}$ bzw. $\mathbb{e}_{dj}^{(H)}$ (j=1,2,3) des symmetrischen Tensors $\mathbb{F} \cdot \mathbb{F}^T$ usw. Tensorfunktionen lassen sich vielfach auch als

4.6 Tensor - Potenzreihen

$$\bar{p}(\mathbb{S}) = \sum_{k=0}^{\infty} c_k \mathbb{S}^k \, , \qquad \mathbb{S}^k = \underbrace{\mathbb{S} \cdot \mathbb{S} \cdot \mathbb{S} \cdot \ldots \cdot \mathbb{S}}_{k-\text{mal}} \qquad (4.25a,b)$$

mit skalaren Koeffizienten c_k darstellen. Daß sie koaxial zum erzeugenden Tensor sind und orthogonaltransformationsinvariante Hauptwerte haben, erkennt man hier sehr einfach, teilweise sogar ohne Rückgriff auf die Hauptachsendarstellung des erzeugenden Tensors.

Wegen

$$\mathbb{e}_j^{(H)} \cdot \mathbb{S} = \sigma_j^{(H)} \mathbb{e}_j^{(H)} \, , \qquad \mathbb{e}_j^{(H)} \cdot \mathbb{S}^2 = \mathbb{e}_j^{(H)} \cdot \mathbb{S} \cdot \mathbb{S} = \sigma_j^{(H)} \mathbb{e}_j^{(H)} \cdot \mathbb{S} = \sigma_j^{(H)2} \mathbb{e}_j^{(H)} \qquad \text{usw.}$$

bekommt man nach Multiplikation von (4.25a) mit einer Hauptrichtung von $\mathbb{S}$

$$\mathbb{e}_j^{(H)} \cdot \bar{p}(\mathbb{S}) = \left[\sum_{k=1}^{\infty} c_k \sigma_j^{(H)k} \right] \mathbb{e}_j^{(H)} \, ,$$

---

[24] Man setzt z. B. in (4.23b) $p(\sigma_1^{(H)}) = p(\sigma_2^{(H)}) = p(\sigma)$ sowie $\sigma_1^{(H)} - \sigma_3^{(H)} = \sigma - \sigma_3^{(H)}$ und $\sigma_2^{(H)} - \sigma_3^{(H)} = \sigma - \sigma_3^{(H)}$ und bekommt von den beiden ersten Gliedern von (4.23b)

$$p(\sigma) \frac{\mathbb{S} - \sigma_3^{(H)} \mathbb{E}}{\sigma - \sigma_3^{(H)}} \cdot \left[\frac{\mathbb{S} - \sigma_2^{(H)} \mathbb{E}}{\sigma_1^{(H)} - \sigma_2^{(H)}} + \frac{\mathbb{S} - \sigma_1^{(H)} \mathbb{E}}{\sigma_2^{(H)} - \sigma_1^{(H)}} \right] = p(\sigma) \frac{\mathbb{S} - \sigma_3^{(H)} \mathbb{E}}{\sigma - \sigma_3^{(H)}} \cdot \mathbb{E} = p(\sigma) \frac{\mathbb{S} - \sigma_3^{(H)} \mathbb{E}}{\sigma - \sigma_3^{(H)}}$$

(vgl. (4.23c)). Den zweiten Term von (4.23c) verifiziert man aus dem letzten Term von (4.23b) am einfachsten mittels Komponenten–Rechnung im Hauptachsenbasis–System.

wonach die Eigenrichtungen des erzeugenden Tensors mit den Eigenrichtungen des Polynomtensors $\bar{p}(\$)$ identisch sind. Was die $\mathbb{Q}$ – Invarianz der Hauptwerte von $\bar{p}(\$)$ betrifft, stellt man mit Beachtung von (3.15a) zunächst

$$(\$^{*})^{k} = (\mathbb{Q}^{T}\cdot\$\cdot\mathbb{Q})^{k} = \underbrace{\overbrace{(\mathbb{Q}^{T}\cdot\$\cdot\mathbb{Q})}^{\mathbb{E}}\cdot(\mathbb{Q}^{T}\cdot\$\cdot\mathbb{Q})\cdot\cdots\cdot(\mathbb{Q}^{T}\cdot\$\cdot\mathbb{Q})}_{k\ -\ \mathrm{mal}} = \mathbb{Q}^{T}\cdot\$^{k}\cdot\mathbb{Q}$$

fest, da sich die "inneren Orthogonalanteile" jeweils gegenseitig aufheben, womit dann weiter

$$\bar{p}(\mathbb{Q}^{T}\cdot\$\cdot\mathbb{Q}) = \sum_{k=0}^{\infty}c_{k}(\mathbb{Q}^{T}\cdot\$\cdot\mathbb{Q})^{k} = \mathbb{Q}^{T}\cdot\left[\sum_{k=0}^{\infty}c_{k}\$^{k}\right]\cdot\mathbb{Q} = \mathbb{Q}^{T}\cdot\bar{p}(\$)\cdot\mathbb{Q},$$

also für den Polynom–Tensor in der Tat die Gültigkeit der, $\mathbb{Q}$–Invarianz der Hauptwerte $p_{j}^{(H)}$ sicherstellenden, Funktionalgleichung (4.22a) identifiziert wird.

Sofern gewöhnliche Funktionen durch Potenzreihen darstellbar sind, gilt dies auch im Hinblick auf die Darstellung von Tensorfunktionen mittels Tensor–Potenzreihen. So sind etwa

$$\sin\$\ \left[=\sum_{j=1}^{3}\sin\sigma_{j}^{(H)}\mathbf{e}_{j}^{(H)}\circ\mathbf{e}_{j}^{(H)}=\sum_{j=1}^{3}\left[\sum_{k=0}^{\infty}\frac{(-1)^{k}}{(2k+1)!}\sigma_{j}^{(H)k}\right]\mathbf{e}_{j}^{(H)}\circ\mathbf{e}_{j}^{(H)}\right]=\sum_{k=0}^{\infty}\frac{(-1)^{k}}{(2k+1)!}\$^{k}, \quad (4.26a)$$

$$(\mathbb{E}-\$)^{-1}\left[=\sum_{j=1}^{3}\frac{1}{1-\sigma_{j}^{(H)}}\mathbf{e}_{j}^{(H)}\circ\mathbf{e}_{j}^{(H)}=\sum_{j=1}^{3}\left[\sum_{k=0}^{\infty}\sigma_{j}^{(H)k}\right]\mathbf{e}_{j}^{(H)}\circ\mathbf{e}_{j}^{(H)}\right]=\sum_{k=0}^{\infty}\$^{k}, \qquad (4.26b)$$
$$\left|\max\sigma_{j}^{(H)}\right|<1,$$

$$\ln(\mathbb{E}+\$)\left[=\sum_{j=1}^{3}\ln(1+\sigma_{j}^{(H)})\mathbf{e}_{j}^{(H)}\circ\mathbf{e}_{j}^{(H)}=\sum_{j=1}^{3}\left[\sum_{k=0}^{\infty}\frac{(-1)^{k}}{k+1}\sigma_{j}^{(H)k+1}\right]\mathbf{e}_{j}^{(H)}\circ\mathbf{e}_{j}^{(H)}\right]=\sum_{k=0}^{\infty}\frac{(-1)^{k}}{k+1}\$^{k+1},$$
$$\left|\max\sigma_{j}^{(H)}\right|<1, \qquad (4.26c)$$

wobei die beiden letztgenannten Reihenentwicklungen allerdings nur für $\left|\max\sigma_{j}^{(H)}\right|<1$ konvergieren [25]. Reihenentwicklungen von Tensorfunktionen sind also, wie im gewöhnlichen skalaren Falle, nur brauchbar für innerhalb des Konvergenzradius liegende Hauptwerte – Argumente.

Die "Summationsmöglichkeit" einer Tensor–Potenzreihe zu einer Reinerschen Struktur der Form (4.21b)

---

[25] Generell konvergieren solcherart Reihenentwicklungen, wenn die entsprechenden gewöhnlichen Reihenentwicklungen für die Hauptwerte konvergieren.

ist trivial: Mit Hilfe der Cayley–Hamiltonschen Gleichung (2.33) können sämtliche Tensorpotenzen $\$^k$ für $k>2$ auf $\mathbb{E}$, $\$$ und $\$^2$ reduziert werden.

4.7 Ableitungen zweistufig-tensorwertiger Funktionen eines skalaren Parameters

(etwa der Zeit t), die man für eine gemäß

$$\mathbb{F}(t) = \sum_{j,k=1}^{3} f_{jk}(t)\mathbb{e}_j \circ \mathbb{e}_k \,, \qquad \mathbb{e}_l = \text{const. } l = 1...3 \tag{4.27a}$$

auf eine raumfeste Basis $\langle \mathbb{e}_j \rangle$ bezogenen Komponentendarstellung nach der Prozedur

$$\dot{\mathbb{F}}(t) = \frac{d\mathbb{F}}{dt} = \sum_{j,k=1}^{3} \dot{f}_{jk}(t)\mathbb{e}_j \circ \mathbb{e}_k \tag{4.27b}$$

zu vollziehen hat, können für symmetrische Tensoren $\$ = \$^T$ unter Benutzung derer ("natürlicher") Hauptachsendarstellungen

$$\$(t) = \sum_{j=1}^{3} \sigma_j^{(H)}(t)\mathbb{e}_j^{(H)}(t) \circ \mathbb{e}_j^{(H)}(t) \tag{4.28a}$$

prägnanter strukturiert werden. Die unter Benutzung der Winkelgeschwindigkeit ω_S des Hauptachsendreibeins $\langle \mathbb{e}_j^{(H)} \rangle$ wegen

$$\dot{\mathbb{e}}_j^{(H)} = \omega_S \times \mathbb{e}_j^{(H)} \tag{4.28b}$$

aus (4.28a) erhältliche Darstellung

$$\dot{\$} = \frac{d\$}{dt} + \omega_S \times \$ - \$ \times \omega_S, \qquad \frac{d\$}{dt} = \sum_{j,k=1}^{3} \dot{\sigma}_j^{H}\mathbb{e}_j^{(H)}(t) \circ \mathbb{e}_j^{(H)}(t) \,, \tag{4.28c,d}$$

ist als eine zweistufige Verallgemeinerung der entsprechenden Vorschrift

$$\dot{w} = \frac{dw}{dt} + \omega_v \times w \,, \qquad \frac{dw}{dt} = \dot{v}(t)\mathbb{e}_v(t) \tag{4.29a}$$

anzusehen, nach der die (Zeit-)Ableitung eines in der Form

$$w(t) = v(t)\,\mathbb{e}_v(t), \qquad v = \sqrt{w \cdot w} \,, \tag{4.29b}$$

"natürlich" dargestellten Vektors $w(t)$ unter Benutzung von $\dot{e}_v = \omega_v \times e_v$ gebildet wird [26].

Während man ω_v in (4.29a) wegen

$$\omega_v \cdot \left[\mathbb{E} - \frac{w \circ w}{w \cdot w} \right] = \frac{w \times \dot{w}}{w \cdot w} \qquad (4.29c)$$

– man multipliziere (4.29a) vektorisch mit w – nur bis auf die Drehung um die "Vektor–Achse" e_v festlegen kann, ist die in (4.28b,c) aufscheinende Winkelgeschwindigkeit ω_S des Hauptachsendreibeins von $\mathbb{S}(t)$ vollständig zu bestimmen. Man bekommt z.B. die Version

$$\omega = \frac{1}{3} \left[(\dot{\mathbb{S}}' \cdot \mathbb{S}') \cdot\cdot\ \mathbb{E} \times \mathbb{E} \right] \cdot (\mathbb{S}'^2 - \frac{2}{3} \bar{S}'_2 \mathbb{E})^{-1} \equiv$$

$$\equiv -\frac{1}{2} \frac{1}{1 - 54 I'^2_{3S}} \left[(\dot{\mathbb{S}}' \cdot \mathbb{S}') \cdot\cdot\ \mathbb{E} \times \mathbb{E} \right] \cdot (\mathbb{E} + 36 I'_{3S} \mathfrak{E}'_S + 6 \mathfrak{E}'^2_S)/ \bar{S}'_2 , \qquad (4.28e)$$

worin

$$\mathbb{S}' = \mathbb{S} - \frac{S_1}{3} \mathbb{E}, \qquad \bar{S}'_2 = \mathbb{S}' \cdot\cdot\ \mathbb{S}', \qquad \mathfrak{E}'_S = \mathbb{S}'/ \sqrt{\bar{S}'_2} , \qquad I'_{3S} = \frac{1}{3} \frac{\mathbb{E} \cdot\cdot\ \mathbb{S}'^3}{\sqrt{\bar{S}'_2}^3}$$

bedeuten [27]. Zur Herleitung von (4.28e) muß allerdings vorgreifend auf (6.31) hingewiesen werden. Zunächst spaltet man von (4.28c) den Kugeltensor–Anteil $S_1 \mathbb{E}/3$ ab, dessen Zeitableitung mit seiner Größenableitung identisch ist, behält also anstelle von (4.28c)

$$\dot{\mathbb{S}}' = \frac{d\mathbb{S}'}{dt} + \omega_S \times \mathbb{S}' - \mathbb{S}' \times \omega_S \qquad (4.28f)$$

mit derselben Winkelgeschwindigkeit wie in (4.28c), multipliziert skalar mit $\mathbb{S}'$ und bildet von dieser Struktur den schiefsymmetrischen Anteil, den man nach §6.4.1 durch Doppektskalarmultiplikation mit $\mathbb{E} \times \mathbb{E}$ hervorbringt. Da $d\mathbb{S}'/dt$ und $\mathbb{S}'$ koaxial sind, also auch $(d\mathbb{S}'/dt) \cdot \mathbb{S}'$ ein symmetrischer Tensor ist, dessen Doppeltskalarprodukt mit $\mathbb{E} \times \mathbb{E}$ verschwindet (vgl. (6.30b)), ist demgemäß (4.28f) vorerst in

$$(\dot{\mathbb{S}}' \cdot \mathbb{S}') \cdot\cdot\ \mathbb{E} \times \mathbb{E} = (\omega_S \times \mathbb{S}'^2) \cdot\cdot\ \mathbb{E} \times \mathbb{E} - \left[(\mathbb{S}' \times \omega_S) \cdot \mathbb{S}' \right] \cdot\cdot\ \mathbb{E} \times \mathbb{E}$$

---

[26] Vergleicht man (4.28c) mit (3.31a) (wo man jetzt speziell als "körperfeste Basisrichtungen" die Hauptrichtungen von Θ zu wählen hätte!), so erkennt man bei (4.28c) eine Verallgemeinerung in Form der sog. "Komponenten"- bzw. "Größen"- Ableitung" $d\mathbb{S}/dt$, die in analoger Form in (3.31a) nicht auftreten konnte, weil die auf "körperfeste Koordinaten" bezogenen Komponenten des Trägheitsmomententensors eines starren Körpers zeitlich konstant sind.

[27] Im Falle $54 I^2_{3S} = 1$ liegen rotationssymmetrische Spannungszustände mit nicht eindeutig festgelegten Hauptrichtungen vor, weshalb auch deren Winkelgeschwindigkeit nicht definierbar ist.

umzuformen. Darin wird zunächst

$$\left[(\mathbb{S}' \times \omega_S) \cdot \mathbb{S}'\right] \cdot\cdot \mathbb{E}\times\mathbb{E} \equiv \left[\mathbb{S}' \cdot (\omega_S \times \mathbb{S}')\right] \cdot\cdot \mathbb{E}\times\mathbb{E} =$$

$$= -\left[(\omega_S \times \mathbb{S}') \cdot\cdot \mathbb{E}\times\mathbb{E}\right] \cdot \mathbb{S}' - (\omega_S \times \mathbb{S}'^2) \cdot\cdot \mathbb{E}\times\mathbb{E}$$

nach (6.31a) mit $\mathbb{A} = \mathbb{S}'$, $\mathbb{B} = \omega_S \times \mathbb{S}'$ unter Beachtung von $\mathbb{S}' = \mathbb{S}'^T$, $\mathbb{E}\cdot\cdot\mathbb{S}' = 0$ gesetzt und

demgemäß

$$(\dot{\mathbb{S}}' \cdot \mathbb{S}') \cdot\cdot \mathbb{E} \times \mathbb{E} = 2\,(\omega_S \times \mathbb{S}'^2) \cdot\cdot \mathbb{E}\times\mathbb{E} + \left[(\omega_S \times \mathbb{S}') \cdot\cdot \mathbb{E}\times\mathbb{E}\right] \cdot \mathbb{S}'$$

und so schließlich wegen

$$(\omega \times \mathbb{S}') \cdot\cdot \mathbb{E}\times\mathbb{E} \overset{(6.31b)}{=} \omega \cdot \mathbb{S}',$$

$$(\omega \times \mathbb{S}'^2) \cdot\cdot \mathbb{E}\times\mathbb{E} \overset{(6.31b)}{=} \omega \cdot \left[\mathbb{S}'^2 - (\mathbb{E}\cdot\cdot\mathbb{S}'^2)\,\mathbb{E}\right] = \omega \cdot (\mathbb{S}'^2 - \bar{S}'_2\mathbb{E})$$

in der Tat

$$(\dot{\mathbb{S}}' \cdot \mathbb{S}') \cdot\cdot \mathbb{E} \times \mathbb{E} = 3\,\omega \cdot (\mathbb{S}'^2 - \frac{2}{3}\bar{S}'_2\,\mathbb{E})$$

(vgl. (4.28e) aufgefunden.

Strukturen von der Form (4.28c) fallen übrigens grundsätzlich an bei Darstellung von Tensoren

$$\mathbb{F}(t) = \overset{\langle K \rangle}{\mathbb{F}}(t) \equiv \sum_{i,j=1}^{3} \overset{\langle K\rangle}{f}_{ij}(t)\ \overset{\langle K\rangle}{e}_i(t) \circ \overset{\langle K\rangle}{e}_j(t) \tag{4.30a}$$

hinsichtlich einer zeitabhängigen ("körperfesten") Basis $\langle \overset{\langle K\rangle}{e}_j(t)\rangle$. Man bekommt mit deren in einem raumfesten System registrierten Winkelgeschwindigkeit $\overset{\langle K\rangle}{\omega}$ wegen

$$\overset{\langle K\rangle}{\dot{e}}_j(t) = \overset{\langle K\rangle}{\omega}(t) \times \overset{\langle K\rangle}{e}_j(t) \tag{4.30b}$$

schließlich in Verallgemeinerung von (3.31a)

$$\dot{\mathbb{F}} = \frac{d\overset{\langle K\rangle}{\mathbb{F}}}{dt} + \omega \times \overset{\langle K\rangle}{\mathbb{F}} - \overset{\langle K\rangle}{\mathbb{F}} \times \omega\,, \qquad \frac{d\overset{\langle K\rangle}{\mathbb{F}}}{dt} = \sum_{i,j=}^{3} \frac{d\overset{\langle K\rangle}{f}_{ij}}{dt}\ \overset{\langle K\rangle}{e}_i(t) \circ \overset{\langle K\rangle}{e}_j(t)\,, \tag{4.30c,d}$$

worin $d\overset{\langle K\rangle}{\mathbb{F}}/dt$ nunmehr die Bedeutung der im (körperfesten Basis −) "Rahmen" $\langle K\rangle$ registrierten (vom "raumfesten Standpunkt aus) "relativen $\mathbb{F}$–Geschwindigkeit" hat[28]. In der Stoffgleichungsanalyse einfacher Stoffe werden mit (4.30c,d) zusammenhängende Formalien bedeutsam bei der Konstruktion sog. "verdrehungsgliederfreier Materialgleichungen", sofern in Letzteren Spannungsgeschwindigkeiten auftreten. Diese müssen dann "relative Spannungsgeschwindigkeiten" sein, d. h. solche, die von einem (bewegten und damit auch gedrehten) Massenelement als Änderungsgrößen "empfunden" werden. Wählt man $\overset{\langle K \rangle}{\omega}$ als die Winkelgeschwindigkeit des momentanen Hauptverzerrungsgeschwindigkeitsachsen – Dreibeins[29] und $\mathbb{F}$ als Eulerschen Spannungstensor $\bar{\bar{\mathbb{S}}}$ so entsteht die sog. Jaumannsche Spannungsgeschwindigkeit

$$\dot{\mathbb{S}}^{(J)} = \frac{\overset{\langle K \rangle}{d\bar{\bar{\mathbb{S}}}}}{dt} = \dot{\bar{\bar{\mathbb{S}}}} + \bar{\bar{\mathbb{S}}} \times \omega - \omega \times \bar{\bar{\mathbb{S}}} , \qquad \omega = \bar{\mathbb{V}} \times \mathsf{w}/2 \qquad (4.31)$$

als in verdrehungsgliederfreien Stoffgleichungen verwendbare Spannungsgeschwindigkeitsgröße .

Skalare Parameter können auch Längen (etwa eine Bogenlänge s) sein, wobei dann die Größe ω_S in (4.28c) die Bedeutung des Hauptachsendreibein–Drehwinkels bei Fortschritt um die Längeneinheit $\Delta s = 1$ hat.

Zeitableitungen von Tensorfunktionen $p(\mathbb{D}(t))$ sind analog (4.28c,d) als

$$\dot{p}(\mathbb{D}) = \frac{dp}{dt} + \omega_D \times p - p \times \omega_D , \qquad \frac{dp}{dt} = \sum_{j=1}^{3} \dot{p}(d_j^{(H)}(t))e_j^{(H)} \circ e_j^{(H)} \qquad (4.32a,b)$$

darzustellen mit der Winkelgeschwindigkeit ω_D des dem "Argument-Tensor" $\mathbb{D} = \mathbb{D}^T$ zugehörigen Hauptachsendreibeins $\langle e_j^{(H)} \rangle$, wie man unter Benutzung der "natürlichen Darstellung"

$$p(\mathbb{D}) = \sum_{j=1}^{3} p(d_j^{(H)}(t))e_j^{(H)}(t) \circ e_j^{(H)}(t) \qquad (4.32c)$$

(vgl. (4.28a)) leicht verifiziert.

---

[28] Der Fall (4.28c) spezialisiert sich hieraus, indem man symmetrische Tensoren $\mathbb{S} = \mathbb{S}^T$ und als "körperfeste Basis" die Hauptachsenbasis von $\mathbb{S}$ in Betracht nimmt.

[29] also $\overset{\langle K \rangle}{\omega}$ als halbe räumliche Geschwindigkeits – Rotation $\bar{\mathbb{V}} \times \mathsf{w}/2$, vgl. z.B [30].

Orthogonale sowie sog. positiv-definite[1] symmetrische Tensoren werden im

§ 5 Polaren Zerlegungssatz

benötigt, wonach man jeden zweistufigen Tensor $\mathbb{F}$ im Sinne von

$$\mathbb{F} = \mathbb{D}_F \cdot \mathbb{Q}_F = \mathbb{Q}_F \cdot \mathbb{D}_F^* \tag{5.1}$$

zerlegen kann in positiv-definite symmetrische Operatoren (sog. Streckungstensoren)

$$\mathbb{D}_F = \sqrt{\mathbb{F} \cdot \mathbb{F}^T} \quad \text{bzw.} \quad \mathbb{D}_F^* = \sqrt{\mathbb{F}^T \cdot \mathbb{F}} = \mathbb{Q}_F^T \cdot \mathbb{D}_F \cdot \mathbb{Q}_F \tag{5.1a,b}$$

und in einen orthogonalen Tensor

$$\mathbb{Q}_F = \sqrt{\mathbb{F} \cdot \mathbb{F}^T}^{\,-1} \cdot \mathbb{F} \equiv \mathbb{F} \cdot \sqrt{\mathbb{F}^T \cdot \mathbb{F}}^{\,-1} \quad , \tag{5.1c}$$

wobei die Prozeduren $\sqrt{\mathbb{F} \cdot \mathbb{F}^T}$ bzw. $\sqrt{\mathbb{F}^T \cdot \mathbb{F}}$ in folgender –beispielhaft für $\sqrt{\mathbb{F} \cdot \mathbb{F}^T}$ erläuter-

ten- Weise zu verstehen sind : Man erzeugt sich

1) von dem positiv-definiten symmetrischen[2] Tensor $\mathbb{F} \cdot \mathbb{F}^T$ die Hauptachsendarstellung

$$\mathbb{F} \cdot \mathbb{F}^T = \sum_{j=1}^{3} (\mathbb{F} \cdot \mathbb{F}^T)_j^{(H)} \, \mathbb{e}_j^{(H)} \circ \mathbb{e}_j^{(H)} \;\widehat{=}\; \begin{pmatrix} (\mathbb{F} \cdot \mathbb{F}^T)_1^{(H)} & 0 & 0 \\ 0 & (\mathbb{F} \cdot \mathbb{F}^T)_2^{(H)} & 0 \\ 0 & 0 & (\mathbb{F} \cdot \mathbb{F}^T)_3^{(H)} \end{pmatrix} \langle \mathbb{e}_j^{(H)} \rangle \quad ,$$

$$(\mathbb{F} \cdot \mathbb{F}^T)_j^{(H)} = \mathbb{e}_j^{(H)} \cdot \mathbb{F} \cdot \mathbb{F}^T \cdot \mathbb{e}_j^{(H)} \;,\quad j = 1,2,3 \;, \text{ und} \tag{5.2a}$$

2) daraus $\sqrt{\mathbb{F} \cdot \mathbb{F}^T}$ - im Sinne einer Tensorfunktionsoperation[3] - durch Radizieren der

Hauptwerte, ohne dabei die Hauptrichtungen zu verändern

---

[1] Als positiv–definit bezeichnet man Tensoren $\mathbb{T}$, für die mit beliebigen Vektoren $\mathbb{z}$ gilt

$$\mathbb{z} \cdot \mathbb{T} \cdot \mathbb{z} \begin{cases} > 0 \text{ für } |\mathbb{z}| \neq 0 \\ = 0 \text{ für } \mathbb{z} = 0 \quad \text{(vgl. (2.25b)).} \end{cases}$$

Dies ist mit $\mathbb{T} = \mathbb{F} \cdot \mathbb{F}^T$ (bzw. $\mathbb{T} = \mathbb{F}^T \cdot \mathbb{F}$) stets der Fall, weil $\mathbb{z} \cdot \mathbb{F} \cdot \mathbb{F}^T \cdot \mathbb{z} = (\mathbb{z} \cdot \mathbb{F}) \cdot (\mathbb{z} \cdot \mathbb{F})$ (und entsprechend $(\mathbb{z} \cdot \mathbb{F}^T) \cdot (\mathbb{z} \cdot \mathbb{F}^T)$) in der Tat nur positiv sein kann. Positiv–definite symmetrische Tensoren haben dementsprechend nur positive Hauptwerte.

[2] Man beachte (2.25a)

[3] Vgl. h. § 4.5

$$\sqrt{\mathbb{F}\cdot\mathbb{F}^T} = \sum_{j=1}^{3}\sqrt{(\mathbb{F}\cdot\mathbb{F}^T)_j^{(H)}}\,\mathbf{e}_j^{(H)}\circ\mathbf{e}_j^{(H)} \;\hat{=}\;$$

$$\hat{=}\;\begin{bmatrix} \sqrt{(\mathbb{F}\cdot\mathbb{F}^T)_1^{(H)}} & 0 & 0 \\[2mm] 0 & \sqrt{(\mathbb{F}\cdot\mathbb{F}^T)_2^{(H)}} & 0 \\[2mm] 0 & 0 & \sqrt{(\mathbb{F}\cdot\mathbb{F}^T)_3^{(H)}} \end{bmatrix} \langle\mathbf{e}_j^{(H)}\rangle \qquad (5.2b)$$

Die Streckungstensoren $\mathbb{D}_F$ bzw. $\mathbb{D}_F^*$ sind demgemäß zu den Tensoren $\mathbb{F}\cdot\mathbb{F}^T$ bzw. $\mathbb{F}^T\cdot\mathbb{F}$ koaxial,

$$\mathbf{e}_j^{(H)}{}_{\shortparallel\mathbb{D}_F\shortparallel} = \mathbf{e}_j^{(H)}{}_{\shortparallel\mathbb{F}\cdot\mathbb{F}^T\shortparallel}\,, \qquad\qquad \mathbf{e}_j^{(H)}{}_{\shortparallel\mathbb{D}_F^*\shortparallel} = \mathbf{e}_j^{(H)}{}_{\shortparallel\mathbb{F}^T\cdot\mathbb{F}\shortparallel}\,, \qquad (5.3a,b)$$

und haben gleiche Hauptwerte,

$$d_j^{(H)} = \sqrt{(\mathbb{F}\cdot\mathbb{F}^T)_j^{(H)}} = \sqrt{(\mathbb{F}^T\cdot\mathbb{F})_j^{(H)}}\,, \qquad (5.3c)$$

wohingegen die Hauptrichtungen von $\mathbb{D}_F$ bzw. $\mathbb{D}_F^*$ gegeneinander orthogonal transformiert sind[4].

Die Richtigkeit des Satzes (5.1) weist man in zwei Schritten nach. Zunächst von

$$\mathbb{F} = \mathbb{D}_F\cdot\mathbb{Q}_F \qquad (5.5a)$$

ausgehend bildet man unter Beachtung von $\mathbb{Q}\cdot\mathbb{Q}^T = \mathbb{E}$

$$\mathbb{F}\cdot\mathbb{F}^T = (\mathbb{D}_F\cdot\mathbb{Q}_F)\cdot(\mathbb{D}_F\cdot\mathbb{Q}_F)^T = \mathbb{D}_F\cdot\mathbb{Q}_F\cdot\mathbb{Q}_F^T\cdot\mathbb{D}_F^T = \mathbb{D}_F\cdot\mathbb{D}_F^T$$

---

[4] Letztere Befunde prüft man mittels der Hauptachsendarstellung etwa von $\mathbb{D}_F$, nämlich mittels

$$\mathbb{D}_F = \sum_{j=1}^{3} d_j^{(H)}\,\mathbf{e}_j^{(H)}\circ\mathbf{e}_j^{(H)} \qquad (5.4a)$$

sowie mit (5.1b) leicht nach. Danach ist

$$\mathbb{D}_F^* = \mathbb{Q}_F^T\cdot\mathbb{D}_F\cdot\mathbb{Q}_F = \sum_{j=1}^{3} d_j^{(H)}\mathbb{Q}_F^T\cdot\mathbf{e}_j^{(H)}\circ\mathbf{e}_j^{(H)}\cdot\mathbb{Q}_F = \sum_{j=1}^{3} d_j^{(H)}\mathbf{e}_j^{(H)*}\circ\mathbf{e}_j^{(H)*} \qquad (5.4b)$$

wonach —im Vorgriff Gültigkeit von (5.1b) vorausgesetzt— $\mathbb{D}_F^*$ in der Tat dieselben Hauptwerte aber -gegenüber $\mathbb{D}_F$– transformierte Hauptrichtungen

$$\mathbf{e}_j^{(H)*} = \mathbf{e}_j^{(H)}\cdot\mathbb{Q}_F \qquad (5.4c)$$

besitzt.

und erfüllt diese Gleichung mit $\mathbb{D}_F = \mathbb{D}_F^T$ d.h. mit

$$\mathbb{F} \cdot \mathbb{F}^T = \mathbb{D}_F^2 \qquad\qquad \text{bzw.} \qquad\qquad \mathbb{D}_F = \sqrt{\mathbb{F} \cdot \mathbb{F}^T} \,. \qquad (5.5b)$$

Zum Nachweis, daß dann

$$(\mathbb{Q}_F =)\ \ \mathbb{T} = \mathbb{D}_F^{-1} \cdot \mathbb{F} = \sqrt{\mathbb{F} \cdot \mathbb{F}^T}^{\,-1} \cdot \mathbb{F} \qquad (5.5c)$$

in der Tat ein orthogonaler Tensor sein muß, bildet man von (5.5c)

$$\mathbb{T}^T = (\mathbb{D}_F^{-1} \cdot \mathbb{F})^T = \mathbb{F}^T \cdot \mathbb{D}_F^{-1} \equiv \mathbb{F}^{-1} \cdot \mathbb{F} \cdot \mathbb{F}^T \cdot \mathbb{D}_F^{-1} = \mathbb{F}^{-1} \cdot \mathbb{D}_F^2 \cdot \mathbb{D}_F^{-1} = \mathbb{F}^{-1} \cdot \mathbb{D}_F \qquad (5.5d)$$

und stellt hiermit schließlich

$$\mathbb{T} \cdot \mathbb{T}^T \overset{(5.5c,d)}{=} \mathbb{D}_F^{-1} \cdot \mathbb{F} \cdot \mathbb{F}^{-1} \cdot \mathbb{D}_F = \mathbb{E} \,,$$

d.h. die Eigenschaft orthogonaler Tensoren (vgl. (3.15a)) fest. Der Beweis von (5.5a,1a) ist damit abge-

schlossen; zum Nachweis des zweiten Teils von (5.1) setzt man

$$\mathbb{F} = \mathbb{Q}_F^* \cdot \mathbb{D}_F^* \qquad (5.6a)$$

und findet aus (5.6a) mit $\mathbb{D}_F^* = \mathbb{D}_F^{*T}$ und $\mathbb{Q}_F^{*T} \cdot \mathbb{Q}_F^* = \mathbb{E}$

$$\mathbb{F}^T \cdot \mathbb{F} = \mathbb{D}_F^* \cdot \mathbb{Q}_F^{*T} \cdot \mathbb{Q}_F^* \cdot \mathbb{D}_F^* = \mathbb{D}_F^{*2}, \qquad\qquad \text{d.h}$$

$$\mathbb{D}_F^* = \sqrt{\mathbb{F}^T \cdot \mathbb{F}} \overset{(5.5a)}{=} \sqrt{\mathbb{Q}_F^T \cdot \mathbb{D}_F^2 \cdot \mathbb{Q}_F} \equiv \mathbb{Q}_F^T \cdot \mathbb{D}_F \cdot \mathbb{Q}_F \,, \qquad (5.6b)$$

indem man beachtet, daß die Tensorfunktionsoperation $\sqrt{\mathbb{Q}_F^T \cdot \mathbb{D}_F^2 \cdot \mathbb{Q}_F}$ verlangt, aus

$$\mathbb{Q}_F^T \cdot \mathbb{D}_F^2 \cdot \mathbb{Q}_F = \mathbb{Q}_F^T \cdot \left(\sum_{j=1}^{3} d_j^{(H)2}\, \mathbb{e}_j^{(H)} \circ \mathbb{e}_j^{(H)} \right) \cdot \mathbb{Q}_F = \sum_{j=1}^{3} d_j^{(H)2}\, \mathbb{e}_j^{(H)*} \circ \mathbb{e}_j^{(H)*}$$

den Tensor

$$\sum_{j=1}^{3} d_j^{(H)}\, \mathbb{e}_j^{(H)*} \circ \mathbb{e}_j^{(H)*} = \mathbb{Q}_F^T \cdot \left(\sum_{j=1}^{3} d_j^{(H)}\, \mathbb{e}_j^{(H)} \circ \mathbb{e}_j^{(H)} \right) \cdot \mathbb{Q}_F \equiv \mathbb{Q}_F^T \cdot \mathbb{D}_F \cdot \mathbb{Q}_F$$

zu verfertigen (vgl. hierzu §4.6). Aus

$$\mathbb{F} \overset{(5.5a)}{=} \mathbb{D}_F \cdot \mathbb{Q}_F \overset{(5.6a)}{\equiv} \mathbb{Q}_F^* \cdot \mathbb{D}_F^* \overset{(5.6b)}{=} \mathbb{Q}_F^* \cdot \mathbb{Q}_F^T \cdot \mathbb{D}_F \cdot \mathbb{Q}_F$$

folgt dann schließlich

$$\mathbb{Q}_F^* \cdot \mathbb{Q}_F^T = \mathbb{E} \,, \qquad\qquad \text{d.h.} \qquad\qquad \mathbb{Q}_F^* = \mathbb{Q}_F \,,$$

womit der Darstellungssatz (5.1) vollständig verifiziert ist.

Der polare Zerlegungssatz ist in der Kontinuumskinematik der sog. einfachen Stoffe von erheblicher Bedeutung, weil er eine Zerlegung des lokalen Konfigurationsoperators $\mathbb{F}$ (vgl. §2.2b) in orthogonale und in Verzerrungsanteile ermöglicht. Für reale Verformungsprozesse, die "Materialinversionen" ausschließen, womit von $\mathbb{F}$

$$(\mathbb{F})_3 = \det \mathbb{F} \; > 0 \tag{5.7a}$$

verlangt werden muß (vgl. a. (2.37c)), kommt der polare Zerlegungssatz nur in der Version

$$\mathbb{F} = \mathbb{D}^{(S)} \cdot \mathbb{R} = \mathbb{R} \cdot \mathbb{D}^{(S)*} \tag{5.7b}$$

mit
$$\mathbb{D}^{(S)} = \sqrt{\mathbb{F} \cdot \mathbb{F}^T} \; , \qquad \mathbb{D}^{(S)*} = \mathbb{R}^T \cdot \mathbb{D}^{(S)} \cdot \mathbb{R} \tag{5.7c,d}$$

$$\mathbb{R} = \sqrt{\mathbb{F} \cdot \mathbb{F}^T}^{\,-1} \cdot \mathbb{F} \equiv \mathbb{F} \cdot \sqrt{\mathbb{F}^T \cdot \mathbb{F}}^{\,-1} \tag{5.7e}$$

in Frage mit Versoren $\mathbb{R}$ anstelle allgemeiner orthogonaler Tensoren $\mathbb{Q}$, weil "Spiegelungsverformungen" ausgeschlossen sind. Dabei bedeuten $\mathbb{D}^{(S)}$ den Richter'schen Streckungstensor (in [3] als "rechter Streckungstensor" bezeichnet) und $\mathbb{R}$ denjenigen Versor, der das (jeweils momentane) orthogonale "Hauptverzerrungsachsen-Dreibein" von der (hier als undeformiert angenommenen) Ausgangs- in die Momentankonfiguration eines Massenelementes dreht (vgl. z.B. [3]). Zur Veranschaulichung sollen im Folgenden Aspekte zum

5.1   Verformungsbegriff in der Theorie der einfachen Stoffe

detaillierter referiert werden:

Bekanntlich werden in Kontinuumstheorien der Mechanik neben den sog. "Bilanzgleichungen" (etwa Schwerpunktsatz und Drallsatz) sog. "Materialgleichungen" benötigt, mit denen definiert wird, wie man sich den Zusammenhang zwischen "dynamischen Schnittgrößen"[5] und Körperkonfigurationsänderungen vorstellt. So wird z.B. in der Theorie der einfachen Stoffe deklariert, daß der Spannungszustand in einem

---

[5] In der Theorie der einfachen Stoffe sind dies allein die (Kraft–) Spannungen.

Punkte P[6] –betreffend seine Abhängigkeit von der "Körperki-
nematik"– vollständig durch den kinematischen Prozeß in der
inkrementellen Umgebung dV von P in Form sog. "erster Verschiebungsgradienten" beschrieben werden können soll, indem
hinsichtlich der "kinematischen Beschreibbarkeit" das "klassische" Kontinuum zugrunde gelegt wird, wo es ausreicht, jedem
Punkte P des Kontinuums eine vektorwertige kinematische
Größe (etwa den sog. "Verschiebungsvektor $u(P,t)$ gegenüber einer "Bezugskonfiguration") zuzuordnen.[7] Die Beschränkung
auf die Betrachtnahme der (durch Verschiebungsvektoren $u(P,t)$
bzw. $u(Q_j,t)$ zu beschreibenden) Kinematik in der inkrementellen Umgebung dV eines Punktes P bei der Berechnung des

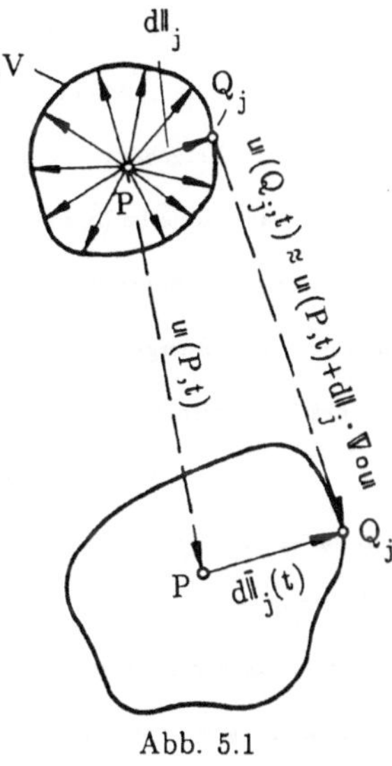

Abb. 5.1

z.B.[8] Spannungszustandes $\mathfrak{S}(P,t)$ bedeutet, Letzteren in diesbezüglichen Stoffgleichungen allein mit
Funktionalen der Verschiebungen des Punktes P selbst und Denjenigen der inkrementell benachbarten
Punkte Q_j zu verknüpfen, also mit den Größen $u(P,t)$ und

$$u(Q_j,t) \approx u(P,t) + \sum_{k=1}^{3} dx_{kj} \left(\frac{\partial u}{\partial x_k}\right)_{P,t} =$$

$$= u(P,t) + \left[\left(\left\{dx_{1j};\, dx_{2j};\, dx_{3j}\right\}\cdot\left\{\frac{\partial}{\partial x_1};\, \frac{\partial}{\partial x_2};\, \frac{\partial}{\partial x_3}\right\}\right)\cdot u\right]_{P,t}$$

$$= u(P,t) + \left[(d\mathbb{I}_j\cdot\nabla)\, u\right]_{P,t} \overset{9)}{=} u(P,t) + d\mathbb{I}_j\cdot(\nabla\circ u)_{P,t}\,, \tag{5.8a}$$

indem man eine (hier als möglich unterstellte) Taylorentwicklung des Verschiebungsfeldes "an der Stelle

---

[6] wobei P als "Konvergenzpunkt" eines "Massenelementes " dm_P aufzufassen ist, das man selbst wieder
als durch ein Büschel von in P entspringenden "materiellen Linienelementen" $d\mathbb{I}_j$ repräsentiert denkt
(Abb. 5.1).

[7] Eine im Einzelfall (etwa in der Stömungsmechanik) durchaus nachzuprüfende Verfahrensweise.

[8] Analoge Statements werden auch für andere physikalische Größen ,etwa die innere Energie bzw. die
Formänderungsenergie ausgesprochen.

[9] Man beachte (2.7).

$P(\mathbb{r})''$ nach den in den Koordinatendifferentialen linearen Gliedern abbricht[10]. Diese Verfahrensweise, "kinematische Fernkorrelationen" in Stoffgleichungen auf das geringstmögliche Maß einzuschränken, kennzeichnet die Vorgehensweise in der Theorie einfacher Stoffe. Man eliminiert noch unter dem Gesichtspunkt, daß translatorische (Starrkörper–) Bewegungen des Körperbereiches dV Spannungen bzw. etwa die in dV gespeicherte innere Energie nicht verändern können sollen, aus der Menge der –hinsichtlich der Spannungen bzw. Energien relevanten– kinematischen Variablen nach (5.8a) die (Absolut–) Verschiebung $\mathbb{u}(P,t)$ des Konvergenzpunktes selbst und behält die Relativ–Verschiebungen

$$\mathbb{u}(Q_j,t) - \mathbb{u}(P,t) = d\mathbb{l}_j \cdot (\nabla \circ \mathbb{u})_{P,t} \qquad (5.8b)$$

und damit letzlich den im Konvergenzpunkt P gebildeten sog. Verschiebungsgradienten $(\nabla \circ \mathbb{u})_{P,t}$ als einzige "kinematische Variable" für die Konstruktion "mechanischer Stoffgleichungen"[11]. Der "relevante Konfigurationsänderungsbegriff" wird dergestalt in der Theorie einfacher Stoffe (einschränkend) auf die Betrachtnahme sog., "homogener Konfigurationsänderungszustände" reduziert, worunter man in Sinne von (5.8b) die Tatsache versteht, daß die Relativverschiebungen (infinitesimal) benachbarter Punkte lineare Funktionen ihres relativen Abstandes $d\mathbb{l}_j$ [und damit die ersten Verschiebungsableitungen $\nabla \circ \mathbb{u}$ innerhalb von dV konstant] sind. Wegen

$$\mathbb{u}(P,t) + d\bar{\mathbb{l}}_j(t) = d\mathbb{l}_j + \mathbb{u}(Q_j,t) \qquad \text{d.h.,}$$

$$\begin{aligned}
d\bar{\mathbb{l}}_j(t) &= d\mathbb{l}_j + \mathbb{u}(Q_j,t) - \mathbb{u}(P,t) \overset{(5.8b)}{\approx} d\mathbb{l}_j + d\mathbb{l}_j \cdot (\nabla \circ \mathbb{u})_{P,t} \\
&= d\mathbb{l}_j \cdot [\, \mathbb{E} + (\nabla \circ \mathbb{u})_{P,t}] = d\mathbb{l}_j \cdot [\, \mathbb{E} + \mathbb{U}(P,t)] = d\mathbb{l}_j \cdot \mathbb{F}(P,t)
\end{aligned} \qquad (5.9a)$$

---

[10] In (5.8a) bedeuten $\overrightarrow{PQ}_j = d\mathbb{l}_j \overset{\wedge}{=} \left\{ dx_{1j};\ dx_{2j};\ dx_{3j} \right\}$ die inkrementellen Abstände in einer (meist als "undeformiert" bezeichneten) Bezugskonfiguration, ∇ den vektorwertigen Differentialoperator "Nabla" mit der hier vereinfachend auf eine (lokale) Einheitsvektor–Orthogonalbasis $\langle \mathbb{e}_j \rangle$ bezüglichen Repräsentation $\nabla \overset{\wedge}{=} \left\{ \partial/\partial x_1;\ \partial/\partial x_2;\ \partial/\partial x_3 \right\}$. Betreffend verallgemeinerte Darstellungen siehe Band 2 dieser Reihe.

[11] Die Forderung nach "Unempfindlichkeit" von z. B. Spannungen bzw. innerer Energie gegenüber (Starrbewegungs–)Translationen ist als eine Teilforderung im sog. "Prinzip der materiellen Objektivität" verankert, das darüberhinaus Unempfindlichkeit von innerer Energie bzw. geeignet definierter (relativer) Spannungen auch gegenüber Starrkörper–Rotationen fordert. Als Ergebnis dieser letzteren Forderung identifiziert man schließlich von $\nabla \circ \mathbb{u}$ den reinen "Verzerrungsanteil" als "relevante kinematische Variable". Letztere ist auffassbar gleichermaßen als Kennzeichnungsgröße der "euklidisch–invariant" zu registrierenden homogenen Kinematik in dV.

trifft dies entsprechend auch für die Darstellung sog. "materieller Linienelemente" $d\overline{\mathbb{l}}_j(t)$ in einer Momentankonfiguration (t) zu. Sie sind im Rahmen der hier vorgesehenen Approximationsstufe lineare Funktionen der entsprechenden Linienelementenwerte $d\mathbb{l}_j$ einer Bezugskonfiguration, womit die "Kinematik des einfachen Stoffes" auf einen lokalen Konfigurationsoperator

$$\mathbb{F}(P,t) = \mathbb{E} + \mathbb{U}(P,t) = \mathbb{E} + \left(\nabla \circ u\right)_{P,t} \tag{5.9b}$$

"konzentriert" werden kann (vgl. auch §2.2b), mit dem Büschel (jeweils von einem Punkte P aus gemessener) materieller Linienelemente $d\mathbb{l}_j$ linear transformiert werden. Konsequenz davon ist allerdings, daß wegen

$$\mathbb{F} = \mathbb{E} + \nabla \circ u \stackrel{\wedge}{=} \begin{bmatrix} 1 & 0 & 0 \\ 0 & 1 & 0 \\ 0 & 0 & 1 \end{bmatrix} + \begin{bmatrix} e_1 \cdot \dfrac{\partial u}{\partial x_1} & e_2 \cdot \dfrac{\partial u}{\partial x_1} & e_3 \cdot \dfrac{\partial u}{\partial x_1} \\[2mm] e_1 \cdot \dfrac{\partial u}{\partial x_2} & e_2 \cdot \dfrac{\partial u}{\partial x_2} & e_3 \cdot \dfrac{\partial u}{\partial x_2} \\[2mm] e_1 \cdot \dfrac{\partial u}{\partial x_3} & e_2 \cdot \dfrac{\partial u}{\partial x_3} & e_3 \cdot \dfrac{\partial u}{\partial x_3} \end{bmatrix} \langle e_j \rangle \tag{5.9c}$$

zur Definition lokaler Konfigurationsänderungen "nur noch" insgesamt neun skalare Größen zur Verfügung stehen, also jede Konfigurationsänderung als aus neun Standardfällen aufbaubar zu deklarieren sein muß.

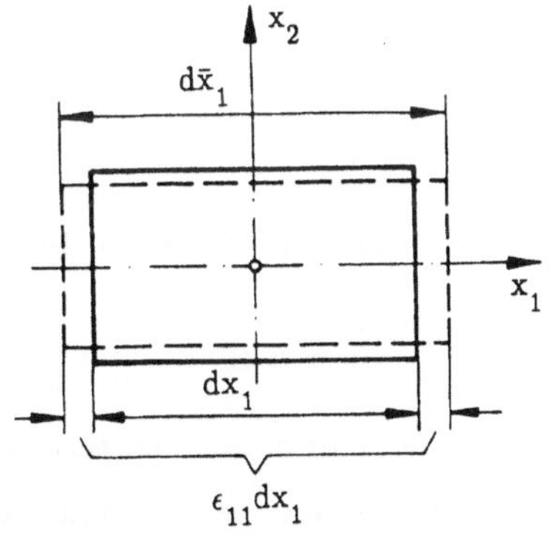

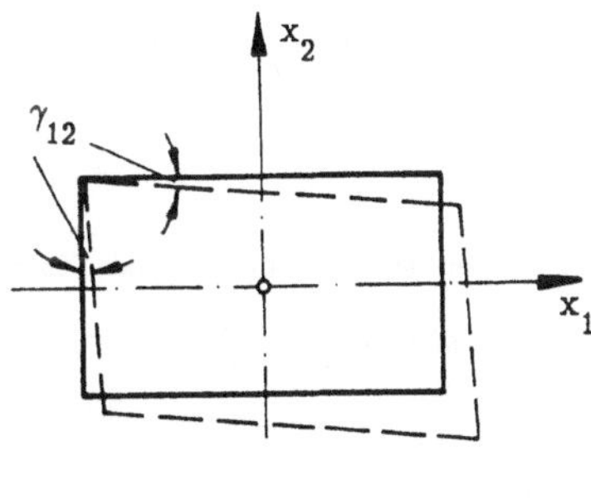

Verzerrungszustand ϵ_{11} Verzerrungszustand γ_{12}

Abb. 5.2

Es ist dies Ausdruck der Tatsache, daß der Linearität der Beziehung (5.9a) wegen nur noch solche Konfigurationsänderungen erwogen werden können, bei denen "anfänglich gerade" Linienelemente $(d\mathbb{l}_j)$ gerade, "anfänglich ebene" Flächenelemente eben bleiben, was darauf hinaus läuft (abgesehen von Starr—körper—Drehungen, die von dem "Neunerset" (5.9b) drei Freiheiten "verbrauchen") nur sechs voneinander unabhängige sog. Standardverzerrungen in Betracht nehmen zu können, die man bekanntlich in Form dreier Dehnungszustände ϵ_{jj} (j=1,..,3) bzw dreier Scherzustände γ_{jk} (j,k=1,..,3, j≠k) definiert und z.B. für ein "anfänglich quaderförmiges" Körperelement dV mittels der Verzerrungsfiguren nach Abb. 5.2 ver—anschaulicht. Dabei bedeuten

$$\epsilon_{jj}(P,t) = \frac{d\bar{x}_j(P,t) - dx_j(P,t)}{dx_j(P,t)} \qquad j = 1,..3 \qquad (5.10)$$

die klassischen (Cauchyschen) Dehnungen anfänglich in den Achsenrichtungen $\langle \mathbb{e}_j \rangle$ liegender materieller Linienelemente $dx_j \mathbb{e}_j$ und γ_{jk} den Winkel, den zwei anfänglich orthogonale Linienelemente $dx_j \mathbb{e}_j$ bzw. $dx_k \mathbb{e}_k$ nach der Verformung miteinander einschließen.

Wie bereits erwähnt, beschreibt der lokale Konfigurationsoperator $\mathbb{F}$ neben Verzerrungszuständen auch ei—ne mittlere (Starrkörper—) Drehung der Gesamtanordnung dV und ist daher als "Verzerrungsoperator" selbst unbrauchbar, jedoch läßt sich $\mathbb{F}$ im Sinne des polaren Zerlegungssatzes in reine Dreh— und ("Streckungs"—) Verzerrungsoperationen zerlegen, wie Abb. 5.3 veranschaulicht.

Die Zerlegung der Transformation

$$\mathbb{F} : d\mathbb{l}_j \longrightarrow d\bar{\mathbb{l}}_j = d\mathbb{l}_j \cdot \mathbb{F}$$

in die erwähnten Teilprozeduren ist dabei in zweifacher Weise möglich, z.B. einerseits dadurch, daß man die Ausgangskonfiguration $\langle d\mathbb{l}_j \rangle$ per

$$d\mathbb{l}_{jS} = d\mathbb{l}_j \cdot \mathbb{D}^{(S)} \qquad (5.11a)$$

zunächst derart verändert ("streckt"), daß man hiermit anschließend die Überführung in die Momentan—konfiguration $\langle d\bar{\mathbb{l}}_j \rangle$ durch eine reine Starrdrehung (Versor $\mathbb{R}$) bewältigen kann, was in der Reihenfolge "Strecken"—→"Drehen" zu

$$d\bar{\mathbb{l}}_j = d\mathbb{l}_j \cdot \mathbb{F} = d\mathbb{l}_{jS} \cdot \mathbb{R} = d\mathbb{l}_j \cdot \mathbb{D}^{(S)} \cdot \mathbb{R} = d\mathbb{l}_j \cdot (\mathbb{D}^{(S)} \cdot \mathbb{R}) \qquad (5.11b)$$

d‖_{1R} = d‖_1 · IR
d‖_{2R}
ID^{(S)*}
IR
d‖_2
d‖_1
IF
d⫼_2
IR
d‖_{2S}
d‖_{1S} = d‖_1 · ID^{(S)}
ID^{(S)}
d⫼_1 = d‖_1 · IF
d‖_{1R} · ID^{(S)*} = d‖_1 · IR · ID^{(S)*}
d‖_{1S} · IR = d‖_1 · ID^{(S)} · IR

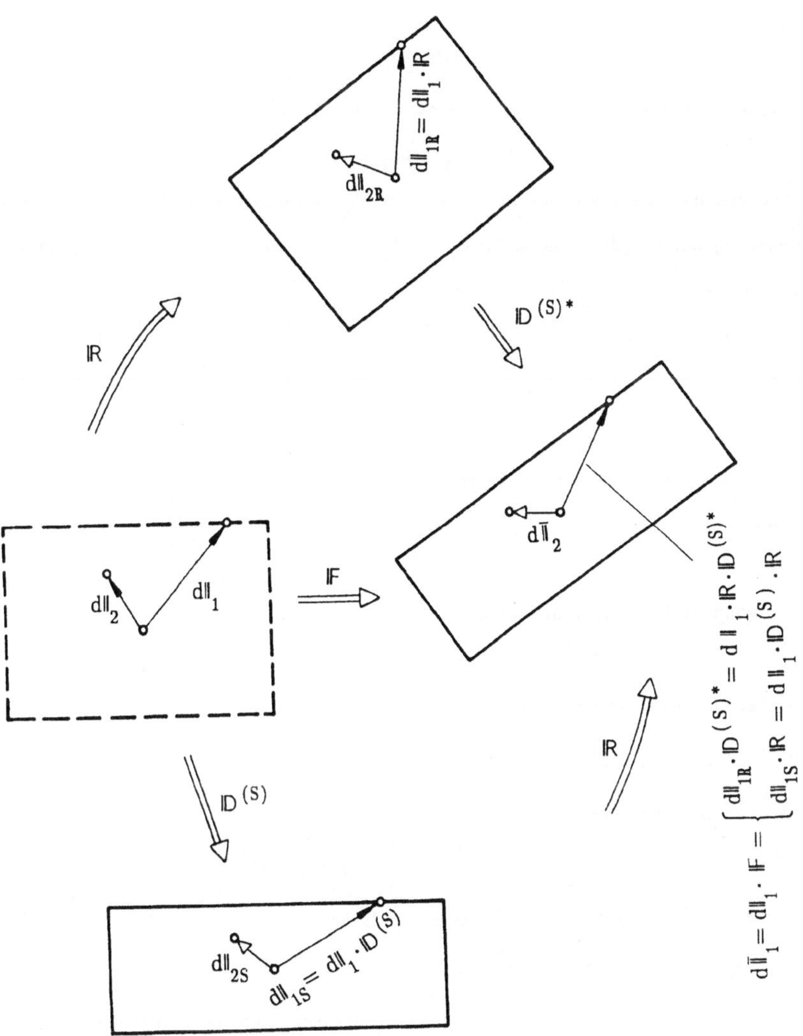

Abb. 5.3

d.h. zu

$$\mathbb{F}(P,t) = \mathbb{D}^{(S)}(P,t) \cdot \mathbb{R}(P,t) \qquad (5.11c)$$

führt, wohingegen man andererseits aber auch die Konfiguration $\langle d\mathbb{l}_j \rangle$ zunächst mittels

$$d\mathbb{l}_{j\mathbb{R}} = d\mathbb{l}_j \cdot \mathbb{R} \qquad (5.12a)$$

(d.h. per Starrdrehung) in eine gedrehte Konfiguration $\langle d\mathbb{l}_{jR} \rangle$ verbringen kann, die man dann schließlich in die "Endkonfiguration" $\langle d\bar{\mathbb{l}}_j \rangle$ mittels Streckung $(\mathbb{D}^{(S)*})$ überführt, was anstelle von (5.11a–c) –als Ausdruck der Prozeduren "Drehen"→"Strecken"–

$$d\bar{\mathbb{l}}_j = d\mathbb{l}_j \cdot \mathbb{F} = d\mathbb{l}_{j\mathbb{R}} \cdot \mathbb{D}^{(S)*} = (d\mathbb{l}_j \cdot \mathbb{R}) \cdot \mathbb{D}^{(S)*} = d\mathbb{l}_j \cdot (\mathbb{R} \cdot \mathbb{D}^{(S)*}) \ ,$$

d.h. die Polarzerlegung

$$\mathbb{F} = \mathbb{R} \cdot \mathbb{D}^{(S)*} \qquad (5.12b)$$

ergibt. Verzerrungstensoren sind also Streckungstensoren bzw. (Tensor–) Funktionen von Streckungstensoren, wobei als

5.2 Beispiele für Verzerrungstensoren

als Tensorfunktionen des Richterschen Streckungstensors

$$\mathbb{D}^{(S)} = \sqrt{\mathbb{F} \cdot \mathbb{F}^T} = \sqrt{\mathbb{E} + \mathbb{U} + \mathbb{U}^T + \mathbb{U} \cdot \mathbb{U}^T}, \qquad \mathbb{U} = \nabla \circ \mathbf{u} \qquad (5.13)$$

a) <u>der Greensche Verzerrungstensor</u>[12]

$$\mathbb{D}^{(G)} = \frac{1}{2}(\mathbb{D}^{(S)2} - \mathbb{E}) = \frac{1}{2}(\mathbb{F} \cdot \mathbb{F}^T - \mathbb{E}) \overset{(5.9b)}{=} \frac{1}{2}(\mathbb{U} + \mathbb{U}^T + \mathbb{U} \cdot \mathbb{U}^T) \qquad (5.14a)$$

b) <u>der Henky'sche bzw. logarithmische Formänderungstensor</u>

$$\mathbb{D}^{(L)} = \ln \mathbb{D}^{(S)} = \ln \sqrt{\mathbb{E} + 2\mathbb{D}^{(G)}} \qquad (5.14b)$$

mit der auf die "Verzerrungs–Hauptachsen" $\mathbf{e}_j^{(H)}$ (des Streckungstensors $\mathbb{D}^{(S)}$ bzw. des Tensors $\mathbb{F} \cdot \mathbb{F}^T$ bzw. des Greenschen Tensors $\mathbb{D}^{(G)}$) bezüglichen Komponentendarstellung

---

[12] In [3] "rechter Cauchy–Green–Tensor" genannt.

$$\mathbb{D}^{(L)} \,\hat{=}\, \begin{bmatrix} \ln d_1^{(H)} & 0 & 0 \\[4pt] 0 & \ln d_2^{(H)} & 0 \\[4pt] 0 & 0 & \ln d_3^{(H)} \end{bmatrix}_{\langle \mathbf{e}_j^{(H)} \rangle} \,, \qquad d_j^{(H)} = \mathbf{e}_j^{(H)} \cdot \mathbb{D}^{(S)} \cdot \mathbf{e}_j^{(H)} \qquad (5.14c)$$

genannt werden sollen.[13] Der Greensche Verzerrungstensor ist aufzufassen als ein Operator, der die Dehnungen bzw. die relativen Drehungen materieller Linienelemente mit deren Einheitsvektoren in der Bezugskonfiguration verknüpft. Ausgehend von (5.9a) bekommt man nämlich

$$(d\bar{l}_\alpha)^2 = d\bar{l}_\alpha^2 = d\mathbb{l}_\alpha \cdot \mathbb{F} \cdot \mathbb{F}^T \cdot d\mathbb{l}_\alpha = d\mathbb{l}_\alpha \cdot (\mathbb{E} + 2\mathbb{D}^{(G)}) \cdot d\mathbb{l}_\alpha = dl_\alpha^2 (1 + 2\mathbf{e}_\alpha \cdot \mathbb{D}^{(G)} \cdot \mathbf{e}_\alpha)$$

und damit unter Benutzung des Cauchyschen Dehnungsbegriffes (5.10)

$$\epsilon_{\alpha\alpha} = \frac{(d\bar{l}_\alpha - dl_\alpha)}{dl_\alpha} = \left[\frac{d\bar{l}_\alpha}{dl_\alpha} - 1 \right]$$

die Beziehung $\qquad (1 + \epsilon_{\alpha\alpha})^2 = 1 + 2\mathbf{e}_\alpha \cdot \mathbb{D}^{(G)} \cdot \mathbf{e}_\alpha = 1 + 2d_{\alpha\alpha}^{(G)} \,,$

d.h. als Prozedur, wie man aus der "Komponente" $d_{\alpha\alpha} = \mathbf{e}_\alpha \cdot \mathbb{D}^{(G)} \cdot \mathbf{e}_\alpha$ des Greenschen Tensors die zugehörige Dehnung eines (in der Bezugskonfiguration durch $d\mathbb{l}_\alpha = dl_\alpha \mathbf{e}_\alpha$ beschriebenen) materiellen Linienelementes feststellt,

$$\epsilon_{\alpha\alpha} = \sqrt{1 + 2d_{\alpha\alpha}^{(G)}} - 1 = \mathbf{e}_\alpha \cdot \mathbb{D}^{(S)} \cdot \mathbf{e}_\alpha - 1 = d_{\alpha\alpha}^{(S)} - 1 \,, \qquad (5.15a)$$

wohingegen aus $\qquad d\bar{\mathbb{l}}_\alpha \cdot d\bar{\mathbb{l}}_\beta =^{[14]} (1 + \epsilon_{\alpha\alpha})(1 + \epsilon_{\beta\beta}) \, dl_\alpha dl_\beta \cos\bar{\kappa}_{\alpha\beta} =$

$$= d\mathbb{l}_\alpha \cdot \mathbb{F} \cdot \mathbb{F}^T \cdot d\mathbb{l}_\beta = dl_\alpha dl_\beta \, \mathbf{e}_\alpha \cdot (\mathbb{E} + 2\mathbb{D}^{(G)}) \cdot \mathbf{e}_\beta = dl_\alpha dl_\beta (\cos\kappa_{\alpha\beta} + 2\mathbf{e}_\alpha \cdot \mathbb{D}^{(G)} \cdot \mathbf{e}_\beta)$$

für die Änderung $\bar{\kappa}_{\alpha\beta} - \kappa_{\alpha\beta}$ des zwischen zwei materiellen Linienelementen eingeschlossenen Winkels im Zusammenhang mit der Verzerrung

$$(1 + \epsilon_{\alpha\alpha})(1 + \epsilon_{\beta\beta}) \cos\bar{\kappa}_{\alpha\beta} - \cos\kappa_{\alpha\beta} = 2\mathbf{e}_\alpha \cdot \mathbb{D}^{(G)} \cdot \mathbf{e}_\beta = 2d_{\alpha\beta}^{(G)} \qquad (5.15b)$$

und insbesondere mit $\kappa_{\alpha\beta} = \frac{\pi}{2} \,; \, \bar{\kappa}_{\alpha\beta} = \frac{\pi}{2} - \gamma_{\alpha\beta}$, indem man zwei anfänglich orthogonale Linienelemente in Betracht nimmt, für den sog. Scher– (bzw. Schub–)winkel $\gamma_{\alpha\beta}$ (vgl. Abb. 5.2)

---

[13] Über weitere deformationsgeometrische Grundlagen s. z.B.[3].

[14] Darin bedeuten $\kappa_{\alpha\beta}$ bzw. $\bar{\kappa}_{\alpha\beta}$ die zwischen zwei materiellen Linienelementen $d\mathbb{l}_\alpha$ und $d\mathbb{l}_\beta$ in der Bezugs– bzw. Momentankonfiguration eingeschlossenen Winkel.

$$\sin \gamma_{\alpha\beta} = \frac{2d^{(G)}_{\alpha\beta}}{(1+\epsilon_{\alpha\alpha})(1+\epsilon_{\beta\beta})} = \frac{2\mathbf{e}_{\alpha}\cdot\mathbb{D}^{(G)}\cdot\mathbf{e}_{\beta}}{\sqrt{(1+2\mathbf{e}_{\alpha}\cdot\mathbb{D}^{(G)}\cdot\mathbf{e}_{\alpha})}\,\sqrt{(1+2\mathbf{e}_{\beta}\cdot\mathbb{D}^{(G)}\cdot\mathbf{e}_{\beta})}} \qquad (5.15c)$$

aufgefunden wird. Mit Benutzung letzterer "klassischer Verzerrungsbegriffe" hat man dementsprechend

für eine auf eine Orthonormalbasis $\langle\mathbf{e}_j\rangle$ bezügliche Komponentendarstellung des Greenschen Tensors

$$\mathbb{D}^{(G)} \overset{\wedge}{=} \begin{bmatrix} d^{(G)}_{11} & d^{(G)}_{12} & d^{(G)}_{13} \\ d^{(G)}_{21} & d^{(G)}_{22} & d^{(G)}_{23} \\ d^{(G)}_{31} & d^{(G)}_{32} & d^{(G)}_{33} \end{bmatrix} =$$

$$= \begin{bmatrix} \epsilon_{11}\left(1+\frac{\epsilon_{11}}{2}\right) & \frac{(1+\epsilon_{11})(1+\epsilon_{22})}{2}\sin\gamma_{12} & \frac{(1+\epsilon_{11})(1+\epsilon_{33})}{2}\sin\gamma_{13} \\ \frac{(1+\epsilon_{22})(1+\epsilon_{11})}{2}\sin\gamma_{21} & \epsilon_{22}\left(1+\frac{\epsilon_{22}}{2}\right) & \frac{(1+\epsilon_{22})(1+\epsilon_{33})}{2}\sin\gamma_{23} \\ \frac{(1+\epsilon_{33})(1+\epsilon_{11})}{2}\sin\gamma_{31} & \frac{(1+\epsilon_{33})(1+\epsilon_{22})}{2}\sin\gamma_{32} & \epsilon_{33}\left(1+\frac{\epsilon_{33}}{2}\right) \end{bmatrix}, \qquad (5.15d)$$

womit dann per

$$\epsilon_{\alpha\alpha} = \sqrt{1+2\mathbf{e}_{\alpha}\cdot\mathbb{D}^{(G)}\cdot\mathbf{e}_{\alpha}}, \quad \sin\gamma_{\alpha\beta} = \frac{2\mathbf{e}_{\alpha}\cdot\mathbb{D}^{(G)}\cdot\mathbf{e}_{\beta}}{(1+\epsilon_{\alpha\alpha})(1+\epsilon_{\beta\beta})} \qquad (5.16a,b)$$

mit
$$\mathbf{e}_{\alpha}\cdot\mathbb{D}^{(G)}\cdot\mathbf{e}_{\alpha} \overset{\wedge}{=} (e_{\alpha_1};e_{\alpha_2};e_{\alpha_3})\cdot\begin{bmatrix} d^{(G)}_{11} & d^{(G)}_{12} & d^{(G)}_{13} \\ d^{(G)}_{21} & d^{(G)}_{22} & d^{(G)}_{23} \\ d^{(G)}_{31} & d^{(G)}_{32} & d^{(G)}_{33} \end{bmatrix}\cdot\begin{bmatrix} e_{\alpha_1} \\ e_{\alpha_2} \\ e_{\alpha_3} \end{bmatrix} \qquad (5.16c)$$

und
$$\mathbf{e}_{\alpha}\cdot\mathbb{D}^{(G)}\cdot\mathbf{e}_{\beta} = \mathbf{e}_{\beta}\cdot\mathbb{D}^{(G)}\cdot\mathbf{e}_{\alpha} \overset{\wedge}{=} (e_{\beta_1};e_{\beta_2};e_{\beta_3})\cdot\begin{bmatrix} d^{(G)}_{11} & d^{(G)}_{12} & d^{(G)}_{13} \\ d^{(G)}_{21} & d^{(G)}_{22} & d^{(G)}_{23} \\ d^{(G)}_{31} & d^{(G)}_{32} & d^{(G)}_{33} \end{bmatrix}\cdot\begin{bmatrix} e_{\alpha_1} \\ e_{\alpha_2} \\ e_{\alpha_3} \end{bmatrix} \qquad (5.16d)$$

der Zusammenhang hergestellt wird zwischen der Dehnung eines materiellen Linienelementes $d\mathbb{l}_{\alpha}$ bzw.

dem Scherwinkel $\gamma_{\alpha\beta}$ zwischen zwei "anfänglich" zueinander orthogonalen Linienelementen $d\mathbb{l}_{\alpha}$, $d\mathbb{l}_{\beta}$

einerseits und den entsprechenden "koordinatenachsenorientierten" Größen ϵ_{jj} (j = 1,2,3) und γ_{jk}

(j,k = 1,2,3) (d.h. den Dehnungen bzw. Scherwinkeln zwischen "anfänglich" in den Koordinatenrichtungen $\mathbf{e}_j$ (j = 1,2,3) liegenden Linienelementen) andererseits. Diese sog. Verzerrungs-Transformationsformeln sind formal identisch mit den Spannungs-Transformationsformeln nach §4.3b, wenn man anstelle der Normalspannungen σ_{jj} die Größen $d_{jj}^{(G)} = \epsilon_{jj}(1+\epsilon_{jj}/2)$ und anstelle der Schubspannungen σ_{jk} die Verzerrungsgrößen $d_{jk}^{(G)} = [1+\epsilon_{jj})(1+\epsilon_{kk})\sin\gamma_{jk}]/2$ benutzt. Schließlich werden die Verzerrungs–Verschiebungs–Relationen mittels (5.16a,b) unter Beachtung von

$$\mathbb{D}^{(G)} = \frac{1}{2}\,(\mathbb{U}+\mathbb{U}^T+\mathbb{U}\cdot\mathbb{U}^T), \qquad\qquad \mathbb{U} = \nabla\circ\mathbf{u} \qquad\qquad (5.17)$$

hervorgebracht. Man bekommt mit $\mathbf{e}_j\cdot\nabla = \partial/\partial x_j$,

$$\mathbf{e}_j\cdot\mathbb{D}^{(G)}\cdot\mathbf{e}_j = d_{jj}^{(G)} = \mathbf{e}_j\cdot\frac{\partial\mathbf{u}}{\partial x_j} + \frac{1}{2}\left[\frac{\partial\mathbf{u}}{\partial x_j}\right]^2 , \qquad\qquad (5.17a,b)$$

$$\mathbf{e}_j\cdot\mathbb{D}^{(G)}\cdot\mathbf{e}_k = d_{jk}^{(G)} = \frac{1}{2}\left[\mathbf{e}_j\cdot\frac{\partial\mathbf{u}}{\partial x_k} + \mathbf{e}_k\cdot\frac{\partial\mathbf{u}}{\partial x_j} + \frac{\partial\mathbf{u}}{\partial x_j}\cdot\frac{\partial\mathbf{u}}{\partial x_k}\right]$$

nach (5.15a,c) die Beziehung

$$\epsilon_{jj} = \sqrt{1+2d_{jj}^{(G)}} - 1 = \sqrt{1+2\mathbf{e}_j\cdot\frac{\partial\mathbf{u}}{\partial x_k} + \left[\frac{\partial\mathbf{u}}{\partial x_j}\right]^2} - 1 \quad j=1,2,3, \qquad (5.18a)$$

$$\sin\gamma_{jk} = \frac{\mathbf{e}_j\cdot\dfrac{\partial\mathbf{u}}{\partial x_k} + \mathbf{e}_k\cdot\dfrac{\partial\mathbf{u}}{\partial x_j} + \dfrac{\partial\mathbf{u}}{\partial x_j}\cdot\dfrac{\partial\mathbf{u}}{\partial x_k}}{\sqrt{1+2\mathbf{e}_j\cdot\dfrac{\partial\mathbf{u}}{\partial x_j} + \left[\dfrac{\partial\mathbf{u}}{\partial x_j}\right]^2}\,\sqrt{1+2\mathbf{e}_k\cdot\dfrac{\partial\mathbf{u}}{\partial x_k} + \left[\dfrac{\partial\mathbf{u}}{\partial x_k}\right]^2}} \qquad (5.18b)$$

mit $j \neq k$, $j,k = 1,2,3$. Für kleine Verformungen werden sämtliche nichtlinearen Verschiebungsglieder gestrichen, womit

$$\mathbb{D}^{(G)} = \frac{1}{2}(\mathbb{U}+\mathbb{U}^T) = \frac{1}{2}(\nabla\circ\mathbf{u}+(\nabla\circ\mathbf{u})^T) = \frac{1}{2}(\nabla\circ\mathbf{u}+\mathbf{u}\circ\nabla) = \operatorname{def}\mathbf{u} = \mathbb{D} \qquad (5.19a)$$

also der Greensche Verzerrungstensor in den (sog. materiellen) Verschiebungsdeformator def $\mathbf{u}$ übergeht, der sich nach (5.15d) unter Vernachlässigung sämtlicher nichtlinearer Verzerrungsglieder und mit $\sin\gamma_{\alpha\beta} \approx \gamma_{\alpha\beta}$ in der Form

$$\mathbb{D} = \operatorname{def}\mathbf{u} = \begin{bmatrix} d_{11}\,d_{12}\,d_{13} \\ d_{21}\,d_{22}\,d_{23} \\ d_{31}\,d_{32}\,d_{33} \end{bmatrix} = \begin{bmatrix} \epsilon_{11} & \gamma_{12}/2 & \gamma_{13}/2 \\ \gamma_{12}/2 & \epsilon & \gamma_{23}/2 \\ \gamma_{13}/2 & \gamma_{23}/2 & \epsilon_{33} \end{bmatrix}_{\langle\mathbf{e}_j\rangle} \qquad (5.19b)$$

hinsichtlich einer Orthonormalbasis in Termen der zugehörigen "koordinatenachsenorientierten

120 §5 Der polare Zerlegungssatz

Verzerrungen" darstellt, und für den, (5.16a,b) linearisierend, die Verzerrungs– Verschiebungs–Relationen

$$\epsilon_{jj} \approx \sqrt{1 + \frac{1}{2\sqrt{I}}\left[2\mathbb{e}_j \cdot \frac{\partial \mathbb{u}}{\partial x_j}\right]} - 1 = \mathbb{e}_j \cdot \frac{\partial \mathbb{u}}{\partial x_j} \qquad j = 1,2,3 \qquad (5.19c)$$

$$\gamma_{jk} \approx \mathbb{e}_j \cdot \frac{\partial \mathbb{u}}{\partial x_j} + \mathbb{e}_k \cdot \frac{\partial \mathbb{u}}{\partial x_k} \qquad j \neq k \quad j,k = 1,2,3 \qquad (5.19d)$$

festgestellt werden. Die entsprechenden Verzerrungs–Transformationsformeln sind hiermit formal identisch mit den Spannungs–Transformationsformeln nach §4.3b, sofern man anstelle der Normalspannungen σ_{jj} die Dehnungen ϵ_{jj} und anstelle der Schubspannungen σ_{jk} die halben Scherwinkel $\gamma_{jk}/2$ verwendet. Hinsichtlich einer detaillierteren kinematischen Analyse des einfachen Kontinuums wird auf Band 2 dieser Reihe verwiesen. Hier soll nur noch vermerkt werden, daß der Versor $\mathbb{R}$ nicht nur die Bedeutung einer mittleren Drehung eines Massenelementes hat, sondern konkret die Drehung beschreibt, mit der die sog. materiellen Hauptrichtungen von der Bezugs– in die Momentankonfiguration überführt werden. Man erkennt dies, wenn man in (5.9a) die Polar–Zerlegung (5.11c) vornimmt und die Hauptachsen–Version

$$\mathbb{D}^{(S)} = \sum_{j=1}^{3} d_j^{(H)}\, \mathbb{e}_j^{(H)} \circ \mathbb{e}_j^{(H)} \overset{15)}{=} \sum_{j=1}^{3} \sqrt{1+2d_j^{(G)(H)}}\, \mathbb{e}_j^{(H)} \circ \mathbb{e}_j^{(H)} \overset{16)}{=} \sum_{j=1}^{3} (1 + \epsilon_{jj}^{(H)})\, \mathbb{e}_j^{(H)} \circ \mathbb{e}_j^{(H)}$$

des Streckungstensors benutzt, womit

$$d\bar{\mathbb{l}} = d\mathbb{l} \cdot \mathbb{F} = d\mathbb{l} \cdot \mathbb{D}^{(S)} \cdot \mathbb{R} = d\mathbb{l} \cdot \sum_{j=1}^{3} (1+\epsilon_{jj}^{(H)})\, \mathbb{e}_j^{(H)} \circ \mathbb{e}_j^{(H)} \cdot \mathbb{R}$$

entsteht. Daraus bekommt man speziell für sog. Haupt–Linienelemente $d\mathbb{l}_j^{(H)} = dl_j^{(H)} \mathbb{e}_j^{(H)}$, d.h. Solche, die anfänglich[17] parallel zu einer (lokalen[18]) Hauptverzerrungsrichtung $\mathbb{e}_j^{(H)}$ sind

$$d\bar{\mathbb{l}}_j^{(H)} = d\mathbb{l}_j^{(H)} \cdot \mathbb{D}^{(S)} \cdot \mathbb{R} = dl_j^{(H)}(1+\epsilon_{jj}^{(H)})\mathbb{e}_j^{(H)} \cdot \mathbb{R} \quad ,$$

---

[15] Man beachte $\mathbb{D}^{(S)} = \sqrt{\mathbb{E} + 2\mathbb{D}^{(G)}}$ nach (5.14a) und

[16] $\sqrt{1 + 2d_j^{(G)(H)}} = 1 + \epsilon_{jj}^{(H)}$ nach (5.15a).

[17] d.h. in der Bezugskonfiguration

[18] Man erinnere sich an die (auf infinitesimale Bereiche dV beschränkte) Lokalität der hier referierten – jeweils einem Körperpunkt $P(\mathbb{r})$ eines Kontinuums zuzuordnenden – kinematischen Analyse. Für eine vollständige deformationsgeometrische Beschreibung eines "einfachen Kontinuums" bedeutet dies, raumzeitlich veränderliche Felder $\mathbb{F}(\mathbb{r},t)$, $\mathbb{R}(\mathbb{r},t)$, $\mathbb{D}^{(G)}(\mathbb{r},t)$ identifizieren zu müssen.

und dies bedeutet, daß solche Elemente —nach Streckung in ihrer Längsrichtung— in der Tat mit $\mathbb{R}$ in ih-

re "Endlage" (Momentanlage) gebracht werden. Für Linienelemente $d\bar{l}$ die keine "Hauptlinienelemente"

sind, ist dies nicht der Fall, wie man an Abb. 5.4 ablesen kann, wo eine einachsige Streckung (in Rich-

tung $\mathbf{e}_1^{(H)}$) mit anschließender Drehung skizziert ist. Man erkennt, daß nur die Hauptlinienelemente, d.h.

$d\mathbf{l}_1^{(H)}$ und die beiden dazu senkrechten Elemente $d\mathbf{l}_2^{(H)}$, $d\mathbf{l}_3^{(H)}$ während der Streckung unverdreht bleiben

und demgemäß exakt um das gleiche Maß $\mathbb{R}$ in die Momentankonfiguration gedreht werden, wohingegen

für alle übrigen Linienelemente schon im Zusammenhang mit der Streckungskonfiguration Drehungen (ζ)

entstehen. Insofern hat hier $\mathbb{R}$ nur noch die Bedeutung

einer mittleren Drehung.

Das Vorangegangene zusammenfassend, ergibt sich im

Zusammenhang mit der Hauptachsen–Version der Ver-

zerrungszustand–Darstellung – in Analogie zur Inter-

pretation des Spannungszustandes – die anschauliche

Deutung, daß ein (in einem Punkte P herrschender)

Verzerrungszustand stets gedeutet werden kann als rei-

ner Streckungszustand eines Elementarquaders, dessen

Kanten nach den Hauptverzerrungsrichtungen orien-

tiert sind. Bei einem zeitabhängigen Verzerrungsprozeß

ändern sich im allgemeinen Falle allerdings nicht nur

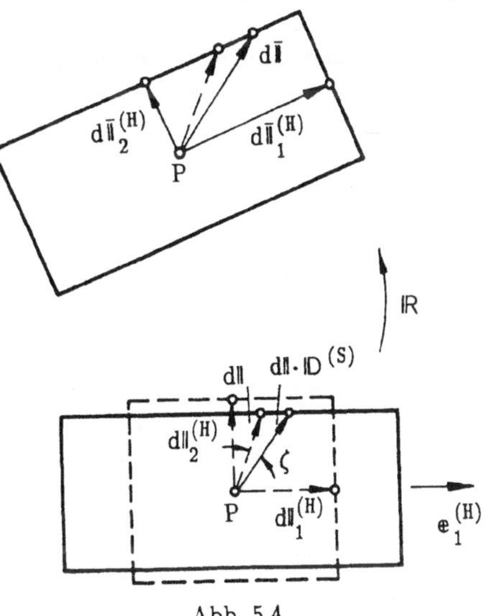

Abb. 5.4

die Hauptwerte der Verzerrung sondern auch ihre Richtungen und dies bedeutet, daß im Laufe des Pro-

zesses jeweils andere Tripel (in der Ausgangskonfiguration) orthogonaler Linienelemente die "Rolle der

Hauplinienelemente übernehmen müssen". Der Fall, daß bei einer zeitabhängigen Verzerrungsprozedur

stets dasselbe Tripel Hauptlinienelemententripel bleibt, ist ein Spezialfall: Er liegt bei sog. koaxialen

Prozessen vor, d.h. bei Verzerrungsprozessen mit gleichbleibenden (in der Ausgangskonfiguration fest-

gelegten) Hauptverzerrungsrichtungen.

Für kleine Verformungen liefert Linearisierung sämtlicher Verschiebungsglieder

$$\mathbb{R} = \sqrt{\mathbb{F}\cdot\mathbb{F}^T}^{-1}\cdot\mathbb{F} = \sqrt{\mathbb{E}+2\mathbb{D}^{(G)}}^{-1}\cdot\mathbb{F} \approx (\mathbb{E}-\mathbb{D}^{(G)})\cdot\mathbb{F} \overset{(5.19)}{\approx} (\mathbb{E}-\tfrac{1}{2}(\mathbb{U}+\mathbb{U}^T))\cdot(\mathbb{E}+\mathbb{U}) \approx$$

$$\approx \mathbb{E}+\tfrac{1}{2}(\mathbb{U}-\mathbb{U}^T) = \mathbb{E}+\tfrac{1}{2}(\nabla\circ\mathbb{U}-\mathbb{U}\circ\nabla) \overset{(2.51b)}{=} \mathbb{E} - E\times\frac{\nabla\times\mathbb{U}}{2}\,, \tag{5.19e}$$

was besagt, daß hierfür der mittlere (bzw. Haupverzerrungsachsen–) Drehwinkel durch die

halbe ("materielle") "Verschiebungs–Rotation" ($\nabla\times\mathbb{U}$) festgelegt ist.

Diesen Paragraphen beschließend, soll noch recherchiert werden, wie sich der polare

Zerlegungssatz auf die

5.3 Darstellung unitärer Tensoren

$$\mathbb{U} = \mathbb{F} / \sqrt[3]{|(\mathbb{F})_3|} = \mathbb{F} / \sqrt[3]{|\det \mathbb{F}|} \tag{5.20a}$$

mit
$$(\mathbb{U})_3 = \det \mathbb{U} = \pm 1 \tag{5.20b}$$

auswirkt.[19] Da hier auch negative Werte der dritten Invarianten zugelassen sind, muß für

$\mathbb{F}$ der polare Zerlegungssatz in der Version (5.1) mit orthogonalen Operatoren $\mathbb{Q}$ verwendet

werden. Man bekommt schließlich allgemein für unitäre Tensoren den Darstellungssatz

$$\mathbb{U} = \mathbb{Q}_1\cdot\frac{\sqrt{\mathbb{F}\cdot\mathbb{F}^T}}{\sqrt[3]{|(\mathbb{F})_3|}} \qquad \text{bzw.} \qquad \mathbb{U} = \frac{\sqrt{\mathbb{F}\cdot\mathbb{F}^T}}{\sqrt[3]{|(\mathbb{F})_3|}}\cdot\mathbb{Q}_2\,, \tag{5.20c}$$

worin $\mathbb{Q}_1$, $\mathbb{Q}_2$ beliebige orthogonale Tensoren und $\mathbb{F}$ einen beliebigen zweistufigen Tensor

bedeuten.

---

[19] vgl. Fußnote 11 von §3.

§ 6 Tensoren höherer Stufe

6.1 Allgemeine Bemerkungen

Mehrfache (n-fache) tensorielle Produkte (n-ter Stufe)

$$\overset{\langle n \rangle}{A} = a_1 \circ a_2 \circ ... \circ a_n \tag{6.1}$$

werden analog § 2 z.B. im Zusammenhang mit der skalaren Links- bzw. Rechtsmultiplikation[1] mit einem Vektor x durch die Beziehungen

$$x \cdot \overset{\langle n \rangle}{A} = x \cdot (a_1 \circ a_2 \circ ... \circ a_n) = (x \cdot a_1)(a_2 \circ a_3 \circ ... \circ a_n) = \overset{\langle n-1 \rangle}{Y}(x)' \tag{6.1a}$$

bzw. $$\overset{\langle n \rangle}{A}' \cdot x = (a_1 \circ a_2 \circ ... \circ a_n) \cdot x = (a_1 \circ a_2 \circ ... \circ a_{n-1})(a_n \cdot x) = \overset{\langle n-1 \rangle}{Z}(x)' \tag{6.1b}$$

definiert und können dementsprechend als Operatoren aufgefaßt werden, die einen (linearen) Zusammenhang zwischen einem Vektor x und einem (n-1)-stufigen (Ergebnis-)Tensorprodukt $\overset{\langle n-1 \rangle}{Y}(x)$ bzw. $\overset{\langle n-1 \rangle}{Z}(x)$ vermitteln. Ebenfalls analog § 2 definiert man Vektorprodukte aus Vektoren und mehrfachen Tensorprodukten z.B.[1] in der Form

$$\overset{\langle n \rangle}{A}' \times b = (a_1 \circ a_2 \circ .... \circ a_n) \times b = (a_1 \circ a_2 \circ ... \circ a_{n-1}) \circ (a_n \times b) \tag{6.2a}$$

bzw. $$b \times \overset{\langle n \rangle}{A}' = b \times (a_1 \circ a_2 \circ .... \circ a_n) = (b \times a_1) \circ (a_2 \circ a_3 \circ ... \circ a_n) . \tag{6.2b}$$

Für mehrfache tensorielle Produkte gilt (wie bei den Dyaden) das kommutative Gesetz nicht, d.h. man hat. z.B. $$a_1 \circ a_2 \circ a_3 \neq a_1 \circ a_3 \circ a_2$$

zu beachten. Das kommutative Gesetz der Addition, z.B.[2]

---

[1] Verallgemeinernd gegenüber den Tensoren zweiter Stufe, wo allein Links- bzw Rechtsmultiplikationen vollzogen werden können, sind hier noch weitere Operationen denkbar, bei denen nicht nur die "randlichen" Vektoren a_1, bzw. a_n des Operators $\overset{\langle n \rangle}{A}$ mit x "multiplikativ verbunden" werden. Operationen dieser Art benötigt man in der Kontinuumsmechanik glücklicherweise weniger häufig. Aber auch solcherart Operationen lassen sich auf "Randliche" reduzieren, indem man, "vorschaltend" (und danach wieder "rücktransferierend"), entsprechende (Stellungs-)Permutationen der Vektor-Faktoren vornimmt (vgl. § E4).

[2] Die Operation "+" bedeutet hierin wieder "komponentenweises Addieren".

$$\mathfrak{a}_1\circ\mathfrak{a}_2\circ\mathfrak{a}_3 + \mathfrak{b}_1\circ\mathfrak{b}_2\circ\mathfrak{b}_3 = \mathfrak{b}_1\circ\mathfrak{b}_2\circ\mathfrak{b}_3 + \mathfrak{a}_1\circ\mathfrak{a}_2\circ\mathfrak{a}_3 \,, \tag{6.3a}$$

das distributive Gesetz, z.B.

$$\mathfrak{a}_1\circ(\mathfrak{c}_1+\mathfrak{c}_2)\circ\mathfrak{a}_2 = \mathfrak{a}_1\circ\mathfrak{c}_1\circ\mathfrak{a}_2 + \mathfrak{a}_1\circ\mathfrak{c}_2\circ\mathfrak{a}_2 \tag{6.3b}$$

und in Verbindung mit der Multiplikation mit einem Skalar λ das kommutative und das assoziative Gesetz, z. B.

$$\lambda(\mathfrak{a}_1\circ\mathfrak{a}_2\circ\mathfrak{a}_3) = (\lambda\mathfrak{a}_1)\circ\mathfrak{a}_2\circ\mathfrak{a}_3 = \mathfrak{a}_1\circ(\lambda\mathfrak{a}_2)\circ\mathfrak{a}_3 = \mathfrak{a}_1\circ\mathfrak{a}_2\circ(\lambda\mathfrak{a}_3) \tag{6.3c}$$

sind auch hier wieder gültig, was man z. B. mit Hilfe von Skalarmultiplikationen mit Vektoren leicht nachweist. Mit (6.3) sind analog (2.9) Komponentendarstellungen (z. B. hinsichtlich einer Orthonormalbasis $\langle\mathfrak{e}_j\rangle$) möglich. Man findet mit

$$\mathfrak{a}_1 = \sum_{\alpha=1}^{3} a_{1\alpha}\mathfrak{e}_\alpha \,, \qquad \mathfrak{a}_2 = \sum_{\beta=1}^{3} a_{2\beta}\mathfrak{e}_\beta \,, \qquad \mathfrak{a}_3 = \ldots \ \text{usw.}$$

für ein n-stufiges tensorielles Produkt die Darstellung

$$\overset{\langle n\rangle}{\mathbb{T}}{}' = \mathfrak{a}_1\circ\mathfrak{a}_2\circ\ldots\circ\mathfrak{a}_n = \sum_{\alpha,\beta,\gamma\ldots\nu=1}^{3} a_{1\alpha}a_{2\beta}a_{3\gamma}\ldots a_{n\nu}\,\mathfrak{e}_\alpha\circ\mathfrak{e}_\beta\circ\mathfrak{e}_\gamma\circ\ldots\circ\mathfrak{e}_\nu = \sum_{\alpha,\beta,\gamma\ldots\nu=1}^{3} t_{\alpha\beta\gamma\ldots\nu}\,\mathfrak{e}_\alpha\circ\mathfrak{e}_\beta\circ\mathfrak{e}_\gamma\circ\ldots\circ\mathfrak{e}_\nu \tag{6.4}$$

mit 3^n speziellen Operatoren $\mathfrak{e}_\alpha\circ\mathfrak{e}_\beta\circ\mathfrak{e}_\gamma\circ\ldots\circ\mathfrak{e}_\nu$ und deren Maßzahlen (Komponenten) $t_{\alpha\beta\gamma\ldots\nu}$. Analog den Dyaden $\mathfrak{a}_1\circ\mathfrak{a}_2$ vermitteln die sogenannten Triaden $\mathfrak{a}_1\circ\mathfrak{a}_2\circ\mathfrak{a}_3$ Tetraden $\mathfrak{a}_1\circ\mathfrak{a}_2\circ\mathfrak{a}_3\circ\mathfrak{a}_4$ bzw. n-stufige Produkte der Form (6.1) spezielle Zuordnungen, so z.B. eine Triade in der Form

$$\mathfrak{x}\cdot\overset{\langle 3\rangle}{\mathbb{A}}{}' = \mathfrak{x}\cdot(\mathfrak{a}_1\circ\mathfrak{a}_2\circ\mathfrak{a}_3) = (\mathfrak{x}\cdot\mathfrak{a}_1)\,\mathfrak{a}_2\circ\mathfrak{a}_3 = \overset{\langle 2\rangle}{\mathfrak{Y}}(\mathfrak{x})' \tag{6.5}$$

einen Zusammenhang, der einem Vektor $\mathfrak{x}$ eine Dyade $(\mathfrak{x}\cdot\mathfrak{a}_1)(\mathfrak{a}_2\circ\mathfrak{a}_3)$ zuordnet, deren Komponenten im übrigen allein von der in die Richtung von $\mathfrak{a}_1$ fallenden Komponente von $\mathfrak{x}$ (linear) abhängen. Operatoren solcher Struktur sind dementsprechend nicht vollständig. Als vollständiger Tensor n-ter Stufe wird ein Satz n-stufiger Tensorprodukte dann bezeichnet, wenn hiermit einem Vektor $\mathfrak{x}$ ein vollständiger Tensor (n-1)ter Stufe $\overset{\langle n-1\rangle}{\mathfrak{Y}}(\mathfrak{x})$ (linear) zugeordnet wird.

Indem man in Verallgemeinerung von (6.5) $\overset{\langle n-1\rangle}{\mathfrak{Y}}(\mathfrak{x})$ als lineare Funktion sämtlicher Komponenten von $\varkappa$ vorsieht, gilt für $\overset{\langle n-1\rangle}{Y}(\varkappa)$ mit drei vollständigen Tensoren $\overset{\langle n-1\rangle}{A}_j$ und drei nicht-komplanaren Vektoren a_j die allgemeine Beziehung

$$\overset{\langle n-1\rangle}{Y}(\varkappa) = \sum_{j=1}^{3}(\varkappa\cdot a_j)\overset{\langle n-1\rangle}{A}_j = \varkappa\cdot\sum_{j=1}^{3}a_j\circ\overset{\langle n-1\rangle}{A}_j = \varkappa\cdot\overset{\langle n\rangle}{A} \quad \text{mit} \quad \overset{\langle n\rangle}{A} = \sum_{j=1}^{3}a_j\circ\overset{\langle n-1\rangle}{A}_j \;, \quad (6.6, 6.6a)$$

also z. B. speziell für n = 3

$$\overset{\langle 2\rangle}{Y}(\varkappa) = \varkappa\cdot\overset{\langle 3\rangle}{A} = \sum_{j=1}^{3}(\varkappa\cdot a_j)\,A_j \;, \quad (6.5a)$$

womit der Unterschied gegenüber (6.5) deutlich wird: Anstelle der Dyade $a_1\circ a_2$ sind nun vollständige Tensoren (A_j) zweiter Stufe getreten und außerdem ist eine Abhängigkeit des (Ergebnis-)Tensors von allen drei Komponenten von $\varkappa$ sichergestellt. Ersetzt man a_j (ohne Einschränkung der Allgemeinheit) z. B. durch die Einheitsvektoren einer Orthonormalbasis $\langle e_j\rangle$, so ist nach (6.6a) mit $A_j = \Sigma a_{jkl}e_k\circ e_l$

$$\overset{\langle 3\rangle}{A} = \sum_{j=1}^{3}e_j\circ A_j = \sum_{j=1}^{3}e_j\circ\sum_{k,l=1}^{3}a_{jkl}\,e_k\circ e_l = \sum_{j,k,l=1}^{3}a_{jkl}\,e_j\circ e_k\circ e_l \quad (6.7a)$$

ein vollständiger Tensor dritter Stufe, entsprechend mit $\overset{\langle 3\rangle}{A}_i = \Sigma a_{ijkl}e_j\circ e_k\circ e_l$

$$\overset{\langle 4\rangle}{A} = \sum_{i=1}^{3}e_i\circ\overset{\langle 3\rangle}{A}_i = \sum_{i=1}^{3}e_i\circ\sum_{j,k,l=1}^{3}a_{ijkl}e_j\circ e_k\circ e_l = \sum_{i,j,k,l=1}^{3}a_{ijkl}e_i\circ e_j\circ e_k\circ e_l \quad (6.7b)$$

ein vollständiger Tensor vierter Stufe usw. und entsprechend

$$\overset{\langle n\rangle}{A} = \sum_{\alpha,\beta,\gamma\ldots,\nu=1}^{3}a_{\alpha\beta\gamma\ldots\nu}\,e_\alpha\circ e_\beta\circ e_\gamma\circ\ldots\circ e_\nu \quad (6.7c)$$

ein vollständiger Tensor n-ter Stufe bestehend aus 3^n speziellen Operatoren $e_\alpha\circ e_\beta\circ e_\gamma\circ\ldots e_\nu$ und deren Maßzahlen $a_{\alpha\beta\gamma\ldots\nu}$, die, im Gegensatz zu (6.4), nunmehr im allgemeinen vollständig voneinander unabhängig sind[3].

---

[3] Man beachte, daß die 3^n Komponenten $t_{\alpha\beta\gamma\ldots\nu}$ von (6.4) nicht vollständig voneinander unabhängig waren, da sie aus den 3n Komponenten der "Faktoren" a_1, a_2, ..., a_n aufgebaut worden sind.

6.2 Komponenten-Transformationsformeln

für Tensoren n-ter Stufe werden - etwa bei Beschränkung auf die Betrachtnahme gegeneinander gedrehter Orthonormalbasen - analog § 3.2 mit den Komponenten λ_{jk} eines Versors
Λ entwickelt, der das Basis-System $\langle \mathbf{e}_j \rangle$ durch Drehung in ein Basissystem $\langle \mathbf{e}_j^* \rangle$ überführt. Indem man in (6.7c)

$$\mathbf{e}_\alpha = \mathbf{e}_\alpha^* \cdot \Lambda^{-1} = \mathbf{e}_\alpha^* \cdot \Lambda^T = \mathbf{e}_\alpha^* \cdot \sum_{\beta,a=1}^{3} \lambda_{a\beta} \mathbf{e}_\beta^* \mathbf{o} \mathbf{e}_a^* = \sum_{a=1}^{3} \lambda_{a\alpha} \mathbf{e}_a^* \, ,$$

$$\mathbf{e}_\beta = \sum_{b=1}^{3} \lambda_{b\beta} \mathbf{e}_b^* \quad , \quad \mathbf{e}_\gamma = \sum_{c=1}^{3} \lambda_{c\gamma} \mathbf{e}_c^* \quad \text{usw.}$$

setzt, bekommt man

$$\overset{\langle n \rangle}{\mathbb{T}} = \sum_{\alpha,\beta,\gamma,\ldots\nu=1}^{3} t_{\alpha\beta\gamma\ldots\nu} \mathbf{e}_\alpha^{} \mathbf{o}\, \mathbf{e}_\beta \mathbf{o}\ldots\mathbf{o}\, \mathbf{e}_\nu = \sum_{a,b,c,\ldots,n=1}^{3} \left[\sum_{\alpha,\beta,\gamma,\ldots,\nu=1}^{3} t_{\alpha\beta\gamma\ldots\nu} \lambda_{a\alpha} \lambda_{b\beta} \ldots \lambda_{n\nu} \right] \mathbf{e}_a^* \mathbf{o} \mathbf{e}_b^* \mathbf{o}\ldots\mathbf{o} \mathbf{e}_n^*$$

$$= \sum_{a,b,c,\ldots,n=1}^{3} t^*_{abc\ldots n} \mathbf{e}_a^* \mathbf{o} \mathbf{e}_b^* \mathbf{o}\ldots\mathbf{o} \mathbf{e}_n^* \, , \tag{6.8a}$$

d.h. in Erweiterung von (3.11d) das Transformationsgesetz

$$t^*_{abc\ldots n} = \sum_{\alpha,\beta,\nu\ldots,\nu=1}^{3} t_{\alpha\beta\gamma\ldots\nu} \, \lambda_{a\alpha} \lambda_{b\beta} \lambda_{c\gamma} \ldots \lambda_{n\nu} \tag{6.8b}$$

mit
$$\lambda_{jk} = \cos (\angle \, \mathbf{e}_j^*, \, \mathbf{e}_k). \tag{6.8c}$$

Die in der Kontinuumsphysik überwiegend benötigten

6.3 Rechenoperationen

sind die durch

$$(a_1 \circ a_2 \circ \ldots \circ a_{n-1} \circ a_n) \cdot (b_1 \circ b_2 \circ \ldots \circ b_m) = a_1 \circ a_2 \circ \ldots \circ a_{n-1} \circ b_2 \circ \ldots \circ b_m (a_n \cdot b_1) \tag{6.9}$$

definierten Skalarproduktbildungen zweier Tensoren (auch als "Überschiebungen" bezeichnet), die als

$$(a_1 \circ a_2 \circ \ldots \circ a_n) \cdot\cdot (b_1 \circ b_2 \circ \ldots \circ b_n) = a_1 \circ a_2 \circ \ldots \circ a_{n-2} \circ b_3 \circ b_4 \circ \ldots \circ b_m (a_n \cdot b_1)(a_{n-1} \cdot b_2) \tag{6.10}$$

definierten Doppeltskalarproduktbildungen und die einfache Vektorproduktbildung, die durch

$$(a_1 \circ a_2 \circ \ldots \circ a_n) \times (b_1 \circ b_2 \circ \ldots \circ b_m) = a_1 \circ a_2 \circ \ldots \circ a_{n-1} \circ (a_n \times b_1) \circ b_2 \circ \ldots \circ b_m \tag{6.11}$$

definiert wird. Mit (6.9 - 11) weist man die Gültigkeit z.B. folgender Rechenregeln für vollständige Tensoren nach[4]:

$$\left[\overset{\langle n\rangle}{\mathbb{A}} \cdot \overset{\langle m\rangle}{\mathbb{B}}\right] \cdot \overset{\langle l\rangle}{\mathbb{C}} = \overset{\langle n\rangle}{\mathbb{A}} \cdot \left[\overset{\langle m\rangle}{\mathbb{B}} \cdot \overset{\langle l\rangle}{\mathbb{C}}\right] = \overset{\langle n\rangle}{\mathbb{A}} \cdot \overset{\langle m\rangle}{\mathbb{B}} \cdot \overset{\langle l\rangle}{\mathbb{C}} \qquad \text{vgl. (2.26a),} \tag{6.12}$$

$$\left[\overset{\langle n\rangle}{\mathbb{A}} \times \overset{\langle m\rangle}{\mathbb{B}}\right] \times \overset{\langle l\rangle}{\mathbb{C}} = \overset{\langle n\rangle}{\mathbb{A}} \times \left[\overset{\langle m\rangle}{\mathbb{B}} \times \overset{\langle l\rangle}{\mathbb{C}}\right] = \overset{\langle n\rangle}{\mathbb{A}} \times \overset{\langle m\rangle}{\mathbb{B}} \times \overset{\langle l\rangle}{\mathbb{C}} \qquad \text{für } m \geq 2;\ n,l \geq 1, \tag{6.13}$$

$$\left[\overset{\langle n\rangle}{\mathbb{A}} \times \overset{\langle m\rangle}{\mathbb{B}}\right] \cdot \overset{\langle l\rangle}{\mathbb{C}} = \overset{\langle n\rangle}{\mathbb{A}} \times \left[\overset{\langle m\rangle}{\mathbb{B}} \cdot \overset{\langle l\rangle}{\mathbb{C}}\right] = \overset{\langle n\rangle}{\mathbb{A}} \times \overset{\langle m\rangle}{\mathbb{B}} \cdot \overset{\langle l\rangle}{\mathbb{C}} \qquad \text{für } m \geq 2;\ n,l \geq 1, \tag{6.14}$$

$$\left[\overset{\langle n\rangle}{\mathbb{A}} \cdot \overset{\langle m\rangle}{\mathbb{B}}\right] \cdot\cdot \overset{\langle l\rangle}{\mathbb{C}} = \overset{\langle n\rangle}{\mathbb{A}} \cdot \left[\overset{\langle m\rangle}{\mathbb{B}} \cdot\cdot \overset{\langle l\rangle}{\mathbb{C}}\right] = \overset{\langle n\rangle}{\mathbb{A}} \cdot \overset{\langle m\rangle}{\mathbb{B}} \cdot\cdot \overset{\langle l\rangle}{\mathbb{C}} \qquad \text{für } n \geq 1;\ m \geq 3;\ l \geq 2, \tag{6.15}$$

$$\left[\overset{\langle n\rangle}{\mathbb{A}} \cdot\cdot \overset{\langle m\rangle}{\mathbb{B}}\right] \cdot\cdot \overset{\langle l\rangle}{\mathbb{C}} = \overset{\langle n\rangle}{\mathbb{A}} \cdot\cdot \left[\overset{\langle m\rangle}{\mathbb{B}} \cdot\cdot \overset{\langle l\rangle}{\mathbb{C}}\right] = \overset{\langle n\rangle}{\mathbb{A}} \cdot\cdot \overset{\langle m\rangle}{\mathbb{B}} \cdot\cdot \overset{\langle l\rangle}{\mathbb{C}} \qquad \text{für } n,l \geq 2;\ m \geq 4, \tag{6.16}$$

$$\left[\overset{\langle n\rangle}{\mathbb{A}} \circ \overset{\langle m\rangle}{\mathbb{B}}\right] \cdot \overset{\langle l\rangle}{\mathbb{C}} = \overset{\langle n\rangle}{\mathbb{A}} \circ \left[\overset{\langle m\rangle}{\mathbb{B}} \cdot \overset{\langle l\rangle}{\mathbb{C}}\right] = \overset{\langle n\rangle}{\mathbb{A}} \circ \overset{\langle m\rangle}{\mathbb{B}} \cdot \overset{\langle l\rangle}{\mathbb{C}} \qquad \text{für } n,l \geq 1;\ m \geq 2, \tag{6.17}$$

$$\left[\overset{\langle n\rangle}{\mathbb{A}} \circ \overset{\langle m\rangle}{\mathbb{B}}\right] \circ \overset{\langle l\rangle}{\mathbb{C}} = \overset{\langle n\rangle}{\mathbb{A}} \circ \left[\overset{\langle m\rangle}{\mathbb{B}} \circ \overset{\langle l\rangle}{\mathbb{C}}\right] = \overset{\langle n\rangle}{\mathbb{A}} \circ \overset{\langle m\rangle}{\mathbb{B}} \circ \overset{\langle l\rangle}{\mathbb{C}} \qquad \text{für } m,n,l \geq 1, \tag{6.18}$$

$$u \times \left[v \times \overset{\langle n\rangle}{\mathbb{A}}\right] = v \circ \left[u \cdot \overset{\langle n\rangle}{\mathbb{A}}\right] - (v \cdot u) \overset{\langle n\rangle}{\mathbb{A}} = v \circ \left[u \cdot \overset{\langle n\rangle}{\mathbb{A}}\right] - v \cdot \left[u \circ \overset{\langle n\rangle}{\mathbb{A}}\right] =$$
$$= v \circ \left[u \cdot \overset{\langle n\rangle}{\mathbb{A}}\right] - u \cdot \left[v \circ \overset{\langle n\rangle}{\mathbb{A}}\right], \tag{6.19a}$$

$$\left[\overset{\langle n\rangle}{\mathbb{A}} \times v\right] \times u = \left[\overset{\langle n\rangle}{\mathbb{A}} \cdot u\right] \circ v - \overset{\langle n\rangle}{\mathbb{A}}(u \cdot v) = \overset{\langle n\rangle}{\mathbb{A}} \cdot (u \circ v) - \left[\overset{\langle n\rangle}{\mathbb{A}} \circ u\right] \cdot v =$$

---

[4] $\overset{\langle n\rangle}{\mathbb{A}}$, $n = 1$, bedeutet einen Vektor.

$$= \left[\overset{\langle n\rangle}{\mathbb{A}}\cdot\mathbf{u}\right]\circ\mathbf{w} - \left[\overset{\langle n\rangle}{\mathbb{A}}\circ\mathbf{w}\right]\cdot\mathbf{u} \qquad\text{vgl. (2.52a,b),}\qquad (6.19b)$$

$$(\mathbf{u}\times\mathbf{w})\times\overset{\langle n\rangle}{\mathbb{A}} = (\mathbf{w}\circ\mathbf{u} - \mathbf{u}\circ\mathbf{w})\cdot\overset{\langle n\rangle}{\mathbb{A}}, \qquad\text{vgl. (2.53a),}\qquad (6.20a)$$

$$\overset{\langle n\rangle}{\mathbb{A}}\times(\mathbf{v}\times\mathbf{u}) = \overset{\langle n\rangle}{\mathbb{A}}\cdot(\mathbf{u}\circ\mathbf{v} - \mathbf{v}\circ\mathbf{u}) \qquad\text{vgl. (2.53b),}\qquad (6.20b)$$

$$(\mathbf{u}\times\mathbf{v})\cdot\overset{\langle n\rangle}{\mathbb{A}} = \mathbf{u}\cdot\left[\mathbf{v}\times\overset{\langle n\rangle}{\mathbb{A}}\right], \qquad \overset{\langle n\rangle}{\mathbb{A}}\cdot(\mathbf{v}\times\mathbf{u}) = \left[\overset{\langle n\rangle}{\mathbb{A}}\times\mathbf{w}\right]\cdot\mathbf{u} \qquad\text{vgl. (2.49a,b)}\qquad (6.21a,b)$$

sowie für m, l $\geq$ 2; n, r $\geq$ 1

$$\left[\overset{\langle n\rangle}{\mathbb{A}}\cdot\overset{\langle m\rangle}{\mathbb{B}}\right]\times\left[\overset{\langle l\rangle}{\mathbb{C}}\cdot\overset{\langle r\rangle}{\mathbb{D}}\right] = \overset{\langle n\rangle}{\mathbb{A}}\cdot\left[\overset{\langle m\rangle}{\mathbb{B}}\times\overset{\langle l\rangle}{\mathbb{C}}\right]\cdot\overset{\langle r\rangle}{\mathbb{D}} = \overset{\langle n\rangle}{\mathbb{A}}\cdot\overset{\langle m\rangle}{\mathbb{B}}\times\overset{\langle l\rangle}{\mathbb{C}}\cdot\overset{\langle r\rangle}{\mathbb{D}} \qquad (6.22)$$

und schließlich

$$\overset{\langle n\rangle}{\mathbb{A}}\cdot\mathbb{E} = \mathbb{E}\cdot\overset{\langle n\rangle}{\mathbb{A}} = \overset{\langle n\rangle}{\mathbb{A}}. \qquad (6.23)$$

In Kontinuumstheorien sog. "nichtlokaler Stoffe vom Gradiententyp", wo höherstufige als zweistufige Tensoren benötigt werden[5], treten im Zusammenhang mit der Berechnung von Leistungsabsorptionen je Masseneinheit (in Form sog. "Spannungsarbeit") höhere als Doppeltskalarproduktbildungen auf. Man definiert in Verallgemeinerung von (6.10) als p-fach-Skalarprodukt[6]

$$\left(\mathbf{a}_1\circ\mathbf{a}_2\circ\ldots\circ\mathbf{a}_{n-1}\circ\mathbf{a}_n\right)\underbrace{\cdots\cdots\cdots}_{\text{p-fach}}\left(\mathbf{b}_1\circ\mathbf{b}_2\circ\ldots\circ\mathbf{b}_m\right) =$$

$$= \mathbf{a}_1\circ\mathbf{a}_2\circ\ldots\circ\mathbf{a}_{n-p}\circ\mathbf{b}_{p+1}\circ\ldots\circ\mathbf{b}_m\left[(\mathbf{a}_n\cdot\mathbf{b}_1)(\mathbf{a}_{n-1}\cdot\mathbf{b}_2)\ldots(\mathbf{a}_{n-(p-1)}\cdot\mathbf{b}_p)\right], \qquad (6.24)$$

und indem man als zu einem Tensor n-ter Stufe $\mathbb{T}$ transponierten Tensor $\mathbb{T}^T$ die Operation

$$\left(\mathbf{a}_1\circ\mathbf{a}_2\circ\ldots\circ\mathbf{a}_n\right)^T = \mathbf{a}_n\circ\mathbf{a}_{n-1}\circ\ldots\circ\mathbf{a}_1 \qquad (6.25a)$$

definiert, bei der die Faktoren-Reihenfolge gekehrt ist, wird - in Analogie zur diesbezüglichen Prozedur bei Tensoren zweiter Stufe (vgl. (2.60)) - Betragsbildung mittels

$$\left|\overset{\langle n\rangle}{\mathbb{T}}\right| = \sqrt{\overset{\langle n\rangle}{\mathbb{T}}\underbrace{\cdots\cdots}_{\text{n-fach}}\overset{\langle n\rangle}{\mathbb{T}}{}^T} = \sqrt{\sum_{\alpha,\beta,\gamma,\ldots,\nu=1}^{3} t_{\alpha\beta\gamma\ldots\nu}^2} \qquad (6.25b)$$

vorgenommen.

In Verallgemeinerung der diesbezüglichen Rechenregeln im Zusammenhang mit Doppelt-

---

[5] und zwar sowohl höherstufige dynamische (Spannungs–) als auch kinematische (Verzerrungs–)Tensoren.

[6] wobei, wie man leicht überlegt, das p–fache Produkt zweier q– bzw. r–stufiger Tensoren eine s = (q + r −2p)–stufige Größe ergibt.

skalarproduktbildungen an zweistufigen Tensoren gelten

$$\overset{\langle n\rangle}{A}\underbrace{\cdots\cdots}_{n-fach}\overset{\langle n\rangle}{B}=\overset{\langle n\rangle}{B}\underbrace{\cdots\cdots}_{n-fach}\overset{\langle n\rangle}{A}=\overset{\langle n\rangle}{A}{}^{T}\underbrace{\cdots\cdots}_{n-fach}\overset{\langle n\rangle}{B}{}^{T}=\overset{\langle n\rangle}{B}{}^{T}\underbrace{\cdots\cdots}_{n-fach}\overset{\langle n\rangle}{A}{}^{T} \tag{6.25c}$$

aber auch allgemeiner (mit $p \leq n,m$, $q \leq m+n-2p,r$)

$$\left[\overset{\langle n\rangle}{A}\underbrace{\cdots\cdots}_{p-fach}\overset{\langle m\rangle}{B}\right]^{T}=\overset{\langle m\rangle}{B}{}^{T}\underbrace{\cdots\cdots}_{p-fach}\overset{\langle n\rangle}{A}{}^{T}\;,$$

$$\left[\overset{\langle n\rangle}{A}\underbrace{\cdots\cdots}_{p-fach}\overset{\langle m\rangle}{B}\underbrace{\cdots\cdots}_{q-fach}\overset{\langle r\rangle}{C}\right]^{T}=\overset{\langle r\rangle}{C}{}^{T}\underbrace{\cdots\cdots}_{q-fach}\overset{\langle m\rangle}{B}{}^{T}\underbrace{\cdots\cdots}_{p-fach}\overset{\langle n\rangle}{A}{}^{T}\;, \tag{6.25d}$$

usw. worin mit $p,q = 0$ der Fall der Tensorproduktbildung eingeschlossen ist.

Analog (2.33) lassen sich für gradzahlig-stufige Tensoren $\overset{\langle 2n\rangle}{A}$

<u>Cayley-Hamilton-Relationen</u> erzeugen, mit denen sich durch

$$\overset{\langle 2n\rangle}{A}{}^{j}=\underbrace{\overset{\langle 2n\rangle}{A}\underbrace{\cdots\cdots}_{n-fach}\overset{\langle 2n\rangle}{A}\underbrace{\cdots\cdots}_{n-fach}\cdots\overset{\langle 2n\rangle}{A}}_{j\ mal} \tag{6.25e}$$

definierte beliebige Tensorpotenzen durch eine begrenzte Zahl (nämlich $3^{n}-1$) von Potenzen bis zur Potenz $(3^{n}-1)$ten Grades darstellen lassen. Die diesbezügliche Herleitung unter § E2 fußt auf der Möglichkeit, Tensoren nter Stufe als Vektoren, Tensoren 2nter Stufe als zweistufige Tensoren in einem 3^{n}-dimensionalen Vektorraum auffassen zu können.

6.4 Tensoren dritter Stufe

$$\overset{\langle 3\rangle}{A}=\sum_{i=1}^{3}e_{i}\circ A_{j}=\sum_{i,j,k,=1}^{3}a_{ijk}e_{i}\circ e_{j}\circ e_{k}\;,\qquad A_{i}=\sum_{j,k=1}^{3}a_{ijk}e_{j}\circ e_{k}\;, \tag{6.26a}$$

vermitteln per
$$Y(x)=x\cdot\overset{\langle 3\rangle}{A}=\sum_{j=1}^{3}x_{j}A_{j} \tag{6.26b}$$

bzw.
$$z(Y)=\overset{\langle 3\rangle}{A}\cdot\cdot\,Y=\sum_{i=1}^{3}(A_{i}\cdot\cdot\,Y)e_{i} \tag{6.26c}$$

(nicht-invertierbare[7]) Abbildungen von Vektoren in Tensoren zweiter Stufe bzw. von Tensoren zweiter Stufe in Vektoren. Mit dem durch

$$\overset{\langle 3\rangle}{A}{}^T = \sum_{j=1}^{3} A_j^T \circ e_j \ , \qquad\qquad \left(\overset{\langle 3\rangle}{A}{}^T\right)^T = \overset{\langle 3\rangle}{A} \tag{6.26d}$$

zu definierenden zu $\overset{\langle 3\rangle}{A}$ transponierten Tensor (vgl. 6.25a) bezeichnet - analog (2.60) -

$$\left|\overset{\langle 3\rangle}{A}\right| = \sqrt{\overset{\langle 3\rangle}{A}\cdots\overset{\langle 3\rangle}{A}{}^T} = \sqrt{\overset{\langle 3\rangle}{A}{}^T\cdots\overset{\langle 3\rangle}{A}} = \sqrt{\sum_{j=1}^{3} A_i\cdots A_i^T} = \sqrt{\sum_{i,j,k=1}^{3} a_{ijk}^2} \tag{6.26e}$$

den Betrag des Tensors $\overset{\langle 3\rangle}{A}$ und es gilt nach (6.25c)

$$\overset{\langle 3\rangle}{A}\cdots\overset{\langle 3\rangle}{B} = \overset{\langle 3\rangle}{B}\cdots\overset{\langle 3\rangle}{A} = \overset{\langle 3\rangle}{A}{}^T\cdots\overset{\langle 3\rangle}{B}{}^T = \overset{\langle 3\rangle}{B}{}^T\cdots\overset{\langle 3\rangle}{A}{}^T \ . \tag{6.26f}$$

Beispiele für dreistufige Tensoren sind

6.4.1 Der $\mathcal{E}$-Tensor (sog. "Permutationstensor")

$$\mathcal{E} = -\,E \times E = -\sum_{j,l=1}^{3} e_j\circ e_j \times e_l\circ e_l =^{8)} -\sum_{j,k,l=1}^{3} \epsilon_{\langle jlk\rangle} e_j\circ e_k\circ e_l =$$

$$= \sum_{j,k,l=1}^{3} \epsilon_{\langle jkl\rangle} e_j\circ e_k\circ e_l \qquad (\text{Orthonormalbasis } \langle e_j\rangle) \ , \tag{6.27}$$

für den man

$$\mathcal{E}^T = -\mathcal{E} \ , \quad \mathcal{E}\cdot\cdot\mathcal{E} = -\,2E \ , \quad \mathcal{E}\cdots\mathcal{E} \equiv (\mathcal{E}\cdot\cdot\mathcal{E})\cdot\cdot E = -6 \tag{6.27a,b,c}$$

nachweist. Er ist ein Operator mit dem sich Vektorprodukt-Operationen durch Skalarprodukt- bzw. Doppeltskalarproduktbildungen ersetzen lassen.

So kann z. B. wegen

$$a\cdot\mathcal{E} = -\,a\cdot(E \times E) = -\,a\cdot E \times E = -\,a \times E \overset{(2.50b)}{=} -\,E \times a = \mathcal{E}\cdot a \tag{6.28a}$$

---

[7] Weil – wie etwa im Falle (6.26c) sogleich sichtbar – alle zweistufigen Tensoren mit im Sinne von $\Delta Y\cdot\cdot A_j = 0$, $j = 1,..,3$ (zu den Koeffizientendyaden A_j) orthogonalen Anteilen ΔY zum selben Ergebnisvektor $z(Y)$ führen.

[8] Man beachte $e_j \times e_l = \displaystyle\sum_{k=1}^{3} \epsilon_{\langle jlk\rangle} e_k$, $\epsilon_{\langle jkl\rangle} = [e_j e_k e_l]$.

für das Vektorprodukt zweier Vektoren $\mathbf{a}$ und $\mathbf{b}$

$$\mathbf{a} \times \mathbf{b} \equiv \mathbf{a} \times (\mathbb{E} \cdot \mathbf{b}) \overset{(2.50b)}{=} (\mathbf{a} \times \mathbb{E}) \cdot \mathbf{b} = - \mathbf{a} \cdot \boldsymbol{\varepsilon} \cdot \mathbf{b} =$$

$$= - (\boldsymbol{\varepsilon} \cdot \mathbf{a}) \cdot \mathbf{b} = - \boldsymbol{\varepsilon} \cdot \cdot (\mathbf{a} \circ \mathbf{b}) = - \mathbf{a} \cdot (\mathbf{b} \cdot \boldsymbol{\varepsilon}) = - \mathbf{a} \circ \mathbf{b} \cdot \cdot \boldsymbol{\varepsilon} \qquad (6.28b)$$

bzw.

$$\mathbf{a} \times \mathbf{b} = - \mathbf{b} \times \mathbf{a} = - \mathbf{b} \cdot (\mathbb{E} \times \mathbf{a}) = \mathbf{b} \cdot \boldsymbol{\varepsilon} \cdot \mathbf{a} = \mathbf{b} \cdot (\mathbf{a} \cdot \boldsymbol{\varepsilon}) = (\mathbf{b} \circ \mathbf{a}) \cdot \cdot \boldsymbol{\varepsilon} = (\boldsymbol{\varepsilon} \cdot \mathbf{b}) \cdot \mathbf{a} = \boldsymbol{\varepsilon} \cdot \cdot (\mathbf{b} \circ \mathbf{a}) \qquad (6.28c)$$

geschrieben werden, was in Verallgemeinerung auf zweistufige Tensoren $\mathbb{A} = \sum\limits_{j=1}^{3} \mathbf{a}_j \circ \mathbf{b}_j$ zu

$$\mathbb{A} \cdot \cdot \boldsymbol{\varepsilon} = \boldsymbol{\varepsilon} \cdot \cdot \mathbb{A} = - \boldsymbol{\varepsilon} \cdot \cdot \mathbb{A}^T = - \mathbb{A}^T \cdot \cdot \boldsymbol{\varepsilon} = - \sum\limits_{j=1}^{3} \mathbf{a}_j \times \mathbf{b}_j \overset{(2.19a)}{=} - \overset{\times}{\mathbf{a}} \qquad (6.29)$$

führt. Spezialisiert man in (6.28b,c) auf $\mathbf{a} = \mathbf{b}$, so gilt

$$\boldsymbol{\varepsilon} \cdot \cdot (\mathbf{a} \circ \mathbf{a}) = (\mathbf{a} \circ \mathbf{a}) \cdot \cdot \boldsymbol{\varepsilon} \; (= - \mathbf{a} \times \mathbf{a}) = \mathbb{O} \; , \qquad (6.30a)$$

wonach das Doppeltskalarprodukt des $\boldsymbol{\varepsilon}$-Tensors mit symmetrischen Dyaden und damit allgemein mit symmetrischen zweistufigen Tensoren verschwindet:

$$\boldsymbol{\varepsilon} \cdot \cdot \mathbb{A}_s = \mathbb{A}_s \cdot \cdot \boldsymbol{\varepsilon} = 0 \; , \; \text{für} \quad \mathbb{A}_s = \mathbb{A}_s^T \; . \qquad (6.30b)$$

Hiermit ist (6.29) unter Benutzung von (6.27a) auch nach Doppelskalarmultiplikation der Zerlegungsformel (2.51b) zu verifizieren:

$$\boldsymbol{\varepsilon} \cdot \cdot \mathbb{A} = \boldsymbol{\varepsilon} \cdot \cdot (\mathbb{A}_s - \tfrac{1}{2} \mathbb{E} \times \overset{\times}{\mathbf{a}}) \equiv - \tfrac{1}{2} \boldsymbol{\varepsilon} \cdot \cdot (\mathbb{E} \times \overset{\times}{\mathbf{a}}) = \boldsymbol{\varepsilon} \cdot \cdot \tfrac{1}{2} (\mathbb{A} - \mathbb{A}^T) = - \tfrac{1}{2} \boldsymbol{\varepsilon} \cdot \cdot [\mathbb{E} \times (\mathbb{E} \cdot \overset{\times}{\mathbf{a}})] =$$

$$= - \tfrac{1}{2} \boldsymbol{\varepsilon} \cdot \cdot [(\mathbb{E} \times \mathbb{E}) \cdot \overset{\times}{\mathbf{a}}] \overset{(6.27)}{=} \tfrac{1}{2} \boldsymbol{\varepsilon} \cdot \cdot (\boldsymbol{\varepsilon} \cdot \overset{\times}{\mathbf{a}}) = \tfrac{1}{2} \boldsymbol{\varepsilon} \cdot \cdot \boldsymbol{\varepsilon} \cdot \overset{\times}{\mathbf{a}} \overset{(6.27a)}{=} - \overset{\times}{\mathbf{a}} \; .$$

In Verallgemeinerung von (6.28b,c) lassen sich schließlich noch

$$\mathbf{a} \times \overset{<n>}{\mathbb{A}} = - \boldsymbol{\varepsilon} \cdot \cdot \left[\mathbf{a} \circ \overset{<n>}{\mathbb{A}} \right] \; , \qquad \overset{<n>}{\mathbb{A}} \times \mathbf{a} = - \left[\overset{<n>}{\mathbb{A}} \circ \mathbf{a} \right] \cdot \cdot \boldsymbol{\varepsilon} \qquad (6.30c,d)$$

nachweisen ,desweiteren unter Benutzung von Dyaden unter Beachtung von (1.20) die Identitäten

$$(\mathbb{A} \cdot \mathbb{B}) \cdot \cdot \mathbb{E} \times \mathbb{E} \;\; =^{9)} \; - \left[\mathbb{A} \cdot \cdot \mathbb{E} \times \mathbb{E} \right] \cdot \left[\mathbb{B}^T - (\mathbb{E} \cdot \cdot \mathbb{B}) \mathbb{E} \right] -$$

$$- \left[\mathbb{B} \cdot \cdot \mathbb{E} \times \mathbb{E} \right] \cdot \left[\mathbb{A}^T - (\mathbb{E} \cdot \cdot \mathbb{A}) \mathbb{E} \right] - (\mathbb{B} \cdot \mathbb{A}) \cdot \cdot \mathbb{E} \times \mathbb{E} \; , \qquad (6.31a)$$

[9)] Hierin bedeuten $\mathbb{A}$, $\mathbb{B}$ zweistufige Tensoren

$$(\mathbf{a}\times\mathbb{B})\cdot\cdot\,\mathbb{E}\times\mathbb{E} \overset{(6.29)}{\equiv} -(\mathbf{a}\times\mathbb{B})^T\cdot\cdot\,\mathbb{E}\times\mathbb{E} \overset{(2.48)}{\equiv} (\mathbb{B}^T\times\mathbf{a})\cdot\cdot\,\mathbb{E}\times\mathbb{E} =^{10)} \mathbf{a}\cdot(\mathbb{B}^T-(\mathbb{E}\cdot\cdot\,\mathbb{B})\mathbb{E}) , \qquad (6.31\text{b})$$

d. h.

$$(\mathbb{E}\times\mathbb{B})\cdot\cdot\,\mathbb{E}\times\mathbb{E} \equiv (\mathbb{E}\times\mathbb{E})\cdot\cdot(\mathbb{B}\times\mathbb{E}) \equiv^{11)} \left[(\mathbb{E}\times\mathbb{E})\cdot\cdot(\mathbb{B}^T\times\mathbb{E})\right]^T = \mathbb{B}^T-(\mathbb{E}\cdot\cdot\,\mathbb{B})\mathbb{E} , \qquad (6.31\text{c})$$

und speziell mit $\mathbb{B} = \mathbf{u}\circ\mathbf{v}$, d. h.

$$(\mathbb{A}\cdot\mathbb{B})\cdot\cdot\,\mathbb{E}\times\mathbb{E} = \left[(\mathbb{A}\cdot\mathbf{u})\circ\mathbf{v}\right]\cdot\cdot\,\mathbb{E}\times\mathbb{E} = (\mathbb{A}\cdot\mathbf{u})\times\mathbf{v} ,$$

$$(\mathbb{B}\cdot\mathbb{A})\cdot\cdot\,\mathbb{E}\times\mathbb{E} = \left[\mathbf{u}\circ(\mathbf{v}\cdot\mathbb{A})\right]\cdot\cdot\,\mathbb{E}\times\mathbb{E} = \mathbf{u}\times(\mathbf{v}\cdot\mathbb{A}) , \quad \mathbb{B}\cdot\cdot\,\mathbb{E}\times\mathbb{E} = \mathbf{u}\times\mathbf{v}$$

für symmetrische Tensoren $\mathbb{A} = \mathbb{A}^T$ mit $\mathbb{A}\cdot\cdot\,\mathbb{E}\times\mathbb{E} = 0$

$$(\mathbb{A}\cdot\mathbf{u})\times\mathbf{v} + \mathbf{u}\times(\mathbf{v}\cdot\mathbb{A}) = -(\mathbf{u}\times\mathbf{v})\cdot\left[\mathbb{A}-(\mathbb{E}\cdot\cdot\,\mathbb{A})\mathbb{E}\right]. \qquad (6.31\text{d})$$

Zum Nachweis von (6.31a) setzt man mit Vektoren $\mathbf{a}_j$, $\mathbf{b}_j$, $j = 1,2$

$$\mathbb{A} = \mathbf{a}_1\circ\mathbf{a}_2 , \quad \mathbb{B} = \mathbf{b}_1\circ\mathbf{b}_2 ,$$

also

$$(\mathbb{A}\cdot\mathbb{B})\cdot\cdot\,\mathbb{E}\times\mathbb{E} = \left[(\mathbf{a}_1\circ\mathbf{a}_2)\cdot(\mathbf{b}_1\circ\mathbf{b}_2)\right]\cdot\cdot\,\mathbb{E}\times\mathbb{E} = (\mathbf{a}_2\cdot\mathbf{b}_1)(\mathbf{a}_1\circ\mathbf{b}_2)\cdot\cdot\,\mathbb{E}\times\mathbb{E}$$

$$= (\mathbf{a}_2\cdot\mathbf{b}_1)\mathbf{a}_1\cdot(\mathbf{b}_2\cdot\mathbb{E}\times\mathbb{E}) = (\mathbf{a}_2\cdot\mathbf{b}_1)\mathbf{a}_1\cdot(\mathbf{b}_2\times\mathbb{E}) = (\mathbf{a}_2\cdot\mathbf{b}_1)\mathbf{a}_1\times\mathbf{b}_2 ,$$

---

10) Hierin bedeuten $\mathbf{a}$ einen Vektor, $\mathbb{B}$ einen zweistufigen Tensor. (6.31b) ist aus (6.31a) mit $\mathbb{A} = \mathbf{a}\times\mathbb{E}$ zu identifizieren, aber auch unmittelbar aus

$$(\mathbf{a}\times\mathbb{B})\cdot\cdot\,\mathbb{E}\times\mathbb{E} \equiv (\mathbb{B}^T\times\mathbf{a})\cdot\cdot\,\mathbb{E}\times\mathbb{E} = (\mathbb{B}^T\cdot(\mathbf{a}\times\mathbb{E}))\cdot\cdot\,\mathbb{E}\times\mathbb{E} \equiv \mathbb{B}^T\cdot\cdot(\mathbf{a}\times\mathbb{E}\cdot\mathbb{E}\times\mathbb{E}) =$$

$$= \mathbb{B}^T\cdot\cdot(\mathbf{a}\times\mathbb{E}\times\mathbb{E}) \equiv \mathbb{B}^T\cdot\cdot((\mathbb{E}\times\mathbf{a})\times\mathbb{E})$$

unter Verwendung von

$$(\mathbb{E}\times\mathbf{a})\times\mathbb{E} = \sum_{j,k=1}^{3} (\mathbf{e}_j\circ\mathbf{e}_j\times\mathbf{a})\times\mathbf{e}_k\circ\mathbf{e}_k \overset{(1.20)}{=} -\mathbb{E}\circ\mathbf{a} + \sum_{j=1}^{3}\mathbf{e}_j\circ\mathbf{a}\circ\mathbf{e}_j ,$$

$$\mathbb{B}^T\cdot\cdot\sum_{j=1}^{3}\mathbf{e}_j\circ\mathbf{a}\circ\mathbf{e}_j = \sum_{j=1}^{3}(\mathbf{a}\cdot\mathbb{B}^T\cdot\mathbf{e}_j)\mathbf{e}_j \equiv \mathbf{a}\cdot\mathbb{B}^T\cdot\sum_{j=1}^{3}\mathbf{e}_j\circ\mathbf{e}_j = \mathbf{a}\cdot\mathbb{B}^T\cdot\mathbb{E} = \mathbf{a}\cdot\mathbb{B}^T$$

11) Man beachte in (6.31b) $\quad (\mathbf{a}\times\mathbb{B})\cdot\cdot\,\mathbb{E}\times\mathbb{E} = \mathbf{a}\cdot(\mathbb{E}\times\mathbb{B})\cdot\cdot\,\mathbb{E}\times\mathbb{E}$

sowie $\left[(\mathbb{E}\times\mathbb{E})\cdot\cdot(\mathbb{B}^T\times\mathbb{E})\right]^T = \left[(\mathbb{E}\times\mathbb{E})\cdot\cdot\left[\mathbb{B}^T\cdot(\mathbb{E}\times\mathbb{E})\right]\right]^T \overset{(6.25\text{d})}{\equiv} \left[\mathbb{B}^T\cdot(\mathbb{E}\times\mathbb{E})\right]^T\cdot\cdot(\mathbb{E}\times\mathbb{E})^T \equiv$

$\overset{(6.25\text{d})}{\equiv} \left[(\mathbb{E}\times\mathbb{E})^T\cdot\mathbb{B}\right]\cdot\cdot(\mathbb{E}\times\mathbb{E})^T \overset{(6.27\text{b})}{=} \left[(\mathbb{E}\times\mathbb{E})\cdot\mathbb{B}\right]\cdot\cdot\,\mathbb{E}\times\mathbb{E} \equiv (\mathbb{E}\times\mathbb{B})\cdot\cdot\,\mathbb{E}\times\mathbb{E}$

und

$$(\mathbb{E}\times\mathbb{B})\cdot\cdot\,\mathbb{E}\times\mathbb{E} \equiv \left[(\mathbb{E}\times\mathbb{E})\cdot\mathbb{B}\right]\cdot\cdot\,\mathbb{E}\times\mathbb{E} \equiv (\mathbb{E}\times\mathbb{E})\cdot\cdot(\mathbb{B}\cdot\mathbb{E}\times\mathbb{E}) = (\mathbb{E}\times\mathbb{E})\cdot\cdot(\mathbb{B}\times\mathbb{E}).$$

$$\mathbb{A}\cdot\cdot\,\mathbb{E}\times\mathbb{E} \quad = (\mathbb{a}_1 \circ \mathbb{a}_2)\cdot\cdot\,\mathbb{E}\times\mathbb{E} = \mathbb{a}_1 \times \mathbb{a}_2 \,,\; \mathbb{B}\cdot\cdot\,\mathbb{E}\times\mathbb{E} = \mathbb{b}_1 \times \mathbb{b}_2 \,,$$

$$(\mathbb{B}\cdot\mathbb{A})\cdot\cdot\,\mathbb{E}\times\mathbb{E} \quad = \left[(\mathbb{b}_1 \circ \mathbb{b}_2)\cdot(\mathbb{a}_1 \circ \mathbb{a}_2)\right]\cdot\cdot\,\mathbb{E}\times\mathbb{E} = (\mathbb{a}_1\cdot\mathbb{b}_2)\mathbb{b}_1 \times \mathbb{a}_2$$

und prüft, ob im Sinne von (6.31a) die Identität

$$(\mathbb{a}_2\cdot\mathbb{b}_1)\mathbb{a}_1 \times \mathbb{b}_2 + (\mathbb{a}_1 \times \mathbb{a}_2)\cdot\left[\mathbb{b}_2\circ\mathbb{b}_1 - (\mathbb{b}_1\cdot\mathbb{b}_2)\mathbb{E}\right] + $$

$$+ (\mathbb{b}_1 \times \mathbb{b}_2)\cdot\left[\mathbb{a}_2\circ\mathbb{a}_1 - (\mathbb{a}_1\cdot\mathbb{a}_2)\mathbb{E}\right] + (\mathbb{a}_1\cdot\mathbb{b}_2)(\mathbb{b}_1 \times \mathbb{a}_2) = 0$$

gilt. Weil jedoch desweiteren die identischen Umformungen

$$(\mathbb{a}_2\cdot\mathbb{b}_1)\mathbb{a}_1 \times \mathbb{b}_2 + (\mathbb{a}_1 \times \mathbb{a}_2)\cdot(\mathbb{b}_2\circ\mathbb{b}_1) = (\mathbb{a}_2\cdot\mathbb{b}_1)\mathbb{a}_1 \times \mathbb{b}_2 - \left[(\mathbb{a}_1 \times \mathbb{b}_2)\cdot\mathbb{a}_2\right]\mathbb{b}_1$$
$$\overset{(1\,.\,20)}{=} \quad -\mathbb{a}_2 \times \left[\mathbb{b}_1 \times (\mathbb{a}_1 \times \mathbb{b}_2)\right] \,,$$

$$-(\mathbb{a}_1 \times \mathbb{a}_2)(\mathbb{b}_1\cdot\mathbb{b}_2) + (\mathbb{a}_1\cdot\mathbb{b}_2)(\mathbb{b}_1 \times \mathbb{a}_2) = \mathbb{a}_2 \times \left[\mathbb{a}_1(\mathbb{b}_1\cdot\mathbb{b}_2) - \mathbb{b}_1(\mathbb{a}_1\cdot\mathbb{b}_2)\right]$$
$$\overset{(1\,.\,20)}{=} \quad \mathbb{a}_2 \times \left[\mathbb{b}_2 \times (\mathbb{a}_1 \times \mathbb{b}_1)\right]$$

und schließlich

$$(\mathbb{b}_1 \times \mathbb{b}_2)\cdot\left[\mathbb{a}_2\circ\mathbb{a}_1 - (\mathbb{a}_1\cdot\mathbb{a}_2)\mathbb{E}\right] = \left[(\mathbb{b}_1 \times \mathbb{b}_2)\cdot\mathbb{a}_2\right]\mathbb{a}_1 - (\mathbb{a}_1\cdot\mathbb{a}_2)(\mathbb{b}_1 \times \mathbb{b}_2)$$
$$\overset{(1\,.\,20)}{=} \quad \mathbb{a}_2 \times \left[\mathbb{a}_1 \times (\mathbb{b}_1 \times \mathbb{b}_2)\right]$$

möglich sind, hat man zum Nachweis von (6.31a) Gültigkeit von

$$\mathbb{a}_2 \times \left[-\mathbb{b}_1 \times (\mathbb{a}_1 \times \mathbb{b}_2) + \mathbb{b}_2 \times (\mathbb{a}_1 \times \mathbb{b}_1) + \mathbb{a}_1 \times (\mathbb{b}_1 \times \mathbb{b}_2)\right] = 0$$

bzw. von

$$\mathbb{a}_1 \times (\mathbb{b}_1 \times \mathbb{b}_2) + \mathbb{b}_2 \times (\mathbb{a}_1 \times \mathbb{b}_1) - \mathbb{b}_1 \times (\mathbb{a}_1 \times \mathbb{b}_2) = 0$$

festzustellen, was man schließlich unter Benutzung von (1.20) leicht verifiziert.

Die Identitäten (6.31) werden u. a. für koordinateninvariante Darstellungen der Winkeländerungen des Hauptachsendreibeins bei Ableitung symmetrischer zweistufiger Tensoren benötigt (vgl. §4.7).

Aus (6.27), d.h.

$$\mathcal{E} = \mathbb{e}_1 \circ (\mathbb{e}_2 \circ \mathbb{e}_3 - \mathbb{e}_3 \circ \mathbb{e}_2) + \mathbb{e}_2 \circ (\mathbb{e}_3 \circ \mathbb{e}_1 - \mathbb{e}_1 \circ \mathbb{e}_3) + \mathbb{e}_3 \circ (\mathbb{e}_1 \circ \mathbb{e}_2 - \mathbb{e}_2 \circ \mathbb{e}_1)$$

erkennt man für die Darstellung von $\mathcal{E}$ übrigens die einfache Merkregel in Form des Schemas

$$\mathfrak{E} = \begin{vmatrix} \mathbf{e}_1 & \mathbf{e}_1 & \mathbf{e}_1 \\ \mathbf{e}_2 & \mathbf{e}_2 & \mathbf{e}_2 \\ \mathbf{e}_3 & \mathbf{e}_3 & \mathbf{e}_3 \end{vmatrix} \; , \tag{6.32a}$$

wobei Letzteres als Determinanten-Operation aufzufassen ist in der Weise, daß sämtliche Multiplikationsoperationen tensoriell und insbesondere so zu verstehen sind, daß dabei nach den Elementen der ersten Spalte "entwickelt" werden und die (durch die Spalten-Reihenfolge festgelegte) Faktoren-Reihenfolge korrekt beachtet werden muß.

Hiermit verifiziert man mittels

$$\mathbb{b}\circ \mathbb{a}\cdot\cdot\,\mathfrak{E} \; \overset{\wedge}{=} \; \begin{vmatrix} \mathbb{a}\cdot\mathbf{e}_1 & \mathbb{b}\cdot\mathbf{e}_1 & \mathbf{e}_1 \\ \mathbb{a}\cdot\mathbf{e}_2 & \mathbb{b}\cdot\mathbf{e}_2 & \mathbf{e}_2 \\ \mathbb{a}\cdot\mathbf{e}_3 & \mathbb{b}\cdot\mathbf{e}_3 & \mathbf{e}_3 \end{vmatrix} \equiv \begin{vmatrix} \mathbf{e}_1 & \mathbf{e}_2 & \mathbf{e}_3 \\ \mathbb{a}\cdot\mathbf{e}_1 & \mathbb{a}\cdot\mathbf{e}_2 & \mathbb{a}\cdot\mathbf{e}_3 \\ \mathbb{b}\cdot\mathbf{e}_1 & \mathbb{b}\cdot\mathbf{e}_2 & \mathbb{b}\cdot\mathbf{e}_3 \end{vmatrix} \tag{6.32b}$$

sogleich die bekannte "symbolische Determinanten-Schreibweise" für die Darstellung eines Vektorprodukts $\mathbb{a}\times\mathbb{b}$. Als

6.4.2   Beispiele aus der Mechanik

sollen hier ein (in den beiden hinteren Indizes symmetrischer) dynamischer (Spannungs-) Tensor bzw. ein (in den beiden vorderen bzw. hinteren Indizes symmetrischer) kinematischer (Verzerrungs-)Tensor erwähnt werden.

a)   Im Zusammenhang mit der Aufgabe, den Spannungszustand in einem Punkte Q eines linear–elastischen Kontinuums in Abhängigkeit von einer (in P angreifenden) Kraft $\mathbb{p}$ (Abb. 6.1) im Rahmen der Theorie kleiner Verformungen in allgemeiner Weise darzustellen, wird ein Tensor dritter Stufe benötigt. Bezeichnet man die in Q infolge der speziellen Belastungen $\left(\mathbb{p}\cdot\mathbf{e}_j\right) = p_j = 1$ eintretenden Spannungswerte mit $\mathfrak{S}_j$, so gilt nach dem Superpositionsprinzip für die Gesamtspannung $\mathfrak{S}$ in Q

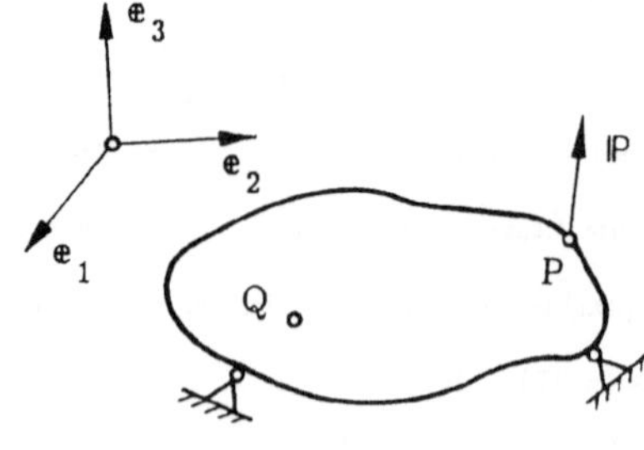

Abb. 6.1

$$\mathbb{S} = \mathbb{S}(\mathbb{p}) = \sum_{j=1}^{3} p_j \mathbb{S}_j = (\mathbb{p} \cdot \mathbb{e}_j) \mathbb{S}_j \overset{(6.1a)}{=} \mathbb{p} \cdot \sum_{j=1}^{3} \mathbb{e}_j \circ \mathbb{S}_j = \mathbb{p} \cdot \overset{\langle 3 \rangle}{\mathbb{S}} \, ,$$

worin mit

$$\overset{\langle 3 \rangle}{\mathbb{S}} = \sum_{j=1}^{3} \mathbb{e}_j \circ \mathbb{S}_j = \sum_{j,k,l=1}^{3} \sigma_{jkl} \, \mathbb{e}_j \circ \mathbb{e}_k \circ \mathbb{e}_l \quad , \quad \mathbb{S}_j = \sum_{k,l=1}^{3} \sigma_{jkl} \, \mathbb{e}_k \circ \mathbb{e}_l$$

den diese lineare Zuordnung vermittelnden (Spannungs–)Tensor dritter Stufe bedeutet. An diesem Beispiel erkennt man übrigens die Notwendigkeit in sog. "nicht–lokalen" Kontinuumstheorien durchaus auch mit (Spannungs–)Tensoren höherer Stufe arbeiten zu müssen, wenn man den Einfluß sog. "Fernkorrelationen" explizit sichtbar machen will[12].

b) Erweiterungen der "Theorie einfacher Stoffe" werden — auf der Basis der klassischen Kontinuumsmodell–Vorstellung — dergestalt vorgenommen, daß man als (in Materialgleichungen für am Massenelement definierte dynamische bzw. energetische Größen) "relevante" kinematische (Zustands–)Größen nicht allein die aus ersten Verschiebungsgradienten (vgl. etwa Formel (5.13)) ableitbaren (lokalen) Verzerrungs- bzw. Verzerrungsgeschwindigkeitstensoren (vgl. § 5.2, aber auch [30], und Bd. 2 dieser Reihe) in Betracht nimmt, sondern auch höhere Gradienten. In solcherart ("weniger–lokalen") Theorien[13] sind etwa in der Strömungsmechanik[14] (bei Zugrundelegung eines sog. "kelvinartigen" Stoffverhaltens) im Falle einer einfachsten Erweiterung der klassischen "lokalen Theorie" neben dem (klassischen sog. "räumlichen") Verzerrungsgeschwindigkeitstensor $\bar{\mathbb{C}} =^{15)} \frac{1}{2}(\bar{\mathbb{V}} \circ \mathbb{w} + \mathbb{w} \circ \bar{\mathbb{V}})$ noch die zweifachen Geschwindigkeitsgradienten $\overset{\langle 3 \rangle}{\mathbb{V}} = \bar{\mathbb{V}} \circ \bar{\mathbb{V}} \circ \mathbb{w}$ bzw. ersten Gradienten $\bar{\mathbb{V}} \circ \bar{\mathbb{C}}$ des Tensors $\bar{\mathbb{C}}$ als (in diesbezüglichen Material-

---

[12] Im Sinne einer "Abschwächung" des "Prinzips der lokalen Wirkung" (vgl. [7]) werden in solchen Theorien allerdings Fernkorrelationen *kinematischer* Größen (in Bezug auf den dynamischen bzw. energetischen Status eines "Massenelementes") recherchiert.

[13] S. z.B.[6]

[14] Vgl. [7]

[15] Zum Unterschied zu (5.14) bedeutet hier $\bar{\mathbb{V}}$ den sog. räumlichen Operator, der räumliche Feldänderungen $d\Phi$ längs momentaner Linienelemente $d\bar{\mathbb{l}}$ per $d\Phi = d\bar{\mathbb{l}} \cdot \bar{\mathbb{V}}\Phi$ verknüpft.

gleichungen von $\mathbb{C}$ unabhängig anzusehende) kinematische Zustandsgrößen in Betracht zu nehmen. Eine anschauliche Deutung des kinematischen Tensors $\overset{\langle 3\rangle}{\mathbb{V}}$ basiert (im Rahmen der klassischen Kontinuumsmodellvorstellung) auf der Einschätzung, vom Geschwindigkeitsfeld in der inkrementellen Umgebung eines Punktes P (Abb. 5.1) auch noch die bilinearen Glieder der zweiten Approximation einer Taylor–Entwicklung als relevant anzusehen, d.h.

$$\mathsf{w}(Q_j,t) = \mathsf{w}(P,t) + d\bar{\mathbb{I}}_j \cdot (\bar{\mathbb{V}} \circ \mathsf{w})_{P,t} + \tfrac{1}{2}\, d\bar{\mathbb{I}}_j \circ d\bar{\mathbb{I}}_j \cdot\cdot (\bar{\mathbb{V}} \circ \bar{\mathbb{V}} \circ \mathsf{w})_{P,t} \qquad (6.33\text{a})$$

setzen zu müssen. Mit

$$\bar{\mathbb{V}} \circ \mathsf{w} = \tfrac{1}{2}(\bar{\mathbb{V}} \circ \mathsf{w} + \mathsf{w} \circ \bar{\mathbb{V}}) + \tfrac{1}{2}(\bar{\mathbb{V}} \circ \mathsf{w} - \mathsf{w} \circ \bar{\mathbb{V}}) = {}^{16)}\; \mathbb{C} - \tfrac{1}{2}\,\mathbb{E} \times (\bar{\mathbb{V}} \circ \mathsf{w}) \qquad (6.33\text{b})$$

führt (6.33a) auf

$$\mathsf{w}(Q_j,t) = \mathsf{w}(P,t) + \tfrac{1}{2}(\bar{\mathbb{V}} \times \mathsf{w})_{P,t} \times d\bar{\mathbb{I}}_j + d\bar{\mathbb{I}}_j \cdot \mathbb{C}(P,t) + \tfrac{1}{2}\, d\bar{\mathbb{I}}_j \circ d\bar{\mathbb{I}}_j \cdot\cdot \overset{\langle 3\rangle}{\mathbb{V}}(P,t) , \qquad (6.33\text{c})$$

wobei die beiden ersten Terme einer Starrbewegung des Massenelementes (Translation mit $\mathsf{w}(P,t)$, Rotation mit Winkelgeschwindigkeit $\tfrac{1}{2}(\bar{\mathbb{V}} \times \mathsf{w})_{P,t}$) entsprechen. Werden (wie dies üblich ist) euklidisch–invariante dynamische bzw. (Prozeß–)Energiegrößen verlangt [17], so entfallen die "Starrbewegungsanteile" als (diesbezüglich relevante) Zustandsvariable, die demgemäß allein im deformatorischen ("euklidisch–invarianten") Anteil des Relativgeschwindigkeitszustandes

$$\left\langle \mathsf{w}(Q_j,t) - \mathsf{w}(P,t) \right\rangle_E = d\bar{\mathbb{I}}_j \cdot \mathbb{C}(P,t) + \tfrac{1}{2}\, d\bar{\mathbb{I}}_j \circ d\bar{\mathbb{I}}_j \cdot\cdot \overset{\langle 3\rangle}{\mathbb{V}}(P,t) \qquad (6.33\text{d})$$

verborgen sein können. Letzterer ist somit im Rahmen dieser weitergehenden Approximationsstufe nicht mehr allein aus Kombinationen der sechs klassischen Verzerrungsgeschwindigkeits–Standardfiguren der Dehnungs– bzw. der Schergeschwindigkeiten ((6.33d) gestrichelt) aufzubauen, sondern wird nun schärfer approximiert durch Betrachtnahme weiterer 18 bilinearer [18] Standard–Zustände, wovon zwei in Abb. 6.2

---

[16] Man benutzt (2.18c,19a) mit $\mathsf{a}_1 = \bar{\mathbb{V}}$, $\mathbb{b}_1 = \mathsf{w}$, $\mathsf{a}_2 = \mathsf{a}_3 = \mathbb{b}_2 = \mathbb{b}_3 = \mathbb{0}$ und erkennt, daß $\bar{\mathbb{V}} \times \mathsf{w}$ der Vektor des Tensors $\bar{\mathbb{V}} \circ \mathsf{w} - \mathsf{w} \circ \bar{\mathbb{V}}$ ist, womit im Sinne von (2.51a) $\bar{\mathbb{V}} \circ \mathsf{w} - \mathsf{w} \circ \bar{\mathbb{V}} = -\mathbb{E} \times (\bar{\mathbb{V}} \times \mathsf{w})$ gesetzt werden kann.

[17] vgl. a. Fußnote 11 von § 5

[18] Man beachte, daß der Tensor $\overset{\langle 3\rangle}{\mathbb{V}} = \mathbb{V} \circ \mathbb{V} \circ \mathsf{w}$ in den beiden vorderen Indizes symmetrisch ist.

schematisch dargestellt sind. Daß man anstelle von $\overset{\langle 3 \rangle}{V}$ auch den kinematischen Tensor $\bar{\nabla}\circ\mathbb{C}$ benutzen

kann, zeigt die mit (6.33b) sowie mit

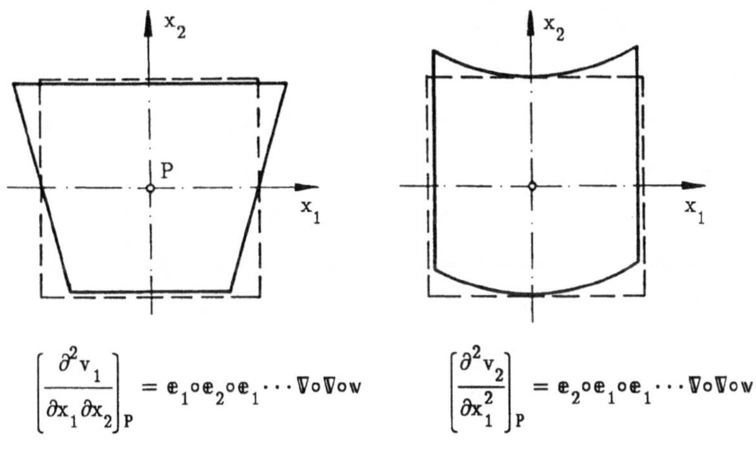

$$\left[\frac{\partial^2 v_1}{\partial x_1 \partial x_2}\right]_P = \mathbb{e}_1\circ\mathbb{e}_2\circ\mathbb{e}_1 \cdots \nabla\circ\nabla\circ w \qquad \left[\frac{\partial^2 v_2}{\partial x_1^2}\right]_P = \mathbb{e}_2\circ\mathbb{e}_1\circ\mathbb{e}_1 \cdots \nabla\circ\nabla\circ w$$

Abb. 6.2

$$\bar{\nabla}\circ[(\bar{\nabla}\times w)\times\mathbb{E}] = [\bar{\nabla}\circ(\bar{\nabla}\times w)]\times\mathbb{E} = -[\bar{\nabla}\circ(w\times\bar{\nabla})]\times\mathbb{E} = -[(\bar{\nabla}\circ w)\times\bar{\nabla}]\times\mathbb{E} =$$

$$= ^{19)} -[(\bar{\nabla}\circ w + w\circ\bar{\nabla})\times\bar{\nabla}]\times\mathbb{E} = -2(\mathbb{C}\times\bar{\nabla})\times\mathbb{E} = -2[\mathbb{C}\cdot(\mathbb{E}\times\bar{\nabla})\times\mathbb{E}$$

$$= -2[\mathbb{C}\cdot(\bar{\nabla}\times\mathbb{E})]\times\mathbb{E} = -2\mathbb{C}\cdot[\bar{\nabla}\times\mathbb{E}\times\mathbb{E}] = -2\mathbb{C}\cdot[\bar{\nabla}\cdot(\mathbb{E}\times\mathbb{E}\times\mathbb{E})]$$

$$= -2(\mathbb{C}\circ\bar{\nabla})\cdot\cdot\,\mathbb{E}\times\mathbb{E}\times\mathbb{E} \tag{6.33e}$$

mögliche Umformung

$$\bar{\nabla}\circ\bar{\nabla}\circ w = \overset{\langle 3 \rangle}{V} \equiv \bar{\nabla}\circ\left\{\frac{1}{2}(\bar{\nabla}\circ w + w\circ\bar{\nabla}) + \frac{1}{2}(\bar{\nabla}\circ w - w\circ\bar{\nabla})\right\} \equiv \bar{\nabla}\circ\mathbb{C} - \frac{1}{2}\bar{\nabla}\circ[(\bar{\nabla}\times w)\times\mathbb{E}] \overset{(6.33a)}{=}$$

$$= \bar{\nabla}\circ\mathbb{C} + (\mathbb{C}\times\bar{\nabla})\times\mathbb{E} = \bar{\nabla}\circ\mathbb{C} + (\mathbb{C}\circ\bar{\nabla})\cdot\cdot\,\mathbb{E}\times\mathbb{E}\times\mathbb{E} \,, \tag{6.33f}$$

wonach sich der zweifache (Geschwindigkeits–)Vektorgradient vollständig durch die ersten Gradienten des

(sog. "Deformator"–)Feldes $\mathbb{C} = (\bar{\nabla}\circ w + w\circ\bar{\nabla})/2$ ausdrücken läßt[20].

[19] Hier wird von $\bar{\nabla}\times\bar{\nabla} = \mathbb{0}$, d.h. dem Schwarzschen Vertauschungssatz, Gebrauch gemacht.

[20] Diese "Verträglichkeitsbedingungen" sind wohl erstmals von Toupin angegeben worden [6]

6.5 Tensoren vierter Stufe

$$\overset{\langle 4\rangle}{\mathbb{C}} = \sum_{i=1}^{3} \mathbf{e}_i \circ \overset{\langle 3\rangle}{\mathbb{C}}_i = \sum_{i,j=1}^{3} \mathbf{e}_i \circ \mathbf{e}_j \circ \mathbb{C}_{ij} = \sum_{i,j,k,l=1}^{3} c_{ijkl}\ \mathbf{e}_i \circ \mathbf{e}_j \circ \mathbf{e}_k \circ \mathbf{e}_l \tag{6.34}$$

(man beachte die "Bildungsgesetze" (6.7a,b)) treten in der Kontinuumsmechanik der einfachen Stoffe als Materialtensoren in Erscheinung, in nicht-lokalen ("Gradienten"-)Kontinuumstheorien auch als kinematische und ggfs. auch dynamische Zustandsgrößen. Im ersteren Falle vermitteln vierstufige Tensoren (in Materialgleichungen) Zusammenhänge zwischen den zweistufigen Tensoren der Spannungen und der Verzerrungen, was jetzt hier im Vordergrund stehen soll. Zu diesem Zwecke benutzt man übersichtlicher von (6.34) die Darstellung

$$\overset{\langle 4\rangle}{\mathbb{C}} = \sum_{i,j=1}^{3} \mathbf{e}_i \circ \mathbf{e}_j \circ \mathbb{C}_{ij}, \quad \langle \mathbf{e}_j \rangle, \tag{6.34a}$$

mit neun vollständigen Tensoren zweiter Stufe

$$\overset{\langle 2\rangle}{\mathbb{C}}_{ij} = \mathbb{C}_{ij} = \sum_{k,l=1}^{3} c_{ijkl} \mathbf{e}_k \circ \mathbf{e}_l, \quad \langle \mathbf{e}_j \rangle, \tag{6.34b}$$

und wählt (analog der Matrizendarstellung für zweistufige Tensoren) für die Komponentendarstellung von $\overset{\langle 4\rangle}{\mathbb{C}}$ die Repräsentation einer 9×9-Hypermatrix

$$\overset{\langle 4\rangle}{\mathbb{C}} \overset{\wedge}{=} \left[\begin{array}{c|c|c} \begin{matrix} c_{1111} & c_{1112} & c_{1113} \\ c_{1121} & c_{1122} & c_{1123} \\ c_{1131} & c_{1132} & c_{1133} \end{matrix} & (\mathbb{C}_{12}) & (\mathbb{C}_{13}) \\ \hline (\mathbb{C}_{21}) & (\mathbb{C}_{22}) & (\mathbb{C}_{23}) \\ \hline (\mathbb{C}_{31}) & (\mathbb{C}_{32}) & (\mathbb{C}_{33}) \end{array} \right] {}_{\langle \mathbf{e}_j \rangle} \tag{6.34c}$$

Im Sinne von (6.25a) wird

$$\overset{\langle 4\rangle}{\mathbb{C}}{}^{T} = \left[\sum_{i,j=1}^{3} \mathbf{e}_i \circ \mathbf{e}_j \circ \mathbb{C}_{ij} \right]^{T} = \sum_{i,j=1}^{3} \mathbb{C}_{ij}^{T} \circ \mathbf{e}_j \circ \mathbf{e}_i \tag{6.35a}$$

als der zu $\overset{\langle 4\rangle}{\mathbb{C}}$ transponierte Tensor bezeichnet, mit dem per

$$\left| \overset{\langle 4\rangle}{\mathbb{C}} \right| = \sqrt{\overset{\langle 4\rangle}{\mathbb{C}} \cdots \overset{\langle 4\rangle}{\mathbb{C}}{}^{T}} = \sqrt{\overset{\langle 4\rangle}{\mathbb{C}}{}^{T} \cdots \overset{\langle 4\rangle}{\mathbb{C}}} = \sqrt{\sum_{i,j=1}^{3} \mathbb{C}_{ij} \cdot\cdot\ \mathbb{C}_{ij}^{T}} = \sqrt{\sum_{i,j,k,l=1}^{3} c^{2}_{ijkl}} \qquad (6.35b)$$

Betragbildung vorgenommen wird. Koordinateninvariant ist $\overset{\langle 4\rangle}{\mathbb{C}}{}^{T}$ im Zusammenhang mit der Doppeltskalarmultiplikation mit zweistufigen Tensoren durch

$$\overset{\langle 2\rangle}{\mathbb{Y}}{}^{T} = \left[\overset{\langle 2\rangle}{\mathbb{X}} \cdot\cdot\ \overset{\langle 4\rangle}{\mathbb{C}} \right]^{T} \overset{(6.25d)}{\equiv} \overset{\langle 4\rangle}{\mathbb{C}}{}^{T} \cdot\cdot\ \overset{\langle 2\rangle}{\mathbb{X}}{}^{T} \qquad (6.35c)$$

definiert, was man auch mit

$$\overset{\langle 4\rangle}{\mathbb{C}} = \sum_{i,j=1}^{3} \overset{\langle 2\rangle}{\mathbb{A}}_{ij} \circ \overset{\langle 2\rangle}{\mathbb{B}}_{ij} , \qquad\qquad \overset{\langle 4\rangle}{\mathbb{C}}{}^{T} = \sum_{i,j=1}^{3} \overset{\langle 2\rangle}{\mathbb{B}}_{ij}^{T} \circ \overset{\langle 2\rangle}{\mathbb{A}}_{ij}^{T}$$

leicht nachweist[21].

Entsprechend (6.25e) können hier "Tensorpotenzen" gebildet werden,

$$\overset{\langle 4\rangle}{\mathbb{C}}{}^{j} = \underbrace{\overset{\langle 4\rangle}{\mathbb{C}} \cdot\cdot\ \overset{\langle 4\rangle}{\mathbb{C}} \cdot\cdot\ \cdots\ \overset{\langle 4\rangle}{\mathbb{C}}}_{j\text{-mal}} , \qquad\qquad \overset{\langle 4\rangle}{\mathbb{C}}{}^{0} \overset{[22]}{=} \overset{\langle 4\rangle}{\mathbb{E}} , \qquad (6.36)$$

wobei allerdings i. allg. erst die neunte Tensorpotenz durch die vorangehenden Tensorpotenzen inkl. des Einheitsoperators $\overset{\langle 4\rangle}{\mathbb{E}}$ auszudrücken ist, wie die zugehörige Cayley-Hamilton-Gleichung zeigt (vgl. § E2).

Die Benutzung der Darstellung (6.34a) für die per

$$\mathbb{Y} = \mathbb{Y}(\mathbb{X}) = \mathbb{X} \cdot\cdot\ \overset{\langle 4\rangle}{\mathbb{C}} \qquad (6.37a)$$

auszudrückende allgemeine Zuordnung zwischen zweistufigen Tensoren $(\mathbb{X}, \mathbb{Y})$ ergibt mit

$$\mathbb{X} = \sum_{\alpha,\beta=1}^{3} x_{\alpha\beta}\, \mathbb{e}_{\alpha} \circ \mathbb{e}_{\beta} \ \text{aus (6.37a)}$$

---

[21]
$$\left[\overset{\langle 2\rangle}{\mathbb{X}} \cdot\cdot\ \overset{\langle 4\rangle}{\mathbb{C}} \right]^{T} = \left[\sum_{i,j=1}^{3} \left[\overset{\langle 2\rangle}{\mathbb{X}} \cdot\cdot\ \overset{\langle 2\rangle}{\mathbb{A}}_{ij} \right] \overset{\langle 2\rangle}{\mathbb{B}}_{ij} \right]^{T} = \sum_{i,j=1}^{3} \overset{\langle 2\rangle}{\mathbb{B}}_{ij}^{T} \left[\overset{\langle 2\rangle}{\mathbb{A}}_{ij} \cdot\cdot\ \overset{\langle 2\rangle}{\mathbb{X}} \right] \equiv$$

$$\equiv \sum_{i,j=1}^{3} \overset{\langle 2\rangle}{\mathbb{B}}_{ij}^{T} \left[\overset{\langle 2\rangle}{\mathbb{A}}_{ij}^{T} \cdot\cdot\ \overset{\langle 2\rangle}{\mathbb{X}}{}^{T} \right] \equiv \left[\sum_{i,j=1}^{3} \overset{\langle 2\rangle}{\mathbb{B}}_{ij}^{T} \circ \overset{\langle 2\rangle}{\mathbb{A}}_{ij}^{T} \right] \cdot\cdot\ \overset{\langle 2\rangle}{\mathbb{X}}{}^{T} \equiv \overset{\langle 4\rangle}{\mathbb{C}}{}^{T} \cdot\cdot\ \overset{\langle 2\rangle}{\mathbb{X}}{}^{T}$$

[22] $\overset{\langle 4\rangle}{\mathbb{E}}$ bedeutet den vierstufigen Einheitsoperator (vgl. 6.39).

$$\mathbb{Y}(\mathbb{X}) = \sum_{i,j=1}^{3} x_{ij} \, \mathbb{C}_{ji} \tag{6.37b}$$

und führt hinsichtlich der Ausführung der Operation (6.37a) (man beachte die Analogie der Strukturen (6.37b) und (2.56)) zu der einfachen Merkregel:

Denkt man sich für $\mathbb{X}$ bzw. $\overset{\langle 4 \rangle}{\mathbb{C}}$ die entsprechenden Matrizen aufgeschrieben (für $\overset{\langle 4 \rangle}{\mathbb{C}}$ die entsprechende Hypermatrix), so bekommt man das Produkt[23] $\mathbb{X} \cdot \cdot \overset{\langle 4 \rangle}{\mathbb{C}}$, indem man jeweils die (skalaren) "Elemente" (x_{ij}) der 3×3-Matrix $\mathbb{X}$ mit den entsprechenden, an der Hauptdiagonalen der Hypermatrix $\overset{\langle 4 \rangle}{\mathbb{C}}$ gespiegelten (dyadischen) "Elementen" $(\mathbb{C}_{ji})$ multipliziert und schließlich sämtliche auf diese Weise entstehenden (dyadischen) Ausdrücke summiert.

Mit $\mathbb{Y} = \sum_{i,j=1}^{3} y_{kl} \, \mathbb{e}_k \circ \mathbb{e}_l$ ergibt (6.37b) die neun Komponentengleichungen

$$y_{kl} = \sum_{i,j=1}^{3} x_{ij} c_{jikl} \, , \tag{6.37c}$$

die man für

$$\det \overset{\langle 4 \rangle}{\mathbb{C}} \neq 0 \;\; [24] \tag{6.37d}$$

invertieren kann. In der invertierten Darstellung

$$x_{kl} = \sum_{i,j=1}^{3} y_{ij} s_{jikl} \tag{6.38a}$$

bedeuten s_{jikl} die (auf eine Orthonormalbasis bezogenen) Komponenten des zu $\overset{\langle 4 \rangle}{\mathbb{C}}$ inversen Tensors

$$\overset{\langle 4 \rangle}{\mathbb{C}}{}^{-1} \equiv \overset{\langle 4 \rangle}{\mathbb{S}} = \sum_{i,j=1}^{3} \mathbb{e}_i \circ \mathbb{e}_j \circ \mathbb{S}_{ij} \, , \qquad \mathbb{S}_{ij} = \sum_{k,l=1}^{3} s_{ijkl} \, \mathbb{e}_k \circ \mathbb{e}_l \, , \tag{6.38b,c}$$

---

[23] d.h. das "Ergebnis" $\mathbb{Y}(\mathbb{X})$

[24] $\det \overset{\langle 4 \rangle}{\mathbb{C}}$ bezeichnet die dem Gleichungssystem (6.37c) zugehörige Koeffizientendeterminante

mit dem (6.38a) durch

$$\mathbb{X} = \mathbb{Y} \cdot\cdot \overset{\langle 4 \rangle}{\mathbb{S}} = \mathbb{Y} \cdot\cdot \overset{\langle 4 \rangle}{\mathbb{C}}{}^{-1} \tag{6.38d}$$

beschrieben wird. Wegen

$$\mathbb{Y} = \mathbb{X} \cdot\cdot \overset{\langle 4 \rangle}{\mathbb{C}} = \left[\mathbb{Y} \cdot\cdot \overset{\langle 4 \rangle}{\mathbb{C}}{}^{-1} \right] \cdot\cdot \overset{\langle 4 \rangle}{\mathbb{C}} \equiv \mathbb{Y} \cdot\cdot \left[\overset{\langle 4 \rangle}{\mathbb{C}}{}^{-1} \cdot\cdot \overset{\langle 4 \rangle}{\mathbb{C}} \right]$$

muß der vierstufige Tensor $\overset{\langle 4 \rangle}{\mathbb{C}}{}^{-1} \cdot\cdot \overset{\langle 4 \rangle}{\mathbb{C}}$ die identische (Tensor-)Transformation vermitteln[25]. Er wird als Einheitstensor vierter Stufe

$$\overset{\langle 4 \rangle}{\mathbb{E}} = \overset{\langle 4 \rangle}{\mathbb{C}}{}^{-1} \cdot\cdot \overset{\langle 4 \rangle}{\mathbb{C}} = \overset{\langle 4 \rangle}{\mathbb{C}} \cdot\cdot \overset{\langle 4 \rangle}{\mathbb{C}}{}^{-1} \tag{6.39a}$$

bezeichnet. Seine (auf eine Orthonormalbasis bezüglichen) Komponenten e_{ijkl} berechnet man aus

$$\mathbb{Y} = \mathbb{Y} \cdot\cdot \overset{\langle 4 \rangle}{\mathbb{E}} \,, \tag{6.39b}$$

d.h. aus den für beliebige $y_{\alpha\beta}$ (α, $\beta = 1,...,3$) zu fordernden neun skalarwertigen Bedingungen

$$y_{kl} = \sum_{i,j=1}^{3} y_{ij} e_{jikl} \qquad k, l = 1,...3, \tag{6.39c}$$

deren Lösungen unter Verwendung der als Folge von (6.37b) vermerkten Regel leicht angegeben werden können: Bis auf die Größen

$$e_{ijji} = 1 \,, \quad i,j=1...3 \,, \tag{6.39d}$$

verschwinden sämtliche übrigen Komponenten[26], womit $\overset{\langle 4 \rangle}{\mathbb{E}}$ die Orthonormalbasis—

Darstellung $\overset{\langle 4 \rangle}{\mathbb{E}} = \displaystyle\sum_{i,j=1}^{3} \mathbb{e}_i \circ \mathbb{e}_j \circ \mathbb{e}_j \circ \mathbb{e}_i = \sum_{i,j,\alpha,\beta=1}^{3} \delta_{i\beta}\delta_{j\alpha}\, \mathbb{e}_i \circ \mathbb{e}_j \circ \mathbb{e}_\alpha \circ \mathbb{e}_\beta \tag{6.39e}$

mit der zugehörigen Hypermatrix

---

[25] und insofern (selbstverständlich!) unabhängig von $\overset{\langle 4 \rangle}{\mathbb{C}}$ sein

[26] Was man unter Verwendung des Kronecker–Symbols auch durch
$$e_{ij\alpha\beta} = \delta_{i\beta}\delta_{j\alpha} \qquad i, j, \alpha, \beta = 1,...,3$$
ausdrückt.

$$
\overset{\langle 4\rangle}{\mathbb{E}} =
\left[
\begin{array}{ccc|ccc|ccc}
1 & 0 & 0 & 0 & 0 & 0 & 0 & 0 & 0 \\
0 & 0 & 0 & 1 & 0 & 0 & 0 & 0 & 0 \\
0 & 0 & 0 & 0 & 0 & 0 & 1 & 0 & 0 \\
\hline
0 & 1 & 0 & 0 & 0 & 0 & 0 & 0 & 0 \\
0 & 0 & 0 & 0 & 1 & 0 & 0 & 0 & 0 \\
0 & 0 & 0 & 0 & 0 & 0 & 0 & 1 & 0 \\
\hline
0 & 0 & 1 & 0 & 0 & 0 & 0 & 0 & 0 \\
0 & 0 & 0 & 0 & 0 & 1 & 0 & 0 & 0 \\
0 & 0 & 0 & 0 & 0 & 0 & 0 & 0 & 1
\end{array}
\right]_{\langle e_j\rangle}
\qquad (6.39\text{f})
$$

besitzt. Wegen (6.39b) gilt generell

$$
\overset{\langle 4\rangle}{\mathbb{C}}\cdot\cdot\,\overset{\langle 4\rangle}{\mathbb{E}}
= \overset{\langle 4\rangle}{\mathbb{E}}\cdot\cdot\,\overset{\langle 4\rangle}{\mathbb{C}}
= \overset{\langle 4\rangle}{\mathbb{C}}\,, \quad \text{also speziell} \quad
\overset{\langle 4\rangle}{\mathbb{E}}\cdot\cdot\,\overset{\langle 4\rangle}{\mathbb{E}}
= \overset{\langle 4\rangle}{\mathbb{E}}\,, \qquad (6.39\text{g,h})
$$

wegen
$$
A - A^{T} \overset{(2.51\text{b})}{=} -\mathbb{E}\times\overset{\times}{a}
\overset{(6.29)}{=} \mathbb{E}\times(\mathcal{E}\cdot\cdot A)=(\mathbb{E}\times\mathcal{E})\cdot\cdot A
\overset{(6.27)}{=} -\mathbb{E}\times\mathbb{E}\times\mathbb{E}\cdot\cdot A =
$$
$$
= -A\cdot\cdot\,\mathbb{E}\times\mathbb{E}\times\mathbb{E} \equiv 2\,\overset{\langle 4\rangle}{A}\cdot\cdot A \equiv 2\,A\cdot\cdot\,\overset{\langle 4\rangle}{A}
\qquad (6.40\text{a})
$$

läßt sich unter Benutzung des sog. "vierstufigen Alternierers" (vgl. §E.4.4.2)

$$
\overset{\langle 4\rangle}{A} = -\mathbb{E}\times\mathbb{E}\times\mathbb{E}/2
\overset{(6.27)}{=} -\mathcal{E}\cdot\mathcal{E}
\overset{(6.42\text{b})}{=} (\overset{\langle 4\rangle}{\mathbb{E}} - \overset{\langle 4\rangle}{\mathbb{E}}_{T})/2
\qquad (6.40\text{b})
$$

nach der Prozedur (6.40a) von einem zweistufigen Tensor A sein antimetrischer Anteil,

wegen $\; A = A\cdot\cdot\,\overset{\langle 4\rangle}{\mathbb{E}} = \tfrac{1}{2}(A + A^{T}) + \tfrac{1}{2}(A - A^{T}) = \tfrac{1}{2}(A + A^{T}) - \tfrac{1}{2}A\cdot\cdot\,\mathbb{E}\times\mathbb{E}\times\mathbb{E}\,,$

d.h.
$$
\tfrac{1}{2}(A + A^{T}) = A\cdot\cdot\,(\overset{\langle 4\rangle}{\mathbb{E}} + \tfrac{1}{2}\mathbb{E}\times\mathbb{E}\times\mathbb{E}) \equiv A\cdot\cdot\,\overset{\langle 4\rangle}{\mathbb{E}}_{s} \equiv A\cdot\cdot\,\overset{\langle 4\rangle}{M}\,,
\qquad (6.40\text{c})
$$

nach der Prozedur (6.40c) unter Benutzung des sog. "vierstufigen Symmetrierers" (bzw. "Mischers")

$$
\overset{\langle 4\rangle}{\mathbb{E}}_{s} = \overset{\langle 4\rangle}{\mathbb{E}} + \tfrac{1}{2}\mathbb{E}\times\mathbb{E}\times\mathbb{E}
\;\hat{=}\;
\left[
\begin{array}{ccc|ccc|ccc}
1 & 0 & 0 & 0 & 1/2 & 0 & 0 & 0 & 1/2 \\
0 & 0 & 0 & 1/2 & 0 & 0 & 0 & 0 & 0 \\
0 & 0 & 0 & 0 & 0 & 0 & 1/2 & 0 & 0 \\
\hline
0 & 1/2 & 0 & 0 & 0 & 0 & 0 & 0 & 0 \\
1/2 & 0 & 0 & 0 & 1 & 0 & 0 & 0 & 1/2 \\
0 & 0 & 0 & 0 & 0 & 0 & 0 & 1/2 & 0 \\
\hline
0 & 0 & 1/2 & 0 & 0 & 0 & 0 & 0 & 0 \\
0 & 0 & 0 & 0 & 0 & 1/2 & 0 & 0 & 0 \\
1/2 & 0 & 0 & 0 & 1/2 & 0 & 0 & 0 & 1
\end{array}
\right]_{\langle e_j\rangle}
\;\hat{=}
$$

$$
\hat{=}
\left\{
\begin{array}{c}
\dfrac{1}{2}\displaystyle\sum_{i,j=1}^{3} e_i\circ e_j\circ(e_i\circ e_j + e_j\circ e_i) \\[2ex]
\dfrac{1}{2}\displaystyle\sum_{i,j=1}^{3}(e_i\circ e_j + e_j\circ e_i)\circ e_i\circ e_j
\end{array}
\right\}
\equiv \overset{\langle 4\rangle}{M}
\qquad (6.40\text{d})
$$

von einem zweistufigen Tensor A der symmetrische Anteil hervorbringen. Da sowohl für

$\overset{<4>}{\mathbb{E}}$ als auch für $\overset{<4>}{\mathbb{E}}_s = \overset{<4>}{\mathbf{M}}$ sowie für den Alternierer $\overset{<4>}{\mathbf{A}} = -\mathbb{E}\times\mathbb{E}\times\mathbb{E}/2$ das kommutative

Gesetz der Doppeltskalarmultiplikation mit zweistufigen Tensoren, d.h.

$$\mathbb{A}\cdot\cdot\overset{<4>}{\mathbb{E}} = \overset{<4>}{\mathbb{E}}\cdot\cdot\mathbb{A} = \mathbb{A} \ , \tag{6.41a}$$

$$\tfrac{1}{2}(\mathbb{A} + \mathbb{A}^{T}) = \mathbb{A}_s = \mathbb{A}\cdot\cdot\overset{<4>}{\mathbb{E}}_s = \overset{<4>}{\mathbb{E}}_s\cdot\cdot\mathbb{A} \ , \tag{6.41b}$$

$$\mathbb{A}\cdot\cdot\mathbb{E}\times\mathbb{E}\times\mathbb{E} = \mathbb{E}\times\mathbb{E}\times\mathbb{E}\cdot\cdot\mathbb{A} \tag{6.41c}$$

gelten, wie man durch Nachrechnen leicht nachweist, sind $\overset{<4>}{\mathbb{E}}$, $\overset{<4>}{\mathbb{E}}_s$, $\mathbb{E}\times\mathbb{E}\times\mathbb{E}$ sog. vollständig-symmetrische Tensoren vierter Stufe (vgl. § 6.7) ebenso wie der sog. "vierstufige

Transponierer"

$$\overset{<4>}{\mathbb{E}}_{T} = \overset{<4>}{\mathbb{E}} + \mathbb{E}\times\mathbb{E}\times\mathbb{E} = \overset{<4>}{\mathbb{E}} - 2\,\overset{<4>}{\mathbf{A}} = \sum_{i,j=1}^{3} \mathbf{e}_i\circ\mathbf{e}_j\circ\mathbf{e}_i\circ\mathbf{e}_j = \left(\overset{<4>}{\mathbb{E}}_{T}\right)^{T} \equiv^{27)} \overset{<4>}{\mathbb{E}}_{T}^{-1}, \tag{6.42a}$$

der nach der Prozedur

$$\mathbb{A}^{T} \overset{(6.40a)}{=} \mathbb{A} - 2\,\overset{<4>}{\mathbf{A}}\cdot\cdot\mathbb{A} = \left(\overset{<4>}{\mathbb{E}} - 2\,\overset{<4>}{\mathbf{A}}\right)\cdot\cdot\mathbb{A} \equiv \overset{<4>}{\mathbb{E}}_{T}\cdot\cdot\mathbb{A} \equiv \mathbb{A}\cdot\cdot\overset{<4>}{\mathbb{E}}_{T} \tag{6.42b}$$

einem zweistufigen Tensor $\mathbb{A}$ seinen transponierten Wert zuordnet. Transponierer und Ein-

heitsoperator definieren im vierstufigen Falle per

$$\overset{<4>}{\mathbf{M}} = (\overset{<4>}{\mathbb{E}} + \overset{<4>}{\mathbb{E}}_{T})/2, \qquad\qquad \overset{<4>}{\mathbf{A}} = (\overset{<4>}{\mathbb{E}} - \overset{<4>}{\mathbb{E}}_{T})/2 \tag{6.42c,d}$$

Mischer bzw. Alternierer. Für höherstufige Operatoren gelten diese einfachen Zusammen-

hänge nicht mehr (s.a. §E4). Gegenüber $\overset{<4>}{\mathbb{E}}$ in der Darstellung (6.39e) ist bei $\overset{<4>}{\mathbb{E}}_{T}$ das hinte-

re Indexpaar vertauscht.

Zum Transponieren höherstufiger (n-stufiger) Tensoren mittels einer zu (6.42b) analogen

Formel werden allgemein 2n-stufige Transponierer

---

27) Die in konkreter Rechnung festzustellende Identität

$$\overset{<4>}{\mathbb{E}}_{T}\cdot\cdot\overset{<4>}{\mathbb{E}}_{T} = \sum_{i,j=1}^{3} \mathbf{e}_i\circ\mathbf{e}_j\circ\mathbf{e}_i\circ\mathbf{e}_j \cdot\cdot \sum_{\alpha,\beta=1}^{3} \mathbf{e}_\alpha\circ\mathbf{e}_\beta\circ\mathbf{e}_\alpha\circ\mathbf{e}_\beta = \sum_{i,j=1}^{3} \mathbf{e}_i\circ\mathbf{e}_j\circ\mathbf{e}_j\circ\mathbf{e}_i \overset{(6.39e)}{\equiv} \overset{<4>}{\mathbb{E}}$$

ist Ausdruck des Befundes, daß zweimaliges Transponieren eines Tensors $\mathbb{A}$ wieder seinen ursprünglichen
Wert ergibt.

$$\overset{\langle 2\,n\rangle}{\mathbb{E}}_{T} = \sum_{\alpha,\beta,\gamma\ldots\nu=1}^{3} \mathbf{e}_{\alpha}\circ\,\mathbf{e}_{\beta}\circ\,\mathbf{e}_{\gamma}\circ\ldots\circ\,\mathbf{e}_{\nu}\circ\,\mathbf{e}_{\alpha}\circ\,\mathbf{e}_{\beta}\circ\ldots\circ\,\mathbf{e}_{\nu} \qquad (6.42e)$$

benötigt (s. a. § E4).

Dreifache Skalarmultiplikation von (6.40b) mit einer Triade $\mathbf{a}\circ\mathbf{b}\circ\mathbb{C}$ verifiziert übrigens wieder den "Entwicklungssatz für zweifache Vektorprodukte" (vgl. (1.20a)).

6.6 Symmetrische Tensoren 4. Stufe

Beschränkt man auf Zuordnungen zwischen symmetrischen zweistufigen Tensoren

$$\mathbb{S} = \mathbb{S}(\mathbb{D}) = \mathbb{D}\cdot\cdot\,\overset{\langle 4\rangle}{\mathbb{C}}\;;\quad \mathbb{S} = \mathbb{S}^{T},\;\; \mathbb{D} = \mathbb{D}^{T}\;, \qquad (6.43)$$

so benötigt man hierzu

a) wegen $\mathbb{S} = \mathbb{S}^{T}$ nur symmetrische "dyadische Elemente"

$$\mathbb{C}_{ij} = \mathbb{C}^{T}_{ij}\,, \qquad (6.43a)$$

die überdies

b) wegen $\mathbb{D} = \mathbb{D}^{T}$ zur Hauptdiagonale der Hypermatrix symmetrisch gewählt werden können,

$$\mathbb{C}_{ij} = \mathbb{C}_{ji}\,, \qquad (6.43b)$$

was sich, (6.43a,b) zusammenfassend, in den Symmetriebedingungen

$$\overset{\langle 4\rangle}{\mathbb{C}} = \overset{\langle 4\rangle}{\mathbf{M}}\cdot\cdot\,\overset{\langle 4\rangle}{\mathbb{C}}\cdot\cdot\,\overset{\langle 4\rangle}{\mathbf{M}} \;\Rightarrow\; c_{ijkl} = c_{ijlk} = c_{jikl} = c_{jilk} \qquad (6.43c)$$

niederschlägt, mit denen sog. <u>symmetrische Tensoren</u> vierter Stufe definiert werden. Sie sind dementsprechend durch ein Tupel 36 verschiedener Zahlen zu kennzeichnen[28]. Die mit

$$\mathbb{S}(\mathbb{D}) = \mathbb{D}\cdot\cdot\,\overset{\langle 4\rangle}{\mathbb{C}} \qquad (6.44a)$$

in diesem Falle zu folgernden sechs skalaren (Komponenten-)Gleichungen

---

[28] Für einen allgemeinen Tensor vierter Stufe sind $3^{4} = 81$ zahlenmäßig voneinander unabhängige Komponenten in Betracht zu nehmen.

$$s_{kl} = \sum_{i,j=1}^{3} d_{ij} c_{jikl} \equiv \sum_{j=1}^{3} d_{jj}\, c_{jjkl} + 2(d_{12}\, c_{12kl} + d_{23}\, c_{23kl} + d_{31}\, c_{31kl}), \quad k,l = 1,\dots 3, \quad (6.44b)$$

(vgl. (6.37c) mit $c_{jikl} = c_{ijkl}$) können nach Voigt mit Hilfe sechskomponentiger Vektoren[29]

$$s^{(V)} \;\hat{=}\; \begin{bmatrix} s_1^{(V)} \\ s_2^{(V)} \\ s_3^{(V)} \\ s_4^{(V)} \\ s_5^{(V)} \\ s_6^{(V)} \end{bmatrix} \;\hat{=}\; \begin{bmatrix} s_{11} \\ s_{22} \\ s_{33} \\ \sqrt{2}\,s_{12} \\ \sqrt{2}\,s_{23} \\ \sqrt{2}\,s_{31} \end{bmatrix}, \qquad d^{(V)} \;\hat{=}\; \begin{bmatrix} d_1^{(V)} \\ d_2^{(V)} \\ d_3^{(V)} \\ d_4^{(V)} \\ d_5^{(V)} \\ d_6^{(V)} \end{bmatrix} = \begin{bmatrix} d_{11} \\ d_{22} \\ d_{33} \\ \sqrt{2}\,d_{12} \\ \sqrt{2}\,d_{23} \\ \sqrt{2}\,d_{31} \end{bmatrix} \qquad (6.45\text{a,b})$$

als Repräsentanten der zweistufigen Größen $\mathbb{S} = \mathbb{S}^T$ bzw. $\mathbb{D} = \mathbb{D}^T$ und einer (i. allg. nicht-symmetrischen!) quadratischen 6×6-Matrix

$$\mathbb{C}^{(V)} \;\hat{=}\; \begin{bmatrix} c_{11}^{(V)} & \cdots & c_{16}^{(V)} \\ \vdots & & \vdots \\ \vdots & & \vdots \\ c_{61}^{(V)} & \cdots & c_{66}^{(V)} \end{bmatrix} = \begin{bmatrix} c_{1111} & c_{1122} & c_{1133} & \sqrt{2}c_{1112} & \sqrt{2}c_{1123} & \sqrt{2}c_{1131} \\ c_{2211} & c_{2222} & c_{2233} & \sqrt{2}c_{2212} & \sqrt{2}c_{2223} & \sqrt{2}c_{2231} \\ c_{3311} & c_{3322} & c_{3333} & \sqrt{2}c_{3312} & \sqrt{2}c_{3323} & \sqrt{2}c_{3331} \\ \sqrt{2}c_{1211} & \sqrt{2}c_{1222} & \sqrt{2}c_{1233} & 2c_{1212} & 2c_{1223} & 2c_{1231} \\ \sqrt{2}c_{2311} & \sqrt{2}c_{2322} & \sqrt{2}c_{2333} & 2c_{2312} & 2c_{2323} & 2c_{2331} \\ \sqrt{2}c_{3111} & \sqrt{2}c_{3122} & \sqrt{2}c_{3133} & 2c_{3112} & 2c_{3123} & 2c_{3131} \end{bmatrix} \qquad (6.45\text{c})$$

als Repräsentant von $\overset{\langle 4 \rangle}{\mathbb{C}}$ zu einer "Matrizengleichung"

$$s^{(V)} = d^{(V)} \odot \mathbb{C}^{(V)} = \mathbb{C}^{(V)T} \odot d^{(V)} , \qquad \text{d.h.} \quad s_j^{(V)} = \sum_{k=1}^{6} d_k^{(V)} c_{kj}^{(V)} , \quad j = 1..6, \quad (6.45\text{d,e})$$

zusammengefaßt werden, indem man mit dem Symbol $\odot$ das Skalarprodukt zweier im sechs-dimensionalen Voigtschen Vektorraum definierter Matrizen bezeichnet[30]. Die inverse Dar-

---

[29] Hier aus Platzgründen als "Spaltvektoren" geschrieben.

[30] Dabei soll – analog § 2 – ein Voigtscher Vektor stets als einzeilige bzw. einspaltige 6×6-Matrix vestanden werden, je nachdem, ob er bei der durch $\odot$ bezeichneten Multiplikation ein "Links"– bzw. ein "Rechts"-Faktor ist.

stellung von (6.45d) lautet

$$\mathfrak{d}^{(V)} = \mathfrak{s}^{(V)} \odot \mathfrak{C}^{(V)-1} = \mathfrak{s}^{(V)} \odot \mathfrak{S}^{(V)} = \mathfrak{S}^{(V)T} \odot \mathfrak{s}^{(V)} \tag{6.46a}$$

mit der inversen Voigtschen Matrix

$$\mathfrak{S}^{(V)} = \mathfrak{C}^{(V)-1} \;\hat{=}\; \begin{bmatrix} s^{(V)}_{11} & \cdots & s^{(V)}_{16} \\ \vdots & & \vdots \\ \vdots & & \vdots \\ s^{(V)}_{61} & \cdots & s^{(V)}_{66} \end{bmatrix} \; , \tag{6.46b}$$

deren Elemente mit den Komponenten

$$s_{ijkl} = s_{jikl} = s_{ijlk} = s_{jilk} \tag{6.47a}$$

desjenigen Tensors vierter Stufe

$$\overset{\langle 4 \rangle}{\mathbb{S}} = \sum_{i,j,k,l=1}^{3} s_{ijlk}\; \mathfrak{e}_i \circ \mathfrak{e}_j \circ \mathfrak{e}_k \circ \mathfrak{e}_l \; , \tag{6.47b}$$

der gemäß

$$\mathbb{D}(\mathbb{S}) = \mathbb{S} \cdot\cdot \overset{\langle 4 \rangle}{\mathbb{S}} \; , \; \overset{\langle 4 \rangle}{\mathbb{S}} = \overset{\langle 4 \rangle}{\mathbb{C}}{}^{-1} \tag{6.47c}$$

die zu (6.44a) inverse Transformation vermittelt, analog (6.45c) in der Form

$$\mathfrak{S}^{(V)} \;\hat{=}\; \begin{bmatrix} s^{(V)}_{11} & \cdots & s^{(V)}_{16} \\ \vdots & & \vdots \\ \vdots & & \vdots \\ s^{(V)}_{61} & \cdots & s^{(V)}_{66} \end{bmatrix} = \begin{bmatrix} s_{1111} & s_{1122} & s_{1133} & \sqrt{2}s_{1112} & \sqrt{2}s_{1123} & \sqrt{2}s_{1131} \\ s_{2211} & s_{2222} & s_{2233} & \sqrt{2}s_{2212} & \sqrt{2}s_{2223} & \sqrt{2}s_{2231} \\ s_{3311} & s_{3322} & s_{3333} & \sqrt{2}s_{3312} & \sqrt{2}s_{3323} & \sqrt{2}s_{3331} \\ \sqrt{2}s_{1211} & \sqrt{2}s_{1222} & \sqrt{2}s_{1233} & 2s_{1212} & 2s_{1223} & 2s_{1231} \\ \sqrt{2}s_{2311} & \sqrt{2}s_{2322} & \sqrt{2}s_{2333} & 2s_{2312} & 2s_{2323} & 2s_{2331} \\ \sqrt{2}s_{3111} & \sqrt{2}s_{3122} & \sqrt{2}s_{3133} & 2s_{3112} & 2s_{3123} & 2s_{3131} \end{bmatrix} \tag{6.47d}$$

zusammenhängen.

Einsetzen von $\mathfrak{d}^{(V)} = \mathfrak{s}^{(V)} \odot \mathfrak{S}^{(V)}$ (vgl. (6.46a)) in (6.45d) ergibt

$$\mathfrak{s}^{(V)} = \mathfrak{d}^{(V)} \odot \mathfrak{C}^{(V)} = (\mathfrak{s}^{(V)} \odot \mathfrak{S}^{(V)}) \odot \mathfrak{C}^{(V)} \equiv^{31)} \mathfrak{s}^{(V)} \odot (\mathfrak{S}^{(V)} \odot \mathfrak{C}^{(V)}) \equiv \mathfrak{s}^{(V)} \odot \mathfrak{C}^{(V)} \; , \tag{6.48a}$$

---

31) $(\mathfrak{s}^{(V)} \odot \mathfrak{A}^{(V)}) \odot \mathfrak{B}^{(V)} \equiv \mathfrak{s}^{(V)} \odot (\mathfrak{A}^{(V)} \odot \mathfrak{B}^{(V)})$ ist analog (2.21) die Definitionsgleichung für die (skalare) Matrizenmultiplikation (vgl. z. B. Zurmühl, Matrizen [5] § 2 (1,2,3)).

wonach das Skalarprodukt der (Voigtschen) Matrizen $\mathfrak{S}^{(V)} = \mathfrak{C}^{(V)-1}$ und $\mathfrak{C}^{(V)}$,

$$\mathfrak{S}^{(V)} \odot \mathfrak{C}^{(V)} = \mathfrak{C}^{(V)-1} \odot \mathfrak{C}^{(V)} = \mathfrak{E}^{(V)} = \mathfrak{C}^{(V)} \odot \mathfrak{C}^{(V)-1} = \mathfrak{C}^{(V)} \odot \mathfrak{S}^{(V)} \qquad (6.48\text{b})$$

die (Voigtsche) Einheitsmatrix

$$\mathfrak{E}^{(V)} \mathrel{\hat{=}} \begin{bmatrix} 1 & 0 & 0 & 0 & 0 & 0 \\ 0 & 1 & 0 & 0 & 0 & 0 \\ 0 & 0 & 1 & 0 & 0 & 0 \\ 0 & 0 & 0 & 1 & 0 & 0 \\ 0 & 0 & 0 & 0 & 1 & 0 \\ 0 & 0 & 0 & 0 & 0 & 1 \end{bmatrix} \qquad (6.48\text{c})$$

liefern muß. Der $\mathfrak{E}^{(V)}$ entsprechende Tensor vierter Stufe[32] ist der vierstufige Symmetrierer $\overset{\langle 4\rangle}{\mathbb{E}}_{s}$ nach (6.40d). Er erzeugt wegen

$$\mathbb{S} = \mathbb{D} \cdot\cdot \overset{\langle 4\rangle}{\mathbb{C}} = \left[\mathbb{S} \cdot\cdot \overset{\langle 4\rangle}{\mathbb{S}} \right] \cdot\cdot \overset{\langle 4\rangle}{\mathbb{C}} = \mathbb{S} \cdot\cdot \left[\overset{\langle 4\rangle}{\mathbb{S}} \cdot\cdot \overset{\langle 4\rangle}{\mathbb{C}} \right] = \mathbb{S} \cdot\cdot \left[\overset{\langle 4\rangle}{\mathbb{C}}{}^{-1} \cdot\cdot \overset{\langle 4\rangle}{\mathbb{C}} \right] = \mathbb{S} \cdot\cdot \overset{\langle 4\rangle}{\mathbb{E}}_{s} \qquad (6.49)$$

per Doppeltskalarprodukt die identische Transformation symmetrischer zweistufiger Tensoren.

Für symmetrische vierstufige Tensoren gelten

$$\overset{\langle 4\rangle}{\mathbb{C}}{}^{-1} \cdot\cdot \overset{\langle 4\rangle}{\mathbb{C}} = \overset{\langle 4\rangle}{\mathbb{C}} \cdot\cdot \overset{\langle 4\rangle}{\mathbb{C}}{}^{-1} = \overset{\langle 4\rangle}{\mathbb{E}}_{s} \qquad (6.49\text{a})$$

und analog (6.39a,b)

$$\overset{\langle 4\rangle}{\mathbb{A}} \cdot\cdot \overset{\langle 4\rangle}{\mathbb{E}}_{s} = \overset{\langle 4\rangle}{\mathbb{E}}_{s} \cdot\cdot \overset{\langle 4\rangle}{\mathbb{A}} \quad , \qquad \overset{\langle 4\rangle}{\mathbb{E}}_{s} \cdot\cdot \overset{\langle 4\rangle}{\mathbb{E}}_{s} = \overset{\langle 4\rangle}{\mathbb{E}}_{s} \, , \qquad (6.49\text{b,c})$$

was man übrigens auch aus den analogen im Voigtschen Vektorraum gültigen Beziehungen (6.48b) bzw.

$$\mathfrak{A}^{(V)} \odot \mathfrak{E}^{(V)} = \mathfrak{E}^{(V)} \odot \mathfrak{A}^{(V)} = \mathfrak{A}^{(V)} \quad , \qquad \mathfrak{E}^{(V)} \odot \mathfrak{E}^{(V)} = \mathfrak{E}^{(V)} \qquad (6.50)$$

unter Benutzung der "Übersetzungs-Schemata" (6.45c) bzw. (6.47d) "rück-konstruieren" kann.

Die Abwicklung algebraischer Operationen von der Qualität (6.43) mittels eines äquivalenten Kalküls für im sechsdimensionalen Vektorraum durch die "Übersetzungscodes" (6.45a–c) definierte Größen hat den Vorteil, nur dasjenige Zahlenmaterial algebraisch zu verarbeiten, das leztlich symmetrische zwei– bzw.

---

[32] dessen Komponentendarstellung (6.40c) mit Hilfe der Voigtschen Darstellung (6.48c) aus den allgemeinen Darstellungen (6.45c) bzw. (6.47d), die Voigtsche Matrixelemente den entsprechenden Tensorkomponenten zuordnen, sogleich abgelesen werden kann.

vierstufige Tensoren kennzeichnet [33]. Der Voigtsche Kalkül ist daher beträchtlich ökonomischer als Derjenige der konventionellen Tensorrechnung, aber überdies auch übersichtlicher, weil symmetrische zweistufige Tensoren in "Vektoren" und vierstufige Tensoren in zweistufig–extensive Größen im Voigtschen Vektorraum "übersetzt" werden. So erkennt man z. B. unmittelbar, daß auch mit symmetrischen Tetraden das kommutative Gesetz im Zusammenhang mit der Doppeltskalarmultiplikation mit zweistufigen Tensoren (im Sinne einer Vertauschungsmöglichkeit von Links– mit Rechtsmultiplikation) nicht gilt, weil eben für nichtsymmetrische 6×6–Matrizen

$$\mathfrak{s}^{(V)} = \mathfrak{d}^{(V)} \odot \mathfrak{C}^{(V)} = \mathfrak{C}^{(V)T} \odot \mathfrak{d}^{(V)} \neq \mathfrak{C}^{(V)} \odot \mathfrak{d}^{(V)} \tag{6.51a}$$

festgestellt wird. Eine Entsprechung hat (6.51a) in der aus (6.35c) (mit $\mathfrak{S}$ anstelle von $\overset{\langle 2 \rangle}{Y}$ und $\mathbb{D}$ anstelle von $\overset{\langle 2 \rangle}{X}$) unter Beachtung der Symmetrie von $\mathfrak{S}$ und $\mathbb{D}$ hervorgehenden Beziehung

$$\mathfrak{S}^{T} \overset{(6.35c)}{=} \overset{\langle 4 \rangle}{\mathbb{C}}^{T} \cdot\cdot\, \mathbb{D}^{T} \equiv \overset{\langle 4 \rangle}{\underline{\mathbb{C}}}^{T} \cdot\cdot\, \underline{\mathbb{D}} \equiv \mathfrak{S} \overset{(6.43)}{=} \underline{\mathbb{D}} \cdot\cdot\, \overset{\langle 4 \rangle}{\underline{\mathbb{C}}} \, , \tag{6.51b}$$

die deutlich macht, daß man bei Vertauschung von (doppeltskalarer) Links– mit Rechtsmultiplikation auch eine symmetrische Tetrade zu transponieren hat[34].

Der Übersetzungscode für die Doppeltskalarmultiplikation

$$\mathbb{A} \cdot\cdot\, \mathbb{B} \Leftrightarrow a^{(V)} \odot b^{(V)} = \sum_{j=1}^{6} a_{j}^{(V)} b_{j}^{(V)} \tag{6.52}$$

mit nach (6.45a,b) definierten Voigtschen Vektoren bedeutet, Letztere in der Form

---

[33] In der klassischen Matrixschreibweise (etwa (2.11b) hätte man für symmetrische zweistufige Tensoren 9 Komponenten niederzuschreiben, davon 3 doppelt, in der Voigtschen (sechskomponentigen) Vektornotation entfällt diese Doppel–Notierung. Bei der Voigtschen 6×6–Matrix–Darstellung als Äquivalent für die Hypermatrix–Darstellung (6.34c) wird der Vorteil noch augenscheinlicher: In der Hypermatrix–Darstellung symmetrischer vierstufiger Tensoren hat man $81 - 36 = 45$ zahlenmäßig gleiche Komponenten zu notieren, was man bei Voigtscher Darstellung "einspart".

[34] Die Eigenschaft $\overset{\langle 4 \rangle}{\mathbb{C}} = \overset{\langle 4 \rangle}{\mathbb{C}}^{T} \Leftrightarrow \mathfrak{C}^{(V)} = \mathfrak{C}^{(V)T} \, ,$ $\qquad$ (6.51c)
mit Gültigkeit des kommutativen Gesetzes
$$\mathbb{D} \cdot\cdot\, \overset{\langle 4 \rangle}{\mathbb{C}} = \overset{\langle 4 \rangle}{\mathbb{C}} \cdot\cdot\, \mathbb{D} \Leftrightarrow \mathfrak{d}^{(V)} \odot \mathfrak{C}^{(V)} = \mathfrak{C}^{(V)} \odot \mathfrak{d}^{(V)} \tag{6.51d}$$
kennzeichnet die Untermenge der sog. vollständig–symmetrischen Tetraden, deren Voigtsche Matrix zur Hauptdiagonale symmetrisch ist (vgl. § 6.7).

$$a^{(V)} = \sum_{j=1}^{6} a_j^{(V)} e_j^{(V)} \quad , \quad b_j^{(V)} = \sum_{j=1}^{6} b_j^{(V)} e_j^{(V)} \tag{6.53a}$$

hinsichtlich einer im Voigtschen Vektorraum im Sinne von

$$e_j^{(V)} \odot e_k^{(V)} = \delta_{jk} = \begin{cases} 0 \text{ für } j \neq k \\ 1 \text{ für } j = k \end{cases} \tag{6.53b}$$

installierten Orthonormalbasis dargestellt zu haben. Entsprechend zu interpretieren ist eine Voigtsche 6×6Matrix (etwa in der Form (6.45c)) als Repräsentation einer auf eine Orthonormalbasis $\left\langle e_j^{(V)} \right\rangle$ bezogenen "Komponentendarstellung" einer entsprechenden zweistufig–extensiven Größe

$$\mathfrak{C}^{(V)} = \sum_{j,k=1}^{6} c_{jk}^{(V)} e_j^{(V)} \otimes e_k^{(V)} \tag{6.54}$$

mit dyadischen Produktfaktoren $e_j^{(V)} \otimes e_k^{(V)}$, wobei das mit "$\otimes$" symbolisierte dyadische Produkt (analog (2.6e), (2.13b)) durch die Prozeduren

$$a^{(V)} \odot (b^{(V)} \otimes c^{(V)}) = (a^{(V)} \odot b^{(V)}) c^{(V)}$$

bzw.
$$(a^{(V)} \otimes b^{(V)}) \odot c^{(V)} = a^{(V)} (b^{(V)} \odot c^{(V)}) \tag{6.55a,b}$$

zu definieren ist. Letztere bedeuten eine Übersetzung der in konventioneller Tensor–Notation als

$$A \cdot \cdot (B \circ C) = (A \cdot \cdot B) C \qquad \text{bzw.} \quad (A \circ B) \cdot \cdot C = A (B \cdot \cdot C) \tag{6.55c,d}$$

darzustellenden Identitäten.

Auch auf Skalare führende Produktoperationen an symmetrischen zweistufigen bzw. vierstufigen Tensoren haben in der Voigt–Notation einfache Entsprechungen. So entspricht etwa der per

$$(a^{(V)} \otimes b^{(V)}) \odot\odot (c^{(V)} \otimes d^{(V)}) \equiv (b^{(V)} \odot c^{(V)})(a^{(V)} \odot d^{(V)}) \tag{6.56a}$$

definierten Doppeltskalarmultiplikation in konventioneller Notation die Identität

$$(A \circ B) \cdot \cdot \cdot \cdot (C \circ D) = (B \cdot \cdot C)(A \cdot \cdot D) \, , \tag{6.56b}$$

womit schließlich desweiteren folgende Entsprechungen gelten

$$\overset{\langle 4 \rangle}{A} \cdot \cdot \cdot \cdot \overset{\langle 4 \rangle}{B} \iff \mathfrak{A}^{(V)} \odot\odot \mathfrak{B}^{(V)} \, , \tag{6.57}$$

$$(A \circ B) \cdot \cdot \cdot \cdot \overset{\langle 4 \rangle}{C} = A \cdot \cdot \left[B \cdot \cdot \overset{\langle 4 \rangle}{C} \right] = B \cdot \cdot \overset{\langle 4 \rangle}{C} \cdot \cdot A$$

$$\iff$$

$$(a^{(V)} \otimes b^{(V)}) \odot\odot \mathfrak{C}^{(V)} = a^{(V)} \odot (b^{(V)} \odot \mathfrak{C}^{(V)}) = b^{(V)} \otimes \mathfrak{C}^{(V)} \cdot a^{(V)} \, . \tag{6.58}$$

Das dyadische Produkt zweier Voigtscher Vektoren

$$a^{(V)} = \sum_{j=1}^{6} a_j^{(V)} \mathfrak{e}_j^{(V)} \quad , \qquad b^{(V)} = \sum_{j=1}^{6} b_k^{(V)} \mathfrak{e}_k^{(V)} \tag{6.59a}$$

bedeutet darin in analoger Komponentennotation

$$a^{(V)} \otimes b^{(V)} = \sum_{j,k=1}^{6} a_j^{(V)} b_k^{(V)} \mathfrak{e}_j^{(V)} \otimes \mathfrak{e}_k^{(V)} \quad , \tag{6.59b}$$

ist also als Voigtsche Matrix mit Elementen $a_j^{(V)} b_k^{(V)}$ darzustellen, während das Doppeltskalarprodukt

zweier Voigtsche Tensoren

$$\mathfrak{A}^{(V)} = \sum_{j,k=1}^{6} a_{jk}^{(V)} \mathfrak{e}_j^{(V)} \otimes \mathfrak{e}_k^{(V)} \quad , \qquad \mathfrak{B}^{(V)} = \sum_{p,q=1}^{6} b_{pq}^{(V)} \mathfrak{e}_p^{(V)} \otimes \mathfrak{e}_q^{(V)} \tag{6.60a}$$

analog (2.56) in Komponenten–Notation

$$\mathfrak{A}^{(V)} \odot\odot \mathfrak{B}^{(V)} = \sum_{j,k=1}^{3} a_{jk}^{(V)} b_{kj}^{(V)} \tag{6.60b}$$

ergibt. Auch hier werden die Elemente der Matrix $\mathfrak{A}^{(V)}$ mit den an der Hauptdiagonale gespiegelten Elementen der Matrix von $\mathfrak{B}^{(V)}$ multipliziert und schließlich alle entstehenden Produkte addiert.

Symmetrische vierstufige Tensoren werden in der Kontinuumsmechanik seltener benötigt. In Theorien anisotroper fest-idealplastischer Medien läßt sich ein spezieller vierstufiger Versor als Materialtetrade $\overset{\langle 4 \rangle}{\mathbb{R}}{}'$ identifizieren, mit der die sog. Einheitsdeviatoren $\mathbb{S}'/|\mathbb{S}'|$, $\mathbb{C}'/|\mathbb{C}'|$ (mit $\mathbb{E} \cdot\cdot \mathbb{S}' = 0$, $\mathbb{E} \cdot\cdot \mathbb{C}' = 0$) der Spannungen bzw. der Verzerrungsgeschwindigkeiten per

$$\mathbb{C}'/|\mathbb{C}'| = (\mathbb{S}'/|\mathbb{S}'|) \cdot\cdot \overset{\langle 4 \rangle}{\mathbb{R}}{}' \tag{6.61}$$

miteinander verknüpft werden. Eine solche Materialtetrade weist 10 zahlenmäßig verschiedene Komponenten auf und repräsentiert demgemäß 10 voneinander unabhängige Materialfunktionen (vgl. [28]).

Symmetrische vierstufige orthogonale Tensoren $\overset{\langle 4 \rangle}{\mathbb{Q}}$ bilden zweistufig–symmetrische Tensoren $\mathbb{X} = \mathbb{X}^T$ betragstreu, d. h. mit der Nebenbedingung

$$\overset{(6.37a)}{\mathbb{Y}\cdot\cdot\mathbb{Y}} = (\mathbb{X}\cdot\cdot\overset{\langle 4\rangle}{\mathbb{Q}})\cdot\cdot(\mathbb{X}\cdot\cdot\overset{\langle 4\rangle}{\mathbb{Q}}) \overset{(6.51b)}{\equiv} \mathbb{X}\cdot\cdot\overset{\langle 4\rangle}{\mathbb{Q}}\cdot\cdot\overset{\langle 4\rangle}{\mathbb{Q}}{}^{T}\cdot\cdot\mathbb{X} = \mathbb{X}\cdot\cdot\mathbb{X} = \mathbb{X}\cdot\cdot\overset{\langle 4\rangle}{\mathbb{E}}_{s}\cdot\cdot\mathbb{X} \qquad (6.62a)$$

in Tensoren $\mathbb{Y} = \mathbb{Y}^{T}$ ab, was man mit der Definitionsgleichung

$$\overset{\langle 4\rangle}{\mathbb{Q}}\cdot\cdot\overset{\langle 4\rangle}{\mathbb{Q}}{}^{T} = \overset{\langle 4\rangle}{\mathbb{E}}_{s} \quad \text{bzw.} \quad \overset{\langle 4\rangle}{\mathbb{Q}}{}^{T} = \overset{\langle 4\rangle}{\mathbb{Q}}{}^{-1} \qquad (6.62b,c)$$

für solcherart Tensoren identisch befriedigt. Mit (6.57b,c) erlegt man orthogonalen Tensoren $\overset{\langle 4\rangle}{\mathbb{Q}}$ insgesamt $6+5+4+3+2+1 = 21$ skalarwertige Nebenbedingungen auf[35], womit symmetrische vierstufige orthogonale Tensoren Aggregate mit $6\times6-21 = 15$ skalaren Bestimmungsstücken sind. Mit

$$\det\overset{\langle 4\rangle}{\mathbb{Q}} = 1 \qquad (6.63)$$

werden aus der Menge der orthogonalen Tensoren die vierstufigen Versoren $\left[\overset{\langle 4\rangle}{\mathbb{R}}\right]$ herausgefiltert. Weitere 5 skalarwertige Nebenbedingungen fallen schließlich an, wenn das Ergebnis einer "Drehung" $\left[\mathbb{X}\cdot\cdot\overset{\langle 4\rangle}{\mathbb{R}}\right]$ deviatorisch sein soll ($\mathbb{Y} = \mathbb{Y}'$), weswegen schließlich der in (6.61) benötigte Operator nur noch $15-5=10$ skalare Freiwerte aufweisen kann.

In [8] sind vierstufige Versoren für eine zu (4.28c,d) analoge Aufschlüsselung der Zeitableitung vierstufiger vollständig symmetrischer Tetraden eingesetzt worden (vgl. Ziffer 6.8). Als

6.7 Vollständig-symmetrische Tensoren vierter Stufe

bezeichnet man solche (im Sinne von (6.43c)) symmetrische Tetraden, für die überdies die weiteren Symmetriebedigungen

$$c_{ijkl} = c_{klij} \qquad (6.64a)$$

gelten, was schließlich

---

[35] Man beachte, daß jeder aus einem symmetrischen Tensor $\overset{\langle 4\rangle}{\mathbb{C}}$ gebildete Tensor $\overset{\langle 4\rangle}{\mathbb{C}}\cdot\cdot\overset{\langle 4\rangle}{\mathbb{C}}{}^{T} \equiv \left[\overset{\langle 4\rangle}{\mathbb{C}}\cdot\cdot\overset{\langle 4\rangle}{\mathbb{C}}{}^{T}\right]^{T}$ im Sinne von (6.51d,e) vollständig symmetrisch ist, also eine symmetrische Voigtsche 6×6 Matrix aufweist. Insofern repräsentiert (6.62b) $6+5+4+3+2+1 = 21$ skalare Gleichungen

$$\overset{\langle 4\rangle}{\mathbb{C}} = \overset{\langle 4\rangle}{\mathbb{C}}{}^{T} \Leftrightarrow \mathfrak{C}^{(V)} = \mathfrak{C}^{(V)T}, \tag{6.64b}$$

d.h. im Zusammenhang mit der Doppeltskalarmultiplikation mit symmetrischen zweistufigen Tensoren $\mathbb{D} = \mathbb{D}^{T}$ Gültigkeit des kommutativen Gesetzes

$$\mathbb{S}(= \mathbb{S}^{T}) = \mathbb{D}\cdot\cdot\,\overset{\langle 4\rangle}{\mathbb{C}} \equiv \overset{\langle 4\rangle}{\mathbb{C}}\cdot\cdot\,\mathbb{D} \quad \Leftrightarrow \quad \mathfrak{s}^{(V)} = \mathfrak{d}^{(V)}\odot \mathfrak{C}^{(V)} = \mathfrak{C}^{(V)}\odot \mathfrak{d}^{(V)} \tag{6.64c}$$

zur Folge hat. Die $\overset{\langle 4\rangle}{\mathbb{C}}$ äquivalente Voigtsche Matrix $\mathfrak{C}^{(V)}$ ist zur Hauptdiagonale symmetrisch, was bedeutet, sie im Sinne einer Eigenwertanalyse diagonalisieren, d. h. in der Form

$$\mathfrak{C}^{(V)} = \sum_{j=1}^{6} c_j^{(H)} \mathfrak{e}_j^{(V)(H)} \otimes \mathfrak{e}_j^{(V)(H)} \;\hat{=}\; \begin{bmatrix} c_1^{(H)} & 0 & 0 & 0 & 0 & 0 \\ 0 & c_2^{(H)} & 0 & 0 & 0 & 0 \\ 0 & 0 & c_3^{(H)} & 0 & 0 & 0 \\ 0 & 0 & 0 & c_4^{(H)} & 0 & 0 \\ 0 & 0 & 0 & 0 & c_5^{(H)} & 0 \\ 0 & 0 & 0 & 0 & 0 & c_6^{(H)} \end{bmatrix} \langle \mathfrak{e}_j^{(V)(H)}\rangle \tag{6.65a}$$

darstellen zu können mit zueinander im Sinne von

$$\mathfrak{e}_j^{(V)(H)}\odot \mathfrak{e}_k^{(V)(H)} = \delta_{jk} = \begin{cases} 0 \text{ für } j \neq k \\ 1 \text{ für } j = k \end{cases} \tag{6.65b}$$

(im Voigtschen Vektorraum) orthogonalen Hauptrichtungen $\mathfrak{e}_j^{(V)(H)}$ $(j = 1,...,6)$ und Haupt-(bzw. Eigen-)Werten $c_j^{(H)}$ $(j = 1,...,6)$ die als Wurzeln der Eigenwert-Gleichung

$$\det(c^{(H)}\mathfrak{E}^{(V)} - \mathfrak{C}^{(V)}) =$$

$$= c^{(H)6} - C_1 c^{(H)5} + C_2 c^{(H)4} - C_3 c^{(H)3} + C_4 c^{(H)2} - C_5 c^{(H)} + C_6 = 0 \tag{6.65c}$$

anfallen[36]. Darin bedeuten $C_1...C_6$ die im Zusammenhang mit der in (6.65c) geforderten Entwicklung der Determinante anfallenden 6 (Grund-)Invarianten von $\mathfrak{C}^{(V)}$, wobei insbesondere

$$C_1 = \mathrm{Sp}(\mathfrak{C}^{(V)}) = \mathfrak{E}^{(V)}\odot\odot\,\mathfrak{C}^{(V)} = \sum_{j=1}^{6} c_{jk}^{(V)} \quad \text{bzw. } C_6 = \det(\mathfrak{C}^{(V)}), \tag{6.65d,e}$$

---

[36] Angesichts der völligen Analogie der Beweislage mit der diesbezüglichen Eigenwertanalyse von § 4 sollen diese Hinweise genügen. So ist etwa (6.65c) Konsequenz der Suche nach den Hauptrichtungen $\mathfrak{e}^{(V)(H)}$ von $\mathfrak{C}^{(V)}$, die analog (4.10) durch

$$\mathfrak{e}^{(V)(H)}\odot \mathfrak{C}^{(V)} = c^{(H)}\mathfrak{e}^{(V)(H)} \quad \text{bzw. } \mathfrak{e}^{(V)(H)}\odot (c^{(H)}\mathfrak{E}^{(V)} - \mathfrak{C}^{(V)}) = 0 \tag{6.65c$^{\times}$}$$

und z.B. einer Normierungsbedingung, etwa $|\mathfrak{e}^{(V)(H)}| = 1$, gekennzeichnet sind usw.

also die erste bzw. die sechste Invariante mit der Spur bzw. der Determinante der Voigt-schen Matrix identisch sind.[37] Daß die aus (6.65c) erhältlichen Eigenwerte für reellwertige Matrizen $\mathbb{C}^{(V)}$ sämtlich reellwertig sind, ist Folge der Symmetrie der Voigtschen Matrizen, da der in Fußn. 13 von §4 dargestellte Beweis gleichermaßen für n×n-Matrizen gültig ist.

Eine "Übersetzung" der mit (6.65) notierten Befunde in konventionellen Tensorkalkül bedeutet, jede vollständig symmetrische Tetrade in einer "Hauptachsenform"

$$\overset{\langle 4 \rangle}{\mathbb{C}} = \sum_{j=1}^{6} c_j^{(H)} \mathbb{E}_j^{(H)} \circ \mathbb{E}_j^{(H)} = \sum_{j=1}^{6} c_j^{(H)} \overset{\langle 4 \rangle}{\mathbb{E}}_j^{(H)} \qquad (6.66)$$

darstellen zu können mit im Sinne von

$$\mathbb{E}_j^{(H)} \cdot \cdot \mathbb{E}_k^{(H)} = \delta_{jk} = \begin{cases} 0 & \text{für } j \neq k \\ 1 & \text{für } j = k \end{cases} \qquad (6.66a)$$

zueinander orthogonalen zweistufig-symmetrischen Eigentensoren $\mathbb{E}_j^{(H)}$ ($j = 1,...,6$) bzw. mit vollständig-symmetrischen vierstufigen Eigentensoren

$$\overset{\langle 4 \rangle}{\mathbb{E}}_j^{(H)} = \mathbb{E}_j^{(H)} \circ \mathbb{E}_j^{(H)} \;, \qquad j = 1,...,6 \qquad (6.66b)$$

die im Sinne von

$$\overset{\langle 4 \rangle}{\mathbb{E}}_j^{(H)} \cdot \cdot \overset{\langle 4 \rangle}{\mathbb{E}}_k^{(H)} = \begin{cases} 0 & \text{für } j \neq k \\ \overset{\langle 4 \rangle}{\mathbb{E}}_j^{(H)} & \text{für } j = k \end{cases} \qquad (6.66c)$$

"orthogonale Elemente" darstellen, "idempotent" sind und per

$$\sum_{j=1}^{6} \mathbb{E}_j^{(H)} \circ \mathbb{E}_j^{(H)} = \sum_{j=1}^{6} \overset{\langle 4 \rangle}{\mathbb{E}}_j^{(H)} = \overset{\langle 4 \rangle}{\mathbb{E}}_s \qquad (6.66d)$$

den symmetrierten Einheitsoperator $\overset{\langle 4 \rangle}{\mathbb{E}}_s$ aufbauen.

Ebenso wie bei symmetrischen zweistufigen Tensoren ist für vollständig-symmetrische Tetraden der Nachweis einer Cayley-Hamilton-Gleichung trivial: Weil einerseits wegen (6.66c)

$$\overset{\langle 4 \rangle}{\mathbb{C}}{}^{\alpha} = \underbrace{\overset{\langle 4 \rangle}{\mathbb{C}} \cdot \cdot \overset{\langle 4 \rangle}{\mathbb{C}} \cdot \cdot \,.... \overset{\langle 4 \rangle}{\mathbb{C}}}_{\alpha \text{ mal}} = \sum_{j=1}^{6} c_j^{(H)\,\alpha} \overset{\langle 4 \rangle}{\mathbb{E}}_j^{(H)} \qquad (6.67a)$$

gilt und desweiteren andererseits nach (6.65c)

---

[37] Betr. die übrigen Invarianten vgl. (6.67) und § E2

$$c_j^{(H)p+6} = C_1 c_j^{(H)p+5} - C_2 c_j^{(H)p+4} + C_3 c_j^{(H)p+3} - C_4 c_j^{(H)p+2} + C_5 c_j^{(H)p+1} - C_6 c_j^{(H)p}, \quad j = 1,\dots,6 ,$$

$$(6.67b)$$

so gilt schließlich auch, indem man jede dieser Gleichungen mit ihrem zugehörigen Eigen-
tensor $\overset{\langle 4\rangle}{\mathbb{E}}{}_j^{(H)}$ multipliziert und sämtliche so erhaltenen tetradischen Teilgleichungen
addiert,

$$\overset{\langle 4\rangle}{\mathbb{C}}{}^{p+6} - C_1 \overset{\langle 4\rangle}{\mathbb{C}}{}^{p+5} + C_2 \overset{\langle 4\rangle}{\mathbb{C}}{}^{p+4} - C_3 \overset{\langle 4\rangle}{\mathbb{C}}{}^{p+3} + C_4 \overset{\langle 4\rangle}{\mathbb{C}}{}^{p+2} + C_5 \overset{\langle 4\rangle}{\mathbb{C}}{}^{p+1} - C_6 \overset{\langle 4\rangle}{\mathbb{C}}{}^{p} = 0 \qquad (6.67c)$$

mit 6 Grundinvarianten $C_j (j = 1,\dots,6)$, die in konventionellem Tensorkalkül durch

$$C_1 = \bar{C}_1 \quad , \qquad C_2 = \tfrac{1}{2}\left(\bar{C}_1^2 - \bar{C}_2 \right) ,$$

$$C_3 = \tfrac{1}{6}\left(\bar{C}_1^3 - 3\,\bar{C}_1\bar{C}_2 + 2\,\bar{C}_3 \right) , \quad C_4 = \tfrac{1}{4!}\left(\bar{C}_1^4 - 6\,\bar{C}_1^2\bar{C}_2 + 8\,\bar{C}_1\bar{C}_3 + 3\,\bar{C}_2^2 - 6\,\bar{C}_4 \right) ,$$

$$C_5 = \tfrac{1}{5!}\left(\bar{C}_1^5 - 10\,\bar{C}_1^3\bar{C}_2 + 20\,\bar{C}_1^2\bar{C}_3 + 15\,\bar{C}_1\bar{C}_2^2 - 30\,\bar{C}_1\bar{C}_4 - 20\,\bar{C}_3\bar{C}_2 + 24\,\bar{C}_5 \right) ,$$

$$C_6 = \tfrac{1}{6!}\left(\bar{C}_1^6 - 15\,\bar{C}_1^4\bar{C}_2 + 40\,\bar{C}_1^3\bar{C}_3 + 45\,\bar{C}_1^2\bar{C}_2^2 - 90\,\bar{C}_1^2\bar{C}_4 - 120\,\bar{C}_1\bar{C}_2\bar{C}_3 + \right.$$

$$\left. + 144\,\bar{C}_1\bar{C}_5 - 15\,\bar{C}_2^3 + 90\,\bar{C}_2\bar{C}_4 + 40\,\bar{C}_3^2 - 120\,\bar{C}_6 \right) \qquad (6.67\text{d--i})$$

mit

$$\bar{C}_j = \overset{\langle 4\rangle}{\mathbb{E}}{}_s \cdots \overset{\langle 4\rangle}{\mathbb{C}}{}^j \qquad\qquad (6.67j)$$

ausgedrückt werden können (vgl. a. § E2, (2.17)).

Mit $p = -1$ und $\overset{\langle 4\rangle}{\mathbb{C}}{}^0 = \overset{\langle 4\rangle}{\mathbb{E}}{}_s$ fließt aus (6.67c) eine Darstellung für die durch

$$\overset{\langle 4\rangle}{\mathbb{C}}{}^{-1} \cdot\cdot\, \overset{\langle 4\rangle}{\mathbb{C}} = \overset{\langle 4\rangle}{\mathbb{C}} \cdot\cdot\, \overset{\langle 4\rangle}{\mathbb{C}}{}^{-1} = \overset{\langle 4\rangle}{\mathbb{E}}{}_s$$

definierte Inverse $\overset{\langle 4\rangle}{\mathbb{C}}{}^{-1}$ einer vollständig symmetrischen Tetrade analog (2.33b) Daran erkennt man, daß Letztere (selbstverständlich) auch vollständig-symmetrisch ist.

Vollständig–symmetrische Tetraden treten in der Materialtheorie (anisotroper) einfacher Stoffe auf, wenn
Materialgleichungen energetisch definiert werden. So erhält man z. B. unter der Voraussetzung, daß die
auf die Masseneinheit bezogene (adiabatische bzw. isotherme) Formänderungsenergie $\mathscr{W}$ eines (hyper–)-
elastischen Mediums eine bilineare Zustandsfunktion eines Verzerrungstensors $(\mathbb{D} = \mathbb{D}^T)$ sei,

$$\mathscr{W} = \mathscr{W}(\mathbb{D}) = \tfrac{1}{2}\,\mathbb{D} \cdot\cdot\, \overset{\langle 4\rangle}{\mathbb{C}} \cdot\cdot\,\mathbb{D} , \qquad\qquad (6.68a)$$

für den Zusammenhang zwischen $\mathbb{D}$ und dem "verursachenden" Spannungstensor $\mathbb{S} = \mathbb{S}^T$ die linear–elastische (adiabatische bzw. isotherme) Materialbeziehung

$$\mathbb{S} = \mathbb{D} \cdot\cdot \overset{\langle 4 \rangle}{\mathbb{C}} \equiv \overset{\langle 4 \rangle}{\mathbb{C}} \cdot\cdot \mathbb{D} \tag{6.68b}$$

mit einer vollständig–symmetrischen (adiabatischen bzw. isothermen) Materialtetrade $\mathbb{C}^{\,38)}$, die als zweite

Ableitung der Formänderungsenergie nach den Verzerrungen identifiziert wird (vgl. a. § 7 und Mech.

VII). Für kleine Verformungen (mit dem materiellen Verschiebungsdeformator anstelle von $\mathbb{D}$ und den

"am unverformten Körper" definierten Spannnungen $\mathbb{S}$) stellt (6.68b) die Hookesche Materialgleichung

für linear–elastisch anisotrope Medien dar.

Bringt man übrigens das isotrope Hookesche Gesetz in die Form (6.68b), setzt also

$$\mathbb{S} = 2G[\mathbb{D} + \frac{\nu}{1-2\nu}(\mathbb{D}\cdot\cdot\mathbb{E})\mathbb{E}] \equiv \overset{\langle 4 \rangle}{\mathbb{C}}_{\text{isotrop}} \cdot\cdot \mathbb{D} = \mathbb{D}\cdot\cdot \overset{\langle 4 \rangle}{\mathbb{C}}_{\text{isotrop}}, \tag{6.69a}$$

so findet man wegen

$$\mathbb{D} = \mathbb{D}\cdot\cdot \overset{\langle 4 \rangle}{\mathbb{E}}_{s} = \overset{\langle 4 \rangle}{\mathbb{E}}_{s}\cdot\cdot \mathbb{D} \ , \quad (\mathbb{D}\cdot\cdot\mathbb{E})\mathbb{E} = \mathbb{D}\cdot\cdot\mathbb{E}\circ\mathbb{E} = (\mathbb{E}\circ\mathbb{E})\cdot\cdot\mathbb{D} \tag{6.69b,c}$$

als isotrope Materialtetrade

$$\overset{\langle 4 \rangle}{\mathbb{C}}_{\text{isotrop}} = 2G\left[\overset{\langle 4 \rangle}{\mathbb{E}}_{s} + \frac{\nu}{1-2\nu}\mathbb{E}\circ\mathbb{E}\right] \ , \tag{6.69d}$$

die sich danach aus zwei sog. isotropen (tetradischen) Elementen zusammensetzt. Es sind dies die beiden –

im Hinblick auf Doppeltskalarmultiplikationen mit symmetrischen zweistufigen Tensoren – als relevant al-

lein verbleibenden Elemente der sog. isotropen Gruppe 4. Stufe $\overset{\langle 4 \rangle}{\mathbb{J}}$, die aus den drei "Elementen" $\overset{\langle 4 \rangle}{\mathbb{E}}$,

$\overset{\langle 4 \rangle}{\mathbb{E}}_{T}$, $\mathbb{E}\circ\mathbb{E}$ besteht (vgl. E § 4).

---

38) Daß in (6.68a) nur eine vollständig–symmetrische tetradische Konstante auftreten kann, ist leicht einzusehen unter Benutzung Voigtscher Matrizendarstellungen, mittels der die Struktur

$\mathbb{D}\cdot\cdot \overset{\langle 4 \rangle}{\mathbb{C}} \cdot\cdot \mathbb{D}$ formal in $\mathfrak{d}^{(V)}\circ\mathbb{C}^{(V)}\circ\mathfrak{d}^{(V)} = \mathfrak{d}^{(V)}\circ(\mathfrak{d}^{(V)}\circ\mathbb{C}^{(V)T}) \equiv (\mathfrak{d}^{(V)}\otimes\mathfrak{d}^{(V)})\circ\circ\mathbb{C}^{(V)T}$
zu übersetzen wäre, d. h. in ein Doppeltskalarprodukt zweier Voigtscher 6×6–Matrizen, wobei
$\mathfrak{d}^{(V)}\otimes\mathfrak{d}^{(V)}$ eine symmetrische Matrix repräsentiert. Folge davon ist, daß deren Doppeltskalarprodukt mit einem allfällig vorhandenen antimetrischen Anteil von $\mathbb{C}^{(V)T}$ verschwände, und daher in der Bilinearstruktur $(\mathfrak{d}^{(V)}\otimes\mathfrak{d}^{(V)})\circ\circ\mathbb{C}^{(V)T}$ nur eine symmetrische Matrix $\mathbb{C}^{(V)}$ und damit in (6.63) nur eine vollständig–symmetrische Tetrade aufscheinen kann. In §E4.4.2 wird die Möglichkeit, von Operatoren (z. B. $\mathbb{C}^{(V)}$) im Falle von deren Mehrfach–Multiplikation mit einem und demselben Vektor (z. B. $\mathfrak{d}^{(V)}$) allein deren geeignet definierte symmetrische Anteile benutzen zu dürfen, unter einem verallgemeinerten Aspekt sog. "Mischungs–Varianten" aufgegriffen. Dabei zeigt sich, daß man Mischungsvarianten eines Operators durch dessen geeignete Behandlung mittels eines Mischungsoperators hervorbringen kann.

$\underline{\text{Tensorfunktionen}}$, die, auf der Hauptachsen-Darstellungsversion (6.66) fußend, durch

$$p(\overset{\langle 4\rangle}{\mathbb{C}}) = \sum_{j=1}^{6} p(c_j^{(H)})\, \overset{\langle 4\rangle}{\mathbb{E}}_j^{(H)} \tag{6.70}$$

definiert werden, haben in der Theorie der linear-viskoelastischen anisotropen einfachen Stoffe erhebliche Bedeutung insbesondere für die Aufklärung von Relaxationszeitphänomen, Kriech–Synchronprozessen usw. (vgl. z.B. [28]).

Diese Ziffer beschließend soll noch vermerkt werden, daß man analog § 5 für symmetrische Tetraden $\overset{\langle 4\rangle}{\mathbb{F}}$ einen polaren Zerlegungssatz

$$\overset{\langle 4\rangle}{\mathbb{F}} = \overset{\langle 4\rangle}{\mathbb{D}}_F \cdot\cdot \overset{\langle 4\rangle}{\mathbb{Q}}_F \equiv \overset{\langle 4\rangle}{\mathbb{Q}}_F \cdot\cdot \overset{\langle 4\rangle}{\mathbb{D}}_F^* \tag{6.71a}$$

mit

$$\overset{\langle 4\rangle}{\mathbb{D}}_F = {}^{39)}\sqrt{\overset{\langle 4\rangle}{\mathbb{F}} \cdot\cdot \overset{\langle 4\rangle}{\mathbb{F}}{}^T}\ , \qquad \overset{\langle 4\rangle}{\mathbb{D}}_F^* = \overset{\langle 4\rangle}{\mathbb{Q}}_F^T \cdot\cdot \overset{\langle 4\rangle}{\mathbb{D}}_F \cdot\cdot \overset{\langle 4\rangle}{\mathbb{Q}}_F \tag{6.71b,c}$$

und

$$\overset{\langle 4\rangle}{\mathbb{Q}}_F = \sqrt{\overset{\langle 4\rangle}{\mathbb{F}} \cdot\cdot \overset{\langle 4\rangle}{\mathbb{F}}{}^T}{}^{-1} \cdot\cdot \overset{\langle 4\rangle}{\mathbb{F}} \equiv \overset{\langle 4\rangle}{\mathbb{F}} \cdot\cdot \sqrt{\overset{\langle 4\rangle}{\mathbb{F}}{}^T \cdot\cdot \overset{\langle 4\rangle}{\mathbb{F}}}{}^{-1}\ , \qquad \overset{\langle 4\rangle}{\mathbb{Q}}_F \cdot\cdot \overset{\langle 4\rangle}{\mathbb{Q}}_F^T = \overset{\langle 4\rangle}{\mathbb{E}}_s \tag{6.71d,e}$$

angeben kann. Für Anwendungen in der Mechanik ist er bedeutungslos.

6.8 Zeitableitungen vollständig-symmetrischer Tetraden

treten in Stoffgleichungen viskoelastischer Medien für den Fall allgemeiner zeitlicher Veränderlichkeit viskoser Materialeigenschaften ("Alterung") auf [8]. Für eine zu (4.28c,d) analoge "natürliche Darstellung" der $\overset{\langle 4\rangle}{\mathbb{C}}$ –Geschwindigkeit schreibt man von (6.66) ausgehend, zunächst

$$\overset{\langle 4\rangle}{\mathbb{C}} = \sum_{j=1}^{6} \left[\dot{c}_j^{(H)}\, \mathbb{E}_j^{(H)} \circ \mathbb{E}_j^{(H)} + c_j^{(H)}\Big(\overset{\cdot\,(H)}{\mathbb{E}}_j \circ \mathbb{E}_j^{(H)} + \mathbb{E}_j^{(H)} \circ \overset{\cdot\,(H)}{\mathbb{E}}_j \Big) \right] \tag{6.72a}$$

und bezeichnet mit $d\,\overset{\langle 4\rangle}{\mathbb{C}}/dt$ die Grössenableitung

---

39) $\sqrt{\overset{\langle 4\rangle}{\mathbb{F}} \cdot\cdot \overset{\langle 4\rangle}{\mathbb{F}}{}^T}$ ist analog § 5 als Tensorfunktion der vollständig–symmetrischen Tetrade $\overset{\langle 4\rangle}{\mathbb{F}} \cdot\cdot \overset{\langle 4\rangle}{\mathbb{F}}{}^T$ im Sinne von (5.2a), hier jetzt als Sechser–Diagonalform, bzw. im Sinne von (6.70) zu verstehen.

$$d \overset{\langle 4 \rangle}{\mathbb{C}} /dt = \sum_{j=1}^{6} \dot{c}_j^{(H)} \, \mathbb{E}_j^{(H)} \circ \mathbb{E}_j^{(H)} \,. \tag{6.72b}$$

Betreffend die Zeitableitungen des Eigentensorbüschels $\langle \mathbb{E}_j^{(H)} \rangle$, wird, da Letztere einheitsnormiert wurden, von der Vorstellung ausgegangen, $\mathbb{E}_j^{(H)}(t)$ per

$$\mathbb{E}_j^{(H)}(t) = \mathbb{E}_j^{(H)}(t_0) \cdot\cdot \overset{\langle 4 \rangle}{\mathbb{R}}(t) \equiv \overset{\langle 4 \rangle}{\mathbb{R}}{}^{T}(t) \cdot\cdot \mathbb{E}_j^{(H)}(t_0) \tag{6.73a}$$

darstellen zu können als Ergebnis einer Orthogonal–Transformation eines zu einem (Ausgangs–)Zeitpunkt t_0 existenten Büschels $\langle \mathbb{E}_j^{(H)}(t_0) \rangle$, und zwar als Ergebnis einer Versor–Transformation, indem man von stetiger Veränderlichkeit der Eigentensoren ausgeht, also spontane (als Spiegelungseffekte der Eigenvektoren im Voigtschen Vektorraum deutbare) Umorientierungen ausschliesst. Wegen $\overset{\langle 4 \rangle}{\mathbb{R}}{}^{T} \cdot\cdot \overset{\langle 4 \rangle}{\mathbb{R}} = \overset{\langle 4 \rangle}{\mathbb{E}}_s$ und damit

$$\overset{\langle \dot{4} \rangle}{\mathbb{R}}{}^{T} \cdot\cdot \overset{\langle 4 \rangle}{\mathbb{R}} = - \overset{\langle 4 \rangle}{\mathbb{R}}{}^{T} \cdot\cdot \overset{\langle \dot{4} \rangle}{\mathbb{R}} = -(\overset{\langle \dot{4} \rangle}{\mathbb{R}}{}^{T} \cdot\cdot \overset{\langle 4 \rangle}{\mathbb{R}})^{T} \overset{(6.42e)}{=} (\overset{\langle \dot{4} \rangle}{\mathbb{R}}{}^{T} \cdot\cdot \overset{\langle 4 \rangle}{\mathbb{R}}) \cdot\cdot\cdot\cdot \overset{\langle 8 \rangle}{\mathbb{E}}_T \tag{6.73b}$$

existiert ein bei Transposition das Vorzeichen wechselnder tetradischer Operator[40]

$$\overset{\langle 4 \rangle}{\mathbb{W}} = \overset{\langle 4 \rangle}{\mathbb{R}}{}^{T} \cdot\cdot \overset{\langle \dot{4} \rangle}{\mathbb{R}} = - \overset{\langle 4 \rangle}{\mathbb{W}}{}^{T}, \tag{6.74a}$$

mit dem aus (6.73a)

$$\overset{\cdot (H)}{\mathbb{E}}_j(t) = \mathbb{E}_j^{(H)}(t_0) \cdot\cdot \overset{\langle \dot{4} \rangle}{\mathbb{R}} = \mathbb{E}_j^{(H)}(t_0) \cdot\cdot \overset{\langle 4 \rangle}{\mathbb{R}} \cdot\cdot \overset{\langle 4 \rangle}{\mathbb{R}}{}^{T} \cdot\cdot \overset{\langle \dot{4} \rangle}{\mathbb{R}} = \mathbb{E}_j^{(H)}(t) \cdot\cdot \overset{\langle 4 \rangle}{\mathbb{W}} \equiv$$

$$\equiv \overset{\cdot (H)}{\mathbb{E}}_j{}^{T} \equiv \overset{\langle 4 \rangle}{\mathbb{W}}{}^{T} \cdot\cdot \mathbb{E}_j^{(H)}(t) = - \overset{\langle 4 \rangle}{\mathbb{W}} \cdot\cdot \mathbb{E}_j^{(H)}(t) \tag{6.74b}$$

sowie

$$\overset{\cdot (H)}{\mathbb{E}}_j \circ \mathbb{E}_j^{(H)} + \mathbb{E}_j^{(H)} \circ \overset{\cdot (H)}{\mathbb{E}}_j = - \overset{\langle 4 \rangle}{\mathbb{W}} \cdot\cdot \mathbb{E}_j^{(H)} \circ \mathbb{E}_j^{(H)} + \mathbb{E}_j^{(H)} \circ \mathbb{E}_j^{(H)} \cdot\cdot \overset{\langle 4 \rangle}{\mathbb{W}} \tag{6.74c}$$

und dementsprechend schliesslich für die $\overset{\langle 4 \rangle}{\mathbb{C}}$ –Geschwindigkeit die Struktur

$$\overset{\langle \dot{4} \rangle}{\mathbb{C}} = d \overset{\langle 4 \rangle}{\mathbb{C}} /dt - \overset{\langle 4 \rangle}{\mathbb{W}} \cdot\cdot \overset{\langle 4 \rangle}{\mathbb{C}} + \overset{\langle 4 \rangle}{\mathbb{C}} \cdot\cdot \overset{\langle 4 \rangle}{\mathbb{W}} \tag{6.75}$$

festzustellen ist. Die Analogie zu den für Zeitableitungen symmetrischer zweistufiger Tensoren geltenden

---

[40] Im Voigtschen Vektorraum repräsentiert durch einen antimetrischen zweistufigen Operator.

Beziehungen (4.28c,d) ist offensichtlich, sofern man dort per

$$\mathbb{E} \times \omega_S = -\mathbb{W}$$

einen entsprechenden antimetrischen zweistufigen Operator $\mathbb{W}$ einführt, die Analogie zu (4.31), indem man $\mathbb{W}$ per

$$\mathbb{W} = -\mathbb{E} \times (\nabla \times w)/2 = (\nabla \circ w - w \circ \nabla)/2$$

mit dem sog. "Wirbeltensor" identifiziert.

§ 7 Differentiation von Funktionen tensorwertiger Argumente

7.1 Allgemeine Bemerkungen

Unter einer koordinateninvariant durch

$$\overset{\langle n \rangle}{Y} = \overset{\langle n \rangle}{Y} (\overset{\langle m \rangle}{X}) \tag{7.1a}$$

bezeichneten n-stufig-tensorwertigen Funktion einer m-stufig-tensorwertigen Variablen $\overset{\langle m \rangle}{X}$ soll eine Beziehung verstanden werden, die (etwa in Form entsprechender Komponentendarstellungen hinsichtlich einer festen Orthonormalbasis $\langle e_j \rangle$) einem Satz 3^n skalarwertiger Zuordnungen

$$y_{abc\ldots n} = y_{abc\ldots n}(x_{111\ldots},x_{\alpha\beta\gamma\ldots\mu}\ldots x_{\mu\mu\ldots\mu}) \tag{7.1b}$$

entspricht. Als differenzierbar soll eine Beziehung von der Form (7.1) bezeichnet werden, wenn für beliebige inkrementelle Argumentänderungen $d\overset{\langle m \rangle}{X}$ eine lineare Abbildung existiert, mit der per

$$d\overset{\langle n \rangle}{Y} = \mathbb{L}\,(d\overset{\langle n \rangle}{X}) \equiv {}^{1)}\,d\overset{\langle m \rangle}{X}{}^{T} \underbrace{\cdots\cdots}_{m-fach} (d\overset{\langle n \rangle}{Y}/d\overset{\langle m \rangle}{X}) \tag{7.2}$$

zugehörige Inkremente $d\overset{\langle n \rangle}{Y}$ eindeutig berechnet werden können. Der (n+m)-stufige Ablei-

---

1) Der Zusammenhang zwischen dem auch als Gradient bezeichneten Operator $d\overset{\langle n \rangle}{Y}/d\overset{\langle m \rangle}{X}$ und der durch

$$\lim_{\epsilon \to 0} \frac{\overset{\langle n \rangle}{Y}(\overset{\langle m \rangle}{X} + \epsilon \overset{\langle m \rangle}{X}_0) - \overset{\langle n \rangle}{Y}(\overset{\langle m \rangle}{X})}{\epsilon} \equiv \frac{d}{d\epsilon}\left[\overset{\langle n \rangle}{Y}(\overset{\langle m \rangle}{X} + \epsilon \overset{\langle m \rangle}{X}_0)\right]_{\epsilon=0}, \; \epsilon \text{ skalar} \tag{7.2a}$$

mit − bis auf eine Betragsnormierung − beliebigen Größen $\overset{\langle m \rangle}{X}_0$ definierten Frechet−Ableitung (auch sog. "starke Ableitung" [20]) wird durch

$$\frac{d}{d\epsilon}\left[\overset{\langle n \rangle}{Y}(\overset{\langle m \rangle}{X} + \epsilon \overset{\langle m \rangle}{X}_0)\right]_{\epsilon=0} = \overset{\langle m \rangle}{X}_0{}^{T} \underbrace{\cdots\cdots}_{m-fach} (d\overset{\langle n \rangle}{Y}/d\overset{\langle m \rangle}{X}) \tag{7.2b}$$

hergestellt. Werden in (7.2a) nicht alle "Richtungen" $(\overset{\langle m \rangle}{X}_0)$ zugelassen, heißt die Prozedur (7.2a) schwache Ableitung (Gateaux−Ableitung).

tungsoperator $d\overset{\langle n\rangle}{Y}/d\overset{\langle m\rangle}{X}$ ist, da sowohl $d\overset{\langle n\rangle}{Y}$, $d\overset{\langle m\rangle}{X}$ als auch die m-fach-Skalarmultiplikation

koordinateninvariante Begriffe sind, eine koordinateninvariante Größe, die man aus dem

Satz vom totalen Differential von Fall zu Fall "koordinatenbezogen" identifiziert als Folge

der Bezugsbasiswahl für Funktion ($\overset{\langle n\rangle}{Y}$) und Funktionsargument ($\overset{\langle m\rangle}{X}$).

Wählt man z. B. $\overset{\langle m\rangle}{X}$ als in der Form

$$\overset{\langle m\rangle}{X} = \sum_{\alpha,\beta,\gamma\ldots\mu=1}^{3} x_{\alpha\beta\gamma\ldots\mu}\; e_\alpha \circ e_\beta \circ e_\gamma \circ \ldots \circ e_\mu \tag{7.3a}$$

auf eine feste Orthonormalbasis $\langle e_j\rangle$ bezogen, so ergibt der Satz vom totalen Differential zunächst

$$d\overset{\langle n\rangle}{Y} = \sum_{\alpha,\beta,\gamma\ldots\mu=1}^{3} \frac{\partial \overset{\langle n\rangle}{Y}}{\partial x_{\alpha\beta\gamma\ldots\mu}}\; dx_{\alpha\beta\gamma\ldots\mu}\, , \tag{7.3b}$$

mit dem man unter Benutzung von

$$d\overset{\langle m\rangle}{X} = \sum_{\alpha,\beta,\gamma\ldots\mu=1}^{3} dx_{\alpha\beta\gamma\ldots\mu}\; e_\alpha \circ e_\beta \circ e_\gamma \circ \ldots \circ e_\mu$$

sowie

$$e_\alpha \cdot e_\beta = \delta_{\alpha\beta} = \begin{cases} 0 \text{ für } \alpha \neq \beta \\ 1 \text{ für } \alpha = \beta \end{cases}$$

äquivalent

$$d\overset{\langle n\rangle}{Y} = \left[\sum_{\alpha,\beta,\gamma\ldots\mu=1}^{3} dx_{\alpha\beta\gamma\ldots\mu}\; e_\mu \circ e_{\mu-1} \circ \ldots \circ e_\beta \circ e_\alpha\right] \underbrace{\cdots\cdots}_{m-fach} \sum_{\alpha,\beta,\gamma\ldots\mu=1}^{3} e_\alpha \circ e_\beta \circ \ldots \circ e_\mu \circ \frac{\partial \overset{\langle n\rangle}{Y}}{\partial x_{\alpha\beta\gamma\ldots\mu}} \tag{7.3c}$$

und dementsprechend (man vgl. mit (7.2)) für $d\overset{\langle n\rangle}{Y}/d\overset{\langle m\rangle}{X}$ die Struktur

$$\frac{d\overset{\langle n\rangle}{Y}}{d\overset{\langle m\rangle}{X}} = \sum_{\alpha,\beta,\gamma\ldots\mu=1}^{3} e_\alpha \circ e_\beta \circ \ldots \circ e_\mu \circ \frac{\partial \overset{\langle n\rangle}{Y}}{\partial x_{\alpha\beta\gamma\ldots\mu}} \tag{7.4a}$$

identifiziert, und desweiteren schließlich

$$\frac{d\overset{\langle n\rangle}{Y}}{d\overset{\langle m\rangle}{X}} = \sum_{\substack{\alpha,\beta,\gamma\ldots\mu=1 \\ a,b,c\ldots n=1}}^{3\quad 3} e_\alpha \circ e_\beta \circ \ldots \circ e_\mu \circ e_a \circ e_b \circ \ldots \circ e_n\; \frac{\partial y_{abc\ldots n}}{\partial x_{\alpha\beta\gamma\ldots\mu}}\, , \tag{7.4b}$$

wenn man die Komponentendarstellung auch von $\overset{\langle n \rangle}{Y}$ auf dieselbe Orthonormalbasis $\langle \mathbf{e}_j \rangle$ bezieht:

$$\overset{\langle n \rangle}{Y} = \sum_{a,b,c\ldots n=1}^{3} y_{abc\ldots n}\, \mathbf{e}_a \circ \mathbf{e}_b \circ \mathbf{e}_c \circ \ldots \circ \mathbf{e}_n. \tag{7.4c}$$

Funktionen tensorwertiger Argumente stellen in Form von (auch als "Ursache - Wirkungs-relationen" auffaßbaren) Materialgleichungen das Rückgrat der gesamten Physik, Funktionen-Ableitungen im Sinne von (7.2,3) das Rückgrat aller "potentialartigen Fälle" dar, wovon beispielhaft einige unter § 7.3 aufgelistet sind. Zunächst sollen jedoch in der nächsten Ziffer dieses Paragraphen , (7.4) spezialisierend, einige häufig vorkommende Sonderfälle dargestellt und in diesem Zusammenhang für einfache Spezialfälle auch koordinateninvariante Ableitungsformeln angegeben werden.

7.2 Ableitungen skalarwertiger Funktionen (n=0)

a) vektorwertige Argumente (m=1).

Für
$$\mathcal{W} = \mathcal{W}(\mathbf{x}) = \bar{\mathcal{W}}(x_1,x_2,x_3)$$

ist
$$d\mathcal{W} = \sum_{j=1}^{3} \frac{\partial \bar{\mathcal{W}}}{\partial x_j}\, dx_j = \left\{ dx_1, dx_2, dx_3 \right\} \cdot \left\{ \frac{\partial \bar{\mathcal{W}}}{\partial x_1}, \frac{\partial \bar{\mathcal{W}}}{\partial x_2}, \frac{\partial \bar{\mathcal{W}}}{\partial x_3} \right\} = d\mathbf{x} \cdot \frac{\partial \mathcal{W}}{\partial \mathbf{x}} \equiv \frac{\partial \mathcal{W}}{\partial \mathbf{x}} \cdot d\mathbf{x}\ ,$$

also
$$\frac{\partial \mathcal{W}}{\partial \mathbf{x}} = \sum_{j=1}^{3} \frac{\partial \bar{\mathcal{W}}}{\partial x_j}\, \mathbf{e}_j \tag{7.5}$$

die Repräsentation des (in diesem Falle vektorwertigen) Operators $\dfrac{\partial \mathcal{W}}{\partial \mathbf{x}}$ hinsichtlich einer Orthonormalbasis. Speziell sind

$$d(\mathbf{x}^2) = 2\,\mathbf{x} \cdot d\mathbf{x} \equiv \frac{d(\mathbf{x}^2)}{d\mathbf{x}} \cdot d\mathbf{x}\ , \quad \text{d.h.} \qquad \frac{d(\mathbf{x}^2)}{d\mathbf{x}} = 2\,\mathbf{x}\ , \tag{7.6a}$$

$$d(|\mathbf{x}|) = d(\sqrt{\mathbf{x}^2}) = \frac{\mathbf{x} \cdot d\mathbf{x}}{\sqrt{\mathbf{x}^2}}\ , \qquad \text{d.h.} \qquad \frac{d(|\mathbf{x}|)}{d\mathbf{x}} = \frac{\mathbf{x}}{\sqrt{\mathbf{x}^2}} = \frac{\mathbf{x}}{|\mathbf{x}|}\ , \tag{7.6b}$$

$$d(\mathbf{a} \cdot \mathbf{x}) = \mathbf{a} \cdot d\mathbf{x}\ , \qquad\qquad \text{d.h.} \qquad \frac{d(\mathbf{a} \cdot \mathbf{x})}{d\mathbf{x}} = \mathbf{a}\ . \tag{7.6c}$$

Im Falle

a1)   mehrerer vektorwertiger Variabler,

d.h. für $\mathscr{W} = \mathscr{W}(\varkappa^{(1)},\varkappa^{(2)}...\varkappa^{(n)}) = \bar{\mathscr{W}}(x_1^{(1)},x_2^{(1)},x_3^{(1)},x_1^{(2)},x_2^{(2)},x_3^{(2)},...x_3^{(n)})$

bezeichnet

$$\partial_\nu \mathscr{W} = \sum_{j=1}^{3} \frac{\partial \bar{\mathscr{W}}}{\partial x_j^{(\nu)}} dx_j^{(\nu)} = \left\{ \frac{\partial \bar{\mathscr{W}}}{\partial x_1^{(\nu)}} , \frac{\partial \bar{\mathscr{W}}}{\partial x_2^{(\nu)}} , \frac{\partial \bar{\mathscr{W}}}{\partial x_2^{(\nu)}} \right\} \cdot \left\{ dx_1^{(\nu)},dx_2^{(\nu)},dx_3^{(\nu)} \right\}$$

$$\equiv \frac{\partial \mathscr{W}}{\partial \varkappa^{(\nu)}} \cdot d\varkappa^{(\nu)} \equiv d\varkappa^{(\nu)} \cdot \frac{\partial \mathscr{W}}{\partial \varkappa^{(\nu)}}$$

das partielle Differential, also

$$\frac{\partial \mathscr{W}}{\partial \varkappa^{(\nu)}} = \sum_{j=1}^{3} \frac{\partial \bar{\mathscr{W}}}{\partial x_j^{(\nu)}} \mathfrak{e}_j \tag{7.7}$$

den Operator der partiellen Ableitung. So hat man etwa wegen

$$\partial_j(\varkappa^{(j)} \cdot \varkappa^{(k)}) = \varkappa^{(k)} \cdot d\varkappa^{(j)} \equiv d\varkappa^{(j)} \cdot \frac{\partial(\varkappa^{(j)} \cdot \varkappa^{(k)})}{\partial \varkappa^{(j)}}$$

die Ableitungsregel

$$\frac{\partial(\varkappa^{(j)} \cdot \varkappa^{(k)})}{\partial \varkappa^{(j)}} = \varkappa^{(k)} \tag{7.8a}$$

und entsprechend

$$\frac{\partial}{\partial \varkappa^{(j)}} \left[(\varkappa^{(j)} - \varkappa^{(k)})^2 \right] = 2 (\varkappa^{(j)} - \varkappa^{(k)}) = -\frac{\partial}{\partial \varkappa^{(k)}} \left[(\varkappa^{(j)} - \varkappa^{(k)})^2 \right] . \tag{7.8b}$$

Für

a2)   <u>isotrope</u> skalarwertige Funktionen vektorwertiger Argumente [2]

$$\mathscr{W} = \mathscr{W}(\varkappa^{(1)},\varkappa^{(2)}...\varkappa^{(n)}) \equiv \hat{\mathscr{W}}(\zeta_{11},...\zeta_{nn}) \ , \quad \zeta_{jk} = \varkappa^{(j)} \cdot \varkappa^{(k)} , \tag{7.9a}$$

gilt dementsprechend

$$\frac{\partial \mathscr{W}}{\partial \varkappa^{(j)}} = \frac{\partial \hat{\mathscr{W}}}{\partial \zeta_{jj}} \frac{\partial \zeta_{jj}}{\partial \varkappa^{(j)}} + \sum_{\substack{k=1 \\ k \neq j}}^{n} \frac{\partial \hat{\mathscr{W}}}{\partial \zeta_{jk}} \frac{\partial \zeta_{jk}}{\partial \varkappa^{(j)}} = 2 \frac{\partial \hat{\mathscr{W}}}{\partial \zeta_{jj}} \varkappa^{(j)} + \sum_{\substack{k=1 \\ k \neq j}}^{n} \frac{\partial \hat{\mathscr{W}}}{\partial \zeta_{jk}} \varkappa^{(k)}, \tag{7.9b}$$

womit (7.9b) als isotrope vektorwertige Funktion vektorwertiger Variabler identifiziert wird (vgl. h.

(E.3.25b)), allerdings als eine spezielle (Potential–) Version von (E.3.25b) insofern als anstelle der dort

---

[2] vgl. § E3.2.1

vorgesehenen beliebigen isotropen skalaren Funktionen g_j (j=1...n) des skalaren Invariantensatzes ζ_{jk} (j,k=1,...,n) spezielle, allesamt aus einer einzigen skalarwertigen Funktion $(\hat{\mathscr{W}})$ abgeleitete Funktionen auftreten.

b)   Zweistufig-tensorwertige Argumente.

Wegen
$$\mathscr{W} = \mathscr{W}(\mathbb{A}) = \bar{\mathscr{W}}(a_{11}\cdots a_{33})$$

ist
$$d\mathscr{W} = \sum_{j,k=1}^{3} \frac{\partial \bar{\mathscr{W}}}{\partial a_{jk}} da_{jk} = \left[\sum_{l,m=1}^{3} da_{ml}\, \mathbb{e}_l \circ \mathbb{e}_m\right] \cdot\cdot \left[\sum_{j,k=1}^{3} \frac{\partial \bar{\mathscr{W}}}{\partial a_{jk}} \mathbb{e}_j \circ \mathbb{e}_k\right] \equiv d\mathbb{A}^T \cdot\cdot \frac{\partial \mathscr{W}}{\partial \mathbb{A}},$$

also
$$\frac{\partial \mathscr{W}}{\partial \mathbb{A}} = \sum_{j,k=1}^{3} \frac{\partial \bar{\mathscr{W}}}{\partial a_{jk}} \mathbb{e}_j \circ \mathbb{e}_k \qquad \text{mit} \qquad \left[\frac{\partial \mathscr{W}}{\partial \mathbb{A}}\right]^T = \frac{\partial \mathscr{W}}{\partial \mathbb{A}^T} \qquad (7.10\text{a,b})$$

die auf eine feste Orthonormalbasis $\langle \mathbb{e}_j \rangle$ bezügliche Repräsentation des Operators $\dfrac{\partial \mathscr{W}}{\partial \mathbb{A}}$.

Speziell sind

$$d(\mathbb{A}\cdot\cdot\mathbb{A}^T) = d\mathbb{A}\cdot\cdot\mathbb{A}^T + \mathbb{A}\cdot\cdot d\mathbb{A}^T = 2\mathbb{A}\cdot\cdot d\mathbb{A}^T \equiv d\mathbb{A}^T \cdot\cdot \frac{d(\mathbb{A}\cdot\cdot\mathbb{A}^T)}{d\mathbb{A}}$$

d.h.
$$d(\mathbb{A}\cdot\cdot\mathbb{A}^T)/d\mathbb{A} = 2\mathbb{A}, \qquad\qquad\qquad (7.11\text{a})$$

$$d(|\mathbb{A}|) = d(\sqrt{\mathbb{A}\cdot\cdot\mathbb{A}^T}) = \frac{\mathbb{A}\cdot\cdot d\mathbb{A}^T + d\mathbb{A}\cdot\cdot\mathbb{A}^T}{2\sqrt{\mathbb{A}\cdot\cdot\mathbb{A}^T}} = d\mathbb{A}^T \cdot\cdot \frac{\mathbb{A}}{|\mathbb{A}|},$$

d.h.
$$d(|\mathbb{A}|)/d\mathbb{A} = \mathbb{A}/|\mathbb{A}|, \qquad\qquad\qquad (7.11\text{b})$$

$$\partial_{\mathbb{A}}(\mathbb{A}\cdot\cdot\mathbb{B}^T) = d\mathbb{A}\cdot\cdot\mathbb{B}^T = \mathbb{B}\cdot\cdot d\mathbb{A}^T = d\mathbb{A}^T \cdot\cdot \frac{\partial(\mathbb{A}\cdot\cdot\mathbb{B}^T)}{\partial \mathbb{A}},$$

d.h.
$$\partial(\mathbb{A}\cdot\cdot\mathbb{B}^T)/\partial \mathbb{A} = \mathbb{B}, \qquad\qquad\qquad (7.11\text{c})$$

und man hat insbesondere aus

$$dA_1 = d(\mathbb{A}\cdot\cdot\mathbb{E}) = \mathbb{E}\cdot\cdot d\mathbb{A} = \mathbb{E}\cdot\cdot d\mathbb{A}^T \equiv d\mathbb{A}^T \cdot\cdot(dA_1/d\mathbb{A})$$

für die Ableitung der ersten Invarianten $A_1 = (\mathbb{A})_1$

$$dA_1/d\mathbb{A} = \mathbb{E}. \qquad\qquad\qquad (7.12\text{a})$$

Entsprechend findet man

$$\frac{d\bar{A}_2}{d\mathbb{A}} = \frac{d}{d\mathbb{A}}(\mathbb{A}\cdot\cdot\mathbb{A}) = 2\mathbb{A}^T, \qquad \frac{d\bar{A}_3}{d\mathbb{A}} = \frac{d}{d\mathbb{A}}(\mathbb{A}^2\cdot\cdot\mathbb{A}) = 3(\mathbb{A}^2)^T \equiv 3(\mathbb{A}^T)^2,$$

$$\frac{dA_2}{dA} = \frac{1}{2}\frac{d}{dA}\,(A_1^2 - A\cdot\cdot A) = A_1 E - A^T\,,$$

$$\frac{dA_3}{dA} = \frac{1}{3}\frac{d}{dA}\,(A_1 A_2 - A_1 A\cdot\cdot A + A^2\cdot\cdot A) = A_2 E - A_1 A^T + A^{T^2}$$

$$(7.12\text{b--e})$$

und damit insbesondere — man verwende die Cayley–Hamiltonsche Gleichung —

$$(A^T)^{-1} \equiv (A^{-1})^T = (A_2 E - A_1 A^T + A^{T^2})/A_3 = \frac{1}{A_3}\frac{dA_3}{dA} = \frac{d}{dA}\,(\ln A_3)\,. \qquad (7.12\text{f})$$

Für

b1)   symmetrische zweistufig–tensorwertige Argumente $X_s = X_s^T$

ist $\qquad\qquad \mathcal{W} = \mathcal{W}(X_s) = \mathcal{W}(X_s^T) = \bar{\mathcal{W}}(x_{11},\cdots x_{22}, x_{33}, x_{12}, x_{23}, x_{31}) \qquad (7.13\text{a})$

wegen $x_{jk} = x_{kj}$ nur von sechs skalaren Variablen abhängig, weswegen für die vollständige Änderung von $\mathcal{W}$ die Struktur

$$d\mathcal{W} = \frac{\partial\bar{\mathcal{W}}}{\partial x_{12}}\,dx_{12} + \frac{\partial\bar{\mathcal{W}}}{\partial x_{23}}\,dx_{23} + \frac{\partial\bar{\mathcal{W}}}{\partial x_{31}}\,dx_{31} + \sum_{j=1}^{3}\frac{\partial\bar{\mathcal{W}}}{\partial x_{jj}}\,dx_{jj}$$

$$\equiv \left[\frac{1}{2}\sum_{l,m=1}^{3}dx_{lm}(e_l\circ e_m + e_m\circ e_l)\right]\cdot\cdot\left[\sum_{j=1}^{3}\frac{\partial\bar{\mathcal{W}}}{\partial x_{jj}}\,e_j\circ e_j + \frac{1}{4}\sum_{\substack{j,k=1\\ j\neq k}}^{3}\frac{\partial\bar{\mathcal{W}}}{\partial x_{jk}}(e_j\circ e_k + e_k\circ e_j)\right]$$

entsteht. Man schreibt hierfür

$$d\mathcal{W} = dX_s\cdot\cdot(d\mathcal{W}/dX_s) \equiv (d\mathcal{W}/dX_s)\cdot\cdot dX_s$$

und definiert als Ableitung nach einem symmetrischen Tensor mit $\bar{\mathcal{W}}$ nach (7.13a) die Prozedur

$$\frac{d\mathcal{W}}{dX_s} = \sum_{j=1}^{3}\frac{\partial\bar{\mathcal{W}}}{\partial x_{jj}}\,e_j\circ e_j + \frac{1}{4}\sum_{\substack{j,k=1\\ j\neq k}}^{3}\frac{\partial\bar{\mathcal{W}}}{\partial x_{jk}}(e_j\circ e_k + e_k\circ e_j) \stackrel{\wedge}{=} \qquad (7.13\text{b})$$

$$\stackrel{\wedge}{=}\begin{pmatrix}\bar{\mathcal{W}}_{11} & \bar{\mathcal{W}}_{12}/2 & \bar{\mathcal{W}}_{13}/2\\ \bar{\mathcal{W}}_{12}/2 & \bar{\mathcal{W}}_{22} & \bar{\mathcal{W}}_{23}/2\\ \bar{\mathcal{W}}_{31}/2 & \bar{\mathcal{W}}_{23}/2 & \bar{\mathcal{W}}_{33}\end{pmatrix}_{\langle e_j\rangle}, \qquad \bar{\mathcal{W}}_{jk} = \frac{\partial\bar{\mathcal{W}}}{\partial x_{jk}}\,,$$

mit der ein ebenfalls symmetrischer Operator erzeugt wird.

Wie man leicht nachrechnet, verifiziert man hiermit gleichermaßen alle für beliebige Tensoren A aufgelisteten Invariantenrelationen (7.12) nunmehr für den Fall symmetrischer Tensoren.

Speziell für

b2)   isotrope Funktionen symmetrischer zweistufig-tensorwertiger Argumente [3]

mit $\qquad \mathscr{W}(\mathbb{X}) = \hat{\mathscr{W}}(X_1, X_2, X_3) \qquad$ also $\qquad \dfrac{\mathrm{d}\mathscr{W}}{\mathrm{d}\mathbb{X}_s} = \sum_{j=1}^{3} \dfrac{\partial \hat{\mathscr{W}}}{\partial X_j} \dfrac{\partial X_j}{\partial \mathbb{X}_s}$ (7.14a)

bekommt man, nachdem man die Ableitungen der Invarianten X_j (j=1...3) im Sinne von (7.11,12) eingesetzt hat,

$$\frac{\mathrm{d}\mathscr{W}}{\mathrm{d}\mathbb{X}_s} = \left[\frac{\partial \hat{\mathscr{W}}}{\partial X_1} + X_1 \frac{\partial \hat{\mathscr{W}}}{\partial X_2} + X_2 \frac{\partial \hat{\mathscr{W}}}{\partial X_3} \right] \mathbb{E} - \left[\frac{\partial \hat{\mathscr{W}}}{\partial X_2} + X_1 \frac{\partial \hat{\mathscr{W}}}{\partial X_3} \right] \mathbb{X}_s + \frac{\partial \hat{\mathscr{W}}}{\partial X_3} \mathbb{X}_s^2 \qquad (7.14b)$$

bzw. mit den "Momenten" $\bar{X}_j = \mathbb{E} \cdot\cdot\, \mathbb{X}^j$, j=1...3, anstelle der Invarianten X_j, j=1...3, und

$$\mathscr{W}(\mathbb{X}) = \bar{\mathscr{W}}(\bar{X}_1, \bar{X}_2, \bar{X}_3)$$

$$\frac{\mathrm{d}\mathscr{W}}{\mathrm{d}\mathbb{X}_s} = \frac{\partial \bar{\mathscr{W}}}{\partial \bar{X}_1} \mathbb{E} + 2 \frac{\partial \bar{\mathscr{W}}}{\partial \bar{X}_2} \mathbb{X}_s + 3 \frac{\partial \bar{\mathscr{W}}}{\partial \bar{X}_3} \mathbb{X}_s^2 , \qquad (7.14c)$$

also eine spezielle Version der Reinerschen Zuordnung (vgl. § E3.4.1)[4] . Für

b3)   Funktionen mehrerer zweistufig-tensorwertiger Variabler

$$\mathscr{W} = \mathscr{W}(\mathbb{X}, \mathbb{Y}, \mathbb{Z}) = \bar{\mathscr{W}}(x_{11}...x_{33}, y_{11}...y_{33}, z_{11}...z_{33})$$

werden entsprechend (7.10a) per

$$\partial_{\mathbb{X}} \mathscr{W} = \sum_{j,k=1}^{3} \frac{\partial \bar{\mathscr{W}}}{\partial x_{jk}} \mathrm{d}x_{jk} = \left[\sum_{l,m=1}^{3} \mathrm{d}x_{ml}\, \mathbb{e}_l \circ \mathbb{e}_m \right] \cdot\cdot \left[\sum_{j,k=1}^{3} \frac{\partial \bar{\mathscr{W}}}{\partial x_{jk}} \mathbb{e}_j \circ \mathbb{e}_k \right] \equiv \mathrm{d}\mathbb{X}^T \cdot\cdot \frac{\partial \mathscr{W}}{\partial \mathbb{X}},$$

also $\qquad\qquad\qquad \dfrac{\partial \mathscr{W}}{\partial \mathbb{X}} = \sum_{j,k=1}^{3} \dfrac{\partial \bar{\mathscr{W}}}{\partial x_{jk}} \mathbb{e}_j \circ \mathbb{e}_k$ (7.15a)

und entsprechend per

---

[3]   Sie sind nach § E3.2.2 als Funktionen der drei Invarianten X_j (j=1...3) des Tensors $\mathbb{X}_s$ darzustellen

[4]   Weil in der allgemeinen isotropen Zuordnung zwischen zwei symmetrischen Tensoren $\mathbb{Y}_s$ und $\mathbb{X}_s$,

$\mathbb{Y}_s(\mathbb{X}) = g_0 \mathbb{E} + g_1 \mathbb{X}_s + g_2 \mathbb{X}_s^2$ (vgl. E.(3.32b)) die 3 skalaren Funktionen $g_j(X_1, X_2, X_3)$, j =0...2, als beliebig vorgesehen werden können, wohingegen sie im Falle von (7.14b,c) sämtlich aus einer einzigen skalaren Funktion $\mathscr{W}$ abgeleitet werden. Insofern sind (7.14b,c) − entsprechend (7.9b) − als "Potentialversionen" der Reinerschen Gleichung anzusehen .

$$\frac{\partial \mathscr{W}}{\partial \mathsf{Y}} = \sum_{j,k=1}^{3} \frac{\partial \bar{\mathscr{W}}}{\partial y_{jk}}\, \mathbf{e}_j \circ \mathbf{e}_k \qquad \text{mit} \qquad \partial_{\mathbf{y}} \mathscr{W} = d\mathsf{Y}^T \cdot\cdot\, \frac{\partial \mathscr{W}}{\partial \mathsf{Y}} \tag{7.15b}$$

usw. partielle Ableitungen definiert. Im Falle symmetrischer Argumente sind entsprechend (7.13b)

$$\frac{\partial \mathscr{W}}{\partial \mathsf{X}_s} = \sum_{j=1}^{3} \frac{\partial \bar{\mathscr{W}}}{\partial x_{jj}}\, \mathbf{e}_j \circ \mathbf{e}_j + \frac{1}{4} \sum_{\substack{j,k=1 \\ k>j}}^{3} \frac{\partial \bar{\mathscr{W}}}{\partial x_{jk}}\, (\mathbf{e}_j \circ \mathbf{e}_k + \mathbf{e}_k \circ \mathbf{e}_j) \tag{7.15c}$$

usw.. Zwecks

b4) **Zerlegung einer Ableitung $d\mathscr{W}/d\mathsf{A}$ in symmetrische bzw. antimetrische Anteile**

geht man davon aus, daß im Sinne von

$$\mathscr{W}(\mathsf{A}) = \hat{\mathscr{W}}(\mathsf{A}_s, \overset{\times}{\mathsf{a}}) = \bar{\mathscr{W}}(a_{11}^{(s)}...a_{33}^{(s)}, \overset{\times}{a}_1, \overset{\times}{a}_2, \overset{\times}{a}_3) \tag{7.16a}$$

als Variable die sechs Komponenten $(a_{jk}^{(s)})$ des symmetrischen Anteils A_s und die drei Komponenten $(\overset{\times}{a}_j)$ von $\overset{\times}{\mathsf{a}}$ bei der Darstellung von $\mathscr{W}$ in Betracht genommen werden.

In der Notation für das vollständige Differential

$$d\mathscr{W} = \sum_{j=1}^{3} \frac{\partial \bar{\mathscr{W}}}{\partial a_{jj}^{(s)}} da_{jj}^{(s)} + \frac{\partial \bar{\mathscr{W}}}{\partial a_{12}^{(s)}} da_{12}^{(s)} + \frac{\partial \bar{\mathscr{W}}}{\partial a_{23}^{(s)}} da_{23}^{(s)} + \frac{\partial \bar{\mathscr{W}}}{\partial a_{31}^{(s)}} da_{31}^{(s)} + \sum_{j=1}^{3} \frac{\partial \bar{\mathscr{W}}}{\partial \overset{\times}{a}_j} d\overset{\times}{a}_j \equiv$$

$$\equiv \frac{\partial \hat{\mathscr{W}}}{\partial \mathsf{A}_s} \cdot\cdot\, d\mathsf{A}_s + \frac{\partial \hat{\mathscr{W}}}{\partial \overset{\times}{\mathsf{a}}} \cdot d\overset{\times}{\mathsf{a}} \equiv {}^{5)} \frac{\partial \hat{\mathscr{W}}}{\partial \mathsf{A}_s} \cdot\cdot\, d\mathsf{A}_s - \left[\mathsf{E} \times \frac{\partial \hat{\mathscr{W}}}{\partial \overset{\times}{\mathsf{a}}}\right] \cdot\cdot \left[\mathsf{E} \times \frac{d\overset{\times}{\mathsf{a}}}{2}\right] \tag{7.16b}$$

beachtet man, daß $\partial\hat{\mathscr{W}}/\partial\mathsf{A}_s$, $d\mathsf{A}_s$ symmetrisch, $\mathsf{E} \times d\overset{\times}{\mathsf{a}}$, $\mathsf{E} \times \partial\hat{\mathscr{W}}/\partial\overset{\times}{\mathsf{a}}$ antimetrisch sind, also

$$\frac{\partial \hat{\mathscr{W}}}{\partial \mathsf{A}_s} \cdot\cdot\, d\mathsf{A}_s \equiv \frac{\partial \hat{\mathscr{W}}}{\partial \mathsf{A}_s} \cdot\cdot \left[d\mathsf{A}_s + \mathsf{E} \times \frac{d\overset{\times}{\mathsf{a}}}{2}\right] \overset{(2\,.\,51b)}{=} \frac{\partial \hat{\mathscr{W}}}{\partial \mathsf{A}_s} \cdot\cdot\, d\mathsf{A}^T$$

und entsprechend

$$- \left[\mathsf{E} \times \frac{\partial \hat{\mathscr{W}}}{\partial \overset{\times}{\mathsf{a}}}\right] \cdot\cdot \left[\frac{1}{2}\mathsf{E} \times d\overset{\times}{\mathsf{a}}\right] \equiv - \left[\mathsf{E} \times \frac{\partial \hat{\mathscr{W}}}{\partial \overset{\times}{\mathsf{a}}}\right] \cdot\cdot \left[d\mathsf{A}_s + \frac{1}{2}\mathsf{E} \times d\overset{\times}{\mathsf{a}}\right] = - \left[\mathsf{E} \times \frac{\partial \hat{\mathscr{W}}}{\partial \overset{\times}{\mathsf{a}}}\right] \cdot\cdot\, d\mathsf{A}^T$$

${}^{5)}$ Man beachte $\mathcal{E} \cdot\cdot\, \mathcal{E} = (\mathsf{E} \times \mathsf{E}) \cdot\cdot (\mathsf{E} \times \mathsf{E}) = -2\mathsf{E}$ und damit

$$\left[\mathsf{E} \times \frac{\partial \hat{\mathscr{W}}}{\partial \overset{\times}{\mathsf{a}}}\right] \cdot\cdot \left[\frac{\mathsf{E} \times d\overset{\times}{\mathsf{a}}}{2}\right] \equiv \left[\frac{\partial \hat{\mathscr{W}}}{\partial \overset{\times}{\mathsf{a}}} \cdot \mathsf{E} \times \mathsf{E}\right] \cdot\cdot \left[\mathsf{E} \times \mathsf{E} \cdot \frac{d\overset{\times}{\mathsf{a}}}{2}\right] = \frac{\partial \hat{\mathscr{W}}}{\partial \overset{\times}{\mathsf{a}}} \cdot \left[(\mathsf{E} \times \mathsf{E}) \cdot\cdot (\mathsf{E} \times \mathsf{E})\right] \cdot \frac{d\overset{\times}{\mathsf{a}}}{2} =$$

$$= - \frac{\partial \hat{\mathscr{W}}}{\partial \overset{\times}{\mathsf{a}}} \cdot d\overset{\times}{\mathsf{a}}.$$

Die Operation $\partial\hat{\mathscr{W}}/\partial\mathsf{A}_s$ ist im Sinne von (7.13b) zu verstehen.

gelten, womit (7.16b) in

$$d\mathscr{W}\left[\equiv \frac{d\mathscr{W}}{d\mathbb{A}}\cdot\cdot\; d\mathbb{A}^{T}\right] = \left[\frac{\partial\hat{\mathscr{W}}}{\partial\mathbb{A}_{s}} - \mathbb{E}\times\frac{\partial\hat{\mathscr{W}}}{\partial\overset{x}{\mathbb{a}\mathbb{I}}}\right]\cdot\cdot\; d\mathbb{A}^{T}$$

umzuformen ist. Demnach ist $d\mathscr{W}/d\mathbb{A}$ in der Form

$$\frac{d\mathscr{W}}{d\mathbb{A}} = \frac{\partial\hat{\mathscr{W}}}{\partial\mathbb{A}_{s}} - \mathbb{E}\times\frac{\partial\hat{\mathscr{W}}}{\partial\overset{x}{\mathbb{a}\mathbb{I}}} \tag{7.16c}$$

mit $\hat{\mathscr{W}}$ nach (7.16a) und den (z. B. bei Orthonormalbasisdarstellung) als

$$\frac{\partial\hat{\mathscr{W}}}{\partial\mathbb{A}_{s}} = \sum_{j=1}^{3}\frac{\partial\bar{\mathscr{W}}}{\partial a_{jj}^{(s)}}\, \mathbb{e}_{j}\circ\mathbb{e}_{j} + \frac{1}{4}\sum_{\substack{j,k=1\\ j\neq k}}^{3}\frac{\partial\bar{\mathscr{W}}}{\partial a_{jk}^{(s)}}\,(\mathbb{e}_{j}\circ\mathbb{e}_{k} + \mathbb{e}_{k}\circ\mathbb{e}_{j})\,, \qquad \frac{\partial\hat{\mathscr{W}}}{\partial\overset{x}{\mathbb{a}\mathbb{I}}} = \sum_{j=1}^{3}\frac{\partial\bar{\mathscr{W}}}{\partial\overset{x}{\mathbb{a}}_{j}}\,\mathbb{e}_{j} \tag{7.16d,e}$$

auszudrückenden Größen in einen symmetrischen und in einen antimetrischen Anteil aufzuspalten: Mit
$\mathscr{W}(\mathbb{A}) = \hat{\mathscr{W}}(\mathbb{A}_{s},\overset{x}{\mathbb{a}\mathbb{I}})$ gilt somit nach (7.16c) die koordinateninvariante Zerlegung

$$\frac{\partial\hat{\mathscr{W}}}{\partial\mathbb{A}_{s}} = \frac{1}{2}\left[\frac{d\mathscr{W}}{d\mathbb{A}} + \left[\frac{d\mathscr{W}}{d\mathbb{A}}\right]^{T}\right] \overset{(6.40b)}{=} \frac{d\mathscr{W}}{d\mathbb{A}}\cdot\cdot\;\overset{\langle 4\rangle}{\mathbb{E}}_{s} = \frac{d\mathscr{W}}{d\mathbb{A}}\cdot\cdot\;\overset{\langle 4\rangle}{\mathbf{M}}\,, \tag{7.16f}$$

$$-\mathbb{E}\times\frac{\partial\hat{\mathscr{W}}}{\partial\overset{x}{\mathbb{a}\mathbb{I}}} = \frac{1}{2}\left[\frac{d\mathscr{W}}{d\mathbb{A}} - \left[\frac{d\mathscr{W}}{d\mathbb{A}}\right]^{T}\right] \overset{(6.42c)}{=} \frac{d\mathscr{W}}{d\mathbb{A}}\cdot\cdot\;\overset{\langle 4\rangle}{\mathbb{E}}_{a} = \frac{d\mathscr{W}}{d\mathbb{A}}\cdot\cdot\;\overset{\langle 4\rangle}{\mathbf{A}}\,. \tag{7.16g}$$

Für skalarwertige Funktionen zweier tensorwertiger Variabler

$$\mathbb{A} = \mathbb{A}_{s} - (\,\mathbb{E}\times\overset{x}{\mathbb{a}\mathbb{I}}/2\,)\,, \qquad \mathbb{B} = \mathbb{B}_{s} - (\,\mathbb{E}\times\overset{x}{\mathbb{b}}/2\,) \qquad \text{wird von}$$

$$\mathscr{W} = \mathscr{W}(\mathbb{A},\mathbb{B}) = \hat{\mathscr{W}}(\mathbb{A}_{s},\mathbb{B}_{s},\overset{x}{\mathbb{a}\mathbb{I}},\overset{x}{\mathbb{b}})\,, \tag{7.17a}$$

d.h.
$$d\mathscr{W} = \frac{\partial\hat{\mathscr{W}}}{\partial\mathbb{A}_{s}}\cdot\cdot\; d\mathbb{A}_{s} + \frac{\partial\hat{\mathscr{W}}}{\partial\overset{x}{\mathbb{a}\mathbb{I}}}\cdot d\overset{x}{\mathbb{a}\mathbb{I}} + \frac{\partial\hat{\mathscr{W}}}{\partial\mathbb{B}_{s}}\cdot\cdot\; d\mathbb{B}_{s} + \frac{\partial\hat{\mathscr{W}}}{\partial\overset{x}{\mathbb{b}}}\cdot d\overset{x}{\mathbb{b}}$$

ausgegangen, was man ,ebenso wie zuvor, in

$$d\mathscr{W} = \left[\frac{\partial\hat{\mathscr{W}}}{\partial\mathbb{A}_{s}} - \mathbb{E}\times\frac{\partial\hat{\mathscr{W}}}{\partial\overset{x}{\mathbb{a}\mathbb{I}}}\right]\cdot\cdot\; d\mathbb{A}^{T} + \left[\frac{\partial\hat{\mathscr{W}}}{\partial\mathbb{B}_{s}} - \mathbb{E}\times\frac{\partial\hat{\mathscr{W}}}{\partial\overset{x}{\mathbb{b}}}\right]\cdot\cdot\; d\mathbb{B}^{T}$$

umformt und mit

$$d\mathscr{W} = \frac{\partial\mathscr{W}}{\partial\mathbb{A}}\cdot\cdot\; d\mathbb{A}^{T} + \frac{\partial\mathscr{W}}{\partial\mathbb{B}}\cdot\cdot\; d\mathbb{B}^{T}$$

gleichsetzt. So ergeben sich

$$\frac{\partial\mathscr{W}}{\partial\mathbb{A}} = \frac{\partial\hat{\mathscr{W}}}{\partial\mathbb{A}_{s}} - \mathbb{E}\times\frac{\partial\hat{\mathscr{W}}}{\partial\overset{x}{\mathbb{a}\mathbb{I}}}\,, \quad \frac{\partial\mathscr{W}}{\partial\mathbb{B}} = \frac{\partial\hat{\mathscr{W}}}{\partial\mathbb{B}_{s}} - \mathbb{E}\times\frac{\partial\hat{\mathscr{W}}}{\partial\overset{x}{\mathbb{b}}} \tag{7.17b,c}$$

usw.. Für

b5) isotrope Funktionen zweier tensorwertiger Argumente

müssen in Verallgemeinerung von (7.14) $\mathscr{W}$ als Funktion der 21 skalaren Invarianten i_ν ($\nu = 1...21$) des Variablensets $(\mathbb{A}, \mathbb{B})$ nach (E.3.16b),(E.3.24), also in der Form

$$\mathscr{W} = \bar{\bar{\mathscr{W}}}(i_1, \ldots i_{21})$$

notiert und hieran die Prozeduren $\partial\mathscr{W}/\partial\mathbb{A}$, $\partial\mathscr{W}/\partial\mathbb{B}$ in zu (7.14) analoger Weise vollzogen werden. Man bekommt — sogleich im Sinne von (7.17b,c) in symmetrische und antimetrische Anteile zerlegt —

$$\frac{\partial\mathscr{W}}{\partial\mathbb{A}} = \sum_{\nu=1}^{21} \frac{\partial\bar{\bar{\mathscr{W}}}}{\partial i_\nu}\frac{\partial i_\nu}{\partial\mathbb{A}_s} - \mathbb{E} \times \sum_{\nu=1}^{21} \frac{\partial\bar{\bar{\mathscr{W}}}}{\partial i_\nu}\frac{\partial i_\nu}{\partial\overset{\times}{\mathsf{a}}\mathsf{i}}, \tag{7.17d}$$

$$\frac{\partial\mathscr{W}}{\partial\mathbb{B}} = \sum_{\nu=1}^{21} \frac{\partial\bar{\bar{\mathscr{W}}}}{\partial i_\nu}\frac{\partial i_\nu}{\partial\mathbb{B}_s} - \mathbb{E} \times \sum_{\nu=1}^{21} \frac{\partial\bar{\bar{\mathscr{W}}}}{\partial i_\nu}\frac{\partial i_\nu}{\partial\overset{\times}{\mathsf{b}}}. \tag{7.17e}$$

Unter Benutzung der unter §§ E3.2.3, E3.2.6 [Formeln (E3.16b, E.3.24a–i)] aufgelisteten skalaren Invarianten erhält man

$$\frac{\partial i_1}{\partial\mathbb{A}_s} = \frac{\partial}{\partial\mathbb{A}_s}(\mathbb{E}\cdot\cdot\mathbb{A}_s) = \mathbb{E}, \qquad\qquad \frac{\partial i_2}{\partial\mathbb{A}_s} = \frac{\partial}{\partial\mathbb{A}_s}(\mathbb{E}\cdot\cdot\mathbb{A}_s^2) = 2\mathbb{A}_s,$$

$$\frac{\partial i_3}{\partial\mathbb{A}_s} = \frac{\partial}{\partial\mathbb{A}_s}(\mathbb{E}\cdot\cdot\mathbb{A}_s^3) = 3\mathbb{A}_s^2, \qquad\qquad \frac{\partial}{\partial\mathbb{A}_s}(i_{4,5,6}) = 0,$$

$$\frac{\partial i_7}{\partial\mathbb{A}_s} = \frac{\partial}{\partial\mathbb{A}_s}\left[\mathbb{E}\cdot\cdot(\mathbb{A}_s\cdot\mathbb{B}_s)\right] = \mathbb{B}_s, \qquad \frac{\partial i_8}{\partial\mathbb{A}_s} = \frac{\partial}{\partial\mathbb{A}_s}\left[\mathbb{E}\cdot\cdot(\mathbb{A}_s^2\cdot\mathbb{B}_s)\right] = \mathbb{A}_s\cdot\mathbb{B}_s + \mathbb{B}_s\cdot\mathbb{A}_s,$$

$$\frac{\partial i_9}{\partial\mathbb{A}_s} = \frac{\partial}{\partial\mathbb{A}_s}\left[\mathbb{E}\cdot\cdot(\mathbb{A}_s\cdot\mathbb{B}_s^2)\right] = \mathbb{B}_s^2, \qquad \frac{\partial i_{10}}{\partial\mathbb{A}_s} = \frac{\partial i_{10}}{\partial\mathbb{A}_s}\left[\mathbb{E}\cdot\cdot(\mathbb{A}_s^2\cdot\mathbb{B}_s^2)\right] = \mathbb{A}_s\cdot\mathbb{B}_s^2 + \mathbb{B}_s^2\cdot\mathbb{A}_s,$$

$$\frac{\partial i_{11}}{\partial\mathbb{A}_s} = 0, \qquad\qquad \frac{\partial i_{12}}{\partial\mathbb{A}_s} = \frac{\partial}{\partial\mathbb{A}_s}(\overset{\times}{\mathsf{a}}\mathsf{i}\cdot\mathbb{A}_s\cdot\overset{\times}{\mathsf{a}}\mathsf{i}) = \overset{\times}{\mathsf{a}}\mathsf{i}\circ\overset{\times}{\mathsf{a}}\mathsf{i},$$

$$\frac{\partial i_{13}}{\partial\mathbb{A}_s} = \frac{\partial}{\partial\mathbb{A}_s}(\overset{\times}{\mathsf{a}}\mathsf{i}\cdot\mathbb{A}_s^2\cdot\overset{\times}{\mathsf{a}}\mathsf{i}) = \mathbb{A}_s\cdot\overset{\times}{\mathsf{a}}\mathsf{i}\circ\overset{\times}{\mathsf{a}}\mathsf{i} + \overset{\times}{\mathsf{a}}\mathsf{i}\circ\overset{\times}{\mathsf{a}}\mathsf{i}\cdot\mathbb{A}_s, \qquad\qquad \frac{\partial}{\partial\mathbb{A}_s}(i_{14,15,16,17}) = 0,$$

$$\frac{\partial i_{18}}{\partial\mathbb{A}_s} = \frac{\partial}{\partial\mathbb{A}_s}(\overset{\times}{\mathsf{b}}\cdot\mathbb{A}_s\cdot\overset{\times}{\mathsf{b}}) = \overset{\times}{\mathsf{b}}\circ\overset{\times}{\mathsf{b}}, \qquad \frac{\partial i_{19}}{\partial\mathbb{A}_s} = \frac{\partial}{\partial\mathbb{A}_s}(\overset{\times}{\mathsf{b}}\cdot\mathbb{A}_s^2\cdot\overset{\times}{\mathsf{b}}) = \mathbb{A}_s\cdot\overset{\times}{\mathsf{b}}\circ\overset{\times}{\mathsf{b}} + \overset{\times}{\mathsf{b}}\circ\overset{\times}{\mathsf{b}}\cdot\mathbb{A}_s,$$

$$\frac{\partial}{\partial\mathbb{A}_s}(i_{20,21}) = 0,$$

$$\frac{\partial i_\alpha}{\partial \overset{\times}{a\!l}} = 0 \text{ für } \alpha = 1...10,14...16,18,19 \ , \qquad \frac{\partial i_{11}}{\partial \overset{\times}{a\!l}} = \frac{\partial}{\partial \overset{\times}{a\!l}}\,(\overset{\times}{a\!l}{}^2) = 2\overset{\times}{a\!l} \ ,$$

$$\frac{\partial i_{12}}{\partial \overset{\times}{a\!l}} = \frac{\partial}{\partial \overset{\times}{a\!l}}\,(\overset{\times}{a\!l}\cdot A\!\!\!\setminus_s\cdot\overset{\times}{a\!l}) = 2A\!\!\!\setminus_s\cdot\overset{\times}{a\!l} = 2\overset{\times}{a\!l}\cdot A\!\!\!\setminus_s \ , \qquad \frac{\partial i_{13}}{\partial \overset{\times}{a\!l}} = \frac{\partial}{\partial \overset{\times}{a\!l}}\,(\overset{\times}{a\!l}\cdot A\!\!\!\setminus_s^2\cdot\overset{\times}{a\!l}) = 2\overset{\times}{a\!l}\cdot A\!\!\!\setminus_s^2 = A\!\!\!\setminus_s^2\cdot 2\overset{\times}{a\!l} \ ,$$

$$\frac{\partial i_{17}}{\partial \overset{\times}{a\!l}} = \frac{\partial}{\partial \overset{\times}{a\!l}}\,(\overset{\times}{a\!l}\cdot\overset{\times}{b}) = \overset{\times}{b} \ , \qquad \frac{\partial i_{20}}{\partial \overset{\times}{a\!l}} = \frac{\partial}{\partial \overset{\times}{a\!l}}\,(\overset{\times}{a\!l}\cdot B\!\!\!I_s\cdot\overset{\times}{a\!l}) = 2\overset{\times}{a\!l}\cdot B\!\!\!I_s = 2B\!\!\!I_s\cdot\overset{\times}{a\!l} \ ,$$

$$\frac{\partial i_{21}}{\partial \overset{\times}{a\!l}} = \frac{\partial}{\partial \overset{\times}{a\!l}}\,(\overset{\times}{a\!l}\cdot B\!\!\!I_s^2\cdot\overset{\times}{a\!l}) = 2\overset{\times}{a\!l}\cdot B\!\!\!I_s^2 = 2B\!\!\!I_s^2\cdot\overset{\times}{a\!l} \tag{7.18}$$

und damit nach Einsetzen in (7.17d)

$$\begin{aligned}
\frac{\partial \mathscr{W}}{\partial A\!\!\!\setminus} = \ & \frac{\partial \bar{\mathscr{W}}}{\partial i_1}\,\mathbb{E} + 2\frac{\partial \bar{\mathscr{W}}}{\partial i_2}\,A\!\!\!\setminus_s + 3\frac{\partial \bar{\mathscr{W}}}{\partial i_3}\,A\!\!\!\setminus_s^2 + \frac{\partial \bar{\mathscr{W}}}{\partial i_7}\,B\!\!\!I_s + \frac{\partial \bar{\mathscr{W}}}{\partial i_9}\,B\!\!\!I_s^2 + \\[2mm]
& + \frac{\partial \bar{\mathscr{W}}}{\partial i_8}\,(A\!\!\!\setminus_s\cdot B\!\!\!I_s + B\!\!\!I_s\cdot A\!\!\!\setminus_s) + \frac{\partial \bar{\mathscr{W}}}{\partial i_{10}}\,(A\!\!\!\setminus_s\cdot B\!\!\!I_s^2 + B\!\!\!I_s^2\cdot A\!\!\!\setminus_s) + \frac{\partial \bar{\mathscr{W}}}{\partial i_{12}}\,\overset{\times}{a\!l}\circ\overset{\times}{a\!l} + \\[2mm]
& + \frac{\partial \bar{\mathscr{W}}}{\partial i_{13}}\,(A\!\!\!\setminus_s\cdot\overset{\times}{a\!l}\circ\overset{\times}{a\!l} + \overset{\times}{a\!l}\circ\overset{\times}{a\!l}\cdot A\!\!\!\setminus_s) + \frac{\partial \bar{\mathscr{W}}}{\partial i_{18}}\,\overset{\times}{b}\circ\overset{\times}{b} + \\[2mm]
& + \frac{\partial \bar{\mathscr{W}}}{\partial i_{19}}\,(A\!\!\!\setminus_s\cdot\overset{\times}{b}\circ\overset{\times}{b} + \overset{\times}{b}\circ\overset{\times}{b}\cdot A\!\!\!\setminus_s) - \mathbb{E}\times\left\{2\frac{\partial \bar{\mathscr{W}}}{\partial i_{11}}\,\overset{\times}{a\!l} + 2\frac{\partial \bar{\mathscr{W}}}{\partial i_{12}}\,\overset{\times}{a\!l}\cdot A\!\!\!\setminus_s + \right.\\[2mm]
& + \left. 2\frac{\partial \bar{\mathscr{W}}}{\partial i_{13}}\,\overset{\times}{a\!l}\cdot A\!\!\!\setminus_s^2 + 2\frac{\partial \bar{\mathscr{W}}}{\partial i_{17}}\,\overset{\times}{b} + 2\frac{\partial \bar{\mathscr{W}}}{\partial i_{20}}\,\overset{\times}{a\!l}\cdot B\!\!\!I_s + 2\frac{\partial \bar{\mathscr{W}}}{\partial i_{21}}\,\overset{\times}{a\!l}\cdot B\!\!\!I_s^2\right\}
\end{aligned} \tag{7.18a}$$

und entsprechend

$$\begin{aligned}
\frac{\partial \mathscr{W}}{\partial B\!\!\!I} = \ & \frac{\partial \bar{\mathscr{W}}}{\partial i_4}\,\mathbb{E} + 2\frac{\partial \bar{\mathscr{W}}}{\partial i_5}\,B\!\!\!I_s + 3\frac{\partial \bar{\mathscr{W}}}{\partial i_6}\,B\!\!\!I_s^2 + \frac{\partial \bar{\mathscr{W}}}{\partial i_7}\,A\!\!\!\setminus_s + \frac{\partial \bar{\mathscr{W}}}{\partial i_8}\,A\!\!\!\setminus_s^2 + \\[2mm]
& + \frac{\partial \bar{\mathscr{W}}}{\partial i_9}\,(A\!\!\!\setminus_s\cdot B\!\!\!I_s + B\!\!\!I_s\cdot A\!\!\!\setminus_s) + \frac{\partial \bar{\mathscr{W}}}{\partial i_{10}}\,(A\!\!\!\setminus_s^2\cdot B\!\!\!I_s + B\!\!\!I_s\cdot A\!\!\!\setminus_s^2) + \frac{\partial \bar{\mathscr{W}}}{\partial i_{20}}\,\overset{\times}{a\!l}\circ\overset{\times}{a\!l} + \\[2mm]
& + \frac{\partial \bar{\mathscr{W}}}{\partial i_{21}}\,(B\!\!\!I_s\cdot\overset{\times}{a\!l}\circ\overset{\times}{a\!l} + \overset{\times}{a\!l}\circ\overset{\times}{a\!l}\cdot B\!\!\!I_s) + \frac{\partial \bar{\mathscr{W}}}{\partial i_{15}}\,\overset{\times}{b}\circ\overset{\times}{b} + \\[2mm]
& + \frac{\partial \bar{\mathscr{W}}}{\partial i_{16}}\,(B\!\!\!I_s\cdot\overset{\times}{b}\circ\overset{\times}{b} + \overset{\times}{b}\circ\overset{\times}{b}\cdot B\!\!\!I_s) - \mathbb{E}\times\left\{2\frac{\partial \bar{\mathscr{W}}}{\partial i_{14}}\,\overset{\times}{b} + 2\frac{\partial \bar{\mathscr{W}}}{\partial i_{15}}\,\overset{\times}{b}\cdot B\!\!\!I_s + \right.\\[2mm]
& + \left. 2\frac{\partial \bar{\mathscr{W}}}{\partial i_{16}}\,\overset{\times}{b}\cdot B\!\!\!I_s^2 + 2\frac{\partial \bar{\mathscr{W}}}{\partial i_{17}}\,\overset{\times}{a\!l} + 2\frac{\partial \bar{\mathscr{W}}}{\partial i_{18}}\,\overset{\times}{b}\cdot A\!\!\!\setminus_s + 2\frac{\partial \bar{\mathscr{W}}}{\partial i_{19}}\,\overset{\times}{b}\cdot A\!\!\!\setminus_s^2\right\} .
\end{aligned} \tag{7.18b}$$

7.3   Beispiele zu 7.2

a)   Konservative Punktmassensysteme

(Massen m_j mit Lagekoordinaten $\mathbf{x}^{(j)}$ und Geschwindigkeiten $\dot{\mathbf{x}}^{(j)} = \mathbf{v}_j$) genügen der Energiebilanz

$$\dot{E}_\Sigma + \dot{U}_\Sigma = 0 \; , \tag{7.19}$$

wonach die Summe aus kinetischer Energie

$$E_\Sigma = \sum_{j=1}^{n} m_j \mathbf{v}_j^2 / 2 \tag{7.20a}$$

und potentieller Energie U_Σ erhalten bleiben muß. Setzt man Letztere als isotrope Funktion der relativen Lagekoordinaten $\mathbf{x}^{(j)} - \mathbf{x}^{(1)}$, $j = 2...n$ voraus [6], so ist nach (E.3.9c)

$$U_\Sigma = U(\hat{\zeta}_{22}, \hat{\zeta}_{23}, \dots \hat{\zeta}_{nn}), \quad \hat{\zeta}_{jk} = (\mathbf{x}^{(j)} - \mathbf{x}^{(1)}) \cdot (\mathbf{x}^{(k)} - \mathbf{x}^{(1)}), \tag{7.20b}$$

wobei man wegen

$$(\mathbf{x}^{(j)} - \mathbf{x}^{(1)}) \cdot (\mathbf{x}^{(k)} - \mathbf{x}^{(1)}) = \left[(\mathbf{x}^{(j)} - \mathbf{x}^{(1)})^2 + (\mathbf{x}^{(k)} - \mathbf{x}^{(1)})^2 - (\mathbf{x}^{(j)} - \mathbf{x}^{(k)})^2 \right]/2$$

sämtliche gemischten Terme $\hat{\zeta}_{jk}$ durch Quadrate der Abstände $l_{jk} = |\mathbf{x}^{(j)} - \mathbf{x}^{(k)}|$ ausdrücken und dergestalt

$$U_\Sigma = \bar{U} \left[(\mathbf{x}^{(1)} - \mathbf{x}^{(2)})^2, \dots, (\mathbf{x}^{(1)} - \mathbf{x}^{(j)})^2, \dots, (\mathbf{x}_1^{(1)} - \mathbf{x}^{(n)})^2 ; (\mathbf{x}^{(2)} - \mathbf{x}^{(3)})^2, \right.$$
$$\left. \dots, (\mathbf{x}^{(j)} - \mathbf{x}^{(k)})^2, \dots \right] \; , \; j < k \; , \quad k = 2...n \tag{7.20c}$$

schreiben kann. Wegen

$$\dot{E}_\Sigma = \sum_j m_j \mathbf{v}_j \cdot \mathbf{b}_j \; , \qquad \mathbf{b}_j = \dot{\mathbf{v}}_j \; ,$$

und

$$\dot{U}_\Sigma = 2 \sum_{\nu=2}^{n} \frac{\partial \bar{U}}{\partial (\mathbf{x}^{(1)} - \mathbf{x}^{(\nu)})^2} (\mathbf{x}^{(1)} - \mathbf{x}^{(\nu)}) \cdot (\dot{\mathbf{x}}^{(1)} - \dot{\mathbf{x}}^{(\nu)}) + \dots \equiv$$

---

[6] Man denke etwa an die gespeicherte Energie von Federn, die die Punktmassen verbinden. Hier wirkt sich eine Translation der Gesamtordnung (etwa um $\mathbf{x}^{(1)}$) auf die Federenergie nicht aus, so daß hier allein die relativen Punktmassenabstände als Variable anzusehen sind. Betr. den Darstellungssatz von Cauchy für isotrope skalarwertige Funktionen vektorwertiger Variabler s. §E3.

$$\equiv 2 \sum_{\substack{j=1 \\ \nu > j}}^{n} \frac{\partial \bar{U}}{\partial(\varkappa^{(j)} - \varkappa^{(\nu)})^2} \left(\varkappa^{(j)} - \varkappa^{(\nu)}\right) \cdot \left(\dot{\varkappa}^{(j)} - \dot{\varkappa}^{(\nu)}\right) \equiv$$

$$\equiv 2 \sum_{j=1}^{n} \left[\sum_{\substack{\nu=1 \\ \nu \neq j}}^{n} \frac{\partial \bar{U}}{\partial(\varkappa^{(j)} - \varkappa^{(\nu)})^2} \left(\varkappa^{(j)} - \varkappa^{(\nu)}\right) \right] \cdot w_j$$

bekommt man aus (7.19)

$$\sum_{j=1}^{n} \left\{ 2 \sum_{\substack{\nu=1 \\ \nu \neq j}}^{n} \frac{\partial \bar{U}}{\partial(\varkappa^{(j)} - \varkappa^{(\nu)})^2} \left(\varkappa^{(j)} - \varkappa^{(\nu)}\right) + m_j \mathbb{b}_j \right\} \cdot w_j = 0$$

für beliebige Geschwindigkeitszustände, was zu den (Newtonschen) Bewegungsgleichungen

$$m_j \mathbb{b}_j = -2 \sum_{\substack{\nu=1 \\ \nu \neq j}}^{n} \frac{\partial \bar{U}}{\partial(\varkappa^{(j)} - \varkappa^{(\nu)})^2} \left(\varkappa^{(j)} - \varkappa^{(\nu)}\right) \tag{7.21a}$$

führt. Hiernach ist

$$\mathbb{k}_j = -2 \sum_{\substack{\nu=1 \\ \nu \neq j}}^{n} \frac{\partial \bar{U}}{\partial(\varkappa^{(j)} - \varkappa^{(\nu)})^2} \left(\varkappa^{(j)} - \varkappa^{(\nu)}\right) = {}^{7)} - \sum_{\substack{\nu=1 \\ \nu \neq j}}^{n} \frac{\partial U^*}{\partial 1_{j\nu}} \mathbb{e}_{j \to \nu} \tag{7.21b}$$

die an einer Punktmasse m_j resultierend angreifende Kraft, die von den von den übrigen Punktmassen

m_ν ($\nu = 1...n$, $\nu \neq j$) ausgeübten (Zentral–)Kräften

$$\mathbb{k}_{j(\nu)} = -\frac{\partial U^*}{\partial 1_{j\nu}} \mathbb{e}_{j \to \nu}, \quad \nu = 1...n, \ \nu \neq j, \tag{7.21c}$$

herrührt. Letztere sind im übrigen wegen $\mathbb{e}_{j \to \nu} = -\mathbb{e}_{\nu \to j}$ wechselweise gleich (Reaktionsprinzip). Daß in

(7.21c) die übertragenen Kräfte allein von den Punktmassenabständen $1_{j\nu}$ abhängen, liegt daran, daß für

die potentielle Energie die isotrope Struktur (7.20b) benutzt wurde, in der die Forderung nach Inversions–

${}^{7)}$ Man setze $\bar{U}(1_{jk}^2) = U^*(1_{jk})$, womit $2 \dfrac{\partial \bar{U}}{\partial(1_{jk}^2)} = \dfrac{1}{1_{jk}} \dfrac{\partial U^*}{\partial 1_{jk}}$ erhalten wird.

$\mathbb{e}_{j \to k} = (\varkappa^{(k)} - \varkappa^{(j)})/1_{jk}$ ist der von der Punktmasse m_j zur Punktmasse m_k weisende Richtungsvektor.

invarianz impliziert ist [8]. Sind also in Zentralkraftgesetzen die Punktmassenabstände die einzigen kinematischen Variablen, so weist dies auf Inversionsinvarianz der potentiellen Gesamtenergie hin. Dies gilt insbesondere auch für das Newtonsche Gravitationspotential, das bekanntlich allein von den relativen Körperabständen abhängt.

b)   Castigliano'sche Sätze

In der Elastizitätstheorie kleiner Verformungen läßt sich die sog. innere Ergänzungsenergie $\overset{*}{\mathscr{W}}$ eines Systems als Zustandsfunktion der angreifenden Einzelkräfte $\mathbb{p}_j$ bzw. Einzelmomente $\mathbb{m}_k$ ($j = 1...m$, $k = 1...n$) darstellen,

$$\overset{*}{\mathscr{W}} = \overset{*}{\mathscr{W}}\left(\mathbb{p}_1 \cdots \mathbb{p}_m, \mathbb{m}_1 \cdots \mathbb{m}_n\right) , \tag{7.22a}$$

wobei Änderungen der inneren Ergänzungsenergie

$$d\overset{*}{\mathscr{W}} = \sum_{j=1}^{m} \frac{\partial \overset{*}{\mathscr{W}}}{\partial \mathbb{p}_j} \cdot d\mathbb{p}_j + \sum_{k=1}^{n} \frac{\partial \overset{*}{\mathscr{W}}}{\partial \mathbb{m}_k} \cdot d\mathbb{m}_k \tag{7.22b}$$

in der Form

$$d\overset{*}{\mathscr{W}} = \sum_{j=1}^{m} \mathbb{u}_j \cdot d\mathbb{p}_j + \sum_{k=1}^{n} \varphi_k \cdot d\mathbb{m}_k \tag{7.22c}$$

durch die Produkte aus den (aktuellen) Verschiebungen bzw. Verdrehungen ($\mathbb{u}_j$ bzw. φ_k) der Lastangriffpunkte und den entsprechenden Lastdifferentialen definiert sind. Daher gelten (man setze (7.22b) und (7.22c) gleich) die Castigliano'schen Sätze

$$\mathbb{u}_j = \frac{\partial \overset{*}{\mathscr{W}}}{\partial \mathbb{p}_j} , \qquad\qquad \varphi_k = \frac{\partial \overset{*}{\mathscr{W}}}{\partial \mathbb{m}_k} , \tag{7.22d,e}$$

wonach die Verrückungen [9] der Lastangriffspunkte durch die partiellen Ableitungen der (in Abhängigkeit von den Lasten ausgedrückten) inneren Ergänzungsenergie nach den jeweiligen Lastgrößen erhalten werden. Im Falle sog. "physikalischer Linearität" ist $\overset{*}{\mathscr{W}}$ stets eine Bilinearform der Lasten, d. h. in der Form

---

[8] Ansonsten hätten — bei alleiniger Forderung nach Versorinvarianz der Energie — in (7.20) noch Spatprodukte aufgelistet werden müssen (vgl. § E3.2.1)

[9] als "Oberbegriff" für Verschiebungen bzw. Verdrehungen

$$\mathscr{W}^* = \frac{1}{2}\sum_{\alpha,\beta=1}^{m} \mathbb{P}_\alpha \cdot \mathbb{A}_{\alpha\beta}^{(PP)} \cdot \mathbb{P}_\beta + \frac{1}{2}\sum_{\alpha,\beta=1}^{m} \mathbb{m}_\alpha \cdot \mathbb{A}_{\alpha\beta}^{(MM)} \cdot \mathbb{m}_\beta + \frac{1}{2}\sum_{\alpha,\beta=1}^{\substack{\beta=n\\\alpha=m}} \mathbb{P}_\alpha \cdot \mathbb{A}_{\alpha\beta}^{(PM)} \cdot \mathbb{m}_\beta \qquad (7.22\mathrm{f})$$

mit dyadischen Konstanten $\mathbb{A}_{\alpha\beta}^{(jk)}$ darzustellen, wobei ohne Einschränkung der Allgemeinheit

$$\mathbb{A}_{\beta\alpha}^{(jk)} = (\mathbb{A}_{\alpha\beta}^{(jk)})^{T} \qquad (7.22\mathrm{g})$$

festgesetzt werden darf [10]. Aus (7.22e,d) bekommt man dann

$$\mathbb{u}_j = \frac{\partial \mathscr{W}^*}{\partial \mathbb{P}_j} = \sum_{\alpha=1}^{m} \mathbb{P}_\alpha \cdot \mathbb{A}_{\alpha j}^{(PP)} + \sum_{\beta=1}^{n} \mathbb{m}_\beta \cdot \mathbb{A}_{\beta j}^{(PM)}, \qquad j=1\ldots m,$$

$$\varphi_k = \frac{\partial \mathscr{W}^*}{\partial \mathbb{m}_k} = \sum_{\alpha=1}^{m} \mathbb{P}_\alpha \cdot \mathbb{A}_{\alpha k}^{(PM)} + \sum_{\beta=1}^{n} \mathbb{m}_\beta \cdot \mathbb{A}_{\beta k}^{(MM)}, \qquad k=1\ldots n, \qquad (7.22\mathrm{h,i})$$

mit den sog. "Maxwellschen Reziprozitätsgesetzen"

$$\frac{\partial \mathbb{u}_j}{\partial \mathbb{P}_k} = \frac{\partial}{\partial \mathbb{P}_k}\left[\frac{\partial \mathscr{W}^*}{\partial \mathbb{P}_j}\right] = \mathbb{A}_{kj}^{(PP)} \quad \overset{(7.22\mathrm{g})}{\equiv} \quad \mathbb{A}_{jk}^{(PP)T} = \left[\frac{\partial \mathbb{u}_k}{\partial \mathbb{P}_j}\right]^{T} = \left[\frac{\partial}{\partial \mathbb{P}_j}\left[\frac{\partial \mathscr{W}^*}{\partial \mathbb{P}_k}\right]\right]^{T},$$

$$\frac{\partial \varphi_j}{\partial \mathbb{m}_k} = \frac{\partial}{\partial \mathbb{m}_k}\left[\frac{\partial \mathscr{W}^*}{\partial \mathbb{m}_j}\right] = \mathbb{A}_{kj}^{(MM)} \quad \overset{(7.22\mathrm{g})}{\equiv} \quad \mathbb{A}_{jk}^{(MM)T} = \left[\frac{\partial \varphi_k}{\partial \mathbb{m}_j}\right]^{T} = \left[\frac{\partial}{\partial \mathbb{m}_j}\left[\frac{\partial \mathscr{W}^*}{\partial \mathbb{m}_k}\right]\right]^{T}, \qquad (7.22\mathrm{j\text{-}1})$$

$$\frac{\partial \mathbb{u}_j}{\partial \mathbb{m}_k} = \frac{\partial}{\partial \mathbb{m}_k}\left[\frac{\partial \mathscr{W}^*}{\partial \mathbb{P}_j}\right] = \mathbb{A}_{kj}^{(PM)} \quad \overset{(7.22\mathrm{g})}{\equiv} \quad \mathbb{A}_{jk}^{(PM)T} = \left[\frac{\partial \varphi_k}{\partial \mathbb{P}_j}\right]^{T} = \left[\frac{\partial}{\partial \mathbb{P}_j}\left[\frac{\partial \mathscr{W}^*}{\partial \mathbb{m}_k}\right]\right]^{T}.$$

Für

c) hyperelastische Medien

wird die an der Masseneinheit erbrachte Spannungsarbeit als Formänderungsenergie $\mathscr{W}$ gespeichert, von der man annimmt,daß sie eine Zustandsfunktion der Verzerrungen $\mathbb{D}$ sei. Da die an der Masseneinheit erbrachte Spannungsarbeitsänderung $(\mathrm{d}\mathscr{A}_{\mathbb{S}})$ etwa mit dem Greenschen Verzerrungstensor $\mathbb{D}^{(G)}$ (vgl. §5.2), dem Kappusschen (2. Piola–Kirchhoff–)Spannungstensor [11] $\mathbb{S}^{(K)}$ und der Dichte ρ_0 der "Ausgangskonfiguration" $(\mathbb{D}^{(G)} = 0)$ in der Form

$$\mathrm{d}\mathscr{A}_{\mathbb{S}} = \mathbb{S}^{(K)} \cdot\cdot\ \mathrm{d}\mathbb{D}^{(G)}/\rho_0 \qquad (7.23\mathrm{a})$$

---

[10] Die Konstanten $\mathbb{A}_{\alpha\beta}^{(jk)}$ repräsentieren die sog. "Einflußzahlen"

[11] vgl h. z.B.[3]

dargestellt werden kann, folgt mit $\mathscr{W} = \mathscr{W}^{(G)}(\mathbb{D}^{(G)})$

$$d\mathscr{A}_{\mathbb{S}} = \mathbb{S}^{(K)} \cdot\cdot \, d\mathbb{D}^{(G)}/\rho_0 = d\mathscr{W} = d\mathbb{D}^{(G)} \cdot\cdot \, \frac{d\mathscr{W}^{(G)}}{d\mathbb{D}^{(G)}} \, ,$$

womit sich die Formänderungsenergie im Sinne von

$$\mathbb{S}^{(K)} = \mathbb{S}^{(K)}(\mathbb{D}^{(G)}) = \rho_0 \frac{d\mathscr{W}^{(G)}}{d\mathbb{D}^{(G)}} \qquad (7.23\text{b})$$

als das Potential der Spannungen erweist.

Für im Verzerrungsargument bilineare Formänderungsenergieansätze hat man mit einer vollständig–symmetrischen Tetrade $\overset{\langle 4 \rangle}{\mathbb{C}}$ (vgl. §6.7)

$$\mathscr{W} = \mathbb{D}^{(G)} \cdot\cdot \, \overset{\langle 4 \rangle}{\mathbb{C}} \cdot\cdot \, \mathbb{D}^{(G)}/(2\rho_0) \qquad (7.24\text{a})$$

zu setzen und folgert daraus als allgemeines (anisotropes) Hooksches Gesetz

$$\mathbb{S}^{(K)} = \rho_0 \frac{d\mathscr{W}^{(G)}}{d\mathbb{D}^{(G)}} = \mathbb{D}^{(G)} \cdot\cdot \, \overset{\langle 4 \rangle}{\mathbb{C}} = \overset{\langle 4 \rangle}{\mathbb{C}} \cdot\cdot \, \mathbb{D}^{(G)} \, . \qquad (7.24\text{b})$$

Für isotrope Medien mit $\mathscr{W} = \bar{\mathscr{W}}(\bar{D}_1^{(G)}, \bar{D}_2^{(G)}, \bar{D}_3^{(G)})$ entsteht im Sinne von (7.14) die spezielle Reinersche Zuordnung

$$\frac{\mathbb{S}^{(K)}}{\rho_0} = \frac{d\bar{\mathscr{W}}}{d\bar{D}_1^{(G)}} \mathbb{E} + 2 \frac{d\bar{\mathscr{W}}}{d\bar{D}_2^{(G)}} \mathbb{D}^{(G)} + 3 \frac{d\bar{\mathscr{W}}}{d\bar{D}_3^{(G)}} \mathbb{D}^{(G)^2} \, , \qquad \bar{D}_j^{(G)} = \mathbb{E} \cdot\cdot \, \mathbb{D}^{(G)^j}, \; j=1...3. \qquad (7.25)$$

d) <u>isotrope kelvinartige Cosserat–Fluide.</u>

In der Theorie der Cosserat–Kontinua wird ein Kontinuumsmodell benutzt, zu dessen kinematischer Beschreibung je Kontinuumspunkt P (als Repräsentant eines Körper– bzw. Massenelementes) zwei kinematische Größen benötigt werden, die vektor– bzw. versorwertig sind mit der Intention, sowohl die Lage als auch die räumliche Orientierung eines Körperelementes kennzeichnen zu müssen [12]. Für die Klasse der sog. kelvinartigen Medien hängt die (auf die Masseneinheit bezogene sog. spezifische) Dissipationsleistung nur von den Momentanwerten der kinematischen Freiheitsgrade und deren Geschwindigkeiten ab. Wenn

---

[12] Hinsichtlich einer Ausgangskonfiguration (die die Lage der Kontinuumspunkte durch $\mathbf{r} = \mathbf{r}(P,t_0)$ kennzeichnet) müssen in der Cosserat–Kinematik der Vektor $\bar{\mathbf{r}} = \bar{\mathbf{r}}(P,t)$ der Momentanlage bzw. der Verschiebungsvektor $\mathbf{u} = \bar{\mathbf{r}} - \mathbf{r}$ sowie der die (mittlere) Drehung eines Körperelementes charakterisierende Versor $\mathbb{R}(P,t)$ (mit $\mathbb{R}(P,t_0) = \mathbb{R}_0(\mathbf{r})$) als voneinander unabhängige Größen vorgegeben werden. (s.a. E§7)

man auf <u>Fluide</u> beschränkt, die isotrop sind und für die jede (Momentan–)Konfiguration gleicher Dichte (und gleicher Temperatur) im Hinblick auf den Wert der Dissipationsleistung $\dot{\mathscr{D}}$ (P,t) gleichberechtigte Ausgangskonfiguration ist, kann die Dissipationsleistung – neben Temperatur T und Dichte ρ – nur von den Geschwindigkeiten w, ω der Translation bzw. der Drehung abhängen. Verlangt man von der Dissipationsleistung Galilei–Invarianz so ist

$$\dot{\mathscr{D}}\,(P,t) = F(\rho(P,t),T(P,t),(\bar{\nabla} \circ \mathsf{w})_{P,t},\omega(P,t),(\bar{\nabla} \circ \omega)_{P,t}), \qquad (7.26a)$$

deren einfachst mögliche Struktur[13] für sog. einfache Cosserat–Fluide und bei weiterer Spezialisierung auf euklidisch–invariante Dissipationsleistungen

$$\dot{\mathscr{D}}\,(P,t) = F(\rho(P,t),T(P,t),\mathbb{Z}(P,t),\Psi(P,t)), \qquad (7.26b)$$

mit

$$\mathbb{Z}(P,t) = (\bar{\nabla} \circ \mathsf{w} + \mathbb{E} \times \omega)_{P,t}, \qquad \Psi(P,t) = (\bar{\nabla} \circ \omega)_{P,t}. \qquad (7.26c)$$

Nach Zerlegung

$$\mathbb{Z}(P,t) = \frac{1}{2}(\bar{\nabla}\circ\mathsf{w} + \mathsf{w}\circ\bar{\nabla}) + \frac{1}{2}(\bar{\nabla}\circ\mathsf{w} - \mathsf{w}\circ\bar{\nabla}) + \mathbb{E} \times \omega = \mathbb{C}(P,t) - \left[\mathbb{E} \times \frac{\overset{\times}{z}}{2}\right], \quad (7.27a)$$

$$\Psi(P,t) = \frac{1}{2}(\bar{\nabla}\circ\omega + \omega\circ\bar{\nabla}) + \frac{1}{2}(\bar{\nabla}\circ\mathsf{w} - \omega\circ\bar{\nabla}) = \mathbb{C}_\omega - \left[\mathbb{E} \times \frac{\overset{\times}{\psi}}{2}\right] \qquad (7.27b)$$

mit

$$\mathbb{C} = \frac{1}{2}(\bar{\nabla}\circ\mathsf{w} + \mathsf{w}\circ\bar{\nabla}) \overset{13)}{\equiv} \bar{\mathrm{def}}\,\mathsf{w}\,, \qquad \mathbb{C}_\omega = \frac{1}{2}(\bar{\nabla}\circ\omega + \omega\circ\bar{\nabla}) \overset{13)}{\equiv} \bar{\mathrm{def}}\,\omega,$$

$$\overset{\times}{z} = \bar{\nabla} \times \mathsf{w} - 2\omega \quad, \qquad \overset{\times}{\psi} = \bar{\nabla} \times \omega\,, \qquad (7.27c\text{--}f)$$

erhält man so

$$\dot{\mathscr{D}}\,(P,t) = F(\rho,T,\mathbb{C},\mathbb{C}_\omega,\overset{\times}{z},\overset{\times}{\psi}), \qquad (7.28)$$

---

[13]   Hierin bedeutet $\bar{\nabla}$ den sog. räumlichen Nabla–Operator, $\bar{\mathrm{def}}\,\mathsf{y}$ die sog. "räumliche Deformator–Operation", $\bar{\mathrm{def}}\,\mathsf{y} = (\bar{\nabla}\circ\mathsf{y} + \mathsf{y}\circ\bar{\nabla})/2$.

wonach die Dissipationsleistung eine Zustandsfunktion der räumlichen Deformatoren der Geschwindigkeiten der Translation bzw. der Drehung sowie der Vektoren $\overset{\times}{\mathbf{z}}$ bzw. $\overset{\times}{\psi}$ ist.

Wie man zeigen kann [14], besteht zwischen der "kinematischen Einschätzung" eines Kontinuums und den in einer diesbezüglichen Theorie in Betracht zu nehmenden dynamischen Variablen ein Zusammenhang, der im Falle des Cosserat–Kontinuums, wo die Kinematik durch die Angabe zweier Geschwindigkeitsvektoren $\mathbf{w}$, ω je Körperpunkt beschrieben werden muß, zu der Notwendigkeit führt, neben den (Kraft–) Spannungen als zweite dynamische Variable sogenannte Momentenspannungen in Betracht nehmen zu müssen. Letztere sind für die (hier ausschließlich vorgesehene) Approximationsstufe des einfachen Stoffes – analog dem Kraftspannungstensor $\mathbb{S}(P,t)$ – durch eine als Momentenspannungstensor $\mathbb{M}(P,t)$ bezeichnete zweistufig–tensorwertige Feldgröße zu beschreiben, mit der per

$$\mathbb{m}(P,t,\mathbb{e}) = \mathbb{e}\cdot\mathbb{M}(P,t) \tag{7.29}$$

die in einer (durch P gelegten) Flächeneinheit (Flächennormale $\mathbb{e}$) übertragenen Momentenspannungen [15] definiert werden. Für den Spezialfall der Existenz eines sog. Dissipationspotentials ϕ

$$\phi = \phi(\rho,T,\mathbb{Z},\Psi) = \bar\phi(\rho,T,\mathbb{C},\mathbb{C}_\omega,\overset{\times}{\mathbf{z}},\overset{\times}{\psi}) \tag{7.30a}$$

werden die dynamischen Größen $\mathbb{S}$, $\mathbb{M}$ aus Letzterem per

$$\mathbb{S} = \frac{\partial\phi}{\partial\mathbb{Z}}, \qquad\qquad \mathbb{M} = \frac{\partial\phi}{\partial\Psi} \tag{7.30b}$$

abgeleitet, womit nach (7.18) die diesbezüglichen isotropen Materialgleichungsstrukturen für die "Fluidspannungen" festliegen. Unter Beschränkung auf hinsichtlich der kinematischen Zustandsgrößen $\mathbb{Z}$, Ψ bilineare Invarianten, d. h. mit dem einfachsten positiv–definiten Ansatz [16]

$$\phi = \frac{\mu_{00}^{(0)}}{2}\,(\mathbb{E}\cdot\cdot\,\mathbb{C})^2 + \frac{\mu_{11}^{(0)}}{2}\,(\mathbb{E}\cdot\cdot\,\mathbb{C}_\omega)^2 + \mu_{10}^{(0)}(\mathbb{E}\cdot\cdot\,\mathbb{C})(\mathbb{E}\cdot\cdot\,\mathbb{C}_\omega) + \mu_{00}^{(1)}\,\mathbb{C}'\cdot\cdot\,\mathbb{C}' +$$

---

[14] s. hierzu z.B. [18], aber auch §E7.

[15] d.s. auf Flächeneinheiten bezogene Momente

[16] Da, wie man zeigen kann, im Bilinearfall generell ein Dissipationspotential existiert, das gleich der halben Dissipationsleistung $\mathscr{D}$ ist, muß ϕ, ebenso wie $\dot{\mathscr{D}}$, (nach dem 2. Hauptsatz der Thermodynamik) eine positiv–definite Funktion der kinematischen Zustandsvariablen sein. $\mathbb{C}'$, $\mathbb{C}'_\omega$ bezeichnen die (spurfreien) Deviatoren von $\mathbb{C}$, $\mathbb{C}_\omega$.

$$+ \mu_{11}^{(1)} \, \bar{\mathbb{C}}_{\omega}' \cdots \bar{\mathbb{C}}_{\omega}' + 2\mu_{10}^{(1)} \, \bar{\mathbb{C}}' \cdots \bar{\mathbb{C}}_{\omega}' + \frac{\kappa_{00}}{8} \, \overset{\times}{z}{}^2 + \frac{\kappa_{11}}{8} \, \overset{\times}{\psi}{}^2 + \frac{\kappa_{10}}{4} \, \overset{\times}{z} \cdot \overset{\times}{\psi} \geq 0 \qquad (7.31\text{a})$$

mit [17]

$$\mu_{00}^{(0)} > 0, \qquad \mu_{11}^{(0)} > 0, \qquad -\sqrt{\mu_{00}^{(0)} \mu_{11}^{(0)}} \leq \mu_{10}^{(0)} \leq \sqrt{\mu_{00}^{(0)} \mu_{11}^{(0)}} \,,$$

$$\mu_{00}^{(1)} > 0, \qquad \mu_{11}^{(1)} > 0, \qquad -\sqrt{\mu_{00}^{(1)} \mu_{11}^{(1)}} \leq \mu_{10}^{(1)} \leq \sqrt{\mu_{00}^{(1)} \mu_{11}^{(1)}} \,, \qquad (7.31\text{b})[18]$$

$$\kappa_{00} > 0, \qquad \kappa_{11} > 0, \qquad -\sqrt{\kappa_{00}\, \kappa_{11}} \leq \kappa_{10} \leq \sqrt{\kappa_{00}\, \kappa_{11}}$$

erhält man als lineare Stoffgleichungen des kelvinartigen Cosserat–Fluids

$$\mathbb{S} = \frac{\partial \phi}{\partial \mathbb{Z}} = (\mu_{00}^{(0)} \, \mathbb{E} \cdots \bar{\mathbb{C}} + \mu_{10}^{(0)} \, \mathbb{E} \cdots \bar{\mathbb{C}}_{\omega}) \, \mathbb{E} + 2(\mu_{00}^{(1)} \, \bar{\mathbb{C}}' + \mu_{10}^{(1)} \, \bar{\mathbb{C}}_{\omega}') -$$

$$- \frac{1}{4} \, \mathbb{E} \times (\kappa_{00} \, \overset{\times}{z} + \kappa_{10} \, \overset{\times}{\psi}) \,,$$

$$\mathbb{M} = \frac{\partial \phi}{\partial \Psi} = (\mu_{10}^{(0)} \, \mathbb{E} \cdots \bar{\mathbb{C}} + \mu_{11}^{(0)} \, \mathbb{E} \cdots \bar{\mathbb{C}}_{\omega}) \, \mathbb{E} + 2(\mu_{10}^{(1)} \, \bar{\mathbb{C}}' + \mu_{11}^{(1)} \, \bar{\mathbb{C}}_{\omega}') -$$

$$- \frac{1}{4} \, \mathbb{E} \times (\kappa_{10} \, \overset{\times}{z} + \kappa_{11} \, \overset{\times}{\psi}) \,, \qquad (7.32\text{a,b})$$

die mit
$$\mathbb{S} = \mathbb{S}_{s} - \frac{1}{2} \, \mathbb{E} \times \overset{\times}{s} \,, \qquad \mathbb{M} = \mathbb{M}_{s} - \frac{1}{2} \, \mathbb{E} \times \overset{\times}{m} \qquad (7.32\text{c,d})$$

in die Beziehungen

$$\mathbb{S}_{s} = {}^{[19]} (\mu_{00}^{(0)} \, \mathbb{E} \cdots \bar{\mathbb{C}} + \mu_{10}^{(0)} \, \mathbb{E} \cdots \bar{\mathbb{C}}_{\omega}) \, \mathbb{E} + 2(\mu_{00}^{(1)} \, \bar{\mathbb{C}}' + \mu_{10}^{(1)} \, \bar{\mathbb{C}}_{\omega}'),$$

---

[17] Die Konstanten μ, κ sind sog. "Viskositätskoeffizienten".

[18] Man setzt z. B. $\sqrt{\mu_{00}^{(0)}} \, (\mathbb{E} \cdots \mathbb{C}) = x$, $\sqrt{\mu_{11}^{(0)}} \, (\mathbb{E} \cdots \mathbb{C}_{\omega}) = y$ und hat hiermit z. B. für die ersten

drei Glieder von (7.31a), indem man zunächst einmal den Fall $\mathbb{C}' = 0$, $\mathbb{C}_{\omega}' = 0$, $\overset{\times}{z} = 0$, $\overset{\times}{\psi} = 0$ in Betracht zieht,

$$2\left(x^2 + y^2 + \frac{2\,\mu_{10}^{(0)} xy}{\sqrt{\mu_{00}^{(0)} \mu_{11}^{(0)}}}\right) \equiv (x+y)^2 \left[1 + \frac{\mu_{10}^{(0)}}{\sqrt{\mu_{00}^{(0)} \mu_{11}^{(0)}}}\right] + (x-y)^2 \left[1 - \frac{\mu_{10}^{(0)}}{\sqrt{\mu_{00}^{(0)} \mu_{11}^{(0)}}}\right] \geq 0$$

zu fordern, was wegen der Beliebigkeit von x,y in der Tat nur mit

$$-\sqrt{\mu_{00}^{(0)} \mu_{11}^{(0)}} \leq \mu_{10}^{(0)} \leq \sqrt{\mu_{00}^{(0)} \mu_{11}^{(0)}}$$

zu befriedigen ist. Entsprechende weitere "Dreiersets" in Betracht nehmend, werden so schließlich auch die übrigen Einschränkungen nachgewiesen, die schließlich sicherstellen, daß ϕ in der Tat eine positiv–definite Funktion der kinematischen Variablen ist.

[19] Hierin ist mit $\mathbb{S} = \mathbb{S}' = 2\mu \, \mathbb{C}'$ der Spezialfall der Navier–Stokesschen Theorie enthalten.

$$\mathbb{M}_s = (\mu_{10}^{(0)}\ \mathbb{E}\cdot\cdot\mathbb{C} + \mu_{11}^{(0)}\ \mathbb{E}\cdot\cdot\mathbb{C}_\omega\,)\ \mathbb{E} + 2(\mu_{10}^{(1)}\ \mathbb{C}{}' + \mu_{11}^{(1)}\ \mathbb{C}{}'_\omega\,) \qquad (7.32\mathrm{e,f})$$

$$\overset{\times}{\mathbf{s}}\ \overset{(2.19\mathrm{c})}{=}\ \left\{\sigma_{23} - \sigma_{32};\ \sigma_{31} - \sigma_{13};\ \sigma_{12} - \sigma_{21}\right\} = \frac{1}{2}(\kappa_{00}\overset{\times}{\mathbf{z}} + \kappa_{10}\overset{\times}{\psi}) =$$

$$= -\,\kappa_{00}\,(\omega - \frac{1}{2}\bar{\nabla}\times\mathbf{v}) + \kappa_{10}\frac{\bar{\nabla}\times\omega}{2} \qquad (7.32\mathrm{g})$$

$$\overset{\times}{\mathbf{m}} = \left\{m_{23} - m_{32};\ m_{31} - m_{13};\ m_{12} - m_{21}\right\} = \frac{1}{2}(\kappa_{10}\overset{\times}{\mathbf{z}} + \kappa_{11}\overset{\times}{\psi}) =$$

$$= -\,\kappa_{10}\,(\omega - \frac{1}{2}\nabla\times\mathbf{v}) + \kappa_{11}\frac{\nabla\times\omega}{2} \qquad (7.32\mathrm{h})$$

der symmetrischen bzw. antimetrischen Tensoranteile zerlegt werden können.

Das Cosserat–Modell ist aber nicht nur in der Strömungsmechanik (etwa bei der Untersuchung fluider hochmolekularer Verbindungen bzw. ggfs. als Rechenmodell in Turbulenztheorien) von Bedeutung sondern auch in der Theorie der Festkörper mit Mikrostruktur, etwa räumlichen Stab–Gittern, (Abb. 7.1) wo man, die wirklichen Verhältnisse pauschalierend, die Knotenverschiebungen $u\!\!\!i_j$ bzw.

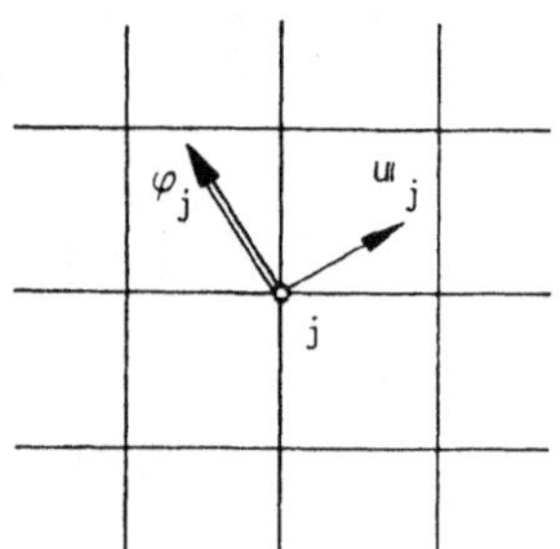

Abb. 7.1

Drehungen φ_j der Gitter–Knotenpunkte nicht aus den Differenzengleichungen des Problems berechnet sondern aus Differentialgleichungen einer Cosserat–Feldtheorie. Solcherart "Kontinuisierungen" erbringen selbstverständlich nur dann echte Vereinfachungen, wenn die "Mikrostruktur" weitgehend "homogen" ist, um als Feldgleichungen der äquivalenten Kontinuums–Modelltheorie solche mit konstanten Koeffizienten zu erhalten. Ein Beispiel für eine solcherart Kontinuisierung findet man in der Theorie der elastischen Trägerroste von Guyon–Massonet [20]; aber auch in der Theorie vielzelliger Stockwerkrahmen mit gleichen Gefachen rechnet man mitunter mit Modellen cosseratartiger Ersatzkontinua [21]. Sie sind freilich in den genannten Fällen i. allg. nicht isotrop, so daß man hierfür die expliziten Materialgleichungen (7.32) (in denen anstelle der Viskositätskoeffizienten entsprechende Elastizitätskoeffizienten zu treten hätten)[20] nicht verwenden kann. Auch der "Lokalitätsgrad" der heranzuziehenden Kontinuums–Modelltheorien ist "nicht einfach": Man benötigt zur Darstellung der (spez.) Formänderungsenergie höhere als erste Gradienten der "kinematischen Felder" $\langle \mathbb{u}(\mathbb{r},t),\ \varphi(\mathbb{r},t) \rangle$ der (Knotenpunkt–) Verschiebungen bzw. Verdrehungen.

e) <u>Anisotrope Probleme der linearen Theorie einfacher elastischer Cosserat–Kontinua</u>

sind durch einen nicht–isotropen Bilinear–Ansatz für die Formänderungsenergie gekennzeichnet, nämlich durch

$$\mathcal{W} = \hat{\mathcal{W}}(\mathbb{D},\mathbb{D}_{\varphi},\overset{\times}{\mathbb{z}},\overset{\times}{\psi}) = \frac{1}{2}\mathbb{D}\cdot\cdot\overset{\langle 4\rangle}{\mathbb{C}}{}^{(00)}\cdot\cdot\mathbb{D} + \frac{1}{2}\mathbb{D}_{\varphi}\cdot\cdot\overset{\langle 4\rangle}{\mathbb{C}}{}^{(11)}\cdot\cdot\mathbb{D}_{\varphi} + \mathbb{D}\cdot\cdot\overset{\langle 4\rangle}{\mathbb{C}}{}^{(10)}\cdot\cdot\mathbb{D}_{\varphi} +$$

$$+ \frac{1}{8}\overset{\times}{\mathbb{z}}\cdot\mathcal{H}^{(00)}\cdot\overset{\times}{\mathbb{z}} + \frac{1}{8}\overset{\times}{\psi}\cdot\mathcal{H}^{(11)}\cdot\overset{\times}{\psi} + \frac{1}{4}\overset{\times}{\mathbb{z}}\cdot\mathcal{H}^{(10)}\cdot\overset{\times}{\psi}. \qquad (7.33a)$$

Als "Materialgrößen" bedeuten darin – ohne Einschränkung der Allgemeinheit – $\overset{\langle 4\rangle}{\mathbb{C}}{}^{(jj)}$ vollständig-symmetrische Tetraden, $\overset{\langle 4\rangle}{\mathbb{C}}{}^{(10)}$ eine symmetrische Tetrade, $\mathcal{H}^{(jj)}$ symmetrische Dyaden und $\mathcal{H}^{(10)}$ einen i. allg. nicht symmetrischen zweistufigen Tensor, während mit den Feldern $(\mathbb{u}(\mathbb{r},t),\ \varphi(\mathbb{r},t))$ der Massenelementenverschiebungen bzw. Verdrehungen die in (7.33a) aufscheinenden "kinematischen Zustandsvariablen" durch

$$\mathbb{D} = \operatorname{def}\mathbb{u}, \qquad\qquad \mathbb{D}_{\varphi} = \operatorname{def}\varphi,$$

$$\overset{\times}{\mathbb{z}} = -\,(2\varphi - \nabla\times\mathbb{u}), \qquad \overset{\times}{\psi} = \nabla\times\varphi \qquad (7.33b,c)$$

definiert sind. Aus

$$\frac{1}{\rho_0}\mathbb{S} = \frac{\partial\hat{\mathcal{W}}}{\partial\mathbb{D}} - \mathbb{E}\times\frac{\partial\hat{\mathcal{W}}}{\partial\overset{\times}{\mathbb{z}}}, \qquad\qquad \frac{1}{\rho_0}\mathbb{M} = \frac{\partial\hat{\mathcal{W}}}{\partial\mathbb{D}_{\varphi}} - \mathbb{E}\times\frac{\partial\hat{\mathcal{W}}}{\partial\overset{\times}{\psi}} \qquad (7.34a,b)$$

---

[20] Die formale Gleichheit der Materialgleichungen (7.32) mit Denjenigen für ein elastisches Cosserat–Kontinuum unter kleinen Verformungen ist auf die formale Gleichheit von (7.31a) mit einem diesbezüglichen Ansatz für die Formänderungsenergie zu erklären, die (bekanntlich) als Potential der Spannungen fungiert. $\operatorname{def}\mathbb{u}$, $\operatorname{def}\varphi$ treten anstelle von $\operatorname{def}\overline{\mathbb{v}}$ bzw. $\operatorname{def}\overline{\omega}$, entsprechend sind dann $\frac{1}{2}\overset{\times}{\mathbb{z}} = (\varphi - \frac{1}{2}\nabla\times\mathbb{u})$, $\overset{\times}{\psi} = \nabla\times\varphi$ zu setzen. Der ∇–Operator ist dabei der sog. materielle Operator, der auf die (unverformte) Ausgangskonfiguration Bezug nimmt.

bekommt man

$$\frac{1}{\rho_0}\mathbb{S} = \mathbb{D}\cdot\cdot\overset{\langle 4\rangle}{\mathbb{C}}{}^{(00)} + \overset{\langle 4\rangle}{\mathbb{C}}{}^{(10)}\cdot\cdot\mathbb{D}_\varphi - \frac{1}{4}\mathbb{E}\times(\overset{\times}{\mathbb{z}}\cdot\mathscr{H}^{(00)} + \mathscr{H}^{(10)}\cdot\overset{\times}{\psi}),$$

$$\frac{1}{\rho_0}\mathbb{M} = \mathbb{D}\cdot\cdot\overset{\langle 4\rangle}{\mathbb{C}}{}^{(10)} + \mathbb{D}_\varphi\cdot\cdot\mathbb{C}^{(11)} - \frac{1}{4}\mathbb{E}\times(\overset{\times}{\mathbb{z}}\cdot\mathscr{H}^{(10)} + \overset{\times}{\psi}\cdot\mathscr{H}^{(11)}) \qquad (7.35\text{a,b})$$

als Materialgleichungen (zwischen Spannungen und Verzerrungen) des allgemeinen sog. triklinen Mediums, mit dem durch $\mathbb{C}^{(10)} = \mathbb{C}^{(11)} = 0$, $\mathscr{H}^{(jk)} = 0$ definierten Spezialfall

$$\mathbb{S} = \mathbb{D}\cdot\cdot\overset{\langle 4\rangle}{\mathbb{C}}{}^{(00)} = \mathbb{D}\cdot\cdot\overset{\langle 4\rangle}{\mathbb{C}} = \overset{\langle 4\rangle}{\mathbb{C}}\cdot\cdot\mathbb{D} \qquad (7.35\text{c})$$

des klassischen triklinen elastischen Materials (vgl. (6.68b)).

7.4 Ableitungen vektorwertiger Funktionen (n=1)

$$\mathbb{y} = \mathbb{y}\left[\mathbb{x}^{(1)},\mathbb{x}^{(2)},\ldots\mathbb{x}^{(n)}\right] = \bar{\mathbb{y}}\left[x_1^{(1)},x_2^{(1)},x_3^{(1)};\, x_1^{(2)},x_2^{(2)},x_3^{(2)};\ldots;x_1^{(n)},x_2^{(n)},x_3^{(n)}\right] \qquad (7.36)$$

nach vektorwertigen Argumenten $(\mathbb{x}^{(j)})$ **(m=1)** werden im Zusammenhang mit der Differentialbildung

$$d\mathbb{y} = \sum_{\alpha=1}^{3}\sum_{j=1}^{n}\frac{\partial\bar{\mathbb{y}}}{\partial x_\alpha^{(j)}}\,dx_\alpha^{(j)} = \left[\sum_{\alpha=1}^{3}dx_\alpha^{(j)}\mathbb{e}_\alpha\right]\cdot\sum_{j=1}^{n}\left[\sum_{l=1}^{3}\mathbb{e}_l\circ\frac{\partial\bar{\mathbb{y}}}{\partial x_l^{(j)}}\right] \equiv \sum_{j=1}^{n}d\mathbb{x}^{j}\cdot\frac{\partial\mathbb{y}}{\partial\mathbb{x}^{(j)}} \qquad (7.36\text{a})$$

durch zweistufig-tensorwertige Operatoren

$$\frac{\partial\mathbb{y}}{\partial\mathbb{x}^{(j)}} = \sum_{l=1}^{3}\mathbb{e}_l\circ\frac{\partial\bar{\mathbb{y}}}{\partial x_l^{(j)}} = \sum_{k,l=1}^{3}\frac{\partial\bar{y}_k}{\partial x_l^{(j)}}\mathbb{e}_l\circ\mathbb{e}_k, \qquad j = 1\ldots n, \qquad (7.36\text{b})$$

definiert, wobei in der letzteren Version für den Vektor $\mathbb{y}$ die Komponentendarstellung

$$\mathbb{y} = \sum_{k=1}^{3}y_k\mathbb{e}_k \text{ mit den (auf eine Orthonormalbasis bezogenen) Komponentenfunktionen}$$

$$y_k = \bar{y}_k(x_1^{(1)},x_2^{(1)},x_3^{(1)};\ldots;x_1^{(n)},x_2^{(n)},x_3^{(n)}), \qquad k = 1\ldots3, \qquad (7.36\text{c})$$

benutzt worden ist.

Beispiele für solcherart Operationen findet man etwa in der Elastizitätstheorie einzelkraftbelasteter Systeme, wo man z. B. im Bereich kleiner Verformungen die Verschiebungen $\mathbb{u}_j$ von Einzellast-Angriffspunkten im Sinne von (7.22d) als Zustandsfunktionen der Kräfte ausdrücken kann,

$$u_j = u_j(\mathbb{P}_1, \mathbb{P}_2, \ldots, \mathbb{P}_m) \, , \tag{7.37a}$$

und deren Änderungen als Folge von Kraftänderungen in Form sog. "Einflußzahlen" auszudrücken sucht (vgl §7.3b).

Weil für die Verschiebungen die in Abhängigkeit von den Kräften ausgedrückte innere Ergänzungsenergie im Sinne von (7.22d) das Potential ist, ergeben sich die entsprechenden Änderungsgrößen als

$$\frac{\partial u_j}{\partial \mathbb{P}_k} = \frac{\partial}{\partial \mathbb{P}_k}\left[\frac{\partial \mathcal{W}^*}{\partial \mathbb{P}_j}\right] \qquad \text{bzw.} \qquad \frac{\partial u_k}{\partial \mathbb{P}_j} = \frac{\partial}{\partial \mathbb{P}_j}\left[\frac{\partial \mathcal{W}^*}{\partial \mathbb{P}_k}\right] \, , \tag{7.37b,c}$$

d.h. als zweite Ableitungen der Energiefunktion. Aus der mit $\mathrm{d}\mathcal{W}^* = \sum\limits_{\alpha=1}^{m} \mathrm{d}\mathbb{P}_\alpha \cdot (\partial \mathcal{W}^* / \partial \mathbb{P}_\alpha) =$

$$= \sum\limits_{\alpha=1}^{m} (\partial \mathcal{W}^* / \partial \mathbb{P}_\alpha) \cdot \mathrm{d}\mathbb{P}_\alpha \quad \text{erhältlichen Beziehung für das zweite Differential}$$

$$\mathrm{d}^2\mathcal{W}^* \equiv \sum\limits_{\beta=1}^{m} \mathrm{d}\mathbb{P}_\beta \cdot (\partial(\mathrm{d}\mathcal{W}^*)/\partial \mathbb{P}_\beta) \equiv \sum\limits_{\beta,\alpha=1}^{m} \mathrm{d}\mathbb{P}_\beta \cdot \frac{\partial}{\partial \mathbb{P}_\beta}\left[\frac{\partial \mathcal{W}^*}{\partial \mathbb{P}_\alpha} \cdot \mathrm{d}\mathbb{P}_\alpha\right] \equiv \sum\limits_{\alpha,\beta=1}^{m} \mathrm{d}\mathbb{P}_\beta \cdot \left[\frac{\partial}{\partial \mathbb{P}_\beta}\left[\frac{\partial \mathcal{W}^*}{\partial \mathbb{P}_\alpha}\right]\right] \cdot \mathrm{d}\mathbb{P}_\alpha$$

die – man vertausche α mit β – gleichermaßen als

$$\mathrm{d}^2\mathcal{W}^* \equiv \sum\limits_{\alpha,\beta=1}^{m} \mathrm{d}\mathbb{P}_\alpha \cdot \left[\frac{\partial}{\partial \mathbb{P}_\alpha}\left[\frac{\partial \mathcal{W}^*}{\partial \mathbb{P}_\beta}\right]\right] \cdot \mathrm{d}\mathbb{P}_\beta$$

geschrieben werden können muß, entsteht betreffend die gemischten Ableitungen in Verallgemeinerung des "Maxwellschen Reziprozitätsgesetzes" die Identität

$$\frac{\partial}{\partial \mathbb{P}_\beta}\left[\frac{\partial \mathcal{W}^*}{\partial \mathbb{P}_\alpha}\right] = \left[\frac{\partial}{\partial \mathbb{P}_\alpha}\left[\frac{\partial \mathcal{W}^*}{\partial \mathbb{P}_\beta}\right]\right]^{\mathrm{T}} \, , \tag{7.38}$$

die im Falle bilinear von den Kräften abhängiger Energie $\mathcal{W}^*$ mit

$$\frac{\partial u_j}{\partial \mathbb{P}_k} \overset{(7.22h)}{=} \mathbb{A}_{kj}^{(PP)} \left[= \frac{\partial}{\partial \mathbb{P}_k}\left[\frac{\partial \mathcal{W}^*}{\partial \mathbb{P}_j}\right]\right] = \text{const.} \tag{7.38a}$$

$$\frac{\partial u_k}{\partial \mathbb{P}_j} \overset{(7.22h)}{=} \mathbb{A}_{jk}^{(PP)} \left[= \frac{\partial}{\partial \mathbb{P}_j}\left[\frac{\partial \mathcal{W}^*}{\partial \mathbb{P}_k}\right]\right] = \text{const.} \tag{7.38b}$$

in (7.22j) übergeht.

7.5 Ableitung zweistufig tensorwertiger Funktionen nach tensorwertigen Argumenten (n=2, m=2),

hier jetzt allein für symmetrische Tensoren $\mathbb{S} = \mathbb{S}^T$, $\mathbb{D} = \mathbb{D}^T$, also für

$$\mathbb{S} = \mathbb{S}^T = \mathbb{S}(\mathbb{D}) = \bar{\mathbb{S}}(d_{11},d_{22},d_{33},d_{12},d_{23},d_{31}) \tag{7.39a}$$

notiert , werden mittels

$$
\begin{aligned}
d\mathbb{S} \;&= \sum_{j=1}^{3} \frac{\partial\bar{\mathbb{S}}}{\partial d_{jj}}\, d(d_{jj}) + \frac{\partial\bar{\mathbb{S}}}{\partial d_{12}}\, d(d_{12}) + \frac{\partial\bar{\mathbb{S}}}{\partial d_{23}}\, d(d_{23}) + \frac{\partial\bar{\mathbb{S}}}{\partial d_{31}}\, d(d_{31}) \\
&\equiv \left[\frac{1}{2} \sum_{j,k=1}^{3} d(d_{jk})(\mathbf{e}_j\circ\mathbf{e}_k + \mathbf{e}_k\circ\mathbf{e}_j) \right] \cdot\cdot \left[\sum_{j=1}^{3} \mathbf{e}_j\circ\mathbf{e}_j\circ \frac{\partial\bar{\mathbb{S}}}{\partial d_{jj}} + \right.\\
&\left. \;+ \frac{1}{4} \sum_{\substack{j,k=1\\ j\neq k}}^{3} (\mathbf{e}_j\circ\mathbf{e}_k + \mathbf{e}_k\circ\mathbf{e}_j)\circ \frac{\partial\bar{\mathbb{S}}}{\partial d_{jk}} \right] \equiv d\mathbb{D} \cdot\cdot \frac{d\mathbb{S}}{d\mathbb{D}} ,
\end{aligned}
$$

d.h. durch den vierstufigen Operator

$$
\begin{aligned}
\frac{d\mathbb{S}}{d\mathbb{D}} &= \sum_{j=1}^{3} \mathbf{e}_j\circ\mathbf{e}_j\circ \frac{\partial\bar{\mathbb{S}}}{\partial d_{jj}} + \frac{1}{4} \sum_{\substack{j,k=1\\ j\neq k}}^{3} (\mathbf{e}_j\circ\mathbf{e}_k + \mathbf{e}_k\circ\mathbf{e}_j)\circ \frac{\partial\bar{\mathbb{S}}}{\partial d_{jk}} \\
&= \sum_{j,l,m=1}^{3} \mathbf{e}_j\circ\mathbf{e}_j\circ\mathbf{e}_l\circ\mathbf{e}_m \frac{\partial\bar{\sigma}_{lm}}{\partial d_{jj}} + \frac{1}{4}\sum_{\substack{j,k,l,m=1\\ j\neq k}}^{3} (\mathbf{e}_j\circ\mathbf{e}_k + \mathbf{e}_k\circ\mathbf{e}_j)\circ\mathbf{e}_l\circ\mathbf{e}_m \frac{\partial\bar{\sigma}_{lm}}{\partial d_{jk}} \;\hat{=}\,^{21)}
\end{aligned}
\tag{7.39b}
$$

---

[21] Hierin kennzeichnen die beiden vorderen Indizes (z.B. jk) die jeweilige (Spannungs–)Komponentenfunktion σ_{jk} und die beiden hinteren Indizes (z.B. lm), nach welcher Verzerrungskomponente (d_{lm}) abgeleitet wird.

$$\left(\begin{array}{ccc|ccc|ccc}
\bar{\sigma}_{11,11} & \bar{\sigma}_{12,11} & \bar{\sigma}_{13,11} & \tfrac{1}{2}\bar{\sigma}_{11,12} & \tfrac{1}{2}\bar{\sigma}_{12,12} & \tfrac{1}{2}\bar{\sigma}_{13,12} & \tfrac{1}{2}\bar{\sigma}_{11,13} & \tfrac{1}{2}\bar{\sigma}_{12,13} & \tfrac{1}{2}\bar{\sigma}_{13,13} \\
 & \bar{\sigma}_{22,11} & \bar{\sigma}_{23,11} & & \tfrac{1}{2}\bar{\sigma}_{22,12} & \tfrac{1}{2}\bar{\sigma}_{23,12} & & \tfrac{1}{2}\bar{\sigma}_{22,13} & \tfrac{1}{2}\bar{\sigma}_{23,13} \\
 & & \bar{\sigma}_{33,11} & & & \tfrac{1}{2}\bar{\sigma}_{33,12} & & & \tfrac{1}{2}\bar{\sigma}_{33,13} \\
\hline
 & & & \bar{\sigma}_{11,22} & \bar{\sigma}_{12,22} & \bar{\sigma}_{13,22} & \tfrac{1}{2}\bar{\sigma}_{11,23} & \tfrac{1}{2}\bar{\sigma}_{12,23} & \tfrac{1}{2}\bar{\sigma}_{13,23} \\
 & & & & \bar{\sigma}_{22,22} & \bar{\sigma}_{23,22} & & \tfrac{1}{2}\bar{\sigma}_{22,23} & \tfrac{1}{2}\bar{\sigma}_{23,23} \\
 & & & & & \bar{\sigma}_{33,22} & & & \tfrac{1}{2}\bar{\sigma}_{33,23} \\
\hline
 & & & & & & \bar{\sigma}_{11,33} & \bar{\sigma}_{12,33} & \bar{\sigma}_{13,33} \\
 & & & & & & & \bar{\sigma}_{22,33} & \bar{\sigma}_{23,33} \\
 & & & & & & & & \bar{\sigma}_{33,33}
\end{array}\right)$$

(etwa bei Bezugnahme auf eine Orthonormalbasis) definiert mit 6 Komponentenfunktionen

$$\sigma_{lm} = \sigma_{ml} = \bar{\sigma}_{lm}(d_{11},d_{22},d_{33},d_{12},d_{23},d_{31}), \qquad l,m = 1...3 . \tag{7.39c}$$

Die Letztere Darstellung von (7.39b) ist Diejenige einer Hypermatrix im Sinne von (6.34c).

Sie ist - daher die unvollständige Notation in (7.39b) - zu ihrer Hauptdiagonale symmetrisch und aus symmetrischen dyadischen Elementen aufgebaut, weist also insgesamt 36 voneinander unabhängige Komponenten-Funktionen auf.

Tetradische Strukturen dieser Art sind daher im Sinne von §6b symmetrisch, jedoch nicht notwendig vollständig symmetrisch, sondern nur dann, wenn die Zuordnung $\mathbb{S}(\mathbb{D})$ eine "Potentialbeziehung" ist.

Gilt z.B. im Sinne von (7.23b) für hyperelastische Medien

$$\mathbb{S} = \rho_0 \frac{d\mathscr{W}}{d\mathbb{D}} \overset{(7.13b)}{=} \rho_0\left[\sum_{j=1}^{3} \bar{\mathscr{W}}_{jj}\, e_j \circ e_j + \frac{1}{2}\sum_{\substack{j,k=1\\ j\neq k}}^{3} \bar{\mathscr{W}}_{jk}\, e_j \circ e_k\right], \quad \bar{\mathscr{W}}_{kj} = \bar{\mathscr{W}}_{jk} = \frac{\partial \bar{\mathscr{W}}}{\partial d_{jk}}, \; j,k=1..3, \tag{7.40a}$$

wonach die in Abhängigkeit der Greenschen Verzerrungen [22] dargestellte Formänderungsenergie

---

[22] hier mit $\mathbb{D}$ bezeichnet

$\mathscr{W} = \mathscr{W}(\mathbb{D})$ das Potential der Kappus'schen (2. Piola–Kirchhoff–) Spannungen [23] ist, so folgt nach Einsetzen in (7.39b)

$$\frac{1}{\rho_0}\frac{d\mathbb{S}}{d\mathbb{D}} \stackrel{\wedge}{=} \text{[24]} \tag{7.40b}$$

$$\left[\begin{array}{ccc|ccc|ccc}
\bar{\bar{\mathscr{W}}}_{11,11} & \tfrac{1}{2}\bar{\bar{\mathscr{W}}}_{11,12} & \tfrac{1}{2}\bar{\bar{\mathscr{W}}}_{11,13} & \tfrac{1}{2}\bar{\bar{\mathscr{W}}}_{12,11} & \tfrac{1}{4}\bar{\bar{\mathscr{W}}}_{12,12} & \tfrac{1}{4}\bar{\bar{\mathscr{W}}}_{12,13} & \tfrac{1}{2}\bar{\bar{\mathscr{W}}}_{13,11} & \tfrac{1}{4}\bar{\bar{\mathscr{W}}}_{13,12} & \tfrac{1}{4}\bar{\bar{\mathscr{W}}}_{13,13} \\
 & \bar{\bar{\mathscr{W}}}_{11,22} & \tfrac{1}{2}\bar{\bar{\mathscr{W}}}_{11,23} & & \tfrac{1}{2}\bar{\bar{\mathscr{W}}}_{12,22} & \tfrac{1}{4}\bar{\bar{\mathscr{W}}}_{12,23} & & \tfrac{1}{2}\bar{\bar{\mathscr{W}}}_{13,22} & \tfrac{1}{4}\bar{\bar{\mathscr{W}}}_{13,23} \\
 & & \bar{\bar{\mathscr{W}}}_{11,33} & & & \tfrac{1}{2}\bar{\bar{\mathscr{W}}}_{12,33} & & & \tfrac{1}{2}\bar{\bar{\mathscr{W}}}_{13,33} \\ \hline
 & & & \bar{\bar{\mathscr{W}}}_{22,11} & \tfrac{1}{2}\bar{\bar{\mathscr{W}}}_{22,12} & \tfrac{1}{2}\bar{\bar{\mathscr{W}}}_{22,13} & \tfrac{1}{2}\bar{\bar{\mathscr{W}}}_{23,11} & \tfrac{1}{4}\bar{\bar{\mathscr{W}}}_{23,12} & \tfrac{1}{4}\bar{\bar{\mathscr{W}}}_{23,13} \\
 & & & & \bar{\bar{\mathscr{W}}}_{22,22} & \tfrac{1}{2}\bar{\bar{\mathscr{W}}}_{22,23} & & \tfrac{1}{4}\bar{\bar{\mathscr{W}}}_{23,22} & \tfrac{1}{4}\bar{\bar{\mathscr{W}}}_{23,23} \\
 & & & & & \bar{\bar{\mathscr{W}}}_{12,33} & & & \tfrac{1}{2}\bar{\bar{\mathscr{W}}}_{23,33} \\ \hline
 & & & & & & \bar{\bar{\mathscr{W}}}_{33,11} & \tfrac{1}{2}\bar{\bar{\mathscr{W}}}_{33,12} & \tfrac{1}{2}\bar{\bar{\mathscr{W}}}_{33,13} \\
 & & & & & & & \bar{\bar{\mathscr{W}}}_{33,22} & \tfrac{1}{2}\bar{\bar{\mathscr{W}}}_{33,23} \\
 & & & & & & & & \bar{\bar{\mathscr{W}}}_{33,33}
\end{array}\right]$$

d. h. in der Tat vollständige Symmetrie der Materialtetrade[25]

$$\overset{\langle 4\rangle}{\mathbb{C}}(\mathbb{D}) = \sum_{i,j,k,l=1}^{3} c_{ijkl}\,\mathfrak{e}_i \circ \mathfrak{e}_j \circ \mathfrak{e}_k \circ \mathfrak{e}_l = \frac{d\mathbb{S}}{d\mathbb{D}} = \frac{d}{d\mathbb{D}}^{(G)}\left[\rho_0 \frac{d\mathscr{W}}{d\mathbb{D}}\right] = \rho_0 \frac{d^2\mathscr{W}}{d\mathbb{D}^2} \equiv \overset{\langle 4\rangle}{\mathbb{C}}{}^{\mathrm{T}}. \tag{7.40c}$$

Entsprechendes gilt für isotrope Zuordnungen $\mathbb{S}(\mathbb{D})$:

---

[23] hier mit $\mathbb{S}$ bezeichmet

[24] die beiden hierin jeweils durch Komma getrennten Indexpaare deuten die jeweiligen Ableitungen nach den Verzerrungskomponenten an: $\bar{\bar{\mathscr{W}}}_{ij,kl} = \dfrac{\partial^2 \bar{\mathscr{W}}}{\partial d_{ij}\,\partial d_{kl}}$.

[25] Wegen des Schwarzschen Vertauschungssatzes $\bar{\bar{\mathscr{W}}}_{ij,kl} = \bar{\bar{\mathscr{W}}}_{kl,ij}$ sowie wegen der durch die Symmetrie der Tensoren $\mathbb{S}$ und $\mathbb{D}$ bedingten Identitäten $\bar{\bar{\mathscr{W}}}_{ij,kl} = \bar{\bar{\mathscr{W}}}_{ji,kl}$ und $\bar{\bar{\mathscr{W}}}_{ij,kl} = \bar{\bar{\mathscr{W}}}_{ij,lk}$ weist die Hypermatrix (7.40b) nur noch 21 voneinander unabhängige Komponentenfunktionen auf.

Unter Benutzung der Reinerschen Zuordnung (vgl. §E3.4.1)

$$\mathbb{S}(\mathbb{D}) = \sum_{j=0}^{2} g_j(\bar{\mathbb{D}}_1, \bar{\mathbb{D}}_2, \bar{\mathbb{D}}_3)\, \mathbb{D}^j \,, \qquad \bar{\mathbb{D}}_\alpha = \mathbb{E}\cdot\cdot\,\mathbb{D}^\alpha \,, \qquad \alpha = 1...3 \,, \qquad (7.41\mathrm{a,b})$$

bekommt man wegen

$$\frac{\mathrm{d}g_j}{\mathrm{d}\mathbb{D}} = \sum_{\alpha=1}^{3} \frac{\partial g_j}{\partial \bar{\mathbb{D}}_\alpha}\frac{\mathrm{d}\bar{\mathbb{D}}_\alpha}{\mathrm{d}\mathbb{D}} = \sum_{\alpha=1}^{3} \alpha\,\frac{\mathrm{d}g_j}{\mathrm{d}\bar{\mathbb{D}}_\alpha}\,\mathbb{D}^{\alpha-1} \quad \text{sowie} \quad \frac{\mathrm{d}\mathbb{D}}{\mathrm{d}\mathbb{D}} = \overset{\langle 4\rangle}{\mathbb{E}}_s \,, \qquad (7.41\mathrm{c,d})$$

$$\begin{aligned}
\mathrm{d}(\mathbb{D}^2) \quad &= \mathrm{d}\mathbb{D}\cdot\mathbb{D} + \mathbb{D}\cdot\mathrm{d}\mathbb{D} = \mathrm{d}\mathbb{D}\cdot\mathbb{D} + (\mathrm{d}\mathbb{D}\cdot\mathbb{D})^{\mathrm{T}} = (\mathrm{d}\mathbb{D}\cdot\mathbb{D})\cdot\cdot\,(\overset{\langle 4\rangle}{\mathbb{E}} + \overset{\langle 4\rangle}{\mathbb{E}}_{\mathrm{T}})\\[4pt]
&= 2\,(\mathrm{d}\mathbb{D}\cdot\mathbb{D})\cdot\cdot\,\overset{\langle 4\rangle}{\mathbb{E}}_s \equiv\,^{26)}\, 2\mathrm{d}\mathbb{D}\cdot\cdot\,(\mathbb{D}\cdot\overset{\langle 4\rangle}{\mathbb{E}}_s) =\,^{27)}\, 2\mathrm{d}\mathbb{D}\cdot\cdot\,\overset{\langle 4\rangle}{\mathbb{E}}_s\cdot\cdot\,(\mathbb{D}\cdot\overset{\langle 4\rangle}{\mathbb{E}}_s) \,,
\end{aligned}$$

d. h.
$$\frac{\mathrm{d}(\mathbb{D}^2)}{\mathrm{d}\,\mathbb{D}} = 2\,\overset{\langle 4\rangle}{\mathbb{E}}_s\cdot\cdot\,(\mathbb{D}\cdot\overset{\langle 4\rangle}{\mathbb{E}}_s) = 2(\,\overset{\langle 4\rangle}{\mathbb{E}}_s\cdot\mathbb{D})\cdot\cdot\,\overset{\langle 4\rangle}{\mathbb{E}}_s \qquad (7.41\mathrm{e})$$

schließlich

$$\begin{aligned}
\frac{\mathrm{d}\mathbb{S}}{\mathrm{d}\mathbb{D}} =\,&\left[\frac{\partial g_0}{\partial \bar{\mathbb{D}}_1}\mathbb{E} + 2\frac{\partial g_0}{\partial \bar{\mathbb{D}}_2}\mathbb{D} + 3\frac{\partial g_0}{\partial \bar{\mathbb{D}}_3}\mathbb{D}^2\right]\!\circ\mathbb{E} + \left[\frac{\partial g_1}{\partial \bar{\mathbb{D}}_1}\mathbb{E} + 2\frac{\partial g_1}{\partial \bar{\mathbb{D}}_2}\mathbb{D} + 3\frac{\partial g_1}{\partial \bar{\mathbb{D}}_3}\mathbb{D}^2\right]\!\circ\mathbb{D} +\\[4pt]
&+\left[\frac{\partial g_2}{\partial \bar{\mathbb{D}}_1}\mathbb{E} + 2\frac{\partial g_2}{\partial \bar{\mathbb{D}}_2}\mathbb{D} + 3\frac{\partial g_2}{\partial \bar{\mathbb{D}}_3}\mathbb{D}^2\right]\!\circ\mathbb{D}^2 + g_1\overset{\langle 4\rangle}{\mathbb{E}}_s + 2g_2\overset{\langle 4\rangle}{\mathbb{E}}_s\cdot\cdot\,(\mathbb{D}\cdot\overset{\langle 4\rangle}{\mathbb{E}}_s) \,, \qquad (7.41\mathrm{f})
\end{aligned}$$

also i. allg. keinen vollständig symmetrischen Ausdruck [28], für den "Potentialfall" mit

$$\mathbb{S} = \rho_0 \frac{\mathrm{d}\mathscr{W}}{\mathrm{d}\mathbb{D}} = \rho_0\left[\frac{\partial\bar{\mathscr{W}}}{\partial\bar{\mathbb{D}}_1}\mathbb{E} + 2\frac{\partial\bar{\mathscr{W}}}{\partial\bar{\mathbb{D}}_2}\mathbb{D} + 3\frac{\partial\bar{\mathscr{W}}}{\partial\bar{\mathbb{D}}_3}\mathbb{D}^2\right] \,, \qquad (7.42\mathrm{a})$$

d. h.

$$g_0 = \rho_0\frac{\partial\bar{\mathscr{W}}}{\partial\bar{\mathbb{D}}_1} \,, \qquad g_1 = 2\,\rho_0\frac{\partial\bar{\mathscr{W}}}{\partial\bar{\mathbb{D}}_2} \,, \qquad g_2 = 3\,\rho_0\frac{\partial\bar{\mathscr{W}}}{\partial\bar{\mathbb{D}}_3} \qquad (7.42\mathrm{b\text{-}d})$$

hingegen

---

[26] diese Identität weist man am einfachsten mit linearen Dyaden bzw. Tetraden nach. Es ist in der Tat
$$\left[(\mathrm{a}\circ\mathrm{b})\cdot(\mathrm{c}\circ\mathrm{d})\right]\cdot\cdot\,(\mathrm{e}\circ\mathrm{f}\circ\mathrm{g}\circ\mathrm{h}) = (\mathrm{d}\cdot\mathrm{e})(\mathrm{c}\cdot\mathrm{b})(\mathrm{a}\cdot\mathrm{f})\mathrm{g}\circ\mathrm{h} \equiv (\mathrm{a}\circ\mathrm{b})\cdot\cdot\,\left[(\mathrm{c}\circ\mathrm{d})\cdot(\mathrm{e}\circ\mathrm{f}\circ\mathrm{g}\circ\mathrm{h})\right]$$

[27] Man beachte die wegen der Symmetrie von $\mathbb{D}$ mögliche Identität $\quad \mathrm{d}\mathbb{D} = \mathrm{d}\mathbb{D}\cdot\cdot\,\overset{\langle 4\rangle}{\mathbb{E}}_s$

[28] in (7.41f) sind nur die Anteile $\mathbb{E}\circ\mathbb{E}$, $\mathbb{D}\circ\mathbb{D}$, $\mathbb{D}^2\!\circ\mathbb{D}^2$, $\overset{\langle 4\rangle}{\mathbb{E}}_s$ und $\overset{\langle 4\rangle}{\mathbb{E}}_s\cdot\cdot\,(\mathbb{D}\cdot\overset{\langle 4\rangle}{\mathbb{E}}_s)$ vollständig symmetrisch !

$$
\frac{\overset{\langle 4\rangle}{\mathbb{C}}}{\rho_0} = \frac{1}{\rho_0}\frac{d\mathbb{S}}{d\mathbb{D}} = \frac{d}{d\mathbb{D}}\left[\frac{\partial \mathscr{W}}{\partial \mathbb{D}}\right] \equiv \frac{\partial^2 \bar{\mathscr{W}}}{\partial \mathbb{D}^2} = 2\,\frac{\partial \bar{\mathscr{W}}}{\partial \bar{D}_2}\,\overset{\langle 4\rangle}{\mathbb{E}}_s + 6\,\frac{\partial \bar{\mathscr{W}}}{\partial \bar{D}_3}\,\overset{\langle 4\rangle}{\mathbb{E}}_s\cdot\cdot(\mathbb{D}\cdot\overset{\langle 4\rangle}{\mathbb{E}}_s) + \frac{\partial^2 \bar{\mathscr{W}}}{\partial \bar{D}_1^{\,2}}\,\mathbb{E}\circ\mathbb{E} +
$$

$$
+ 2\,\frac{\partial^2 \bar{\mathscr{W}}}{\partial \bar{D}_1\,\partial \bar{D}_2}\,(\mathbb{D}\circ\mathbb{E} + \mathbb{E}\circ\mathbb{D}) + 3\,\frac{\partial^2 \bar{\mathscr{W}}}{\partial \bar{D}_1\,\partial \bar{D}_3}\,(\mathbb{D}^2\circ\mathbb{E} + \mathbb{E}\circ\mathbb{D}^2) + 4\,\frac{\partial^2 \bar{\mathscr{W}}}{\partial \bar{D}_2^{\,2}}\,\mathbb{D}\circ\mathbb{D} +
$$

$$
+ 6\,\frac{\partial^2 \bar{\mathscr{W}}}{\partial \bar{D}_2\,\partial \bar{D}_3}\,(\mathbb{D}^2\circ\mathbb{D} + \mathbb{D}\circ\mathbb{D}^2) + 9\,\frac{\partial^2 \bar{\mathscr{W}}}{\partial \bar{D}_3^{\,2}}\,\mathbb{D}^2\circ\mathbb{D}^2, \tag{7.42e}
$$

d.h. eine vollständig–symmetrische tetradische Struktur.

Hervorgehoben werden soll noch, daß die aus $\mathbb{S} = \mathbb{S}(\mathbb{D})$ in der Form

$$
d\mathbb{S} = d\mathbb{D}\cdot\cdot\frac{d\mathbb{S}}{d\mathbb{D}} = d\mathbb{D}\cdot\cdot\overset{\langle 4\rangle}{\mathbb{C}}(\mathbb{D}) \tag{7.43a}
$$

erhältliche linear–elastische Materialgleichung für Spannungs– und Verzerrungsinkremente ($d\mathbb{S}$, $d\mathbb{D}$) auch

im Falle einer isotropen Zuordnung $\mathbb{S}(\mathbb{D})$ bei (großen) "Vorverformungen" ($\mathbb{D}$) grundsätzlich anisotrop

ist, indem Vorverformungen ($\mathbb{D}$) dem Material quasi eine Orientierung einprägen. Isotropes Verhalten

auch hinsichtlich der Inkremente verlangt Verschwinden sämtlicher (durch $\mathbb{D}$ gekennzeichneter) Rich-

tungseinflüsse in den Tetraden (7.41f) bzw. (7.42e). Dazu müssen in (7.41f)

$$
\frac{\partial g_0}{\partial \bar{D}_2} = \frac{\partial g_0}{\partial \bar{D}_3} = 0, \qquad g_2 = 0, \qquad \frac{\partial g_1}{\partial \bar{D}_j} = 0 \qquad \text{für } j = 1,2,3
$$

gesetzt werden, also mit $g_1 = g_{10} = 2G = \text{const.}$ und $g_0(\bar{D}_1) = 2G\,\dfrac{\nu(\bar{D}_1)}{1-2\nu(\bar{D}_1)}$

für die zugehörige isotrope Materialtetrade

$$
\overset{\langle 4\rangle}{\mathbb{C}} = 2G\left[\overset{\langle 4\rangle}{\mathbb{E}}_s + \frac{\nu(\bar{D}_1)}{1-2\nu(\bar{D}_1)}\,\mathbb{E}\circ\mathbb{E}\right], \tag{7.43b}
$$

was einem "inkrementellen isotropen Hookeschen Gesetz"

$$
d\mathbb{S} = d\mathbb{D}\cdot\cdot\overset{\langle 4\rangle}{\mathbb{C}} = 2G\left[d\mathbb{D} + \frac{\nu(\bar{D}_1)}{1-2\nu(\bar{D}_1)}\,(\mathbb{E}\cdot\cdot d\mathbb{D})\mathbb{E}\right] \tag{7.43c}
$$

entspricht, bei dem die Querdehnungszahl ν noch von der ersten Invarianten der "Vorverformung" ab-

hängen darf. Die (7.43b) zugehörige Formänderungsenergie–Struktur

$$
\mathscr{W} = \frac{G}{\rho_0}\left[\bar{D}_2 + h(\bar{D}_1)\right], \qquad \bar{D}_j = \mathbb{E}\cdot\cdot\mathbb{D}^j, \qquad j = 1,2 \tag{7.43d}
$$

führt mit $h \sim \bar{D}_1^2$ speziell zum isotropen Hookeschen Gesetz.

Für skalarwertige Funktionen symmetrisch–tensorwertiger Variabler – etwa für die Formänderungsenergie $\mathscr{W}(\mathbb{D})$ als Zustandsfunktion der Verzerrungen $\mathbb{D}$ bei hyperelastischen Medien bzw. für die Dissipations-leistung $\mathscr{D}(\bar{\mathbb{C}})$ als Zustandsfunktion der auf die Momentankonfiguration bezogenen Verzerrungsgeschwindigkeiten $\bar{\mathbb{C}}$ bei kelvinartigen Fluiden – werden in der Kontinuumsmechanik Restriktionen ausgesprochen, die – neben der Forderung nach positiver Definitheit der genannten Energiegrößen [29] – Konvexitätseigenschaften der Energiefunktionen verlangen, die mit deren zweiten Ableitungen formuliert werden. Als konvex bezeichnet man eine Energiefunktion $\mathscr{W}(\mathbb{D})$, wenn sich für $\mathscr{W} =$ const. im Zustandsraum der kinematischen Variablen $(\mathbb{D})$ sog. konvexe "isoenergetische Flächen" ergeben, wobei der Konvexitätsbegriff aus der diesbezüg-

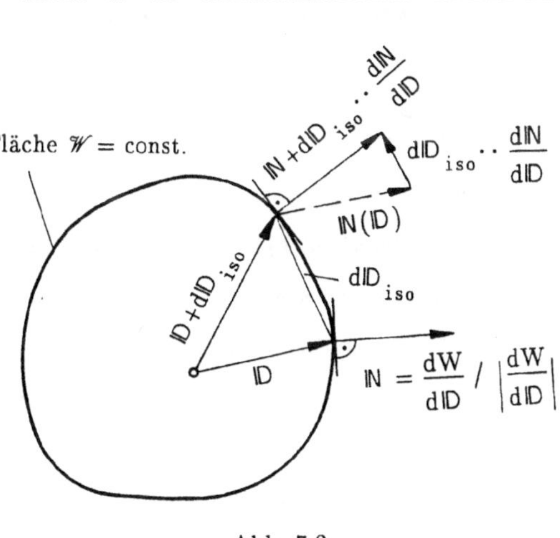

Abb. 7.2

lichen dreidimensionalen Geometrie verallgemeinert wird. Danach wird eine Fläche $\mathscr{W} = \mathscr{W}(\mathbf{r}) =$ const. als (lokal) konvex bezeichnet, sofern die Änderung $d_{iso}(d\mathscr{W}/d\mathbf{r}) = d\mathbf{r}_{iso} \cdot (d^2\mathscr{W}/d\mathbf{r}^2)$ des Gradienten $d\mathscr{W}/d\mathbf{r}$ und die zugehörige Argumentänderung $d\mathbf{r}_{iso}$ längs $\mathscr{W} =$ const. einen spitzen Winkel einschließen:

$$\left[d\mathbf{r}_{iso} \cdot \frac{d^2\mathscr{W}}{d\mathbf{r}^2} \right] \cdot d\mathbf{r}_{iso} = d\mathbf{r}_{iso} \cdot \frac{d^2\mathscr{W}}{d\mathbf{r}^2} \cdot d\mathbf{r}_{iso} \geq 0.$$

In Verallgemeinerung auf den vorliegenden Fall ersetzt man den Ortsvektor $\mathbf{r}$ durch die diesbezügliche

---

[29] wobei die Forderung nach positiver Dissipationsleistung Konsequenz des zweiten Hauptsatzes der Thermodynamik ist, während im Falle der Formänderungsenergie hyperelastischer Medien der Befund konstatiert wird, daß für jede vom unverzerrten Zustande $(\mathbb{D} = 0)$ aus vorgenommene Deformation Formänderungsenergie gespeichert wird.

(sechskomponentige) Kennzeichnungsgröße $\mathbb{D}$ des Zustandsraumes [30], den Gradienten $\mathrm{d}\mathscr{W}/\mathrm{d}\mathbb{r}$ [31] durch $\mathrm{d}\mathscr{W}/\mathrm{d}\mathbb{D}$, die Skalarmultiplikation durch entsprechende Doppelskalarprodukte und nennt

$$\left[\mathbb{D}_{\mathrm{iso}} \cdot \cdot \left[\frac{\mathrm{d}\mathscr{W}}{\mathrm{d}\mathbb{D}}\right]\right] \cdot \cdot \mathrm{d}\mathbb{D}_{\mathrm{iso}} = \mathrm{d}\mathbb{D}_{\mathrm{iso}} \cdot \cdot \frac{\mathrm{d}^2\mathscr{W}}{\mathrm{d}\mathbb{D}^2} \cdot \cdot \mathrm{d}\mathbb{D}_{\mathrm{iso}} \geq 0 \tag{7.44}$$

Bedingung für lokale Konvexität. [32]

Eine Verschärfung von (7.44) stellt die hinsichtlich der daraus erschließbaren Materialrestriktionen einfachere Bedingung

$$\mathbb{D} \cdot \cdot \frac{\mathrm{d}^2\mathscr{W}}{\mathrm{d}\mathbb{D}^2} \cdot \cdot \mathrm{d}\mathbb{D} \geq^{[33]} 0, \tag{7.44a}$$

$$\mathrm{d}\mathbb{D} = \mathrm{d}\mathbb{D}^{\mathrm{T}} \quad \text{beliebig}$$

dar, wonach die Tetrade $\mathrm{d}^2\mathscr{W}/\mathrm{d}\mathbb{D}^2$ "positiv definit" sein soll. Ist die Energiefunktion das Potential der Spannungen[34], so ist (7.44a) gleichwertig der Aussage

$$\mathrm{d}\mathbb{S} \cdot \cdot \mathrm{d}\mathbb{D} > 0 \qquad \text{für } |\mathrm{d}\mathbb{D}| \neq 0, \tag{7.44b}$$

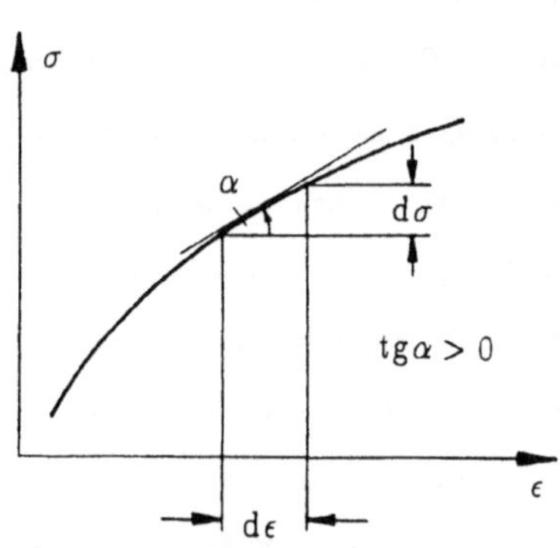

Abb. 7.3

was man als Bedingung für "stoffliche Stabilität" bezeichnet. Als "Stabilitätsbedingung" leicht zu veranschaulichen ist (7.44b) für den Fall des einachsigen Spannungszustandes mit der (7.44a) entsprechenden Restriktion

---

[30] etwa in der Repräsentation von $\mathbb{D}$ als Voigtscher Vektor

[31] Im hyperelastischen Falle mit $\mathbb{S}/\rho_0 = \mathrm{d}\mathscr{W}/\mathrm{d}\mathbb{D}$ sind also die "Gradienten" der im Zustandsraum notierten Formänderungsenergie die Spannungen $\mathbb{S}/\rho_0$.

[32] Zu (7.44) gelangt man mit der Forderung

$$\left[\mathbb{D}_{\mathrm{iso}} \cdot \cdot \frac{\mathrm{d}\mathbb{N}}{\mathrm{d}\mathbb{D}}\right] \cdot \cdot \mathrm{d}\mathbb{D}_{\mathrm{iso}} \geq 0 \qquad \text{(s. h. Abb. 7.2) inden man}$$

$$\frac{\mathrm{d}\mathbb{N}}{\mathrm{d}\mathbb{D}} = \frac{\mathrm{d}}{\mathrm{d}\mathbb{D}}\left[\frac{\mathrm{d}\mathscr{W}/\mathrm{d}\mathbb{D}}{|\mathrm{d}\mathscr{W}/\mathrm{d}\mathbb{D}|}\right] = \frac{\mathrm{d}}{\mathrm{d}\mathbb{D}}\left[\frac{1}{|\mathrm{d}\mathscr{W}/\mathrm{d}\mathbb{D}|}\right] \circ \frac{\mathrm{d}\mathscr{W}}{\mathrm{d}\mathbb{D}} + \frac{1}{|\mathrm{d}\mathscr{W}/\mathrm{d}\mathbb{D}|}\frac{\mathrm{d}^2\mathscr{W}}{\mathrm{d}\mathbb{D}^2} \qquad \text{sowie}$$

$$|\mathrm{d}W/\mathrm{d}\mathbb{D}| > 0 \text{ und } (\mathrm{d}\mathscr{W}/\mathrm{d}\mathbb{D}) \cdot \cdot \mathrm{d}\mathbb{D}_{\mathrm{iso}} = 0 \qquad \text{beachtet.}$$

[33] Das Gleichheitszeichen gilt nur für $|\mathrm{d}\mathbb{D}| = 0$

[34] wie z. B. bei hyperelastischen Medien bzw. bei kelvinartigen Fluiden bei Vorhandensein eines "Dissipationspotentials"

$$d\sigma \, d\epsilon > 0 \quad \text{für } d\epsilon \neq 0 \, , \tag{7.44c}$$

wonach die Inkremente der Spannungen und der zugehörigen Verzerrungen gleichsinnig zu − bzw. abnehmen, also zwischen Spannungen (σ) und Verzerrungen (ϵ) eine umkehrbar − eindeutige Beziehung existieren soll (Abb. 7.3): Im Falle der Verletzung von (7.44c) wäre der Fall z. B. ein und derselben Spannung (σ) für z.B. zwei verschiedene Verzerrungen (ϵ_1, ϵ_2) nicht ausgeschlossen, und es bestünde die Möglichkeit, daß das Material bei Erreichen von σ spontan aus etwa einer Verzerrungskonfiguration (ϵ_1) in eine Konfiguration (ϵ_2) "durchschlüge".

Anstelle lokaler Konvexitätsforderungen erweisen sich in der Kontinuumsmechanik auch schwächere (globalere) Statements als nützlich, etwa die Forderung, daß die im Zusammenhang mit einer proportionalen Formänderung geleistete Spannungsarbeit mit zu− bzw. abnehmender Verformung einsinnig zu− bzw. abnehmen soll. Mit $d\mathbb{D} = \mathbb{D}d\lambda$ hat demnach

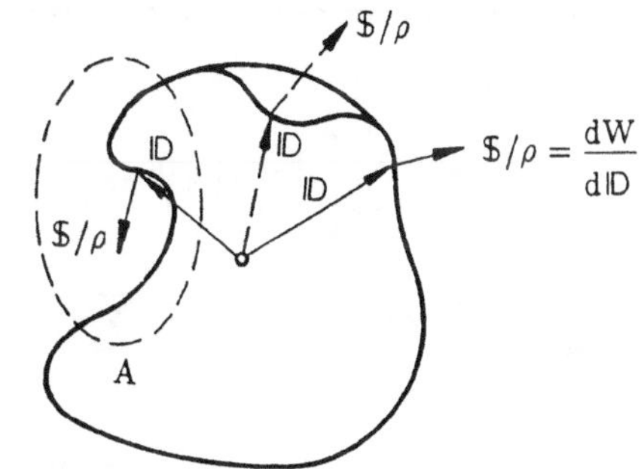

Abb. 7.4

$$\$ \cdot\cdot d\mathbb{D} = \$ \cdot\cdot \mathbb{D} \, d\lambda \begin{cases} > 0 \text{ für } d\lambda > 0 \\ < 0 \text{ für } d\lambda < 0 \end{cases}$$

d.h.
$$\$ \cdot\cdot \mathbb{D} \geq 0 \tag{7.45a)}$$

und mit $\$/\rho = d\mathcal{W}/d\mathbb{D}$ für elastische Medien

$$\frac{d\mathcal{W}}{d\mathbb{D}} \cdot\cdot \mathbb{D} \geq 0 \tag{7.45b}$$

zu gelten, wonach "Ortsvektor" ($\mathbb{D}$) und "Gradient" ($d\mathcal{W}/d\mathbb{D}$) einen "spitzen Winkel" bilden müssen. Selbstverständlich ist mit (7.45) lokale Konvexität nicht sichergestellt sondern lediglich Eindeutigkeit der Formänderungsenergie längs eines jeden vom "Energie−Nullpunkt $\mathbb{D} = 0$" aus gezogenen Strahles $\lambda\mathbb{D}_0$ (λ variabel) (s. Abb. 7.4), wo isoenergetische Flächen−Ausformungen wie Diejenige in der Region A von Abb 7.4, wo der "Polstrahl" $\mathbb{D}$ die isoenergetische Fläche (mindestens) zweimal trifft, durch (7.45b) ausgeschlossen werden. Im einachsigen Falle degeneriert (7.45a) zu

$$\sigma \, \epsilon > 0 \quad \text{für } |\epsilon| \neq 0, \quad \text{d. h. } \mathrm{tg}\alpha \geq 0, \tag{7.45c}$$

wonach die Spannungen lediglich als ungerade Funktionen der Verzerrungen gefordert werden. In der modernen Kontinuumsmechanik werden die Begriffe der Konvexität und Stabilität noch weiter aufgeschlüsselt (vgl. [3] [9]). Einige Detaillierungen sind auch in Mech IV,1 für den isotropen Fall, d. h. für $d^2\mathcal{W}/d\mathbb{D}^2$ nach (7.42e) referiert. Der dort verfolgte Grundgedanke geht wegen

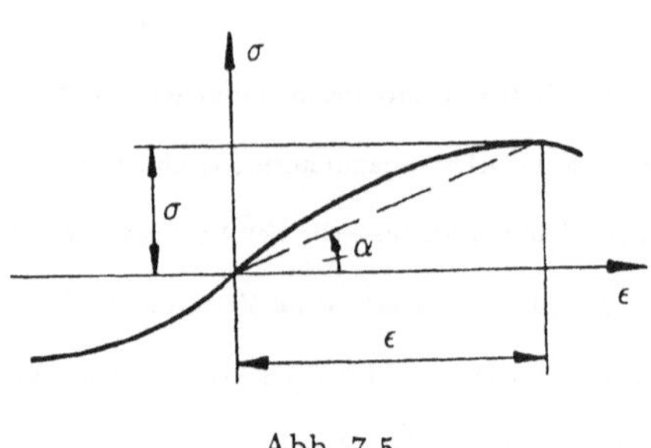

Abb. 7.5

$$\begin{aligned}
d\mathbb{D} &= \sum_{j=1}^{3}\left[d\left[d_j^{(H)}\right]\,\mathbf{e}_j^{(H)}\circ\mathbf{e}_j^{(H)} + d_j^{(H)}\left[d\mathbf{e}_j^{(H)}\circ\mathbf{e}_j^{(H)} + \mathbf{e}_j^{(H)}\circ d\mathbf{e}_j^{(H)}\right]\right]\\
&= \sum_{j=1}^{3}\left[d\left[d_j^{(H)}\right]\mathbf{e}_j^{(H)}\circ\mathbf{e}_j^{(H)}\right] + d\bar{\varphi}\times\sum_{j=1}^{3}d_j^{(H)}\mathbf{e}_j^{(H)}\circ\mathbf{e}_j^{(H)} - \left[\sum_{j=1}^{3}d_j^{(H)}\mathbf{e}_j^{(H)}\circ\mathbf{e}_j^{(H)}\right]\times d\bar{\varphi} \quad (7.46)
\end{aligned}$$

davon aus, die Bedingung

$$\mathbb{Z}\cdot\cdot\frac{d^2\mathcal{W}}{d\mathbb{D}^2}\cdot\cdot\mathbb{Z} \geq 0 \tag{7.47}$$

mit zwei verschiedenen Sorten von "Testelementen" $\mathbb{Z} = \mathbb{Z}^T$ zu prüfen, nämlich mit zu $\mathbb{D}$ koaxialen Elementen

$$\mathbb{Z}_K = \sum_{j=1}^{3} z_j\,\mathbb{D}^j, \qquad z_j \text{ beliebig,} \tag{7.48}$$

was dem gestrichelten Anteil in (7.46) entspricht, und mit Elementen

$$\mathbb{Z}_R = \mathbf{a}\times\mathbb{D} - \mathbb{D}\times\mathbf{a}, \qquad \mathbf{a} \text{ beliebig,}$$

entsprechend dem strichpunktierten Anteil von (7.46). Wegen

$$\mathbb{Z}_R\cdot\cdot\,\mathbb{D}^j = (\mathbf{a}\times\mathbb{D} - \mathbb{D}\times\mathbf{a})\cdot\cdot\,\mathbb{D}^j = \left[(\mathbf{a}\times\mathbb{E})\cdot\mathbb{D} - \mathbb{D}\cdot(\mathbb{E}\times\mathbf{a})\right]\cdot\cdot\,\mathbb{D}^j =$$
$$\overset{(2.57c)}{=} (\mathbf{a}\times\mathbb{E})\cdot\cdot\,\mathbb{D}^{j+1} - \mathbb{D}^{j+1}\cdot\cdot(\mathbb{E}\times\mathbf{a}) = 0 \ ^{35)}, \qquad j = 0,1\ldots$$

ist, wie man mit $d^2\mathcal{W}/d\mathbb{D}^2$ nach (7.42e) sogleich verifiziert, (7.47) gleichwertig der Restriktion

$$2\frac{\partial\bar{\mathcal{W}}}{\partial\bar{D}_2}\mathbb{Z}_R\cdot\cdot\,\mathbb{Z}_R + 6\frac{\partial\bar{\mathcal{W}}}{\partial\bar{D}_3}\mathbb{Z}_R^2\cdot\cdot\,\mathbb{D} + \mathbb{Z}_K\cdot\cdot\frac{d^2\bar{\mathcal{W}}}{d\mathbb{D}^2}\cdot\cdot\,\mathbb{Z}_K \geq 0,$$

$^{35)}$ $\mathbb{D}^{\alpha}$ ist symmetrisch, $\mathbb{E}\times\mathbf{a}$ antimetrisch.

die man $-\ \mathbb{Z}_R$ und $\mathbb{Z}_K$ sind voneinander unabhängig! $-$ in Form der Teilrestriktionen

$$2\,\frac{\partial\bar{\mathscr{W}}}{\partial\bar{D}_2}\,\mathbb{Z}_R\cdot\cdot\mathbb{Z}_R + 6\,\frac{\partial\bar{\mathscr{W}}}{\partial\bar{D}_3}\,\mathbb{Z}_R^2\cdot\cdot\mathbb{D} \geq 0 \qquad\qquad \mathbb{Z}_K\cdot\cdot\frac{d^2\bar{\mathscr{W}}}{d\mathbb{D}^2}\cdot\cdot\mathbb{Z}_K \geq 0 \qquad (7.49\text{a,b})$$

abzuarbeiten hat. Aufgrund von

$$\mathbb{Z}_R^2 = (\mathsf{ai}\times\mathbb{D} - \mathbb{D}\times\mathsf{ai})\cdot(\mathsf{ai}\times\mathbb{D} - \mathbb{D}\times\mathsf{ai}) = {}^{36)}\ (\mathsf{ai}\times\mathbb{D}\times\mathsf{ai})\cdot\mathbb{D} + \mathbb{D}\cdot(\mathsf{ai}\times\mathbb{D}\times\mathsf{ai}) - \mathsf{ai}\times\mathbb{D}^2\times\mathsf{ai} - $$

$$- (\mathsf{ai}\cdot\mathbb{D})\circ(\mathsf{ai}\cdot\mathbb{D}) + \mathsf{ai}^2\mathbb{D}^2 =$$

$$\overset{(2.66\text{c})}{=}\ -(\mathsf{ai}\cdot\mathbb{D}^2\cdot\mathsf{ai} - \mathsf{ai}^2\bar{D}_2)\mathbb{E} - \bar{D}_2\,\mathsf{ai}\circ\mathsf{ai} + 2(\mathsf{ai}\cdot\mathbb{D}\cdot\mathsf{ai} - \bar{D}_1\mathsf{ai}^2)\mathbb{D} + 2\mathsf{ai}^2\,\mathbb{D}^2 + $$

$$+ \bar{D}_1\Big[\mathsf{ai}\circ(\mathsf{ai}\cdot\mathbb{D}) + (\mathsf{ai}\cdot\mathbb{D})\circ\mathsf{ai}\Big] - 3(\mathsf{ai}\cdot\mathbb{D})\circ(\mathsf{ai}\cdot\mathbb{D})$$

und damit

$$\mathbb{Z}_R\cdot\cdot\mathbb{Z}_R = \mathbb{E}\cdot\cdot\mathbb{Z}_R^2 = 2\,\mathsf{ai}\circ\mathsf{ai}\cdot\cdot\Big[(2\bar{D}_2 - \bar{D}_1^2)\mathbb{E} + 2\bar{D}_1\mathbb{D} - 3\mathbb{D}^2\Big] \equiv$$

$$\equiv 2\,\mathsf{ai}\circ\mathsf{ai}\cdot\cdot\Big[2(\mathbb{D}'\cdot\cdot\mathbb{D}')\mathbb{E} - 3\mathbb{D}'^2\Big] \geq {}^{37)}\ 0, \qquad \mathbb{D}' = \mathbb{D} - \frac{D_1}{3}\mathbb{E} \qquad (7.50\text{a})$$

sowie

$$\mathbb{Z}_R^2\cdot\cdot\mathbb{D} = \mathsf{ai}\circ\mathsf{ai}\cdot\cdot\Big[(2\bar{D}_3 - \bar{D}_1\bar{D}_2)\,\mathbb{E} + \bar{D}_2\mathbb{D} + \bar{D}_1\mathbb{D}^2 - 3\mathbb{D}^3\Big] \equiv$$

$$\equiv \mathsf{ai}\circ\mathsf{ai}\cdot\cdot\Big[(\bar{D}_3' + \frac{4}{3}\bar{D}_1\bar{D}_2')\,\mathbb{E} - \frac{\bar{D}_2'}{2}\mathbb{D}' - 2\bar{D}_1\mathbb{D}'^2\Big], \qquad \bar{D}_j' = \mathbb{E}\cdot\cdot\mathbb{D}'^j, \quad (7.50\text{b})$$

folgt aus (7.49a), daß der zweistufige Tensor

$$\mathbb{T}_R = 4\,\frac{\partial\bar{\mathscr{W}}}{\partial\bar{D}_2}\Big[2\bar{D}_2'\mathbb{E} - 3\mathbb{D}'^2\Big] + 6\,\frac{\partial\bar{\mathscr{W}}}{\partial\bar{D}_3}\Big[(\bar{D}_3' + \frac{4}{3}\bar{D}_1\bar{D}_2')\,\mathbb{E} - \frac{\bar{D}_2'}{2}\mathbb{D}' - 2\bar{D}_1\mathbb{D}'^2\Big] \qquad (7.51)$$

positiv–definit sein muß, während (7.49b) mit $\mathbb{Z}_K$ nach (7.48a) mit beliebigen Werten z_j ($j = 0...2$) auf

die Restriktion
$$\sum_{j,k=0}^{2}\lambda_{jk}z_jz_k \geq 0, \qquad \lambda_{jk} = \mathbb{D}^j\cdot\cdot\frac{d^2\mathscr{W}}{d\mathbb{D}^2}\cdot\cdot\mathbb{D}^k \equiv \lambda_{kj} \qquad (7.52\text{a,b})$$

---

36) Man beachte beim "Ausmultiplizieren"
$(\mathsf{ai}\times\mathbb{D})\cdot(\mathsf{ai}\times\mathbb{D}) = (\mathsf{ai}\times\mathbb{D}\times\mathsf{ai})\cdot\mathbb{D}, \ (\mathbb{D}\times\mathsf{ai})\cdot(\mathbb{D}\times\mathsf{ai}) = \mathbb{D}\cdot(\mathsf{ai}\times\mathbb{D}\times\mathsf{ai}),$

$(\mathsf{ai}\times\mathbb{D})\cdot(\mathbb{D}\times\mathsf{ai}) = \mathsf{ai}\times\mathbb{D}^2\times\mathsf{ai}$ sowie unter Benutzung von (2.52a)

$(\mathbb{D}\times\mathsf{ai})\cdot(\mathsf{ai}\times\mathbb{D}) \equiv \mathbb{D}\cdot\Big[\mathsf{ai}\times(\mathsf{ai}\times\mathbb{D})\Big] = \mathbb{D}\cdot\Big[(\mathsf{ai}\circ\mathsf{ai})\cdot\mathbb{D} - \mathsf{ai}^2\mathbb{D}\Big] \equiv (\mathsf{ai}\cdot\mathbb{D})\circ(\mathsf{ai}\cdot\mathbb{D}) - \mathsf{ai}^2\mathbb{D}^2$

37) Daß der zweistufige Tensor $2(\mathbb{D}'\cdot\cdot\mathbb{D}')\mathbb{E} - 3\mathbb{D}'^2$ positiv definit ist, weist man am einfachsten in der Hauptachsendarstellung nach. Dabei beachte man $\mathbb{E}\cdot\cdot\mathbb{D}' = 0$.

führt, die sich in bekannter Weise mittels Bildung quadratischer Ergänzungen in die Teil–Restriktionen

$$\lambda_{jj} \geq 0 \, , \qquad -\sqrt{\lambda_{jj}\lambda_{kk}} \leq \lambda_{jk} \leq \sqrt{\lambda_{jj}\lambda_{kk}} \, , \qquad j,k = 0...2, \qquad (7.52\text{c,d})$$

abarbeiten läßt [38].

Für den Spezialfall $\mathscr{W} = \bar{\mathscr{W}}(\bar{D}_1, \bar{D}_2)$, d. h. $\partial\bar{\mathscr{W}}/\partial\bar{D}_3 = 0$ folgt aus (7.51)

$$\frac{\partial\bar{\mathscr{W}}}{\partial\bar{D}_2} \geq 0 \, , \qquad (7.53\text{a})$$

weil der Tensor $2\bar{D}_2' \, \mathbb{E} - 3\mathbb{D}'^2$ (selbst schon) positiv–definit ist, während die in den Restriktionen (7.52c,d) aufscheinenden Größen λ_{jk} im Sinne von (7.52b) mit

$$\frac{d^2\mathscr{W}}{d\mathbb{D}^2} = 2\frac{\partial\bar{\mathscr{W}}}{\partial\bar{D}_2}\overset{\langle 4\rangle}{\mathbb{E}}_s + \frac{\partial^2\bar{\mathscr{W}}}{\partial\bar{D}_1^{\,2}}\mathbb{E}\circ\mathbb{E} + 4\frac{\partial^2\bar{\mathscr{W}}}{\partial\bar{D}_2^{\,2}}\mathbb{D}\circ\mathbb{D} + 2\frac{\partial^2\bar{\mathscr{W}}}{\partial\bar{D}_1\,\partial\bar{D}_2}(\mathbb{D}\circ\mathbb{E} + \mathbb{E}\circ\mathbb{D}) \qquad (7.53\text{b})$$

gebildet werden:

$$\lambda_{jk}{}^{[39]} = \frac{\partial^2\bar{\mathscr{W}}}{\partial\bar{D}_1^{\,2}}(\mathbb{E}\cdot\cdot\mathbb{D}^j)(\mathbb{E}\cdot\cdot\mathbb{D}^k) + 2\frac{\partial\bar{\mathscr{W}}}{\partial\bar{D}_2}\mathbb{E}\cdot\cdot\mathbb{D}^{j+k} + 4\frac{\partial^2\bar{\mathscr{W}}}{\partial\bar{D}_1\,\partial\bar{D}_2}(\mathbb{E}\cdot\cdot\mathbb{D}^{j+k+1})+$$

---

[38] Setzt man zunächst zwei der drei Variablen z_j ($j = 0...2$) Null, so behält man von (7.52a) jeweils $\lambda_{jj}z_j^{\,2} \geq 0$, was in der Tat nur mit $\lambda_{jj} \geq 0$ zu befriedigen ist (vgl. (7.52c)). Nullsetzen jeweils einer der drei Variablen z_j ($j = 0...2$) ergibt aus (7.52a) Forderungen von der Form $\lambda_{jj}z_j^{\,2} + \lambda_{kk}z_k^{\,2} + 2\lambda_{jk}z_j z_k \geq 0$, die man mit den Identitäten

$$\lambda_{jj}z_j^{\,2} + \lambda_{kk}z_k^{\,2} = \frac{1}{2}\left[(\sqrt{\lambda_{jj}}\,z_j + \sqrt{\lambda_{kk}}\,z_k)^2 + (\sqrt{\lambda_{jj}}\,z_j - \sqrt{\lambda_{kk}}\,z_k)^2\right]$$

$$2\lambda_{jk}z_j z_k = \frac{\lambda_{jk}}{2\sqrt{\lambda_{jj}\lambda_{kk}}}\left[(\sqrt{\lambda_{jj}}\,z_j + \sqrt{\lambda_{kk}}\,z_k)^2 - (\sqrt{\lambda_{jj}}\,z_j - \sqrt{\lambda_{kk}}\,z_k)^2\right]$$

zunächst in

$$\frac{1}{2}\left[1 + \frac{\lambda_{jk}}{\sqrt{\lambda_{jj}\lambda_{kk}}}\right]\left[\sqrt{\lambda_{jj}}z_j + \sqrt{\lambda_{kk}}z_k\right]^2 + \frac{1}{2}\left[1 - \frac{\lambda_{jk}}{\sqrt{\lambda_{jj}\lambda_{kk}}}\right]\left[\sqrt{\lambda_{jj}}z_j - \sqrt{\lambda_{kk}}z_k\right]^2 \geq 0$$

umformt, worin nunmehr die Variablen z_j, z_k in positiv–definiten Ausdrücken (unterstrichelt) aufscheinen. Das mögliche Verschwinden der gestrichelten Klammern (man setze etwa $z_j = \pm\sqrt{\lambda_{jj}\lambda_{kk}}\,z_k$) verlangt denn schließlich in der Tat die Restriktionen (7.52d).

[39] Die hierin aufscheinenden höheren als zweiten Tensorpotenzen können mittels der Cayley–Hamiltonschen Gleichung auf Tensorpotenzen bis zum zweiten Grade reduziert werden.

$$+ 4 \, \frac{\partial^2 \bar{\mathscr{W}}}{\partial \bar{D}_2{}^2} \, (\mathbb{E} \cdot \cdot \, \mathbb{D}^{\,j+k+2}) \,, \qquad j,k = 0...2 \,. \tag{7.53c}$$

Unter die Differentiation von skalarwertigen, vektorwertigen bzw. tensorwertigen Funktionen sind auch

die speziellen Fälle der Orts– bzw. Zeitableitungen zu subsummieren. Im Falle der

7.6 Ortsableitungen

d. h. der Ableitungen nach dem Ortsvektor $\mathbb{r}$ $({}^{40)} = \sum\limits_{j=1}^{3} x_j \mathbb{e}_j)$ als Repräsentant dreier Lage-

koordinaten wird in der Regel anstelle von

$$\frac{d \, \overset{\langle n \rangle}{\mathsf{Y}}}{d\mathbb{r}} = {}^{40)} \sum_{j=1}^{3} \mathbb{e}_j \circ \frac{\partial \, \overset{\langle n \rangle}{\mathsf{Y}}}{\partial x_j} \tag{7.54}$$

unter Benutzung des vektorwertigen Differentiationsoperators

$$\mathbb{V} = {}^{40)} \sum_{j=1}^{3} \mathbb{e}_j \frac{\partial}{\partial x_j} \tag{7.54a}$$

die Formulierung $\qquad\qquad \sum\limits_{j=1}^{3} \mathbb{e}_j \circ \dfrac{\partial \, \overset{\langle n \rangle}{\mathsf{Y}}}{\partial x_j} = \mathbb{V} \circ \overset{\langle n \rangle}{\mathsf{Y}}$ $\qquad\qquad$ (7.54b)

verwendet. Obzwar hier nur in kartesischen Koordinaten notiert, stellt der Operator $\mathbb{V}$

(Nabla) eine koordinateninvariante Operation dar. Neben der auch als $\mathrm{grad} \, \overset{\langle n \rangle}{\mathsf{Y}}$ (Gradient)

bezeichneten Operation (7.54,54b) sind die daraus abgeleiteten Operationen "Divergenz"

$$\mathrm{div} \, \overset{\langle n \rangle}{\mathsf{Y}} \equiv \mathbb{V} \cdot \overset{\langle n \rangle}{\mathsf{Y}} = \mathbb{E} \cdot \cdot \, \mathrm{grad} \, \overset{\langle n \rangle}{\mathsf{Y}} \tag{7.55a}$$

bzw. "Rotation"

$$\mathrm{rot} \, \overset{\langle n \rangle}{\mathsf{Y}} \equiv \mathbb{V} \times \overset{\langle n \rangle}{\mathsf{Y}} = \mathbb{E} \times \mathbb{E} \cdot \cdot \, \mathrm{grad} \, \overset{\langle n \rangle}{\mathsf{Y}} = (\mathbb{V} \times \mathbb{E}) \cdot \overset{\langle n \rangle}{\mathsf{Y}} \equiv \mathbb{V} \cdot (\mathbb{E} \times \overset{\langle n \rangle}{\mathsf{Y}}) = \mathrm{div} \, (\mathbb{E} \times \overset{\langle n \rangle}{\mathsf{Y}}) \tag{7.55b}$$

in der Kontinuumsphysik wesentlich. Divergenzbildungen repräsentieren an der Massenein-

---

[40)] Sofern (auf eine Orthonormalbais bezogene) Koordinatendarstellungen angegeben werden, verstehen sich diese hier nur als Solche, die auf eine kartesische Basis Bezug nehmen, weil in diesem Paragraphen komponentenbezogene Darstellungen immer feste Basisvektoren $\langle \mathbb{e}_j \rangle$ voraussetzten.

heit Überschüsse infolge (durch Operatoren $\overset{\langle n \rangle}{\mathbb{Y}}$ gekennzeichneter) (n-1)-stufiger sog.
"Flußgrößen"[41] und sind daher die wesentlichen Differentialoperationen bei der Notation
sog. "Bilanzgleichungen".

Die in (7.55b) angedeutete Möglichkeit, Rotationen durch Divergenzen ausdrücken zu können, ist
übrigens wechselseitig. Wegen
$$\mathbb{E} = -\frac{1}{2}\,(\mathbb{E}\times\mathbb{E})\cdot\cdot(\mathbb{E}\times\mathbb{E})$$

(vgl. (6.27b)) und

$$(\mathbb{E}\times\mathbb{E})\cdot\cdot(\mathbb{E}\times\mathbb{E})\cdot\mathbb{a} = (\mathbb{E}\times\mathbb{E})\cdot\cdot(\mathbb{E}\times\mathbb{E}\cdot\mathbb{a}) = (\mathbb{E}\times\mathbb{E})\cdot\cdot(\mathbb{E}\times\mathbb{a}) =$$
$$= (\mathbb{E}\times\mathbb{a})\cdot\cdot(\mathbb{E}\times\mathbb{E}) = (\mathbb{a}\times\mathbb{E})\cdot\cdot(\mathbb{E}\times\mathbb{E}) \tag{7.55c}$$

ist

$$\operatorname{div}\overset{\langle n \rangle}{\mathbb{Y}} = \mathbb{E}\cdot\cdot\operatorname{grad}\overset{\langle n \rangle}{\mathbb{Y}} = -\frac{1}{2}\left[(\mathbb{E}\times\mathbb{E})\cdot\cdot(\mathbb{E}\times\mathbb{E})\right]\cdot\cdot\nabla\circ\overset{\langle n \rangle}{\mathbb{Y}} = -\frac{1}{2}\left[(\mathbb{E}\times\mathbb{E})\cdot\cdot(\mathbb{E}\times\mathbb{E})\cdot\nabla\right]\cdot\overset{\langle n \rangle}{\mathbb{Y}} =$$
$$\overset{(7.55c)}{=}{}^{42)} -\frac{1}{2}\left[(\nabla\times\mathbb{E})\cdot\cdot(\mathbb{E}\times\mathbb{E})\right]\cdot\overset{\langle n \rangle}{\mathbb{Y}} = -\frac{1}{2}(\nabla\times\mathbb{E})\cdot\cdot\mathbb{E}\times\overset{\langle n \rangle}{\mathbb{Y}} \equiv -\frac{1}{2}\mathbb{E}\cdot\left[(\nabla\times\mathbb{E})\cdot\cdot\mathbb{E}\times\overset{\langle n \rangle}{\mathbb{Y}}\right] \equiv$$
$$\equiv -\frac{1}{2}\mathbb{E}\cdot\cdot\left[(\nabla\times\mathbb{E})\cdot\mathbb{E}\times\overset{\langle n \rangle}{\mathbb{Y}}\right] = -\frac{1}{2}\mathbb{E}\cdot\cdot(\nabla\times\mathbb{E}\times\overset{\langle n \rangle}{\mathbb{Y}}) = -\frac{1}{2}\mathbb{E}\cdot\cdot(\operatorname{rot}\mathbb{E}\times\overset{\langle n \rangle}{\mathbb{Y}})\,. \tag{7.55d}$$

Ortsableitungen tensorwertiger Funktionen

$$\overset{\langle n \rangle}{\mathbb{Y}}(\mathbb{r}) = \overset{\langle n \rangle}{\mathbb{Y}}{}^{*}\left[\overset{\langle m \rangle}{\mathbb{X}}(\mathbb{r})\right] \tag{7.56a}$$

werden, wegen einerseits

$$\overset{\langle n \rangle}{d\mathbb{Y}} \equiv d\mathbb{r}\cdot\frac{d\overset{\langle n \rangle}{\mathbb{Y}}}{d\mathbb{r}} \equiv d\mathbb{r}\cdot(\nabla\circ\overset{\langle n \rangle}{\mathbb{Y}}) \tag{7.56b}$$

und wegen (7.2) mit $\overset{\langle m \rangle}{d\mathbb{X}}{}^{T} \equiv d\mathbb{r}\cdot(\nabla\circ\overset{\langle m \rangle}{\mathbb{X}}{}^{T})$, d.h. wegen

$$\overset{\langle n \rangle}{d\mathbb{Y}} = \overset{\langle n \rangle}{d\mathbb{Y}}{}^{*} = \overset{\langle m \rangle}{d\mathbb{X}}{}^{T}\underbrace{\cdots\cdots}_{m\text{-fach}}\frac{\overset{\langle n \rangle}{d\mathbb{Y}}{}^{*}}{\underset{\langle m \rangle}{d\mathbb{X}}} = d\mathbb{r}\cdot\left[\nabla\circ\overset{\langle m \rangle}{\mathbb{X}}{}^{T}\underbrace{\cdots\cdots}_{m\text{-fach}}\frac{\overset{\langle n \rangle}{d\mathbb{Y}}{}^{*}}{\underset{\langle m \rangle}{d\mathbb{X}}}\right] \tag{7.56c}$$

---

[41] So definiert etwa der (zweistufige) Spannungstensor $\mathbb{S}$ per $d\mathbb{k}_{f} = d\mathbb{f}\cdot\mathbb{S} = d\mathbb{fn}\cdot\mathbb{S} = \mathbb{s}df$ den "Fluß"
der durch ein Flächenelement $d\mathbb{f}$ übertragenen (vektorwertigen) Oberflächenkräfte $d\mathbb{k}_{f}$, der als
vektorwertiger Operator aufzufassende sog. "Wärmeflußvektor" $\mathbb{q}$ per $dQ_{f} = d\mathbb{f}\cdot\mathbb{q}$ die je Zeiteinheit
durch ein Flächenelement fließende Wärmemenge usw.

[42] Man ersetze in (7.55c) den Vektor $\mathbb{a}$ durch den Operator ∇ .

andererseits, durch — man setze (7.56b) und (7.56c) gleich und beachte die Beliebigkeit des Variablendifferentials $d\mathbf{r}$ —

$$\mathbb{V} \circ \overset{<n>}{\mathbb{Y}} = (\mathbb{V} \circ \overset{<m>}{\mathbb{X}}{}^T) \underbrace{\cdots\cdots\cdots}_{m-fach} \frac{d\overset{<n>_*}{\mathbb{Y}}}{d\underset{<m>}{\mathbb{X}}} \tag{7.56d}$$

im Sinne der "Kettenregel" dargestellt. Entsprechendes gilt für Zeitableitungen tensorwertiger Funktionen $\overset{<n>}{\mathbb{Y}}(t) = \overset{<n>_*}{\mathbb{Y}}\left[\overset{<m>}{\mathbb{X}}(t)\right]$, wofür

$$\overset{<\dot{n}>}{\mathbb{Y}}(t) = \frac{d\overset{<m>}{\mathbb{Y}}}{dt} = \overset{<\dot{m}>}{\mathbb{X}}{}^T \underbrace{\cdots\cdots\cdots}_{m-fach} \frac{d\overset{<n>_*}{\mathbb{Y}}}{d\underset{<m>}{\mathbb{X}}} \tag{7.57}$$

erhalten wird.

So ergibt beispielsweise Zeitableitung der nach (5.14a) durch die Streckungen $\mathbb{D}^{(S)}$ ausgedrückten Greenschen Verzerrungen $\mathbb{D}^{(G)}$ mit

$$\frac{d\mathbb{D}^{(G)}}{d\mathbb{D}^{(S)}} = \frac{1}{2}\frac{d}{d\mathbb{D}^{(S)}}(\mathbb{D}^{(S)2} - \mathbb{E}) \overset{(7.41e)}{=} (\overset{<4>}{\mathbb{E}}_s \cdot \mathbb{D}^{(S)}) \cdot\cdot \overset{<4>}{\mathbb{E}}_s = \overset{<4>}{\mathbb{E}}_s \cdot\cdot (\mathbb{D}^{(S)} \cdot \overset{<4>}{\mathbb{E}}_s)$$

und $\overset{<4>}{\mathbb{E}}_s = (\overset{<4>}{\mathbb{E}} + \overset{<4>}{\mathbb{E}}_T) / 2$ nach (7.57)

$$\dot{\mathbb{D}}^{(G)} = \dot{\mathbb{D}}^{(S)} \cdot\cdot \frac{d\mathbb{D}^{(G)}}{d\mathbb{D}^{(S)}} = \dot{\mathbb{D}}^{(S)} \cdot\cdot (\mathbb{D}^{(S)} \cdot \overset{<4>}{\mathbb{E}}_s) = (\dot{\mathbb{D}}^{(S)} \cdot \mathbb{D}^{(S)}) \cdot\cdot \overset{<4>}{\mathbb{E}}_s =$$

$$= \frac{1}{2}\left[\dot{\mathbb{D}}^{(S)} \cdot \mathbb{D}^{(S)} + (\dot{\mathbb{D}}^{(S)} \cdot \mathbb{D}^{(S)})^T\right] = \frac{1}{2}(\dot{\mathbb{D}}^{(S)} \cdot \mathbb{D}^{(S)} + \mathbb{D}^{(S)} \cdot \dot{\mathbb{D}}^{(S)}),$$

ein mit der "Differentiationsregel für Produkte" unmittelbar zu erschließendes Resultat.

Eine eingehende Behandlung der Thematik der Ortsableitungen findet in Bd. 2 dieser Reihe statt.

E§1   Bezugnahme auf schiefwinklige Basissysteme

1.1   Allgemeine Bemerkungen

In dem Bestreben, physikalische Probleme in konkreter Rechnung möglichst einfach lösen zu wollen, wählt man für Feldgrößen Koordinatendarstellungen, die der jeweiligen Körperform in "natürlicher Weise" angepaßt sind, d.h. möglichst solche, bei denen Körperoberflächen als Koordinatenflächen erscheinen[1]. In Verallgemeinerung der kartesischen Koordinatendarstellung (x_1,x_2,x_3), wo die sog. Koordinatenlinien $(x_1$ variabel, $x_2 = $ const, $x_3 = $ const$)$, $(x_2$ variabel, $x_3 = $ const, $x_1 = $ const$)$,

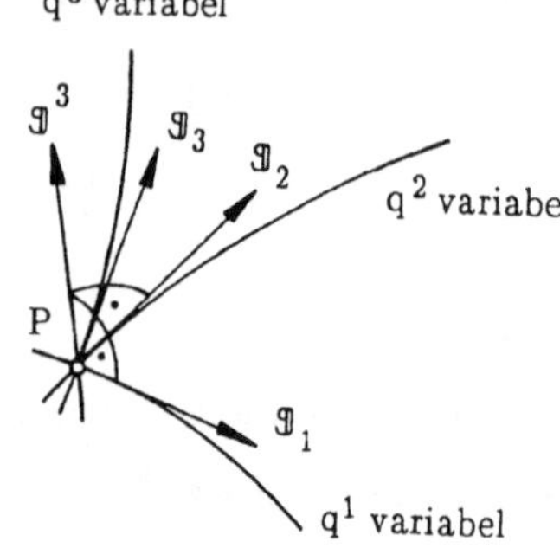

Abb. E1.1

$(x_3$ variabel, $x_1 = $ const, $x_2 = $ const$)$ den Raum mit einem orthogonalen Raster konstanter Richtung überdecken, untersucht man daher in der Analysis Repräsentationen in allgemeinen Koordinaten $(q^j, j = 1..3)$, deren i. allg. als Raumkurven anfallende Koordinatenlinien den Raum in Form beliebiger Netze überspannen. Zur Notation von vektor- bzw. tensorwertigen Feldgrößen in solcherart Koordinaten verwendet man dann auch Komponentendarstellungen hinsichtlich der durch das jeweilige Koordinatennetz definierten "natürlichen Richtungen", etwa der in einem Punkte P zu installierenden Tangentenvektoren $\mathfrak{g}_j$ $(j=1..3)$ an die Koordinatenlinien [2] (Abb. E 1.1), die aus der allgemeinen Darstellung

$$\mathfrak{r} = \mathfrak{r}\,(q^1,q^2,q^3) \tag{1.1}$$

für den in Abhängigkeit dreier Koordinaten q^j $(j = 1..3)$ ausgedrückten Ortsvektor $\mathfrak{r}$ nach

---

[1] So wählt man etwa zur Beschreibung eines Problems an einem Zylinder zweckmäßig eine Zylinderkoordinatendarstellung (r,φ,z), weil hiermit der Zylindermantel als Koordinatenfläche r = const = a (= Zylinderradius) bzw. die Deckflächen als Koordinatenflächen z = 0 bzw. z = H (= Zylinderhöhe) erscheinen usw.

[2] die – im Gegensatz zum kartesischen Raster – von Raumpunkt zu Raumpunkt ihre Richtung ändern können.

der Prozedur

$$\mathfrak{g}_j = \frac{\partial \mathfrak{r}}{\partial q^j} \ , \qquad j = 1,..3 \ , \tag{1.2}$$

als i. allg. weder einheitsnormierte noch zu einander orthogonale Größen anfallen[3]. Wie schon in § 1.7 (Haupttext) erkennbar war, ist in solchen Fällen die gleichzeitige Betrachtnahme einer zur (jeweils lokalen) Tangentenvektorbasis $\langle \mathfrak{g}_j \rangle$ dualen, sog. reziproken Basis

$$\mathfrak{g}^j = {}^{4)} \ \frac{\mathfrak{g}_{j+1} \times \mathfrak{g}_{j+2}}{\left[\mathfrak{g}_1 \mathfrak{g}_2 \mathfrak{g}_3 \right]} \ , \ j = 1,..3 \ , \ \text{bzw.} \ \epsilon_{\langle jkl \rangle} \mathfrak{g}^l = \frac{\mathfrak{g}_j \times \mathfrak{g}_k}{\left[\mathfrak{g}_1 \mathfrak{g}_2 \mathfrak{g}_3 \right]} \tag{1.2a}$$

als ein gleichberechtigtes jeweils lokales "natürliches Basissystem" im Hinblick auf die zur Erzeugung von Komponentendarstellungen erforderlichen algebraischen Prozeduren von erheblichem Nutzen, da die zur (Lokal-)Basis $\langle \mathfrak{g}_j \rangle$ duale Basis $\langle \mathfrak{g}^j \rangle$ die Eigenschaft hat, daß je ein Vektor der Basis $\langle \mathfrak{g}^j \rangle$ senkrecht auf zwei Tangentenvektoren steht[5], und damit die Orthogonalitätsrelationen

$$\mathfrak{g}_j \cdot \mathfrak{g}^k = \begin{cases} 0 \ \text{für} \ j \neq k \\ 1 \ \text{für} \ j = k \end{cases} \tag{1.3}$$

in einer, bei Gebrauch von Orthonormalbasen analogen Weise gelten. Daß als Folge davon Komponenten-Repräsentationen algebraischer Operationen an vektor- bzw. tensorwertigen Größen bei geschicktem gleichzeitigem Operieren mit beiden zueinander reziproken Basissystemen formal gleich ausfallen wie bei Bezugnahme auf Orthonormalbasen, wird im Folgenden ersichtlich werden. Betreffend die

---

[3] vgl. h. Bd. 2 dieser Reihe

[4] in dieser Notation sollen aufsteigende Indexziffern im Sinne einer "zyklischen Wiederholung" der Folge 1, 2, 3 verstanden werden; so ist etwa

    für $j = 1$: $j + 1 = 2, \ j + 2 = 3$

    für $j = 2$: $j + 2 = 3, \ j + 2 = 1$

    usw. Betr. die Grössen $\epsilon_{\langle jkl \rangle}$ in der zweiten Version vgl. Fußn. 7 von §1.

[5] weswegen man übrigens die Basis $\langle \mathfrak{g}^j \rangle$ auch als (lokale) Gradientenvektorbasis bezeichnet unter dem Gesichtspunkt, daß ein Gradientenvektor $\mathfrak{g}^j$ in P stets senkrecht auf der durch P verlaufenden Koordinatenfläche $q^j = $ const steht. In Abb. E1.1 ist dies exemplarisch für den Vektor $\mathfrak{g}^3$ dargestellt, der orthogonal zu dem durch $\mathfrak{g}_1$, $\mathfrak{g}_2$ definierten Tangentialflächenelement der Koordinatenfläche $q^3 = $ const. ist.

1.2 Notationen von extensiven Größen

werden bei der

1.2a Darstellung von Vektoren

in der Form
$$\mathfrak{a} = \sum_{j=1}^{3} a_j \mathfrak{g}^j \equiv \sum_{j=1}^{3} a^j \mathfrak{g}_j \tag{1.4}$$

die beiden auf das jeweilige Gradienten- bzw. das jeweilige Tangentenvektorsystem bezogenen, sog. kovarianten bzw. kontravarianten Darstellungen unterschieden, wobei die jeweiligen ko- bzw. kontravarianten Vektorkomponenten[6] a_j bzw. a^j wegen $|\mathfrak{g}^j| \neq 1$, $|\mathfrak{g}_j| \neq 1$ i. a. keine "physikalischen Komponenten" darstellen. Die Art und Weise, wie man die Maßzahlen a_j bzw. a^j ($j = 1,..3$) berechnen kann, ist schon in (1.22g), (1.23a) (Haupttext) dargestellt worden: Man multipliziert die erste Version von (1.4) mit $\mathfrak{g}_k$, die zweite Version und $\mathfrak{g}^k$ und bekommt wegen (1.3)

$$a_k = \mathfrak{a} \cdot \mathfrak{g}_k \,, \qquad\qquad a^k = \mathfrak{a} \cdot \mathfrak{g}^k \,, \qquad k = 1,..3, \tag{1.5a,b}$$

und damit aus (1.4) die Darstellungen

$$\mathfrak{a} = \sum_{j=1}^{3} (\mathfrak{a} \cdot \mathfrak{g}_j) \mathfrak{g}^j \qquad\text{bzw.}\qquad \mathfrak{a} = \sum_{j=1}^{3} (\mathfrak{a} \cdot \mathfrak{g}^j) \mathfrak{g}_j \,. \tag{1.5c,d}$$

Unter Benutzung dyadischer Produkte folgert man daraus

$$\mathfrak{a} = \mathfrak{a} \cdot \sum_{j=1}^{3} \mathfrak{g}_j \circ \mathfrak{g}^j \qquad\text{bzw.}\qquad \mathfrak{a} = \mathfrak{a} \cdot \sum_{j=1}^{3} \mathfrak{g}^j \circ \mathfrak{g}_j , \tag{1.6a,b}$$

also wegen $\mathfrak{a} = \mathfrak{a} \cdot \mathbb{E}$ für den Einheitstensor

$$\mathbb{E} = \sum_{j=1}^{3} \mathfrak{g}_j \circ \mathfrak{g}^j = \sum_{j,k=1}^{3} g^{j.}_{.k} \, \mathfrak{g}_j \circ \mathfrak{g}^k \stackrel{\wedge}{=} \begin{bmatrix} 1 & 0 & 0 \\ 0 & 1 & 0 \\ 0 & 0 & 1 \end{bmatrix} \langle \mathfrak{g}_j, \mathfrak{g}^k \rangle \tag{1.6c}$$

bzw.
$$\mathbb{E} = \sum_{j=1}^{3} \mathfrak{g}^j \circ \mathfrak{g}_j = \sum_{j,k=1}^{3} g^{.k}_{j.} \, \mathfrak{g}^j \circ \mathfrak{g}_k \stackrel{\wedge}{=} \begin{bmatrix} 1 & 0 & 0 \\ 0 & 1 & 0 \\ 0 & 0 & 1 \end{bmatrix} \langle \mathfrak{g}^j, \mathfrak{g}_k \rangle \tag{1.6d}$$

---

[6] voneinander unterschieden durch Indexstellung dergestalt, daß der Index der jeweiligen "Maßzahl" a_j bzw. a^j stets konträr zum Index des zugehörigen Basisvektors ($\mathfrak{g}^j$ bzw. $\mathfrak{g}_j$) steht. Wird im Folgenden die Kurzbezeichnung "ko- bzw. kontravariant dargestellte Größe" verwendet, so orientiert sich diese stets an der Stellung der Indizes an deren skalaren Komponenten. Hinsichtlich der im Zusammenhang mit Koordinatenwechseln durch die Bezeichnungen "Ko- bzw. Kontravarianz" umrissenen Transformationseigenschaften vgl. Bd. 2 dieser Reihe.

mit $g^{j\cdot}_{\cdot k} = \mathfrak{g}^j \cdot \mathfrak{g}_k = \begin{cases} 0 \text{ für } j \neq k \\ 1 \text{ für } j = k \end{cases}$ bzw. $g^{\cdot k}_{j\cdot} = \mathfrak{g}_j \cdot \mathfrak{g}^k = \begin{cases} 0 \text{ für } j \neq k \\ 0 \text{ für } j = k \end{cases}$, (1.6e,f)

also dessen auf sog. "gemischt-variante" Basisdyadensysteme $\langle \mathfrak{g}_j, \mathfrak{g}^k \rangle$ bzw. $\langle \mathfrak{g}^j, \mathfrak{g}_k \rangle$ bezogenen Darstellungen, die man sinngemäß als kontra-kovariant bzw. ko-kontravariant be-
zeichnet. Selbstverständlich ist der Einheitstensor auch rein kovariant oder rein kontravari-
ant (also allein auf das Basissystem $\langle \mathfrak{g}^j \rangle$ oder allein auf $\langle \mathfrak{g}_j \rangle$ bezüglich) anzugeben. Diese
Repräsentationen sind allerdings umfangreicher. Für die rein kovariante Darstellung müs-
sen in (1.6c) oder (1.6d) die Tangentenvektoren $\mathfrak{g}_j$ mit Hilfe von

$$\mathfrak{g}_j = \sum_{k=1}^{3} (\mathfrak{g}_j \cdot \mathfrak{g}_k)\, \mathfrak{g}^k \sum_{k=1}^{3} g_{jk}\, \mathfrak{g}^k \tag{1.7a}$$

-man benutze (1.5c) mit $\mathfrak{a} = \mathfrak{g}_j$- durch die Gradientenvektoren ausgedrückt werden. Dies
ergibt z.B nach Einsetzen in (1.6d)

$$\mathbb{E} = \mathbb{G} = \sum_{j=1}^{3} \mathfrak{g}^j {\circ} \mathfrak{g}_j = \sum_{j,k=1}^{3} g_{jk}\, \mathfrak{g}^j {\circ} g^k \,\widehat{=}\, \begin{bmatrix} g_{11} & g_{12} & g_{13} \\ g_{21} & g_{22} & g_{23} \\ g_{31} & g_{32} & g_{33} \end{bmatrix}_{\langle \mathfrak{g}^j, \mathfrak{g}^k \rangle} , \tag{1.7b}$$

$$g_{jk} = \mathfrak{g}_j \cdot \mathfrak{g}_k = g_{kj}$$

und entsprechend für den "rein kontravarianten Einheitstensor" mit

$$\mathfrak{g}^j = \sum_{k=1}^{3} (\mathfrak{g}^j \cdot \mathfrak{g}^k)\, \mathfrak{g}_k = \sum_{k=1}^{3} g^{jk}\, \mathfrak{g}_k \tag{1.8a}$$

- man benutze (1.5d) mit $\mathfrak{a} = \mathfrak{g}^j$ - nach Einsetzen z.B in (1.6c)

$$\mathbb{E} = \sum_{j=1}^{3} \mathfrak{g}_j {\circ} \mathfrak{g}^j = \sum_{j,k=1}^{3} g^{jk}\, \mathfrak{g}_j {\circ} \mathfrak{g}_k \,\widehat{=}\, \begin{bmatrix} g^{11} & g^{12} & g^{13} \\ g^{21} & g^{22} & g^{23} \\ g^{31} & g^{32} & g^{33} \end{bmatrix}_{\langle \mathfrak{g}_j, \mathfrak{g}_k \rangle} \tag{1.8b}$$

In den beiden letzteren Darstellungen wird der Einheitstensor auch als "(ko- bzw. kontravarianter) Maßtensor" bezeichnet. Die Bezeichnung **"Maßtensor"** rührt davon her, daß sich
wegen

$$\mathfrak{a} \cdot \mathfrak{a} = \mathfrak{a}^2 = \mathfrak{a} \cdot \mathbb{E} \cdot \mathfrak{a} = \left[\sum_{l=1}^{3} a^l \mathfrak{g}_l \right] \cdot \left[\sum_{j,k=1}^{3} g_{jk}\, \mathfrak{g}^j {\circ} \mathfrak{g}^k \right] \cdot \left[\sum_{n=1}^{3} a^n \mathfrak{g}_n \right] = \sum_{j,k=1}^{3} a^j a^k g_{jk} \tag{1.9a}$$

- man beachte die Orthogonalitätsrelationen (1.3) - bzw. entsprechend wegen

$$\mathbf{a}\cdot\mathbf{a} = \mathbf{a}^2 = \mathbf{a}\cdot\mathbb{E}\cdot\mathbf{a} = \left[\sum_{l=1}^{3} a_l\mathfrak{g}^l\right]\cdot\left[\sum_{j,k=1}^{3} g^{jk}\,\mathfrak{g}_i\circ\mathfrak{g}_k\right]\cdot\left[\sum_{n=1}^{3} a_n\mathfrak{g}^n\right] = \sum_{j,k=1}^{3} a_j a_k g^{jk} \qquad (1.9b)$$

der Betrag eines Vektors als Summe von Bilinearformen der Komponenten nur mit Hilfe

zusätzlicher "Maßstabsfaktoren" g_{jk} bzw. g^{jk} darstellen läßt[7]. Mit Hilfe des Maßtensors

sind die Zusammenhänge zwischen ko- und kontravarianten Vektorkomponenten leicht an-

zugeben. So hat man z.B aus

$$\mathbf{a} = \sum_{j=1}^{3} a_j\mathfrak{g}^j = \mathbf{a}\cdot\mathbb{E} = \left[\sum_{k=1}^{3} a^k\mathfrak{g}_k\right]\cdot\left[\sum_{l,j=1}^{3} g_{lj}\mathfrak{g}^l\circ\mathfrak{g}^j\right] = \sum_{j,k,l=1}^{3} a^k g_{lj} g_{k.}^{.l}\mathfrak{g}^j = \sum_{j=1}^{3}\left[\sum_{k=1}^{3} a^k g_{kj}\right]\mathfrak{g}^j,$$

(man beachte 1.6f)) d.h. nach Komponentenvergleich hinsichtlich der Gradientenbasis $\langle\mathfrak{g}^j\rangle$

$$a_j = \sum_{k=1}^{3} a^k g_{kj}, \qquad\qquad (1.10a)$$

und entsprechend wird aus

$$\mathbf{a} = \sum_{j=1}^{3} a^j\mathfrak{g}_j = \mathbf{a}\cdot\mathbb{E} = \left[\sum_{k=1}^{3} a_k\mathfrak{g}^k\right]\cdot\left[\sum_{l,j=1}^{3} g^{lj}\,\mathfrak{g}_l\circ\mathfrak{g}_j\right] = \sum_{j,k,l=1}^{3} a_k g^{lj} g_{.1}^{k.}\mathfrak{g}_j = \sum_{j=1}^{3}\left[\sum_{k=1}^{3} a_k g^{kj}\right]\mathfrak{g}_j$$

nach Komponentenvergleich hinsichtlich der Tangentenvektorbasis $\langle\mathfrak{g}_j\rangle$ die Beziehung

$$a^j = \sum_{k=1}^{3} a_k g^{kj} \qquad\qquad (1.10b)$$

aufgefunden. Für

1.2b Tensoren zweiter Stufe

hat man – entsprechend den für den Einheitstensor festgestellten Darstellungsmöglichkeiten

– vier verschiedene Repräsentationsmöglichkeiten, und zwar

a)   die rein kovariante Darstellung

$$\mathbb{A} = \sum_{j,k=1}^{3} a_{jk}\,\mathfrak{g}^j\circ\mathfrak{g}^k, \qquad\qquad a_{jk} = {}^{8)}\,\mathfrak{g}_j\cdot\mathbb{A}\cdot\mathfrak{g}_k, \qquad (1.11a)$$

---

[7] Ein einleuchtendes Resultat u. a. deswegen, weil wegen der nichtnormierten Basisvektoren die a^j bzw. a_j keine physikalischen Komponenten im üblichen Sinne sind.

[8] Man beachte die Orthogonalitätsrelationen (1.3)

b) die rein kontravariante Form

$$\mathbb{A} = \sum_{j,k=1}^{3} a^{jk}\, \mathfrak{g}_j {\circ} \mathfrak{g}_k \;, \qquad\qquad a^{jk} = \mathfrak{g}^j \cdot \mathbb{A} \cdot \mathfrak{g}^k \tag{1.11b}$$

und

c) zwei "gemischtvariante" Darstellungen, nämlich

$$\mathbb{A} = \sum_{j,k=1}^{3} a_{j\cdot}^{\cdot k}\, \mathfrak{g}^j {\circ} \mathfrak{g}_k \;, \qquad\qquad a_{j\cdot}^{\cdot k} = \mathfrak{g}_j \cdot \mathbb{A} \cdot \mathfrak{g}^k \;, \tag{1.11c}$$

und

$$\mathbb{A} = \sum_{j,k=1}^{3} a_{\cdot k}^{j\cdot}\, \mathfrak{g}_j {\circ} \mathfrak{g}^k \;, \qquad\qquad a_{\cdot k}^{j\cdot} = \mathfrak{g}^j \cdot \mathbb{A} \cdot \mathfrak{g}_k \;, \tag{1.11d}$$

wobei die Komponenten dieser verschiedenen Darstellungen[9], ähnlich wie in (1.10) wieder

mit Verwendung der Maßtensor-Komponenten ineinander überführt werden können. So ist

z.B wegen

$$\mathfrak{g}_j {\circ} \mathfrak{g}^k = \mathfrak{g}_j {\circ} \sum_{l=1}^{3} g^{kl}\, \mathfrak{g}_l \tag{1.12}$$

– man beachte (1.8a) – aus der gemischtvarianten Form (1.11d) die rein kontravariante Repräsentation

$$\mathbb{A} = \sum_{j,k,l=1}^{3} a_{\cdot k}^{j\cdot}\, g^{kl}\, \mathfrak{g}_j {\circ} \mathfrak{g}_l = \sum_{j,l=1}^{3} \left[\sum_{k=1}^{3} a_{\cdot k}^{j\cdot} g^{kl} \right] \mathfrak{g}_j {\circ} \mathfrak{g}_l \equiv \sum_{j,l=1}^{3} a^{jl}\, \mathfrak{g}_j {\circ} \mathfrak{g}_l \tag{1.12a}$$

mit

$$a^{jl} = \sum_{k=1}^{3} a_{\cdot k}^{j\cdot} g^{kl} \tag{1.12b}$$

aufzufinden, aus der rein kontravarianten Form (1.11b) geht mit

$$\mathfrak{g}_j {\circ} \mathfrak{g}_k = \left[\sum_{l=1}^{3} g_{jl}\, \mathfrak{g}^l \right] {\circ} \left[\sum_{m=1}^{3} g_{km}\, \mathfrak{g}^m \right] \tag{1.13}$$

– man beachte (1.7a) – die rein kovariante Form

$$\mathbb{A} = \sum_{j,k,l,m=1}^{3} a^{jk} g_{jl} g_{km}\, \mathfrak{g}^l {\circ} \mathfrak{g}^m \equiv \sum_{l,m=1}^{3} a_{lm}\, \mathfrak{g}^l {\circ} \mathfrak{g}^m \tag{1.13a}$$

---

[9] Die Indizes der Komponenten werden wiederum konträr zu den entsprechenden Indizes der Basisvektoren placiert.

mit

$$a_{lm} = \sum_{j,k=1}^{3} a^{jk} g_{jl} g_{km} \qquad (1.13b)$$

hervor usw. Bei

1.2c Tensoren höherer Stufe

sind entsprechend mehr Darstellungsformen möglich, je nachdem auf welches Basissystem die einzelnen zum tensoriellen Produkt verbundenen Vektoren bei ihrer Komponentendarstellung bezogen werden. So nennt man z.B

$$\overset{\langle 4 \rangle}{A} = \sum_{j,k,l,m=1}^{3} a_{jkl.}^{\,\cdots m}\; \mathfrak{g}^{j} \circ \mathfrak{g}^{k} \circ \mathfrak{g}^{l} \circ \mathfrak{g}_{m}$$

mit

$$a_{jkl.}^{\,\cdots m} = \mathfrak{g}_{k} \cdot (\mathfrak{g}_{j} \cdot A \cdot \mathfrak{g}^{m}) \cdot \mathfrak{g}_{l} = \mathfrak{g}^{m} \circ \mathfrak{g}_{l} \circ \mathfrak{g}_{k} \circ \mathfrak{g}_{j} \cdots \overset{\langle 4 \rangle}{A}, \qquad (1.14a)$$

(vgl. Fußn. 6) einen "dreifach kovarianten und einfach kontravarianten" Tensor vierter Stufe, der sich mit Hilfe der Transformationsformeln (1.7a, 8a) auf jeweils andere Komponentendarstellungen bringen läßt. Man erhält z.B. mit

$$\mathfrak{g}^{j} = \sum_{\alpha=1}^{3} g^{j\alpha}\, \mathfrak{g}_{\alpha}\,, \qquad\qquad \mathfrak{g}^{k} = \sum_{\beta=1}^{3} g^{k\beta}\, \mathfrak{g}_{\beta} \qquad (1.14b,\ c)$$

schließlich

$$\overset{\langle 4 \rangle}{A} = \sum_{j,k,l,m,\alpha,\beta=}^{3} a_{jkl.}^{\,\cdots m}\; g^{j\alpha} g^{k\beta} \circ \mathfrak{g}_{\alpha} \circ \mathfrak{g}_{\beta} \circ \mathfrak{g}^{l} \circ \mathfrak{g}_{m} = \sum_{\alpha,\beta,l,m=1}^{3} a_{\cdots l.}^{\,\alpha\beta.m}\; \mathfrak{g}_{\alpha} \circ \mathfrak{g}_{\beta} \circ \mathfrak{g}^{l} \circ \mathfrak{g}_{m} \qquad (1.14d)$$

mit

$$a_{\cdots l.}^{\,\alpha\beta.m}\; \sum_{j,k=1}^{3} a_{jkl.}^{\,\cdots m} g^{j\alpha} g^{k\beta} = \mathfrak{g}^{\beta} \cdot (\mathfrak{g}^{\alpha} \cdot A \cdot \mathfrak{g}^{m}) \cdot \mathfrak{g}_{l} = \mathfrak{g}^{m} \circ \mathfrak{g}_{l} \circ \mathfrak{g}^{\beta} \circ \mathfrak{g}^{\alpha} \cdots \overset{\langle 4 \rangle}{A} \qquad (1.14e)$$

usw. Damit sind sämtliche Grundlagen für Komponentendarstellungen der im Haupttext behandelten (koordinateninvarianten)

1.3 Rechenoperationen der Vektor- bzw. Tensoralgebra

erarbeitet.

1.3a Skalarprodukte

Um als Ergebnis von Skalarmultiplikationen entsprechend einfache Ausdrücke zu erhalten, wie sie bei Bezugnahme auf eine orthogonale (Einheitsvektor-)Basis entstehen, müssen hier – zwecks Ausnutzung der Orthogonalitätsrelationen (1.3) – die Komponentendarstellungen der zum Skalarprodukt verbundenen Vektoren auf zueinander reziproke Basissysteme Bezug nehmen. So erhält man z.B für das Skalarprodukt $a \cdot b$ zweier Vektoren

$$a = \sum_{j=1}^{3} a^j \mathfrak{g}_j \, , \qquad\qquad b = \sum_{k=1}^{3} b_k \mathfrak{g}^k$$

die einfache Beziehung
$$a \cdot b = \sum_{j,k=1}^{3} a^j b_k \, \mathfrak{g}_j \cdot \mathfrak{g}^k = \sum_{j=1}^{3} a^j b_j \tag{1.15a}$$

aber auch – mit $a = \sum_{j=1}^{3} a_j \mathfrak{g}^j$ und $b = \sum_{k=1}^{3} b^k \mathfrak{g}_k$ –

$$a \cdot b = \sum_{j,k=1}^{3} a_j b^k \, \mathfrak{g}^j \cdot \mathfrak{g}_k = \sum_{j=1}^{3} a_j b^j \, . \tag{1.15b}$$

Nehmen die Komponentendarstellungen der Vektoren a und b nicht auf zueinander reziproke Basen Bezug, werden die Ausdrücke komplizierter und enthalten noch die Komponenten des Maßtensors

$$a \cdot b = \left[\sum_{j=1}^{3} a_j \mathfrak{g}^j\right] \cdot \left[\sum_{k=1}^{3} b_k \mathfrak{g}^k\right] = \sum_{j,k=1}^{3} a_j b_k \, \mathfrak{g}^j \cdot \mathfrak{g}^k = \sum_{j,k=1}^{3} a_j b_k g^{jk} \tag{1.15c}$$

bzw.
$$a \cdot b = \left[\sum_{j=1}^{3} a^j \mathfrak{g}_j\right] \cdot \left[\sum_{k=1}^{3} b^k \mathfrak{g}_k\right] = \sum_{j,k=1}^{3} a^j b^k \, \mathfrak{g}_j \cdot \mathfrak{g}_k = \sum_{j,k=1}^{3} a^j b^k g_{jk}. \tag{1.15d}$$

Entsprechendes gilt für Skalarprodukte von Vektoren bzw. Tensoren mit Tensoren. Von den Darstellungen des Skalarproduktes eines Vektors b mit einem Tensor A

$$\mathbb{c} = \mathbb{b} \cdot \mathbb{A} = \sum_{k=1}^{3} c_k \mathfrak{g}^k = \sum_{k=1}^{3} c^k \mathfrak{g}_k \tag{1.16a}$$

mit

$$c_k \;=\; \sum_{j,l=1}^{3} b_l a_{jk} g^{lj} = \sum_{j=1}^{3} b_j a^{j\cdot}_{\cdot k} = \sum_{j,l,m=1}^{3} b_l a^{\cdot m}_{j\cdot} g^{lj} g_{mk} = \sum_{j,l=1}^{3} b_j a^{jl} g_{lk} = \sum_{j=1}^{3} b^j a_{jk} =$$

$$=\; \sum_{j,l=1}^{3} b^l a^{j\cdot}_{\cdot k} g_{lj} = \sum_{j,l,m=1}^{3} b^l a^{jm} g_{lj} g_{mk} = \sum_{j,l=1}^{3} b^j a^{\cdot l}_{j\cdot} g_{lk} \quad \text{und} \quad c^k = \sum_{n=1}^{3} c_n g^{nk} \tag{1.16b}$$

z.B. sind nur Diejenigen mit den bei Bezugnahme auf Orthonormalbasen erhältlichen einfachen Ergebnissen vergleichbar, bei denen die skalar verbundenen Basisvektoren reziproken Basissystemen angehören (vgl. die zweite und fünfte Formel in (1.16b). Sämtliche übrigen Repräsentationen sind unhandlicher. Für Skalarprodukte zweier zweistufiger Tensoren
gibt es nur folgende, Maßtensorkomponenten nicht enthaltende Darstellungen

$$\mathbb{C} = \mathbb{A} \cdot \mathbb{B} = \sum_{j,k=1}^{3} c_{jk}\, \mathfrak{g}^j \circ \mathfrak{g}^k = \sum_{j,k=1}^{3} c^{j\cdot}_{\cdot k}\, \mathfrak{g}_j \circ \mathfrak{g}^k = \sum_{j,k=1}^{3} c^{\cdot k}_{j\cdot}\, \mathfrak{g}^j \circ \mathfrak{g}_k = \sum_{j,k=1}^{3} c^{jk}\, \mathfrak{g}_j \circ \mathfrak{g}_k \tag{1.17a}$$

mit $\quad c_{jk} = \sum_{l=1}^{3} a^{\cdot l}_{j\cdot} b_{lk} = \sum_{l=1}^{3} a_{jl} b^{l\cdot}_{\cdot k}\,, \qquad c^{j\cdot}_{\cdot k} = \sum_{l=1}^{3} a^{j\cdot}_{\cdot l} b^{l\cdot}_{\cdot k} = \sum_{l=1}^{3} a^{jl} b_{lk}$

$$c^{\cdot k}_{j\cdot} = \sum_{l=1}^{3} a^{\cdot l}_{j\cdot} b^{\cdot k}_{l\cdot} = \sum_{l=1}^{3} a_{jl} b^{lk}\,, \qquad c^{jk} = \sum_{l=1}^{3} a^{j\cdot}_{\cdot l} b^{lk} = \sum_{l=1}^{3} a^{jl} b^{\cdot k}_{l\cdot}\,. \tag{1.17b}$$

Entsprechend sind

$$\mathbb{A} \cdot\cdot\, \mathbb{B} = \sum_{j,k=1}^{3} a_{jk} b^{kj} = \sum_{j,k=1}^{3} a^{jk} b_{kj} = \sum_{j,k=1}^{3} a^{\cdot k}_{j\cdot} b^{\cdot j}_{k\cdot} = \sum_{j,k=1}^{3} a^{j\cdot}_{\cdot k} b^{k\cdot}_{\cdot j} \tag{1.18}$$

einfachste, Maßtensorkomponenten nicht enthaltende, Repräsentationen für Doppeltskalarprodukte zweistufiger Tensoren usw.

1.3b Vektorprodukte

Auch die Darstellung von Vektorprodukten kann in einer der Repräsentation bei Bezugnahme auf Orthonormalbasen $\langle \mathbf{e}_j \rangle$ [10] vergleichbar einfachen und formal entsprechenden Gestalt erhalten werden, wenn man die Komponenten des Permutationstensors $\mathcal{E} = -\mathbf{E} \times \mathbf{E}$ entsprechend wählt. Hier gibt es bereits für Vektorprodukte zweier Vektoren 8 verschiedene Möglichkeiten der Darstellung, je nachdem auf welches Basissystem $\langle \mathfrak{g}_j \rangle$ oder $\langle \mathfrak{g}^j \rangle$ die zum Produkt verbundenen Vektoren $\mathbf{a}$ und $\mathbf{b}$ Bezug nehmen und in Bezug auf welches Basissystem man den Ergebnisvektor $\mathbf{a} \times \mathbf{b}$ dargestellt wünscht. Wir betrachten z.B den Fall, daß $\mathbf{a}$ kontravariant und $\mathbf{b}$ kovariant vorliegen, während das Ergebnis $\mathbf{a} \times \mathbf{b}$ z.B wieder kontravariant gewünscht wird. In diesem Falle hat man den Ausdruck

$$\mathbf{a} \times \mathbf{b} = \left[\sum_{j=1}^{3} a^j \mathfrak{g}_j \right] \times \left[\sum_{k=1}^{3} b_k \mathfrak{g}^k \right] = \sum_{j,k=1}^{3} a^j b_k \mathfrak{g}_j \times \mathfrak{g}^k , \qquad (1.19\text{a})$$

d.h. die Vektoren

$$\vec{\epsilon}_j^{\cdot k} = \mathfrak{g}_j \times \mathfrak{g}^k \qquad (1.19\text{b})$$

in Komponenten bezüglich des Tangentenvektorsystems darzustellen, was im Sinne von (1.5c,d) zu

$$\vec{\epsilon}_j^{\cdot k} = \mathfrak{g}_j \times \mathfrak{g}^k = \sum_{l=1}^{3} [(\mathfrak{g}_j \times \mathfrak{g}^k) \cdot \mathfrak{g}^l] \mathfrak{g}_l = \sum_{l=1}^{3} [\mathfrak{g}_j \mathfrak{g}^k \mathfrak{g}^l] \mathfrak{g}_l = \sum_{l=1}^{3} \epsilon_j^{\cdot kl} \mathfrak{g}_l \qquad (1.19\text{c})$$

führt, so daß endgültig als gesuchtes Resultat

$$\mathbf{a} \times \mathbf{b} = \sum_{j,k,l=1}^{3} a^j b_k \epsilon_j^{\cdot kl} \mathfrak{g}_l , \qquad\qquad \epsilon_j^{\cdot kl} = [\mathfrak{g}_j \mathfrak{g}^k \mathfrak{g}^l] , \qquad (1.19\text{d, e})$$

erhalten wird.

In entsprechender Weise können die übrigen Möglichkeiten erfaßt werden; dabei gilt für die Stellung der Indizes folgende Regel:

In einem ein Vektorprodukt darstellenden Ausdruck analog (1.19d) müssen die Indizes der ϵ-Werte stets konträr zu den übrigen Summationsindizes der a, b und $\mathfrak{g}$ stehen, bei den gemäß (1.19e) die ϵ-Werte darstellenden Spatprodukten jedoch gleichsinnig mit den Indizes

---

$$\mathbf{a} \times \mathbf{b} = \sum_{j,k=1}^{3} a_j b_k \mathbf{e}_j \times \mathbf{e}_k = \sum_{l=1}^{3} \left[\sum_{j,k=1}^{3} a_j b_k \epsilon_{\langle jkl \rangle} \right] \mathbf{e}_l , \qquad \epsilon_{\langle jkl \rangle} = [\mathbf{e}_j \mathbf{e}_k \mathbf{e}_l]$$

der Basisvektoren. So hat man z.B bei rein kovarianter Darstellung aller Vektoren

$$\mathbf{a} \times \mathbf{b} = \sum_{j,k,l=1}^{3} a_j b_k \epsilon^{jk}_{\cdot\cdot l} \mathfrak{g}^l \qquad \text{mit} \qquad \epsilon^{jk}_{\cdot\cdot l} = [\mathfrak{g}^j \mathfrak{g}^k \mathfrak{g}_l] \tag{1.20a}$$

und bei kontravarianter Darstellung

$$\mathbf{a} \times \mathbf{b} = \sum_{j,k,l=1}^{3} a^j b^k \epsilon_{jk}^{\cdot\cdot l} \mathfrak{g}_l \qquad \text{mit} \qquad \epsilon_{jk}^{\cdot\cdot l} = [\mathfrak{g}_j \mathfrak{g}_k \mathfrak{g}^l]. \tag{1.20b}$$

Der Zusammenhang zwischen den verschiedenen Komponenten des $\mathfrak{E}$-Tensors wird durch den Maßtensor vermittelt

$$\epsilon^{ij}_{\cdot\cdot k} = \epsilon^{j\cdot i}_{\cdot k} = \epsilon_{k\cdot\cdot}^{\cdot ij} = -\epsilon^{i\cdot j}_{\cdot k\cdot} = -\epsilon_{k\cdot\cdot}^{\cdot ji} = -\epsilon^{ji}_{\cdot\cdot k} = [\mathfrak{g}^i \mathfrak{g}^j \mathfrak{g}_k] = {}^{11)}$$

$$= \sum_{l=1}^{3} [\mathfrak{g}^i \mathfrak{g}^j \mathfrak{g}^l] g_{kl} = \sum_{l=1}^{3} \epsilon^{ijl} g_{kl}, \tag{1.21a}$$

$$\epsilon_{ij\cdot}^{\cdot\cdot k} = \epsilon_{j\cdot i}^{\cdot k\cdot} = \epsilon^{k\cdot\cdot}_{\cdot ij} = -\epsilon^{k\cdot\cdot}_{\cdot ji} = -\epsilon_{ji\cdot}^{\cdot\cdot k} = -\epsilon_{i\cdot j}^{\cdot k\cdot} = [\mathfrak{g}_i \mathfrak{g}_j \mathfrak{g}^k] = {}^{12)}$$

$$= \sum_{l=1}^{3} [\mathfrak{g}_i \mathfrak{g}_j \mathfrak{g}_l] g^{kl} = \sum_{l=1}^{3} \epsilon_{ijl} g^{kl}, \tag{1.21b}$$

worin die ϵ-Komponenten mit 3 oberen oder 3 unteren Indizes die leicht zu merkenden Ausdrücke

$$\epsilon_{ijk} = [\mathfrak{g}_i \mathfrak{g}_j \mathfrak{g}_k] = \begin{cases} = [\mathfrak{g}_1 \mathfrak{g}_2 \mathfrak{g}_3] \equiv \sqrt{g} & \text{für } i,j,k, \text{ unterschiedlich, zyklisch} \\ = -\sqrt{g}, & \text{für } i,j,k \text{ unterschiedlich, nichtzyklisch} \\ = 0, & \text{für 2 oder 3 gleiche Indizes} \end{cases} \tag{1.22a}$$

$$\epsilon^{ijk} = [\mathfrak{g}^i \mathfrak{g}^j \mathfrak{g}^k] = \begin{cases} = [\mathfrak{g}^1 \mathfrak{g}^2 \mathfrak{g}^3] = \dfrac{1}{\sqrt{g}} & \text{für } i,j,k, \text{ unterschiedlich, zyklisch} \\ = -\dfrac{1}{\sqrt{g}}, & \text{für } i,j,k \text{ unterschiedlich, nichtzyklisch} \\ = 0, & \text{für 2 oder 3 gleiche Indizes} \end{cases} \tag{1.22b}$$

sind, weswegen von den Summen in (1.21a, b) jeweils höchstens ein Summand verbleibt. In (1.22) bedeutet $g = $ "det $\mathfrak{G}$" die Determinante der in (1.7b) notierten Matrix, was man

---

11) Man beachte (1.7a)

12) Man beachte (1.8a)

unter Benutzung von (1.24a) (Haupttext) leicht verifiziert. Danach ist mit $g_{jk} = \mathfrak{g}_j \cdot \mathfrak{g}_k$ in der Tat

$$g = \text{"det } \mathbb{G}\text{"} = \begin{vmatrix} \mathfrak{g}_1 \cdot \mathfrak{g}_1 & \mathfrak{g}_1 \cdot \mathfrak{g}_2 & \mathfrak{g}_1 \cdot \mathfrak{g}_3 \\ \mathfrak{g}_2 \cdot \mathfrak{g}_1 & \mathfrak{g}_2 \cdot \mathfrak{g}_2 & \mathfrak{g}_2 \cdot \mathfrak{g}_3 \\ \mathfrak{g}_3 \cdot \mathfrak{g}_1 & \mathfrak{g}_3 \cdot \mathfrak{g}_2 & \mathfrak{g}_3 \cdot \mathfrak{g}_3 \end{vmatrix} \overset{(1.24a)}{=} [\mathfrak{g}_1\mathfrak{g}_2\mathfrak{g}_3]^2 . \tag{1.22c}$$

In (1.19)–(1.22b) sind die ϵ–Werte Masszahlen des "entsprechend–variant" dargestellten $\mathcal{E}$–Tensors, für den analog (6.32a)(Haupttext) Determinantenschema–Darstellungen möglich sind, etwa für die rein kontra– bzw. kovarianten Versionen die Repräsentationen

$$\mathcal{E} = \frac{1}{\sqrt{g}} \begin{vmatrix} \mathfrak{g}_1 & \mathfrak{g}_1 & \mathfrak{g}_1 \\ \mathfrak{g}_2 & \mathfrak{g}_2 & \mathfrak{g}_2 \\ \mathfrak{g}_3 & \mathfrak{g}_3 & \mathfrak{g}_3 \end{vmatrix} = \sqrt{g} \begin{vmatrix} \mathfrak{g}^1 & \mathfrak{g}^1 & \mathfrak{g}^1 \\ \mathfrak{g}^2 & \mathfrak{g}^2 & \mathfrak{g}^2 \\ \mathfrak{g}^3 & \mathfrak{g}^3 & \mathfrak{g}^3 \end{vmatrix} . \tag{1.22d,e}$$

Daß hiermit z.B. per

$$\mathbb{b} \circ \mathbb{a} \cdot \cdot \mathcal{E} \overset{\wedge}{=} \frac{1}{\sqrt{g}} \begin{vmatrix} \mathbb{a} \cdot \mathfrak{g}_1 & \mathbb{b} \cdot \mathfrak{g}_1 & \mathfrak{g}_1 \\ \mathbb{a} \cdot \mathfrak{g}_2 & \mathbb{b} \cdot \mathfrak{g}_2 & \mathfrak{g}_2 \\ \mathbb{a} \cdot \mathfrak{g}_3 & \mathbb{b} \cdot \mathfrak{g}_3 & \mathfrak{g}_3 \end{vmatrix} \overset{13)}{\equiv} \sum_{j,k,l=1}^{3} \epsilon_{\langle jkl \rangle} (\mathbb{a} \cdot \mathfrak{g}_j)(\mathbb{b} \cdot \mathfrak{g}_k)\mathfrak{g}_l / \sqrt{g} \overset{(1.22b)}{=} \sum_{j,k,l=1}^{3} \epsilon^{jkl} a_j b_k \mathfrak{g}_l ,$$

wie (6.28c) verlangt, das Vektorprodukt $\mathbb{a} \times \mathbb{b}$ richtig dargestellt wird, prüft man konkret leicht nach: Man bekommt

$$\mathbb{a} \times \mathbb{b} = \sum_{j,k=1}^{3} a_j b_k \, \mathfrak{g}^j \times \mathfrak{g}^k = \sum_{j,k,l=1}^{3} a_j b_k [\mathfrak{g}^j \mathfrak{g}^k \mathfrak{g}^l] \, \mathfrak{g}_l ,$$

nachdem man noch

$$\mathfrak{g}^j \times \mathfrak{g}^k = \sum_{l=1}^{3} [(\mathfrak{g}^j \times \mathfrak{g}^k) \cdot \mathfrak{g}^l] \, \mathfrak{g}_l = \sum_{l=1}^{3} [\mathfrak{g}^j \mathfrak{g}^k \mathfrak{g}^l] \, \mathfrak{g}_l$$

beachtet hat.

Spatprodukte dreier Vektoren können, je nachdem auf welche Basis Letztere Bezug nehmen, in den Darstellungen

$$[\mathbb{a} \; \mathbb{b} \; \mathbb{c}] = \sum_{i,j,k=1}^{3} a^i b^j c^k [\mathfrak{g}_i \mathfrak{g}_j \mathfrak{g}_k] = \sum_{i,j,k=1}^{3} a^i b^j c^k \epsilon_{ijk} = \sum_{i,j,k=1}^{3} a^i b_j c_k [\mathfrak{g}_i \mathfrak{g}^j \mathfrak{g}^k] =$$

---

13) Wegen $\epsilon_{\langle jkl \rangle}$ s. Fußn. 7 von §1

$$= \sum_{i,j,k=1}^{3} a^i b_j c_k \epsilon^{\cdot jk}_i = \sum_{i,j,k=1}^{3} a_i b_j c_k [\mathfrak{g}^i \mathfrak{g}^j \mathfrak{g}^k] = \sum_{i,j,k=1}^{3} a_i b_j c_k \epsilon^{ijk} \tag{1.23}$$

usw. geschrieben werden.

Mit den unter (1.19 - 23) angegebenen Formeln sind auch die Darstellungsformen von Vektorprodukten aus Vektoren und Tensoren sogleich zu verifizieren. Da bei dieser Operation - vgl. § 2.3 (Haupttext) - der an den Tensor heranmultiplizierte Vektor (vektor-)multiplikativ mit dem nächststehenden zur Dyade, Triade, Tetrade usw. gehörigen (Basis-)Vektor verbunden wird, ist z.B mit

$$\mathfrak{c} = \sum_{i=1}^{3} c_i \mathfrak{g}^i , \qquad\qquad \mathbb{A} = \sum_{j,l=1}^{3} a^{jl} \mathfrak{g}_j {}^\circ \mathfrak{g}_l$$

für das Produkt $\mathfrak{c} \times \mathbb{A}$

$$\mathbb{B} = \mathfrak{c} \times \mathbb{A} = \sum_{i,j,l=1}^{3} c_i a^{jl} \mathfrak{g}^i \times \mathfrak{g}_j {}^\circ \mathfrak{g}_l \tag{1.24}$$

und mit

$$\mathfrak{g}^i \times \mathfrak{g}_j = \sum_{k=1}^{3} \epsilon^{i \cdot k}_{\cdot j \cdot} \mathfrak{g}_k , \qquad\qquad \epsilon^{i \cdot k}_{\cdot j \cdot} = [\mathfrak{g}^i \mathfrak{g}_j \mathfrak{g}^k] , \tag{1.24a,b}$$

z.B. für $\mathbb{B}$ die kontravariante Darstellung

$$\mathbb{B} = \mathfrak{c} \times \mathbb{A} = \sum_{k,l=1}^{3} b^{kl} \mathfrak{g}_k {}^\circ \mathfrak{g}_l \qquad \text{mit} \qquad b^{kl} = \sum_{i,j=1}^{3} c_i a^{jl} \epsilon^{i \cdot k}_{\cdot j \cdot} \tag{1.24c}$$

erhältlich usw. Wir betrachten abschließend nochmals den

1.4 Spannungstensor

– vgl. § 4.1 (Haupttext) –, der gemäß

$$\mathfrak{s}(\mathfrak{e}) = \mathfrak{e} \cdot \mathbb{S} \tag{1.25}$$

den Zusammenhang zwischen dem auf ein Flächenelement df($\mathfrak{e}$) wirkenden Spannungsvektor $\mathfrak{s}(\mathfrak{e})$ und der Flächenelementen– Einheitsnormalen $\mathfrak{e}$ vermittelt. Zur Darstellung des Spannungstensors $\mathbb{S}$ in schiefwinkligen Koordinaten gelangt man gleichartig wie zu Formel (4.7a) (Haupttext), indem man für ein infinitesimales Tetraeder mit dem Konvergenzpunkt P nach Abb. E 1.2 die Kraftgleichgewichtsbedingung formuliert. Dabei werden die drei Flächenelemente df_j in die durch P verlaufendenen Koordinatenflächen $q_j = $ const. gelegt, womit sich die auf den Flächenelementen senkrechten Einheitsvektoren als

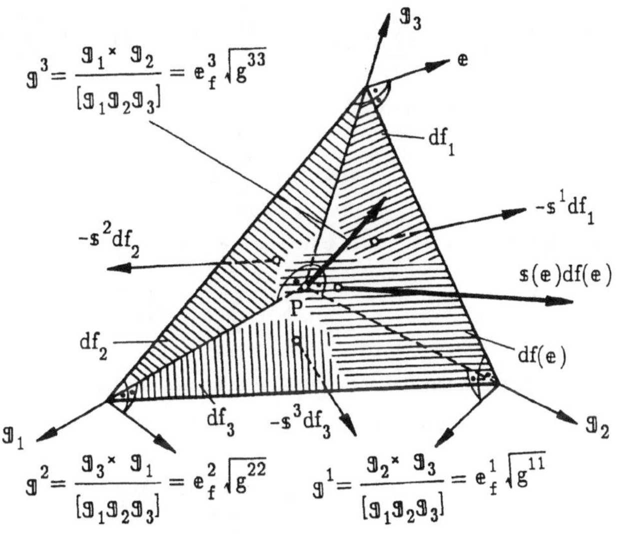

Abb. E1.2

$$e_f^j = \frac{\mathfrak{g}^j}{\sqrt{\mathfrak{g}^j \cdot \mathfrak{g}^j}} = \frac{\mathfrak{g}^j}{\sqrt{g^{jj}}} \tag{1.26}$$

ergeben.

Sind nun $- s^j$ die längs der Flächenelemente df_j auf das Tetraeder wirkenden Spannungsvektoren, so gilt die Gleichgewichtsbedingung der Oberflächenkräfte

$$s(e)df(e) - \sum_{j=1}^{3} s^j df_j = 0 \ , \tag{1.27a}$$

aus der mit Hilfe des Satzes, daß die gerichtete Oberfläche jedes geschlossenen Polyeders Null ist, also mit

$$df(e)e = \sum_{k=1}^{3} df_k e_f^k = \sum_{k=1}^{3} df_k \mathfrak{g}^k / \sqrt{g^{kk}}$$

und daher weiter wegen der Orthogonalitätsrelationen (1.3) mit

$$df(e)(e \cdot \mathfrak{g}_j) = df_j / \sqrt{g^{jj}}$$

die Koordinatenflächenelemente df_j eliminiert werden. Man erhält

$$df(\mathbf{e})\left[\mathbf{s}(\mathbf{e}) - \sum_{j=1}^{3}(\mathbf{e}\cdot\mathbf{g}_j)\mathbf{s}^j\sqrt{g^{jj}}\right] = df(\mathbf{e})\left[\mathbf{s}(\mathbf{e}) - \mathbf{e}\cdot\sum_{j=1}^{3}\mathbf{g}_j\circ\mathbf{s}^j\sqrt{g^{jj}}\right] = 0$$

bzw. im Sinne der Anweisung (1.25)

$$\mathbf{s}(\mathbf{e}) = \mathbf{e}\cdot\sum_{j=1}^{3}\mathbf{g}_j\circ\mathbf{s}^j\sqrt{g^{jj}} = \mathbf{e}\cdot\mathbf{S}\,, \tag{1.27b}$$

und hat demnach als auf eine schiefwinklige Basis bezogene Darstellung des Spannungstensors

$$\mathbf{S} = \sum_{j=1}^{3}\mathbf{g}_j\circ\mathbf{s}^j\sqrt{g^{jj}}\,. \tag{1.27c}$$

Für Komponenten–Repräsentationen von $\mathbf{S}$ analog (1.11) sind in (1.27c) $\mathbf{g}_j$ bzw. $\mathbf{s}^j$ ko– bzw. kontravariant darzustellen. So bekommt man z.B. mit

$$\mathbf{s}^j = \sum_{k=1}^{3}(\mathbf{s}^j\cdot\mathbf{g}^k)\mathbf{g}_k \tag{1.28a}$$

– man beachte (1.5d) – die rein kontravariante Darstellung

$$\mathbf{S} = \sum_{j\,,\,k=1}^{3}\sigma^{jk}\,\mathbf{g}_j\circ\mathbf{g}_k \qquad\text{mit}\qquad \sigma^{jk} = \mathbf{g}^j\cdot\mathbf{S}\cdot\mathbf{g}^k = \sqrt{g^{jj}}\mathbf{s}^j\cdot\mathbf{g}^k \tag{1.28b}$$

sowie mit

$$\mathbf{s}^j = \sum_{k=1}^{3}(\mathbf{s}^j\cdot\mathbf{g}_k)\mathbf{g}^k \tag{1.28c}$$

– man beachte (1.5d) – die"gemischtvariante" Form

$$\mathbf{S} = \sum_{j\,,\,k=1}^{3}\sigma^j_{.k}\mathbf{g}_j\circ\mathbf{g}^k \qquad\text{mit}\qquad \sigma^j_{.k} = \mathbf{g}^j\cdot\mathbf{S}\cdot\mathbf{g}_k = \sqrt{g^{jj}}\mathbf{s}^j\cdot\mathbf{g}_k \tag{1.28d}$$

usw.

Die – bei Abwesenheit volumenverteilter Momente – in § 4.1 (Haupttext) festgestellte Symmetrie des Spannungstensors läßt sich mit $\mathbf{S}$ nach (1.27c) und einem beliebigen Vektor $\mathbf{a}$ in der Form

$$\mathbf{S}\cdot\mathbf{a} - \mathbf{a}\cdot\mathbf{S} = \sum_{j=1}^{3}\left\{\mathbf{g}_j(\mathbf{s}^j\cdot\mathbf{a}) - (\mathbf{g}_j\cdot\mathbf{a})\mathbf{s}^j\right\}\sqrt{g^{jj}} = \mathbf{a}\times\sum_{j=1}^{3}(\mathbf{g}_j\times\mathbf{s}^j\sqrt{g^{jj}}) = 0$$

d.h.

$$\sum_{j=1}^{3}(\mathbf{g}_j\times\mathbf{s}^j\sqrt{g^{jj}}) = 0 \tag{1.29a}$$

ausdrücken und kann mit s^j nach (1.28a) und

$$\mathfrak{g}_j \times \mathfrak{g}_k = \sum_{l=1}^{3} [\mathfrak{g}_j \mathfrak{g}_k \mathfrak{g}_l] \mathfrak{g}^l = \sum_{l=1}^{3} \epsilon_{jkl} \mathfrak{g}^l \, ,$$

worin ϵ_{jkl} gemäß (1.22a) nur die Werte $\pm \sqrt{g}$ und 0 annehmen kann, auch als

$$\sum_{l=1}^{3} \left\{ \sum_{j,k=1}^{3} (s^j \cdot \mathfrak{g}^k) \sqrt{g^{jj}} \, \epsilon_{jkl} \right\} \mathfrak{g}^l = 0 \qquad\qquad (1.29b)$$

geschrieben werden. Hieraus hat man

$$\frac{s^j \cdot \mathfrak{g}^k}{\sqrt{g^{kk}}} = s^j \cdot \mathfrak{e}_f^k = \frac{s^k \cdot \mathfrak{g}^j}{\sqrt{g^{jj}}} = s^k \cdot \mathfrak{e}_f^j \, , \qquad \begin{array}{l} j \neq k \, , \\ j,k = 1,2,3 \, , \end{array} \qquad (1.29c)$$

bzw. mit Rücksicht darauf, daß $\qquad s^j \cdot \mathfrak{g}^k \sqrt{g_{kk}} = \sigma_{\langle jk \rangle}$

die physikalische Komponente des im Flächenelement $df_j = df_j \mathfrak{e}_f^j$ wirkenden Spannungsvektors

$$s^j = \sum_{k=1}^{3} (s^j \cdot \mathfrak{g}^k \sqrt{g_{kk}}) \mathfrak{g}_k / \sqrt{g_{kk}}$$ in Richtung des Tangenteneinheitsvektors $\mathfrak{e}_k = \mathfrak{g}_k / \sqrt{g_{kk}}$ bedeutet,

$$\frac{\sigma_{\langle jk \rangle}}{\sqrt{g^{kk} g_{kk}}} = \frac{\sigma_{\langle kj \rangle}}{\sqrt{g^{jj} g_{jj}}} \, . \qquad\qquad (1.29d)$$

Für Orthogonalkoordinaten mit $g^{kk} g_{kk} = 1$ verifiziert man hieraus sogleich wieder den Satz von der

Gleichheit der zugeordneten Schubspannungen in zwei zueinander senkrechten Schnittflächen, für schief-

winklige Netze sind

$$\sqrt{g^{kk} g_{kk}} =^{14)} \sqrt{\frac{g_{kk} g_{k+1,k+1} g_{k+2,k+2}}{g}} \, \sin \varphi_{k+1,k+2} \, , \qquad (1.30a)$$

worin $\varphi_{k+1,k+2}$ den zwischen zwei Koordinatenlinienelementen $d\mathfrak{r}_{k+1}$ und $d\mathfrak{r}_{k+2}$ eingeschlossenen Winkel

bedeutet, so daß (1.29d) schließlich auf die Form

---

14) Man beachte

$$g^{kk} = \mathfrak{g}^k \cdot \mathfrak{g}^k = \frac{(\mathfrak{g}_{k+1} \times \mathfrak{g}_{k+2})^2}{g} = \frac{|\mathfrak{g}_{k+1}|^2 |\mathfrak{g}_{k+2}|^2 \sin^2 \varphi_{k+1,k+2}}{g} =$$

$$= \frac{g_{k+1,k+1} g_{k+2,k+2}}{g} \sin^2 \varphi_{k+1,k+2}$$

Die Summationen bei den Indizes sind "zyklisch" zu verstehen.

$$\frac{\sigma_{\langle jk \rangle}}{\sin\varphi_{k+1,k+2}} = \frac{\sigma_{\langle kj \rangle}}{\sin\varphi_{j+1,j+2}} \; , \;\; j \neq k \; , \;\; j,k = 1,2,3 \; , \tag{1.30b}$$

gebracht werden kann. Die Beziehungen (1.30b)
sind auch unmittelbar aus den Momentengleich-
gewichtsbedingungen für das tetraederförmige
Element von Abb. E 1.2 zu verifizieren. Für
ebene Probleme (in einer Ebene $q_3 = $ const) –
Abb. E 1.3 – wird aus (1.30b) mit

$$\sin\varphi_{23} = \sin\varphi_{31} = 1, \tag{1.31a}$$

insbesondere

$$\sigma_{\langle 12 \rangle} = \sigma_{\langle 21 \rangle} \tag{1.31b}$$

gefolgert.

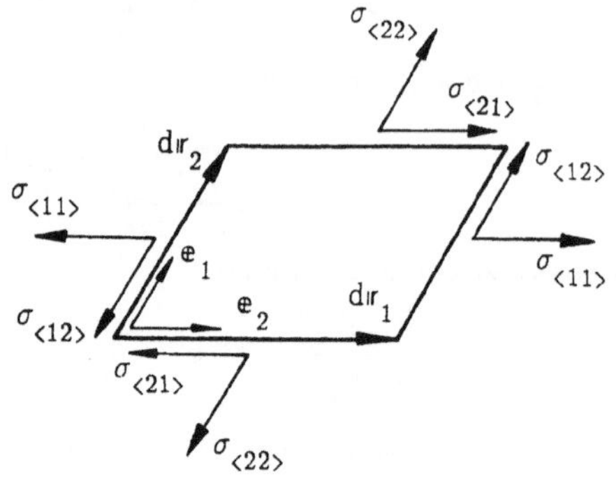

Abb. E1.3

1.5 Der Ricci-Kalkül

vermittelt weitgehende schreibtechnische Vereinfachungen und ist aus den bisherigen Darlegungen leicht zu verifizieren. Hierzu werden bei der Notation vektorieller bzw. tensorieller
Größen jeweils die Basisvektoren ($\mathfrak{g}_i$ bzw. $\mathfrak{g}^i$) fortgelassen, da ja bereits aus der Stellung
der Indizes an den Vektor- bzw. Tensorkomponenten (die stets konträr zu den Indizes der
Basisvektoren geschrieben worden sind) ersichtlich war, auf welches Basissystem Bezug genommen wurde. Darüber hinaus werden sämtliche Summenzeichen gestrichen mit der Maßgabe, daß einerseits über doppelt und stets konträr stehende Indizes von 1 bis 3 summiert
wird, während andererseits einzelne, z.B. n, Indizes (im räumlichen Falle als Repräsentanten der Zahlen 1, 2, 3) insgesamt 3^n (nicht aufeinander reduzierbare) Komponenten (auch
"Vektor-" bzw. "Tensorkoordinaten" genannt) repräsentieren sollen.

So bezeichnet a_j, indem man sich nacheinander $j = 1,2,3$ gesetzt denkt, die kovariante Darstellung eines Vektors $\mathfrak{a}$, $a_{i.}^{.j}$ die gemischte Darstellung eines Tensors zweiter Stufe usw.

und das Skalarprodukt nach (1.15) hat z.B in dieser Schreibweise das Aussehen

$$\mathfrak{a} \cdot \mathfrak{b} \;\hat{=}\; a_j b^j = a_j b^k g^{\;j}_{.k} = a^j b^k g_{jk} = a^j b_k g^{\;k}_{j} = a^j b_j = a_j b_k g^{jk}. \qquad (1.32)$$

Die Anzahl derjenigen Indizes, die in einer Rechenanweisung nur einmal vorkommen, bestimmt die Stufe der entstehenden extensiven Größe. Alle paarweise (und konträr!) auftretenden Indizes liefern hierzu keinen Anteil (sog. stumme Indizes). Im Falle des Skalarproduktes treten sämtliche Indizes (i und j) stets paarweise auf. Die Anzahl der verbliebenen einzelnen Indizes ist Null, das Resultat ein Skalar. Der Ausdruck

$$a_i b_j \epsilon^{ij.}_{..k}$$

repräsentiert hingegen einen Vektor, da "resultierend" (wenn man sich alle Indexpaare als nach der Summation "verbraucht" vorstellt) ein einzelner Index (k) verbleibt. Da k tiefgestellt ist, haben wir es mit einem Vektor zu tun, der auf das $\mathfrak{g}^k$-System Bezug nimmt, so daß obiger Ausdruck, wenn man sich für k nacheinander 1,2,3 gesetzt denkt, die kovarianten Komponenten des Produktvektors $\mathfrak{a} \times \mathfrak{b}$ (vgl. (1.20a) repräsentiert. Entsprechend stellt das für k = 1,2,3 entstehende Zahlentripel

$$a^i b^j \epsilon^{..k}_{ij.}$$

die "kontravarianten Koordinaten" des Produktvektors $\mathfrak{a} \times \mathfrak{b}$ dar usw. Um z.B von der kovarianten Koordinatendarstellung eines Vektors auf die kontravariante zu kommen und umgekehrt, benötigt man im Sinne von (1.10) den (kontravarianten bzw. kovarianten) Maßtensor. Man erhält

$$a^j = a_k g^{kj} \qquad \text{bzw.} \quad a_j = a^k g_{kj} \;.$$

Im ersten Falle bewirken die g^{kj} ein "Heben" des Index der Vektorkomponenten: Die Indizes k auf der rechten Seite "verbrauchen sich" und es verbleibt "resultierend" ein hochgestellter Index j, wie das auch auf der linken Seite (a^j) zum Ausdruck kommt. Im zweiten Falle wird durch g_{kj} der Index bei a^k "gesenkt".

Die Forderung, daß die Summationsindizes eines Paares stets konträr stehen müssen, verhindert falsche Bildungen. So ist z.B als Skalarprodukt der Ausdruck $a_j b_j$ nicht möglich. Wir können aber trotzdem mit den kovarianten Koordinaten der Vektoren $\mathfrak{a}$ und $\mathfrak{b}$ zu einem sinnvollen Ausdruck durch "Erweitern" ("Überschieben") mit den Komponenten des kontravarianten Maßtensors kommen, und zwar in dem Sinne, daß schließlich sämtliche Summationsindizes konträr stehen. Dies ergibt für das Skalarprodukt $a_j b_k g^{jk}$ (vgl. (1.15c)). Dasselbe gilt für andere Bildungen: So ist. z.B das Skalarprodukt eines kovariant dargestellten Vektors $\mathbb{b}$ mit einem ebenfalls kovariant dargestellten Tensor zweiter Stufe $\mathbb{A}$ nicht in der Form $b_j a_{jk}$ zu schreiben. Man muß mit dem Kontravarianten Maßtensor "überschieben". Dann ergibt $c_k = b_l a_{jk} g^{lj}$ einen sinnvollen Ausdruck, und zwar einen kovariant dargestellten Ergebnisvektor $(\mathbb{c})$, wie in (1.16b) - erste Formel - angegeben. Nochmaliges "Überschieben" mit dem kontravarianten Maßtensor ergibt schließlich die kontravariante Darstellung des Ergebnisvektors $\mathbb{c}$, nämlich

$$c^n = c_k g^{kn} = b_l a_{jk} g^{lj} g^{kn}.$$

Eine Verallgemeinerung von § 3.2 (Haupttext) stellen die

1.6 Transformations-Formalien bei allgemeinen Basiswechseln $< \mathfrak{g}^j > \to < \overset{*}{\mathfrak{g}}{}^j >$

dar. Ausgangspunkt hierzu ist die durch

$$x \equiv x \cdot \mathbb{E} =^{15)} = x \cdot \sum_{j=1}^{3} \mathfrak{g}_j \circ \mathfrak{g}^j = x \cdot \sum_{j=1}^{3} \mathfrak{g}^j \circ \mathfrak{g}_j \equiv x \cdot \sum_{j=1}^{3} \overset{*}{\mathfrak{g}}_j \circ \overset{*}{\mathfrak{g}}{}^j = x \cdot \sum_{j=1}^{3} \overset{*}{\mathfrak{g}}{}^j \circ \overset{*}{\mathfrak{g}}_j \quad (1.33a)$$

ausgedrückte "Bezugssystem–Invarianz" eines Vektors (x) , was

$$\sum_{j=1}^{3} \mathfrak{g}_j \circ \mathfrak{g}^j = \sum_{j=1}^{3} \mathfrak{g}^j \circ \mathfrak{g}_j = \sum_{j=1}^{3} \overset{*}{\mathfrak{g}}_j \circ \overset{*}{\mathfrak{g}}{}^j = \sum_{j=1}^{3} \overset{*}{\mathfrak{g}}{}^j \circ \overset{*}{\mathfrak{g}}_j \quad (1.33b)$$

und demzufolge – man multipliziere entsprechend skalar –

$$\overset{*}{\mathfrak{g}}_j =^{16)} \sum_{k=1}^{3} \mathfrak{g}_k (\mathfrak{g}^k \cdot \overset{*}{\mathfrak{g}}_j) = \sum_{k=1}^{3} f_{*\,j\cdot}^{\cdot k} \mathfrak{g}_k = \sum_{k=1}^{3} \mathfrak{g}^k (\mathfrak{g}_k \cdot \overset{*}{\mathfrak{g}}_j) = \sum_{k=1}^{3} f_{*\,jk} \mathfrak{g}^k \quad (1.34a,b)$$

[15)] Für den Einheitstensor wurden hier gemischtvariante Versionen benutzt (vgl. (1.6c,d)).

[16)] Man multipliziere (1.33b) rechts skalar mit $\overset{*}{\mathfrak{g}}_j$

E§1 Bezugnahme auf schiefwinklige Basissysteme

bzw.

$$\overset{*}{\mathfrak{g}}{}^{j} = {}^{17)}\sum_{k=1}^{3}\mathfrak{g}^{k}(\mathfrak{g}_{k}\cdot\overset{*}{\mathfrak{g}}{}^{j}) = \sum_{k=1}^{3}\overset{*}{f}{}^{j\cdot}_{\cdot k}\,\mathfrak{g}^{k} = \sum_{k=1}^{3}\mathfrak{g}_{k}(\mathfrak{g}^{k}\cdot\overset{*}{\mathfrak{g}}{}^{j}) = \sum_{k=1}^{3}\overset{*}{f}{}^{jk}\,\mathfrak{g}_{k} \qquad (1.34c,d)$$

und entsprechend

$$\mathfrak{g}_{j} = \sum_{k=1}^{3}\overset{*}{\mathfrak{g}}_{k}(\overset{*}{\mathfrak{g}}{}^{k}\cdot\mathfrak{g}_{j}) = \sum_{k=1}^{3}\overset{*}{f}{}^{k\cdot}_{\cdot j}\,\overset{*}{\mathfrak{g}}_{k} = \sum_{k=1}^{3}\overset{*}{\mathfrak{g}}{}^{k}(\overset{*}{\mathfrak{g}}_{k}\cdot\mathfrak{g}_{j}) = \sum_{k=1}^{3}f^{*}_{kj}\,\overset{*}{\mathfrak{g}}_{k}\,, \qquad (1.35a,b)$$

$$\mathfrak{g}^{j} = \sum_{k=1}^{3}\overset{*}{\mathfrak{g}}_{k}(\overset{*}{\mathfrak{g}}{}^{k}\cdot\mathfrak{g}^{j}) = \sum_{k=1}^{3}\overset{*}{f}{}^{kj}\,\overset{*}{\mathfrak{g}}_{k} = \sum_{k=1}^{3}\overset{*}{\mathfrak{g}}{}^{k}(\overset{*}{\mathfrak{g}}_{k}\cdot\mathfrak{g}^{j}) = \sum_{k=1}^{3}f^{\cdot j}_{*\,k\cdot}\,\overset{*}{\mathfrak{g}}{}^{k} \qquad (1.35c,d)$$

zur Folge hat. Aus

$$\varkappa = \varkappa\cdot\mathbb{E} = \sum_{j=1}^{3}(\varkappa\cdot\mathfrak{g}_{j})\,\mathfrak{g}^{j} = \sum_{j=1}^{3}x_{j}\mathfrak{g}^{j} \equiv \sum_{k=1}^{3}\overset{*}{x}_{k}\overset{*}{\mathfrak{g}}{}^{k} \qquad (1.36)$$

folgen dann z.B. mit $\mathfrak{g}^{j}$ nach (1.35d)

$$\sum_{j,k=1}^{3}x_{j}\,f^{\cdot j}_{*\,k\cdot}\,\overset{*}{\mathfrak{g}}{}^{k} = \sum_{k=1}^{3}\left[\sum_{j=1}^{3}x_{j}f^{\cdot j}_{*\,k\cdot}\right]\overset{*}{\mathfrak{g}}{}^{k} \equiv \sum_{k=1}^{3}\overset{*}{x}_{k}\overset{*}{\mathfrak{g}}{}^{k}$$

und nach Komponentenvergleich als Transformationsformeln für kovariante Vektorkomponenten

$$\overset{*}{x}_{k} = \sum_{j=1}^{3}x_{j}f^{\cdot j}_{*\,k\cdot} \qquad\qquad ,k = 1...3, \qquad (1.36a)$$

und entsprechend aus (1.36) mit $\overset{*}{\mathfrak{g}}{}^{j}$ nach (1.34d)

$$\varkappa = \sum_{k=1}^{3}x_{k}\mathfrak{g}^{k} = \sum_{j=1}^{3}\overset{*}{x}_{j}\overset{*}{\mathfrak{g}}{}^{j} = \sum_{k=1}^{3}\left[\sum_{j=1}^{3}\overset{*}{x}_{j}\overset{*}{f}{}^{j\cdot}_{\cdot k}\right]\mathfrak{g}^{k}\,,$$

d.h.

$$x_{k} = \sum_{j=1}^{3}\overset{*}{x}_{j}\overset{*}{f}{}^{j\cdot}_{\cdot k} \qquad\qquad ,k = 1...3. \qquad (1.36b)$$

Die Analogie von (1.36a,b) zu den Formeln (3.10c,d) (Haupttext) ist offensichtlich: An die Stelle der Versorkomponenten treten (hier z.B. in gemischtvarianter Form) Komponenten

---

17) Man multipliziere (1.33b) links skalar mit $\overset{*}{\mathfrak{g}}{}^{j}$

$$\overset{*}{f}{}^{j\cdot}_{\cdot k} = \overset{*}{\mathfrak{g}}{}^{j}\cdot\mathfrak{g}_k \tag{1.37a}$$

eines allgemeinen Konfigurationsoperators

$$\mathbb{F}^T = \sum_{j=1}^{3}\overset{*}{\mathfrak{g}}{}^{j}\circ\mathfrak{g}_j = \sum_{j,k=1}^{3}(\overset{*}{\mathfrak{g}}{}^{j}\cdot\mathfrak{g}_k)\,\mathfrak{g}^{k}\circ\mathfrak{g}_j = \sum_{j,k=1}^{3}\overset{*}{f}{}^{j\cdot}_{\cdot k}\,\mathfrak{g}^{k}\circ\mathfrak{g}_j, \tag{1.37b}$$

mit dem man per

$$\mathfrak{g}_\alpha = \overset{*}{\mathfrak{g}}_\alpha\cdot\mathbb{F}^T \qquad , \alpha = 1...3 , \tag{1.37c}$$

die Tangentenvektor–Basis $\langle\,\overset{*}{\mathfrak{g}}_\alpha\,\rangle$ in die entsprechende Basis $\langle\,\mathfrak{g}_\alpha\,\rangle$ und per[18]

$$\mathfrak{g}^\alpha = \frac{\mathfrak{g}_{\alpha+1}\times\mathfrak{g}_{\alpha+2}}{[\mathfrak{g}_1\mathfrak{g}_2\mathfrak{g}_3]} \overset{(1.37c)}{=} \frac{(\overset{*}{\mathfrak{g}}_{\alpha+1}\cdot\mathbb{F}^T)\times(\overset{*}{\mathfrak{g}}_{\alpha+2}\cdot\mathbb{F}^T)}{[\mathfrak{g}_1\mathfrak{g}_2\mathfrak{g}_3]} \overset{(2.39aH)}{=} \frac{\overset{*}{\mathfrak{g}}_{\alpha+1}\times\overset{*}{\mathfrak{g}}_{\alpha+2}}{[\mathfrak{g}_1\mathfrak{g}_2\mathfrak{g}_3]}(\mathbb{F}^T)_3\cdot\mathbb{F}^{-1}$$

$$\overset{(1.2a)}{=} \frac{\overset{*}{\mathfrak{g}}{}^{\alpha}[\overset{*}{\mathfrak{g}}_1\overset{*}{\mathfrak{g}}_2\overset{*}{\mathfrak{g}}_3]}{[\mathfrak{g}_1\mathfrak{g}_2\mathfrak{g}_3]}(\mathbb{F})_3\cdot\mathbb{F}^{-1} \overset{19)}{=} \overset{*}{\mathfrak{g}}{}^{\alpha}\cdot\mathbb{F}^{-1}, \qquad \alpha = 1...3, \tag{1.37d}$$

mit

$$\mathbb{F}^{-1} = \left[(\mathbb{F}^T)^T\right]^{-1} \overset{(1.37b)}{=} \left[\sum_{j=1}^{3}\mathfrak{g}_j\circ\overset{*}{\mathfrak{g}}{}^{j}\right]^{-1} \overset{(2.31aH)}{=} \sum_{j=1}^{3}\overset{*}{\mathfrak{g}}_j\circ\mathfrak{g}^{j}, \tag{1.37e}$$

---

[18] Das in Formelbezeichnungen zugefügte H (z. B. (2.39aH)) soll bedeuten, daß die entsprechende Formel im Haupttext steht.

[19] Weil das aus drei Vektoren $\overset{(\alpha)}{\varkappa}$, $\alpha = 1...3$ gebildete Volumenelement $[\overset{(1)}{\varkappa}\,\overset{(2)}{\varkappa}\,\overset{(3)}{\varkappa}]$ in jeder Bezugsbasis–Darstellung denselben Wert ergeben muß, gilt etwa

$$[\overset{(1)}{\varkappa}\,\overset{(2)}{\varkappa}\,\overset{(3)}{\varkappa}] = \left[\sum_{i=1}^{3}(\overset{(1)}{\varkappa}\cdot\mathfrak{g}^{i})\mathfrak{g}_i\right]\cdot\left\{\sum_{j=1}^{3}\left[(\overset{(2)}{\varkappa}\cdot\mathfrak{g}^{j})\mathfrak{g}_j\right]\times\left[\sum_{k=1}^{3}(\overset{(3)}{\varkappa}\cdot\mathfrak{g}^{k})\mathfrak{g}_k\right]\right\}$$

$$\overset{(1.37cH)}{=} \left[\sum_{i=1}^{3}(\overset{(1)}{\varkappa}\cdot\mathfrak{g}^{i})\overset{*}{\mathfrak{g}}_i\cdot\mathbb{F}^T\right]\cdot\left\{\left[\sum_{j=1}^{3}(\overset{(2)}{\varkappa}\cdot\mathfrak{g}^{j})\overset{*}{\mathfrak{g}}_j\cdot\mathbb{F}^T\right]\times\left[\sum_{k=1}^{3}(\overset{(3)}{\varkappa}\cdot\mathfrak{g}^{k})\overset{*}{\mathfrak{g}}_k\cdot\mathbb{F}^T\right]\right\}$$

$$\overset{(1.24cH)}{=} [\overset{(1)}{\varkappa}\,\overset{(2)}{\varkappa}\,\overset{(3)}{\varkappa}][\mathfrak{g}^1\mathfrak{g}^2\mathfrak{g}^3]\left[(\overset{*}{\mathfrak{g}}_1\cdot\mathbb{F}^T)(\overset{*}{\mathfrak{g}}_2\cdot\mathbb{F}^T)(\overset{*}{\mathfrak{g}}_3\cdot\mathbb{F}^T)\right]$$

$$\overset{(2.37bH)}{=} [\overset{(1)}{\varkappa}\,\overset{(2)}{\varkappa}\,\overset{(3)}{\varkappa}][\mathfrak{g}^1\mathfrak{g}^2\mathfrak{g}^3][\overset{*}{\mathfrak{g}}_1\overset{*}{\mathfrak{g}}_2\overset{*}{\mathfrak{g}}_3](\mathbb{F}^T)_3,$$

d.h. $$(\mathbb{F}^T)_3 = (\mathbb{F})_3 = \frac{1}{[\mathfrak{g}^1\mathfrak{g}^2\mathfrak{g}^3]\,[\overset{*}{\mathfrak{g}}_1\overset{*}{\mathfrak{g}}_2\overset{*}{\mathfrak{g}}_3]} \overset{(1.23gH)}{=} \frac{[\mathfrak{g}_1\mathfrak{g}_2\mathfrak{g}_3]}{[\overset{*}{\mathfrak{g}}_1\overset{*}{\mathfrak{g}}_2\overset{*}{\mathfrak{g}}_3]} = \frac{[\overset{*}{\mathfrak{g}}{}^1\overset{*}{\mathfrak{g}}{}^2\overset{*}{\mathfrak{g}}{}^3]}{[\mathfrak{g}^1\mathfrak{g}^2\mathfrak{g}^3]}$$

die Gradientenvektor–Basis $\langle\, \overset{*}{\mathfrak{g}}{}^{\alpha}\, \rangle$ in die entsprechende Basis $\langle\, \mathfrak{g}^{\alpha}\, \rangle$ "deformiert". Die Auffassung einer Basis–Transformation als eine durch einen Tensor

$$\mathbb{F} = \sum_{j=1}^{3} \mathfrak{g}_{j} \circ \overset{*}{\mathfrak{g}}{}^{j} \tag{1.38a}$$

gekennzeichnete homogene Konfigurations–Transformation die — als materielle Linienelemente aufzufassende — Gradientenvektoren $\langle\, \mathfrak{g}^{\alpha}\, \rangle$ per

$$\overset{*}{\mathfrak{g}}{}^{\alpha} \overset{(1.37e)}{=} \mathfrak{g}^{\alpha} \cdot \mathbb{F} \qquad , \ \alpha = 1...3 \ , \tag{1.38b}$$

in eine — vom Standpunkt der Basis $\langle\mathfrak{g}^{\alpha}\rangle$ aus — "deformierte" Gradientenvektor–Basis $\langle\overset{*}{\mathfrak{g}}{}^{\alpha}\rangle$ überführt[20], findet ihre Entsprechung in den verschiedenen, durch die jeweiligen skalaren Komponenten x_{j} bzw. $\overset{*}{x}_{j}$, $j = 1...3$, in den jeweiligen — etwa als Beobachterrahmen B, $\overset{*}{\text{B}}$ aufzufassenden — Bezugsbasen gekennzeichneten "Erscheinungsbildern" eines Vektors $\varkappa$. Notiert man per

$$\varkappa_{B}(\underset{B}{\varkappa_{*}}) = \sum_{k=1}^{3} \overset{*}{x}_{k}\mathfrak{g}^{k} \overset{(1.36a)}{=} \sum_{j,k=1}^{3} x_{j} f^{\cdot j}_{*\,k\cdot}\, \mathfrak{g}^{k} = \sum_{j,k=1}^{3} x_{j}(\mathfrak{g}^{j}\cdot \overset{*}{\mathfrak{g}}_{k})\mathfrak{g}^{k}$$

im $\langle\mathfrak{g}^{\alpha}\rangle$ – Rahmen das Bild der "$\varkappa$ – Wahrnehmung im $\langle\overset{*}{\mathfrak{g}}{}^{\alpha}\rangle$ – Rahmen", so hat man dafür

$$\varkappa_{B}(\underset{B}{\varkappa_{*}}) = \sum_{j=1}^{3} x_{j}\mathfrak{g}^{j} \cdot \sum_{k=1}^{3} \overset{*}{\mathfrak{g}}_{k}\circ \mathfrak{g}^{k} \overset{(1.37e)}{=} \varkappa\cdot\mathbb{F}^{-1}, \tag{1.39}$$

ein einleuchtendes Resultat: Setzt man im $\langle\mathfrak{g}^{\alpha}\rangle$–Rahmen die im $\langle\overset{*}{\mathfrak{g}}{}^{\alpha}\rangle$–Rahmen registrierten Vektorkomponenten $\overset{*}{x}_{k}$ zu einem "Bilde" $(\Sigma\, \overset{*}{x}_{k}\mathfrak{g}^{k})$ zusammen, das für den Beobachter B verdeutlicht, wie der Beobachter $\overset{*}{\text{B}}$ (in Form seiner "Wahrnehmung" $\Sigma\, \overset{*}{x}_{k}\overset{*}{\mathfrak{g}}{}^{k}$) einen Vektor $\varkappa$ "sieht", so ist angesichts der Invarianz des Vektors $\varkappa$ klar, daß B feststellen muß, daß $\overset{*}{\text{B}}$ einen reziprok deformierten Vektor wahrnehmen muß. Denn vom Standpunkte von B aus registriert der Beobachter $\overset{*}{\text{B}}$ ja von einer (durch $\mathbb{F}$ gekennzeichneten) "deformierten Basis" aus.

---

[20] Die Transformationsformalien (1.37c,38b),

$$\overset{*}{\mathfrak{g}}_{\alpha} = \mathfrak{g}_{\alpha}\cdot\mathbb{F}^{T-1}, \qquad \overset{*}{\mathfrak{g}}{}^{\alpha} = \mathfrak{g}^{\alpha}\cdot\mathbb{F}$$

sind in Mech V, 2 (§2) mit $\mathbb{F}^{T-1} = \phi$ in der Form

$$\overset{*}{\mathfrak{g}}_{\alpha} = \mathfrak{g}_{\alpha}\cdot\phi, \qquad \overset{*}{\mathfrak{g}}{}^{\alpha} = \mathfrak{g}^{\alpha}\cdot\phi^{T-1}$$

notiert worden.

Entsprechende Modifikationen gegenüber § 7 (Haupttext) sind an den

1.7 Darstellungen der Ableitungen von Funktionen nach vektor- bzw. tensorwertigen Variablen

vorzunehmen. Ist etwa in

$$\overset{\langle n\rangle}{\mathbf{Y}} = \overset{\langle n\rangle}{\mathbf{Y}}\left(\overset{\langle m\rangle}{\mathbf{X}}\right) = \overset{\langle n\rangle}{\mathbf{Y}}{}^{*}(x_{\alpha\beta\gamma\ldots\mu}) \tag{1.40}$$

das m-stufige Argument (hinsichtlich einer festen Gradientenvektorbasis) kovariant dargestellt und daher nach dem Satz vom totalen Differential

$$d\overset{\langle n\rangle}{\mathbf{Y}} = \sum_{\alpha\beta\gamma\ldots\mu=1}^{3} \frac{\partial\overset{\langle n\rangle}{\mathbf{Y}}{}^{*}}{\partial x_{\alpha\beta\gamma\ldots\mu}}\, dx_{\alpha\beta\gamma\ldots\mu} \tag{1.40a}$$

zu folgern, so läßt sich dies unter Beachtung der Orthogonalitätsrelationen (1.3) identisch in

$$d\overset{\langle n\rangle}{\mathbf{Y}} = \left[\sum_{\alpha\beta\gamma\ldots\mu=1}^{3} dx_{\alpha\beta\gamma\ldots\mu}\; \mathfrak{g}^{\mu}\circ\mathfrak{g}^{\mu-1}\circ\ldots\circ\mathfrak{g}^{\beta}\circ\mathfrak{g}^{\alpha})\right]\underbrace{\cdots\cdots}_{m\text{-fach}}\left[\sum_{ab\ldots m=1}^{3}\mathfrak{g}_{a}\circ\mathfrak{g}_{b}\circ\ldots\circ\mathfrak{g}_{m}\circ\frac{\partial\overset{\langle n\rangle}{\mathbf{Y}}{}^{*}}{\partial x_{ab\ldots m}}\right] \equiv$$

$$\equiv d\overset{\langle m\rangle}{\mathbf{X}}{}^{T}\underbrace{\cdots\cdots}_{m\text{-fach}}\frac{d\overset{\langle n\rangle}{\mathbf{Y}}}{d\overset{\langle m\rangle}{\mathbf{X}}}$$

umformen, womit die Ableitung $d\overset{\langle n\rangle}{\mathbf{Y}}/d\overset{\langle m\rangle}{\mathbf{X}}$ in der Form

$$\frac{d\overset{\langle n\rangle}{\mathbf{Y}}}{d\overset{\langle m\rangle}{\mathbf{X}}} = \sum_{\alpha\beta\gamma\ldots\mu=1}^{3}\mathfrak{g}_{\alpha}\circ\mathfrak{g}_{\beta}\cdots\mathfrak{g}_{\mu}\circ\frac{\partial\overset{\langle n\rangle}{\mathbf{Y}}{}^{*}}{\partial x_{\alpha\beta\ldots\mu}} \tag{1.40b}$$

anfällt. Durch entsprechendes "Überschieben mit dem "ko- bzw. kontravarianten Maßtensor" können von (1.40b) beliebig-variante andere Darstellungsformen erzeugt werden usw. Detailliertere Ausführungen zur Thematik dieses Paragraphen findet der Leser z.B in [2].

E§2 Cayley-Hamilton-Theorem für gradzahlig-stufige Tensoren $\overset{\langle 2n \rangle}{\mathbb{A}}$

2.1 Allgemeine Bemerkungen

Aus der Tatsache, daß n-fach-Skalarprodukte 2n-stufiger Tensoren wiederum 2n-stufige Tensoren ergeben[1], folgt, daß sich von einer bestimmten Potenz (α_0) ab eine durch

$$\overset{\langle 2n \rangle}{\mathbb{A}}{}^{\alpha_0} = \underbrace{\overset{\langle 2n \rangle}{\mathbb{A}} \underbrace{\cdots\cdots}_{\text{n-fach}} \overset{\langle 2n \rangle}{\mathbb{A}} \underbrace{\cdots\cdots}_{\text{n-fach}} \overset{\langle 2n \rangle}{\mathbb{A}} \underbrace{\cdots\cdots}_{\text{n-fach}} \overset{\langle 2n \rangle}{\mathbb{A}}}_{\alpha_0\text{-mal}}$$

definierte 2n-stufige Tensorpotenz durch Potenzen $\overset{\langle 2n \rangle}{\mathbb{A}}{}^{\alpha}$ $(\alpha = {}^{2)}0 \cdots \alpha_0 - 1)$ ausdrücken lassen muß. Dieser Befund ist eine Verallgemeinerung des unter § 2.2c (Haupttext) dargestellten Theorems für (dort im dreidimensionalen Vektorraum definierte) zweistufige Tensoren, sofern man 2n-stufige Tensoren $\overset{\langle 2n \rangle}{\mathbb{A}}$ auffaßt als zweistufige Tensoren in einem $N = 3^n$-dimensionalen Vektorraum[3], also im Voigtschen Sinne geeignet darstellt als $N \times N$-Matrix $\mathfrak{A}^{(V)}$, etwa in der Form

$$\mathfrak{A}^{(V)} \overset{\wedge}{=} \begin{bmatrix} a^{(V)}_{1,1} & \cdots\cdots & a^{(V)}_{1,3^n} \\ \vdots & & \vdots \\ \vdots & & \vdots \\ a^{(V)}_{3^n,1} & \cdots\cdots & a^{(V)}_{3^n,3^n} \end{bmatrix} \Leftrightarrow \begin{bmatrix} a_{\underset{\text{2n-mal}}{\underline{111\ldots1}}} & \cdots\cdots & \vdots \\ & \ddots & \vdots \\ \vdots & & \vdots \\ \cdots\cdots & a_{33\ldots3} & \\ & & \underset{\text{2n-mal}}{} \end{bmatrix} \overset{\wedge}{=} \overset{\langle 2n \rangle}{\mathbb{A}}, \qquad (2.1)$$

und n-stufige Tensoren $\overset{\langle n \rangle}{\mathbb{X}}$, $\overset{\langle n \rangle}{\mathbb{Y}}$ auffaßt als entsprechende $N = 3^n$-komponentige Voigtsche Vektoren

---

[1] also sämtliche solcherart Produkte zu gleichstufigen extensiven Größen führen

[2] mit $\overset{\langle 2n \rangle}{\mathbb{A}}{}^0 = \mathbb{E}$

[3] in Spezialfällen ggfs. vorliegender Tensorsymmetrien (man denke z. B. an symmetrische Tetraden und deren Darstellungsmöglichkeit in Form Voigtscher 6×6-Matrizen) kann N auch kleiner als 3^n sein.

$$\mathfrak{x}^{(V)} \;\hat{=}\; (x_1^{(V)},\ldots,x_{3^n}^{(V)}) \;\hat{=}\; (x_{\underbrace{111\ldots1}_{n\text{-mal}}},\ldots,x_{\underbrace{33\ldots3}_{n\text{-mal}}}) \;, \tag{2.2a}$$

$$\mathfrak{y}^{(V)} \;\hat{=}\; (y_1^{(V)},\ldots,y_{3^n}^{(V)}) \;\hat{=}\; (y_{\underbrace{111\ldots1}_{n\text{-mal}}},\ldots,\, y_{\underbrace{33\ldots3}_{n\text{-mal}}}) \tag{2.2b}$$

dergestalt, daß eine lineare Abbildung

$$\overset{\langle n\rangle}{\mathbb{Y}} = \overset{\langle n\rangle}{\mathbb{X}} \underbrace{\cdots\cdots}_{n\text{-fach}} \overset{\langle 2n\rangle}{\mathbb{A}} \tag{2.3a}$$

als im N–dimensionalen Vektorraum definierte Vektorgleichung

$$\mathfrak{y}^{(V)} = \mathfrak{x}^{(V)} \odot \mathfrak{A}^{(V)} \tag{2.3b}$$

geschrieben werden kann, worin $\mathfrak{x}^{(V)}$ als entsprechende Zeilenmatrix repräsentiert zu denken ist und durch das Symbol $\odot$ die Matrizenmultiplikationsregel gekennzeichnet wird. Hiermit finden dann Operationen von der Form

$$\left[\overset{\langle n\rangle}{\mathbb{X}} \underbrace{\cdots\cdots}_{n\text{-fach}} \overset{\langle 2n\rangle}{\mathbb{A}}\right] \underbrace{\cdots\cdots}_{n\text{-fach}} \overset{\langle 2n\rangle}{\mathbb{A}} \equiv \overset{\langle n\rangle}{\mathbb{X}} \underbrace{\cdots\cdots}_{n\text{-fach}} \left[\overset{\langle 2n\rangle}{\mathbb{A}} \underbrace{\cdots\cdots}_{n\text{-fach}} \overset{\langle 2n\rangle}{\mathbb{A}}\right] \equiv \overset{\langle n\rangle}{\mathbb{X}} \underbrace{\cdots\cdots}_{n\text{-fach}} \overset{\langle 2n\rangle}{\mathbb{A}}{}^2 \;,$$

$$\left[\left[\overset{\langle n\rangle}{\mathbb{X}} \underbrace{\cdots\cdots}_{n\text{-fach}} \overset{\langle 2n\rangle}{\mathbb{A}}\right] \underbrace{\cdots\cdots}_{n\text{-fach}} \overset{\langle 2n\rangle}{\mathbb{A}}\right] \underbrace{\cdots\cdots}_{n\text{-fach}} \overset{\langle 2n\rangle}{\mathbb{A}} \equiv \overset{\langle n\rangle}{\mathbb{X}} \underbrace{\cdots\cdots}_{n\text{-fach}} \overset{\langle 2n\rangle}{\mathbb{A}}{}^3 \tag{2.4a}$$

usw. mit

$$\overset{\langle 2n\rangle}{\mathbb{A}}{}^2 = \overset{\langle 2n\rangle}{\mathbb{A}} \underbrace{\cdots\cdots}_{n\text{-fach}} \overset{\langle 2n\rangle}{\mathbb{A}} \quad \text{bzw.} \quad \overset{\langle 2n\rangle}{\mathbb{A}}{}^{\mu} = \underbrace{\overset{\langle 2n\rangle}{\mathbb{A}} \underbrace{\cdots\cdots}_{n\text{-fach}} \overset{\langle 2n\rangle}{\mathbb{A}} \underbrace{\cdots\cdots}_{n\text{-fach}} \overset{\langle 2n\rangle}{\mathbb{A}} \ldots \underbrace{\cdots\cdots}_{n\text{-fach}} \overset{\langle 2n\rangle}{\mathbb{A}}}_{\mu\text{-mal}} \tag{2.4b}$$

in den "Voigtschen Formulierungen"

$$\left[\mathfrak{x}^{(V)} \odot \mathfrak{A}^{(V)}\right] \odot \mathfrak{A}^{(V)} = \mathfrak{x}^{(V)} \odot \left[\mathfrak{A}^{(V)} \odot \mathfrak{A}^{(V)}\right] = \mathfrak{x}^{(V)} \odot \mathfrak{A}^{(V)2} \tag{2.4c}$$

$$\text{mit} \quad \mathfrak{A}^{(V)2} = \mathfrak{A}^{(V)} \odot \mathfrak{A}^{(V)} \;,\quad \mathfrak{A}^{(V)\mu} = \underbrace{\mathfrak{A}^{(V)} \odot \mathfrak{A}^{(V)} \ldots \odot \mathfrak{A}^{(V)}}_{\mu\text{-mal}} \tag{2.4d}$$

usw. ihre Entsprechung, und der Grundgedanke für die Erzeugung eines Cayley-Hamilton–Theorems ist, die zu § 2.2c (Haupttext) führenden Überlegungen verallgemeinernd, daß jeder n-stufige Tensor - als $N = 3^n$-komponentiger Vektor - aus linearen Kombinationen $N = 3^n$ anderer n-stufiger Tensoren aufbaubar sein muß. Dementsprechend muß zwischen den $N+1 = 3^n+1$ Tensoren n-ter Stufe

$$\overset{\langle n\rangle}{\mathbb{X}}_0 = \overset{\langle n\rangle}{\mathbb{Y}} \underbrace{\cdots\cdots}_{n\text{-fach}} \overset{\langle 2n\rangle}{\mathbb{E}} = \overset{\langle n\rangle}{\mathbb{Y}},$$

$$\overset{\langle n\rangle}{\mathbb{X}}_1 = \overset{\langle n\rangle}{\mathbb{X}}_0 \underbrace{\cdots\cdots}_{n\text{-fach}} \overset{\langle 2n\rangle}{\mathbb{A}} = \overset{\langle n\rangle}{\mathbb{Y}} \underbrace{\cdots\cdots}_{n\text{-fach}} \overset{\langle 2n\rangle}{\mathbb{A}},$$

$$\overset{\langle n\rangle}{\mathbb{X}}_2 = \overset{\langle n\rangle}{\mathbb{X}}_1 \underbrace{\cdots\cdots}_{n\text{-fach}} \overset{\langle 2n\rangle}{\mathbb{A}} = \left[\overset{\langle n\rangle}{\mathbb{Y}} \underbrace{\cdots\cdots}_{n\text{-fach}} \overset{\langle 2n\rangle}{\mathbb{A}}\right] \underbrace{\cdots\cdots}_{n\text{-fach}} \overset{\langle 2n\rangle}{\mathbb{A}} = \overset{\langle n\rangle}{\mathbb{Y}} \underbrace{\cdots\cdots}_{n\text{-fach}} \overset{\langle 2n\rangle}{\mathbb{A}}{}^2,$$

$$\overset{\langle n\rangle}{\mathbb{X}}_{3^n} = \overset{\langle n\rangle}{\mathbb{X}}_{3^n-1} \underbrace{\cdots\cdots}_{n\text{-fach}} \overset{\langle 2n\rangle}{\mathbb{A}} = \overset{\langle n\rangle}{\mathbb{Y}} \underbrace{\cdots\cdots}_{n\text{-fach}} \overset{\langle 2n\rangle}{\mathbb{A}}{}^{3^n} \tag{2.5}$$

eine Beziehung von der Form

$$\overset{\langle n\rangle}{\mathbb{Y}} \underbrace{\cdots\cdots}_{n\text{-fach}} \left[\overset{\langle 2n\rangle}{\mathbb{A}}{}^{3^n} - \overset{(2n)}{A}_1 \overset{\langle 2n\rangle}{\mathbb{A}}{}^{3^n-1} + \overset{(2n)}{A}_2 \overset{\langle 2n\rangle}{\mathbb{A}}{}^{3^n-2} - +\ldots\ldots - \overset{(2n)}{A}_{3^n} \overset{\langle 2n\rangle}{\mathbb{E}}\right] = 0 \tag{2.6a}$$

gelten, die in der Voigtschen Matrizenversion - mit denselben Skalaren $\overset{(2n)}{A}_j$! - als

$$\mathfrak{h}^{(V)} \odot \left[\mathfrak{A}^{(V)3^n} - \overset{(2n)}{A}_1 \mathfrak{A}^{(V)3^n-1} + \overset{(2n)}{A}_2 \mathfrak{A}^{(V)3^n-2} - +\ldots\ldots - \overset{(2n)}{A}_{3^n}\mathfrak{E}^{(V)}\right] = 0 \tag{2.6b}$$

erscheint. Daß in diesen Beziehungen die skalaren Koeffizienten $\overset{(2n)}{A}_j$ $(j = 1\ldots 3^n)$ von $\overset{\langle n\rangle}{\mathbb{Y}}$ unabhängig sind und dementsprechend die Cayley-Hamiltonschen Gleichungen

$$\overset{\langle 2n\rangle}{\mathbb{A}}{}^{3^n} - \overset{(2n)}{A}_1 \overset{\langle 2n\rangle}{\mathbb{A}}{}^{3^n-1} + \overset{(2n)}{A}_2 \overset{\langle 2n\rangle}{\mathbb{A}}{}^{3^n-2} - +\ldots\ldots - \overset{(2n)}{A}_{3^n} \overset{\langle 2n\rangle}{\mathbb{E}} = 0 \tag{2.7a}$$

bzw. $\qquad \mathfrak{A}^{(V)3^n} - \overset{(2n)}{A}_1 \mathfrak{A}^{(V)3^n-1} + \overset{(2n)}{A}_2 \mathfrak{A}^{(V)3^n-2} - +\ldots\ldots - \overset{(2n)}{A}_{3^n}\mathfrak{E}^{(V)} = 0 \tag{2.7b}$

und insbesondere - man multiplizere mit $\overset{\langle 2n\rangle}{\mathbb{A}}{}^{-1}$ bzw. $\mathfrak{A}^{(V)-1}$ -

$$\overset{\langle 2n\rangle}{\mathbb{A}}{}^{-1} = \left[\overset{\langle 2n\rangle}{\mathbb{A}}{}^{3^n-1} - \overset{(2n)}{A}_1 \overset{\langle 2n\rangle}{\mathbb{A}}{}^{3^n-2} + -\ldots\ldots + \overset{(2n)}{A}_{3^n-1} \overset{\langle 2n\rangle}{\mathbb{E}}\right] \Big/ \overset{(2n)}{A}_{3^n} \tag{2.7c}$$

bzw. $\qquad \mathfrak{A}^{(V)-1} = \left[\mathfrak{A}^{(V)3^n-1} - \overset{(2n)}{A}_1 \mathfrak{A}^{(V)3^n-2} + -\ldots\ldots + \overset{(2n)}{A}_{3^n-1}\mathfrak{E}^{(V)}\right] \Big/ \overset{(2n)}{A}_{3^n} \tag{2.7d}$

gelten, weist man analog § 2.2c (Haupttext) in zwei Schritten nach:

Die Unabhängigkeit der "Grundinvarianten" $\overset{(2n)}{A}_j$ $(j = 1 \cdots 3^n)$ zunächst vom Tensorbetrag

$\overset{(n)}{Y} = \sqrt{\overset{\langle n\rangle}{\mathbb{Y}} \underbrace{\cdots\cdots}_{n\text{-fach}} \overset{\langle n\rangle}{\mathbb{Y}}{}^T}$ erschließt man, indem man Gl. (2.6a) für $\overset{\langle n\rangle}{\mathbb{Y}}{}^* = \lambda \overset{\langle n\rangle}{\mathbb{Y}}$, λ Skalar, in der

Form

$$\lambda \overset{\langle n\rangle}{\mathbb{Y}} \underbrace{\cdots\cdots}_{n\text{-fach}} \left[\overset{\langle 2n\rangle}{\mathbb{A}}{}^{3^n} - \overset{(2\overset{*}{n})}{A_1}\,\overset{\langle 2n\rangle}{\mathbb{A}}{}^{3^n-1} + -\cdots - \overset{(2\overset{*}{n})}{A_{3^n}}\,\mathbb{E} \right] = 0$$

mit $\overset{(2\overset{*}{n})}{A_j} = \overset{(2n)}{A_j}(\lambda)$ niederschreibt, nach λ differenziert und dergestalt

$$\overset{\langle n\rangle}{\mathbb{Y}} \underbrace{\cdots\cdots}_{n\text{-fach}} \left[\overset{\langle 2n\rangle}{\mathbb{A}}{}^{3^n} - \left[\overset{(2n)}{A_1}(\lambda) + \lambda\frac{\partial \overset{(2n)}{A_1}}{\partial\lambda} \right] \overset{\langle 2n\rangle}{\mathbb{A}}{}^{3^n-1} + -\cdots - \left[\overset{(2n)}{A_{3^n}}(\lambda) + \lambda\frac{\partial \overset{(2n)}{A_{3^n}}}{\partial\lambda} \right] \overset{\langle 2n\rangle}{\mathbb{E}} \right] = 0$$

auffindet, und hierin $\overset{\langle n\rangle}{\mathbb{Y}} \underbrace{\cdots\cdots}_{n\text{-fach}} \overset{\langle 2n\rangle}{\mathbb{A}}{}^{3^n}$ mittels (2.6a) durch die Tensorpotenzen bis zur (3^n-1)sten

Ordnung ausdrückt. Es entsteht

$$\overset{\langle n\rangle}{\mathbb{Y}} \underbrace{\cdots\cdots}_{n\text{-fach}} \left[\left[\overset{(2n)}{A_1}(1) - \overset{(2n)}{A_1}(\lambda) - \lambda\frac{\partial \overset{(2n)}{A_1}}{\partial\lambda} \right] \overset{\langle 2n\rangle}{\mathbb{A}}{}^{3^n-1} + -\cdots \right.$$

$$\left. \cdots - \left[\overset{(2n)}{A_{3^n}}(1) - \overset{(2n)}{A_{3^n}}(\lambda) - \frac{\partial \overset{(2n)}{A_{3^n}}}{\partial\lambda} \right] \overset{\langle 2n\rangle}{\mathbb{E}} \right] = 0\,, \tag{2.8a}$$

was für von Null verschiedene Koeffizienten $\overset{(2n)}{A_j}(1) - \overset{(2n)}{A_j}(\lambda) - \lambda\dfrac{\partial \overset{(2n)}{A_j}}{\partial\lambda}$ i. allg. bedeuten würde, daß

bereits 3^n n–stufige Tensoren voneinander linear abhängig wären. Schließt man dies der Beliebigkeit von $\overset{\langle n\rangle}{\mathbb{Y}}$ und $\overset{\langle 2n\rangle}{\mathbb{A}}$ wegen aus, so kann (2.8a) nur mit

$$\overset{(2n)}{A_j}(1) - \overset{(2n)}{A_j}(\lambda) - \lambda\frac{\partial \overset{(2n)}{A_j}}{\partial\lambda} = \overset{\langle 2n\rangle}{A_j}(1) - \frac{\partial}{\partial\lambda}\left[\lambda\,\overset{(2n)}{A_j}(\lambda) \right] = 0\,,$$

bzw.
$$\lambda\,\overset{(2n)}{A_j}(1) + \text{const} = \lambda\,\overset{(2n)}{A_j}(\lambda) \tag{2.8b}$$

befriedigt werden, bzw. mit[4]

$$\overset{(2n)}{A_j}(1) = \overset{(2n)}{A_j}(\lambda)\,, \quad j = 1\ldots N = 3^n, \tag{2.8c}$$

womit die Größen $\overset{(2n)}{A_j}$ als von $|\overset{\langle n\rangle}{\mathbb{Y}}| = Y^{(n)}$ unabhängig erkannt sind. Analog § 2.2c (Haupttext)

führt schließlich die Betrachtnahme von "Richtungstensoren" $\overset{\langle n\rangle}{\mathbb{E}}_y = \overset{\langle n\rangle}{\mathbb{Y}} / |\overset{\langle n\rangle}{\mathbb{Y}}|$ auf die generelle

---

[4] die in (2.8b) zunächst verbliebene Konstante ergibt sich als Null, wenn man (2.8b) für $\lambda = 1$ niederschreibt

Unabhängigkeit der Grundinvarianten $\overset{(2n)}{A}_j$ ($j = 1...,3^n$) von Y und damit zu (2.7a,b).

Ebenso wie bei zweistufigen Tensoren repräsentieren die hier in Erscheinung tretenden Grundinvarianten $\overset{\langle 2n\rangle}{A}_j$ ($j = 1...,N = 3^n$) nur einen Teil der vollständigen Menge skalarer Invarianten. Die Grundinvarianten sind auch hier als (spezielle isotrope) Polynome der Komponenten $a_{\alpha\beta\gamma...2\nu}$ des Tensors $\overset{\langle 2n\rangle}{A}$ darzustellen[5], wobei der Index j gleichzeitig die Potenz des Polynoms definiert.

Man verifiziert dies, indem man die Beziehung (2.7a) für einen Tensor $\overset{\langle 2n\rangle}{A}\overset{*}{} = \lambda\,\overset{\langle 2n\rangle}{A}$, λ Skalar, niederschreibt, also mit $\overset{(2n)}{A}_{j\,{}_{\shortparallel}\lambda}\overset{\langle 2n\rangle}{A}{}'' = \overset{(2n)}{A}_{j\lambda}$ im Sinne von (2.7a) – nach Division durch λ^{3^n}

$$\overset{\langle 2n\rangle}{A}{}^{3^n} - \frac{\overset{(2n)}{A}_{1\lambda}}{\lambda}\overset{\langle 2n\rangle}{A}{}^{3^n-1} + \frac{\overset{(2n)}{A}_{2\lambda}}{\lambda^2}\overset{\langle 2n\rangle}{A}{}^{3^n-2} - + ... - \frac{\overset{(2n)}{A}_{3^n\lambda}}{\lambda^{3^n}}\,\mathbb{E} = 0$$

feststellt und hierin $\overset{\langle 2n\rangle}{A}{}^{3^n}$ aufgrund von

$$\overset{\langle 2n\rangle}{A}{}^{3^n} = \overset{(2n)}{A}_1\,\overset{\langle 2n\rangle}{A}{}^{3^n-1} - \overset{(2n)}{A}_2\,\overset{\langle 2n\rangle}{A}{}^{3^n-2} + - ...... + \overset{(2n)}{A}_{3^n}\,\mathbb{E}$$

nach (2.7a) mittels der Tensorpotenzen bis zur (3^n–1)sten Ordnung eliminiert. Es entsteht

$$\left[\overset{(2n)}{A}_1 - \frac{\overset{(2n)}{A}_{1\lambda}}{\lambda}\right]\overset{\langle 2n\rangle}{A}{}^{3^n-1} - \left[\overset{(2n)}{A}_2 - \frac{\overset{(2n)}{A}_{2\lambda}}{\lambda^2}\right]\overset{\langle 2n\rangle}{A}{}^{3^n-2} + - ...... + \left[\overset{(2n)}{A}_{3^n} - \frac{\overset{(2n)}{A}_{3^n\lambda}}{\lambda^{3^n}}\,\mathbb{E}\right] = 0$$

woraus, wenn man wieder berücksichtigt, daß sich 3^n n–stufige Tensoren i. allg. nicht zum Nulltensor addieren lassen, in der Tat

$$\overset{(2n)}{A}_{j\lambda} = \overset{(2n)}{A}_j\,{}_{\shortparallel\lambda}\overset{\langle 2n\rangle}{A}{}'' = \lambda^j\,\overset{(2n)}{A}_j = \lambda^j\,\overset{(2n)}{A}_j\,{}_{\shortparallel}\overset{\langle 2n\rangle}{A}{}''\,, \qquad j = 1...N=3^n\,, \qquad (2.9)$$

hervorgebracht wird.

Die Reduktion der Invarianten $\overset{(2n)}{A}_j$, $j = 1...,N = 3^n$ auf die Größen $\mathbb{E}\underbrace{.....}_{\text{n–fach}}\overset{\langle 2n\rangle}{A}{}^{\langle 2n\rangle\,j}$ wie

---

[5] insbesondere auch hier, wie noch zu zeigen ist, durch die Größen
$$\overset{(2n)}{\bar{A}}_j = \mathbb{E}\underbrace{.....}_{2n-\text{mal}}\overset{\langle 2n\rangle}{A}{}^{\langle 2n\rangle\,j}\,, \qquad j = 1...,N = 3^n.$$

auch eine, auf den vorhergehenden Gedanken nicht fußende Herleitung des Cayley–Hamilton-Theorems geht, die Voigtsche Darstellung des Problems heranziehend, davon aus, daß die Determinante $I_{3^n}(\mathfrak{A}^{(V)}) = I_N(\mathfrak{A}^{(V)}) = \det \mathfrak{A}^{(V)}$ eine Invariante $N = 3^n$-fachen Grades darstellt[6], für die im übrigen die Produktformel

$$I_{3^n}(\mathfrak{A}^{(V)} \odot \mathfrak{B}^{(V)}) = I_{3^n}(\mathfrak{A}^{(V)})I_{3^n}(\mathfrak{B}^{(V)}) \equiv I_{3^n}(\mathfrak{A}^{(V)})I_{3^n}(\mathfrak{B}^{(V)T}) \tag{2.10}$$

(sog. Determinanten-Multiplikationsregel) gilt, sowie von der Tatsache, daß sich gemäß

$$I_{3^n}(\lambda\mathfrak{E}^{(V)} + \mathfrak{A}^{(V)}) = \sum_{j=0}^{N=3^n} \lambda^{3^n-j} I_j(\mathfrak{A}^{(V)}), \quad \lambda\text{-Skalar} \tag{2.11a}$$

schreiben lassen muß mit skalaren Invarianten $I_j(\mathfrak{A}^{(V)})$, die j-gradige Polynome der

---

[6] und zwar eine isotrope skalarwertige Funktion von $\overset{\langle 2n \rangle}{\mathbb{A}}$; denn da im Sinne von (E. 3.5a) eine skalarwertige Funktion $\mathscr{W}(\overset{\langle 2n \rangle}{\mathbb{A}})$ einer 2n–stufig tensorwertigen Variablen isotrop ist, sofern sie mit $\overset{\langle 2n \rangle}{\mathbb{Q}}$ nach (E. 3.1) die Funktionalgleichung

$$\mathscr{W}(\overset{\langle 2n \rangle}{\mathbb{A}}) = \mathscr{W}(\overset{\langle 2n \rangle}{\mathbb{A}} \underbrace{\cdots\cdots}_{2n-\mathrm{fach}} \overset{\langle 4n \rangle}{\mathbb{Q}}) = \mathscr{W}(\overset{\langle 2n \rangle}{\mathbb{Q}}{}^T \underbrace{\cdots\cdots}_{n-\mathrm{fach}} \overset{\langle 2n \rangle}{\mathbb{A}} \underbrace{\cdots\cdots}_{n-\mathrm{fach}} \overset{\langle 2n \rangle}{\mathbb{Q}})$$

befriedigt, gilt mit den zugehörigen Voigtschen Matrizen als Forderung nach Isotropie gleichwertig

$$\mathscr{W}(\mathfrak{A}^{(V)}) = \mathscr{W}(\mathfrak{Q}^{(V)T} \odot \mathfrak{A}^{(V)} \odot \mathfrak{Q}^{(V)}),$$

worin – entsprechend $\overset{\langle 2n \rangle}{\mathbb{Q}}{}^T \underbrace{\cdots\cdots}_{n-\mathrm{fach}} \overset{\langle 2n \rangle}{\mathbb{Q}} = \overset{\langle 2n \rangle}{\mathbb{Q}} \underbrace{\cdots\cdots}_{n-\mathrm{fach}} \overset{\langle 2n \rangle}{\mathbb{Q}}{}^T = \mathbb{E}$ die Voigtschen Orthogonalma-

trizen" $\mathfrak{Q}^{(V)}$ per $\mathfrak{Q}^{(V)T} \odot \mathfrak{Q}^{(V)} = \mathfrak{Q}^{(V)} \odot \mathfrak{Q}^{(V)T} = \mathfrak{E}^{(V)}$ die N×N Einheitsmatrix $\mathfrak{E}^{(V)}$ verifizieren und demgemäß für deren Determinante aus

$$I_N(\mathfrak{Q}^{(V)} \odot \mathfrak{Q}^{(V)T}) \overset{(2.10)}{=} I_N(\mathfrak{Q}^{(V)})I_N(\mathfrak{Q}^{(V)T}) \overset{(2.10)}{\equiv} \left[I_N(\mathfrak{Q}^{(V)})\right]^2 = I_N(\mathfrak{E}^{(V)}) = 1$$

ebenso wie im dreidimensionalen Vektorraum

$$I_N(\mathfrak{Q}^{(V)}) = \pm 1$$

zu folgern ist. Hiermit ist dann

$$I_N(\mathfrak{Q}^{(V)T} \odot \mathfrak{A}^{(V)} \cdot \mathfrak{Q}^{(V)}) \overset{(2.10)}{=} I_N(\mathfrak{Q}^{(V)T})I_N(\mathfrak{A}^{(V)})I_N(\mathfrak{Q}^{(V)}) \equiv I_N(\mathfrak{A}^{(V)}),$$

also in der Tat die im Voigtschen $N = 3^n$-dimensionalen Vektorraum definierte Determinante einer einem Tensor $\overset{\langle 2n \rangle}{\mathbb{A}}$ äquivalenten Voigtschen N×N–Matrix eine isotrope skalarwertige Funktion eines 2n–stufigen Tensors $\overset{\langle 2n \rangle}{\mathbb{A}}$.

Komponenten von $\mathfrak{A}^{(V)}$ sind, wobei

$$I_0(\mathfrak{A}^{(V)}) = 1 \tag{2.11b}$$

ist und sich die erste Invariante als

$$I_1(\mathfrak{A}^{(V)}) = \mathrm{Sp}(\mathfrak{A}^{(V)}) = \mathfrak{E}^{(V)} \odot \odot \, \mathfrak{A}^{(V)} \tag{2.11c}$$

darstellen läßt[7]. Aus (2.10) läßt sich wegen

$$I_{3^n}(\mathfrak{A}^{(V)} + d\mathfrak{A}^{(V)}) = I_{3^n}\left[\mathfrak{A}^{(V)} \odot (\mathfrak{E}^{(V)} + \mathfrak{A}^{(V)-1} \odot d\mathfrak{A}^{(V)})\right]$$

$$\overset{(2.10)}{\equiv} I_{3^n}(\mathfrak{A}^{(V)}) I_{3^n}(\mathfrak{E}^{(V)} + \mathfrak{A}^{(V)-1} \odot d\mathfrak{A}^{(V)})$$

dann bis auf in $d\mathfrak{A}^{(V)}$ von höherer als erster Ordnung kleine Glieder

$$I_{3^n}(\mathfrak{A}^{(V)} + d\mathfrak{A}^{(V)}) \quad \overset{[8]}{\approx} \ I_{3^n}(\mathfrak{A}^{(V)})\left[1 + I_1(\mathfrak{A}^{(V)-1} \odot d\mathfrak{A}^{(V)})\right]$$

$$\overset{(2.11c)}{=} I_{3^n}(\mathfrak{A}^{(V)})\left[1 + \mathfrak{E}^{(V)} \odot\odot (\mathfrak{A}^{(V)-1} \odot d\mathfrak{A}^{(V)})\right]$$

$$= I_{3^n}(\mathfrak{A}^{(V)})\left[1 + \mathfrak{A}^{(V)-1} \odot\odot d\mathfrak{A}^{(V)}\right]$$

$$= I_{3^n}(\mathfrak{A}^{(V)})\left[1 + (\mathfrak{A}^{(V)-1})^T \odot\odot d\mathfrak{A}^{(V)T}\right]$$

schreiben, womit

$$I_{3^n}(\mathfrak{A}^{(V)} + d\mathfrak{A}^{(V)}) - I_{3^n}(\mathfrak{A}^{(V)}) = I_{3^n}(\mathfrak{A}^{(V)})\, d\mathfrak{A}^{(V)T} \odot\odot (\mathfrak{A}^{(V)-1})^T$$

und demgemäß – in Verallgemeinerung von (7.12f) Haupttext –

$$\frac{dI_{3^n}(\mathfrak{A}^{(V)})}{d\mathfrak{A}^{(V)}} = I_{3^n}(\mathfrak{A}^{(V)})(\mathfrak{A}^{(V)-1})^T \equiv I_{3^n}(\mathfrak{A}^{(V)})(\mathfrak{A}^{(V)T})^{-1} \tag{2.12a}$$

---

[7] Es ist dies analog § 2 die Summe der Hauptdiagonalenglieder der Matrix $\mathfrak{A}^{(V)}$, die man analog § 2 durch "doppeltskalare" Multiplikation von $\mathfrak{A}^{(V)}$ mit der Voigtschen N×N–Einheitsmatrix $\mathfrak{E}^{(V)}$ erhält. Die Doppeltskalarmultiplikation zweier Voigtscher N × N–Matrizen $\mathfrak{A}^{(V)}$, $\mathfrak{B}^{(V)}$ wird analog § 2.4 (Haupttext) durch

$$\mathfrak{A}^{(V)} \odot \odot \, \mathfrak{B}^{(V)} = \sum_{\alpha,\beta=1}^{N} a^{(V)}_{\alpha\beta}\, b^{(V)}_{\beta\alpha}$$

definiert. Das Ergebnis ist mit $N = 3^n$ identisch mit der zwischen zwei 2n–stufigen Tensoren $\overset{\langle 2n \rangle}{\mathbb{A}}$, $\overset{\langle 2n \rangle}{\mathbb{B}}$ vollzogenen Produktbildung $\overset{\langle 2n \rangle}{\mathbb{A}} \underbrace{\cdots\cdots}_{2\mathrm{n-fach}} \overset{\langle 2n \rangle}{\mathbb{B}}$.

[8] Man setze in (2.11a) $\lambda = 1$, ersetze $\mathfrak{A}^{(V)}$ durch $\mathfrak{A}^{(V)-1} \odot d\mathfrak{A}^{(V)}$ und breche die Entwicklung nach dem linearen Gliede ab.

aufgefunden wird, wenn man in sinngemäßer Verallgemeinerung von (7.10) (Haupttext)
auch für höherdimensionale Vektorräume einer skalarwertigen Funktion

$$F(\mathfrak{A}^{(V)}) = F^x(a_{11}^{(V)},...,a_{nn}^{(V)}) \text{ per}$$

$$\lim_{d\mathfrak{A}^{(V)} \to 0} F(\mathfrak{A}^{(V)} + d\mathfrak{A}^{(V)}) - F(\mathfrak{A}^{(V)}) =^{9)} d\mathfrak{A}^{(V)T} \odot\odot \frac{dF}{d\mathfrak{A}^{(V)}}$$

eine matrix-wertige Funktion

$$\frac{dF}{d\mathfrak{A}^{(V)}} \mathrel{\hat{=}} \begin{bmatrix} \dfrac{\partial F^x}{\partial a_{11}^{(V)}} \cdots\cdots & \dfrac{\partial F^x}{\partial a_{1N}^{(V)}} \\ \vdots & \vdots \\ \dfrac{\partial F^x}{\partial a_{N1}^{(V)}} \cdots\cdots & \dfrac{\partial F^x}{\partial a_{NN}^{(V)}} \end{bmatrix}$$

zuordnet.

Entsprechend (2.12a) gilt dann mit einem beliebigen Skalar λ

$$\frac{d}{d\mathfrak{A}^{(V)}}\left(I_{3^n}(\lambda\mathfrak{E}^{(V)} + \mathfrak{A}^{(V)})\right) = I_{3^n}(\lambda\mathfrak{E}^{(V)} + \mathfrak{A}^{(V)})(\lambda\mathfrak{E}^{(V)} + \mathfrak{A}^{(V)})^{T-1} \ ,$$

d.h.

$$\left\{\frac{d}{d\mathfrak{A}^{(V)}}\left[I_{3^n}(\lambda\mathfrak{E}^{(V)} + \mathfrak{A}^{(V)})\right]\right\} \odot (\lambda\mathfrak{E}^{(V)} + \mathfrak{A}^{(V)T}) = I_{3^n}(\lambda\mathfrak{E}^{(V)} + \mathfrak{A}^{(V)})\mathfrak{E}^{(V)} \ , \quad (2.12b)$$

worin jetzt $I_{3^n}(\lambda\mathfrak{E}^{(V)} + \mathfrak{A}^{(V)})$ nach (2.11a) eingesetzt wird. Es entsteht die nach Potenzen
von λ geordnete Beziehung

$$\sum_{j=0}^{N=3^n} \lambda^{3^n-j}\left[\frac{dI_{j+1}}{d\mathfrak{A}^{(V)}} + \frac{dI_j}{d\mathfrak{A}^{(V)}} \odot \mathfrak{A}^{(V)T} - I_j\mathfrak{E}^{(V)}\right] = 0 \ ,$$

sofern man noch $I_{3^n+1} = 0$ setzt, woraus nach Koeffizientenvergleich hinsichtlich der Potenzen von λ die Rekursionsformel

$$\frac{dI_{j+1}}{d\mathfrak{A}^{(V)}} = I_j\mathfrak{E}^{(V)} - \frac{dI_j}{d\mathfrak{A}^{(V)}} \odot \mathfrak{A}^{(V)T} \ , \quad j = 0...N=3^n \ , \quad\quad (2.12c)$$

hervorgebracht wird. Beginnend mit $I_0 = 1$ erhält man so

---

9) diese Formulierung soll besagen, daß der Ausdruck $F(\mathfrak{A}^{(V)}+d\mathfrak{A}^{(V)}) - F(\mathfrak{A}^{(V)})$ für inkrementelle
$d\mathfrak{A}^{(V)}$ – analog (7.2) Haupttext – durch eine (bzgl. $d\mathfrak{A}^{(V)}$) lineare Abbildung zu kennzeichnen ist.

$$\frac{d\,I_1}{d\mathfrak{A}^{(V)}} = \mathfrak{E}^{(V)}, \tag{2.13a}$$

$$\frac{d\,I_2}{d\mathfrak{A}^{(V)}} = I_1\mathfrak{E}^{(V)} - \mathfrak{E}^{(V)} \odot \mathfrak{A}^{(V)T} = I_1\mathfrak{E}^{(V)} - \mathfrak{A}^{(V)T}, \tag{2.13b}$$

$$\frac{d\,I_3}{d\mathfrak{A}^{(V)}} = I_2\mathfrak{E}^{(V)} - \frac{d\,I_2}{d\mathfrak{A}^{(V)}} \odot \mathfrak{A}^{(V)T} = I_2\mathfrak{E}^{(V)} - I_1\mathfrak{A}^{(V)T} + \mathfrak{A}^{(V)T^2}, \tag{2.13c}$$

$$\frac{d\,I_4}{d\mathfrak{A}^{(V)}} = I_3\mathfrak{E}^{(V)} - \frac{d\,I_3}{d\mathfrak{A}^{(V)}} \odot \mathfrak{A}^{(V)T} = I_3\mathfrak{E}^{(V)} - I_2\mathfrak{A}^{(V)T} + I_1\mathfrak{A}^{(V)T^2} - \mathfrak{A}^{(V)T^3}, \tag{2.13d}$$

usw., d. h. allgemein, wenn man noch $I_0 = 1$ und $\left[\mathfrak{A}^{(V)T}\right]^0 = \mathfrak{E}^{(V)}$ beachtet

$$\frac{d\,I_j}{d\mathfrak{A}^{(V)}} = \sum_{k=0}^{j-1}(-1)^k I_{j-k-1}(\mathfrak{A}^{(V)k})^T\ . \tag{2.14}$$

Hieraus folgen einerseits für $j = 3^n + 1$ mit $I_{3^n+1} = 0$

$$\sum_{k=0}^{3^n}(-1)^k I_{3^n-k}\,(\mathfrak{A}^{(V)k})^T = \sum_{k=0}^{3^n}(-1)^k I_{3^n-k}\,\mathfrak{A}^{(V)k} = 0\ ,$$

also die Struktur der Cayley-Hamiltonschen Gleichung (2.7b), weswegen

$$I_j = \overset{(2n)}{A}_j \tag{2.15a}$$

erkannt wird, und andererseits aus (2.14), woraus wegen

$$\frac{d}{d\mathfrak{A}^{(V)}}\left(\overset{(2n)}{\bar{A}}_j\right) = \frac{d}{d\mathfrak{A}^{(V)}}\left(\mathfrak{E}^{(V)}\odot\odot\,\mathfrak{A}^{(V)j}\right) = j\,\mathfrak{A}^{(V)(j-1)T} \tag{2.16a}$$

zunächst

$$\frac{d\,I_j}{d\mathfrak{A}^{(V)}} = \sum_{k=0}^{j-1}(-1)^k\frac{I_{j-k-1}}{k+1}\frac{d}{d\mathfrak{A}^{(V)}}\left(\overset{(2n)}{\bar{A}}_{k+1}\right),$$

d. h.

$$dI_j = \sum_{k=0}^{j-1}(-1)^k\frac{I_{j-k-1}}{k+1}\,d\overset{(2n)}{\bar{A}}_{k+1} = \sum_{k=1}^{j}(-1)^{k-1}\frac{I_{j-k}}{k}\,d\overset{(2n)}{\bar{A}}_k =$$

$$= {}^{10)}I_{j-1}\,d\overset{(2n)}{\bar{A}}_1 - \frac{1}{2}I_{j-2}\,d\overset{(2n)}{\bar{A}}_2 + \frac{1}{3}I_{j-3}\,d\overset{(2n)}{\bar{A}}_3 - + \ldots + \frac{(-1)^{j-2}}{j-1}I_1\,d\overset{(2n)}{\bar{A}}_{j-1} + \frac{(-1)^{j-1}}{j}\,d\overset{(2n)}{\bar{A}}_j,$$

also schließlich

---

¹⁰⁾ Man beachte $I_0 = 1$

$$\frac{\partial I_j}{\partial \overset{(2n)}{\bar{A}_k}} = \frac{(-1)^{k-1}}{k} I_{j-k} \,, \qquad k = 1\ldots,j \,,\ I_0 = 1 \,, \tag{2.16b}$$

extrahiert werden kann, nach entsprechenden Integrationen die Darstellungen der Invarianten $I_j = \overset{(2n)}{A_j}$ in Termen der Größen $\overset{(2n)}{\bar{A}_k}$ ($k = 1\ldots j$), wobei insbesondere

$$\frac{\partial I_j}{\partial \overset{(2n)}{\bar{A}_j}} = \frac{(-1)^{j-1}}{j} \,, \quad \text{d.h. } I_j = \frac{(-1)^{j-1}}{j} \overset{(2n)}{\bar{A}_j} + \varphi_j(\overset{(2n)}{\bar{A}_1}, \overset{(2n)}{\bar{A}_2} \ldots, \overset{(2n)}{\bar{A}_{j-1}}) \tag{2.16c}$$

erhalten wird. Die konkrete Auswertung von (2.16c) ergibt unter Beachtung von

$$\left. I_j \right|_{\mathfrak{A}^{(V)}=0} = 0$$

a)   für $j = 1$, also die lineare Invariante

$$\frac{\partial I_1}{\partial \overset{(2n)}{\bar{A}_1}} = I_0 = 1 \,, \qquad \text{d.h. } I_1 = \overset{(2n)}{\bar{A}_1} = \mathfrak{E}^{(V)} \circ \circ\, \mathfrak{A}^{(V)} = \overset{(2n)}{A_1} = \mathbb{E} \underbrace{\overset{\langle 2n \rangle}{\cdots\cdots} \overset{\langle 2n \rangle}{\mathbb{A}}}_{2n-\text{fach}} \,, \tag{2.17a}$$

b)   für $j = 2$ aus $\dfrac{\partial I_2}{\partial \overset{(2n)}{\bar{A}_1}} = I_1 = \overset{(2n)}{\bar{A}_1} \,, \qquad \dfrac{\partial I_2}{\partial \overset{(2n)}{\bar{A}_2}} = -\dfrac{1}{2}$

schließlich

$$I_2 = \overset{(2n)}{A_2} = \frac{1}{2}\,(\,\overset{(2n)}{\bar{A}_1}{}^2 - \overset{(2n)}{\bar{A}_2}\,) = -\frac{1}{2}\,(\,\overset{(2n)}{\bar{A}_2} - \overset{(2n)}{A_1}\,\overset{(2n)}{\bar{A}_1}\,) \,, \tag{2.17b}$$

c)   für $j = 3$ aus

$$\frac{\partial I_3}{\partial \overset{(2n)}{\bar{A}_1}} = I_2 \,, \qquad \frac{\partial I_3}{\partial \overset{(2n)}{\bar{A}_2}} = -\frac{1}{2} I_1 = -\frac{1}{2} \overset{(2n)}{A_1} \,, \qquad \frac{\partial I_3}{\partial \overset{(2n)}{\bar{A}_3}} = \frac{1}{3}$$

nach Integration

$$I_3 = \overset{(2n)}{A_3} = \frac{1}{6}\,(\,\overset{(2n)}{\bar{A}_1}{}^3 - 3\,\overset{(2n)}{\bar{A}_1}\,\overset{(2n)}{\bar{A}_2} + 2\,\overset{(2n)}{\bar{A}_3}\,) = \frac{1}{3}\,(\,\overset{(2n)}{\bar{A}_3} - \overset{(2n)}{\bar{A}_2}\,\overset{(2n)}{A_1} + \overset{(2n)}{\bar{A}_1}\,\overset{(2n)}{A_2}\,) \tag{2.17c}$$

und entsprechend (der obere Index (2n) wird aus Raumgründen nicht mehr notiert)

$$I_4 = \overset{(2n)}{A_4} = \frac{1}{4!}\left[\bar{A}_1^4 - 6\bar{A}_1^2\bar{A}_2 + 8\bar{A}_1\bar{A}_3 + 3\bar{A}_2^2 - 6\bar{A}_4\right] = -\frac{1}{4}\left[\bar{A}_4 - \bar{A}_3 A_1 + \bar{A}_2 A_2 + \bar{A}_1 A_3\right] \tag{2.17d}$$

$$I_5 = \overset{(2n)}{A_5} = \frac{1}{5!}\left[\bar{A}_1^5 - 10\bar{A}_1^3\bar{A}_2 + 20\bar{A}_1^2\bar{A}_3 + 15\bar{A}_1\bar{A}_2^2 - 30\bar{A}_1\bar{A}_4 - 20\bar{A}_3\bar{A}_2 + 24\bar{A}_5\right] =$$

$$= \frac{1}{5}\left[A_5 - \bar{A}_4 A_1 + \bar{A}_3 A_2 - \bar{A}_2 A_3 + \bar{A}_1 A_4\right] \,, \tag{2.17e}$$

$$I_6 = \overset{(2n)}{A_6} = \frac{1}{6!}\left[\bar{A}_1^6 - 15\bar{A}_1^4\bar{A}_2 + 40\bar{A}_1^3\bar{A}_3 + 45\bar{A}_1^2\bar{A}_2^2 - 90\bar{A}_1^2\bar{A}_4 - 120\bar{A}_1\bar{A}_2\bar{A}_3 + 144\bar{A}_1\bar{A}_5 -\right.$$

$$-15\bar{A}_2^3 + 90\bar{A}_2\bar{A}_4 + 40\bar{A}_3^2 - 120\bar{A}_6\Big] ,\tag{2.17f}$$

$$I_7 = \overset{(2n)}{A_7} = \frac{\bar{A}_1^7}{7!} - \frac{\bar{A}_1^5\bar{A}_2}{240} + \frac{\bar{A}_1^4\bar{A}_3}{72} + \frac{\bar{A}_1^3\bar{A}_2^2}{48} - \frac{\bar{A}_1^3\bar{A}_4}{24} - \frac{\bar{A}_1^2\bar{A}_2\bar{A}_3}{12} + \frac{\bar{A}_1^2\bar{A}_5}{10} - \frac{\bar{A}_1\bar{A}_2^3}{48} +$$

$$+ \frac{\bar{A}_1\bar{A}_2\bar{A}_4}{8} + \frac{\bar{A}_1\bar{A}_3^2}{18} - \frac{\bar{A}_1\bar{A}_6}{6} + \frac{\bar{A}_2^2\bar{A}_3}{24} - \frac{\bar{A}_2\bar{A}_5}{10} - \frac{\bar{A}_3\bar{A}_4}{12} + \frac{\bar{A}_7}{7} ,\tag{2.17g}$$

$$I_8 = \overset{(2n)}{A_8} = \frac{\bar{A}_1^8}{8!} - \frac{\bar{A}_1^6\bar{A}_2}{1440} + \frac{\bar{A}_1^5\bar{A}_3}{360} + \frac{\bar{A}_1^4\bar{A}_2^2}{192} - \frac{\bar{A}_1^4\bar{A}_4}{96} - \frac{\bar{A}_1^3\bar{A}_2\bar{A}_3}{36} + \frac{\bar{A}_1^3\bar{A}_5}{30} - \frac{\bar{A}_1^2\bar{A}_2^3}{96} +$$

$$+ \frac{\bar{A}_1^2\bar{A}_2\bar{A}_4}{16} + \frac{\bar{A}_1^2\bar{A}_3^2}{36} - \frac{\bar{A}_1^2\bar{A}_6}{12} + \frac{\bar{A}_1\bar{A}_2\bar{A}_3}{24} - \frac{\bar{A}_1\bar{A}_2\bar{A}_5}{10} - \frac{\bar{A}_1\bar{A}_3\bar{A}_4}{12} + \frac{\bar{A}_1\bar{A}_7}{7} + \frac{\bar{A}_2^4}{384} -$$

$$- \frac{\bar{A}_2^2\bar{A}_4}{32} - \frac{\bar{A}_2\bar{A}_3^2}{36} + \frac{\bar{A}_2\bar{A}_6}{12} + \frac{\bar{A}_3\bar{A}_5}{15} + \frac{\bar{A}_4^2}{32} - \frac{\bar{A}_8}{8} ,\tag{2.17h}$$

$$I_9 = \overset{(2n)}{A_9} = \frac{\bar{A}_1^9}{9!} - \frac{\bar{A}_1^7\bar{A}_2}{10080} + \frac{\bar{A}_1^6\bar{A}_3}{2160} + \frac{\bar{A}_1^5\bar{A}_2^2}{960} - \frac{\bar{A}_1^5\bar{A}_4}{480} - \frac{\bar{A}_1^4\bar{A}_2\bar{A}_3}{144} + \frac{\bar{A}_1^4\bar{A}_5}{120} - \frac{\bar{A}_1^3\bar{A}_2^3}{288} +$$

$$+ \frac{\bar{A}_1^3\bar{A}_2\bar{A}_4}{48} + \frac{\bar{A}_1^3\bar{A}_3^2}{108} - \frac{\bar{A}_1^3\bar{A}_6}{36} + \frac{\bar{A}_1^2\bar{A}_2^2\bar{A}_3}{48} - \frac{\bar{A}_1^2\bar{A}_2\bar{A}_5}{20} - \frac{\bar{A}_1^2\bar{A}_3\bar{A}_4}{24} + \frac{\bar{A}_1^2\bar{A}_7}{14} +$$

$$+ \frac{\bar{A}_1\bar{A}_2^4}{384} - \frac{\bar{A}_1\bar{A}_2^2\bar{A}_4}{32} - \frac{\bar{A}_1\bar{A}_2\bar{A}_3^2}{36} + \frac{\bar{A}_1\bar{A}_2\bar{A}_6}{12} + \frac{\bar{A}_1\bar{A}_3\bar{A}_5}{15} + \frac{\bar{A}_1\bar{A}_4^2}{32} - \frac{\bar{A}_1\bar{A}_8}{8} -$$

$$- \frac{\bar{A}_2^3\bar{A}_3}{144} + \frac{\bar{A}_2^2\bar{A}_5}{40} + \frac{\bar{A}_2\bar{A}_3\bar{A}_4}{24} - \frac{\bar{A}_2\bar{A}_7}{14} + \frac{\bar{A}_3^3}{162} - \frac{\bar{A}_3\bar{A}_6}{18} - \frac{\bar{A}_4\bar{A}_5}{20} + \frac{\bar{A}_9}{9}\tag{2.17i}$$

usw. Für $n = 1$, d.h. $\overset{\langle 2n\rangle}{A} = \overset{\langle 2\rangle}{A}$, also zweistufige Tensoren sind danach die (ersten)

$3^n = 3^1 = 3$ Größen $\overset{(2)}{A_1}, \overset{(2)}{A_2}, \overset{(2)}{A_3}$ nach (2.17a-c) die Grundinvarianten (vgl. a. (2.64d-f)

Haupttext), für z.B. $n = 2$, d.h. $\overset{\langle 2n\rangle}{A} = \overset{\langle 4\rangle}{A}$, also allgemeine vierstufige Tensoren, existieren

$3^n = 3^2 = 9$ Grundinvarianten $\overset{(4)}{A_1},...,\overset{(4)}{A_9}$, die in (2.17a-i) in Abhängigkeit von den Größen

$\overset{(4)}{\bar{A}_j} = \mathbb{E} \cdots \overset{\langle 4\rangle}{A}{}^j$, $j = 1...9$, mit $\overset{\langle 4\rangle}{A}{}^j = \underbrace{\overset{\langle 4\rangle}{A}\cdots\overset{\langle 4\rangle}{A}\cdots\overset{\langle 4\rangle}{A}\cdots\cdots\overset{\langle 4\rangle}{A}}_{j\ \mathrm{mal}}$ aufgelistet sind und

die Koeffizienten der Cayley-Hamilton-Gleichung

$$\overset{\langle 4\rangle}{A}{}^9 - \overset{(4)}{A_1}\overset{\langle 4\rangle}{A}{}^8 + \overset{(4)}{A_2}\overset{\langle 4\rangle}{A}{}^7 - +.....- \overset{(4)}{A_9}\mathbb{E} = 0\tag{2.18}$$

darstellen usw..

Wegen $\quad \overset{\langle 2n\rangle}{\mathbb{E}}{}^j = \underbrace{\overset{\langle 2n\rangle}{\mathbb{E}} \underbrace{\cdots\cdots}_{n-\mathrm{fach}} \overset{\langle 2n\rangle}{\mathbb{E}} \underbrace{\cdots\cdots}_{n-\mathrm{fach}} \overset{\langle 2n\rangle}{\mathbb{E}} \cdots\cdots\underbrace{\cdots\cdots}_{n-\mathrm{fach}} \overset{\langle 2n\rangle}{\mathbb{E}}}_{j-\mathrm{mal}} = \overset{\langle 2n\rangle}{\mathbb{E}}\tag{2.19a}$

und daher

$$\overset{(2n)}{\bar{E}}_{j} = \overset{\langle 2n\rangle}{E} \underbrace{\cdots\cdots}_{2n-mal} \overset{\langle 2n\rangle}{E}{}^{j} = \overset{\langle 2n\rangle}{E} \underbrace{\cdots\cdots}_{2n-mal} \overset{\langle 2n\rangle}{E} = 3^n \qquad (2.19b)$$

erhält man so z. B. für die Invarianten des Einheitstensors 2nter Stufe

$$\left[\overset{\langle 2n\rangle}{E} \right]_1 = \overset{(2n)}{E}_1 = 3^n = \binom{3^n}{1} = \binom{3^n}{3^n-1} ,$$

$$\left[\overset{\langle 2n\rangle}{E} \right]_2 = \overset{(2n)}{E}_2 = -\frac{1}{2}(3^n - 3^n\cdot 3^n) = \frac{3^n(3^n-1)}{1\cdot 2} = \binom{3^n}{2} = \binom{3^n}{3^n-2} ,$$

$$\left[\overset{\langle 2n\rangle}{E} \right]_3 = \overset{(2n)}{E}_3 = \frac{1}{3}(3^n - 3^n\cdot 3^n + 3^n\cdot \frac{3^n}{2}(3^n-1)) = \frac{3^n(3^n-1)(3^n-2)}{1\cdot 2\cdot 3} = \binom{3^n}{3} = \binom{3^n}{3^n-3}$$

und allgemein

$$\left[\overset{\langle 2n\rangle}{E} \right]_j = \overset{(2n)}{E}_j = \binom{3^n}{j} \equiv \binom{3^n}{3^n-j} = \left[\overset{\langle 2n\rangle}{E} \right]_{3^n-j} , \qquad \left[\overset{\langle 2n\rangle}{E} \right]_{3^n} = \binom{3^n}{3^n} = 1 , \qquad (2.19c,d)$$

also (bis auf den jeweils links stehenden Anfangswert der "Zahlenpyramide") die Werte der "pythagoräi-

schen Zahlen" der 3^nten Zeile des Pascalschen Zahlendreiecks, im Falle n = 2 die Zahlen der 3^2 = 9. Zeile

und so für die "neun Invarianten" von $\overset{\langle 4\rangle}{E}$

$$\left[\overset{\langle 4\rangle}{E} \right]_1 = \left[\overset{\langle 4\rangle}{E} \right]_8 = 9 , \qquad \left[\overset{\langle 4\rangle}{E} \right]_2 = \left[\overset{\langle 4\rangle}{E} \right]_7 = 36 , \qquad \left[\overset{\langle 4\rangle}{E} \right]_3 = \left[\overset{\langle 4\rangle}{E} \right]_6 = 84 ,$$

$$\left[\overset{\langle 4\rangle}{E} \right]_4 = \left[\overset{\langle 4\rangle}{E} \right]_5 = 126 , \qquad \left[\overset{\langle 2n\rangle}{E} \right]_9 = 1 .$$

Im Falle symmetrischer vierstufiger Tensoren

$$\overset{\langle 4\rangle}{A} = \overset{\langle 4\rangle}{E}_T \cdot\cdot \overset{\langle 4\rangle}{A} = \overset{\langle 4\rangle}{A} \cdot\cdot \overset{\langle 4\rangle}{E}_T ,$$

für die eine Darstellung in einer (i. allg. nicht symmetrischen) Voigtschen 6×6-Matrix mög-

lich ist (vgl. § 6.6, Haupttext), läßt sich mit N = 6 und $\overset{\langle 4\rangle}{E}_s$ anstelle von $\overset{\langle 4\rangle}{E}$ das ent-

sprechende Theorem auf

$$\overset{\langle 4\rangle 6}{A} - A_1 \overset{(4)\langle 4\rangle 5}{A} + A_2 \overset{(4)\langle 4\rangle 4}{A} - A_3 \overset{(4)\langle 4\rangle 3}{A} + A_4 \overset{(4)\langle 4\rangle 2}{A} - A_5 \overset{(4)\langle 4\rangle}{A} + A_6 \overset{(4)\langle 4\rangle}{E}_s = 0 \qquad (2.20)$$

verkürzen.

E§3   Isotrope Funktionen vektor- bzw. tensorwertiger Variabler

3.1   Allgemeine Hinweise

Mit sog. orthogonalen Operatoren 2n-ter Stufe $\overset{\langle 2n\rangle}{\mathbb{Q}}$, die mit orthogonalen zweistufigen Operatoren $\overset{\langle 2\rangle}{\mathbb{Q}} = \mathbb{Q}$ nach § 3.4 (Haupttext) etwa bei Bezugnahme auf eine Orthonormalbasis $\langle \mathbf{e}_j\rangle$ nach der Vorschrift

$$\overset{\langle 2n\rangle}{\mathbb{Q}} = \sum_{\alpha,\beta\ldots\nu=1}^{3} \mathbf{e}_\nu \circ \mathbf{e}_{\nu-1}\circ\ldots\mathbf{e}_\beta\circ\mathbf{e}_\alpha\circ(\mathbf{e}_\alpha\cdot\mathbb{Q})\circ(\mathbf{e}_\beta\cdot\mathbb{Q})\circ\ldots\circ(\mathbf{e}_\nu\cdot\mathbb{Q}) \tag{3.1}$$

gebildet werden, ist eine isotrope n-stufig tensorwertige Funktion

$$\overset{\langle n\rangle}{\mathsf{Y}} = \overset{\langle n\rangle}{\mathsf{Y}}(\overset{\langle 0\rangle}{\mathsf{X}},\overset{\langle 1\rangle}{\mathsf{X}},\overset{\langle 2\rangle}{\mathsf{X}}\ldots,\overset{\langle m\rangle}{\mathsf{X}}) \tag{3.2a}$$

tensorwertiger Variabler bis zur m-ten Stufe[1] durch die Funktionalgleichung

$$\overset{\langle n\rangle}{\mathsf{Y}}(\overset{\langle 0\rangle}{\mathsf{X}},\overset{\langle 1\rangle}{\mathsf{X}},\overset{\langle 2\rangle}{\mathsf{X}}\ldots,\overset{\langle m\rangle}{\mathsf{X}})\underbrace{\cdots\cdots}_{\text{n-fach}}\overset{\langle 2n\rangle}{\mathbb{Q}} = \overset{\langle n\rangle}{\mathsf{Y}}(\overset{\langle 0\rangle}{\mathsf{X}},\overset{\langle 1\rangle}{\mathsf{X}}\cdot\overset{\langle 2\rangle}{\mathbb{Q}},\ldots,\overset{\langle m\rangle}{\mathsf{X}}\underbrace{\cdots\cdots}_{\text{m-fach}}\overset{\langle 2m\rangle}{\mathbb{Q}}) \tag{3.2b}$$

definiert.

Denkt man sich z.B. unter Benutzung einer Orthonormalbasis $\langle\mathbf{e}_j\rangle$ sämtliche extensiven Größen in der Form

$$\overset{\langle n\rangle}{\mathsf{Y}} = \sum_{a,b,\ldots n=1}^{3} y_{ab\ldots n}\,\mathbf{e}_a\circ\mathbf{e}_b\circ\ldots\mathbf{e}_n\,, \qquad \overset{\langle m\rangle}{\mathsf{X}} = \sum_{\alpha,\beta,\ldots\mu=1}^{3} x_{\alpha\beta\ldots\mu}\,\mathbf{e}_\alpha\circ\mathbf{e}_\beta\circ\ldots\mathbf{e}_\mu$$

dargestellt, und fasst man (3.2a) als Repräsentanten der 3^n Komponentenfunktionen

$$y_{ab\ldots n} = (\mathbf{e}_n\circ\mathbf{e}_{n-1}\circ\ldots\mathbf{e}_b\circ\mathbf{e}_a)\underbrace{\cdots\cdots}_{\text{n-fach}}\overset{\langle n\rangle}{\mathsf{Y}} = \bar{y}_{ab\ldots n}(x_0,x_1,x_2,x_3;x_{11}\ldots x_{33};x_{111}\ldots x_{333};\ldots) \tag{3.3a}$$

der Argumente
$$x_{\alpha\beta\ldots\mu} = (\mathbf{e}_\mu\circ\mathbf{e}_{\mu-1}\circ\ldots\mathbf{e}_\beta\circ\mathbf{e}_\alpha)\underbrace{\cdots\cdots}_{\text{m-fach}}\overset{\langle m\rangle}{\mathsf{X}} \tag{3.3b}$$

---

[1] $\overset{\langle 0\rangle}{\mathsf{X}} = x_0$ ist ein Skalar, $\overset{\langle 1\rangle}{\mathsf{X}} = \mathsf{x}$ ein Vektor, $\overset{\langle 0\rangle}{\mathbb{Q}} = 1$

auf, so ist wegen

$$\overset{\langle m\rangle}{\mathbb{X}}{}^{*} = \overset{\langle m\rangle}{\mathbb{X}} \underbrace{\cdots\cdots}_{m\text{-fach}} \overset{\langle 2m\rangle}{\mathbb{Q}} = \sum_{\alpha,\beta,..\mu=1}^{3} x_{\alpha\beta...\nu}\, \overset{*}{\mathbb{e}}_{\alpha} \circ \overset{*}{\mathbb{e}}_{\beta} \circ ... \overset{*}{\mathbb{e}}_{\mu} \tag{3.4a}$$

und

$$\overset{\langle n\rangle}{\mathbb{Y}}{}^{*} = \overset{\langle n\rangle}{\mathbb{Y}} \underbrace{\cdots\cdots}_{n\text{-fach}} \overset{\langle 2n\rangle}{\mathbb{Q}} = \sum_{a,b,..n=1}^{3} y_{ab...n}\, \overset{*}{\mathbb{e}}_{a} \circ \overset{*}{\mathbb{e}}_{b} \circ ... \overset{*}{\mathbb{e}}_{n} \tag{3.4b}$$

mit $\overset{*}{\mathbb{e}}_{j} = \mathbb{e}\cdot\mathbb{Q}$ die Funktionalgleichung (3.2b) gleichwertig der Feststellung, daß, nunmehr bezogen auf die Komponenten der $\mathbb{Q}$-transformierten Basisrichtungen $\langle \overset{*}{\mathbb{e}}_{j}\rangle$ die ursprünglichen Komponentenfunktionen $\bar{y}_{abc...n}$ erhalten geblieben sind. Für reine Drehtransformationen (mit Versoren $\mathbb{R}$ anstelle von $\mathbb{Q}$) bedeutet (3.2b), daß in der Zuordnung (3.2a) das Ergebnis $\left[\overset{\langle n\rangle}{\mathbb{Y}}\right]$ um dasselbe Maß gedreht wird, wie die Argumente $\left[\overset{\langle m\rangle}{\mathbb{X}}\right]$, für allgemeine Transformationen $\mathbb{Q}$, daß für ungradzahlige m,n die Ergebnisse $\left[\overset{\langle n\rangle}{\mathbb{Y}}\right]$ auch gespiegelt erscheinen, sofern die Argumente $\left[\overset{\langle m\rangle}{\mathbb{X}}\right]$ gespiegelt werden. Insofern sichert (3.2b), daß einem durch (3.2a) beschriebenen Befund $\left[\overset{\langle n\rangle}{\mathbb{Y}}\right]$ - neben den durch die Argumente $\left[\overset{\langle m\rangle}{\mathbb{X}}\right]$ ohnehin in das Problem eingetragenen Richtungen - keine weitere ausgezeichnete Orientierung aufgeprägt ist.

Lösungen der durch (3.2b) beschriebenen Isotropieaufgabe werden in Form sog. "Darstellungssätze" angestrebt, was für skalarwertige, vektorwertige und zweistufig-tensorwertige Funktionen ebensolcher Argumente noch vergleichsweise einfach ist, wenngleich auch hier schon, für mehrere Argumente $\mathbb{X}$ die Formalien unübersichtlich werden. Darstellungssätze für höherstufige Größen (auch als Argumente)[2] ,sind in der Literatur (vermutlich des erheblichen formalen Umfanges wegen) nicht angegeben und werden daher zweckmäßig in Form von Polynomialdarstellungen unter Benutzung sog. "isotroper Gruppen" (vgl. § E4) fallweise in der jeweils gewünschten Approximationsstufe konstruiert. Wir beginnen mit der Untersuchung einfacher Beispiele. Für

---

[2] benötigt z.B. für Materialgleichungen isotroper Medien in nichtlokalen sog. Gradienten-Kontinuumstheorien

3.2 Isotrope skalarwerige Funktionen,

die in Spezialisierung von (3.2b) mit n=0 der Funktionalgleichung

$$\mathscr{W} = \mathscr{W}(\overset{\langle 0\rangle}{\mathbb{X}}, \overset{\langle 1\rangle}{\mathbb{X}}, \overset{\langle 2\rangle}{\mathbb{X}}, \ldots \overset{\langle m\rangle}{\mathbb{X}}) = \mathscr{W}(\overset{\langle 0\rangle}{\mathbb{X}}, \overset{\langle 1\rangle}{\mathbb{X}} \cdot \overset{\langle 2\rangle}{\mathbb{Q}}, \overset{\langle 2\rangle}{\mathbb{X}} \cdot\cdot \overset{\langle 4\rangle}{\mathbb{Q}} \ldots, \overset{\langle m\rangle}{\mathbb{X}} \underbrace{\cdots\cdots}_{\text{m-fach}} \overset{\langle 2m\rangle}{\mathbb{Q}}) \qquad (3.5a)$$

genügen müssen, geschieht die Reduktion auf "Darstellungssätze" in der Weise, daß man

aus den Komponenten-Variablen der Argumente $\overset{\langle m\rangle}{\mathbb{X}}$ einen vollständigen Set "$\mathbb{Q}$-invarian-

ter" Komponentenkombinationen i_α, $\alpha = 1, 2,\ldots, p$, die sog. "skalaren Invarianten des Vari-

ablensatzes ($\overset{\langle 0\rangle}{\mathbb{X}}, \overset{\langle 1\rangle}{\mathbb{X}},\ldots, \overset{\langle m\rangle}{\mathbb{X}}$)",erzeugt und Letztere als Argumente in der isotropen Funk-

tion $\mathscr{W}$ verwendet:

$$\mathscr{W} = F(i_1, i_2,\ldots, i_p) \qquad (3.5b)$$

Zur Erläuterung der Vorgehensweise wird die Reduktion auf eine Struktur von der Form
(3.5b) für den "Basisfall" der

3.2.1 <u>isotropen skalarwertigen Funktion eines Sets vektorwertiger Variabler,</u>

nämlich für eine Funktion

$$\mathscr{W} = \mathscr{W}(x^{(1)},\ldots,x^{(n)}) = \overline{\mathscr{W}}(x_1^{(1)},x_2^{(1)},x_3^{(1)};x_1^{(2)},\ldots,x_j^{(\alpha)},\ldots,x_3^{(n)}) \qquad (3.6a)$$

mit der Eigenschaft

$$\mathscr{W}(x^{(1)},\ldots,x^{(n)}) = \mathscr{W}(x^{(1)}\cdot\mathbb{Q},\ldots, x^{(n)}\cdot\mathbb{Q}) \qquad (3.6b)$$

recherchiert und zunächst der vollständige Satz der versorinvarianten Größen $i_\alpha^{(\mathbb{R})}$

($\alpha = 1,\ldots,p_{\mathbb{R}}$) identifiziert, die die Eigenschaft haben, unter $\mathbb{R}$ -Transformationen unverän-

dert zu bleiben.[3] Dazu fragt man, welche Kenngrößen eines Vektorbüschels ($x^{(j)}$) unver-

ändert bleiben, wenn man die Gesamtanordnung einer Starrdrehung unterwirft, und kommt

angesichts der Tatsache, daß sich bei einer solchen Prozedur die Beträge der Vektoren wie

---

[3] und im übrigen als sog. "hemitrope Invarianten" des Variablensatzes $x^{(1)},\ldots x^{(n)}$ bezeichnet werden.

auch deren relative Lage zueinander nicht ändern, zu der Feststellung, daß als einzige Größen sowohl die Skalarprodukte

$$\zeta_{jk} = x^{(j)} \cdot x^{(k)} \quad , j,k = 1,...,n, \tag{3.7a}$$

als auch die Spatprodukte

$$\mu_{jkl} = \left[x^{(j)}, x^{(k)}, x^{(1)} \right] \quad , j,k,l = 1,...,n, \tag{3.7b}$$

versor–invariant und damit zum Aufbau der Größen $i_\alpha^{(R)}$ geeignet sind[4]. In den dergestalt auf

$$i_\alpha = i_\alpha^{(R)} = \varphi_\alpha^{(R)} \left(\zeta_{11},...,\zeta_{nn}; \mu_{123},...,\mu_{n-2,n-1,n} \right) , \quad \alpha = 1,...,n, \tag{3.7c}$$

reduzierten Strukturen für die Invarianten treten also noch die, die relative räumliche Orientierung der Vektoren des Büschels kennzeichnenden Spatprodukte μ_{jkl} auf, die man aber wegen

$$x^{(\nu)} = \frac{\left[x^{(\nu)} x^{(2)} x^{(3)} \right]}{\left[x^{(1)} x^{(2)} x^{(3)} \right]} x^{(1)} + \frac{\left[x^{(\nu)} x^{(3)} x^{(1)} \right]}{\left[x^{(1)} x^{(2)} x^{(3)} \right]} x^{(2)} + \frac{\left[x^{(\nu)} x^{(1)} x^{(2)} \right]}{\left[x^{(1)} x^{(2)} x^{(3)} \right]} x^{(3)}, \quad \nu = 3,...,n, \tag{3.8a}$$

letztlich alle auf Skalarprodukte ζ_{jk} und ein Spatprodukt eines ausgezeichneten Tripels[5], etwa das Produkt $\left[x^{(1)} x^{(2)} x^{(3)} \right]$ reduzieren kann.

Etwa den ersten Koeffizienten in (3.8a) betrachtend, ist

$$k_1^{(\nu)} = \frac{\left[x^{(\nu)} x^{(2)} x^{(3)} \right]}{\left[x^{(1)} x^{(2)} x^{(3)} \right]} = \frac{\left[x^{(\nu)} x^{(2)} x^{(3)} \right] \left[x^{(1)} x^{(2)} x^{(3)} \right]}{\left[x^{(1)} x^{(2)} x^{(3)} \right]^2}, \tag{3.8b}$$

und weil man das Produkt zweier Spatprodukte allgemein in der Form

$$\left[a_1 a_2 a_3 \right] \left[b_1 b_2 b_3 \right] = \begin{vmatrix} a_1 \cdot b_1 & a_1 \cdot b_2 & a_1 \cdot b_3 \\ a_2 \cdot b_1 & a_2 \cdot b_2 & a_2 \cdot b_3 \\ a_3 \cdot b_1 & a_3 \cdot b_2 & a_3 \cdot b_3 \end{vmatrix} \tag{3.8c}$$

durch Skalarprodukte ausdrücken kann (vgl. (1.24a) Haupttext), weiter

$$k_1^{(\nu)} = \begin{vmatrix} x^{(\nu)} \cdot x^{(1)} & x^{(\nu)} \cdot x^{(2)} & x^{(\nu)} \cdot x^{(3)} \\ x^{(2)} \cdot x^{(1)} & x^{(2)} \cdot x^{(2)} & x^{(2)} \cdot x^{(3)} \\ x^{(3)} \cdot x^{(1)} & x^{(3)} \cdot x^{(2)} & x^{(3)} \cdot x^{(3)} \end{vmatrix} \Big/ \begin{vmatrix} x^{(1)} \cdot x^{(1)} & x^{(1)} \cdot x^{(2)} & x^{(1)} \cdot x^{(3)} \\ x^{(2)} \cdot x^{(1)} & x^{(2)} \cdot x^{(2)} & x^{(2)} \cdot x^{(3)} \\ x^{(3)} \cdot x^{(1)} & x^{(3)} \cdot x^{(2)} & x^{(3)} \cdot x^{(3)} \end{vmatrix}, \tag{3.8d}$$

---

[4] vgl. Anhang zu (3.7) am Ende dieser Ziffer (3.2.1)

[5] dessen Existenz hier (zumindest momentan) vorrausgesetzt wird

so daß man mit den entsprechenden weiteren, allein mittels Skalarprodukten auszudrückenden Kompo-

nenten $k_2^{(\nu)}$, $k_3^{(\nu)}$
$$x^{(\nu)} = \sum_{j=1}^{3} k_j^{(\nu)}\, x^{(j)} \tag{3.8e}$$

und demgemäß wegen $\left[x^{(i)} x^{(j)} x^{(k)}\right] = \epsilon_{\langle ijk\rangle}\left[x^{(1)} x^{(2)} x^{(3)}\right]$ in der Tat

$$\mu_{\alpha\beta\gamma} = \left[x^{(\alpha)} x^{(\beta)} x^{(\gamma)}\right] = \left[\sum_{i,j,k=1}^{3} k_i^{(\alpha)} k_j^{(\beta)} k_k^{(\gamma)}\, \epsilon_{\langle ijk\rangle}\right]\left[x^{(1)} x^{(2)} x^{(3)}\right] \tag{3.8f}$$

auffindet, wobei der gestrichelte Anteil allein von Skalarprodukten abhängt. Gleichwertig zu (3.7c) ist also

$$i_\alpha = i_\alpha^{(\mathbb{R})} = \overline{\varphi}_\alpha^{(\mathbb{R})}\left[\zeta_{11},...,\zeta_{nn}; \left[x^{(1)} x^{(2)} x^{(3)}\right]\right] \tag{3.9}$$

als Darstellungsstruktur für versorinvariante Größen zu identifizieren.

Die Reduktion auf $\mathbb{Q}$–invariante Skalare ist nun einfach. Weil unter $\mathbb{Q}$– Transformationen (mit det $\mathbb{Q} = \pm 1$) zwar die Skalarprodukte ζ_{jk} unverändert bleiben, Spatprodukte aber ihr Vorzeichen wechseln können[6] ,folgt aus,

$$i_\alpha(x^{(1)},...,x^{(n)}) = i_\alpha(x^{(1)}\cdot\mathbb{Q},...,x^{(n)}\cdot\mathbb{Q}) \quad\text{mit}\quad \det\mathbb{Q} = -1$$

in der Formulierung (3.9)

$$i_\alpha = \overline{\varphi}_\alpha^{(\mathbb{R})}\left[\zeta_{11},...,\zeta_{nn}; \left[x^{(1)} x^{(2)} x^{(3)}\right]\right] = \overline{\varphi}_\alpha^{(\mathbb{R})}\left[\zeta_{11},...,\zeta_{nn}; -\left[x^{(1)} x^{(2)} x^{(3)}\right]\right], \tag{3.9a}$$

was bedeutet, daß in (3.9) das Spatprodukt–Argument $\left[x^{(1)} x^{(2)} x^{(3)}\right]$ quadratisch auftreten muß, dann aber nach (3.8c) gemäß

$$\left[x^{(1)} x^{(2)} x^{(3)}\right]^2 = \begin{bmatrix} x^{(1)}\cdot x^{(1)} & x^{(1)}\cdot x^{(2)} & x^{(1)}\cdot x^{(3)} \\ x^{(2)}\cdot x^{(1)} & x^{(2)}\cdot x^{(2)} & x^{(2)}\cdot x^{(3)} \\ x^{(3)}\, x^{(1)} & x^{(3)}\, x^{(2)} & x^{(3)}\, x^{(3)} \end{bmatrix}$$

wieder durch Skalarprodukte ausgedrückt werden kann. So verbleibt also für die Struktur $\mathbb{Q}$–invarianter Skalare
$$i_\alpha = \overline{\varphi}_\alpha(\zeta_{11},...,\zeta_{nn}) \tag{3.9b}$$

---

[6] Man benutze (2.39a) (Haupttext), wonach mit $\mathbb{Q}$ anstelle von $\mathbb{F}$ zunächst

$$(x^{(1)}\cdot\mathbb{Q}) \times (x^{(2)}\cdot\mathbb{Q}) = (\mathbb{Q})_3 (x^{(1)}\times x^{(2)})\cdot\mathbb{Q}^{\mathsf{T}^{-1}}$$

und damit weiter

$$\left[(x^{(1)}\cdot\mathbb{Q})\times(x^{(2)}\cdot\mathbb{Q})\right]\cdot(x^{(3)}\cdot\mathbb{Q}) = (\mathbb{Q})_3\left[x^{(1)} x^{(2)} x^{(3)}\right] = \left[x^{(1)} x^{(2)} x^{(3)}\right]\det\mathbb{Q}$$

aufgefunden wird.

bzw. als "Lösung von (3.6b)" der Darstellungssatz von Cauchy

$$\mathscr{W}(\varkappa^{(1)},..., \varkappa^{(2)}) = F(\zeta_{11},..., \zeta_{nn}), \qquad (3.9c)$$

wenn man die $p = n(n+1)/2$ $\mathbb{Q}$-invarianten Größen

$$
\begin{bmatrix}
\zeta_{11} & \zeta_{12} & \zeta_{13} & \zeta_{14} & \zeta_{15} & \cdots\cdots & \zeta_{1n} \\
 & \zeta_{22} & \zeta_{23} & \zeta_{24} & \zeta_{25} & \cdots\cdots & \zeta_{2n} \\
 & & \zeta_{33} & \zeta_{34} & \zeta_{35} & \cdots\cdots & \zeta_{3n} \\
 & & & \zeta_{44} & \zeta_{45} & \cdots\cdots & \zeta_{4n} \\
 & & & & \zeta_{55} & \cdots\cdots & \zeta_{5n} \\
 & & & & & \ddots & \vdots \\
 & & & & & & \zeta_{nn}
\end{bmatrix}
\qquad (3.10)
$$

-anstelle von Funktionen $\bar{\varphi}_\alpha$ der Letzteren- selbst als die skalaren Invarianten des Sets $(\varkappa^{(1)},..., \varkappa^{(n)})$ auffaßt.

Der Umfang des Variablensatzes (3.10) kann i.allg., wo die Argumente $\varkappa^{(j)}$ beliebige Werte (einschließlich des Wertes Null) einnehmen dürfen, nicht unterschritten werden[7], weil etwa eine "Komponentendarstellung" der Vektoren $\varkappa^{(\mu)}$ ($\mu > 3$) im Sinne von (3.8e) zwar letztlich dazu führte, daß man sämtliche Größen ζ_{jk} (j,k > 3) auf die Größen $\zeta_{j\nu}$ (j = 1,...,3; $\nu > 3$) reduzieren kann (womit lediglich die in (3.10a) trapezoid eingerahmte Menge von 6+3(n–3) = 3(n–1) Variablen verbliebe), aber diese Reduktion eben nur möglich ist, sofern die Vektoren $\varkappa^{(j)}$, j=1,...3, permanent eine Basis bilden. Ist dies nicht der Fall, müßte auf andere geeignete Tripel $\varkappa^{(\nu)}$, $\varkappa^{(\nu+1)}$, $\varkappa^{(\nu+2)}$ "ausgewichen" werden usw. Die Notation des vollständigen Variablensatzes benötigt man auch, wenn man $\mathscr{W}$ nach den Argumenten $\varkappa^{(j)}$ differenzieren will.

Wenn man für n > 3 unter den Vektoren $\varkappa^{(\nu)}$ ($\nu = 1,...,n$) ein System dreier permanent nicht komplanarer Vektoren $\mathfrak{e}_1, \mathfrak{e}_2, \mathfrak{e}_3$ findet, die man – für relativ zueinander unveränderliche Größen $\mathfrak{e}_j$ (j = 1,2,3) – als "Basis" zur Notation der restlichen Vektoren $\varkappa^{(\nu)}$ ($\nu = 4,...,n$) in Form sog. "körperfester[8]"

---

[7] womit die Anzahl der Invarianten (ab n > 5) die Komponentenzahl der Vektoren sogar überschreiten kann.

[8] Da die Größen $\mathfrak{e}_j$(j=1,2,3) als Mitglieder des Vektorbüschels allfällige $\mathbb{Q}$-Transformationen "mitmachen müssen", stellen sie eine hinsichtlich des Büschels "körperfeste Basis" dar.

Komponenten" benutzen kann, fallen spezielle Versionen des Prinzips der materiellen Objektivität bzw. des Forminvarianzprinzips der relativistischen Theorien an. Da sich im Hinblick auf eine Basis e_j sämtliche Vektoren $x^{(\nu)}$ ($\nu = 4,...,n$) per

$$x^{(\nu)} = \frac{\left[x^{(\nu)} e_2 e_3\right]}{\left[e_1 \; e_2 \; e_3\right]} \, e_1 + \frac{\left[e_1 x^{(\nu)} e_3\right]}{\left[e_1 \; e_2 \; e_3\right]} \, e_2 + \frac{\left[e_1 e_2 x^{(\nu)}\right]}{\left[e_1 \; e_2 \; e_3\right]} \, e_3$$

mit

$$\frac{\left[x^{(\nu)} e_2 e_3\right]}{\left[e_1 \; e_2 \; e_3\right]} = \frac{\left[x^{(\nu)} e_2 \; e_3\right]\left[e_1 \; e_2 \; e_3\right]}{\left[e_1 \; e_2 \; e_3\right]^2} = \frac{\begin{vmatrix} x^{(\nu)} \cdot e_1 & x^{(\nu)} \cdot e_2 & x^{(\nu)} \cdot e_3 \\ e_2 \cdot e_1 & e_2 \cdot e_2 & e_2 \cdot e_3 \\ e_3 \cdot e_1 & e_3 \cdot e_2 & e_3 \cdot e_3 \end{vmatrix}}{\begin{vmatrix} e_1 \cdot e_1 & e_1 \cdot e_2 & e_1 \cdot e_3 \\ e_2 \cdot e_1 & e_2 \cdot e_2 & e_2 \cdot e_3 \\ e_3 \cdot e_1 & e_3 \cdot e_2 & e_3 \cdot e_3 \end{vmatrix}}.$$

usw. durch die sechs Skalarprodukte

$$\hat{\zeta}_{jk} = e_j \cdot e_k \qquad j,k = 1,2,3$$

sowie die 3(n–3) Größen

$$\zeta_{\nu k} = x^{(\nu)} \cdot e_k , \qquad \nu = 4,...,n; \quad k = 1,2,3$$

ausdrücken lassen, ist $\mathscr{W}$ letztlich allein in Abhängigkeit von den $6+3(n-3) = 3(n-1)$ Größen

$$\begin{array}{ccc|cccc} e_1 \cdot e_1 & e_1 \cdot e_2 & e_1 \cdot e_3 & x^{(4)} \cdot e_1 & x^{(5)} \cdot e_1 \cdots\cdots x^{(n)} \cdot e_1 \\ & e_2 \cdot e_2 & e_2 \cdot e_3 & x^{(4)} \cdot e_2 & x^{(5)} \cdot e_2 \cdots\cdots x^{(n)} \cdot e_2 \\ & & e_3 \cdot e_3 & x^{(4)} \cdot e_3 & x^{(5)} \cdot e_3 \cdots\cdots x^{(n)} \cdot e_3 \end{array} \qquad (3.11)$$

etwa in der Form

$$\mathscr{W} = \mathscr{W}_{\langle e_1, e_2, e_3 \rangle} \left(x^{(4)} \cdot e_1, \; x^{(4)} \cdot e_2, \; x^{(4)} \cdot e_3,..., \; x^{(n)} \cdot e_3 \right)$$

darstellbar, was besagt, daß der Wert von $\mathscr{W}$ festliegt, wenn die in einem körperfesten Bezugssystem registrierten Komponenten der Vektoren $x^{(\nu)}$ ($\nu = 4,...,n$) vorgegeben sind. Die Bedeutung dieses Befundes liegt darin, daß man die körperfeste Basis $\langle e_j \rangle$ wahlweise jeweils mit einer raumfesten Basis $\langle \overset{\langle K \rangle}{e}_j \rangle$ identifizieren kann und so zu der Feststellung gelangt, daß der Funktionswert

$$\mathscr{W} = \mathscr{W}_{\langle e_1, e_2, e_3 \rangle} \left[\left(x^{(4)} \cdot \overset{\langle K \rangle}{e}_1, \; x^{(4)} \cdot \overset{\langle K \rangle}{e}_2, \; x^{(4)} \cdot \overset{\langle K \rangle}{e}_3,..., x^{(n)} \cdot \overset{\langle K \rangle}{e}_3 \right] =$$

$$= \mathscr{W}_{\langle e_1, e_2, e_3 \rangle} \left[x^{(4)} \cdot \overset{\langle K' \rangle}{e}_1 , \; x^{(4)} \cdot \overset{\langle K' \rangle}{e}_2 , \; x^{(4)} \cdot \overset{\langle K' \rangle}{e}_3 , \dots, x^{(n)} \cdot \overset{\langle K' \rangle}{e}_3 \right] \qquad (3.11a)$$

für alle durch Orthogonaltransformation auseinander hervorgehende Bezugsbasen $\langle \overset{\langle K \rangle}{e}_j \rangle$ durch eine strukturell gleiche Formel beschrieben werden kann mit den Koordinatenargumenten $\left[(x^{(j)} \cdot \overset{\langle K \rangle}{e}_1 \right]$ bzw. $\left[x^{(j)} \cdot \overset{\langle K' \rangle}{e}_1 \right]$, $j > 3$, $l = 1,2,3$, der jeweiligen Bezugsbasis (Forminvarianzprinzip). Da sich aber je nach in Betracht genommener Bezugsbasis verschiedene Koordinatenwerte $\left[x^{(j)} \cdot \overset{\langle K \rangle}{e}_1 \right]$ bzw. $\left[x^{(j)} \cdot \overset{\langle K' \rangle}{e}_1 \right]$ ergeben, ist klar, daß in (3.11a) nur solcherart Koordinatenkombinationen als Argumente auftreten können, die die Eigenschaft haben, unter $\mathbb{Q}$–Transformationen invariant zu sein, und dies sind genau die in (3.11) nicht mehr aufgeführten Größen ζ_{jk} ($j,k = 4,\dots,n$), die in (3.10a) überdies aufgelistet waren. Wenn also

$$\mathscr{W} = \mathscr{W}_{\langle e_1, e_2, e_3 \rangle} (\dots\dots) = F_{\langle e_1, e_2, e_3 \rangle} (\zeta_{44}, \dots, \zeta_{nn}) \qquad (3.11b)$$

– mit strukturell gleicher Formel $F_{\langle e_1, e_2, e_3 \rangle}$ für alle "geichberechtigten" (aus $\langle e_j \rangle$ per Orthogonaltransformation erzeugbarer) Bezugsbasen $\langle \overset{\langle K \rangle}{e}_j \rangle$ – die Darstellung für $\mathscr{W}$ sein soll, dann müssen aber auch die Invarianten $\zeta_{jk} = x^{(j)} \cdot x^{(k)}$, $j,k = 4,\dots,n$, ausgedrückt durch die in der jeweiligen Bezugsbasis $\langle \overset{\langle K \rangle}{e}_j \rangle$ feststellbaren Komponentendarstellungen der beteiligten Vektoren $(x^{(j)}, x^{(k)})$, "forminvariant", also durch strukturell gleichartige Prozeduren erzeugbar sein. Daß dies für die Skalarprodukte ζ_{jk} in der Tat stets der Fall ist, ist trivial: Für z.B. alle Orthonormalbasen $\overset{\langle K \rangle}{e}_j$ bzw. $\overset{\langle K' \rangle}{e}_j$ stellt sich das Skalarprodukt zweier Vektoren in der forminvarianten Struktur

$$a \cdot b = \sum_{j=1}^{3} \overset{\langle K \rangle}{a}_j \overset{\langle K \rangle}{b}_j = \sum_{j=1}^{3} \overset{\langle K' \rangle}{a}_j \overset{\langle K' \rangle}{b}_j$$

dar. Das Forminvarianzprinzip gilt generell für alle Invariantenbildungen, wie etwa für Tensoren zweiter Stufe die in § 2 (Haupttext) angegebenen Formeln (2.35b–d) für die Grundinvarianten zeigen die, wie unter der nächsten Ziffer nachgewiesen wird, als Argumente in der Darstellung einer isotropen skalarwertigen Funktion einer zweistufig–tensorwertigen Variablen auftreten.

Einfachstes Beispiel für eine isotrope skalarwertige Funktion einer vektorwertigen Veränderlichen ist die kinetische (Körper–)Energie[9] , wofür der Darstellungssatz (3.9c)

$$E = E(\mathbf{v}) = f(v^2) \tag{3.12}$$

als erforderliche formale Struktur sowohl in der klassischen Mechanik (mit $E = mv^2/2$) als auch in der

speziellen Relativitätstheorie (mit $E =$[10] $mc^2/\sqrt{1- (v/c)^2}$) verlangt[11]. Setzt man hierin, etwa eine

Orthonormalbasis $\left\langle \overset{\langle K \rangle}{\mathbf{e}}_j \right\rangle$ benutzend,

$$v^2 = \sum_{j=1}^{3} \overset{\langle K \rangle}{v}_j{}^2 \tag{3.12a}$$

und bekommt dergestalt $\qquad\qquad \overset{\langle K \rangle}{E} = f\left[\sum_{j=1}^{3} \overset{\langle K \rangle}{v}_j{}^2 \right] \tag{3.12b}$

als Formel, mit der ein Beobachter B_K mittels der von ihm gemessenen Geschwindigkeitskomponenten $\overset{\langle K \rangle}{v}_j$,

$j = 1,2,3$, die kinetische Energie quantifiziert, so muß jeder andere gleichberechtigte (d.h. ebenfalls durch

eine Orthonormalbasis $\left\langle \overset{\langle K' \rangle}{\mathbf{e}}_j \right\rangle$ repräsentierte) Beobachter $B_{K'}$, mit den von ihm gemessenen Geschwindig-

keitskomponenten als kinetische Energie

$$\overset{\langle K' \rangle}{E} = f\left[\sum_{j=1}^{3} \overset{\langle K' \rangle}{v}_j{}^2 \right] \tag{3.12c}$$

quantifizieren. Für die hier allein in Betracht genommenen reinen Drehungen bzw. Inversionen, d.h. für

die Betrachtnahme gleichen Geschwindigkeitsbetrages, – womit auf eine Auswahl relativ zueinander ruh–

---

[9] $\mathbf{v}$ bedeutet die Geschwindigkeit, von deren Richtung die kinetische Energie unabhängig sein muß. Daher ist die kinetische Energie in der Tat eine isotrope Funktion im Sinne von (3.5b).

[10] c bedeutet die Lichtgeschwindigkeit, m die sog. Ruhemasse.

[11] Bekanntlich basieren die klassische bzw. die (speziell–)relativistische Punktmechanik auf dem Statement, daß die Körperenergie einer Punktmasse eine Zustandsfunktion der Geschwindigkeit sei, womit eine "Kinematisierung" bzw. "Geometrisierung" des Energiebegriffs vorgenommen wird. Hierwegen ist –wie man zeigen kann– die jeweilige Formel für die Körperenergie abhängig von der Transformationsstruktur, mit der die Wahrnehmung "raumzeitlicher Ereignisse" gleichberechtigter (sog. Inertialrahmen–) Beobachter korreliert werden. Für den Fall der Galilei–Transformation berechnet man unter diesem Gesichtspunkt $E = (\text{const.})\ v^2$ als einzig mögliche Formel für die kinetische Energie, für den Fall der Lorentz–Transformation das Gesetz $E = (\text{const.})/\sqrt{1 - (v/c)^2}$ für die Körperenergie in der speziellen Relativitätstheorie. [16], [17]

ender Beobachter beschränkt wird[12] – ist diese Version des Forminvarianzprinzips trivial. Nicht selbstverständlich ist hingegen seine Gültigkeit auch hinsichtlich relativ zueinander bewegter (gleichberechtigter) Beobachter, wonach für den Fall der Gültigkeit von (3.12b) auch (3.12c) gelten muß, obgleich in Bezug auf verschieden bewegte Beobachterrahmen $\overset{\langle K\rangle}{E} \neq \overset{\langle K'\rangle}{E}$, d.h. (selbstverständlich) zahlenmäßig verschiedene Körperenergieinhalte konstatiert werden[13]

Anhang zu Formel (3.7a,b)

Zum Nachweis von (3.7) bildet man mit zwei nicht kolinearen Vektoren, etwa $\varkappa^{(1)}$ und $\varkappa^{(2)}$ den Vektor $\varkappa^{(1)}\times\varkappa^{(2)}$ und faßt das Tripel $\left\langle \varkappa^{(1)},\varkappa^{(2)},\varkappa^{(1)}\times\varkappa^{(2)}\right\rangle$ als Basis auf, in Bezug auf die sämtliche übrigen Vektoren zerlegt werden. Danach sind

$$\varkappa^{(\nu)} = x_1^{(\nu)}\varkappa^{(1)} + x_2^{(\nu)}\varkappa^{(2)} + x_{1\times2}^{(\nu)}\,\varkappa^{(1)}\times\varkappa^{(2)} , \quad \nu = 3,\dots,n$$

mit

$$x_1^{(\nu)} = \frac{\left(\varkappa^{(1)}\times\varkappa^{(2)}\right)\cdot\left(\varkappa^{(\nu)}\times\varkappa^{(2)}\right)}{\left(\varkappa^{(1)}\times\varkappa^{(2)}\right)^2} \qquad x_2^{(\nu)} = \frac{\left(\varkappa^{(1)}\times\varkappa^{(2)}\right)\cdot\left(\varkappa^{(\nu)}\times\varkappa^{(1)}\right)}{\left(\varkappa^{(1)}\times\varkappa^{(2)}\right)^2}$$

$$x_{1\times2}^{(\nu)} = \frac{\left[\varkappa^{(\nu)}\,\varkappa^{(1)}\,\varkappa^{(2)}\right]}{\left(\varkappa^{(1)}\times\varkappa^{(2)}\right)^2} , \quad \nu = 3,4,\dots n , \tag{3.13}$$

womit vorerst

$$\mathscr{W}\!\left(\varkappa^{(1)},\dots,\varkappa^{(n)}\right) = \bar{f}\left[x_1^{(3)},x_1^{(4)},\dots,x_1^{(n)};x_2^{(3)},x_2^{(4)},\dots,x_2^{(n)};x_{1\times2}^{(3)},x_{1\times2}^{(4)},\dots,x_{1\times2}^{(n)};\varkappa^{(1)},\varkappa^{(2)}\right]$$

bzw. mit

$$\varkappa^{(2)} = \left(\varkappa^{(1)}\cdot\varkappa^{(2)}\right)\frac{\varkappa^{(1)}}{\left(\varkappa^{(1)}\right)^2} + \frac{\varkappa^{(1)}\times\left(\varkappa^{(2)}\times\varkappa^{(1)}\right)}{\left(\varkappa^{(1)}\right)^2}$$

und

$$\mathbf{e}^{(j)} = \frac{\varkappa^{(j)}}{\left|\varkappa^{(j)}\right|} = \frac{\varkappa^{(j)}}{\sqrt{\varkappa^{(j)2}}} , \qquad j = 1,2$$

die Struktur

$$\mathscr{W}\!\left(\varkappa^{(1)},\dots,\varkappa^{(n)}\right) = \bar{f}\!\left(x_1^{(3)},\dots,x_{1\times2}^{(n)};\left|\varkappa^{(1)}\right|,\left|\varkappa^{(2)}\right|,\varkappa^{(1)}\cdot\varkappa^{(2)};\mathbf{e}_1,\mathbf{e}_1\times\left(\mathbf{e}_2\times\mathbf{e}_1\right)\right) \tag{3.13a}$$

---

[12] die dann selbstverständlich alle dieselbe Körperenergie $\overset{\langle K'\rangle}{E} = \overset{\langle K\rangle}{E} = E$ feststellen.

[13] Ausführlicheres hierüber s. [16], [17].

erkannt werden kann. Mit letzterer Darstellung wird nun die Funktionalgleichung (3.6b), d.h.

$$\mathscr{W}(\pmb{x}^{(1)},\dots, \pmb{x}^{(n)}) = \mathscr{W}(\pmb{x}^{(1)}\cdot\mathbb{Q},\dots,\pmb{x}^{(n)}\cdot\mathbb{Q})$$

speziell unter Benuzung eines Versors $\mathbb{Q} = \mathbb{R}_1$ erfüllt, der $\mathfrak{e}_1$ unverändert läßt $\left(\mathfrak{e}_1\cdot\mathbb{R}_1 \Rightarrow \mathfrak{e}_1\right)$,also Gleichheit von $\bar{f}$ nach (3.13a) mit

$$\bar{f}\!\left[x_1^{(3)^*},\dots,x_{1\times2}^{(n)^*};\,|\pmb{x}^{(1)^*}|,\,|\pmb{x}^{(2)^*}|,\pmb{x}^{(1)^*}\!\cdot\pmb{x}^{(2)^*};\mathfrak{e}_1,\mathfrak{e}_1\times(\mathfrak{e}_2^{*}\times\mathfrak{e}_1)\right]$$

verlangt, was wegen der Versorinvarianz sämtlicher Skalare (strichpunktiert) sowie wegen $\left(\mathfrak{e}_1^{*}\times(\mathfrak{e}_2^{*}\times\mathfrak{e}_1^{*})\right) =^{14)} \left(\mathfrak{e}_1\times(\mathfrak{e}_2\times\mathfrak{e}_1)\right)\cdot\mathbb{R}_1$ auf die Forderung führt, daß

$$\bar{f}\!\left[x_1^{(3)},\dots,x_{1\times2}^{(n)};\,|\pmb{x}^{(1)}|,\,|\pmb{x}^{(2)}|,\pmb{x}^{(1)}\!\cdot\pmb{x}^{(2)};\mathfrak{e}_1,[\mathfrak{e}_1\times(\mathfrak{e}_2\times\mathfrak{e}_1)]\cdot\mathbb{R}_1\right] \qquad (3.13b)$$

mit $\bar{f}$ nach (3.13a) identisch sein muß. Weil aber die jeweils letzten Argumente in (3.13a) bzw. (3.13b) (gestrichelt) beliebig voneinander verschieden sein können[15)], kann Gleichheit von (3.13a) mit (3.13b) nur bestehen, wenn die Richtungsgröße $\mathfrak{e}_1\times(\mathfrak{e}_2\times\mathfrak{e}_1)$ als Variable garnicht auftritt, womit anstelle von (3.13a) auf die Struktur

$$\mathscr{W} = \bar{f}\!\left[x_1^{(3)},\dots,x_{1\times2}^{(n)};\,|\pmb{x}^{(1)}|,\,|\pmb{x}^{(2)}|,\pmb{x}^{(1)}\!\cdot\pmb{x}^{(2)};\mathfrak{e}_1\right] \qquad (3.13c)$$

eingeschränkt werden kann. Mit derselben Schlußweise läßt sich schließlich auch $\mathfrak{e}_1$ aus dem Variablensatz eliminieren, indem man nunmehr eine Versor–Transformation in Betracht nimmt, die auch die Richtung von $\mathfrak{e}_1$ verändert. Man verkürzt derart zunächst auf

$$\mathscr{W}(\pmb{x}^{(1)},\dots,\pmb{x}^{(n)}) = \bar{f}\!\left[x_1^{(3)},\dots,x_{1\times2}^{(n)};\,|\pmb{x}^{(1)}|,\,|\pmb{x}^{(2)}|,\pmb{x}^{(1)}\!\cdot\pmb{x}^{(2)}\right]$$

und, weil mittels

$$\left(\pmb{x}^{(1)}\times\pmb{x}^{(2)}\right)^2 = |\pmb{x}^{(1)}|^2\,|\pmb{x}^{(2)}|^2 - \left(\pmb{x}^{(1)}\cdot\pmb{x}^{(2)}\right)^2$$

sowie

---

14) Im Sinne von (2.39a) (Haupttext) ist $\mathfrak{e}_2^{*}\times\mathfrak{e}_1^{*}=(\mathfrak{e}_2\cdot\mathbb{Q})\times(\mathfrak{e}_1\cdot\mathbb{Q})=(\mathbb{Q})_3(\mathfrak{e}_2\times\mathfrak{e}_1)\cdot\mathbb{Q}$ und damit weiter $\mathfrak{e}_1^{*}\times(\mathfrak{e}_2^{*}\times\mathfrak{e}_1^{*})=(\mathbb{Q})_3(\mathfrak{e}_1\cdot\mathbb{Q})\times((\mathfrak{e}_2\times\mathfrak{e}_1)\cdot\mathbb{Q})=(\mathbb{Q})_3^2(\mathfrak{e}_1\times(\mathfrak{e}_2\times\mathfrak{e}_1))\cdot\mathbb{Q}=(\mathfrak{e}_1\times(\mathfrak{e}_2\times\mathfrak{e}_1))\cdot\mathbb{Q}$.

15) Der Vektor $\mathfrak{e}_1\times(\mathfrak{e}_2\times\mathfrak{e}_1)$ steht senkrecht auf $\mathfrak{e}_1$ und wird daher mit der Transformation $\mathbb{R}_1$ (beliebig) verändert !

$$\left(\mathbf{x}^{(1)} \times \mathbf{x}^{(2)}\right) \cdot \left(\mathbf{x}^{(1)} \times \mathbf{x}^{(\nu)}\right) = \left(\mathbf{x}^{(2)} \cdot \mathbf{x}^{(\nu)}\right)\left|\mathbf{x}^{(1)}\right|^2 - \left(\mathbf{x}^{(1)} \cdot \mathbf{x}^{(2)}\right)\left(\mathbf{x}^{(1)} \cdot \mathbf{x}^{(\nu)}\right) \,,$$

$$\left(\mathbf{x}^{(1)} \times \mathbf{x}^{(2)}\right) \cdot \left(\mathbf{x}^{(2)} \times \mathbf{x}^{(\nu)}\right) = \left(\mathbf{x}^{(1)} \cdot \mathbf{x}^{(\nu)}\right)\left|\mathbf{x}^{(2)}\right|^2 - \left(\mathbf{x}^{(1)} \cdot \mathbf{x}^{(2)}\right)\left(\mathbf{x}^{(2)} \cdot \mathbf{x}^{(\nu)}\right)$$

sämtliche in den Komponentendarstellungen (3.13) auftretenden Vektorprodukte als Skalarprodukte dargestellt werden können, schließlich zur versorinvarianten Darstellungsstruktur

$$\mathscr{W} = f\Big[\zeta_{11}, \zeta_{12}, \zeta_{22}; \zeta_{31}, \zeta_{32}, \ldots, \zeta_{\alpha 1}, \zeta_{\alpha 2}, \ldots, \zeta_{n1}, \zeta_{n2};$$
$$\big[\mathbf{x}^{(1)}\mathbf{x}^{(2)}\mathbf{x}^{(3)}\big], \big[\mathbf{x}^{(1)}\mathbf{x}^{(2)}\mathbf{x}^{(4)}\big], \ldots, \big[\mathbf{x}^{(1)}\mathbf{x}^{(2)}\mathbf{x}^{(n)}\big]\Big] \,, \qquad (3.13d)$$

die –von $x_{1\times 2}^{(\nu)}$ her – noch sämtliche Spatprodukte der beteiligten Vektoren enthält. Mangels der Gewißheit, daß die beiden Vektoren $\mathbf{x}^{(1)}$ bzw. $\mathbf{x}^{(2)}$ stets nicht kolinear sind, muß auf jeweils andere Tupel ausgewichen werden, womit man auf die Formulierungen (3.7a,b) stößt. Unter einer

3.2.2 isotropen skalarwertigen Funktion $\mathscr{W} = \mathscr{W}(\mathbb{D})$ einer symmetrischen tensorwertigen Veränderlichen $\mathbb{D}$.

versteht man im Sinne von (3.5a), d.h.

$$\mathscr{W} = \mathscr{W}(\mathbb{D}) = \mathscr{W}(\mathbb{D}^*) = \mathscr{W}(\mathbb{Q}^T \cdot \mathbb{D} \cdot \mathbb{Q}), \qquad (3.14a)$$

eine solche, die ihren Wert nicht ändert, wenn man ihr Argument

$$\mathbb{D} = \sum_{j=1}^{3} d_j^{(H)} \, \mathbf{e}_j^{(H)} \circ \mathbf{e}_j^{(H)}$$

ersetzt durch Tensoren

$$\mathbb{D}^* = \mathbb{Q}^T \cdot \mathbb{D} \cdot \mathbb{Q} = \sum_{j=1}^{3} d_j^{(H)} \, \mathbb{Q}^T \cdot \mathbf{e}_j^{(H)} \circ \mathbf{e}_j^{(H)} \cdot \mathbb{Q} = \sum_{j=1}^{3} d_j^{(H)} \, \mathbf{e}_j^{(H)*} \circ \mathbf{e}_j^{(H)*}$$

gleicher Hauptwerte $d_j^{(H)}$ ($j = 1,2,3$) aber gegenüber $\mathbb{D}$ - mittels orthogonaler Tensoren - beliebig gedrehter bzw. invertierter Hauptrichtungen $\mathbf{e}_j^{(H)*}$ ($j = 1,2,3$).

Zur Reduktion dieses Invariantenproblems setzt man zweckmäßig

$$\mathscr{W}(\mathbb{D}) = \mathscr{W}\Big[d_1^{(H)}\mathbf{e}_1^{(H)} \circ \mathbf{e}_1^{(H)} + d_2^{(H)}\mathbf{e}_2^{(H)} \circ \mathbf{e}_2^{(H)} + d_3^{(H)}\mathbf{e}_3^{(H)} \circ \mathbf{e}_3^{(H)}\Big] =$$
$$\bar{F}\Big[d_1^{(H)}, d_2^{(H)}, d_3^{(H)}, \mathbf{e}_1^{(H)} \circ \mathbf{e}_1^{(H)}, \mathbf{e}_2^{(H)} \circ \mathbf{e}_2^{(H)}, \mathbf{e}_3^{(H)} \circ \mathbf{e}_3^{(H)}\Big] \qquad (3.14b)$$

und befriedigt die Funktionalgleichung zunächst für spezielle Versor–Transformationen. Setzt man z.B.

$$\mathbb{Q} = \mathbb{R}_3 = e_1^{(H)} \circ e_2^{(H)} - e_2^{(H)} \circ e_1^{(H)} + e_3^{(H)} \circ e_3^{(H)},$$

was einer Drehung um die $e_3^{(H)}$–Achse um $\pi/2$ entspricht (vgl. (3.5d), Haupttext, mit $e_3^{(H)}$ anstelle von

e und $\varphi = \pi/2$), so ergibt sich wegen

$$e_1^{(H)} \to e_1^{(H)*} = e_2^{(H)}, \qquad e_2^{(H)} \to e_2^{(H)*} = -e_1^{(H)}, \qquad e_3^{(H)} \to e_3^{(H)*} = e_3^{(H)},$$

d.h.
$$\mathbb{D}^* = d_2^{(H)} e_1^{(H)} \circ e_1^{(H)} + d_1^{(H)} e_2^{(H)} \circ e_2^{(H)} + d_3^{(H)} e_3^{(H)} \circ e_3^{(H)},$$

im Sinne von (3.14a) – repräsentiert in der zweiten Darstellung (3.14b) – die Funktionalgleichung

$$\bar{F}(d_1^{(H)}, d_2^{(H)}, d_3^{(H)}, e_1^{(H)} \circ e_1^{(H)}, e_2^{(H)} \circ e_2^{(H)}, e_3^{(H)} \circ e_3^{(H)}) =$$
$$= \bar{F}(d_2^{(H)}, d_1^{(H)}, d_3^{(H)}, e_1^{(H)} \circ e_1^{(H)}, e_2^{(H)} \circ e_2^{(H)}, e_3^{(H)} \circ e_3^{(H)}),$$

wonach die skalaren Variablen $d_1^{(H)}$ und $d_2^{(H)}$ vertauscht werden dürfen, ohne dabei den Funktionswert $\bar{F}$

zu ändern. Mittels entsprechender weiterer $\pi/2$–Drehungen weist man schließlich nach, daß in $\bar{F}$ die

Hauptwerte beliebig vertauschbar sein müssen, womit man anstelle der Hauptwerte selbst drei vertau-

schungsinvariante Kombinationen der Letzteren als neue Variable einführen kann, nämlich die drei

Grundinvarianten $D_j (j = 1,2,3)$ bzw. die "Momente" $\bar{D}_j (j = 1,2,3)$ nach (2.61,64) (Haupttext). Die Dar-

stellung (3.14b) ist dergestalt vorerst auf

$$\mathcal{W}(\mathbb{D}) = \bar{F}\left[D_1, D_2, D_3; e_1^{(H)} \circ e_1^{(H)}, e_2^{(H)} \circ e_2^{(H)}, e_3^{(H)} \circ e_3^{(H)}\right] \tag{3.14c}$$

reduzierbar und wird nun unter Benutzung von $e_3^{(H)} \circ e_3^{(H)} = \mathbb{E} - e_1^{(H)} \circ e_1^{(H)} - e_2^{(H)} \circ e_2^{(H)}$ zweck-

mäßig weiter in der Form

$$\mathcal{W}(\mathbb{D}) = \hat{F}\left[D_1, D_2, D_3; e_1^{(H)} \circ e_1^{(H)}, e_2^{(H)} \circ e_2^{(H)}, \mathbb{E}\right] = {}^{16)}\hat{\hat{F}}\left[D_1, D_2, D_3; e_1^{(H)} \circ e_1^{(H)}, e_2^{(H)} \circ e_2^{(H)}\right] =$$
$$= \bar{\bar{F}}\left[D_1, D_2, D_3; e_1^{(H)} \circ e_1^{(H)} + e_2^{(H)} \circ e_2^{(H)}, e_1^{(H)} \circ e_1^{(H)} - e_2^{(H)} \circ e_2^{(H)}\right] \tag{3.14d}$$

für beliebige Versor–Transformationen

$$\mathbb{R}_{3,\varphi} = e_3^{(H)} \circ e_3^{(H)} + \left[\mathbb{E} - e_3^{(H)} \circ e_3^{(H)}\right]\cos\varphi - \mathbb{E} \times e_3^{(H)} \sin\varphi$$

(vgl. (3.5d) Haupttext) untersucht, die allgemeine Drehungen um die $e_3^{(H)}$–Achse beschreiben. Da sich

hierbei das erste Richtungsargument in (3.14d) nicht ändert,

---

16) Da $\mathbb{E}$ eine transformationsinvariante Konstante ist, kann man $\mathbb{E}$ aus der Variablenliste sogleich beseitigen.

$$\mathbf{e}_1^{(H)}\circ\mathbf{e}_1^{(H)} + \mathbf{e}_2^{(H)}\circ\mathbf{e}_2^{(H)} \longrightarrow \mathbf{e}_1^{(H)*}\circ\mathbf{e}_1^{(H)*} + \mathbf{e}_2^{(H)*}\circ\mathbf{e}_2^{(H)*} = \mathbf{e}_1^{(H)}\circ\mathbf{e}_1^{(H)} + \mathbf{e}_2^{(H)}\circ\mathbf{e}_2^{(H)},$$

sondern nur das zweite,

$$\mathbf{e}_1^{(H)}\circ\mathbf{e}_1^{(H)} - \mathbf{e}_2^{(H)}\circ\mathbf{e}_2^{(H)} \longrightarrow \mathbf{e}_1^{(H)*}\circ\mathbf{e}_1^{(H)*} - \mathbf{e}_2^{(H)*}\circ\mathbf{e}_2^{(H)*} =$$
$$= (\mathbf{e}_1^{(H)}\circ\mathbf{e}_1^{(H)} - \mathbf{e}_2^{(H)}\circ\mathbf{e}_2^{(H)})\cos 2\varphi + (\mathbf{e}_1^{(H)}\circ\mathbf{e}_1^{(H)} - \mathbf{e}_2^{(H)}\circ\mathbf{e}_2^{(H)})\sin 2\varphi ,$$

bekommt man im Sinne von (3.14a) – ausgedrückt durch $\overline{\overline{F}}$ –

$$\overline{\overline{F}}\left[D_1,D_2,D_3;\ \mathbf{e}_1^{(H)}\circ\mathbf{e}_1^{(H)} + \mathbf{e}_2^{(H)}\circ\mathbf{e}_2^{(H)},\ \underline{\mathbf{e}_1^{(H)}\circ\mathbf{e}_1^{(H)} - \mathbf{e}_2^{(H)}\circ\mathbf{e}_2^{(H)}} \right] =$$

$$= \overline{\overline{F}}\left[D_1,D_2,D_3;\ \mathbf{e}_1^{(H)*}\circ\mathbf{e}_1^{(H)*} + \mathbf{e}_2^{(H)*}\circ\mathbf{e}_2^{(H)*},\ \mathbf{e}_1^{(H)*}\circ\mathbf{e}_1^{(H)*} - \mathbf{e}_2^{(H)*}\circ\mathbf{e}_2^{(H)*} \right] \equiv$$

$$\equiv \overline{\overline{F}}\left[D_1,D_2,D_3;\ \mathbf{e}_1^{(H)}\circ\mathbf{e}_1^{(H)} + \mathbf{e}_2^{(H)}\circ\mathbf{e}_2^{(H)},\ \underline{(\mathbf{e}_1^{(H)}\circ\mathbf{e}_1^{(H)} - \mathbf{e}_2^{(H)}\circ\mathbf{e}_2^{(H)})\cos 2\varphi +} \right.$$
$$\left. \underline{+\ (\mathbf{e}_1^{(H)}\circ\mathbf{e}_1^{(H)} - \mathbf{e}_2^{(H)}\circ\mathbf{e}_2^{(H)})\sin 2\varphi} \right] ,$$

was nur möglich ist, wenn $\overline{\overline{F}}$ vom zweiten Richtungsargument (gestrichelt) nicht abhängt. So verbleibt

$$\mathscr{W} = \tilde{F}\left[D_1,D_2,D_3;\ \mathbf{e}_1^{(H)}\circ\mathbf{e}_1^{(H)} + \mathbf{e}_2^{(H)}\circ\mathbf{e}_2^{(H)} \right] = \tilde{\tilde{F}}\left[D_1,D_2,D_3;\ \mathbf{e}_3^{(H)}\circ\mathbf{e}_3^{(H)} \right]$$

indem man noch $\mathbf{e}_1^{(H)}\circ\mathbf{e}_1^{(H)} + \mathbf{e}_2^{(H)}\circ\mathbf{e}_2^{(H)} = \mathbb{E} - \mathbf{e}_3^{(H)}\circ\mathbf{e}_3^{(H)}$ setzt und die Größe $\mathbb{E}$ sofort wieder aus der Variablenliste streicht. Eine weitere Versortransformation (etwa eine Drehung um die $\mathbf{e}_1^{(H)}$-Achse), die das noch verbliebene einzige dyadische Argument $\mathbf{e}_3^{(H)}\circ\mathbf{e}_3^{(H)}$ in beliebiger Weise verändert –ohne daß sich dabei der Funktionswert $\tilde{\tilde{F}}$ ändern darf– verlangt dann schließlich,auch $\mathbf{e}_3^{(H)}\circ\mathbf{e}_3^{(H)}$ aus der Variablenliste zu entfernen, womit als "Lösung von (3.14a)" die reduzierte Darstellung

$$\mathscr{W} = \mathscr{W}(\mathbb{D}) = F(D_1,D_2,D_3) \tag{3.15}$$

erhalten wird. In Spezialisierung von (3.5a) reichen hier also zur Reduktion Versortransformationen hin, wie auch aufgrund der Tatsache einleuchtet, daß die hier allein auftretenden Richtungsdyaden $\mathbf{e}_j^{(H)}\circ\mathbf{e}_j^{(H)}$ – als "dyadische Quadratformen"! – gegenüber Zentralinversion unempfindlich sind und sich dementsprechend für deren Reduktion mittels Inversions– bzw Spiegelungs–Transformationen keine Handhabe bietet. Daß übrigens mit der Reduktion auf die drei Grundinvarianten wieder das "Forminvarianz-prinzip" erfüllt ist, erkennt man sogleich z. B. an (2.35b–d) (Haupttext): Die dort notierten Strukturen gelten für Komponentendarstellungen hinsichtlich beliebiger Orthonormalbasen.

Beispiele für isotrope skalarwertige Funktionen symmetrischer tensorwertiger Veränderlicher sind die (auf die Masseneinheit bezogenen sog. spezifischen) Größen der Formänderungsenergie elastisch–isotroper Medien bzw. der Dissipationsleistung sog. Reinerscher Fluide (vgl. [30]), die isotrop von den (symmetrischen) Tensoren der Verzerrungen $\mathbb{D}$ bzw. der Verzerrungsgeschwindigkeiten $\mathbb{C}$ abhängen, weil isotrope Medien keinerlei "ausgezeichnete Festigkeitsrichtungen" (etwa in Form faserartiger Stoffstrukturen) aufweisen. Daher darf z.B. die (im (hyper–)elastischen Falle als Zustandsfunktion der Verzerrungen bzw. der Spannungen definierte) Formänderungsenergie in der Tat nicht von den Richtungen der Hauptverzerrungen (bzw. der Hauptspannungen) abhängen, sondern nur von deren Hauptwerten selbst, und zwar in der Weise, daß man letztere Größen in der Formel für die Formänderungsenergie beliebig vertauschen können muß, ohne dabei ihren Wert zu ändern [17].

Vom Standpunkt des Forminvarianzprinzips aus ist die Tatsache, daß die Formänderungsenergie allein von vertauschungsinvarianten Kombinationen der auf (aus $\mathbb{Q}$–Transformationen auseinander hervorgehende), "gleichartige" (etwa Orthonormal–) Basen bezogenen Komponenten des Tensors $\mathbb{D}$ abhängen kann, unter folgendem Gesichtspunkt zu kommentieren: Da eine elastisch–isotrope Masseneinheit (mangels ausgezeichneter Faserrichtungen) von gleichberechtigten Beobachtern mit (gleicher Metrik [18]) hinsichtlich ihrer räumlichen Orientierung nicht unterschieden werden kann, also allen als "gleich" erscheint, muß auch die Formänderungsenergie durch eine für alle Beobachter gleiche (globale) Formel zu beschreiben sein, in der als Argument freilich dann die in den jeweiligen Beobachterbasen individuell registrierten Komponenten des Verzerrungstensors $\mathbb{D}$ aufscheinen. Wegen der Beschränkung auf Beobachtersysteme mit gleicher Metrik sind aber die vertauschungsinvarianten Variablenkombinationen von $\mathbb{D}$ für alle Beobachterrahmen zahlenmäßig jeweils gleich, so daß auch die Formänderungsenergie in allen Beobachterrahmen als zahlenmäßig gleich festgestellt werden muß. Man erkennt hieran, daß sich "Metriktreue" und

---

[17] Es sind dies – wie die zu (3.15) führende Analyse gezeigt hat – genau diejenigen Bedingungen, die durch die Funktionalgleichung (3.14a) umrissen werden.

[18] Der Beschränkung auf Orthogonal–Transformationen $\mathbb{D}^{*} = \mathbb{Q}^{T} \cdot \mathbb{D} \cdot \mathbb{Q}$ am Argument entspricht aus der Sicht, die Argumenten–Transformation als Transformationsvorschrift deuten zu wollen, wie andere Beobachter die Größe $\mathbb{D}$ registrieren, der gleichwertigen Einschränkung, nur Beobachter mit gleicher Metrik als gleichberechtigt zuzulassen.

wertemäßige Gleichheit beobachterindividuell registrierter (Speicher–)Energien gegenseitig bedingen. Wird

die Forderung nach metrischer Invarianz bei Beobachterwechsel aufgegeben, sind beobachterindividuell

verschiedene Speicherenergiewerte zu erwarten, wie man konkret etwa in der speziellen Relativitätstheorie

erkennt.

Offen bleibt übrigens noch die Frage, inwieweit ein allein durch eine Bezugsbasis aber ansonsten nicht

weiter spezifizierter Beobachter – auch wenn er an einer relativ zu ihm ruhenden (elastischen) Struktur

keine ausgezeichnete Faserrichtung erkennen kann – in der Tat einen isotropen Zusammenhang

$\mathscr{W}=\mathscr{W}(\mathbb{D})$ feststellt, weil ja dabei unberücksichtigt bleibt, daß möglicherweise durch die Bewegung des

Beobachterrahmens ausgezeichnete Richtungen, etwa Diejenigen der Beschleunigungen des Beobachter-

rahmens gegenüber Galileischen Bezugsrahmen, in das Problem eingetragen werden könnten. Für die In-

genieurpraxis ist dieser Aspekt für die Formänderungsenergie belanglos, in anderen Fällen kann die Auf-

nahme solcherart kinematischer Größen in den für eine physikalische Größe relevanten Variablensatz aber

durchaus von Bedeutung sein.

Daß für eine isotrope Darstellung $\mathscr{W}=\mathscr{W}(\mathbb{D})$ letztlich eine skalare Funktion d̲r̲e̲i̲e̲r̲ (isotro-

per) Skalare ausreicht (vgl. (3.15)), leuchtet übrigens auch im Zusammenhang mit dem un-

ter § E 3.2.1 (Formel (3.10a)) entwickelten "Abzählkriterium" ein: Denkt man sich - wie

dies (2.11b) (Haupttext) ausweist, zweistufige Tensoren durch drei Vektoren repräsentiert,

so sind wegen der vektorwertigen Nebenbedingung

$$\overset{\times}{\mathsf{a}\mathsf{l}} = \sum_{j=1}^{3} \mathsf{e}_j \times \mathsf{a}\mathsf{l}_j = \mathbb{0}$$

symmetrische Tensoren letztlich durch zwei vektorwertige Größen $(\mathsf{z}_1, \mathsf{z}_2)$ zu kennzeich-

nen, für die (mit n = 2) $n(n+1)/2 = 2\cdot 3/2 = 3$

isotrope Skalare bildbar sind.

Zum gleichen Resultat gelangt man, wenn man sich einen symmetrischen zweistufigen Tensor $\mathbb{D}$ reprä-

sentiert denkt durch seine drei zueinander orthogonalen Eigenvektoren $\mathsf{d}_j^{(H)}\,\mathsf{e}_j^{(H)}$, $j = 1..3$. Von den hier-

mit insgesamt bildbaren 6 Skalarprodukten $\left[\mathsf{d}_j^{(H)}\,\mathsf{e}_j^{(H)}\right]\cdot\left[\mathsf{d}_k^{(H)}\,\mathsf{e}_k^{(H)}\right]$, j, k = 1..3 verschwinden wegen der Orthogonalität die drei gemischten Produkte, womit allein die drei Terme $d_1^{(H)^2}$, $d_2^{(H)^2}$, $d_3^{(H)^2}$ verbleiben, die man durch die drei Invarianten D_j, $j = 1..3$, ausdrücken kann. Vielleicht noch eingängiger ist die Anwendung des "Cauchyschen Abzählschemas" (3.10), wenn man $\mathbb{D}$ durch die drei (transformationsinvarianten) Hauptwerte $d_j^{(H)}$, $j = 1..3$, und die drei Hauptrichtungen $\mathbf{e}_j^{(H)}$, $j = 1..3$, repräsentiert denkt und deren im Sinne der "Cauchy–Regel" anfallenden 6 isotropen Skalare $\mathbf{e}_j^{(H)} \cdot \mathbf{e}_k^{(H)}$, $j, k = 1..3$, berechnet. Da sich aber hieraus wegen

$$\mathbf{e}_j^{(H)} \cdot \mathbf{e}_k^{(H)} = \left\{ \begin{array}{l} 0 \text{ für } j \neq k \\ 1 \text{ für } j = k \end{array} \right.$$

keine (weiteren) Invarianten von $\mathbb{D}$ ergeben, liegt mit den drei Hauptwerten $d_j^{(H)}$, $j = 1..3$, d. h. mit den drei Invarianten D_j, $j = 1..3$, in der Tat die vollständige Menge skalarer Invarianten fest.

Im Sinne der Cauchyschen Abzählregel ist für die

3.2.3   isotrope skalarwertige Funktion zweier symmetrisch-zweistufig-tensorwertiger Variabler $(\mathbb{A}_S, \mathbb{B}_S)$

$$\mathscr{W} = \mathscr{W}(\mathbb{A}_S, \mathbb{B}_S) = F(i_1, \ldots, i_{10}) \tag{3.16a}$$

mit $n = 2\times 2 = 4$ eine skalare Funktion von $4(4+1)/2 = 10$ isotropen Invarianten i_α ($\alpha = 1,\ldots,10$) zu erwarten. Man findet [10]

$$i_1 = A_{S1} = \mathbb{E} \cdot\cdot \mathbb{A}_S , \qquad i_2 = \bar{A}_{S2} = \mathbb{E} \cdot\cdot \mathbb{A}_S^2 , \qquad i_3 = \bar{A}_{S3} = \mathbb{E} \cdot\cdot \mathbb{A}_S^3 ,$$

$$i_4 = B_{S1} = \mathbb{E} \cdot\cdot \mathbb{B}_S , \qquad i_5 = \bar{B}_{S2} = \mathbb{E} \cdot\cdot \mathbb{B}_S^2 , \qquad i_6 = \bar{B}_{S3} = \mathbb{E} \cdot\cdot \mathbb{B}_S^3 , \tag{3.16b}$$

$$i_7 = \mathbb{E} \cdot\cdot (\mathbb{A}_S \cdot \mathbb{B}_S) = \mathbb{A}_S \cdot\cdot \mathbb{B}_S, \quad i_8 = \mathbb{E} \cdot\cdot (\mathbb{A}_S^2 \cdot \mathbb{B}_S) = \mathbb{A}_S^2 \cdot\cdot \mathbb{B}_S ,$$

$$i_9 = \mathbb{E} \cdot\cdot (\mathbb{A}_S \cdot \mathbb{B}_S^2) = \mathbb{A}_S \cdot\cdot \mathbb{B}_S^2, \quad i_{10} = \mathbb{E} \cdot\cdot (\mathbb{A}_S^2 \cdot \mathbb{B}_S^2) = \mathbb{A}_S^2 \cdot\cdot \mathbb{B}_S^2 .$$

Zwecks Reduktion des Isotropieproblems für eine

3.2.4   isotrope skalarwertige Funktion einer vektorwertigen und einer symmetrischen zweistufig-tensorwertigen Variablen,

die durch
$$\mathcal{W} = \mathcal{W}(\mathbb{D},\mathbf{a}) = \mathcal{W}(\mathbb{Q}^T\cdot\mathbb{D}\cdot\mathbb{Q},\ \mathbf{a}\cdot\mathbb{Q}) \tag{3.17a}$$
definiert wird, verfährt man wie folgt:

Man geht, entsprechend § E3.2.2, die Hauptachsendarstellung für den Tensor $\mathbb{D}$ benutzend, von der Darstellung

$$\mathcal{W} = F\left[d_1^{(H)},d_2^{(H)},d_3^{(H)};\mathbf{e}_1^{(H)}\circ\mathbf{e}_1^{(H)},\mathbf{e}_2^{(H)}\circ\mathbf{e}_2^{(H)},\mathbf{e}_3^{(H)}\circ\mathbf{e}_3^{(H)};\right.$$
$$\left.(\mathbf{a}\cdot\mathbf{e}_1^{(H)})\mathbf{e}_1^{(H)},(\mathbf{a}\cdot\mathbf{e}_2^{(H)})\mathbf{e}_2^{(H)},(\mathbf{a}\cdot\mathbf{e}_3^{(H)})\mathbf{e}_3^{(H)}\right] \tag{3.17b}$$

aus und betrachtet zunächst drei spezielle Spiegelungen an den Hauptebenen von $\mathbb{D}$. Zunächst eine Spiegelung

$$\mathbb{Q} = \mathbb{E} - 2\mathbf{e}_1^{(H)}\circ\mathbf{e}_1^{(H)}$$

an der $(\mathbf{e}_2^{(H)},\ \mathbf{e}_3^{(H)})$-Ebene vornehmend, bleiben sowohl $\mathbb{D}$ als auch die Anteile $(\mathbf{a}\cdot\mathbf{e}_2^{(H)})\mathbf{e}_2^{(H)}$ und $(\mathbf{a}\cdot\mathbf{e}_3^{(H)})\mathbf{e}_3^{(H)}$ unverändert, wohingegen $(\mathbf{a}\cdot\mathbf{e}_1^{(H)})\mathbf{e}_1^{(H)}$ in

$$\left[(\mathbf{a}\cdot\mathbf{e}_1^{(H)})\mathbf{e}_1^{(H)}\right]^* = -(\mathbf{a}\cdot\mathbf{e}_1^{(H)})\mathbf{e}_1^{(H)}$$

transformiert wird. Demnach verlangt (3.17a) in der Version (3.17b)

$$F\left[-,-,-\ ;\ -,-,-\ ;\ (\mathbf{a}\cdot\mathbf{e}_1^{(H)})\mathbf{e}_1^{(H)},-,-\right] = F\left[-,-,-\ ;\ -,-,-\ ;\ -(\mathbf{a}\cdot\mathbf{e}_1^{(H)})\mathbf{e}_1^{(H)},-,-\right],$$

weswegen die Variable $(\mathbf{a}\cdot\mathbf{e}_1^{(H)})\mathbf{e}_1^{(H)}$ allenfalls als quadratische Form, nämlich als

$$\left[(\mathbf{a}\cdot\mathbf{e}_1^{(H)})\mathbf{e}_1^{(H)}\right]^2 = (\mathbf{a}\cdot\mathbf{e}_1^{(H)})^2$$

auftreten kann. Durch entsprechende Spiegelungen an den $(\mathbf{e}_1^{(H)},\ \mathbf{e}_3^{(H)})$ – bzw. $(\mathbf{e}_2^{(H)},\ \mathbf{e}_3^{(H)})$-Ebenen folgert man dies auch für die beiden anderen Anteile $(\mathbf{a}\cdot\mathbf{e}_j^{(H)})\mathbf{e}_j^{(H)}$, $(j = 2,3)$ und behält dergestalt zunächst

$$\mathcal{W} = F\left[d_1^{(H)},d_2^{(H)},d_3^{(H)};\ \mathbf{e}_1^{(H)}\circ\mathbf{e}_1^{(H)},\mathbf{e}_2^{(H)}\circ\mathbf{e}_2^{(H)},\mathbf{e}_3^{(H)}\circ\mathbf{e}_3^{(H)},(\mathbf{a}\cdot\mathbf{e}_1^{(H)})^2,(\mathbf{a}\cdot\mathbf{e}_2^{(H)})^2,(\mathbf{a}\cdot\mathbf{e}_3^{(H)})^2\right].$$

Die weitere Reduktion findet gleichartig wie unter § E3.2.2 durch Betrachtnahme der dort referierten Versor–Manipulationen statt[19] und ergibt schließlich

$$\mathcal{W} = F\left[D_1,\ D_2,\ D_3,\ (\mathbf{a}\cdot\mathbf{e}_1^{(H)})^2,\ (\mathbf{a}\cdot\mathbf{e}_2^{(H)})^2,\ (\mathbf{a}\cdot\mathbf{e}_3^{(H)})^2\right], \tag{3.17c}$$

wobei man noch die Größen $(\mathbf{a}\cdot\mathbf{e}_j^{(H)})^2$, $(j = 1,2,3)$, mittels der Beziehungen

$$\mathbf{a}^2 = \mathbf{a}\cdot\mathbb{E}\cdot\mathbf{a} = \sum_{j=1}^{3}(\mathbf{a}\cdot\mathbf{e}_j^{(H)})^2\ ,\qquad \mathbf{a}\cdot\mathbb{D}\cdot\mathbf{a} = \sum_{j=1}^{3}(\mathbf{a}\cdot\mathbf{e}_j^{(H)})^2 d_j^{(H)},$$

---

[19] die sämtlich die Variablen $(\mathbf{a}\cdot\mathbf{e}_j^{(H)})^2$, $(j=1,2,3)$ unverändert lassen

$$\mathbf{a}\cdot\mathbb{D}^2\cdot\mathbf{a} = \sum_{j=1}^{3} (\mathbf{a}\cdot\mathbf{e}_j^{(H)})^2 d_j^{(H)2} \tag{3.18a}$$

durch die koordinateninvarianten Größen $\mathbf{a}\cdot\mathbb{D}^{j}\cdot\mathbf{a}$, $j = 0,1,2$, und die Hauptwerte von $\mathbb{D}$, also letztlich wieder durch die Invarianten D_j, $j = 1,2,3$, ausdrücken kann. Man hat dergestalt endgültig den Darstellungssatz

$$\mathscr{W} = \mathscr{W}(\mathbb{D},\mathbf{a}) = F\!\left[D_1,\, D_2,\, D_3,\, \mathbf{a}^2,\, \mathbf{a}\cdot\mathbb{D}\cdot\mathbf{a},\, \mathbf{a}\cdot\mathbb{D}^2\cdot\mathbf{a}\right], \tag{3.18b}$$

womit man schließlich auch den Darstellungssatz für eine

3.2.5   isotrope skalarwertige Funktion einer allgemeinen (nicht symmetrischen) tensorwertigen Variablen $\mathbb{A}$.

aufgefunden hat. Man zerlegt gemäß

$$\mathbb{A} = \tfrac{1}{2}(\mathbb{A} + \mathbb{A}^T) + \tfrac{1}{2}(\mathbb{A} - \mathbb{A}^T) = \mathbb{A}_S - \mathbb{E} \times \frac{\overset{\times}{\mathbf{a}}}{2} \tag{3.19a}$$

in deren symmetrischen und antimetrischen Anteil, wobei der Letztere durch den Vektor $\overset{\times}{\mathbf{a}}$ des Tensors $\mathbb{A}$ repräsentiert ist. Entsprechend (3.18b) gilt demnach[20]

$$\mathscr{W} = \mathscr{W}(\mathbb{A}) = \mathscr{W}(\mathbb{A}_S,\overset{\times}{\mathbf{a}}) = F\!\left[A_{S1},\, A_{S2},\, A_{S3},\, \overset{\times}{\mathbf{a}}{}^2,\, \overset{\times}{\mathbf{a}}\cdot\mathbb{A}_S\cdot\overset{\times}{\mathbf{a}},\, \overset{\times}{\mathbf{a}}\cdot\mathbb{A}_S^2\cdot\overset{\times}{\mathbf{a}}\right] \tag{3.19b}$$

mit den drei Grundinvarianten A_{Sj}, $j = 1,2,3$, des symmetrischen Anteiles von $\mathbb{A}$. Man kann hier aber auch die Grundinvarianten von $\mathbb{A}$ selbst einführen, indem man die Zusammenhänge

$$A_1 = \mathbb{E}\cdot\cdot\,\mathbb{A} = \mathbb{E}\cdot\cdot\left[\mathbb{A}_S - \mathbb{E}\times\frac{\overset{\times}{\mathbf{a}}}{2}\right] = \mathbb{E}\cdot\cdot\,\mathbb{A}_S = A_{S1}\,,$$

$$A_2 = \tfrac{1}{2}(A_1^2 - \mathbb{A}\cdot\cdot\,\mathbb{A}) = \tfrac{1}{2}\left[A_{S1}^2 - (\mathbb{A}_S - \mathbb{E}\times\frac{\overset{\times}{\mathbf{a}}}{2})\cdot\cdot(\mathbb{A}_S - \mathbb{E}\times\frac{\overset{\times}{\mathbf{a}}}{2})\right] =$$

$$=^{21)} \tfrac{1}{2}\left[A_{S1}^2 - \mathbb{A}_S\cdot\cdot\,\mathbb{A}_S - \tfrac{1}{4}(\mathbb{E}\times\overset{\times}{\mathbf{a}})^2\cdot\cdot\,\mathbb{E}\right] =^{22)} A_{S2} + \tfrac{1}{4}\overset{\times}{\mathbf{a}}{}^2$$

---

[20] Die hier angegebenen Invarianten entsprechen Denjenigen nach Lagally [1]. Bei Smith, referiert in [10], findet sich eine zusätzliche siebente Invariante, die der Verfasser nicht bestätigen konnte

[21] Man beachte, daß $\mathbb{A}_S$ symmetrisch und $\mathbb{E}\times\dfrac{\overset{\times}{\mathbf{a}}}{2}$ antimetrisch sind, womit $\mathbb{A}_S^{\,j}\cdot\cdot(\mathbb{E}\times\overset{\times}{\mathbf{a}}) = 0$ verbunden ist ,

[22] $(\mathbb{E}\times\overset{\times}{\mathbf{a}})^2 = \overset{\times}{\mathbf{a}}\circ\overset{\times}{\mathbf{a}} - \overset{\times}{\mathbf{a}}{}^2\mathbb{E}$ (vgl. (2.54b),Haupttext) d.h. $(\mathbb{E}\times\overset{\times}{\mathbf{a}})^2\cdot\cdot\,\mathbb{E} = -\,2\overset{\times}{\mathbf{a}}{}^2$

bzw.
$$\bar{\mathrm{A}}_2 = \mathbb{A}\cdot\cdot\mathbb{A} = \mathbb{A}_S\cdot\cdot\mathbb{A}_S - \tfrac{1}{2}\overset{\times}{a}{}^2 = \bar{\mathrm{A}}_{S2} - \tfrac{1}{2}\overset{\times}{a}{}^2 \qquad (3.20\text{a--c})$$

sowie
$$\bar{\mathrm{A}}_3 = \mathbb{A}^2\cdot\cdot\mathbb{A} = \left[(\mathbb{A}_S - \mathbb{E}\times\tfrac{\overset{\times}{a}}{2})\cdot(\mathbb{A}_S - \mathbb{E}\times\tfrac{\overset{\times}{a}}{2})\right]\cdot\cdot(\mathbb{A}_S - \mathbb{E}\times\tfrac{\overset{\times}{a}}{2}) =$$

$$= \left[\mathbb{A}_S^2 - \mathbb{A}_S\cdot\mathbb{E}\times\tfrac{\overset{\times}{a}}{2} - (\mathbb{E}\times\tfrac{\overset{\times}{a}}{2})\cdot\mathbb{A}_S + (\mathbb{E}\times\tfrac{\overset{\times}{a}}{2})^2\right]\cdot\cdot(\mathbb{A}_S - \mathbb{E}\times\tfrac{\overset{\times}{a}}{2}) =$$

$$=^{21)} \mathbb{A}_S^2\cdot\cdot\mathbb{A}_S + \tfrac{3}{4}\mathbb{A}_S\cdot\cdot(\mathbb{E}\times\overset{\times}{a})^2 =^{22)} \bar{\mathrm{A}}_{S3} + \tfrac{3}{4}\overset{\times}{a}\cdot\mathbb{A}_S\cdot\overset{\times}{a} - \tfrac{3}{4}\overset{\times}{a}{}^2\,\mathbb{E}\cdot\cdot\mathbb{A}_S =$$

$$= \bar{\mathrm{A}}_{S3} + \tfrac{3}{4}\overset{\times}{a}\cdot\mathbb{A}_S\cdot\overset{\times}{a} - \tfrac{3}{4}\overset{\times}{a}{}^2 \mathrm{A}_1 \qquad (3.20\text{d})$$

benutzt, mit denen man per

$$\mathrm{A}_{S1} = \mathrm{A}_1, \qquad \mathrm{A}_{S2} = \mathrm{A}_2 - \tfrac{1}{4}\overset{\times}{a}{}^2, \qquad \bar{\mathrm{A}}_{S2} = \bar{\mathrm{A}}_2 + \tfrac{1}{2}\overset{\times}{a}{}^2,$$

$$\bar{\mathrm{A}}_{S3} =^{23)} \bar{\mathrm{A}}_3 + \tfrac{3}{4}\mathrm{A}_1\overset{\times}{a}{}^2 - \tfrac{3}{4}\overset{\times}{a}\cdot\mathbb{A}\cdot\overset{\times}{a}, \qquad \mathrm{A}_{S3} = \mathrm{A}_3 - \tfrac{1}{4}\overset{\times}{a}\cdot\mathbb{A}\cdot\overset{\times}{a} \qquad (3.21\text{a--c})$$

die Invarianten $\mathrm{A}_{Sj}, j = 1,2,3$, des symmetrischen Anteiles durch Diejenigen des vollständigen Tensors $\mathbb{A}$ zuzüglich der Terme $\overset{\times}{a}{}^2$ und $\overset{\times}{a}\cdot\mathbb{A}\cdot\overset{\times}{a}$ darstellen kann. Wegen

$$\overset{\times}{a}\cdot\mathbb{A}_S\cdot\overset{\times}{a} = \overset{\times}{a}\cdot\left[\mathbb{A} + \mathbb{E}\times\tfrac{\overset{\times}{a}}{2}\right]\cdot\overset{\times}{a} =^{24)} \overset{\times}{a}\cdot\mathbb{A}\cdot\overset{\times}{a},$$

$$\overset{\times}{a}\cdot\mathbb{A}_S^2\cdot\overset{\times}{a} = \overset{\times}{a}\cdot\left[(\mathbb{A} + \mathbb{E}\times\tfrac{\overset{\times}{a}}{2})^2\right]\cdot\overset{\times}{a} = \overset{\times}{a}\cdot\left[\mathbb{A}^2 + \mathbb{A}\cdot\mathbb{E}\times\tfrac{\overset{\times}{a}}{2} + (\mathbb{E}\times\tfrac{\overset{\times}{a}}{2})\cdot\mathbb{A} + \tfrac{1}{4}(\mathbb{E}\times\overset{\times}{a})^2\right]\cdot\overset{\times}{a} =$$

$$= \overset{\times}{a}\cdot\mathbb{A}^2\cdot\overset{\times}{a}$$

hat man dann schließlich äquivalent zu (3.19b) als Darstellungssatz

$$\mathscr{W} = \mathscr{W}(\mathbb{A}) = \mathrm{F}\left[\mathrm{A}_1, \mathrm{A}_2, \mathrm{A}_3;\ \overset{\times}{a}{}^2,\ \overset{\times}{a}\cdot\mathbb{A}\cdot\overset{\times}{a},\ \overset{\times}{a}\cdot\mathbb{A}^2\cdot\overset{\times}{a}\right]. \qquad (3.22)$$

Daß im Falle eines allgemeinen Tensors zweiter Stufe ein Satz von sechs voneinander unabhängigen skalaren Invarianten in Betracht zu nehmen ist, kann man übrigens wieder anhand der Cauchyschen Abzählregel erschliessen, gleichgültig von welcher der am Ende von Ziffer 3.2.2 angegebenen Interpretationen man hinsichtlich der Repräsentation eines symmetrischen Tensors ausgeht. Wählt man Diejenige, den symmetrischen Tensor $\mathbb{A}_S$ durch zwei Vektoren zu repräsentieren, sind Letztere zuzüglich $\overset{\times}{a}$ die Vektoren, deren Menge möglicher Skalarprodukte die Anzahl der skalaren Invarianten festlegt. Mit n=2+1=3 ist also n(n+1)/2=6. Entsprechend dieser "Abzählmethode" besteht der für eine

---

23) Man beachte $(\mathbb{E}\times\overset{\times}{a})\cdot\overset{\times}{a} = \mathbb{0}$, weswegen $\mathbb{A}_S\cdot\overset{\times}{a} = \mathbb{A}\cdot\overset{\times}{a}$ ist.

24) vgl. Fußn. 23

3.2.6   isotrope skalarwertige Funktion zweier tensorwertiger Variabler

$$\mathbb{A} = \mathbb{A}_S - \tfrac{1}{2}\,\mathbb{E} \times \overset{\times}{\mathsf{a}}, \qquad \mathbb{B} = \mathbb{B}_S - \tfrac{1}{2}\,\mathbb{E} \times \overset{\times}{\mathsf{b}} \qquad\qquad (3.23\text{a,b})$$

[wegen der hier insgesamt (n=) 2×3 = 6 "erzeugenden Vektoren"] in Betracht zu nehmende

Invariantensatz aus $\qquad\qquad$ n(n+1)/2 = 6·7/2 = 21 $\qquad\qquad\qquad$ (3.23c)

Elementen, und zwar

a)$\quad$ aus den für $\overset{\times}{\mathsf{a}} = \overset{\times}{\mathsf{b}} = 0$ erhältlichen 10 Elementen $i_\alpha\ (\alpha = 1,...,10)$ nach (3.16b)

b)$\quad$ aus den für $\mathbb{B} = 0$ bzw. $\mathbb{A} = 0$ zusätzlichen Elementen entsprechend § E3.2.5

$$i_{11} = \overset{\times}{\mathsf{a}}{}^2 \qquad i_{12} = \overset{\times}{\mathsf{a}} \cdot \mathbb{A}_S \cdot \overset{\times}{\mathsf{a}}, \qquad i_{13} = \overset{\times}{\mathsf{a}} \cdot \mathbb{A}_S^2 \cdot \overset{\times}{\mathsf{a}} \qquad (3.24\text{a–c})$$

bzw. $\qquad i_{14} = \overset{\times}{\mathsf{b}}{}^2, \qquad i_{15} = \overset{\times}{\mathsf{b}} \cdot \mathbb{B}_S \cdot \overset{\times}{\mathsf{b}}, \qquad i_{16} = \overset{\times}{\mathsf{b}} \cdot \mathbb{B}_S^2 \cdot \overset{\times}{\mathsf{b}} \qquad (3.24\text{d–f})$

c)$\quad$ aus den für $\mathbb{A}_S = \mathbb{B}_S = 0$, bzw für $\mathbb{B}_S = 0$, bzw für $\mathbb{A}_S = 0$ zu (3.24a–f) hinzutretenden

$\qquad$ Elementen $\qquad i_{17} = \overset{\times}{\mathsf{a}} \cdot \overset{\times}{\mathsf{b}} \qquad$ bzw. $i_{18} = \overset{\times}{\mathsf{b}} \cdot \mathbb{A}_S \cdot \overset{\times}{\mathsf{b}}, \quad i_{19} = \overset{\times}{\mathsf{b}} \cdot \mathbb{A}_S^2 \cdot \overset{\times}{\mathsf{b}}$

$$\text{bzw. } i_{20} = \overset{\times}{\mathsf{a}} \cdot \mathbb{B}_S \cdot \overset{\times}{\mathsf{a}}, \quad i_{21} = \overset{\times}{\mathsf{a}} \cdot \mathbb{B}_S^2 \cdot \overset{\times}{\mathsf{a}}. \qquad (3.24\text{g–l})$$

3.3 Isotrope vektorwertige Funktionen vektorwertiger Veränderlicher

werden in Spezialisierung von (3.2b) durch die Funktionalgleichung

$$\mathsf{w}\!\left[\mathsf{x}^{(1)*}, \mathsf{x}^{(2)*},...,\mathsf{x}^{(n)*}\right] = \mathsf{w}\!\left[\mathsf{x}^{(1)} \cdot \mathbb{Q}, \mathsf{x}^{(2)} \cdot \mathbb{Q},..., \mathsf{x}^{(n)} \cdot \mathbb{Q}\right] =$$
$$= \mathsf{w}\!\left[\mathsf{x}^{(1)}, \mathsf{x}^{(2)},..., \mathsf{x}^{(n)}\right] \cdot \mathbb{Q} \qquad\qquad (3.25\text{a})$$

mit beliebigen orthogonalen Tensoren $\mathbb{Q}$ definiert, wonach ein durch $\mathsf{w}\!\left[\mathsf{x}^{(1)}, \mathsf{x}^{(2)},...,\mathsf{x}^{(n)}\right]$
repräsentierter "Prozeß" ein im Hinblick auf das "Argumentenbüschel" "materiell-objekti-
ves" Ergebnis w zur Folge haben soll, in dem Sinne, daß z.B. bei Drehung aller Argumente
$\left[\mathsf{x}^{(j)}\right]$ auch der Ergebnisvektor w ohne Betragsänderung entsprechend gedreht, bei Inversion der Gesamtordnung auch das Ergebnis invertiert wird. Daher müssen sämtliche skala-
ren Größen $\qquad \zeta_{wj} = \mathsf{w} \cdot \mathsf{x}^{(j)}, \quad j = 1,...,n,\quad$ wie auch $\quad \mathsf{w} \cdot \mathsf{w}$
transformationsinvariant, d.h. allein von den skalaren Invarianten

$$\zeta_{jk} = \mathsf{x}^{(j)} \cdot \mathsf{x}^{(k)}, \qquad j,k = 1,...,n,$$

abhängig sein. Mit einer (momentan als existent vorausgesetzten) Basis, etwa mit

$\langle \varkappa^{(1)}, \varkappa^{(2)}, \varkappa^{(3)} \rangle$ schreibt man

$$w = \frac{\left[w\ \varkappa^{(2)} \varkappa^{(3)}\right]}{\left[\varkappa^{(1)} \varkappa^{(2)} \varkappa^{(3)}\right]}\, \varkappa^{(1)} + \frac{\left[\varkappa^{(1)}\ w\ \varkappa^{(3)}\right]}{\left[\varkappa^{(1)} \varkappa^{(2)} \varkappa^{(3)}\right]}\, \varkappa^{(2)} + \frac{\left[\varkappa^{(1)} \varkappa^{(2)}\ w\right]}{\left[\varkappa^{(1)} \varkappa^{(2)} \varkappa^{(3)}\right]}\, \varkappa^{(3)}\ ,$$

worin die Spatprodukt-Quotienten wegen z.B.

$$\frac{\left[w\ \varkappa^{(2)} \varkappa^{(3)}\right]}{\left[\varkappa^{(1)} \varkappa^{(2)} \varkappa^{(3)}\right]} = \frac{\left[w\ \varkappa^{(2)} \varkappa^{(3)}\right]\left[\varkappa^{(1)} \varkappa^{(2)} \varkappa^{(3)}\right]}{\left[\varkappa^{(1)} \varkappa^{(2)} \varkappa^{(3)}\right]^2} =$$

$$\begin{vmatrix} w \cdot \varkappa^{(1)} & w \cdot \varkappa^{(2)} & w \cdot \varkappa^{(3)} \\ \varkappa^{(2)} \cdot \varkappa^{(1)} & \varkappa^{(2)} \cdot \varkappa^{(2)} & \varkappa^{(2)} \cdot \varkappa^{(3)} \\ \varkappa^{(3)} \cdot \varkappa^{(1)} & \varkappa^{(3)} \cdot \varkappa^{(2)} & \varkappa^{(3)} \cdot \varkappa^{(3)} \end{vmatrix} \Big/ \begin{vmatrix} \varkappa^{(1)} \cdot \varkappa^{(1)} & \varkappa^{(1)} \cdot \varkappa^{(2)} & \varkappa^{(1)} \cdot \varkappa^{(3)} \\ \varkappa^{(2)} \cdot \varkappa^{(1)} & \varkappa^{(2)} \cdot \varkappa^{(2)} & \varkappa^{(2)} \cdot \varkappa^{(3)} \\ \varkappa^{(3)} \varkappa^{(1)} & \varkappa^{(3)} \varkappa^{(2)} & \varkappa^{(3)} \varkappa^{(3)} \end{vmatrix}$$

usw. wieder sämtlich durch Skalarprodukte und damit durch die skalaren Invarianten ζ_{jk},

$(j,k = 1,...,n)$ auszudrücken sind. So entsteht zunächst

$$w = \sum_{j=1}^{3} g_j \varkappa^{(j)}$$

mit drei skalaren Funktionen g_j, $j = 1,2,3$, der Invarianten $\zeta_{jk}(j,k = 1,...,n)$ des Argumen-
ten-Sets $\varkappa^{(1)},...,\varkappa^{(n)}$. Man muß nun wieder in Betracht ziehen, daß i.allg. Falle die Vektoren $\langle \varkappa^{(1)}, \varkappa^{(2)}, \varkappa^{(3)} \rangle$ nicht permanent eine Basis bilden, weswegen man dann auf entsprechende andere Vektoren $\langle \varkappa^{(\nu)}, \varkappa^{(\nu+1)}, \varkappa^{(\nu+2)} \rangle$ des Büschels $\varkappa^{(j)}$ zurückgreifen muß.
Unter diesem Gesichtspunkt benötigt man als Konsequenz von (3.25a) den Darstellungssatz

$$w\left[\varkappa^{(1)},...,\varkappa^{(n)}\right] = \sum_{j=1}^{n} g_j \varkappa^{(j)} \tag{3.25b}$$

mit n skalaren Funktionen $\qquad g_j = g_j(\zeta_{11},...,\zeta_{nn}) \tag{3.25c}$

der Invarianten $\qquad \zeta_{jk} = \varkappa^{(j)} \cdot \varkappa^{(k)}, \qquad j,k = 1,...,n \tag{3.25d}$

des Argumentensets $\left[\varkappa^{(1)},..., \varkappa^{(n)}\right]$.

Einfachste Beispiele sind die "dynamischen Grundgesetze" für den "Massenpunkt" in der klassischen Mechanik bzw. der speziellen Relativitätstheorie, wo als vektorwertig deklarierte "Ursachen" (Kräfte $\mathbb{k}$) zu

durch kinematische Vektoren definierten "Wirkungen" in Relation gesetzt werden. Diese Relation muß im Sinne von (3.25a) isotrop sein, weil man den Massenpunkt als "strukturlos" (im Sinne des Besitzes ausgezeichneter Richtungen) vorsieht, womit etwa jede "Orthogonal–Variante" eines "kinematischen Zustands" auch den entsprechend $\mathbb{Q}$–transformierten Verursacher bedingen muß. Unter Beschränkung auf zwei kinematische Vektoren, nämlich die Momentanwerte der Geschwindigkeit $\mathbb{w}$ bzw. der Beschleunigung $\mathbb{b} = \dot{\mathbb{w}}$ des Massenpunktes, hat man mit Letzteren den "Verursacher" $\mathbb{k}$ im Sinne von (3.25b–d) allgemein in der Form

$$\mathbb{k} = \mathbb{k}(\mathbb{w},\mathbb{b}) = g_{v}(\mathbb{w}\cdot\mathbb{w},\ \mathbb{w}\cdot\mathbb{b},\ \mathbb{b}\cdot\mathbb{b})\ \mathbb{w} + g_{b}(\mathbb{w}\cdot\mathbb{w},\ \mathbb{w}\cdot\mathbb{b},\ \mathbb{b}\cdot\mathbb{b})\ \mathbb{b} \qquad (3.26)$$

zu korrelieren, sofern man einen solchen Zusammenhang von einem sog. Inertialrahmen her beschreibt, für den mangels ausgezeichneter (Gravitations–)Richtungen eine solcherart Zuordnung notwendig isotrop sein muß.

Beschreibt man das "Bewegungsgesetz" (3.26) von einem sog. Eigeninertialrahmen–Beobachter aus, in Bezug auf den die Punktmasse (momentan) ruht, so entsteht mit $\mathbb{w} = 0$

$$\mathbb{k} = g_{b}(\mathbb{b}\cdot\mathbb{b})\ \mathbb{b}\ , \qquad (3.26a)$$

was durch geeignete Normierung des "Verursachers $\mathbb{k}$" stets auf die lineare Version des 2. Newtonschen Bewegungsaxioms gebracht werden kann. Dazu denkt man sich aus

$$\mathbb{k}\cdot\mathbb{k} = \mathbb{k}^2 = g_{b}^2\ \mathbb{b}\cdot\mathbb{b} = b^2 g_{b}^2\ (b^2), \qquad\qquad b^2 = \mathbb{b}\cdot\mathbb{b}\ ,$$

(unter Invertierbarkeitsvoraussetzung)

$$\mathbb{b}^2 = f(\mathbb{k}^2)$$

herstellbar und kann hiermit aus (3.26a) eine Struktur von der Form

$$\mathbb{k}_{N} = \frac{\mathbb{k}}{g_{b}\ (f(\mathbb{k}^2))} = \text{const.}\ \mathbb{b} \qquad (3.26b)$$

erzeugen mit einem als "Newtonkraft" $\mathbb{k}_{N}$ bezeichneten "Verursacher". Wegen der zu fordernden Galilei–Invarianz der Relation (3.26b) gilt diese in der klassischen Mechanik dann auch für im Beobachterrahmen momentan nicht ruhende Punktmassen. Das Gesetz von Lorentz–Einstein (vgl. a. (E6.19c))

$$\mathbb{k}^{(LE)} = \frac{d}{dt}\left[\frac{m_{o}\mathbb{w}}{\sqrt{1 - (v/c)^2}}\right] = \frac{m_{o}\mathbb{w}\cdot\mathbb{b}}{c^2\sqrt{1 - (v/c)^2}^{\ 3}}\ \mathbb{w} + \frac{m_{o}}{\sqrt{1 - (v/c)^2}}\ \mathbb{b} \qquad (3.26c)$$

ist allerdings nicht so elementar zu verifizieren, jedoch mit

$$g_v = \frac{m_o\, \mathbf{w}\cdot\mathbf{b}}{c^2\sqrt{1 - \dfrac{\mathbf{w}\cdot\mathbf{w}}{c^2}}^{\,3}} \qquad\qquad g_b = \frac{m_o}{\sqrt{1 - \dfrac{\mathbf{w}\cdot\mathbf{w}}{c^2}}}$$

in die allgemeine Darstellung (3.26) einzuordnen. Aus (3.26c) folgt mit $\mathbf{w} = 0$ als im "momentanen Eigen-

inertialrahmen" notiertes Bewegungsgesetz entsprechend Einsteins [11] Grundannahme

$\mathbf{k}^{(LE)}\Big|_{\mathbf{w}=0} = \mathbf{k}_N = m_o\, \mathbf{b}$ mit der sog. "Ruhemasse" m_o. Als

3.4.1   <u>isotrope Zuordnung zwischen zwei symmetrischen zweistufigen Tensoren</u>

       <u>$\mathbf{S} = \mathbf{F}(\mathbf{D})$</u>

wird eine Beziehung bezeichnet, wenn sich als Folge einer beliebigen Hauptachsen-Drehung

des Argumententensors $\mathbf{D}(\mathbf{D} \rightarrow \mathbf{D}^* = \mathbf{Q}^T\cdot\mathbf{D}\cdot\mathbf{Q})$ auch der "Ergebnistensor" $\mathbf{S}$ (ohne Än-

derung seiner Hauptwerte!) dreht $(\mathbf{S} \rightarrow \mathbf{S}^* = \mathbf{Q}^T\cdot\mathbf{S}\cdot\mathbf{Q})$, was solcherart Zuordnungen durch

die Funktionalgleichung

$$\mathbf{F}(\mathbf{Q}^T\cdot\mathbf{D}\cdot\mathbf{Q}) = \mathbf{Q}^T\cdot\mathbf{F}(\mathbf{D})\cdot\mathbf{Q} \tag{3.27}$$

mit beliebigen Versoren $\mathbf{Q}$ definiert[25]. Beispiele hierfür sind die Stoffgleichungen für die

Spannungen in Abhängigkeit von den Verzerrungen bei elastisch-isotropen Medien bzw.

von den Verzerrungsgeschwindigkeiten in der Theorie Reinerscher Fluide, wo "gedrehte

Verformungs- bzw. Verformungsgeschwindigkeitszustände" als Folge entsprechend "gedreh-

ter Spannungszustände" deklariert werden.

Zur "Lösung" der Funktionalgleichung (3.27) schreibt man die Tensoren $\mathbf{D}$ bzw. $\mathbf{F}(\mathbf{D})$ in ihren Haupt-

achsendarstellungen nieder,

---

[25] Wie schon unter § E3.2.2 festgestellt, findet man für zweistufige Tensoren mittels Inversion bzw. Spiegelungen keine auf einen Darstellungssatz führenden Reduktionsmöglichkeiten. Im übrigen ist (3.27)
gleichwertig mit der Forderung nach "Euklidischer Forminvarianz" der Beziehung $\mathbf{S} = \mathbf{F}(\mathbf{D})$:
Für alle – etwa durch Orthonormalbasen $\langle \mathbf{e}_j \rangle$ repräsentierte – Beobachtersysteme, die durch $\mathbf{Q}$-Trans-
formationen auseinander hervorgehen, muß die komponentenweise niedergeschriebene Beziehung
$\mathbf{S} = \mathbf{F}(\mathbf{D})$ mit den in der jeweiligen Bezugsbasis notierten Tensorkomponenten formal gleich
(forminvariant) sein.

$$\mathbb{D} = \sum_{j=1}^{3} d_j^{(H)}\, \mathbf{e}_{d_j}^{(H)} \circ \mathbf{e}_{d_j}^{(H)} \,, \qquad \mathbb{F} = \sum_{j=1}^{3} f_j^{(H)}\, \mathbf{e}_{f_j}^{(H)} \circ \mathbf{e}_{f_j}^{(H)} , \qquad (3.28a,b)$$

worin die Hauptwerte $f_j^{(H)}$ $(j = 1,..,3)$ zunächst allgemein in der Form

$$f_j^{(H)} = h_j\!\left[d_1^{(H)},\, d_2^{(H)},\, d_3^{(H)},\, \mathbf{e}_{d_1}^{(H)},\, \mathbf{e}_{d_2}^{(H)},\, \mathbf{e}_{d_3}^{(H)} \right] \,, \; j = 1,..,3 \qquad (3.28c)$$

als von den Repräsentanten $d_\alpha^{(H)}$, $\mathbf{e}_{d_\alpha}^{(H)}$, $\alpha = 1,...3$, des Tensors $\mathbb{D}$ abhängig angenommen werden müs–

sen. Gleichung (3.27) besagt dann, daß im Falle $\mathbb{D}^* = \mathbb{Q}^T \cdot \mathbb{D} \cdot \mathbb{Q}$, d.h. für den Argumentenwechsel

$$\langle d_1^{(H)},\, d_2^{(H)},\, d_3^{(H)};\, \mathbf{e}_{d_1}^{(H)},\, \mathbf{e}_{d_2}^{(H)},\, \mathbf{e}_{d_3}^{(H)} \rangle^{26)} \Rightarrow \langle d_1^{(H)},\, d_2^{(H)},\, d_3^{(H)};\, \mathbf{e}_{d_1}^{(H)}\cdot \mathbb{Q},\, \mathbf{e}_{d_2}^{(H)}\cdot \mathbb{Q},\, \mathbf{e}_{d_3}^{(H)}\cdot \mathbb{Q} \rangle$$

der Tensor $\mathbb{F}$ in eine entsprechend gedrehte Hauptachsendarstellung

$$\mathbb{F}^* = \sum_{j=1}^{3} f_j^{(H)*}\, \mathbf{e}_{f_j}^{(H)*} \circ \mathbf{e}_{f_j}^{(H)*} \qquad \text{mit} \quad \mathbf{e}_{f_j}^{(H)*} = \mathbf{e}_{f_j}^{(H)}\cdot \mathbb{Q} \qquad (3.29a)$$

mit dabei gleichbleibenden Hauptwerten [27]

$$f_j^{(H)*} = h_j\!\left[d_1^{(H)},\, d_2^{(H)},\, d_3^{(H)};\, \mathbf{e}_{d_1}^{(H)}\cdot \mathbb{Q},\, \mathbf{e}_{d_2}^{(H)}\cdot \mathbb{Q},\, \mathbf{e}_{d_3}^{(H)}\cdot \mathbb{Q} \right]$$

$$\equiv f_j^{(H)} = h_j\!\left[d_1^{(H)},\, d_2^{(H)},\, d_3^{(H)};\, \mathbf{e}_{d_1}^{(H)},\, \mathbf{e}_{d_2}^{(H)},\, \mathbf{e}_{d_3}^{(H)} \right] \qquad (3.29b)$$

übergehen muß. Daraus erkennt man zunächst die Unabhängigkeit der Hauptwert–Beziehungen (3.28c)

von den Richtungsgrößen des Argumentes $\mathbb{D}$, bekommt also

$$f_j^{(H)} = h_j^{(H)}\!\left[d_1^{(H)},\, d_2^{(H)},\, d_3^{(H)} \right], \qquad\qquad j = 1...3, \qquad (3.30a)$$

d.h.
$$\mathbb{F}\,(\mathbb{D}) = \sum_{j=1}^{3} h_j\!\left[d_1^{(H)},\, d_2^{(H)},\, d_3^{(H)} \right] \mathbf{e}_{f_j}^{(H)} \circ \mathbf{e}_{f_j}^{(H)} , \qquad (3.30b)$$

wobei bisher noch offen ist, inwieweit die Hauptrichtungen von $\mathbb{D}$ und $\mathbb{F}$ übereinstimmen.

Bezeichnet $\mathbb{R}_{D \to F} = \mathbb{R}$ den (möglicherweise von $\mathbb{E}$ verschiedenen) Versor, der per $\mathbf{e}_{f_j}^{(H)} = \mathbf{e}_{d_j}^{(H)}\cdot \mathbb{R}$ die

Hauptrichtungen von $\mathbb{D}$ in die Hauptrichtungen von $\mathbb{F}$ überführt so ist (3.30b), zunächst nur in

$$\mathbb{R}\cdot \mathbb{F}(\mathbb{D})\cdot \mathbb{R}^T = \sum_{j=1}^{3} h_j\!\left[d_1^{(H)},\, d_2^{(H)},\, d_3^{(H)} \right] \mathbf{e}_{d_j}^{(H)} \circ \mathbf{e}_{d_j}^{(H)} = \sum_{k=0}^{2} g_k\!\left[D_1,\, D_2,\, D_3 \right] \mathbb{D}^k$$

---

umzuformen mit drei skalaren Funktionen g_k (k = 0,1,2) der Grundinvarianten in der letzteren (auf Reiner zurückgehenden) Darstellung (gestrichelt), die mit den Funktionen h_j in der Form

$$h_1 = g_0 + g_1 d_1^{(H)} + g_2 d_1^{(H)2} \qquad h_2 = g_0 + g_1 d_2^{(H)} + g_2 d_2^{(H)2} \qquad h_3 = g_0 + g_1 d_3^{(H)} + g_2 d_3^{(H)2} \qquad (3.30c)$$

zusammenhängen[27], also in

$$\mathbb{F}(\mathbb{D}) = \mathbb{R}^T(\mathbb{D}) \cdot \left[\sum_{k=0}^{2} g_k \left[D_1, D_2, D_3 \right] \mathbb{D}^k \right] \cdot \mathbb{R}(\mathbb{D}) \qquad (3.30d)$$

mit einem als noch von $\mathbb{D}$ abhängig anzusehenden Versor $\mathbb{R}$. Letzterer muss aber, wie Einsetzen in (3.27) folgern läßt, der Funktionalgleichung

$$\mathbb{R}\,(\mathbb{Q}^T \cdot \mathbb{D} \cdot \mathbb{Q}) = \mathbb{Q}^T \cdot \mathbb{R}(\mathbb{D}) \cdot \mathbb{Q} \qquad (3.31a)$$

mit beliebigen Versoren $\mathbb{Q}$ genügen. Zur Reduktion von (3.31a) verwendet man spezielle Versoren $\mathbb{Q}^{(j)}$, die Umklappungen um jeweils eine Hauptrichtung $\mathbb{e}_{d_j}^{(H)}$ von $\mathbb{D}$ beschreiben und die, wie man leicht nachrechnet, den Tensor $\mathbb{D}$ unverändert lassen,

$$\mathbb{Q}^{(j)T} \cdot \mathbb{D} \cdot \mathbb{Q}^{(j)} = \mathbb{D}\,, \qquad (3.31b)$$

womit in Spezialisierung von (3.31a)

$$\mathbb{R}\,(\mathbb{D}) = \mathbb{Q}^{(j)T} \cdot \mathbb{R}(\mathbb{D}) \cdot \mathbb{Q}^{(j)}\,, \qquad j = 1,...,3\,, \qquad (3.31c)$$

gelten muß. Da letztere Beziehung, wie anschließend nachgerechnet wird, nur mit

$$\mathbb{R}(\mathbb{D}) = \mathbb{E} \qquad (3.32a)$$

---

[27] Man beachte

$$\mathbb{D}^0 = \mathbb{E}, \qquad \mathbb{D}^1 = \sum_{j=1}^{3} d_j^{(H)} \mathbb{e}_{d_j}^{(H)} \circ \mathbb{e}_{d_j}^{(H)}, \qquad \mathbb{D}^2 = \mathbb{D} \cdot \mathbb{D} = \sum_{j=1}^{3} d_j^{(H)2} \mathbb{e}_{d_j}^{(H)} \circ \mathbb{e}_{d_j}^{(H)},$$

also $\qquad \displaystyle \sum_{k=1}^{2} g_k \mathbb{D}^k = \sum_{j=1}^{3} \left[g_0 + g_1 d_j^{(H)} + g_2 d_j^{(H)2} \right] \mathbb{e}_{d_j}^{(H)} \circ \mathbb{e}_{d_j}^{(H)}\,,$

setze dies mit $\displaystyle \sum_{j=1}^{3} h_j \mathbb{e}_{d_j}^{(H)} \circ \mathbb{e}_{d_j}^{(H)}$ gleich und führe Komponentenvergleich aus. Da die Hauptwerte $d_j^{(H)}$ (j = 1,...,3) letztlich von den drei Grundinvarianten abhängen (vgl. (4.13) Haupttext), kann man die aus (3.30c) erhältlichen Größen g_k (k=0,1,2) in der Tat als Funktion der Grundinvarianten D_j (j=1,...3) unterstellen.

zu befriedigen ist, fallen die Hauptrichtungen von $\mathbb{D}$ und $\mathbb{F}$ $(\mathbb{D})$ zusammen, und es verbleibt als isotrope

Zuordnung die <u>Reinersche Gleichung</u>

$$\mathbb{F}(\mathbb{D}) =^{28)} \left[\sum_{j=1}^{3} h_j\left[d_1^{(H)},d_2^{(H)},d_3^{(H)}\right] e_{d_j}^{(H)} \circ e_{d_j}^{(H)} = \sum_{j=1}^{3} h\left[d_j^{(H)},D_1,D_2,D_3\right] e_{d_j}^{(H)} \circ e_{d_j}^{(H)} \right] =$$

$$= \sum_{k=0}^{2} g_k(D_1,D_2,D_3)\mathbb{D}^k \;, \tag{3.32b}$$

wobei die gestrichelte Version mit einer einzigen Komponentenfunktion $h\left[d_j^{(H)},D_1,D_2,D_3\right]$ wegen

(E3.30c) erschlossen werden kann: Man bekommt mit $g_k = g_k(D_1,D_2,D_3)$, $k = 0,...,2$, in der Tat

$$\mathbb{F}(\mathbb{D}) = \sum_{j=1}^{3} \left[g_0 + d_j^{(H)} g_1 + d_j^{(H)^2} g_2\right] e_{d_j}^{(H)} \circ e_{d_j}^{(H)} = \sum_{j=1}^{3} h\left[d_j^{(H)},D_1,D_2,D_3\right] e_{d_j}^{(H)} \circ e_{d_j}^{(H)} \tag{3.32c}$$

mit

$$h\left[d_j^{(H)},D_1,D_2,D_3\right] = g_0(D_1,D_2,D_3) + d_j^{(H)2} g_1(D_1,D_2,D_3)\right] + d_j^{(H)2} g_2(D_1,D_2,D_3). \tag{3.32d}$$

Es ist nun noch der Nachweis von (3.32a) nachzutragen:

Für z. B. den speziellen Versor

$$\mathbb{Q}^{(1)} \stackrel{\wedge}{=} \begin{pmatrix} 1 & 0 & 0 \\ 0 & -1 & 0 \\ 0 & 0 & -1 \end{pmatrix}_{\langle e_{d_j}^{(H)}\rangle} ,$$

der eine Umklappung um die $e_{d_1}^{(H)}$–Achse beschreibt, findet man mit

$$\mathbb{R}(\mathbb{D}) = \sum_{j=1}^{3} e_{d_j}^{(H)} \circ e_{f_j}^{(H)} = \sum_{k,j=1}^{3} \lambda_{kj} e_{d_j}^{(H)} \circ e_{d_k}^{(H)} \;, \qquad \lambda_{jk} = e_{d_k}^{(H)} \cdot e_{f_j}^{(H)}$$

nach (3.31c) die (auf die $\langle e_{d_j}^{(H)}\rangle$–Basis bezügliche) Matrizengleichung

$$\begin{pmatrix} \lambda_{11} & \lambda_{21} & \lambda_{31} \\ \lambda_{12} & \lambda_{22} & \lambda_{32} \\ \lambda_{13} & \lambda_{23} & \lambda_{33} \end{pmatrix} = \begin{pmatrix} 1 & 0 & 0 \\ 0 & -1 & 0 \\ 0 & 0 & -1 \end{pmatrix} \cdot \begin{pmatrix} \lambda_{11} & \lambda_{21} & \lambda_{31} \\ \lambda_{12} & \lambda_{22} & \lambda_{32} \\ \lambda_{13} & \lambda_{23} & \lambda_{33} \end{pmatrix} \cdot \begin{pmatrix} 1 & 0 & 0 \\ 0 & -1 & 0 \\ 0 & 0 & -1 \end{pmatrix} = \begin{pmatrix} \lambda_{11} & -\lambda_{21} & -\lambda_{31} \\ -\lambda_{12} & \lambda_{22} & \lambda_{32} \\ -\lambda_{13} & \lambda_{23} & \lambda_{33} \end{pmatrix} ,$$

aus der man $\qquad\qquad \lambda_{12} = \lambda_{21} = \lambda_{13} = \lambda_{31} = 0$

---

28) Die erstere Darstellung geht von (3.30a,b) aus.

und schließlich nach Auswertung weiterer Umklappungen $\mathbb{Q}^{(2)}$ bzw. $\mathbb{Q}^{(3)}$ (um die $\mathbf{e}_{d_2}^{(H)}$– bzw.

$\mathbf{e}_{d_3}^{(H)}$–Achse) feststellt, daß alle gemischten Glieder λ_{jk} ($j \neq k$) verschwinden müssen. Aus $\mathbb{R} \cdot \mathbb{R}^T = \mathbb{E}$

folgen dann, wenn man noch det $\mathbb{R} = 1$ berücksichtigt, $\lambda_{11} = \lambda_{22} = \lambda_{33} = 1$, also in der Tat $\mathbb{R}(\mathbb{D}) = \mathbb{E}$.

Kontinuumsmechanische Beispiele, wo (geeignet definierte Spannungs–)Tensoren $\mathbb{S}$ als isotrope (Zu-

stands–)Funktionen von (geeignet definierten) Verzerrungs– (bzw. Verzerrungsgeschwindigkeits–)Tensoren

$\mathbb{D}$ aufgefaßt werden, sind, wie schon erwähnt, die Stoffgleichungen der isotropen Hyperelastizität bzw. der

sog. (isotropen) Reinerschen Fluide (als Verallgemeinerung der Navier–Stokesschen Fluide).

In "technischer Interpretation" bedeutet "Isotropie" (in Bezug auf den Zusammenhang zwischen $\mathbb{S}$ und

$\mathbb{D}$), daß

V1)　　ein "anfänglich" nach den Hauptspannungsrichtungen $\mathbf{e}_{\sigma_j}^{(H)}$ ($j = 1,...,3$) orientiertes quaderförmiges

　　　　Massenelement auch nach der Deformation noch quaderförmig ist, also im Zusammenhang mit sei-

　　　　ner (Hauptspannungs–)Belastung keine Scherverformungen, sondern allein drei (sog. Haupt–)-

　　　　Dehnungen $d_j^{(H)}$ ($j = 1,...,3$) erlitten hat,

V2)　　diese Dehnungen als Zustandsfunktionen der Hauptspannungen (vice versa) etwa in der Form

$$d_1^{(H)} = f\left[\sigma_1^{(H)}; \sigma_2^{(H)}, \sigma_3^{(H)}\right] = f\left[\sigma_1^{(H)}; \sigma_3^{(H)}, \sigma_2^{(H)}\right], \quad \text{d.h. } \sigma_2^{(H)} \text{ und } \sigma_3^{(H)} \text{ vertauschbar,}$$
$$d_2^{(H)} = f\left[\sigma_2^{(H)}; \sigma_3^{(H)}, \sigma_1^{(H)}\right] = f\left[\sigma_2^{(H)}; \sigma_1^{(H)}, \sigma_3^{(H)}\right], \quad \text{d.h. } \sigma_1^{(H)} \text{ und } \sigma_3^{(H)} \quad " \quad , \quad (3.33a)$$
$$d_3^{(H)} = f\left[\sigma_3^{(H)}; \sigma_1^{(H)}, \sigma_2^{(H)}\right] = f\left[\sigma_3^{(H)}; \sigma_2^{(H)}, \sigma_1^{(H)}\right], \quad \text{d.h. } \sigma_1^{(H)} \text{ und } \sigma_2^{(H)} \quad "$$

　　　　darzustellen sein müssen, wobei die unterstellten Vertauschbarkeiten der Spannungsvariablen mit

　　　　der Gleichartigkeit der jeweiligen "Querkontraktionseffekte" motiviert ist[29] ,daß also

V3)　　wegen der "Vertauschbarkeitsinvarianz" der Größen

$$S_1 = \sigma_1^{(H)} + \sigma_2^{(H)} + \sigma_3^{(H)}, \quad S_2 = \sigma_1^{(H)}\sigma_2^{(H)} + \sigma_2^{(H)}\sigma_3^{(H)} + \sigma_3^{(H)}\sigma_1^{(H)}, \quad S_3 = \sigma_1^{(H)}\sigma_2^{(H)}\sigma_3^{(H)}$$

　　　　die Materialgleichungen (3.33a) auf die Form

$$d_j^{(H)} = f\left[\sigma_j^{(H)}, S_1, S_2, S_3\right] , \quad j = 1,...,3 , \tag{3.33b}$$

---

[29] Hinsichtlich z. B. der Dehnung $d_1^{(H)}$ muß – mangels ausgezeichneter Festigkeitsrichtungen, etwa anisotroper Faserung – der Einfluß der Querspannungen $\sigma_2^{(H)}$ bzw. $\sigma_3^{(H)}$ "gleichgewichtig" sein.

gebracht werden können und dergestalt zumindest bereits in skalarwertiger Form einer isotropen Darstellungsstruktur $\mathbb{D} = \mathbb{D}(\mathbb{S})$ entsprechen müssen (vgl. (3.32c).

Die vollständige Identifikation mit einer (tensorwertigen) isotropen Zuordnung $\mathbb{D} = \mathbb{D}(\mathbb{S})$ erreicht man schließlich unter dem Gesichtspunkt, daß auch der Verzerrungszustand tensorwertig ist, insofern, als man den Verzerrungszustand eines Massenelementes – im Rahmen der Approximationsstufe des sog. einfachen Stoffes – ebenfalls durch einen symmetrischen Tensor zweiter Stufe beschreiben kann (vgl. § 5.1,2, Haupttext), dessen Hauptachsendarstellung

$$\mathbb{D} = \sum_{j=1}^{3} d_j^{(H)}\; e_{d_j}^{(H)} \circ e_{d_j}^{(H)}$$

mit den Hauptdehnungen $d_j^{(H)}$ $(j = 1,...,3)$ und den sog. Hauptdehnungsrichtungen $e_{d_j}^{(H)}$ $(j = 1,...,3)$ definiert ist, wobei Letztere die Kantenlängen eines Elementarquaders definieren, der auch nach der Verformung quaderförmig geblieben ist. Aufgrund von (V1) ist aber $e_{\sigma_j}^{(H)} = e_{d_j}^{(H)}$ a priori als "Isotropie–Eigenschaft" verlangt worden, wonach unter "tensorwertiger Sicht" (V1) bereits die Forderung nach Koaxialität von Spannungs– und Verzerrungstensor impliziert und damit (3.33b) in der Tat zur tensorwertigen isotropen Zuordnung (3.32b) bzw. zur Reinerschen Gleichung aufgebaut werden kann. Einfachste Version ist die **lineare Zuordnung**, wofür aus der Reinerschen Gleichung

a)   im Falle des <u>Hookeschen Gesetzes</u>

aus der zu (3.32b) analogen Version

$$\mathbb{D}(\mathbb{S}) = h_0 \mathbb{E} + h_1 \mathbb{S} + h_2 \mathbb{S}^2$$

mit
$$h_0 = -\,\frac{\nu\, S_1}{2G(1+\nu)}\,, \qquad h_1 = \tfrac{1}{2}G, \qquad h_2 = 0$$

die Beziehung

$$\mathbb{D} = \mathbb{D}(\mathbb{S}) =^{30)} \frac{1}{2G}\left[\mathbb{S} - \frac{\nu\, S_1}{1+\nu}\,\mathbb{E}\right]\,, \quad S_1 = \mathbb{E}\cdot\cdot\,\mathbb{S}\,, \tag{3.34a,b}$$

als Zusammenhang zwischen Verzerrungen $\mathbb{D}$ und Spannungen $\mathbb{S}$ und

b)   im Falle des <u>Stokesschen Gesetzes</u> mit $h_0 = -\,S_1/(6\mu)$, $h_1 = 1/(2\mu)$ und $h_2 = 0$ die Relation

---

[30)] Hierin bedeuten G bzw. ν Schubmodul bzw. Querdehnungsziffer.

$$\mathbb{C} \ (= \mathbb{C}') = \frac{1}{2\mu}\left[\mathbb{S} - \frac{\bar{S}_1}{3}\,\mathbb{E}\right] =^{31)} \frac{\mathbb{S}'}{2\mu}\,, \qquad \bar{S}_1 = \mathbb{E}\cdot\cdot\,\mathbb{S}\,, \qquad\qquad (3.35a,b)$$

als Zusammenhang zwischen den Deviatoren der auf die Momentankonfiguration bezogenen (sog.

"räumlichen") Verzerrungsgeschwindigkeit $\mathbb{C}$ und den (Eulerschen) sog. Reibungsspannungen $\mathbb{S}$ ex

trahiert wird.

Spezialfälle isotroper Zuordnungen sind die bereits unter § 4.6 (Haupttext) abgehandelten

sog. Tensorfunktionen

$$p(\mathbb{S}) = \sum_{j=1}^{3} p(\sigma_j^{(H)})\; \mathbb{e}_{\sigma_j}^{(H)} \circ \mathbb{e}_{\sigma_j}^{(H)}\,, \qquad\qquad (3.36)$$

bei denen die drei (gleichen) Komponentenfunktionen nur von den jeweiligen Hauptwerten

$\sigma_j^{(H)}$ abhängen, und insbesondere Potenzreihendarstellungen von der Form (4.25a,b),

Haupttext.

Der Reinersche Darstellungssatz (3.32b) ist auch zwecks Repräsentation einer

3.4.2   <u>isotropen symmetrischen zweistufig–tensorwertigen Funktion $\mathbb{F} = \mathbb{F}(\mathbb{a})$ einer</u>

<u>vektorwertigen Variablen $\mathbb{a}$</u>

d.h. zur Reduktion des Problems

$$\mathbb{F}(\mathbb{a}\cdot\mathbb{Q}) = \mathbb{Q}^{T}\cdot\mathbb{F}(\mathbb{a})\cdot\mathbb{Q} \qquad\qquad (3.37a)$$

anwendbar, indem man aus $\mathbb{a}$ die Dyade $\mathbb{a}\circ\mathbb{a}$ konstruiert und die isotrope Zuordnung

$\mathbb{F} = \mathbb{F}(\mathbb{a}\circ\mathbb{a})$ im Sinne von (3.32b) aufsucht. Mit

$$(\mathbb{a}\circ\mathbb{a})_1 = \mathbb{E}\cdot\cdot\,\mathbb{a}\circ\mathbb{a} = \mathbb{a}^2\,, \qquad (\mathbb{a}\circ\mathbb{a})_2 = (\mathbb{a}\circ\mathbb{a})_3 = 0$$

und

$$(\mathbb{a}\circ\mathbb{a})^2 = \mathbb{a}^2\,\mathbb{a}\circ\mathbb{a},\qquad (\mathbb{a}\circ\mathbb{a})^3 = (\mathbb{a}^2)^2\,\mathbb{a}\circ\mathbb{a}$$

erhält man aus (3.32b) mit zwei skalaren Funktionen $f_j(\mathbb{a}^2)$, $j = 0,1$,

$$\mathbb{F}(\mathbb{a}) = f_0(\mathbb{a}^2)\,\mathbb{E} + f_1(\mathbb{a}^2)\,\mathbb{a}\circ\mathbb{a}. \qquad\qquad (3.37b)$$

---

31) Hierin bedeutet μ die absolute Zähigkeit.

Zum Beweise benutzt man für $\mathbb{F}$ die Hauptachsendarstellung

$$\mathbb{F}(\mathbb{a}) = \sum_{j=1}^{3} h_j(|\mathbb{a}|, \mathbb{e}_a)\, \mathbb{e}_{f_j}^{(H)} \circ \mathbb{e}_{f_j}^{(H)}\,, \tag{3.38a}$$

worin man die Hauptwerte zunächst in der Form

$$h_j = h_j(|\mathbb{a}|, \mathbb{e}_a)\,, \qquad \mathbb{e}_a = \mathbb{a}/|\mathbb{a}|$$

als von $\mathbb{a} = |\mathbb{a}|\,\mathbb{e}_a$ abhängig ansieht. Spiegelung an einer Ebene mit Stellungsvektor $\mathbb{e}_a$, d.h. $\mathbb{Q} = \mathbb{Q}_a = \mathbb{E} - 2\mathbb{e}_a \circ \mathbb{e}_a$, womit $\mathbb{e}_a$ in $\overset{*}{\mathbb{e}}_a = \mathbb{e}_a \cdot \mathbb{Q}_a = -\mathbb{e}_a$ überführt wird, ergibt dann speziell aus (3.37a) mit $\mathbb{F}(\mathbb{a})$ in der Version (3.38a) angesichts der Tatsache, daß Spiegelungen sowohl $|\mathbb{a}|$ als auch den Tensor $\mathbb{F}$ unverändert belassen

$$h_j(|\mathbb{a}|, \mathbb{e}_a) = h_j(|\mathbb{a}|, -\mathbb{e}_a)\,,$$

also Unabhängigkeit der Hauptwerte von der Richtung $\mathbb{e}_a$. Auf die somit auf

$$\mathbb{F}(\mathbb{a}) = \sum_{j=1}^{3} h_j(|\mathbb{a}|)\, \mathbb{e}_{f_j}^{(H)} \circ \mathbb{e}_{f_j}^{(H)} \tag{3.38b}$$

reduzierbare Darstellung wird schließlich (3.37a) für eine Umklappung um die $\mathbb{e}_a$–Achse angewendet, wofür mit $\mathbb{e} = \mathbb{e}_a$ und $\varphi = \pi$ nach (3.5d) (Haupttext)

$$\mathbb{Q} = \mathbb{R}_a = -(\mathbb{E} - 2\mathbb{e}_a \circ \mathbb{e}_a) \tag{3.38c}$$

zu setzen ist. Es entsteht wegen $\mathbb{a} \cdot \mathbb{R}_a = \mathbb{a}$

$$\mathbb{F}(\mathbb{a} \cdot \mathbb{Q}) \equiv \mathbb{F}(\mathbb{a}) = \sum_{j=1}^{3} h_j(|\mathbb{a}|)\mathbb{e}_{f_j}^{(H)} \circ \mathbb{e}_{f_j}^{(H)} = \mathbb{R}_a^T \cdot \mathbb{F}(\mathbb{a}) \cdot \mathbb{R}_a = \mathbb{R}_a^T \cdot \sum_{j=1}^{3} h_j(|\mathbb{a}|)\mathbb{e}_{f_j}^{(H)} \circ \mathbb{e}_{f_j}^{(H)} \cdot \mathbb{R}_a =$$

$$\overset{(3.38c)}{=} \sum_{j=1}^{3} h_j(|\mathbb{a}|)\left\{ \mathbb{e}_{f_j}^{(H)} \circ \mathbb{e}_{f_j}^{(H)} + 4\left[\mathbb{e}_a \cdot \mathbb{e}_{f_j}^{(H)}\right]^2 \mathbb{e}_a \circ \mathbb{e}_a - 2\left[\mathbb{e}_{f_j}^{(H)} \cdot \mathbb{e}_a\right]\left[\mathbb{e}_{f_j}^{(H)} \circ \mathbb{e}_a + \mathbb{e}_a \circ \mathbb{e}_{f_j}^{(H)}\right] \right\}$$

bzw.

$$2\sum_{j=1}^{3} h_j(|\mathbb{a}|)\left[\mathbb{e}_a \cdot \mathbb{e}_{f_j}^{(H)}\right]\left[2\left[\mathbb{e}_a \cdot \mathbb{e}_{f_j}^{(H)}\right] \mathbb{e}_a \circ \mathbb{e}_a - \mathbb{e}_{f_j}^{(H)} \circ \mathbb{e}_a - \mathbb{e}_a \circ \mathbb{e}_{f_j}^{(H)}\right] = 0\,.$$

Skalare Rechtsmultiplikation mit $\mathbb{e}_a$ ergibt daraus

$$2\sum_{j=1}^{3} h_j(|\mathbb{a}|)\left[\mathbb{e}_a \cdot \mathbb{e}_{f_j}^{(H)}\right]\left[\left[\mathbb{e}_a \cdot \mathbb{e}_{f_j}^{(H)}\right] \mathbb{e}_a - \mathbb{e}_{f_j}^{(H)}\right] = 0$$

und nochmalige Skalarmultiplikation mit einem zu $\mathbb{e}_a$ senkrechten Einheitsvektor $\mathbb{e}_{a\perp}$

$$\sum_{j=1}^{3} h_j(|a|)\left[e_a \cdot e_{f_j}^{(H)}\right]\left[e_{f_j}^{(H)} \cdot e_{a\perp}\right] = e_a \cdot \left[\sum_{j=1}^{3} h_j(|a|)\, e_{f_j}^{(H)} \circ e_{f_j}^{(H)}\right] \cdot e_{a\perp} \equiv e_a \cdot F(a) \cdot e_{a\perp} = 0,$$

was bedeutet, daß e_a eine Hauptrichtung von $F(a)$ ist. Betrachtnahme beliebiger Drehungen um die Achse e_a ergeben dann schließlich, daß die beiden zu den (zu e_a senkrechten) Hauptrichtungen $e_{a\perp 1}$ und $e_{a\perp 2}$ gehörenden Hauptwerte gleich sein müssen und damit den Darstellungssatz (3.37b).

Prominentestes Anwendungsbeispiel für (3.37b) ist die von

$$F(v) = E - \frac{v \circ v}{c^2} \tag{3.39a}$$

– man setze in (3.37b) $f_0 = 1$, $f_1 = -1/c^2$ – gebildete Tensorfunktion

$$L(v) = \left[E - \frac{v \circ v}{c^2}\right]^{1/2}, \tag{3.39b}$$

die mit der Lichtgeschwindigkeit c die relativistische Kontur–Transformation beschreibt.

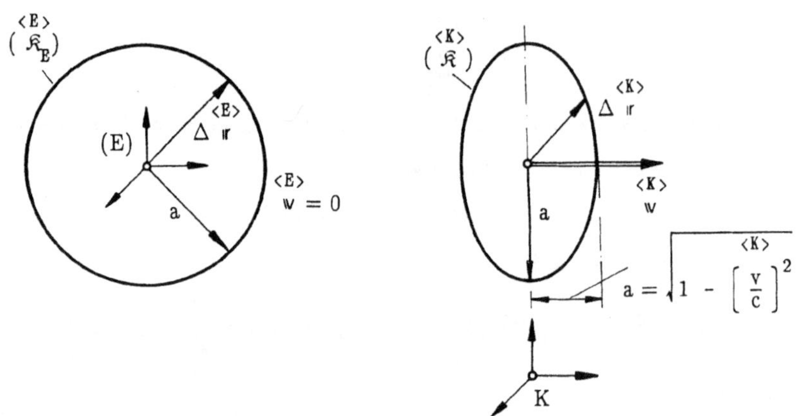

Abb. E 3.1

Danach erscheint eine im Eigen(–inertial–)rahmen $\langle E\rangle$ (permanent) ruhende Kontur $\overset{\langle E\rangle}{(\mathfrak{K})}$ einem Inertial‑rahmenbeobachter $\langle K\rangle$, der für die Kontur die Geschwindigkeit $\overset{\langle K\rangle}{v}$ feststellt, nicht als die Kontur $\overset{\langle E\rangle}{(\mathfrak{K})}$, sondern als eine Kontur $\overset{\langle K\rangle}{(\mathfrak{K})}$, die aus $\overset{\langle E\rangle}{(\mathfrak{K})}$ nach der Vorschrift

$$\overset{\langle K\rangle}{\Delta r} = \overset{\langle E\rangle}{\Delta r} \cdot L = \overset{\langle K\rangle}{\Delta r} \cdot \left[E - \frac{\overset{\langle K\rangle}{v} \circ \overset{\langle K\rangle}{v}}{c^2}\right]^{1/2} \tag{3.39c}$$

gebildet wird. Für eine z. B. kugelige Kontur im Eigeninertialrahmen entsteht für einen Beobachter $\langle K \rangle$ der Eindruck, daß sich (mit der von $\langle K \rangle$ aus registrierten Geschwindigkeit $\mathbf{v}^{\langle K \rangle}$) ein abgeplattetes Rotationsellipsoid bewege (Abb. E 3.1).

3.5 Allgemeine Bemerkungen zur Konstruktion nicht-skalarwertiger isotroper Funktionen aus skalarwertigen isotropen Zuordnungen

Wie die vorangegangenen Darlegungen dieses Paragraphen gezeigt haben, ist die Konstruktion skalarwertiger isotroper Zuordnungen wesentlich einfacher als Diejenige nicht-skalarwertiger isotroper Funktionen insbesondere der auf dem Cauchyschem Darstellungssatz (3.9c) basierenden Abzählregel wegen, die die Anzahl der skalarwertigen Invarianten eines Variablensets unmittelbar anzugeben erlaubt. Bei den Darstellungssätzen für vektor- bzw. tensorwertige Funktionen ist aber - neben der Feststellung der skalaren Invarianten - das Hauptproblem, den jeweiligen Vektorraum für Erstere zu identifizieren[32], was, wie die einschlägigen z.T. widersprüchlichen Arbeiten auf diesem Gebiet zeigen (zit. in [10]), nur mit aufwendigen Analysen bewältigt werden kann. Wenn man, wie etwa in der Kontinuumsmechanik der sog. nichtlokalen Medien vom Gradiententyp genötigt ist, auch für höhere als zweistufige Größen Isotropieanalysen zu verfertigen, besteht für die Lösung der Aufgabe, den zugehörigen Vektorraum zu ermitteln, mit den (obwohl weitreichendst) in [10] referierten Methoden kaum eine Chance. Eine gegenüber [10] wesentlich einfachere Möglichkeit der Identifizierung des jeweiligen "Zustandsraums" ist die Methode der Differentiation entsprechender skalarwertiger isotroper Funktionen nach den jeweiligen Argumenten, also die Erzeugung der jeweiligen vektor- bzw. tensorwertigen isotropen Funktionen im Sinne von "Gradientenfeldern" im Zustandsraum, wofür die (zu differenzierende) skalarwertige isotro-

---

[32] So besagt etwa (E3.25b), daß eine isotorope Funktion $\mathbf{w}$ vektorwertiger Argumente im Vektorraum der Argumenten–Vektoren definiert ist, (E 3.32b), daß jede zweistufig–symmetrische isotrope Funktion eines symmetrischen zweistufigen Argumentes $(\mathbb{D})$ in einem durch $\mathbb{E}, \mathbb{D}, \mathbb{D}^2$ definierten Zustandsraum aufgefunden wird usw.

pe Funktion das "Potential" ist. Es ist dies als eine entsprechende Verallgemeinerung des diesbezüglichen Befundes in der klassischen Analysis anzusehen, wonach das aus einem Potential $\varphi(x_1,x_2,x_3)$ mittels der Gradientenoperation

$$\operatorname{grad}\varphi = \nabla\varphi \overset{\wedge}{=} \left\{\frac{\partial\varphi}{\partial x_1}\ ;\ \frac{\partial\varphi}{\partial x_2}\ ;\ \frac{\partial\varphi}{\partial x_3}\right\} = \left\{K_1;\ K_2;\ K_3\right\}, \langle e_1,\ e_2,\ e_3\rangle$$

erzeugbare Vektorfeld

$$\mathbb{K} = \operatorname{grad}\varphi$$

zwar insofern speziell ist, als für die Komponenten die sog. Integrabilitätsbedingungen

$$\operatorname{rot}\mathbb{K} = \nabla\times\mathbb{K} = 0, \qquad \text{d.h. } \frac{\partial K_j}{\partial x_k} = \frac{\partial K_k}{\partial x_j}, \qquad j,k = 1..3,\ j{\neq}k,$$

gelten müssen, daß aber nichtsdestoweniger für die Notation solchermaßen definierter Vektorfelder der gesamte Zustandsraum $\langle x_1 e_1, x_2 e_2, x_3 e_3\rangle$ ebenso erforderlich ist wie für allgemeine Vektorfelder $\mathbb{K}$, die sich nach dem Helmholtzschen Darstellungssatz als Summe eines Gradienten- und eines Rotorfeldes darstellen lassen, und deren Komponenten nicht den Integrabilitätsbedingungen genügen, sondern beliebige Funktionen der Koordinaten (x_1,x_2,x_3) sein können. Auf das Problem der Auffindung vektor- bzw. tensorwertiger isotroper Funktionen eines vektor- bzw. tensorwertigen Variablensatzes übertragen, bedeutet dies, sich zunächst die entsprechende isotrope skalarwertige Funktion $\mathscr{W} = F(i_1,...,i_p)$ desselben Variablensatzes zu beschaffen und sich durch entsprechende Differentiationen nach den in den skalaren Invarianten enthaltenen Vektoren bzw. Tensoren zunächst einen Darstellungssatz im Sinne einer "Gradientenversion" zu erzeugen, d.h. einen Solchen, in dem sämtliche hierin noch aufscheinenden skalaren Funktionen durch Ableitungen von F nach den skalaren Invarianten $i_1,...,i_p$ definiert sind. Die allgemeine Version des Darstellungssatzes ist dann Diejenige, bei der schließlich alle in Form von Ableitungen von F nach den Invarianten $i_1,...,i_p$ in der Gradientenversion noch verbliebenen skalaren Funktionen durch beliebige skalare Funktionen des Invariantensatzes $i_1,...,i_p$ ersetzt werden.

Sämtliche bisher untersuchten Beispiele entsprechen diesem Konstruktionsschema:

a)   die Darstellung (7.9b) (Haupttext) geht über in (E 3.25b), sofern man in (7.9b) $\partial \mathscr{W}/\partial \varkappa^{(j)}$ durch

w und $2\partial \hat{\mathscr{W}}/\partial \zeta_{jj}$ bzw. $\partial \hat{\mathscr{W}}/\partial \zeta_{jk}$ durch beliebig von $\zeta_{11},...,\zeta_{nn}$ abhängige Funktionen g_j ersetzt,

b)   die Darstellung (7.14b,c) (Haupttext) geht über in (E 3.32b), sofern man etwa in (7.14c) X_s durch

$\mathbb{D}$, $d\mathscr{W}/d\mathsf{X}_s$ durch $\mathbb{F}(\mathbb{D})$ und $j\partial \hat{\mathscr{W}}/\partial \bar{X}_j$, $j = 1,...,3$, durch beliebig von $\bar{X}_1$, $\bar{X}_2$, $\bar{X}_3$ abhängige

Funktionen ersetzt,

c)   die "Potentialdarstellung" (7.42e) geht über in (7.41f), sofern man in (7.42e) die Ableitungen nach

der Formänderungsenergie $\bar{\mathscr{W}}$ durch g_1, g_2 bzw. die Ableitungen nach den drei Funktionen g_j

$(j = 0,...,2)$ ersetzt. Indem man auch Letztere noch durch beliebige 11 Funktionen ζ_a, ζ_b und ζ_{jk}

$\neq \zeta_{kj}$, $j, k = 0,...,2$, der Invarianten von $\mathbb{D}$ ersetzt, bekommt man so als Struktur einer allgemeinen

isotropen tetradischen Funktion $\overset{\langle 4 \rangle}{\mathbb{C}}(\mathbb{D})$ eines symmetrischen zweistufigen Tensors $\mathbb{D}$

$$\overset{\langle 4 \rangle}{\mathbb{C}}(\mathbb{D}) = \zeta_a \overset{\langle 4 \rangle}{\mathbb{E}}_s + \zeta_b \overset{\langle 4 \rangle}{\mathbb{E}}_s \cdot\cdot (\mathbb{D} \cdot \overset{\langle 4 \rangle}{\mathbb{E}}_s) + \sum_{j,k=0}^{2} \zeta_{jk}\, \mathbb{D}^j o \mathbb{D}^k , \qquad \mathbb{D}^0 \equiv \mathbb{E} . \tag{3.40}$$

usw.

d)   Das folgende Beispiel soll zeigen, daß diese Verfahrensweise auch brauchbar ist bei im Zusammen-

hang mit mehrfachen Ableitungen entstehenden entsprechend höherstufig–tensorwertigen isotropen

Zuordnungen. Ausgehend von

$$\mathscr{W} = \mathscr{W}(\mathsf{a}) = F(a^2), \qquad a^2 = \mathsf{a} \cdot \mathsf{a} ,$$

also von einer isotropen skalarwertigen Funktion einer vektorwertigen Variablen (a), bekommt man

$$\frac{d\mathscr{W}}{d\mathsf{a}} = 2\,\frac{dF}{da^2}\,\mathsf{a} , \qquad \frac{d^2\mathscr{W}}{d\mathsf{a}^2} = 2\,\frac{dF}{da^2}\,\mathbb{E} + 4\,\frac{d^2F}{(da^2)^2}\,\mathsf{a} o \mathsf{a} ,$$

$$\frac{d^3\mathscr{W}}{d\mathsf{a}^3} =^{33)} 4\,\frac{d^2F}{(da^2)^2}\,\mathsf{a} o \mathbb{E} + 4\,\frac{d^2F}{(da^2)^2}\,\mathbb{E} o \mathsf{a} + 4\,\frac{d^2F}{(da^2)^2}\,\mathsf{a} \cdot \overset{\langle 4 \rangle}{\mathbb{E}}_T + 8\,\frac{d^3F}{(da^2)^3}\,\mathsf{a} o \mathsf{a} o \mathsf{a} ,$$

---

33) Man beachte $\mathsf{a} o d\mathsf{a} = d\mathsf{a} o \mathsf{a} \cdot\cdot \overset{\langle 4 \rangle}{\mathbb{E}}_T = d\mathsf{a} \cdot (\mathsf{a} \cdot \overset{\langle 4 \rangle}{\mathbb{E}}_T)$

$$\frac{d^4 \mathscr{W}}{da^4} =^{34)} \; 4\,\frac{d^2 F}{(da^2)^2}\,\mathbb{E}\circ\mathbb{E} + 8\,\frac{d^3 F}{(da^2)^3}\,a\circ a\circ\mathbb{E} + 8\,\frac{d^3 F}{(da^2)^3}\,a\circ\mathbb{E}\circ a + 4\,\frac{d^2 F}{(da^2)^2}\,\overset{\langle 4\rangle}{\mathbb{E}} +$$

$$+ 8\,\frac{d^3 F}{(da^2)^3}\,a\circ a\cdot\overset{\langle 4\rangle}{\mathbb{E}_T} + 4\,\frac{d^2 F}{(da^2)^2}\,\overset{\langle 4\rangle}{\mathbb{E}_T} + 16\,\frac{d^4 F}{(da^2)^4}\,a\circ a\circ a\circ a + 8\,\frac{d^3 F}{(da^2)^3}\,\mathbb{E}\circ a\circ a +$$

$$+ 8\,\frac{d^3 F}{(da^2)^3}\,\overset{\langle 4\rangle}{\mathbb{E}_T}\cdot a\circ a + 8\,\frac{d^3 F}{(da^2)^3}\left[\overset{\langle 4\rangle}{\mathbb{E}_T}\cdot a\right]\cdot\left[\overset{\langle 4\rangle}{\mathbb{E}_T}\cdot a\right] , \tag{3.41a-d}$$

und man erkennt, sofern man in (3.41a–d) jeden der Skalare $d^j F/(da^2)^j$ $(j = 1,...,4)$ durch jeweils eine beliebige Funktion von a^2 ersetzt, die Übereinstimmung von (3.41a–d) mit den unter Benutzung isotroper Gruppen erzeugten Formeln (E 4.35, 4.36a, 4.37e, 4.39a).

e)   In der Theorie der sog. nichtlokalen Medien vom Gradiententyp werden Stoffgleichungen zwischen höherstufigen kinematischen und (den hierzu dualen) dynamischen Tensoren benötigt. In dem einfachsten Fall des sog. "nichtlokalen Kelvin–Fluides vom Grade 2" werden als kinematische Zustandsgrößen der (räumliche) Verzerrungsgeschwindgkeitstensor $\bar{\mathbb{C}} =^{35)} \bar{\mathbb{C}}^T$ und dessen (räumlicher) Gradient $\bar{\nabla}\circ\bar{\mathbb{C}}$ verfügt [7]. Folge dieser "Kinematisierung" ist die Erfordernis, als duale dynamische Variable zwei– bzw. dreistufige sog. viskose Teilspannungstensoren

$$\overset{\langle 2\rangle}{\mathbb{S}} \equiv \overset{\langle 2\rangle}{\mathbb{S}}\cdot\cdot\overset{\langle 4\rangle}{\mathbb{E}_T} = \overset{\langle 2\rangle}{\mathbb{S}}{}^T, \qquad \overset{\langle 3\rangle}{\mathbb{S}} = \overset{\langle 3\rangle}{\mathbb{S}}\cdot\cdot\overset{\langle 4\rangle}{\mathbb{E}_T} \tag{3.42a,b}$$

in Betracht nehmen zu müssen, die bei klassischer Massenträgheits–Vorstellung per

$$\overset{\langle 2\rangle}{\mathbb{S}}_\Sigma = \overset{\langle 2\rangle}{\mathbb{S}} - \bar{\nabla}\cdot\overset{\langle 3\rangle}{\mathbb{S}} \tag{3.42c}$$

einen sog. zweistufigen Gesamt–Spannungstensor definieren, der die Newton–Eulersche Feldgleichung an der Masseneinheit, d.h.

$$\bar{\nabla}\cdot\overset{\langle 2\rangle}{\mathbb{S}}_\Sigma - \bar{\nabla}p + \rho\mathbb{k} =^{36)} \rho\dot{\mathbb{w}} \tag{3.42d}$$

---

34) Man beachte $\mathbb{E}\circ da = (da\circ\mathbb{E})\cdots\overset{\langle 6\rangle}{\mathbb{E}_T} = da\cdot(\mathbb{E}\cdot\cdot\overset{\langle 6\rangle}{\mathbb{E}_T}) = da\cdot\overset{\langle 4\rangle}{\mathbb{E}}$,

$$a\circ da\circ a = \left[(da\circ a\circ a)\cdots\overset{\langle 6\rangle}{\mathbb{E}_T}\right]\cdot\cdot\overset{\langle 4\rangle}{\mathbb{E}_T} \equiv da\circ a\circ a\cdots\left[\overset{\langle 6\rangle}{\mathbb{E}_T}\cdot\cdot\overset{\langle 4\rangle}{\mathbb{E}_T}\right] = da\cdot\left[\overset{\langle 4\rangle}{\mathbb{E}_T}\cdot a\circ a\right],$$

$$a\circ a\circ da = da\circ a\circ a\cdots\overset{\langle 6\rangle}{\mathbb{E}_T} = da\cdot\left[\overset{\langle 4\rangle}{\mathbb{E}_T}\cdot a\right]\cdot\left[\overset{\langle 4\rangle}{\mathbb{E}_T}\cdot a\right].$$

35) In $\bar{\mathbb{C}} = (\bar{\nabla}\circ\mathbb{w} + \mathbb{w}\circ\bar{\nabla})/2$ bedeutet $\bar{\nabla}$ die sog. "räumliche Ableitung"

36) $\mathbb{k}$ bedeuten die auf die Masseneinheit bezogene Massenkraft, ρ die (Momentan–)Dichte, p den Druck.

befriedigen muß [7]. Um aus (3.42d) eine Feldgleichung für die Strömungs–Geschwindigkeit $\mathbf{w}(\mathbf{r},t)$ extrahieren und in Termen von $\mathbf{w}$ (zuzüglich gewisser Ableitungen von $\mathbf{w}$) ein Randwertproblem formulieren zu können, muß man die Teilspannungstensoren $\overset{\langle 2\rangle}{\mathbb{S}}$, $\overset{\langle 3\rangle}{\mathbb{S}}$ durch die kinematischen Tensoren $\bar{\mathbb{C}}$, $\bar{\mathbb{V}}\circ\bar{\mathbb{C}}$ ausdrücken können, also eine diesbezügliche Materialgleichungsanalyse verfertigen. Im Falle isotroper Medien läuft dies auf die Feststellung der isotropen Zuordnungen

$$\overset{\langle 2\rangle}{\mathbb{S}} = \overset{\langle 2\rangle}{\mathbb{S}}(\bar{\mathbb{C}},\, \bar{\mathbb{V}}\circ\bar{\mathbb{C}}), \qquad \overset{\langle 3\rangle}{\mathbb{S}} = \overset{\langle 3\rangle}{\mathbb{S}}(\bar{\mathbb{C}},\, \bar{\mathbb{V}}\circ\bar{\mathbb{C}}) \tag{3.43a,b}$$

hinaus, was hier unter Benutzung einer isotropen skalarwertigen Funktion $\overset{*}{F}(\bar{\mathbb{C}},\, \bar{\mathbb{V}}\circ\bar{\mathbb{C}})$ nach der in dieser Ziffer geschilderten Differentiationsmethode bewerkstelligt werden soll. Unter exemplarischer Beschränkung auf lineare Materialgleichungen reicht für $\overset{*}{F}(\bar{\mathbb{C}},\, \bar{\mathbb{V}}\circ\bar{\mathbb{C}})$ ein allgemeiner Bilinearansatz nach (E 4.42, 43). Wegen

$$\frac{d\,i_1}{d\,\bar{\mathbb{V}}\circ\bar{\mathbb{C}}} =^{37)} 2\,\bar{\mathbb{C}}\circ\bar{\mathbb{V}}\cdot\cdot\overset{\langle 4\rangle}{\mathbb{E}}_S\,, \qquad \frac{d\,i_2}{d\,\bar{\mathbb{V}}\circ\bar{\mathbb{C}}} = 2\,\bar{\mathbb{V}}\circ\bar{\mathbb{C}}\,, \quad \frac{d\,i_3}{d\,\bar{\mathbb{V}}\circ\bar{\mathbb{C}}} =^{37)} 2\,\mathbb{E}\circ(\bar{\mathbb{V}}\cdot\bar{\mathbb{C}})\cdot\cdot\overset{\langle 4\rangle}{\mathbb{E}}_S\,,$$

$$\frac{d\,i_4}{d\,\bar{\mathbb{V}}\circ\bar{\mathbb{C}}} = 2\,\bar{\mathbb{V}}\bar{C}_1\circ\mathbb{E}\,, \qquad \frac{d\,i_5}{d\,\bar{\mathbb{V}}\circ\bar{\mathbb{C}}} =^{37)} \bar{\mathbb{V}}\cdot\bar{\mathbb{C}}\circ\mathbb{E} + \mathbb{E}\circ\bar{\mathbb{V}}\bar{C}_1\cdot\cdot\overset{\langle 4\rangle}{\mathbb{E}}_S\,,$$

$$\frac{d\,i_6}{d\,\bar{\mathbb{C}}} = \mathbb{E}\,, \qquad \frac{d\,i_7}{d\,\bar{\mathbb{C}}} = 2\,\bar{\mathbb{C}}\,, \qquad \frac{d\,i_8}{d\,\bar{\mathbb{C}}} = 2\,\bar{C}_1\mathbb{E}$$

ergeben sich als Ableitungen der Bilinearform $\overset{*}{F}(\bar{\mathbb{C}},\, \bar{\mathbb{V}}\circ\bar{\mathbb{C}})$ nach (E 4.43)

$$\frac{\partial\overset{*}{F}}{\partial\bar{\mathbb{C}}} = \alpha_6\mathbb{E} + 2\alpha_7\bar{\mathbb{C}} + 2\alpha_8\bar{C}_1\mathbb{E}\,, \tag{3.44a}$$

$$\frac{\partial\overset{*}{F}}{\partial\bar{\mathbb{V}}\circ\bar{\mathbb{C}}} = \left[2\alpha_1\bar{\mathbb{C}}\circ\bar{\mathbb{V}} + 2\alpha_3\mathbb{E}\circ(\bar{\mathbb{V}}\cdot\bar{\mathbb{C}}) + \alpha_5\mathbb{E}\circ\bar{\mathbb{V}}\bar{C}_1\right]\cdot\cdot\overset{\langle 4\rangle}{\mathbb{E}}_S +$$

[37)] Weil $\bar{\mathbb{C}}$ symmetrisch ist und daher z.B.

$$d\,i_1 = d(\bar{\mathbb{V}}\circ\bar{\mathbb{C}}\cdots\bar{\mathbb{V}}\circ\bar{\mathbb{C}}) = \bar{\mathbb{V}}\circ d\bar{\mathbb{C}}\cdots\bar{\mathbb{V}}\circ\bar{\mathbb{C}} + \bar{\mathbb{V}}\circ\bar{\mathbb{C}}\cdots\bar{\mathbb{V}}\circ d\bar{\mathbb{C}}$$

$$\equiv 2(d\bar{\mathbb{C}}\circ\bar{\mathbb{V}})\cdots(\bar{\mathbb{C}}\circ\bar{\mathbb{V}}) \equiv 2(d\bar{\mathbb{C}}\circ\bar{\mathbb{V}})\cdots\left[\bar{\mathbb{C}}\circ\bar{\mathbb{V}}\cdot\cdot\overset{\langle 4\rangle}{\mathbb{E}}_S\right]$$

$$d\,i_1 = d(\bar{\mathbb{V}}\circ\bar{\mathbb{C}})^T\cdots\frac{d\,i_1}{d\bar{\mathbb{V}}\circ\bar{\mathbb{C}}} = (d\bar{\mathbb{C}}\circ\bar{\mathbb{V}})\cdots\frac{d\,i_1}{d\bar{\mathbb{V}}\circ\bar{\mathbb{C}}}\,.$$

definierte Operator $d\,i_1/d\bar{\mathbb{V}}\circ\bar{\mathbb{C}}$ eindeutig nur in der hinsichtlich seiner beiden hinteren Indizes symmetrischen Version festgelegt werden. Entsprechendes gilt für die übrigen Ableitungen.

$$+ 2\alpha_2 \bar{\mathbb{V}} \circ \bar{\mathbb{C}} + 2\alpha_4 \bar{\mathbb{V}} \bar{C}_1 \circ \mathbb{E} + \alpha_5 (\bar{\mathbb{V}} \cdot \bar{\mathbb{C}}) \circ \mathbb{E}, \quad \alpha_j = \text{const.}, \qquad (3.44\text{b})$$

wovon $\partial F^* / \partial \bar{\mathbb{C}}$ bzw. $\partial F^* / \partial \bar{\mathbb{V}} \circ \bar{\mathbb{C}}$ die entsprechenden Strukturen linearer isotroper zweistufig- bzw. dreistufig–tensorwertiger (und hinsichtlich der beiden hinteren Indizes symmetrischer) Funktionen der Argumente $\bar{\mathbb{C}}$, $\bar{\mathbb{V}} \circ \bar{\mathbb{C}}$ repräsentieren. Ein Vergleich von (3.44b) mit (E 4.46c) zeigt, daß die "Potentialversion" (3.44b) in der Tat sämtliche Tensorstrukturen aufweist, die auch in (E 4.46c) auftreten. Allerdings ist (3.44b) (als "Potentialversion") insofern spezieller, als die "isotropen Elemente" $\big(\mathbb{E} \circ \bar{\mathbb{V}} \bar{C}_1\big) \cdot\cdot \; \overset{\langle 4 \rangle}{\mathbb{E}}_S$ und $(\bar{\mathbb{V}} \cdot \bar{\mathbb{C}}) \circ \mathbb{E}$ mit derselben Konstanten (α_5) ausgerüstet sind, wohingegen diese beiden Elemente in der allgemeinen isotropen linearen Zuordnung (E 4.46c) jeweils verschiedene multiplikative Konstanten $(2a_6$ bzw. $a_3)$ aufweisen. Die Verallgemeinerung der "Potentialversion" in eine allgemeine isotrope Zuordnung bedeutet hier, jedes isotrope Element der Potentialdarstellung mit "einer eigenen" Konstanten auszurüsten. (3.44a) bzw. (3.44b) (mit jeweils "eigenen Konstanten" für jedes Tensorelement) sind in der referierten Theorie die linear–isotropen Materialgleichungen für die viskosen Teilspannungen $\overset{\langle 2 \rangle}{\mathbb{S}}$ bzw. $\overset{\langle 3 \rangle}{\mathbb{S}}$.

E§4 Potenzreihendarstellungen isotroper Funktionen, isotrope Gruppen

4.1 Isotrope Tensoren, isotrope Gruppen

4.1.1 Allgemeine Bemerkungen

Als isotropen Tensor $\overset{\langle 2n\rangle}{\mathbb{I}}$ 2nter Stufe bezeichnet man einen Solchen, dessen Komponenten-darstellungen in sämtlichen durch Orthogonaltransformationen auseinander hervorgehenden (etwa Orthonormal-)Basen zu zahlenmäßig gleichen Repräsentationen führen, für die also

$$\overset{\langle 2n\rangle}{\mathbb{I}} = \sum_{\mu_\alpha,\ldots,\mu_{2n}=1}^{3} i_{\mu_\alpha,\ldots,\mu_{2n}}\, e_{\mu_\alpha} \circ \ldots \circ e_{\mu_{2n}} = \sum_{\mu_\alpha,\ldots,\mu_{2n}=1}^{3} i_{\mu_\alpha,\ldots,\mu_{2n}}\, \overset{*}{e}_{\mu_\alpha} \circ \ldots \circ \overset{*}{e}_{\mu_{2n}} \tag{4.1a}$$

mit
$$\overset{*}{e}_j = e_j \cdot \mathbb{Q}\,, \qquad \mathbb{Q}^T = \mathbb{Q}^{-1}, \qquad \det\mathbb{Q} = \pm 1 \tag{4.1b-d}$$

gilt bzw., gleichbedeutend, mit den in (E 3.1) definierten Operatoren $\overset{\langle 2n\rangle}{\mathbb{Q}}$

$$\overset{\langle 2n\rangle}{\mathbb{I}} = \overset{\langle 2n\rangle}{\mathbb{Q}}{}^T \underbrace{\ldots\ldots}_{\text{n-fach}} \overset{\langle 2n\rangle}{\mathbb{I}} \underbrace{\ldots\ldots}_{\text{n-fach}} \overset{\langle 2n\rangle}{\mathbb{Q}} \equiv \overset{\langle 4n\rangle}{\mathbb{Q}}{}^T \underbrace{\ldots\ldots}_{\text{2n-fach}} \overset{\langle 2n\rangle}{\mathbb{I}} = \overset{\langle 2n\rangle}{\mathbb{I}} \underbrace{\ldots\ldots}_{\text{2n-fach}} \overset{\langle 4n\rangle}{\mathbb{Q}} \, . \tag{4.1e}$$

Die Aufgabe, aus der Forderung (4.1) die Komponenten $i_{\mu_\alpha,\ldots,\mu_{2n}}$ zu bestimmen, wird mit zunehmender Stufenzahl n aufwendiger und weist, abgesehen vom Falle n = 2, nicht nur einen, sondern jeweils eine Gruppe

$$\overset{\langle 2n\rangle}{\mathbb{J}} = \sum_{j=1}^{\alpha_{2n}} a_j^{(2n)} \overset{\langle 2n\rangle}{\mathbb{I}}_j \,, \qquad a_j^{(2n)} \text{ skalar,} \tag{4.2a,b}$$

isotroper Tensoren $\overset{\langle 2n\rangle}{\mathbb{I}}_j$ aus, die man dadurch gewinnen kann, daß man - etwa vom Einheitstensor 2nter Stufe[1]

---

[1] der per $\overset{\langle 2n\rangle}{\mathbb{A}} \underbrace{\ldots\ldots}_{\text{n-fach}} \overset{\langle 2n\rangle}{\mathbb{E}} = \overset{\langle 2n\rangle}{\mathbb{E}} \underbrace{\ldots\ldots}_{\text{n-fach}} \overset{\langle 2n\rangle}{\mathbb{A}} = \overset{\langle 2n\rangle}{\mathbb{A}}$ die identische Abbildung vermittelt

$$\overset{\langle 2n\rangle}{\mathbb{E}} = \sum_{\alpha,\beta,\gamma..\,\nu=1}^{3} \mathbb{e}_\alpha \circ \mathbb{e}_\beta \circ \ldots \mathbb{e}_\nu \circ \mathbb{e}_\nu \circ \ldots \circ \mathbb{e}_\gamma \circ \mathbb{e}_\beta \circ \mathbb{e}_\alpha \tag{4.2c}$$

ausgehend - sämtliche Varianten bildet, die hinsichtlich der verschiedenen Stellungen der Basisvektoren $\mathbb{e}_j$ innerhalb des 2n-stufigen (Einheits-)Tensorkomplexes (4.2c) möglich sind[2].

So besteht also die Gruppe der isotropen Tensoren zweiter Stufe wegen

$$\mathbb{E} = \sum_{\alpha=1}^{3} \mathbb{e}_\alpha \circ \mathbb{e}_\alpha, \tag{4.3a}$$

weil durch Vertauschen der vektoriellen Links– mit den Rechtsfaktoren kein neuer Tensor entsteht, allein aus dem Einheitstensor, d.h. die isotrope Gruppe zweiter Stufe mit einem Skalar $\overset{(2)}{a}_1$ aus

$$\overset{\langle 2\rangle}{\mathbb{J}} = \overset{(2)}{a}_1\, \mathbb{E}, \tag{4.3b}$$

während, betreffend die isotrope Gruppe vierter Stufe, ausgehend von

$$\overset{\langle 4\rangle}{\mathbb{E}} = \sum_{\alpha,\beta=1}^{3} \mathbb{e}_\alpha \circ \mathbb{e}_\beta \circ \mathbb{e}_\beta \circ \mathbb{e}_\alpha = \sum_{\alpha=1}^{3} \mathbb{e}_\alpha \circ \mathbb{E} \circ \mathbb{e}_\alpha \equiv \overset{\langle 4\rangle}{\mathbb{E}}{}^{T} \tag{4.4a}$$

(vgl. 6.39e), die voneinander unabhängigen weiteren Varianten

$$\sum_{\alpha,\beta=1}^{3} \mathbb{e}_\alpha \circ \mathbb{e}_\beta \circ \mathbb{e}_\alpha \circ \mathbb{e}_\beta \equiv \overset{\langle 4\rangle}{\mathbb{E}}_T \equiv \overset{\langle 4\rangle}{\mathbb{E}}_T{}^{T}, \qquad \sum_{\alpha,\beta=1}^{3} \mathbb{e}_\alpha \circ \mathbb{e}_\alpha \circ \mathbb{e}_\beta \circ \mathbb{e}_\beta = \mathbb{E} \circ \mathbb{E} \tag{4.4b,c}$$

möglich sind und dementsprechend mit drei Skalaren $\overset{(4)}{a}_j$, $j = 1,2,3$,

$$\overset{\langle 4\rangle}{\mathbb{J}} = \overset{(4)}{a}_1 \overset{\langle 4\rangle}{\mathbb{E}} + \overset{(4)}{a}_2 \mathbb{E} \circ \mathbb{E} + \overset{(4)}{a}_3 \overset{\langle 4\rangle}{\mathbb{E}}_T \tag{4.4d}$$

identifiziert wird[3]. Eine einfachere Möglichkeit, die Elementenzahl $\alpha_4=3$ der Gruppe $\overset{\langle 4\rangle}{\mathbb{J}}$ festzustellen, die schließlich auch einen Anhalt liefert zur Angabe der Elementenanzahl α_{2n} sowie der Strukturen der Gruppen isotroper Tensoren 2nter Stufe, ergibt sich unter dem Gesichtspunkt, daß die Basisvektoren in $\overset{\langle 4\rangle}{\mathbb{E}}$ – wie auch allgemein in $\overset{\langle 2n\rangle}{\mathbb{E}}$ – stets paarweise auftreten. So ist etwa $\overset{\langle 4\rangle}{\mathbb{E}}$ eine "zweipaarige Struktur", womit es z. B. allein genügt, die Möglichkeiten der Stellungen eines Paares etwa

---

[2] Zur Begründung hierzu s. das Ende dieser Ziffer u. Ziffer 4.1.2

$(\mathbb{e}_\alpha , \mathbb{e}_\alpha)$ zu recherchieren, da dann die Stellungen der Elemente des zweiten Paares $(\mathbb{e}_\beta , \mathbb{e}_\beta)$ jeweils "automatisch" festliegen[3]. In

$$\overset{\langle 4\rangle}{\mathbb{E}} = \sum_{\alpha,\beta=1}^{3} \overset{(1)}{\mathbb{e}_\alpha} \circ \overset{(2)}{\mathbb{e}_\beta} \circ \overset{(3)}{\mathbb{e}_\beta} \circ \overset{(4)}{\mathbb{e}_\alpha}$$

läßt man also — etwa bei festgehaltener Stellung von $\overset{(1)}{\mathbb{e}_\alpha}$ — den Vektor $\overset{(4)}{\mathbb{e}_\alpha}$ in alle dann noch möglichen Stellungen wandern und bekommt so — neben $\overset{\langle 4\rangle}{\mathbb{E}}$ die Gebilde

$$\sum_{\alpha,\beta=1}^{3} \overset{(1)}{\mathbb{e}_\alpha} \circ \overset{(4)}{\mathbb{e}_\alpha} \circ \overset{(2)}{\mathbb{e}_\beta} \circ \overset{(3)}{\mathbb{e}_\beta} = \mathbb{E}\circ\mathbb{E}$$

und

$$\sum_{\alpha,\beta=1}^{3} \overset{(1)}{\mathbb{e}_\alpha} \circ \overset{(2)}{\mathbb{e}_\beta} \circ \overset{(4)}{\mathbb{e}_\alpha} \circ \overset{(3)}{\mathbb{e}_\beta} = \overset{\langle 4\rangle}{\mathbb{E}}_T ,$$

also in der Tat lediglich $3 = 1{\times}3$ voneinander unabhängige isotrope Elemente.

Zur Aufdeckung der Struktur der sechsstufigen isotropen Gruppe geht man von einer dreipaarigen Struktur[4], z.B. etwa von

$$\overset{\langle 6\rangle}{\mathbb{I}}_I = \overset{\langle 4\rangle}{\mathbb{E}}\circ\mathbb{E} = \sum_{\alpha,\beta,\gamma} \mathbb{e}_\alpha\circ\mathbb{e}_\beta\circ\mathbb{e}_\beta\circ\mathbb{e}_\alpha\circ\overset{\Downarrow}{\mathbb{e}_\gamma}\circ\overset{\downarrow}{\mathbb{e}_\gamma} = \sum_\alpha \mathbb{e}_\alpha\circ\mathbb{E}\circ\mathbb{e}_\alpha\circ\mathbb{E} \tag{4.5a}$$

---

[3] Mit die Stellungs-Varianten veranschaulichenden übergesetzten Ziffern, hat man von $\overset{\langle 4\rangle}{\mathbb{E}}$ ausgehend, zunächst die Varianten

$$\overset{\langle 4\rangle}{\mathbb{E}} = \sum \overset{1}{\mathbb{e}_\alpha} \circ \overset{2}{\mathbb{e}_\beta} \circ \overset{3}{\mathbb{e}_\beta} \circ \overset{4}{\mathbb{e}_\alpha} \rightarrow \sum \overset{1}{\mathbb{e}_\alpha} \circ \overset{2}{\mathbb{e}_\beta} \circ \overset{4}{\mathbb{e}_\alpha} \circ \overset{3}{\mathbb{e}_\beta} \; (= \overset{\langle 4\rangle}{\mathbb{E}}_T) \rightarrow$$

$$\sum \overset{1}{\mathbb{e}_\alpha} \circ \overset{3}{\mathbb{e}_\beta} \circ \overset{2}{\mathbb{e}_\beta} \circ \overset{4}{\mathbb{e}_\alpha} = (\overset{\langle 4\rangle}{\mathbb{E}}) \rightarrow \sum \overset{1}{\mathbb{e}_\alpha} \circ \overset{3}{\mathbb{e}_\beta} \circ \overset{4}{\mathbb{e}_\alpha} \circ \overset{2}{\mathbb{e}_\beta} \; (= \overset{\langle 4\rangle}{\mathbb{E}}_T) \rightarrow$$

$$\sum \overset{1}{\mathbb{e}_\alpha} \circ \overset{4}{\mathbb{e}_\alpha} \circ \overset{2}{\mathbb{e}_\beta} \circ \overset{3}{\mathbb{e}_\beta} \rightarrow \sum \overset{1}{\mathbb{e}_\alpha} \circ \overset{4}{\mathbb{e}_\alpha} \circ \overset{3}{\mathbb{e}_\beta} \circ \overset{2}{\mathbb{e}_\beta} \; (= \mathbb{E} \circ \mathbb{E}),$$

also insgesamt 6 mögliche Kombinationen, wovon die erste mit der dritten, die zweite mit der vierten und die fünfte mit der sechsten identisch sind, so daß in der Tat nur die drei voneinander unabhängigen Größen $\overset{\langle 4\rangle}{\mathbb{E}}$, $\overset{\langle 4\rangle}{\mathbb{E}}_T$ und $\mathbb{E}\circ\mathbb{E}$ verbleiben.

[4] Das im Folgenden geschilderte Verfahren kann mit einer anderen dreipaarigen Ausgangsstruktur völlig gleichartig entwickelt werden. Die hier getroffene Wahl erfolgte unter dem Gesichtspunkt leichter rechentechnischer Handhabbarkeit.

aus, bildet davon zunächst die vier weiteren Varianten[5]

$$\overset{\langle 6\rangle}{\mathbb{I}}_{II} = \sum_{\alpha,\beta,\gamma} \mathbf{e}_\alpha \circ \mathbf{e}_\beta \circ \mathbf{e}_\beta \circ \overset{\Downarrow}{\mathbf{e}}_\gamma \circ \mathbf{e}_\alpha \circ \overset{\downarrow}{\mathbf{e}}_\gamma \; , \tag{4.5b}$$

$$\overset{\langle 6\rangle}{\mathbb{I}}_{III} = \sum_{\alpha,\beta,\gamma} \mathbf{e}_\alpha \circ \mathbf{e}_\beta \circ \overset{\Downarrow}{\mathbf{e}}_\gamma \circ \mathbf{e}_\beta \circ \mathbf{e}_\alpha \circ \overset{\downarrow}{\mathbf{e}}_\gamma \; , \tag{4.5c}$$

$$\overset{\langle 6\rangle}{\mathbb{I}}_{IV} = \sum_{\alpha,\beta,\gamma} \mathbf{e}_\alpha \circ \overset{\Downarrow}{\mathbf{e}}_\gamma \circ \mathbf{e}_\beta \circ \mathbf{e}_\beta \circ \mathbf{e}_\alpha \circ \overset{\downarrow}{\mathbf{e}}_\gamma \; , \tag{4.5d}$$

$$\overset{\langle 6\rangle}{\mathbb{I}}_{V} = \sum_{\alpha,\beta,\gamma} \overset{\Downarrow}{\mathbf{e}}_\gamma \circ \mathbf{e}_\alpha \circ \mathbf{e}_\beta \circ \mathbf{e}_\beta \circ \mathbf{e}_\alpha \circ \overset{\downarrow}{\mathbf{e}}_\gamma \tag{4.5e}$$

und läßt jetzt in jeder dieser Varianten bei jeweils festgehaltenen Basisvektoren $\overset{\Downarrow}{\mathbf{e}}_\gamma$, $\overset{\downarrow}{\mathbf{e}}_\gamma$ die restlichen Basisvektoren beliebig rochieren. Im Falle (4.5a) bedeutet dies, sämtliche isotropen Kombinationen von $\overset{\langle 4\rangle}{\mathbb{E}}$ zu bilden, womit die totale Rochade aller Basisvektoren $\mathbf{e}_\alpha$, $\mathbf{e}_\beta$ bei festgehaltenen Basisvektoren $\overset{\Downarrow}{\mathbf{e}}_\gamma$, $\overset{\downarrow}{\mathbf{e}}_\gamma$ im Sinne von (4.4d) die drei Varianten

$$\overset{\langle 6\rangle}{\mathbb{J}}_I = \left[\; \overset{\langle 6\rangle}{\mathbb{I}}_{I1,2,3} \;\right] = \overset{\langle 4\rangle}{\mathbb{J}}_I \circ \mathbb{E} = \left[\; \overset{(4)}{a}_{I1}\; \overset{\langle 4\rangle}{\mathbb{E}} + \overset{(4)}{a}_{I2}\; \overset{\langle 4\rangle}{\mathbb{E}}_T + \overset{(4)}{a}_{I3}\; \overset{(4)}{\mathbb{E}} \circ \mathbb{E}\right] \circ \mathbb{E} \tag{4.6}$$

ergibt. Bevor man in (4.5b) gleichartig vorgeht, beachtet man

$$\overset{\langle 6\rangle}{\mathbb{I}}_{II} = \sum_{\alpha,\beta,\gamma} \mathbf{e}_\alpha \circ \mathbf{e}_\beta \circ \mathbf{e}_\beta \circ \overset{\Downarrow}{\mathbf{e}}_\gamma \circ \overset{\downarrow}{\mathbf{e}}_\gamma \circ \mathbf{e}_\alpha \cdot\cdot\; \overset{\langle 4\rangle}{\mathbb{E}}_T \equiv \sum_{\alpha,\beta,\gamma} \mathbf{e}_\alpha \circ \mathbf{e}_\beta \circ \mathbf{e}_\beta \circ \overset{\downarrow}{\mathbf{e}}_\gamma \circ \overset{\Downarrow}{\mathbf{e}}_\gamma \circ \mathbf{e}_\alpha \cdot\cdot\; \overset{\langle 4\rangle}{\mathbb{E}}_T$$

sowie

$$\sum_{\alpha,\beta,\gamma} \mathbf{e}_\alpha \circ \mathbf{e}_\beta \circ \mathbf{e}_\beta \circ \overset{\downarrow}{\mathbf{e}}_\gamma \circ \overset{\Downarrow}{\mathbf{e}}_\gamma \circ \mathbf{e}_\alpha = \sum_{\alpha,\beta,\gamma} \mathbf{e}_\alpha \circ \mathbf{e}_\beta \circ \mathbf{e}_\beta \circ \mathbf{e}_\alpha \circ \overset{\Downarrow}{\mathbf{e}}_\gamma \circ \overset{\downarrow}{\mathbf{e}}_\gamma \cdots \overset{\langle 6\rangle}{\mathbb{E}}_T = \left[\overset{\langle 4\rangle}{\mathbb{E}} \circ \sum_{\gamma=1}^{3} \overset{\Downarrow}{\mathbf{e}}_\gamma \circ \overset{\downarrow}{\mathbf{e}}_\gamma \right] \cdots \overset{\langle 6\rangle}{\mathbb{E}}_T$$

mit dem sechsstufigen Transponierer

$$\overset{\langle 6\rangle}{\mathbb{E}}_T = \sum_{i,j,k=1}^{3} \mathbf{e}_i \circ \mathbf{e}_j \circ \mathbf{e}_k \circ \mathbf{e}_i \circ \mathbf{e}_j \circ \mathbf{e}_k \equiv \overset{\langle 6\rangle}{\mathbb{E}}_T^{\;T} \; , \tag{4.7a}$$

d.h.

---

[5] die durch systematische Platzvertauschung des mit Doppelpfeil versehenen Basisvektors $\overset{\Downarrow}{\mathbf{e}}_\gamma$ entstehen.

$$\overset{\langle 6\rangle}{\mathbb{I}}_{II} = \left[\left[\underline{\overset{\langle 4\rangle}{\mathbb{E}}\circ\mathbb{E}}\right]\cdots\overset{\langle 6\rangle}{\mathbb{E}}_{T}\right]\cdot\cdot\overset{\langle 4\rangle}{\mathbb{E}}_{T} = \left[\underline{\overset{\langle 4\rangle}{\mathbb{E}}\circ\mathbb{E}}\right]\cdots\overset{\langle 6\rangle}{\mathbb{E}}_{T}\cdot\cdot\overset{\langle 4\rangle}{\mathbb{E}}_{T}{}^{6)} \equiv \left[\underline{\overset{\langle 4\rangle}{\mathbb{E}}\circ\mathbb{E}}\right]\cdots\overset{\langle 6\rangle}{\mathbb{P}}_{Z}{}^{T}, \quad (4.7b)$$

und hat nun in dem gestrichelt unterstrichenen Tensoranteil $\underline{\overset{\langle 4\rangle}{\mathbb{E}}}$ sämtliche Rochaden der Basisvektoren $\mathbb{e}_{\alpha}$, $\mathbb{e}_{\beta}$ vorzunehmen. Letztere werden im Sinne von (4.4d) aber mit einer zweiten vierstufigen isotropen Gruppe

$$\overset{\langle 4\rangle}{\mathbb{J}}_{II} = a_{II1}\overset{(4)}{\mathbb{E}} + a_{II2}\overset{\langle 4\rangle}{\mathbb{E}}_{T} + a_{II3}\overset{(4)}{\mathbb{E}\circ\mathbb{E}} \qquad (4.7c)$$

abgedeckt, womit sämtliche Varianten von $\overset{\langle 6\rangle}{\mathbb{I}}_{II}$ durch den Ausdruck

$$\overset{\langle 6\rangle}{\mathbb{J}}_{II} \overset{\wedge}{=} \left[\overset{\langle 6\rangle}{\mathbb{I}}_{II1,2,3}\right] = \overset{\langle 4\rangle}{\mathbb{J}}_{II}\circ\mathbb{E}\cdots\overset{\langle 6\rangle}{\mathbb{P}}_{Z}{}^{T} = \overset{\langle 4\rangle}{\mathbb{J}}_{II}\cdot\overset{\langle 4\rangle}{\mathbb{K}}_{II} \qquad (4.7d)$$

mit

$$\overset{\langle 6\rangle}{\mathbb{P}}_{Z}{}^{T} = \overset{\langle 6\rangle}{\mathbb{E}}_{T}\cdot\cdot\overset{\langle 4\rangle}{\mathbb{E}}_{T} = \sum_{\alpha,\beta,\gamma=1}^{3} \mathbb{e}_{\alpha}\circ\mathbb{e}_{\beta}\circ\mathbb{e}_{\gamma}\circ\mathbb{e}_{\alpha}\circ\mathbb{e}_{\gamma}\circ\mathbb{e}_{\beta},$$

$$\overset{\langle 4\rangle}{\mathbb{K}}_{II} = \overset{\langle 6\rangle}{\mathbb{E}}\cdot\cdot\overset{\langle 6\rangle}{\mathbb{P}}_{Z}{}^{T} = \overset{\langle 6\rangle}{\mathbb{E}}\cdot\cdot\overset{\langle 4\rangle}{\mathbb{E}}_{T}\cdot\cdot\overset{\langle 4\rangle}{\mathbb{E}}_{T} \equiv \overset{\langle 4\rangle}{\mathbb{E}}\cdot\cdot\overset{\langle 4\rangle}{\mathbb{E}}_{T} = \overset{\langle 4\rangle}{\mathbb{E}}_{T} \qquad (4.7e)$$

erfaßt werden. Die zum Vorangehenden analoge Vorgehensweise im Falle (4.5c) ist nun klar: Man beachtet

$$\overset{\langle 6\rangle}{\mathbb{I}}_{III} = \sum_{\alpha,\beta,\gamma=1}^{3} \mathbb{e}_{\alpha}\circ\mathbb{e}_{\beta}\circ\overset{\Downarrow}{\mathbb{e}}_{\gamma}\circ\overset{\downarrow}{\mathbb{e}}_{\gamma}\circ\mathbb{e}_{\alpha}\circ\mathbb{e}_{\beta}\cdots\overset{\langle 6\rangle}{\mathbb{E}}_{T} =$$

$$= \left[\sum_{\alpha,\beta,\gamma=1}^{3} \mathbb{e}_{\alpha}\circ\mathbb{e}_{\beta}\circ\overset{\downarrow}{\mathbb{e}}_{\beta}\circ\overset{\Downarrow}{\mathbb{e}}_{\alpha}\circ\mathbb{e}_{\gamma}\circ\mathbb{e}_{\gamma}\cdot\cdot\cdot\cdot\overset{\langle 8\rangle}{\mathbb{E}}_{T}\right]\cdots\overset{\langle 6\rangle}{\mathbb{E}}_{T} = \underline{\overset{\langle 4\rangle}{\mathbb{E}}\circ\mathbb{E}}\cdot\cdots\overset{\langle 8\rangle}{\mathbb{P}}_{Z}{}^{T} \qquad (4.8a)$$

mit dem achtstufigen Transponierer[7]

---

[6] Der Tensor $\overset{\langle 6\rangle}{\mathbb{P}}_{Z} = \overset{\langle 4\rangle}{\mathbb{E}}_{T}\cdot\cdot\overset{\langle 6\rangle}{\mathbb{E}}_{T}$ wird auch als zyklischer Permutierer sechster Stufe bezeichnet, weil er per

$$\overset{\langle 6\rangle}{\mathbb{P}}_{Z}\cdots\overset{(1)}{\varkappa}\circ\overset{(2)}{\varkappa}\circ\overset{(3)}{\varkappa} = \overset{(2)}{\varkappa}\circ\overset{(3)}{\varkappa}\circ\overset{(1)}{\varkappa} \equiv \overset{(1)}{\varkappa}\circ\overset{(2)}{\varkappa}\circ\overset{(3)}{\varkappa}\cdots\overset{\langle 6\rangle}{\mathbb{P}}_{Z} \quad \text{bzw.}$$

$$\overset{(1)}{\varkappa}\circ\overset{(2)}{\varkappa}\circ\overset{(3)}{\varkappa} = \overset{\langle 6\rangle}{\mathbb{P}}_{Z}{}^{T}\cdots\overset{(2)}{\varkappa}\circ\overset{(3)}{\varkappa}\circ\overset{(1)}{\varkappa} \equiv \overset{(2)}{\varkappa}\circ\overset{(3)}{\varkappa}\circ\overset{(1)}{\varkappa}\cdots\overset{\langle 6\rangle}{\mathbb{P}}_{Z}{}^{T}, \quad \overset{\langle 6\rangle}{\mathbb{P}}_{Z}{}^{T} = \overset{\langle 6\rangle}{\mathbb{P}}_{Z}{}^{-1}$$

zyklische Permutationen an Dreier–Sets $\overset{(1)}{\varkappa}\circ\overset{(2)}{\varkappa}\circ\overset{(3)}{\varkappa}$ vollzieht, s. a. §E4.3.1. Im übrigen beachte man

$$(\overset{\langle 4\rangle}{\mathbb{E}}_{T}\cdot\cdot\overset{\langle 6\rangle}{\mathbb{E}}_{T})^{T} \overset{(6.25d)}{\equiv} \overset{\langle 6\rangle}{\mathbb{E}}_{T}{}^{T}\cdot\cdot\overset{\langle 4\rangle}{\mathbb{E}}_{T}{}^{T} \equiv \overset{\langle 6\rangle}{\mathbb{E}}_{T}\cdot\cdot\overset{\langle 4\rangle}{\mathbb{E}}_{T}$$

[7] der die Operation $\overset{\langle 4\rangle}{\mathbb{A}}{}^{T} = \overset{\langle 8\rangle}{\mathbb{E}}_{T}\cdot\cdots\overset{\langle 4\rangle}{\mathbb{A}} = \overset{\langle 4\rangle}{\mathbb{A}}\cdot\cdots\overset{\langle 8\rangle}{\mathbb{E}}_{T}$ vollzieht.

$$\overset{\langle 8\rangle}{\mathbb{E}}_T = \sum_{\alpha,\beta,\gamma,\delta=1}^{3} \mathbb{e}_\alpha \circ \mathbb{e}_\beta \circ \mathbb{e}_\gamma \circ \mathbb{e}_\delta \circ \mathbb{e}_\alpha \circ \mathbb{e}_\beta \circ \mathbb{e}_\gamma \circ \mathbb{e}_\delta \equiv \overset{\langle 8\rangle}{\mathbb{E}}_T{}^T \tag{4.8b}$$

und dem achtstufigen zyklischen Permutierer[8]

$$\overset{\langle 8\rangle}{\mathbb{P}}_Z = \overset{\langle 6\rangle}{\mathbb{E}}_T \cdots \overset{\langle 8\rangle}{\mathbb{E}}_T \ \text{mit} \ \overset{\langle 8\rangle}{\mathbb{P}}_Z{}^T = \left[\overset{\langle 6\rangle}{\mathbb{E}}_T \cdots \overset{\langle 8\rangle}{\mathbb{E}}_T\right]^T \equiv \overset{\langle 8\rangle}{\mathbb{E}}_T{}^T \cdots \overset{\langle 6\rangle}{\mathbb{E}}_T{}^T \equiv \overset{\langle 8\rangle}{\mathbb{E}}_T \cdots \overset{\langle 6\rangle}{\mathbb{E}}_T \tag{4.8c}$$

und deckt schließlich sämtliche Rochaden der Basisvektoren $\mathbb{e}_\alpha, \mathbb{e}_\beta$ in $\underline{\overset{\langle 4\rangle}{\mathbb{E}}}$ mit einer weiteren isotropen

vierstufigen Gruppe

$$\overset{\langle 4\rangle}{\mathbb{J}}_{III} = \overset{(4)}{a}_{III,1}\ \overset{\langle 4\rangle}{\mathbb{E}} + \overset{(4)}{a}_{III,2}\ \overset{\langle 4\rangle}{\mathbb{E}}_T + \overset{(4)}{a}_{III,3}\ \mathbb{E}\circ\mathbb{E} \tag{4.8d}$$

und damit sämtliche Rochaden an (4.5c) durch die sechsstufige Struktur

$$\overset{\langle 6\rangle}{\mathbb{J}}_{III} = \overset{\langle 4\rangle}{\mathbb{J}}_{III}\circ\mathbb{E}\cdots \overset{\langle 8\rangle}{\mathbb{P}}_Z{}^T = \overset{\langle 4\rangle}{\mathbb{J}}_{III}\cdots \overset{\langle 6\rangle}{\mathbb{K}}_{III} \tag{4.8e}$$

mit

$$\overset{\langle 8\rangle}{\mathbb{P}}_Z{}^T = \overset{\langle 8\rangle}{\mathbb{E}}_T \cdots \overset{\langle 6\rangle}{\mathbb{E}}_T = \sum_{\alpha,\beta,\gamma,\delta=1}^{3} \mathbb{e}_\alpha \circ \mathbb{e}_\beta \circ \mathbb{e}_\gamma \circ \mathbb{e}_\delta \circ \mathbb{e}_\alpha \circ \mathbb{e}_\delta \circ \mathbb{e}_\gamma \circ \mathbb{e}_\beta , \tag{4.8f}$$

$$\overset{\langle 6\rangle}{\mathbb{K}}_{III} = \mathbb{E}\cdots \overset{\langle 8\rangle}{\mathbb{P}}_Z{}^T = \sum_{\beta,\gamma,\delta=1}^{3} \mathbb{e}_\gamma \circ \mathbb{e}_\delta \circ \mathbb{e}_\beta \circ \mathbb{e}_\delta \circ \mathbb{e}_\gamma \circ \mathbb{e}_\beta = \overset{\langle 4\rangle}{\mathbb{E}}_T \cdots \overset{\langle 6\rangle}{\mathbb{E}}_T = \overset{\langle 6\rangle}{\mathbb{P}}_Z \tag{4.8g}$$

ab, was wegen $\overset{\langle 4\rangle}{\mathbb{J}}_{III}\cdots \overset{\langle 4\rangle}{\mathbb{E}}_T \Longrightarrow^{[9]} \overset{\langle 4\rangle}{\mathbb{J}}_{III}$ schließlich zu

$$\overset{\langle 6\rangle}{\mathbb{J}}_{III} = \overset{\langle 4\rangle}{\mathbb{J}}_{III}\cdots \left[\overset{\langle 4\rangle}{\mathbb{E}}_T \cdots \overset{\langle 6\rangle}{\mathbb{E}}_T\right] = \left[\overset{\langle 4\rangle}{\mathbb{J}}_{III}\cdots \overset{\langle 4\rangle}{\mathbb{E}}_T\right]\cdots \overset{\langle 6\rangle}{\mathbb{E}}_T \Longrightarrow^{[9]} \overset{\langle 4\rangle}{\mathbb{J}}_{III}\cdots \overset{\langle 6\rangle}{\mathbb{E}}_T \tag{4.8h}$$

führt. Im Falle von (4.5d) erzeugt man

$$\overset{\langle 6\rangle}{\mathbb{I}}_{IV} = \sum_{\alpha,\beta,\gamma=1}^{3} \mathbb{e}_\alpha \overset{\Downarrow}{\circ} \mathbb{e}_\gamma \overset{\downarrow}{\circ} \mathbb{e}_\gamma \circ \mathbb{e}_\alpha \circ \mathbb{e}_\beta \circ \mathbb{e}_\beta \cdots \overset{\langle 8\rangle}{\mathbb{E}}_T =$$

---

[8] mit dem man per

$$\overset{\langle 8\rangle}{\mathbb{P}}_Z \cdots \overset{(1)}{\varkappa} \overset{(2)}{\circ} \overset{(3)}{\varkappa} \overset{(4)}{\circ} \overset{}{\varkappa} \circ \varkappa = \overset{(1)}{\varkappa} \overset{(2)}{\circ} \overset{(3)}{\varkappa} \overset{(4)}{\circ} \varkappa \circ \varkappa \cdots \overset{\langle 8\rangle}{\mathbb{P}}_Z = \overset{(2)}{\varkappa} \overset{(3)}{\circ} \overset{(4)}{\varkappa} \overset{(1)}{\circ} \varkappa \circ \varkappa ,$$

$$\overset{(1)}{\varkappa} \overset{(2)}{\circ} \overset{(3)}{\varkappa} \overset{(4)}{\circ} \varkappa \circ \varkappa = \overset{\langle 8\rangle}{\mathbb{P}}_Z{}^T \cdots \overset{(2)}{\varkappa} \overset{(3)}{\circ} \overset{(4)}{\varkappa} \overset{(1)}{\circ} \varkappa \circ \varkappa \equiv \overset{(2)}{\varkappa} \overset{(3)}{\circ} \overset{(4)}{\varkappa} \overset{(1)}{\circ} \varkappa \circ \varkappa \cdots \overset{\langle 8\rangle}{\mathbb{P}}_Z{}^T ,$$

$\overset{\langle 8\rangle}{\mathbb{P}}_Z{}^T = \overset{\langle 8\rangle}{\mathbb{P}}_Z{}^{-1}$ zyklische Permutationen an Vierer–Sets durchführt (vgl. §E4.3.1).

[9] Doppeltskalarmultiplikation der vierstufigen isotropen Gruppe $\overset{\langle 4\rangle}{\mathbb{J}}$ mit $\overset{\langle 4\rangle}{\mathbb{E}}_T$ ergibt wieder die vollständige vierstufige isotrope Gruppe.

$$= {}^{10)} \left[\sum_{\alpha,\beta,\gamma=1}^{3} \mathbf{e}_\alpha \circ \mathbf{e}_\beta \circ \mathbf{e}_\beta \circ \mathbf{e}_\alpha \circ \mathbf{e}_\gamma \circ \mathbf{e}_\gamma \underbrace{\cdots\cdots}_{5\text{-fach}} \overset{\langle 10\rangle}{\mathbb{E}}_T \right] \cdots \overset{\langle 8\rangle}{\mathbb{E}}_T = \underset{---}{\overset{\langle 4\rangle}{\mathbb{E}}} \circ \mathbb{E} \underbrace{\cdots\cdots}_{5\text{-fach}} \overset{\langle 10\rangle}{\mathbb{P}}_Z{}^T = \underset{---}{\overset{\langle 4\rangle}{\mathbb{E}}} \cdots \overset{\langle 8\rangle}{\mathbb{K}}_{IV} \quad (4.9a)$$

mit dem zehnstufigen Transponierer bzw. zyklischen Permutierer

$$\overset{\langle 10\rangle}{\mathbb{E}}_T = {}^{11)} \sum_{\alpha,\beta,\gamma,\delta,\epsilon=1}^{3} \mathbf{e}_\alpha \circ \mathbf{e}_\beta \circ \mathbf{e}_\gamma \circ \mathbf{e}_\delta \circ \mathbf{e}_\epsilon \circ \mathbf{e}_\alpha \circ \mathbf{e}_\beta \circ \mathbf{e}_\gamma \circ \mathbf{e}_\delta \circ \mathbf{e}_\epsilon \equiv \overset{\langle 10\rangle}{\mathbb{E}}_T{}^T \qquad (4.9b)$$

bzw.

$$\overset{\langle 10\rangle}{\mathbb{P}}_Z = {}^{11)} \overset{\langle 8\rangle}{\mathbb{E}}_T \cdots \overset{\langle 10\rangle}{\mathbb{E}}_T = \sum_{\alpha,\beta,\gamma,\delta,\epsilon=1}^{3} \mathbf{e}_\delta \circ \mathbf{e}_\gamma \circ \mathbf{e}_\beta \circ \mathbf{e}_\alpha \circ \mathbf{e}_\epsilon \circ \mathbf{e}_\alpha \circ \mathbf{e}_\beta \circ \mathbf{e}_\gamma \circ \mathbf{e}_\delta \circ \mathbf{e}_\epsilon \qquad (4.9c)$$

sowie mit

$$\overset{\langle 8\rangle}{\mathbb{K}}_{IV} = \mathbb{E} \cdots \overset{\langle 10\rangle}{\mathbb{P}}_Z{}^T \equiv \mathbb{E} \cdots \left[\overset{\langle 10\rangle}{\mathbb{E}}_T \cdots \overset{\langle 8\rangle}{\mathbb{E}}_T \right] = \left[\mathbb{E} \cdots \overset{\langle 10\rangle}{\mathbb{E}}_T \right] \cdots \overset{\langle 8\rangle}{\mathbb{E}}_T \equiv \left[\overset{\langle 8\rangle}{\mathbb{E}} \cdots \overset{\langle 6\rangle}{\mathbb{E}}_T \right] \cdots \overset{\langle 8\rangle}{\mathbb{E}}_T \equiv$$

$$\equiv \overset{\langle 8\rangle}{\mathbb{E}} \cdots \left[\overset{\langle 6\rangle}{\mathbb{E}}_T \cdots \overset{\langle 8\rangle}{\mathbb{E}}_T \right] \equiv \overset{\langle 6\rangle}{\mathbb{E}}_T \cdots \overset{\langle 8\rangle}{\mathbb{E}}_T = {}^{12)} \mathbb{P}_Z , \qquad (4.9d)$$

variiert in (4.9a) die Stellungen der Basisvektoren $\mathbf{e}_\alpha$, $\mathbf{e}_\beta$ von $\underset{---}{\overset{\langle 4\rangle}{\mathbb{E}}}$ und bekommt so mit einer weiteren

vierstufigen isotropen Gruppe

$$\overset{\langle 6\rangle}{\mathbb{J}}_{IV} = \left[\overset{\langle 6\rangle}{\mathbb{I}}_{IV1,2,3} \right] = \overset{\langle 4\rangle}{\mathbb{J}}_{IV} \circ \mathbb{E} \underbrace{\cdots\cdots}_{5\text{-fach}} \overset{\langle 10\rangle}{\mathbb{P}}_Z{}^T = \overset{\langle 6\rangle}{\mathbb{J}}_{IV} \cdots \overset{\langle 8\rangle}{\mathbb{P}}_Z \Rightarrow \overset{\langle 4\rangle}{\mathbb{J}}_{IV} \cdots \overset{\langle 8\rangle}{\mathbb{E}}_T , \qquad (4.9e)$$

indem man noch beachtet, daß wegen

$$\left. \begin{array}{c} \overset{\langle 4\rangle}{\mathbb{E}} \\ \overset{\langle 4\rangle}{\mathbb{E}}_T \\ \mathbb{E}\circ\mathbb{E} \end{array} \right\} \cdots \overset{\langle 6\rangle}{\mathbb{E}}_T = \left\{ \begin{array}{c} \mathbb{E}\circ\mathbb{E} \\ \overset{\langle 4\rangle}{\mathbb{E}}_T \\ \overset{\langle 4\rangle}{\mathbb{E}} \end{array} \right.$$

die Operation $\overset{\langle 4\rangle}{\mathbb{J}} \cdots \overset{\langle 6\rangle}{\mathbb{E}}_T$ wieder die vollständige isotrope vierstufige Gruppe repräsentiert und daher in

der Tat $\overset{\langle 4\rangle}{\mathbb{J}}_{IV} \cdots \overset{\langle 8\rangle}{\mathbb{P}}_Z = \overset{\langle 4\rangle}{\mathbb{J}}_{IV} \cdots \left[\overset{\langle 6\rangle}{\mathbb{E}}_T \cdots \overset{\langle 8\rangle}{\mathbb{E}}_T \right] = \left[\overset{\langle 4\rangle}{\mathbb{J}}_{IV} \cdots \overset{\langle 6\rangle}{\mathbb{E}}_T \right] \cdots \overset{\langle 8\rangle}{\mathbb{E}}_T \Rightarrow \overset{\langle 4\rangle}{\mathbb{J}}_{IV} \cdots \overset{\langle 8\rangle}{\mathbb{E}}_T$ geschrieben

werden kann. Der Fall (4.5e) schließlich führt über die Identitäten

---

${}^{10)}$ mit $\qquad \overset{\langle 5\rangle}{\mathbb{A}}{}^T = \overset{\langle 10\rangle}{\mathbb{E}}_T \underbrace{\cdots\cdots}_{5\text{-fach}} \overset{\langle 5\rangle}{\mathbb{A}} = \overset{\langle 5\rangle}{\mathbb{A}} \underbrace{\cdots\cdots}_{5\text{-fach}} \overset{\langle 10\rangle}{\mathbb{E}}_T$

${}^{11)}$ mit $\qquad \overset{\langle 10\rangle}{\mathbb{P}}_Z \cdots\cdots \overset{(1)}{\varkappa} \circ \overset{(2)}{\varkappa} \circ \overset{(3)}{\varkappa} \circ \overset{(4)}{\varkappa} \circ \overset{(5)}{\varkappa} = \overset{(2)}{\varkappa} \circ \overset{(3)}{\varkappa} \circ \overset{(4)}{\varkappa} \circ \overset{(5)}{\varkappa} \circ \overset{(1)}{\varkappa}$ usw.

${}^{12)}$ man beachte (4.8c)

$$
\mathbb{I}_V = \sum_{\alpha\beta\gamma=1}^{3} \overset{\Downarrow}{e}_\gamma \circ \overset{\downarrow}{e}_\gamma \circ e_\alpha \circ e_\beta \circ e_\beta \circ e_\alpha \underbrace{\cdots\cdots}_{5-\text{fach}} \mathbb{E}_T^{\langle 10\rangle} =
$$

$$
= \left[\sum_{\alpha\beta\gamma=1}^{3} e_\alpha \circ e_\beta \circ e_\beta \circ e_\alpha \circ \overset{\downarrow}{e}_\gamma \circ \overset{\Downarrow}{e}_\gamma \underbrace{\cdots\cdots}_{6-\text{fach}} \mathbb{E}_T^{\langle 12\rangle}\right] \underbrace{\cdots\cdots}_{5-\text{fach}} \mathbb{E}_T^{\langle 10\rangle} =
$$

$$
= \left[\underline{\mathbb{E}}^{\langle 4\rangle}\circ\mathbb{E}\right] \underbrace{\cdots\cdots}_{6-\text{fach}} \mathbb{P}_Z^{\langle 12\rangle T} = \underline{\mathbb{E}}^{\langle 4\rangle}\cdots\left[\mathbb{E}\cdot\cdot\; \mathbb{P}_Z^{\langle 12\rangle T}\right] = \underline{\mathbb{E}}^{\langle 4\rangle}\cdots\; \mathbb{P}_Z^{\langle 10\rangle} ,
$$

$$
\mathbb{P}_Z^{\langle 12\rangle} = \mathbb{E}_T^{\langle 10\rangle} \underbrace{\cdots\cdots}_{5-\text{fach}} \mathbb{E}_T^{\langle 12\rangle} ,
$$

worin nun wieder sämtliche Stellungsvarianten der Basisvektoren von $\underline{\mathbb{E}}^{\langle 4\rangle}$ zu recherchieren sind, auf die

anteilige sechsstufige Struktur

$$
\mathbb{J}_V^{\langle 6\rangle} = \left[\mathbb{J}_V^{\langle 4\rangle}\circ\mathbb{E}\right]\underbrace{\cdots\cdots}_{6-\text{fach}}\mathbb{P}_Z^{\langle 12\rangle T} = \mathbb{J}_V^{\langle 4\rangle}\cdots\; \mathbb{P}_Z^{\langle 10\rangle} =
$$

$$
= \mathbb{J}_V^{\langle 4\rangle}\cdots\left[\mathbb{E}_T^{\langle 8\rangle}\cdots\; \mathbb{E}_T^{\langle 10\rangle}\right] = \left[\mathbb{J}_V^{\langle 4\rangle}\cdots\mathbb{E}_T^{\langle 8\rangle}\right]\cdots\mathbb{E}_T^{\langle 10\rangle} \Rightarrow \mathbb{J}_V^{\langle 4\rangle}\cdots\mathbb{E}_T^{\langle 10\rangle} , \tag{4.10}
$$

nachdem man noch beachtet hat, daß per $\mathbb{J}^{\langle 4\rangle}\cdots\mathbb{E}^{\langle 8\rangle}$ wieder eine vollständige isotrope Gruppe vierter

Stufe hervorgebracht wird, womit man dann endgültig als Darstellung der vollständigen sechsstufigen iso-

tropen Gruppe in Termen vierstufiger Gruppen $\mathbb{J}_j$, $j=1...5$,

$$
\mathbb{J}^{\langle 6\rangle} = \mathbb{J}^{\langle 2\times 3\rangle} = \mathbb{J}_1^{\langle 4\rangle}\circ\mathbb{E} + \mathbb{J}_2^{\langle 4\rangle}\circ\mathbb{E}\cdots\mathbb{P}_Z^{\langle 6\rangle T} + \mathbb{J}_3^{\langle 4\rangle}\circ\mathbb{E}\cdots\mathbb{P}_Z^{\langle 8\rangle T} + \mathbb{J}_4^{\langle 4\rangle}\circ\mathbb{E}\underbrace{\cdots\cdots}_{5-\text{fach}}\mathbb{P}_Z^{\langle 10\rangle T} +
$$

$$
+ \mathbb{J}_5^{\langle 4\rangle}\circ\mathbb{E}\underbrace{\cdots\cdots}_{6-\text{fach}}\mathbb{P}_Z^{\langle 12\rangle T} = \sum_{i=1}^{2\times 3-1}\mathbb{J}_i^{\langle 4\rangle}\circ\mathbb{E}\underbrace{\cdots\cdots\cdots}_{(i+1)-\text{fach}}\mathbb{P}_Z^{\langle 2(i+1)\rangle T} =
$$

$$
= \sum_{i=1}^{2\times 3-1}\left[\mathbb{J}_i^{\langle 4\rangle}\circ\mathbb{E}\right]\underbrace{\cdots\cdots}_{(i+1)-\text{fach}}\left[\mathbb{E}_T^{\langle 2(i+1)\rangle}\underbrace{\cdots\cdots}_{i-\text{fach}}\mathbb{E}_T^{\langle 2i\rangle}\right] \tag{4.11a}
$$

bzw.
$$
\mathbb{J}^{\langle 6\rangle} = \mathbb{J}_1^{\langle 4\rangle}\circ\mathbb{E} + \mathbb{J}_2^{\langle 4\rangle}\cdot\mathbb{E}_T^{\langle 4\rangle} + \mathbb{J}_3^{\langle 4\rangle}\cdot\cdot\mathbb{E}_T^{\langle 6\rangle} + \mathbb{J}_4^{\langle 4\rangle}\cdots\mathbb{E}_T^{\langle 8\rangle} + \mathbb{J}_5^{\langle 4\rangle}\cdots\mathbb{E}_T^{\langle 10\rangle} =
$$

$$
= \mathbb{J}_1^{\langle 4\rangle}\circ\mathbb{E} + \sum_{i=2}^{2\times 3-1}\mathbb{J}_i^{\langle 4\rangle}\underbrace{\cdots\cdots\cdots}_{(i-1)-\text{fach}}\mathbb{E}_T^{\langle 2i\rangle} \tag{4.11b}
$$

auffindet, wenn man noch im Falle (4.11a) $\mathbb{P}_Z^{\langle 4\rangle}=\mathbb{E}^{\langle 2\rangle}\cdot\mathbb{E}_T^{\langle 4\rangle}=\mathbb{E}_T^{\langle 4\rangle}$ setzt und $\mathbb{E}\cdot\cdot\,\mathbb{P}_Z^{\langle 4\rangle T}=\mathbb{E}\cdot\cdot\left(\mathbb{E}_T^{\langle 4\rangle}\right)^T=$

$= \mathbb{E} \cdot\cdot \mathbb{E}_T = \mathbb{E}$ beachtet. Entsprechend den 5 möglichen Stellungen des Paares $\underset{\gamma}{\Downarrow\mathbf{e}} \, \circ \, \underset{\gamma}{\downarrow\mathbf{e}}$ im Sinne von

(4.5a–e) wird also die 2×3=6–stufige Gruppe mittels 2×3–1=6–1=5 verschiedener vierstufiger isotroper

Gruppen aufgebaut und enthält dementsprechend

$$5 \times 3 =^{13)} = 15 = 1 \times 3 \times 5$$

Elemente $\overset{\langle 6 \rangle}{\mathbb{I}}_k$ ($k = 1 \ldots \alpha_6 = 15$), die am Ende dieser Ziffer konkret aufgelistet sind.

Entsprechende Bildungsgesetze erzeugt man leicht auch für höherstufige isotrope Gruppen, z. B. für $2n=8$

$$\overset{\langle 8 \rangle}{\mathbb{J}} = \overset{\langle 2\times 4 \rangle}{\mathbb{J}} = \sum_{i=1}^{2\times 4-1} \left[\overset{\langle 6 \rangle}{\mathbb{J}}_i \circ \mathbb{E} \right] \underbrace{\cdots\cdots\cdots}_{(i+1)-\text{fach}} \left[\overset{\langle 2(i+1) \rangle}{\mathbb{E}}_T \underbrace{\cdots\cdots}_{i-\text{fach}} \overset{\langle 2i \rangle}{\mathbb{E}}_T \right] =^{14)}$$

$$= \overset{\langle 6 \rangle}{\mathbb{J}}_1 \circ \mathbb{E} + \sum_{i=2}^{2\times 4-1} \overset{\langle 6 \rangle}{\mathbb{J}}_i \underbrace{\cdots\cdots\cdots}_{(i-1)-\text{fach}} \overset{\langle 2i \rangle}{\mathbb{E}}_T \, , \tag{4.12}$$

wonach sieben sechsstufige Gruppen die achtstufige Gruppe aufbauen, für die nach dieser Vorgehensweise

7×15=1×3×5×7=105 Elemente berechnet werden, und allgemein für die 2n–stufige Gruppe in Termen

2(n-1)–stufiger Gruppen

$$\overset{\langle 2n \rangle}{\mathbb{J}} = \sum_{i=1}^{2n-1} \left[\overset{\langle 2(n-1) \rangle}{\mathbb{J}}_i \circ \mathbb{E} \right] \underbrace{\cdots\cdots\cdots}_{(i+1)-\text{fach}} \left[\overset{\langle 2(i+1) \rangle}{\mathbb{E}} \underbrace{\cdots\cdots\cdots}_{i-\text{fach}} \overset{\langle 2i \rangle}{\mathbb{E}}_T \right] =$$

$$=^{14)} \overset{\langle 2(n-1) \rangle}{\mathbb{J}}_1 \circ \mathbb{E} + \sum_{i=2}^{2n-1} \left[\overset{\langle 2(n-1) \rangle}{\mathbb{J}}_i \underbrace{\cdots\cdots\cdots}_{(i-1)-\text{fach}} \overset{\langle 2i \rangle}{\mathbb{E}}_T \right] \tag{4.13}$$

mit

$$\alpha_{2n} = 1 \times 3 \times 5 \times 7 \times \ldots \times (2n - 1) \tag{4.14}$$

---

13) Man beachte, daß jede vierstufige Gruppe 3 Elemente besitzt

14) Man beachte $\mathbb{E} \cdot\cdot \left[\overset{\langle 2(i+1) \rangle}{\mathbb{E}}_T \underbrace{\cdots\cdots}_{i-\text{fach}} \overset{\langle 2i \rangle}{\mathbb{E}}_T \right] = \overset{\langle 2(i-1) \rangle}{\mathbb{E}}_T \underbrace{\cdots\cdots}_{(i-1)-\text{fach}} \overset{\langle 2i \rangle}{\mathbb{E}}_T$ und damit

$$\overset{\langle 2(n-1) \rangle}{\mathbb{J}}_i \circ \mathbb{E} \cdots \underset{(i+1)-\text{fach}}{} \left[\overset{\langle 2(i+1) \rangle}{\mathbb{E}}_T \underset{i-\text{fach}}{\cdots\cdots} \overset{\langle 2i \rangle}{\mathbb{E}}_T \right] = \overset{\langle 2(n-1) \rangle}{\mathbb{J}}_i \underset{(i-1)-\text{fach}}{\cdots\cdots} \left[\overset{\langle 2(i-1) \rangle}{\mathbb{E}}_T \underset{(i-1)-\text{fach}}{\cdots\cdots} \overset{\langle 2i \rangle}{\mathbb{E}}_T \right] =$$

$$\left[\overset{\langle 2(n-1) \rangle}{\mathbb{J}}_i \underset{(i-1)-\text{fach}}{\cdots\cdots} \overset{\langle 2(i-1) \rangle}{\mathbb{E}}_T \right] \underset{(i-1)-\text{fach}}{\cdots\cdots} \overset{\langle 2i \rangle}{\mathbb{E}}_T \Rightarrow \left[\overset{\langle 2(n-1) \rangle}{\mathbb{J}}_i \underset{(i-1)-\text{fach}}{\cdots\cdots} \overset{\langle 2i \rangle}{\mathbb{E}}_T \right],$$ weil der unterstrichene Term

die vollständige isotrope Gruppe $\overset{\langle 2(n-1) \rangle}{\mathbb{J}}_i$ repräsentiert.

Skalaren $\overset{(2n)}{a_j}$, $j = 1\ldots\alpha_{2n}$, bzw. isotropen Elementen $\overset{\langle 2n\rangle}{\mathbb{I}_j}$, $j = 1\ldots\alpha_{2n}$. Ausgehend von $\overset{\langle 2\rangle}{\mathbb{J}} = \overset{(2)}{a}\,\mathbb{E}$

sind mit (4.13) sämtliche isotropen Gruppen zu konstruieren. Etwa den Fall n=2 betrachtend, folgt aus

(4.13) für die isotrope Gruppe vierter Stufe

$$\overset{\langle 4\rangle}{\mathbb{J}} = \overset{\langle 2\rangle}{\mathbb{J}_1}\circ\mathbb{E} + \sum_{i=2}^{3} \overset{\langle 2\rangle}{\mathbb{J}_i} \underbrace{\cdots\cdots}_{(i-1)\text{-fach}} \overset{\langle 2i\rangle}{\mathbb{E}_T} = \overset{(2)}{a_1}\mathbb{E}\circ\mathbb{E} + \overset{(2)}{a_2}\mathbb{E}\cdot\overset{\langle 4\rangle}{\mathbb{E}_T} + \overset{(2)}{a_3}\mathbb{E}\cdot\cdot\overset{\langle 6\rangle}{\mathbb{E}_T} \equiv$$

$$\equiv \overset{(2)}{a_1}\mathbb{E}\circ\mathbb{E} + \overset{(2)\langle 4\rangle}{a_2\mathbb{E}_T} + \overset{(2)\langle 4\rangle}{a_3\mathbb{E}} , \qquad \text{(vgl. a. (4.4d)) usw..}$$

Mit der hier referierten Methode erzeugt man allerdings für den Fall, daß n die Dimensionszahl N des jeweiligen Vektorraums übersteigt, "zu viele" isotrope Elemente, weil dann zwischen Letzteren lineare Abhängigkeiten auftreten. In der folgenden Tabelle sind in Zeile 3 für den Fall $N = 3$ nach [22] einige minimale Elementenzahlen α'_{2n} angegeben, die von $2n = 8$ ab durchwegs kleiner als α_{2n} nach (4.14) sind. Zeile 4 gibt einige minimale Elementenzahlen $\overset{(2)}{\alpha}{}'_{2n}$ für den zweidimensionalen Vektorraum nach [23] wieder.

$2n$	$=$	2	4	6	8	10
α_{2n}	$=$	1	3	15	105	945
α'_{2n}	$=$	1	3	15	91	603
$\overset{(2)}{\alpha}{}'_{2n}$	$=$	1	3	10	35	126

Isotrope Tensoren $\overset{\langle 2n\rangle}{\mathbb{I}}$ sind Operatoren, mit denen man per

$$\overset{\langle 2n\rangle}{\mathbb{I}} \underbrace{\cdots\cdots}_{s\text{-fach}} \overset{\langle\alpha\rangle}{\Psi}\circ\overset{\langle\beta\rangle}{\Phi}\circ\overset{\langle\gamma\rangle}{\chi}\circ\ldots , \quad 2n \geq \alpha + \beta + \gamma + \ldots = s \tag{4.15}$$

isotrope Versionen $(\alpha+\beta+\gamma+\ldots)$-stufiger tensorwertiger Aggregate herstellen kann, insbesondere auch die isotropen skalarwertigen Versionen eines n-stufigen Tensorproduktes $\overset{(1)}{\chi}\circ\overset{(2)}{\chi}\ldots\overset{(n)}{\chi}$. Von dieser letzteren Anwendung ausgehend, ist es unter Benutzung der in §E3.2.1 erarbeiteten Resultate für den Fall möglicher Potenzreihenentwicklungen skalarwertiger isotroper Funktionen vektorwertiger Veränderlicher besonders einfach, zu erklären, weshalb die durch (4.1a-d) definierten Operatoren die Aufgabe (4.15) leisten und in der Tat

Diejenigen sind, die man durch Stellungspermutationen der Basisvektoren des jeweiligen Einheitstensors $\mathbb{E}^{\langle 2n\rangle}$ auffinden und dementsprechend nach den Prozeduren (4.12, 13) erzeugen kann.

Bezugnehmend auf (E 3.9c), wonach sich in der Form

$$\mathscr{W}(\mathbf{x}^{(1)},\mathbf{x}^{(2)},\ldots,\mathbf{x}^{(n)}) = F(\zeta_{11},\,\zeta_{12},\ldots,\,\zeta_{nn}),\ \ \zeta_{jk} = \mathbf{x}^{(j)}\cdot\mathbf{x}^{(k)}\ , \qquad (4.15\text{a,b})$$

eine isotrope skalarwertige Funktion vektorwertiger Veränderlicher allgemein darstellen läßt, muß deren Potenzreihenentwicklung (als Taylor–Entwicklung um die "Nullstelle" $\overset{(1)}{\mathbf{x}} = \overset{(2)}{\mathbf{x}} = \ldots = \overset{(n)}{\mathbf{x}} = 0$) aus Termen

$$\zeta_{11},\ \zeta_{12},\ \zeta_{13}\ \cdots\ \zeta_{nn} \qquad\qquad \text{(also Bilinearformen)}$$

$$\zeta_{11}^{2},\ \zeta_{11}\zeta_{12},\ \cdots\ \text{usw.} \qquad\qquad \text{(also Komponentenpotenzen vierter Ordnung)}$$

usw., also insgesamt aus einem Ensemble geradzahlig–potenter Komponenten–Kombinationen, ausgedrückt durch Produktformen von Skalarprodukten der beteiligten Vektoren, bestehen. Während sich die

Bilinearformen als $\qquad\qquad \zeta_{jk} = \overset{(j)}{\mathbf{x}}\cdot\overset{(k)}{\mathbf{x}} = \mathbb{E}\cdot\cdot\overset{(j)}{\mathbf{x}}\circ\overset{(k)}{\mathbf{x}} \qquad\qquad (4.16\text{a})$

schreiben lassen, und damit der gesamte Bilinearanteil von $\mathscr{W}$ als

$$\sum_{j,k=1}^{n} \overset{\langle 2\rangle}{\mathbb{J}}_{jk}\cdot\cdot\,\overset{(j)}{\mathbf{x}}\circ\overset{(k)}{\mathbf{x}},\qquad \overset{\langle 2\rangle}{\mathbb{J}}_{jk}= \overset{(2)}{a}_{jk}\mathbb{E},\qquad \overset{(2)}{a}_{jk} = \text{const.} = \overset{(2)}{a}_{kj}, \qquad (4.16\text{b,c})$$

zu notieren ist, sind an Komponenten–Potenzen vierter Ordnung i. allg. jeweils vier Vektoren des Vektorsets $(\overset{(1)}{\mathbf{x}}\ldots\overset{(n)}{\mathbf{x}})$ beteiligt, wobei für vier bestimmte Vektoren $\overset{(i)}{\mathbf{x}},\overset{(j)}{\mathbf{x}},\overset{(k)}{\mathbf{x}},\overset{(l)}{\mathbf{x}}$ die Varianten

$$\zeta_{ij}\zeta_{kl} = (\overset{(i)}{\mathbf{x}}\cdot\overset{(j)}{\mathbf{x}})(\overset{(k)}{\mathbf{x}}\cdot\overset{(l)}{\mathbf{x}}) \equiv \mathbb{E}\circ\mathbb{E}\cdots\cdot\overset{(i)}{\mathbf{x}}\circ\overset{(j)}{\mathbf{x}}\circ\overset{(k)}{\mathbf{x}}\circ\overset{(l)}{\mathbf{x}}\ ,$$

$$\zeta_{ik}\zeta_{jl} = (\overset{(i)}{\mathbf{x}}\cdot\overset{(k)}{\mathbf{x}})(\overset{(j)}{\mathbf{x}}\cdot\overset{(l)}{\mathbf{x}}) \equiv \overset{\langle 4\rangle}{\mathbb{E}}_{T}\cdots\cdot\overset{(i)}{\mathbf{x}}\circ\overset{(j)}{\mathbf{x}}\circ\overset{(k)}{\mathbf{x}}\circ\overset{(l)}{\mathbf{x}}\ ,$$

$$\zeta_{il}\zeta_{jk} = (\overset{(i)}{\mathbf{x}}\cdot\overset{(l)}{\mathbf{x}})(\overset{(j)}{\mathbf{x}}\cdot\overset{(k)}{\mathbf{x}}) \equiv \overset{\langle 4\rangle}{\mathbb{E}}\cdots\cdot\overset{(i)}{\mathbf{x}}\circ\overset{(j)}{\mathbf{x}}\circ\overset{(k)}{\mathbf{x}}\circ\overset{(l)}{\mathbf{x}} \qquad (4.17\text{a–c})$$

möglich sind, so daß der diesbezügliche Anteil der Taylor–Entwicklung von $\mathscr{W}$ als

$$\sum_{i,j,k,l=1}^{n} \overset{\langle 4\rangle}{\mathbb{J}}_{ijkl}\cdots\cdot\overset{(i)}{\mathbf{x}}\circ\overset{(j)}{\mathbf{x}}\circ\overset{(k)}{\mathbf{x}}\circ\overset{(l)}{\mathbf{x}},\qquad \overset{\langle 4\rangle}{\mathbb{J}}_{ijkl}= \overset{(4)}{a}_{ijkl}\overset{\langle 4\rangle}{\mathbb{E}} + \overset{(4)}{b}_{ijkl}\overset{\langle 4\rangle}{\mathbb{E}}_{T} + \overset{(4)}{c}_{ijkl}\mathbb{E}\circ\mathbb{E} \qquad (4.18\text{a,b})$$

mit (entsprechenden Symmetriebedingungen genügenden) Konstanten $\overset{(4)}{a}_{ijkl},\overset{(4)}{b}_{ijkl},\overset{(4)}{c}_{ijkl}$ geschrieben werden kann. Die durch Stellungsvariationen der Einheitsvektoren aus dem Einheitstensor vierter Stufe

$$\overset{\langle 4\rangle}{\mathbb{E}} = \sum_{\alpha,\beta=1}^{3} \mathfrak{e}_\alpha \circ \mathfrak{e}_\beta \circ \mathfrak{e}_\beta \circ \mathfrak{e}_\alpha$$

erhältlichen weiteren Operatoren

$$\overset{\langle 4\rangle}{\mathbb{E}}_T = \sum_{\alpha,\beta=1}^{3} \mathfrak{e}_\alpha \circ \mathfrak{e}_\beta \circ \mathfrak{e}_\alpha \circ \mathfrak{e}_\beta \, , \qquad \mathbb{E}\circ\mathbb{E} = \sum_{\alpha,\beta=1}^{3} \mathfrak{e}_\alpha \circ \mathfrak{e}_\alpha \circ \mathfrak{e}_\beta \circ \mathfrak{e}_\beta$$

entsprechen dabei den zwei neben (4.17c) weiteren möglichen Paar–Varianten–Möglichkeiten (ij),(kl) und

(ik),(jl) nach (4.17a,b), Produkte aus Skalarprodukten zu bilden. In entsprechender Weise erschließt man

schließlich für die Komponentenpotenzen sechster Ordnung der Entwicklung von $\mathscr{W}$ die Struktur

$$\sum_{i,j,k,l,\mu,\nu=1}^{n} \overset{\langle 6\rangle}{\mathbb{J}}_{ijkl\mu\nu} \underbrace{\cdots\cdots}_{6-\text{fach}} \varkappa^{(i)} \circ \varkappa^{(j)} \circ \varkappa^{(k)} \circ \varkappa^{(l)} \circ \varkappa^{(\mu)} \circ \varkappa^{(\nu)} \tag{4.19a}$$

als Ergebnis der Recherche, aus jeweils sechs Vektoren $\varkappa^{(i)}, \varkappa^{(j)}, \varkappa^{(k)}, \varkappa^{(l)}, \varkappa^{(\mu)}, \varkappa^{(\nu)}$ des Sets

$(\varkappa^{(1)},\dots,\varkappa^{(n)})$ sämtliche Varianten von

$$(\varkappa^{(i)}\cdot\varkappa^{(\nu)})(\varkappa^{(j)}\cdot\varkappa^{(\mu)})\,(\varkappa^{(k)}\cdot\varkappa^{(l)}) = \overset{\langle 6\rangle}{\mathbb{E}} \underbrace{\cdots\cdots}_{6-\text{fach}} \varkappa^{(i)} \circ \varkappa^{(j)} \circ \varkappa^{(k)} \circ \varkappa^{(l)} \circ \varkappa^{(\mu)} \circ \varkappa^{(\nu)} \tag{4.19b}$$

zu bilden, wozu neben (4.19b) die weiteren Sechsfach–Skalarprodukte des Vektorsets mit den übrigen 14

Operatoren $\overset{\langle 6\rangle}{\mathbb{J}}_j$ der isotropen Gruppe sechster Stufe erforderlich sind, die man durch Stellungsvariationen

der Einheitsvektoren (z. B.) an $\overset{\langle 6\rangle}{\mathbb{E}}$ erzeugen kann usw.

Wir fassen zusammen: Isotrope skalare Multilinearformen von Vektorsets werden, wie man

am Vorhergehenden erkennt, allgemein in der Form

$$\overset{\langle 2n\rangle}{\mathbb{J}} \underbrace{\cdots\cdots}_{2n-\text{fach}} \varkappa^{(1)} \circ \dots \circ \varkappa^{(2n)} \tag{4.20a}$$

repräsentiert unter Benutzung entsprechender isotroper Gruppen $\overset{\langle 2n\rangle}{\mathbb{J}}$, die ausschließlich

von gradzahliger Stufe sind. (4.20a) ist Ausdruck der Tatsache, daß eine skalare Multiline-

arform

$$f_{2n} = \overset{\langle 2n\rangle}{\mathbb{A}} \underbrace{\cdots\cdots}_{2n-\text{fach}} \varkappa^{(1)} \circ \varkappa^{(2)} \dots \circ \varkappa^{(2n)} =$$

$$= \left[\sum_{\alpha,\beta..2\nu=1}^{3} a_{\alpha\beta..2\nu} \, \mathbf{e}_\alpha \circ \mathbf{e}_\beta \circ ... \circ \mathbf{e}_{2\nu} \right] \underbrace{\cdots\cdots}_{2n-fach} x^{(1)} \circ x^{(2)} ... \circ x^{(2n)}, \qquad \overset{\langle 2\,n\rangle}{\mathbb{A}} = \text{const.,} \qquad (4.20b)$$

eines Vektorsets $\langle x^{(1)} \circ x^{(2)} ... \circ x^{(2n)} \rangle$ isotrop ist, sofern sie im Sinne von (3.6b) der For-

derung

$$f_{2n} = \overset{\langle 2\,n\rangle}{\mathbb{A}} \underbrace{\cdots\cdots}_{2n-fach} x^{(1)} \circ x^{(2)} ... \circ x^{(2n)} =^{15)} f_{2n} = \overset{\langle 2\,n\rangle}{\mathbb{A}} \underbrace{\cdots\cdots}_{2n-fach} (x^{(1)} \cdot \mathbb{Q}^T \circ x^{(2)} \cdot \mathbb{Q}^T ... \circ x^{(2n)} \cdot \mathbb{Q}^T) \equiv$$

$$\equiv \left[\sum_{\alpha,\beta..2\nu=1}^{3} a_{\alpha\beta..2\nu} \, \mathbf{e}_\alpha \cdot \mathbb{Q} \circ \mathbf{e}_\beta \cdot \mathbb{Q} \circ ... \circ \mathbf{e}_{2\nu} \cdot \mathbb{Q} \right] \underbrace{\cdots\cdots}_{2n-fach} x^{(1)} \circ x^{(2)} ... \circ x^{(2n)} \equiv$$

$$\overset{(E.3.1)}{\equiv} \left[\overset{\langle 2\,n\rangle}{\mathbb{A}} \underbrace{\cdots\cdots \overset{\langle 4\,n\rangle}{\mathbb{Q}}}_{2n-fach} \right] \underbrace{\cdots\cdots}_{2n-fach} x^{(1)} \circ x^{(2)} ... \circ x^{(2n)} \qquad (4.20c)$$

genügt, was - der Vektorset $x^{(1)} \circ x^{(2)} \circ ... \circ x^{(2n)}$ ist beliebig! - für die Konstante $\overset{\langle 2\,n\rangle}{\mathbb{A}}$ auf

die Forderung (E 4.1e) hinausläuft und dergestalt $\overset{\langle 2\,n\rangle}{\mathbb{A}}$ in der Tat als ein Element einer

isotropen Gruppe 2nter Stufe identifiziert. Der Sachverhalt, daß isotrope Tensoren grund-

sätzlich geradzahligstufig sind, ist Folge des Cauchyschen Darstellungssatzes (E 3.9c), der

skalare Invarianten eines Vektorsets grundsätzlich als Funktionen von Skalarprodukten,

also als Funktionen von Bilinearformen auswirft, was im Falle von Potenzreihendar-

stellungen skalarwertiger isotroper Funktionen bedeutet, daß als Reihenglieder nur gerad-

zahlig-potente (nämlich Skalarprodukt-)Kombinationen eines Vektorsets in Frage

kommen. Die Regel, die Elemente $\overset{\langle 2n\rangle}{\mathbb{I}}_j$ ($j = 1,..,\alpha_{2n}$) einer isotropen Gruppe $\overset{\langle 2n\rangle}{\mathbb{J}}$ durch

sämtliche voneinander unabhängigen Basisvektor-Vertauschungen etwa aus dem

zugehörigen Einheitsoperator $\overset{\langle 2\,n\rangle}{\mathbb{E}}$ erzeugen zu können, ist Folge der Erfordernis, sämtliche

(hinsichtlich der Vektorkomponenten) 2n-potenten Kombinationen in Termen n-potenter

Skalarprodukt-Kombinationen (jeweils zweier Vektoren) hervorbringen zu müssen.

---

15) Hier mit $\mathbb{Q}^T$ anstelle von $\mathbb{Q}$ notiert

Vermerkt werden soll noch, daß isotrope skalarwertige Multilinearformen von der Form (4.20a) auch hemitrop sind in dem Sinne, daß sie gegen Versor–Transformationen unempfindlich sind[16]. Allerdings umfaßt die Potenzreihenentwicklung einer hemitropen skalarwertigen Funktion vektorwertiger Veränderlicher nicht nur die mit isotropen Tensoren (geradzahliger Stufe) zu bildenden Polynomialstrukturen, sondern auch solche, die mit ungradzahlig–stufigen Symmetrieoperatoren gebildet werden und die man als hemitrope Tensoren bezeichnet. Während mit dem (zweistufigen) Einheitsoperator $\mathbb{E}$ als Ausgangsgröße sämtliche isotropen Gruppen (etwa im Sinne von (E 4.13) erschlossen werden können, ist für die Konstruktion der hemitropen Gruppen der Permutationstensor $\mathfrak{E} = -\ \mathbb{E}\times\mathbb{E}$ Basisgröße. Ausgangspunkt sind auch hier wieder die Recherchen von E § 3.2.1, wonach für hemitrope skalarwertige Funktionen vektorwertiger Veränderlicher im Sinne von (E 3.7a,b) neben den Skalarprodukten jeweils zweier Vektoren auch die Spatprodukte jeweils dreier Vektoren als Variable in Betracht zu nehmen sind. In Potenzreihenentwicklungen hemitroper skalarwertiger Funktionen vektorwertiger Argumente scheinen daher mit skalaren

Konstanten $\overset{(3)}{a}_{ijk}$ Strukturen von der Form

$$\overset{(3)}{a}_{ijk}[x^{(i)}\times^{(j)}\times^{(k)}] = \overset{(3)}{a}_{ijk}\sum_{i,j,k} x^{(i)}_{\alpha} x^{(j)}_{\beta} x^{(k)}_{\gamma}\, \epsilon_{\langle\alpha\beta\gamma\rangle} = \overset{\langle 3\rangle}{\mathbb{J}}_{ijk}\cdots x^{(i)}{}_{\circ}x^{(j)}{}_{\circ}x^{(k)},$$

mit $\overset{\langle 3\rangle}{\mathbb{J}}_{ijk}= \overset{(3)}{a}_{ijk}\mathfrak{E}$ auf, aber auch Kombinationen von Spat– und Skalarprodukten, im einfachsten Falle

von der Form $\overset{(5)}{a}_{ijklm}[x^{(i)}\times^{(j)}\times^{(k)}](x^{(1)}\cdot x^{(m)})=$

$$\overset{(5)}{a}_{ijklm}\mathbb{E}\circ\mathfrak{E}\cdots\cdots x^{(i)}{}_{\circ}x^{(j)}{}_{\circ}x^{(k)}){}_{\circ}x^{(1)}{}_{\circ}x^{(m)} = \overset{(5)}{a}_{ijklm}\overset{\langle 5\rangle}{\mathbb{I}}_{ijklm}\cdots\cdots x^{(i)}{}_{\circ}x^{(j)}{}_{\circ}x^{(k)}){}_{\circ}x^{(1)}{}_{\circ}x^{(m)}.$$

Im ersten Falle ist also der $\mathfrak{E}$–Tensor der (einzige) dreistufige hemitrope Operator als einziges Element der sog. "dreistufigen hemitropen Gruppe", für den zweiten Fall repräsentiert $\mathbb{E}\ \circ\ \mathfrak{E}$ ein Element der "fünfstufigen hemitropen Gruppe" $\overset{\langle 5\rangle}{\mathbb{J}}_{ijklm}$, die insgesamt aus sechs Elementen besteht entsprechend den insgesamt sechs Kombinationsmöglichkeiten, aus fünf Vektoren ein Produkt aus Spatprodukt und Skalarprodukt zu bilden. Der geringen Bedeutung in der Mechanik wegen, soll diese Thematik nicht weiter vertieft werden.

---

[16] Weil die Versortransformationen als Spezialfälle in den orthogonalen Transformationen enthalten sind.

Diese Ziffer beschließend, sollen die 15 Elemente der isotropen Gruppe sechster Stufe konkret aufgelistet werden. Es werden nur die tensorwertigen Elemente notiert, also die jeweiligen Konstanten $\overset{(6)}{a}_{\alpha}$ ($\alpha=1..15$) mit 1 angenommen, d. h. für die in (4.11a,b) aufscheinenden vierstufigen Gruppen einheitlich

$$\overset{\langle 4\rangle}{\mathbb{J}}_{\mathrm{I-V}} = \overset{\langle 4\rangle}{\mathbb{J}} = \left[\,\overset{\langle 4\rangle}{\mathbb{E}}\,,\ \overset{\langle 4\rangle}{\mathbb{E}}_{\mathrm{T}},\ \mathbb{E}\circ\mathbb{E}\right]$$

gesetzt. Man bekommt aus (4.6)

$$\overset{\langle 6\rangle}{\mathbb{J}}_{\mathrm{I}} = \overset{\langle 4\rangle}{\mathbb{J}}\wedge\mathbb{E} = \begin{bmatrix}\overset{\langle 4\rangle}{\mathbb{E}}\\[4pt]\overset{\langle 4\rangle}{\mathbb{E}}_{\mathrm{T}}\\[4pt]\mathbb{E}\circ\mathbb{E}\end{bmatrix}\wedge\mathbb{E} = \begin{Bmatrix}\sum\limits_{\alpha,\beta,\gamma=1}^{3}e_{\alpha}\circ e_{\beta}\circ e_{\beta}\circ e_{\alpha}\circ e_{\gamma}\circ e_{\gamma}\\[6pt]\sum\limits_{\alpha,\beta,\gamma=1}^{3}e_{\alpha}\circ e_{\beta}\circ e_{\alpha}\circ e_{\beta}\circ e_{\gamma}\circ e_{\gamma}\\[6pt]\sum\limits_{\alpha,\beta,\gamma=1}^{3}e_{\alpha}\circ e_{\alpha}\circ e_{\beta}\circ e_{\beta}\circ e_{\gamma}\circ e_{\gamma}\end{Bmatrix} = \begin{bmatrix}\overset{\langle 6\rangle}{\mathbb{I}}_{1}\\[4pt]\overset{\langle 6\rangle}{\mathbb{I}}_{2}\\[4pt]\overset{\langle 6\rangle}{\mathbb{I}}_{3}\end{bmatrix},\quad(4.21\mathrm{a})$$

nach (4.7d,e)

$$\overset{\langle 6\rangle}{\mathbb{J}}_{\mathrm{II}} = \overset{\langle 4\rangle}{\mathbb{J}}\cdot\overset{\langle 4\rangle}{\mathbb{E}}_{\mathrm{T}} = \begin{bmatrix}\overset{\langle 4\rangle}{\mathbb{E}}\cdot\overset{\langle 4\rangle}{\mathbb{E}}_{\mathrm{T}}\\[4pt]\overset{\langle 4\rangle}{\mathbb{E}}_{\mathrm{T}}\cdot\overset{\langle 4\rangle}{\mathbb{E}}_{\mathrm{T}}\\[4pt]\mathbb{E}\circ\overset{\langle 4\rangle}{\mathbb{E}}_{\mathrm{T}}\end{bmatrix} = \begin{Bmatrix}\sum\limits_{\alpha,\beta,\gamma=1}^{3}e_{\alpha}\circ e_{\gamma}\circ e_{\gamma}\circ e_{\beta}\circ e_{\alpha}\circ e_{\beta}\\[6pt]\sum\limits_{\alpha,\beta,\gamma=1}^{3}e_{\alpha}\circ e_{\beta}\circ e_{\alpha}\circ e_{\gamma}\circ e_{\beta}\circ e_{\gamma}\\[6pt]\sum\limits_{\alpha,\beta,\gamma=1}^{3}e_{\alpha}\circ e_{\alpha}\circ e_{\beta}\circ e_{\gamma}\circ e_{\beta}\circ e_{\gamma}\end{Bmatrix} = \begin{bmatrix}\overset{\langle 6\rangle}{\mathbb{I}}_{4}\\[4pt]\overset{\langle 6\rangle}{\mathbb{I}}_{5}\\[4pt]\overset{\langle 6\rangle}{\mathbb{I}}_{6}\end{bmatrix},\quad(4.21\mathrm{b})$$

nach (4.8h)

$$\overset{\langle 6\rangle}{\mathbb{J}}_{\mathrm{III}} = \overset{\langle 4\rangle}{\mathbb{J}}\cdot\cdot\overset{\langle 6\rangle}{\mathbb{E}}_{\mathrm{T}} = \begin{bmatrix}\overset{\langle 4\rangle}{\mathbb{E}}\\[4pt]\overset{\langle 4\rangle}{\mathbb{E}}_{\mathrm{T}}\\[4pt]\mathbb{E}\circ\mathbb{E}\end{bmatrix}\cdot\cdot\overset{\langle 6\rangle}{\mathbb{E}}_{\mathrm{T}} = \begin{Bmatrix}\overset{\langle 6\rangle}{\mathbb{E}}_{\mathrm{T}} = \sum\limits_{\alpha,\beta,\gamma=1}^{3}e_{\alpha}\circ e_{\beta}\circ e_{\gamma}\circ e_{\alpha}\circ e_{\beta}\circ e_{\gamma}\\[6pt]\sum\limits_{\alpha,\beta,\gamma=1}^{3}e_{\alpha}\circ e_{\beta}\circ e_{\gamma}\circ e_{\beta}\circ e_{\alpha}\circ e_{\gamma}\\[6pt]\mathbb{E}\circ\mathbb{E} = \sum\limits_{\alpha,\beta,\gamma=1}^{3}e_{\gamma}\circ e_{\gamma}\circ e_{\alpha}\circ e_{\beta}\circ e_{\beta}\circ e_{\alpha}\end{Bmatrix} = \begin{bmatrix}\overset{\langle 6\rangle}{\mathbb{I}}_{7}\\[4pt]\overset{\langle 6\rangle}{\mathbb{I}}_{8}\\[4pt]\overset{\langle 6\rangle}{\mathbb{I}}_{9}\end{bmatrix},\quad(4.21\mathrm{c})$$

nach (4.9e)

$$\overset{\langle 6\rangle}{\mathbb{J}}_{\mathrm{IV}} = \overset{\langle 4\rangle}{\mathbb{J}}\cdots\overset{\langle 8\rangle}{\mathbb{E}}_{\mathrm{T}} = \begin{bmatrix}\overset{\langle 4\rangle}{\mathbb{E}}\\[4pt]\overset{\langle 4\rangle}{\mathbb{E}}_{\mathrm{T}}\\[4pt]\mathbb{E}\circ\mathbb{E}\end{bmatrix}\cdots\overset{\langle 8\rangle}{\mathbb{E}}_{\mathrm{T}} = \begin{Bmatrix}(\overset{\langle 4\rangle}{\mathbb{E}}_{\mathrm{T}}\circ\mathbb{E})\cdots\overset{\langle 6\rangle}{\mathbb{E}}_{\mathrm{T}}\\[4pt]\overset{\langle 6\rangle}{\mathbb{E}}_{\mathrm{T}}\cdot\cdot\overset{\langle 4\rangle}{\mathbb{E}}_{\mathrm{T}}\\[4pt]\overset{\langle 4\rangle}{\mathbb{E}}_{\mathrm{T}}\cdot\cdot\overset{\langle 6\rangle}{\mathbb{E}}\end{Bmatrix} =$$

$$
= \left\{
\begin{array}{l}
\overset{\langle 4\rangle}{\mathbb{E}}_T \cdot \overset{\langle 4\rangle}{\mathbb{E}} = \sum_{\alpha,\beta,\gamma=1}^{3} e_\alpha \circ e_\beta \circ e_\alpha \circ e_\gamma \circ e_\gamma \circ e_\beta \\[2mm]
\overset{\langle 6\rangle}{\mathbb{E}}_T \cdot\cdot \overset{\langle 4\rangle}{\mathbb{E}}_T = \sum_{\alpha,\beta,\gamma=1}^{3} e_\alpha \circ e_\beta \circ e_\gamma \circ e_\alpha \circ e_\gamma \circ e_\beta \\[2mm]
\overset{\langle 4\rangle}{\mathbb{E}}_T \cdot\cdot \overset{\langle 6\rangle}{\mathbb{E}} = \sum_{\alpha,\beta,\gamma=1}^{3} e_\alpha \circ e_\beta \circ e_\gamma \circ e_\gamma \circ e_\alpha \circ e_\beta
\end{array}
\right\}
= \left[
\begin{array}{l}
\overset{\langle 6\rangle}{\mathbb{I}}{}_{10} \\[2mm]
\overset{\langle 6\rangle}{\mathbb{I}}{}_{11} \\[2mm]
\overset{\langle 6\rangle}{\mathbb{I}}{}_{12}
\end{array}
\right]
\qquad (4.21\mathrm{d})
$$

und nach (4.10)

$$
\overset{\langle 6\rangle}{\mathbb{J}}{}_V = \overset{\langle 6\rangle}{\mathbb{J}} \overset{\wedge}{\cdots\cdot} \overset{\langle 4\rangle}{\mathbb{E}}_T =
\left[
\begin{array}{c}
\overset{\langle 4\rangle}{\mathbb{E}} \\[1mm]
\overset{\langle 4\rangle}{\mathbb{E}}_T \\[1mm]
\mathbb{E}\circ\mathbb{E}
\end{array}
\right]
\overset{\langle 10\rangle}{\cdots\cdot} \overset{\langle 10\rangle}{\mathbb{E}}_T
= \sum_{\alpha=1}^{3} e_\alpha \circ \overset{\langle 4\rangle}{\mathbb{J}} \circ e_\alpha
= \sum_{\alpha=1}^{3} e_\alpha \circ
\left[
\begin{array}{c}
\overset{\langle 4\rangle}{\mathbb{E}} \\[1mm]
\overset{\langle 4\rangle}{\mathbb{E}}_T \\[1mm]
\mathbb{E}\circ\mathbb{E}
\end{array}
\right]
\circ e_\alpha =
$$

$$
= \left\{
\begin{array}{l}
\overset{\langle 6\rangle}{\mathbb{E}} = \sum_{\alpha,\beta,\gamma=1}^{3} e_\alpha \circ e_\beta \circ e_\gamma \circ e_\gamma \circ e_\beta \circ e_\alpha \\[2mm]
\overset{\langle 4\rangle}{\mathbb{E}}_T \cdot\cdot \overset{\langle 6\rangle}{\mathbb{E}}_T \cdot\cdot \overset{\langle 4\rangle}{\mathbb{E}}_T = \sum_{\alpha,\beta,\gamma=1}^{3} e_\alpha \circ e_\beta \circ e_\gamma \circ e_\beta \circ e_\gamma \circ e_\alpha \\[2mm]
\overset{\langle 6\rangle}{\mathbb{E}}_T \cdots \mathbb{E}\circ\mathbb{E}\circ\mathbb{E} \cdots \overset{\langle 6\rangle}{\mathbb{E}}_T = \overset{\langle 4\rangle}{\mathbb{E}} \cdot \overset{\langle 4\rangle}{\mathbb{E}} = \sum_{\alpha,\beta,\gamma=1}^{3} e_\alpha \circ e_\beta \circ e_\beta \circ e_\gamma \circ e_\gamma \circ e_\alpha
\end{array}
\right\}
= \left[
\begin{array}{l}
\overset{\langle 6\rangle}{\mathbb{I}}{}_{13} \\[2mm]
\overset{\langle 6\rangle}{\mathbb{I}}{}_{14} \\[2mm]
\overset{\langle 6\rangle}{\mathbb{I}}{}_{15}
\end{array}
\right] . \qquad (4.21\mathrm{e})
$$

Mit isotropen Tensoren können − wie schon vermerkt − nicht nur skalarwertige, sondern auch als Potenz-

reihen darstellbare tensorwertige isotrope Funktionen beliebiger Argumente erzeugt werden, was hier bei-

spielhaft für die

4.1.2   Darstellung tensorwertiger Multilinearformen,

etwa

$$
\overset{\langle p\rangle}{\mathbb{F}} (\overset{\langle 1\rangle}{\mathbb{A}}, \overset{\langle 2\rangle}{\mathbb{A}},\dots, \overset{\langle n\rangle}{\mathbb{A}}) =^{[17]} \overset{\langle s+p\rangle}{\mathbb{C}} \underbrace{\cdots\cdots}_{s-\text{fach}} \overset{\langle 1\rangle}{\mathbb{A}} \circ \overset{\langle 2\rangle}{\mathbb{A}} \circ\dots\circ \overset{\langle n\rangle}{\mathbb{A}} , \quad \overset{\langle s+p\rangle}{\mathbb{C}} = \text{const.}, \quad (4.22)
$$

nachgewiesen werden soll[17] . Basis hierfür ist die Funktionalgleichung (E 3.2b), die sich für

den vorliegenden Fall wegen

---

[17] Hierin bedeuten $\overset{\langle p\rangle}{\mathbb{F}}$ eine p−stufige Größe, s die Stufenzahl des Aggregats $\overset{\langle s\rangle}{\Pi} = \overset{\langle 1\rangle}{\mathbb{A}} \circ\dots\circ \overset{\langle n\rangle}{\mathbb{A}}$ und $\overset{\langle s+p\rangle}{\mathbb{C}}$ eine zunächst beliebige (s+p)−stufige Konstante

$$\overset{\langle 1\rangle}{\mathbb{A}}\cdot\overset{\langle 2\rangle}{\mathbb{Q}}\circ\overset{\langle 2\rangle}{\mathbb{A}}\cdot\cdot\overset{\langle 4\rangle}{\mathbb{Q}}\circ\ldots\circ\overset{\langle n\rangle}{\mathbb{A}}\underbrace{\cdots\cdots\cdots}_{n\text{-fach}}\overset{\langle 2n\rangle}{\mathbb{Q}}\equiv\overset{\langle 1\rangle}{\mathbb{A}}\circ\overset{\langle 2\rangle}{\mathbb{A}}\circ\ldots\circ\overset{\langle n\rangle}{\mathbb{A}}\underbrace{\cdots\cdots}_{}\overset{\langle 2s\rangle}{\mathbb{Q}}\qquad(4.23a)$$

zu
$$\left[\overset{\langle s+p\rangle}{\mathbb{C}}\underbrace{\cdots\cdots}_{s\text{-fach}}\overset{\langle s\rangle}{\Pi}\right]\underbrace{\cdots\cdots}_{p\text{-fach}}\overset{\langle 2p\rangle}{\mathbb{Q}}=\overset{\langle s+p\rangle}{\mathbb{C}}\underbrace{\cdots\cdots}_{s\text{-fach}}\left[\overset{\langle s\rangle}{\Pi}\underbrace{\cdots\cdots}_{s\text{-fach}}\overset{\langle 2s\rangle}{\mathbb{Q}}\right]$$

spezialisiert bzw. zu[18]

$$\left[\overset{\langle 2p\rangle}{\mathbb{Q}}\,{}^{T}\underbrace{\cdots\cdots}_{p\text{-fach}}\overset{\langle s+p\rangle}{\mathbb{C}}\right]\underbrace{\cdots\cdots}_{s\text{-fach}}\overset{\langle s\rangle}{\Pi}=\left[\overset{\langle s+p\rangle}{\mathbb{C}}\underbrace{\cdots\cdots}_{s\text{-fach}}\overset{\langle 2s\rangle}{\mathbb{Q}}\,{}^{T}\right]\underbrace{\cdots\cdots}_{s\text{-fach}}\overset{\langle s\rangle}{\Pi}\ ,\qquad(4.23b)$$

was wegen der Beliebigkeit von $\overset{\langle s\rangle}{\Pi}$

$$\overset{\langle 2p\rangle}{\mathbb{Q}}\,{}^{T}\underbrace{\cdots\cdots}_{p\text{-fach}}\overset{\langle s+p\rangle}{\mathbb{C}}\equiv\overset{\langle s+p\rangle}{\mathbb{C}}\underbrace{\cdots\cdots}_{s\text{-fach}}\overset{\langle 2s\rangle}{\mathbb{Q}}\,{}^{T}\ \text{bzw.}[19]$$

$$\overset{\langle s+p\rangle}{\mathbb{C}}={}^{[19]}\left[\overset{\langle 2p\rangle}{\mathbb{Q}}\,{}^{T}\underbrace{\cdots\cdots}_{p\text{-fach}}\overset{\langle s+p\rangle}{\mathbb{C}}\right]\underbrace{\cdots\cdots}_{s\text{-fach}}\overset{\langle 2s\rangle}{\mathbb{Q}}={}^{[20]}\overset{\langle s+p\rangle}{\mathbb{C}}\underbrace{\cdots\cdots}_{(s+p)\text{-fach}}\overset{\langle 2(s+p)\rangle}{\mathbb{Q}}\qquad(4.23c)$$

verlangt und demgemäß (vgl. (E 4.1e)) $\overset{\langle s+p\rangle}{\mathbb{C}}$ als die isotrope Gruppe (s+p)-ter Stufe ausweist, also für die isotrope Version der Zuordnung $\overset{\langle p\rangle}{\mathbb{F}}(\overset{\langle s\rangle}{\Pi})$ die Darstellung

$$\overset{\langle p\rangle}{\mathbb{F}}(\overset{\langle s\rangle}{\Pi})=\overset{\langle s+p\rangle}{\mathbb{J}}\underbrace{\cdots\cdots}_{s\text{-fach}}\overset{\langle s\rangle}{\Pi}\ .\qquad(4.22a)$$

Die Forderung, daß isotrope Gruppen geradzahlig–stufig sein müssen, schränkt, dies sollte hervorgehoben

---

[18] Man benutze $\left[\overset{\langle s+p\rangle}{\mathbb{C}}\underbrace{\cdots\cdots}_{s\text{-fach}}\overset{\langle s\rangle}{\Pi}\right]\underbrace{\cdots\cdots}_{p\text{-fach}}\overset{\langle 2p\rangle}{\mathbb{Q}}=\overset{\langle 2p\rangle}{\mathbb{Q}}\,{}^{T}\underbrace{\cdots\cdots}_{p\text{-fach}}\left[\overset{\langle s+p\rangle}{\mathbb{C}}\underbrace{\cdots\cdots}_{s\text{-fach}}\overset{\langle s\rangle}{\Pi}\right]$ sowie

$$\left[\overset{\langle s\rangle}{\Pi}\underbrace{\cdots\cdots}_{s\text{-fach}}\overset{\langle 2s\rangle}{\mathbb{Q}}\right]=\left[\overset{\langle 2s\rangle}{\mathbb{Q}}\,{}^{T}\underbrace{\cdots\cdots}_{s\text{-fach}}\overset{\langle s\rangle}{\Pi}\right]$$

[19] Man multipliziere rechtsseitig s–fach skalar mit $\overset{\langle 2s\rangle}{\mathbb{Q}}$ und beachte

$$\overset{\langle 2s\rangle}{\mathbb{Q}}\,{}^{T}\underbrace{\cdots\cdots}_{s\text{-fach}}\overset{\langle 2s\rangle}{\mathbb{Q}}=\overset{\langle 2s\rangle}{\mathbb{E}}\qquad\text{sowie}\qquad\overset{\langle s+p\rangle}{\mathbb{C}}\underbrace{\cdots\cdots}_{s\text{-fach}}\overset{\langle 2s\rangle}{\mathbb{E}}=\overset{\langle s+p\rangle}{\mathbb{C}}\ .$$

[20] Man benutze $\left[\overset{\langle 2p\rangle}{\mathbb{Q}}\,{}^{T}\underbrace{\cdots\cdots}_{p\text{-fach}}\overset{\langle s+p\rangle}{\mathbb{C}}\right]\underbrace{\cdots\cdots}_{s\text{-fach}}\overset{\langle 2s\rangle}{\mathbb{Q}}=$

$$=\overset{\langle 2s\rangle}{\mathbb{Q}}\,{}^{T}\underbrace{\cdots\cdots}_{s\text{-fach}}\left[\overset{\langle 2p\rangle}{\mathbb{Q}}\,{}^{T}\underbrace{\cdots\cdots}_{p\text{-fach}}\overset{\langle s+p\rangle}{\mathbb{C}}\right]\equiv\overset{\langle 2(s+p)\rangle}{\mathbb{Q}}\,{}^{T}\underbrace{\cdots\cdots}_{(s+p)\text{-fach}}\overset{\langle s+p\rangle}{\mathbb{C}}\equiv\overset{\langle s+p\rangle}{\mathbb{C}}\underbrace{\cdots\cdots}_{(s+p)\text{-fach}}\overset{\langle 2(s+p)\rangle}{\mathbb{Q}}$$

werden, die Möglichkeiten isotroper Zuordnungen zwischen Funktionswerten $\overset{\langle p\rangle}{\mathbb{F}}$ und Argumenten $\overset{\langle s\rangle}{(\Pi)}$ ein. So ist etwa eine isotrope Zuordnung zwischen einem dreistufigen Tensor $\overset{\langle 3\rangle}{\mathbb{F}}$ und einem zweistufigen Tensor $\overset{\langle 2\rangle}{\mathbb{C}} = \mathbb{C}$ nicht herstellbar, weil hierzu ungeradzahlig–stufige isotrope Tensoren erforderlich wären[21] (vgl. § E 4.2).

4.1.3   <u>Eigenschaften isotroper Gruppen</u>

4.1.3.1. n-fache Skalarmultiplikation zweier Elemente $\overset{\langle 2n\rangle}{\mathbb{I}}_j$, $\overset{\langle 2n\rangle}{\mathbb{I}}_k$ einer isotropen Gruppe $\overset{\langle 2n\rangle}{\mathbb{J}}$ führt wieder auf ein Gruppenelement,

$$\overset{\langle 2n\rangle}{\mathbb{I}}_j \underbrace{\cdots\cdots}_{n-fach} \overset{\langle 2n\rangle}{\mathbb{I}}_k = \overset{\langle 2n\rangle}{\mathbb{I}}_1 \, , \tag{4.24a}$$

weil wegen

$$\overset{\langle 2n\rangle}{\mathbb{Q}} \underbrace{\cdots\cdots}_{n-fach} \overset{\langle 2n\rangle}{\mathbb{Q}}{}^T \equiv \overset{\langle 2n\rangle}{\mathbb{Q}}{}^T \underbrace{\cdots\cdots}_{n-fach} \overset{\langle 2n\rangle}{\mathbb{Q}} = \mathbb{E} \tag{4.24b}$$

in der Tat

$$\overset{\langle 2n\rangle}{\mathbb{I}}_j \underbrace{\cdots\cdots}_{n-fach} \overset{\langle 2n\rangle}{\mathbb{I}}_k \overset{(4.1e)}{\equiv} \left[\overset{\langle 2n\rangle}{\mathbb{Q}}{}^T \underbrace{\cdots\cdots}_{n-fach} \overset{\langle 2n\rangle}{\mathbb{I}}_j \underbrace{\cdots\cdots}_{n-fach} \overset{\langle 2n\rangle}{\mathbb{Q}} \right] \underbrace{\cdots\cdots}_{n-fach} \left[\overset{\langle 2n\rangle}{\mathbb{Q}}{}^T \underbrace{\cdots\cdots}_{n-fach} \overset{\langle 2n\rangle}{\mathbb{I}}_k \underbrace{\cdots\cdots}_{n-fach} \overset{\langle 2n\rangle}{\mathbb{Q}} \right] \equiv$$

$$\equiv \overset{\langle 2n\rangle}{\mathbb{Q}}{}^T \underbrace{\cdots\cdots}_{n-fach} \overset{\langle 2n\rangle}{\mathbb{I}}_j \underbrace{\cdots\cdots}_{n-fach} \left[\overset{\langle 2n\rangle}{\mathbb{Q}} \underbrace{\cdots\cdots}_{n-fach} \overset{\langle 2n\rangle}{\mathbb{Q}}{}^T \right] \underbrace{\cdots\cdots}_{n-fach} \overset{\langle 2n\rangle}{\mathbb{I}}_k \underbrace{\cdots\cdots}_{n-fach} \overset{\langle 2n\rangle}{\mathbb{Q}} \equiv$$

$$\equiv \overset{\langle 2n\rangle}{\mathbb{Q}}{}^T \underbrace{\cdots\cdots}_{n-fach} \left[\overset{\langle 2n\rangle}{\mathbb{I}}_j \underbrace{\cdots\cdots}_{n-fach} \overset{\langle 2n\rangle}{\mathbb{I}}_k \right] \underbrace{\cdots\cdots}_{n-fach} \overset{\langle 2n\rangle}{\mathbb{Q}} \tag{4.24c}$$

gilt, was $\overset{\langle 2n\rangle}{\mathbb{I}}_j \underbrace{\cdots\cdots}_{n-fach} \overset{\langle 2n\rangle}{\mathbb{I}}_k = \overset{\langle 2n\rangle}{\mathbb{I}}_1$ als Element der isotropen Gruppe $\overset{\langle 2n\rangle}{\mathbb{J}}$ ausweist. Da sich unter den Gruppenelementen auch der jeweilige Einheitsoperator befindet, müssen die Elemente $\overset{\langle 2n\rangle}{\mathbb{I}}_j$ einer isotropen Gruppe

$$\overset{\langle 2n\rangle}{\mathbb{J}} = \sum_{j=1}^{\alpha_{2n}} \overset{(2n)}{a}_j \overset{\langle 2n\rangle}{\mathbb{I}}_j \tag{4.25a}$$

---

[21] in solchen Fällen existieren nur hemitrope Zuordnungen

auch zum Aufbau der durch

$$\overset{\langle 2n\rangle}{\mathbb{J}} \underbrace{\cdots\cdots}_{n-fach} \overset{\langle 2n\rangle}{\mathbb{J}}{}^{-1} \overset{22)}{=} \overset{\langle 2n\rangle}{\mathbb{E}} = \overset{\langle 2n\rangle}{\mathbb{J}}{}^{-1} \underbrace{\cdots\cdots}_{n-fach} \overset{\langle 2n\rangle}{\mathbb{J}} \tag{4.25b}$$

definierten Inversen $\overset{\langle 2n\rangle}{\mathbb{J}}{}^{-1}$ dienen. Einsetzen von (4.25a) sowie des Ansatzes

$$\overset{\langle 2n\rangle}{\mathbb{J}}{}^{-1} = \sum_{j=1}^{\alpha_{2n}} \overset{(2n)_*}{a_j}\; \overset{\langle 2n\rangle}{\mathbb{I}}{}_j \tag{4.25c}$$

in (4.25b) ergibt denn auch in der Form

$$\sum_{j,k=1}^{\alpha_{2n}} \overset{(2n)}{a_j}\overset{(2n)_*}{a_k}\; \overset{\langle 2n\rangle}{\mathbb{I}}{}_j \underbrace{\cdots\cdots}_{n-fach} \overset{\langle 2n\rangle}{\mathbb{I}}{}_k - \overset{\langle 2n\rangle}{\mathbb{E}} = \sum_{j,k,l=1}^{\alpha_{2n}} f_l(\overset{(2n)}{a_j},\overset{(2n)_*}{a_k})\, \overset{\langle 2n\rangle}{\mathbb{I}}{}_l - \overset{\langle 2n\rangle}{\mathbb{E}} = 0$$

nach Koeffizientenvergleich hinsichtlich der isotropen Elemente $\overset{\langle 2n\rangle}{\mathbb{I}}{}_l$ $(l = 1 \ldots \alpha_{2n})$ ein System von α_{2n} Gleichungen

$$h_l(\overset{(2n)}{a_j},\overset{(2n)_*}{a_k}) = 0,\; l=1,\ldots,\alpha_{2n}\,, \tag{4.25d}$$

mit denen die Skalare $\overset{(2n)_*}{a_j}$ der inversen Gruppe $\overset{\langle 2n\rangle}{\mathbb{J}}{}^{-1}$ nach (4.25c) durch die Skalare $\overset{(2n)}{a_j}$ der Gruppe $\overset{\langle 2n\rangle}{\mathbb{J}}$ ausgedrückt werden können.

So erhält man beispielsweise für die Inverse der isotropen Gruppe vierter Stufe

$$\overset{\langle 4\rangle}{\mathbb{J}} = \overset{(4)}{a_1}\overset{\langle 4\rangle}{\mathbb{E}} + \overset{(4)}{a_2}\overset{\langle 4\rangle}{\mathbb{E}}{}_T + \overset{(4)}{a_3}\mathbb{E}\circ\mathbb{E}$$

aus

---

22) Wenn $\overset{\langle 2n\rangle}{\mathbb{J}} \underbrace{\cdots\cdots}_{n-fach} \overset{\langle 2n\rangle}{\mathbb{J}}{}^{-1} = \overset{\langle 2n\rangle}{\mathbb{E}}$ ist, dann ist

$$\overset{\langle 2n\rangle}{\mathbb{J}} \equiv \overset{\langle 2n\rangle}{\mathbb{E}} \underbrace{\cdots\cdots}_{n-fach} \overset{\langle 2n\rangle}{\mathbb{J}} = \left[\overset{\langle 2n\rangle}{\mathbb{J}}\cdots\cdots \overset{\langle 2n\rangle}{\mathbb{J}}{}^{-1}\right]_{\underbrace{}_{n-fach}} \underbrace{\cdots\cdots}_{n-fach} \overset{\langle 2n\rangle}{\mathbb{J}} \equiv \overset{\langle 2n\rangle}{\mathbb{J}} \underbrace{\cdots\cdots}_{n-fach} \left[\overset{\langle 2n\rangle}{\mathbb{J}}{}^{-1} \underbrace{\cdots\cdots}_{n-fach} \overset{\langle 2n\rangle}{\mathbb{J}}\right]$$

und dementsprechend wegen auch $\overset{\langle 2\rangle}{\mathbb{E}} \underbrace{\cdots\cdots}_{n-fach} \overset{\langle 2n\rangle}{\mathbb{J}} \equiv \overset{\langle 2n\rangle}{\mathbb{J}} \underbrace{\cdots\cdots}_{n-fach} \overset{\langle 2\rangle}{\mathbb{E}}$ in der Tat auch

$$\overset{\langle 2n\rangle}{\mathbb{J}}{}^{-1} \underbrace{\cdots\cdots}_{n-fach} \overset{\langle 2n\rangle}{\mathbb{J}} = \overset{\langle 2\rangle}{\mathbb{E}}\,.$$

$$
\overset{\langle 4\rangle}{\mathbb{J}} \cdot\cdot \overset{\langle 4\rangle}{\mathbb{J}}{}^{-1} = \left[\overset{(4)}{a_1}\overset{\langle 4\rangle}{\mathbb{E}} + \overset{(4)}{a_2}\overset{\langle 4\rangle}{\mathbb{E}}_T + \overset{(4)}{a_3}\mathbb{E}\circ\mathbb{E}\right]\cdot\cdot\left[\overset{(4)_*}{a_1}\overset{\langle 4\rangle}{\mathbb{E}} + \overset{(4)_*}{a_2}\overset{\langle 4\rangle}{\mathbb{E}}_T + \overset{(4)_*}{a_3}\mathbb{E}\circ\mathbb{E}\right] =
$$

$$
= \left[\overset{(4)}{a_1}\overset{(4)_*}{a_1} + \overset{(4)}{a_2}\overset{(4)_*}{a_2}\right]\overset{\langle 4\rangle}{\mathbb{E}} + \left[\overset{(4)}{a_1}\overset{(4)_*}{a_2} + \overset{(4)}{a_2}\overset{(4)_*}{a_1}\right]\overset{\langle 4\rangle}{\mathbb{E}}_T +
$$

$$
+ \left[(\overset{(4)}{a_1} + \overset{(4)}{a_2})\overset{(4)_*}{a_3} + (\overset{(4)_*}{a_1} + \overset{(4)_*}{a_2})\overset{(4)}{a_3} + 3\,\overset{(4)}{a_3}\overset{(4)_*}{a_3}\right]\mathbb{E}\circ\mathbb{E} = \overset{\langle 4\rangle}{\mathbb{E}}
$$

nach Koeffizientenvergleich hinsichtlich $\overset{\langle 4\rangle}{\mathbb{E}}$, $\overset{\langle 4\rangle}{\mathbb{E}}_T$ und $\mathbb{E}\circ\mathbb{E}$ die Beziehungen

$$
\overset{(4)}{a_1}\overset{(4)_*}{a_1} + \overset{(4)}{a_2}\overset{(4)_*}{a_2} = 1, \quad \overset{(4)}{a_1}\overset{(4)_*}{a_2} + \overset{(4)}{a_2}\overset{(4)_*}{a_1} = 0
$$

$$
(\overset{(4)}{a_1} + \overset{(4)}{a_2})\overset{(4)_*}{a_3} + (\overset{(4)_*}{a_1} + \overset{(4)_*}{a_2})\overset{(4)}{a_3} + 3\,\overset{(4)}{a_3}\overset{(4)_*}{a_3} = 0 \, ,
$$

aus denen

$$
\overset{(4)_*}{a_1} = \frac{\overset{(4)}{a_1}}{\overset{(4)}{a_1}{}^2 - \overset{(4)}{a_2}{}^2}, \quad
\overset{(4)_*}{a_2} = -\frac{\overset{(4)}{a_2}}{\overset{(4)}{a_1}{}^2 - \overset{(4)}{a_2}{}^2}, \quad
\overset{(4)_*}{a_3} = -\frac{1}{\overset{(4)}{a_1} + \overset{(4)}{a_2}}\,\frac{\dfrac{\overset{(4)}{a_3}}{\overset{(4)}{a_1} + \overset{(4)}{a_2}}}{1 + \dfrac{3\,\overset{(4)}{a_3}}{\overset{(4)}{a_1} + \overset{(4)}{a_2}}}
\qquad (4.26a\text{–}c)
$$

hervorgebracht werden.

Anwendungsbeispiel sei die Inversion des Hookeschen Gesetzes, das – als isotroper linearer Zusammenhang

zwischen Spannungen ($\mathbb{S}$) und Verzerrungen ($\mathbb{D}$) in der Form

$$
\mathbb{S} = \overset{\langle 4\rangle}{\mathbb{C}}_{\text{isotrop}} \cdot\cdot\, \mathbb{D} = 2G\left[\overset{\langle 4\rangle}{\mathbb{E}} + \frac{\nu}{1-2\nu}\,\mathbb{E}\circ\mathbb{E}\right]\cdot\cdot\,\mathbb{D} = \overset{\langle 4\rangle}{\mathbb{J}}\cdot\cdot\,\mathbb{D}
\qquad (4.27a)
$$

geschrieben werden kann (vgl. (6.69), Haupttext) mit

$$
\overset{(4)}{a_1} = 2G, \qquad \overset{(4)}{a_2} = 0, \qquad \overset{(4)}{a_3} = 2G\frac{\nu}{1-2\nu} \, .
$$

Aufgrund von (E 4.26a–c) sind danach

$$
\overset{(4)_*}{a_1} = \frac{1}{2\,G} \, , \qquad \overset{(4)_*}{a_2} = 0 \, , \qquad \overset{(4)_*}{a_3} = -\frac{1}{2\,G}\frac{\dfrac{\nu}{1-2\nu}}{1 + \dfrac{3\nu}{1-2\nu}} = -\frac{1}{2\,G}\frac{\nu}{1+\nu}
$$

und demgemäß

$$\mathbb{D} = \overset{\langle 4\rangle}{\mathbb{J}}{}^{-1}\cdot\cdot\,\mathbb{S} = \frac{1}{2G}\left[\overset{\langle 4\rangle}{\mathbb{E}} - \frac{\nu}{1+\nu}\,\mathbb{E}\circ\mathbb{E}\right]\cdot\cdot\,\mathbb{S} \tag{4.27b}$$

die inverse Form von (4.27a).

4.1.3.2. Da es in der Darstellung (4.20a) auf die Reihenfolge der Vektoren $\overset{(j)}{\boldsymbol{x}}$, $j = 1,\dots,2n$, nicht ankommen darf[23], muß man z.B. die ersten p ($\leq 2n$) Vektoren $\overset{(1)}{\boldsymbol{x}}\dots\overset{(p)}{\boldsymbol{x}}$ hinsichtlich ihrer Stellung beliebig vertauschen können, also anstelle von

$$\overset{(1)}{\boldsymbol{x}}\circ\overset{(2)}{\boldsymbol{x}}\circ\overset{(3)}{\boldsymbol{x}}\circ\dots\circ\overset{(2n)}{\boldsymbol{x}}$$

einen tensoriellen Komplex

$$\overset{\langle 2p\rangle}{\mathbb{P}}\underbrace{\cdots\cdots}_{p\text{-fach}}\overset{(1)}{\boldsymbol{x}}\circ\overset{(2)}{\boldsymbol{x}}\circ\overset{(3)}{\boldsymbol{x}}\circ\dots\circ\overset{(2n)}{\boldsymbol{x}} \tag{4.28a}$$

mit einem beliebigen Permutationselement $\overset{\langle 2p\rangle}{\mathbb{P}}$ 2pter Stufe[24] benutzen dürfen, um gleichermaßen mit

$$\overset{\langle 2n\rangle}{\mathbb{J}'}\underbrace{\cdots\cdots}_{2n\text{-fach}}\left[\overset{\langle 2p\rangle}{\mathbb{P}}\underbrace{\cdots\cdots}_{p\text{-fach}}\overset{(1)}{\boldsymbol{x}}\circ\overset{(2)}{\boldsymbol{x}}\circ\overset{(3)}{\boldsymbol{x}}\circ\dots\circ\overset{(2n)}{\boldsymbol{x}}\right] =$$

$$= \left[\overset{\langle 2n\rangle}{\mathbb{J}'}\underbrace{\cdots\cdots}_{p\text{-fach}}\overset{\langle 2p\rangle}{\mathbb{P}}\right]\underbrace{\cdots\cdots}_{2n\text{-fach}}\left[\overset{(1)}{\boldsymbol{x}}\circ\overset{(2)}{\boldsymbol{x}}\circ\overset{(3)}{\boldsymbol{x}}\circ\dots\circ\overset{(2n)}{\boldsymbol{x}}\right],$$

worin

$$\overset{\langle 2n\rangle}{\mathbb{J}'} = \sum_{j=1}^{\alpha_{2n}} a'_j\,\overset{(2n)\langle 2n\rangle}{\mathbb{I}_j} \tag{4.28b}$$

bedeutet, ebenfalls alle Skalarprodukt-Kombinationen des Vektorsets $\langle\,\overset{(1)}{\boldsymbol{x}}\dots\overset{(2n)}{\boldsymbol{x}}\,\rangle$ zu erfassen. Gleichsetzen mit (4.20a) ergibt dann für beliebige Komplexe $\langle\,\overset{(1)}{\boldsymbol{x}}\circ\overset{(2)}{\boldsymbol{x}}\circ\dots\circ\overset{(2n)}{\boldsymbol{x}}\,\rangle$

$$\overset{\langle 2n\rangle}{\mathbb{J}} = \overset{\langle 2n\rangle}{\mathbb{J}'}\underbrace{\cdots\cdots}_{p\text{-fach}}\overset{\langle 2p\rangle}{\mathbb{P}}\;,\; p \leq 2n\;, \tag{4.28c}$$

---

[23] Man denke z.B. an eine Umnumerierung der Vektoren

[24] das —etwa analog zum "zyklischen Permutierer" $\overset{\langle 2n\rangle}{\mathbb{P}_z}$ — eine solcherart Umordnung leistet, vgl. §E4.3

wonach p-fache Skalarmultiplikation einer isotropen Gruppe $\mathbb{J}^{\langle 2n \rangle}$ mit einem Permutationselement 2-pter Stufe wieder die vollständige isotrope Gruppe 2nter Stufe hervorbringen muß.

Von dieser Eigenschaft ist schon (vgl. Fußnote 9,14) verschiedentlich, wenn auch für spezielle Fälle[25], Gebrauch gemacht worden.

Nimmt man in (4.28c) speziell

$$\mathbb{P}^{\langle 2p \rangle} = \mathbb{E}_T^{\langle 4n \rangle} , \tag{4.29a}$$

so entsteht

$$\mathbb{J}^{\langle 2n \rangle} = \mathbb{J}'^{\langle 2n \rangle} \underbrace{\cdots\cdots}_{2n\text{-fach}} \mathbb{E}_T^{\langle 4n \rangle} = \mathbb{J}'^{\langle 2n \rangle_T} , \tag{4.29b}$$

was bedeutet, daß man durch Transponieren einer isotropen Gruppe wieder die vollständige isotrope Gruppe hervorbringen kann. Insofern muß, sofern die Gruppenelemente $\mathbb{I}_j^{\langle 2n \rangle}$ im Sinne von $\mathbb{I}_j^{\langle 2n \rangle} = \mathbb{I}_j^{\langle 2n \rangle_T}$ nicht schon selbst "transpositionssymmetrisch" sind, zu jedem Element $\mathbb{I}_j^{\langle 2n \rangle}$ ein "korrespondierendes Element" $\mathbb{I}_k^{\langle 2n \rangle}$ mit $\mathbb{I}_j^{\langle 2n \rangle_T} = \mathbb{I}_k^{\langle 2n \rangle}$ existieren[26].

Entsprechendes gilt für p = 2,...,2n–1, d.h. auch für

$$\mathbb{P}^{\langle 2p \rangle} = \mathbb{E}_T^{\langle 4 \rangle},\ldots,\ \mathbb{E}_T^{\langle 2(2n-1) \rangle} ,$$

wonach für jedes Element $\mathbb{I}_j^{\langle 2n \rangle}$ – sofern es nicht schon selbst im Sinne von $\mathbb{I}_j^{\langle n \rangle} \underbrace{\cdots\cdots}_{l\text{-fach}} \mathbb{E}_T^{\langle 2l \rangle} = \mathbb{I}_j^{\langle n \rangle}$, l=2,...,n–1 "teilsymmetrisch" ist – innerhalb einer isotropen Gruppe $\mathbb{J}^{\langle 2n \rangle}$ jeweils ein korrespondierendes

---

[25] Die zur Herleitung von (4.13) geführt haben.

[26] Im Falle der sechsstufigen Gruppe nach (4.21) stellt man sieben "transpositionssymmetrische" Elemente nämlich $\mathbb{I}_3^{\langle 6 \rangle}, \mathbb{I}_5^{\langle 6 \rangle}, \mathbb{I}_7^{\langle 6 \rangle}, \mathbb{I}_{12}^{\langle 6 \rangle}, \mathbb{I}_{13}^{\langle 6 \rangle}, \mathbb{I}_{14}^{\langle 6 \rangle}, \mathbb{I}_{15}^{\langle 6 \rangle}$ fest, für die Restlichen gilt $\mathbb{I}_1^{\langle 6 \rangle_T} = \mathbb{I}_9^{\langle 6 \rangle}, \mathbb{I}_2^{\langle 6 \rangle_T} = \mathbb{I}_6^{\langle 6 \rangle}, \mathbb{I}_4^{\langle 6 \rangle_T} = \mathbb{I}_{10}^{\langle 6 \rangle}, \mathbb{I}_8^{\langle 6 \rangle_T} = \mathbb{I}_{11}^{\langle 6 \rangle}$.

Element $\overset{\langle 2n\rangle}{\mathbb{I}}_k$ $\qquad\qquad$ mit $\overset{\langle 2n\rangle}{\mathbb{I}}_k = \overset{\langle 2n\rangle}{\mathbb{I}}_j \underbrace{\cdots\cdots}_{\text{l-fach}} \overset{\langle 2\,1\rangle}{\mathbb{E}}_T$

existieren muß[27].

Eine Folge von (4.28c) ist, daß man eine p-stufig-tensorwertige isotrope Multilinearform eines s-stufigen Aggregats $\overset{\langle s\rangle}{\Pi}$ in der Form

$$\overset{\langle p\rangle}{\mathbb{F}} = \overset{\langle s+p\rangle}{\mathbb{J}} \underbrace{\cdots\cdots}_{\text{s-fach}} \overset{\langle s\rangle}{\Pi} \equiv \overset{\langle s\rangle}{\Pi} \underbrace{\cdots\cdots}_{\text{s-fach}} \overset{\langle s+p\rangle}{\mathbb{J}}{}' \tag{4.30a}$$

schreiben kann, worin $\overset{\langle s+p\rangle}{\mathbb{J}}{}'$ wieder die vollständige isotrope Gruppe (s+p)ter Stufe bedeutet,

---

[27] So hat man z.B. im Falle der sechsstufigen Gruppe nach (4.21)

a) hinsichtlich der $\overset{\langle 4\rangle}{\mathbb{E}}_T$-Symmetrie die Zuordnungen

$$\overset{\langle 6\rangle}{\mathbb{I}}_{1,2,3} \cdot\cdot \overset{\langle 4\rangle}{\mathbb{E}}_T = \overset{\langle 6\rangle}{\mathbb{I}}_{1,2,3}, \quad \overset{\langle 6\rangle}{\mathbb{I}}_{4} \cdot\cdot \overset{\langle 4\rangle}{\mathbb{E}}_T = \overset{\langle 6\rangle}{\mathbb{I}}_{15}, \quad \overset{\langle 6\rangle}{\mathbb{I}}_{5} \cdot\cdot \overset{\langle 4\rangle}{\mathbb{E}}_T = \overset{\langle 6\rangle}{\mathbb{I}}_{10}, \quad \overset{\langle 6\rangle}{\mathbb{I}}_{6} \cdot\cdot \overset{\langle 4\rangle}{\mathbb{E}}_T = \overset{\langle 6\rangle}{\mathbb{I}}_{9},$$

$$\overset{\langle 6\rangle}{\mathbb{I}}_{7} \cdot\cdot \overset{\langle 4\rangle}{\mathbb{E}}_T = \overset{\langle 6\rangle}{\mathbb{I}}_{11}, \quad \overset{\langle 6\rangle}{\mathbb{I}}_{8} \cdot\cdot \overset{\langle 4\rangle}{\mathbb{E}}_T = \overset{\langle 6\rangle}{\mathbb{I}}_{14}, \quad \overset{\langle 6\rangle}{\mathbb{I}}_{12} \cdot\cdot \overset{\langle 4\rangle}{\mathbb{E}}_T = \overset{\langle 6\rangle}{\mathbb{I}}_{13}$$ (zuzüglich der 6 weiteren durch die vorangehend Festgelegten) und

b) hinsichtlich der $\overset{\langle 6\rangle}{\mathbb{E}}_T$-Symmetrie

$$\overset{\langle 6\rangle}{\mathbb{I}}_{1} \cdots \overset{\langle 6\rangle}{\mathbb{E}}_T = \overset{\langle 6\rangle}{\mathbb{I}}_{15}, \quad \overset{\langle 6\rangle}{\mathbb{I}}_{2} \cdots \overset{\langle 6\rangle}{\mathbb{E}}_T = \overset{\langle 6\rangle}{\mathbb{I}}_{10}, \quad \overset{\langle 6\rangle}{\mathbb{I}}_{3} \cdots \overset{\langle 6\rangle}{\mathbb{E}}_T = \overset{\langle 6\rangle}{\mathbb{I}}_{9}, \quad \overset{\langle 6\rangle}{\mathbb{I}}_{4,5,6} \cdot\cdots \overset{\langle 6\rangle}{\mathbb{E}}_T = \overset{\langle 6\rangle}{\mathbb{I}}_{4,5,6},$$

$$\overset{\langle 6\rangle}{\mathbb{I}}_{7} \cdots \overset{\langle 6\rangle}{\mathbb{E}}_T = \overset{\langle 6\rangle}{\mathbb{I}}_{13}, \quad \overset{\langle 6\rangle}{\mathbb{I}}_{8} \cdots \overset{\langle 6\rangle}{\mathbb{E}}_T = \overset{\langle 6\rangle}{\mathbb{I}}_{12}, \quad \overset{\langle 6\rangle}{\mathbb{I}}_{11} \cdot\cdot \overset{\langle 6\rangle}{\mathbb{E}}_T = \overset{\langle 6\rangle}{\mathbb{I}}_{14}$$ (zuzüglich der 6 weiteren durch die vorangehend Festgelegten),

c) hinsichtlich der $\overset{\langle 8\rangle}{\mathbb{E}}_T$-Symmetrie

$$\overset{\langle 6\rangle}{\mathbb{I}}_{1} \cdot\cdots \overset{\langle 8\rangle}{\mathbb{E}}_T = \overset{\langle 6\rangle}{\mathbb{I}}_{12}, \quad \overset{\langle 6\rangle}{\mathbb{I}}_{2} \cdot\cdots \overset{\langle 8\rangle}{\mathbb{E}}_T = \overset{\langle 6\rangle}{\mathbb{I}}_{13}, \quad \overset{\langle 6\rangle}{\mathbb{I}}_{3} \cdot\cdots \overset{\langle 8\rangle}{\mathbb{E}}_T = \overset{\langle 6\rangle}{\mathbb{I}}_{3}, \quad \overset{\langle 6\rangle}{\mathbb{I}}_{4} \cdot\cdots \overset{\langle 8\rangle}{\mathbb{E}}_T = \overset{\langle 6\rangle}{\mathbb{I}}_{11},$$

$$\overset{\langle 6\rangle}{\mathbb{I}}_{5} \cdot\cdots \overset{\langle 8\rangle}{\mathbb{E}}_T = \overset{\langle 6\rangle}{\mathbb{I}}_{14}, \quad \overset{\langle 6\rangle}{\mathbb{I}}_{6,9} \cdot\cdots \overset{\langle 8\rangle}{\mathbb{E}}_T = \overset{\langle 6\rangle}{\mathbb{I}}_{6,9}, \quad \overset{\langle 6\rangle}{\mathbb{I}}_{7} \cdot\cdots \overset{\langle 8\rangle}{\mathbb{E}}_T = \overset{\langle 6\rangle}{\mathbb{I}}_{8}, \quad \overset{\langle 6\rangle}{\mathbb{I}}_{10} \cdot\cdots \overset{\langle 8\rangle}{\mathbb{E}}_T = \overset{\langle 6\rangle}{\mathbb{I}}_{15}$$ (zuzüglich der 7 weiteren durch die vorangehend Festgelegten),

d) hinsichtlich der $\overset{\langle 10\rangle}{\mathbb{E}}_T$ -Symmetrie

$$\overset{\langle 6\rangle}{\mathbb{I}}_{1,11} \cdot\cdots \overset{\langle 10\rangle}{\mathbb{E}}_T = \overset{\langle 6\rangle}{\mathbb{I}}_{1,11}, \quad \overset{\langle 6\rangle}{\mathbb{I}}_{2} \cdot\cdots \overset{\langle 10\rangle}{\mathbb{E}}_T = \overset{\langle 6\rangle}{\mathbb{I}}_{4}, \quad \overset{\langle 6\rangle}{\mathbb{I}}_{3} \cdot\cdots \overset{\langle 10\rangle}{\mathbb{E}}_T = \overset{\langle 6\rangle}{\mathbb{I}}_{15}, \quad \overset{\langle 6\rangle}{\mathbb{I}}_{5} \cdot\cdots \overset{\langle 10\rangle}{\mathbb{E}}_T = \overset{\langle 6\rangle}{\mathbb{I}}_{8},$$

$$\overset{\langle 6\rangle}{\mathbb{I}}_{6} \cdot\cdots \overset{\langle 10\rangle}{\mathbb{E}}_T = \overset{\langle 6\rangle}{\mathbb{I}}_{14}, \quad \overset{\langle 6\rangle}{\mathbb{I}}_{7} \cdot\cdots \overset{\langle 10\rangle}{\mathbb{E}}_T = \overset{\langle 6\rangle}{\mathbb{I}}_{7}, \quad \overset{\langle 6\rangle}{\mathbb{I}}_{9} \cdot\cdots \overset{\langle 10\rangle}{\mathbb{E}}_T = \overset{\langle 6\rangle}{\mathbb{I}}_{13}, \quad \overset{\langle 6\rangle}{\mathbb{I}}_{10} \cdot\cdots \overset{\langle 10\rangle}{\mathbb{E}}_T = \overset{\langle 6\rangle}{\mathbb{I}}_{12}$$ (zuzüglich der 6 weiteren durch die vorangehend Festgelegten).

also für die Bildung isotroper Multilinearformen kein Unterschied besteht, ob man eine vollständige Gruppe $\overset{\langle s+p\rangle}{\mathbb{J}}$ links oder rechts an das Aggregat $\overset{\langle s\rangle}{\Pi}$ heranmultipliziert, und daß überdies in (4.30a) anstelle von $\overset{\langle s\rangle}{\Pi}$ jede Permutation von $\overset{\langle s\rangle}{\Pi}$ verwendet werden darf, die man durch Vertauschen der Vektor-Faktoren im Tensorprodukt $\overset{\langle s\rangle}{\Pi}$ erreicht. So gilt etwa mit $\overset{\langle s\rangle}{\Pi} = \overset{}{a} \circ \overset{\langle 2\rangle}{\mathbb{A}} \circ \overset{\langle 3\rangle}{\mathbb{A}} \circ \overset{\langle 4\rangle}{\mathbb{A}}$, also mit $s = 1+2+3+4 = 10$

$$\overset{\langle p\rangle}{\mathbb{F}} = \overset{\langle p+10\rangle}{\mathbb{J}} \underbrace{\cdots\cdots}_{10\text{-fach}} a \circ \overset{\langle 2\rangle}{\mathbb{A}} \circ \overset{\langle 3\rangle}{\mathbb{A}} \circ \overset{\langle 4\rangle}{\mathbb{A}} = \overset{\langle p+10\rangle}{\mathbb{J}'} \underbrace{\cdots\cdots}_{10\text{-fach}} \overset{\langle 2\rangle}{\mathbb{A}} \circ a \circ \overset{\langle 3\rangle}{\mathbb{A}} \circ \overset{\langle 4\rangle}{\mathbb{A}} =$$

$$= \overset{\langle 3\rangle}{\mathbb{A}} \circ \overset{\langle 2\rangle}{\mathbb{A}} \circ a \circ \overset{\langle 4\rangle}{\mathbb{A}} \underbrace{\cdots\cdots}_{10\text{-fach}} \overset{\langle p+10\rangle}{\mathbb{J}''} \qquad (4.30b)$$

usw. mit jeweils vollständigen isotropen Gruppen $\overset{\langle p+10\rangle}{\mathbb{J}}$, $\overset{\langle p+10\rangle}{\mathbb{J}'}$, $\overset{\langle p+10\rangle}{\mathbb{J}''}$ usw., die sich nur durch die Zuordnung der Konstanten $\overset{(p+10)}{a}_j$, $j=1,\dots,\alpha_{p+10}$, zu den einzelnen Gruppenelementen $\overset{\langle p+10\rangle}{\mathbb{I}}_j$, $j=1,\dots,\alpha_{p+10}$, voneinander unterscheiden.

Zum Beweise von z. B. (4.30a) benutze man – von $\overset{\langle p\rangle}{\mathbb{F}} = \overset{\langle s+p\rangle}{\mathbb{J}} \underbrace{\cdots\cdots}_{s\text{-fach}} \overset{\langle s\rangle}{\Pi}$ ausgehend –

$$\overset{\langle p\rangle}{\mathbb{F}}{}^{\mathrm{T}} \equiv \overset{\langle p\rangle}{\mathbb{F}} \underbrace{\cdots\cdots}_{p\text{-fach}} \overset{\langle 2p\rangle}{\mathbb{E}}_{\mathrm{T}} = \left[\overset{\langle s+p\rangle}{\mathbb{J}} \underbrace{\cdots\cdots}_{s\text{-fach}} \overset{\langle s\rangle}{\Pi} \right]^{\mathrm{T}} \equiv \overset{\langle s\rangle}{\Pi}{}^{\mathrm{T}} \underbrace{\cdots\cdots}_{s\text{-fach}} \overset{\langle s+p\rangle}{\mathbb{J}}{}^{\mathrm{T}}$$

und multipliziere rechts p–fach skalar mit $\overset{\langle 2p\rangle}{\mathbb{E}}_{\mathrm{T}}$, womit wegen $\overset{\langle 2p\rangle}{\mathbb{E}}_{\mathrm{T}} \underbrace{\cdots\cdots}_{p\text{-fach}} \overset{\langle 2p\rangle}{\mathbb{E}}_{\mathrm{T}} = \overset{\langle 2p\rangle}{\mathbb{E}}$ und

$$\overset{\langle p\rangle}{\mathbb{F}} \underbrace{\cdots\cdots}_{p\text{-fach}} \overset{\langle 2p\rangle}{\mathbb{E}} = \overset{\langle p\rangle}{\mathbb{F}} \quad , \quad \overset{\langle s\rangle}{\Pi}{}^{\mathrm{T}} = \overset{\langle s\rangle}{\Pi} \underbrace{\cdots\cdots}_{s\text{-fach}} \overset{\langle 2s\rangle}{\mathbb{E}}_{\mathrm{T}} \quad \text{schließlich}$$

$$\overset{\langle p\rangle}{\mathbb{F}} = \overset{\langle s\rangle}{\Pi}{}^{\mathrm{T}} \underbrace{\cdots\cdots}_{s\text{-fach}} \overset{\langle s+p\rangle}{\mathbb{J}}{}^{\mathrm{T}} \underbrace{\cdots\cdots}_{p\text{-fach}} \overset{\langle 2p\rangle}{\mathbb{E}}_{\mathrm{T}} = \overset{\langle s\rangle}{\Pi} \underbrace{\cdots\cdots}_{s\text{-fach}} \left[\overset{\langle 2s\rangle}{\mathbb{E}}_{\mathrm{T}} \underbrace{\cdots\cdots}_{s\text{-fach}} \overset{\langle s+p\rangle}{\mathbb{J}}{}^{\mathrm{T}} \underbrace{\cdots\cdots}_{p\text{-fach}} \overset{\langle 2p\rangle}{\mathbb{E}}_{\mathrm{T}} \right] =$$

$$= \overset{\langle s\rangle}{\Pi} \underbrace{\cdots\cdots}_{s\text{-fach}} \overset{\langle s+p\rangle}{\mathbb{J}'}$$

erhalten wird mit der vollständigen isotropen Gruppe[28]

$$\overset{\langle s+p\rangle}{\mathbb{J}}{}' = \overset{\langle 2s\rangle}{\mathbb{E}_T} \underbrace{\cdots\cdots}_{s-fach} \overset{\langle s+p\rangle}{\mathbb{J}}{}^T \underbrace{\cdots\cdots}_{p-fach} \overset{\langle 2p\rangle}{\mathbb{E}_T} \qquad [28]$$

4.2 Potenzreihendarstellungen isotroper Funktionen.

4.2.1 Allgemeine Bemerkungen

Ausgehend von der Potenzreihendarstellung

$$\overset{\langle p\rangle\langle s\rangle}{\mathbb{F}}(\overset{}{\mathbb{X}}) = \overset{\langle p\rangle}{\mathbb{F}}(\mathbb{0}) + \overset{\langle p+s\rangle}{\mathbb{K}}\underbrace{\cdots\cdots}_{s-fach}\overset{\langle s\rangle}{\mathbb{X}} + \overset{\langle p+2s\rangle}{\mathbb{K}}\underbrace{\cdots\cdots}_{2s-fach}\overset{\langle s\rangle}{\mathbb{X}}\circ\overset{\langle s\rangle}{\mathbb{X}} + \ldots\,, \qquad (4.31a)$$

einer p-stufig-tensorwertigen Funktion $\overset{\langle p\rangle}{\mathbb{F}}$ einer s-stufig tensorwertigen Variablen $\overset{\langle s\rangle}{\mathbb{X}}$

bekommt man, wenn man Gültigkeit der Funktionalgleichung (E 3.2b) für jede Potenzstufe

verlangt, mit den entsprechenden isotropen Gruppen für isotrope Zuordnungen in

Polynomialdarstellung

$$\overset{\langle p\rangle\langle s\rangle}{\mathbb{F}}(\overset{}{\mathbb{X}}) = \overset{\langle p\rangle}{\mathbb{F}}(\mathbb{0}) + \overset{\langle p+s\rangle}{\mathbb{J}}\underbrace{\cdots\cdots}_{s-fach}\overset{\langle s\rangle}{\mathbb{X}} + \overset{\langle p+2s\rangle}{\mathbb{J}}\underbrace{\cdots\cdots}_{2s-fach}\overset{\langle s\rangle}{\mathbb{X}}\circ\overset{\langle s\rangle}{\mathbb{X}} + \ldots$$

$$= \overset{\langle p\rangle}{\mathbb{F}}(\mathbb{0}) + \sum_{j=1}^{\infty} \overset{\langle p+js\rangle}{\mathbb{J}}\underbrace{\cdots\cdots}_{js-fach}\underbrace{\overset{\langle s\rangle}{\mathbb{X}}\circ\overset{\langle s\rangle}{\mathbb{X}}\circ\ldots\circ\overset{\langle s\rangle}{\mathbb{X}}}_{j-mal}\,, \qquad (4.31b)$$

wobei jeweils nur solche Reihenglieder existieren, für die p+js eine gerade Zahl ist. Ent-

sprechendes gilt für mehrere, z. B. zwei Variable $(\overset{\langle s\rangle}{\mathbb{X}}, \overset{\langle r\rangle}{\mathbb{Y}})$,

$$\overset{\langle p\rangle\langle s\rangle\langle r\rangle}{\mathbb{F}}(\overset{}{\mathbb{X}}, \overset{}{\mathbb{Y}}) = \overset{\langle p\rangle}{\mathbb{F}}(\mathbb{0},\mathbb{0}) + \overset{\langle p\rangle}{\mathbb{F}}_I + \overset{\langle p\rangle}{\mathbb{F}}_{II} + \overset{\langle p\rangle}{\mathbb{F}}_{III}\,, \qquad (4.32a)$$

---

[28] Zunächst stellt $\overset{\langle s+p\rangle}{\mathbb{J}}{}^T$ ebenfalls die vollständige Gruppe dar, und sie bleibt dies auch nach Multiplikation mit $\overset{\langle 2s\rangle}{\mathbb{E}_T}$ bzw. $\overset{\langle 2p\rangle}{\mathbb{E}_T}$, weil im ersteren Falle die s Linksfaktoren im zweiten Falle die p Rechtsfaktoren
von $\overset{\langle s+p\rangle}{\mathbb{J}}{}^T$ transponiert werden, was lediglich eine andere Reihenfolge der Elemente $\overset{\langle s+p\rangle}{\mathbb{J}}_j$, $j = 1.. \, \alpha_{s+p}$
innerhalb der Gruppe $\overset{\langle s+p\rangle}{\mathbb{J}}$ bewirkt.

worin

$$\overset{\langle p\rangle}{\mathbb{F}}_{\mathrm{I}} = \mathbb{F}\,(\overset{\langle s\rangle}{\mathbb{X}},0) = \sum_{j=1}^{\infty} \overset{\langle p+js\rangle}{\mathbb{J}}_{\mathrm{I}} \underbrace{\cdots\cdots}_{js\text{-fach}} \underbrace{\overset{\langle s\rangle}{\mathbb{X}}\circ\overset{\langle s\rangle}{\mathbb{X}}\circ\ldots\circ\overset{\langle s\rangle}{\mathbb{X}}}_{j\text{-mal}}\,, \qquad (4.32b)$$

$$\overset{\langle p\rangle}{\mathbb{F}}_{\mathrm{II}} = \mathbb{F}\,(0,\overset{\langle r\rangle}{\mathbb{Y}}) = \sum_{j=1}^{\infty} \overset{\langle p+jr\rangle}{\mathbb{J}}_{\mathrm{II}} \underbrace{\cdots\cdots}_{jr\text{-fach}} \underbrace{\overset{\langle r\rangle}{\mathbb{Y}}\circ\overset{\langle r\rangle}{\mathbb{Y}}\circ\ldots\circ\overset{\langle r\rangle}{\mathbb{Y}}}_{j\text{-mal}} \qquad (4.32c)$$

und schließlich $\overset{\langle p\rangle}{\mathbb{F}}_{\mathrm{III}}$ sämtliche "gemischten Produktglieder"

$$\overset{\langle p\rangle}{\mathbb{F}}_{\mathrm{III}} = \overset{\langle p+s+r\rangle}{\mathbb{J}}_{\mathrm{III}} \underbrace{\cdots\cdots}_{(s+r)\text{-fach}} \overset{\langle s\rangle}{\mathbb{X}}\circ\overset{\langle r\rangle}{\mathbb{Y}} + \overset{\langle p+2s+r\rangle}{\mathbb{J}}_{\mathrm{III}} \underbrace{\cdots\cdots}_{(2s+r)\text{-fach}} \overset{\langle s\rangle}{\mathbb{X}}\circ\overset{\langle s\rangle}{\mathbb{X}}\circ\overset{\langle r\rangle}{\mathbb{Y}} + \ldots, \qquad (4.32d)$$

repräsentieren usw. Gegenüber den Detailanalysen von §E 3 liegt der Vorteil in der Benutzung isotroper Potenzreihendarstellungen zur Feststellung isotroper Zuordnungen in der hiermit handhabbaren "mechanistischen Vorgehensweise", ungeachtet der Komplexität des jeweiligen Problems. Der in Kauf zu nehmende Nachteil ist der Erhalt von Darstellungssätzen allein für auf Potenzreihenentwicklungen basierenden isotropen Zuordnungen und die Ungewißheit, wie weit man die jeweilige Potenzreihenentwicklung voranzutreiben hat, um sicher zu sein, den jeweiligen vollständigen Darstellungssatz verifiziert zu haben. Leider gibt es nur wenige Beispiele, die mit erträglichem Aufwand einen vollständigen Darstellungssatz anzugeben erlauben. Daher liegt der Wert der "Potenzreihenmethode" in erster Linie darin, isotrope Zuordnungen auf der Basis von durch Potenzen der Argumente limitierten Approximationsstufen herzustellen. Die folgenden Beispiele zeigen sowohl die Konstruktion einiger vollständiger Darstellungssätze als auch die Erzeugung von Näherungen.

4.2.2   Potenzreihenentwicklungen isotroper Funktionen eines vektorwertigen Argumentes $\mathbf{w}$

haben nach (4.31b) die Struktur

a) im Falle einer skalarwertigen Funktion $\overset{\langle 0\rangle}{\mathbb{F}}(\mathbf{w})$ mit $p=0$, $s=1$

$$\overset{\langle 0\rangle}{\mathbb{F}}(\mathbf{w}) = \overset{\langle 2\rangle}{\mathbb{J}}\cdot\cdot\,\mathbf{w}\circ\mathbf{w} + \overset{\langle 4\rangle}{\mathbb{J}}\cdot\cdot\cdot\cdot\,\mathbf{w}\circ\mathbf{w}\circ\mathbf{w}\circ\mathbf{w} + \ldots = \sum_{j=1}^{\infty} \overset{\langle 2j\rangle}{\mathbb{J}} \underbrace{\cdots\cdots}_{2j\text{-fach}} \underbrace{\mathbf{w}\circ\mathbf{w}\circ\ldots\circ\mathbf{w}}_{2j\text{-mal}} = \sum_{j=1}^{\infty} F_{2j}(\mathbf{w}), \qquad (4.33a)$$

b) im Falle einer vektorwertigen Funktion $\overset{\langle 1\rangle}{\mathbb{F}}(w)$ mit $p = 1$, $s = 1$

$$\overset{\langle 1\rangle}{\mathbb{F}}(w) = \overset{\langle 1\rangle}{\mathbb{J}}\cdot w + \overset{\langle 2\rangle}{\mathbb{J}}\cdots\overset{\langle 4\rangle}{w\circ w\circ w}+\ldots = \sum_{j=1}^{\infty}\overset{\langle 2j\rangle}{\mathbb{J}}\underbrace{\cdots\cdots}_{(2j-1)\text{-fach}}\underbrace{w\circ w\ldots\circ w}_{(2j-1)\text{-mal}} = \sum_{j=1}^{\infty}\overset{\langle 1\rangle}{\mathbb{F}}_{2j-1}(w)\ ,\quad(4.33b)$$

c) im Falle einer zweistufig–tensorwertigen Funktion $\overset{\langle 2\rangle}{\mathbb{F}}(w)$ mit $p=2$, $s=1$

$$\overset{\langle 2\rangle}{\mathbb{F}}(w) = \overset{\langle 4\rangle}{\mathbb{J}}\cdot\cdot\overset{}{w\circ w} + \overset{\langle 6\rangle}{\mathbb{J}}\cdot\cdots\overset{}{w\circ w\circ w\circ w} +\ldots = \sum_{j=1}^{\infty}\overset{\langle 2(j+1)\rangle}{\mathbb{J}}\underbrace{\cdots\cdots}_{2j\text{-fach}}\underbrace{w\circ w\ldots\circ w}_{2j\text{-mal}} = \sum_{j=1}^{\infty}\overset{\langle 2\rangle}{\mathbb{F}}_{2j}(w)\ ,\quad(4.33c)$$

d) im Falle einer dreistufig–tensorwertigen Funktion $\overset{\langle 3\rangle}{\mathbb{F}}(w)$ mit $p = 3$, $s = 1$,

$$\overset{\langle 3\rangle}{\mathbb{F}}(w) = \overset{\langle 4\rangle}{\mathbb{J}}\cdot w + \overset{\langle 6\rangle}{\mathbb{J}}\cdots\overset{}{w\circ w\circ w} +\ldots = \sum_{j=1}^{\infty}\overset{\langle 2(j+1)\rangle}{\mathbb{J}}\underbrace{\cdots\cdots}_{(2j-1)\text{-fach}}\underbrace{w\circ w\ldots\circ w}_{(2j-1)\text{-mal}} = \sum_{j=1}^{\infty}\overset{\langle 3\rangle}{\mathbb{F}}_{2j-1}(w),\quad(4.33d)$$

e) im Falle einer vierstufig–tensorwertigen Funktion $\overset{\langle 4\rangle}{\mathbb{F}}(w)$ mit $p = 4$, $s = 1$

$$\overset{\langle 4\rangle}{\mathbb{F}}(w) = \overset{\langle 6\rangle}{\mathbb{J}}\cdot\cdot\overset{}{w\circ w} + \overset{\langle 8\rangle}{\mathbb{J}}\cdot\cdots\overset{}{w\circ w\circ w\circ w} +\ldots = \sum_{j=1}^{\infty}\overset{\langle 2(j+2)\rangle}{\mathbb{J}}\underbrace{\cdots\cdots}_{2j\text{-fach}}\underbrace{w\circ w\ldots\circ w}_{2j\text{-mal}} = \sum_{j=1}^{\infty}\overset{\langle 4\rangle}{\mathbb{F}}_{2j}(w)\quad(4.33e)$$

usw., wobei andere als die hier aufgelisteten Reihenglieder nicht existieren, da man zum Aufbau isotroper

Polynome allein die geradzahlig–stufigen isotropen Gruppen zu benutzen hat. So verbieten sich z. B. in

(4.33a,c,e) die ungradzahligen tensoriellen Potenzen $\underbrace{w\circ w\ldots\circ w}_{(2k+1)\text{-mal}}$, weil mit Letzteren nur durch ent-

sprechende multiplikative Verknüpfungen mit ungeradzahlig–stufigen Tensoren $\overset{\langle 2k+1\rangle}{\mathbb{J}}$ die entsprechenden

Größen $\overset{\langle 0\rangle}{\mathbb{F}}_{2k+1}$, $\overset{\langle 2\rangle}{\mathbb{F}}_{2k+1}$, $\overset{\langle 4\rangle}{\mathbb{F}}_{2k+1}$ zu erzeugen wären, jedoch isotrope Gruppen $\overset{}{\mathbb{J}}$ ungeradzahliger Stufe

nicht existieren. Entsprechendes gilt für die Größen $\overset{\langle 1\rangle}{\mathbb{F}}$, $\overset{\langle 3\rangle}{\mathbb{F}}$, $\overset{\langle 2k+1\rangle}{\mathbb{F}}$ die –erzeugt mit den geradzahlig–

stufigen isotropen Gruppen– als Potenzreihenentwicklungen allein die ungeradzahligen tensoriellen Poten-

zen von w enthalten können.

Im Falle (4.33a) ergibt sich $\overset{\langle 0\rangle}{\mathbb{F}}(w)$ als Potenzreihe der Invarianten $w^2 = w\cdot w$ des Argumentes w, weil in

$$\overset{\langle 2j\rangle}{\mathbb{J}}\ \underbrace{\cdots\cdots}_{2j\text{-fach}}\ \underbrace{v\circ v\circ\ldots\circ v}_{2j\text{-mal}}$$ die Reihenfolge der rechts stehenden (gleichen) Vektoren v beliebig geändert

werden kann, ohne das Resultat zu verändern, was bedeutet, auch die Reihenfolge aller in den isotropen

Elementen $\overset{\langle 2j\rangle}{\mathbb{I}}_k$ ($k = 1..\alpha_{2j}$) aufscheinenden Basisvektoren (e_j) ohne Resultatänderung beliebig verän—

dern zu dürfen. Daher muß jedes einzelne Gruppenelement $\overset{\langle 2j\rangle}{\mathbb{I}}_k$ per $\overset{\langle 2j\rangle}{\mathbb{I}}_k\underbrace{\overset{\langle 2j\rangle}{\cdots\cdots}\ v\circ v\ldots\circ v}_{2j\text{-fach}}$ denselben

Wert ergeben, den man erhielte, wenn man die Basisvektoren so reihte, daß jeweils Einheitsvektorpaare

nebeneinander stünden. Das solchermaßen herausgesuchte isotrope Element $\underbrace{\mathbb{E}\circ\mathbb{E}\circ\ldots\circ\mathbb{E}}_{j\text{-mal}}$ ist dement-

sprechend für die gesamte Gruppe $\overset{\langle 2j\rangle}{\mathbb{J}}$ repräsentativ, und man bekommt mit einem konstanten Skalar $\overset{(2j)}{a}$

$$\overset{\langle 2j\rangle}{\mathbb{J}}\ \underbrace{\cdots\cdots}_{2j\text{-fach}}\ \underbrace{v\circ v\circ\ldots\circ v}_{2j\text{-mal}} \Rightarrow \overset{(2j)}{a}\ \underbrace{\mathbb{E}\circ\mathbb{E}\circ\ldots\circ\mathbb{E}}_{j\text{-mal}}\ \underbrace{\cdots\cdots}_{2j\text{-fach}}\ \underbrace{v\circ v\circ\ldots\circ v}_{2j\text{-mal}} = \overset{(2j)}{a}\,(v^2)^j$$

und dementsprechend aus (4.33a) in der Tat

$$\overset{\langle 0\rangle}{\mathbb{F}}(v) = \overset{(0)}{f}(v^2) = \sum_{j=1}^{\infty}\overset{(2j)}{a}(v^2)^j. \tag{4.34}$$

Im Falle (4.33b) erhält man — als spezielle Version der Cauchyschen Zuordnung (E 3.25b) —

$$\overset{\langle 1\rangle}{\mathbb{F}}(v) = \overset{(1)}{f}(v^2)v\,,\quad \overset{(1)}{f}(v^2) = \sum_{j=1}^{\infty}\overset{(2j)}{a}(v^2)^{j-1}\,, \tag{4.35}$$

indem man hier beachtet, daß man bis auf den jeweils ersten Faktor e_α in den Elementen

$$\overset{\langle 2j\rangle}{\mathbb{I}}_k = \sum e_\alpha\circ e_\beta\circ e_\gamma\circ\ldots\circ e_j\circ e_j\circ\ldots\circ e_\mu$$

einer isotropen Gruppe alle Basisvektoren beliebig rochieren kann, ohne das Resultat zu verändern, wes-

wegen man als Repräsentanten einer isotropen Gruppe $\overset{\langle 2j\rangle}{\mathbb{J}}$ das Element $\overset{(2j)}{a}\sum_{\alpha=1}^{3} e_\alpha\circ\underbrace{\mathbb{E}\circ\mathbb{E}\circ\ldots\circ\mathbb{E}}_{(j-1)\text{-mal}}\circ e_{\alpha'}$

$\overset{(2j)}{a}$ = const., benutzen kann und dergestalt wegen $\sum_{j=1}^{3} e_\alpha(v\cdot e_\alpha) = v$ für das j-te Reihenglied der Ent-

wicklung (4.33b)

$$\overset{(2j)}{a}\;\sum \mathbb{e}_\alpha\circ\underbrace{\mathbb{E}\circ\mathbb{E}\circ\ldots\circ\mathbb{E}}_{(j-1)\text{-mal}}\circ\mathbb{e}_\alpha\;\underbrace{\cdots\cdots}_{(2j-1)\text{-fach}}\;\underbrace{\mathbb{v}\circ\mathbb{v}\circ\ldots\circ\mathbb{v}}_{(2j-1)\text{-mal}}=\overset{(2j)}{a}\,(\mathbb{v}^2)^{j-1}\,\mathbb{v}$$

und damit schließlich in der Tat (4.35) auffindet.

Im Falle (4.33c) lassen sich in den Elementen $\overset{\langle2j\rangle}{\mathbb{I}}_k$ einer isotropen Gruppe zunächst alle Basisvektoren bis

auf die beiden (linksseitig) Ersten, $\mathbb{e}_\alpha\circ\mathbb{e}_\beta$, beliebig rochieren, ohne das entsprechende Produkt zu

verändern, weswegen hier eine isotrope Gruppe $\overset{\langle2j\rangle}{\mathbb{J}}$ in der Form

$$\overset{\langle2j\rangle}{\mathbb{J}}=\overset{(2j)}{a}_1\underbrace{\mathbb{E}\circ\mathbb{E}\circ\ldots\circ\mathbb{E}}_{j\text{-mal}}+\overset{(2j)}{a}_2\sum_{\alpha=1}^{3}\mathbb{e}_\alpha\circ\underbrace{\mathbb{E}\circ\mathbb{E}\circ\ldots\circ\mathbb{E}}_{(j-1)\text{-mal}}\circ\mathbb{e}_\alpha \tag{4.35a}$$

mit zwei Konstanten $\overset{(2j)}{a}_{1,2}$ repräsentiert werden kann, wovon das zweite Element dem Fall entspricht,

daß im Sinne von $\qquad\qquad \mathbb{e}_\alpha\circ\mathbb{e}_\beta\circ\ldots\circ..$

die beiden ersten Basisvektoren <u>verschieden</u> sind, wohingegen das erste Element den Fall

$$\mathbb{e}_\alpha\circ\mathbb{e}_\alpha\circ\ldots$$

repräsentiert, bei dem die beiden ersten Einheitsvektoren ein Paar bilden. Es entsteht so

$$\overset{\langle2(j+1)\rangle}{\mathbb{J}}\underbrace{\cdots\cdots}_{2j\text{-fach}}\underbrace{\mathbb{v}\circ\mathbb{v}\circ\ldots\circ\mathbb{v}}_{2j\text{-mal}}=\left[\overset{(2(j+1))}{a}_1\mathbb{v}^2\mathbb{E}+\overset{(2(j+1))}{a}_2\mathbb{v}\circ\mathbb{v}\right](\mathbb{v}^2)^{(j-1)}$$

und damit schließlich die isotrope Beziehung

$$\overset{\langle2\rangle}{\mathbb{F}}(\mathbb{v})=g_0(\mathbb{v}^2)\mathbb{E}+g_1(\mathbb{v}^2)\mathbb{v}\circ\mathbb{v} \tag{4.36a}$$

mit Konstanten $\overset{(2j)}{a}_1$, $\overset{(2j)}{a}_2$ und

$$g_0(\mathbb{v}^2)=\sum_{j=1}^{\infty}\overset{(2(j+1))}{a}_1(\mathbb{v}^2)^j,\qquad g_1(\mathbb{v}^2)=\sum_{j=1}^{\infty}\overset{(2(j+1))}{a}_2(\mathbb{v}^2)^{(j-1)}, \tag{4.36b}$$

wonach übrigens die isotrope zweistufig–tensorwertige Funktion eines Vektors stets symmetrisch ist.

Im Falle (4.33d) führen, wie man unmittelbar sieht, die Produkte aller Elemente $\overset{\langle2(j+1)\rangle}{\mathbb{I}}_k$ einer isotropen

Gruppe $\overset{\langle2(j+1)\rangle}{\mathbb{J}}$ mit der entsprechenden $\mathbb{v}\circ\mathbb{v}\ldots$–Tensorpotenz zum selben Resultat, bei denen — bis auf

die drei linksseitig ersten Einheitsvektoren ($\mathbb{e}_\alpha\circ\mathbb{e}_\beta\circ\mathbb{e}_\gamma$) — sämtliche übrigen Basisvektoren beliebig

rochiert werden. Zunächst $j\geq2$ und den Fall betrachtend, daß betr. die drei linksseitig ersten

Basisvektoren keine Paarbildung vorliegt, werden sämtliche Produkte dieser Untergruppe durch

$$\overset{(2(j+1))}{a_1}\ \sum \mathfrak{e}_\alpha \circ \mathfrak{e}_\beta \circ \mathfrak{e}_\gamma \circ \mathfrak{e}_\gamma \circ \mathfrak{e}_\delta \circ \mathfrak{e}_\delta \circ \ldots \circ \mathfrak{e}_\beta \circ \mathfrak{e}_\alpha$$

bzw − mit gleichem Endresultat! − durch

$$\overset{(2(j+1))}{a_1}\ \sum \mathfrak{e}_\alpha \circ \mathfrak{e}_\beta \circ \mathfrak{e}_\gamma \circ \mathfrak{e}_\gamma \circ \mathfrak{e}_\delta \circ \mathfrak{e}_\delta \circ \ldots \circ \mathfrak{e}_\alpha \circ \mathfrak{e}_\beta \ ,$$

d.h. z.B. durch

$$\overset{(2(j+1))}{a_1}\ \sum \mathfrak{e}_\alpha \circ \mathfrak{e}_\beta \circ \underbrace{\mathbb{E} \circ \mathbb{E} \circ \ldots \circ \mathbb{E}}_{(j-1)\text{-mal}} \circ \mathfrak{e}_\beta \circ \mathfrak{e}_\alpha \ , \qquad \overset{(2(j+1))}{a_1} = \text{const.},$$

repräsentiert und ergeben

$$\overset{(2(j+1))}{a_1}\ \sum \mathfrak{e}_\alpha \circ \mathfrak{e}_\beta \circ \underbrace{\mathbb{E} \circ \mathbb{E} \circ \ldots \circ \mathbb{E}}_{(j-1)\text{-mal}} \circ \mathfrak{e}_\beta \circ \mathfrak{e}_\alpha \underbrace{\cdots\cdots}_{(2j-1)\text{-fach}} \underbrace{\mathbf{v} \circ \mathbf{v} \circ \ldots \circ \mathbf{v}}_{(2j-1)\text{-mal}} = \overset{(2(j+1))}{a_1} (\mathbf{w}^2)^{j-2} \mathbf{v} \circ \mathbf{w} \circ \mathbf{v}. \quad (4.37a)$$

Der Fall, daß die beiden ersten Basisvektoren ein Paar bilden, erfaßt die zugehörigen übrigen Einheitsvektor−Rochaden in dem repräsentativen Element

$$\overset{(2(j+1))}{a_2}\ \underbrace{\mathbb{E} \circ \mathbb{E} \circ \ldots \circ \mathbb{E}}_{(j+1)\text{-mal}}, \qquad \overset{(2(j+1))}{a_2} = \text{const. },$$

und dem zugehörigen Produkt

$$\overset{(2(j+1))}{a_2} (\mathbf{w}^2)^{j-1} \mathbb{E} \circ \mathbf{w} \ , \tag{4.37b}$$

der Fall, daß der zweite und dritte Einheitsvektor ein Paar bilden, ergibt entsprechend

$$\overset{(2(j+1))}{a_3} (\mathbf{w}^2)^{j-1} \mathbf{w} \circ \mathbb{E} \ , \tag{4.37c}$$

und schließlich hat man im Falle, daß der erste und dritte Einheitsvektor ein Paar bilden, das repräsentative Element

$$\overset{(2(j+1))\ \langle 4 \rangle}{a_4}\ \mathbb{E}_T \circ \underbrace{\mathbb{E} \circ \mathbb{E} \circ \ldots \circ \mathbb{E}}_{(j-1)\text{-mal}}$$

mit dem zugehörigen Produkt

$$\overset{(2(j+1))}{a_4} (\mathbf{w}^2)^{j-1} \overset{\langle 4 \rangle}{\mathbb{E}_T} \cdot \mathbf{w} = \overset{(2(j+1))}{a_4} (\mathbf{w}^2)^{j-1} \sum_{\alpha=1}^{3} \mathfrak{e}_\alpha \circ \mathbf{w} \circ \mathfrak{e}_\alpha \ , \tag{4.37d}$$

mit dem alle diesbezüglichen weiteren Einheitsvektor−Rochaden abgedeckt sind. So entsteht schließlich als

Struktur für die isotrope Zuordnung $\overset{\langle 3\rangle}{\mathbb{F}}(w)$[29]

$$\overset{\langle 3\rangle}{\mathbb{F}}(w) = g_{010}\overset{\langle 4\rangle}{\mathbb{E}}_T\cdot w + g_{001}\mathbb{E}\circ w + g_{100}w\circ\mathbb{E} + g_{111}w\circ w\circ w \tag{4.37e}$$

mit Konstanten $\overset{(2(j+1))}{a}_k$　$k=1,\dots,4$, $j=1,\dots,\infty$ und

$$g_{010} = \sum_{j=1}^{\infty}\overset{(2(j+1))}{a}_4\,(w^2)^{j-1}, \qquad g_{001} = \sum_{j=1}^{\infty}\overset{(2(j+1))}{a}_2\,(w^2)^{j-1},$$

$$g_{100} = \sum_{j=1}^{\infty}\overset{(2(j+1))}{a}_3\,(w^2)^{j-1}, \qquad g_{111} = \sum_{j=2}^{\infty}\overset{(2(j+1))}{a}_1\,(w^2)^{j-2}. \tag{4.37f}$$

Im Falle (4.33e) führen alle Elemente einer isotropen Gruppe $\overset{\langle 2(j+2)\rangle}{\mathbb{J}}$ mit $j \geq 2$ nach Multiplikation mit

den entsprechenden tensoriellen Potenzen $w\circ w\dots\circ w$ zum selben Produktergebnis bei denen – abgesehen

von den linksseitig ersten vier Einheitsvektoren $(e_\alpha\circ e_\beta\circ e_\gamma\circ e_\delta)$ – sämtliche übrigen Basisvektoren

beliebig rochiert werden.

Zunächst den Fall betrachtend, daß bei den ersten vier Einheitsvektoren keine Paarbildung vorliegt, läßt

sich so die Untermenge aller ansonsten erzeugbarer Basisvektor–Rochaden stellvertretend durch das

Element

$$\overset{(2(j+2))}{a}_1\sum e_\alpha\circ e_\beta\circ e_\gamma\circ e_\delta\circ e_\delta\circ e_\nu\circ e_\nu\circ\dots\circ e_\gamma\circ e_\beta\circ e_\alpha =$$
$$= \overset{(2(j+2))}{a}_1\sum e_\alpha\circ e_\beta\circ e_\gamma\circ\underbrace{\mathbb{E}\circ\mathbb{E}\circ\dots\circ\mathbb{E}}_{(j-1)\text{-mal}}\circ e_\gamma\circ e_\beta\circ e_\alpha$$

und damit das zugehörige Produkt als

$$\overset{(2(j+2))}{a}_1\sum e_\alpha\circ e_\beta\circ e_\gamma\circ\underbrace{\mathbb{E}\circ\mathbb{E}\circ\dots\circ\mathbb{E}}_{(j-1)\text{-mal}}\circ e_\gamma\circ e_\beta\circ e_\alpha\underbrace{\cdots\cdots}_{2j\text{-fach}}\underbrace{w\circ w\circ\dots\circ w}_{2j\text{-mal}} =$$
$$= \overset{(2(j+2))}{a}_1\,(w^2)^{j-2}w\circ w\circ w\circ w,\quad j\geq 2$$

darstellen. Weitere Untermengen sind solche, bei denen sich unter den ersten vier Basisvektoren ein Paar

bzw. zwei Paare befinden. Im ersteren Fall ergibt dies die repräsentativen Varianten

---

[29] nachdem man noch das erste Reihenglied von (4.33d) per

$$\overset{\langle 4\rangle}{\mathbb{J}}\cdot w = \left[\overset{(4)}{a}_2\mathbb{E}\circ\mathbb{E} + \overset{(4)}{a}_3\overset{(4)}{\mathbb{E}} + \overset{(4)}{a}_4\overset{(4)}{\mathbb{E}}_T\right]\cdot w = \overset{(4)}{a}_2\mathbb{E}\circ w + \overset{(4)}{a}_3 w\circ\mathbb{E} + \overset{(4)(4)}{a}_4\mathbb{E}_T\cdot w$$

reduziert hat

a)
$$\overset{\langle 2(j+2)\rangle}{\mathbb{I}}_a = \sum \mathbb{e}_\alpha\circ\mathbb{e}_\alpha\circ\mathbb{e}_\gamma\circ\mathbb{e}_\delta\circ\mathbb{e}_\delta\circ\mathbb{e}_\gamma\circ\mathbb{e}_\nu\circ\mathbb{e}_\nu\circ\ldots\circ\mathbb{e}_\beta\circ\mathbb{e}_\beta = \mathbb{E}\circ\overset{\langle 4\rangle}{\mathbb{E}}\circ\underbrace{\mathbb{E}\circ\mathbb{E}\circ\ldots\circ\mathbb{E}}_{(j-1)\text{-mal}}\, ,$$

b)
$$\overset{\langle 2(j+2)\rangle}{\mathbb{I}}_b = \sum \mathbb{e}_\alpha\circ\mathbb{e}_\beta\circ\mathbb{e}_\alpha\circ\mathbb{e}_\delta\circ\mathbb{e}_\delta\circ\mathbb{e}_\nu\circ\mathbb{e}_\nu\circ\mathbb{e}_\gamma\circ\mathbb{e}_\gamma\circ\ldots\circ\mathbb{e}_\beta = \sum \mathbb{e}_\alpha\circ\mathbb{e}_\beta\circ\mathbb{e}_\alpha\circ\underbrace{\mathbb{E}\circ\mathbb{E}\circ\ldots\circ\mathbb{E}}_{j\text{-mal}}\circ\mathbb{e}_\beta ,$$

c)
$$\overset{\langle 2(j+2)\rangle}{\mathbb{I}}_c = \sum \mathbb{e}_\alpha\circ\mathbb{e}_\beta\circ\mathbb{e}_\gamma\circ\mathbb{e}_\alpha\circ\mathbb{e}_\delta\circ\mathbb{e}_\delta\circ\mathbb{e}_\nu\circ\mathbb{e}_\nu\circ\ldots\circ\mathbb{e}_\beta\circ\mathbb{e}_\gamma =$$
$$= \sum \mathbb{e}_\alpha\circ\mathbb{e}_\beta\circ\mathbb{e}_\gamma\circ\mathbb{e}_\alpha\circ\underbrace{\mathbb{E}\circ\mathbb{E}\circ\ldots\circ\mathbb{E}}_{(j-1)\text{-mal}}\circ\mathbb{e}_\gamma\circ\mathbb{e}_\beta ,$$

d)
$$\overset{\langle 2(j+2)\rangle}{\mathbb{I}}_d = \sum \mathbb{e}_\alpha\circ\mathbb{e}_\beta\circ\mathbb{e}_\beta\circ\mathbb{e}_\delta\circ\mathbb{e}_\delta\circ\mathbb{e}_\nu\circ\mathbb{e}_\nu\circ\ldots\circ\mathbb{e}_\gamma\circ\mathbb{e}_\gamma\circ\mathbb{e}_\alpha = \sum \mathbb{e}_\alpha\circ\underbrace{\mathbb{E}\circ\mathbb{E}\circ\ldots\circ\mathbb{E}}_{(j+1)\text{-mal}}\circ\mathbb{e}_\alpha ,$$

e)
$$\overset{\langle 2(j+2)\rangle}{\mathbb{I}}_e = \sum \mathbb{e}_\alpha\circ\mathbb{e}_\beta\circ\mathbb{e}_\gamma\circ\mathbb{e}_\beta\circ\mathbb{e}_\delta\circ\mathbb{e}_\delta\circ\mathbb{e}_\nu\circ\mathbb{e}_\nu\circ\ldots\circ\mathbb{e}_\gamma\circ\mathbb{e}_\alpha =$$
$$= \sum \mathbb{e}_\alpha\circ\mathbb{e}_\beta\circ\mathbb{e}_\gamma\circ\mathbb{e}_\beta\circ\underbrace{\mathbb{E}\circ\mathbb{E}\circ\ldots\circ\mathbb{E}}_{(j-1)\text{-mal}}\circ\mathbb{e}_\gamma\circ\mathbb{e}_\alpha ,$$

f)
$$\overset{\langle 2(j+2)\rangle}{\mathbb{I}}_f = \sum \mathbb{e}_\alpha\circ\mathbb{e}_\beta\circ\mathbb{e}_\gamma\circ\mathbb{e}_\gamma\circ\mathbb{e}_\delta\circ\mathbb{e}_\delta\circ\mathbb{e}_\nu\circ\mathbb{e}_\nu\circ\ldots\circ\mathbb{e}_\beta\circ\mathbb{e}_\alpha = \sum \mathbb{e}_\alpha\circ\mathbb{e}_\beta\circ\underbrace{\mathbb{E}\circ\mathbb{E}\circ\ldots\circ\mathbb{E}}_{j\text{-mal}}\circ\mathbb{e}_\beta\circ\mathbb{e}_\alpha$$

und im zweiten Falle die Varianten

g)
$$\overset{\langle 2(j+2)\rangle}{\mathbb{I}}_g = \sum \mathbb{e}_\alpha\circ\mathbb{e}_\alpha\circ\mathbb{e}_\beta\circ\mathbb{e}_\beta\circ\mathbb{e}_\gamma\circ\ldots = \underbrace{\mathbb{E}\circ\mathbb{E}\circ\ldots\circ\mathbb{E}}_{(j+2)\text{-mal}}$$

h)
$$\overset{\langle 2(j+2)\rangle}{\mathbb{I}}_h = \sum \mathbb{e}_\alpha\circ\mathbb{e}_\beta\circ\mathbb{e}_\beta\circ\mathbb{e}_\alpha\circ\mathbb{e}_\gamma\circ\mathbb{e}_\gamma\circ\ldots\circ\mathbb{e}_\nu\circ\mathbb{e}_\nu = \overset{\langle 4\rangle}{\mathbb{E}}\circ\underbrace{\mathbb{E}\circ\mathbb{E}\circ\ldots\circ\mathbb{E}}_{j\text{-mal}}$$

sowie schließlich

i)
$$\overset{\langle 2(j+2)\rangle}{\mathbb{I}}_i = \sum \mathbb{e}_\alpha\circ\mathbb{e}_\beta\circ\mathbb{e}_\alpha\circ\mathbb{e}_\beta\circ\mathbb{e}_\gamma\circ\mathbb{e}_\gamma\circ\ldots\circ\mathbb{e}_\nu\circ\mathbb{e}_\nu\circ\ldots = \overset{\langle 4\rangle}{\mathbb{E}_T}\circ\underbrace{\mathbb{E}\circ\mathbb{E}\circ\ldots\circ\mathbb{E}}_{j\text{-mal}} .$$

Die entsprechenden Produkte sind dann mit Konstanten $a_k^{(2(j+2))}$, $k = 2 \ldots 10$,

$$a_2^{(2(j+2))}\ \overset{\langle 2(j+2)\rangle}{\mathbb{I}}_a\underbrace{\cdots\cdots}_{2j\text{-fach}}\underbrace{\mathbb{w}\circ\mathbb{w}\circ\ldots\circ\mathbb{w}}_{2j\text{-mal}} = a_2^{(2(j+2))}\,(\mathbb{w}^2)^{j-1}\mathbb{E}\circ\mathbb{w}\circ\mathbb{w} ,$$

$$a_3^{(2(j+2))}\ \overset{\langle 2(j+2)\rangle}{\mathbb{I}}_b\underbrace{\cdots\cdots}_{2j\text{-fach}}\underbrace{\mathbb{w}\circ\mathbb{w}\circ\ldots\circ\mathbb{w}}_{2j\text{-mal}} = a_3^{(2(j+2))}\,(\mathbb{w}^2)^{j-1}\sum_{\alpha=1}^{3}\mathbb{e}_\alpha\circ\mathbb{w}\circ\mathbb{e}_\alpha\circ\mathbb{w} = a_3^{(2(j+2))}\,(\mathbb{w}^2)^{j-1}\overset{\langle 4\rangle}{\mathbb{E}_T}\cdot\mathbb{w}\circ\mathbb{w} ,$$

$$a_4^{(2(j+2))}\ \overset{\langle 2(j+2)\rangle}{\mathbb{I}}_c\underbrace{\cdots\cdots}_{2j\text{-fach}}\underbrace{\mathbb{w}\circ\mathbb{w}\circ\ldots\circ\mathbb{w}}_{2j\text{-mal}} =$$

$$= \overset{(2(j+2))}{a_4}(v^2)^{j-1}\sum_{\alpha=1}^{3} e_\alpha \circ v \circ v \circ e_\alpha = \overset{(2(j+2))}{a_4}(v^2)^{j-1}\left[\overset{<4>}{\mathbb{E}}_T\cdot v\right]\cdot\left[\overset{<4>}{\mathbb{E}}_T\cdot v\right]\,,$$

$$\overset{(2(j+2))<2(j+2)>}{a_5}\;\overset{}{\mathbb{I}}_d\underbrace{\cdots\cdots}_{2j\text{-fach}}\underbrace{v\circ v\circ\ldots\circ v}_{2j\text{-mal}} = \overset{(2(j+2))}{a_5}(v^2)^{j-1}\,v\circ\mathbb{E}\circ v\,,$$

$$\overset{(2(j+2))<2(j+2)>}{a_6}\;\overset{}{\mathbb{I}}_e\underbrace{\cdots\cdots}_{2j\text{-fach}}\underbrace{v\circ v\circ\ldots\circ v}_{2j\text{-mal}} = \overset{(2(j+2))}{a_6}(v^2)^{j-1}\sum_{\alpha=1}^{3} v\circ e_\alpha\circ v\circ e_\alpha = \overset{(2(j+2))}{a_6}(v^2)^{j-1}\,v\circ v\cdot\overset{<4>}{\mathbb{E}}_T\,,$$

$$\overset{(2(j+2))<2(j+2)>}{a_7}\;\overset{}{\mathbb{I}}_f\underbrace{\cdots\cdots}_{2j\text{-fach}}\underbrace{v\circ v\circ\ldots\circ v}_{2j\text{-mal}} = \overset{(2(j+2))}{a_7}(v^2)^{j-1}\,v\circ v\circ\mathbb{E}\,,$$

$$\overset{(2(j+2))<2(j+2)>}{a_8}\;\overset{}{\mathbb{I}}_g\underbrace{\cdots\cdots}_{2j\text{-fach}}\underbrace{v\circ v\circ\ldots\circ v}_{2j\text{-mal}} = \overset{(2(j+2))}{a_8}(v^2)^{j}\,\mathbb{E}\circ\mathbb{E}\,,$$

$$\overset{(2(j+2))<2(j+2)>}{a_9}\;\overset{}{\mathbb{I}}_h\underbrace{\cdots\cdots}_{2j\text{-fach}}\underbrace{v\circ v\circ\ldots\circ v}_{2j\text{-mal}} = \overset{(2(j+2))}{a_9}(v^2)^{j}\,\overset{<4>}{\mathbb{E}}\,,$$

$$\overset{(2(j+2))<2(j+2)>}{a_{10}}\;\overset{}{\mathbb{I}}_i\underbrace{\cdots\cdots}_{2j\text{-fach}}\underbrace{v\circ v\circ\ldots\circ v}_{2j\text{-mal}} = \overset{(2(j+2))}{a_{10}}(v^2)^{j}\,\overset{<4>}{\mathbb{E}}_T\,.$$

<6>

Nachdem man noch das erste Reihenglied von (4.33e) mit Konstanten a_k, $k = 2 \ .. \ 10$, in entsprechender

Weise auf

$$\overset{<6>}{\mathbb{J}}\cdot\cdot v\circ v = \overset{(6)}{a_2}\mathbb{E}\circ v\circ v + \overset{(6)}{a_3}\mathbb{E}_T\cdot v\circ v + \overset{(6)<4>}{a_4}\left[\overset{<4>}{\mathbb{E}}_T\cdot v\right]\cdot\left[\overset{<4>}{\mathbb{E}}_T\cdot v\right] + \overset{(6)}{a_5}v\circ\mathbb{E}\circ v + \overset{(6)}{a_6}v\circ v\cdot\overset{<4>}{\mathbb{E}}_T +$$
$$\overset{(6)}{a_7}v\circ v\circ\mathbb{E} + \overset{(6)}{a_8}v^2\mathbb{E}\circ\mathbb{E} + \overset{(6)}{a_9}v^2\overset{<4>}{\mathbb{E}} + \overset{(6)}{a_{10}}v^2\overset{<4>}{\mathbb{E}}_T \tag{4.38}$$

reduziert hat, verbleibt schließlich als isotrope Zuordnung

$$\overset{<4>}{\mathbb{F}}(v) = f_0\,\overset{<4>}{\mathbb{E}} + f_1\,\overset{<4>}{\mathbb{E}}_T + f_2\mathbb{E}\circ\mathbb{E} + g_0\mathbb{E}\circ v\circ v + g_1 v\circ\mathbb{E}\circ v + g_2 v\circ v\circ\mathbb{E} +$$
$$+ h_0\,\overset{<4>}{\mathbb{E}}_T\cdot v\circ v + h_1\left[\overset{<4>}{\mathbb{E}}_T\cdot v\right]\cdot\left[\overset{<4>}{\mathbb{E}}_T\cdot v\right] + h_2 v\circ v\cdot\overset{<4>}{\mathbb{E}}_T + \zeta v\circ v\circ v\circ v \tag{4.39a}$$

mit

$$f_0 = \sum_{j=1}^{\infty}\overset{(2(j+2))}{a_9}(v^2)^{j},\qquad f_1 = \sum_{j=1}^{\infty}\overset{(2(j+2))}{a_{10}}(v^2)^{j},\qquad f_2 = \sum_{j=1}^{\infty}\overset{(2(j+2))}{a_8}(v^2)^{j},$$

$$g_0 = \sum_{j=1}^{\infty}\overset{(2(j+2))}{a_2}(v^2)^{j-1},\quad g_1 = \sum_{j=1}^{\infty}\overset{(2(j+2))}{a_5}(v^2)^{j-1},\quad g_2 = \sum_{j=1}^{\infty}\overset{(2(j+2))}{a_7}(v^2)^{j-1},$$

$$h_0 = \sum_{j=1}^{\infty} a_3^{(2(j+2))} (w^2)^{j-1}, \qquad h_1 = \sum_{j=1}^{\infty} a_4^{(2(j+2))} (w^2)^{j-1}, \qquad h_2 = \sum_{j=1}^{\infty} a_6^{(2(j+2))} (w^2)^{j-1},$$

$$\zeta = \sum_{j=1}^{\infty} a_1^{(2(j+2))} (w^2)^{j-1}. \tag{4.39b}$$

Der Tensor $\overset{\langle 4 \rangle}{\mathbb{F}}$ (w) ist übrigens nicht (im Sinne von $\overset{\langle 4 \rangle}{\mathbb{F}} = \overset{\langle 4 \rangle}{\mathbb{F}} \cdot\cdot \overset{\langle 4 \rangle}{\mathbb{E}}_T = \overset{\langle 4 \rangle}{\mathbb{E}}_T \cdot\cdot \overset{\langle 4 \rangle}{\mathbb{F}} = \overset{\langle 4 \rangle}{\mathbb{F}} \cdot\cdot\cdot\cdot \overset{\langle 8 \rangle}{\mathbb{E}}_T$)

vollständig symmetrisch, sondern nur für $f_0 = f_1$, $g_0 = g_1 = g_2 = h_0 = h_1 = h_2$[30]. Zur Konstruktion

einer

4.2.3   Isotropen skalarwertigen Bilinearform eines zwei- und eines dreistufigen Tensors $\overset{\langle 2 \rangle}{\mathbb{A}}$, $\overset{\langle 3 \rangle}{\mathbb{A}}$

wird die diesbezügliche allgemeine isotrope Potenzreihenentwicklung[31]

$$F = \mathbb{F}(\overset{\langle 0 \rangle}{\mathbb{A}}, \overset{\langle 3 \rangle}{\mathbb{A}}) = \mathbb{J}_{1,0} \cdot\cdot \overset{\langle 2 \rangle}{\mathbb{A}} + \mathbb{J}_{2,0} \underbrace{\cdot\cdot}{} \overset{\langle 2 \rangle}{\mathbb{A}} \circ \overset{\langle 2 \rangle}{\mathbb{A}} + \mathbb{J}_{3,0} \underbrace{\cdots\cdots}_{6-\text{fach}} \overset{\langle 2 \rangle}{\mathbb{A}} \circ \overset{\langle 2 \rangle}{\mathbb{A}} \circ \overset{\langle 2 \rangle}{\mathbb{A}} + ... +$$

$$+ \mathbb{J}_{0,2} \underbrace{\cdots\cdots}_{6-\text{fach}} \overset{\langle 3 \rangle}{\mathbb{A}} \circ \overset{\langle 3 \rangle}{\mathbb{A}} + \mathbb{J}_{0,4} \underbrace{\cdots\cdots}_{12-\text{fach}} \overset{\langle 3 \rangle}{\mathbb{A}} \circ \overset{\langle 3 \rangle}{\mathbb{A}} \circ \overset{\langle 3 \rangle}{\mathbb{A}} \circ \overset{\langle 3 \rangle}{\mathbb{A}} + ... +$$

$$+ \mathbb{J}_{1,2} \underbrace{\cdots\cdots}_{8-\text{fach}} \overset{\langle 2 \rangle}{\mathbb{A}} \circ \overset{\langle 3 \rangle}{\mathbb{A}} \circ \overset{\langle 3 \rangle}{\mathbb{A}} + \mathbb{J}_{2,2} \underbrace{\cdots\cdots}_{10-\text{fach}} \overset{\langle 2 \rangle}{\mathbb{A}} \circ \overset{\langle 2 \rangle}{\mathbb{A}} \circ \overset{\langle 3 \rangle}{\mathbb{A}} \circ \overset{\langle 3 \rangle}{\mathbb{A}} + ... \tag{4.40}$$

nach den bilinearen Gliedern abgebrochen. Es entsteht

---

[30] Danach enthält ein vollständig symmetrischer isotroper vierstufiger Tensor einer vektorwertigen Variablen nur vier voneinander unabhängigie Funktionen der Vektor–Invarianten $\mathbb{a} \cdot \mathbb{a}$. Die Verallgemeinerung gegenüber (E3.41d) mit nur drei skalaren Funktionen $d^j F/(da^2)^j$, $j = 2,3,4$ besteht in der zusätzlichen Freiheit, den skalaren Faktor des (ebenfalls vollständig–symmetrischen) Tensors $\mathbb{E} \circ \mathbb{E}$ noch zusätzlich frei wählen zu dürfen.

[31] In der ersten Zeile von (4.40) sind die reinen Potenzen von $\overset{\langle 2 \rangle}{\mathbb{A}}$, in der zweiten Zeile Diejenigen von $\overset{\langle 3 \rangle}{\mathbb{A}}$ aufgelistet, in der dritten Zeile beginnt die Darstellung der gemischten Produkte. Die Auflistung solcherart Polynomialdarstellungen ist wesentlich gekennzeichnet einerseits durch die Forderung nach Geradzahligkeit der Stufen der isotropen Gruppen und andererseits durch die Stufenzahl der durch Polynome darzustellenden isotropen Funktion. Im vorliegenden Falle (Stufe Null) müssen sämtliche Polynomterme skalar sein, was die in (4.40) aufgelistete Struktur ergibt.

$$F = \overset{}{\mathbb{F}}(\overset{\langle 0\rangle}{\mathbb{A}},\ \overset{\langle 2\rangle}{\mathbb{A}}) = \overset{\langle 3\rangle}{\mathbb{J}}_{1,0}\cdot\cdot\overset{\langle 2\rangle}{\mathbb{A}} + \overset{}{\mathbb{J}}_{2,0}\cdot\cdot\cdot\overset{\langle 2\rangle}{\mathbb{A}}\circ\overset{\langle 4\rangle}{\mathbb{A}} + \overset{}{\mathbb{J}}_{0,2}\underbrace{\cdots\cdots}_{6\text{-fach}}\overset{\langle 3\rangle}{\mathbb{A}}\circ\overset{\langle 3\rangle}{\mathbb{A}} =$$

$$= \overset{(2)}{a}_{1,0}(\mathbb{E}\cdot\cdot\overset{\langle 2\rangle}{\mathbb{A}}) + \overset{(4)}{a}_{2,0}\overset{\langle 2\rangle}{\mathbb{A}}\cdot\cdot\overset{\langle 2\rangle}{\mathbb{A}} + \overset{(4)_*}{a}_{2,0}\overset{\langle 2\rangle}{\mathbb{A}}\cdot\cdot\overset{\langle 2\rangle}{\mathbb{A}}{}^{\mathrm{T}} + \overset{(4)_*}{a}_{3,0}(\mathbb{E}\cdot\cdot\overset{\langle 2\rangle}{\mathbb{A}})^2 + \overset{}{\mathbb{J}}_{0,2}\underbrace{\cdots\cdots}_{6\text{-fach}}\overset{\langle 3\rangle}{\mathbb{A}}\circ\overset{\langle 3\rangle}{\mathbb{A}},\qquad(4.41)$$

also eine $1+3+15=19$ freie Konstanten $\overset{(2)}{a}, \overset{(4)}{a}, \dots$ enthaltende Biliniearform.

Für spezielle Tensoren $\overset{\langle 2\rangle}{\mathbb{A}},\ \overset{\langle 3\rangle}{\mathbb{A}}$ verbleiben selbstverständlich wesentlich weniger Reihenglieder. Beschränkt

man auf symmetrische zweistufige Tensoren $\overset{\langle 2\rangle}{\mathbb{A}} = \mathbb{C} = \mathbb{C}^{\mathrm{T}}$ und auf $\overset{\langle 3\rangle}{\mathbb{A}} = \mathbb{V}\circ\mathbb{C}$, also auf den Gradienten

des Tensorfeldes $\mathbb{C}$, so findet man mit $\overset{\langle 6\rangle}{\mathbb{J}}$ nach (4.21a–e) nur die 5 skalaren Invarianten

$$i_1 = \overset{\langle 6\rangle}{\mathbb{I}}_j\cdots\cdots\mathbb{V}\circ\mathbb{C}\circ\mathbb{V}\circ\mathbb{C} = \mathbb{V}\circ\mathbb{C}\cdots\mathbb{V}\circ\mathbb{C} \qquad\qquad \text{für } j = 11,\ 12,\ 13,\ 14\ ,$$

$$i_2 = \overset{\langle 6\rangle}{\mathbb{I}}_j\cdots\cdots\mathbb{V}\circ\mathbb{C}\circ\mathbb{V}\circ\mathbb{C} = \mathbb{C}\circ\mathbb{V}\cdots\mathbb{V}\circ\mathbb{C} \qquad\qquad \text{für } j = 7,\ 8\ ,$$

$$i_3 = \overset{\langle 6\rangle}{\mathbb{I}}_j\cdots\cdots\mathbb{V}\circ\mathbb{C}\circ\mathbb{V}\circ\mathbb{C} = (\mathbb{V}\cdot\mathbb{C})^2 \qquad\qquad \text{für } j = 1,\ 2,\ 4,\ 5\ , \qquad (4.42\text{a–e})$$

$$i_4 = \overset{\langle 6\rangle}{\mathbb{I}}_9\cdots\cdots\mathbb{V}\circ\mathbb{C}\circ\mathbb{V}\circ\mathbb{C} = (\mathbb{V}\bar{C}_1)^2, \qquad\qquad \bar{C}_1 = \mathbb{E}\cdot\cdot\mathbb{C}\ ,\ \ \text{für } j = 9,$$

$$i_5 = \overset{\langle 6\rangle}{\mathbb{I}}_j\cdots\cdots\mathbb{V}\circ\mathbb{C}\circ\mathbb{V}\circ\mathbb{C} = (\mathbb{V}\bar{C}_1)\cdot(\mathbb{V}\cdot\mathbb{C}) \qquad\qquad \text{für } j = 3,\ 6,\ 10,\ 15\ ,$$

zu denen die drei Invarianten

$$\overset{\langle 2\rangle}{\mathbb{J}}\cdot\cdot\mathbb{C} \longrightarrow i_6 = \mathbb{E}\cdot\cdot\mathbb{C} = \bar{C}_1$$

$$\overset{\langle 4\rangle}{\mathbb{J}}\cdots\cdot\mathbb{C}\circ\mathbb{C} \longrightarrow i_7 =^{32)} \mathbb{C}\cdot\cdot\mathbb{C} = \bar{C}_2,\ i_8 = \bar{C}_1^2 \qquad\qquad (4.42\text{f–h})$$

hinzutreten[33]. Eine vollständige isotrope Bilinearform $F^*(\mathbb{C},\ \mathbb{V}\circ\mathbb{C})$ lautet daher mit skalaren

Konstanten α_j $(j = 1\dots8)$

$$F^*(\mathbb{C},\ \mathbb{V}\circ\mathbb{C}) = \alpha_6\bar{C}_1 + \alpha_7\bar{C}_2 + \alpha_8\bar{C}_1^2 + \alpha_1\mathbb{V}\circ\mathbb{C}\cdots\mathbb{V}\circ\mathbb{C} + \alpha_2\mathbb{C}\circ\mathbb{V}\cdots\mathbb{V}\circ\mathbb{C} +$$

$$+ \alpha_3(\mathbb{V}\cdot\mathbb{C})^2 + \alpha_4(\mathbb{V}\bar{C}_1)^2 + \alpha_5(\mathbb{V}\bar{C}_1)\cdot(\mathbb{V}\cdot\mathbb{C})\ . \qquad\qquad (4.43)$$

---

[32] Man benutze $\mathbb{E}\overset{\langle 4\rangle}{\cdots}\mathbb{C}\circ\mathbb{C} = \mathbb{E}_{\mathrm{T}}\overset{\langle 4\rangle}{\cdots}\mathbb{C}\circ\mathbb{C} = \bar{C}_2$

[33] Wegen $i_8 = i_6^2$ treten hier eigentlich nur 7 Invarianten auf. Die Notation sowohl von i_6 und i_8 wurde

hier beibehalten, um in (4.43) auch noch das lineare Glied $\alpha_6\,\bar{C}_1$ zu repräsentieren.

Schließlich sollen noch konstruiert werden

4.2.4   <u>Lineare isotrope zwei- bzw. dreistufig-tensorwertige Funktionen zwei- bzw. dreistufiger Argumente.</u>

Von den entsprechenden isotropen Potenzreihenentwicklungen verbleiben hier

$$\overset{\langle 2\rangle}{\mathbb{S}} = \overset{\langle 4\rangle}{\mathbb{J}} \cdot\cdot \overset{\langle 2\rangle}{\mathbb{A}}\,, \qquad\qquad \overset{\langle 3\rangle}{\mathbb{S}} = \overset{\langle 6\rangle}{\mathbb{J}} \cdot\cdot\cdot \overset{\langle 3\rangle}{\mathbb{A}}\,, \tag{4.44}$$

und mit $\overset{\langle 2\rangle}{\mathbb{A}} = \mathbb{C} = \mathbb{C}^T,\; \overset{\langle 3\rangle}{\mathbb{A}} = \nabla\!\circ\mathbb{C}$

$$\overset{\langle 2\rangle}{\mathbb{S}}(\mathbb{C},\,\nabla\!\circ\mathbb{C}) = \overset{\langle 4\rangle}{\mathbb{J}}\cdot\cdot\,\mathbb{C} = a_{10}\,\mathbb{C} + a_{11}\bar{C}_1\mathbb{E} \tag{4.45a,b}$$

sowie wegen

$$\overset{\langle 6\rangle}{\mathbb{I}}_{13,14}\cdots\nabla\circ\mathbb{C} = \nabla\circ\mathbb{C}\,, \qquad\qquad \overset{\langle 6\rangle}{\mathbb{I}}_{7,8}\cdots\nabla\circ\mathbb{C} = \mathbb{C}\circ\nabla\,,$$

$$\overset{\langle 6\rangle}{\mathbb{I}}_{1,4}\cdots\nabla\circ\mathbb{C} = (\nabla\cdot\mathbb{C})\circ\mathbb{E}\,, \qquad\qquad \overset{\langle 6\rangle}{\mathbb{I}}_{3,6}\cdots\nabla\circ\mathbb{C} = \mathbb{E}\circ(\nabla\cdot\mathbb{C})\,,$$

$$\overset{\langle 6\rangle}{\mathbb{I}}_{15}\cdots\nabla\circ\mathbb{C} = \nabla\bar{C}_1\circ\mathbb{E}\,, \qquad\qquad \overset{\langle 6\rangle}{\mathbb{I}}_{9}\cdots\nabla\circ\mathbb{C} = \mathbb{E}\circ\nabla\bar{C}_1\,,$$

$$\overset{\langle 6\rangle}{\mathbb{I}}_{2,5}\cdots\nabla\circ\mathbb{C} = (\nabla\cdot\mathbb{C})\cdot\overset{\langle 4\rangle}{\mathbb{E}}_T = \overset{\langle 4\rangle}{\mathbb{E}}_T\cdot(\nabla\cdot\mathbb{C})\,, \qquad \overset{\langle 6\rangle}{\mathbb{I}}_{10}\cdots\nabla\circ\mathbb{C} = \overset{\langle 4\rangle}{\mathbb{E}}_T\cdot(\nabla\bar{C}_1) = (\nabla\bar{C}_1)\cdot\overset{\langle 4\rangle}{\mathbb{E}}_T\,,$$

$$\overset{\langle 4\rangle}{\mathbb{I}}_{11,12}\cdots\nabla\circ\mathbb{C} = \overset{\langle 4\rangle}{\mathbb{E}}_T\cdot\cdot\nabla\circ\mathbb{C} \equiv (\mathbb{C}\circ\nabla)\cdot\cdot\overset{\langle 4\rangle}{\mathbb{E}}_T$$

die neungliedrige Struktur

$$\overset{\langle 3\rangle}{\mathbb{S}} = a_1\nabla\!\circ\mathbb{C} + a_2\mathbb{C}\circ\nabla + a_3(\nabla\cdot\mathbb{C})\circ\mathbb{E} + a_4\,\mathbb{E}\circ(\nabla\cdot\mathbb{C}) + a_5\nabla\bar{C}_1\circ\mathbb{E} +$$
$$+ a_6\mathbb{E}\circ\nabla\bar{C}_1 + a_7\,\overset{\langle 4\rangle}{\mathbb{E}}_T\cdot(\nabla\cdot\mathbb{C}) + a_8\,\overset{\langle 4\rangle}{\mathbb{E}}_T\cdot(\nabla\bar{C}_1) + a_9\,\overset{\langle 4\rangle}{\mathbb{E}}_T\cdot\cdot\nabla\!\circ\mathbb{C}\,. \tag{4.45c}$$

Verlangt man (dual zu $\nabla\!\circ\mathbb{C}$) den Tensor $\overset{\langle 3\rangle}{\mathbb{S}}$ in den beiden hinteren Indizes symmetrisch,

d.h.
$$\overset{\langle 3\rangle}{\mathbb{S}}\cdot\cdot(\overset{\langle 4\rangle}{\mathbb{E}} - \overset{\langle 4\rangle}{\mathbb{E}}_T) = 0\,, \tag{4.46a}$$

so erhält man hieraus wegen

$$(\mathbb{C}\circ\nabla)\cdot\cdot\overset{\langle 4\rangle}{\mathbb{E}}_T = \overset{\langle 4\rangle}{\mathbb{E}}_T\cdot\cdot\nabla\circ\mathbb{C}\,, \;(\mathbb{E}\circ(\nabla\cdot\mathbb{C}))\cdot\cdot\overset{\langle 4\rangle}{\mathbb{E}}_T = (\nabla\cdot\mathbb{C})\cdot\overset{\langle 4\rangle}{\mathbb{E}}_T = \overset{\langle 4\rangle}{\mathbb{E}}_T\cdot(\nabla\cdot\mathbb{C})\,,$$

$$(\mathbb{E}\circ\nabla C_1)\cdot\cdot\overset{\langle 4\rangle}{\mathbb{E}}_T = \nabla\bar{C}_1\cdot\overset{\langle 4\rangle}{\mathbb{E}}_T = \overset{\langle 4\rangle}{\mathbb{E}}_T\cdot\nabla\bar{C}_1\,, \;(\overset{\langle 4\rangle}{\mathbb{E}}_T\cdot(\nabla\cdot\mathbb{C}))\cdot\cdot\overset{\langle 4\rangle}{\mathbb{E}}_T = \mathbb{E}\circ\nabla\cdot\mathbb{C}\,,$$

$$(\overset{\langle 4 \rangle}{\mathbb{E}_T} \cdot \nabla \bar{C}_1) \cdot\cdot \overset{\langle 4 \rangle}{\mathbb{E}_T} = \mathbb{E} \circ \nabla \bar{C}_1, \quad (\overset{\langle 4 \rangle}{\mathbb{E}_T} \cdot\cdot \nabla \circ \mathbb{C}) \cdot\cdot \overset{\langle 4 \rangle}{\mathbb{E}_T} = \mathbb{C} \circ \nabla$$

schließlich

$$a_2 = a_9 , \qquad a_4 = a_7 , \qquad a_6 = a_8 \qquad\qquad (4.46b)$$

und demgemäß mit $\overset{\langle 4 \rangle}{\mathbb{E}_S} = (\overset{\langle 4 \rangle}{\mathbb{E}} + \overset{\langle 4 \rangle}{\mathbb{E}_T})/2$ für die in den beiden hinteren Indizes symmetrisier-

te Form $\overset{\langle 3 \rangle_*}{\$} = \overset{\langle 3 \rangle}{\$} \cdot\cdot \overset{\langle 4 \rangle}{\mathbb{E}_S}$ von $\overset{\langle 3 \rangle}{\$}$ mit 6 Konstanten a_j $(j = 1 \dots 6)$

$$\overset{\langle 3 \rangle_*}{\$}{}^{*} \equiv \overset{\langle 3 \rangle_*}{\$} \cdot\cdot \overset{\langle 4 \rangle}{\mathbb{E}_T} = a_1 \nabla \circ \mathbb{C} + \left[a_3(\nabla \cdot \mathbb{C}) + a_5 \nabla \bar{C}_1 \right] \circ \mathbb{E} +$$

$$+ 2 \left[a_2(\mathbb{C} \circ \nabla) + \mathbb{E} \circ (a_4 \nabla \cdot \mathbb{C} + a_6 \nabla \bar{C}_1) \right] \cdot\cdot \overset{\langle 4 \rangle}{\mathbb{E}_S} . \qquad (4.46c)$$

Eine Struktur dieser Form tritt als lineare Materialgleichung für den sog. "dreistufigen

Teilspannungstensor" im Rahmen einer "nichtlokalen" Theorie vom Grade 2 für Kelvin—

Fluide auf [7].

In "nichtlokalen Kontinuumstheorien vom Gradiententyp n" werden aus der Impulsbilanz auf der Basis

linearer Stoffgleichungen für elastische Medien bzw. kelvinartige Fluide schließlich vektorwertige Feld-

gleichungen 2—nter Ordnung für den jeweiligen Feldvektor der Verschiebungen (u) bzw. der Geschwindig-

keit (w) extrahiert [7],[12]. Die entstehenden Gleichungsstrukturen

$$\mathfrak{f}(\nabla \circ \nabla \circ w, \dots, \nabla \circ \nabla \circ \nabla \circ \nabla \circ w, \dots, \underbrace{\nabla \nabla \circ \dots \circ \nabla}_{2\,n\,-\mathrm{mal}} \circ w) = 0 \qquad (4.47)$$

des jeweiligen massenkraftfreien quasistatischen Problems sind im isotropen Falle wesentlich gekennzeich-

net durch die Struktur einer

4.2.5   <u>linearen isotropen vektorwertigen Funktion $\mathfrak{f}_n$ der 2nten Ableitungen einer</u>

      <u>vektorwertigen Variablen (w),</u>

$$\mathfrak{f}_n = \mathfrak{f}_n(\underbrace{\nabla \circ \nabla \circ \dots \circ \nabla}_{2\,n\,-\mathrm{mal}} \circ w),$$

die nach (E4.30a) mit $s = 2n + 1$ und $p = 1$ mit einer isotropen Gruppe $\overset{\langle 2(n+1) \rangle}{\mathbb{J}}$ als

$$\mathbf{f}_{2n} = \overset{\langle 2(n+1)\rangle}{\mathbb{J}} \underbrace{\cdots\cdots}_{2n+1\text{-fach}} \underbrace{\nabla\circ\nabla\circ\ldots\circ\nabla}_{2n\text{-mal}}\circ w$$

geschrieben werden kann. Wegen der Vertauschbarkeit der vektorwertigen Differentialoperationen ∇ sind in den Elementen $\overset{\langle 2n\rangle}{\mathbb{I}}_{j}$ bis auf den jeweils ersten Basisvektor sämtliche Basisvektoren vertauschbar, ohne das Resultat zu ändern, was bedeutet, daß das Resultat $\mathbf{f}_{n}$ durch zwei repräsentative Typen von 2n–stufigen Elementen dargestellt werden kann, nämlich durch die Struktur

$$\overset{\langle 2(n+1)\rangle}{\mathbb{I}_{a}} = \overset{(2n)}{a}\; \mathbb{e}_{\alpha}\circ\underbrace{\mathbb{E}\circ\mathbb{E}\circ\ldots\circ\mathbb{E}}_{n\text{-mal}}\circ\mathbb{e}_{\alpha}\,,\quad \overset{(2n)}{a} = \text{const},$$

in der der erste und zweite Basisvektor verschieden sind, sowie durch die Struktur

$$\overset{\langle 2(n+1)\rangle}{\mathbb{I}_{b}} = \overset{(2n)}{b}\;\underbrace{\mathbb{E}\circ\mathbb{E}\circ\ldots\circ\mathbb{E}}_{(n+1)\text{-mal}}\,,\quad b = \text{const}.$$

mit gleichen ersten und zweiten Basisvektoren. Mit $\Delta = \nabla\cdot\nabla$ entsteht so

$$\mathbf{f}_{2n} = \left[\overset{\langle 2(n+1)\rangle}{\mathbb{I}_{a}} + \overset{\langle 2(n+1)\rangle}{\mathbb{I}_{b}}\right]\underbrace{\cdots\cdots}_{2n+1\text{-fach}}\underbrace{\nabla\circ\nabla\circ\ldots\circ\nabla}_{2n\text{-mal}}\circ w =$$

$$= \overset{(2n)}{a}\;\nabla\circ\underbrace{\mathbb{E}\circ\mathbb{E}\circ\ldots\circ\mathbb{E}}_{n\text{-mal}}\underbrace{\cdots\cdots}_{2n\text{-fach}}\underbrace{\nabla\circ\nabla\circ\ldots\circ\nabla}_{(2n-1)\text{-mal}}\circ w + \overset{(2n)}{b}\;\Delta^{n}\mathbb{E}\cdot w = \overset{(2n)}{a}\;\nabla(\Delta^{n-1}\nabla\cdot w) + \overset{(2n)}{b}\;\Delta^{n} w$$

$$\equiv \overset{(2n)}{a}\;\nabla(\nabla\cdot\Delta^{n-1} w) + \overset{(2n)}{b}\;\Delta^{n} w \equiv \overset{(2n)}{a}\;\mathrm{grad}(\mathrm{div}\,\Delta^{n-1} w) + \overset{(2n)}{b}\;\Delta^{n} w \overset{\wedge}{=} \tag{4.48}$$

$$\overset{\wedge}{=} (\overset{(2n)}{a}\;\mathrm{graddiv} + \overset{(2n)}{b}\;\Delta)\Delta^{n-1} w$$

als allgemeine Struktur.

Prominentestes Beispiel ist der Fall $n = 1$, also die lineare isotrope vektorwertige Differentialform zweiter Ordnung

$$\mathbf{f}_{2} = \overset{(2)}{a}\;\nabla(\nabla\cdot w) + \overset{(2)}{b}\;\Delta w \tag{4.49a}$$

mit der – mit $\overset{(2)}{b} = G$, $\overset{(2)}{a} = G/(1-2\nu)$ – in der Form

$$\mathbf{f} = \mathbf{f}_{2} = G\left[\Delta w + \frac{1}{1-2\nu}\nabla(\nabla\cdot w)\right] = 0 \tag{4.49b}$$

die sog. "homogene Verschiebungsgleichung" der linearen Elastostatik verifiziert wird, der Fall $n = 2$, d.h.

$$\mathbf{f}(\nabla\circ\nabla\circ w, \nabla\circ\nabla\circ\nabla\circ\nabla\circ w) = \mathbf{f}_{2} + \mathbf{f}_{4} = \overset{(2)}{a}\;\nabla(\nabla\cdot w) + \overset{(2)}{b}\;\Delta w + \overset{(4)}{a}\;\nabla(\nabla\cdot\Delta w) + \overset{(4)}{b}\;\Delta\Delta w \tag{4.50a}$$

repräsentiert den entsprechenden homogenen Anteil einer Feldgleichung für den sog. "nichtlokalen Fall vom Grade 2", die für den Fall eines isochoren Kelvinfluides —mit $\nabla \cdot w = 0$— vollständig durch

$$\mu\, \underline{\Delta}w\_ + \_\overset{*}{\mu}\_\Delta\underline{\Delta}w\_ - \nabla p + \rho\mathbb{k} = \rho\dot{w} \qquad (4.50b)$$

beschrieben wird $[7]^{34)}$. Der in letzterer Formel gestrichelte Anteil ist aus (4.50a) mit $\nabla \cdot w = 0$, $\overset{(2)}{b} = \mu$, $\overset{(4)}{b} = \overset{*}{\mu}$ zu identifizieren. Für ein entsprechendes Fluid "vom Grade 3" gibt Silber

$$\mu\, \underline{\Delta}w\_ + \_\overset{*}{\mu}\_\Delta\underline{\Delta}w\_ + \_ + \_\overset{**}{\mu}\_\underline{\Delta}\Delta\underline{\Delta}w\_ - \nabla p + \rho\mathbb{k} = \rho\dot{w} \qquad (4.51a)$$

an $[12]$. Der gestrichelte Anteil ist hier mit $\nabla \cdot w = 0$ aus der entsprechenden Summe der linearen

vektorwertigen Differentialformen bis zur sechsten Ordnung, d.h. aus

$$\mathbb{f} = \mathbb{f}_2 + \mathbb{f}_4 + \mathbb{f}_6 \qquad (4.51b)$$

zu verifizieren usw..

4.3 Permutationen

In der jeweiligen isotropen Gruppe $\overset{\langle 2n\rangle}{\mathbb{J}}$ sind als Untergruppen die sog. "Permutationsgruppe" $\overset{\langle 2n\rangle}{\mathscr{P}}$ und – als Untergruppe von $\overset{\langle 2n\rangle}{\mathscr{P}}$ – die sog.

4.3.1 <u>zyklische Permutationsgruppe</u> $\overset{\langle 2n\rangle}{\mathscr{P}}_Z$,

repräsentiert durch die n Elemente

$$\overset{\langle 2n\rangle}{\mathbb{P}}_Z{}^j = \underbrace{\overset{\langle 2n\rangle}{\mathbb{P}}_Z \underbrace{\cdots\cdots}_{n-fach}\overset{\langle 2n\rangle}{\mathbb{P}}_Z \underbrace{\cdots\cdots}_{n-fach}\cdots\cdots \overset{\langle 2n\rangle}{\mathbb{P}}_Z}_{j-mal} \quad , j = 0, \ldots (n-1) , \qquad (4.52a)$$

mit

$$\overset{\langle 2n\rangle}{\mathbb{P}}_Z{}^0 = \mathbb{E} \quad , \qquad \overset{\langle 2n\rangle}{\mathbb{P}}_Z = \underbrace{\overset{\langle 2(n-1)\rangle}{\mathbb{E}_T}\cdots\cdots\cdots}_{(n-1)-fach}\overset{\langle 2n\rangle}{\mathbb{E}_T} \qquad (4.52b,c)$$

---

34) Hierin bedeuten $\mu, \overset{*}{\mu}$ Viskositätskoeffizienten.

(vgl. a. die Fußnoten 6,8,11 dieses Paragraphen), enthalten[35], die wegen

$$
\overset{(1)}{\times}\circ\overset{(2)}{\times}\circ\ldots\circ\overset{(n)}{\times}\underbrace{\cdots\cdots}_{\text{n-fach}}\mathbb{P}_Z^{\langle 2n\rangle} \equiv \mathbb{P}_Z^{\langle 2n\rangle}\underbrace{\cdots\cdots}_{\text{n-fach}}\overset{(1)}{\times}\circ\overset{(2)}{\times}\circ\ldots\circ\overset{(n)}{\times} = \overset{(2)}{\times}\circ\overset{(3)}{\times}\circ\cdots\circ\overset{(n)}{\times}\circ\overset{(1)}{\times}\qquad (4.52\mathrm{d})
$$

per

$$
\overset{(1)}{\times}\circ\overset{(2)}{\times}\circ\ldots\circ\overset{(n)}{\times}\underbrace{\cdots\cdots}_{\text{n-fach}}\mathbb{P}_Z^{\langle 2n\rangle\,j} \equiv \mathbb{P}_Z^{\langle 2n\rangle\,j}\underbrace{\cdots\cdots}_{\text{n-fach}}\overset{(1)}{\times}\circ\overset{(2)}{\times}\circ\ldots\circ\overset{(n)}{\times}\ ,\quad j=0,\ldots,(n-1),\qquad (4.52\mathrm{e})
$$

die Menge aller an einem n-stufigen Set $\overset{(1)}{\times}\circ\ldots\circ\overset{(n)}{\times}$ möglichen zyklischen Permutationen

kennzeichnen.

Daß die in (4.52d,e) beschriebene Abbildungsaufgabe mit $\mathbb{P}_Z^{\langle 2n\rangle}$ nach (4.52c) geleistet wird, rechnet man

leicht nach, denn es ist in der Tat

$$
\left[\overset{(1)}{\times}\circ\overset{(2)}{\times}\circ\ldots\circ\overset{(n)}{\times}\right]\underbrace{\cdots\cdots}_{\text{n-fach}}\left[\mathbb{E}_T^{\langle 2(n-1)\rangle}\underbrace{\cdots\cdots\cdots}_{(n-1)\text{-fach}}\mathbb{E}_T^{\langle 2n\rangle}\right] \equiv
$$

$$
\equiv\left[\left[\overset{(1)}{\times}\circ\overset{(2)}{\times}\circ\ldots\circ\overset{(n)}{\times}\right]\underbrace{\cdots\cdots\cdots}_{(n-1)\text{-fach}}\mathbb{E}_T^{\langle 2(n-1)\rangle}\right]\underbrace{\cdots\cdots}_{\text{n-fach}}\mathbb{E}_T^{\langle 2n\rangle} =
$$

$$
=\left[\overset{(1)}{\times}\circ\overset{(n)}{\times}\circ\overset{(n-1)}{\times}\circ\ldots\circ\overset{(3)}{\times}\circ\overset{(2)}{\times}\right]\underbrace{\cdots\cdots}_{\text{n-fach}}\mathbb{E}_T^{\langle 2n\rangle} \overset{36)}{=} \overset{(2)}{\times}\circ\overset{(3)}{\times}\circ\cdots\circ\overset{(n)}{\times}\circ\overset{(1)}{\times}\ ,
$$

und daß die Gruppe nur die n Glieder $\mathbb{P}_Z^{\langle 2n\rangle\,j}$, $j = 0, \ldots (n - 1)$, umfaßt, ist unmittelbar einleuchtend

angesichts der Tatsache, daß

---

35) Von z. B. der vierstufigen isotropen Gruppe $\mathbb{J}^{\langle 4\rangle}$ nach (4.4d) sind dies die beiden Elemente
$\mathbb{P}_Z^{\langle 4\rangle\,0} = \mathbb{E}^{\langle 4\rangle}$, $\mathbb{P}_Z^{\langle 4\rangle} \equiv \mathbb{E}^{\langle 4\rangle}\cdot\mathbb{E}_T^{\langle 4\rangle} = \mathbb{E}_T^{\langle 4\rangle}$, von der sechsstufigen isotropen Gruppe $\mathbb{J}^{\langle 6\rangle}$ nach (4.21) die

$6/2 = 3$ Elemente $\qquad \mathbb{P}_Z^{\langle 6\rangle\,0} = \mathbb{E}^{\langle 6\rangle} = \mathbb{I}_{13}^{\langle 6\rangle}$, $\mathbb{P}_Z^{\langle 6\rangle} = \mathbb{E}_T^{\langle 6\rangle}\cdot\cdot\,\mathbb{E}_T^{\langle 4\rangle} = \mathbb{I}_8^{\langle 6\rangle}$,

$$
\mathbb{P}_Z^{\langle 6\rangle\,2} = \left[\mathbb{E}_T^{\langle 4\rangle}\cdot\cdot\,\mathbb{E}_T^{\langle 6\rangle}\right]\ldots\left[\mathbb{E}_T^{\langle 4\rangle}\cdot\cdot\,\mathbb{E}_T^{\langle 6\rangle}\right] \equiv \mathbb{E}_T^{\langle 6\rangle}\cdot\cdot\,\mathbb{E}_T^{\langle 4\rangle} = \mathbb{I}_{11}^{\langle 6\rangle}\ .
$$

36) Analog ist $\mathbb{P}_Z\underbrace{\cdots\cdots}_{\text{n-fach}}\overset{(1)}{\times}\circ\overset{(2)}{\times}\circ\cdots\overset{(n)}{\times} = \overset{(2)}{\times}\circ\overset{(3)}{\times}\circ\cdots\overset{(n)}{\times}\circ\overset{(1)}{\times}$ und damit Gültigkeit des

kommutativen Gesetzes der n-fach-Multiplikation nachzurechnen.

$$\overset{\langle 2n\rangle}{\mathbb{P}}{}_{Z}{}^{n} \equiv \mathbb{E} \left[= \underbrace{\overset{\langle 2n\rangle}{\mathbb{P}}{}_{Z}{}^{\alpha} \cdots\cdots \overset{\langle 2n\rangle}{\mathbb{P}}{}_{Z}{}^{(n-\alpha)}}_{n-\mathrm{fach}} \right] , \; 0 \leq \alpha \leq n, \tag{4.53a}$$

sein muß, weil nach n zyklischen Permutationen wieder die Ausgangsstruktur

$$\begin{matrix}(1)\;\;(2)\;\;\;\;(n)\\ \varkappa \; \mathrm{o} \; \varkappa \; \mathrm{o..o} \; \varkappa\end{matrix}$$ erreicht wird. Danach ist generell

$$\overset{\langle 2n\rangle}{\mathbb{P}}{}_{Z}{}^{\alpha} = \left[\overset{\langle 2n\rangle}{\mathbb{P}}{}_{Z}{}^{(n-\alpha)} \right]^{-1} , \quad \overset{\langle 2n\rangle}{\mathbb{P}}{}_{Z}{}^{(n-\alpha)} = \left[\overset{\langle 2n\rangle}{\mathbb{P}}{}_{Z}{}^{\alpha} \right]^{-1} , \; 0 \leq \alpha \leq n , \tag{4.53b,c}$$

und weil überdies

$$\underbrace{\overset{\langle 2n\rangle}{\mathbb{P}}{}_{Z} \cdots\cdots \overset{\langle 2n\rangle}{\mathbb{P}}{}_{Z}{}^{T}}_{n-\mathrm{fach}} \equiv^{37)} \left[\overset{\langle 2(n-1)\rangle}{\mathbb{E}}{}_{T} \underbrace{\cdots\cdots\cdots}_{(n-1)-\mathrm{fach}} \overset{\langle 2n\rangle}{\mathbb{E}}{}_{T} \right] \underbrace{\cdots\cdots}_{n-\mathrm{fach}} \left[\overset{\langle 2n\rangle}{\mathbb{E}}{}_{T} \underbrace{\cdots\cdots\cdots}_{(n-1)-\mathrm{fach}} \overset{\langle 2n\rangle}{\mathbb{E}}{}_{T} \right] \equiv$$

$$\equiv \overset{\langle 2(n-1)\rangle}{\mathbb{E}}{}_{T} \underbrace{\cdots\cdots\cdots}_{(n-1)-\mathrm{fach}} \left[\underbrace{\overset{\langle 2n\rangle}{\mathbb{E}}{}_{T} \cdots\cdots \overset{\langle 2n\rangle}{\mathbb{E}}{}_{T}}_{n-\mathrm{fach}} \right] \underbrace{\cdots\cdots\cdots}_{(n-1)-\mathrm{fach}} \overset{\langle 2(n-1)\rangle}{\mathbb{E}}{}_{T} \overset{\langle 2n\rangle}{\mathbb{E}}{} \equiv \mathbb{E} \equiv$$

$$\equiv^{38)} \underbrace{\overset{\langle 2n\rangle}{\mathbb{P}}{}_{Z}{}^{T} \cdots\cdots \overset{\langle 2n\rangle}{\mathbb{P}}{}_{Z}}_{n-\mathrm{fach}} \tag{4.53d}$$

gilt, erleichtern die Formeln

$$\overset{\langle 2n\rangle}{\mathbb{P}}{}_{Z}{}^{-1} = \overset{\langle 2n\rangle}{\mathbb{P}}{}_{Z}{}^{T} , \quad \overset{\langle 2n\rangle}{\mathbb{P}}{}_{Z}{}^{n-\alpha} = \left[\overset{\langle 2n\rangle}{\mathbb{P}}{}_{Z}{}^{\alpha} \right]^{-1} \equiv \left[\overset{\langle 2n\rangle}{\mathbb{P}}{}_{Z}{}^{-1} \right]^{\alpha} = \left[\overset{\langle 2n\rangle}{\mathbb{P}}{}_{Z}{}^{\alpha} \right]^{T} \tag{4.53e}$$

die Konstruktion der Gruppenelemente[39]. (4.52e) schließlich ist wegen (4.52d) unmittelbar einzusehen.

Aus den Elementen der zyklischen Permutationsgruppe

[37) Man beachte $\left[\overset{\langle 2(n-1)\rangle}{\mathbb{E}}{}_{T} \underbrace{\cdots\cdots\cdots}_{(n-1)-\mathrm{fach}} \overset{\langle 2n\rangle}{\mathbb{E}}{}_{T} \right]^{T} = \overset{\langle 2n\rangle}{\mathbb{E}}{}_{T} \underbrace{\cdots\cdots\cdots}_{(n-1)-\mathrm{fach}} \overset{\langle 2(n-1)\rangle}{\mathbb{E}}{}_{T}$, weil neben (6.25d)

$\left[\overset{\langle 2j\rangle}{\mathbb{E}}{}_{T} \right]^{T} = \overset{\langle 2j\rangle}{\mathbb{E}}{}_{T}$ gilt.

38) Man beachte $\underbrace{\overset{\langle 2n\rangle}{\mathbb{E}}{}_{T} \cdots\cdots \overset{\langle 2n\rangle}{\mathbb{E}}{}_{T}}_{n-\mathrm{fach}} = \overset{\langle 2n\rangle}{\mathbb{E}}$ bzw., daß zweimaliges Transponieren eines Sets

$\begin{matrix}(1)\;\;\;\;\;\;(n)\\ \varkappa \; \mathrm{o} \cdots \mathrm{o} \; \varkappa\end{matrix}$ wieder den Set $\begin{matrix}(1)\;\;\;\;\;\;(n)\\ \varkappa \; \mathrm{o} \cdots \mathrm{o} \; \varkappa\end{matrix}$ hervorbringt.

39) Für den Fall n = 3 und $\alpha = 2$ ist danach z. B. $\overset{\langle 6\rangle}{\mathbb{P}}{}_{Z} = \left[\overset{\langle 6\rangle}{\mathbb{P}}{}_{Z}{}^{2} \right]^{T}$ in Übereinstimmung mit dem in

Fußnote 35 festgestellten Befund $\overset{\langle 6\rangle}{\mathbb{P}}{}_{Z} = \overset{\langle 6\rangle}{\mathbb{E}}{}_{T} \cdot\cdot \overset{\langle 4\rangle}{\mathbb{E}}{}_{T} , \; \overset{\langle 6\rangle}{\mathbb{P}}{}_{Z}{}^{2} = \overset{\langle 6\rangle}{\mathbb{E}}{}_{T} \cdot\cdot \overset{\langle 4\rangle}{\mathbb{E}}{}_{T} = \left[\overset{\langle 4\rangle}{\mathbb{E}}{}_{T} \cdot\cdot \overset{\langle 6\rangle}{\mathbb{E}}{}_{T} \right]^{T}$.]

$$\overset{\langle 2n\rangle}{\mathscr{P}}_Z \;\overset{\wedge}{=}\; \left\{ \overset{\langle 2n\rangle}{\mathbb{E}}, \; \overset{\langle 2n\rangle}{\mathbb{P}}_Z, \; \overset{\langle 2n\rangle}{\mathbb{P}}_Z{}^2, \; \dots, \; \overset{\langle 2n\rangle}{\mathbb{P}}_Z{}^{n-1} \right\} \tag{4.54a}$$

werden mit Skalaren $\lambda_j (j = 0,\dots,(n-1))$ per $\displaystyle\sum_{j=0}^{n-1} \lambda_j \, \overset{\langle 2n\rangle}{\mathbb{P}}_Z{}^j / n$ sog. "gewichtete Mittelwerte" gebildet,

insbesondere

a)   für $\lambda_j = 1$, $j = 0,\dots,(n-1)$, der zyklische Mittelwert

$$\overset{\langle 2n\rangle}{\mathbf{P}}_Z = \sum_{j=0}^{n-1} \overset{\langle 2n\rangle}{\mathbb{P}}_Z{}^j / n \overset{40)}{\equiv} \overset{\langle 2n\rangle}{\mathbf{P}}_Z{}^T , \tag{4.54b}$$

b)   für $\lambda_j = (-1)^j$ der zyklisch–alternierende Mittelwert

$$\overset{\langle 2n\rangle}{\mathbf{P}}_A = \sum_{j=0}^{n-1} (-1)^j \, \overset{\langle 2n\rangle}{\mathbb{P}}_Z{}^j / n , \tag{4.54c}$$

der allerdings nur für geradzahlige n transpositions–symmetrisch ist,

$$\overset{\langle 2n\rangle}{\mathbf{P}}_A = \overset{\langle 2n\rangle}{\mathbf{P}}_A{}^T \text{ für geradzahlige n.} \tag{4.54d}$$

Während mittels

$$\overset{(1)}{\varkappa} \circ \dots \circ \overset{(n)}{\varkappa} \underbrace{\cdots\cdots}_{n-fach} \overset{\langle 2n\rangle}{\mathbf{P}}_Z \overset{41)}{\equiv} \overset{\langle 2n\rangle}{\mathbf{P}}_Z \underbrace{\cdots\cdots}_{n-fach} \overset{(1)}{\varkappa} \circ \dots \circ \overset{(n)}{\varkappa} \tag{4.55a}$$

der Mittelwert aller zyklischen Permutationen eines Sets $\overset{(1)}{\varkappa} \circ \dots \circ \overset{(n)}{\varkappa}$ dargestellt wird, summiert man im

Falle

$$\overset{(1)}{\varkappa} \circ \dots \circ \overset{(n)}{\varkappa} \underbrace{\cdots\cdots}_{n-fach} \overset{\langle 2n\rangle}{\mathbf{P}}_A \overset{41)}{\equiv} \overset{\langle 2n\rangle}{\mathbf{P}}_A \underbrace{\cdots\cdots}_{n-fach} \overset{(1)}{\varkappa} \circ \dots \circ \overset{(n)}{\varkappa} \tag{4.55b}$$

"vorzeichenbehaftet", je nachdem, ob eine geradzahlige oder eine ungeradzahlige Anzahl zyklischer

Permutationen vollzogen wurde. Weil

---

40) Da nach (4.53e) – ggfs. bis auf ein zu sich selbst transpositionssymmetrisches Element – die einzelnen Summanden in (4.54b) zu Paaren zu ordnen sind, die durch Transposition wechselweise ineinander überführt werden, ist der Mittelwert $\overset{\langle 2n\rangle}{\mathbf{P}}_Z$ in der Tat "transpositionsinvariant".

41) die "kommutative Anwendungsmöglichkeit" der Operatoren $\overset{\langle 2n\rangle}{\mathbf{P}}_Z$, $\overset{\langle 2n\rangle}{\mathbf{P}}_A$ basiert auf (4.52e)

$$\overset{\langle 2n\rangle}{\mathbf{P}}_{Z} \underbrace{\ \cdots\cdots\ }_{n-\mathrm{fach}} \overset{\langle 2n\rangle}{\mathbb{P}}_{Z}{}^{k} \underset{=42)}{\equiv} \frac{1}{n}\sum_{j=0}^{n-1}\overset{\langle 2n\rangle}{\mathbb{P}}_{Z}{}^{j} \equiv \overset{\langle 2n\rangle}{\mathbf{P}}_{Z} \tag{4.55c}$$

gilt, also zyklische Permutation des zyklischen Mittelwerts wiederum den zyklischen Mittelwert ergibt, gilt

$$\overset{\langle 2n\rangle}{\mathbf{P}}_{Z} \underbrace{\ \cdots\cdots\ }_{n-\mathrm{fach}} \sum_{k=0}^{n-1}\overset{\langle 2n\rangle}{\mathbb{P}}_{Z}{}^{k} \equiv n\,\overset{\langle 2n\rangle}{\mathbf{P}}_{Z}$$

und daher

$$\overset{\langle 2n\rangle}{\mathbf{P}}_{Z} \underbrace{\ \cdots\cdots\ }_{n-\mathrm{fach}} \frac{1}{n}\sum_{k=0}^{n-1}\overset{\langle 2n\rangle}{\mathbb{P}}_{Z}{}^{k} \equiv \overset{\langle 2n\rangle}{\mathbf{P}}_{Z} \underbrace{\ \cdots\cdots\ }_{n-\mathrm{fach}} \overset{\langle 2n\rangle}{\mathbf{P}}_{Z} = \overset{\langle 2n\rangle}{\mathbf{P}}_{Z} \ , \tag{4.55d}$$

wonach der Operator der zyklischen Mittelwertbildung idempotent ist. Die entsprechende Idempotenzeigenschaft für zyklisch–alternierende Mittelwerte $\overset{\langle 2n\rangle}{\mathbf{P}}_{A}$ ist allerdings nur für geradzahlige Werten nachzuweisen

$$\overset{\langle 2n\rangle}{\mathbf{P}}_{A} \underbrace{\ \cdots\cdots\ }_{n-\mathrm{fach}} \overset{\langle 2n\rangle}{\mathbf{P}}_{A} = \overset{\langle 2n\rangle}{\mathbf{P}}_{A} \ , \ n\ \text{geradzahlig}, \tag{4.55e}$$

ebenso wie deren Orthogonalität zum zyklischen Mittelwert $\overset{\langle 2n\rangle}{\mathbf{P}}_{Z}$ im Sinne von

$$\overset{\langle 2n\rangle}{\mathbf{P}}_{Z} \underbrace{\ \cdots\cdots\ }_{n-\mathrm{fach}} \overset{\langle 2n\rangle}{\mathbf{P}}_{A} = \overset{\langle 2n\rangle}{\mathbf{P}}_{A} \underbrace{\ \cdots\cdots\ }_{n-\mathrm{fach}} \overset{\langle 2n\rangle}{\mathbf{P}}_{Z} = 0, \ n\ \text{geradzahlig}. \tag{4.55f}$$

Die

---

42) Wegen (4.53a) und damit $\overset{\langle 2n\rangle}{\mathbb{P}}_{Z}{}^{n+\alpha} = \overset{\langle 2n\rangle}{\mathbb{P}}_{Z}{}^{\alpha}$ wird mittels $\overset{\langle 2n\rangle}{\mathbf{P}}_{Z} \cdots\cdots \overset{\langle 2n\rangle}{\mathbb{P}}_{Z}{}^{k} \equiv \overset{\langle 2n\rangle}{\mathbb{P}}_{Z}{}^{k} \cdots\cdots \overset{\langle 2n\rangle}{\mathbf{P}}_{Z}$

in der Tat wieder der Mittelwert $\overset{\langle 2n\rangle}{\mathbf{P}}_{Z}$ hervorgebracht.

4.3.2   Permutationsgruppe $\overset{\langle 2\,n\rangle}{\mathcal{P}}$

repräsentiert die Menge der n! Elemente

$$\overset{\langle 2\,n\rangle}{\mathbb{P}}_{\alpha\beta\gamma..\nu} \quad \text{mit} \quad \left\{ \begin{array}{l} \alpha=0,1 \\ \beta=0,1,2 \\ \gamma=0,1,2,3 \\ \vdots \\ \nu=0,....,(n-1) \end{array} \right. , \tag{4.56a}$$

mit denen man per

$$\overset{(1)}{\varkappa}\circ\overset{(2)}{\varkappa}\circ...\circ\overset{(n)}{\varkappa}\underbrace{\cdots\cdots}_{\text{n-fach}}\overset{\langle 2\,n\rangle}{\mathbb{P}}_{\alpha\beta..\nu} \tag{4.56b}$$

einen tensoriellen Set $\overset{(1)}{\varkappa}\circ...\circ\overset{(n)}{\varkappa}$ dahingehend verändern kann, daß (jeweils) zwei der

Produktfaktoren (etwa $\overset{(j)}{\varkappa}$, $\overset{(k)}{\varkappa}$) die Plätze tauschen.

In einer übersichtlichen Determinantensymbolik läßt sich die mit $\overset{(1)}{\varkappa}\circ...\circ\overset{(n)}{\varkappa}\underbrace{\cdots\cdots}_{\text{n-fach}}\overset{\langle 2\,n\rangle}{\mathcal{P}}$

bezeichnete Menge der Permutationen eines n-stufigen Sets $\overset{(1)}{\varkappa}\circ...\circ\overset{(n)}{\varkappa}$ in der Form

$$\overset{(1)}{\varkappa}\circ...\circ\overset{(n)}{\varkappa}\underbrace{\cdots\cdots}_{\text{n-fach}}\overset{\langle 2\,n\rangle}{\overset{\wedge}{\mathcal{P}}} = \underbrace{\left| \begin{array}{ccc} \overset{(1)}{\varkappa} & \cdots\cdots\cdots & \overset{(1)}{\varkappa} \\ \overset{(2)}{\varkappa} & \cdots\cdots\cdots & \overset{(2)}{\varkappa} \\ \vdots & & \vdots \\ \overset{(n)}{\varkappa} & & \overset{(n)}{\varkappa} \end{array} \right|}_{\text{n-mal}} , \tag{4.57}$$

notieren mit der Verabredung, die Determinantenstruktur nach der "Entwicklungsregel für Determinanten" zu reduzieren unter den Bedingungen, daß dabei

1)   sämtliche Determinanten "spaltenweise", d. h. z. B. nach den (vektorischen) Elementen jeweils ihrer ersten Spalten entwickelt werden, daß

2)   unter den Produktbildungen tensorielle Multiplikationen ($\circ$) mit korrekter Beachtung der Reihenfolge der Produktfaktoren verstanden werden, und daß schließlich

3)   sämtliche bei den Determinantenentwicklungen üblicherweise anfallenden alternierenden Vorzeichen durch Kommata ersetzt werden, die die solchermaßen getrennten Produktformen als die Elemente der Menge aller Permutationsvarianten eines Sets

$$\overset{(1)}{\varkappa} \circ .. \overset{(n)}{\varkappa} \quad \text{hervorbringen}[43].$$

Permutationsgruppen–Elemente $\overset{\langle 2n\rangle}{\mathbb{P}}_{\alpha\beta..\nu}$ sind diejenigen Elemente der (diesbezüglichen) isotropen Gruppe $\overset{\langle 2n\rangle}{\mathbb{J}}$, bei deren Darstellung in Form von Basisvektoren $\langle \mathbf{e}_\alpha\rangle$ die Indizes der ersten n Basisvektoren voneinander verschieden sind[44]. Für Permutationsgruppen

$$\overset{\langle 2n\rangle}{\mathscr{P}} \;{}^\wedge\!\!= \left\{ \overset{\langle 2n\rangle}{\mathbb{P}}_{\alpha\beta..\nu} \right\} = \left\{ \overset{\langle 2n\rangle}{\mathbb{P}}_{00...0},\; \overset{\langle 2n\rangle}{\mathbb{P}}_{00...01},\; \cdots\cdots\; \overset{\langle 2n\rangle}{\mathbb{P}}_{0123...(n-1)} \right\} \tag{4.57a}$$

gilt, ebenso wie für isotrope Gruppen

$$\overset{\langle 2n\rangle}{\mathscr{P}} \underbrace{\cdots\cdots}_{n\text{-fach}} \overset{\langle 2n\rangle}{\mathbb{P}}_{\alpha\beta..\nu} \;\Rightarrow\; \overset{\langle 2n\rangle}{\mathscr{P}},\quad \overset{\langle 2n\rangle}{\mathbb{P}}_{\alpha\beta..\nu} \underbrace{\cdots\cdots}_{n\text{-fach}} \overset{\langle 2n\rangle}{\mathscr{P}} \;\Rightarrow\; \overset{\langle 2n\rangle}{\mathscr{P}}, \tag{4.57b,c}$$

wonach n–fache Multiplikation zweier Permutationselemente wieder auf ein Element der Gruppe $\overset{\langle 2n\rangle}{\mathscr{P}}$

---

[43] So folgert man z. B. aus

$$\begin{vmatrix} \overset{(1)}{\varkappa} & \overset{(1)}{\varkappa} & \overset{(1)}{\varkappa} \\ \overset{(2)}{\varkappa} & \overset{(2)}{\varkappa} & \overset{(2)}{\varkappa} \\ \overset{(3)}{\varkappa} & \overset{(3)}{\varkappa} & \overset{(3)}{\varkappa} \end{vmatrix}' = \overset{(1)}{\varkappa}\circ \begin{vmatrix} \overset{(2)}{\varkappa} & \overset{(2)}{\varkappa} \\ \overset{(3)}{\varkappa} & \overset{(3)}{\varkappa} \end{vmatrix}',\; \overset{(2)}{\varkappa}\circ \begin{vmatrix} \overset{(1)}{\varkappa} & \overset{(1)}{\varkappa} \\ \overset{(3)}{\varkappa} & \overset{(3)}{\varkappa} \end{vmatrix}',\; \overset{(3)}{\varkappa}\circ \begin{vmatrix} \overset{(1)}{\varkappa} & \overset{(1)}{\varkappa} \\ \overset{(2)}{\varkappa} & \overset{(2)}{\varkappa} \end{vmatrix}' =$$

$$= \left\{ \overset{(1)}{\varkappa}\circ\overset{(2)}{\varkappa}\circ\overset{(3)}{\varkappa},\; \overset{(1)}{\varkappa}\circ\overset{(3)}{\varkappa}\circ\overset{(2)}{\varkappa},\; \overset{(2)}{\varkappa}\circ\overset{(1)}{\varkappa}\circ\overset{(3)}{\varkappa},\; \overset{(2)}{\varkappa}\circ\overset{(3)}{\varkappa}\circ\overset{(1)}{\varkappa},\; \overset{(3)}{\varkappa}\circ\overset{(1)}{\varkappa}\circ\overset{(2)}{\varkappa},\; \overset{(3)}{\varkappa}\circ\overset{(2)}{\varkappa}\circ\overset{(1)}{\varkappa} \right\} \equiv$$

$$\equiv \overset{(1)}{\varkappa}\circ\overset{(2)}{\varkappa}\circ\overset{(3)}{\varkappa} \cdots \overset{\langle 6\rangle}{\mathscr{P}} \quad \text{als Menge aller Permutationen einer Triade } \overset{(1)}{\varkappa}\circ\overset{(2)}{\varkappa}\circ\overset{(3)}{\varkappa}.$$

[44] was sicherstellt, daß in der Tat allein (Stellungs–)Varianten eines Vektorsets mittels (4.56) ausgeworfen werden. Von der sechsstufigen isotropen Gruppe $\overset{\langle 6\rangle}{\mathbb{J}}$ nach (4.21) z. B. sind dies die $3! = 6$ Elemente

$$\overset{\langle 6\rangle}{\mathbb{P}}_{00} = \overset{\langle 4\rangle}{\mathbb{P}}_{Z}{}^{0} \cdot\cdot \overset{\langle 6\rangle}{\mathbb{P}}_{Z}{}^{0} = \overset{\langle 4\rangle}{\mathbb{E}} \cdot\cdot \overset{\langle 6\rangle}{\mathbb{E}} = \overset{\langle 6\rangle}{\mathbb{E}} = \mathbb{I}_{13} = \left[\overset{\langle 6\rangle}{\mathbb{E}} \right]^{T} = \mathbb{I}_{13}{}^{T},$$

$$\overset{\langle 6\rangle}{\mathbb{P}}_{01} = \overset{\langle 4\rangle}{\mathbb{P}}_{Z}{}^{0} \cdot\cdot \overset{\langle 6\rangle}{\mathbb{P}}_{Z} = \overset{\langle 4\rangle}{\mathbb{E}} \cdot\cdot \overset{\langle 6\rangle}{\mathbb{P}}_{Z} = \overset{\langle 6\rangle}{\mathbb{P}}_{Z} = \mathbb{I}_{8},$$

$$\overset{\langle 6\rangle}{\mathbb{P}}_{02} = \overset{\langle 4\rangle}{\mathbb{P}}_{Z}{}^{0} \cdot\cdot \overset{\langle 6\rangle}{\mathbb{P}}_{Z}{}^{2} = \overset{\langle 4\rangle}{\mathbb{E}} \cdot\cdot \overset{\langle 6\rangle}{\mathbb{P}}_{Z}{}^{2} = \overset{\langle 6\rangle}{\mathbb{P}}_{Z}{}^{2} = \overset{\langle 6\rangle}{\mathbb{E}}_{T} \cdot\cdot \overset{\langle 4\rangle}{\mathbb{E}}_{T} = \mathbb{I}_{11} = \overset{\langle 6\rangle}{\mathbb{P}}_{Z}{}^{T} = \mathbb{I}_{8}{}^{T},$$

$$\overset{\langle 6\rangle}{\mathbb{P}}_{10} = \overset{\langle 4\rangle}{\mathbb{P}}_{Z} \cdot\cdot \overset{\langle 6\rangle}{\mathbb{P}}_{Z}{}^{0} = \overset{\langle 4\rangle}{\mathbb{E}}_{T} \cdot\cdot \overset{\langle 6\rangle}{\mathbb{E}} = \mathbb{I}_{12} = \mathbb{I}_{12}{}^{T},$$

$$\overset{\langle 6\rangle}{\mathbb{P}}_{11} = \overset{\langle 4\rangle}{\mathbb{P}}_{Z} \cdot\cdot \overset{\langle 6\rangle}{\mathbb{P}}_{Z} = \overset{\langle 4\rangle}{\mathbb{E}}_{T} \cdot\cdot \left[\overset{\langle 4\rangle}{\mathbb{E}}_{T} \cdot\cdot \overset{\langle 6\rangle}{\mathbb{E}}_{T} \right] = \overset{\langle 6\rangle}{\mathbb{E}}_{T} = \mathbb{I}_{7} = \left[\overset{\langle 6\rangle}{\mathbb{E}}_{T} \right]^{T} = \mathbb{I}_{7}{}^{T},$$

$$\overset{\langle 6\rangle}{\mathbb{P}}_{12} = \overset{\langle 4\rangle}{\mathbb{P}}_{Z} \cdot\cdot \overset{\langle 6\rangle}{\mathbb{P}}_{Z}{}^{2} = \overset{\langle 4\rangle}{\mathbb{E}}_{T} \cdot\cdot \overset{\langle 6\rangle}{\mathbb{E}}_{T} \cdot\cdot \overset{\langle 4\rangle}{\mathbb{E}}_{T} = \mathbb{I}_{14} = \mathbb{I}_{14}{}^{T}.$$

führt, weil es bei der Hervorbringung aller durch

$$\overset{(1)}{\varkappa} \circ \overset{(2)}{\varkappa} \circ \ldots \circ \overset{(n)}{\varkappa} \underbrace{\cdots\cdots}_{n\text{-fach}} \overset{\langle 2\,n\rangle}{\mathscr{P}}$$

gekennzeichneten Stellungsvarianten eines Sets $< \overset{(1)}{\varkappa} \circ .. \overset{(n)}{\varkappa} >$ nicht auf eine bestimmte anfängliche

Reihung der Vektoren $\overset{(\alpha)}{\varkappa}$, $\alpha = 1 \ldots$ n, ankommen darf. Es ist dies im übrigen auch Ausdruck der

Tatsache, daß sich "der Wert" der Determinante von (4.57) nicht ändert, wenn man – was einer

Stellungs–Permutation zweier Vektoren $\overset{(j)}{\varkappa}$, $\overset{(k)}{\varkappa}$ entspräche – die j.te mit der k.ten "Elementenzeile"

vertauschte.

Daß sich die Elemente einer Permutationsgruppe $\overset{\langle 2\,n\rangle}{\mathscr{P}}$, wie die in Fußnote 44 für den Fall

n = 3 angedeutete Systematik vermuten läßt, aus den Elementen der zyklischen Permuta-

tionsgruppen bis zur 2nten Stufe in multiplikativer Weise aufbauen lassen, zeigt man am

einfachsten in zwei Schritten, wobei im ersten Schritt – im Sinne einer Erzeugung einer

Rekursionsformel – erkannt wird, daß sich die 2n-stufige Permutationsgruppe

$\overset{\langle 2\,n\rangle}{\mathscr{P}} \overset{\wedge}{=} \left\{ \overset{\langle 2\,n\rangle}{\mathbb{P}}_{\alpha\beta\gamma..\nu} \right\}$ aufbauen läßt aus den Produkten der Elemente $\overset{\langle 2(\,n-1)\rangle}{\mathbb{P}}_{\alpha\beta\gamma..(\nu-1)}$ von n

2(n–1)-stufigen Permutationsgruppen $\overset{\langle 2(\,n-1)\rangle}{\mathscr{P}}$ mit den Elementen $\overset{\langle 2\,n\rangle}{\mathbb{P}}_{\mathrm{Z}}{}^{\nu}$, $\nu = 0 \ldots$ (n-1),

der 2n-stufigen zyklischen Permutationsgruppe $\overset{\langle 2\,n\rangle}{\mathscr{P}}_{\mathrm{Z}}$:

$$\overset{\langle 2\,n\rangle}{\mathscr{P}} = \left\{ \overset{\langle 2\,n\rangle}{\mathbb{P}}_{\alpha\beta\gamma..\nu} \right\} \overset{\wedge}{=} \left\{ \overset{\langle 2(\,n-1)\rangle}{\mathscr{P}} \underbrace{\cdots\cdots}_{(n-1)\text{-fach}} \overset{\langle 2\,n\rangle}{\mathbb{P}}_{\mathrm{Z}}{}^{\nu} \,\bigg|\, \nu = 0,\ \ldots\ (n-1) \right\}, \quad (4.58a)$$

bzw. kürzer

$$\overset{\langle 2\,n\rangle}{\mathscr{P}} \overset{\wedge}{=} \overset{\langle 2(\,n-1)\rangle}{\mathscr{P}} \underbrace{\cdots\cdots}_{(n-1)\text{-fach}} \overset{\langle 2\,n\rangle}{\mathscr{P}}_{\mathrm{Z}} . \qquad (4.58b)$$

Danach bekommt man mit den Elementen $\overset{\langle 4\rangle}{\mathbb{E}}$, $\overset{\langle 4\rangle}{\mathbb{E}}_{\mathrm{T}}$ der vierstufigen Permutationsgruppe

$$\overset{\langle 4\rangle}{\mathscr{P}} = \left\{ \overset{\langle 4\rangle}{\mathbb{E}},\ \overset{\langle 4\rangle}{\mathbb{E}}_{\mathrm{T}} \right\} = \left\{ \overset{\langle 4\rangle}{\mathbb{P}}_{\mathrm{Z}}{}^{0},\ \overset{\langle 4\rangle}{\mathbb{P}}_{\mathrm{Z}} \right\},$$

für die sechsstufige Gruppe mit $n = 3$ und $\nu =$[45] $0, 1, 2,$

$$\overset{\langle 6\rangle}{\mathscr{P}} \;\hat{=}\; \left\{ \left\{ \overset{\langle 4\rangle_0}{\mathbb{P}_Z},\, \overset{\langle 4\rangle}{\mathbb{P}_Z} \right\} \cdot\cdot\; \overset{\langle 6\rangle_0}{\mathbb{P}_Z}\;,\; \left\{ \overset{\langle 4\rangle_0}{\mathbb{P}_Z},\, \overset{\langle 4\rangle}{\mathbb{P}_Z} \right\} \cdot\cdot\; \overset{\langle 6\rangle}{\mathbb{P}_Z}\;,\; \left\{ \overset{\langle 4\rangle_0}{\mathbb{P}_Z},\, \overset{\langle 4\rangle}{\mathbb{P}_Z} \right\} \cdot\cdot\; \overset{\langle 6\rangle_2}{\mathbb{P}_Z} \right\} \hat{\equiv}$$

$$\hat{\equiv} \left\{ \overset{\langle 4\rangle_0}{\mathbb{P}_Z},\, \overset{\langle 4\rangle}{\mathbb{P}_Z} \right\} \cdot\cdot \left\{ \overset{\langle 6\rangle_0}{\mathbb{P}_Z},\, \overset{\langle 6\rangle}{\mathbb{P}_Z},\, \overset{\langle 6\rangle_2}{\mathbb{P}_Z} \right\} = \left\{ \overset{\langle 6\rangle}{\mathbb{P}_{jk}} \right\},\quad j=0,1,\quad k=0...2,$$

für die achtstufige Gruppe mit $n = 4$ und $\nu = 0 ... 3$

$$\overset{\langle 8\rangle}{\mathscr{P}} = \left\{ \overset{\langle 8\rangle}{\mathbb{P}_{jkl}} \right\} \;\text{mit}\; \overset{\langle 8\rangle}{\mathbb{P}_{jkl}} = \overset{\langle 4\rangle_j}{\mathbb{P}_Z} \cdot\cdot\; \overset{\langle 6\rangle_k}{\mathbb{P}_Z} \cdots \overset{\langle 8\rangle_l}{\mathbb{P}_Z}\;,\quad j = 0,1,\quad k=0..2.\quad l=0..3,$$

und schließlich allgemein als Darstellungssatz für die $n!$ Elemente der $2n$–stufigen Gruppe

$$\overset{\langle 2n\rangle}{\mathscr{P}} = \left\{ \overset{\langle 2n\rangle}{\mathbb{P}_{\alpha\beta..\nu}} \right\} \;\text{in Produkttermen zyklischer Permutatoren}$$

$$\overset{\langle 2n\rangle}{\mathbb{P}_{\alpha\beta\gamma..\nu}} = \overset{\langle 4\rangle_\alpha}{\mathbb{P}_Z} \cdot\cdot\; \overset{\langle 6\rangle_\beta}{\mathbb{P}_Z} \cdots \overset{\langle 8\rangle_\gamma}{\mathbb{P}_Z} \cdots\cdots \overset{\langle 2(n-1)\rangle_\mu}{\mathbb{P}_Z} \underbrace{\cdots\cdots}_{n\text{-fach}} \overset{\langle 2n\rangle_\nu}{\mathbb{P}_Z}\,, \tag{4.59}$$

$$\alpha = 0, 1, \qquad \beta = 0 ... 2, \qquad \gamma = 0 ... 3, \;.... \qquad \nu = 0 ... n\text{-}1,$$

wobei man die zyklischen Permutationen im Sinne von (4.52b,c) noch auf Transponierer

$\overset{\langle 2j\rangle}{\mathbb{E}_T}$, $j = 2 .. n$, zurückführen kann. Zum Beweise von (4.58, 59) benutzt man zunächst die

"Determinanten–Version" (4.57) und erkennt

$$\overset{(1)}{\cancel{\times}}\;o...o\;\overset{(n)}{\cancel{\times}}\;\underbrace{\cdots\cdots}_{n\text{-fach}}\;\overset{\langle 2n\rangle}{\mathscr{P}} =$$

$$\left\{ \overset{(1)}{\underset{\times\,o}{\;}} \left| \begin{array}{cccc} \overset{(2)}{\times} & \overset{(2)}{\times} & \cdots\cdots & \overset{(2)}{\times} \\ \overset{(3)}{\times} & \overset{(3)}{\times} & \cdots\cdots & \overset{(3)}{\times} \\ \cdot & \cdot & & \cdot \\ \cdot & \cdot & & \cdot \\ \overset{(n)}{\times} & \overset{(n)}{\times} & \cdots\cdots & \overset{(n)}{\times} \end{array} \right|_{\underbrace{}_{(n-1)\text{mal}}}\;,\; \overset{(2)}{\underset{\times\,o}{\;}} \left| \begin{array}{cccc} \overset{(1)}{\times} & \overset{(1)}{\times} & \cdots\cdots & \overset{(1)}{\times} \\ \overset{(3)}{\times} & \overset{(3)}{\times} & \cdots\cdots & \overset{(3)}{\times} \\ \cdot & \cdot & & \cdot \\ \cdot & \cdot & & \cdot \\ \overset{(n)}{\times} & \overset{(n)}{\times} & \cdots\cdots & \overset{(n)}{\times} \end{array} \right|_{\underbrace{}_{(n-1)\text{mal}}}\;, \right.$$

<hr>

[45] mit $\overset{\langle 6\rangle_0}{\mathbb{P}_Z} = \overset{\langle 6\rangle}{\mathbb{E}}$, $\overset{\langle 6\rangle}{\mathbb{P}_Z} = \overset{\langle 4\rangle}{\mathbb{E}_T} \cdot\cdot\; \overset{\langle 6\rangle}{\mathbb{E}_T}$, $\overset{\langle 6\rangle_2}{\mathbb{P}_Z} = \overset{\langle 6\rangle}{\mathbb{E}_T} \cdot\cdot\; \overset{\langle 4\rangle}{\mathbb{E}_T}$

$$
(3) \left|
\begin{array}{cccc}
(1) & (1) & \cdots\cdots & (1) \\
\boldsymbol{\times} & \boldsymbol{\times} & & \boldsymbol{\times} \\
(2) & (2) & & (2) \\
\boldsymbol{\times} & \boldsymbol{\times} & & \boldsymbol{\times} \\
(4) & (4) & & (4) \\
\boldsymbol{\times} & \boldsymbol{\times} & & \boldsymbol{\times} \\
\vdots & \vdots & & \vdots \\
(n) & (n) & & (n) \\
\boldsymbol{\times} & \boldsymbol{\times} & & \boldsymbol{\times}
\end{array}
\right|' , \ldots , \quad (n) \left|
\begin{array}{cccc}
(1) & (1) & \cdots\cdots & (1) \\
\boldsymbol{\times} & \boldsymbol{\times} & & \boldsymbol{\times} \\
(2) & (2) & & (2) \\
\boldsymbol{\times} & \boldsymbol{\times} & & \boldsymbol{\times} \\
\vdots & \vdots & & \vdots \\
(n-1) & (n-1) & & (n-1) \\
\boldsymbol{\times} & \boldsymbol{\times} & & \boldsymbol{\times}
\end{array}
\right| , \Big\} =
$$

$$
\underbrace{\text{(n-1)mal}} \qquad\qquad \underbrace{\text{(n-1)mal}}
$$

$$
= \left\{ \begin{array}{l}
\overset{(1)}{\boldsymbol{\times}}\,\circ\,\overset{(2)}{\boldsymbol{\times}}\,\circ \ldots \circ \overset{(n)}{\boldsymbol{\times}} \underbrace{\cdots\cdots}_{(n-1)\,\text{fach}} \overset{\langle 2(n-1)\rangle}{\mathscr{P}} , \\[2ex]
\overset{(2)}{\boldsymbol{\times}}\,\circ\,\overset{(1)}{\boldsymbol{\times}}\,\circ\,\overset{(3)}{\boldsymbol{\times}}\,\circ \ldots \circ \overset{(n)}{\boldsymbol{\times}} \underbrace{\cdots\cdots}_{(n-1)\,\text{fach}} \overset{\langle 2(n-1)\rangle}{\mathscr{P}} , \\[2ex]
\overset{(3)}{\boldsymbol{\times}}\,\circ\,\overset{(1)}{\boldsymbol{\times}}\,\circ\,\overset{(2)}{\boldsymbol{\times}}\,\circ\,\overset{(4)}{\boldsymbol{\times}}\,\circ \ldots \circ \overset{(n)}{\boldsymbol{\times}} \underbrace{\cdots\cdots}_{(n-1)\,\text{fach}} \overset{\langle 2(n-1)\rangle}{\mathscr{P}} , \ldots , \\[2ex]
\overset{(n)}{\boldsymbol{\times}}\,\circ\,\overset{(1)}{\boldsymbol{\times}}\,\circ\,\overset{(2)}{\boldsymbol{\times}}\,\circ \ldots \circ \overset{(n-1)}{\boldsymbol{\times}} \underbrace{\cdots\cdots}_{(n-1)\,\text{fach}} \overset{\langle 2(n-1)\rangle}{\mathscr{P}}
\end{array} \right\} , \qquad (4.60a)
$$

d. h. die Möglichkeit, die Elemente der Menge aller Permutationen eines n–stufigen Sets $\overset{(1)}{\boldsymbol{\times}}\,\circ\,\overset{(2)}{\boldsymbol{\times}}\,\circ.. \overset{(n)}{\boldsymbol{\times}}$ auffassen zu können als die Menge der Elemente von n speziellen Permutations–Rumpfmengen, bei denen jeweils nur $(n-1)$–stufige Sets (in (4.60a) gestrichelt) permutiert werden. Da solcherart "Rumpf–Permutationen" jedoch wegen (4.57b) stets dieselben Elemente ergeben, unabhängig von der anfänglichen Stellung der Vektoren in den $(n-1)$–stufigen "Rumpf–Sets", gelten

$$
\overset{(2)}{\boldsymbol{\times}}\,\circ\,\overset{(1)}{\boldsymbol{\times}}\,\circ\,\overset{(3)}{\boldsymbol{\times}}\,\circ \ldots \circ \overset{(n)}{\boldsymbol{\times}} \underbrace{\cdots\cdots}_{(n-1)\,\text{fach}} \overset{\langle 2(n-1)\rangle}{\mathscr{P}} \equiv
$$

$$
\equiv \overset{(2)}{\boldsymbol{\times}}\,\circ\,\overset{(3)}{\boldsymbol{\times}}\,\circ\,\overset{(4)}{\boldsymbol{\times}}\,\circ \ldots \circ \overset{(n)}{\boldsymbol{\times}}\,\circ\,\overset{(1)}{\boldsymbol{\times}} \underbrace{\cdots\cdots}_{(n-1)\,\text{fach}} \overset{\langle 2(n-1)\rangle}{\mathscr{P}} \equiv
$$

$$
\equiv \left[\left[\overset{(1)}{\boldsymbol{\times}}\,\circ\,\overset{(2)}{\boldsymbol{\times}}\,\circ \ldots \circ \overset{(n)}{\boldsymbol{\times}} \right] \underbrace{\cdots\cdots}_{n\,\text{fach}} \overset{\langle 2n\rangle}{\mathbb{P}_{\mathrm{Z}}} \right] \underbrace{\cdots\cdots}_{(n-1)\,\text{fach}} \overset{\langle 2(n-1)\rangle}{\mathscr{P}} ,
$$

$$
\overset{(3)}{\boldsymbol{\times}}\,\circ\,\overset{(1)}{\boldsymbol{\times}}\,\circ\,\overset{(2)}{\boldsymbol{\times}}\,\circ\,\overset{(4)}{\boldsymbol{\times}}\,\circ \ldots \circ \overset{(n)}{\boldsymbol{\times}} \underbrace{\cdots\cdots}_{(n-1)\,\text{fach}} \overset{\langle 2(n-1)\rangle}{\mathscr{P}} \equiv
$$

$$
\equiv \overset{(3)}{\boldsymbol{\times}}\,\circ\,\overset{(4)}{\boldsymbol{\times}}\,\circ \ldots \circ \overset{(n)}{\boldsymbol{\times}}\,\circ\,\overset{(1)}{\boldsymbol{\times}}\,\circ\,\overset{(2)}{\boldsymbol{\times}} \underbrace{\cdots\cdots}_{(n-1)\,\text{fach}} \overset{\langle 2(n-1)\rangle}{\mathscr{P}} \equiv
$$

$$\equiv \overset{(1)}{\mathsf{X}} \circ \overset{(2)}{\mathsf{X}} \circ \overset{(3)}{\mathsf{X}} \circ \dots \circ \overset{(n)}{\mathsf{X}} \underbrace{\cdots\cdots}_{n\text{-fach}} \overset{\langle 2n\rangle}{\mathbb{P}}{}_{Z}^{2} \underbrace{\cdots\cdots\cdots}_{(n-1)\text{fach}} \overset{\langle 2(n-1)\rangle}{\mathscr{P}} \tag{4.60b}$$

usw. und demgemäß

$$\overset{(1)}{\mathsf{X}} \circ \dots \circ \overset{(n)}{\mathsf{X}} \underbrace{\cdots\cdots}_{n\text{-fach}} \overset{\langle 2n\rangle \wedge}{\mathscr{P}} =$$

$$= \overset{\wedge\,(1)}{\mathsf{X}} \circ \dots \circ \overset{(n)}{\mathsf{X}} \underbrace{\cdots\cdots}_{n\text{-fach}} \left\{ \overset{\langle 2n\rangle}{\mathbb{P}}{}_{Z}^{0} \underbrace{\cdots\cdots\cdots}_{(n-1)\text{fach}} \overset{\langle 2(n-1)\rangle}{\mathscr{P}} , \ \overset{\langle 2n\rangle}{\mathbb{P}}{}_{Z} \underbrace{\cdots\cdots\cdots}_{(n-1)\text{fach}} \overset{\langle 2(n-1)\rangle}{\mathscr{P}} , \right.$$

$$\left. \overset{\langle 2n\rangle}{\mathbb{P}}{}_{Z}^{2} \underbrace{\cdots\cdots\cdots}_{(n-1)\text{fach}} \overset{\langle 2(n-1)\rangle}{\mathscr{P}} , \ \dots\dots , \ \overset{\langle 2n\rangle}{\mathbb{P}}{}_{Z}^{n-1} \underbrace{\cdots\cdots\cdots}_{(n-1)\text{fach}} \overset{\langle 2(n-1)\rangle}{\mathscr{P}} \right\} \equiv$$

$$\equiv \overset{(1)}{\mathsf{X}} \circ \dots \circ \overset{(n)}{\mathsf{X}} \underbrace{\cdots\cdots}_{n\text{-fach}} \overset{\langle 2n\rangle}{\mathscr{P}}{}_{Z} \underbrace{\cdots\cdots\cdots}_{(n-1)\text{fach}} \overset{\langle 2(n-1)\rangle}{\mathscr{P}}$$

womit die solchermaßen zunächst erarbeitete Konstruktionsvorschrift

$$\overset{\langle 2n\rangle \wedge}{\mathscr{P}} = \overset{\langle 2n\rangle}{\mathscr{P}}{}_{Z} \underbrace{\cdots\cdots}_{n\text{-fach}} \overset{\langle 2(n-1)\rangle}{\mathscr{P}} \tag{4.60c}$$

zum Ausdruck bringt, daß man sämtliche Permutationsvarianten eines n–stufigen Sets $\overset{(1)}{\mathsf{X}} \circ \dots \overset{(n)}{\mathsf{X}}$ durch

n Permutations–Teilmengen erzeugen kann an n "Rumpf–Sets" (n–1)ster Stufe, die dadurch entstehen,

daß man (etwa) in den (n–1)–stufigen Rumpf–Set $\overset{(2)}{\mathsf{X}} \circ \overset{(3)}{\mathsf{X}} \dots \overset{(n)}{\mathsf{X}}$ den ersten Vektor $(\overset{(1)}{\mathsf{X}})$ nacheinander

"zyklisch einmischt". Die Darstellung (4.58, 59) bekommt man aus (4.60c) schließlich unter Benutzung

des (noch nachzuweisenden) Befundes

$$\overset{\langle 2n\rangle}{\mathscr{P}}{}^{T} \Rightarrow \overset{\langle 2n\rangle}{\mathscr{P}} , \tag{4.61a}$$

wonach Transponieren aller Gruppenelemente wieder die vollständige Permutationsgruppe hervorbringt,

was dann übrigens Gültigkeit des kommutativen Gesetzes

$$\left| \begin{array}{cc} \overset{(1)}{\mathsf{X}} & \overset{(1)}{\mathsf{X}} \\ \vdots & \vdots \\ \vdots & \vdots \\ \overset{(n)}{\mathsf{X}} & \overset{(n)}{\mathsf{X}} \end{array} \right| \ = \overset{\wedge\,(1)}{\mathsf{X}} \circ \dots \circ \overset{(n)}{\mathsf{X}} \underbrace{\cdots\cdots}_{n\text{-fach}} \overset{\langle 2n\rangle}{\mathscr{P}} \equiv \overset{\langle 2n\rangle}{\mathscr{P}} \underbrace{\cdots\cdots}_{n\text{-fach}} \overset{(1)}{\mathsf{X}} \circ \dots \circ \overset{(n)}{\mathsf{X}} \tag{4.61b}$$

nach sich zieht[46]. Zum Nachweis schließlich von (4.58b) benutzt man, von (4.60c) ausgehend,

$$
\overset{(1)}{\mathbf{x}}\,\mathrm{o..o}\,\overset{(n)}{\mathbf{x}}\;\underbrace{\cdots\cdots}_{n\text{-fach}}\;\overset{\langle 2n\rangle}{\mathscr{P}}\;\overset{(4.60c)}{\equiv}\;\overset{(1)}{\mathbf{x}}\,\mathrm{o..o}\,\overset{(n)}{\mathbf{x}}\;\underbrace{\cdots\cdots}_{n\text{-fach}}\left[\overset{\langle 2n\rangle}{\mathscr{P}_Z}\;\underbrace{\cdots\cdots\cdots}_{(n-1)\text{-fach}}\;\overset{\langle 2(n-1)\rangle}{\mathscr{P}}\right]\;\Longrightarrow^{[47]}
$$

$$
\Longrightarrow\;\overset{(1)}{\mathbf{x}}\,\mathrm{o...o}\,\overset{(n)}{\mathbf{x}}\;\underbrace{\cdots\cdots}_{n\text{-fach}}\left[\overset{\langle 2n\rangle}{\mathscr{P}_Z}\;\underbrace{\cdots\cdots\cdots}_{(n-1)\text{-fach}}\;\overset{\langle 2(n-1)\rangle}{\mathscr{P}}\right]\;\underbrace{\cdots\cdots}_{n\text{-fach}}\;\overset{\langle 2n\rangle}{\mathscr{P}_Z}\;\equiv
$$

$$
\equiv\;\overset{(1)}{\mathbf{x}}\,\mathrm{o...o}\,\overset{(n)}{\mathbf{x}}\;\underbrace{\cdots\cdots}_{n\text{-fach}}\;\overset{\langle 2n\rangle}{\mathscr{P}_Z}\;\underbrace{\cdots\cdots}_{n\text{-fach}}\left[\overset{\langle 2(n-1)\rangle}{\mathscr{P}}\;\underbrace{\cdots\cdots\cdots}_{(n-1)\text{-fach}}\;\overset{\langle 2n\rangle}{\mathscr{P}_Z}\right]\;\Longrightarrow^{[48]}
$$

$$
\Longrightarrow\;\overset{(1)}{\mathbf{x}}\,\mathrm{o...o}\,\overset{(n)}{\mathbf{x}}\;\underbrace{\cdots\cdots}_{n\text{-fach}}\left[\overset{\langle 2(n-1)\rangle}{\mathscr{P}}\;\underbrace{\cdots\cdots\cdots}_{(n-1)\text{-fach}}\;\overset{\langle 2n\rangle}{\mathscr{P}_Z}\right]\,, \tag{4.62a}
$$

wonach

$$
\text{sowohl mittels}\quad \overset{\langle 2n\rangle}{\mathscr{P}_Z}\;\underbrace{\cdots\cdots\cdots}_{(n-1)\text{-fach}}\;\overset{\langle 2(n-1)\rangle}{\mathscr{P}}\quad\text{als auch mittels}\quad \overset{\langle 2(n-1)\rangle}{\mathscr{P}}\;\underbrace{\cdots\cdots\cdots}_{(n-1)\text{-fach}}\;\overset{\langle 2n\rangle}{\mathscr{P}_Z}\tag{4.62b}
$$

die 2n–stufige Gruppe aufgebaut werden kann, bekommt danach mit

---

[46] Dazu benutze man (4.57b,c) mit $\overset{\langle 2n\rangle}{\mathbb{P}}{}_{\alpha\beta..\nu}=\overset{\langle 2n\rangle}{\mathbb{E}}{}_T$, wonach

$$
\overset{(1)}{\mathbf{x}}\,\mathrm{o...o}\,\overset{(n)}{\mathbf{x}}\;\underbrace{\cdots\cdots}_{n\text{-fach}}\;\overset{\langle 2n\rangle}{\mathbb{E}}{}_T\;\underbrace{\cdots\cdots}_{n\text{-fach}}\;\overset{\langle 2n\rangle}{\mathscr{P}}\;\equiv\;\overset{(n)}{\mathbf{x}}\,\mathrm{o...o}\,\overset{(1)}{\mathbf{x}}\;\underbrace{\cdots\cdots}_{n\text{-fach}}\;\overset{\langle 2n\rangle}{\mathscr{P}}\;=
$$

$$
=\left[\overset{(1)}{\mathbf{x}}\,\mathrm{o...o}\,\overset{(n)}{\mathbf{x}}\right]^T\;\underbrace{\cdots\cdots}_{n\text{-fach}}\;\overset{\langle 2n\rangle}{\mathscr{P}}\;\overset{(4.57c)}{=}\;\overset{(1)}{\mathbf{x}}\,\mathrm{o...o}\,\overset{(n)}{\mathbf{x}}\;\underbrace{\cdots\cdots}_{n\text{-fach}}\;\overset{\langle 2n\rangle}{\mathscr{P}}\;\overset{(4.57b)}{=}
$$

$$
=\;\overset{(1)}{\mathbf{x}}\,\mathrm{o...o}\,\overset{(n)}{\mathbf{x}}\;\underbrace{\cdots\cdots}_{n\text{-fach}}\;\overset{\langle 2n\rangle}{\mathscr{P}}\;\underbrace{\cdots\cdots}_{n\text{-fach}}\;\overset{\langle 2n\rangle}{\mathbb{E}}{}_T\;=\left[\overset{(1)}{\mathbf{x}}\,\mathrm{o...o}\,\overset{(n)}{\mathbf{x}}\;\underbrace{\cdots\cdots}_{n\text{-fach}}\;\overset{\langle 2n\rangle}{\mathscr{P}}\right]^T\equiv
$$

$$
\equiv\;\overset{\langle 2n\rangle}{\mathscr{P}}{}^T\;\underbrace{\cdots\cdots}_{n\text{-fach}}\left[\overset{(1)}{\mathbf{x}}\,\mathrm{o...o}\,\overset{(n)}{\mathbf{x}}\right]^T\;\overset{(4.61a)}{=}\;\overset{\langle 2n\rangle}{\mathscr{P}}\;\underbrace{\cdots\cdots}_{n\text{-fach}}\left[\overset{(1)}{\mathbf{x}}\,\mathrm{o...o}\,\overset{(n)}{\mathbf{x}}\right]^T
$$

gelten muß und danach in der Tat (4.62a), indem man die dritte und die letzte Version der Umformungen in's Auge faßt.

[47] Man benutze (4.57b) mit $\overset{\langle 2n\rangle}{\mathscr{P}_Z}$ anstelle von $\overset{\langle 2n\rangle}{\mathbb{P}}{}_{\alpha\beta..\nu}$

[48] Man benutze (4.57c) mit $\overset{\langle 2n\rangle}{\mathscr{P}_Z}$ anstelle von $\overset{\langle 2n\rangle}{\mathbb{P}}{}_{\alpha\beta..\nu}$

$$\overset{\langle 4 \rangle}{\mathscr{P}} = \left\{ \overset{\langle 4 \rangle}{\mathbb{E}}, \overset{\langle 4 \rangle}{\mathbb{E}}_T \right\} \equiv \overset{\langle 4 \rangle}{\mathscr{P}}{}^T \quad \text{und} \quad \overset{\langle 6 \rangle}{\mathscr{P}}_Z = \overset{\langle 6 \rangle}{\mathscr{P}}_Z{}^T$$

zunächst

$$\overset{\langle 6 \rangle}{\mathscr{P}} = \overset{\langle 6 \rangle}{\mathscr{P}}_Z \cdot\cdot \overset{\langle 4 \rangle}{\mathscr{P}} \overset{(4.62b)}{\equiv} \overset{\langle 4 \rangle}{\mathscr{P}} \cdot\cdot \overset{\langle 6 \rangle}{\mathscr{P}}_Z \equiv \overset{\langle 4 \rangle}{\mathscr{P}}{}^T \cdot\cdot \overset{\langle 6 \rangle}{\mathscr{P}}_Z \equiv \left[\overset{\langle 6 \rangle}{\mathscr{P}}_Z \cdot\cdot \overset{\langle 4 \rangle}{\mathscr{P}} \right]^T = \overset{\langle 6 \rangle}{\mathscr{P}}{}^T$$

und hiermit weiter

$$\overset{\langle 8 \rangle}{\mathscr{P}} = \overset{\langle 8 \rangle}{\mathscr{P}}_Z \cdots \overset{\langle 6 \rangle}{\mathscr{P}} \overset{(4.62b)}{\equiv} \overset{\langle 6 \rangle}{\mathscr{P}} \cdots \overset{\langle 8 \rangle}{\mathscr{P}}_Z \equiv \overset{\langle 6 \rangle}{\mathscr{P}}{}^T \cdots \overset{\langle 8 \rangle}{\mathscr{P}}_Z{}^T \equiv \left[\overset{\langle 8 \rangle}{\mathscr{P}}_Z \cdots \overset{\langle 6 \rangle}{\mathscr{P}} \right]^T = \overset{\langle 8 \rangle}{\mathscr{P}}{}^T$$

usw., d. h. in der Tat die Aussage (4.59).

Koordinatenbezogen erhält man nach Einsetzen von

$$\overset{(1)}{\varkappa} = \sum_{\alpha=1}^{3} \overset{(1)}{x}{}^\alpha \mathfrak{g}_\alpha = \sum_{\alpha=1}^{3} \overset{(1)}{x}_\alpha \mathfrak{g}^\alpha, \quad \overset{(2)}{\varkappa} = \sum_{\beta=1}^{3} \overset{(2)}{x}{}^\beta \mathfrak{g}_\beta = \sum_{\beta=1}^{3} \overset{(2)}{x}_\beta \cdot \mathfrak{g}^\beta \quad \text{usw.}$$

in die Determinantenversion (4.57)

$$\overset{(1)}{\varkappa} \circ \ldots \circ \overset{(n)}{\varkappa} \underbrace{\cdots\cdots\cdots}_{n-\text{fach}} \overset{\langle 2n \rangle}{\mathscr{P}} \overset{\wedge}{=} \sum_{\alpha,\beta..\nu=1}^{3} \overset{(1)}{x}{}^\alpha \overset{(2)}{x}{}^\beta .. \overset{(n)}{x}{}^\nu \underbrace{\begin{vmatrix} \mathfrak{g}_\alpha & \cdots & \mathfrak{g}_\alpha \\ \mathfrak{g}_\beta & \cdots & \mathfrak{g}_\beta \\ \vdots & & \vdots \\ \mathfrak{g}_\nu & \cdots & \mathfrak{g}_\nu \end{vmatrix}'}_{n-\text{mal}} \equiv$$

$$\equiv \left[\overset{(1)}{\varkappa} \circ \ldots \circ \overset{(n)}{\varkappa} \right] \underbrace{\cdots\cdots\cdots}_{n-\text{fach}} \sum_{\alpha,\beta..\nu=1}^{3} \mathfrak{g}^\nu \circ \mathfrak{g}^{\nu-1} \circ \ldots \circ \mathfrak{g}^\beta \circ \mathfrak{g}^\alpha \circ \underbrace{\begin{vmatrix} \mathfrak{g}_\alpha & \cdots & \mathfrak{g}_\alpha \\ \mathfrak{g}_\beta & \cdots & \mathfrak{g}_\beta \\ \vdots & & \vdots \\ \mathfrak{g}_\nu & \cdots & \mathfrak{g}_\nu \end{vmatrix}'}_{n-\text{mal}} \equiv$$

$$\equiv \sum_{\alpha,\beta..\nu=1}^{n} \begin{vmatrix} \mathfrak{g}_\alpha & \cdots & \mathfrak{g}_\alpha \\ \vdots & & \vdots \\ \mathfrak{g}_\nu & \cdots & \mathfrak{g}_\nu \end{vmatrix}' \circ \mathfrak{g}^\nu \circ \mathfrak{g}^{\nu-1} \circ \ldots \circ \mathfrak{g}^\beta \circ \mathfrak{g}^\alpha \underbrace{\cdots\cdots\cdots}_{n-\text{fach}} \overset{(1)}{\varkappa} \circ .. \circ \overset{(n)}{\varkappa} \equiv$$

$$\equiv \overset{\langle 2n \rangle}{\mathscr{P}}{}^T \underbrace{\cdots\cdots\cdots}_{n-\text{fach}} \overset{(1)}{\varkappa} \circ .. \circ \overset{(n)}{\varkappa} \tag{4.63a}$$

d. h.

$$\overset{\langle 2n \rangle}{\mathscr{P}} = \sum_{\alpha,\beta..\nu=1}^{3} \mathfrak{g}^\nu \circ \mathfrak{g}^{\nu-1} \circ \ldots \circ \mathfrak{g}^\beta \circ \mathfrak{g}^\alpha \circ \underbrace{\begin{vmatrix} \mathfrak{g}_\alpha & \cdots & \mathfrak{g}_\alpha \\ \vdots & & \vdots \\ \mathfrak{g}_\nu & \cdots & \mathfrak{g}_\nu \end{vmatrix}'}_{n-\text{mal}} \tag{4.63b}$$

bzw.

$$\overset{\langle 2\,n\rangle}{\mathscr{P}}{}^{T} = \sum_{\alpha,\beta..\nu=1}^{3} \underbrace{\begin{vmatrix} \mathfrak{G}_\alpha & \cdots & \mathfrak{G}_\alpha \\ \vdots & & \vdots \\ \mathfrak{G}_\nu & \cdots & \mathfrak{G}_\nu \end{vmatrix}}_{\text{n-mal}}{}^{\prime} \circ\, \mathfrak{g}^\nu \circ\, \mathfrak{g}^{\nu-1} \circ ... \circ\, \mathfrak{g}^{\beta} \circ\, \mathfrak{g}^{\alpha} . \tag{4.63c}$$

Daß $\overset{\langle 2\,n\rangle}{\mathscr{P}} = \overset{\langle 2\,n\rangle}{\mathscr{P}}{}^{T}$ ist, erkennt man durch konkretes Ausrechnen der symbolischen Determinante und geeignete Indexvertauschungen. Entsprechend (4.63b,c) gelten gleichermaßen

$$\overset{\langle 2\,n\rangle}{\mathscr{P}}{}^{\wedge} = \sum_{\alpha,\beta..\nu=1}^{3} \mathfrak{G}_\nu \circ\, \mathfrak{G}_{\nu-1} \circ ... \circ\, \mathfrak{G}_\beta \circ\, \mathfrak{G}_\alpha \circ\, \underbrace{\begin{vmatrix} \mathfrak{g}^\alpha & \cdots & \mathfrak{g}^\alpha \\ \vdots & & \vdots \\ \mathfrak{g}^\nu & \cdots & \mathfrak{g}^\nu \end{vmatrix}}_{\text{n-mal}}{}^{\prime} \overset{\wedge}{=}$$

$$\overset{\wedge}{=} \sum_{\alpha,\beta..\nu=1}^{3} \underbrace{\begin{vmatrix} \mathfrak{g}^\alpha & \cdots & \mathfrak{g}^\alpha \\ \vdots & & \vdots \\ \mathfrak{g}^\nu & \cdots & \mathfrak{g}^\nu \end{vmatrix}}_{\text{n-mal}}{}^{\prime} \circ\, \mathfrak{G}_\nu \circ\, \mathfrak{G}_{\nu-1} \circ ... \circ\, \mathfrak{G}_\beta \circ\, \mathfrak{G}_\alpha \tag{4.63d}$$

und für Orthonormalbasen eine entsprechende Struktur mit orthogonalen Einheitsvektoren
$\mathbf{e}_j$ anstelle von $\mathfrak{g}_j$ bzw. $\mathfrak{g}^i$.

4.4 Gewichtete Mittelwerte, Mischer (Symmetrierer), Alternierer.

Als gewichteter Mittelwert der vollständigen Menge aller Permutationen eines Sets
$\overset{(1)}{\varkappa} \circ ... \circ \overset{(n)}{\varkappa}$ wird ein n-stufiger Operator bezeichnet, den man erhält als arithmetisches
Mittel aller mit skalaren Faktoren $\lambda_{\alpha\beta..\nu}$ gewichteter Permutationsvarianten, d. h. die
Größe

$$\left[\frac{1}{n!} \sum \lambda_{\alpha\beta\gamma...\nu}\; \overset{\langle 2\,n\rangle}{\mathbb{P}}{}_{\alpha\beta\gamma...\nu} \right] \underbrace{........}_{\text{n-fach}} \overset{(1)}{\varkappa} \circ ... \circ \overset{(n)}{\varkappa} \tag{4.64a}$$

mit

$$\alpha = 0, 1; \quad \beta = 0, 1, 2; \quad \gamma = 0 ... 3; \; ... \quad \nu = 0 ... (n-1) \tag{4.64b}$$

und $\overset{\langle 2\,n\rangle}{\mathbb{P}}{}_{\alpha\beta\gamma..\nu}$ nach (4.59). Von solcherart Mittelwertbildungen sind die sog. Mischungen
bzw. Alternationen von besonderer Bedeutung. Setzt man $\lambda_{\alpha\beta..\nu} = 1$, so definiert in

Spezialisierung von (4.64) die Größe

$$\frac{1}{n!} \sum_{\alpha,\beta..\nu=1}^{3} \overset{\langle 2n\rangle}{\mathbb{P}}_{\alpha\beta\gamma...\nu} \underbrace{\cdots\cdots}_{n\text{-fach}} \overset{(1)}{\varkappa}\, o...o\, \overset{(n)}{\varkappa} \equiv \mathbf{M}^{\langle 2n\rangle} \underbrace{\cdots\cdots}_{n\text{-fach}} \overset{(1)}{\varkappa}\, o..o\, \overset{(n)}{\varkappa} \equiv$$

$$\equiv \overset{(1)}{\varkappa}\, o...o\, \overset{(n)}{\varkappa} \underbrace{\cdots\cdots}_{n\text{-fach}} \overset{\langle 2n\rangle}{\mathbf{M}} \overset{\wedge}{=}{}^{49)} \frac{1}{n!} \begin{vmatrix} \overset{(1)}{\varkappa}\, ...\, \overset{(1)}{\varkappa} \\ \vdots \qquad \vdots \\ \overset{(n)}{\varkappa}\, ...\, \overset{(n)}{\varkappa} \end{vmatrix}^{+} \tag{4.65}$$

die sog. vollständige Mischung eines Sets $\overset{(1)}{\varkappa}\, o...o\, \overset{(n)}{\varkappa}$, die per (4.65) unter Benutzung des

sog.

<u>4.4.1</u>   <u>2n–stufigen Mischers</u>

$$\overset{\langle 2n\rangle}{\mathbf{M}} = \frac{1}{n!} \sum \overset{\langle 2n\rangle}{\mathbb{P}}_{\alpha\beta...\nu} = \frac{1}{n!} \sum \overset{\langle 4\rangle}{\mathbb{P}}_{Z}{}^{\alpha} \cdot\cdot\, \overset{\langle 6\rangle}{\mathbb{P}}_{Z}{}^{\beta} \cdots \overset{\langle 8\rangle}{\mathbb{P}}_{Z}{}^{\gamma} \ldots \overset{\langle 2(n-1)\rangle}{\mathbb{P}}_{Z}{}^{\nu-1} \underbrace{\cdots\cdots}_{n\text{-fach}} \overset{\langle 2n\rangle}{\mathbb{P}}_{Z}{}^{\nu} =$$

$$= \overset{\langle 4\rangle}{\mathbf{P}}_{Z} \cdot\cdot\, \overset{\langle 6\rangle}{\mathbf{P}}_{Z} \cdots \overset{\langle 8\rangle}{\mathbf{P}}_{Z} \cdots \overset{2(n-1)\rangle}{\mathbf{P}}_{Z} \underbrace{\cdots\cdots}_{n\text{-fach}} \overset{\langle 2n\rangle}{\mathbf{P}}_{Z} \equiv \overset{\langle 2(n-1)\rangle}{\mathbf{M}} \underbrace{\cdots\cdots}_{n\text{-fach}} \overset{\langle 2n\rangle}{\mathbf{P}}_{Z} \equiv$$

$$\equiv \overset{\langle 2n\rangle}{\mathbf{M}}{}^{T} = \left[\overset{\langle 2(n-1)\rangle}{\mathbf{M}} \underbrace{\cdots\cdots}_{n\text{-fach}} \overset{\langle 2n\rangle}{\mathbf{P}}_{Z} \right]^{T} \equiv \overset{\langle 2n\rangle}{\mathbf{P}}_{Z} \underbrace{\cdots\cdots}_{n\text{-fach}} \overset{\langle 2(n-1)\rangle}{\mathbf{M}} , \; n{\geq}2, \tag{4.66a}$$

hervorgebracht wird. Hierin bedeutet $\overset{\langle 2(n-1)\rangle}{\mathbf{M}}$ den Mischungsoperator, der per

$$\overset{(1)}{\varkappa}\, o\, ...\, o\, \overset{(n-1)}{\varkappa} \underbrace{\cdots\cdots\cdots}_{(n-1)\text{-fach}} \overset{\langle 2(n-1)\rangle}{\mathbf{M}} \equiv \overset{\langle 2(n-1)\rangle}{\mathbf{M}} \underbrace{\cdots\cdots\cdots}_{(n-1)\text{-fach}} \overset{(1)}{\varkappa}\, o\, ...\, o\, \overset{(n-1)}{\varkappa} \overset{\wedge}{=}$$

$$\overset{\wedge}{=} \frac{1}{(n-1)!} \begin{vmatrix} \overset{(1)}{\varkappa}\, ...\, \overset{(1)}{\varkappa} \\ \vdots \qquad \vdots \\ \overset{(n-1)}{\varkappa}\, ...\, \overset{(n-1)}{\varkappa} \end{vmatrix}^{+} \tag{4.66b}$$

die vollständige Mischung eines (n–1)-stufigen Vektorsets $\overset{(1)}{\varkappa}\, o...\, \overset{(n-1)}{\varkappa}$ vollzieht. Kompo-

---

49) Hinsichtlich des "Abarbeitens" der Determinantensymbolik gilt das unter Fußnote 43 Gesagte bis auf
den Unterschied, daß anstelle der Kommata nunmehr Additionssymbole die einzelnen Permutationsele-
mente verbinden sollen. So bedeutet z. B. $\begin{vmatrix} \overset{(1)}{\varkappa} & \overset{(1)}{\varkappa} \\ \overset{(2)}{\varkappa} & \overset{(2)}{\varkappa} \end{vmatrix}^{+} = \overset{(1)}{\varkappa}\, o\, \overset{(1)}{\varkappa} + \overset{(1)}{\varkappa}\, o\, \overset{(2)}{\varkappa}$ usw.

nentendarstellungen von (4.66a) analog (4.63d) sind

$$\overset{\langle 2n\rangle}{\mathbf{M}} = \frac{1}{n!}\sum_{\alpha,\beta..\nu=1}^{3} \mathfrak{J}_{\nu}\circ\mathfrak{J}_{\nu-1}\circ...\circ\mathfrak{J}_{\beta}\circ\mathfrak{J}_{\alpha}\circ \underbrace{\begin{vmatrix} \mathfrak{J}^{\alpha} & \cdots & \mathfrak{J}^{\alpha} \\ \vdots & & \vdots \\ \mathfrak{J}^{\nu} & \cdots & \mathfrak{J}^{\nu} \end{vmatrix}^{+}}_{\text{n-mal}} =$$

$$= \frac{1}{n!}\sum_{\alpha,\beta..\nu=1}^{3} \underbrace{\begin{vmatrix} \mathfrak{J}^{\alpha} & \cdots & \mathfrak{J}^{\alpha} \\ \vdots & & \vdots \\ \mathfrak{J}^{\nu} & \cdots & \mathfrak{J}^{\nu} \end{vmatrix}^{+}}_{\text{n-mal}} \circ\mathfrak{J}_{\nu}\circ\mathfrak{J}_{\mu}\circ...\circ\mathfrak{J}_{\beta}\circ\mathfrak{J}_{\alpha} \qquad (4.66c)$$

und – entsprechend (4.63b,c) – Versionen, die man aus (4.66b) durch die Vertauschung $\mathfrak{J}^{j} \Leftrightarrow \mathfrak{J}_{j}$ erhält bzw. durch Ersatz der Basisvektoren $\mathfrak{J}^{\alpha}$ bzw. $\mathfrak{J}_{\alpha}$ durch orthogonale Einheitsvektoren $\mathbf{e}_{\alpha}$.

Für den vierstufigen Mischer erhält man danach mit n = 2

$$\overset{\langle 4\rangle}{\mathbf{M}} = \overset{\langle 4\rangle}{\mathbf{M}}{}^{T} = \frac{1}{2}\sum_{\alpha,\beta=1}^{3}\begin{vmatrix} \mathbf{e}_{\alpha} & \mathbf{e}_{\alpha} \\ \mathbf{e}_{\beta} & \mathbf{e}_{\beta} \end{vmatrix}^{+}\circ\mathbf{e}_{\beta}\circ\mathbf{e}_{\alpha} = \frac{1}{2}\sum_{\alpha,\beta=1}^{3}(\mathbf{e}_{\alpha}\circ\mathbf{e}_{\beta}+\mathbf{e}_{\beta}\circ\mathbf{e}_{\alpha})\circ\mathbf{e}_{\beta}\circ\mathbf{e}_{\alpha} \equiv$$

$$\equiv \frac{1}{2}\sum_{\alpha,\beta=1}^{3}\mathbf{e}_{\beta}\circ\mathbf{e}_{\alpha}\circ(\mathbf{e}_{\alpha}\circ\mathbf{e}_{\beta}+\mathbf{e}_{\beta}\circ\mathbf{e}_{\alpha}) \equiv \frac{1}{2}\left[\overset{\langle 4\rangle}{\mathbb{E}}+\overset{\langle 4\rangle}{\mathbb{E}}{}_{T}\right] \equiv \overset{\langle 4\rangle}{\mathbb{E}}{}_{s} = \overset{\langle 4\rangle}{\mathbf{P}}{}_{Z}, \qquad (4.67a)$$

also den vierstufigen Symmetrierer nach (6.40c, 42c), Haupttext, der per

$$\overset{\langle 4\rangle}{\mathbf{M}}\cdot\cdot\overset{(1)}{\mathbf{x}}\circ\overset{(2)}{\mathbf{x}} = \frac{1}{2}\left[\overset{(1)}{\mathbf{x}}\circ\overset{(2)}{\mathbf{x}}+\overset{(2)}{\mathbf{x}}\circ\overset{(1)}{\mathbf{x}}\right] = \overset{\langle 4\rangle}{\mathbb{E}}{}_{s}\cdot\cdot\overset{(1)}{\mathbf{x}}\circ\overset{(2)}{\mathbf{x}} \equiv \overset{(1)}{\mathbf{x}}\circ\overset{(2)}{\mathbf{x}}\cdot\cdot\overset{\langle 4\rangle}{\mathbb{E}}{}_{s} \qquad (4.67b)$$

den Mittelwert der im Falle eines zweistufigen Sets möglichen zwei Permutationsvarianten $\overset{(1)}{\mathbf{x}}\circ\overset{(2)}{\mathbf{x}}$, $\overset{(2)}{\mathbf{x}}\circ\overset{(1)}{\mathbf{x}}$ zur Verfügung stellt, für den sechsstufigen Mischer mit n = 3

$$\overset{\langle 6\rangle}{\mathbf{M}} = \overset{\langle 4\rangle}{\mathbf{P}}{}_{Z}\cdot\cdot\overset{\langle 6\rangle}{\mathbf{P}}{}_{Z} \overset{50)}{=} \frac{1}{6}\left[\overset{\langle 4\rangle}{\mathbb{E}}+\overset{\langle 4\rangle}{\mathbb{E}}{}_{T}\right]\cdot\cdot\left[\overset{\langle 6\rangle}{\mathbb{E}}+\overset{\langle 4\rangle}{\mathbb{E}}{}_{T}\cdot\cdot\overset{\langle 6\rangle}{\mathbb{E}}{}_{T}+\overset{\langle 6\rangle}{\mathbb{E}}{}_{T}\cdot\cdot\overset{\langle 4\rangle}{\mathbb{E}}{}_{T}\right] \equiv$$

$$\equiv \frac{1}{6}\sum_{\substack{r=0,1\\ s=0,1,2}}\overset{\langle 4\rangle}{\mathbb{P}}{}_{Z}{}^{r}\cdot\cdot\overset{\langle 6\rangle}{\mathbb{P}}{}_{Z}{}^{s} = \frac{1}{6}\left[\overset{\langle 6\rangle}{\mathbb{I}}{}_{13}+\overset{\langle 6\rangle}{\mathbb{I}}{}_{8}+\overset{\langle 6\rangle}{\mathbb{I}}{}_{11}+\overset{\langle 6\rangle}{\mathbb{I}}{}_{12}+\overset{\langle 6\rangle}{\mathbb{I}}{}_{7}+\overset{\langle 6\rangle}{\mathbb{I}}{}_{14}\right] \overset{\wedge}{=}$$

$$= \frac{1}{6}\sum_{\alpha,\beta..\nu=1}^{3}\begin{vmatrix} \mathbf{e}_{\alpha} & \mathbf{e}_{\alpha} & \mathbf{e}_{\alpha} \\ \mathbf{e}_{\beta} & \mathbf{e}_{\beta} & \mathbf{e}_{\beta} \\ \mathbf{e}_{\gamma} & \mathbf{e}_{\gamma} & \mathbf{e}_{\gamma} \end{vmatrix}^{+}\circ\mathbf{e}_{\gamma}\circ\mathbf{e}_{\beta}\circ\mathbf{e}_{\alpha}\,,. \qquad (4.67c)$$

---

50) vgl. Fußnote 35

mit dem man – etwa per $\overset{\langle 6\rangle}{\mathbf{M}}\cdots\overset{(1)}{\times}\circ\overset{(2)}{\times}\circ\overset{(3)}{\times}$ – das arithmetische Mittel der 6 möglichen Varianten

$$\overset{(1)}{\times}\circ\overset{(2)}{\times}\circ\overset{(3)}{\times},\ \overset{(2)}{\times}\circ\overset{(3)}{\times}\circ\overset{(1)}{\times},\ \overset{(3)}{\times}\circ\overset{(1)}{\times}\circ\overset{(2)}{\times},\ \overset{(2)}{\times}\circ\overset{(1)}{\times}\circ\overset{(3)}{\times},\ \overset{(3)}{\times}\circ\overset{(2)}{\times}\circ\overset{(1)}{\times},\ \overset{(1)}{\times}\circ\overset{(3)}{\times}\circ\overset{(2)}{\times}$$

als

$$\frac{1}{6}\left[\overset{(1)}{\times}\circ\left(\overset{(2)}{\times}\circ\overset{(3)}{\times}+\overset{(3)}{\times}\circ\overset{(2)}{\times}\right)+\overset{(2)}{\times}\circ\left(\overset{(3)}{\times}\circ\overset{(1)}{\times}+\overset{(1)}{\times}\circ\overset{(3)}{\times}\right)+\overset{(3)}{\times}\circ\left(\overset{(1)}{\times}\circ\overset{(2)}{\times}+\overset{(2)}{\times}\circ\overset{(1)}{\times}\right)\right]$$

$$=\frac{1}{6}\begin{vmatrix}\overset{(1)}{\times} & \overset{(1)}{\times} & \overset{(1)}{\times} \\ \overset{(2)}{\times} & \overset{(2)}{\times} & \overset{(2)}{\times} \\ \overset{(3)}{\times} & \overset{(3)}{\times} & \overset{(3)}{\times}\end{vmatrix}^{+} \tag{4.67d}$$

berechnet usw.

Im Gegensatz zur vollständigen Mischung eines Vektorsets, zu deren Erzeugung im Sinne von (4.66b) es gleichgültig ist, ob der Mischungsoperator als Links– oder Rechtsfaktor verwendet wird, gilt dies für an einem n–stufigen Vektorset mittels

$$\overset{\langle 2p\rangle}{\mathbf{M}}=\frac{1}{p!}\sum_{\alpha,\beta..\pi=1}^{3}\begin{vmatrix}\mathfrak{I}^{\alpha} & \cdots & \mathfrak{I}^{\alpha}\\ \vdots & & \vdots\\ \mathfrak{I}^{\pi} & \cdots & \mathfrak{I}^{\pi}\end{vmatrix}^{+}\underbrace{}_{p\text{-mal}}\circ\ \mathfrak{I}_{\pi}\circ\ldots\circ\ \mathfrak{I}_{\beta}\circ\ \mathfrak{I}_{\alpha}\equiv\overset{\langle 2p\rangle}{\mathbf{M}}{}^{T}, \tag{4.66d}$$

per $\qquad \overset{(1)}{\times}\circ\ldots\circ\overset{(n)}{\times}\ \underbrace{\cdots\cdots}_{p\text{-fach}}\ \overset{\langle 2p\rangle}{\mathbf{M}}\quad$ bzw. $\quad\overset{\langle 2p\rangle}{\mathbf{M}}\ \underbrace{\cdots\cdots}_{p\text{-fach}}\ \overset{(1)}{\times}\circ\ldots\circ\overset{(n)}{\times}$

vollzogener Teilmischungen nicht, weil mittels

$$\overset{(1)}{\times}\circ\ldots\circ\overset{(n)}{\times}\ \underbrace{\cdots\cdots}_{p\text{-fach}}\ \overset{\langle 2p\rangle}{\mathbf{M}}\equiv\overset{(1)}{\times}\circ\ldots\circ\overset{(n-p-1)}{\times}\circ\left[\overset{(n-p)}{\times}\circ\ldots\circ\overset{(n)}{\times}\ \underbrace{\cdots\cdots}_{p\text{-fach}}\ \overset{\langle 2p\rangle}{\mathbf{M}}\right]$$

der "rechte Teil–Set" $\overset{(n-p)}{\times}\circ\ldots\circ\overset{(n)}{\times}$, mittels

$$\overset{\langle 2p\rangle}{\mathbf{M}}\ \underbrace{\cdots\cdots}_{p\text{-fach}}\ \overset{(1)}{\times}\circ\ldots\circ\overset{(n)}{\times}\equiv\left[\overset{\langle 2p\rangle}{\mathbf{M}}\ \underbrace{\cdots\cdots}_{p\text{-fach}}\ \overset{(1)}{\times}\circ\ldots\circ\overset{(p)}{\times}\right]\circ\overset{(p+1)}{\times}\circ\ldots\circ\overset{(n)}{\times}$$

hingegen der "linke Teil–Set" $\overset{(1)}{\times}\circ\ldots\circ\overset{(p)}{\times}$ (jeweils vollständig) gemischt wird, was zwei gänzlich verschiedenen Prozeduren entspricht.

Der "Determinantensymbolik" (4.65) entnimmt man, daß der Wert einer Mischung unverändert bleibt für zeilenweise Vertauschungen in der Determinante, was bedeutet, daß einerseits die Mischung eines Sets $\overset{(1)}{\varkappa} \circ \dots \overset{(n)}{\varkappa}$ unverändert bleibt, wenn man Letzteren zuvor beliebig permutiert,

$$\overset{\langle 2n\rangle}{\mathbf{M}} \underbrace{\cdots\cdots\cdots}_{\text{n-fach}} \overset{(1)}{\varkappa} \circ\dots\circ \overset{(n)}{\varkappa} \equiv \overset{\langle 2n\rangle}{\mathbf{M}} \underbrace{\cdots\cdots\cdots}_{\text{n-fach}} \overset{\langle 2n\rangle}{\mathbb{P}}_{\alpha\beta\gamma..\nu} \underbrace{\cdots\cdots\cdots}_{\text{n-fach}} \overset{(1)}{\varkappa} \circ\dots\circ \overset{(n)}{\varkappa} , \qquad (4.68a)$$

andererseits aber auch, daß der Wert einer Mischung durch eine anschließende Permutation nicht verändert wird:

$$\overset{\langle 2n\rangle}{\mathbf{M}} \underbrace{\cdots\cdots\cdots}_{\text{n-fach}} \overset{(1)}{\varkappa} \circ\dots\circ \overset{(n)}{\varkappa} \equiv \overset{\langle 2n\rangle}{\mathbb{P}}_{\alpha\beta..\nu} \underbrace{\cdots\cdots\cdots}_{\text{n-fach}} \overset{\langle 2n\rangle}{\mathbf{M}} \underbrace{\cdots\cdots\cdots}_{\text{n-fach}} \overset{(1)}{\varkappa} \circ\dots\circ \overset{(n)}{\varkappa} . \qquad (4.68b)$$

Addiert man demnach z B. alle n! Gleichungen des Typs (4.68a), indem man für $\overset{\langle 2n\rangle}{\mathbb{P}}_{\alpha\beta..\nu}$ nacheinander sämtliche Operatoren der Permutationsgruppe in Betracht nimmt, so folgert man

$$\text{n!}\,\overset{\langle 2n\rangle}{\mathbf{M}} \underbrace{\cdots\cdots\cdots}_{\text{n-fach}} \overset{(1)}{\varkappa} \circ\dots\circ \overset{(n)}{\varkappa} \equiv \overset{\langle 2n\rangle}{\mathbf{M}} \underbrace{\cdots\cdots\cdots}_{\text{n-fach}} \left[\sum \overset{\langle 2n\rangle}{\mathbb{P}}_{\alpha\beta\gamma..\nu} \right] \underbrace{\cdots\cdots\cdots}_{\text{n-fach}} \overset{(1)}{\varkappa} \circ\dots\circ \overset{(n)}{\varkappa}$$

bzw. unter Beachtung von (4.66a)

$$\overset{\langle 2n\rangle}{\mathbf{M}} \underbrace{\cdots\cdots\cdots}_{\text{n-fach}} \overset{(1)}{\varkappa} \circ\dots\circ \overset{(n)}{\varkappa} \equiv \overset{\langle 2n\rangle}{\mathbf{M}} \underbrace{\cdots\cdots\cdots}_{\text{n-fach}} \overset{\langle 2n\rangle}{\mathbf{M}} \underbrace{\cdots\cdots\cdots}_{\text{n-fach}} \overset{(1)}{\varkappa} \circ\dots\circ \overset{(n)}{\varkappa} ,$$

also für Mischer die Idempotenz-Eigenschaft

$$\overset{\langle 2n\rangle}{\mathbf{M}} \underbrace{\cdots\cdots\cdots}_{\text{n-fach}} \overset{\langle 2n\rangle}{\mathbf{M}} = \overset{\langle 2n\rangle}{\mathbf{M}} , \qquad (4.68c)$$

die man analog auch, von (4.68b) ausgehend, hätte identifizieren können, und die anschaulich bedeutet, daß ein bereits (vollständig) gemischter Set ($\overset{(1)}{\varkappa} \circ..\circ \overset{(n)}{\varkappa}$) durch eine nochmalige (vollständige) Mischung nicht mehr verändert wird. Entsprechendes gilt für die vollständige Mischung p-stufiger Sets $\overset{(1)}{\varkappa} \circ..\circ \overset{(p)}{\varkappa} =$

$$\overset{\langle 2p\rangle}{\mathbf{M}} \underbrace{\cdots\cdots\cdots}_{\text{p-fach}} \overset{\langle 2p\rangle}{\mathbf{M}} = \overset{\langle 2p\rangle}{\mathbf{M}} , \qquad (4.68d)$$

aber auch, verallgemeinert,

$$\overset{\langle 2p\rangle}{\mathbf{M}}\underbrace{\cdots\cdots}_{p\text{-fach}}\overset{\langle 2n\rangle}{\mathbf{M}}\equiv\left[\overset{\langle 2p\rangle}{\mathbf{M}}\underbrace{\cdots\cdots}_{p\text{-fach}}\overset{\langle 2n\rangle}{\mathbb{E}}\right]\underbrace{\cdots\cdots}_{n\text{-fach}}\overset{\langle 2n\rangle}{\mathbf{M}}=\overset{\langle 2n\rangle}{\mathbf{M}}\,,\ p\lesseqgtr n,\quad(4.69a)$$

$$\text{bzw.}\qquad\overset{\langle 2n\rangle}{\mathbf{M}}\underbrace{\cdots\cdots}_{p\text{-fach}}\overset{\langle 2p\rangle}{\mathbf{M}}\equiv\overset{\langle 2n\rangle}{\mathbf{M}}\underbrace{\cdots\cdots}_{n\text{-fach}}\left[\overset{\langle 2n\rangle}{\mathbb{E}}\underbrace{\cdots\cdots}_{p\text{-fach}}\overset{\langle 2p\rangle}{\mathbf{M}}\right]=\overset{\langle 2n\rangle}{\mathbf{M}}\,,\ p\lesseqgtr n,\quad(4.69b)$$

– wobei übrigens (4.69b) aus (4.69a) mit $\overset{\langle 2n\rangle}{\mathbf{M}}=\overset{\langle 2n\rangle}{\mathbf{M}}{}^{T}$ sowie $\overset{\langle 2p\rangle}{\mathbf{M}}=\overset{\langle 2p\rangle}{\mathbf{M}}{}^{T}$ und

$\overset{\langle 2n\rangle}{\mathbb{E}}=\overset{\langle 2n\rangle}{\mathbb{E}}{}^{T}$ unmittelbar zu folgern ist –, was man mit

$$\overset{\langle 2n\rangle}{\mathbf{M}}=\overset{\langle 2p\rangle}{\mathbf{M}}\underbrace{\cdots\cdots\cdots}_{(p+1)\text{-fach}}\overset{\langle 2(p+1)\rangle}{\mathbf{P}_{Z}}\ldots\overset{\langle 2n\rangle}{\mathbf{P}_{Z}}$$

nach (4.66a) und der Idempotenzeigenschaft (4.68d) von $\overset{\langle 2p\rangle}{\mathbf{M}}$ folgert:

$$\overset{\langle 2p\rangle}{\mathbf{M}}\underbrace{\cdots\cdots}_{p\text{-fach}}\left[\overset{\langle 2p\rangle}{\mathbf{M}}\underbrace{\cdots\cdots\cdots}_{(p+1)\text{-fach}}\overset{\langle 2(p+1)\rangle}{\mathbf{P}_{Z}}\ldots\overset{\langle 2n\rangle}{\mathbf{P}_{Z}}\right]\equiv$$

$$\equiv\overset{\langle 2p\rangle}{\mathbf{M}}\underbrace{\cdots\cdots}_{p\text{-fach}}\overset{\langle 2p\rangle}{\mathbf{M}}\underbrace{\cdots\cdots\cdots}_{(p+1)\text{-fach}}\left[\overset{\langle 2(p+1)\rangle}{\mathbf{P}_{Z}}\ldots\overset{\langle 2n\rangle}{\mathbf{P}_{Z}}\right]\overset{(4.68d)}{=}$$

$$\overset{\langle 2p\rangle}{\mathbf{M}}\underbrace{\cdots\cdots\cdots}_{(p+1)\text{-fach}}\overset{\langle 2(p+1)\rangle}{\mathbf{P}_{Z}}\ldots\overset{\langle 2n\rangle}{\mathbf{P}_{Z}}\equiv\overset{\langle 2n\rangle}{\mathbf{M}}\,.$$

Der Befund, daß die vollständige Mischung eines Sets $\overset{(1)}{\varkappa}\mathrm{o}..\mathrm{o}\,\overset{(n)}{\varkappa}$ unabhängig von der

anfänglichen Reihung der Vektoren ist, führt allgemein zu den Feststellungen, daß

a) einerseits die (vollständige) Mischung irgendeiner Teilmischung eines Sets wiederum

seine vollständige Mischung ergibt,

b) andererseits jede Teilmischung einer Mischung diese Mischung unverändert läßt und

schließlich

c) auch jede Teilmischungsoperation idempotent ist in dem Sinne, daß eine nochmalige

Anwendung der Teilmischungs-Operation den bereits erreichten "Mischungsstatus"

nicht mehr verändert.

Die Formeln (4.69a,b) sind spezielle Varianten der Befunde a), b), indem man etwa, von (4.69b)

ausgehend, per $\qquad\left[\overset{\langle 2n\rangle}{\mathbf{M}}\underbrace{\cdots\cdots}_{p\text{-fach}}\overset{\langle 2p\rangle}{\mathbf{M}}\right]\underbrace{\cdots\cdots}_{n\text{-fach}}\overset{(1)}{\varkappa}\mathrm{o}\ldots\overset{(p)}{\varkappa}\mathrm{o}..\overset{(n)}{\varkappa}\equiv$

$$\equiv \overset{\langle 2n\rangle}{\mathbf{M}} \underbrace{\cdots\cdots}_{n\text{-fach}} \left[\overset{\langle 2p\rangle}{\mathbf{M}} \underbrace{\cdots\cdots}_{p\text{-fach}} \overset{(1)}{\mathsf{x}}\,\circ..\circ\,\overset{(p)}{\mathsf{x}}\,\circ..\circ\,\overset{(n)}{\mathsf{x}} \right] \equiv \overset{\langle 2n\rangle}{\mathbf{M}} \underbrace{\cdots\cdots}_{n\text{-fach}} \overset{(1)}{\mathsf{x}}\,\circ...\circ\,\overset{(n)}{\mathsf{x}} \qquad (4.69c)$$

feststellt, daß die vollständige Mischung $\left[\overset{\langle 2n\rangle}{\mathbf{M}} \underbrace{\cdots\cdots}_{n\text{-fach}} \overset{(1)}{\mathsf{x}}\,\circ..\,\overset{(n)}{\mathsf{x}} \right]$ eines Sets denselben Wert ergibt,

den man erhielte, wenn man vor Vollzug der vollständigen Mischungsaktion am Set z, B. eine

"linksseitig–p–stufige Teilmischung"

$$\overset{\langle 2p\rangle}{\mathbf{M}} \underbrace{\cdots\cdots}_{p\text{-fach}} \overset{(1)}{\mathsf{x}}\,\circ....\circ\,\overset{(n)}{\mathsf{x}} = \frac{1}{p!} \underbrace{\left| \begin{matrix} \overset{(1)}{\mathsf{x}} & \cdots & \overset{(1)}{\mathsf{x}} \\ \vdots & & \vdots \\ \overset{(p)}{\mathsf{x}} & \cdots & \overset{(p)}{\mathsf{x}} \end{matrix} \right|^{+}}_{p\text{-mal}} \circ\,\overset{(p+1)}{\mathsf{x}}\,\circ\,\overset{(p+2)}{\mathsf{x}}\,\circ...\circ\,\overset{(n)}{\mathsf{x}} \equiv$$

$$\equiv \overset{(1)}{\mathsf{x}}\,\circ....\circ\,\overset{(p)}{\mathsf{x}} \underbrace{\cdots\cdots}_{p\text{-fach}} \overset{\langle 2p\rangle}{\mathbf{M}}\,\circ\,\overset{(p+1)}{\mathsf{x}}\,\circ...\circ\,\overset{(n)}{\mathsf{x}} \qquad (4.69d)$$

vollzöge. Die Feststellungen a), b) gelten indessen nicht nur für solcherart spezielle Teilmischungen,

sondern für alle Teilmischungsvarianten

$$\overset{(1)}{\mathsf{x}}\,\circ...\circ\,\overset{(n)}{\mathsf{x}} \underbrace{\cdots\cdots}_{n\text{-fach}} \overset{\langle 2n\rangle}{\mathbb{M}}_{(\alpha_1,\ldots\alpha_p)}\,, \qquad (4.70a)$$

die definiert werden als das arithmetische Mittel aller derjenigen n–stufigen Operatoren, die man erhält,

indem man nacheinander im Set $\overset{(1)}{\mathsf{x}}\,\circ...\circ\,\overset{(n)}{\mathsf{x}}$ die Plätze von p Vektorfaktoren $\overset{(\alpha_j)}{\mathsf{x}}$, $j = 1...p$

vertauscht[51]. Der Beweis dieses Sachverhaltes ist auf (4.68a,b) (4.69a,b) zurückzuführen, z. B.

---

[51] So hat man z. B. im Falle eines dreistufigen Sets $\overset{(1)}{\mathsf{x}}\,\circ\,\overset{(2)}{\mathsf{x}}\,\circ\,\overset{(3)}{\mathsf{x}}$ drei Zweier–Teilmischungen,

nämlich $\dfrac{1}{2}\left[\overset{(1)}{\mathsf{x}}\,\circ\,\overset{(2)}{\mathsf{x}} + \overset{(2)}{\mathsf{x}}\,\circ\,\overset{(1)}{\mathsf{x}} \right]\circ\,\overset{(3)}{\mathsf{x}} \equiv \overset{(1)}{\mathsf{x}}\,\circ\,\overset{(2)}{\mathsf{x}}\,\circ\,\overset{(3)}{\mathsf{x}} \cdots \overset{\langle 6\rangle}{\mathbb{M}}_{(1,2)},$

$\dfrac{1}{2}\left[\overset{(1)}{\mathsf{x}}\,\circ\,\overset{(2)}{\mathsf{x}}\,\circ\,\overset{(3)}{\mathsf{x}} + \overset{(3)}{\mathsf{x}}\,\circ\,\overset{(2)}{\mathsf{x}}\,\circ\,\overset{(1)}{\mathsf{x}} \right] \equiv \overset{(1)}{\mathsf{x}}\,\circ\,\overset{(2)}{\mathsf{x}}\,\circ\,\overset{(3)}{\mathsf{x}} \cdots \overset{\langle 6\rangle}{\mathbb{M}}_{(1,3)}$

$\dfrac{1}{2}\,\overset{(1)}{\mathsf{x}}\,\circ\left[\overset{(2)}{\mathsf{x}}\,\circ\,\overset{(3)}{\mathsf{x}} + \overset{(3)}{\mathsf{x}}\,\circ\,\overset{(2)}{\mathsf{x}} \right] \equiv \overset{(1)}{\mathsf{x}}\,\circ\,\overset{(2)}{\mathsf{x}}\,\circ\,\overset{(3)}{\mathsf{x}} \cdots \overset{\langle 6\rangle}{\mathbb{M}}_{(2,3)},$

im Falle eines vierstufigen Sets ,

$\binom{4}{3} = 4$ Dreier–Teilmischungen $\overset{\langle 8\rangle}{\mathbb{M}}_{(1,2,3)},\ \overset{\langle 8\rangle}{\mathbb{M}}_{(1,2,4)},\ \overset{\langle 8\rangle}{\mathbb{M}}_{(1,3,4)}$ und $\overset{\langle 8\rangle}{\mathbb{M}}_{(2,3,4)}$ und

$\binom{4}{2} = 6$ Zweier–Teilmischungen $\overset{\langle 8\rangle}{\mathbb{M}}_{(1,2)},\ \overset{\langle 8\rangle}{\mathbb{M}}_{(1,3)},\ \overset{\langle 8\rangle}{\mathbb{M}}_{(1,4)},\ \overset{\langle 8\rangle}{\mathbb{M}}_{(2,3)},\ \overset{\langle 8\rangle}{\mathbb{M}}_{(2,4)},\ \overset{\langle 8\rangle}{\mathbb{M}}_{(3,4)},$ usw.

in der Weise, daß man

1)   mittels eines geeigneten (als Produkt entsprechender Einzel–Permutationsoperatoren zu erzeugenden) Stellungs–Permutations–Operators $\overset{\langle 2n\rangle_*}{\mathbb{P}}$ per

$$\overset{(1)}{\varkappa}\,\text{o..}\,\overset{(n)}{\varkappa}\,\underbrace{\cdots\cdots}_{n-fach}\,\overset{\langle 2n\rangle_*}{\mathbb{P}} \equiv \overset{(1)}{\varkappa}\,\text{o..}\,\overset{(\alpha_1)}{\varkappa^1}\,\text{o..}\,\overset{(\alpha_2)}{\varkappa^2}\,\cdots\,\overset{(\alpha_p)}{\varkappa^p}\,\text{o..}\,\overset{(n)}{\varkappa}\,\underbrace{\cdots\cdots}_{n-fach}\,\overset{\langle 2n\rangle_*}{\mathbb{P}} \equiv$$

$$\equiv \overset{(1)}{\varkappa}\,\text{...o}\,\overset{(n)}{\varkappa}\,\text{o}\,\overset{(\alpha_1)}{\varkappa^1}\,\text{o..}\,\overset{(\alpha_2)}{\varkappa^2}\,\text{o}\,\overset{(\alpha_p)}{\varkappa^p}$$

eine Reihung der Vektoren derart vornimmt, daß die zu mischenden Vektoren etwa sich am rechten Ende des Sets sammeln,

2)   am derart modifizierten Set die Mischung vornimmt, also

$$\left[\overset{(1)}{\varkappa}\,\text{o..}\,\overset{(n)}{\varkappa}\,\text{o}\,\overset{(\alpha_1)}{\varkappa^1}\,\text{o}\,\overset{(\alpha_2)}{\varkappa^2}\,\text{o..}\,\overset{(\alpha_p)}{\varkappa^p}\,\underbrace{\cdots\cdots}_{p-fach}\,\overset{\langle 2p\rangle}{\mathbf{M}}\right]$$

bildet und schließlich

3)   durch Rückführen in die alte Reihung die Platzvertauschung rückgängig macht,

womit als Resultat der in (4.70a) geforderten Operation zunächst

$$\overset{(1)}{\varkappa}\,\text{o...o}\,\overset{(n)}{\varkappa}\,\underbrace{\cdots\cdots}_{n-fach}\,\overset{\langle 2n\rangle}{\mathbb{M}}{}_{(\alpha_1,\ldots\alpha_p)} =$$

$$= \left[\overset{(1)}{\varkappa}\,\text{o...o}\,\overset{(n)}{\varkappa}\,\underbrace{\cdots\cdots}_{n-fach}\,\overset{\langle 2n\rangle_*}{\mathbb{P}}\,\underbrace{\cdots\cdots}_{p-fach}\,\overset{\langle 2p\rangle}{\mathbf{M}}\right]\underbrace{\cdots\cdots}_{n-fach}\,\overset{\langle 2n\rangle_*-1}{\mathbb{P}},$$

d. h.

$$\overset{\langle 2n\rangle}{\mathbb{M}}{}_{(\alpha_1,\ldots\alpha_p)} = \left[\overset{\langle 2n\rangle_*}{\mathbb{P}}\,\underbrace{\cdots\cdots}_{p-fach}\,\overset{\langle 2p\rangle}{\mathbf{M}}\right]\underbrace{\cdots\cdots}_{n-fach}\,\overset{\langle 2n\rangle_*-1}{\mathbb{P}} \equiv$$

$$\equiv \overset{\langle 2n\rangle_*}{\mathbb{P}}\,\underbrace{\cdots\cdots}_{n-fach}\left[\overset{\langle 2p\rangle}{\mathbf{M}}\,\underbrace{\cdots\cdots}_{p-fach}\,\overset{\langle 2n\rangle_*-1}{\mathbb{P}}\right] \tag{4.70b}$$

erhalten wird, und schließlich prüft, was geschieht, wenn man solche Teilmischung einer Gesamtmischung unterwirft, also die Prozedur

$$\overset{(1)}{\varkappa}\,\text{o...o}\,\overset{(n)}{\varkappa}\,\underbrace{\cdots\cdots}_{n-fach}\,\overset{\langle 2n\rangle}{\mathbb{M}}{}_{(\alpha_1\cdots\alpha_p)}\underbrace{\cdots\cdots}_{n-fach}\,\overset{\langle 2n\rangle}{\mathbf{M}}$$

vollzieht. Dann erkennt man in der Tat

$$\overset{\langle 2n\rangle}{\mathbb{M}}_{(\alpha_1\ldots\alpha_p)}\underbrace{\cdots\cdots}_{n\text{-fach}}\overset{\langle 2n\rangle}{\mathbf{M}}=\left[\overset{\langle 2n\rangle_*}{\mathbb{P}}\underbrace{\cdots\cdots}_{p\text{-fach}}\overset{\langle 2p\rangle}{\mathbf{M}}\right]\underbrace{\cdots\cdots}_{n\text{-fach}}\overset{\langle 2n\rangle_*-1}{\mathbb{P}}\underbrace{\cdots\cdots}_{n\text{-fach}}\overset{\langle 2n\rangle}{\mathbf{M}}$$

$$\overset{52)}{\Longrightarrow}\left[\overset{\langle 2n\rangle_*}{\mathbb{P}}\underbrace{\cdots\cdots}_{p\text{-fach}}\overset{\langle 2p\rangle}{\mathbf{M}}\right]\underbrace{\cdots\cdots}_{n\text{-fach}}\overset{\langle 2n\rangle}{\mathbf{M}}\equiv\overset{\langle 2n\rangle_*}{\mathbb{P}}\underbrace{\cdots\cdots}_{n\text{-fach}}\left[\overset{\langle 2p\rangle}{\mathbf{M}}\underbrace{\cdots\cdots}_{p\text{-fach}}\overset{\langle 2n\rangle}{\mathbf{M}}\right]$$

$$\overset{(4.69a)}{\Longrightarrow}\overset{\langle 2n\rangle_*}{\mathbb{P}}\underbrace{\cdots\cdots}_{n\text{-fach}}\overset{\langle 2n\rangle}{\mathbf{M}}\overset{53)}{\Longrightarrow}\overset{\langle 2n\rangle}{\mathbf{M}}\,,\tag{4.70c}$$

also die uneingeschränkte Gültigkeit des unter a) genannten Befundes. Entsprechend wird der Befund b)

nachgewiesen, Befund c) unter Benutzung von (4.70b):

$$\overset{\langle 2n\rangle}{\mathbb{M}}_{(\alpha_1\ldots\alpha_p)}\underbrace{\cdots\cdots}_{n\text{-fach}}\overset{\langle 2n\rangle}{\mathbb{M}}_{(\alpha_1\ldots\alpha_p)}=$$

$$\left[\overset{\langle 2n\rangle_*}{\mathbb{P}}\underbrace{\cdots\cdots}_{p\text{-fach}}\overset{\langle 2p\rangle}{\mathbf{M}}\right]\underbrace{\cdots\cdots}_{n\text{-fach}}\overset{\langle 2n\rangle_*-1}{\mathbb{P}}\underbrace{\cdots\cdots}_{n\text{-fach}}\overset{\langle 2n\rangle_*}{\mathbb{P}}\underbrace{\cdots\cdots}_{n\text{-fach}}\left[\overset{\langle 2p\rangle}{\mathbf{M}}\underbrace{\cdots\cdots}_{p\text{-fach}}\overset{\langle 2n\rangle_*-1}{\mathbb{P}}\right]\overset{54)}{=}$$

$$=\left[\overset{\langle 2n\rangle_*}{\mathbb{P}}\underbrace{\cdots\cdots}_{p\text{-fach}}\overset{\langle 2p\rangle}{\mathbf{M}}\right]\underbrace{\cdots\cdots}_{n\text{-fach}}\left[\overset{\langle 2p\rangle}{\mathbf{M}}\underbrace{\cdots\cdots}_{p\text{-fach}}\overset{\langle 2n\rangle_*-1}{\mathbb{P}}\right]\equiv$$

$$\equiv\overset{\langle 2n\rangle_*}{\mathbb{P}}\underbrace{\cdots\cdots}_{n\text{-fach}}\left[\left[\overset{\langle 2p\rangle}{\mathbf{M}}\underbrace{\cdots\cdots}_{p\text{-fach}}\overset{\langle 2p\rangle}{\mathbf{M}}\right]\underbrace{\cdots\cdots}_{p\text{-fach}}\overset{\langle 2n\rangle_*-1}{\mathbb{P}}\right]=$$

$$\overset{(4.68c)}{=}\overset{\langle 2n\rangle_*}{\mathbb{P}}\underbrace{\cdots\cdots}_{n\text{-fach}}\left[\overset{\langle 2p\rangle}{\mathbf{M}}\underbrace{\cdots\cdots}_{p\text{-fach}}\overset{\langle 2n\rangle_*-1}{\mathbb{P}}\right]\equiv\overset{\langle 2n\rangle}{\mathbb{M}}_{(\alpha_1\ldots\alpha_p)}\,.$$

In Verallgemeinerung von (4.70c) gilt schließlich desweiteren

$$\overset{\langle 2n\rangle}{\mathbb{M}}_{(\alpha_1\ldots\alpha_p)}\underbrace{\cdots\cdots}_{n\text{-fach}}\overset{\langle 2n\rangle}{\mathbb{M}}_{(\beta_1\ldots\beta_q)}=\overset{\langle 2n\rangle}{\mathbb{M}}_{(\alpha_1\ldots\alpha_p)}\,,$$

---

52) Man benutze $\overset{\langle 2n\rangle_*-1}{\mathbb{P}}\underbrace{\cdots\cdots}_{n\text{-fach}}\overset{\langle 2n\rangle}{\mathbf{M}}\Rightarrow\overset{\langle 2n\rangle}{\mathbf{M}}$ im Sinne von (4.68b), indem man beachtet, daß auch $\overset{\langle 2n\rangle_*-1}{\mathbb{P}}$ ein aus Produkten der Elemente der Permutationsgruppe aufgebauter Operator ist.

53) Man benutze $\overset{\langle 2n\rangle_*}{\mathbb{P}}\underbrace{\cdots\cdots}_{n\text{-fach}}\overset{\langle 2n\rangle}{\mathbf{M}}\Rightarrow\overset{\langle 2n\rangle}{\mathbf{M}}$.

54) Man beachte $\overset{\langle 2n\rangle_*-1}{\mathbb{P}}\underbrace{\cdots\cdots}_{n\text{-fach}}\overset{\langle 2n\rangle_*}{\mathbb{P}}=\overset{\langle 2n\rangle}{\mathbb{E}}$

$$\overset{\langle 2n\rangle}{\mathbb{M}}_{(\beta_1\ldots\beta_q)}\underbrace{\cdots\cdots\cdots}_{n-\text{fach}}\overset{\langle 2n\rangle}{\mathbb{M}}_{(\alpha_1\ldots\alpha_p)} = \overset{\langle 2n\rangle}{\mathbb{M}}_{(\alpha_1\ldots\alpha_p)}\quad\text{für }\left\{\beta_1\ldots\beta_q\right\}\subset\left\{\alpha_1\ldots\alpha_p\right\}, \quad (4.70\text{d})$$

d. h. daß eine sich auf Vektoren $\overset{(1)}{\varkappa}\ldots\overset{(p)}{\varkappa}$ beziehende Teilmischung eines Sets nicht verändert wird,

wenn man an einem solchen Aggregat hernach noch eine Teilmischung vollzieht, die eine beliebige

Untermenge der Vektoren $\overset{(1)}{\varkappa}\ldots\overset{(p)}{\varkappa}$ betrifft bzw., daß eine (Teil–)Mischung $\mathbb{M}_{(\alpha_1\ldots\alpha_p)}$ "größerer

Reichweite" nicht verändert wird, wenn man sie anstelle auf den Set $\overset{(1)}{\varkappa}\circ\ldots\overset{(n)}{\varkappa}$ auf einen zuvor

teilgemischten Set "kleinerer Reichweite" anwendet.

Wertet man die Determinante (4.65) "vorzeichenbehaftet" aus, so entsteht die als (sog.

vollständige)

4.4.2   Alternation

eines Sets $\overset{(1)}{\varkappa}\circ\ldots\circ\overset{(n)}{\varkappa}$ bezeichnete Operation[55]

$$\overset{\langle n\rangle}{\text{Alt}}\left[\overset{(1)}{\varkappa}\circ\ldots\circ\overset{(n)}{\varkappa}\right] = \frac{1}{n!}\begin{vmatrix}\overset{(1)}{\varkappa} & \cdots & \overset{(1)}{\varkappa}\\ \vdots & & \vdots\\ \overset{(n)}{\varkappa} & \cdots & \overset{(n)}{\varkappa}\end{vmatrix}. \qquad (4.71\text{a})$$

$$\underbrace{\hphantom{xxxxxxxx}}_{n-\text{mal}}$$

Sie ist aufzufassen als der arithmetische Mittelwert aller Teil-Operationen

$$(-1)^s\,\overset{(\alpha)}{\varkappa}\circ\ldots\circ\overset{(\nu)}{\varkappa}, \quad \alpha,\beta\ldots\nu = 1\ldots n,$$

wobei s die Anzahl der erforderlichen Platzvertauschungen bedeutet, um den jeweiligen Set

$\overset{(\alpha)}{\varkappa}\circ\overset{(\beta)}{\varkappa}\circ\ldots\circ\overset{(\nu)}{\varkappa}$ (wieder) in die "geordnete Reihenfolge" $\overset{(1)}{\varkappa}\circ\ldots\circ\overset{(n)}{\varkappa}$ zu verbringen. Die voll-

ständige Alternation eines Vektorsets $\overset{(1)}{\varkappa}\circ\ldots\circ\overset{(n)}{\varkappa}$ ist also - ebenso wie die Mischung - eine

---

[55] Mit der Bedeutung z. B. von $\begin{vmatrix}\overset{(1)}{\varkappa} & \overset{(1)}{\varkappa}\\ \overset{(2)}{\varkappa} & \overset{(2)}{\varkappa}\end{vmatrix} = \overset{(1)}{\varkappa}\circ\overset{(2)}{\varkappa} - \overset{(2)}{\varkappa}\circ\overset{(1)}{\varkappa}$ usw.

Multilinearform ($\overset{\langle n\rangle}{\mathrm{ML}}$) Desselben[56], und zwar eine Solche, die man übrigens allein schon durch die Statements

$$\overset{\langle n\rangle}{\mathrm{Alt}}\left[\overset{(1)}{x}\circ\ldots\circ\overset{(i)}{x}\circ\ldots\circ\overset{(j)}{x}\circ\ldots\circ\overset{(n)}{x}\right]=0 \ \text{ für } \ \overset{(i)}{x}=\overset{(j)}{x} \tag{4.71c}$$

und

$$\overset{\langle n\rangle}{\mathrm{Alt}}\left[\overset{\langle n\rangle}{\mathrm{Alt}}\left(\overset{(1)}{x}\circ\ldots\circ\overset{(n)}{x}\right)\right]=\overset{\langle n\rangle}{\mathrm{Alt}}\left(\overset{(1)}{x}\circ\ldots\circ\overset{(n)}{x}\right) \tag{4.71d}$$

festlegen kann [13]. Aus

$$\overset{\langle n\rangle}{\mathrm{Alt}}\left[\overset{(1)}{x}\circ..\ \overset{(i-1)}{x}\circ\!\left(\overset{(i)}{x}+\overset{(k)}{x}\right)\!\circ\overset{(i+1)}{x}\circ\ldots\overset{(k-1)}{x}\circ\!\left(\overset{(i)}{x}+\overset{(k)}{x}\right)\!\circ\overset{(k+1)}{x}\circ\ldots\overset{(n)}{x}\right]\overset{(4.71c)}{\equiv}0\equiv$$

$$\overset{(4.71b)}{\equiv}\ \overset{\langle n\rangle}{\mathrm{Alt}}\left[\overset{(1)}{x}\circ..\ \overset{(i-1)}{x}\circ\overset{(i)}{x}\circ\overset{(i+1)}{x}\circ\ldots\overset{(k-1)}{x}\circ\!\left(\overset{(i)}{x}+\overset{(k)}{x}\right)\!\circ\overset{(k+1)}{x}\circ..\ \overset{(n)}{x}\right]+$$

$$+\ \overset{\langle n\rangle}{\mathrm{Alt}}\left[\overset{(1)}{x}\circ..\ \overset{(i-1)}{x}\circ\overset{(k)}{x}\circ\overset{(i+1)}{x}\ldots\circ\overset{(k-1)}{x}\circ\!\left(\overset{(i)}{x}+\overset{(k)}{x}\right)\!\circ\overset{(k+1)}{x}\circ..\ \overset{(n)}{x}\right]$$

$$\equiv\ \overset{\langle n\rangle}{\mathrm{Alt}}\left[\overset{(1)}{x}\circ..\ \overset{(i-1)}{x}\circ\overset{(i)}{x}\circ\overset{(i+1)}{x}\ ..\circ\overset{(k-1)}{x}\circ\overset{(i)}{x}\circ\overset{(k+1)}{x}\ ..\ \overset{(n)}{x}\right]+$$

$$+\ \overset{\langle n\rangle}{\mathrm{Alt}}\left[\overset{(1)}{x}\circ..\ \overset{(i-1)}{x}\circ\overset{(i)}{x}\circ\overset{(i+1)}{x}\circ..\ \overset{(k-1)}{x}\circ\overset{(k)}{x}\circ\overset{(k+1)}{x}\ ..\circ\overset{(n)}{x}\right]+$$

$$+\ \overset{\langle n\rangle}{\mathrm{Alt}}\left[\overset{(1)}{x}\circ..\circ\overset{(i-1)}{x}\circ\overset{(k)}{x}\circ\overset{(i+1)}{x}\circ..\ \overset{(k-1)}{x}\circ\overset{(i)}{x}\circ\overset{(k+1)}{x}\circ..\circ\overset{(n)}{x}\right]+$$

$$+\ \overset{\langle n\rangle}{\mathrm{Alt}}\left[\overset{(1)}{x}\circ..\ \overset{(i-1)}{x}\circ\overset{(k)}{x}\circ\overset{(i+1)}{x}\ ..\circ\overset{(k-1)}{x}\circ\overset{(k)}{x}\circ\overset{(k+1)}{x}\ ...\circ\overset{(n)}{x}\right]$$

$$\overset{(4.71c)}{\equiv}\ \overset{\langle n\rangle}{\mathrm{Alt}}\left[\overset{(1)}{x}\circ..\ \overset{(i-1)}{x}\circ\overset{(i)}{x}\circ\overset{(i+1)}{x}\circ..\ \overset{(k-1)}{x}\circ\overset{(k)}{x}\circ\overset{(k+1)}{x}\circ..\ \overset{(n)}{x}\right]$$

$$+\ \overset{\langle n\rangle}{\mathrm{Alt}}\left[\overset{(1)}{x}\circ..\ \overset{(i-1)}{x}\circ\overset{(k)}{x}\circ\overset{(i+1)}{x}\circ..\ \overset{(k-1)}{x}\circ\overset{(i)}{x}\circ\overset{(k+1)}{x}\circ..\ \overset{(n)}{x}\right] \tag{4.71e}$$

folgt dann nämlich - als für Multilinearformen mit der Eigenschaft (4.71c) abgeleiteter Befund - die Erkenntnis, daß Alternationen das Vorzeichen wechseln, wenn zwei Vektor-Faktoren die Plätze tauschen, d. h. daß Alternationen genau diejenige Eigenschaft

---

[56] wofür $\overset{\langle n\rangle}{\mathrm{ML}}\left[\overset{(1)}{x}\circ\ldots\circ\overset{(n)}{x}+\overset{(1)}{y}\circ\ldots\circ\overset{(n)}{y}\right]=\overset{\langle n\rangle}{\mathrm{ML}}\left[\overset{(1)}{x}\circ\ldots\circ\overset{(n)}{x}\right]+\overset{\langle n\rangle}{\mathrm{ML}}\left[\overset{(1)}{y}\ldots\overset{(n)}{y}\right]$ sowie mit einem Vektor a und einem Skalar λ

$$\overset{\langle n\rangle}{\mathrm{ML}}\left[\overset{(1)}{x}\circ\ldots\circ\left(\overset{(j)}{x}+\lambda a\right)\circ\ldots\circ\overset{(n)}{x}\right]=$$

$$\overset{\langle n\rangle}{\mathrm{ML}}\left[\overset{(1)}{x}\circ\ldots\circ\overset{(n)}{x}\right]+\lambda\,\overset{\langle n\rangle}{\mathrm{ML}}\left[\overset{(1)}{x}\circ..\circ\overset{(j-1)}{x}\circ a\circ\overset{(j+1)}{x}\circ..\circ\overset{(n)}{x}\right] \tag{4.71a,b}$$

gelten.

haben, die in die Entwicklungsregel der "Determinantensymbolik" (4.71a) "eingebaut ist".

Von der Substanz her ist die vollständige Alternation eines Sets $\overset{(1)}{\varkappa}\,\text{o}...\text{o}\,\overset{(n)}{\varkappa}$ - ebenso wie die Mischung - als Ergebnis einer linearen Abbildung eines Sets $(\,\overset{(1)}{\varkappa}\,\text{o}...\text{o}\,\overset{(n)}{\varkappa}\,)$ einzustufen, was - analog zur Mischung - mittels eines 2n-stufigen Operators $\overset{\langle 2n\rangle}{\mathbf{A}}$ etwa in der Form

$$\overset{\langle n\rangle}{\mathrm{Alt}}\left[\,\overset{(1)}{\varkappa}\,\text{o}...\text{o}\,\overset{(n)}{\varkappa}\,\right] = \overset{(1)}{\varkappa}\,\text{o}...\text{o}\,\overset{(n)}{\varkappa}\,\underbrace{\cdots\cdots\cdots}_{n-fach}\,\overset{\langle 2n\rangle}{\mathbf{A}} \tag{4.72}$$

auszudrücken ist. Dieser sog. "2n-stufige Alternierer" hat - wie im anschließenden Kleindruck nachgewiesen - folgende Eigenschaften:

a)　er ist im Sinne von

$$\overset{\langle 2n\rangle}{\mathbf{A}} = \overset{\langle 2n\rangle}{\mathbf{A}}{}^{T} \tag{4.73}$$

transpositionssymmetrisch,

b)　darf im Sinne von

$$\overset{\langle n\rangle}{\mathrm{Alt}}(\,\overset{(1)}{\varkappa}\,\text{o}..\text{o}\,\overset{(n)}{\varkappa}\,) = \overset{(1)}{\varkappa}\,\text{o}...\text{o}\,\overset{(n)}{\varkappa}\,\underbrace{\cdots\cdots\cdots}_{n-fach}\,\overset{\langle 2n\rangle}{\mathbf{A}} \equiv \overset{\langle 2n\rangle}{\mathbf{A}}\,\underbrace{\cdots\cdots\cdots}_{n-fach}\,\overset{(1)}{\varkappa}\,\text{o}...\text{o}\,\overset{(n)}{\varkappa} \tag{4.74}$$

"kommutativ" angewendet werden, ist

c)　idempotent im Sinne von

$$\overset{\langle 2n\rangle}{\mathbf{A}}\,\underbrace{\cdots\cdots\cdots}_{n-fach}\,\overset{\langle 2n\rangle}{\mathbf{A}} = \overset{\langle 2n\rangle}{\mathbf{A}}\,, \tag{4.75}$$

d)　ist identisch Null, sofern n die Dimensionszahl N des Vektorraumes $(\mathcal{V}_{N})$ überschreitet,

$$\overset{\langle 2n\rangle}{\mathbf{A}} = 0 \ \text{für } n > N, \ \overset{(i)}{\varkappa} \ \epsilon \ \mathcal{V}_{N}, \tag{4.76}$$

e)　läßt sich in Termen der zyklischen bzw. zyklisch-alternierenden Mittelwerte $\overset{\langle 2j\rangle}{\mathbf{P}}_{Z}$, $\overset{\langle 2j\rangle}{\mathbf{P}}_{A}$ in der Form

$$
\overset{\langle 2n\rangle}{\mathbf{A}} = \overset{\langle 2n\rangle}{\mathbf{A}}{}^{T} = \overset{\langle 4\rangle}{\mathbf{P}}_{A}\cdot\cdot\;\overset{\langle 6\rangle}{\mathbf{P}}_{Z}\cdots\overset{\langle 8\rangle}{\mathbf{P}}_{A}\cdots\overset{\langle 10\rangle}{\mathbf{P}}_{Z}\cdots\cdots
\begin{cases}
\cdots\cdots\cdots\overset{\langle 2n\rangle}{\mathbf{P}}_{A} & \text{für gerade } n \\[2mm]
\underbrace{\cdots\cdots\cdots\overset{\langle 2n\rangle}{\mathbf{P}}_{Z}}_{(n-1)\text{-fach}} & \text{für ungerade } n
\end{cases}
\equiv
$$

$$
\equiv
\left.\begin{matrix}
\overset{\langle 2n\rangle}{\mathbf{P}}_{A} \\[2mm]
\overset{\langle 2n\rangle}{\mathbf{P}}_{Z}
\end{matrix}\right\}
\underbrace{\cdots\cdots\cdots}_{(n-1)\text{-fach}}
\begin{cases}
\cdots\cdots\;\overset{\langle 8\rangle}{\mathbf{P}}_{A}\cdots\overset{\langle 6\rangle}{\mathbf{P}}_{Z}\cdot\cdot\;\overset{\langle 4\rangle}{\mathbf{P}}_{A} & \text{für gerade } n \\[2mm]
\cdots\cdots\;\overset{\langle 8\rangle}{\mathbf{P}}_{A}\cdots\overset{\langle 6\rangle}{\mathbf{P}}_{Z}\cdot\cdot\;\overset{\langle 4\rangle}{\mathbf{P}}_{A} & \text{für ungerade } n
\end{cases}
\tag{4.77}
$$

bzw. mittels einer Rekursionsformel als

$$
\overset{\langle 2n\rangle}{\mathbf{A}} = \overset{\langle 2n\rangle}{\mathbf{A}}{}^{T} = \overset{\langle 2(n-1)\rangle}{\mathbf{A}}\;\underbrace{\cdots\cdots\cdots}_{(n-1)\text{-fach}}
\begin{cases}
\overset{\langle 2n\rangle}{\mathbf{P}}_{A} & \text{für gerade } n \\[2mm]
\overset{\langle 2n\rangle}{\mathbf{P}}_{Z} & \text{für ungerade } n
\end{cases}
\tag{4.78}
$$

darstellen,

f)   befriedigt in Verallgemeinerung von (4.75) die Beziehungen

$$
\overset{\langle 2p\rangle}{\mathbf{A}}\;\underbrace{\cdots\cdots}_{p\text{-fach}}\;\overset{\langle 2n\rangle}{\mathbf{A}}\;\equiv\;\overset{\langle 2n\rangle}{\mathbf{A}}\;\underbrace{\cdots\cdots}_{p\text{-fach}}\;\overset{\langle 2p\rangle}{\mathbf{A}}\;=^{57)}\;\overset{\langle 2n\rangle}{\mathbf{A}}\quad \text{für } p \lessgtr n
\tag{4.79}
$$

mit $2p$-stufigen Alternierern $\overset{\langle 2p\rangle}{\mathbf{A}}$, die p-stufige Vektorsets vollständig alternieren und an n-stufigen Sets $\overset{(1)}{\varkappa}\,\text{o}\ldots\text{o}\,\overset{(n)}{\varkappa}$ etwa in der Form $\overset{(1)}{\varkappa}\,\text{o}\ldots\text{o}\,\overset{(n)}{\varkappa}\,\underbrace{\cdots\cdots}_{p\text{-fach}}\,\overset{\langle 2p\rangle}{\mathbf{A}}$ bzw.

$\overset{\langle 2p\rangle}{\mathbf{A}}\,\underbrace{\cdots\cdots}_{p\text{-fach}}\,\overset{(1)}{\varkappa}\,\text{o}\ldots\text{o}\,\overset{(n)}{\varkappa}$ spezielle rechts- bzw. linksseitige p-Teil-Alternationen[57] in

---

[57] Analog den Mischungen sind Teil–Alternationen entsprechend der Menge der Vektorfaktoren eines Sets denkbar, im Falle etwa eines dreistufigen Sets die drei Zweier–Alternationen

$$
\tfrac{1}{2}\left[\overset{(1)}{\varkappa}\,\text{o}\,\overset{(2)}{\varkappa} - \overset{(2)}{\varkappa}\,\text{o}\,\overset{(1)}{\varkappa}\right]\text{o}\,\overset{(3)}{\varkappa} \equiv \overset{(1)}{\varkappa}\,\text{o}\,\overset{(2)}{\varkappa}\,\text{o}\,\overset{(3)}{\varkappa}\cdots\overset{\langle 6\rangle}{\mathbf{A}}{}_{\langle 1,2\rangle}
$$

$$
\tfrac{1}{2}\left[\overset{(1)}{\varkappa}\,\text{o}\,\overset{(2)}{\varkappa}\,\text{o}\,\overset{(3)}{\varkappa} - \overset{(3)}{\varkappa}\,\text{o}\,\overset{(2)}{\varkappa}\,\text{o}\,\overset{(1)}{\varkappa}\right] = \overset{(1)}{\varkappa}\,\text{o}\,\overset{(2)}{\varkappa}\,\text{o}\,\overset{(3)}{\varkappa}\cdots\overset{\langle 6\rangle}{\mathbf{A}}{}_{\langle 1,3\rangle}
$$

$$
\tfrac{1}{2}\,\overset{(1)}{\varkappa}\,\text{o}\left[\overset{(2)}{\varkappa}\,\text{o}\,\overset{(3)}{\varkappa} - \overset{(3)}{\varkappa}\,\text{o}\,\overset{(2)}{\varkappa}\right] = \overset{(1)}{\varkappa}\,\text{o}\,\overset{(2)}{\varkappa}\,\text{o}\,\overset{(3)}{\varkappa}\cdots\overset{\langle 6\rangle}{\mathbf{A}}{}_{\langle 2,3\rangle}\,,
$$

im Falle eines vierstufigen Sets analog Fußnote 51 4 Dreier– und 6 Zweier–Alternationen usw.

der Form

$$
\overset{(1)}{\varkappa}\, {\scriptstyle o...o}\, \overset{(n)}{\varkappa}\, \underbrace{\cdots\cdots}_{p\text{-fach}}\, \overset{\langle 2\,p\rangle}{\mathbf{A}} = \overset{(1)}{\varkappa}\, {\scriptstyle o...o}\, \overset{(n-p-1)}{\varkappa}\, {\scriptstyle o}\, \frac{1}{p!}\left|\begin{array}{ccc}\overset{(n-p)}{\varkappa} & \cdots & \overset{(n-p)}{\varkappa} \\ \vdots & & \vdots \\ \overset{(n)}{\varkappa} & \cdots & \overset{(n)}{\varkappa}\end{array}\right|_{\textstyle p\text{-mal}} \tag{4.79a}
$$

bzw.

$$
\overset{\langle 2\,p\rangle}{\mathbf{A}}\, \underbrace{\cdots\cdots}_{p\text{-fach}}\, \overset{(1)}{\varkappa}\, {\scriptstyle o...o}\, \overset{(n)}{\varkappa} = \frac{1}{p!}\left|\begin{array}{ccc}\overset{(1)}{\varkappa} & \cdots & \overset{(1)}{\varkappa} \\ \vdots & & \vdots \\ \overset{(p)}{\varkappa} & \cdots & \overset{(p)}{\varkappa}\end{array}\right|_{\textstyle p\text{-mal}} {\scriptstyle o}\, \overset{(p+1)}{\varkappa}\, {\scriptstyle o...o}\, \overset{(n)}{\varkappa} \tag{4.79b}
$$

vollziehen,

g) ist im Sinne von

$$
\overset{\langle 2\,n\rangle}{\mathbf{A}}\, \underbrace{\cdots\cdots}_{p\text{-fach}}\, \overset{\langle 2\,p\rangle}{\mathbf{M}} = 0, \quad \overset{\langle 2\,n\rangle}{\mathbf{M}}\, \underbrace{\cdots\cdots}_{p\text{-fach}}\, \overset{\langle 2\,p\rangle}{\mathbf{A}} = 0, \quad p \leqq n, \tag{4.80a,b}
$$

zu den Mischungen orthogonal und

h) fällt bei Bezugnahme auf Basisvektoren z. B. in der "gemischtvarianten" Form

$$
\overset{\langle 2\,n\rangle}{\mathbf{A}} = \frac{1}{n!}\sum_{\alpha,\beta..\nu=1}^{n} \mathfrak{g}_{\nu}\,{\scriptstyle o...o}\,\mathfrak{g}_{\beta}\,{\scriptstyle o}\,\mathfrak{g}_{\alpha}\,{\scriptstyle o}\left|\begin{array}{ccc}\mathfrak{g}^{\alpha} & \cdots & \mathfrak{g}^{\alpha} \\ \mathfrak{g}^{\beta} & \cdots & \mathfrak{g}^{\beta} \\ \vdots & & \vdots \\ \mathfrak{g}^{\nu} & \cdots & \mathfrak{g}^{\nu}\end{array}\right|_{\textstyle n\text{-mal}} \tag{4.81}
$$

an.[58]

Zur Verifizierung von (4.81) setzt man

---

[58] Eine äquivalente Darstellung bekommt man für $\mathfrak{g}_j \longmapsto \mathfrak{g}^j$ und mit Einheitsvektoren $\mathbf{e}_j$ anstelle von $\mathfrak{g}_j$, $\mathfrak{g}^j$ für Orthonormalbasis–Darstellungen. Indem für die Zähl–Indizes α, $\beta..\nu$ – abweichend vom Bisherigen – die Zahlen 1..n vorgesehen wurden, werden hier sogleich Darstellungen im n–dimensionalen Vektorraum angegeben. Betr. die dort zu definierenden reziproken Basis–Systeme vgl. § E5.

$$\overset{(1)}{\varkappa} = \sum_{\alpha=1}^{n} \overset{(1)}{x}_\alpha \, \mathfrak{g}^\alpha, \quad \overset{(2)}{\varkappa} = \sum_{\beta=1}^{n} \overset{(2)}{x}_\beta \, \mathfrak{g}^\beta, \; \ldots, \quad \overset{(n)}{\varkappa} = \sum_{\nu=1}^{n} \overset{(n)}{x}_\nu \, \mathfrak{g}^\nu$$

in die Determinantendarstellung (4.71a) ein, erhält zunächst

$$\overset{\langle n \rangle}{\mathrm{Alt}} \left[\overset{(1)}{\varkappa} \circ \ldots \circ \overset{(n)}{\varkappa} \right] = \frac{1}{n!} \sum_{\alpha,\beta..\nu=1}^{n} \overset{(1)}{x}_\alpha \overset{(2)}{x}_\beta \ldots \overset{(n)}{x}_\nu \underbrace{\begin{vmatrix} \mathfrak{g}^\alpha & \cdots & \mathfrak{g}^\alpha \\ \vdots & & \vdots \\ \mathfrak{g}^\nu & \cdots & \mathfrak{g}^\nu \end{vmatrix}}_{n\text{-mal}} \tag{4.82a}$$

und damit wegen

$$\overset{(1)}{x}_\alpha = \overset{(1)}{\varkappa} \cdot \mathfrak{g}_\alpha, \quad \overset{(2)}{x}_\beta = \overset{(2)}{\varkappa} \cdot \mathfrak{g}_\beta \; \ldots, \quad \overset{(n)}{x}_\nu = \overset{(n)}{\varkappa} \cdot \mathfrak{g}_\nu \tag{4.82b}$$

weiter

$$\overset{\langle n \rangle}{\mathrm{Alt}} \left[\overset{(1)}{\varkappa} \circ \ldots \circ \overset{(n)}{\varkappa} \right] = \overset{(1)}{\varkappa} \circ \ldots \circ \overset{(n)}{\varkappa} \underbrace{\cdots\cdots}_{n\text{-fach}} \frac{1}{n!} \sum_{\alpha,\beta..\nu=1}^{n} \mathfrak{g}_\nu \circ \ldots \circ \mathfrak{g}_\alpha \circ \underbrace{\begin{vmatrix} \mathfrak{g}^\alpha & \cdots & \mathfrak{g}^\alpha \\ \vdots & & \vdots \\ \mathfrak{g}^\nu & \cdots & \mathfrak{g}^\nu \end{vmatrix}}_{n\text{-mal}},$$

d. h. in der Tat eine Struktur von der Form (4.72) mit $\overset{\langle 2n \rangle}{\mathbf{A}}$ in der auf Basisvektoren bezogenen Darstellung (4.81). Identisch mit (4.82a) ist aber auch

$$\overset{\langle n \rangle}{\mathrm{Alt}} \left[\overset{(1)}{\varkappa} \circ \ldots \circ \overset{(n)}{\varkappa} \right] = \frac{1}{n!} \sum_{\alpha,\beta..\nu=1}^{n} \underbrace{\begin{vmatrix} \mathfrak{g}^\alpha & \cdots & \mathfrak{g}^\alpha \\ \vdots & & \vdots \\ \mathfrak{g}^\nu & \cdots & \mathfrak{g}^\nu \end{vmatrix}}_{n\text{-mal}} \overset{(n)}{x}_\nu \ldots \overset{(2)}{x}_\beta \overset{(1)}{x}_\alpha,$$

was mit (4.82b) auf

$$\overset{\langle n \rangle}{\mathrm{Alt}} \left[\overset{(1)}{\varkappa} \circ \ldots \circ \overset{(n)}{\varkappa} \right] = \overset{\langle 2n \rangle}{\mathbf{A}}{}^* \underbrace{\cdots\cdots}_{n\text{-fach}} \overset{(1)}{\varkappa} \circ \ldots \circ \overset{(n)}{\varkappa} \tag{4.82c}$$

mit

$$\overset{\langle 2n \rangle}{\mathbf{A}}{}^* = \frac{1}{n!} \sum_{\alpha,\beta..\nu=1}^{n} \underbrace{\begin{vmatrix} \mathfrak{g}^\alpha & \cdots & \mathfrak{g}^\alpha \\ \vdots & & \vdots \\ \mathfrak{g}^\nu & \cdots & \mathfrak{g}^\nu \end{vmatrix}}_{n\text{-mal}} \circ \, \mathfrak{g}_\nu \circ \ldots \circ \mathfrak{g}_\beta \circ \mathfrak{g}_\alpha \equiv [59]$$

---

[59] Man führe Indexvertauschungen $\nu \longmapsto \alpha$, $\mu \longmapsto \beta$ ... usw. durch

$$\equiv \frac{1}{n!} \sum_{\alpha,\beta..\nu=1}^{n} \underbrace{\begin{vmatrix} \mathfrak{g}^{\nu} & \cdots & \mathfrak{g}^{\nu} \\ \vdots_{\alpha} & & \vdots_{\alpha} \\ \mathfrak{g}^{\alpha} & \cdots & \mathfrak{g}^{\alpha} \end{vmatrix}}_{n\text{-mal}} \circ \mathfrak{I}_{\alpha} \circ \mathfrak{I}_{\beta} \circ \ldots \circ \mathfrak{I}_{\nu} \equiv \overset{(1)}{\varkappa} \circ \ldots \circ \overset{(p)}{\varkappa} \,^{60)} \; \overset{\langle 2\,n\rangle}{\mathbf{A}}{}^{T} \qquad (4.82d)$$

führt. Aus der letzteren Darstellung findet man dann bereits $\overset{\langle 2\,n\rangle}{\mathbf{A}}{}^{T} = \overset{\langle 2\,n\rangle}{\mathbf{A}}$ (vgl. (4.73)), indem man die

Determinante von (4.82d) konkret niederschreibt. Führt man in den dabei entstehenden Einzelstrukturen

$$\overset{\langle 2\,n\rangle}{\mathbb{P}} = \Big[\; \mathfrak{g}^{\nu} \circ \ldots \circ \mathfrak{g}^{z} \circ \mathfrak{g}^{y} \circ \mathfrak{g}^{x} \circ \ldots \circ \mathfrak{g}^{\zeta} \circ \mathfrak{g}^{\eta} \circ \mathfrak{g}^{\xi} \circ \ldots \circ \mathfrak{g}^{\beta} \circ \mathfrak{g}^{\alpha} \; -$$

$$-\; \mathfrak{g}^{\nu} \circ \ldots \circ \mathfrak{g}^{z} \circ \mathfrak{g}^{\eta} \circ \mathfrak{g}^{x} \circ \ldots \circ \mathfrak{g}^{\zeta} \circ \mathfrak{g}^{y} \circ \mathfrak{g}^{\xi} \circ \ldots \circ \mathfrak{g}^{\beta} \circ \mathfrak{g}^{\alpha} \;\Big] \circ \mathfrak{I}_{\alpha} \circ \mathfrak{I}_{\beta} \circ \ldots$$

$$\ldots \circ \mathfrak{I}_{x} \circ \mathfrak{I}_{y} \circ \mathfrak{I}_{z} \circ \ldots \circ \mathfrak{I}_{\xi} \circ \mathfrak{I}_{\eta} \circ \mathfrak{I}_{\zeta} \circ \ldots \circ \mathfrak{I}_{\nu}$$

im jeweils zweiten Summanden (gestrichelt) eine Indexvertauschung $y \longmapsto \eta$ durch, so entsteht

---

$^{60)}$ Man beachte $\underbrace{\begin{vmatrix} \mathfrak{g}^{\nu} & \cdots & \mathfrak{g}^{\nu} \\ \vdots & & \vdots \\ \mathfrak{g}^{\alpha} & \cdots & \mathfrak{g}^{\alpha} \end{vmatrix}}_{n\text{-mal}} = \underbrace{\begin{vmatrix} \mathfrak{g}^{\alpha} & \cdots & \mathfrak{g}^{\alpha} \\ \vdots & & \vdots \\ \mathfrak{g}^{\nu} & \cdots & \mathfrak{g}^{\nu} \end{vmatrix}}_{n\text{-mal}}{}^{T}$. Die Aussage $\overset{\langle 2\,n\rangle}{\mathbf{A}}{}^{*} = \overset{\langle 2\,n\rangle}{\mathbf{A}}{}^{T}$ erschließt man auch

unter Benutzung der Identität

$$\Big[\overset{\langle n\rangle}{\mathrm{Alt}}\Big[\overset{(1)}{\varkappa} \circ \ldots \circ \overset{(n)}{\varkappa}\Big]\Big]^{T} \equiv \overset{\langle n\rangle}{\mathrm{Alt}}\Big[\Big[\overset{(1)}{\varkappa} \circ \ldots \circ \overset{(n)}{\varkappa}\Big]^{T}\Big], \qquad (4.82e)$$

die mit Verwendung von (4.72) als

$$\Big[\Big[\overset{(1)}{\varkappa} \circ \ldots \circ \overset{(n)}{\varkappa}\Big]\underbrace{\bullet\!\cdots\!\bullet}_{n\text{-fach}}\overset{\langle 2\,n\rangle}{\mathbf{A}}\Big]^{T} \equiv \Big[\overset{(1)}{\varkappa} \circ \ldots \circ \overset{(n)}{\varkappa}\Big]^{T}\underbrace{\bullet\!\cdots\!\bullet}_{n\text{-fach}}\overset{\langle 2\,n\rangle}{\mathbf{A}}$$

formuliert werden kann und desweiteren wegen (6.25d) als

$$\Big[\overset{(1)}{\varkappa} \circ \ldots \circ \overset{(n)}{\varkappa}\Big]^{T}\underbrace{\bullet\!\cdots\!\bullet}_{n\text{-fach}}\overset{\langle 2\,n\rangle}{\mathbf{A}} \equiv \overset{\langle 2\,n\rangle}{\mathbf{A}}{}^{T}\underbrace{\bullet\!\cdots\!\bullet}_{n\text{-fach}}\Big[\overset{(1)}{\varkappa} \circ \ldots \circ \overset{(n)}{\varkappa}\Big]^{T} .$$

Da dementsprechend –man ersetze den beliebigen Vektorset durch seinen transponierten Wert!– aber auch

$$\Big[\overset{(1)}{\varkappa} \circ \ldots \circ \overset{(n)}{\varkappa}\Big]\underbrace{\bullet\!\cdots\!\bullet}_{n\text{-fach}}\overset{\langle 2\,n\rangle}{\mathbf{A}} \;\Big(\equiv \overset{\langle n\rangle}{\mathrm{Alt}}\Big[\overset{(1)}{\varkappa} \circ \ldots \circ \overset{(n)}{\varkappa}\Big]\Big) \equiv \overset{\langle 2\,n\rangle}{\mathbf{A}}{}^{T}\underbrace{\bullet\!\cdots\!\bullet}_{n\text{-fach}}\Big[\overset{(1)}{\varkappa} \circ \ldots \circ \overset{(n)}{\varkappa}\Big] \qquad (4.82f)$$

gilt, folgt im Vergleich mit (4.82c) in der Tat $\overset{\langle 2\,n\rangle}{\mathbf{A}}{}^{*} = \overset{\langle 2\,n\rangle}{\mathbf{A}}{}^{T}$.

$$\overset{\langle 2\,n\rangle}{\mathbb{P}} = \mathfrak{g}^{\nu}\circ\ldots\circ\mathfrak{g}^{\alpha}\circ\Big[\,\mathfrak{I}_{\alpha}\circ\ldots\circ\mathfrak{I}_{x}\circ\mathfrak{I}_{y}\circ\mathfrak{I}_{z}\circ\ldots\circ\mathfrak{I}_{\xi}\circ\mathfrak{I}_{\eta}\circ\mathfrak{I}_{\zeta}\circ\ldots\circ\mathfrak{I}_{\nu}\, -$$

$$-\,\mathfrak{I}_{\alpha}\circ\ldots\circ\mathfrak{I}_{x}\circ\mathfrak{I}_{\eta}\circ\mathfrak{I}_{z}\circ\ldots\circ\mathfrak{I}_{\xi}\circ\mathfrak{I}_{y}\circ\mathfrak{I}_{\zeta}\circ\ldots\circ\mathfrak{I}_{\nu}\,\Big]\,,$$

also eine Struktur, in der die nunmehr rechts stehende Klammer als ein entsprechender Anteil der

Determinante

$$\underbrace{\begin{vmatrix}\mathfrak{I}_{\alpha} & \cdots & \mathfrak{I}_{\alpha}\\ \vdots & & \vdots\\ \mathfrak{I}_{\nu} & \cdots & \mathfrak{I}_{\nu}\end{vmatrix}}_{n\text{-mal}}$$

gedeutet werden kann. So ist also der Darstellung (4.82d) die Darstellung

$$\overset{\langle 2\,n\rangle}{\mathbf{A}}{}^{T} = \frac{1}{n!}\sum_{\alpha,\beta..\nu=1}^{n}\mathfrak{g}^{\nu}\circ\ldots\circ\mathfrak{g}^{\beta}\circ\mathfrak{I}_{\alpha}\circ\underbrace{\begin{vmatrix}\mathfrak{I}_{\alpha} & \cdots & \mathfrak{I}_{\alpha}\\ \vdots & & \vdots\\ \mathfrak{I}_{\nu} & \cdots & \mathfrak{I}_{\nu}\end{vmatrix}}_{n\text{-mal}} \tag{4.82g}$$

äquivalent, die jedoch (vgl. (4.81) und Fußnote 58) mit Derjenigen von $\overset{\langle 2\,n\rangle}{\mathbf{A}}$ identisch ist.

Zum Nachweis von (4.77, 78) entwickelt man, von (4.71a) ausgehend, die Determinante nach den

Elementen der ersten Spalte und erhält vorerst

$$\overset{(1)}{\varkappa}\circ\ldots\circ\overset{(n)}{\varkappa}\underbrace{\cdots\cdots\cdots}_{n\text{-fach}}\overset{\langle 2\,n\rangle}{\mathbf{A}}=$$

$$=\frac{1}{n}\left\{\frac{\overset{(1)}{\varkappa}}{(n-1)!}\circ\underbrace{\begin{vmatrix}\overset{(2)}{\varkappa}\cdots\cdots\overset{(2)}{\varkappa}\\ \overset{(3)}{\varkappa}\cdots\cdots\overset{(3)}{\varkappa}\\ \vdots \qquad\qquad \vdots\\ \overset{(n)}{\varkappa}\cdots\cdots\overset{(n)}{\varkappa}\end{vmatrix}}_{(n-1)\text{mal}} - \frac{\overset{(2)}{\varkappa}}{(n-1)!}\circ\underbrace{\begin{vmatrix}\overset{(1)}{\varkappa}\,\overset{(1)}{\varkappa}\cdots\cdots\overset{(1)}{\varkappa}\\ \overset{(3)}{\varkappa}\,\overset{(3)}{\varkappa}\cdots\cdots\overset{(3)}{\varkappa}\\ \vdots \quad \vdots \qquad\quad \vdots\\ \overset{(n)}{\varkappa}\,\overset{(n)}{\varkappa}\cdots\cdots\overset{(n)}{\varkappa}\end{vmatrix}}_{(n-1)\text{mal}} + \right.$$

$$\left. +\,..{-}.... -(-1)^{n}\frac{\overset{(n)}{\varkappa}}{(n-1)!}\circ\underbrace{\begin{vmatrix}\overset{(1)}{\varkappa}\,\overset{(1)}{\varkappa}\cdots\cdots\overset{(1)}{\varkappa}\\ \overset{(2)}{\varkappa}\,\overset{(2)}{\varkappa}\cdots\cdots\overset{(2)}{\varkappa}\\ \vdots \quad \vdots \qquad\quad \vdots\\ \overset{(n-1)}{\varkappa}\,\overset{(n-1)}{\varkappa}\cdots\cdots\overset{(n-1)}{\varkappa}\end{vmatrix}}_{(n-1)\text{mal}}\right\}\equiv$$

$$\equiv \frac{1}{n}\left\{ \overset{(1)}{\varkappa}\circ\overset{(2)}{\varkappa}\circ\ldots\circ\overset{(n)}{\varkappa} - \overset{(2)}{\varkappa}\circ\overset{(1)}{\varkappa}\circ\overset{(3)}{\varkappa}\circ\ldots\circ\overset{(n)}{\varkappa} + ..-....- \right.$$

$$\left. -(-1)^{n}\,\overset{(n)}{\varkappa}\circ\overset{(1)}{\varkappa}\circ\ldots\circ\overset{(n-1)}{\varkappa}\right\}\underbrace{\cdots\cdots\cdots}_{(n-1)\text{-fach}}\overset{\langle 2(\,n-1)\rangle}{\mathbf{A}} \tag{4.83}$$

und desweiteren mit

$$\overset{(1)}{\varkappa}\circ\overset{(2)}{\varkappa}\circ\ldots\circ\overset{(n)}{\varkappa} = \overset{(1)}{\varkappa}\circ\ldots\circ\overset{(n)}{\varkappa}\underbrace{\cdots\cdots}_{n\text{-fach}}\overset{\langle 2n\rangle}{\mathbb{E}}\;,$$

$$\overset{(2)}{\varkappa}\circ\overset{(1)}{\varkappa}\circ\overset{(3)}{\varkappa}\circ\ldots\circ\overset{(n)}{\varkappa}\underbrace{\cdots\cdots\cdots}_{(n-1)\text{-fach}}\overset{\langle 2(\,n-1)\rangle}{\mathbf{A}} = {}^{61)}$$

$$= (-1)^{n-2}\,\overset{(2)}{\varkappa}\circ\overset{(3)}{\varkappa}\circ\ldots\circ\overset{(n)}{\varkappa}\circ\overset{(1)}{\varkappa}\underbrace{\cdots\cdots\cdots}_{(n-1)\text{-fach}}\overset{\langle 2(\,n-1)\rangle}{\mathbf{A}} \overset{(4.\,5\,2d)}{=}$$

$$= (-1)^{n-2}\,\overset{(1)}{\varkappa}\circ\ldots\circ\overset{(n)}{\varkappa}\underbrace{\cdots\cdots}_{n\text{-fach}}\overset{\langle 2n\rangle}{\mathbb{P}_{Z}}\underbrace{\cdots\cdots\cdots}_{(n-1)\text{-fach}}\overset{\langle 2(\,n-1)\rangle}{\mathbf{A}}\;,$$

sowie entsprechend

$$\overset{(3)}{\varkappa}\circ\overset{(1)}{\varkappa}\circ\overset{(2)}{\varkappa}\circ\overset{(4)}{\varkappa}\circ\ldots\circ\overset{(n)}{\varkappa}\underbrace{\cdots\cdots\cdots}_{(n-1)\text{-fach}}\overset{\langle 2(\,n-1)\rangle}{\mathbf{A}} = {}^{62}$$

$$= (-1)^{2(n-2)}\,\overset{(3)}{\varkappa}\circ\overset{(4)}{\varkappa}\circ\ldots\circ\overset{(n)}{\varkappa}\circ\overset{(1)}{\varkappa}\circ\overset{(2)}{\varkappa}\underbrace{\cdots\cdots\cdots}_{(n-1)\text{-fach}}\overset{\langle 2(\,n-1)\rangle}{\mathbf{A}} \equiv$$

$$\overset{63)}{\equiv}\ \overset{(1)}{\varkappa}\circ\overset{(2)}{\varkappa}\circ\ldots\circ\overset{(n)}{\varkappa}\underbrace{\cdots\cdots}_{n\text{-fach}}\overset{\langle 2n\rangle}{\mathbb{P}_{Z}}{}^{2}\underbrace{\cdots\cdots\cdots}_{(n-1)\text{-fach}}\overset{\langle 2(\,n-1)\rangle}{\mathbf{A}}\;,$$

$$\overset{(4)}{\varkappa}\circ\overset{(1)}{\varkappa}\circ\overset{(2)}{\varkappa}\circ\overset{(3)}{\varkappa}\circ\overset{(5)}{\varkappa}\circ\ldots\circ\overset{(n)}{\varkappa}\underbrace{\cdots\cdots\cdots}_{(n-1)\text{-fach}}\overset{\langle 2(\,n-1)\rangle}{\mathbf{A}} =$$

---

[61] Man erinnere sich, daß eine Alternation ihr Vorzeichen ändert, wenn eine Platzvertauschung zweier Vektoren vorgenommen wird. Da zwecks Erhalt von $\overset{(2)}{\varkappa}\circ\overset{(3)}{\varkappa}\circ..\overset{(n)}{\varkappa}\circ\overset{(1)}{\varkappa}$ der Vektor $\overset{(1)}{\varkappa}$ in der Produktform $\overset{(2)}{\varkappa}\circ\overset{(1)}{\varkappa}\circ\overset{(3)}{\varkappa}\circ..\circ\overset{(n)}{\varkappa}$ in Form von (n–2) Platz–Vertauschungsprozessen nach rechts verschoben werden muß, ist also in der Tat der Faktor $(-1)^{n-2}$ hinzuzufügen.

[62] Die Platzvertauschungsaktion muß hier zweimal durchgeführt werden, um, wie angedeutet, die beiden Vektoren $\overset{(1)}{\varkappa}$ und $\overset{(2)}{\varkappa}$ nach rechts zu verbringen.

[63] Man beachte $(-1)^{2} = 1$.

$$= (-1)^{3(n-2)} \overset{(1)}{\times}\!\!\!\text{ o}...\text{o }\overset{(n)}{\times}\underbrace{\cdots\cdots}_{n\text{-fach}}\overset{\langle 2n\rangle}{\mathbb{P}}_{Z}\!\!\!{}^{3}\underbrace{\cdots\cdots\cdots}_{(n-1)\text{-fach}}\overset{\langle 2(n-1)\rangle}{\mathbf{A}}$$

usw. und

$$\overset{(n)}{\times}\!\text{ o }\overset{(1)}{\times}\!\text{ o}...\text{o }\overset{(n-1)}{\times}\underbrace{\cdots\cdots\cdots}_{(n-1)\text{-fach}}\overset{\langle 2(n-1)\rangle}{\mathbf{A}} = \overset{(1)}{\times}\!\!\!\text{ o}....\text{o }\overset{(n)}{\times}\underbrace{\cdots\cdots}_{n\text{-fach}}\overset{\langle 2n\rangle}{\mathbb{P}}_{Z}\!\!\!{}^{n-1}\underbrace{\cdots\cdots\cdots}_{(n-1)\text{-fach}}\overset{\langle 2(n-1)\rangle}{\mathbf{A}}$$

schließlich

$$\overset{(1)}{\times}\!\!\!\text{ o}...\text{o }\overset{(n)}{\times}\underbrace{\cdots\cdots}_{n\text{-fach}}\overset{\langle 2n\rangle}{\mathbf{A}} \overset{64)}{=} \overset{(1)}{\times}\!\!\!\text{ o}...\text{o }\overset{(n)}{\times}\underbrace{\cdots\cdots}_{n\text{-fach}}\frac{1}{n}\left[\overset{\langle 2n\rangle}{\mathbb{E}} + (-1)^{n-1}\overset{\langle 2n\rangle}{\mathbb{P}}_{Z} + \overset{\langle 2n\rangle}{\mathbb{P}}_{Z}\!\!\!{}^{2} + \right.$$

$$\left. + (-1)^{n-1}\overset{\langle 2n\rangle}{\mathbb{P}}_{Z}\!\!\!{}^{3} + \overset{\langle 2n\rangle}{\mathbb{P}}_{Z}\!\!\!{}^{4} + (-1)^{n-1}\overset{\langle 2n\rangle}{\mathbb{P}}_{Z}\!\!\!{}^{5} + ... + (-1)^{n-1}\overset{\langle 2n\rangle}{\mathbb{P}}_{Z}\!\!\!{}^{n-1}\right]\underbrace{\cdots\cdots\cdots}_{(n-1)\text{-fach}}\overset{\langle 2(n-1)\rangle}{\mathbf{A}}$$

$$(4.83a)$$

und damit wegen der Beliebigkeit des Vektorsets $\overset{(1)}{\times}\!\text{ o}..\text{o }\overset{(n)}{\times}$ zunächst die Rekursionsformel

$$\overset{\langle 2n\rangle}{\mathbf{A}} = \left\{\begin{array}{c}\overset{\langle 2n\rangle}{\mathbf{P}}_{A} \\[4pt] \overset{\langle 2n\rangle}{\mathbf{P}}_{Z}\end{array}\right\}\underbrace{\cdots\cdots\cdots}_{(n-1)\text{-fach}}\overset{\langle 2(n-1)\rangle}{\mathbf{A}} \qquad \begin{array}{l}\text{für gerade } n \\[8pt] \text{für ungerade } n \, ,\end{array} \qquad (4.83b)$$

weil der eckig geklammerte Ausdruck in (4.83a) für ungerade n mit $(-1)^{n-1} = 1$, nachdem man ihn noch durch n dividiert hat, den zyklischen Mittelwert $\overset{\langle 2n\rangle}{\mathbf{P}}_{Z}$ darstellt und im Falle gerader n mit $(-1)^{n-1} = -1$ den entsprechenden zyklisch–alternierenden Mittelwert $\overset{\langle 2n\rangle}{\mathbf{P}}_{A}$. Die Realisierung von (4.78) geschieht schließlich unter Benutzung von $\overset{\langle 2j\rangle}{\mathbf{A}} = \overset{\langle 2j\rangle}{\mathbf{A}}{}^{T}$ und $\overset{\langle 2j\rangle}{\mathbf{P}}_{Z} = \overset{\langle 2j\rangle}{\mathbf{P}}_{Z}{}^{T}$ sowie der für geradzahlige n nach (4.54d) ebenfalls gültigen Transpositionssymmetrie von $\overset{\langle 2n\rangle}{\mathbf{P}}_{A} = \overset{\langle 2n\rangle}{\mathbf{P}}_{A}{}^{T}$. Mit (4.78) sind dann auch die Darstellungen (4.77) von $\overset{\langle 2n\rangle}{\mathbf{A}}$ in Termen der zyklischen bzw. zyklisch–alternierenden Mittelwerte bewiesen, und mit (4.77) die restlichen Beweise sehr einfach zu vollziehen, so z. B. mit den Idempotenzeigenschaften der zyklischen bzw. zyklisch–alternierenden Mittelwerte nach (4.55d,e) die Idempotenzeigenschaft (4.75) der Alternierer, sowie (4.79, 80a,b). Im Falle (4.75) z. B. wird von

$$\overset{\langle 4\rangle}{\mathbf{A}} \equiv \overset{\langle 4\rangle}{\mathbf{A}}{}^{T} = \overset{\langle 4\rangle}{\mathbf{P}}_{A} = \frac{1}{2}\left[\overset{\langle 4\rangle}{\mathbb{E}} - \overset{\langle 4\rangle}{\mathbb{E}}_{T}\right] \equiv \overset{\langle 4\rangle}{\mathbf{P}}_{A}{}^{T}$$

---

64) Man beachte $(-1)^{n-2} = (-1)(-1)^{n-1} = -(-1)^{n-1}$, $(-1)^{(2k+1)(n-2)} = -(-1)^{n-1}$.

und
$$\overset{\langle 4\rangle}{\mathbf{A}} \cdot\cdot \overset{\langle 4\rangle}{\mathbf{A}} = \overset{\langle 4\rangle}{\mathbf{P}}_{\!A} \cdot\cdot \overset{\langle 4\rangle}{\mathbf{P}}_{\!A} = \frac{1}{4}\left[\overset{\langle 4\rangle}{\mathbb{E}} - \overset{\langle 4\rangle}{\mathbb{E}}_T\right]\cdot\cdot\left[\overset{\langle 4\rangle}{\mathbb{E}} - \overset{\langle 4\rangle}{\mathbb{E}}_T\right] = \frac{1}{2}\left[\overset{\langle 4\rangle}{\mathbb{E}} - \overset{\langle 4\rangle}{\mathbb{E}}_T\right] = \overset{\langle 4\rangle}{\mathbf{A}}$$

ausgegangen, hiermit weiter

$$\overset{\langle 6\rangle}{\mathbf{A}} \cdots \overset{\langle 6\rangle}{\mathbf{A}} \equiv \overset{\langle 6\rangle}{\mathbf{A}} \cdots \overset{\langle 6\rangle}{\mathbf{A}}{}^{T} \equiv \left[\overset{\langle 6\rangle}{\mathbf{P}}_{\!Z} \cdot\cdot \overset{\langle 4\rangle}{\mathbf{A}}\right]\cdots\left[\overset{\langle 4\rangle}{\mathbf{A}} \cdot\cdot \overset{\langle 6\rangle}{\mathbf{P}}_{\!Z}\right] \equiv$$

$$\equiv \left[\overset{\langle 6\rangle}{\mathbf{P}}_{\!Z}\cdot\cdot \overset{\langle 4\rangle}{\mathbf{A}} \cdot\cdot \overset{\langle 4\rangle}{\mathbf{A}}\right]\cdots \overset{\langle 6\rangle}{\mathbf{P}}_{\!Z} \equiv \left[\overset{\langle 6\rangle}{\mathbf{P}}_{\!Z}\cdot\cdot \overset{\langle 4\rangle}{\mathbf{A}}\right]\cdots \overset{\langle 6\rangle}{\mathbf{P}}_{\!Z} \equiv^{65)} \overset{\langle 6\rangle}{\mathbf{P}}_{\!Z}\cdots\left[\overset{\langle 6\rangle}{\mathbf{P}}_{\!Z}\cdot\cdot \overset{\langle 4\rangle}{\mathbf{A}}\right] \equiv$$

$$\equiv \left[\overset{\langle 6\rangle}{\mathbf{P}}_{\!Z}\cdots \overset{\langle 6\rangle}{\mathbf{P}}_{\!Z}\right]\cdot\cdot \overset{\langle 4\rangle}{\mathbf{A}} \overset{(4.55a)}{=} \overset{\langle 6\rangle}{\mathbf{P}}_{\!Z}\cdot\cdot \overset{\langle 4\rangle}{\mathbf{A}} \equiv \overset{\langle 6\rangle}{\mathbf{A}} ,$$

also Idempotenz von $\overset{\langle 6\rangle}{\mathbf{A}}$ festgestellt und in analoger Weise fortgefahren.

Zum Beweis von (4.79) benutzt man die – nunmehr beweistechnisch gesicherte – Darstellung

$$\overset{\langle 2n\rangle}{\mathbf{A}} = \overset{\langle 2p\rangle}{\mathbf{A}} \underbrace{\cdots\cdots}_{p\text{-fach}}\begin{cases}\overset{\langle 2(p+1)\rangle}{\mathbf{P}}_{\!Z} \underbrace{\cdots\cdots\cdots}_{(p+1)\text{-fach}} \overset{\langle 2(p+2)\rangle}{\mathbf{P}}_{\!A} \ \cdots\cdots \ \text{für gerade } p \\[2em] \overset{\langle 2(p+1)\rangle}{\mathbf{P}}_{\!A} \underbrace{\cdots\cdots\cdots}_{(p+1)\text{-fach}} \overset{\langle 2(p+2)\rangle}{\mathbf{P}}_{\!Z} \ \cdots\cdots \ \text{für ungerade } p \end{cases} \qquad (4.84)$$

sowie die Idempotenteigenschaft von $\overset{\langle 2p\rangle}{\mathbf{A}}$ und bekommt in der Tat

$$\overset{\langle 2p\rangle}{\mathbf{A}} \underbrace{\cdots\cdots}_{p\text{-fach}} \overset{\langle 2n\rangle}{\mathbf{A}} = \overset{\langle 2p\rangle}{\mathbf{A}} \underbrace{\cdots\cdots}_{p\text{-fach}} \overset{\langle 2p\rangle}{\mathbf{A}} \underbrace{\cdots\cdots}_{p\text{-fach}}\begin{cases}\overset{\langle 2(p+1)\rangle}{\mathbf{P}}_{\!Z} \cdots\cdots \\[2em] \overset{\langle 2(p+1)\rangle}{\mathbf{P}}_{\!A} \cdots\cdots\end{cases} \equiv$$

$$\equiv \overset{\langle 2p\rangle}{\mathbf{A}} \underbrace{\cdots\cdots}_{p\text{-fach}}\begin{cases}\overset{\langle 2(p+1)\rangle}{\mathbf{P}}_{\!Z} \cdots\cdots \\[2em] \overset{\langle 2(p+1)\rangle}{\mathbf{P}}_{\!A} \cdots\cdots\end{cases} \equiv \overset{\langle 2n\rangle}{\mathbf{A}} ,$$

und wegen $\overset{\langle 2j\rangle}{\mathbf{A}} = \overset{\langle 2j\rangle}{\mathbf{A}}{}^{T}$ folgt dann auch

$$\overset{\langle 2n\rangle}{\mathbf{A}} = \overset{\langle 2p\rangle}{\mathbf{A}} \underbrace{\cdots\cdots}_{p\text{-fach}} \overset{\langle 2n\rangle}{\mathbf{A}} \equiv \overset{\langle 2n\rangle}{\mathbf{A}}{}^{T} = \overset{\langle 2n\rangle}{\mathbf{A}} \underbrace{\cdots\cdots}_{p\text{-fach}} \overset{\langle 2p\rangle}{\mathbf{A}} .$$

---

65) Man benutze $\quad \overset{\langle 6\rangle}{\mathbf{A}} = \overset{\langle 4\rangle}{\mathbf{A}} \cdot\cdot \overset{\langle 6\rangle}{\mathbf{P}}_{\!Z} \equiv \overset{\langle 6\rangle}{\mathbf{A}}{}^{T} = \overset{\langle 6\rangle}{\mathbf{P}}_{\!Z} \cdot\cdot \overset{\langle 4\rangle}{\mathbf{A}}$

Der Beweis von (4.80a,b) wird unter Benutzung von **M** bzw. **A** nach (4.66a, 77) mit Beachtung der

Orthogonalitätsrelation $\overset{\langle 4\rangle}{\mathbf{P}}_Z \cdot\cdot \overset{\langle 4\rangle}{\mathbf{P}}_A \equiv \overset{\langle 4\rangle}{\mathbf{P}}_A \cdot\cdot \overset{\langle 4\rangle}{\mathbf{P}}_Z = 0$ (vgl. (4.55f)) vollzogen. So hat man z. B., (4.80b)

realisierend,

$$\left[\overset{\langle 2n\rangle}{\mathbf{P}}_Z \cdots \overset{\langle 6\rangle}{\mathbf{P}}_Z \cdot\cdot \overset{\langle 4\rangle}{\mathbf{P}}_Z\right] \underbrace{\cdots\cdots\cdots}_{\text{p-fach}} \left[\overset{\langle 4\rangle}{\mathbf{P}}_A \cdot\cdot \overset{\langle 6\rangle}{\mathbf{P}}_Z \cdots\right] \equiv$$

$$\left[\overset{\langle 2n\rangle}{\mathbf{P}}_Z \cdots \overset{\langle 6\rangle}{\mathbf{P}}_Z\right] \underbrace{\cdots\cdots\cdots\cdots}_{\text{(p-2)-fach}} \left[\overset{\langle 4\rangle}{\mathbf{P}}_Z \cdot\cdot \overset{\langle 4\rangle}{\mathbf{P}}_A \cdot\cdot \overset{\langle 6\rangle}{\mathbf{P}}_Z \cdots\right] \equiv 0 \qquad \text{usw.}$$

Der schließlich noch ausstehende Nachweis der Feststellung (4.76) geht von dem Befund

aus, daß Alternationen von Vektorsets $\overset{(1)}{\varkappa} \circ \ldots \circ \overset{(n)}{\varkappa}$ verschwinden, wenn zwei bzw. mehrere

Vektoren des Sets gleich sind, was man am einfachsten mittels der "Determinanten-Struk-

tur" (4.71a) nachweist. Daher verschwinden auch Alternationen von Vektorsets $\overset{(1)}{\varkappa} \circ \ldots \circ \overset{(n)}{\varkappa}$,

sofern (mindestens) einer der Vektor-Faktoren des Sets in der Form

$$\overset{(i)}{\varkappa} \doteq \sum_{\nu=1}^{n} \lambda_{i\nu} \overset{(\nu)}{\varkappa} \ , \ \lambda_{i\nu} \text{ skalar}$$

von den Restlichen linear abhängt. Dies bedeutet, daß z. B. (vollständige) Alternationen

höherstufiger als dreistufiger Sets $\overset{(1)}{\varkappa} \circ \ldots \circ \overset{(n)}{\varkappa}$ im dreidimensionalen Vektorraum $\mathscr{V}_3$ defi-

nierter Vektoren ($\overset{(j)}{\varkappa}$) grundsätzlich verschwinden,

$$\overset{\langle 2n\rangle}{\mathbf{A}} \underbrace{\cdots\cdots}_{\text{n-fach}} \overset{(1)}{\varkappa} \circ \ldots \circ \overset{(n)}{\varkappa} = 0 \qquad \text{für } n>3 \text{ und } \overset{(j)}{\varkappa} \in \mathscr{V}_3 , \qquad (4.85a)$$

weil im $\mathscr{V}_3$ grundsätzlich vier Vektoren linear voneinander abhängen, was bedeutet - in

(4.85a) sind zumindest die Vektorbeträge ($\overset{(j)}{\varkappa}$) beliebig! -

$$\overset{\langle 2n\rangle}{\mathbf{A}} = \frac{1}{n!} \sum_{\alpha,\beta..\nu=1}^{3} \underbrace{\begin{vmatrix} \mathbf{e}_\alpha & \cdots & \mathbf{e}_\alpha \\ \vdots & & \vdots \\ \mathbf{e}_\nu & \cdots & \mathbf{e}_\nu \end{vmatrix}}_{\text{n-mal}} \circ \mathbf{e}_\nu \circ \ldots \circ \mathbf{e}_\beta \circ \mathbf{e}_\alpha = 0 \quad \text{für } n>3, \ \mathbf{e}_j \in \mathscr{V}_3 \ (4.85b)$$

feststellen zu können[66]. Der Befund (4.76) ist die entsprechende Verallgemeinerung auf im

---

[66] ein einleuchtender Befund: Da die in (4.85b) notierten Basisvektoren ($\mathbf{e}_j$) nur die Werte $\mathbf{e}_1$, $\mathbf{e}_2$, $\mathbf{e}_3$ annehmen können, müssen in der "tensoriellen Determinante" (4.85b) für $n > 3$ mindestens immer $(n-3)$-Reihen identischer (Basisvektor-)Elemente stehen, was Verschwinden der Determinante bedeutet.

N-dimensionalen Vektorraum definierte Operatoren, wo N + 1 Vektoren nicht linear voneinander unabhängig sein können. Für den $\mathcal{V}_3$ existieren daher nur zwei Alternierer, nämlich

$$\overset{\langle 4\rangle}{\mathbf{A}} = \overset{\langle 4\rangle}{\mathbf{P}}_{\mathbf{A}} = \tfrac{1}{2}\left[\overset{\langle 4\rangle}{\mathbb{E}} - \overset{\langle 4\rangle}{\mathbb{E}}_{\mathbf{T}}\right], \quad \overset{\langle 6\rangle}{\mathbf{A}} = \overset{\langle 4\rangle}{\mathbf{P}}_{\mathbf{A}} \cdot\cdot \overset{\langle 6\rangle}{\mathbf{P}}_{\mathbf{Z}} = \tfrac{1}{6}\left[\overset{\langle 4\rangle}{\mathbb{E}} - \overset{\langle 4\rangle}{\mathbb{E}}_{\mathbf{T}}\right]\cdot\cdot\left[\overset{\langle 6\rangle}{\mathbb{E}} + \overset{\langle 4\rangle}{\mathbb{E}}_{\mathbf{T}}\cdot\cdot \overset{\langle 6\rangle}{\mathbb{E}}_{\mathbf{T}} +\right.$$

$$\left.+ \overset{\langle 6\rangle}{\mathbb{E}}_{\mathbf{T}}\cdot\cdot \overset{\langle 4\rangle}{\mathbb{E}}_{\mathbf{T}}\right] \equiv \overset{\langle 6\rangle}{\mathbf{P}}_{\mathbf{Z}} \cdot\cdot \overset{\langle 4\rangle}{\mathbf{P}}_{\mathbf{A}} = \tfrac{1}{6}\left[\overset{\langle 6\rangle}{\mathbb{E}} + \overset{\langle 4\rangle}{\mathbb{E}}_{\mathbf{T}}\cdot\cdot \overset{\langle 6\rangle}{\mathbb{E}}_{\mathbf{T}} + \overset{\langle 6\rangle}{\mathbb{E}}_{\mathbf{T}}\cdot\cdot \overset{\langle 4\rangle}{\mathbb{E}}_{\mathbf{T}}\right]\cdot\cdot\left[\overset{\langle 4\rangle}{\mathbb{E}} - \overset{\langle 4\rangle}{\mathbb{E}}_{\mathbf{T}}\right]. \qquad (4.86\text{a,b})$$

Gl. (4.79) führt analog (4.70d) zu

$$\overset{\langle 2n\rangle}{\mathbb{A}}_{\langle \alpha_1 \ldots \alpha_p\rangle} \underbrace{\cdots\cdots}_{n-\text{fach}} \overset{\langle 2n\rangle}{\mathbb{A}}_{\langle \beta_1 \ldots \beta_q\rangle} = \overset{\langle 2n\rangle}{\mathbb{A}}_{\langle \alpha_1 \ldots \alpha_p\rangle} \qquad (4.87\text{a})$$

$$\text{für } \left\{\beta_1 \ldots \beta_q\right\} \subset \left\{\alpha_1 \ldots \alpha_p\right\}$$

$$\overset{\langle 2n\rangle}{\mathbb{A}}_{\langle \beta_1 \ldots \beta_q\rangle} \underbrace{\cdots\cdots}_{n-\text{fach}} \overset{\langle 2n\rangle}{\mathbb{A}}_{\langle \alpha_1 \ldots \alpha_p\rangle} = \overset{\langle 2n\rangle}{\mathbb{A}}_{\langle \alpha_1 \ldots \alpha_p\rangle}, \qquad (4.87\text{b})$$

wonach - bei Beachtung der anfänglichen Faktoren-Reihenfolge! - die "p-Alternation"
$\overset{\langle 2n\rangle}{\mathbb{A}}_{\langle \alpha_1 \ldots \alpha_p\rangle}$ eines Sets $\overset{(1)}{\mathbf{x}} \circ \ldots \circ \overset{(n)}{\mathbf{x}}$ denselben Wert ergibt unabhängig davon, ob am Set

zuvor eine q-Teil-Alternation $\overset{\langle 2n\rangle}{\mathbb{A}}_{\langle \beta_1 \ldots \beta_q\rangle}$ vollzogen wurde an Vektorfaktoren $\overset{(\beta_1)}{\mathbf{x}} \ldots \overset{(\beta_q)}{\mathbf{x}}$,

die zur Menge der von der p-Alternation betroffenen Vektoren gehören bzw., daß eine

q-Alternation eine p-Alternation unverändert läßt, sofern die q-Alternation Vektorfaktoren betrifft, die zur Menge der bereits p-alternierten Vektoren gehören. Aus Gleichung

(4.80a, b) erschließt man verallgemeinernd

$$\overset{\langle 2n\rangle}{\mathbb{M}}_{(\alpha_1 \ldots \alpha_p)} \underbrace{\cdots\cdots}_{n-\text{fach}} \overset{\langle 2n\rangle}{\mathbb{A}}_{\langle \beta_1 \ldots \beta_q\rangle} = 0, \quad \left\{\beta_1 \ldots \beta_q\right\} \subset \left\{\alpha_1 \ldots \alpha_p\right\}, \qquad (4.88\text{a})$$

wonach jede q-(Teil-)Alternation eines Vektorsets, der zuvor eine p-(Teil-)Mischung

erfahren hat, verschwindet. Gleichermaßen ist

$$\overset{\langle 2n\rangle}{\mathbb{A}}_{\langle \alpha_1 \ldots \alpha_p\rangle} \underbrace{\cdots\cdots}_{n-\text{fach}} \overset{\langle 2n\rangle}{\mathbb{M}}_{(\beta_1 \ldots \beta_q)} = 0, \quad \left\{\beta_1 \ldots \beta_q\right\} \subset \left\{\alpha_1 \ldots \alpha_p\right\}. \qquad (4.88\text{b})$$

Mischt man also von $\overset{(1)}{\mathbf{x}} \circ \ldots \circ \overset{(n)}{\mathbf{x}}$ eine Untermenge von zuvor alternierten Vektorfaktoren, so

entsteht stets ein Null-Operator.

Letztere Befunde gelten auch für sich überschneidende Alternations- bzw. Mischungsgebiete, sofern beide wenigstens zwei Platzziffern gemeinsam haben, also wenigstens zwei Ziffern aus $\left\{\beta_1...\beta_q\right\}$ mit zwei Ziffern aus $\left\{\alpha_1...\alpha_p\right\}$ übereinstimmen. Dies ist bedeutsam für die Konstruktion der sog. "irreduziblen Elemente" im Hinblick auf sog. "Deviatorzerlegungen" (vgl. a. E§8), was im Falle der Frobenius-Young-Zerlegung eines n-stufigen Tensors auf eine Verallgemeinerung der bei zweistufigen Tensoren geübten Verfahrensweise der Zerlegung in einen symmetrischen und in einen antimetrischen Anteil (vgl. (2.16a), Haupttext) hinausläuft.

Die Frage der "Symmetrie" bzw. "Antimetrie" eines Tensors ist, dies soll hier schon vorerst angemerkt werden, bei n-stufigen Aggregaten $\overset{\langle n\rangle}{\mathbb{Y}}$ dahingehend zu verallgemeinern, daß man recherchiert inwieweit man bei einer Operation

$$\overset{(1)}{\mathbf{x}} \circ \ldots \circ \overset{(n)}{\mathbf{x}} \underbrace{\,\cdots\cdots\,}_{\text{n-fach}} \overset{\langle n\rangle}{\mathbb{Y}} = y\left(\overset{(n)}{\mathbf{x}},\ \overset{(1)}{\mathbf{x}},\ \overset{(2)}{\mathbf{x}},\ldots,\ \overset{(n)}{\mathbf{x}}\right)$$

dasselbe bzw. ein alternierendes skalares Resultat $y\left(\overset{(n)}{\mathbf{x}},\ \overset{(1)}{\mathbf{x}},\ \overset{(2)}{\mathbf{x}},\ldots,\ \overset{(n)}{\mathbf{x}}\right)$ findet, wenn man in dem n-stufigen Set $\overset{(1)}{\mathbf{x}} \circ \ldots \circ \overset{(n)}{\mathbf{x}}$ Stellungspermutationen vornimmt[67]. Bei einem allgemeinen n-stufigen Tensor sind solcherart "Mischungs- bzw. Alternations-Invarianzen" selbstverständlich nicht zu erwarten, sondern nur dann, wenn man zwischen den Set $\left(\overset{(1)}{\mathbf{x}} \circ \ldots \circ \overset{(n)}{\mathbf{x}}\right)$ und $\overset{\langle n\rangle}{\mathbb{Y}}$ einen geeigneten ("Deviator"–)Operator $\overset{\langle 2n\rangle}{\mathbb{D}}$ in der Form

$$\overset{(1)}{\mathbf{x}} \circ \ldots \circ \overset{(n)}{\mathbf{x}} \underbrace{\,\cdots\cdots\,}_{\text{n-fach}} \overset{\langle 2n\rangle}{\mathbb{D}} \underbrace{\,\cdots\cdots\,}_{\text{n-fach}} \overset{\langle n\rangle}{\mathbb{Y}} \tag{4.89}$$

"zwischenschaltet", der dafür sorgt, daß der "Eingangswert" $\left(\overset{(1)}{\mathbf{x}} \circ \overset{(2)}{\mathbf{x}} \circ \ldots \circ \overset{(n)}{\mathbf{x}}\right)$ per

$$\left(\overset{(1)}{\mathbf{x}} \circ \overset{(2)}{\mathbf{x}} \circ \ldots \circ \overset{(n)}{\mathbf{x}}\right) \underbrace{\,\cdots\cdots\,}_{\text{n-fach}} \overset{\langle 2n\rangle}{\mathbb{D}}$$

---

[67] Für zweistufige Tensoren gilt bekanntlich $\overset{(1)}{\mathbf{x}} \circ \overset{(2)}{\mathbf{x}} \cdot\cdot\, \mathbb{Y} = \overset{(2)}{\mathbf{x}} \circ \overset{(1)}{\mathbf{x}} \cdot\cdot\, \mathbb{Y}$, sofern $\mathbb{Y} = \mathbb{Y}^T$ symmetrisch ist $\overset{(1)}{\mathbf{x}} \circ \overset{(2)}{\mathbf{x}} \cdot\cdot\, \mathbb{Y} = -\,\overset{(2)}{\mathbf{x}} \circ \overset{(1)}{\mathbf{x}} \cdot\cdot\, \mathbb{Y}$ für sog. antimetrische Tensoren $\mathbb{Y} = -\,\mathbb{Y}^T$.

in einen entsprechend symmetrisierten bzw. alternierenden "Ausgangswert"–Operator so umgebaut wird,

daß seine im Sinne von (4.89) zu vollziehende n–fach Skalarproduktbildung

$$\left[\left(\overset{(1)}{\varkappa} \circ \overset{(2)}{\varkappa} \circ \ldots \circ \overset{(n)}{\varkappa} \right) \underbrace{\cdots\cdots}_{\text{n-fach}} \overset{\langle 2n\rangle}{\mathbb{D}} \right] \underbrace{\cdots\cdots}_{\text{n-fach}} \overset{\langle n\rangle}{\mathsf{Y}} \tag{4.90a}$$

gerade die geforderte Symmetrie– bzw. Alternationseigenschaft für <u>beliebige</u> Tensoren $\overset{\langle n\rangle}{\mathsf{Y}}$ sicherstellt.

Mit der (4.90a) gleichwertigen Version

$$\left[\overset{(1)}{\varkappa} \circ \overset{(2)}{\varkappa} \circ \ldots \circ \overset{(n)}{\varkappa} \right] \underbrace{\cdots\cdots}_{\text{n-fach}} \left[\overset{\langle 2n\rangle}{\mathbb{D}} \underbrace{\cdots\cdots}_{\text{n-fach}} \overset{\langle n\rangle}{\mathsf{Y}} \right] \tag{4.90b}$$

verbindet sich nun aber die Interpretation mittels des Operators $\overset{\langle 2n\rangle}{\mathbb{D}}$ per

$$\overset{\langle 2n\rangle}{\mathbb{D}} \underbrace{\cdots\cdots}_{\text{n-fach}} \overset{\langle n\rangle}{\mathsf{Y}} \tag{4.90c}$$

einen allgemeinen n–stufigen Tensor $\overset{\langle n\rangle}{\mathsf{Y}}$ (in symmetrisierender bzw. antimetrisierender Weise) derart

manipuliert zu haben, daß er für <u>beliebige</u> Sets $\left(\overset{(1)}{\varkappa} \circ \ldots \circ \overset{(n)}{\varkappa} \right)$ per (4.90b) nur noch die geforderten

mischungs– bzw. alternationsinvarianten Skalare liefert, womit $\overset{\langle 2n\rangle}{\mathbb{D}}$ die Eigenschaft eines 2n–stufigen

Symmetrier– bzw. Antimetrier–Operators angenommen hat, mit dem man per (4.90c) aus einem allgemei–

nen Tensor n–ter Stufe $\overset{\langle n\rangle}{\mathsf{Y}}$ (teil–)symmetrische bzw. alternierende Varianten erzeugen kann. Solcherart

"2n–stufige Deviator–Operatoren" müssen offenbar linear aus Elementen aufgebaut sein, die sich aus dem

Satz der Mischer $\overset{\langle 2j\rangle}{\mathbf{M}}$ bzw. Alternierer $\overset{\langle 2j\rangle}{\mathbf{A}}$ (j = 1 ... n) zuzüglich geeigneter Elemente der Permuta–

tionsgruppe rekrutieren.

Indem auf die Detaillierung des Problems der Deviatorzerlegungen in E§8 verwiesen wird, soll hier nur

noch angemerkt werden, daß bei Darstellungen tensorwertiger (Feld–)Funktionen $\overset{\langle n\rangle}{\mathbb{Z}}(\mathbb{r})$[68] in Form von

Potenzreihenentwicklungen

$$\overset{\langle n\rangle}{\mathbb{Z}}(\mathbb{r}) = \overset{\langle n\rangle}{\mathbb{K}}(0) + \mathbb{r}\cdot\overset{\langle n+1\rangle}{\mathbb{K}} + \mathbb{r}\circ\mathbb{r}\cdot\cdot\overset{\langle n+2\rangle}{\mathbb{K}} + \ldots = \sum_{j=0}^{\infty} \underbrace{\mathbb{r}\circ\mathbb{r}\circ\ldots\circ\mathbb{r}}_{\text{j-mal}} \underbrace{\cdots\cdots\cdots}_{\text{j-fach}} \overset{\langle n+j\rangle}{\mathbb{K}} \tag{4.91a}$$

---

[68] $\mathbb{r}$ bedeutet den Ortsvektor

von den Koeffizienten $\overset{\langle n+j \rangle}{\mathbb{K}}$ nur deren hinsichtlich der vorderen j Indizes gemischte Versionen definiert sind, also

$$\overset{\langle n+j \rangle}{\mathbb{K}} = \overset{\langle 2j \rangle}{\mathbf{M}} \underbrace{\cdots\cdots}_{j\text{-fach}} \overset{\langle n+j \rangle}{\mathbb{K}} \quad , \; j=1\ldots\infty \; , \tag{4.91b}$$

gelten muß, weil im (links) heranzumultiplizierenden Set $\underbrace{\mathbb{r}\circ\mathbb{r}\circ\ldots\circ\mathbb{r}}_{j\text{-mal}}$ sämtliche (gleichen!) Vektorfaktoren ohne Resultatänderung vertauscht werden dürfen. Sinngemäß gilt für Ableitungen

$$\frac{d^j \overset{\langle n \rangle}{\mathbb{Z}}}{d\mathbb{r}^j} = \overset{\langle 2j \rangle}{\mathbf{M}} \underbrace{\cdots\cdots}_{j\text{-fach}} \frac{d^j \overset{\langle n \rangle}{\mathbb{Z}}}{d\mathbb{r}^j} \; , \tag{4.92a}$$

was übrigens mit der Schreibweise

$$\frac{d^j \overset{\langle n \rangle}{\mathbb{Z}}}{d\mathbb{r}^j} = \underbrace{\mathbb{V}\circ\mathbb{V}\circ\ldots\circ\mathbb{V}}_{j\text{-mal}} \circ \overset{\langle n \rangle}{\mathbb{Z}} \tag{4.92b}$$

unter Benutzung des Differentiationsoperators $\mathbb{V}$ (vgl. (7.54), Haupttext) unmittelbar deutlich wird.[69] Auch Formeln von der Qualität z.B. (7.13b) (Haupttext) lassen sich unter dem Gesichtspunkt einer links—seitigen Mischung interpretieren: Da in

$$d\mathscr{W} = d\mathbb{X}_s \cdot\cdot \frac{d\mathscr{W}}{d\mathbb{X}_s}$$

das Differential $d\mathbb{X}_s$ einen symmetrischen zweistufigen Tensor mit $d\mathbb{X}_s = d\mathbb{X}_s \cdot\cdot \overset{\langle 4 \rangle}{\mathbf{M}}$ bedeutet, ist gleichermaßen

$$d\mathscr{W} = d\mathbb{X}_s \cdot\cdot \overset{\langle 4 \rangle}{\mathbf{M}} \cdot\cdot \frac{d\mathscr{W}}{d\mathbb{X}_s} \equiv \left[d\mathbb{X}_s \cdot\cdot \overset{\langle 4 \rangle}{\mathbf{M}} \right] \cdot\cdot \overset{\langle 4 \rangle}{\mathbf{M}} \cdot\cdot \frac{d\mathscr{W}}{d\mathbb{X}_s} \; ,$$

weshalb

$$\frac{d\mathscr{W}}{d\mathbb{X}_s} \equiv \overset{\langle 4 \rangle}{\mathbf{M}} \cdot\cdot \frac{d\mathscr{W}}{d\mathbb{X}_s} \; ,$$

d.h. ebenfalls nur als symmetrischer zweistufiger Tensor definiert ist usw.

---

[69] selbstverständlich unter der Voraussetzung der "Vertauschbarkeit der Differentiationsreihenfolge"

E§5   Vektoren und Tensoren im n–dimensionalen Vektorraum

5.1   Allgemeine Bemerkungen

Die diesbezüglichen Befunde für den $\mathscr{V}_3$ verallgemeinernd, nennt man einen Vektorraum n-dimensional, wenn generell zwischen (n+1) beliebigen Vektoren $\overset{(j)}{\mathbf{a}}$, $j = 1...n$, eine lineare Abhängigkeit in Form einer Beziehung

$$\sum_{j=1}^{n+1} \lambda_j \overset{(j)}{\mathbf{a}} = 0 \ , \qquad \lambda_j \text{ skalar} , \tag{5.1}$$

besteht. Vektoren ($\mathbf{a}$) werden hier als Objekte definiert, für die erklärt werden

a)   eine kommutative und assoziative Operation "Addition", notiert als

$$\mathbf{a} = \mathbf{a}_1 + \mathbf{a}_2 \equiv \mathbf{a}_2 + \mathbf{a}_1, \qquad (\mathbf{a}_1 + \mathbf{a}_2) + \mathbf{a}_3 \equiv \mathbf{a}_1 + (\mathbf{a}_2 + \mathbf{a}_3) \equiv \mathbf{a}_1 + \mathbf{a}_2 + \mathbf{a}_3 \tag{5.2a,b}$$

zuzüglich der "Umkehr-Operation" Subtraktion

$$\mathbf{a} - \mathbf{a}_1 = \mathbf{a}_2 \ , \tag{5.2c}$$

b)   eine kommutative Multiplikation mit skalaren Zahlen λ, notiert als

$$\mathbf{b} = \lambda \mathbf{a} = \mathbf{a} \lambda \ , \tag{5.3}$$

mit der aus einem Vektor $\mathbf{a}$ ein zu $\mathbf{a}$ proportionaler Vektor $\mathbf{b}$ erzeugt werden soll, und speziell für sog. "Euklidische Vektorräume"[1]

c)   eine kommutative und distributive, einen Skalar ergebende, Operation "Skalarprodukt", notiert als (λ skalar)

$$\mathbf{a}_1 \cdot \mathbf{a}_2 \equiv \mathbf{a}_2 \cdot \mathbf{a}_1, \quad \text{mit } \mathbf{a} \cdot \mathbf{a} > 0 \text{ für } \mathbf{a} \neq 0 \tag{5.4a,b}$$

und

$$\mathbf{a}_1 \cdot (\lambda \mathbf{a}_2) = \lambda \, \mathbf{a}_1 \cdot \mathbf{a}_2 = \mathbf{a}_1 \cdot \mathbf{a}_2 \, \lambda \ , \tag{5.4c}$$

sowie mit

$$\mathbf{a}_1 \cdot (\mathbf{a}_1 + \mathbf{a}_2) = \mathbf{a}_1 \cdot \mathbf{a}_2 + \mathbf{a}_1 \cdot \mathbf{a}_3 \tag{5.4d}$$

und schließlich, auf a) - c) aufbauend,

---

[1] auf die hier eingeschränkt werden soll. Sofern mit von Null verschiedenen (dann allerdings komplexen) Vektoren $\mathbf{a}$ der Befund $\mathbf{a} \cdot \mathbf{a} \leq 0$ möglich ist, liegen pseudoeuklidische Vektorräume vor (vgl. (E5.87)ff).

d)   eine distributive tensorielle Multiplikation, notiert als $a \circ b$ mit

$$(a_1 \circ a_2) \circ (b_1 + b_2) = a_1 \circ b_1 + a_1 \circ b_2 + a_1 \circ b_1 + a_1 \circ b_2 , \qquad (5.5a,b)$$

mit der per

$$x \cdot (a \circ b) \equiv (x \cdot a)\, b , \qquad (a \circ b) \cdot x \equiv a\, (b \cdot x) \qquad (5.5c,d)$$

lineare Vektortransformationen

$$y = y(x) = x \cdot (a \circ b) = (x \cdot a)\, b \equiv (b \circ a) \cdot x \qquad (5.6)$$

vollzogen werden, und desweiteren

e)   Mehrfach-Skalarproduktbildungen an n-stufigen Tensorprodukten, die man durch

$$(a_1 \circ a_2 \ldots \circ a_n) \underbrace{\cdots\cdots}_{p-\text{fach}} (b_1 \circ b_2 \ldots \circ b_n) \equiv$$

$$\equiv (a_n \circ b_1)(a_{n-1} \cdot b_2) \ldots (a_{n-p} \cdot b_p)\, a_1 \circ \ldots \circ a_{n-p-1} \circ b_{p+1} \circ \ldots b_n \qquad (5.7)$$

definiert.

Als linear voneinander abhängig bezeichnet man zwei Vektoren a und b, wenn mit einem

Skalar λ $\qquad\qquad\qquad\qquad\qquad\qquad b = \lambda a \qquad\qquad\qquad\qquad\qquad (5.8a)$

gilt, als linear voneinander abhängig 3 Vektoren b, a_1, a_2 für

$$b = \lambda_1 a_1 + \lambda_2 a_2 \qquad (5.8b)$$

mit zwei Skalaren usw. Ansonsten sind Vektoren voneinander linear unabhängig. Ein n-dimensionaler Vektorraum ist im Sinne der einleitenden Definition dementsprechend gekennzeichnet dadurch, daß man in ihm nicht mehr als n linear voneinander unabhängige Vektoren z. B. g^j bzw. g_j, $j = 1 .. n$, feststellen kann, mit denen per

$$x = \sum_{j=1}^{n} x_j g^j \stackrel{\wedge}{=} (x_1, x_2, \ldots, x_n)_{\langle g^j \rangle} \equiv \sum_{j=1}^{n} x^j g_j \stackrel{\wedge}{=} (x^1, x^2, \ldots, x^n)_{\langle g_j \rangle} \qquad (5.9)$$

Vektoren in "Komponentendarstellungen" zu standardisieren sind. Die Skalare x_j bzw. x^j, $j = 1 .. n$, heißen "Komponenten des Vektors x in Bezug auf die jeweilige Basis $\langle g^j \rangle$ bzw. $\langle g_j \rangle$.

Hinsichtlich der Standard-Darstellungen (E5.9) ergeben sich dann für die unter a - e definierten Operationen die Ausführungsbestimmungen:

a) Für die "Addition"

$$\mathbf{a} + \mathbf{b} = \sum_{j=1}^{n} a^j \mathfrak{g}_j + \sum_{j=1}^{n} b^j \mathfrak{g}_j \equiv \sum_{j=1}^{n} (a^j + b^j)\, \mathfrak{g}_j \equiv \sum_{j=1}^{n} (a_j + b_j)\, \mathfrak{g}^j \tag{5.10a}$$

bzw.

$$\mathbf{a} + \mathbf{b} \;\hat{=}\; (a^1 + b^1,\, a^2 + b^2, ...,\, a^n + b^n)_{\langle \mathfrak{g}_j \rangle} \;\hat{=}\; (a_1 + b_1,\, a_2 + b_2, ...,\, a_n + b_n)_{\langle \mathfrak{g}^j \rangle}\; , \tag{5.10b}$$

also die Regel des "komponentenweisen Addierens",

b) für die Multiplikation eines Vektors mit einem Skalar

$$\lambda \mathbf{a} \;\hat{=}\; \lambda(a^1, ..., a^n)_{\langle \mathfrak{g}_j \rangle} = \lambda\,(a_1, ..., a_n)_{\langle \mathfrak{g}^j \rangle} = \lambda \sum_{j=1}^{n} a^j \mathfrak{g}_j \equiv \sum_{j=1}^{n} (\lambda a^j)\mathfrak{g}_j$$

$$\hat{=}\; (\lambda a^1, ..., \lambda a^n)_{\langle \mathfrak{g}_j \rangle} \;\hat{=}\; (\lambda a_1, ..., \lambda a_n)_{\langle \mathfrak{g}^j \rangle}\; , \tag{5.11}$$

also die Regel des "gewöhnlichen Multiplizierens" jeder einzelnen Komponente,

c) mit den skalaren Größen

$$g^{j\cdot}_{\cdot k} = \mathfrak{g}^j \cdot \mathfrak{g}_k, \qquad g_{j\cdot}^{\cdot k} = \mathfrak{g}_j \cdot \mathfrak{g}^k, \qquad g^{jk} = \mathfrak{g}^j \cdot \mathfrak{g}^k, \qquad g_{jk} = \mathfrak{g}_j \cdot \mathfrak{g}_k \tag{5.12a}$$

als Skalarprodukt die Prozedur

$$\mathbf{a} \cdot \mathbf{b} = \sum_{j,k=1}^{n} a_j b^k g^{j\cdot}_{\cdot k} = \sum_{j,k=1}^{n} a^j b_k g_{j\cdot}^{\cdot k} = \sum_{j,k=1}^{n} a_j b_k g^{jk} = \sum_{j,k=1}^{n} a^j b^k g_{jk}\; . \tag{5.12b}$$

Sollen die Basen $\langle \mathfrak{g}_j \rangle$ bzw. $\langle \mathfrak{g}^j \rangle$ im Sinne von

$$g^{j\cdot}_{\cdot k} = \mathfrak{g}^j \cdot \mathfrak{g}_k = g_{j\cdot}^{\cdot k} = \mathfrak{g}_j \cdot \mathfrak{g}^k = \delta_{\langle jk \rangle} = \left\{ \begin{array}{l} 0 \text{ für } j \pm k \\ 1 \text{ für } j = k \end{array} \right\} \tag{5.13}$$

zueinander reziprok sein, womit die beiden ersten Versionen von (5.12b) zu

$$\mathbf{a} \cdot \mathbf{b} = \sum_{j=1}^{n} a_j b^j = \sum_{j=1}^{n} a^j b_j \tag{5.12c}$$

degenerieren, so besteht zwischen den Basen $\langle \mathfrak{g}^j \rangle$ und $\langle \mathfrak{g}_j \rangle$ der (E1.2a) analoge Zusammenhang

$$\mathfrak{g}^1 = \frac{1}{\sqrt{g_n}} \overset{\langle n \rangle}{\mathcal{E}} \underbrace{\cdots\cdots}_{(n-1)\text{-fach}} \mathfrak{g}_n \circ \mathfrak{g}_{n-1} \circ ... \circ \mathfrak{g}_3 \circ \mathfrak{g}_2\; ,$$

$$\mathfrak{g}^2 = -\frac{1}{\sqrt{g_n}} \overset{\langle n \rangle}{\mathcal{E}} \underbrace{\cdots\cdots}_{(n-1)\text{-fach}} \mathfrak{g}_n \circ \mathfrak{g}_{n-1} \circ ... \circ \mathfrak{g}_3 \circ \mathfrak{g}_1\; ,$$

$$\mathfrak{g}^3 = \frac{1}{\sqrt{g_n}} \overset{\langle n \rangle}{\mathfrak{E}} \underbrace{\cdots\cdots\cdots}_{(n-1)-fach} \mathfrak{g}_n \circ \mathfrak{g}_{n-1} \circ \ldots \circ \mathfrak{g}_4 \circ \mathfrak{g}_2 \circ \mathfrak{g}_1 \, ,$$

d. h. allgemein

$$\mathfrak{g}^p = \frac{(-1)^{p-1}}{\sqrt{g_n}} \overset{\langle n \rangle}{\mathfrak{E}} \underbrace{\cdots\cdots\cdots}_{(n-1)-fach} \mathfrak{g}_n \circ \cdots \mathfrak{g}_{p+1} \circ \mathfrak{g}_{p-1} \circ \cdots \circ \mathfrak{g}_2 \circ \mathfrak{g}_1$$

$$p = 1,...,n \ , \qquad (5.14)$$

bzw.

$$\mathfrak{g}_1 = \sqrt{g_n} \overset{\langle n \rangle}{\mathfrak{E}} \underbrace{\cdots\cdots\cdots}_{(n-1)-fach} \mathfrak{g}^n \circ \ldots \mathfrak{g}^{n-1} \circ \ldots \circ \mathfrak{g}^3 \circ \mathfrak{g}^2$$

$$\mathfrak{g}_2 = - \sqrt{g_n} \overset{\langle n \rangle}{\mathfrak{E}} \underbrace{\cdots\cdots\cdots}_{(n-1)-fach} \mathfrak{g}^n \circ \mathfrak{g}^{n-1} \circ \ldots \circ \mathfrak{g}^3 \circ \mathfrak{g}^1$$

d. h.

$$\mathfrak{g}_p = (-1)^{p-1} \sqrt{g_n} \overset{\langle n \rangle}{\mathfrak{E}} \underbrace{\cdots\cdots\cdots}_{(n-1)-fach} \mathfrak{g}^n \circ \mathfrak{g}^{n-1} \circ \ldots \circ \mathfrak{g}^{p+1} \circ \mathfrak{g}^{p-1} \circ \ldots \circ \mathfrak{g}^2 \circ \mathfrak{g}^1 \ .$$

$$p = 1,...,n. \qquad (5.15)$$

Darin bedeutet mit der Determinante

$$g_n = \begin{vmatrix} g_{11} \cdots g_{1n} \\ \vdots \qquad \vdots \\ g_{1n} \cdots g_{nn} \end{vmatrix} = \begin{vmatrix} g^{11} \cdots g^{1n} \\ \vdots \qquad \vdots \\ g^{1n} \cdots g^{nn} \end{vmatrix}^{-1} \rangle^{2)} 0 \qquad (5.16)$$

in Verallgemeinerung von (E1.22d,e) $\overset{\langle n \rangle}{\mathfrak{E}}$ den n-stufigen (sog. "Levi–Civita–")Permutationstensor in den Basisvektor-Versionen

$$\overset{\langle n \rangle}{\mathfrak{E}} = \frac{1}{\sqrt{g_n}} \sum_{\alpha, \beta .. \nu = 1}^{n} \epsilon_{\langle \alpha\beta..\nu \rangle} \, \mathfrak{g}_\alpha \circ \mathfrak{g}_\beta \circ \ldots \circ \mathfrak{g}_\nu \equiv \sqrt{g_n} \sum_{\alpha, \beta .. \nu = 1}^{n} \epsilon_{\langle \alpha\beta..\nu \rangle} \, \mathfrak{g}^\alpha \circ \mathfrak{g}^\beta \circ \ldots \circ \mathfrak{g}^\nu \qquad (5.17a,b)$$

mit Koeffizienten $\epsilon_{\langle \alpha\beta..\nu \rangle}$, die, je nach vorliegender Indexziffernfolge $\alpha\beta..\nu$, die Werte

1, - 1 bzw. Null annehmen. Für sämtliche Indexziffernfolgen die durch eine geradzahlige

Anzahl von Einzel-Vertauschungsprozessen auf die "geordnete Reihenfolge" 1, 2, 3 .. n

gebracht werden können, ist $\epsilon_{\langle \alpha\beta..\nu \rangle} = 1$ zu wählen, Indexziffernfolgen, die mittels einer

---

2) vgl. die ergänzenden Hinweise am Ende dieser Ziffer.

ungeradzahligen Anzahl von Einzel-Vertauschungsprozessen auf die "geordnete Reihenfolge" 1, 2, 3 .. n verbracht werden müssen, werden Werte $\epsilon_{\langle\alpha\beta..\nu\rangle} = -1$ zugeordnet und schließlich die Werte $\epsilon_{\langle\alpha\beta..\nu\rangle} = 0$ allen Indexziffernfolgen, in denen zwei oder mehrere Indexziffern gleich sind.

Man prüft leicht nach, daß die solchermaßen definierten Repräsentationen von $\overset{\langle n\rangle}{\mathcal{E}}$ in einer (E 1.22d,e) analogen Determinantensymbolik als

$$\overset{\langle n\rangle}{\mathcal{E}} = \frac{1}{\sqrt{g_n}} \underbrace{\begin{vmatrix} \mathfrak{g}_1 & \cdots\cdots & \mathfrak{g}_1 \\ \vdots & & \vdots \\ \vdots & & \vdots \\ \mathfrak{g}_n & \cdots\cdots & \mathfrak{g}_n \end{vmatrix}}_{\text{n-mal}} \equiv \sqrt{g_n}\, \underbrace{\begin{vmatrix} \mathfrak{g}^1 & \cdots\cdots & \mathfrak{g}^1 \\ \vdots & & \vdots \\ \mathfrak{g}^n & \cdots\cdots & \mathfrak{g}^n \end{vmatrix}}_{\text{n-mal}} \tag{5.17c}$$

mit [3]
$$\overset{\langle n\rangle}{\mathcal{E}}{}^{T} = \frac{1}{\sqrt{g_n}} \underbrace{\begin{vmatrix} \mathfrak{g}_n & \cdots\cdots & \mathfrak{g}_n \\ \vdots & & \vdots \\ \vdots & & \vdots \\ \mathfrak{g}_1 & \cdots\cdots & \mathfrak{g}_1 \end{vmatrix}}_{\text{n-mal}} \equiv \sqrt{g_n}\, \underbrace{\begin{vmatrix} \mathfrak{g}^n & \cdots\cdots & \mathfrak{g}^n \\ \vdots & & \vdots \\ \mathfrak{g}^1 & \cdots\cdots & \mathfrak{g}^1 \end{vmatrix}}_{\text{n-mal}} = (-1)^{\frac{n(n-1)}{2}}\, \overset{\langle n\rangle}{\mathcal{E}} \tag{5.17d}$$

notiert werden können, was den Nachweis, daß die per (E5.14, 15) definierten Zusammenhänge in der Tat Diejenigen zwischen reziproken Basen im Sinne von (E5.13) sind, erheblich erleichtert. So ist etwa nach

(E5.14) mit $\overset{\langle n\rangle}{\mathcal{E}}$ nach (E5.17c)

$$\mathfrak{g}^1 = \frac{1}{\sqrt{g_n}} \overset{\langle n\rangle}{\mathcal{E}} \underbrace{\cdots\cdots\cdots}_{(n-1)\text{-fach}} \mathfrak{g}_n \circ \mathfrak{g}_{n-1} \circ \ldots \circ \mathfrak{g}_3 \circ \mathfrak{g}_2 = \frac{1}{g_n} \begin{vmatrix} \mathfrak{g}_1 & g_{12} & \cdots\cdots & g_{1n} \\ \mathfrak{g}_2 & g_{22} & \cdots\cdots & g_{2n} \\ \vdots & \vdots & & \vdots \\ \mathfrak{g}_n & g_{n2} & \cdots\cdots & g_{nn} \end{vmatrix}$$

die Darstellung des Vektors $\mathfrak{g}^1$, wobei man die Determinante unter Benutzung gewöhnlicher Multiplikationsoperationen zu entwickeln hat, und damit in der Tat

$$\mathfrak{g}_1 \cdot \mathfrak{g}^1 = \frac{1}{g_n} \begin{vmatrix} g_{11} & \cdots\cdots & g_{1n} \\ \vdots & & \vdots \\ g_{n1} & \cdots\cdots & g_{nn} \end{vmatrix} = \frac{g_n}{g_n} = 1$$

---

[3] Man benutze $\sqrt{g_n}\,\overset{\langle n\rangle}{\mathcal{E}} = n!\,\mathrm{Alt}(\mathfrak{g}_1 \circ \ldots \circ \mathfrak{g}_n)$, erinnere sich, daß bei Platzwechsel zweier Vektoren eine Alternation das Vorzeichen wechselt und bedenke, daß $\mathrm{Alt}(\mathfrak{g}_n \circ \ldots \circ \mathfrak{g}_1)$ aus $\mathrm{Alt}(\mathfrak{g}_1 \circ \ldots \circ \mathfrak{g}_n)$ durch $s = n(n-1)/2$ einzelne Platzwechsel hervorgebracht wird.

sowie

$$\mathfrak{g}_j \cdot g^1 = 0 \ \text{ für } \ j \neq 1 \ , \ j = 2,\dots,n,$$

weil in den diesbezüglichen Determinanten

$$\begin{vmatrix} g_{1j} & g_{12} & \cdots\cdots & g_{1j} & \cdots & g_{1n} \\ g_{2j} & & & & & \\ \vdots & & & & & \\ g_{nj} & g_{n2} & \cdots\cdots & g_{nj} & \cdots & g_{nn} \end{vmatrix}$$

jeweils zwei Spalten gleiche Elemente aufweisen und damit für die Determinanten jeweils der Wert Null

resultiert.

Entsprechendes gilt für die übrigen Größen $\mathfrak{g}^j$, $j = 2 \dots n$, wobei man allerdings die in (E5.14) notierte

Vorzeichenregel zu beachten hat. Berechnet man nämlich

$$z^p = \frac{1}{\sqrt{g_n}} \ \overset{\langle n \rangle}{\mathcal{E}} \ \underbrace{\cdots\cdots\cdots}_{(n-1)-\mathrm{fach}} \ \mathfrak{g}_n \circ \mathfrak{g}_{n-1} \circ \dots \circ \mathfrak{g}_{p+1} \circ \mathfrak{g}_{p-1} \circ \dots \circ \mathfrak{g}_2 \circ \mathfrak{g}_1 =$$

$$= \frac{1}{g_n} \begin{vmatrix} \mathfrak{g}_1 & g_{12} & \cdots\cdots & g_{1,p-1} & g_{1,p+1} & \cdots\cdots & g_{1n} \\ \vdots & \vdots & & \vdots & \vdots & & \vdots \\ \mathfrak{g}_n & g_{n2} & \cdots\cdots & g_{n,p-1} & g_{n,p+1} & \cdots\cdots & g_{nn} \end{vmatrix}$$

und bildet

$$z^p \cdot \mathfrak{g}_p = \frac{1}{g_n} \begin{vmatrix} g_{1p} & g_{11} & \cdots\cdots & g_{1,p-1} & g_{1,p+1} & \cdots\cdots & g_{1n} \\ \vdots & \vdots & & \vdots & \vdots & & \vdots \\ g_{np} & g_{n1} & \cdots\cdots & g_{n,p-1} & g_{n,p+1} & \cdots\cdots & g_{nn} \end{vmatrix} , \qquad (5.18)$$

so erkennt man, daß man hierin die erste Spalte zwischen die (p–1)ste und die (p+1)ste Spalte

"hineinzuzwängen" hätte, um schließlich die Determinante

$$g_n = \begin{vmatrix} g_{11} & \cdots\cdots & g_{1n} \\ \vdots & & \vdots \\ g_{n1} & \cdots\cdots & g_{nn} \end{vmatrix}$$

zu identifizieren. Im Sinne einer Abfolge einzelner Platzvertauschungen ist dieses Resultat zu erreichen

durch (p–1)–maliges Vertauschen der ersten Spalte von (E5.18) mit der jeweils rechts stehenden benach-

barten Spalte, bis die erste Spalte nach Vollzug von (p–1) "Einzelschritten" nach rechts soweit "vorge-

rückt" ist, daß sie zwischen die (p–1)ste und (p+1) Spalte zu liegen kommt. Da aber jede Spaltenvertau–

schung mit Vorzeichenwechsel der Determinante verbunden ist, ergibt sich

$$z^p \cdot \mathfrak{g}^p = (-1)^{p-1}$$

und damit nur dann

$$\mathfrak{g}_p \cdot \mathfrak{g}^p = 1 \ ,$$

wenn man $\mathfrak{g}^P = (-1)^{P-1} \mathfrak{z}^P$ wählt, also für $\mathfrak{g}^P$ in der Tat die Konstruktionsvorschrift (E5.14) verwendet. Der Nachweis für (E5.15) verläuft analog.

Analog (E 1.5.6) bekommt man aus

$$\mathfrak{a} = \sum_{j=n}^{n} a^j \mathfrak{g}_j = \sum_{j=1}^{n} a_j \mathfrak{g}^j \tag{5.18a}$$

nach Skalarmultiplikation mit den entsprechenden Basisvektoren für die Vektorkomponenten

$$a^k = \mathfrak{a} \cdot \mathfrak{g}^k , \quad a_k = \mathfrak{a} \cdot \mathfrak{g}_k , \qquad k = 1,...,n, \tag{5.18b}$$

was Existenz reziproker Basen und damit

$$g_n = \begin{vmatrix} g_{11} \cdots g_{1n} \\ \vdots \quad\quad \vdots \\ g_{n1} \cdots g_{nn} \end{vmatrix} = \begin{vmatrix} g^{11} \cdots g^{1n} \\ \vdots \quad\quad \vdots \\ g^{n1} \cdots g^{nn} \end{vmatrix}^{-1} \neq 0 \tag{5.19}$$

voraussetzt und Kennzeichen für linear voneinander unabhängige Basisvektoren ist.

Ebenso wie in § E1 ist die Determinante (E5.19) zu deuten als Diejenige einer n x n–Matrix, die die entsprechenden ko– bzw. kontravarianten Komponenten des Einheitstensors $\mathbb{E}_n$ im $\mathscr{V}_n$ repräsentiert, denn z. B. aus

$$\mathfrak{a} = \sum_{k=1}^{n} a_k \mathfrak{g}^k = \sum_{k=1}^{n} (\mathfrak{a} \cdot \mathfrak{g}_k) \mathfrak{g}^k \equiv \mathfrak{a} \cdot \sum_{k=1}^{n} \mathfrak{g}_k \circ \mathfrak{g}^k \equiv \mathfrak{a} \cdot \mathbb{E}$$

bekommt man in Verbindung mit

$$\mathfrak{g}_k = \sum_{j=1}^{n} (\mathfrak{g}_k \cdot \mathfrak{g}_j) \mathfrak{g}^j = \sum_{j=1}^{n} g_{jk} \, \mathfrak{g}^j \, , \quad k = 1,...,n \, ,$$

für $\mathbb{E}_n$ die Darstellung

$$\mathbb{E}_n = \overset{\langle 2 \rangle}{\mathbb{E}}_n = \sum_{j,k=1}^{n} g_{jk} \, \mathfrak{g}^j \circ \mathfrak{g}^k \overset{\wedge}{=} \begin{bmatrix} g_{11} \cdots g_{1n} \\ \vdots \quad\quad \vdots \\ g_{n1} \cdots g_{nn} \end{bmatrix} \langle \mathfrak{g}^j \circ \mathfrak{g}^k \rangle \quad \text{usw.} \tag{5.20}$$

Der Fall

$$g_{jk} = \mathfrak{g}_j \cdot \mathfrak{g}_k = 0 \text{ für } j \neq k \tag{5.21a}$$

kennzeichnet Orthogonalbasen, die man dann zweckmäßig in normierter Form durch Einheitsvektoren

$$\mathfrak{e}_j = \mathfrak{g}_j / \sqrt{g_{jj}} \tag{5.21b}$$

mit

$$\mathfrak{e}_j \cdot \mathfrak{e}_k = \delta_{\langle jk \rangle} = \begin{cases} 0 \text{ für } j \neq k \\ 1 \text{ für } j = k \end{cases} \tag{5.21c,d}$$

repräsentiert. In diesem Fall sind

$$g_n = \begin{vmatrix} 1 & 0 & \dots & 0 \\ 0 & 1 & \dots & 0 \\ \vdots & & & \vdots \\ 0 & 0 & & 1 \end{vmatrix} = 1, \qquad \overset{\langle n \rangle}{\mathcal{E}} = \begin{vmatrix} \mathbf{e}_1 & \cdots & \mathbf{e}_1 \\ \vdots & & \vdots \\ \mathbf{e}_n & \cdots & \mathbf{e}_n \end{vmatrix}, \tag{5.21e,f}$$

womit nach (E5.14)

$$\mathbf{e}^p = (-1)^{p-1}\, \overset{\langle n \rangle}{\mathcal{E}}\, \underbrace{\cdots\cdots}_{(n-1)-\text{fach}}\, \mathbf{e}_n \circ \dots \circ \mathbf{e}_{p+1} \circ \mathbf{e}_{p-1} \circ \dots \circ \mathbf{e}_2 \circ \mathbf{e}_1 \equiv {}^{4)}\ \mathbf{e}_p,$$

also Basis und reziproke Basis zusammenfallen. Orthonormalbasis–Bezüge werden im Folgenden mitunter vorgenommen um Nachweise einfacher zu gestalten. Generell läßt sich der Aufbau einer Orthonormalbasis $\langle \mathbf{e}_j \rangle$ (eines sog. "n–Beins") aus einem Satz vorgegebener voneinander linear unabhängiger Vektoren $\overset{(j)}{\mathbf{x}}$, $j = 1 \dots n$, mit Hilfe des Schmidtschen Verfahrens bewerkstelligen [14]. Hierzu geht man z. B. aus von

$$\mathbf{e}_1 = \overset{(1)}{\mathbf{x}} / |\overset{(1)}{\mathbf{x}}| = \overset{(1)}{\mathbf{x}} / \sqrt{\overset{(1)}{\mathbf{x}} \cdot \overset{(1)}{\mathbf{x}}}, \tag{5.22a}$$

bildet aus $\overset{(1)}{\mathbf{x}}$ und $\overset{(2)}{\mathbf{x}}$ per

---

[4] Mit der mittels (p–1) einzelner Reihenvertauschungen erreichbaren Identität

$$\overset{\langle n \rangle}{\mathcal{E}} = \underbrace{\begin{vmatrix} \mathbf{e}_1 & \cdots & \mathbf{e}_1 \\ \vdots & & \vdots \\ \mathbf{e}_{p-1} & \cdots & \mathbf{e}_{p-1} \\ \mathbf{e}_p & \cdots & \mathbf{e}_p \\ \mathbf{e}_{p+1} & \cdots & \mathbf{e}_{p+1} \\ \vdots & & \vdots \\ \mathbf{e}_n & \cdots & \mathbf{e}_n \end{vmatrix}}_{n\text{-mal}} = (-1)^{p-1} \underbrace{\begin{vmatrix} \mathbf{e}_p & \cdots & \mathbf{e}_p \\ \mathbf{e}_1 & \cdots & \mathbf{e}_1 \\ \vdots & & \vdots \\ \mathbf{e}_{p-1} & \cdots & \mathbf{e}_{p-1} \\ \mathbf{e}_{p+1} & \cdots & \mathbf{e}_{p+1} \\ \vdots & & \vdots \\ \mathbf{e}_n & \cdots & \mathbf{e}_n \end{vmatrix}}_{n\text{-mal}}$$

ist dies leicht zu prüfen. Man bekommt

$$\overset{\langle n \rangle}{\mathcal{E}}\, \underbrace{\cdots\cdots}_{(n-1)-\text{fach}}\, \mathbf{e}_n \circ \dots \circ \mathbf{e}_{p+1} \circ \mathbf{e}_{p-1} \circ \dots \circ \mathbf{e}_1 = (-1)^{p-1} \begin{vmatrix} \mathbf{e}_p & 0 & \dots & 0 & 0 & \dots & 0 \\ \mathbf{e}_1 & 1 & \dots & 0 & 0 & \dots & 0 \\ \vdots & \vdots & & \vdots & \vdots & & \vdots \\ \mathbf{e}_{p-1} & 0 & \dots & 1 & 0 & \dots & 0 \\ \mathbf{e}_{p+1} & 0 & \dots & 0 & 1 & \dots & 0 \\ \vdots & \vdots & & & \vdots & & \vdots \\ \mathbf{e}_n & 0 & \dots & 0 & 0 & \dots & 1 \end{vmatrix} =$$

$$= (-1)^{p-1} \mathbf{e}_p \begin{vmatrix} 1 & 0 & \dots & 0 \\ 0 & 1 & & \vdots \\ \vdots & & \ddots & \vdots \\ 0 & \dots & \dots & 1 \end{vmatrix} = (-1)^{p-1} \mathbf{e}_p.$$

$$\mathfrak{e}_2 = \lambda_{21} \overset{(1)}{\varkappa} + \lambda_{22} \overset{(2)}{\varkappa} \tag{5.22b}$$

einen zu $\mathfrak{e}_1$ orthogoanalen Einheitsvektor $\mathfrak{e}_2$, indem man λ_{21} und λ_{22} aus den Forderungen

$$\mathfrak{e}_2 \cdot \mathfrak{e}_1 = \lambda_{21} | \overset{(1)}{\varkappa} | + \lambda_{22} \overset{(1)}{\varkappa} \cdot \overset{(2)}{\varkappa} / | \overset{(1)}{\varkappa} | = 0,$$

$$\mathfrak{e}_2 \cdot \mathfrak{e}_2 = \lambda_{21} \overset{(1)}{\varkappa}{}^2 + 2\lambda_{21}\lambda_{22} \overset{(1)}{\varkappa} \cdot \overset{(2)}{\varkappa} + \lambda_{22} \overset{(2)}{\varkappa}{}^2 = 1 \tag{5.22c,d}$$

berechnet, bildet per

$$\mathfrak{e}_3 = \lambda_{31} \overset{(1)}{\varkappa} + \lambda_{32} \overset{(2)}{\varkappa} + \lambda_{33} \overset{(3)}{\varkappa} \tag{5.22e}$$

einen zu $\mathfrak{e}_1$ und $\mathfrak{e}_2$ orthogonalen Einheitsvektor $\mathfrak{e}_3$, indem man λ_{31}, λ_{32}, und λ_{33} mittels

$$\mathfrak{e}_3 \cdot \mathfrak{e}_1 = \lambda_{31} | \overset{(1)}{\varkappa} | + \lambda_{32} \overset{(1)}{\varkappa} \cdot \overset{(2)}{\varkappa} / | \overset{(1)}{\varkappa} | + \lambda_{33} \overset{(1)}{\varkappa} \cdot \overset{(3)}{\varkappa} / | \overset{(1)}{\varkappa} | = 0,$$

$$\mathfrak{e}_3 \cdot \mathfrak{e}_2 = (\lambda_{31} \overset{(1)}{\varkappa} + \lambda_{32} \overset{(2)}{\varkappa} + \lambda_{33} \overset{(3)}{\varkappa}) \cdot (\lambda_{21} \overset{(1)}{\varkappa} + \lambda_{22} \overset{(2)}{\varkappa}) = 0, \tag{5.22f-h}$$

$$\mathfrak{e}_3 \cdot \mathfrak{e}_3 = (\lambda_{31} \overset{(1)}{\varkappa} + \lambda_{32} \overset{(2)}{\varkappa} + \lambda_{33} \overset{(3)}{\varkappa})^2 = 1$$

festlegt usw.

Der Zusammenhang eines n–Beins $\langle \mathfrak{e}_j \rangle$ mit einem anderen n–Bein $\langle \overset{*}{\mathfrak{e}}_j \rangle$ wie auch die metriktreue Über-

führung allgemeiner Basen $\langle \mathfrak{g}_j \rangle \Leftrightarrow \langle \overset{*}{\mathfrak{g}}_j \rangle$ wird durch Orthogonaltransformationen vermittelt (s. h. bei-

spielsweise E§5.7).

Wie das Bisherige gezeigt hat, sind die entsprechenden Notationen wie auch die auf den

Axiomen a) – c) (und im Nachgang auch d), e)) basierenden Operationsanweisungen im $\mathcal{V}_n$

von Denjenigen im $\mathcal{V}_3$, abgesehen von der Erhöhung der Dimensionalität, nicht grundsätz-

lich verschieden[5]. Eine Ausnahme bildet, wie schon a. o. vermerkt, die im $\mathcal{V}_3$ definierte

Vektorprodukt-Operation, weil im $\mathcal{V}_n$ zwei Vektoren $\mathfrak{a}_1$, $\mathfrak{a}_2$ eindeutig kein zu Beiden im

---

[5] allenfalls sinngemäß verallgemeinert. So gelten z. B.

$$\mathbb{E}_n \underbrace{\cdots\cdots}_{(n)\text{-fach}} \mathbb{E}_n = n, \quad \overset{\langle n \rangle}{\mathfrak{E}} \underbrace{\cdots\cdots}_{(n-1)\text{-fach}} \overset{\langle n \rangle}{\mathfrak{E}} = (-1)^s (n-1)! \, \mathbb{E}_n, \quad \overset{\langle n \rangle}{\mathfrak{E}} \underbrace{\cdots\cdots}_{(n-1)\text{-fach}} \overset{\langle n \rangle}{\mathfrak{E}}{}^{T} = (n-1)! \, \mathbb{E}_n,$$

$$\overset{\langle n \rangle}{\mathfrak{E}} \underbrace{\cdots\cdots}_{n\text{-fach}} \overset{\langle n \rangle}{\mathfrak{E}} = (-1)^s (n-1)! \mathbb{E}_n \cdot\cdot \mathbb{E}_n = (-1)^s n!, \quad \overset{\langle n \rangle}{\mathfrak{E}} \underbrace{\cdots\cdots}_{n\text{-fach}} \overset{\langle n \rangle}{\mathfrak{E}}{}^{T} = n!$$

mit $\qquad\qquad\qquad s = s(n) = n(n-1)/2 \tag{5.23a-f}$

Sinne von $\mathbf{a}_j \cdot \mathbf{y} = 0$, $j = 1, 2$ orthogonaler Vektor $\mathbf{y}$ zugeordnet werden kann[6], wie auch schon im Zusammenhang mit der Konstruktion reziproker Basissysteme erkennbar wurde: Zu einem Basisvektor (etwa $\mathfrak{g}_{p0}$) sind hier nicht nur zwei, sondern (n-1) Vektoren $\mathfrak{g}^\alpha$, $\alpha = 1,\dots,(p_0-1)$, $(p_0+1),\dots,n$, orthogonal, die als Basis einen zu $\mathfrak{g}_{p0}$ orthogonalen (n-1)-dimensionalen "Restraum" aufspannen. Entsprechend komplexer gestaltet sich hier eine geeignete, der Vektorproduktbildung im $\mathscr{V}_3$ analoge sog. "äußere" Produktdefinition. Der geometrischen Anschaulichkeit wegen soll Letztere [7] durch einige, sog. "Flächentensoren" [15] bzw. "Plangrößen" [1] betreffende Feststellungen vorbereitet werden.

Zuvor wird diese Ziffer mit dem in Fußn. 2 angekündigten Hinweis abgeschlossen, wozu man die auch für n×n–Matrizen gültigen Beziehungen

$$\det \mathbb{A} \, \det \mathbb{B} = \det(\mathbb{A} \cdot \mathbb{B}), \quad \det \mathbb{A} = \det \mathbb{A}^T \qquad (5.24a,b)$$

heranziehen kann. Indem man nämlich unter Benutzung einer Orthonormalbasis $\langle \mathbf{e}_j \rangle$ die Matrizendarstellung von

$$\mathbb{A} = \sum_{j=1}^{n} \mathbf{e}_j \circ \mathfrak{g}_j = \sum_{j,k=1}^{n} (\mathfrak{g}_j \cdot \mathbf{e}_k)\, \mathbf{e}_j \circ \mathbf{e}_k$$

bildet, erkennt man unschwer, daß die Determinante (E5.16) Diejenige der Matrix von $\mathbb{A} \cdot \mathbb{A}^T$ ist, weshalb in der Tat

$$g_n = \det(\mathbb{A} \cdot \mathbb{A}^T) \overset{(5.24a)}{=} \det \mathbb{A}\, \det \mathbb{A}^T \overset{(5.24b)}{=} (\det \mathbb{A})^2 \geq 0 \qquad (5.24c)$$

sein muß. Ein entsprechender Nachweis ist desweiteren mittels der auch für den $\mathscr{V}_n$ gültigen Cayley–Schwarzschen Ungleichung

---

[6] für n = 2 ist eine Zuordnung dreier zueinander orthogonaler Vektoren sogar generell unmöglich. So ist also gerade der dreidimensionale Vektorraum die (einzige) Ausnahme, wo man zwei Vektoren eindeutig einen, zu beiden "senkrechten", dritten Vektor zuordnen kannn.

[7] analog zur Vektorproduktbildung im $\mathscr{V}_3$, die am Beispiel des Flächenelementenvektors veranschaulicht wurde

$$-|\mathfrak{b}|\,|\mathfrak{c}| \leq \mathfrak{b}\cdot\mathfrak{c} \leq |\mathfrak{b}|\,|\mathfrak{c}| \;,\quad |\mathfrak{a}| = \sqrt{\mathfrak{a}\cdot\mathfrak{a}} \tag{5.25a,b}$$

zu führen [8]. Hierwegen, d. h. wegen

$$-\sqrt{\mathfrak{J}_j\cdot\mathfrak{J}_j}\,\sqrt{\mathfrak{J}_k\cdot\mathfrak{J}_k} = -\sqrt{g_{jj}}\,\sqrt{g_{kk}} \leq \mathfrak{J}_j\cdot\mathfrak{J}_k = g_{jk} \leq \sqrt{g_{jj}}\,\sqrt{g_{kk}}$$

bzw.

$$g_{jj}g_{kk} \geq g_{jk}^2$$

ist

$$g_2 = \begin{vmatrix} g_{11} & g_{12} \\ g_{12} & g_{22} \end{vmatrix} = g_{11}g_{22} - g_{12}^2 \geq 0$$

usw. Vermerkt werden soll noch, daß die Determinante g_n nach (E5.16) unabhängig ist von der (willkürlichen) Wahl der Reihung der Basisvektoren $\mathfrak{J}_j$ ($j = 1...n$). Zum Nachweis dieses Befundes genügt es, diesen Sachverhalt für <u>eine</u> Indexvertauschung zu recherchieren.

Bezeichnet man also z. B. den ursprünglich dritten Basisvektor $\mathfrak{J}_3$ mit $\mathfrak{J}_1$, setzt also $\overset{*}{\mathfrak{J}}_1 = \mathfrak{J}_3$, $\overset{*}{\mathfrak{J}}_3 = \mathfrak{J}_1$ so müssen für die zugehörige Determinante $\overset{*}{g}_n$ nach (E5.16) die Indexvertauschungen $1 \longleftrightarrow 3$ vorgenommen werden, um $\overset{*}{g}_n$ in Termen der ursprünglichen Metrik–Koeffizienten ausdrücken zu können. Und hiermit ensteht in der Tat

$$\overset{*}{g}_n = \begin{vmatrix} g_{33} & g_{32} & g_{31} & \cdots & g_{3n} \\ g_{23} & g_{22} & g_{21} & \cdots & g_{2n} \\ g_{13} & g_{12} & g_{11} & \cdots & g_{1n} \\ \vdots & & \vdots & & \vdots \\ g_{n3} & g_{n2} & g_{n1} & \cdots & g_{nn} \end{vmatrix} = -\begin{vmatrix} g_{31} & g_{32} & g_{33} & \cdots & g_{3n} \\ g_{21} & g_{22} & g_{23} & \cdots & g_{2n} \\ g_{11} & g_{12} & g_{13} & \cdots & g_{1n} \\ \vdots & & \vdots & & \vdots \\ g_{n1} & g_{n2} & g_{n3} & \cdots & g_{nn} \end{vmatrix} = \begin{vmatrix} g_{11} & g_{12} & g_{13} & \cdots & g_{1n} \\ g_{21} & g_{22} & g_{23} & \cdots & g_{2n} \\ g_{31} & g_{32} & g_{33} & \cdots & g_{3n} \\ \vdots & & \vdots & & \vdots \\ g_{n1} & g_{n2} & g_{n3} & \cdots & g_{nn} \end{vmatrix} = g_n \;,$$

indem man beachtet, daß man bei der ersten Umformung die erste und die dritte Spalte, bei der zweiten

---

[8] Mit zwei Einheitsvektoren $\mathfrak{e}_b = \mathfrak{b}/|\mathfrak{b}|$, $\mathfrak{e}_c = \mathfrak{c}/|\mathfrak{c}|$ bekommt man zunächst wegen $\mathfrak{e}\cdot\mathfrak{e} = \mathfrak{e}^2 = 1$ und damit

$$(\mathfrak{e}_b+\mathfrak{e}_c)\cdot(\mathfrak{e}_b+\mathfrak{e}_c) \equiv (\mathfrak{e}_b+\mathfrak{e}_c)^2 = 2(1+\mathfrak{e}_b\cdot\mathfrak{e}_c) \equiv |\mathfrak{e}_b+\mathfrak{e}_c|^2 \geq 0$$

bzw.

$$(\mathfrak{e}_b-\mathfrak{e}_c)\cdot(\mathfrak{e}_b-\mathfrak{e}_c) \equiv (\mathfrak{e}_b-\mathfrak{e}_c)^2 = 2(1-\mathfrak{e}_b\cdot\mathfrak{e}_c) \equiv |\mathfrak{e}_b-\mathfrak{e}_c|^2 \geq 0$$

die Einschrankung

$$-1 \leq \mathfrak{e}_b\cdot\mathfrak{e}_c \leq 1 \tag{*}$$

und solchermaßen (E5.25a), nachdem man (*) mit $|\mathfrak{b}|\,|\mathfrak{c}|$ multipliziert und $|\mathfrak{b}|\mathfrak{e}_b\cdot|\mathfrak{c}|\mathfrak{e}_c = \mathfrak{b}\cdot\mathfrak{c}$ gesetzt hat.

Umformung die erste und die dritte Zeile vertauscht hat, was jeweils mit einem Vorzeichenwechsel einhergeht.

5.2 Plangrößen

Plangrößen m-ter Stufe sind mathematische Repräsentanten für m-dimensionale orientierte Flächenelemente $\overset{\langle m\rangle}{\mathfrak{f}}$. Vom Beispiel des gewöhnlichen (zweidimensionalen) orientierten Flächenelementes - repräsentiert durch zwei Vektoren $\overset{(1)}{\varkappa}$, $\overset{(2)}{\varkappa}$ - ausgehend, verlangt man von einer, Letzteres darstellenden Operation $\overset{\langle 2\rangle}{\mathfrak{f}}(\overset{(1)}{\varkappa},\overset{(2)}{\varkappa})$, daß sie

a)   bilinear, in $\overset{(1)}{\varkappa}$ und $\overset{(2)}{\varkappa}$ sein und

b)   für $\overset{(1)}{\varkappa}=\overset{(2)}{\varkappa}$ den Wert Null annehmen soll ,

und gelangt so unmittelbar im Sinne von § E 4.4.2 zur Repräsentation eines Flächenelemen-
tes $\overset{\langle 2\rangle}{\mathfrak{f}}(\overset{(1)}{\varkappa},\overset{(2)}{\varkappa})$ in Form einer Alternation,

$$\overset{\langle 2\rangle}{\mathfrak{f}}(\overset{(1)}{\varkappa},\overset{(2)}{\varkappa}) = \mathrm{Alt}(\overset{(1)}{\varkappa},\overset{(2)}{\varkappa}) \equiv \overset{(1)}{\varkappa}\circ\overset{(2)}{\varkappa}\cdot\cdot\overset{\langle 4\rangle}{\mathbf{A}} \equiv \overset{\langle 4\rangle}{\mathbf{A}}\cdot\cdot\overset{(1)}{\varkappa}\circ\overset{(2)}{\varkappa}\ , \tag{5.26a}$$

womit übrigens wegen $\mathrm{Alt}(\overset{(1)}{\varkappa},\overset{(2)}{\varkappa}) = -\mathrm{Alt}(\overset{(2)}{\varkappa},\overset{(1)}{\varkappa})$ in (E5.26a) eine "Orientierung" automatisch eingebaut ist. In (E5.26a) bedeutet z. B. in der Version

$$\overset{\langle 4\rangle}{\mathbf{A}} = \frac{1}{2!}\sum_{\alpha,\beta=1}^{n}\begin{vmatrix}\mathfrak{J}_\alpha & \mathfrak{J}_\alpha \\ \mathfrak{J}_\beta & \mathfrak{J}_\beta\end{vmatrix}\circ\mathfrak{g}^\beta\circ\mathfrak{g}^\alpha \tag{5.26b}$$

den vierstufigen Alternierer im n-dimensionalen Vektorraum (vgl. (E.4.82e) mit $\overset{\langle 4\rangle}{\mathbf{A}}=\overset{\langle 4\rangle}{\mathbf{A}}{}^{\mathrm{T}}$). Eine entsprechende Verallgemeinerung auf - durch p Vektoren $\overset{(1)}{\varkappa},...,\overset{(p)}{\varkappa}$ charakterisierte - p-dimensionale Flächenelemente ergibt als Repräsentation

$$\overset{\langle p\rangle}{\mathfrak{f}} = \mathrm{Alt}(\overset{(1)}{\varkappa},...,\overset{(p)}{\varkappa}) \equiv \underbrace{\overset{(1)}{\varkappa}\circ...\circ\overset{(p)}{\varkappa}\cdots\cdots\cdots}_{p\text{-fach}}\overset{\langle 2p\rangle}{\mathbf{A}} \tag{5.27a}$$

mit z. B.

$$\overset{\langle 2p\rangle}{\mathbf{A}} = \frac{1}{p!}\sum_{\alpha,\beta..\pi=1}^{n}\underbrace{\begin{vmatrix}\mathfrak{I}_\alpha & \cdots & \mathfrak{I}_\alpha \\ \vdots & & \vdots \\ \mathfrak{I}_\pi & \cdots & \mathfrak{I}_\pi\end{vmatrix}}_{p\text{-mal}} \circ \mathfrak{g}^\pi \circ \dots \circ \mathfrak{g}^\beta \circ \mathfrak{g}^\alpha \;, \qquad (5.27\mathrm{b})$$

was insbesondere den - für eine Deutung auch unter
dem Gesichtspunkt eines brauchbaren Inhaltsmaßes -
wichtigen Befund der sog. "Translationsinvarianz" erfüllt, worunter man den Sachverhalt versteht, daß
man zu jedem der $\overset{\langle p\rangle}{\mathfrak{f}}$ erzeugenden Vektoren $\overset{(j)}{\boldsymbol{x}}$ ein
beliebiges Vielfaches der restlichen Vektoren addieren
kann, ohne die Größe $\overset{\langle p\rangle}{\mathfrak{f}}$ zu verändern[9]. Es ist dies
Folge der Tatsache, daß

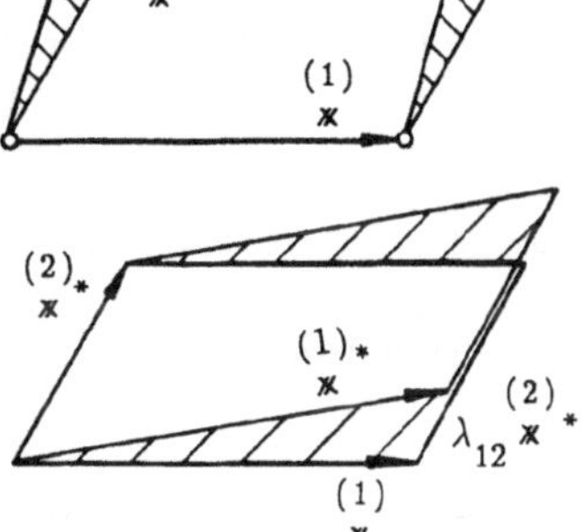

Abb. E5.1

$$\overset{\langle p\rangle}{\mathrm{Alt}}\Big(\overset{(1)}{\boldsymbol{x}}\circ\dots\circ\overset{(i-1)}{\boldsymbol{x}}\circ\overset{(i)*}{\boldsymbol{x}}\circ\overset{(i+1)}{\boldsymbol{x}}\circ\dots\circ\overset{(p)}{\boldsymbol{x}}\Big) =$$

$$= \overset{\langle p\rangle}{\mathrm{Alt}}\Big[\overset{(1)}{\boldsymbol{x}}\circ\dots\circ\overset{(i-1)}{\boldsymbol{x}}\circ\Big(\overset{(i)}{\boldsymbol{x}}+\sum_{\substack{j=1\\j\neq i}}^{p}\lambda_{ij}\cdot\overset{(j)}{\boldsymbol{x}}\Big)\circ\overset{(i+1)}{\boldsymbol{x}}\circ\dots\circ\overset{(p)}{\boldsymbol{x}}\Big]\overset{[10]}{\equiv}\overset{\langle p\rangle}{\mathrm{Alt}}\Big(\overset{(1)}{\boldsymbol{x}}\circ\dots\circ\overset{(p)}{\boldsymbol{x}}\Big)+$$

$$+\sum_{\substack{j=1\\j\neq i}}^{p}\lambda_{ij}\,\overset{\langle p\rangle}{\mathrm{Alt}}\Big(\overset{(1)}{\boldsymbol{x}}\circ\dots\circ\overset{(i-1)}{\boldsymbol{x}}\circ\overset{(j)}{\boldsymbol{x}}\circ\overset{(i+1)}{\boldsymbol{x}}\circ\dots\overset{(p)}{\boldsymbol{x}}\Big)\overset{[11]}{\equiv}\overset{\langle p\rangle}{\mathrm{Alt}}\Big(\overset{(1)}{\boldsymbol{x}}\circ\dots\circ\overset{(p)}{\boldsymbol{x}}\Big)$$

ist.

---

[9] Für das durch zwei Vektoren $\overset{(1)}{\boldsymbol{x}}$, $\overset{(2)}{\boldsymbol{x}}$ aufgespannte Flächenelement nach Abb. E5.1 muß

$$\overset{(2)}{\mathfrak{f}}=\mathfrak{f}\Big(\overset{(2)}{\boldsymbol{x}},\overset{(1)}{\boldsymbol{x}}\Big)=\mathfrak{f}\Big(\overset{(2)}{\boldsymbol{x}},\overset{(1)*}{\boldsymbol{x}}\Big)=\mathfrak{f}\Big(\overset{(2)*}{\boldsymbol{x}},\overset{(1)*}{\boldsymbol{x}}\Big)$$

mit $\quad\overset{(1)*}{\boldsymbol{x}}=\overset{(1)}{\boldsymbol{x}}+\lambda_{12}\overset{(2)*}{\boldsymbol{x}}=(1+\lambda_{12}\lambda_{21})\overset{(1)}{\boldsymbol{x}}+\lambda_{12}\overset{(2)}{\boldsymbol{x}}$, $\overset{(2)*}{\boldsymbol{x}}=\lambda_{21}\overset{(1)}{\boldsymbol{x}}+\overset{(2)}{\boldsymbol{x}}$

gelten.

[10] Man beachte, daß $\overset{\langle p\rangle}{\mathrm{Alt}}\Big(\overset{(1)}{\boldsymbol{x}}\circ\dots\circ\overset{(i)}{\boldsymbol{x}}\circ\dots\circ\overset{(p)}{\boldsymbol{x}}\Big)$ linear von $\overset{(i)}{\boldsymbol{x}}$ abhängt.

[11] Man beachte, daß in der zweiten Summe Alternationen aufgelistet sind von Vektorsets, in denen jeweils zwei gleiche Vektoren stehen.

Der Spezialfall der möglichen Verwandlung eines Parallelogramms in ein "flächengleiches Rechteck" hat

hier seine Entsprechung in der Feststellung, daß man, ohne eine Plangröße $\overset{\langle p\rangle}{\mathbb{f}}$ zu verändern, vom Set

$\overset{(1)}{\mathbb{x}} \circ \ldots \circ \overset{(p)}{\mathbb{x}}$ einen der Vektoren, etwa $\overset{(i)}{\mathbb{x}}$, so wählen darf, daß er im Sinne von

$$\overset{(i)}{\mathbb{x}} \cdot \overset{(j)}{\mathbb{x}} = 0 \quad \text{für } j = 1\ldots p, \ j \neq i \tag{5.28a}$$

orthogonal zu den restlichen Vektoren des Sets ist. Wählt man also anstelle von $\overset{(i)}{\mathbb{x}}$ einen Vektor

$$\overset{(i)}{\mathbb{x}}_\perp = h_{fi}\mathbb{e}_{fi} \ , \quad \mathbb{e}_{fi}\cdot\mathbb{e}_{fi} = 1 \tag{5.28b,c}$$

mit der Eigenschaft (E5.28a), also einen Solchen, der orthogonal ist zu dem durch die Vektoren $\overset{(j)}{\mathbb{x}}$

$(j=1\ldots p, \ j \neq i)$ definierten Unterraum $\overset{(p-1)}{\mathscr{V}}_i$, so gilt gleichermaßen

$$\overset{\langle p\rangle}{\mathbb{f}} = \overset{\langle p\rangle}{\text{Alt}}(\overset{(1)}{\mathbb{x}} \circ\ldots\circ \overset{(p)}{\mathbb{x}}) = \overset{\langle p\rangle}{\text{Alt}}(\overset{(1)}{\mathbb{x}} \circ\ldots\circ \overset{(i-1)}{\mathbb{x}} \circ \overset{(i)}{\mathbb{x}}_\perp \circ \overset{(i+1)}{\mathbb{x}} \circ\ldots\circ \overset{(p)}{\mathbb{x}})$$

$$= {}^{12)} - \overset{\langle p\rangle}{\text{Alt}}(\overset{(1)}{\mathbb{x}} \circ\ldots\circ \overset{(i-1)}{\mathbb{x}} \circ \overset{(p)}{\mathbb{x}} \circ \overset{(i+1)}{\mathbb{x}} \circ\ldots\circ \overset{(p-1)}{\mathbb{x}} \circ \overset{(i)}{\mathbb{x}}_\perp)$$

$$\equiv {}^{13)} - \overset{\langle p\rangle}{\text{Alt}}\left[\overset{\langle p-1\rangle}{\text{Alt}}(\overset{(1)}{\mathbb{x}} \circ\ldots\circ \overset{(i-1)}{\mathbb{x}} \circ \overset{(p)}{\mathbb{x}} \circ \overset{(i+1)}{\mathbb{x}} \circ\ldots\circ \overset{(p-1)}{\mathbb{x}})\circ \overset{(i)}{\mathbb{x}}_\perp)\right] , \tag{5.28d}$$

und damit sind per

$$\overset{\langle p\rangle}{\mathbb{f}} = \overset{\langle p\rangle}{\text{Alt}}(\overset{\langle p-1\rangle}{\mathbb{f}}_i \circ \overset{(i)}{\mathbb{x}}_\perp) = h_{fi}\overset{\langle p\rangle}{\text{Alt}}(\overset{\langle p-1\rangle}{\mathbb{f}}_i \circ \mathbb{e}_{fi}) , \ i = 1\ldots p, \tag{5.29a}$$

unter Benutzung $(p-1)$–stufiger Plangrößen

$$\overset{\langle p-1\rangle}{\mathbb{f}}_i = - \overset{\langle p\rangle}{\text{Alt}}(\overset{(1)}{\mathbb{x}} \circ\ldots\circ \overset{(i-1)}{\mathbb{x}} \circ \overset{(p)}{\mathbb{x}} \circ \overset{(i+1)}{\mathbb{x}} \circ\ldots\circ \overset{(p-1)}{\mathbb{x}}) \tag{5.29b}$$

mit insbesondere $\quad \overset{\langle p-1\rangle}{\mathbb{f}}_1 = - \overset{\langle p-1\rangle}{\text{Alt}}(\overset{(p)}{\mathbb{x}} \circ \overset{(2)}{\mathbb{x}} \circ\ldots\circ \overset{(p-1)}{\mathbb{x}}) \quad$ für $i = 1$, $\tag{5.29c}$

$$\overset{\langle p-1\rangle}{\mathbb{f}}_p = \overset{\langle p-1\rangle}{\text{Alt}}(\overset{(1)}{\mathbb{x}} \circ\ldots\circ \overset{(p-1)}{\mathbb{x}}) \qquad \text{für } i = p \tag{5.29d}$$

insgesamt p verschiedene Darstellungen einer Plangröße $\overset{\langle p\rangle}{\mathbb{f}}$ in Form von Alternationen p–stufiger

Aggregate möglich, die durch tensorielle Verknüpfungen $(p-1)$–stufiger Plangrößen $\overset{\langle p-1\rangle}{\mathbb{f}}_i$ mit ihren sog.

"ergänzenden Vektoren" $\overset{(i)}{\mathbb{x}}_\perp = h_{fi}\mathbb{e}_{fi}$ enstehen. Geometrisch veranschaulicht, kennzeichnet dieser

---

¹²⁾ Man beachte, daß eine Alternation bei Vertauschung zweier Vektoren das Vorzeichen wechselt.

¹³⁾ Man beachte, daß die Alternation eines Vektorsets unverändert bleibt, wenn man eine Untermenge des Sets (zuvor) einer Teil–Alternation unterwirft.

Befund die Tatsache, daß es für ein p–dimensionales Parallelepiped p Möglichkeiten gibt, seinen Inhalt in Form von Produkten aus "Grundflächen" und zugehörigen "Höhen" bestimmen zu können. Insofern haben die Größen $\overset{\langle p-1\rangle}{\mathfrak{f}}_{\,\mathrm{i}}$ nach (E5.29b) die Eigenschaft von ($\overset{\langle p\rangle}{\mathfrak{f}}$ begrenzenden) "Oberflächen–Plangrößen".

In Verallgemeinerung des zweidimensionalen Falles im $\mathscr{V}_3$ werden im $\mathscr{V}_\mathrm{n}$ Flächenelemente $\overset{\langle p\rangle}{\mathfrak{f}}$ als "parallel" bezeichnet, wenn sich ihre Plangrößen lediglich durch einen skalaren Faktor voneinander unterscheiden. Dieser Fall liegt vor, wenn die zwei Flächenelemente $\overset{\langle p\rangle}{\mathfrak{f}}$ bzw. $\overset{\langle p\rangle}{\mathfrak{f}}{}'$ definierenden Sets ($\overset{(1)}{\varkappa}$,..., $\overset{(p)}{\varkappa}$) bzw. ($\overset{(1)'}{\varkappa}$,..., $\overset{(p)'}{\varkappa}$) "erzeugender Vektoren" demselben p-dimensionalen Unterraum $\mathscr{V}_\mathrm{p}$ angehören, also mittels

$$\overset{(1)'}{\varkappa} = \sum_{\alpha=1}^{p}\lambda_{1\alpha}\,\overset{(\alpha)}{\varkappa}\ ,\quad \overset{(2)'}{\varkappa} = \sum_{\beta=1}^{p}\lambda_{1\beta}\,\overset{(\beta)}{\varkappa}\ ,\quad \overset{(p)'}{\varkappa} = \sum_{\pi=1}^{p}\lambda_{p\pi}\,\overset{(\pi)}{\varkappa}\ ,$$

d. h.

$$\overset{(j)'}{\varkappa} = \sum_{k=1}^{p}\lambda_{jk}\,\overset{(k)}{\varkappa}\ ,\quad j=1,...,p \ \ \mathrm{mit}\ \ \det{}_{p}\,(\lambda_{jk}) \neq 0 \qquad\qquad (5.30a)$$

ineinander zu überführen sind. Setzt man nämlich (5.30a) in $\overset{\langle p\rangle,}{\mathfrak{f}} = \mathrm{Alt}(\ \overset{\langle p\rangle}{}\overset{(1)'}{\varkappa}\, \mathrm{o}\, \overset{(2)'}{\varkappa}\, \mathrm{o}...\mathrm{o}\, \overset{(p)'}{\varkappa}\ )$ ein, so folgert man

$$\overset{\langle p\rangle'}{\mathfrak{f}} = \sum_{\alpha,\beta..\pi=1}^{p}\lambda_{1\alpha}\lambda_{1\beta}\cdots\lambda_{p\pi}\,\overset{\langle p\rangle}{\mathrm{Alt}}(\ \overset{(\alpha)}{\varkappa}\, \mathrm{o}\, \overset{(\beta)}{\varkappa}\, \mathrm{o}...\mathrm{o}\, \overset{(\pi)}{\varkappa}\ ) \equiv$$

$$\equiv^{14)}\left[\sum_{\alpha,\beta..\pi=1}^{p}(-1)^{s}\,\lambda_{1\alpha}\lambda_{2\beta}\cdots\lambda_{p\pi}\right]\overset{\langle p\rangle}{\mathrm{Alt}}(\ \overset{(1)}{\varkappa}\, \mathrm{o}\, \overset{(2)}{\varkappa}\, \mathrm{o}...\mathrm{o}\, \overset{(p)}{\varkappa}\ ) = \sum_{\alpha,\beta..\pi=1}^{p}(-1)^{s}\,\lambda_{1\alpha}\lambda_{2\beta}\cdots\lambda_{p\pi})\,\overset{\langle p\rangle}{\mathfrak{f}}\ ,$$

$$(5.30b)$$

d. h. in der Tat die o. g. Parallelitätsbedingung, wobei übrigens der in (E5.30b) gestrichelte Skalar

---

14) Hierin bedeuet s die Anzahl der einzelnen Platzvertauschungen, die an $\overset{(\alpha)}{\varkappa}\, \mathrm{o}\, \overset{(\beta)}{\varkappa}\, \mathrm{o}...\mathrm{o}\, \overset{(\pi)}{\varkappa}$ vorgenommen werden müssen, um die geordnete Reihenfolge $\overset{(1)}{\varkappa}\, \mathrm{o}\, \overset{(2)}{\varkappa}\, \mathrm{o}...\mathrm{o}\, \overset{(p)}{\varkappa}$ herzustellen.

$$\sum_{\alpha,\beta..\pi=1}^{p} (-1)^{s}\, \lambda_{1\alpha}\lambda_{2\beta}\cdots\lambda_{p\pi} = \begin{vmatrix} \lambda_{11} & \cdots & \lambda_{1p} \\ \vdots & & \vdots \\ \lambda_{p1} & \cdots & \lambda_{pp} \end{vmatrix} = \det{}_{p}(\lambda_{jk})\,, \tag{5.30c}$$

d.h. gerade die Determinante der Transformationskoeffizienten λ_{jk} von (E5.30a) darstellt.

Um alle in p-dimensionalen Unterräumen $\mathscr{V}_{pK}$, $K = 1...\begin{bmatrix} n \\ p \end{bmatrix}$,definierten Plangrößen $\overset{<p>}{\mathfrak{f}}_{K}$ hinsichtlich ihres "Inhaltsmaßes" vergleichen zu können, führt man die Begriffe der "Einheits-Plangröße" ($\overset{<p>}{\mathfrak{f}}_{KE}$) und des "Plangrößenbetrages" ($\overset{(p)}{f}$) ein. Benutzt man mit den einen Unterraum $\mathscr{V}_{pK}$ aufspannenden Basisgrößen $\overset{(K)}{\mathfrak{g}}_{1},..., \overset{(K)}{\mathfrak{g}}_{p}$ (bzw. mit hierzu reziproken Größen [15] $\overset{(K)}{\mathfrak{g}}{}^{1},..., \overset{(K)}{\mathfrak{g}}{}^{p}$ bzw. mit einer Orthonormalbasis $\langle \overset{<K>}{e}_{j} \rangle$, $j = 1,...,p,$) für die "erzeugenden Vektoren" die Darstellungen

$$\overset{(1)}{\varkappa} = \sum_{\alpha=1}^{p} (\, \overset{(1)}{\varkappa} \cdot \overset{(K)}{\mathfrak{g}}{}^{\alpha})\, \overset{(K)}{\mathfrak{g}}_{\alpha}\,, \quad \overset{(2)}{\varkappa} = \sum_{\beta=1}^{p} (\, \overset{(2)}{\varkappa} \cdot \overset{(K)}{\mathfrak{g}}{}^{\beta})\, \overset{(K)}{\mathfrak{g}}_{\beta}\,,..., \quad \overset{(p)}{\varkappa} = \sum_{\pi=1}^{p} (\, \overset{(p)}{\varkappa} \cdot \overset{(K)}{\mathfrak{g}}{}^{\pi})\, \overset{(K)}{\mathfrak{g}}_{\pi}\,,$$

so entsteht für eine p-stufige Plangröße in $\mathscr{V}_{pK}$ die Struktur

$$\overset{<p>}{\mathfrak{f}}_{K} = \mathrm{Alt}(\, \overset{<p>}{\varkappa} \circ...\circ \overset{(p)}{\varkappa}) = \det{}_{p}(\, \overset{(j)}{\varkappa} \cdot \overset{(K)}{\mathfrak{g}}{}^{k})\, \mathrm{Alt}(\, \overset{(K)}{\mathfrak{g}}_{1}\circ...\circ \overset{(K)}{\mathfrak{g}}_{p}) \equiv$$

$$\equiv \det{}_{p}(\, \overset{(j)}{\varkappa} \cdot \overset{(K)}{\mathfrak{g}}{}^{k})\, \frac{1}{p!} \underbrace{\begin{vmatrix} \overset{(K)}{\mathfrak{g}}_{1} & \cdots & \overset{(K)}{\mathfrak{g}}_{1} \\ \vdots & & \vdots \\ \overset{(\dot{K})}{\mathfrak{g}}_{p} & \cdots & \overset{(\dot{K})}{\mathfrak{g}}_{p} \end{vmatrix}}_{p\text{-mal}} = \det{}_{p}(\, \overset{(j)}{\varkappa} \cdot \overset{(K)}{\mathfrak{g}}{}^{k})\, \frac{\sqrt{\overset{(K)}{g}_{p}}\, \overset{<p>}{\mathfrak{E}}_{K}}{p!}\,,$$

---

[15] deren Zusammenhänge analog (E5.14,15) durch einen Permutationstensor

$$\overset{<p>}{\mathfrak{E}}_{K} = \frac{1}{\sqrt{\overset{(K)}{g}_{p}}} \underbrace{\begin{vmatrix} \overset{(K)}{\mathfrak{g}}_{1} & \cdots & \overset{(K)}{\mathfrak{g}}_{1} \\ \vdots & & \vdots \\ \overset{(\dot{K})}{\mathfrak{g}}_{p} & \cdots & \overset{(\dot{K})}{\mathfrak{g}}_{p} \end{vmatrix}}_{p\text{-mal}} = \sqrt{\overset{(K)}{g}_{p}} \begin{vmatrix} \overset{(K)}{\mathfrak{g}}{}^{1} & \cdots & \overset{(K)}{\mathfrak{g}}{}^{1} \\ \vdots & & \vdots \\ \overset{(\dot{K})}{\mathfrak{g}}{}^{p} & \cdots & \overset{(\dot{K})}{\mathfrak{g}}{}^{p} \end{vmatrix} = \begin{vmatrix} \overset{(K)}{e}_{1} & \cdots & \overset{(K)}{e}_{1} \\ \vdots & & \vdots \\ \overset{(\dot{K})}{e}_{p} & \cdots & \overset{(\dot{K})}{e}_{p} \end{vmatrix} \tag{5.31}$$

mit
$$\overset{(K)}{g}_{p} = \det(\, \overset{(K)}{\mathfrak{g}}_{j} \cdot \overset{(K)}{\mathfrak{g}}_{k}) \tag{5.31a}$$

vermittelt werden, wobei die letztere Darstellung von (E5.31) auf eine Orthonormalbasis $\langle \overset{(p)}{e}_{j} \rangle$ Bezug nimmt.

die wegen

$$\det_p\left(\overset{(j)}{\varkappa}\cdot\overset{(K)}{\mathfrak{g}}{}^{k}\right)\sqrt{\overset{(K)}{g}{}_p}\equiv\overset{(p)}{\varkappa}\circ\overset{(p-1)}{\varkappa}\circ...\circ\overset{(2)}{\varkappa}\circ\overset{(1)}{\varkappa}\underbrace{\cdots\cdots\cdots}_{p-fach}\sqrt{\overset{(K)}{g}{}_p}\begin{vmatrix}\overset{(K)_1}{\mathfrak{g}}{}^{1}&\cdots\cdots&\overset{(K)_1}{\mathfrak{g}}{}^{1}\\ \vdots& &\vdots\\ \overset{(\dot{K})_p}{\mathfrak{g}}{}^{p}&\cdots\cdots&\overset{(\dot{K})_p}{\mathfrak{g}}{}^{p}\end{vmatrix}=$$

$$=\overset{(p)}{\varkappa}\circ\overset{(p-1)}{\varkappa}\circ...\circ\overset{(2)}{\varkappa}\circ\overset{(1)}{\varkappa}\underbrace{\cdots\cdots\cdots}_{p-fach}\overset{\langle p\rangle}{\mathfrak{E}}{}_{K}={}^{16)}(-1)^{\frac{p(p-1)}{2}}\overset{(1)}{\varkappa}\circ\overset{(2)}{\varkappa}\circ...\circ\overset{(p)}{\varkappa}\underbrace{\cdots\cdots\cdots}_{p-fach}\overset{\langle p\rangle}{\mathfrak{E}}{}_{K}$$

auch in der Form

$$\overset{\langle p\rangle}{\mathfrak{f}}{}_{K}=\overset{(p)}{\varkappa}\circ\overset{(p-1)}{\varkappa}\circ...\circ\overset{(2)}{\varkappa}\circ\overset{(1)}{\varkappa}\underbrace{\cdots\cdots\cdots}_{p-fach}\overset{\langle p\rangle}{\mathfrak{E}}{}_{K}\circ\overset{\langle p\rangle}{\mathfrak{E}}{}_{K}/p! \tag{5.32a}$$

notiert werden kann bzw. in der Form

$$\overset{\langle p\rangle}{\mathfrak{f}}{}_{K}=\overset{(p)}{f}\,\overset{\langle p\rangle}{\mathfrak{E}}{}_{K}/p!\ ,$$

$$\overset{(p)}{f}\overset{(5.\,23e)}{=}(-1)^{\frac{p(p-1)}{2}}\overset{\langle p\rangle}{\mathfrak{f}}{}_{K}\underbrace{\cdots\cdots\cdots}_{p-fach}\overset{\langle p\rangle}{\mathfrak{E}}{}_{K}={}^{17)}\overset{(p)}{\varkappa}\circ\overset{(p-1)}{\varkappa}\circ...\circ\overset{(2)}{\varkappa}\circ\overset{(1)}{\varkappa}\underbrace{\cdots\cdots\cdots}_{p-fach}\overset{\langle p\rangle}{\mathfrak{E}}{}_{K},\tag{5.32b,c}$$

---

16) Man beachte die Umstellung der Vektoren. Zur Herstellung der transponierten Version eines p–stufigen Vektorsets sind $p(p-1)/2$ Einzel–Platzvertauschungen erforderlich.

17) Weil in Verallgemeinerung von (6.25c, Haupttext) auch für den $\overset{\mathcal{V}}{}_{p}$

$$\left[\overset{(p)}{\varkappa}\circ...\circ\overset{(1)}{\varkappa}\right]\underbrace{\cdots\cdots}_{p-fach}\overset{\langle p\rangle}{\mathfrak{E}}{}_{K}\equiv\left[\overset{(p)}{\varkappa}\circ...\circ\overset{(1)}{\varkappa}\right]^{T}\underbrace{\cdots\cdots}_{p-fach}\overset{\langle p\rangle}{\mathfrak{E}}{}_{K}^{T}$$

gilt, hat man wegen (E5.17d)

$$\left[\overset{(p)}{\varkappa}\circ...\circ\overset{(1)}{\varkappa}\right]\underbrace{\cdots\cdots}_{p-fach}\overset{\langle p\rangle}{\mathfrak{E}}{}_{K}=(-1)^{\frac{p(p-1)}{2}}\left[\overset{(1)}{\varkappa}\circ...\circ\overset{(p)}{\varkappa}\right]\underbrace{\cdots\cdots}_{p-fach}\overset{\langle p\rangle}{\mathfrak{E}}{}_{K}\tag{5.32d}$$

und damit gilt wegen (E5.32c)

$$\left[\overset{(1)}{\varkappa}\circ...\circ\overset{(p)}{\varkappa}\right]\underbrace{\cdots\cdots}_{p-fach}\overset{\langle p\rangle}{\mathfrak{E}}{}_{K}\equiv\overset{\langle p\rangle}{\mathfrak{f}}{}_{K}\underbrace{\cdots\cdots}_{p-fach}\overset{\langle p\rangle}{\mathfrak{E}}{}_{K}=\left[\text{Alt}\left(\overset{\langle p\rangle}{}\overset{(1)}{\varkappa}\circ...\circ\overset{(p)}{\varkappa}\right)\right]\underbrace{\cdots\cdots}_{p-fach}\overset{\langle p\rangle}{\mathfrak{E}}{}_{K},\tag{5.32e}$$

also

$$\text{Alt}\left(\overset{\langle p\rangle}{}\overset{(1)}{\varkappa}\circ...\circ\overset{(p)}{\varkappa}\right)=(-1)^{\frac{p(p-1)}{2}}\left[\text{Alt}\left(\overset{\langle p\rangle}{}\overset{(1)}{\varkappa}\circ...\circ\overset{(p)}{\varkappa}\right)\right]\underbrace{\cdots\cdots}_{p-fach}\overset{\langle p\rangle}{\mathfrak{E}}{}_{K}\circ\overset{\langle p\rangle}{\mathfrak{E}}{}_{K}/p!\equiv$$

$$\equiv\left[\text{Alt}\left(\overset{\langle p\rangle}{}\overset{(1)}{\varkappa}\circ...\circ\overset{(p)}{\varkappa}\right)\right]\underbrace{\cdots\cdots}_{p-fach}\overset{\langle p\rangle}{\mathfrak{E}}{}_{K}^{T}\circ\overset{\langle p\rangle}{\mathfrak{E}}{}_{K}/p!\equiv\left(\overset{(1)}{\varkappa}\circ...\circ\overset{(p)}{\varkappa}\right)\underbrace{\cdots\cdots}_{p-fach}\overset{\langle p\rangle}{\mathfrak{E}}{}_{K}^{T}\circ\overset{\langle p\rangle}{\mathfrak{E}}{}_{K}/p!\tag{5.32f}$$

indem man noch nach (E5.20c)

$$\overset{\langle p\rangle}{\mathfrak{E}}_K \underbrace{\cdots\cdots}_{p\text{-fach}} \overset{\langle p\rangle}{\mathfrak{E}}_K = (-1)^{\frac{p(p-1)}{2}}\, p!$$

beachtet. Danach ist $\overset{\langle p\rangle}{\mathfrak{f}}_K$ generell unter Benutzung eines als "Einheits-Plangröße" deklarier-

ten Operators

$$\overset{\langle p\rangle}{\mathfrak{f}}_{KE} = ^{18)} \overset{\langle p\rangle}{\mathfrak{E}}_K/p! \tag{5.33a}$$

mit dem Einheitsinhalt[18]

$$\overset{(p)}{f}_E = (-1)^{\frac{p(p-1)}{2}} \overset{\langle p\rangle}{\mathfrak{f}}_{KE} \underbrace{\cdots\cdots}_{p\text{-fach}} \overset{\langle p\rangle}{\mathfrak{E}}_K = 1 \tag{5.33b}$$

in der Form

$$\overset{\langle p\rangle}{\mathfrak{f}}_K = \overset{(p)}{f}\; \overset{\langle p\rangle}{\mathfrak{f}}_{KE} = \overset{(p)}{f}\; \overset{\langle p\rangle}{\mathfrak{E}}_K/p! \tag{5.34a}$$

darzustellen, wobei der Skalar

$$\overset{(p)}{f} = (-1)^{\frac{p(p-1)}{2}} \overset{\langle p\rangle}{\mathfrak{f}}_K \underbrace{\cdots\cdots}_{p\text{-fach}} \overset{\langle p\rangle}{\mathfrak{E}}_K = \overset{(p)}{\varkappa}\, o\; \overset{(p-1)}{\varkappa}\, o\ldots o\, \overset{(2)}{\varkappa}\, o\; \overset{(1)}{\varkappa} \underbrace{\cdots\cdots}_{p\text{-fach}} \overset{\langle p\rangle}{\mathfrak{E}}_K$$

$$= \det{}_p \left(\overset{(j)}{\varkappa} \cdot \overset{(K)}{\mathfrak{g}}{}^k \right) \sqrt{\overset{(K)}{g}_p} \equiv \det{}_p \left(\overset{(j)}{\varkappa} \cdot \overset{(K)}{\mathfrak{g}}_k \right) \Big/ \sqrt{\overset{(K)}{g}_p} = \det{}_p \left(\overset{(j)}{\varkappa} \cdot \overset{(K)}{e}_k \right) \tag{5.34b}$$

als ihr Inhaltsmaß im Sinne eines "Vervielfachungsfaktors" des Einheitswertes (i. allg.

vorzeichenbehaftet) anfällt. Diese Art der skalaren Maßbestimmung wird einheitlich allen,

verschiedensten Unterräumen $\mathscr{V}_{pK}$ angehörenden p-stufigen Plangrößen $\overset{\langle p\rangle}{\mathfrak{f}}_K$, $\overset{\langle p\rangle}{\mathfrak{f}}_{K'}$ usw.

zugewiesen, weswegen in (E5.32, 34) auf eine Indizierung des Inhaltsmaßes ($\overset{(p)}{f}$) verzichtet

wurde. Es ist dies eine sinngemäße Verallgemeinerung der im $\mathscr{V}_3$ für Flächenelemente

---

[18] Setzt man $\overset{(j)}{\varkappa} = \overset{\langle K\rangle}{e}_j$, $j = 1,\ldots,p$ und benutzt die auf eine Orthonormalbasis $\langle\, \overset{\langle K\rangle}{e}_j \rangle$ bezügliche

Darstellung von $\overset{\langle p\rangle}{\mathfrak{E}}_K$ nach (E5.31), so ergibt sich z. B. nach (E5.32c)

$$\overset{(p)}{f}_E = \overset{\langle p\rangle}{\mathfrak{f}}_{KE} \underbrace{\cdots\cdots}_{p\text{-fach}} \overset{\langle p\rangle}{\mathfrak{E}}_K = \det{}_p \begin{bmatrix} 1\ 0\ 0\ldots 0 \\ 0\ 1\ldots\ldots 0 \\ \vdots\ \vdots\ \ \ \vdots \\ 0\ 0\ldots\ldots 1 \end{bmatrix} = 1\ ,$$

also z. B. der Einheits–Inhalt als Derjenige eines p–dimensionalen Quaders mit Einheits–Kantenlängen.

geübten Verfahrensweise, Flächeninhalte ungeachtet der "räumlichen Orientierung der Flächenelemente" vergleichen zu können.

Das Inhaltsmaß einer n-stufigen Plangröße im $\mathcal{V}_n$

$$\overset{(n)}{f} = \overset{(n)}{V} = (-1)^{\frac{n(n-1)}{2}} \overset{\langle n\rangle}{\mathfrak{f}} \underbrace{\cdots\cdots}_{n\text{-fach}} \overset{\langle n\rangle}{\mathcal{E}} = \det{}_n(\overset{(j)}{\varkappa}\cdot\mathfrak{g}^{\,k})\sqrt{g_n} = \det{}_n(\overset{(j)}{\varkappa}\cdot\mathfrak{g}_k)\sqrt{g_n} =$$

$$= \det{}_n(\overset{(j)}{\varkappa}\cdot e_k) \qquad\qquad (5.34c)$$

definiert das (i. allg. vorzeichenbehaftete) Volumen eines n-dimensionalen Parallelepipeds mit den Kantenlängen $\overset{(j)}{\varkappa}$, $j = 1,...,n$.[19] Ergeben sich positive Inhaltsmengen, so heißen $\overset{\langle p\rangle}{\mathfrak{f}}$ und die Basis-Plangröße $\overset{\langle p\rangle}{\mathfrak{f}}_E$ "gleichorientiert".

So ergibt sich z. B. für das Inhaltsmaß eines durch drei Vektoren $\overset{(j)}{\varkappa}$, $j = 1...3$, gebildeten Quaders ein positiver Wert im Sinne einer Vervielfachung des Einheitsvolumens eines Einheitsquaders gleicher Orientierung, gleichgültig ob Letzterer durch eine Links– oder ein Rechtssystem orthogonaler Einheitsvektoren $\langle e_j\rangle$ festgelegt wird.

Wählt man z. B. die Kantenvektoren $\overset{(j)}{\varkappa}$, $j = 1 .. 3$, eines Quaders (Abb. E5.2a) so, daß sie einem "Rechtssystem" entsprechen, so wird wegen

$$\overset{\langle 3\rangle}{\mathcal{E}} \;\hat{=}\; \begin{vmatrix} e_1 & e_1 & e_1 \\ e_2 & e_2 & e_2 \\ e_3 & e_3 & e_3 \end{vmatrix} \,, \qquad \overset{(j)}{\varkappa} = x_j e_j\,,\ j = 1...3\,,$$

---

[19] So bezeichnet etwa

$$\overset{(3)}{V} = \overset{(3)}{\varkappa}\circ\overset{(2)}{\varkappa}\circ\overset{(1)}{\varkappa}\cdots\overset{\langle 3\rangle}{\mathcal{E}} = \begin{vmatrix} \overset{(1)}{\varkappa}\cdot e_1 & \overset{(2)}{\varkappa}\cdot e_1 & \overset{(3)}{\varkappa}\cdot e_1 \\ \overset{(1)}{\varkappa}\cdot e_2 & \overset{(2)}{\varkappa}\cdot e_2 & \overset{(3)}{\varkappa}\cdot e_2 \\ \overset{(1)}{\varkappa}\cdot e_3 & \overset{(2)}{\varkappa}\cdot e_3 & \overset{(3)}{\varkappa}\cdot e_3 \end{vmatrix}$$

das Volumen eines durch drei Vektoren $\overset{(j)}{\varkappa}$, $j = 1,...,3$, im $\mathcal{V}_3$ aufgespannten Quaders, wobei $\overset{(3)}{V} \geq 0$ ist, wenn die Orientierungen der "erzeugenden Vektoren" $\overset{(j)}{\varkappa}$ und der Bezugsbasis $\langle e_j\rangle$ übereinstimmen.

für dessen Inhalt mit $p = 3$, also $(-1)^{\frac{p(p-1)}{2}} = -1$

$$\overset{(3)}{f} = -\overset{\langle 3\rangle}{\text{ff}} \cdots \overset{\langle 3\rangle}{\mathcal{E}} = \overset{(3)}{\text{x}} \circ \overset{(2)}{\text{x}} \circ \overset{(1)}{\text{x}} \cdots \overset{\langle 3\rangle}{\mathcal{E}} = \begin{vmatrix} x_1 & 0 & 0 \\ 0 & x_2 & 0 \\ 0 & 0 & x_3 \end{vmatrix} = x_1 x_2 x_3$$

erhalten ebenso wie für den Fall einer "Linksorientierung" nach Abb. E5.2b mit

$$\overset{\langle 3\rangle_*}{\mathcal{E}} \overset{\wedge}{=} \begin{vmatrix} \overset{*}{e}_1 & \overset{*}{e}_1 & \overset{*}{e}_1 \\ \overset{*}{e}_2 & \overset{*}{e}_2 & \overset{*}{e}_2 \\ \overset{*}{e}_3 & \overset{*}{e}_3 & \overset{*}{e}_3 \end{vmatrix} \quad , \qquad \overset{(j)_*}{\text{x}} = x_j \overset{*}{e}_j \;\; , \;\; j = 1...3.$$

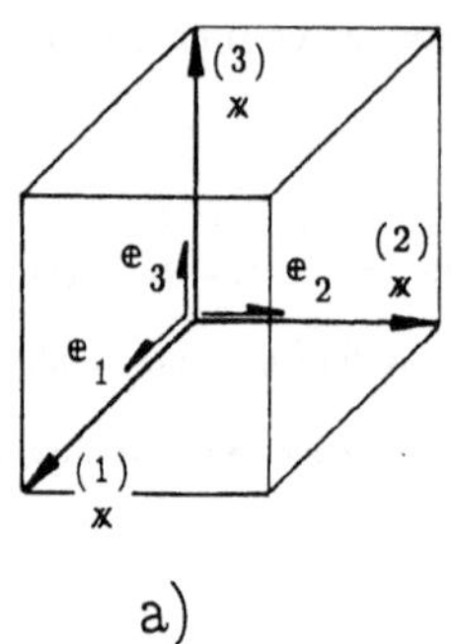

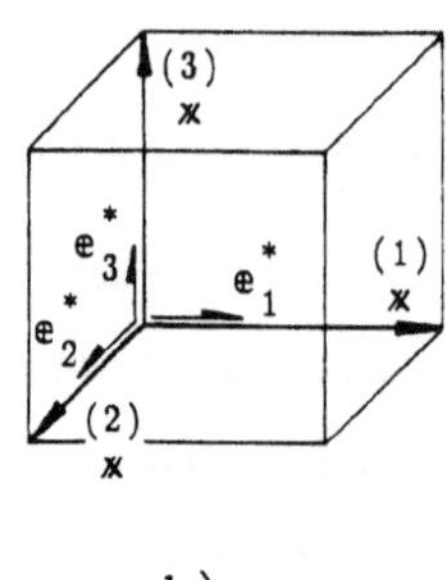

Abb. E5.2

Bei Betrachtnahme einer einzigen Einheitsplangröße $\overset{\langle 3\rangle}{\text{ff}}_E$ für die Notation der Plangrößen $\overset{\langle 3\rangle}{\text{ff}}$, $\overset{\langle 3\rangle\langle 3\rangle_*}{\text{ff}}$ fallen

für Letztere selbstverständlich Inhaltsmaße verschiedenen Vorzeichens an. Wählt man z. B. als

Einheitsplangröße Diejenige, die einem Rechtssystem $\langle e_j\rangle$ entspricht, so sind $\overset{(3)}{f} > 0$, $\overset{(3)_*}{f} < 0$, weil

dann $\overset{\langle 3\rangle}{\text{ff}}$ und $\overset{\langle 3\rangle}{\text{ff}}_E$ gleichorientiert, $\overset{\langle 3\rangle_*}{\text{ff}}$ und $\overset{\langle 3\rangle}{\text{ff}}_E$ verschieden orientiert sind. Insofern kann die Frage des

Vorzeichens des Inhaltsmaßes einer Plangröße nur im Vergleich mit (der Orientierung) einer anderen

(etwa Einheits–)Plangröße beantwortet werden. Werden in einer Plangröße die Plätze zweier "erzeugender

Vektoren" vertauscht, findet Vorzeichen– (und damit Orientierungs–)wechsel statt, jedoch haben alle

aus $\overset{\langle p\rangle}{\text{ff}}$ durch beliebige Stellungspermutationen der erzeugenden Vektoren hervorgehende p–stufige

Plangrößen den gleichen Inhalts–Betrag, wie man aus (E5.32e) leicht erschließt.

Da nach (E5.34b) mit

$$\overset{(1)}{\varkappa} = \lambda_1 \overset{(1)}{\varkappa}_*\ ,\quad \overset{(2)}{\varkappa} = \lambda_2 \overset{(2)}{\varkappa}_*\ ,\dots\quad \overset{(p)}{\varkappa} = \lambda_p \overset{(p)}{\varkappa}_*$$

für die Inhalte zweier (paralleler) Plangrößen gleicher Kantenrichtungen aber verschiedener

Kantenlängen der Zusammenhang

$$\overset{(p)}{f} = \lambda_1\lambda_2\dots\lambda_p\ \overset{(p)}{f}_*$$

und daraus mit $\overset{(p)}{f} = \overset{(p)}{f}_*$

$$\lambda_1\lambda_2\dots\lambda_p = 1 \tag{5.35a}$$

folgt, erkennt man, daß man in einer p-stufigen Plangröße die Längen von (p-1) Kanten-

vektoren beliebig ändern kann, ohne die Plangröße zu verändern, sofern man nur gemäß

z. B. per

$$\lambda_p = \frac{1}{\lambda_1\lambda_2\dots\lambda_{p-1}} \tag{5.35b}$$

die Länge der p-ten Kante festlegt.

Diesem für die "Addition von Plangrößen" nützlichen

Befund entspricht z. B. im $\mathscr{V}_3$ die entsprechend herge-

stellte   Flächengleichheit   zweier   Parallelogramme

(Abb. E5.3) bzw. die Volumengleichheit zweier Paral-

lelepipede.

In Verallgemeinerung der im $\mathscr{V}_3$ geltenden Be-

funde, daß 2 x 2 = 4 Seiten ein Parallelo-

gramm, 2 x 3 = 6 Parallelogramme ein Paral-

lelepiped begrenzen, wird eine Plangröße

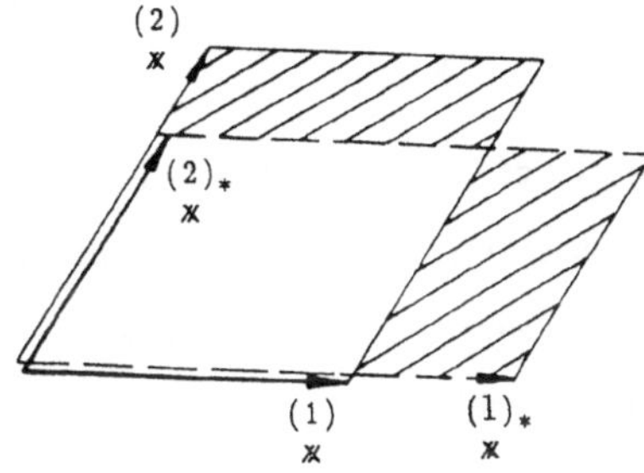

Abb. E5.3

$$\overset{\langle p\rangle}{f} = \text{Alt}(\ \overset{(1)}{\varkappa}\ \circ\dots\circ\ \overset{(p)}{\varkappa}\ ) \tag{5.36}$$

durch 2 p Plangrößen (p-1)ter Stufe begrenzt, die sich paarweise gegenüberliegen.

Dabei sind jeweils zwei gegenüberliegende "Oberflächen-Plangrößen" $\overset{\langle p-1\rangle}{f}_j$ und $\overset{\langle p-1\rangle}{f}_j{}'$ durch

gleiche "erzeugende Vektoren" gekennzeichnet, haben also gleiche Inhaltsbeträge und sogar

Inhalte gleichen Vorzeichens, sofern man beispielsweise die Reihenfolge der "erzeugenden Vektoren" in $\overset{\langle p-1\rangle}{\mathfrak{f}_j}$ und $\overset{\langle p-1\rangle}{\mathfrak{f}_j}{}'$ beibehält. Damit man den im $\mathcal{V}_3$ geltenden Satz vom Verschwinden der "gerichteten Oberfläche" eines geschlossenen Polyeders (vgl. (1.14d),Haupttext) auf den $\mathcal{V}_n$ verallgemeinern kann in der Weise, daß die Summe aller (p-1)-stufigen "Oberflächen-Plangrößen" einer p-stufigen Plangröße verschwinden soll, müssen gegenüberliegende Oberflächen-Plangrößen mit verschiedenen Vorzeichen versehen, d. h. verschieden orientiert werden. Im $\mathcal{V}_3$ geschieht eine entsprechende "Orientierung" der Oberflächenelemente eines Polyeders in der Weise, daß man Oberflächenelementen $d\mathfrak{f}_j = d\overset{(1)}{\varkappa}_j \times d\overset{(2)}{\varkappa}_j$ immer dann einen positiven Inhalt zuweist, wenn die elementaren Kantenvektoren $d\overset{(1)}{\varkappa}_j, d\overset{(2)}{\varkappa}_j$ aller "Oberflächen-Parallelogramme" zusammen mit ihren zugehörigen (jeweils aus dem "Innern" des Polyeders herausweisenden sog.) "äußeren Flächennormalen $\mathfrak{e}_{fj}$" einheitlich orientiert sind, also etwa stets ein "rechtsorientiertes System" bilden, was besagt, daß in durch $d\mathfrak{f}_j = d\overset{(1)}{\varkappa}_j \times d\overset{(2)}{\varkappa}_j$ beschriebenen Oberflächenelementen die beiden Kantenvektoren $d\overset{(1)}{\varkappa}_j, d\overset{(2)}{\varkappa}_j$ jeweils so gereiht werden müssen, daß $d\mathfrak{f}_j \cdot \mathfrak{e}_{fj} = [d\overset{(1)}{\varkappa}_j \, d\overset{(2)}{\varkappa}_j \, \mathfrak{e}_{fj}] \equiv df_j > 0$, also $d\mathfrak{f}_j = +df_j \mathfrak{e}_{fj}, df_j > 0$ ist.

Der hiernach für den $\mathcal{V}_3$ festzustellende Sachverhalt, daß die "richtige Orientierung" von Oberflächenelementen (im Hinblick auf den Satz vom Verschwinden gerichteter Oberflächen eines Polyeders) bereits mit der jeweiligen "äußeren Oberflächennormalen" definiert ist, gilt in sinngemäßer Verallgemeinerung auch für höhere Dimensionen, indem man verlangt, daß in (E5.29a) mit jeweils <u>äußerer</u> Flächennormalen $\mathfrak{e}_{fj}$

     a) einerseits h_{fj} positiv sein und

     b) andererseits $\overset{\langle p\rangle}{\mathfrak{f}}$ und $\overset{\langle p-1\rangle}{\mathfrak{f}_j}$ Inhaltsmaße gleichen Vorzeichens haben sollen.

Ordnet man nämlich einer "Oberflächen-Plangröße"

$$\overset{\langle p-1\rangle}{\mathfrak{f}_j} = \overset{+}{{}_-} \, \mathrm{Alt} \, (\, \overset{\langle p-1\rangle}{\varkappa} \overset{(1)}{\circ}... \, \overset{(j-1)}{\varkappa} \overset{}{\circ} \overset{(j+1)}{\varkappa} \overset{}{\circ}... \overset{(p)}{\varkappa} \,)$$

den (aus dem Innern von $\overset{\langle p\rangle}{\mathfrak{f}}$ heraus "nach außen" weisenden [20]) Vektor $\overset{(j)}{\varkappa}$ zu und verlangt

$$\overset{\langle p\rangle}{\mathrm{Alt}}(\overset{(1)}{\varkappa}\,\mathrm{o}...\mathrm{o}\,\overset{(p)}{\varkappa}) = \overset{\langle p\rangle}{\mathfrak{f}} = \mathrm{Alt}(\overset{\langle p\rangle}{\underset{j}{\mathfrak{f}}}\,\mathrm{o}\,\overset{(j)}{\varkappa}) = h_{fj}\mathrm{Alt}(\overset{\langle p\rangle}{\underset{j}{\mathfrak{f}}}\,\mathrm{o}\,\mathfrak{e}_{fj}) \tag{5.37a}$$

ebenso, wie bei Benutzung der $\overset{\langle p-1\rangle}{\underset{j}{\mathfrak{f}}}$ "gegenüberliegenden" Plangröße

$$\overset{\langle p-1\rangle}{\underset{j}{\mathfrak{f}}}{}' = \pm\,\overset{\langle p-1\rangle}{\mathrm{Alt}}(\overset{(1)}{\varkappa}\,\mathrm{o}...\,\overset{(j-1)}{\varkappa}\,\mathrm{o}\,\overset{(j+1)}{\varkappa}\,\mathrm{o}...\,\overset{(p)}{\varkappa})$$

Gültigkeit von

$$\overset{\langle p\rangle}{\mathrm{Alt}}(\overset{(1)}{\varkappa}\,\mathrm{o}...\mathrm{o}\,\overset{(p)}{\varkappa}) = \overset{\langle p\rangle}{\mathfrak{f}} = \mathrm{Alt}(\overset{\langle p-1\rangle}{\underset{j}{\mathfrak{f}}}{}'\,\mathrm{o}\,\overset{(j)}{\varkappa}') = h'_{fj}\mathrm{Alt}(\overset{\langle p-1\rangle}{\underset{j}{\mathfrak{f}}}{}'\,\mathrm{o}\,\mathfrak{e}'_{fj}) \tag{5.37b}$$

wobei jetzt allerdings

$$\overset{(j)}{\varkappa}' = -\,\overset{(j)}{\varkappa} \tag{5.37c}$$

der "aus dem Inneren von $\overset{\langle p\rangle}{\mathfrak{f}}$ herausweisende ergänzende Vektor" ist, so erkennt man unmittelbar, daß die Benutzung äußerer Flächennormalen und dualer (p-1)-stufiger Oberflächen-Plangrößen beim Aufbau p-stufiger Plangrößen im Sinne von (E5.37a,b) in der Tat verlangt, zwei gegenüberliegenden Oberflächen-Plangrößen $\overset{\langle p-1\rangle}{\underset{j}{\mathfrak{f}}}$, $\overset{\langle p-1\rangle}{\underset{j}{\mathfrak{f}}}{}'$ verschiedene Orientierungen zuzuweisen. Selbstverständlich gilt dann $h'_{fj} = h_{fj}$ und aufgrund von b) die elementare "Inhaltsformel"

$$\overset{(p)}{f} = \overset{(p-1)}{\underset{j}{f}}\,h_{fj} = \overset{(p-1)}{\underset{j}{f}}{}'\,h'_{fj}\,,\ j= 1...p\,, \tag{5.38}$$

wonach der Inhalt $\overset{(p)}{f}$ einer p-stufigen Plangröße auf p-fach verschiedene Weise als Produkt des Inhaltes einer "Grundfläche" ($\overset{(p-1)}{\underset{j}{f}}$) mit der hierzu dualen "Höhe" (h_{fj}) identifiziert werden kann.

Mit $\overset{(j)}{\varkappa}$ als "aus dem Innern von $\overset{\langle p\rangle}{\mathfrak{f}}$ herausweisender Vektor" sind "richtig orientierte Oberflächen–Plangrößen" $\overset{\langle p-1\rangle}{\underset{j}{\mathfrak{f}}}$ einer p–stufigen Plangröße $\overset{\langle p\rangle}{\mathfrak{f}}$ nach (E5.36)

$$\overset{\langle p-1\rangle}{\underset{j}{\mathfrak{f}}} = (-1)^{(p-j)}\,\overset{\langle p-1\rangle}{\mathrm{Alt}}(\overset{(1)}{\varkappa}\,\mathrm{o}...\mathrm{o}\,\overset{(j-1)}{\varkappa}\,\mathrm{o}\,\overset{(j+1)}{\varkappa}\,\mathrm{o}...\mathrm{o}\,\overset{(p)}{\varkappa}) =$$

---

[20] $\overset{\langle p-1\rangle}{\underset{j}{\mathfrak{f}}}$ zur p–stufigen Plangröße $\overset{\langle p\rangle}{\mathfrak{f}}$ sog. "ergänzenden Vektor"

$$
= \begin{cases}
- \overset{\langle p-1\rangle}{\mathrm{Alt}} \left(\overset{(p)}{\mathbf{x}} \circ \overset{(2)}{\mathbf{x}} \circ \ldots \circ \overset{(p-1)}{\mathbf{x}} \right) & \text{für } j = 1\,, \\[2ex]
- \overset{\langle p-1\rangle}{\mathrm{Alt}} \left(\overset{(1)}{\mathbf{x}} \circ \ldots \circ \overset{(j-1)}{\mathbf{x}} \circ \overset{(p)}{\mathbf{x}} \circ \overset{(j+1)}{\mathbf{x}} \circ \ldots \circ \overset{(p-1)}{\mathbf{x}} \right) & \text{für } j = 2\ldots(p-1)\,, \\[2ex]
\overset{\langle p-1\rangle}{\mathrm{Alt}} \left(\overset{(1)}{\mathbf{x}} \circ \ldots \circ \overset{(p-1)}{\mathbf{x}} \right) & \text{für } j = p\,,
\end{cases}
\tag{5.39}
$$

weil hiermit, wie man leicht nachprüft

$$
\overset{\langle p\rangle}{\mathrm{Alt}}\left(\overset{\langle p-1\rangle}{\mathbf{f}_{j}} \circ \overset{(j)}{\mathbf{x}} \right) = {}^{21)} \overset{\langle p\rangle}{\mathrm{Alt}}\left(\overset{(1)}{\mathbf{x}} \circ \ldots \circ \overset{(p)}{\mathbf{x}} \right) = \overset{\langle p\rangle}{\mathbf{f}}
\tag{5.39a}
$$

erreicht werden kann.

Die entsprechenden "richtig orientierten" Plangrößen $\overset{\langle p-1\rangle}{\mathbf{f}_{j}}{}'$ der "gegenüberliegenden Deckflächen" lassen

sich durch

$$
\overset{\langle p-1\rangle}{\mathbf{f}_{j}}{}' = - \overset{\langle p-1\rangle}{\mathbf{f}_{j}} = - (-1)^{p-j} \overset{\langle p-1\rangle}{\mathrm{Alt}} \left(\overset{(1)}{\mathbf{x}} \circ \ldots \circ \overset{(j-1)}{\mathbf{x}} \circ \overset{(j+1)}{\mathbf{x}} \circ \ldots \circ \overset{(p)}{\mathbf{x}} \right)
$$

festgelegen und erfüllen dann, nunmehr mit $- \overset{(j)}{\mathbf{x}}$ anstelle von $\overset{(j)}{\mathbf{x}}$, ebenfalls die Bedingung

$$
\overset{\langle p\rangle}{\mathrm{Alt}}\left(\overset{\langle p-1\rangle}{\mathbf{f}_{j}}{}' \circ (-\overset{(j)}{\mathbf{x}}) \right) = \overset{\langle p\rangle}{\mathrm{Alt}}\left(\overset{(1)}{\mathbf{x}} \circ \ldots \circ \overset{(p)}{\mathbf{x}} \right) = \overset{\langle p\rangle}{\mathbf{f}}\,.
$$

Zum Beweise von (E5.38) geht man von

$$
\overset{(p)}{\mathbf{f}} \overset{(5.32c)}{=} (-1)^{\frac{p(p-1)}{2}} \overset{\langle p\rangle}{\mathbf{f}} \underbrace{\overset{\langle p\rangle}{\cdots\cdots} \mathbf{E}}_{p-\text{fach}} = (-1)^{\frac{p(p-1)}{2}} \overset{\langle p\rangle}{\mathrm{Alt}}\left(\overset{(1)}{\mathbf{x}} \circ \ldots \circ \overset{(p)}{\mathbf{x}} \right) \underbrace{\overset{\langle p\rangle}{\cdots\cdots} \mathbf{E}}_{p-\text{fach}} =
$$

$$
\overset{(5.39a)}{=} (-1)^{\frac{p(p-1)}{2}} \overset{\langle p\rangle}{\mathrm{Alt}}\left(\overset{\langle p-1\rangle}{\mathbf{f}_{j}} \circ \overset{(j)}{\mathbf{x}} \right) \underbrace{\overset{\langle p\rangle}{\cdots\cdots} \mathbf{E}}_{p-\text{fach}}
$$

$$
\equiv^{22)} -(-1)^{\frac{p(p-1)}{2}} \overset{\langle p\rangle}{\mathrm{Alt}}\left[\overset{\langle p-1\rangle}{\mathrm{Alt}}\left(\overset{(1)}{\mathbf{x}} \circ \ldots \circ \overset{(j-1)}{\mathbf{x}} \circ \overset{(p)}{\mathbf{x}} \circ \overset{(j+1)}{\mathbf{x}} \circ \ldots \circ \overset{(p-1)}{\mathbf{x}} \right) \circ \overset{(j)}{\mathbf{x}} \right] \underbrace{\overset{\langle p\rangle}{\cdots\cdots} \mathbf{E}}_{p-\text{fach}}
$$

$$
\equiv^{23)} -(-1)^{\frac{p(p-1)}{2}} \overset{\langle p\rangle}{\mathrm{Alt}}\left(\overset{(1)}{\mathbf{x}} \circ \ldots \circ \overset{(j-1)}{\mathbf{x}} \circ \overset{(p)}{\mathbf{x}} \circ \overset{(j+1)}{\mathbf{x}} \circ \ldots \circ \overset{(p-1)}{\mathbf{x}} \circ \overset{(j)}{\mathbf{x}} \right) \underbrace{\overset{\langle p\rangle}{\cdots\cdots} \mathbf{E}}_{p-\text{fach}}
$$

---

21) Man beachte, daß man den rechts stehenden Vektor $\overset{(j)}{\mathbf{x}}$ mittels $(p-j)$ einzelner Platzvertauschungen nach links rücken muß, um die geordnete Reihenfolge $\overset{(1)}{\mathbf{x}} \circ \ldots \circ \overset{(p)}{\mathbf{x}}$ zu erhalten.

22) Hier wurde z. B. die mittlere der drei Versionen (E5.39) benutzt.

23) vgl. Fußn. 13

$$
\begin{aligned}
(5.32c)\quad &\equiv -\Big(\overset{(j)}{\varkappa}\circ\overset{(p-1)}{\varkappa}\circ\overset{(p-2)}{\varkappa}\circ\ldots\circ\overset{(j+1)}{\varkappa}\circ\overset{(p)}{\varkappa}\circ\overset{(j-1)}{\varkappa}\circ\ldots\circ\overset{(1)}{\varkappa}\Big)\underbrace{\cdots\cdots\cdots}_{p\text{-fach}}\overset{\langle p\rangle}{\mathfrak{E}} \\[2mm]
&\equiv -\left[\Big(\overset{(p-1)}{\varkappa}\circ\overset{(p-2)}{\varkappa}\circ\ldots\circ\overset{(j+1)}{\varkappa}\circ\overset{(p)}{\varkappa}\circ\overset{(j-1)}{\varkappa}\circ\ldots\circ\overset{(1)}{\varkappa}\Big)\underbrace{\cdots\cdots\cdots}_{(p-1)\text{-fach}}\overset{\langle p\rangle}{\mathfrak{E}}\right]\cdot\overset{(j)}{\varkappa}
\end{aligned}\qquad(5.40)
$$

aus und wählt für den Permutationstensor $\overset{\langle p\rangle}{\mathfrak{E}}$ eine mit den Vektoren

$$
\overset{(1)}{\varkappa}=\mathfrak{I}_1,\ldots,\ \overset{(j-1)}{\varkappa}=\mathfrak{I}_{j-1},\quad \overset{(p)}{\varkappa}=\mathfrak{I}_j,\quad \overset{(j+1)}{\varkappa}=\mathfrak{I}_{j+1},\ldots,\ \overset{(p-1)}{\varkappa}=\mathfrak{I}_{p-1}
$$

sowie mit einem zu $\overset{\langle p-1\rangle}{\mathfrak{f}}_j$ im Sinne von

$$
\mathfrak{e}_{fj}\cdot\mathfrak{I}_\alpha=0\ ,\quad \alpha=1,\ldots,(p-1)\qquad(5.40a)
$$

orthogonalen – und im durch $\overset{\langle p\rangle}{\mathfrak{f}}$ definierten Unterraum liegenden – Einheitsvektor $\mathfrak{e}_{fj}$ gebildete

Darstellung

$$
\overset{\langle p\rangle}{\mathfrak{E}}=\sqrt{g_p}\;\underbrace{\begin{vmatrix}\mathfrak{I}^1 & \cdots\cdots & \mathfrak{I}^1\\ \vdots & & \vdots\\ \mathfrak{I}^{p-1} & \cdots\cdots & \mathfrak{I}^{p-1}\\ \mathfrak{e}_{fj} & \cdots\cdots & \mathfrak{e}_{fj}\end{vmatrix}}_{p\text{-mal}}\equiv\sqrt{g_{p-1}}\;\underbrace{\begin{vmatrix}\mathfrak{I}^1 & \cdots\cdots & \mathfrak{I}^1\\ \vdots & & \vdots\\ \mathfrak{I}^{p-1} & \cdots\cdots & \mathfrak{I}^{p-1}\\ \mathfrak{e}_{fj} & \cdots\cdots & \mathfrak{e}_{fj}\end{vmatrix}}_{p\text{-mal}}\qquad(5.40b)
$$

mit
$$
g_p=\begin{vmatrix}
\mathfrak{I}_1\cdot\mathfrak{I}_1 & \mathfrak{I}_1\cdot\mathfrak{I}_2 & \cdots\cdots & \mathfrak{I}_1\cdot\mathfrak{I}_{p-1} & 0\\
\mathfrak{I}_2\cdot\mathfrak{I}_1 & \cdots\cdots\cdots\cdots & & \mathfrak{I}_2\cdot\mathfrak{I}_{p-1} & 0\\
\vdots & & & \vdots & \vdots\\
\mathfrak{I}_{p-1}\mathfrak{I}_1 & \cdots\cdots & & \mathfrak{I}_{p-1}\mathfrak{I}_{p-1} & 0\\
0 & \cdots\cdots & \cdots\cdots & 0 & 1
\end{vmatrix}=g_{p-1}=\det\nolimits_{p-1}(\mathfrak{I}_j\cdot\mathfrak{I}_K)\qquad(5.40c)
$$

und bekommt zunächst

$$
\Big(\overset{(p-1)}{\varkappa}\circ\overset{(p-2)}{\varkappa}\circ\ldots\circ\overset{(j+1)}{\varkappa}\circ\overset{(p)}{\varkappa}\circ\overset{(j-1)}{\varkappa}\circ\ldots\circ\overset{(1)}{\varkappa}\Big)\underbrace{\cdots\cdots\cdots}_{(p-1)\text{-fach}}\overset{\langle p\rangle}{\mathfrak{E}}=
$$

$$
=\sqrt{g_{p-1}}\;\underbrace{\begin{vmatrix}
1 & 0 & 0 & \cdots\cdots & 0 & \mathfrak{I}^1\\
0 & 1 & 0 & \cdots\cdots & \vdots & \mathfrak{I}^2\\
\vdots & \vdots & \vdots & & \vdots & \vdots\\
0 & 0 & 0 & \cdots\cdots & 1 & \mathfrak{I}^{p-1}\\
0 & 0 & 0 & 0 & 0 & \mathfrak{e}_{fj}
\end{vmatrix}}_{(p-1)\text{-mal}}\equiv\sqrt{g_{p-1}}\,\mathfrak{e}_{fj}=-\overset{(p-1)}{\mathfrak{f}}_j\,\mathfrak{e}_{fj}\,,\qquad(5.40d)
$$

indem man noch

$$\overset{(p-1)}{f}_{j} = -\Big(\ \overset{(p-1)}{\varkappa}\ \circ\ \overset{(p-2)}{\varkappa}\ \circ\ldots\circ\ \overset{(j+1)}{\varkappa}\ \circ\ \overset{(p)}{\varkappa}\ \circ\ \overset{(j-1)}{\varkappa}\ \circ\ldots\circ\ \overset{(1)}{\varkappa}\ \Big)\underbrace{\ \cdots\cdots\ }_{(p-1)-fach}\ \overset{\langle p-1\rangle}{\mathscr{E}}\ \equiv$$

$$\equiv (-1)^{\tfrac{(p-1)(p-2)}{2}}\ \overset{\langle p-1\rangle}{f}_{j}\underbrace{\ \cdots\cdots\cdots\ }_{(p-1)-fach}\ \overset{\langle p-1\rangle}{\mathscr{E}}$$

mit

$$\overset{\langle p-1\rangle}{\mathscr{E}}\ \overset{\wedge}{=}\ \sqrt{g_{p-1}}\ \underbrace{\begin{vmatrix} \overset{1}{\mathscr{g}} & \cdots\cdots & \overset{1}{\mathscr{g}} \\ \vdots & & \vdots \\ \overset{p-1}{\mathscr{g}} & \cdots\cdots & \overset{p-1}{\mathscr{g}} \end{vmatrix}}_{(p-1)-fach}$$

beachtet, und damit schließlich in der Tat

$$\overset{(p)}{f} = \overset{(p-1)}{f}_{j}\ \overset{(j)}{\mathbb{e}}_{fj}\cdot\ \overset{(p-1)}{\varkappa} = \overset{(p-1)}{f}_{j}\ h_{fj}\quad \text{mit}\quad h_{fj} = \mathbb{e}_{fj}\cdot\ \overset{(j)}{\varkappa}\ . \tag{5.40c}$$

Sofern Inhaltsermittlungen für p–stufige Plangrößen anstehen, genügt es also — dies lehrt (E5.40) —

anstelle entsprechender (p–1) –stufiger Plangrößen $\overset{\langle p-1\rangle}{f}_{j}$ – vektorwertige Repräsentanten $\big(\ \overset{(p-1)}{f}_{j}\mathbb{e}_{fj}\big)$

derselben zu verwenden. Letztere sind, im Sinne von (E5.40a) normal zur jeweiligen "Ober-

flächen–Plangröße" $\overset{\langle p-1\rangle}{f}_{j}$ und zwar "aus $\overset{\langle p\rangle}{f}$ herausweisend"[24] und entsprechen im $\mathscr{V}_{3}$ den (durch Vek-

torprodukt realisierten) Flächenelementenvektoren mit "äußerer Flächennormale". In verallgemeinerter

Sicht ist $\overset{(p-1)}{f}_{j}\ \mathbb{e}_{fj}$ die sog. "Ergänzung der Plangröße $\overset{\langle p-1\rangle}{f}_{j}$ in einem Raum von p Dimensionen".

p-stufige parallelepipedige Faltwerke entstehen durch Aneinanderlegen p-dimensionaler

Parallepipede in der Weise, daß angrenzende Parallelepipede jeweils eine gemeinsame

(p-1)-dimensionale Randfläche $\overset{\langle p-1\rangle}{f}$ haben, wie dies Abb. E5.4 für den Fall p = 3 zweier

Parallelepipede im V_{3} veranschaulicht. Wählt man für die p-1 miteinander zu identifizie-

renden Kantenvektoren, z. B. $\overset{(\alpha)}{\varkappa}$, $\overset{(\alpha)}{y} = \overset{(\alpha)}{\varkappa}$, $\alpha = 2,\ldots,p$, in beiden Plangrößen

$$\overset{\langle p\rangle}{f}_{1} = \mathrm{Alt}\big(\ \overset{(1)}{\varkappa}\ \circ\ldots\circ\ \overset{(p)}{\varkappa}\ \big)\ ,\qquad \overset{\langle p\rangle}{f}_{2} = \mathrm{Alt}\big(\ \overset{(1)}{y}\ \circ\ldots\circ\ \overset{(p)}{y}\ \big)$$

---

[24] Mit Inhaltsmaßen $\overset{(p)}{f}$, $\overset{(p-1)}{f}_{j}$ gleichen Vorzeichens, also etwa $\overset{(p)}{f} \geq 0$, $\overset{(p-1)}{f}_{j} \geq 0$, muß nach (E5.40c)

$h_{fj} = \overset{(j)}{\varkappa}\cdot\mathbb{e}_{fj} \geq 0$ sein und damit, weil $\overset{(j)}{\varkappa}$ aus $\overset{\langle p\rangle}{f}$ "herausweist", auch $\mathbb{e}_{fj}$ aus $\overset{\langle p\rangle}{f}$ "herausweisen".

jeweils dieselben Plätze, so entsteht durch Addition eine Plangröße

$$\overset{\langle p\rangle}{\mathbf{f}}_{1+2} = \overset{\langle p\rangle}{\mathbf{f}}_{1} + \overset{\langle p\rangle}{\mathbf{f}}_{2} = \mathrm{Alt}\left[\left(\overset{(1)}{\mathbf{x}} + \overset{(1)}{\mathbf{y}}\right)\circ \overset{(2)}{\mathbf{x}}\circ \ldots \circ \overset{(p)}{\mathbf{x}}\right],$$

deren Gesamtinhalt für[25] $\overset{(1)}{\mathbf{x}}\cdot\mathbf{e}_f \geq 0$, $\overset{(1)}{\mathbf{y}}\cdot\mathbf{e}_f \geq 0$ per

$$\overset{\langle p\rangle}{f}_{1+2} = (-1)^{\frac{p(p-1)}{2}} \underbrace{\overset{\langle p\rangle}{\mathbf{f}}_{1+2}\cdot\ldots\cdot\overset{\langle p\rangle}{\mathbf{\mathfrak{E}}}_{1+2}}_{p\text{-fach}} = \overset{\langle p-1\rangle}{f}\, h_{f1+2} = \overset{\langle p-1\rangle}{f}\,(h_{f1}+h_{f2}) = \overset{\langle p\rangle}{f}_{1} + \overset{\langle p\rangle}{f}_{2} \quad (5.41)$$

als Summe der Teil-Inhalte der Einzel-Plangrößen $\overset{\langle p\rangle}{\mathbf{f}}_{j}$, $j = 1, 2$ festgestellt wird, wie die

Seitenrißskizze E5.4a veranschaulicht, in der die gemeinsame Fläche $\overset{(2)}{f}$ als lotrechte Ge-

rade erscheint. Es ist dies gerade der Fall, daß die gemeinsame (p-1)dimensionale "Berüh-

rungsfläche", vom Standpunkt der Einzel-Plangrößen $\overset{\langle p-1\rangle}{\mathbf{f}}_{j}$, $j = 1, 2$, her gesehen, der vor-

angehend definierten Orientierung entsprechen und damit "zugehörige äußere Normalen"

$\mathbf{e}_{f1}$ bzw. $\mathbf{e}_{f2}$ aufweisen, die entgegengesetzt gerichtet sind. So hat also auch die resultieren-

de Plangröße $\overset{\langle p\rangle}{\mathbf{f}}_{1+2}$ selbstverständlich die gerichtete Oberfläche Null.

Wesentlich für die Gültigkeit von (E5.41) ist, daß die (äußeren) Oberflächennormalen $\mathbf{e}_{fj}$, $j = 1, 2$,

eindeutig definierbar und entgegengesetzt gleich sind, also "klaffende Fugen" zwischen den zu addieren-

den Plangrößen ausgeschlossen werden, wie z. B. der Seitenriß nach Abb. E5.5a zeigt. Daher gilt (E5.41)

auch nicht für die "Flächen–Addition" zweier nicht in einer Ebene liegender zweistufiger Plangrößen, weil

die beiden (jeweils aus $\overset{\langle 2\rangle}{\mathbf{f}}_{1}$ bzw. $\overset{\langle 2\rangle}{\mathbf{f}}_{2}$ "herausweisenden") Normalen $\mathbf{e}_{f1}$, $\mathbf{e}_{f2}$ nicht entgegengesetzt ge-

richtet sein können. Sie liegen ja in den jeweiligen Flächenebenen, wie Abb. E5.5b veranschaulicht.

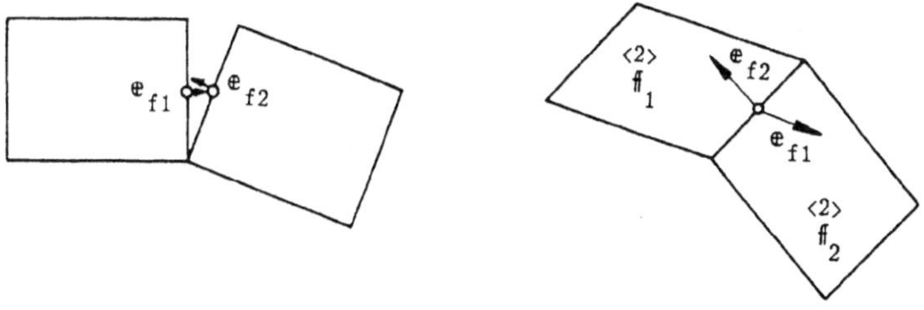

Abb. E5.5a   Abb. E5.5b

---

[25] "Durchdringungen" werden hier zunächst ausgeschlossen.

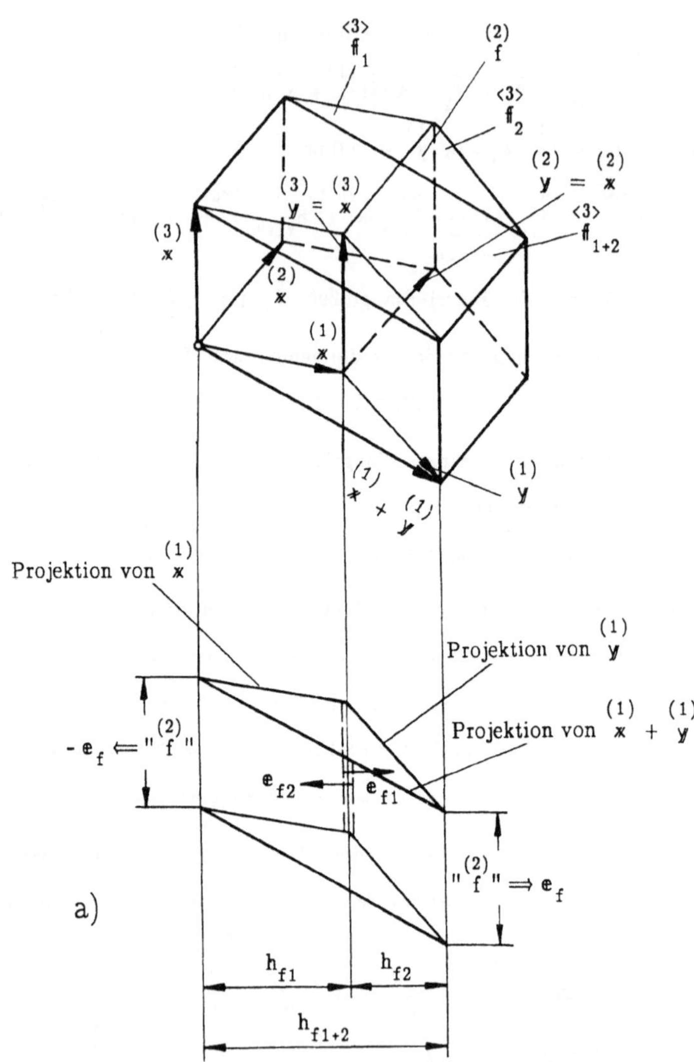

Abb. E5.4, E5.4a

Mit der Forderung, daß sich die jeweiligen "äußeren Normalen" der gemeinsamen Berührungsfläche gegenseitig aufheben, werden Plangrößen $\overset{\langle p\rangle}{\mathbf{f}}_j$, $j = 1, 2$, als (gegenseitig) "gleich orientiert" [1][26] bezeichnet. Im Sinne von (E5.41) sind sie dann hinsichtlich ihres Inhaltsmaßes "addierbar". Ist eine Gleich‑Orientierung nicht möglich (man betrachte im Falle des rechts an $\overset{\langle 3\rangle}{\mathbf{f}}_1$ angesetzten Parallelepipeds $\overset{\langle 3\rangle}{\mathbf{f}}_2$ den Fall $\overset{(1)}{\mathbf{y}} \cdot \mathbf{e}_f \leq 0$, also eine "Durchdringung"), müssen die Einzel‑Inhalte bei deren Addition mit verschiedenen Vorzeichen behaftet werden. Insofern entsteht bei der Addition der Inhalte ein "gerichteter Wert", der der jeweils entstehenden Plangröße $\overset{\langle p\rangle}{\mathbf{f}}_{1+2}$ als Inhaltsmaß zugeordnet ist[27].

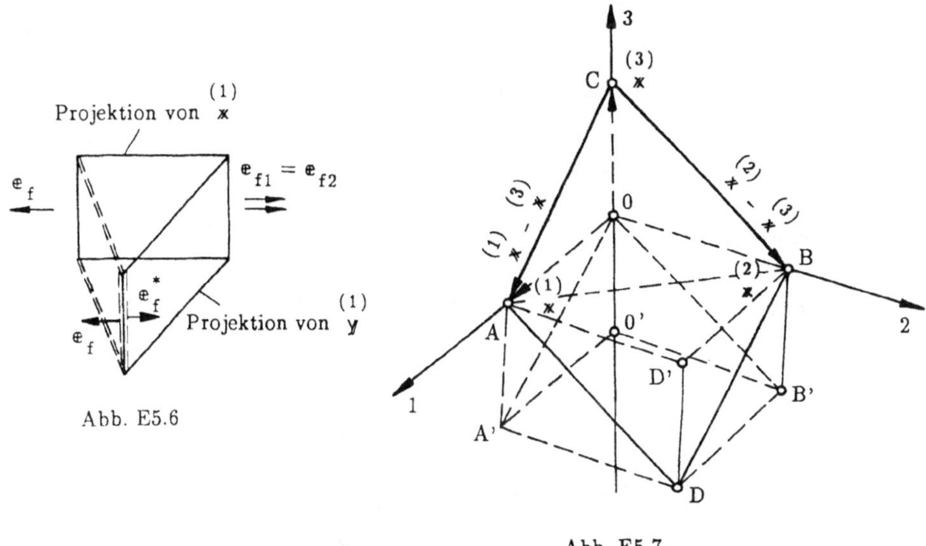

Abb. E5.6

Abb. E5.7

---

27) Deren gerichtete (p–1)–dimensionale Oberfläche ist selbstverständlich ebenfalls Null, weil sich nunmehr die Anteile der beiden "inneren Oberflächen" addieren, wie die Seitenriß–Abbildung E5.6 zeigt. Rüstet man die resultierende Plangröße wieder mit äußeren Flächennormalen aus (etwa $\mathbf{e}_f$, $\overset{*}{\mathbf{e}}_f$ nach Abb. E5.6), ist deren "gerichtete Oberfläche" selbstverständlich wieder Null.

374   E§5 Vektoren und Tensoren im n–dimensionalen Vektorraum

Der Fall

$$\overset{\langle p\rangle}{\mathbf{f}}_{j} = \mathrm{Alt}(\ \overset{\langle p\rangle}{\mathbf{x}}\ \circ\ \overset{(j)}{\mathbf{y}}\ \circ...\circ\ \overset{(p-1)}{\mathbf{y}}\ ),\ j = 1,...,\alpha \tag{5.42a}$$

mit

$$\sum_{j=1}^{\alpha} \overset{(j)}{\mathbf{x}} = \mathbb{O} \tag{5.42b}$$

führt auf

$$\sum_{j=1}^{\alpha} \overset{\langle p\rangle}{\mathbf{f}}_{j} = \sum_{j=1}^{\alpha} \mathrm{Alt}(\ \overset{\langle p\rangle}{\mathbf{x}}\ \circ\ \overset{(j)}{\mathbf{y}}\ \circ...\circ\ \overset{(p-1)}{\mathbf{y}}\ ) \equiv \mathrm{Alt}\left[\left[\left(\sum_{j=1}^{\alpha}\overset{(j)}{\mathbf{x}}\right)\circ\ \overset{(1)}{\mathbf{y}}\ \circ...\circ\ \overset{(p-1)}{\mathbf{y}}\right]\right] = \mathbb{O} \tag{5.42c}$$

wonach jeder Faltwerk-Ring den "gerichteten Inhalt" Null besitzt.

Diese Aussage ist nur begrenzt auf Polyderstrukturen auszuweiten, weil man Letztere i.

allg. nicht "lückenlos" durch Parallelepipede aufbauen kann. Man benötigt hierzu

Simplex-Strukturen (vgl. §E5.3).

Die Tatsache, daß sich ein Flächenelement im $\mathcal{V}_3$ eindeutig auf drei (Koordinaten-)Flächen

projizieren läßt (Abb. E5.7)[28], findet ihre Verallgemeinerung in der für eine Plangröße

$$\overset{\langle p-1\rangle}{\mathbf{f}} = \mathrm{Alt}\left[(\ \overset{(1)}{\mathbf{x}} - \overset{(p)}{\mathbf{x}}\ )\circ(\ \overset{(2)}{\mathbf{x}} - \overset{(p)}{\mathbf{x}}\ )\circ...\circ(\ \overset{(p-1)}{\mathbf{x}} - \overset{(p)}{\mathbf{x}}\ )\right] \tag{5.43}$$

geltenden Identität [1]

$$\overset{\langle p-1\rangle}{\mathbf{f}} = \frac{1}{(p-1)!}\ \underbrace{\begin{vmatrix} \overset{(1)}{\mathbf{x}} - \overset{(p)}{\mathbf{x}} & \overset{(1)}{\mathbf{x}} - \overset{(p)}{\mathbf{x}} & .... & \overset{(1)}{\mathbf{x}} - \overset{(p)}{\mathbf{x}} \\ \vdots & & & \vdots \\ \overset{(p-1)}{\mathbf{x}} - \overset{(p)}{\mathbf{x}} & & ...... & \overset{(p-1)}{\mathbf{x}} - \overset{(p)}{\mathbf{x}} \end{vmatrix}}_{(p-1)-\text{fach}} = \sum_{j=0}^{p-1} \overset{\langle p-1\rangle}{\mathbf{f}}_{j} \tag{5.43a}$$

mit

$$\overset{\langle p-1\rangle}{\mathbf{f}}_{0} = \mathrm{Alt}\ (\ \overset{\langle p-1\rangle}{\mathbf{x}}\ \circ...\circ\ \overset{(p-1)}{\mathbf{x}}\ ) = \frac{1}{(p-1)!}\ \underbrace{\begin{vmatrix} \overset{(1)}{\mathbf{x}} & .... & \overset{(1)}{\mathbf{x}} \\ \vdots & & \vdots \\ \overset{(p-1)}{\mathbf{x}} & .... & \overset{(p-1)}{\mathbf{x}} \end{vmatrix}}_{(p-1)-\text{mal}} \tag{5.43b}$$

---

[28] In Abb. E5.7 sind die Projektionen des Flächenelementes

$$\mathrm{ACBD} \overset{\wedge}{=} \overset{\langle 2\rangle}{\mathrm{Alt}}\left[(\ \overset{(1)}{\mathbf{x}} - \overset{(3)}{\mathbf{x}}\ )\circ(\ \overset{(2)}{\mathbf{x}} - \overset{(3)}{\mathbf{x}}\ )\right]$$

a)   auf die (1, 3)–Ebene das Parallelogramm AA'0C

b)   auf die (1, 2)–Ebene das Parallelogramm AD'B0

c)   auf die (2, 3)–Ebene das Parallelogramm 0B'BC

In der Regel skizziert man solche Zerlegungen unter Benutzung dreieckförmiger Flächenelemente, deren
höherdimensionale Verallgemeinerung "Simplex"–Strukturen heißen.

$$\overset{\langle p-1\rangle}{\mathbb{f}}_{j} = - \mathrm{Alt}\ (\ \overset{\langle p-1\rangle}{\varkappa}\ o\ \overset{(1)}{\varkappa}\ o...o\ \overset{(2)}{\varkappa}\ o\ \overset{(j-1)}{\varkappa}\ o\ \overset{(p)}{\varkappa}\ \overset{(j+1)}{\varkappa}\ o...o\ \overset{(p-1)}{\varkappa}\ ) =$$

$$= -\ \frac{1}{(p-1)!}\ \begin{vmatrix} \overset{(1)}{\varkappa} & \cdots\cdots & \overset{(1)}{\varkappa} \\ \vdots & & \vdots \\ \overset{(j-1)}{\varkappa} & \cdots\cdots & \overset{(j-1)}{\varkappa} \\ \overset{(p)}{\varkappa} & \cdots\cdots & \overset{(p)}{\varkappa} \\ \overset{(j+1)}{\varkappa} & \cdots\cdots & \overset{(j+1)}{\varkappa} \\ \vdots & & \vdots \\ \overset{(p-1)}{\varkappa} & \cdots\cdots & \overset{(p-1)}{\varkappa} \end{vmatrix}\ ,\quad j = 1...(p-1)\ , \qquad\qquad (5.43\mathrm{c})$$

$$\underbrace{}_{(p-1)-\mathrm{mal}}$$

wonach sich eine (p-1)-stufige Plangröße eindeutig auf p Unterräume der Dimension (p-1)

projizieren läßt. Wegen

$$\mathrm{Alt}(\ \overset{\langle p\rangle}{\underset{0}{\mathbb{f}}}{}^{\langle p-1\rangle}\ o\ \overset{(p)}{\varkappa}\ ) = \overset{\langle p\rangle}{\mathrm{Alt}}\left[\ \mathrm{Alt}\ (\ \overset{\langle p-1\rangle}{\varkappa}\ \overset{(1)}{}\ o...o\ \overset{(p-1)}{\varkappa}\ )o\ \overset{(p)}{\varkappa}\ \right] \equiv \overset{\langle p\rangle}{\mathrm{Alt}}(\ \overset{(1)}{\varkappa}\ o...o\ \overset{(p)}{\varkappa}\ ) \equiv \overset{\langle p\rangle}{\mathbb{f}} \quad (5.43\mathrm{d})$$

und

$$\mathrm{Alt}(\ \overset{\langle p\rangle}{\underset{j}{\mathbb{f}}}{}^{\langle p-1\rangle}\ o\ \overset{(j)}{\varkappa}\ ) = -\ \overset{\langle p\rangle}{\mathrm{Alt}}\left[\ \mathrm{Alt}\ (\ \overset{\langle p-1\rangle}{\varkappa}\ \overset{(1)}{}\ o...o\ \overset{(j-1)}{\varkappa}\ o\ \overset{(p)}{\varkappa}\ o\ \overset{(j+1)}{\varkappa}\ o...o\ \overset{(p-1)}{\varkappa}\ )o\ \overset{(j)}{\varkappa}\ \right]$$

$$\equiv -\mathrm{Alt}(\ \overset{\langle p\rangle}{\varkappa}\ \overset{(1)}{}\ o...o\ \overset{(j-1)}{\varkappa}\ o\ \overset{(p)}{\varkappa}\ o\ \overset{(j+1)}{\varkappa}\ o...o\ \overset{(p-1)}{\varkappa}\ o\ \overset{(p)}{\varkappa}\ ) \equiv \overset{\langle p\rangle}{\mathrm{Alt}}(\ \overset{(1)}{\varkappa}\ o...o\ \overset{(p)}{\varkappa}\ ) = \overset{\langle p\rangle}{\mathbb{f}}\ ,\ j = 1...p\text{-}1,\ (5.43\mathrm{e})$$

(s. a. E5.39, 39a) sind dabei die Projektionen vorzeichenmäßig gerade so gewählt,daß die

Alternationen der Produkte der Projektionen mit dem die jeweilige Projektion ($\overset{\langle p-1\rangle}{\underset{j}{\mathbb{f}}}$) zum

p-stufigen Flächenelement $\overset{\langle p\rangle}{\mathbb{f}}$ "vervollkommnenden" Vektor ($\overset{(j)}{\varkappa}$) gerade das p-stufige

Element $\overset{\langle p\rangle}{\mathbb{f}}$ ergibt. (E5.43a) ist in der Form

$$\overset{\langle p-1\rangle}{\mathbb{f}} - \sum_{j=0}^{p-1} \overset{\langle p-1\rangle}{\mathbb{f}}_{j} = 0 \qquad\qquad (5.44)$$

Grundlage für den Satz, daß die "orientierte Oberfläche" eines p-stufigen Polyeders ver-

schwindet, allgemeiner zu veranschaulichen allerdings unter Benutzung des Begriffs des sog.

5.3 p-Simplex [1],

dessen zwei- bzw. dreidimensionale Varianten Dreiecks- bzw. Tetraeder-Konfigurationen beschreiben[29]. So ist etwa

$$\overset{\langle 2\rangle}{\mathfrak{f}}(S)=\frac{1}{2}\overset{\langle 2\rangle}{\mathfrak{f}}=\overset{\langle 2\rangle}{\mathfrak{f}}/2!=\overset{(2)}{\varkappa}\circ\overset{(1)}{\varkappa}\cdot\cdot\ \overset{\langle 2\rangle}{\mathfrak{E}}\circ\overset{\langle 2\rangle}{\mathfrak{E}}/(2!)^2=\overset{(2)}{\mathfrak{f}}(S)\,\overset{\langle 2\rangle}{\mathfrak{E}}/2!$$

mit

$$\overset{(2)}{\mathfrak{f}}(S)\equiv(-1)^{\frac{2\times1}{2}}\overset{\langle 2\rangle}{\mathfrak{f}}(S)\cdot\cdot\ \overset{\langle 2\rangle}{\mathfrak{E}}=\frac{1}{2!}\overset{(2)}{\mathfrak{f}}=\frac{1}{2!}(-1)^{\frac{2\times1}{2}}\overset{\langle 2\rangle}{\mathfrak{f}}\cdot\cdot\ \overset{\langle 2\rangle}{\mathfrak{E}}=\overset{(2)}{\varkappa}\circ\overset{(1)}{\varkappa}\cdot\cdot\ \overset{\langle 2\rangle}{\mathfrak{E}}/2!\ ,$$

$$\overset{\langle 3\rangle}{\mathfrak{f}}(S)=\frac{1}{6}\overset{\langle 3\rangle}{\mathfrak{f}}=\overset{\langle 3\rangle}{\mathfrak{f}}/3!=\overset{(3)}{\varkappa}\circ\overset{(2)}{\varkappa}\circ\overset{(1)}{\varkappa}\cdots\overset{\langle 3\rangle}{\mathfrak{E}}\circ\overset{\langle 3\rangle}{\mathfrak{E}}/(3!)^2=\overset{(3)}{\mathfrak{f}}(S)\,\overset{\langle 3\rangle}{\mathfrak{E}}/3!$$

mit

$$\overset{(3)}{\mathfrak{f}}(S)\equiv(-1)^{\frac{3\times2}{2}}\overset{\langle 3\rangle}{\mathfrak{f}}(S)\cdots\overset{\langle 3\rangle}{\mathfrak{E}}=\frac{1}{3!}\overset{(3)}{\mathfrak{f}}=(-1)^{\frac{3\times2}{2}}\frac{1}{3!}\overset{\langle 3\rangle}{\mathfrak{f}}\cdots\overset{\langle 3\rangle}{\mathfrak{E}}=\overset{(3)}{\varkappa}\circ\overset{(2)}{\varkappa}\circ\overset{(1)}{\varkappa}\cdots\overset{\langle 3\rangle}{\mathfrak{E}}/3!$$

und allgemein

$$\overset{\langle p\rangle}{\mathfrak{f}}(S)=\frac{\overset{\langle p\rangle}{\mathfrak{f}}}{p!}=\overset{(p)}{\varkappa}\circ\overset{(p-1)}{\varkappa}\circ\ldots\circ\overset{(2)}{\varkappa}\circ\overset{(1)}{\varkappa}\underbrace{\cdots\cdots}_{p\text{-fach}}\frac{\overset{\langle p\rangle}{\mathfrak{E}}\circ\overset{\langle p\rangle}{\mathfrak{E}}}{(p!)^2}=(-1)^{\frac{p(p-1)}{2}}\overset{(p)}{\mathfrak{f}}(S)\frac{\overset{\langle p\rangle}{\mathfrak{E}}}{p!}\qquad(5.45\mathrm{a})$$

mit

$$\overset{(p)}{\mathfrak{f}}(S)\equiv\frac{\overset{(p)}{\mathfrak{f}}}{p!}=(-1)^{\frac{p(p-1)}{2}}\overset{\langle p\rangle}{\mathfrak{f}}\underbrace{\cdots\cdots}_{p\text{-fach}}\frac{\overset{\langle p\rangle}{\mathfrak{E}}}{p!}=\overset{(p)}{\varkappa}\circ\overset{(p-1)}{\varkappa}\circ\ldots\circ\overset{(2)}{\varkappa}\circ\overset{(1)}{\varkappa}\underbrace{\cdots\cdots}_{p\text{-fach}}\frac{\overset{\langle p\rangle}{\mathfrak{E}}}{p!}\qquad(5.45\mathrm{b})$$

die Repräsentation eines p-stufigen Polyeders in Form eines p-stufigen Simplex, das sich von der entsprechenden Plangröße um den Faktor p! unterscheidet. Dividiert man (E5.44) durch (p-1)!, so entsteht

$$\overset{\langle p-1\rangle}{\mathfrak{f}}(S)-\sum_{j=0}^{p-1}\overset{\langle p-1\rangle}{\mathfrak{f}}_{j}(S)=0\qquad(5.46\mathrm{a})$$

---

[29] So bedeutet $\overset{(2)}{\mathfrak{f}}(S)=\overset{(2)}{\mathfrak{f}}/2$ den Flächeninhalt eines durch zwei Vektoren $\overset{(1)}{\varkappa}$, $\overset{(2)}{\varkappa}$ aufgespannten Dreiecks, $\overset{(3)}{\mathfrak{f}}(S)=\overset{(3)}{\mathfrak{f}}/3!=\overset{(3)}{\mathfrak{f}}/6$ das Volumen eines durch drei Kantenvektoren $\overset{(1)}{\varkappa}$, $\overset{(2)}{\varkappa}$, $\overset{(3)}{\varkappa}$ aufgespannten Tetraeders usw..

bzw.
$$\overset{\langle p-1\rangle}{\mathfrak{f}}(S) + \sum_{j=0}^{p-1}\overset{\langle p-1\rangle}{\mathfrak{f}}_{j}(S)^{*} = 0 \qquad (5.46\text{b})$$

mit
$$\overset{\langle p-1\rangle}{\mathfrak{f}}_{j}(S)^{*} = -\overset{\langle p-1\rangle}{\mathfrak{f}}_{j}(S) = \qquad (5.46\text{c})$$

$$= \begin{cases} -\dfrac{1}{(p-1)!}\overset{\langle p-1\rangle}{\mathfrak{f}}_{j} = \dfrac{1}{(p-1)!}\;\text{Alt}\,(\overset{(1)}{\varkappa}\circ\ldots\circ\overset{(j-1)}{\varkappa}\circ\overset{(p)}{\varkappa}\circ\overset{(j+1)}{\varkappa}\circ\ldots\circ\overset{(p-1)}{\varkappa}) \;\text{für } j = 1\ldots p\text{-}1\,, \\[2ex] -\dfrac{1}{(p-1)!}\overset{\langle p-1\rangle}{\mathfrak{f}}_{0}(S) = -\dfrac{1}{(p-1)!}\;\text{Alt}\,(\overset{(1)}{\varkappa}\circ\ldots\circ\overset{(p-1)}{\varkappa}) \qquad\qquad \text{für } j = 0\,, \end{cases}$$

was man als Satz vom Verschwinden der "orientierten Oberfläche" eines p-Simplex bezeichnet. Dabei besteht wegen

$$\overset{\langle p\rangle}{\text{Alt}}\!\left[\overset{\langle p-1\rangle}{\mathfrak{f}}_{j}(S)^{*}\circ(-\overset{(j)}{\varkappa})\right] = -\overset{\langle p\rangle}{\text{Alt}}\!\left[\frac{1}{(p-1)!}\left[\overset{\langle p-1\rangle}{\text{Alt}}(\overset{(1)}{\varkappa}\circ\ldots\circ\overset{(j-1)}{\varkappa}\circ\overset{(p)}{\varkappa}\circ\overset{(j+1)}{\varkappa}\circ\ldots\circ\overset{(p-1)}{\varkappa})\right]\circ\overset{(j)}{\varkappa}\right]$$

$$\equiv -\frac{1}{(p-1)!}\overset{\langle p\rangle}{\text{Alt}}(\overset{(1)}{\varkappa}\circ\ldots\circ\overset{(j-1)}{\varkappa}\circ\overset{(p)}{\varkappa}\circ\overset{(j+1)}{\varkappa}\circ\ldots\circ\overset{(p-1)}{\varkappa}\circ\overset{(j)}{\varkappa})$$

$$\equiv \frac{1}{(p-1)!}\overset{\langle p\rangle}{\text{Alt}}(\overset{(1)}{\varkappa}\circ\ldots\circ\overset{(p)}{\varkappa}) = \frac{1}{(p-1)!}\overset{\langle p\rangle}{\mathfrak{f}} = \frac{p}{p!}\overset{\langle p\rangle}{\mathfrak{f}} = p\,\overset{\langle p\rangle}{\mathfrak{f}}(S)\,, \quad j = 1,\ldots,p\text{-}1 \qquad (5.46\text{d})$$

und entsprechend

$$\overset{\langle p\rangle}{\text{Alt}}\!\left[\overset{\langle p-1\rangle}{\mathfrak{f}}(S)^{*}\circ(-\overset{(p)}{\varkappa})\right] = \overset{\langle p\rangle}{\text{Alt}}\!\left(-\overset{\langle p-1\rangle}{\mathfrak{f}}_{0}(S)\circ(-\overset{(p)}{\varkappa})\right) = p\,\overset{\langle p\rangle}{\mathfrak{f}}(S) \qquad (5.46\text{e})$$

die "Orientierung" der p Simplices $\overset{\langle p-1\rangle}{\mathfrak{f}}_{j}(S)^{*}$, $j = 0,\ldots,p-1$, darin, daß die jeweils die $\overset{\langle p-1\rangle}{\mathfrak{f}}_{j}(S)^{*}$-Simplices zum $\overset{\langle p\rangle}{\mathfrak{f}}(S)$-Simplex "vervollkommnenden" Vektoren $(-\overset{(j)}{\varkappa})$, $j = 1,\ldots,p$, aus "dem Innern" des p-Simplex herausweisen.

Für den Fall p $= 3$ im $\mathcal{V}_{3}$ entspricht (E5.46) der Zerlegung der Dreiecksfläche ABC von Abb. E5.7 bzw. dem Satz, daß die gerichtete Oberfläche des Tetraeders 0ABC verschwindet. Zu ergänzen ist noch, daß das Orientierungsschema (E5.46d,e) auch für das Simplex $\overset{\langle p-1\rangle}{\mathfrak{f}}(S)$ (zu vergleichen mit der Fläche ABC in Abb. E5.7) gilt, indem man als "zu $\overset{\langle p-1\rangle}{\mathfrak{f}}(S)$ herausweisenden dualen Vektor"

$$\varkappa_{f} = \sum_{j=1}^{p}\overset{(j)}{\varkappa}/p \qquad (5.46\text{f})$$

benutzt. Mit Letzterem entsteht per

$$\overset{\langle p\rangle}{\text{Alt}}(\overset{\langle p-1\rangle}{\mathfrak{f}}{}^{(S)}\circ x_f) \overset{(E5.46\,a,f)}{=} \overset{\langle p\rangle}{\text{Alt}}\left[\sum_{j=0}^{p-1}\overset{\langle p-1\rangle}{\mathfrak{f}}{}_j^{(S)}\circ \frac{1}{p}\sum_{j=1}^{p}\overset{(j)}{x}\right]\overset{(E5.46c)}{\equiv} \;\; 30)$$

$$\equiv \frac{1}{p}\overset{\langle p\rangle}{\text{Alt}}\left[\overset{\langle p-1\rangle}{\mathfrak{f}}{}_0^{(S)}\circ \overset{(p)}{x} + \sum_{j=1}^{p-1}\overset{\langle p-1\rangle}{\mathfrak{f}}{}_j^{(S)}\circ \overset{(j)}{x}\right]\overset{(E5.46c)}{\equiv}$$

$$\equiv \frac{1}{p!}\overset{\langle p\rangle}{\text{Alt}}\left[\left[\overset{\langle p-1\rangle}{\text{Alt}}(\overset{(1)}{x}\circ...\circ \overset{(p-1)}{x})\right]\circ \overset{(p)}{x} - \sum_{j=1}^{p-1}\left[\overset{\langle p-1\rangle}{\text{Alt}}(\overset{(1)}{x}\circ...\circ \overset{(j-1)}{x}\circ \overset{(p)}{x}\circ \overset{(j+1)}{x}\circ...\circ \overset{(p-1)}{x})\right]\circ \overset{(j)}{x}\right]$$

$$\equiv \frac{1}{p!}\overset{\langle p\rangle}{\text{Alt}}\left[\overset{(1)}{x}\circ...\circ \overset{(p)}{x} + \sum_{j=1}^{p-1}\overset{(1)}{x}\circ...\circ \overset{(j-1)}{x}\circ \overset{(j)}{x}\circ \overset{(j+1)}{x}\circ...\circ \overset{(p-1)}{x}\circ \overset{(p)}{x}\right]$$

$$\equiv \frac{p}{p!}\overset{\langle p\rangle}{\text{Alt}}(\overset{(1)}{x}\circ...\circ \overset{(p)}{x}) = p\,\overset{\langle p\rangle}{\mathfrak{f}}{}^{(S)}\;, \tag{5.46g}$$

also ebenfalls — wie nach (E5.46d,e) — der p–fache Wert des p–Simplex, das dementsprechend in der Tat

durch die p "orientierten" (p–1)-Simplizes $\overset{\langle p-1\rangle}{\mathfrak{f}}{}^{(S)}$, $\overset{\langle p-1\rangle}{\mathfrak{f}}{}_j^{(S)*}$, $j = 0...(p-1)$, "ummantelt" wird. Mit

$$\overset{\langle p\rangle}{\mathfrak{f}}{}^{(S)} = \frac{1}{p}\overset{\langle p\rangle}{\text{Alt}}(\overset{\langle p-1\rangle}{\mathfrak{f}}{}^{(S)}\circ x_f) = \frac{1}{p(p-1)!}\overset{\langle p-1\rangle}{\text{Alt}}(\mathfrak{f}\circ x_f) \tag{5.47a}$$

und $\overset{\langle p-1\rangle}{\mathfrak{f}}$ nach (E5.43) ist der Inhalt eines p–stufigen Simplex als

$$\overset{(p)}{\mathfrak{f}}{}^{(S)} = (-1)^{\frac{p(p-1)}{2}}\overset{\langle p\rangle}{\mathfrak{f}}{}^{(S)}\underbrace{\cdots}_{p-fach}\overset{\langle p\rangle}{\mathfrak{E}}\overset{(E5.17d)}{\equiv} \overset{\langle p\rangle}{\mathfrak{f}}{}^{(S)}\underbrace{\cdots}_{p-fach}\overset{\langle p\rangle}{\mathfrak{E}}{}^{T}\equiv \overset{\langle p\rangle}{\mathfrak{f}}{}^{(S)T}\underbrace{\cdots}_{p-fach}\overset{\langle p\rangle}{\mathfrak{E}}=$$

$$= \frac{1}{p}\left[\overset{\langle p\rangle}{\text{Alt}}(\overset{\langle p-1\rangle}{\mathfrak{f}}{}^{(S)}\circ x_f)\right]^{T}\underbrace{\cdots}_{p-fach}\overset{\langle p\rangle}{\mathfrak{E}}\overset{(E4.82e)}{\equiv} \frac{1}{p}\left[\overset{\langle p\rangle}{\text{Alt}}(x_f\circ \overset{\langle p-1\rangle}{\mathfrak{f}}{}^{(S)T})\right]\underbrace{\cdots}_{p-fach}\overset{\langle p\rangle}{\mathfrak{E}}\equiv 31)$$

---

30) Man beachte, daß in $\overset{\langle p-1\rangle}{\mathfrak{f}}{}_0^{(S)}$ allein der Vektor $\overset{(p)}{x}$ und in den Simplices $\overset{\langle p-1\rangle}{\mathfrak{f}}{}_j^{(S)}$ $j = 1,...,p-1$

jeweils allein die Vektoren $\overset{(j)}{x}$ nicht enthalten sind und daher allein Produkte $\overset{\langle p-1\rangle}{\mathfrak{f}}{}_0^{(S)}\circ \overset{(p)}{x}$ und

$\overset{\langle p-1\rangle}{\mathfrak{f}}{}_j^{(S)}\circ \overset{(j)}{x}$ von Null verschiedene Alternationen ergeben.

31) Man beachte, daß nach (E5.32e) das p–fache Produkt des Permutationstensors $\overset{\langle p\rangle}{\mathfrak{E}}$ mit "seiner" p–stu-

figen Plangröße $\overset{\langle p\rangle}{\mathfrak{f}}$ identisch ist mit dem Produkt des die Plangröße repräsentierenden Vektorsets, daß

also allgemein der alternierende Skalar einer p–stufigen Multilinearform $\overset{\langle p\rangle}{\text{ML}}$ unverändert bleibt, wenn man Letztere zuvor alterniert:

$$\overset{\langle p\rangle}{\text{ML}}\underbrace{\cdots\cdots}_{p-fach}\overset{\langle p\rangle}{\mathfrak{E}} = \left[\overset{\langle p\rangle}{\text{Alt}}(\overset{\langle p\rangle}{\text{ML}})\right]\underbrace{\cdots\cdots}_{p-fach}\overset{\langle p\rangle}{\mathfrak{E}}$$

$$\equiv \frac{1}{p}(\varkappa_f \circ \overset{\langle p-1\rangle}{\mathfrak{f}}(S)T)\underbrace{\cdots}_{p-fach}\overset{\langle p\rangle}{\mathfrak{E}} \equiv \frac{1}{p}(\overset{\langle p-1\rangle}{\mathfrak{f}}(S)T\underbrace{\cdots}_{(p-1)-fach}\overset{\langle p\rangle}{\mathfrak{E}})\cdot\varkappa_f \equiv \frac{1}{p}\overset{(p-1)}{\mathfrak{f}}(S)\,\mathfrak{e}_F\cdot\varkappa_f =$$

$$= \frac{1}{p}\overset{(p-1)}{\mathfrak{f}}(S)\,h_f = \frac{1}{p}(\overset{(p-1)}{\mathfrak{f}}(S)\,\mathfrak{e}_f)\cdot\mathbb{h}_f \tag{5.47b}$$

darzustellen. Darin bedeuten $\overset{(p-1)}{\mathfrak{f}}(S)$ das Inhaltsmaß des $(p-1)$-Simplex

$$\overset{\langle p-1\rangle}{\mathfrak{f}}(S) = \frac{1}{(p-1)!}\overset{\langle p-1\rangle}{\text{Alt}}\left[(\overset{(1)}{\varkappa}-\overset{(p)}{\varkappa})\circ(\overset{(2)}{\varkappa}-\overset{(p)}{\varkappa})\circ\ldots\circ(\overset{(p-1)}{\varkappa}-\overset{(p)}{\varkappa})\right] \tag{5.47c}$$

und
$$\mathbb{h}_f = (\varkappa_f\cdot\mathfrak{e}_f)\mathfrak{e}_f = h_f\mathfrak{e}_f \tag{5.47d}$$

mit dem im Sinne von

$$(\overset{(j)}{\varkappa}-\overset{(p)}{\varkappa})\cdot\mathfrak{e}_f = 0 \quad,\quad j = 1\ldots p-1\,, \tag{5.47e}$$

zu $\overset{\langle p-1\rangle}{\mathfrak{f}}(S)$ orthogonalen Einheitsvektor $\mathfrak{e}_f$, weswegen man $\mathbb{h}_f$ als "gerichtete Höhe" eines p–Simplex $\overset{\langle p\rangle}{\mathfrak{f}}(S)$ der "Grundfläche" $\overset{\langle p-1\rangle}{\mathfrak{f}}(S)$ bezeichnen kann.

Die Beweislage zu (E5.47c,d) ist analog Derjenigen, die zu (E5.38) geführt hat: Man setzt $\overset{(j)}{\varkappa}-\overset{(p)}{\varkappa} = \mathfrak{g}_j$, $j = 1,\ldots,p-1$, erzeugt die hierzu reziproken Größen $\mathfrak{g}^j$, $j = 1,\ldots,p-1$, fügt dem Tupel $\langle\mathfrak{g}^j\rangle$ einen zu $\langle\mathfrak{g}^j\rangle$ (und auch $\langle\mathfrak{g}_j\rangle$) orthogonalen Einheitsvektor $\mathfrak{e}_f$ hinzu und formuliert den $\overset{\langle p\rangle}{\mathfrak{E}}$ –Tensor als

$$\overset{\langle p\rangle}{\mathfrak{E}} = \sqrt{g_p}\,\underbrace{\begin{vmatrix} \mathfrak{g}^1 & \cdots\cdots & \mathfrak{g}^1 \\ \vdots & & \vdots \\ \mathfrak{g}^{p-1} & \cdots\cdots & \mathfrak{g}^{p-1} \\ \mathfrak{e}_f & \cdots\cdots & \mathfrak{e}_f \end{vmatrix}}_{p-mal} \quad\text{mit}\quad g_p = g_{p-1}\cdot 1 = g_{p-1}\,,\quad g_{p-1} = \det_{(p-1)}(\mathfrak{g}_j\cdot\mathfrak{g}_k)\,.$$

Dann ist

$$\frac{1}{(p-1)!}\left[(\overset{(p-1)}{\varkappa}-\overset{(p)}{\varkappa})\circ(\overset{(p-2)}{\varkappa}-\overset{(p)}{\varkappa})\circ\ldots\circ(\overset{(2)}{\varkappa}-\overset{(p)}{\varkappa})\circ(\overset{(1)}{\varkappa}-\overset{(p)}{\varkappa})\right]\underbrace{\cdots\cdots}_{(p-1)-fach}\overset{\langle p\rangle}{\mathfrak{E}} =$$

$$= \frac{1}{(p-1)!}\sqrt{g_{p-1}}\begin{vmatrix} 1 & 0 & 0\ldots\ldots 0 & \mathfrak{g}^1 \\ 0 & 1 & 0\ldots\ldots 0 & \mathfrak{g}^2 \\ \vdots & \vdots & \vdots\quad\vdots & \vdots \\ 0 & 0 & 0\ldots\ldots 1 & \mathfrak{g}^{p-1} \\ 0 & 0 & 0\ldots\ldots 0 & \mathfrak{e}_f \end{vmatrix} \equiv \sqrt{g_{p-1}}\,\frac{1}{(p-1)!}\,\mathfrak{e}_f = \overset{(p-1)}{\mathfrak{f}}(S)\,\mathfrak{e}_f\,,$$

indem man

$$\overset{(p-1)}{f}(S) = \frac{1}{(p-1)!}\left[\left(\overset{(p-1)}{\varkappa} - \overset{(p)}{\varkappa}\right)\circ\ldots\circ\left(\overset{(1)}{\varkappa} - \overset{(p)}{\varkappa}\right)\right]\underbrace{\cdots\cdots\cdots}_{(p-1)-\text{fach}}\ \overset{\langle p-1\rangle}{\mathcal{E}} = \frac{\sqrt{g_{p-1}}}{(p-1)!}$$

beachtet[32]. Dementsprechend ist (E5.47b) in

$$\overset{(p)}{f}(S) = \frac{1}{p}\overset{(p-1)}{f}(S)\,\mathbf{e}_f\cdot\varkappa_f \equiv \frac{1}{p}\overset{(p-1)}{f}(S)\,\mathbf{e}_f\cdot\left[(\varkappa_f\cdot\mathbf{e}_f)\mathbf{e}_f\right] =$$

$$= \frac{1}{p}\overset{(p-1)}{f}(S)\,\mathbf{e}_f\cdot\mathbb{h}_f = \frac{1}{p}\overset{(p-1)}{f}(S)\,h_f \ ,$$

also in der Tat in die Versionen (E5.47b) umzu–

formen.

Einfachstes Beispiel ist der Flächeninhalt $\overset{(2)}{f}(S)$

eines Dreiecks, (Abb. E5.8), der mit dem (ein–

dimensionalen) Inhalt $\overset{(1)}{f}(S)$ seiner "Grund–

linie" und seiner Höhe h_f nach (E5.47b) mit

$p = 2$ als

$$\overset{(2)}{f}(S) = \frac{1}{2}\overset{(1)}{f}(S)\,h_f$$

dargestellt wird. Analog folgt mit $p = 3$ als

(volumetrischer) Inhalt eines Tetraeders

$$\overset{(3)}{f}(S) = \frac{1}{3}\overset{(2)}{f}(S)\,h_f \ ,$$

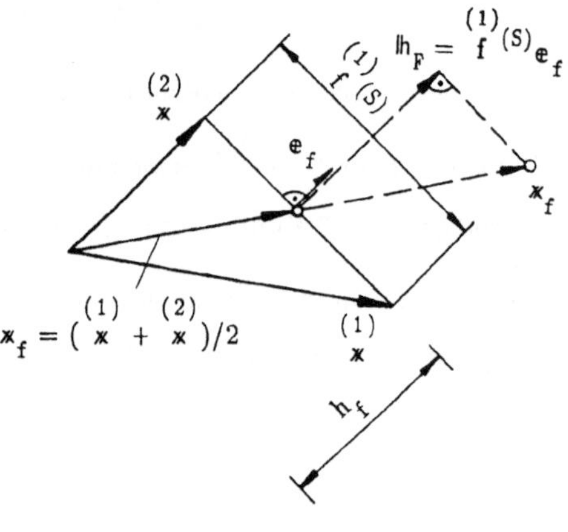

Abb. E5.8

worin $\overset{(2)}{f}(S)$, h_f zusammengehörige Paare von "Grundflächen" und "Höhen" sind usw.

Der Sachverhalt, daß man z. B. eine durch ein Polygon begrenzte ebene Fläche durch eine der Anzahl der

Polygonseiten entsprechende Menge "in einem Punkte (S) zusammenlaufender Dreiecke" aufbauen kann

(vgl. Abb. E.5.9), daß eine entsprechende Verfahrensweise auch für einen (dreidimensionalen)

---

[32] Man benutze
$$\overset{\langle p-1\rangle}{\mathcal{E}} \overset{\wedge}{=} \sqrt{g_{p-1}}\ \left|\begin{matrix}\mathfrak{g}^1 & \cdots\cdots & \mathfrak{g}^1 \\ \vdots & & \vdots \\ \mathfrak{g}^{p-1} & \cdots\cdots & \mathfrak{g}^{p-1}\end{matrix}\right|$$
$$\underbrace{\qquad\qquad}_{(p-1)-\text{mal}}$$

Polyeder gilt,[33] findet seine Verallgemeinerung in dem

Befund, daß man jeden p–stufigen Polyeder, der durch

eine Anzahl k von (p–1)–stufigen Simplices $\overset{\langle p-1\rangle}{\mathfrak{f}}_{\kappa}(S)$

$\kappa = 1...k$ begrenzt wird, aufbauen kann durch eine

Anzahl k von p–stufigen Simplices mit "Grund-

flächen" $\overset{\langle p-1\rangle}{\mathfrak{f}}_{\kappa}(S)$ und "Höhen" (bzw. "ergänzenden

Vektoren"), die durch $\varkappa_{\kappa} - \varkappa_S$ festgelegt werden,

wobei $\varkappa_{\kappa}$ den Ortsvektor zu einer "Ecke" von

$\overset{\langle p-1\rangle}{\mathfrak{f}}_{\kappa}(S)$ und $\varkappa_S$ Denjenigen zu einem allen Teilsimplices gemeinsamen Punkt (S) bedeuten. Aus den

Teil–Simplices

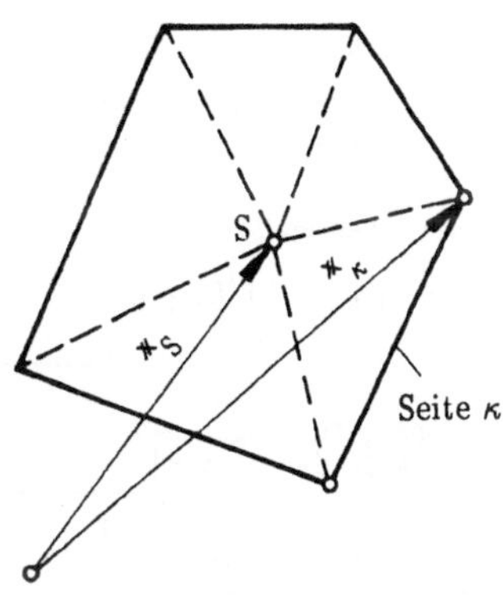

Abb. E5.9

$$\overset{\langle p\rangle}{\mathfrak{f}}_{\kappa}(S) =^{34)} \frac{1}{p!}\,\overset{\langle p\rangle}{\text{Alt}}\left[\overset{\langle p-1\rangle}{\mathfrak{f}}_{\kappa}\circ\left(\varkappa_{\kappa} - \varkappa_S\right)\right]$$

bekommt man durch Addition als Gesamtgröße

$$\overset{\langle p\rangle}{\mathfrak{f}} = \frac{1}{p!}\,\overset{\langle p\rangle}{\text{Alt}}\left[\sum_{\kappa=1}^{k}\overset{\langle p-1\rangle}{\mathfrak{f}}_{\kappa}\circ\left(\varkappa_{\kappa} - \varkappa_S\right)\right] = \frac{1}{p!}\,\overset{\langle p\rangle}{\text{Alt}}\left[\sum_{\kappa=1}^{k}\overset{\langle p-1\rangle}{\mathfrak{f}}_{\kappa}\circ\varkappa_{\kappa}\right], \tag{5.47f}$$

indem man noch beachtet, daß bei einheitlicher Orientierung aller Oberflächen–Plangrößen im Sinne von

(E5.46b)

$$\sum_{\kappa=1}^{k}\overset{\langle p-1\rangle}{\mathfrak{f}}_{\kappa} = 0$$

gelten muß. Die Gültigkeit von (5.47f) wird analog (1.13 Haupttext) für gekrümmte Berandungen mit

$$\overset{\langle p-1\rangle}{\mathfrak{f}}_{\kappa} \to \overset{\langle p-1\rangle}{\mathrm{d}\mathfrak{f}}\;,\quad \varkappa_{\kappa} \to \varkappa$$

fortgeschrieben und liefert als Verallgemeinerung der "Planimeterformel" (1.13 Haupttext) die Darstellung

einer einen p–stufigen Polyeder repräsentierenden Plangröße in Form eines Randintegrals längs der

---

[33] dessen k dreieckförmige Oberflächen jeweils als "Grundflächen" in einem Punkte "zusammenlaufender" Tetraeder angesehen werden können, mit denen der Polyeder aufzubauen ist

[34] $\overset{\langle p-1\rangle}{\mathfrak{f}}_{\kappa}$ bedeutet die entsprechende "Oberflächen–Plangröße"

"Polyeder–Oberfläche":

$$\overset{\langle p\rangle}{\mathfrak{f}} = \frac{1}{p!}\,\mathrm{Alt}\oint \overset{\langle p-1\rangle}{\mathrm{d}\mathfrak{f}}\circ \varkappa \overset{(\mathrm{E.5.45a})}{=} \frac{1}{p}\,\mathrm{Alt}\oint \overset{\langle p-1\rangle}{\mathrm{d}\mathfrak{f}}{}^{(S)}\circ \varkappa. \tag{5.47g}$$

Dessen skalarer Inhalt ergibt sich aus

$$\overset{(p)}{\mathrm{f}} \overset{(\mathrm{E.5.32b})}{=} (-1)^{\frac{p(p-1)}{2}}\overset{\langle p\rangle}{\mathfrak{f}}\underbrace{\cdots\cdots}_{p\text{-fach}}\overset{\langle p\rangle}{\mathfrak{E}} \equiv \overset{\langle p\rangle}{\mathfrak{f}}\underbrace{\cdots\cdots}_{p\text{-fach}}\overset{\langle p\rangle}{\mathfrak{E}}{}^{T} \equiv \overset{\langle p\rangle}{\mathfrak{f}}{}^{T}\underbrace{\cdots\cdots}_{p\text{-fach}}\overset{\langle p\rangle}{\mathfrak{E}} =$$

$$= \frac{1}{p}\left[\mathrm{Alt}\oint \overset{\langle p-1\rangle}{\mathrm{d}\mathfrak{f}}{}^{(S)}\circ \varkappa\right]^{T}\underbrace{\cdots\cdots}_{p\text{-fach}}\overset{\langle p\rangle}{\mathfrak{E}} \equiv \frac{1}{p}\left[\mathrm{Alt}\oint \varkappa \circ \overset{\langle p-1\rangle}{\mathrm{d}\mathfrak{f}}{}^{(S)T}\right]\underbrace{\cdots\cdots}_{p\text{-fach}}\overset{\langle p\rangle}{\mathfrak{E}} \equiv^{35)}$$

$$\equiv \frac{1}{p}\oint\left[\varkappa\circ\overset{\langle p-1\rangle}{\mathrm{d}\mathfrak{f}}{}^{(S)T}\right]\underbrace{\cdots\cdots}_{p\text{-fach}}\overset{\langle p\rangle}{\mathfrak{E}} \equiv \frac{1}{p}\oint\left[\overset{\langle p-1\rangle}{\mathrm{d}\mathfrak{f}}{}^{(S)T}\underbrace{\cdots\cdots}_{(p-1)\text{-fach}}\overset{\langle p\rangle}{\mathfrak{E}}\right]\cdot\varkappa \tag{5.47h}$$

–man benutze die in (E5.74b) geschilderte Vorgehensweise–, wobei man hierin analog (E.5.40) zweckmässig den Operator $\overset{\langle p\rangle}{\mathfrak{E}}$ für jedes Element $\overset{\langle p-1\rangle}{\mathrm{d}\mathfrak{f}}{}^{(S)}\circ\varkappa$ individuell darstellt als Ensemble von Basisvektoren derart, daß die ersten $(p-1)$ Faktoren dem durch $\overset{\langle p-1\rangle}{\mathrm{d}\mathfrak{f}}{}^{(S)}$ definierten Unterraum angehören. Analog (E.5.40b,c) erhält man demgemäß

$$\overset{\langle p-1\rangle}{\mathrm{d}\mathfrak{f}}{}^{(S)T}\underbrace{\cdots\cdots}_{(p-1)\text{-fach}}\overset{\langle p\rangle}{\mathfrak{E}}\cdot\varkappa = \overset{(p-1)}{\mathrm{d}\mathrm{f}}{}^{(S)}\mathfrak{e}_{f}\cdot\varkappa$$

und hiermit aus (5.47h) schließlich

$$\overset{(p)}{\mathrm{f}} = \frac{1}{p}\oint \overset{(p-1)}{\mathrm{d}\mathrm{f}}{}^{(S)}\mathfrak{e}_{f}\cdot\varkappa \equiv \frac{1}{p}\oint \overset{(p-1)}{\mathrm{d}\mathrm{f}}{}^{(S)}\mathfrak{e}_{f}\cdot(\varkappa-\varkappa_{S}). \tag{5.47i}$$

Darin bedeuten $\overset{(p-1)}{\mathrm{d}\mathrm{f}}{}^{(S)}$ den Inhalt eines "Oberflächensimplex"–Elementes und $\varkappa-\varkappa_{S}$ den von einem inneren Punkt (S) des Polyeders zum jeweiligen "Oberflächen–Konvergenzpunkt" weisenden Ortsvektor. Damit sämtliche Teilvolumina als positive Größen addiert werden, müssen sämtliche aus dem Innern der Elementar–Simpices $\overset{\langle p-1\rangle}{\mathrm{d}\mathfrak{f}}{}^{(S)}$ "herausweisenden" und zu den Letzteren orthogonalen Einheitsvektoren $\mathfrak{e}_{f}$, so gewählt werden, daß stets $\mathfrak{e}_{f}\cdot(\varkappa-\varkappa_{S}) \geq 0$ gilt, daß sie also –vom Standpunkt des Gesamtpolyeders aus– sog. "äußere Flächennormalen" darstellen.

---

35) Man beachte $\mathrm{Alt}\left[\overset{\langle p\rangle}{\mathfrak{f}}\right]\underbrace{\cdots\cdots}_{p\text{-fach}}\overset{\langle p\rangle}{\mathfrak{E}} = \overset{\langle p\rangle}{\mathfrak{f}}\underbrace{\cdots\cdots}_{p\text{-fach}}\overset{\langle p\rangle}{\mathfrak{E}}$

5.4 Alternierende (sog. "äußere") Produkte

Die Tatsache, daß Teil-Alternationen eines Vektorsets dessen Gesamt-Alternation unverändert lassen, also

$$\text{Alt}(\overset{\langle n\rangle}{\varkappa}\,\overset{(1)}{}\,\text{o...o}\,\varkappa\,\text{o}\,\overset{(p)}{\varkappa}\,\overset{(p+1)}{}\,\text{o...o}\,\varkappa\,\text{o}\,\overset{(p+q)}{\varkappa}\,\overset{(p+q+1)}{}\,\text{o...o}\,\overset{(n)}{\varkappa})$$

$$\equiv \text{Alt}\!\left[\overset{\langle n\rangle}{}\text{Alt}(\overset{\langle p\rangle\,(1)}{\varkappa}\,\text{o...o}\,\overset{(p)}{\varkappa})\text{o}\,\text{Alt}(\overset{\langle q\rangle\,(p+1)}{\varkappa}\,\text{o...o}\,\overset{(p+q)}{\varkappa})\text{o}\,\text{Alt}(\overset{\langle n-(p+q)\rangle\,(p+q+1)}{\varkappa}\,\text{o...o}\,\overset{(n)}{\varkappa})\right]$$

$$\equiv \text{Alt}\!\left[\overset{\langle n\rangle}{}\text{Alt}(\overset{\langle p+q\rangle\,(1)}{\varkappa}\,\text{o...o}\,\overset{(p+q)}{\varkappa})\text{o}\,\text{Alt}(\overset{\langle n-(p+q)\rangle\,(p+q+1)}{\varkappa}\,\text{o...o}\,\overset{(n)}{\varkappa})\right] \tag{5.48}$$

usw. gilt (vgl. §E4.4.2), d.h. durch Alternation der tensoriellen Produkte zweier oder mehrerer Plangrößen, etwa zweier Plangrößen

$$\text{Alt}(\overset{\langle p\rangle\,(1)}{\varkappa}\,\text{o...o}\,\overset{(p)}{\varkappa}) = \overset{\langle p\rangle}{f} = \overset{(p)\langle p\rangle}{f\,\mathcal{E}}/p! \tag{5.49a}$$

$$\text{Alt}(\overset{\langle p\rangle\,(p+1)}{\varkappa}\,\text{o...o}\,\overset{(p+q)}{\varkappa}) = \overset{\langle q\rangle}{f} = \overset{(q)\langle q\rangle}{f\,\mathcal{E}}/q! \tag{5.49b}$$

grundsätzlich eine neue Plangröße

$$\overset{\langle p+q\rangle}{f} = \text{Alt}(\overset{\langle p+q\rangle\,(1)}{\varkappa}\,\text{o...o}\,\overset{(p+q)}{\varkappa}) \equiv \text{Alt}(\overset{\langle p+q\rangle\,\langle p\rangle\,\langle q\rangle}{f\,\text{o}\,f}) = \overset{(p)(q)}{f\,f}\,\text{Alt}(\overset{\langle p+q\rangle\,\langle p\rangle\,\langle q\rangle}{\mathcal{E}\,\text{o}\,\mathcal{E}})/p!q! \equiv$$

$$\equiv \overset{(p+q)\langle p+q\rangle}{f\,\mathcal{E}}/(p+q)! \tag{5.50a}$$

erzeugt wird, deren Inhalt als

$$\overset{(p+q)}{f} = \overset{(p)\,(q)}{f\,f} \tag{5.50b}$$

anfällt, indem man

$$\overset{\langle p+q\rangle}{\mathcal{E}}/(p+q)! = \text{Alt}(\overset{\langle p+q\rangle\,\langle p\rangle\,\langle q\rangle}{\mathcal{E}\,\text{o}\,\mathcal{E}})/p!q! \tag{5.50c}$$

beachtet[36], nimmt man zum Anlaß, aus Gründen formaler Vereinfachung einen Kalkül der sog. alternierenden bzw. äußeren Produktbildung alternierender Größen (symbolisiert durch das Operationszeichen $\wedge$) aufzubauen. Definiert man nämlich als sog. äußeres (auch Grassmann-)Produkt zweier Permutationstensoren die Prozedur

$$\overset{\langle p\rangle\,\langle q\rangle}{\mathcal{E}}\,\wedge\,\mathcal{E} = \frac{(p+q)!}{p!\,q!}\,\text{Alt}(\overset{\langle p+q\rangle\,\langle p\rangle\,\langle q\rangle}{\mathcal{E}\,\text{o}\,\mathcal{E}}), \tag{5.51a}$$

---

36) vgl. a. [13]

so ist der "resultierende Permutationstensor" $\overset{(p+q)}{\mathcal{E}}$ von (E5.50) Ergebnis der Operationsanweisung

$$\overset{(p+q)}{\mathcal{E}} = \overset{\langle p\rangle}{\mathcal{E}} \wedge \overset{\langle q\rangle}{\mathcal{E}} , \tag{5.51b}$$

die Erzeugung einer "resultierenden Plangröße" $\overset{\langle p+q\rangle}{\mathfrak{f}}$ nach (E5.50a) Ergebnis der Prozedur

$$\overset{\langle p\rangle}{\mathfrak{f}} \wedge \overset{\langle q\rangle}{\mathfrak{f}} = (\overset{(p)}{\mathfrak{f}} \overset{\langle p\rangle}{\mathcal{E}} /p!) \wedge (\overset{(q)}{\mathfrak{f}} \overset{\langle q\rangle}{\mathcal{E}} /q!) \equiv \overset{(p)}{\mathfrak{f}} \overset{(q)}{\mathfrak{f}} (\overset{\langle p\rangle}{\mathcal{E}} \wedge \overset{\langle q\rangle}{\mathcal{E}})/p!q!$$

$$\equiv \overset{(p+q)}{\mathfrak{f}} \overset{(p+q)}{\mathcal{E}} /p!q! = \overset{(p+q)}{\mathfrak{f}} \overset{(p+q)}{\mathcal{E}} /(p+q)! \frac{(p+q)!}{p!\,q!} = \overset{\langle p+q\rangle}{\mathfrak{f}} \frac{(p+q)!}{p!\,q!} , \tag{5.51c}$$

was mit den die Plangrößen $\overset{\langle p\rangle}{\mathfrak{f}}, \overset{\langle q\rangle}{\mathfrak{f}}, \overset{\langle p+q\rangle}{\mathfrak{f}}$ erzeugenden Vektoren $\overset{(1)}{\mathbf{x}},..., \overset{(p+q)}{\mathbf{x}}$ auf die (E5.51c) äquivalente Definitionsgleichung

$$\overset{\langle p\rangle}{\omega_1} \wedge \overset{\langle q\rangle}{\omega_2} = \mathrm{Alt}(\overset{\langle p\rangle}{\mathbf{x}}\overset{(1)}{} \circ ... \circ \overset{(p)}{\mathbf{x}}) \wedge \mathrm{Alt}(\overset{\langle q\rangle}{\mathbf{x}}\overset{(p+1)}{} \circ .... \circ \overset{(p+q)}{\mathbf{x}}) =$$

$$\frac{(p+q)!}{p!\,q!} \overset{\langle p+q\rangle}{\mathrm{Alt}} (\overset{(1)}{\mathbf{x}} \circ ... \circ \overset{(p+q)}{\mathbf{x}}) \equiv \frac{(p+q)!}{p!\,q!} \overset{\langle p+q\rangle}{\mathrm{Alt}} \left[\mathrm{Alt}(\overset{\langle p\rangle}{\mathbf{x}}\overset{(1)}{} \circ ... \circ \overset{(p)}{\mathbf{x}}) \circ \mathrm{Alt}(\overset{\langle q\rangle}{\mathbf{x}}\overset{(p+1)}{} \circ .... \circ \overset{(p+q)}{\mathbf{x}}) \right] =$$

$$= \frac{(p+q)!}{p!\,q!} \overset{\langle p+q\rangle}{\mathrm{Alt}} (\overset{\langle p\rangle}{\omega_1} \circ \overset{\langle q\rangle}{\omega_2}) \tag{5.52a}$$

für ein Grassmann–Produkt zweier Plangrößen $\overset{\langle p\rangle}{\omega_1}, \overset{\langle q\rangle}{\omega_2}$ führt bzw. –verallgemeinert– auf die Grassmann–Produkt–Definition

$$\overset{\langle p\rangle}{\mathfrak{m}_1} \wedge \overset{\langle q\rangle}{\mathfrak{m}_2} = \frac{(p+q)!}{p!\,q!} \overset{\langle p+q\rangle}{\mathrm{Alt}} (\overset{\langle p\rangle}{\mathfrak{m}_1} \circ \overset{\langle q\rangle}{\mathfrak{m}_2}) \tag{5.52b}$$

zweier allgemeiner Multilinearformen

$$\overset{\langle p\rangle}{\mathfrak{m}_1} = \overset{(1)}{\mathbf{x}} \circ ... \circ \overset{(p)}{\mathbf{x}} , \quad \overset{\langle q\rangle}{\mathfrak{m}_2} = \overset{(p+1)}{\mathbf{x}} \circ ... \circ \overset{(p+q)}{\mathbf{x}} . \tag{5.52c,d}$$

Hervorgehoben werden sollte noch, daß in den Definitionsgleichungen (E5.52) eine "Orientierung" enthalten ist, insofern als bei der Bildung der Alternation von $\overset{\langle p\rangle}{\mathfrak{m}_1} \circ \overset{\langle q\rangle}{\mathfrak{m}_2}$ die einzelnen Vektoren $\overset{(j)}{\mathbf{x}}$ in ihrer ursprünglichen Aufeinanderfolge $(\overset{(1)}{\mathbf{x}} \circ ... \circ \overset{(p)}{\mathbf{x}} \circ \overset{(p+1)}{\mathbf{x}} \circ ... \circ \overset{(p+q)}{\mathbf{x}})$ "gereiht" verstanden werden, ansonsten je nach Anzahl von Platzvertauschungen der Vektorfaktoren die Alternation ihr Vorzeichen ändert, was sich in dem sog. "antikommutativen Gesetz"

$$\overset{\langle p\rangle}{m_1} \wedge \overset{\langle q\rangle}{m_2} = (-1)^{pq}\,\overset{\langle q\rangle}{m_2} \wedge \overset{\langle p\rangle}{m_1} \tag{5.53}$$

der Grassmann–Produktbildung zweier Multilinearformen bzw. Plangrößen niederschlägt.[37] Äußere Produkte auch in Kombinationen mit Mehrfach–Skalarproduktbildungen sind die operativen Elemente für standarisierte ("Komponenten"-)Darstellungen [38] von Alternationen von Tensoren. Zu deren Realisierung werden noch benötigt die Eigenschaften der Assoziativität und der Distributivität der äußeren Produkt–Operation im Sinne von

$$\overset{\langle p\rangle}{m_1}\wedge\left(\overset{\langle q\rangle}{m_2}\wedge\overset{\langle r\rangle}{m_3}\right)=\left(\overset{\langle p\rangle}{m_1}\wedge\overset{\langle q\rangle}{m_2}\right)\wedge\overset{\langle r\rangle}{m_3}=\overset{\langle p\rangle}{m_1}\wedge\overset{\langle q\rangle}{m_2}\wedge\overset{\langle r\rangle}{m_3}$$
$$=\frac{(p+q+r)!}{p!\,q!\,r!}\,\overset{\langle p+q+r\rangle}{\mathrm{Alt}}\left(\overset{\langle p\rangle}{m_1}\circ\overset{\langle q\rangle}{m_2}\circ\overset{\langle r\rangle}{m_3}\right) \tag{5.54}$$

bzw. von

$$\overset{\langle p\rangle}{m_1}\wedge\left(\overset{\langle q\rangle}{m_2}+\overset{\langle r\rangle}{m_3}\right)=\overset{\langle p\rangle}{m_1}\wedge\overset{\langle q\rangle}{m_2}+\overset{\langle p\rangle}{m_1}\wedge\overset{\langle r\rangle}{m_3}\,, \tag{5.55}$$

wobei (E5.55) mit der Multi-Linearität der Alternation eines Vektorsets, d. h. mit

$$\overset{\langle n\rangle}{\mathrm{Alt}}\left[\overset{(1)}{x}\circ\ldots\circ\left(\overset{(i)}{x}+\overset{(i)}{y}\right)\circ\ldots\circ\overset{(n)}{x}\right]=\overset{\langle n\rangle}{\mathrm{Alt}}\left(\overset{(1)}{x}\circ\ldots\circ\overset{(i)}{x}\circ\ldots\circ\overset{(n)}{x}\right)+\overset{\langle n\rangle}{\mathrm{Alt}}\left(\overset{(1)}{x}\circ\ldots\circ\overset{(i)}{y}\circ\ldots\circ\overset{(n)}{x}\right)$$

---

[37] Da eine Alternation bei Vertauschung zweier Vektoren ihr Vorzeichen ändert, ist

$$\overset{\langle p\rangle}{\mathrm{Alt}}\left(\overset{(p+1)}{x}\circ\ldots\circ\overset{(p+q)}{x}\right)=(-1)^{\frac{q(q-1)}{2}}\,\overset{\langle q\rangle}{\mathrm{Alt}}\left(\overset{(p+q)}{x}\circ\ldots\circ\overset{(p+1)}{x}\right),$$
$$\overset{\langle p\rangle}{\mathrm{Alt}}\left(\overset{(1)}{x}\circ\ldots\circ\overset{(p)}{x}\right)=(-1)^{\frac{p(p-1)}{2}}\,\overset{\langle p\rangle}{\mathrm{Alt}}\left(\overset{(p)}{x}\circ\ldots\circ\overset{(1)}{x}\right),$$

weil im ersten Falle q(q–1)/2 im zweiten Falle p(p–1)/2 Einzel–Platzvertauschungen zum jeweils transponierten Wert der Alternation führen. Dann ist, weil nach §E4.4.2 Teil–Alternationen eines Vektorsets dessen Gesamtalternation unverändert belassen, in der Tat

$$\overset{\langle p+q\rangle}{\mathrm{Alt}}\left(\overset{\langle p\rangle}{\mathrm{Alt}}\left(\overset{(1)}{x}\circ\ldots\circ\overset{(p)}{x}\right)\circ\overset{\langle p\rangle}{\mathrm{Alt}}\left(\overset{(p+1)}{x}\circ\ldots\circ\overset{(p+q)}{x}\right)\right)\equiv\overset{\langle p+q\rangle}{\mathrm{Alt}}\left(\overset{(1)}{x}\circ\ldots\circ\overset{(p+q)}{x}\right)$$
$$\equiv(-1)^{\frac{(p+q)(p+q-1)}{2}}\,\overset{\langle p+q\rangle}{\mathrm{Alt}}\left(\overset{(p+q)}{x}\circ\ldots\circ\overset{(1)}{x}\right)$$
$$\equiv(-1)^{\frac{(p+q)(p+q-1)}{2}}(-1)^{\frac{q(q-1)}{2}}(-1)^{\frac{p(p-1)}{2}}\,\overset{\langle p+q\rangle}{\mathrm{Alt}}\left[\left(\overset{(p+1)}{x}\circ\ldots\circ\overset{(p+q)}{x}\right)\circ\left(\overset{(1)}{x}\circ\ldots\circ\overset{(p)}{x}\right)\right]$$
$$\equiv(-1)^{pq}\,\overset{\langle p+q\rangle}{\mathrm{Alt}}\left[\overset{\langle q\rangle}{\mathrm{Alt}}\left(\overset{(p+1)}{x}\circ\ldots\circ\overset{(p+q)}{x}\right)\circ\overset{\langle p\rangle}{\mathrm{Alt}}\left(\overset{(1)}{x}\circ\ldots\circ\overset{(p)}{x}\right)\right],$$

nachdem man noch

$$\frac{(p+q)(p+q-1)}{2}+\frac{q(q-1)}{2}+\frac{p(p-1)}{2}=p(p-1)+q(q-1)+pq$$

sowie beachtet hat, daß p(p–1) bzw. q(q–1) stets gerade Zahlen sind.

[38] In Form von sog. "Multivektoren" [14]

begründet ist (vgl E4.71b) und (E5.54) eine Folge von (E5.48) ist[39], und schließlich, was die Kombinationen von äußeren Produkten mit Mehrfach-Skalarproduktbildungen betrifft, die mit der Bildung der sog.

5.5   "Ergänzungen von Plangrößen"

zusammenhängenden Formalien. Zunächst auf Einheits-Plangrößen spezialisierend, wird -in Verallgemeinerung des Begriffs des "ergänzenden Vektors einer Plangröße $\overset{\langle p-1\rangle}{f}$ in einem

---

[39] Setzt man in (E5.48) $\overset{\langle p\rangle}{m}_1 = \overset{(1)}{\times}\,o...o\,\overset{(p)}{\times}\,,\ \overset{\langle q\rangle}{m}_2 = \overset{(p+1)}{\times}\,o...o\,\overset{(p+q)}{\times}$

und mit $r = n-(p+q)$ desweiteren $\overset{\langle r\rangle}{m}_3 = \overset{(p+q+1)}{\times}\,o...o\,\overset{(r+q+1)}{\times}$ so gilt wegen

$$\overset{\langle p+q+r\rangle}{Alt}\left(\overset{\langle p\rangle}{m}_1 o\, \overset{\langle q\rangle}{m}_2 o\, \overset{\langle r\rangle}{m}_3\right) = \overset{\langle p+q+r\rangle}{Alt}\left[\left(\overset{\langle p\rangle}{m}_1 o\, \overset{\langle q\rangle}{m}_2\right) o\, \overset{\langle r\rangle}{m}_3\right] \equiv$$

$$\equiv \overset{\langle p+q+r\rangle}{Alt}\left[\overset{\langle p+q\rangle}{Alt}\left(\overset{\langle p\rangle}{m}_1 o\, \overset{\langle q\rangle}{m}_2\right) o\, \overset{\langle r\rangle}{m}_3\right] \equiv$$

$$\equiv \overset{\langle p+q+r\rangle}{Alt}\left[\overset{\langle p\rangle}{m}_1 o\left(\overset{\langle q\rangle}{m}_2 o\, \overset{\langle r\rangle}{m}_3\right)\right] \equiv \overset{\langle p+q+r\rangle}{Alt}\left[\overset{\langle p\rangle}{m}_1 o\, \overset{\langle q+r\rangle}{Alt}\left(\overset{\langle q\rangle}{m}_2 o\, \overset{\langle r\rangle}{m}_3\right)\right],$$

weil $\overset{\langle q+q\rangle}{Alt}\left(\overset{\langle p\rangle}{m}_1 o\, \overset{\langle q\rangle}{m}_2\right) \overset{(E5.52b)}{\equiv} \dfrac{p!\,q!}{(p+q)!}\,\overset{\langle p\rangle}{m}_1 \wedge \overset{\langle q\rangle}{m}_2$

$\overset{\langle q+r\rangle}{Alt}\left(\overset{\langle q\rangle}{m}_2 o\, \overset{\langle r\rangle}{m}_3\right) \overset{(E5.52b)}{\equiv} \dfrac{q!\,r!}{(q+r)!}\,\overset{\langle q\rangle}{m}_2 \wedge \overset{\langle r\rangle}{m}_3$

sind, zunächst

$$\overset{\langle p+q+r\rangle}{Alt}\left(\overset{\langle p\rangle}{m}_1 o\, \overset{\langle q\rangle}{m}_2 o\, \overset{\langle r\rangle}{m}_3\right) \equiv \frac{p!\,q!}{(p+q)!}\,\overset{\langle p+q+r\rangle}{Alt}\left[\left(\overset{\langle p\rangle}{m}_1 \wedge \overset{\langle q\rangle}{m}_2\right) o\, \overset{\langle r\rangle}{m}_3\right]$$

$$\equiv \frac{q!\,r!}{(q+r)!}\,\overset{\langle p+q+r\rangle}{Alt}\left[\overset{\langle p\rangle}{m}_1 o\left(\overset{\langle q\rangle}{m}_2 \wedge \overset{\langle r\rangle}{m}_3\right)\right], \tag{*}$$

wobei die beiden letzteren Strukturen wiederum durch die Operationsanweisung $\wedge$, nämlich in der Form

$$\overset{\langle p+q+r\rangle}{Alt}\left[\left(\overset{\langle p\rangle}{m}_1 \wedge \overset{\langle q\rangle}{m}_2\right) o\, \overset{\langle r\rangle}{m}_3\right] \overset{(E5.52b)}{\equiv} \frac{(p+q)!\,r!}{(p+q+r)!}\left(\overset{\langle p\rangle}{m}_1 \wedge \overset{\langle q\rangle}{m}_2\right) \wedge \overset{\langle r\rangle}{m}_3,$$

$$\overset{\langle p+q+r\rangle}{Alt}\left[\overset{\langle p\rangle}{m}_1 o\left(\overset{\langle q\rangle}{m}_2 \wedge \overset{\langle r\rangle}{m}_3\right)\right] \overset{(E5.52b)}{\equiv} \frac{p!\,(q+r)!}{(p+q+r)!}\,\overset{\langle p\rangle}{m}_1 \wedge \left(\overset{\langle q\rangle}{m}_2 \wedge \overset{\langle r\rangle}{m}_3\right)$$

zu kennzeichnen sind. Einsetzen in (*) verifiziert dann in der Tat Gültigkeit des assoziativen Gesetzes (E5.54).

Raum von p Dimensionen", vgl. Fußn. 19 und den Hinweis auf S.367- einer in einem im

p-dimensionalen Unterraum $\overset{(p)}{\mathcal{V}}_K$ definierten Einheitsplangröße

$$
\overset{\langle p\rangle}{\mathcal{E}}_K/p! = \frac{1}{p!\sqrt{\overset{(K)}{g}_p}}
\begin{vmatrix} \overset{(K)}{\mathfrak{I}}_1 & \cdots & \overset{(K)}{\mathfrak{I}}_1 \\ \vdots & & \vdots \\ \overset{(K)}{\mathfrak{I}}_p & \cdots & \overset{(K)}{\mathfrak{I}}_p \end{vmatrix}_{\text{p-mal}}
= \frac{\sqrt{\overset{(K)}{g}_p}}{p!}
\begin{vmatrix} \overset{(K)}{\mathfrak{I}}{}^1 & \cdots & \overset{(K)}{\mathfrak{I}}{}^1 \\ \vdots & & \vdots \\ \overset{(K)}{\mathfrak{I}}{}^p & \cdots & \overset{(K)}{\mathfrak{I}}{}^p \end{vmatrix}_{\text{p-mal}}
= \frac{1}{p!}
\begin{vmatrix} \overset{(K)}{e}_1 & \cdots & \overset{(K)}{e}_1 \\ \vdots & & \vdots \\ \overset{(K)}{e}_p & \cdots & \overset{(K)}{e}_p \end{vmatrix}_{\text{p-mal}}
$$

$$
= \frac{1}{\sqrt{\overset{(K)}{g}_p}} \overset{\langle p\rangle}{\text{Alt}}(\overset{(K)}{\mathfrak{I}}_1 \circ \ldots \circ \overset{(K)}{\mathfrak{I}}_p)
= \sqrt{\overset{(K)}{g}_p}\; \overset{\langle p\rangle}{\text{Alt}}(\overset{(K)}{\mathfrak{I}}{}^1 \circ \ldots \circ \overset{(K)}{\mathfrak{I}}{}^p)
= \overset{\langle p\rangle}{\text{Alt}}(\overset{(K)}{e}_1 \circ \ldots \circ \overset{(K)}{e}_p)
$$

$$
= \frac{1}{p!\sqrt{\overset{(K)}{g}_p}} \underbrace{\overset{(K)}{\mathfrak{I}}_1 \wedge \overset{(K)}{\mathfrak{I}}_2 \wedge \ldots \wedge \overset{(K)}{\mathfrak{I}}_p}_{\text{p-mal}}
= \frac{\sqrt{\overset{(K)}{g}_p}}{p!} \underbrace{\overset{(K)}{\mathfrak{I}}{}^1 \wedge \overset{(K)}{\mathfrak{I}}{}^2 \wedge \ldots \wedge \overset{(K)}{\mathfrak{I}}{}^p}_{\text{p-mal}}
= \frac{1}{p!} \underbrace{\overset{(K)}{e}_1 \wedge \overset{(K)}{e}_2 \wedge \ldots \wedge \overset{(K)}{e}_p}_{\text{p-mal}}
$$

$$\tag{5.56}$$

eine im zu $\overset{(p)}{\mathcal{V}}_K$ "orthogonalen" Restraum $\overset{(n-p)}{\mathcal{V}}_{K^*}$ definierte "Ergänzung einer Einheits-Plangröße", ebenfalls als Einheits-Plangröße, also als Struktur der Form

$$
\overset{\langle n-p\rangle}{\mathfrak{H}}\left[\frac{\overset{\langle p\rangle}{\mathcal{E}}_K}{p!}\right] \equiv \frac{\overset{\langle n-p\rangle}{\mathcal{E}}_{K^*}}{(n-p)!}
= \frac{1}{(n-p)!\sqrt{\overset{(K^*)}{g}_p}}
\begin{vmatrix} \overset{(K^*)}{\mathfrak{I}}_1 & \cdots & \overset{(K^*)}{\mathfrak{I}}_1 \\ \vdots & & \vdots \\ \overset{(K^*)}{\mathfrak{I}}_{n-p} & \cdots & \overset{(K^*)}{\mathfrak{I}}_{n-p} \end{vmatrix}
= \ldots = \frac{1}{(n-p)!}
\begin{vmatrix} \overset{(K^*)}{e}_1 & \cdots & \overset{(K^*)}{e}_1 \\ \vdots & & \vdots \\ \overset{(K^*)}{e}_{n-p} & \cdots & \overset{(K^*)}{e}_{n-p} \end{vmatrix}
\tag{5.57a}
$$

mit

$$
\overset{\langle p\rangle}{\mathcal{E}}_K \underbrace{\cdots\cdots\cdots}_{\text{r-fach}} \overset{\langle n-p\rangle}{\mathcal{E}}_{K^*} = \overset{\langle n-p\rangle}{\mathcal{E}}_{K^*} \underbrace{\cdots\cdots\cdots}_{\text{r-fach}} \overset{\langle p\rangle}{\mathcal{E}}_K = 0, \quad r \le p, \ r \le n-p
\tag{5.57b,c}
$$

und der Maßgabe zugeordnet, daß per

$$
\overset{\langle n\rangle}{\text{Alt}}\left[\frac{\overset{\langle p\rangle}{\mathcal{E}}_K}{p!} \circ \frac{\overset{\langle n-p\rangle}{\mathcal{E}}_{K^*}}{(n-p)!}\right] = \overset{\langle n\rangle}{\mathcal{E}}/n!
\tag{5.57d}
$$

die Alternation derer beider Tensorprodukt die "Einheits-Plangröße" $\overset{\langle n\rangle}{\mathcal{E}}/n!$ des

388   E§5   Vektoren und Tensoren im n–dimensionalen Vektorraum

vollständigen Vektorraumes $\overset{(n)}{\mathscr{V}}$ ergeben soll[40]. Für die explizite Darstellung einer ergänzenden Einheits-Plangröße $\overset{\langle n-p\rangle}{\mathfrak{E}}_{\mathrm{K}}{}^*/(n-p)!$ in Abhängigkeit von $\overset{\langle p\rangle}{\mathfrak{E}}_{\mathrm{K}}/p!$ nutzt man den –am einfachsten unter Rückgriff auf Orthonormalbasis-Darstellungen zu verifizierenden– Befund aus, daß man offenbar durch p-fache Skalarmultiplikation des Permutationstensors $\overset{\langle n\rangle}{\mathfrak{E}}$ mit der im $\overset{(p)}{\mathscr{V}}_{\mathrm{K}}$ definierten Teilgröße $\overset{\langle p\rangle}{\mathfrak{E}}_{\mathrm{K}}$ einen zu $\overset{\langle n-p\rangle}{\mathfrak{E}}_{\mathrm{K}}{}^*$ proportionalen Operator erhalten muß, setzt also mit einem zunächst freien Skalar $\overset{(p,\,n-p)}{\alpha}_{\mathrm{K}}$

$$\overset{\langle n-p\rangle}{\mathfrak{H}} \left(\overset{\langle p\rangle}{\mathfrak{E}} /p! \right) \equiv \overset{\langle n-p\rangle}{\mathfrak{E}}_{\mathrm{K}}{}^*/(n-p)! = \overset{(n,\,n-p)}{\alpha}_{\mathrm{K}} \; \overset{\langle p\rangle}{\mathfrak{E}}_{\mathrm{K}} \underbrace{\,\cdots\cdots\cdots\,}_{\text{p-fach}} \overset{\langle n\rangle}{\mathfrak{E}} \, , \qquad (5.58\text{a})$$

bekommt hiermit nach Einsetzen in (E5.57d)

$$\frac{\overset{\langle n\rangle}{\mathfrak{E}}}{n!} = \frac{\overset{(n,\,n-p)}{\alpha}_{\mathrm{K}}}{p!} \, \mathrm{Alt}\!\left(\overset{\langle n\rangle}{\mathfrak{E}}_{\mathrm{K}} \circ \overset{\langle p\rangle}{\mathfrak{E}}_{\mathrm{K}} \underbrace{\,\cdots\cdots\cdots\,}_{\text{p-fach}} \overset{\langle n\rangle}{\mathfrak{E}} \right) ,$$

daraus nach n-facher Skalarmultiplikation mit $\overset{\langle n\rangle}{\mathfrak{E}}{}^{\mathrm{T}}$ unter Beachtung von

$$\overset{\langle n\rangle}{\mathfrak{E}} \underbrace{\,\cdots\cdots\cdots\,}_{\text{n-fach}} \overset{\langle n\rangle}{\mathfrak{E}}{}^{\mathrm{T}} = n!$$

$$\overset{(p,\,n-p)}{\alpha}_{\mathrm{K}} = p!\left\{ \left[\mathrm{Alt}\!\left(\overset{\langle n\rangle}{\mathfrak{E}}_{\mathrm{K}} \circ \overset{\langle p\rangle}{\mathfrak{E}}_{\mathrm{K}} \underbrace{\,\cdots\cdots\cdots\,}_{\text{p-fach}} \overset{\langle n\rangle}{\mathfrak{E}} \right) \right] \underbrace{\,\cdots\cdots\cdots\,}_{\text{n-fach}} \overset{\langle n\rangle}{\mathfrak{E}}{}^{\mathrm{T}} \right\}^{-1} =$$

$$= \frac{n!}{(n-p)!} \left\{ \left[\overset{\langle p\rangle}{\mathfrak{E}}_{\mathrm{K}} \wedge \left(\overset{\langle p\rangle}{\mathfrak{E}}_{\mathrm{K}} \underbrace{\,\cdots\cdots\cdots\,}_{\text{p-fach}} \overset{\langle n\rangle}{\mathfrak{E}} \right) \right] \underbrace{\,\cdots\cdots\cdots\,}_{\text{n-fach}} \overset{\langle n\rangle}{\mathfrak{E}}{}^{\mathrm{T}} \right\}^{-1} \qquad (5.58\text{b})$$

und solchermaßen nach Einsetzen in (E5.58a) für die Operation $\overset{\langle n-p\rangle}{\mathfrak{H}} \left(\overset{\langle p\rangle}{\mathfrak{E}} /p! \right)$ die bezugsbasisinvariante Anweisung [41]

$$\overset{\langle n-p\rangle}{\mathfrak{H}} \left(\overset{\langle p\rangle}{\mathfrak{E}}_{\mathrm{K}}/p! \right) \equiv \overset{\langle n-p\rangle}{\mathfrak{E}}_{\mathrm{K}}{}^*/(n-p)! = \overset{(n,\,n-p)}{\beta}_{\mathrm{K}} \left(\overset{\langle p\rangle}{\mathfrak{E}}_{\mathrm{K}}/p! \right) \underbrace{\,\cdots\cdots\cdots\,}_{\text{p-fach}} \overset{\langle n\rangle}{\mathfrak{E}} \qquad (5.58\text{c})$$

---

[40] (E5.57d) gleichwertig ist die Forderung $\quad \overset{\langle p\rangle}{\mathfrak{E}}_{\mathrm{K}} \wedge \overset{\langle n-p\rangle}{\mathfrak{E}}_{\mathrm{K}}{}^* = \overset{\langle n\rangle}{\mathfrak{E}} \qquad (5.57\text{e})$

[41] Man beachte, daß hierin über die Reihung der zur Darstellung von $\overset{\langle n\rangle}{\mathfrak{E}}$, $\overset{\langle p\rangle}{\mathfrak{E}}_{\mathrm{K}}$ benötigten Basisvektoren keine Verfügung getroffen werden mußte.

mit
$$\overset{(n,n-p)}{\beta_K} = \left\{ \text{Alt}\left[\frac{\overset{\langle p\rangle}{\mathfrak{E}_K}}{p!} \circ \frac{\overset{\langle p\rangle}{\mathfrak{E}_K}}{p!} \underbrace{\cdots\cdots\cdots}_{p\text{-fach}} \overset{\langle n\rangle}{\mathfrak{E}}{}^T \right] \underbrace{\cdots\cdots\cdots}_{n\text{-fach}} \overset{\langle n\rangle}{\mathfrak{E}}{}^T \right\}^{-1}. \qquad (5.58\mathrm{d})$$

Betragsbildung an Gl.(E5.58c) ergibt mit

$$\overset{\langle n-p\rangle}{\mathfrak{E}_K}{}^* \underbrace{\cdots\cdots\cdots}_{(n-p)\text{-fach}} \overset{\langle n-p\rangle}{\mathfrak{E}_K}{}^{*T} = (n-p)!$$

$$\overset{(n,n-p)}{\beta_K^2} = \left\{ (n-p)!\,(\overset{\langle p\rangle}{\mathfrak{E}}/p!)\underbrace{\cdots\cdots\cdots}_{p\text{-fach}} \overset{\langle n\rangle}{\mathfrak{E}} \underbrace{\cdots\cdots\cdots}_{(n-p)\text{-fach}} \overset{\langle n\rangle}{\mathfrak{E}}{}^T \underbrace{\cdots\cdots\cdots}_{p\text{-fach}} (\overset{\langle p\rangle}{\mathfrak{E}}{}^T/p!) \right\}^{-1}$$

und damit

$$\overset{\langle n-p\rangle}{\mathfrak{E}_K}{}^* = \pm \sqrt{(n-p)!}\,(\overset{\langle p\rangle}{\mathfrak{E}_K}/p!)\underbrace{\cdots\cdots\cdots}_{p\text{-fach}} \overset{\langle n\rangle}{\mathfrak{E}} \,\Big/\, \left| (\overset{\langle p\rangle}{\mathfrak{E}_K}/p!)\underbrace{\cdots\cdots\cdots}_{p\text{-fach}} \overset{\langle n\rangle}{\mathfrak{E}} \right| \qquad (5.58\mathrm{e})$$

mit

$$\left| (\overset{\langle p\rangle}{\mathfrak{E}_K}/p!)\underbrace{\cdots\cdots\cdots}_{p\text{-fach}} \overset{\langle n\rangle}{\mathfrak{E}} \right| = \sqrt{(\overset{\langle p\rangle}{\mathfrak{E}}/p!)\underbrace{\cdots\cdots\cdots}_{p\text{-fach}} \overset{\langle n\rangle}{\mathfrak{E}} \underbrace{\cdots\cdots\cdots}_{(n-p)\text{-fach}} \overset{\langle n\rangle}{\mathfrak{E}}{}^T \underbrace{\cdots\cdots\cdots}_{p\text{-fach}} (\overset{\langle p\rangle}{\mathfrak{E}}{}^T/p!)}. \qquad (5.58\mathrm{f})$$

Die in (E5.58c) noch enthaltene Information über die "richtige Orientierung" der $\overset{\langle p\rangle}{\mathfrak{E}}/p!$

ergänzenden Einheits–Plangröße $\overset{\langle n-p\rangle}{\mathfrak{E}}/(n-p)!$ wurde in der letzteren Darstellung allerdings

verloren.

Beispielsweise den Fall n = 4 in Betracht nehmend, sind unter Benutzung einer Orthonormalbasis mit

$$\overset{\langle 4\rangle}{\mathfrak{E}} = \begin{vmatrix} \mathfrak{e}_1 & \mathfrak{e}_1 & \mathfrak{e}_1 & \mathfrak{e}_1 \\ \mathfrak{e}_2 & \mathfrak{e}_2 & \mathfrak{e}_2 & \mathfrak{e}_2 \\ \mathfrak{e}_3 & \mathfrak{e}_3 & \mathfrak{e}_3 & \mathfrak{e}_3 \\ \mathfrak{e}_4 & \mathfrak{e}_4 & \mathfrak{e}_4 & \mathfrak{e}_4 \end{vmatrix} = 4!\,\overset{\langle 4\rangle}{\text{Alt}}(\mathfrak{e}_1\circ \mathfrak{e}_2\circ \mathfrak{e}_3\circ \mathfrak{e}_4) = \mathfrak{e}_1\wedge \mathfrak{e}_2\wedge \mathfrak{e}_3\wedge \mathfrak{e}_4$$

die Größen $\overset{\langle p\rangle}{\mathfrak{E}_K}$ und $\overset{\langle n-p\rangle}{\mathfrak{E}_K}{}^*$ nach Tabelle 1 im Sinne von (E5.57b–d) bzw. (E5.58c,d) einander

zugeordnet [42]

---

[42] Die Zuordnung von Plangrößen und deren Ergänzungen läßt sich formal auch auf die (in der Tabelle

nichtmehr aufgelisteten) Fälle p = 0, p = 4 ausdehnen. Im Falle p = 0 entspricht der Plangröße $\overset{\langle 0\rangle}{\mathfrak{E}}/0!$

$=1/1 = 1$ die Ergänzung $\mathfrak{H}(1) = \overset{\langle 4\rangle}{\text{Alt}}(\mathfrak{e}_1\circ \mathfrak{e}_2\circ \mathfrak{e}_3\circ \mathfrak{e}_4)/4! = \mathfrak{e}_1\wedge \mathfrak{e}_2\wedge \mathfrak{e}_3\wedge \mathfrak{e}_4/4! = \overset{\langle 4\rangle}{\mathfrak{E}}/4!$, im Falle

$n = 4$ der Plangröße $\overset{\langle 4\rangle}{\text{Alt}}(\mathfrak{e}_1\circ \mathfrak{e}_2\circ \mathfrak{e}_3\circ \mathfrak{e}_4) = \overset{\langle 4\rangle}{\mathfrak{E}}/4!$ die Ergänzung $\mathfrak{H}(\overset{\langle 4\rangle}{\mathfrak{E}}/4!) = \text{Alt}(1) = 1/0! = 1$

Tab. 1

p	$\overset{\langle p\rangle}{\mathfrak{E}_K}$	$\overset{\langle n-p\rangle}{\mathfrak{E}_K{}^{*}} = (n-p)!\ \overset{\langle n-p\rangle}{\mathfrak{H}}\ (\,\overset{\langle p\rangle}{\mathfrak{E}_K}/p!)$
1	$1!\ \mathrm{Alt}(e_1) = e_1$	$3!\ \mathrm{Alt}(e_2 \circ e_3 \circ e_4) = e_2 \wedge e_3 \wedge e_4$
	$1!\ \mathrm{Alt}(e_2) = e_2$	$-\,3!\ \mathrm{Alt}(e_1 \circ e_3 \circ e_4) = e_1 \wedge e_3 \wedge e_4$
	$1!\ \mathrm{Alt}(e_3) = e_3$	$3!\ \mathrm{Alt}(e_1 \circ e_2 \circ e_4) = e_1 \wedge e_2 \wedge e_4$
	$1!\ \mathrm{Alt}(e_4) = e_4$	$-\,3!\ \mathrm{Alt}(e_1 \circ e_2 \circ e_3) = e_1 \wedge e_2 \wedge e_3$
2	$2!\ \mathrm{Alt}(e_1 \circ e_2) = e_1 \wedge e_2$	$2!\ \mathrm{Alt}(e_3 \circ e_4) = e_3 \wedge e_4$
	$2!\ \mathrm{Alt}(e_1 \circ e_3) = e_1 \wedge e_3$	$-\,2!\ \mathrm{Alt}(e_2 \circ e_4) = -\,e_2 \wedge e_4$
	$2!\ \mathrm{Alt}(e_1 \circ e_4) = e_1 \wedge e_4$	$2!\ \mathrm{Alt}(e_2 \circ e_3) = e_2 \wedge e_3$
	$2!\ \mathrm{Alt}(e_2 \circ e_3) = e_2 \wedge e_3$	$2!\ \mathrm{Alt}(e_1 \circ e_4) = e_1 \wedge e_4$
	$2!\ \mathrm{Alt}(e_2 \circ e_4) = e_2 \wedge e_4$	$-2!\ \mathrm{Alt}(e_1 \circ e_3) = -\,e_1 \wedge e_3$
	$2!\ \mathrm{Alt}(e_3 \circ e_4) = e_3 \wedge e_4$	$2!\ \mathrm{Alt}(e_1 \circ e_2) = e_1 \wedge e_2$
3	$3!\ \mathrm{Alt}(e_1 \circ e_2 \circ e_3) = e_1 \wedge e_2 \wedge e_3$	$1!\ \mathrm{Alt}(e_4) = e_4$
	$3!\ \mathrm{Alt}(e_1 \circ e_2 \circ e_4) = e_1 \wedge e_2 \wedge e_4$	$-1!\ \mathrm{Alt}(e_3) = -e_3$
	$3!\ \mathrm{Alt}(e_2 \circ e_3 \circ e_4) = e_2 \wedge e_3 \wedge e_4$	$-1!\ \mathrm{Alt}(e_2) = -e_2$
	$3!\ \mathrm{Alt}(e_1 \circ e_3 \circ e_4) = e_1 \wedge e_3 \wedge e_4$	$1!\ \mathrm{Alt}(e_1) = e_1$

wobei übrigens die hieraus erkennbaren Beziehungen

$$\overset{\langle 1\rangle}{\mathfrak{H}}\,(\,\overset{\langle 3\rangle}{\mathfrak{H}}\,(\,\overset{\langle 1\rangle}{\mathfrak{E}_K})) = -\,\overset{\langle 1\rangle}{\mathfrak{E}_K}\,, \qquad \overset{\langle 2\rangle}{\mathfrak{H}}\,(\,\overset{\langle 2\rangle}{\mathfrak{H}}\,(\,\overset{\langle 2\rangle}{\mathfrak{E}_K})) = \overset{\langle 2\rangle}{\mathfrak{E}_K}\,,$$

$$\overset{\langle 3\rangle}{\mathfrak{H}}\,(\,\overset{\langle 1\rangle}{\mathfrak{H}}\,(\,\overset{\langle 3\rangle}{\mathfrak{E}_K}/3!)) = -\,\overset{\langle 3\rangle}{\mathfrak{E}_K}/3!$$

Ausdruck des allgemeinen Befundes

$$\overset{\langle p\rangle}{\mathfrak{H}}\,(\,\overset{\langle n-p\rangle}{\mathfrak{H}}\,(\,\overset{\langle p\rangle}{\mathfrak{E}_K}/p!)) = (-1)^{n(n-p)}\,\overset{\langle p\rangle}{\mathfrak{E}_K}/p! \tag{5.59}$$

sind, den man als Spezialfall des antikommutativen Gesetzes (E5.53) folgert.

Die in der zweiten Spalte der Tabelle untereinander aufgelisteten Einheits–Plangrößen $\overset{\langle p\rangle}{\mathfrak{E}}_{K}/p!$ stellen die für die jeweilige Stufe (p) angebbaren voneinander unabhängigen Größen dar. Für etwa p = 3 sind dies die $4 = \begin{bmatrix} 4 \\ 3 \end{bmatrix}$ Größen $\mathfrak{e}_{1}{\wedge}\,\mathfrak{e}_{2}{\wedge}\,\mathfrak{e}_{3}/3!$, $\mathfrak{e}_{1}{\wedge}\,\mathfrak{e}_{2}{\wedge}\,\mathfrak{e}_{4}/3!$, $\mathfrak{e}_{2}{\wedge}\,\mathfrak{e}_{3}{\wedge}\,\mathfrak{e}_{4}/3!$, $\mathfrak{e}_{1}{\wedge}\,\mathfrak{e}_{3}{\wedge}\,\mathfrak{e}_{4}/3!$, auf die sich wegen (E5.53,54) alle denkbaren dreistufigen Einheits–Plangrößen $\mathfrak{e}_{j}{\wedge}\,\mathfrak{e}_{k}{\wedge}\,\mathfrak{e}_{m}/3!$ zurückführen lassen.

Daß diese Größen notwendig alle im Sinne von $\overset{\langle 3\rangle}{\underset{L}{\mathfrak{E}}} \cdots \overset{\langle 3\rangle}{\underset{K}{\mathfrak{E}}} = 0$ für L $\neq$ K zueinander orthogonal sein müssen ist selbstverständlich, da ansonsten entsprechende Alternationen über drei linear nicht voneinander unabhängig Basisvektoren erzeugt worden wären, die aber allesamt verschwinden.

Diesen Sachverhalt verallgemeinernd, läßt sich feststellen, daß im n–dimensionalen euklidischen Vektorraum $\begin{bmatrix} n \\ p \end{bmatrix}$ voneinander unabhängige, im Sinne von

$$(\overset{\langle p\rangle}{\underset{K}{\mathfrak{E}}}/p!) \underbrace{\cdots\cdots\cdots}_{\text{p-fach}} (\overset{\langle p\rangle}{\underset{L}{\mathfrak{E}}}/p!)^{T} = \begin{cases} 1/p! & \text{für } K = L \\[4pt] 0 & \text{für } K \neq L \end{cases} \qquad K,L = 1 \ldots \begin{bmatrix} n \\ p \end{bmatrix} \qquad (5.60)$$

"zueinander orthogonale" Einheits-"Basisgrößen" angegeben werden können, mittels derer eine

5.6 Komponentendarstellung alternierender Tensoren

und damit eine Zerlegung solcherart Aggregate in $\begin{bmatrix} n \\ p \end{bmatrix}$ linear voneinander unabhängige Teilgrößen in natürlicher Weise anfällt. Man bekommt aus

$$p! \, \mathrm{Alt}\, \overset{\langle p\rangle\langle p\rangle}{\$} = p! \mathrm{Alt}\Big[\sum_{\alpha,\beta\ldots\pi=1}^{n} \sigma_{\alpha\beta\ldots\pi}\, \overset{\langle p\rangle}{}\mathfrak{e}_{\alpha}{\circ}\,\mathfrak{e}_{\beta}{\circ}\ldots{\circ}\,\mathfrak{e}_{\pi} \Big] \equiv$$

$$\equiv p! \Big[\sum_{\alpha,\beta\ldots\pi=1}^{n} \sigma_{\alpha\beta\ldots\pi}\, \mathrm{Alt}(\mathfrak{e}_{\alpha}{\circ}\,\mathfrak{e}_{\beta}{\circ}\ldots{\circ}\,\mathfrak{e}_{\pi}) \Big] \equiv \sum_{\alpha,\beta\ldots\pi=1}^{n} \sigma_{\alpha\beta\ldots\pi}\, \mathfrak{e}_{\alpha}{\wedge}\,\mathfrak{e}_{\beta}{\wedge}\ldots{\wedge}\,\mathfrak{e}_{\pi}) \equiv$$

$$\equiv \sum_{K=1}^{\binom{n}{p}} s_{K}^{\times}\, \overset{\langle p\rangle}{\underset{K}{\mathfrak{E}}} \qquad\qquad (5.61a)$$

mit den entsprechenden Teil-Permutationstensoren $\overset{\langle p\rangle}{\underset{L}{\mathfrak{E}}} = \mathfrak{e}_{1}{\wedge}\,\mathfrak{e}_{2}{\wedge}\ldots{\wedge}\,\mathfrak{e}_{p}$ usw., wobei die skalaren Komponenten $\overset{\times}{s}_L$ -man multipliziere (E5.61a) p-fach skalar mit $\overset{\langle p\rangle}{\mathfrak{E}}{}_L^{\,T}$ und beachte (E5.60)- als

$$\overset{\times}{s}_L = \left[\operatorname{Alt}\overset{\langle p\rangle\langle p\rangle}{\$}\right]\underbrace{\ldots\ldots}_{p\text{-fach}}\overset{\langle p\rangle}{\mathfrak{E}}{}_L^{\,T} \overset{(Q.32e)}{\equiv} \overset{\langle p\rangle}{\$}\underbrace{\ldots\ldots}_{p\text{-fach}}\overset{\langle p\rangle}{\mathfrak{E}}{}_L^{\,T} \tag{5.61b}$$

festzustellen sind. Hiermit entsteht aus (E5.61a)

$$\operatorname{Alt}\overset{\langle p\rangle\langle p\rangle}{\$} = \frac{1}{p!}\sum_{K=1}^{\binom{n}{p}}\left[\overset{\langle p\rangle}{\$}\underbrace{\ldots\ldots}_{p\text{-fach}}\overset{\langle p\rangle}{\mathfrak{E}}{}_K^{\,T}\right]\overset{\langle p\rangle}{\mathfrak{E}}{}_K \equiv \overset{\langle p\rangle}{\$}\underbrace{\ldots\ldots}_{p\text{-fach}}\frac{1}{p!}\sum_{K=1}^{\binom{n}{p}}\overset{\langle p\rangle}{\mathfrak{E}}{}_K^{\,T}\circ\overset{\langle p\rangle}{\mathfrak{E}}{}_K, \tag{5.61c}$$

und, weil andererseits nach (E4.72)

$$\operatorname{Alt}\overset{\langle p\rangle\langle p\rangle}{\$} = \overset{\langle p\rangle}{\$}\underbrace{\ldots\ldots}_{p\text{-fach}}\overset{\langle 2p\rangle}{\mathbf{A}} \tag{5.61d}$$

identifiziert wurde, eine "Komponentendarstellung" für den 2p-stufigen Alternierer:

$$\overset{\langle 2p\rangle}{\mathbf{A}} = \frac{1}{p!}\sum_{K=1}^{\binom{n}{p}}\overset{\langle p\rangle}{\mathfrak{E}}{}_K^{\,T}\circ\overset{\langle p\rangle}{\mathfrak{E}}{}_K. \tag{5.61e}$$

Dessen Transpositionssymmetrie, d. h. $\overset{\langle 2p\rangle}{\mathbf{A}} = \overset{\langle 2p\rangle}{\mathbf{A}}{}^{T}$ (vgl. E4.73), ist wegen der auch für im $\mathscr{V}_n$ definierte Tensoren $\overset{\langle p\rangle}{\mathbb{A}}$, $\overset{\langle p\rangle}{\mathbb{B}}$ gültigen Beziehungen

$$(\overset{\langle p\rangle}{\mathbb{A}}\circ\overset{\langle p\rangle}{\mathbb{B}})^{T} = \overset{\langle p\rangle}{\mathbb{B}}{}^{T}\circ\overset{\langle p\rangle}{\mathbb{A}}{}^{T}, \quad \left[\overset{\langle p\rangle}{\mathbb{A}}{}^{T}\right]^{T} = \overset{\langle p\rangle}{\mathbb{A}},$$

(vgl. (6.25a), Haupttext), womit speziell dann auch

$$\left[\overset{\langle p\rangle}{\mathfrak{E}}{}_K^{\,T}\circ\overset{\langle p\rangle}{\mathfrak{E}}{}_K\right]^{T} = \overset{\langle p\rangle}{\mathfrak{E}}{}_K^{\,T}\circ\overset{\langle p\rangle}{\mathfrak{E}}{}_K \tag{5.62a}$$

gilt, unmittelbar zu erkennen, dsgl. die Identität

$$\operatorname{Alt}\overset{\langle p\rangle\langle p\rangle}{\$} = \overset{\langle p\rangle}{\$}\underbrace{\ldots\ldots}_{p\text{-fach}}\overset{\langle 2p\rangle}{\mathbf{A}} = \overset{\langle 2p\rangle}{\mathbf{A}}\underbrace{\ldots\ldots}_{p\text{-fach}}\overset{\langle p\rangle}{\$},$$

weil in Verallgemeinerung von (2.57), Haupttext das kommutative Gesetz

$$\overset{\langle p\rangle}{\$}\underbrace{\ldots\ldots}_{p\text{-fach}}\overset{\langle p\rangle}{\mathfrak{E}}{}_K^{\,T} = \overset{\langle p\rangle}{\mathfrak{E}}{}_K^{\,T}\underbrace{\ldots\ldots}_{p\text{-fach}}\overset{\langle p\rangle}{\$}$$

auch für im $\mathscr{V}_n$ definierte Tensoren gilt und daher (E5.61d) in der Tat auch als

$$\overset{\langle p\rangle\langle p\rangle}{\mathrm{Alt}\;\$} = \frac{1}{p!}\sum_{K=1}^{\binom{n}{p}} \overset{\langle p\rangle}{\mathfrak{E}}_{K}\Big[\underbrace{\overset{\langle p\rangle}{\mathfrak{E}}_{K}^{T}\cdots\cdots}_{p\text{-fach}}\overset{\langle p\rangle}{\$}\Big] \equiv \Big[\frac{1}{p!}\sum_{K=1}^{\binom{n}{p}} \overset{\langle p\rangle}{\mathfrak{E}}_{K}\circ \overset{\langle p\rangle}{\mathfrak{E}}_{K}^{T}\Big]\underbrace{\cdots\cdots}_{p\text{-fach}}\overset{\langle p\rangle}{\$}$$

$$\equiv \Big[\frac{1}{p!}\sum_{K=1}^{\binom{n}{p}} \overset{\langle p\rangle}{\mathfrak{E}}_{K}^{T}\circ \overset{\langle p\rangle}{\mathfrak{E}}_{K}\Big]\underbrace{\cdots\cdots}_{p\text{-fach}}\overset{\langle p\rangle}{\$} \equiv \overset{\langle 2p\rangle}{\mathbf{A}}\underbrace{\cdots\cdots}_{p\text{-fach}}\overset{\langle p\rangle}{\$}$$

geschrieben werden kann, wenn man noch

$$\overset{\langle p\rangle}{\mathfrak{E}}_{K}^{T} = (-1)^{\frac{p(p-1)}{2}}\,\overset{\langle p\rangle}{\mathfrak{E}}_{K} \tag{5.62b}$$

und damit

$$\overset{\langle p\rangle}{\mathfrak{E}}_{K}^{T}\circ \overset{\langle p\rangle}{\mathfrak{E}}_{K} \equiv \overset{\langle p\rangle}{\mathfrak{E}}_{K}\circ \overset{\langle p\rangle}{\mathfrak{E}}_{K}^{T} \tag{5.62c}$$

beachtet. Die Einführung per

$$\overset{\langle 2p\rangle}{\mathfrak{E}}_{[K]} = \overset{\langle p\rangle}{\mathfrak{E}}_{K}^{T}\circ \overset{\langle p\rangle}{\mathfrak{E}}_{K}\,/p! \equiv \overset{\langle p\rangle}{\mathfrak{E}}_{K}\circ \overset{\langle p\rangle}{\mathfrak{E}}_{K}^{T}/p! \tag{5.63a}$$

definierter 2p-stufiger Basisgrößen mit den Idempotenz-Eigenschaften [43]

$$\overset{\langle 2p\rangle}{\mathfrak{E}}_{[K]}\underbrace{\cdots\cdots}_{p\text{-fach}}\overset{\langle 2p\rangle}{\mathfrak{E}}_{[L]} = \begin{cases} \overset{\langle 2p\rangle}{\mathfrak{E}}_{[K]} & \text{für } K = L \\[2mm] 0 & \text{für } K \neq L \end{cases} \tag{5.63b}$$

$$\overset{\langle 2p\rangle}{\mathfrak{E}}_{[K]}\underbrace{\cdots\cdots}_{2p\text{-fach}}\overset{\langle 2p\rangle}{\mathfrak{E}}_{[L]} = \delta_{\langle KL\rangle} = \begin{cases} 1 & \text{für } K = L \\[2mm] 0 & \text{für } K \neq L \end{cases} \tag{5.63c}$$

gestattet in der Form

$$\overset{\langle 2p\rangle}{\mathbf{A}} = \sum_{K=1}^{\binom{n}{p}} \overset{\langle 2p\rangle}{\mathfrak{E}}_{[K]}\,, \quad \overset{\langle p\rangle\langle p\rangle}{\mathrm{Alt}\;\$} = \sum_{K=1}^{\binom{n}{p}} \overset{\langle p\rangle}{\$}\underbrace{\cdots\cdots}_{p\text{-fach}}\overset{\langle 2p\rangle}{\mathfrak{E}}_{[K]} \equiv \sum_{K=1}^{\binom{n}{p}} \Big[\overset{\langle p\rangle\langle p\rangle}{\mathrm{Alt}\;\$}\Big]_{[K]} \tag{5.63d,e}$$

übrigens noch eine weitere formale Vereinfachung betr. die Zerlegung eines alternierenden Tensors

$$\overset{\langle p\rangle}{\$}\underbrace{\cdots\cdots}_{p\text{-fach}}\overset{\langle 2p\rangle}{\mathbf{A}}\;\text{ in}$$ im Sinne von

---

[43] Man beachte
$$\overset{\langle p\rangle}{\mathfrak{E}}_{K}\underbrace{\cdots\cdots}_{p\text{-fach}}\overset{\langle p\rangle}{\mathfrak{E}}_{K}^{T} = p!\;;\quad \overset{\langle p\rangle}{\mathfrak{E}}_{K}^{T} = (-1)^{\frac{p(p-1)}{2}}\,\overset{\langle p\rangle}{\mathfrak{E}}_{K}\,.$$

$$\left[\overset{\langle p\rangle\langle p\rangle}{\mathrm{Alt}\ \mathbb{S}}\right]_{[K]}\underbrace{\cdots\cdots}_{\text{p-fach}}\left[\overset{\langle p\rangle\langle p\rangle}{\mathrm{Alt}\ \mathbb{S}}\right]_{[L]} = 0 \quad \text{für } K \neq L \tag{5.63f}$$

orthogonale Anteile.

Die Zerlegungsmöglichkeiten (E5.61–63) werden auch als sog. "Multivektor-Darstellungen" eines alternierenden Tensors bezeichnet [14], der z. B. im Sinne von (E5.61a,b) bei Vorgabe einer "Basis" $\left\langle\overset{\langle p\rangle}{\mathfrak{E}}_K\right\rangle$ durch einen $\left[\begin{smallmatrix}n\\p\end{smallmatrix}\right]$-komponentigen "Multivektor"

$$\overset{\times}{\mathbb{S}} = \left[\overset{\times}{\mathbb{S}}_I,\dots\ \overset{\times}{\mathbb{S}}_{\binom{n}{p}}\right] = \left[\overset{\langle p\rangle}{\mathbb{S}}\underbrace{\cdots\cdots}_{\text{p-fach}}\overset{\langle p\rangle}{\mathfrak{E}}{}_I^T,\dots,\overset{\langle p\rangle}{\mathbb{S}}\underbrace{\cdots\cdots}_{\text{p-fach}}\overset{\langle p\rangle}{\mathfrak{E}}{}_{\binom{n}{p}}^T\right] \tag{5.64a}$$

zu kennzeichnen ist, dessen Betrag

$$\left|\overset{\times}{\mathbb{S}}\right|^2 = \sum_{K=1}^{\binom{n}{p}}\overset{\times}{\mathbb{S}}{}_K^2 = {}^{44)}\ p!\left[\overset{\langle p\rangle\langle p\rangle}{\mathrm{Alt}\ \mathbb{S}}\right]\underbrace{\cdots\cdots}_{\text{p-fach}}\left[\overset{\langle p\rangle\langle p\rangle}{\mathrm{Alt}\ \mathbb{S}}\right]^T = p!\left|\overset{\langle p\rangle\langle p\rangle}{\mathrm{Alt}\ \mathbb{S}}\right|^2 \tag{5.64b}$$

mit dem per

$$\left|\overset{\langle p\rangle\langle p\rangle}{\mathrm{Alt}\ \mathbb{S}}\right| = {}^{45)}\ \sqrt{\overset{\langle p\rangle\langle p\rangle}{\mathrm{Alt}\ \mathbb{S}}\underbrace{\cdots\cdots}_{\text{p-fach}}\left[\overset{\langle p\rangle\langle p\rangle}{\mathrm{Alt}\ \mathbb{S}}\right]^T} \tag{5.64c}$$

definierten "Betrag" des alternierenden Tensors $\overset{\langle p\rangle\langle p\rangle}{\mathrm{Alt}\ \mathbb{S}}$ zusammenhängt.

Den in (E5.64b) "störenden" Faktor p! hätte man durch geeignete andere Normierung der Größen $\overset{\times}{\mathbb{S}}_K$ beseitigen können. Er wurde hier beibehalten um eine formale Harmonisierung der "Komponenten" $\overset{\times}{\mathbb{S}}_K$ mit den Komponenten des "Vektors" $\overset{\times}{\mathbb{S}}$ im $\mathcal{V}_3$ (vgl. (2.19c), Haupttext) zu erreichen. Mit

$$\overset{\langle 2\rangle}{\mathfrak{E}}_I = \mathfrak{e}_2 {\wedge} \mathfrak{e}_3\ ,\quad \overset{\langle 2\rangle}{\mathfrak{E}}_{II} = \mathfrak{e}_3 {\wedge} \mathfrak{e}_1\ ,\quad \overset{\langle 2\rangle}{\mathfrak{E}}_{III} = \mathfrak{e}_1 {\wedge} \mathfrak{e}_2 \tag{5.65a}$$

---

44) Man bilde, von (E5.61a) ausgehend, $p!(\overset{\langle p\rangle\langle p\rangle}{\mathrm{Alt}\ \mathbb{S}})\underbrace{\cdots\cdots}_{\text{p-fach}}(\overset{\langle p\rangle\langle p\rangle}{\mathrm{Alt}\ \mathbb{S}})^T$ und beachte (E5.60).

45) In Verallgemeinerung von (6.25b) Haupttext definiert man als Betrag eines p–stufigen Tensors $\overset{\langle p\rangle}{\mathbb{A}}$ im $\mathcal{V}_n$ die Größe $\left|\overset{\langle p\rangle}{\mathbb{A}}\right| = \sqrt{\overset{\langle p\rangle}{\mathbb{A}}\underbrace{\cdots\cdots}_{\text{p-fach}}\overset{\langle p\rangle}{\mathbb{A}}{}^T} \tag{E5.65}$

bekommt man [46]

$$\overset{\times}{s}_{I} = \overset{\langle 2\rangle}{\$} \cdot\cdot\,(\mathbf{e}_{2}\wedge \mathbf{e}_{3})^{T} \,\hat{=}\, \begin{pmatrix} \sigma_{11} & \sigma_{12} & \sigma_{13} \\ \sigma_{21} & \sigma_{22} & \sigma_{23} \\ \sigma_{31} & \sigma_{32} & \sigma_{33} \end{pmatrix} \cdot\cdot \begin{pmatrix} 0 & 0 & 0 \\ 0 & 0 & -1 \\ 0 & 1 & 0 \end{pmatrix} = \sigma_{23} - \sigma_{32}$$

und entsprechend

$$\overset{\times}{s}_{II} = \overset{\langle 2\rangle}{\$} \cdot\cdot\,(\mathbf{e}_{1}\wedge \mathbf{e}_{3})^{T} = \sigma_{31} - \sigma_{13}\,,\ \overset{\times}{s}_{III} = \overset{\langle 2\rangle}{\$} \cdot\cdot\,(\mathbf{e}_{2}\wedge \mathbf{e}_{1})^{T} = \sigma_{12} - \sigma_{21}\,,$$

was zu

$$\big(\overset{\times}{s}_{I},\overset{\times}{s}_{II},\overset{\times}{s}_{III}\big) = \big(\sigma_{23} - \sigma_{32}, \sigma_{31} - \sigma_{13}, \sigma_{12} - \sigma_{21}\big)_{\langle 2\rangle \atop \langle \overset{\langle 2\rangle}{\mathscr{E}}_{K}\rangle}\,, \tag{5.65b}$$

zusammengefaßt, komponentenweise mit der auf eine rechtshändige Orthonormalbasis $\langle \mathbf{e}_{j}\rangle$ bezogenen Komponentendarstellung von $\overset{\times}{\$}$ nach (2.19c), Haupttext, identisch ist.

p-fache Skalarmultiplikation von (E5.61a) mit dem Permutationstensor $\overset{\langle n\rangle}{\mathscr{E}}$ ergibt

$$\left[\text{Alt}\,\overset{\langle p\rangle\langle p\rangle}{\$}\right] \underbrace{\cdots\cdots}_{p\text{-fach}} \overset{\langle n\rangle}{\mathscr{E}} \overset{47)}{\equiv} \overset{\langle p\rangle}{\$} \underbrace{\cdots\cdots}_{p\text{-fach}} \overset{\langle n\rangle}{\mathscr{E}} =$$

$$= \frac{1}{p!} \sum_{K=1}^{\binom{n}{p}} \overset{\times}{s}_{K} \overset{\langle p\rangle}{\mathscr{E}}_{K} \underbrace{\cdots\cdots}_{p\text{-fach}} \overset{\langle n\rangle}{\mathscr{E}} \overset{\text{(E5.58a)}}{=} \frac{1}{p!(n-p)!} \sum_{K=1}^{\binom{n}{p}} \frac{\overset{\times}{s}_{K}}{\underset{\alpha_{K}}{(n,n-p)}} \overset{\langle n-p\rangle}{\mathscr{E}}_{K}{}^{*} \tag{5.66}$$

also eine "ergänzende Darstellung" eines schiefsymmetrischen Tensors in Termen der $\binom{n}{p}$ ergänzenden Einheits-Plangrößen.

Für den Fall $n = 3$, $p = 2$ sind die Letzteren Vektoren im $\mathscr{V}_{3}$. Man bekommt mit den Plangrößen nach (E5.65a) aufgrund von (E5.58b)

$$\overset{(3,2)}{\alpha_{I}} = \overset{(3,2)}{\alpha_{II}} = \overset{(3,2)}{\alpha_{III}} = -1/(2!)\,,$$

desweiteren nach (E5.58a) die Ergänzungen

$$\overset{\langle 1\rangle}{\mathscr{E}}_{I}{}^{*} = \mathbf{e}_{1}\,,\ \overset{\langle 1\rangle}{\mathscr{E}}_{II}{}^{*} = \mathbf{e}_{2}\,,\ \overset{\langle 1\rangle}{\mathscr{E}}_{III}{}^{*} = \mathbf{e}_{3}$$

---

[46] Man beachte $\mathbf{e}_{2}\wedge \mathbf{e}_{3} = \begin{vmatrix} \mathbf{e}_{2} & \mathbf{e}_{2} \\ \mathbf{e}_{3} & \mathbf{e}_{3} \end{vmatrix} = \mathbf{e}_{2}\circ \mathbf{e}_{3} - \mathbf{e}_{3}\circ \mathbf{e}_{2}$

[47] vgl. den am Ende des Beispiels anschließenden Text.

und damit

$$-\left(s_I\overset{\times}{e}_1 + s_{II}\overset{\times}{e}_2 + s_{III}\overset{\times}{e}_3\right) = \left[\mathrm{Alt}\ \overset{\langle2\rangle\langle2\rangle}{S}\right] \cdot\cdot\ \overset{\langle3\rangle}{E} \equiv \overset{\langle2\rangle}{S} \cdot\cdot\ \overset{\langle3\rangle}{E} \equiv -\overset{\times}{s}\,.$$

Danach hat "der Vektor eines Tensors 2.Stufe" die Eigenschaft der "Ergänzung des schiefsymmetrischen

Teiles des Tensors".

Für den in Fußn. [47] angekündigten Nachweis von

$$\left[\mathrm{Alt}\ \overset{\langle p\rangle\langle p\rangle}{S}\right]\underbrace{\cdots\cdots\cdots}_{\text{p-fach}}\ \overset{\langle n\rangle}{E} \equiv \overset{\langle p\rangle}{S}\underbrace{\cdots\cdots\cdots}_{\text{p-fach}}\ \overset{\langle n\rangle}{E} \tag{5.67}$$

geht man wie folgt vor:

Beginnend mit $\overset{\langle p\rangle}{\mathbb{P}}_0 = \overset{(p)}{\times}\ o\ldots o\ \overset{(1)}{\times}$, berechnet man zunächst $\overset{\langle p\rangle}{\mathbb{P}}_0 \underbrace{\cdots\cdots\cdots}_{\text{p-fach}} \overset{\langle n\rangle}{E}$ und bekommt dieses

Resultat bis auf das Vorzeichen gleichermaßen, wenn man anstelle von $\overset{\langle p\rangle}{\mathbb{P}}_0$ eine beliebige Permutation

$\overset{\langle p\rangle}{\mathbb{P}}_k$ des Sets $\overset{\langle p\rangle}{\mathbb{P}}_0$ benutzt. Denn es ist

$$\overset{\langle p\rangle}{\mathbb{P}}_k \underbrace{\cdots\cdots\cdots}_{\text{p-fach}} \overset{\langle n\rangle}{E} = {}^{48)} (-1)^k\ \overset{\langle p\rangle}{\mathbb{P}}_0 \underbrace{\cdots\cdots\cdots}_{\text{p-fach}} \overset{\langle n\rangle}{E}\ , \tag{5.67a}$$

wobei k die Anzahl der Einzel–Platzvertauschungen der Vektoren des Sets $\overset{\langle p\rangle}{\mathbb{P}}_k$ bedeutet, die notwendig

sind, um ihn in die "geordnete Reihenfolge" von $\overset{\langle p\rangle}{\mathbb{P}}_0$ zu überführen. Formel (E5.67a) ist damit

begründet, daß man $\overset{\langle p\rangle}{\mathbb{P}}_k \underbrace{\cdots\cdots\cdots}_{\text{p-fach}} \overset{\langle n\rangle}{E}_k = \overset{\langle p\rangle}{\mathbb{P}}_0 \underbrace{\cdots\cdots\cdots}_{\text{p-fach}} \overset{\langle n\rangle}{E}$ feststellt, wenn man $\overset{\langle n\rangle}{E}_k$ aus $\overset{\langle n\rangle}{E}$

dadurch erzeugt, daß man in der Determinantendarstellung von $\overset{\langle n\rangle}{E}$ entsprechende k

Einzel–Zeilenvertauschungen vornimmt, die jeweils mit Vorzeichenwechsel einhergehen. Weil aber

$$\mathrm{Alt}\left(\overset{\langle p\rangle}{\times}\ o\ldots o\ \overset{\langle 1\rangle}{\times}\right) \equiv \sum_{k=0}^{p!-1} \overset{\langle p\rangle}{\mathbb{P}}_k / p!$$

ist, worin die einzelnen Elemente $\overset{\langle p\rangle}{\mathbb{P}}_k$ mit Vorzeichen $(-1)^k$ behaftet werden müssen, ist

---

48) Man denke sich die ersten p–Zeilen der Determinantendarstellung von $\overset{\langle p\rangle}{E}$ durch Diejenigen p

Einheitsvektoren besetzt, die den p–dimensionalen Unterraum $\overset{\langle p\rangle}{V}$ aufspannen, in dem $\overset{\langle p\rangle}{\mathbb{P}}_0$ definiert ist.

$$\sum_{k=1}^{p!-1} \overset{\langle p\rangle}{\mathbb{P}}_k \underbrace{\cdots\cdots\cdots}_{p\text{-fach}} \overset{\langle n\rangle}{\mathfrak{E}} = p!\, \overset{\langle p\rangle}{\mathbb{P}}_0 \underbrace{\cdots\cdots\cdots}_{p\text{-fach}} \overset{\langle n\rangle}{\mathfrak{E}}$$

und demgemäß

$$\mathrm{Alt}(\overset{\langle p\rangle}{\varkappa}\,\overset{\langle p\rangle}{\circ}...\overset{\langle 1\rangle}{\circ}\,\overset{}{\varkappa})\underbrace{\cdots\cdots\cdots}_{p\text{-fach}} \overset{\langle n\rangle}{\mathfrak{E}} = (\overset{\langle p\rangle}{\varkappa}\circ...\overset{\langle 1\rangle}{\circ}\,\varkappa)\underbrace{\cdots\cdots\cdots}_{p\text{-fach}} \overset{\langle n\rangle}{\mathfrak{E}}\ , \qquad (5.67b)$$

womit (E5.67) in der Tat nachgewiesen ist.

Eine mit Hilfe von (E5.61e) erreichbare Verallgemeinerung des in der Form (6.40d, Haupttext) für den $\mathscr{V}_3$ anfallenden "Entwicklungssatzes für zweifache Vektorprodukte" (vgl. (1.20a, Haupttext)) erreicht man durch konkretes Ausrechnen von $\overset{\langle n\rangle}{\mathfrak{E}}{}^{T}\cdot\overset{\langle n\rangle}{\mathfrak{E}}$, wobei jetzt vereinfachend Orthonormalbasisdarstellungen gewählt werden sollen. Man bekommt, indem man den rechten Multiplikator nach der Determinantenregel sogleich entwickelt, zunächst

$$\overset{\langle n\rangle}{\mathfrak{E}}{}^{T}\cdot\overset{\langle n\rangle}{\mathfrak{E}} = \begin{vmatrix} \mathbb{e}_n \cdots \mathbb{e}_n \\ \vdots \qquad \vdots \\ \mathbb{e}_1 \cdots \mathbb{e}_1 \end{vmatrix}_{\!\!n\text{-mal}} \cdot \left[\mathbb{e}_1 \circ \begin{vmatrix} \mathbb{e}_2 \cdots \mathbb{e}_2 \\ \vdots \qquad \vdots \\ \mathbb{e}_n \cdots \mathbb{e}_n \end{vmatrix}_{\!\!(n-1)\text{-mal}} - \mathbb{e}_2 \circ \begin{vmatrix} \mathbb{e}_1 \cdots \mathbb{e}_1 \\ \mathbb{e}_3 \quad\ \mathbb{e}_3 \\ \vdots \qquad \vdots \\ \mathbb{e}_n \cdots \mathbb{e}_n \end{vmatrix} + -\ldots \right] \equiv$$

$$\equiv \begin{vmatrix} \mathbb{e}_n \cdots \mathbb{e}_n & 0 \\ \vdots \qquad \vdots & \vdots \\ \mathbb{e}_2 \quad\ \mathbb{e}_2 & 0 \\ \mathbb{e}_1 \cdots \mathbb{e}_1 & 1 \end{vmatrix}_{\!\!(n-1)\text{-mal}} \circ \begin{vmatrix} \mathbb{e}_2 \cdots \mathbb{e}_2 \\ \vdots \qquad \vdots \\ \mathbb{e}_n \cdots \mathbb{e}_n \end{vmatrix}_{\!\!(n-1)\text{-mal}} - \begin{vmatrix} \mathbb{e}_n \cdots \mathbb{e}_n & 0 \\ \vdots \qquad \vdots & \vdots \\ \mathbb{e}_2 \quad\ \mathbb{e}_2 & 1 \\ \mathbb{e}_1 \cdots \mathbb{e}_1 & 0 \end{vmatrix}_{\!\!(n-1)\text{-mal}} \circ \begin{vmatrix} \mathbb{e}_1 \cdots \mathbb{e}_1 \\ \mathbb{e}_3 \quad\ \mathbb{e}_3 \\ \vdots \qquad \vdots \\ \mathbb{e}_n \cdots \mathbb{e}_n \end{vmatrix}_{\!\!(n-1)\text{-mal}} + -\ldots =$$

$$= (-1)^{(n-1)}\left\{ \begin{vmatrix} 0 & \mathbb{e}_n \cdots \mathbb{e}_n \\ \vdots & \vdots \qquad \vdots \\ 0 & \mathbb{e}_2 \quad\ \mathbb{e}_2 \\ 1 & \mathbb{e}_1 \cdots \mathbb{e}_1 \end{vmatrix}_{\!\!(n-1)\text{-mal}} \circ \begin{vmatrix} \mathbb{e}_2 \cdots \mathbb{e}_2 \\ \vdots \qquad \vdots \\ \mathbb{e}_n \cdots \mathbb{e}_n \end{vmatrix}_{\!\!(n-1)\text{-mal}} - \begin{vmatrix} 0 & \mathbb{e}_n \cdots \mathbb{e}_n \\ \vdots & \vdots \qquad \vdots \\ 1 & \mathbb{e}_2 \quad\ \mathbb{e}_2 \\ 0 & \mathbb{e}_1 \cdots \mathbb{e}_1 \end{vmatrix}_{\!\!(n-1)\text{-mal}} \circ \begin{vmatrix} \mathbb{e}_1 \cdots \mathbb{e}_1 \\ \mathbb{e}_3 \quad\ \mathbb{e}_3 \\ \vdots \qquad \vdots \\ \mathbb{e}_n \cdots \mathbb{e}_n \end{vmatrix}_{\!\!(n-1)\text{-mal}} + -\ldots \right\} \equiv$$

$$\equiv \left\{ \begin{vmatrix} \mathbb{e}_n \cdots \mathbb{e}_n \\ \vdots \qquad \vdots \\ \mathbb{e}_2 \cdots \mathbb{e}_2 \end{vmatrix} \circ \begin{vmatrix} \mathbb{e}_2 \cdots \mathbb{e}_2 \\ \vdots \qquad \vdots \\ \mathbb{e}_n \cdots \mathbb{e}_n \end{vmatrix} + \begin{vmatrix} \mathbb{e}_n \cdots \mathbb{e}_n \\ \vdots \qquad \vdots \\ \mathbb{e}_3 \quad\ \mathbb{e}_3 \\ \mathbb{e}_1 \cdots \mathbb{e}_1 \end{vmatrix} \circ \begin{vmatrix} \mathbb{e}_1 \cdots \mathbb{e}_1 \\ \mathbb{e}_3 \quad\ \mathbb{e}_3 \\ \vdots \qquad \vdots \\ \mathbb{e}_n \cdots \mathbb{e}_n \end{vmatrix} + \ldots \right\},$$

also $\overset{\langle n\rangle}{\mathfrak{E}}{}^{T}\cdot\overset{\langle n\rangle}{\mathfrak{E}}$ als Summe aller tensoriellen Produkte der in den $\begin{bmatrix} n \\ n-1 \end{bmatrix} = n$ Unterräumen $\mathscr{V}_{(n-1)K}$ definierten Teil–Permutationstensoren $\overset{\langle n-1\rangle}{\mathfrak{E}}_{K}$, d.h.

$$\overset{\langle n\rangle}{\mathfrak{E}}{}^{T}\cdot\overset{\langle n\rangle}{\mathfrak{E}} = \sum_{K=1}^{\begin{bmatrix} n \\ n-1 \end{bmatrix}} \overset{\langle n-1\rangle}{\mathfrak{E}}_{K}{}^{T}\circ\overset{\langle n-1\rangle}{\mathfrak{E}}_{K} \overset{(E5.61e)}{\equiv} (n-1)!\,\overset{\langle 2(n-1)\rangle}{\mathbf{A}}$$

bzw. $\qquad \overset{\langle n\rangle}{\mathfrak{E}}\cdot\overset{\langle n\rangle}{\mathfrak{E}} = (-1)^{\frac{n(n-1)}{2}}\overset{\langle n\rangle}{\mathfrak{E}}{}^{T}\cdot\overset{\langle n\rangle}{\mathfrak{E}} = (-1)^{\frac{n(n-1)}{2}}(n-1)!\,\overset{\langle 2(n-1)\rangle}{\mathbf{A}} \qquad (5.67c)$

mit dem Spezialfall

$$\overset{\langle 3\rangle}{\mathfrak{E}}\cdot\overset{\langle 3\rangle}{\mathfrak{E}} = -2\,\overset{\langle 4\rangle}{\mathbf{A}} \qquad (5.67d)$$

für n = 3 (vgl. (6.40d, Haupttext).

Nochmalige Verjüngung von (5.67c) ergibt dann

$$\overset{\langle n\rangle}{\mathfrak{E}}{}^{T}\cdot\cdot\,\overset{\langle n\rangle}{\mathfrak{E}} = \sum_{K=1}^{n} \overset{\langle n-1\rangle}{\mathfrak{E}}_{KL}{}^{T}\cdot\overset{\langle n-1\rangle}{\mathfrak{E}}_{KL} = \sum_{\substack{K=1\ldots n \\ L=1\ldots (n-1)}} \overset{\langle n-2\rangle}{\mathfrak{E}}_{KL}{}^{T}\circ\overset{\langle n-2\rangle}{\mathfrak{E}}_{KL} \qquad (5.67f)$$

mit den jeweiligen in den (n–2)–dimensionalen Unterräumen $\mathscr{V}_{(n-2),KL}$ definierten Permutationstensoren $\overset{\langle n-2\rangle}{\mathfrak{E}}_{KL}$. Setzt man diese Prozedur bis zur (n–1)sten Verjüngung fort, so entsteht

$$\overset{\langle n\rangle}{\mathfrak{E}}{}^{T}\underbrace{\cdots\cdots\cdots}_{(n-1)\,\text{fach}}\overset{\langle n\rangle}{\mathfrak{E}} = \sum_{\substack{K=1\ldots n \\ L=1\ldots (n-1\ ) \\ \vdots \\ Z=1}} \overset{\langle 1\rangle}{\mathfrak{E}}_{KL\ldots Z}{}^{T}\circ\overset{\langle 1\rangle}{\mathfrak{E}}_{KL\ldots Z} \qquad (5.67g)$$

mit einstufigen, d.h. mit den Einheitsvektoren des den n–dimensionalen Vektorraum definierenden n–Beins identischen Größen $\overset{\langle 1\rangle}{\mathfrak{E}}_{KL\ldots Z}$. Daß (E5.67g) mit

$$\overset{\langle n\rangle}{\mathfrak{E}}{}^{T}\underbrace{\cdots\cdots\cdots}_{(n-1)\,\text{fach}}\overset{\langle n\rangle}{\mathfrak{E}} = (n-1)!\,\mathbb{E}_{n} \qquad (5.67h)$$

(vgl. (E5.23)) identisch ist, erkennt man am einfachsten in konkreter Beispiel–Rechnung. Etwa den Fall n = 4 betrachtend existieren 4 Größen $4 - 1 = 3$. Stufe

$$\overset{\langle 3\rangle}{\mathfrak{E}}_{I} = \mathfrak{e}_{1}\wedge\mathfrak{e}_{2}\wedge\mathfrak{e}_{3} \qquad \overset{\langle 3\rangle}{\mathfrak{E}}_{II} = \mathfrak{e}_{1}\wedge\mathfrak{e}_{2}\wedge\mathfrak{e}_{4} \qquad \overset{\langle 3\rangle}{\mathfrak{E}}_{III} = \mathfrak{e}_{1}\wedge\mathfrak{e}_{3}\wedge\mathfrak{e}_{4} \qquad \overset{\langle 3\rangle}{\mathfrak{E}}_{IV} = \mathfrak{e}_{2}\wedge\mathfrak{e}_{3}\wedge\mathfrak{e}_{4}$$

die selbst wieder in jeweils $4 - 1 = 3$ Größen $4 - 1 - 1 = 2$. Stufe aufgeschlüsselt werden können, womit in (E5.67f) insgesamt $4 \cdot 3 = 12$ Produkte aufscheinen von Größen

$$\left\{ \overset{\langle 2 \rangle}{\mathfrak{E}}_{KL} \right\} \hat{=} \left\{ \mathbb{e}_1 {}_{\wedge} \mathbb{e}_2, \ \mathbb{e}_1 {}_{\wedge} \mathbb{e}_3, \ \mathbb{e}_2 {}_{\wedge} \mathbb{e}_3; \ \mathbb{e}_1 {}_{\wedge} \mathbb{e}_2, \ \mathbb{e}_1 {}_{\wedge} \mathbb{e}_4, \ \mathbb{e}_2 {}_{\wedge} \mathbb{e}_4; \right.$$
$$\left. \mathbb{e}_1 {}_{\wedge} \mathbb{e}_3, \ \mathbb{e}_1 {}_{\wedge} \mathbb{e}_4, \ \mathbb{e}_3 {}_{\wedge} \mathbb{e}_4; \ \mathbb{e}_2 {}_{\wedge} \mathbb{e}_3, \ \mathbb{e}_2 {}_{\wedge} \mathbb{e}_4, \ \mathbb{e}_3 {}_{\wedge} \mathbb{e}_4 \right\} \tag{5.67i}$$

deren weitere Zerlegung direkt auf die Basisvektoren des n ($\equiv 4$)–Beins führen. Da die Basisvektoren in

(E5.67i), wie man durch Auszählen leicht feststellt, jeweils $6 = (4 - 1)!$–mal aufscheinen, ist aus (E5.67g)

in der Tat

$$\overset{\langle 4 \rangle}{\mathfrak{E}}{}^{T} \cdots \overset{\langle 4 \rangle}{\mathfrak{E}} = (4 - 1)! \sum_{j=1}^{4} \mathbb{e}_j \circ \mathbb{e}_j \circ \mathbb{e}_j \circ \mathbb{e}_j = (4 - 1)! \ \mathbb{E}_4$$

mit dem zweistufigen Einheitstensor für den $\mathscr{V}_4$ zu erhalten.

Als vorbereitendes Beispiel für Notationen in der speziellen Relativitätstheorie werden

5.7 Orthogonaltransformationen im $\mathscr{V}_4$

betrachtet, die analog §3 (Haupttext) durch orthogonale Vierer–Tensoren[49] gekennzeichnet

werden, und die per
$$\mathfrak{y} = \mathfrak{x} \cdot \mathfrak{Q} = \mathfrak{Q}^{T} \cdot \mathfrak{x} \tag{5.68a}$$

mit
$$\mathfrak{y}^2 = \mathfrak{y} \cdot \mathfrak{y} = \mathfrak{x} \cdot \mathfrak{Q} \cdot \mathfrak{Q}^{T} \cdot \mathfrak{x} = \mathfrak{x}^2 \tag{5.68b}$$

Vierer–Vektoren[45] $\mathfrak{x}$ betragstreu abbilden. Mit dem Vierer–Einheitstensor $\mathfrak{E}$ sind daher

---

[49] In Abweichung von der bisherigen Bezeichnungsweise werden im $\mathscr{V}_4$ definierte Vektoren bzw. Tensoren

nun durch Frakturbuchstaben gekennzeichnet, um die im Folgenden praktizierte Aufschlüsselung dieser

Größen in Anteile in einem dreidimensionalen Unterraum $\mathscr{V}_3$ und dazu orthogonalen Restgrößen besser

verdeutlichen zu können. So wird z. B. für Vektoren
$$\mathfrak{x} = \mathfrak{m} + x_4 \mathbb{e}_4 \quad \text{mit} \quad \mathfrak{m} \cdot \mathbb{e}_4 = 0 , \quad |\mathbb{e}_4| = 1, \tag{5.69a}$$

geschrieben, worin $\mathfrak{m}$ in den im $\mathscr{V}_3$ üblichen Komponentendarstellungen

$$\mathfrak{m} = \sum_{j=1}^{3} x_j \mathfrak{g}^j = \sum_{j=1}^{3} x^j \mathfrak{g}_j = \sum_{j=1}^{3} x_{\langle j \rangle} \mathbb{e}_j \ \text{mit} \ x_j = \mathfrak{m} \cdot \mathfrak{g}_j, \ x^j = \mathfrak{m} \cdot \mathfrak{g}^j ,$$
$$x_{\langle j \rangle} = \mathfrak{m} \cdot \mathbb{e}_j , \ j = 1 \ldots 3 \tag{5.69b}$$

und
$$\mathbb{e}_4 \cdot \mathfrak{g}_j = \mathbb{e}_4 \cdot \mathfrak{g}^j = \mathbb{e}_4 \cdot \mathbb{e}_{\langle j \rangle} = 0 , \quad j = 1, \ldots 3 , \tag{5.69c}$$

zu verstehen ist.

orthogonale Tensoren durch

$$\Omega \cdot \Omega^T = \mathfrak{E} \qquad (5.68c)$$

definiert. Wegen

$$\det{}_4(\Omega \cdot \Omega^T) \equiv {}^{50)} (\det{}_4\Omega)(\det{}_4\Omega^T) = {}^{51)} (\det{}_4\Omega)^2 = \det \mathfrak{E} = 1 \qquad (5.68d)$$

gilt dabei für die (vierte) Invariante $\det_4\Omega$ eines orthogonalen Tensors

$$\det{}_4\Omega = \det{}_4(\mathfrak{g}_j \cdot \Omega \cdot \mathfrak{g}^k) = \det{}_4(\mathfrak{g}^j \cdot \Omega \cdot \mathfrak{g}_k) = \pm 1 \ , \qquad (5.68e)$$

worin $\langle \mathfrak{g}_j \rangle$ bzw. $\langle \mathfrak{g}^j \rangle$ zwei zueinander reziproke Bezugsbasen [52] im $\mathscr{V}_4$ bedeuten. (5.68e) ist Ausdruck der Tatsache, daß eine im $\mathscr{V}_4$ durch

$$\overset{\langle 4 \rangle}{\mathfrak{ff}}_{\mathfrak{x}} = \mathrm{Alt}(\mathfrak{x}_1 \circ \mathfrak{x}_2 \circ \mathfrak{x}_3 \circ \mathfrak{x}_4)$$

definierte vierstufige Plangröße per Orthogonaltransformation i. allg. nicht in eine Plangröße

$$\overset{\langle 4 \rangle}{\mathfrak{ff}}_{\mathfrak{\eta}} = \mathrm{Alt}(\mathfrak{\eta}_1 \circ \mathfrak{\eta}_2 \circ \mathfrak{\eta}_3 \circ \mathfrak{\eta}_4)$$

gleicher Orientierung überführt wird, also die mittels

$$\mathfrak{x}_j = x^j \mathfrak{g}_j \ , \qquad j = 1,...,4$$

bzw.

$$\mathfrak{\eta}_j = \mathfrak{x}_j \cdot \Omega = x^j \mathfrak{g}_j \cdot \Omega = x^j \overset{*}{\mathfrak{g}}_j$$

erzeugten Plangrößen

$$\overset{\langle 4 \rangle}{\mathfrak{ff}}_{\mathfrak{x}} = x^1 x^2 x^3 x^4 \ \overset{\langle 4 \rangle}{\mathrm{Alt}}(\mathfrak{g}_1 \circ \mathfrak{g}_2 \circ \mathfrak{g}_3 \circ \mathfrak{g}_4) = x^1 x^2 x^3 x^4 \ \overset{\langle 4 \rangle}{\mathfrak{ff}}_{\mathfrak{x}1}$$

$$\overset{\langle 4 \rangle}{\mathfrak{ff}}_{\mathfrak{\eta}} = x^1 x^2 x^3 x^4 \ \overset{\langle 4 \rangle}{\mathrm{Alt}}(\overset{*}{\mathfrak{g}}_1 \circ \overset{*}{\mathfrak{g}}_2 \circ \overset{*}{\mathfrak{g}}_3 \circ \overset{*}{\mathfrak{g}}_4) = x^1 x^2 x^3 x^4 \ \overset{\langle 4 \rangle}{\mathfrak{ff}}_{\mathfrak{\eta}1}$$

verschiedene Vorzeichen haben können.

Setzt man nämlich für den die Transformation $\langle \mathfrak{g}_j \rangle \to \langle \overset{*}{\mathfrak{g}}_j \rangle$ per $\overset{*}{\mathfrak{g}}_j = \mathfrak{g}_j \cdot \Omega$ vermittelnden Operator

$$\Omega = \sum_{j=1}^{4} \mathfrak{g}^j \circ \overset{*}{\mathfrak{g}}_j = \sum_{j,k=1}^{4} q_{j.}^{\ \cdot k} \ \mathfrak{g}^j \circ \mathfrak{g}_k$$

mit

$$q_{j.}^{\ \cdot k} = \mathfrak{g}_j \cdot \Omega \cdot \mathfrak{g}^k = \overset{*}{\mathfrak{g}}_j \cdot \mathfrak{g}^k \ , \qquad j,k = 1,...,4,$$

---

[50] Man benutze den Determinaten–Multiplikationssatz

[51] Man benutze $\det_4\Omega = \det_4\Omega^T$

[52] die hier noch allgemein, d. h. noch nicht im Sinne von Fußn. 46 spezialisiert verstanden werden sollen.

so ist

$$\overset{<4>}{\mathfrak{f}}_{\eta 1} = \sum_{\alpha,\beta,\gamma,\delta=1}^{4} \left[\sum_{\alpha=1}^{4} q_{1.}^{\cdot\alpha}\right]\left[\sum_{\beta=1}^{4} q_{2.}^{\cdot\beta}\right]\left[\sum_{\gamma=1}^{4} q_{3.}^{\cdot\gamma}\right]\left[\sum_{\delta=1}^{4} q_{4.}^{\cdot\delta}\right] \overset{<4>}{\mathrm{Alt}}(\mathfrak{g}_\alpha \circ \mathfrak{g}_\beta \circ \mathfrak{g}_\gamma \circ \mathfrak{g}_\delta)$$

$$\equiv \sum_{\alpha,\beta,\gamma,\delta=1}^{4} q_{1.}^{\cdot\alpha}\, q_{2.}^{\cdot\beta}\, q_{3.}^{\cdot\gamma}\, q_{4.}^{\cdot\delta}\, \epsilon_{<\alpha\beta\gamma\delta>} \overset{<4>}{\mathrm{Alt}}(\mathfrak{g}_1 \circ \mathfrak{g}_2 \circ \mathfrak{g}_3 \circ \mathfrak{g}_4)\ ^{53)} \equiv$$

$$\equiv \det_4(q_{j.}^{\cdot k})\mathfrak{f}_{\mathfrak{x}1} = \det_4(\mathfrak{g}_j \cdot \Omega \cdot \mathfrak{g}^k)\mathfrak{f}_{\mathfrak{x}1}\,, \qquad\qquad (5.70)$$

und es hängt daher in der Tat vom Vorzeichen der Determinate $\det_4(\mathfrak{g}_j \cdot \Omega \cdot \mathfrak{g}^k)$ ab, ob beide Plan-

größen dasselbe Vorzeichen haben oder nicht. Transformationen

$$\mathfrak{x} \to \mathfrak{y} : \mathfrak{y} = \mathfrak{x} \cdot \Omega \quad\text{mit}\quad \det_4 \Omega = \det_4(\mathfrak{g}_j \cdot \Omega \cdot \mathfrak{g}^k) = +1 \qquad\qquad (5.71)$$

werden in Verallgemeinerung der Bezeichnungsweise von §3 (Haupttext) als Versor–Transformationen be-

zeichnet.

Die Tatsache, daß orthogonale Tensoren Ω sich in Komponenten gleich repräsentieren in Bezug auf zwei

Basis–Systeme, die durch Ω–Transformation auseinander hervorgehen, ist als eine entsprechende Verallge-

meinerung des für den $\mathcal{V}_3$ festgestellten Befundes (3.4d,f) (Haupttext) $^{54)}$ anzusehen und z. B. mit

$$\Omega = \sum_{j,k=1}^{4} q^{jk}\, \mathfrak{g}_j \circ \mathfrak{g}_k = \sum_{j,k=1}^{4} \overset{*}{q}{}^{jk}\, \overset{*}{\mathfrak{g}}_j \circ \overset{*}{\mathfrak{g}}_k$$

sowie $\overset{*}{\mathfrak{g}}_j = \mathfrak{g}_j \cdot \Omega$ leicht zu verifizieren.

Man setzt
$$\Omega = \sum_{j,k=1}^{4} \overset{*}{q}{}^{jk}\Omega^T \cdot \mathfrak{g}_j \circ \mathfrak{g}_k \cdot \Omega = \Omega^T \cdot \sum_{j,k=1}^{4} \overset{*}{q}{}^{jk}\, \mathfrak{g}_j \circ \mathfrak{g}_k \cdot \Omega\,,$$

erhält also
$$\Omega \cdot \Omega^T = \mathfrak{E} = \Omega^T \cdot \sum_{j,k=1}^{4} \overset{*}{q}{}^{jk}\, \mathfrak{g}_j \circ \mathfrak{g}_k\,,$$

d.h.
$$\Omega = \sum_{j,k=1}^{4} \overset{*}{q}{}^{jk}\, \mathfrak{g}_j \circ \mathfrak{g}_k\,,$$

$^{53)}$ mit der Bedeutung von $\epsilon_{<\alpha\beta\gamma\delta>}$ nach (E5.17)

$^{54)}$ dort allerdings nur für Versoren dargestellt.

was andererseits aber mit

$$\mathfrak{Q} = \sum_{j\,,\,k=1}^{4} q^{jk}\, \mathfrak{g}_j \circ \mathfrak{g}_k$$

identisch sein muß und so in der Tat zu

$$q^{jk} = \mathfrak{g}^j \cdot \mathfrak{Q} \cdot \mathfrak{g}^k = \overset{*}{q}{}^{jk} = \overset{*}{\mathfrak{g}}{}^j \cdot \mathfrak{Q} \cdot \overset{*}{\mathfrak{g}}{}^k \tag{5.72}$$

führt.

Da nach (5.69c) orthogonale Vierer-Tensoren durch ein System von $4+3+2+1 = 10$ skalaren linearen Gleichungen [55] gegenüber allgemeinen zweistufigen Vierer-Tensoren [56] spezialisiert werden, ist - hiermit gleichwertig - festzustellen, daß orthogonale Vierer-Tensoren $16-10 = 6$ skalare Freiwerte aufweisen, die gedeutet werden können als Komponenten eines Vektors (q) bzw. eines orthogonalen Tensors ($\mathbb{Q}$) in einem zur vierten Richtung (e_4) orthogonalen Unterraum ($\mathscr{V}_3$). Schreibt man - vereinfachend jetzt auch den $\mathscr{V}_3$ mittels einer Orthonormalbasis $\langle \mathsf{e}_j \rangle$, $j = 1...3$, orientierend -

$$\mathfrak{Q} = \sum_{j\,,\,k=1}^{4} q_{jk}\, \mathsf{e}_j \circ \mathsf{e}_k = \mathbb{A} + \overset{*}{\mathsf{q}} \circ \mathsf{e}_4 + \mathsf{e}_4 \circ \mathsf{q} + q_{44}\, \mathsf{e}_4 \circ \mathsf{e}_4 \tag{5.73a}$$

unter Benutzung eines im $\mathscr{V}_3$ definierten zweistufig-tensorwertigen Anteiles

$$\mathbb{A} = \sum_{j\,,\,k=1}^{3} q_{jk}\, \mathsf{e}_j \circ \mathsf{e}_k \quad \text{mit } \mathsf{e}_4 \cdot \mathbb{A} = \mathbb{0}, \quad \mathbb{A} \cdot \mathsf{e}_4 = \mathbb{0}, \tag{5.73b}$$

zweier im $\mathscr{V}_3$ definierter vektorwertiger Anteile

$$\overset{*}{\mathsf{q}} = \sum_{j=1}^{3} q_{jk}\mathsf{e}_j \qquad \text{mit } \overset{*}{\mathsf{q}} \cdot \mathsf{e}_4 = 0, \tag{5.73c}$$

$$\mathsf{q} = \sum_{j=1}^{3} q_{4j}\mathsf{e}_j \qquad \text{mit } \mathsf{q} \cdot \mathsf{e}_4 = 0, \tag{5.73d}$$

und eines Skalars q_{44}, so bekommt man nach Einsetzen von (5.73) in (5.68c) unter Verwendung von

---

[55] Man beachte, daß $\mathfrak{Q} \cdot \mathfrak{Q}^{\mathsf{T}}$ symmetrisch und damit generell durch $4+3+2+1 = 10$ skalare Komponenten zu kennzeichnen ist.

[56] mit $4\times4 = 16$ skalaren Komponenten

$$\mathcal{Q}^T = \mathbb{A}^T + \mathbb{e}_4 \circ \mathbb{q}^* + \mathbb{q} \circ \mathbb{e}_4 + q_{44}\, \mathbb{e}_4 \circ \mathbb{e}_4 \qquad (5.74a)$$

sowie

$$\mathfrak{C} = \mathbb{E} + \mathbb{e}_4 \circ \mathbb{e}_4 \qquad (5.74b)$$

mit

$$\mathbb{E} = \sum_{j=1}^{3} \mathbb{e}_j \circ \mathbb{e}_j \qquad \text{und} \qquad \mathbb{E} \cdot \mathbb{e}_4 = 0\,, \qquad \mathbb{e}_4 \cdot \mathbb{E} = 0 \qquad (5.74c\text{–}e)$$

die Beziehungen

$$\mathbb{A} \cdot \mathbb{A}^T + \mathbb{q}^* \circ \mathbb{q}^* = \mathbb{E}\,, \qquad \mathbb{A} \cdot \mathbb{q} + q_{44}\mathbb{q}^* = 0\,, \qquad \mathbb{q}^2 + q_{44}^2 = 1 \qquad (5.75a\text{–}c)$$

bzw. nach Elimination von $\mathbb{q}^*$, q_{44} per

$$\mathbb{q}^* = -\mathbb{A} \cdot \mathbb{q}/q_{44}\,, \qquad q_{44}^2 = 1 - \mathbb{q}^2 \qquad (5.76a,b)$$

letzlich aus (5.75a) die Relation

$$\mathbb{A} \cdot \mathbb{A}^T + \mathbb{A} \cdot \frac{\mathbb{q} \circ \mathbb{q}}{1-\mathbb{q}^2} \cdot \mathbb{A}^T = \mathbb{A} \cdot \left[\mathbb{E} + \frac{\mathbb{q} \circ \mathbb{q}}{1-\mathbb{q}^2} \right] \cdot \mathbb{A}^T = \mathbb{E}\,, \qquad (5.76c)$$

die man unter Heranziehung des polaren Zerlegungssatzes (vgl. §5, Haupttext) weiter konturieren kann. Mit

$$\mathbb{A} = \mathbb{Q} \cdot \mathbb{D}_S^*\,, \qquad \mathbb{Q} \cdot \mathbb{Q}^T = \mathbb{E}\,, \qquad (5.77a,b)$$

worin $\mathbb{D}_S^* = \mathbb{D}_S^{*T}$ bzw. $\mathbb{Q}$ im dreidimensionalen Unterraum $\mathscr{V}_3$ definierte Streckungsgrößen bzw. orthogonale Operatoren bedeuten, folgt aus (5.76c)

$$\mathbb{Q} \cdot \mathbb{D}_S^* \cdot \left[\mathbb{E} + \frac{\mathbb{q} \circ \mathbb{q}}{1-\mathbb{q}^2} \right] \cdot \mathbb{D}_S^* \cdot \mathbb{Q}^T = \mathbb{E}$$

bzw.

$$\mathbb{D}_S^* \cdot \left[\mathbb{E} + \frac{\mathbb{q} \circ \mathbb{q}}{1-\mathbb{q}^2} \right] \cdot \mathbb{D}_S^* = \mathbb{Q}^T \cdot \mathbb{E} \cdot \mathbb{Q} = \mathbb{E},$$

d. h.

$$\mathbb{D}_S^{*2} = \left[\mathbb{E} + \frac{\mathbb{q} \circ \mathbb{q}}{1-\mathbb{q}^2} \right]^{-1} \equiv \mathbb{E} - \mathbb{q} \circ \mathbb{q}\,, \qquad \mathbb{D}_S^* = \sqrt{\mathbb{E} - \mathbb{q} \circ \mathbb{q}}\,. \qquad (5.77c)$$

Damit hat man

$$\mathbb{A} \overset{(5.77a,c)}{=} \mathbb{Q} \cdot \sqrt{\mathbb{E} - \mathbb{q} \circ \mathbb{q}}\,, \qquad q_{44} \overset{(5.76b)}{=} \pm \sqrt{1 - \mathbb{q}^2}\,, \qquad (5.78a,b)$$

$$\overset{*}{\mathfrak{q}} \overset{(5.76\,a\,,78a,b)}{=} -\mathbb{Q}\cdot\sqrt{\mathbb{E}-\mathfrak{q}\circ\mathfrak{q}}\cdot\frac{\mathfrak{q}}{\pm\sqrt{1-\mathfrak{q}^2}} = {}^{57)}\ \mp\,\mathbb{Q}\cdot\mathfrak{q}\ , \tag{5.78c}$$

also für Ω die Struktur

$$\Omega \overset{(5.73)}{=} \mathbb{Q}\cdot\sqrt{\mathbb{E}-\mathfrak{q}\circ\mathfrak{q}} \mp \mathbb{Q}\cdot\mathfrak{q}\circ\mathbb{e}_4 + \mathbb{e}_4\circ\mathfrak{q} \pm \sqrt{1-\mathfrak{q}^2}\,\mathbb{e}_4\circ\mathbb{e}_4\ ,$$

mit

$$\mathbb{Q}\cdot\mathbb{Q}^T = \mathbb{E}\ ,\qquad \det\mathbb{Q} = \pm\,1\ ,\quad \mathfrak{q}^2 < 1 \tag{5.79a-d}$$

mit (in der Tat) sechs skalarwertigen Freigrößen $(\mathfrak{q},\mathbb{Q})$.

Fordert man von mittels (5.79) definierten Transformationen

$$\mathfrak{y} = (\mathbb{y} + y_4\mathbb{e}_4) = \mathfrak{x}\cdot\Omega = (\mathbb{x} + x_4\mathbb{e}_4)\cdot\Omega \ \Rightarrow \tag{5.80a}$$

$$\mathbb{y} = \mathfrak{y}\cdot\mathbb{E} = \mathbb{x}\cdot\mathbb{Q}\cdot\sqrt{\mathbb{E}-\mathfrak{q}\circ\mathfrak{q}} + x_4\mathfrak{q}\ , \tag{5.80b}$$

$$y_4 = \mathfrak{y}\cdot\mathbb{e}_4 = \pm\,(-\mathbb{x}\cdot\mathbb{Q}\cdot\mathfrak{q} + x_4\sqrt{1-\mathfrak{q}^2})\ , \tag{5.80c}$$

daß sich für spezielle Vierervektoren $\Delta\mathfrak{x} = \mathfrak{x}_2 - \mathfrak{x}_1 = (x_{42} - x_{41})\mathbb{e}_4 = \Delta x_4\mathbb{e}_4$ mit $\Delta x_4 \geq 0$ auch positive Werte

$$\Delta y_4 = y_{42} - y_{41} = \Delta\mathfrak{y}\cdot\mathbb{e}_4 = (\mathfrak{y}_2 - \mathfrak{y}_1)\cdot\mathbb{e}_4 \geq 0$$

ergeben sollen[58], so muß die Vorzeichenwahl in (5.79,80) in der Form

$$\Omega_{L} = \mathbb{Q}\cdot\sqrt{\mathbb{E}-\mathfrak{q}\circ\mathfrak{q}} - \mathbb{Q}\cdot\mathfrak{q}\circ\mathbb{e}_4 + \mathbb{e}_4\circ\mathfrak{q} + \sqrt{1-\mathfrak{q}^2}\,\mathbb{e}_4\circ\mathbb{e}_4$$

---

[57] Man notiere $\sqrt{\mathbb{E}-\mathfrak{q}\circ\mathfrak{q}}$ in Hauptachsendarstellung mit zwei zu $\mathfrak{q}$ bzw. $\mathbb{e}_q = \mathfrak{q}/|\mathfrak{q}|$ orthogonalen Einheitsvektoren $\mathbb{e}_{q1},\ \mathbb{e}_{q2}$ in der Form

$$\sqrt{\mathbb{E}-\mathfrak{q}\circ\mathfrak{q}} = \mathbb{e}_{q1}\circ\mathbb{e}_{q1} + \mathbb{e}_{q2}\circ\mathbb{e}_{q2} + \sqrt{1-\mathfrak{q}^2}\,\mathbb{e}_q\circ\mathbb{e}_q\ .$$

Dann ergibt sich

$$\sqrt{\mathbb{E}-\mathfrak{q}\circ\mathfrak{q}}\cdot\mathfrak{q} = \sqrt{1-\mathfrak{q}^2}\,\mathbb{e}_q|\mathfrak{q}| = \mathfrak{q}\sqrt{1-\mathfrak{q}^2}\ .$$

[58] Wie noch erkannt werden wird, bedeutet dies, in der speziellen Relativitätstheorie zu verlangen, daß zwei von einem Beobachter B_K (nach seiner Meinung) in einem "Raumpunkte" nacheinander registrierte Ereignisse für einen zweiten Beobachter B_K' (wenn auch nach seiner Ansicht in "verschiedenen Raumpunkten") nicht in umgekehrter zeitlicher Reihenfolge festgestellt werden.

mit
$$\mathbb{Q}\cdot\mathbb{Q}^{\mathrm{T}} = \mathbb{E}\ ,\quad \det{}_4\mathfrak{Q}_{\mathrm{L}} =^{59)} \det\mathbb{Q} = \pm 1\ ,\qquad \mathbf{q}^2 \le 1\ ,\qquad (5.81\mathrm{a\text{-}d})$$

getroffen werden. Die zugehörige Abbildung $\mathfrak{y} = \mathfrak{r}\cdot\mathfrak{Q}_{\mathrm{L}}$ ergibt, zerlegt in Anteile im $\mathscr{V}_3$ und den dazu senkrechten Anteil

$$\mathbf{y} = \mathfrak{y}\cdot\mathbb{E} = \varkappa\cdot\mathbb{Q}\cdot\sqrt{\mathbb{E}-\mathbf{q}\circ\mathbf{q}} + x_4\mathbf{q}\ ,\qquad y_4 = \mathfrak{y}\cdot\mathfrak{e}_4 = x_4\sqrt{1-\mathbf{q}^2} - \varkappa\cdot\mathbb{Q}\cdot\mathbf{q} \qquad (5.82\mathrm{a,b})$$

und liefert (selbstverständlich) Betragstreue:

$$\mathfrak{y}^2 = \mathfrak{y}\cdot\mathfrak{y} = \mathbf{y}^2 + y_4^2 = \varkappa\cdot\mathbb{Q}\cdot\sqrt{\mathbb{E}-\mathbf{q}\circ\mathbf{q}}\cdot\sqrt{\mathbb{E}-\mathbf{q}\circ\mathbf{q}}\cdot\mathbb{Q}^{\mathrm{T}}\cdot\varkappa + {} + 2x_4\varkappa\cdot\mathbb{Q}\sqrt{\mathbb{E}-\mathbf{q}\circ\mathbf{q}}\cdot\mathbf{q} +$$

$$+ x_4^2\mathbf{q}^2 + (\varkappa\cdot\mathbb{Q}\cdot\mathbf{q})^2 - 2x_4\varkappa\cdot\mathbb{Q}\sqrt{1-\mathbf{q}^2} + x_4^2(1-\mathbf{q}^2) = {}^{60)}\ \varkappa^2 + x_4^2\ . \qquad (5.82\mathrm{c})$$

Die Darstellung (5.81) ist eine Komponentendarstellung in Bezug auf Richtungssysteme, die bis auf die Forderung, daß drei — einen Unterraum $\mathscr{V}_3$ repräsentierende — Richtungen orthogonal zur Vierten sein sollen, beliebig sind. So gilt also

$$\mathfrak{Q}_{\mathrm{L}}\ \Big(=\overset{(K)}{\mathfrak{Q}_{\mathrm{L}}}\Big) = \overset{(K)}{\mathbb{Q}}\cdot\sqrt{\overset{(K)}{\mathbb{E}} - \overset{(K)}{\mathbf{q}}\circ\overset{(K)}{\mathbf{q}}} - \overset{(K)}{\mathbb{Q}}\cdot\overset{(K)}{\mathbf{q}}\circ\overset{(K)}{\mathfrak{e}_4} + \overset{(K)}{\mathfrak{e}_4}\circ\overset{(K)}{\mathbf{q}} + \sqrt{1 - \overset{(K)2}{\mathbf{q}}}\ \overset{(K)}{\mathfrak{e}_4}\circ\overset{(K)}{\mathfrak{e}_4} \qquad (5.83\mathrm{a})$$

---

59) Schreibt man $\mathfrak{Q}_{\mathrm{L}}$ in Komponenten hinsichtlich einer Basis, die aus $\mathfrak{e}_4$, $\mathfrak{e}_q = \mathbf{q}/|\mathbf{q}|$ und zwei zu $\mathfrak{e}_q$ im Sinne von $\mathfrak{e}_q\cdot\mathfrak{e}_{qj} = 0$ orthogonalen Richtungen $\mathfrak{e}_{1,2} = \mathfrak{e}_{q1,2}$ im $\mathscr{V}_3$ bestehen, so entsteht anstelle von (5.81a) die Darstellung

$$\mathfrak{Q}_{\mathrm{L}} \mathrel{\hat=} \begin{pmatrix} & & & 0 \\ & \mathbb{Q} & & 0 \\ & & & 0 \\ 0 & 0 & 0 & 1 \end{pmatrix}\cdot\begin{pmatrix} 1 & & & \\ & 1 & & \\ & & \sqrt{1-\mathbf{q}^2} & -|\mathbf{q}| \\ & & |\mathbf{q}| & \sqrt{1-\mathbf{q}^2} \end{pmatrix}\langle\mathfrak{e}_{q2},\mathfrak{e}_{q1},\mathfrak{e}_q,\mathfrak{e}_4\rangle\ ,$$

wobei die Determinante der zweiten Matrix mit 1, Diejenige der ersten Matrix mit $1\times\det\mathbb{Q} = \det\mathbb{Q}$ festzustellen ist, und damit in der Tat aufgrund des Determinanten–Multiplikationssatzes $\det\mathfrak{Q}_{\mathrm{L}} = \det\mathbb{Q}$.

Die obige "Matrix–Zerlegung" geschah aus Zweckmäßigkeitsgründen. Denn die dabei verwendeten Basisvektoren $\mathfrak{e}_{q1}$, $\mathfrak{e}_{q2}$, $\mathfrak{e}_q$, $\mathfrak{e}_4$ definieren, dies sollte hervorgehoben werden, keine Orthonormalbasis im $\mathscr{V}_4$. Vielmehr ist eine Solche unter Verwendung von $\mathfrak{e}_{q1}$, $\mathfrak{e}_{q2}$, $\mathfrak{e}_q$, $\mathfrak{e}_4$ in der Form

$$\mathfrak{e}_1 = \mathfrak{e}_{q1}\ ,\quad \mathfrak{e}_2 = \mathfrak{e}_{q2}\ ,\quad \mathfrak{e}_3 = \sqrt{1-\mathbf{q}^2}\,\mathfrak{e}_q + |\mathbf{q}|\mathfrak{e}_4\ ,\quad \mathfrak{e}_4 = -|\mathbf{q}|\mathfrak{e}_q + \sqrt{1-\mathbf{q}^2}\,\mathfrak{e}_4$$

aufzubauen.

60) Man beachte

$$\varkappa\cdot\mathbb{Q}\cdot\sqrt{\mathbb{E}-\mathbf{q}\circ\mathbf{q}}\cdot\sqrt{\mathbb{E}-\mathbf{q}\circ\mathbf{q}}\cdot\mathbb{Q}^{\mathrm{T}}\cdot\varkappa = \varkappa\cdot\mathbb{Q}\,(\mathbb{E}-\mathbf{q}\circ\mathbf{q})\cdot\mathbb{Q}^{\mathrm{T}}\cdot\varkappa =$$
$$= \varkappa\cdot\mathbb{Q}\cdot\mathbb{Q}^{\mathrm{T}}\cdot\varkappa - (\varkappa\cdot\mathbb{Q}\cdot\mathbf{q})^2 = \varkappa^2 - (\varkappa\cdot\mathbb{Q}\cdot\mathbf{q})^2\ ,$$
$$\varkappa\cdot\mathbb{Q}\cdot\sqrt{\mathbb{E}-\mathbf{q}\circ\mathbf{q}}\cdot\mathbf{q} = \varkappa\cdot\mathbb{Q}\cdot\mathbf{q}\sqrt{1-\mathbf{q}^2}$$

worin $\overset{\langle K\rangle}{\mathbb{Q}}$, $\overset{\langle K\rangle}{\mathbb{E}}$, $\overset{\langle K\rangle}{\mathbb{q}}$ im dreidimensionalen und zu $\mathbb{e}_4$ orthogonalen Unterraum $\overset{(K)}{\mathscr{V}_3}$ definierte Größen sind, ebenso wie

$$\overset{(K')}{\mathfrak{Q}_L}\left(=\overset{(K')}{\mathfrak{Q}_L}\right)=\overset{(K')}{\mathbb{Q}}\cdot\sqrt{\overset{(K')(K')(K')}{\mathbb{E}-\mathbb{q}\circ\mathbb{q}}}-\overset{(K')(K')(K')(K')}{\mathbb{Q}}\cdot\mathbb{q}\circ\mathbb{e}_4+\mathbb{e}_4\circ\overset{(K')}{\mathbb{q}}+\sqrt{1-\overset{(K')2}{\mathbb{q}}}\,\overset{(K')}{\mathbb{e}_4}\circ\overset{(K')}{\mathbb{e}_4} \qquad (5.83\text{b})$$

mit entsprechenden in einem dreidimensionalen und zu $\overset{(K')}{\mathbb{e}_4}$ orthogonalen Unterraum $\overset{(K')}{\mathscr{V}_3}$ definierten Größen $\overset{(K')}{\mathbb{Q}}$, $\overset{(K')}{\mathbb{E}}$, $\overset{(K')}{\mathbb{q}}$. Zwischen Ersteren und Letzeren bestehen Zusammenhänge, die man analog §3.2 (Haupttext) aufklären kann. Im Fall, daß man als zweite Basis [61] $\left\langle\,\overset{(K')}{\mathbb{e}_j}=\overset{(K')}{\mathbb{e}_j}\,\right\rangle$ gerade Diejenige in Betracht zieht, die sich per $\mathfrak{Q}_L$–Transformation aus der ersten Basis ($\overset{(K)}{\mathbb{e}_j}=\overset{(K)}{\mathbb{e}_j}$) ergibt, verzeichnet man im Sinne von (5.72) den Befund, daß sich die Komponenten von $\overset{(K)}{\mathbb{q}}$, $\overset{(K)}{\mathbb{Q}}$, $\sqrt{\overset{(K)(K)(K)}{\mathbb{E}-\mathbb{q}\circ\mathbb{q}}}$ hinsichtlich der $\left\langle\,\overset{(K)}{\mathbb{e}_j}\right\rangle$ – Basis zahlenmäßig gleich ergeben wie die entsprechenden Komponenten von $\overset{(K')}{\mathbb{q}}$, $\overset{(K')}{\mathbb{Q}}$, $\sqrt{\overset{(K')(K')(K')}{\mathbb{E}-\mathbb{q}\circ\mathbb{q}}}$ hinsichtlich der $\left\langle\,\overset{(K')}{\mathbb{e}_j}\,\right\rangle$ – Basis. Diesen Sachverhalt, d. h.

$$\overset{(K)}{\mathbb{e}_j}\cdot\overset{(K)}{\mathbb{q}}=\overset{(K')}{\mathbb{e}_j}\cdot\overset{(K')}{\mathbb{q}}\,,\qquad\overset{(K)}{\mathbb{e}_j}\cdot\overset{(K)}{\mathbb{Q}}\cdot\overset{(K)}{\mathbb{e}_k}=\overset{(K')}{\mathbb{e}_j}\cdot\overset{(K')}{\mathbb{Q}}\cdot\overset{(K')}{\mathbb{e}_k}\,,$$

$$\overset{(K)}{\mathbb{e}_j}\cdot\sqrt{\overset{(K)(K)(K)}{\mathbb{E}-\mathbb{q}\circ\mathbb{q}}}\cdot\overset{(K)}{\mathbb{e}_k}=\overset{(K')}{\mathbb{e}_j}\cdot\sqrt{\overset{(K')(K')(K')}{\mathbb{E}-\mathbb{q}\circ\mathbb{q}}}\cdot\overset{(K')}{\mathbb{e}_k}\,,\quad j,k=1,...,3$$

$$(5.84\text{a--c})$$

und insbesondere

$$\overset{(K)2}{\mathbb{q}}=\sum_{j=1}^{3}\left[\overset{(K)}{\mathbb{e}_j}\cdot\overset{(K)}{\mathbb{q}}\right]^2=\sum_{j=1}^{3}\left[\overset{(K')}{\mathbb{e}}\cdot\overset{(K')}{\mathbb{q}}\right]^2=\overset{(K')2}{\mathbb{q}} \qquad (5.84\text{d})$$

verifiziert man (direkt) auch aus $\mathfrak{y}=\mathfrak{x}\cdot\mathfrak{Q}_L$ bzw. $\mathfrak{x}=\mathfrak{y}\cdot\mathfrak{Q}_L^T$ mit $\mathfrak{y}=\overset{(K')}{\mathbb{e}_j}$, $\mathfrak{y}=\overset{(K)}{\mathbb{e}_j}$, $j=1...3$ und $\mathfrak{Q}_L$ nach (5.81a), womit per

$$\overset{(K')}{\mathbb{e}_j}=\overset{(K)}{\mathbb{e}_j}\cdot\mathfrak{Q}_L=\begin{cases}\overset{(K)}{\mathbb{e}_j}\cdot\left[\overset{(K)}{\mathbb{Q}}\cdot\sqrt{\overset{(K)(K)(K)}{\mathbb{E}-\mathbb{q}\circ\mathbb{q}}}-\overset{(K)(K)(K)}{\mathbb{Q}\cdot\mathbb{q}\circ\mathbb{e}_4}\right] & \text{für } j=1...3\\[2ex]\overset{(K)}{\mathbb{q}}+\sqrt{1-\overset{(K)2}{\mathbb{q}}}\,\overset{(K)}{\mathbb{e}_4} & \text{für } j=4\end{cases} \qquad (5.85\text{a})$$

---

[61] Hier wird vereinfachend wieder auf Orthonormalbasen beschränkt.

die Darstellungen für das Richtungssystem $\left\langle\ \overset{(K')}{\mathbf{e}}_j\ \right\rangle$ in Termen der auf das (ursprüngliche) Richtungs-

system $\left\langle\ \overset{(K)}{\mathbf{e}}_j\right\rangle$ bezogenen Größen bzw. per

$$\overset{(K)}{\mathbf{e}}_j = \overset{(K')}{\mathbf{e}}_j \cdot \mathfrak{Q}_L^T = \begin{cases} \overset{(K')}{\mathbf{e}}_j \cdot \left[\ \sqrt{\overset{(K')}{\mathbb{E}} - \overset{(K')}{\mathsf{q}} \circ \overset{(K')}{\mathsf{q}}} \cdot \overset{(K')}{\mathbb{Q}}{}^T + \overset{(K')}{\mathsf{q}} \circ \overset{(K')}{\mathbf{e}}_4 \right] & \text{für } j = 1...3, \\[3mm] -\ \overset{(K')}{\mathbb{Q}} \cdot \overset{(K')}{\mathsf{q}} + \sqrt{1 - \overset{(K')}{\mathsf{q}}{}^2}\ \overset{(K')}{\mathbf{e}}_4 & \text{für } j = 4 \end{cases} \tag{5.85b}$$

die entsprechenden inversen Darstellungen ausgeworfen werden.

Wendet man (5.81a) an auf die Orthogonaltransformation spezieller komplexer vektorwertiger Vierer-Objekte [62]

$$\mathfrak{h} = \mathbf{y} + i\alpha\,\bar{y}_4\mathbf{e}_4\,, \qquad \mathfrak{x} = \mathbf{x} + i\alpha\,\bar{x}_4\mathbf{e}_4\,, \qquad i = \sqrt{-1}\,, \tag{5.86}$$

die einen speziellen pseudo-euklidischen Vektorraum $\bar{\mathcal{V}}_4$ aufspannen, so bedeutet dies, mit

einem Operator

$$\bar{\mathfrak{Q}}_L = \bar{\mathbb{Q}} \cdot \sqrt{\mathbb{E} - \bar{\mathsf{q}} \circ \bar{\mathsf{q}}} - \bar{\mathbb{Q}} \cdot \bar{\mathsf{q}} \circ \mathbf{e}_4 + \mathbf{e}_4 \circ \bar{\mathsf{q}} + \sqrt{1 - \bar{\mathsf{q}}^2}\ \mathbf{e}_4 \circ \mathbf{e}_4 \tag{5.87a}$$

per $\mathfrak{h} = \mathfrak{x} \cdot \bar{\mathfrak{Q}}_L$ unter der Bedingung

$$\mathfrak{h} \cdot \mathfrak{h} = \mathbf{y}^2 - \alpha^2\,\bar{y}_4^2 \equiv \mathfrak{x} \cdot \bar{\mathfrak{Q}}_L \cdot \bar{\mathfrak{Q}}_L^T \cdot \mathfrak{x} \equiv \mathfrak{x} \cdot \mathfrak{x} = \mathbf{x}^2 - \alpha^2\,\bar{x}_4^2 \tag{5.87b}$$

zu transformieren. Verlangt man von $\bar{\mathfrak{Q}}_L$ schließlich noch, daß die sich anstelle von
(5.82a,b) ergebenden Transformationsformeln

$$\mathbf{y} = \mathbf{x} \cdot \bar{\mathbb{Q}} \cdot \sqrt{\mathbb{E} - \bar{\mathsf{q}} \circ \bar{\mathsf{q}}} + i\alpha\,\bar{x}_4\bar{\mathsf{q}}$$

$$i\alpha\,\bar{y}_4 = -\,\mathbf{x} \cdot \bar{\mathbb{Q}} \cdot \bar{\mathsf{q}} + i\alpha\,\bar{x}_4\sqrt{1 - \bar{\mathsf{q}}^2} \tag{5.87c,d}$$

für reellwertige Größen $\mathbf{x}$, $\bar{x}_4$ auch reellwertige Größen $\mathbf{y}$, $\bar{y}_4$ auswerfen sollen, so bedeutet

dies $$\bar{\mathbb{Q}} = \mathbb{Q} = \text{reellwertig} \tag{5.88a}$$

und $\bar{\mathsf{q}}$ imaginär voraussetzen zu müssen. Setzt man also - neben (5.88a) -

---

[62] In (5.86) sollen die im dreidimensionalen Unterraum definierten Größen $\mathbf{x} = \mathfrak{x} \cdot \mathbb{E}$, $\mathbf{y} = \mathfrak{h} \cdot \mathbb{E}$ sowie
$\bar{x}_4 = \mathfrak{x} \cdot \mathbf{e}_4/i\alpha$, $\bar{y}_4 = \mathfrak{h}_4 \cdot \mathbf{e}_4/i\alpha$, der zunächst beliebige Skalar α und selbstverständlich $\mathbb{E}$, $\mathbf{e}_4$ (mit
$\mathbb{E} \cdot \mathbf{e}_4 = 0$) reellwertige Größen sein.

408   E§5 Vektoren und Tensoren im n-dimensionalen Vektorraum

$$\bar{\mathfrak{q}} =^{63)} i\mathfrak{p}\cdot\mathbb{Q}\,/\,\sqrt{1-\mathfrak{p}^2}\ ,\quad \mathfrak{p}\ \text{reellwertig}\ ,\quad \mathfrak{p}^2\le 1\ , \tag{5.88b}$$

d. h.

$$\sqrt{1-\bar{\mathfrak{q}}^2}=1/\sqrt{1-\mathfrak{p}^2}\ ,\quad \bar{\mathbb{Q}}\cdot\sqrt{\mathbb{E}-\bar{\mathfrak{q}}\circ\bar{\mathfrak{q}}}\equiv\mathbb{Q}\cdot\sqrt{\mathbb{E}-\bar{\mathfrak{q}}\circ\bar{\mathfrak{q}}}\cdot\mathbb{Q}^{T}\cdot\mathbb{Q}\equiv$$

$$\equiv\sqrt{\mathbb{Q}\cdot(\mathbb{E}-\bar{\mathfrak{q}}\circ\bar{\mathfrak{q}})\cdot\mathbb{Q}^{T}}\cdot\mathbb{Q}=\sqrt{\mathbb{E}+\frac{\mathfrak{p}\circ\mathfrak{p}}{1-\mathfrak{p}^2}}\cdot\mathbb{Q}\equiv\sqrt{\mathbb{E}-\bar{\mathfrak{p}}\circ\bar{\mathfrak{p}}}^{\,-1}\cdot\mathbb{Q} \tag{5.88c,d}$$

in (5.87a) ein, so entsteht die (strukturell bereits mit dem Lorentz-Minkowski-Operator identische) Größe

$$\mathcal{L}=\sqrt{\mathbb{E}-\bar{\mathfrak{p}}\circ\bar{\mathfrak{p}}}^{\,-1}\cdot(\mathbb{Q}-i\,\mathfrak{p}\circ\mathfrak{e}_4)+\frac{\mathfrak{e}_4}{\sqrt{1-\mathfrak{p}^2}}\circ(i\mathfrak{p}\cdot\mathbb{Q}+\mathfrak{e}_4) \tag{5.89a}$$

mit der Transformationseigenschaft

$$\bar{\mathfrak{x}}\Rightarrow\mathfrak{h}:\mathfrak{h}=\bar{\mathfrak{x}}\cdot\mathcal{L} \tag{5.89b}$$

$$=\mathfrak{h}\cdot\mathbb{E}=\bar{\mathfrak{x}}\cdot\mathcal{L}\cdot\mathbb{E}=\left[(\mathfrak{x}-\alpha\,\bar{x}_4\mathfrak{p})\cdot\sqrt{\mathbb{E}-\mathfrak{p}\circ\mathfrak{p}}^{\,-1}\right]\cdot\mathbb{Q}\ ,\ \text{d.h.},$$

$$\alpha\bar{y}_4=\mathfrak{h}\cdot\mathfrak{e}_4/i=\bar{\mathfrak{x}}\cdot\mathcal{L}\cdot\mathfrak{e}_4/i=(\alpha\bar{x}_4-\mathfrak{x}\cdot\mathfrak{p})/\sqrt{1-\mathfrak{p}^2} \tag{5.89c,d}$$

und
$$(\bar{\mathfrak{x}}\cdot\mathbb{E})^2+(\bar{\mathfrak{x}}\cdot\mathfrak{e}_4)^2=\mathfrak{x}^2-\alpha^2\bar{x}_4^2=(\mathfrak{h}\cdot\mathbb{E})^2+(\mathfrak{h}\cdot\mathfrak{e}_4)^2=\mathfrak{y}^2-\alpha^2\bar{y}_4^2\ , \tag{5.89e}$$

$$\mathcal{L}\cdot\mathcal{L}^{T}=\mathfrak{E}=\mathbb{E}+\mathfrak{e}_4\circ\mathfrak{e}_4\ . \tag{5.89f}$$

Bezieht man sich bei Komponentendarstellungen

$$\mathcal{L}=\overset{(K)}{\mathcal{L}}=\sqrt{\overset{(K)}{\mathbb{E}}-\overset{(K)}{\mathfrak{p}}\circ\overset{(K)}{\mathfrak{p}}}^{\,-1}\cdot(\overset{(K)}{\mathbb{Q}}-i\overset{(K)}{\mathfrak{p}}\circ\overset{(K)}{\mathfrak{e}}_4)+\frac{\overset{(K)}{\mathfrak{e}}_4}{\sqrt{1-\overset{(K)}{\mathfrak{p}}^2}}\circ(i\,\overset{(K)}{\mathfrak{p}}\cdot\overset{(K)}{\mathbb{Q}}+\overset{(K)}{\mathfrak{e}}_4) \tag{5.90a}$$

bzw.

$$\mathcal{L}=\overset{(K')}{\mathcal{L}}=\sqrt{\overset{(K')}{\mathbb{E}}-\overset{(K')}{\mathfrak{p}}\circ\overset{(K')}{\mathfrak{p}}}^{\,-1}\cdot(\overset{(K')}{\mathbb{Q}}-i\overset{(K')}{\mathfrak{p}}\circ\overset{(K')}{\mathfrak{e}}_4)+\frac{\overset{(K')}{\mathfrak{e}}_4}{\sqrt{1-\overset{(K')}{\mathfrak{p}}^2}}\circ(i\,\overset{(K')}{\mathfrak{p}}\cdot\overset{(K')}{\mathbb{Q}}+\overset{(K')}{\mathfrak{e}}_4) \tag{5.90b}$$

auf zwei Basen $\langle\overset{(K)}{\mathfrak{e}}_j\rangle$ bzw. $\langle\overset{(K')}{\mathfrak{e}}_j\rangle$, die auseinander durch $\mathcal{L}$-Transformation hervorgehen, so gelten hier entsprechend (5.84) die Komponenten-Identitäten

---

63) Diese Setzung erfolgte aus Gründen vereinfachender Zweckmäßigkeit. Wesentlich ist, $\bar{\mathfrak{q}}$ imaginär zu verlangen. Daß $\bar{\mathfrak{q}}^2\le 1$ ist, wie (E5.81d) verlangt, ist selbstverständlich sichergestellt.

$$\overset{(K)}{\mathbb{p}}{}^2 = \overset{(K')}{\mathbb{p}}{}^2 = \mathbb{p}^2 \,, \qquad \overset{(K)}{e}_j \cdot \overset{(K)}{\mathbb{p}} = \overset{(K')}{e}_j \cdot \overset{(K')}{\mathbb{p}} \,, \qquad \overset{(K)}{e}_j \cdot \overset{(K)}{\mathbb{Q}} \cdot \overset{(K)}{e}_k = \overset{(K')}{e}_j \cdot \overset{(K')}{\mathbb{Q}} \cdot \overset{(K')}{e}_k \,,$$

$$\overset{(K)}{e}_j \cdot \sqrt{\overset{(K)}{\mathbb{E}} - \overset{(K)}{\mathbb{p}} \circ \overset{(K)}{\mathbb{p}}}{}^{-1} \cdot \overset{(K)}{e}_k = \overset{(K')}{e}_j \cdot \sqrt{\overset{(K')}{\mathbb{E}} - \overset{(K')}{\mathbb{p}} \circ \overset{(K')}{\mathbb{p}}}{}^{-1} \cdot \overset{(K')}{e}_k \,, \qquad (5.91a\text{-}d)$$

wie man unter Zuhilfenahme der mit (5.90a,b) implizierten Basisvektortransformationen

$$\overset{(K')}{e}_j = \overset{(K)}{e}_j \cdot \overset{(K)}{\mathfrak{L}} = \begin{cases} \overset{(K)}{e}_j \cdot \sqrt{\overset{(K)}{\mathbb{E}} - \overset{(K)}{\mathbb{p}} \circ \overset{(K)}{\mathbb{p}}}{}^{-1} \cdot \overset{(K)}{\mathbb{Q}} - \dfrac{i\left(\overset{(K)}{e}_j \cdot \overset{(K)}{\mathbb{p}} \right) \overset{(K)}{e}_4}{\sqrt{1-\overset{(K)}{\mathbb{p}}{}^2}} & \text{für } j = 1...3 \\[4mm] \left(\overset{(K)}{e}_4 + i \, \overset{(K)}{\mathbb{p}} \cdot \overset{(K)}{\mathbb{Q}} \right) / \sqrt{1 - \overset{(K)}{\mathbb{p}}{}^2} & \text{für } j = 4 \end{cases} \qquad (5.92a)$$

bzw.

$$\overset{(K)}{e}_j = \overset{(K')}{e}_j \cdot \overset{(K')}{\mathfrak{L}}{}^{T} =$$

$$= \begin{cases} \overset{(K')}{e}_j \cdot \overset{(K')}{\mathbb{Q}}{}^T \cdot \sqrt{\overset{(K')}{\mathbb{E}} - \overset{(K')}{\mathbb{p}} \circ \overset{(K')}{\mathbb{p}}}{}^{-1} + \dfrac{i \, \overset{(K')}{e}_j \cdot \overset{(K')}{\mathbb{p}} \cdot \overset{(K')}{\mathbb{Q}}}{\sqrt{1- \overset{(K')}{\mathbb{p}}{}^2}} \overset{(K')}{e}_4 & \text{für } j = 1...3 \\[4mm] \left(\overset{(K')}{e}_4 - i \, \overset{(K')}{\mathbb{p}} \right) / \sqrt{1-\overset{(K')}{\mathbb{p}}{}^2} & \text{für } j = 4 \end{cases} \qquad (5.92b)$$

identifiziert[64], und für das Folgende erwähnenswert ist schließlich noch die für $\overset{(K')}{\mathfrak{L}}{}^{T}$ mit

---

[64] Zunächst bekommt man (5.91a) aus

$$\overset{(K')}{e}_4 \cdot \overset{(K)}{e}_4 \overset{(5.92a)}{=} 1/\sqrt{1-\overset{(K)}{\mathbb{p}}{}^2} \overset{(5.92b)}{=} 1/\sqrt{1-\overset{(K')}{\mathbb{p}}{}^2} \,,$$

(5.91b) folgt aus

$$-\frac{1}{i}\sqrt{1-\mathbb{p}^2}\; \overset{(K')}{e}_j \cdot \overset{(K)}{e}_4 \overset{(5.92a)}{=} \overset{(K)}{e}_j \cdot \overset{(K)}{\mathbb{p}} \overset{(5.92b)}{=} \overset{(K')}{e}_j \cdot \overset{(K')}{\mathbb{p}} \,, \quad j = 1,...,3,$$

womit dann auch (5.91d) festliegt, und schließlich folgt (5.91c) wegen der für j,k = 1...3 geltenden Identität

$$\overset{(K')}{e}_j \cdot \overset{(K)}{e}_k \overset{(5.92a)}{=} \overset{(K)}{e}_j \cdot \sqrt{\overset{(K)}{\mathbb{E}} - \overset{(K)}{\mathbb{p}} \circ \overset{(K)}{\mathbb{p}}}{}^{-1} \cdot \overset{(K)}{\mathbb{Q}} \cdot \overset{(K)}{e}_k$$

$$\overset{(5.92b)}{\equiv} \overset{(K')}{e}_k \cdot \overset{(K')}{\mathbb{Q}}{}^T \cdot \sqrt{\overset{(K')}{\mathbb{E}} - \overset{(K')}{\mathbb{p}} \circ \overset{(K')}{\mathbb{p}}}{}^{-1} \cdot \overset{(K')}{e}_j \equiv \overset{(K')}{e}_j \cdot \sqrt{\overset{(K')}{\mathbb{E}} - \overset{(K')}{\mathbb{p}} \circ \overset{(K')}{\mathbb{p}}}{}^{-1} \cdot \overset{(K')}{\mathbb{Q}} \cdot \overset{(K')}{e}_k \,,$$

aus der hervorgeht, daß die Komponenten der Matrizendarstellung von $\sqrt{\overset{(K)}{\mathbb{E}} - \overset{(K)}{\mathbb{p}} \circ \overset{(K)}{\mathbb{p}}}{}^{-1} \cdot \overset{(K)}{\mathbb{Q}}$ hinsicht-

lich der $\langle \overset{(K)}{e}_j \rangle$ –Basis zahlenmäßig gleichgroß sein müssen wie die Komponenten von

$\sqrt{\overset{(K')}{\mathbb{E}} - \overset{(K')}{\mathbb{p}} \circ \overset{(K')}{\mathbb{p}}}{}^{-1} \cdot \overset{(K')}{\mathbb{Q}}$ hinsichtlich der $\langle \overset{(K')}{e}_j \rangle$ –Basis, was wegen (5.91d) in der Tat nur für (5.91c) möglich ist.

$$\overset{(K')}{Q}{}^{T}\cdot\sqrt{\overset{(K')}{\mathbb{E}}-\overset{(K')}{\mathbb{p}}\circ\overset{(K')}{\mathbb{p}}}{}^{-1}\equiv\overset{(K')}{Q}{}^{T}\cdot\sqrt{\overset{(K')}{\mathbb{E}}-\overset{(K')}{\mathbb{p}}\circ\overset{(K')}{\mathbb{p}}}{}^{-1}\cdot\overset{(K')}{Q}\cdot\overset{(K')}{Q}{}^{T}=$$

$$=\sqrt{\overset{(K')}{\mathbb{E}}-(\overset{(K')}{\mathbb{p}}\cdot\overset{(K')}{Q})\circ(\overset{(K')}{\mathbb{p}}\cdot\overset{(K')}{Q})}{}^{-1}\cdot\overset{(K')}{Q}{}^{T},\qquad\overset{(K')}{\mathbb{p}}{}^{2}=(\overset{(K')}{\mathbb{p}}\cdot\overset{(K')}{Q})^{2},$$

$$\overset{(K')}{\mathbb{p}}\cdot\sqrt{\overset{(K')}{\mathbb{E}}-\overset{(K')}{\mathbb{p}}\circ\overset{(K')}{\mathbb{p}}}{}^{-1}=\overset{(K')}{\mathbb{p}}/\sqrt{1-\overset{(K')}{\mathbb{p}}{}^{2}}\equiv(\overset{(K')}{\mathbb{p}}\cdot\overset{(K')}{Q})\cdot\overset{(K')}{Q}{}^{T}/\sqrt{1-(\overset{(K')}{\mathbb{p}}\cdot\overset{(K')}{Q})^{2}},$$

$$\overset{(K')}{\mathbb{p}}\cdot\overset{(K')}{Q}/\sqrt{1-\overset{(K')}{\mathbb{p}}{}^{2}}=\sqrt{\overset{(K')}{\mathbb{E}}-(\overset{(K')}{\mathbb{p}}\cdot\overset{(K')}{Q})\circ(\overset{(K')}{\mathbb{p}}\cdot\overset{(K')}{Q})}{}^{-1}\cdot(\overset{(K')}{\mathbb{p}}\cdot\overset{(K')}{Q})\qquad(5.93\text{a-d})$$

mögliche Umformung

$$\overset{(K')}{\mathcal{L}}{}^{T}=(-i\,\overset{(K')}{\mathbb{e}}_{4}\circ\overset{(K')}{\mathbb{p}}+\overset{(K')}{Q}{}^{T})\cdot\sqrt{\overset{(K')}{\mathbb{E}}-\overset{(K')}{\mathbb{p}}\circ\overset{(K')}{\mathbb{p}}}{}^{-1}+(i\,\overset{(K')}{\mathbb{p}}\cdot\overset{(K')}{Q}+\overset{(K')}{\mathbb{e}}_{4})\circ\frac{\overset{(K')}{\mathbb{e}}_{4}}{\sqrt{1-\overset{(K')}{\mathbb{p}}{}^{2}}}=$$

$$=\sqrt{\overset{(K')}{\mathbb{E}}-(\overset{(K')}{\mathbb{p}}\cdot\overset{(K')}{Q})\circ(\overset{(K')}{\mathbb{p}}\cdot\overset{(K')}{Q})}{}^{-1}\cdot\left[\overset{(K')}{Q}{}^{T}-i(-\overset{(K')}{\mathbb{p}}\cdot\overset{(K')}{Q})\circ\overset{(K')}{\mathbb{e}}_{4}\right]+$$

$$+\frac{\overset{(K')}{\mathbb{e}}_{4}}{\sqrt{1-(\overset{(K')}{\mathbb{p}}\cdot\overset{(K')}{Q})^{2}}}\circ\left[i\,(-\overset{(K')}{\mathbb{p}}\cdot\overset{(K')}{Q})\cdot\overset{(K')}{Q}{}^{T}+\overset{(K')}{\mathbb{e}}_{4}\right],\qquad(5.93\text{e})$$

wonach der Operator $\overset{(K')}{\mathcal{L}}{}^{T}$ im (K')–Rahmen formal gleich erscheint wie $\overset{(K)}{\mathcal{L}}$ im (K)–Rahmen, sofern

man in dessen Darstellung $\overset{(K)}{\mathbb{p}}$ durch $(-\overset{(K')}{\mathbb{p}}\cdot\overset{(K')}{Q})$ und $\overset{(K)}{Q}$ durch $\overset{(K')}{Q}{}^{T}$ ersetzt.

Orthogonale Operatoren können analog §3.2 (Haupttext) auch zur Identifizierung von (Vektor– bzw. Tensor–)Komponenten–Transformationsformeln dienen, die im Zusammenhang mit Wechseln von durch Orthogonaltransformationen auseinander hervorgehenden Basissystemen anfallen. In diesem Sinne wird denn auch der Lorentz–Minkowski–Operator als ein Solcher verstanden, der die Zusammenhänge zwischen den, auf zwei verschiedene (etwa Orthonormal–)Basis–Systeme $\langle\overset{(K)}{\mathbb{e}}_{j}\rangle$ bzw. $\langle\overset{(K')}{\mathbb{e}}_{j}\rangle$ bezogenen Komponenten z. B. eines (im $\mathcal{V}_{4}$ invarianten) Vektors

$$\bar{\mathfrak{r}}=\begin{cases}\overset{(K)}{\bar{\mathfrak{r}}}=\displaystyle\sum_{j=1}^{4}(\overset{(K)}{\bar{\mathfrak{r}}}\cdot\overset{(K)}{\mathbb{e}}_{j})\overset{(K)}{\mathbb{e}}_{j}=\overset{(K)}{\mathfrak{x}}+i\,\alpha\,\overset{(K)}{\bar{x}}_{4}\,\overset{(K)}{\mathbb{e}}_{4}\\[4mm]\overset{(K')}{\bar{\mathfrak{r}}}=\displaystyle\sum_{j=1}^{4}(\overset{(K')}{\bar{\mathfrak{r}}}\cdot\overset{(K')}{\mathbb{e}}_{j})\overset{(K')}{\mathbb{e}}_{j}=\overset{(K')}{\mathfrak{x}}+i\,\alpha\,\overset{(K')}{\bar{x}}_{4}\,\overset{(K')}{\mathbb{e}}\end{cases}\qquad(5.94\text{a,b})$$

beschreibt. Bedeutet

$$\mathcal{L}^T = \overset{(K)}{\mathcal{L}}{}^T = \sum_{j=1}^{4} \overset{(K)}{e}_j \circ \overset{(K')}{e}_j = \sum_{j,k=1}^{4} \left(\overset{(K')}{e}_j \cdot \overset{(K)}{e}_k \right) \overset{(K)}{e}_j \circ \overset{(K)}{e}_k \qquad (5.95a)$$

denjenigen Operator, der das Basissystem $\langle\, \overset{(K)}{e}_j \rangle$ per

$$\overset{(K')}{e}_j = \overset{(K)}{e}_j \cdot \overset{(K)}{\mathcal{L}}{}^T = \overset{(K)}{\mathcal{L}} \cdot \overset{(K)}{e}_j, \qquad j=1,\dots,4 \qquad (5.95b)$$

in das System $\langle\, \overset{(K')}{e}_j \rangle$ überführt (Abb.E5.10), so müssen sich die Vektorkomponenten im (K')– System

als Diejenigen ergeben, die man erhielte, wenn man im (K)–System die Komponenten des Vektors $\bar{r}\cdot\mathcal{L}$

berechnen würde. Man erkennt dies auch unmittelbar durch Einsetzen von (5.95b) in (5.76a), indem man

$$\overset{(K')}{\bar{r}} \cdot \overset{(K')}{e}_j = \bar{r}\cdot \overset{(K)}{\mathcal{L}} \cdot \overset{(K)}{e}_j \equiv \left(\overset{(K)}{\bar{r}} \cdot \overset{(K)}{\mathcal{L}} \right)\cdot \overset{(K)}{e}, \qquad j=1,\dots,4, \qquad (5.96a)$$

feststellt, und kann diesen Sachverhalt deuten als

Anweisung, wie sich ein – einen Vektor $\bar{r}$ in Form von

$\overset{(K)}{\bar{r}}$ registrierender – Beobachter B_K (repräsentiert durch

eine Basis $\langle\, \overset{(K)}{e}_j \rangle)$ "ein Bild" davon machen kann, wie ein

zweiter Beobachter $B_{K'}$ (repräsentiert durch eine Basis

$\langle\, \overset{(K')}{e}_j \rangle)$ denselben Vektor $\bar{r}$ (in Form von $\overset{(K')}{\bar{r}}$) wahr-

nimmt, sofern B_K die "Orientierung" der Basis von $B_{K'}$

(per $\overset{(K)}{\mathcal{L}}{}^T$) vermessen kann:

B_K muß den zur Basistransformation ($\overset{(K)}{\mathcal{L}}{}^T$) invers trans-

formierten Vektor $\overset{(K)}{\bar{r}}$ (d. h. die Größe $\overset{(K)}{\bar{r}} \cdot \overset{(K)}{\mathcal{L}}$), also die "Bildgrößen"

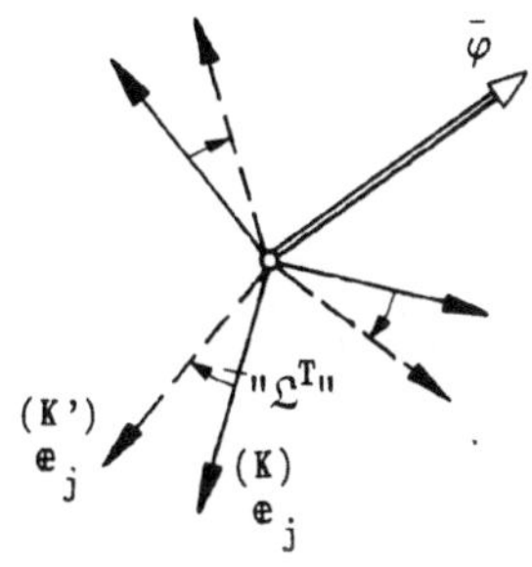

Abb. E5.10

$$\left[\left(\overset{(K')}{\bar{r}} \cdot \overset{(K')}{e}_j \right) = \right] \overset{(K)}{\bar{r}} \cdot \overset{(K)}{\mathcal{L}} \cdot \overset{(K)}{e}_j = \left[\left(\overset{(K)}{\varkappa} - \alpha\bar{x}_4 \overset{(K)}{\mathbb{p}} \right)\cdot \sqrt{\overset{(K)}{\mathbb{E}} - \overset{(K)}{\mathbb{p}} \circ \overset{(K)}{\mathbb{p}}}^{\,-1} \right] \cdot \overset{(K)}{\mathbb{Q}} \cdot \overset{(K)}{e}_j, \qquad j=1,\dots,3,$$

$$\alpha \overset{(K')}{\bar{x}}_4 = \overset{(K)}{\bar{r}} \cdot \overset{(K)}{\mathcal{L}} \cdot \overset{(K)}{e}_4/i = \left[\alpha \overset{(K)}{\bar{x}}_4 - \overset{(K)}{\varkappa} \cdot \overset{(K)}{\mathbb{p}} \right]/ \sqrt{1-\overset{(K)}{\mathbb{p}}{}^2} \qquad (5.96b,c)$$

(vgl. (5.89c,d)) komponentenweise in seiner Beobachterbasis $\left[\langle\, \overset{(K)}{e}_j \rangle \right]$ auftragen und weiß hiermit, daß

$B_{K'}$ den Vektor $\bar{r}$ (in Form von $\overset{(K')}{\bar{r}}$) durch komponentenweises Auftragen derselben Größen hinsichtlich seiner Basis $\left[\left\langle\, \overset{(K')}{e}_j\,\right\rangle\right]$ registriert. Wenn, umgekehrt,von $B_K^{\,\prime}$ die Frage recherchiert wird, wie ein Beobachter B_K einen im (K')–Rahmen als $\overset{(K')}{\bar{\imath}}$ identifizierten Vektor registriert, wobei $B_{K'}$ die Orientierung der (K)–Basis per

$$\overset{(K)}{e}_j = \overset{(K')}{e}_j \cdot \overset{(K')}{\mathcal{L}}\ , \tag{5.97a}$$

$$\overset{(K')}{\mathcal{L}} = \sum_{j=1}^{4} \overset{(K')}{e}_j \circ \overset{(K)}{e}_j = \sum_{j,\,k=1}^{4} \left(\,\overset{(K)}{e}_j\cdot\overset{(K')}{e}_k\,\right)\overset{(K')}{e}_j \circ \overset{(K')}{e}_k \tag{5.97b}$$

relativ zu seiner eigenen Basis $\left\langle\,\overset{(K')}{e}_j\,\right\rangle$ festlegt, so muß er zu der Ansicht kommen, daß die von B_K registrierten Werte $\left(\,\overset{(K)}{\bar{\imath}}\cdot\overset{(K)}{e}_j\right)$ gerade Diejenigen sind, die er selbst als

$$\left(\,\overset{(K)}{\bar{\imath}}\cdot\overset{(K)}{e}_j =^{65)}\right)\ \overset{(K')}{\bar{\imath}}\cdot\overset{(K')}{\mathcal{L}}{}^{T}\cdot\overset{(K')}{e}_j\ ,\quad j = 1,...,4, \tag{5.98a}$$

d. h. als Diejenigen des invers transformierten Vektors $\left(\,\overset{(K')}{\bar{\imath}}\cdot\overset{(K')}{\mathcal{L}}{}^{T}\right)$ wahrnehmen würde. Benutzt man $\overset{(K')}{\mathcal{L}}$ nach (5.93e), so wird die (zu (5.96b,c) inverse) Abbildungsaufgabe (5.98a) durch

$$\left(\,\overset{(K)}{\bar{\imath}}\cdot\overset{(K)}{e}_j =\right)\ \overset{(K')}{\bar{\imath}}\cdot\overset{(K')}{\mathcal{L}}{}^{T}\,\overset{(K')}{e}_j =$$

$$= \left[\,\overset{(K')}{x} - \alpha\,\overset{(K')}{\bar{x}}_4\,(-\,\overset{(K')}{p}\cdot\overset{(K')}{Q}\,)\right]\cdot\sqrt{\overset{(K')}{\mathbb{E}} - \overset{(K')}{p}\cdot\overset{(K')}{Q}\circ\overset{(K')}{p}\cdot\overset{(K')}{Q}}^{\,-1}\overset{(K')}{Q}{}^{T}\cdot\overset{(K')}{e}_j\ ,\qquad j = 1,...,3,$$

$$\left(\alpha\,\overset{(K)}{\bar{x}}_4 =\right)\,\overset{(K')}{\bar{\imath}}\cdot\overset{(K')}{\mathcal{L}}{}^{T}\cdot\overset{(K')}{e}_4\,/\mathrm{i} = \left[\alpha\,\overset{(K')}{\bar{x}}_4 - \overset{(K')}{x}\cdot(-\,\overset{(K')}{p}\cdot\overset{(K')}{Q}\,)\right]\Big/\sqrt{1-(\,\overset{(K')}{p}\cdot\overset{(K')}{Q}\,)^2} \tag{5.98b,c}$$

geleistet. Selbstverständlich ist

$$\overset{(K)}{x}{}^{2} - \alpha^{2}\overset{(K)}{\bar{x}}_4^{\,2} = \overset{(K')}{x}{}^{2} - \alpha^{2}\overset{(K)}{\bar{x}}_4^{\,2} = \bar{\imath}\cdot\bar{\imath} \tag{5.98d}$$

erfüllt, also garantiert, daß mit den in den beiden Beobachterrahmen registrierten Werten x, $\bar{x}_4$ nach der Prozedur $x^2 - \alpha^2\bar{x}_4^2$ derselbe Wert (nämlich $\bar{\imath}\cdot\bar{\imath}$) berechnet wird.

---

65) Formal erhält man (5.97) aus (5.93a) mit (5.96a):

$$\overset{(K)}{\bar{\imath}}\cdot\overset{(K)}{e}_j \equiv \bar{\imath}\cdot\overset{(K)}{e}_j = \bar{\imath}\cdot\left(\,\overset{(K)}{e}_j\cdot\overset{(K')}{\mathcal{L}}\,\right) = \bar{\imath}\cdot\overset{(K')}{\mathcal{L}}{}^{T}\cdot\overset{(K')}{e}_j \equiv \overset{(K')}{\bar{\imath}}\cdot\overset{(K')}{\mathcal{L}}{}^{T}\cdot\overset{(K')}{e}_j$$

E§6   Grundtatsachen der (speziell-)relativistischen Punktmechanik

6.1   Allgemeine Hinweise

Die relativistische Punktmechanik ist, wie jede "rein mechanische Theorie", eine "kinematische Theorie"

in dem Sinne, daß auf Punktmassen einwirkende "Verursacher" (sog. "Kräfte" bzw. "Energieinputs")

allein durch kinematische Größen identifiziert werden können sollen.[1] Rückgrat dieser Theorie sind

(denn auch) transformationstheoretische Aspekte betr. kinematische Größen, indem aufgeklärt wird, wie

zwei verschiedene (sog. Inertialrahmen–) Beobachter[2] B_K bzw. $B_{\bar{K}}$, raumzeitliche Identifizierungen

"punktueller Ereignisse"[3] vornehmen. Die von einem Beobachter B_K identifizierten Ereignisse werden in

einem sog. "Beobachterrahmen" beschrieben, worunter man ein zum Beobachter–Standpunkt[4] ruhendes

(Raum–) Koordinatenraster versteht, an dessen "Rasterpunkten" Uhren angebracht sind, deren Zeigerstel-

lungen die an den jeweiligen Rasterpunkten feststellbaren "Ortszeiten" $\overset{(K)}{t}$ anzeigen. Werden an allen Ob-

jekten, die relativ zu den Rasterpunkten ruhen – ebenso wie im Koordinatenursprung! – keine ausgezeich-

neten (Gravitations–) Richtungen wahrgenommen, heißt ein Beobachterrahmen "Inertialrahmen".[5] In

---

[1] ebenso wie in der klassischen Punktmechanik, wo von der Feststellung einer Körperbeschleunigung $\mathbb{b}=\dot{\mathsf{w}}$ her auf die Existenz einer "an einer Punktmasse angreifenden Kraft", und von der Feststellung einer Änderungsgröße $(\mathsf{w}\cdot\mathsf{w})^{\cdot}$ her auf Energieaustausch zwischen Punktmasse und Umgebung geschlossen wird.

[2] Unter Inertialrahmenbeobachtern werden solche verstanden, die keine ausgezeichnete (Gravitations–) Richtung wahrnehmen.

[3] etwa das Ereignis einer zur Zeit t durch drei Ortskoordinaten positionierten Punktmasse.

[4] der etwa als "Koordinatenursprung" zu verstehen ist

[5] Da ein solcherart ausgezeichneter Beobachterrahmen i. allg. nur eine infinitesimale räumliche Ausdeh-nung haben kann und darüberhinaus i. allg. auch nur momentan ein Inertialrahmen ist [15,16], ist die spezielle Relativitätstheorie, die auf der Basis von Inertialrahmen–Transformationen disponiert ist, streng-genommen nur eine innerhalb infinitesimaler raumzeitlicher Bereiche definierte Transformationstheorie: Die verschiedenen möglichen Inertialrahmenbeobachter müssen sich strenggenommen "infinitesimal dicht" aneinander vorbeibewegen. Obzwar dieserhalb im Sinne einer allgemeinen Theorie lediglich als "Tangen-tialraum–Transformationstheorie" anzusehen, werden im Folgenden Massenpunkte durch "endliche Orts-vektoren" lokalisiert, freilich mit der Einschränkung, daß Letztere noch innerhalb eines akzeptablen Iner-tialrahmenbereiches liegen sollen.

diesem Falle werden räumliche Positionen von Punktmassen (P) von B_K nach den Regeln der Euklidischen Geometrie – also mittels Ortsvektoren $\overset{(K)}{\mathbb{r}}(P)$ – vermessen und die in den Rasterpunkten von (K) installierten Uhren laufen "gleich schnell". Die Betrachtnahme zweier relativ zueinander bewegter Inertialrahmen (K) bzw. (K') bedeutet, daß sich die beiden Inertialraster "bewegend durchdringen", wobei eine Punktmasse in jedem der beiden Rahmen durch vier Parameter $(\overset{(K)}{\mathbb{r}}_p, \overset{(K)}{t}_p)$ bzw. $(\overset{(K')}{\mathbb{r}}_p, \overset{(K')}{t}_p)$ "raumzeitlich" gekennzeichnet wird mit entsprechenden von B_K bzw. B_K, notierten "Ortsvektoren" $(\overset{(K)}{\mathbb{r}}_p$ bzw. $\overset{(K')}{\mathbb{r}}_p)$ und Zeitkoordinaten $(\overset{(K)}{t}, \overset{(K')}{t})$, die von den jeweiligen Uhren angezeigt werden an denjenigen Rasterpunkten $(\overset{(K)}{\mathbb{r}}_p, \overset{(K')}{\mathbb{r}}_p)$, die nach Ansicht von B_K bzw. B_K, die "räumliche Lage" von P momentan kennzeichnen. Die Beschränkung auf eine Inertialrahmen–Transformationstheorie verlangt, daß die Relativbewegung zweier zueinander bewegter Beobachterrahmen eine (verallgemeinerte) Galilei–Bewegung sein muß, d.h. eine Solche, bei der die Beobachter wechselweise registrieren, daß der jeweilige andere Beobachterrahmen eine gleichförmig–geradlinige Translationsbewegung vollzieht.[6] Die Komplikation gegenüber der Relativkinematik der klassischen Mechanik besteht hier in dem Sachverhalt, daß, obzwar im jeweiligen Beobachterrahmen die "Ortsuhren" alle gleich schnell gehen und Ortskoordinaten euklidisch vermessen werden, die Beobachter wechselweise der Ansicht sind, daß im jeweils anderen Beobachterrahmen

a) einerseits die "Ortsuhren" langsamer laufen als die Eigenen und

b) andererseits ein gegenüber der eigenen Wahrnehmung verzerrtes Bild bei Ortswahrnehmungen festzustellen ist.

Werden zwar die Bewegungen eines Massenpunktes P in Inertialrahmen (K),(K'), wie in der klassischen Punktmechanik, durch von der Zeit abhängige Ortsvektoren beschrieben,

---

[6] Würde nämlich von einem Inertialrahmen B_K aus die Bewegung des (K')–Rahmens als beschleunigt und womöglich auch rotierend festgestellt, wären im (K')–Rahmen ruhende Punktmassen Beschleunigungen ausgesetzt, deren "Trägheitswirkungen" als "Gravitation" gedeutet werden müßten, womit von der Definition her der (K')–Rahmen kein Inertialrahmen wäre. Diese Begründung soll hier ausreichen. Betr. eine den "Trägheitsbegriff" nicht benutzende Definition der Galilei– bzw. der verallgemeinerten Galilei–Bewegung s. [16], [17] .

$$\overset{(K)}{\mathbb{r}} = \overset{(K)}{\varphi}(P,\overset{(K)}{t})\,, \qquad\qquad \overset{(K')}{\mathbb{r}} = \overset{(K')}{\varphi}(P,\overset{(K')}{t})\,, \qquad\qquad (6.1a,b)$$

desgl. Geschwindigkeiten bzw. Beschleunigungen per

$$\overset{(K)}{\mathbb{w}_p} = d\,\overset{(K)}{\varphi}/d\,\overset{(K)}{t}\,, \qquad\qquad \overset{(K')}{\mathbb{w}_p} = d\,\overset{(K')}{\varphi}/d\,\overset{(K')}{t} \qquad\qquad (6.2a,b)$$

bzw. $\quad \overset{(K)}{\mathbb{b}_p} = d^2\overset{(K)}{\varphi}/d\,\overset{(K)}{t}{}^2 = d\,\overset{(K)}{\mathbb{w}_p}/d\,\overset{(K)}{t}\,, \qquad \overset{(K')}{\mathbb{b}_p} = d^2\overset{(K')}{\varphi}/d\,\overset{(K')}{t}{}^2 = d\,\overset{(K')}{\mathbb{w}_p}/d\,\overset{(K')}{t}\,,\;(6.3a,b)$

so ist die Korrelation dieser in verschiedenen Beobachterrahmen erhobenen kinematischen Größen in

Form von "relativkinematischen Gleichungen", der genannten Befunde a) und b) wegen, komplexer als in

der klassischen Relativkinematik. Eine strukturell übersichtliche Notation gelingt indessen unter Benut-

zung der in E§5.7 detaillierten orthogonalen Vierer–Tensoren, insbesondere der Operatoren $\mathcal{L}$ nach

(E5.90b, 93e), die in die spezielle Relativitätstheorie eingebunden werden mittels des physikalischen

Befundes, daß die nach den Prozeduren (E6.2a,b) in Inertialrahmen registrierten Werte der

Lichtgeschwindigkeit $(\overset{(K)}{c},\overset{(K')}{c})$ zahlenmäßig gleich sind [7]

$$\overset{(K)}{c} = \overset{(K')}{c} = c\,. \qquad\qquad (6.3)$$

Bedeuten also $\delta\,\overset{(K)}{\mathbb{r}_L}$ bzw. $\delta\,\overset{(K')}{\mathbb{r}_L}$ diejenigen (Licht–) Wegelemente, die ein Lichtstrahl nach Ansicht zweier

Beobachter B_K bzw. B_K, während entsprechend registrierter Zeitelemente $\delta\,\overset{(K)}{t_L}\,,\;\delta\,\overset{(K')}{t_L}$ zurückgelegt hat,

so muß für den Fall der Lichtausbreitung

$$\left|\delta\,\overset{(K)}{\mathbb{r}_L}\right| - c\,\delta\,\overset{(K)}{t_L} = \left|\delta\,\overset{(K')}{\mathbb{r}_L}\right| - c\,\delta\,\overset{(K')}{t_L} = 0$$

bzw. $\quad \delta\,\overset{(K)}{\mathfrak{r}_L}\cdot\delta\,\overset{(K)}{\mathfrak{r}_L} = \delta\,\overset{(K)}{\mathbb{r}_L}{}^2 - c^2\,\delta\,\overset{(K)}{t_L}{}^2 = \delta\,\overset{(K')}{\mathbb{r}_L}{}^2 - c^2\,\delta\,\overset{(K')}{t_L}{}^2 = \delta\,\overset{(K')}{\mathfrak{r}_L}\cdot\delta\,\overset{(K')}{\mathfrak{r}_L} = 0 \qquad (6.3a)$

gelten, was im Sinne von (E5.89) gedeutet werden kann als eine — wenn auch sehr spezielle —

Betrags–Invarianzforderung für ein Vierer–(Licht–)Wegelement

$$\delta\mathfrak{r}_L = {}^{[8]}\;\delta\,\overset{(K)}{\mathbb{r}_L} + ic\,\delta\,\overset{(K)}{t_L}\,\overset{(K)}{\mathbb{e}_4} = \delta\,\overset{(K')}{\mathbb{r}_L} + ic\,\delta\,\overset{(K')}{t_L}\,\overset{(K')}{\mathbb{e}_4}\,, \qquad\qquad (6.3b)$$

---

[7] Dieser auf den ersten Blick durchaus ungewöhnliche Befund läßt sich nach [16] als Folge des
– angesichts der Gravitationsfreiheit eines Inertialrahmens einleuchtenderen – Statements erschließen, daß
die in <u>einem</u> Inertialrahmen (K) registrierte Geschwindigkeit eines Lichtstrahles unabhängig von dessen
im (K)–Rahmen registrierten (Fortschritts–) Richtung sei.

[8] Man setze in (E5.88) $\delta\,\overset{(K)}{\mathbb{r}_L}$ anstelle von $\overset{(K)}{\mathbb{x}}$, $\delta\,\overset{(K')}{\mathbb{r}}$ anstelle von $\overset{(K')}{\mathbb{x}}$, $\delta\,\overset{(K)}{t}$ anstelle von $\overset{(K)}{\bar{x}_4}$,

$\delta\,\overset{(K')}{t}$ anstelle von $\overset{(K')}{\bar{x}_4}$ und $\alpha{=}c$.

das im Sinne von (E6.3b) in zwei durch $\mathcal{L}$ – Transformation auseinander hervorgehenden Bezugsbasen
$\left\langle \overset{(K)}{\mathbb{e}_j} \right\rangle$ bzw. $\left\langle \overset{(K')}{\mathbb{e}_j} \right\rangle$ dargestellt worden ist. Man kann zeigen [16], daß (E6.3b) entartender Spezialfall des

Befundes ist, daß <u>allgemein</u> Bezugsbasis–Darstellungen von Vierer–Linienelementen

$$\delta\mathfrak{r} \equiv \overset{(K)}{\delta\mathfrak{r}} = \overset{(K)}{\delta\mathfrak{w}} + ic\,\overset{(K)}{\delta t}\,\overset{(K)}{\mathbb{e}_4} \equiv \overset{(K')}{\delta\mathfrak{r}} = \overset{(K')}{\delta\mathfrak{w}} + ic\,\overset{(K')}{\delta t}\,\overset{(K')}{\mathbb{e}_4} \tag{6.4a}$$

per
$$\overset{(K')}{\delta\mathfrak{r}} = \overset{(K)}{\delta\mathfrak{r}} \cdot \overset{(K)}{\mathcal{L}} \,, \qquad \overset{(K)}{\delta\mathfrak{r}} = \overset{(K')}{\delta\mathfrak{r}} \cdot \overset{(K')}{\mathcal{L}}^T \tag{6.4b,c}$$

mit
$$\delta\mathfrak{r} \cdot \delta\mathfrak{r} = \overset{(K)}{\delta\mathfrak{r}} \cdot \overset{(K)}{\delta\mathfrak{r}} = \overset{(K)}{\delta\mathfrak{w}}{}^2 - c^2\,\overset{(K)}{\delta t}{}^2 \equiv \overset{(K')}{\delta\mathfrak{r}} \cdot \overset{(K')}{\delta\mathfrak{r}} = \overset{(K')}{\delta\mathfrak{w}}{}^2 - c^2\,\overset{(K')}{\delta t}{}^2 \tag{6.4d}$$

ineinander überführt werden dürfen unter Benutzung von $\overset{(K)}{\mathcal{L}}$, $\overset{(K')}{\mathcal{L}}^T$ nach (E5.90b,93e) mit $\alpha=c$.

Zur endgültigen Konturierung des

6.2   Lorentz-Minkowski-Operators

bedarf es der physikalischen Interpretation der in (E5.90b,93e) verbliebenen Größen $\overset{(K)}{\mathbb{p}}$, $\overset{(K')}{\mathbb{p}}$, $\overset{(K)}{\mathbb{Q}}$, $\overset{(K')}{\mathbb{Q}}$ in Termen der Relativgeschwindigkeit bzw. der relativen Orientierung zweier Beobachterbasen
$\left\langle \overset{(K)}{\mathbb{e}_j} \right\rangle$ bzw. $\left\langle \overset{(K')}{\mathbb{e}_j} \right\rangle$. Betrachtet man z.B. vom (K)–Rahmen aus die Bewegung des (K')–Rahmens – bzw.

gleichwertig[9] – die Bewegung des Beobachters $B_{K'}$, so ist Letzterer das Linienelement

$$\delta\mathfrak{r}_{K'} = \overset{(K)}{\delta\mathfrak{r}_{K'}} = \overset{(K)}{\delta\mathfrak{w}_{K'}} + ic\,\overset{(K)}{\delta t_{K'}}\,\overset{(K)}{\mathbb{e}_4} = \overset{(K)}{\delta t_{K'}}\left[\overset{(K)}{\mathfrak{w}_{K'}} + ic\,\overset{(K)}{\mathbb{e}_4} \right] \tag{6.5a}$$

zuzuordnen, das unter Benutzung der Koordinaten des (K')–Rahmens hingegen als

$$\delta\mathfrak{r}_{K'} = \overset{(K')}{\delta\mathfrak{r}_{K'}} = ic\,\overset{(K')}{\delta t_{K'}}\,\overset{(K')}{\mathbb{e}_4} \tag{6.5b}$$

erscheint, weil der Beobachter $B_{K'}$ seinen eigenen Standpunkt als während des von ihm registrierten
(Eigen–) Zeitelementes $\overset{(K')}{\delta t_{K'}}$ als "unverändert" einschätzt. Einsetzen in (E5.98b,c) mit $\alpha = c$,
$$\overset{(K')}{\bar{x}_4} = \overset{(K')}{\delta t_{K'}}, \quad \overset{(K')}{x} = \mathbb{0}, \quad \overset{(K)}{\mathbb{e}_j} \cdot \overset{(K)}{x} = \overset{(K)}{\mathbb{e}_j} \cdot \overset{(K)}{\mathfrak{w}_{K'}}\,\overset{(K)}{\delta t_{K'}}\,, \; j= 1..3, \text{ sowie } \overset{(K)}{\bar{x}_4} = \overset{(K)}{\delta t_{K'}} \text{ ergibt}$$

---

9) Man erinnere sich, daß hier nur (relative) gleichförmig–geradlinige (Translations–)Bewegungen der Inertialrahmenraster in Frage kommen.

$$\overset{(K)}{\delta t_{K'}} = \overset{(K')}{\delta t_{K'}} \Big/ \sqrt{1 - \big[\overset{(K')}{p}\cdot\overset{(K')}{Q}\big]^2}\ ,\tag{6.5c}$$

$$\overset{(K)}{e_j}\cdot\overset{(K)}{\delta t_{K'}}\,\overset{(K)}{w_{K'}}/c = \overset{(K')}{\delta t_{K'}}\Big[\big[\overset{(K')}{p}\cdot\overset{(K')}{Q}\big]\Big/\sqrt{1 - \big[\overset{(K')}{p}\cdot\overset{(K')}{Q}\big]^2}\Big]\cdot\overset{(K')}{Q}{}^T\cdot\overset{(K')}{e_j} =$$

$$\overset{(6.5c)}{=}\ \overset{(K)}{\delta t_{K'}}\big[\overset{(K')}{p}\cdot\overset{(K')}{Q}\big]\cdot\overset{(K')}{Q}{}^T\cdot\overset{(K')}{e_j} = \overset{(K)}{\delta t_{K'}}\,\overset{(K')}{p}\cdot\overset{(K')}{e_j}\ ,\ j{=}1..3,$$

d.h.
$$\overset{(K')}{p}\cdot\overset{(K')}{e_j} = \frac{\overset{(K)}{w_{K'}}}{c}\cdot\overset{(K)}{e_j} = \overset{(K)}{\eta_{K'}}\cdot\overset{(K)}{e_j}\,,\quad \overset{(K)}{\eta_{K'}} = \frac{\overset{(K)}{w_{K'}}}{c}\ ,\tag{6.5d,e}$$

und wegen $\overset{(K')}{p}\cdot\overset{(K')}{e_j} \equiv \overset{(K)}{p}\cdot\overset{(K)}{e_j}$ nach (E5.91b) dann aber auch

$$\overset{(K')}{p}\cdot\overset{(K')}{e_j} \equiv \overset{(K)}{p}\cdot\overset{(K)}{e_j} = \overset{(K)}{\eta_{K'}}\cdot\overset{(K)}{e_j}\,,\ j{=}1..3,$$

womit
$$\overset{(K)}{p} = \overset{(K)}{\eta_{K'}}\tag{6.5f}$$

identifiziert ist. Entsprechend folgt für das Ereignis der Bewegung des Beobachters B_K

$$\delta\tau_K = \begin{cases} \overset{(K)}{\delta\tau_K} = ic\,\overset{(K)}{\delta t_K}\,\overset{(K)}{e_4} \\[2ex] \overset{(K')}{\delta\tau_K} = \overset{(K')}{\delta r_K} + ic\,\overset{(K')}{\delta t_K}\,\overset{(K')}{e_4} = c\,\overset{(K')}{\delta t_K}\big[\overset{(K')}{\eta_K} + i\,\overset{(K')}{e_4}\big]\end{cases}\tag{6.6a,b}$$

mit der im (K')–Rahmen registrierten und auf die Lichtgeschwindigkeit bezogenen Geschwindigkeit

$$\overset{(K')}{\eta_K} = \overset{(K')}{w_K}/c\tag{6.6c}$$

des (K)–Rahmens, womit aus (E5.96b,c) mit

$$\alpha{=}c,\quad \overset{(K')}{\bar{x}_4} = \overset{(K')}{\delta t_K}\,,\quad \overset{(K')}{x}\cdot\overset{(K')}{e_j} = c\,\overset{(K')}{\delta t_K}\,\overset{(K')}{\eta_K}\cdot\overset{(K')}{e_j}\,,\quad \overset{(K)}{\bar{x}_4} = \overset{(K)}{\delta t_K}\,,\quad \overset{(K)}{x} = 0\ \text{ analog (6.5c)}$$

$$\overset{(K')}{\delta t_K} = \overset{(K)}{\delta t_K}\Big/\sqrt{1 - \overset{(K)}{p}{}^2}\ ,\tag{6.6d}$$

sowie

$$\overset{(K')}{\delta t_K}\,\overset{(K')}{\eta_K}\cdot\overset{(K')}{e_j} = -\overset{(K)}{\delta t_K}\,\overset{(K)}{p}\Big/\sqrt{1 - \overset{(K)}{p}{}^2}\cdot\overset{(K)}{Q}\cdot\overset{(K)}{e_j} \overset{(E6.6d)}{=} -\overset{(K')}{\delta t_K}\,\overset{(K)}{p}\cdot\overset{(K)}{Q}\cdot\overset{(K)}{e_j} \equiv$$

$$\overset{(E5.91)}{=}\ -\overset{(K')}{\delta t_K}\,\overset{(K')}{p}\cdot\overset{(K')}{Q}\cdot\overset{(K')}{e_j}\ ,\tag{6.6e}$$

d.h.
$$\overset{(K')}{\eta_K} = -\overset{(K')}{p}\cdot\overset{(K')}{Q}\tag{6.6f}$$

hervorgeht. Daraus folgt wegen

$$\overset{(K)}{\eta_{K'}}{}^2 = \overset{(K)}{p}{}^2 \overset{(E5.91)}{=} \overset{(K')}{p}{}^2 = \big(\overset{(K')}{p}\cdot\overset{(K')}{Q}\big)^2 = \overset{(K')}{\eta_K}{}^2\ ,\tag{6.7a}$$

daß die Beträge der von zwei Beobachtern B_K , $B_{K'}$, wechselweise für den jeweils anderen Beobachterrahmen registrierten Geschwindigkeiten als gleich festgestellt werden, aus

$$\overset{(K')}{\eta}_K \cdot \overset{(K')}{e}_j \overset{(E6.6f)}{=} - \overset{(K)}{p} \cdot \overset{(K)}{Q} \cdot \overset{(K)}{e}_j \overset{(E6.6e)}{=} - \overset{(K)}{\eta}_{K'} \cdot \overset{(K)}{Q} \cdot \overset{(K)}{e}_j ,\qquad (6.7b)$$

daß in den beiden Beobachterrahmen betreffend deren (Relativ–) Geschwindigkeit zwei entgegengesetzt gerichtete (Raum–) Vektoren identifiziert werden, während $\overset{(K)}{Q}$ die relative Orientierung der jeweiligen (räumlichen) Bezugsbasen $\langle \overset{(K)}{e}_j \rangle$, $\langle \overset{(K')}{e}_j \rangle$, j=1..3, kennzeichnet.[10] Mit

$$\alpha=c, \quad \overset{(K)}{x}=\delta\,\overset{(K)}{r}, \quad \overset{(K)}{\bar{x}}_4=\delta\,\overset{(K)}{t}, \quad \overset{(K)}{p}=\overset{(K)}{\eta}_{K'}, \quad \overset{(K')}{r}\cdot\overset{(K')}{e}_j=\delta\,\overset{(K')}{r}\cdot\overset{(K')}{e}_j, \quad \overset{(K')}{\bar{x}}_4=\delta\,\overset{(K')}{t}$$

bekommt man nach (E5.96b,c)

---

[10] Wird nämlich ein Vektor a hinsichtlich einer dreidimensionalen Bezugsbasis $\langle \overset{(K)}{e}_j \rangle$ als

$$a = \overset{(K)}{a} = \sum_{j=1}^{3}\left[\overset{(K)}{a}\cdot\overset{(K)}{e}_j\right]\overset{(K)}{e}_j \qquad (6.7c)$$

wahrgenommen, hinsichtlich einer Basis $\langle \overset{(K')}{e}_j \rangle$ hingegen als

$$a = \overset{(K')}{a} = \sum_{j=1}^{3}\left[\overset{(K')}{a}\cdot\overset{(K')}{e}_j\right]\overset{(K')}{e}_j \equiv \sum_{j=1}^{3}\left[\overset{(K)}{a}\cdot\overset{(K)}{Q}\cdot\overset{(K)}{e}_j\right]\overset{(K')}{e}_j ,\qquad (6.7d)$$

so bedeutet dies, daß die Basis $\langle \overset{(K')}{e}_j \rangle$ vom Standpunkte von $\langle \overset{(K)}{e}_j \rangle$ aus als per

$$\overset{(K')}{e}_j = \overset{(K)}{e}_j\cdot\overset{(K)}{Q}{}^T \text{ mit } \overset{(K)}{Q}{}^T = \sum_{l=1}^{3}\overset{(K)}{e}_l\circ\overset{(K')}{e}_l \qquad (6.7e,f)$$

orientiert erscheint. Ordnet man also in (E6.7b) dem Operator $\overset{(K)}{Q}$ diese Orientierungsaufgabe zu, so wird mit (E6.7b) in der Tat festgestellt, daß beide Beobachter wechselweise entgegengesetzt–gleiche (Relativ–) Geschwindigkeiten der jeweils anderen Basis registrieren, denn mit $\overset{(K)}{Q}$ nach (E6.7f) bekommt man aus (E6.7b) in der Tat

$$\overset{(K')}{\eta}_K = \sum_{j=1}^{3}\left[\overset{(K')}{\eta}_K\cdot\overset{(K')}{e}_j\right]\overset{(K')}{e}_j = -\overset{(K)}{\eta}_{K'}\cdot\overset{(K)}{Q}\cdot\sum_{j=1}^{3}\overset{(K)}{e}_j\circ\overset{(K')}{e}_j = -\overset{(K)}{\eta}_{K'}\cdot\overset{(K)}{Q}\cdot\overset{(K)}{Q}{}^T = -\overset{(K)}{\eta}_{K'} \qquad (6.7g)$$

$$\overset{(K')}{\delta r} \cdot \overset{(K')}{e}_j = \left[\overset{(K)}{\delta r} - c\,\overset{(K)}{\delta t}\,\overset{(K)(K)}{\eta_{K'}} \right] \cdot \sqrt{\overset{(K)}{E} - \overset{(K)}{\eta_{K'}},^\circ \overset{(K)}{\eta_{K'}}}^{\,-1} \cdot \overset{(K)}{Q} \cdot \overset{(K)}{e}_j , \quad j=1..3,$$

$$c\,\overset{(K')}{\delta t} = \left[c\,\overset{(K)}{\delta t} - \overset{(K)}{\delta r} \cdot \overset{(K)}{\eta_{K'}} \right] \left[\sqrt{1 - \overset{(K)}{\eta_{K'}}^2} \right]^{-1} , \tag{6.8a,b}$$

wobei man die drei ersten Gleichungen (analog (E6.7g)) zu

$$\overset{(K')}{\delta r} = \sum_{j=1}^{3} \left[\overset{(K')}{\delta r} \cdot \overset{(K')}{e}_j \right] \overset{(K')}{e}_j = \left[\overset{(K)}{\delta r} - c\,\overset{(K)}{\delta t}\,\overset{(K)(K)}{\eta_{K'}} \right] \cdot \sqrt{\overset{(K)}{E} - \overset{(K)}{\eta_{K'}},^\circ \overset{(K)}{\eta_{K'}}}^{\,-1} \tag{6.8c}$$

zusammenfassen kann. (E6.7g,8c) bedeuten, daß die jeweils auf der rechten Seite im (räumlichen) Unter-
raum $\overset{(K)}{V}_3$ definierten Vektoren (gestrichelt) identisch als Vektoren in den (räumlichen) Unterraum $\overset{(K')}{V}_3$
übernommen werden und dort die entsprechende räumliche vektorwertige Wahrnehmung darstellen.

Analog (E6.8) sind

$$c\,\overset{(K)}{\delta t} = \left[c\,\overset{(K')}{\delta t} - \overset{(K')}{\delta r} \cdot \overset{(K')}{\eta_K} \right] \left[\sqrt{1 - \overset{(K')}{\eta_K}^2} \right]^{-1} ,$$

$$\overset{(K)}{\delta r} \cdot \overset{(K)}{e}_j = \left[\overset{(K')}{\delta r} - c\,\overset{(K')}{\delta t}\,\overset{(K')(K')}{\eta_K} \right] \cdot \sqrt{\overset{(K')}{E} - \overset{(K')}{\eta_K} \circ \overset{(K')}{\eta_K}}^{\,-1} \cdot \overset{(K')}{Q}^T \cdot \overset{(K')}{e}_j , \quad j=1..3,$$

bzw. $\qquad \overset{(K)}{\delta r} = \left[\overset{(K')}{\delta r} - c\,\overset{(K')}{\delta t}\,\overset{(K')(K')}{\eta_K} \right] \cdot \sqrt{\overset{(K')}{E} - \overset{(K')}{\eta_K} \circ \overset{(K')}{\eta_K}}^{\,-1} \hfill (6.9a-c)$

die entsprechenden inversen Transformationen.

Mit $\displaystyle\sum_{j=1}^{3} \overset{(K)}{e}_j \circ \overset{(K)}{e}_j = \overset{(K)}{E}$ ist

$$\left[\overset{(K')}{\delta r} \right]_K = \sum_{j=1}^{3} \left[\overset{(K')}{\delta r} \cdot \overset{(K')}{e}_j \right] \overset{(K)}{e}_j = \left[\overset{(K)}{\delta r} - c\,\overset{(K)}{\delta t}\,\overset{(K)(K)}{\eta_{K'}} \right] \cdot \sqrt{\overset{(K)}{E} - \overset{(K)}{\eta_{K'}},^\circ \overset{(K)}{\eta_{K'}}}^{\,-1} \cdot \overset{(K)}{Q} \tag{6.9d}$$

das vom Beobachter B_K identifizierte Bild von der Wahrnehmung der Größe $\overset{(K')}{\delta r}$ im Beobachterrahmen
(K') [16], indem B_K folgert, daß die von ihm als

$$\left[\overset{(K)}{\delta r} - c\,\overset{(K)}{\delta t}\,\overset{(K)(K)}{\eta_{K'}} \right] \cdot \sqrt{\overset{(K)}{E} - \overset{(K)}{\eta_{K'}},^\circ \overset{(K)}{\eta_{K'}}}^{\,-1} \cdot \overset{(K)}{Q} \cdot \overset{(K)}{e}_j, \quad j=1,...3,$$

notierten Komponenten von B_K, in der Form

$$\overset{(K')}{\delta r} = \sum_{j=1}^{3} \left[\overset{(K')}{\delta r} \cdot \overset{(K')}{e}_j \right] \overset{(K')}{e}_j = \sum_{j=1}^{3} \left[\left[\overset{(K)}{\delta r} - c\,\overset{(K)}{\delta t}\,\overset{(K)(K)}{\eta_{K'}} \right] \cdot \sqrt{\overset{(K)}{E} - \overset{(K)}{\eta_{K'}},^\circ \overset{(K)}{\eta_{K'}}}^{\,-1} \cdot \overset{(K)}{Q} \cdot \overset{(K)}{e}_j \right] \overset{(K')}{e}_j$$

zu einem Vektor zusammengesetzt werden, der – wegen (E6.7f) – mit dem gestrichelten Ausdruck in (E6.8c) identisch ist.

Das Bisherige zusammenfassend, wirft also die Transformation $\mathfrak{L}$

a) wegen (E6.7g) wechselweise entgegengesetzt gerichtete Relativgeschwindigkeitsvektoren der beiden Beobachterbasen aus, realisiert

b) die berühmten Formeln (E6.5c) bzw. (E6.6d)

$$\delta\,\overset{(K')}{t_{K'}} = \delta\,\overset{(K)}{t_{K}}\,\sqrt{1-\overset{(K')}{\eta_{K}}{}^{2}} \le \delta\,\overset{(K)}{t_{K'}}\,,\;\; \delta\,\overset{(K)}{t_{K}} = \delta\,\overset{(K')}{t_{K}}\,\sqrt{1-\overset{(K)}{\eta_{K'}}{}^{2}} \le \delta\,\overset{(K')}{t_{K}}\,, \tag{6.10a}$$

wonach beide Beobachter wechselweise feststellen, daß die von ihnen gemessenen Zeitelemente $\left[\,\delta\,\overset{(K)}{t_{K'}}\, \text{bzw. } \delta\,\overset{(K')}{t_{K}}\,\right]$ größer sind als die jeweiligen "Eigenzeitelemente" $\left[\,\delta\,\overset{(K')}{t_{K'}},\,\text{bzw.}\right.$ $\left.\delta\,\overset{(K)}{t_{K}}\,\right]$ der von ihnen beobachteten Rahmen (K') bzw. (K), und erklärt schließlich

c) den Effekt der relativistischen Verzerrung, wonach eine Kontur $\mathfrak{K}$, die in einem (sog. Eigen–) Inertialrahmen (E) permanent ruht und dort als $\mathfrak{K}^{(E)}$ – etwa durch Ortsvektoren $\delta\,\overset{(E)}{\mathfrak{r}}$ – vermessen wird, einem Beobachter B_{K}, der für $\mathfrak{K}$ die Geschwindigkeit $\overset{(K)}{\eta_{E}}$ registriert, als in der Form

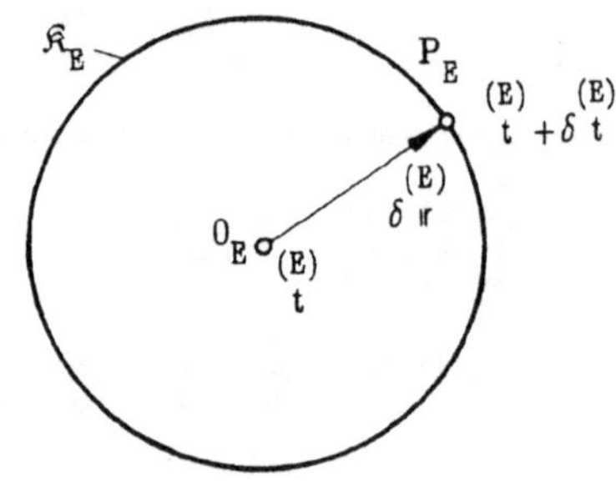

$$\delta\,\overset{(K)}{\mathfrak{r}} = \delta\,\overset{(E)}{\mathfrak{r}}\cdot\sqrt{\mathbb{E}-\overset{(E)}{\eta_{K}}\circ\overset{(E)}{\eta_{K}}} \tag{6.10b}$$

Abb. E6.1

im Sinne einer Abplattung in Geschwindigkeitsrichtung verzerrt erscheint.

Zur Realisierung von (E6.10b) denkt man sich die "Konturpunkte P_{E}" in Eigenrahmen (E) nicht zur selben Zeit ($\overset{(E)}{t}$) wie den Ursprung O_{E} vermessen, sondern gegenüber $\overset{(E)}{t}$ um jeweils

$$\delta\,\overset{(E)}{t} = \delta\,\overset{(E)}{\mathfrak{r}}\cdot\overset{(E)}{\eta_{K}}\,/\,c \tag{6.10c}$$

später, womit nach (E6.9a) mit $(K') \overset{\wedge}{=} (E)$ der Befund $c\delta\,\overset{(K)}{t} = 0$

erhalten wird, also die entsprechenden Ereignispunkte im K–Rahmen alle zur gleichen Zeit wahrgenommen werden. Mit (E6.10c) erhält man dann aus (E6.9c) in der Tat

$$\overset{(K)}{\delta\text{ir}} = \left[\overset{(E)}{\delta\text{ir}} - \left[\overset{(E)}{\delta\text{ir}}\cdot\overset{(E)}{\eta_K}\right]\overset{(E)}{\eta_K}\right]\cdot\sqrt{\overset{(E)}{\mathbb{E}}-\overset{(E)}{\eta_K}{}^{\circ}\overset{(E)}{\eta_K}}^{\,-1} =$$

$$= \overset{(E)}{\delta\text{ir}}\cdot\left[\overset{(E)}{\mathbb{E}}-\overset{(E)}{\eta_K}{}^{\circ}\overset{(E)}{\eta_K}\right]\cdot\sqrt{\overset{(E)}{\mathbb{E}}-\overset{(E)}{\eta_K}{}^{\circ}\overset{(E)}{\eta_K}}^{\,-1} = \overset{(E)}{\delta\text{ir}}\cdot\sqrt{\overset{(E)}{\mathbb{E}}-\overset{(E)}{\eta_K}{}^{\circ}\overset{(E)}{\eta_K}}$$

(vgl. E6.10b) als Wahrnehmung der Kontur $\mathcal{\hat{K}}$ im K–Rahmen.Die

6.3 Relativkinematik eines Massenpunktes

wird mit der $\mathcal{L}$-Transformation nach (E6.8) für ein Vierer–Linienelement

$$d\tau_p = \begin{cases} = d\,\overset{(K)}{\tau_p} = \overset{(K)}{\delta\text{ir}_p} + ic\delta\,\overset{(K)}{t_p}\,\overset{(K)}{\mathbb{e}_4} = \overset{(K)}{\delta t_p}\left[\overset{(K)}{\text{w}_p} + ic\,\overset{(K)}{\mathbb{e}_4}\right] \\[2ex] = d\,\overset{(K')}{\tau_p} = \overset{(K')}{\delta\text{ir}_p} + ic\delta\,\overset{(K')}{t_p}\,\overset{(K')}{\mathbb{e}_4} = \overset{(K')}{\delta t_p}\left[\overset{(K')}{\text{w}_p} + ic\,\overset{(K')}{\mathbb{e}_4}\right] \end{cases} \qquad (6.11)$$

entwickelt. Danach ist mit $\quad \overset{(K)}{\eta_p} = \overset{(K)}{\text{w}_p}/c,\; \overset{(K')}{\eta_p} = \overset{(K')}{\text{w}_p}/c$

$$\overset{(K')}{\delta t_p}\,\overset{(K')}{\eta_p} = \overset{(K)}{\delta t_p}\left[\overset{(K)}{\eta_p}-\overset{(K)}{\eta_{K'}}\right]\cdot\sqrt{\overset{(K)}{\mathbb{E}}-\overset{(K)}{\eta_{K'}}{}^{\circ}\overset{(K)}{\eta_{K'}}}^{\,-1}$$

$$\overset{(K')}{\delta t_p} = \overset{(K)}{\delta t_p}\left[1-\overset{(K)}{\eta_p}\cdot\overset{(K)}{\eta_{K'}}\right]/\sqrt{1-\overset{(K)}{\eta_{K'}}{}^2} \qquad (6.11a,b)$$

und daher

$$\overset{(K')}{\eta_p} = \overset{(K')}{\text{w}_p}/c = \sqrt{1-\overset{(K)}{\eta_{K'}}{}^2}\;\frac{\overset{(K)}{\eta_p}-\overset{(K)}{\eta_{K'}}}{1-\overset{(K)}{\eta_p}\cdot\overset{(K)}{\eta_{K'}}}\cdot\sqrt{\overset{(K)}{\mathbb{E}}-\overset{(K)}{\eta_{K'}}{}^{\circ}\overset{(K)}{\eta_{K'}}}^{\,-1} \equiv \qquad (6.12a)$$

$$\equiv^{[11]}\frac{\sqrt{1-\overset{(K')}{\eta_p}{}^2}}{\sqrt{1-\overset{(K)}{\eta_p}{}^2}}\left[\overset{(K)}{\eta_p}-\overset{(K)}{\eta_{K'}}\right]\cdot\sqrt{\overset{(K)}{\mathbb{E}}-\overset{(K)}{\eta_{K'}}{}^{\circ}\overset{(K)}{\eta_{K'}}}^{\,-1}. \qquad (6.12b)$$

---

[11] Man benutze die Identität

$$1-\overset{(K)}{\eta_p}\cdot\overset{(K)}{\eta_{K'}} = \sqrt{1-\eta_{KK'}^2}\,\sqrt{1-\overset{(K)}{\eta_p}{}^2}\,/\,\sqrt{1-\overset{(K')}{\eta_p}{}^2}\,,\quad \eta_{KK'}^2 = \overset{(K)}{\eta_{K'}}{}^2 = \overset{(K')}{\eta_K}{}^2 \qquad (6.12c)$$

Daß man den Geschwindigkeitsvektoren $\overset{(K)}{\eta_P}$, $\overset{(K')}{\eta_P}$ einen Vierervektor $\mathfrak{v}_P = \mathfrak{v}_P/\,c$ zuordnen kann, erkennt man am einfachsten, indem man Transformationsformeln zwischen dem (momentanen) Eigeninertialrahmen (P) [12] und den Rahmen (K), (K') entwickelt. Mit

$$d\mathfrak{r}_P \equiv \delta\,\overset{(P)}{\mathfrak{r}_P} = ic\,\delta\,\overset{(P)}{t_P}\,\overset{(P)}{\mathfrak{e}_4} \tag{6.13a}$$

gilt dann nach (E6.8a,b) mit $(K) \overset{\wedge}{=} (P)$, $\delta\,\overset{(K')}{\mathfrak{r}} = c\,\delta\,\overset{(K')}{t_P}\,\overset{(K')}{\eta_P}$ und $\overset{(P)}{\eta_P} = 0$

$$\delta\,\overset{(K')}{t_P}\,\overset{(K')}{\eta_P} = -\,\delta\,\overset{(P)}{t_P}\,\overset{(P)}{\eta_K}, /\sqrt{1 - \overset{(K')}{\eta_P}{}^2} \equiv \delta\,\overset{(P)}{t_P}\,\overset{(K')}{\eta_P} / \sqrt{1 - \overset{(K')}{\eta_P}{}^2} ,$$

$$\delta\,\overset{(K')}{t_P} = \delta\,\overset{(P)}{t_P} / \sqrt{1 - \overset{(K')}{\eta_P}{}^2} , \tag{6.13b,c}$$

und entsprechend mit (K) anstelle von (K')

$$\delta\,\overset{(K)}{t_P}\,\overset{(K)}{\eta_P} = \delta\,\overset{(P)}{t_P}\,\overset{(K)}{\eta_P} / \sqrt{1 - \overset{(K)}{\eta_P}{}^2} , \qquad \delta\,\overset{(K)}{t_P} = \delta\,\overset{(P)}{t_P} / \sqrt{1 - \overset{(K)}{\eta_P}{}^2} , \tag{6.13d,e}$$

wonach insbesondere mittels des Eigenzeitelementes $\delta\tau_P = \delta\,\overset{(P)}{t_P}$ per

$$\sqrt{1 - \overset{(K)}{\eta_P}{}^2}\;\delta\,\overset{(K)}{t_P} = \sqrt{1 - \overset{(K')}{\eta_P}{}^2}\;\delta\,\overset{(K')}{t_P} = \delta\,\overset{(P)}{t_P} = \delta\tau_P \tag{6.14}$$

die Zeitelemente $\delta\,\overset{(K)}{t_P}$, $\delta\,\overset{(K')}{t_P}$ korreliert werden können und hiermit (E6.11) als

$$d\mathfrak{r}_P = c\,\delta\tau_P \begin{Bmatrix} \left[\overset{(K)}{\eta_P} + i\,\overset{(K)}{\mathfrak{e}_4}\right] / \sqrt{1 - \overset{(K)}{\eta_P}{}^2} \\[2ex] \left[\overset{(K')}{\eta_P} + i\,\overset{(K')}{\mathfrak{e}_4}\right] / \sqrt{1 - \overset{(K')}{\eta_P}{}^2} \end{Bmatrix} \equiv \mathfrak{v}_P\,\delta\tau_P \tag{6.15}$$

mit dem Vierer-Geschwindigkeitsvektor $\mathfrak{v}_P$ bzw. dessen auf die Lichtgeschwindigkeit bezogenen Wert

$$\mathfrak{v}_P = \frac{1}{c}\frac{d\mathfrak{r}_P}{d\tau_P} = \mathfrak{v}_P/c = \begin{Bmatrix} \left[\overset{(K)}{\eta_P} + i\,\overset{(K)}{\mathfrak{e}_4}\right] / \sqrt{1 - \overset{(K)}{\eta_P}{}^2} \\[2ex] \left[\overset{(K')}{\eta_P} + i\,\overset{(K')}{\mathfrak{e}_4}\right] / \sqrt{1 - \overset{(K')}{\eta_P}{}^2} \end{Bmatrix} , \quad \mathfrak{v}_P \cdot \mathfrak{v}_P = -1, \tag{6.15a,b}$$

zu schreiben ist.

Die "Prozedur der Ableitung nach der Eigenzeit" wird auch zum Erhalt einer Vierer-Be-

---

[12] In Bezug auf den die Punktmasse P momentan ruht

schleunigung verwendet. Man setzt $\mathfrak{b}_p = d\mathfrak{v}_p/d\tau_p$ und bekommt unter Beachtung von (E6.14) für die Vierer–Beschleunigung in Termen der von B_K bzw. $B_{K'}$ registrierten Kinematik die Zusammenhänge

$$
\frac{\mathfrak{b}_p}{c} = \frac{1}{c}\frac{d\mathfrak{v}_p}{d\tau_p} =
\begin{cases}
\dfrac{1}{\sqrt{1 - \overset{(K)}{\eta_p}{}^2}}\;\dfrac{d}{d\,\overset{(K)}{t_p}}
\left[\dfrac{\overset{(K)}{\eta_p} + i\,\overset{(K)}{e_4}}{\sqrt{1 - \overset{(K)}{\eta_p}{}^2}}\right] \\[4ex]
\dfrac{1}{\sqrt{1 - \overset{(K')}{\eta_p}{}^2}}\;\dfrac{d}{d\,\overset{(K')}{t_p}}
\left[\dfrac{\overset{(K')}{\eta_p} + i\,\overset{(K')}{e_4}}{\sqrt{1 - \overset{(K')}{\eta_p}{}^2}}\right]
\end{cases} \equiv
$$

$$
\overset{13)}{\equiv}
\begin{cases}
\dfrac{1}{\sqrt{1 - \overset{(K)}{\eta_p}{}^2}}\left[\dfrac{d}{d\,\overset{(K)}{t_p}}\left[\dfrac{\overset{(K)}{\eta_p}}{\sqrt{1 - \overset{(K)}{\eta_p}{}^2}}\right] + i\,\overset{(K)}{\eta_p}\cdot\dfrac{d}{dt}\left[\dfrac{\overset{(K)}{\eta_p}}{\sqrt{1 - \overset{(K)}{\eta_p}{}^2}}\right]\overset{(K)}{e_4}\right] = \dfrac{\overset{(K)}{\mathfrak{b}_p}}{c}\;, \\[5ex]
\dfrac{1}{\sqrt{1 - \overset{(K')}{\eta_p}{}^2}}\left[\dfrac{d}{d\,\overset{(K')}{t_p}}\left[\dfrac{\overset{(K')}{\eta_p}}{\sqrt{1 - \overset{(K')}{\eta_p}{}^2}}\right] + i\,\overset{(K')}{\eta_p}\cdot\dfrac{d}{dt}\left[\dfrac{\overset{(K')}{\eta_p}}{\sqrt{1 - \overset{(K')}{\eta_p}{}^2}}\right]\overset{(K')}{e_4}\right] = \dfrac{\overset{(K')}{\mathfrak{b}_p}}{c}\;,
\end{cases}\quad (6.16)
$$

woraus insbesondere die Bezugssysteminvarianz der Struktur

$$
\frac{\mathfrak{b}_p}{c}\cdot\frac{\mathfrak{b}_p}{c} = \frac{1}{1 - \overset{(K)}{\eta_p}{}^2}\,\frac{d}{d\,\overset{(K)}{t_p}}\left[\frac{\overset{(K)}{\eta_p}}{\sqrt{1 - \overset{(K)}{\eta_p}{}^2}}\right]\cdot\left[\overset{(K)}{\mathbb{E}} - \overset{(K)}{\eta_p}\circ\overset{(K)}{\eta_p}\right]\cdot\frac{d}{d\,\overset{(K)}{t_p}}\left[\frac{\overset{(K)}{\eta_p}}{\sqrt{1 - \overset{(K)}{\eta_p}{}^2}}\right] =
$$

$$
= \frac{1}{\left[1 - \overset{(K)}{\eta_p}{}^2\right]^2}\left[\overset{(\dot K)}{\eta_p}{}^2 + \frac{\left[\overset{(K)}{\eta_p}\cdot\overset{(\dot K)}{\eta_p}\right]^2}{1 - \overset{(K)}{\eta_p}{}^2}\right] \equiv \frac{\overset{(\dot K)}{\eta_p}}{1 - \overset{(K)}{\eta_p}{}^2}\cdot\left[\overset{(K)}{\mathbb{E}} - \overset{(K)}{\eta_p}\circ\overset{(K)}{\eta_p}\right]^{-1}\cdot\frac{\overset{(\dot K)}{\eta_p}}{1 - \overset{(K)}{\eta_p}{}^2}\;,
$$

festzustellen ist. Der Zugang zu einer

$$
\overset{(\dot K)}{\eta_p} = d\,\overset{(K)}{\eta_p}/d\,\overset{(K)}{t_p}\;, \qquad (6.16b)
$$

---

13) Man benutze die Identität $\quad\dfrac{d}{dt}\left[\dfrac{1}{\sqrt{1-\eta^2}}\right] = \eta\cdot\dfrac{d}{dt}\left[\dfrac{\eta}{\sqrt{1-\eta^2}}\right]$ $\qquad\qquad (6.16a)$

6.4 Dynamik des Massenpunktes

wird nach Einstein mit der Forderung eröffnet, daß das dynamische Grundgesetz von Newton weiterhin gelten soll, sofern man es im jeweiligen (momentanen) Eigeninertialrahmen
(P) einer Punktmasse[14] formuliert. Faßt man dieses mit der sog. Ruhemasse m_0 und der
sog. Newton-Kraft $\overset{(P)}{\mathbb{k}}_P$ in der Form

$$\overset{(P)}{\mathbb{k}}_P = m_0 \, \overset{(P)}{\mathbb{b}}_P \tag{6.17}$$

postulierte Gesetz als Sonderfall einer im Eigenrahmen (P) notierten Version einer (im
Raumzeitkontinuum Lorentz-invarianten) Vierer-Vektorgleichung

$$\mathfrak{k}_P =^{15)} h(\mathfrak{v}_P \cdot \bar{\mathfrak{v}}_P)\, m_0 \, \mathfrak{b}_P \qquad \text{mit } h=1 \ \text{für } \mathfrak{v}_P \cdot \bar{\mathfrak{v}}_P =^{16)} c^2 \tag{6.17a}$$

---

[14] d.h. in demjenigen – gleichförmig–geradlinig bewegten – Bezugssystem (P), in dem sich die Punktmasse

momentan (zum "Begleitzeitpunkt") in relativer Ruhe befindet.

[15] Es ist dies mit einer skalarwertigen isotropen Funktion h der Geschwindigkeit die allgemeine Version

einer isotropen Zuordnung zwischen Vektoren $\mathfrak{k}_P$, $\mathfrak{b}_P$, $\mathfrak{v}_P$, von der hierzu ausgegangen wurde, sofern man

verlangt, daß die Beziehung hinsichtlich $\mathfrak{b}_P$ linear sein soll.

[16]
$$\bar{\mathfrak{v}}_P = \left[\overset{(K)}{\mathbb{w}}_P - ic\, \overset{(K)}{\mathbb{e}}_4 \right] \Big/ \sqrt{1 - \overset{(K)}{\eta}{}_P^{\,2}}$$

bedeutet den konjugiert–komplexen Vierer–Geschwindigkeitsvektor. Demnach ist

$$\mathfrak{v}_P \cdot \bar{\mathfrak{v}}_P = c^2 \left[1 + \overset{(K)}{\eta}{}_P^{\,2} \right]\left[1 - \overset{(K)}{\eta}{}_P^{\,2} \right]^{-1},$$

was für $\overset{(K)}{\eta}_P = 0$ zu $\mathfrak{v}_P \cdot \bar{\mathfrak{v}}_P = c^2$ führt. Im wesentlichen wird mittels des skalaren Faktors h in (E6.17a)

noch eine Abhängigkeit von $\overset{(K)}{\eta}_P$ vorgesehen, die aber so beschaffen sein muß, daß aus (E6.17a) für

$\overset{(K)}{\eta}_P = 0$, d.h. (K) $\overset{\wedge}{=}$ (P) Gl. (E6.17) hervorgeht. Daß dies mit $h(c^2) = 1$ sichergestellt ist, erkennt man

mit $\mathfrak{b}$ nach (E6.16), wonach im Eigenrahmen (P) der Punktmasse mit $\overset{(P)}{\eta}_P = 0$ die Vierer–Beschleuni-

gung $\mathfrak{b}_P$ im (P)–Rahmen durch die daselbst registrierte gewöhnliche Beschleunigung $\overset{(P)}{\mathbb{b}}_P$ dargestellt wird:

$$\mathfrak{b}_P = \overset{(P)}{\mathbb{b}}_P.$$

auf mit einem Vierer-Kraftvektor

$$\mathfrak{k}_P \overset{17)}{=}
\begin{cases}
\overset{(K)}{\mathbb{k}_P} + ic\ \overset{(K)}{k_{4P}}\ \overset{(K)}{\mathfrak{e}_4}\ , \\[2ex]
\overset{(P)}{\mathbb{k}_P} + ic\ \overset{(P)}{k_{4P}}\ \overset{(P)}{\mathfrak{e}_4} \equiv \overset{(P)}{\mathbb{k}_P}\ ,
\end{cases}
\qquad (6.17b)$$

dessen auf verschiedene Inertialrahmen bezogenen Komponenten durch Lorentz-Transformationen korreliert werden, so erkennt man wegen

$$\mathfrak{v}_P \cdot \mathfrak{v}_P = -c^2,\ \text{d.h. } d(\mathfrak{v}_P \cdot \mathfrak{v}_P)/d\tau = \mathfrak{v}_P \cdot \mathfrak{b}_P = 0\ , \qquad (6.18a)$$

daß auch die Viererkraft $\mathfrak{k}_P$ zum Vierer-Geschwindigkeitsvektor $\mathfrak{v}_P$ im Sinne von $\mathfrak{k}_P \cdot \mathfrak{v}_P = 0$ orthogonal sein muß, was

$$\frac{\mathfrak{k}_P \cdot \mathfrak{v}_P}{c} = \left[\overset{(K)}{\mathbb{k}_P} + ic\ \overset{(K)}{k_{4P}}\ \overset{(K)}{\mathfrak{e}_4} \right] \cdot \left[\overset{(K)}{\eta_P} + i\ \overset{(K)}{\mathfrak{e}_4} \right] \Big/ \sqrt{1 - \overset{(K)}{\eta_P}{}^2} = 0\ , \qquad (6.18b)$$

d.h.
$$c\ \overset{(K)}{k_{4P}} = \overset{(K)}{\mathbb{k}_P} \cdot \overset{(K)}{\eta_P} \qquad (6.18c)$$

bzw. für $\mathfrak{k}_P$ die basisbezogenen Repräsentationen

$$\mathfrak{k}_P =
\begin{cases}
\overset{(K)}{\mathbb{k}_P} + i\left[\overset{(K)}{\mathbb{k}_P} \cdot \overset{(K)}{\eta_P} \right] \overset{(K)}{\mathfrak{e}_4} \;=\; \overset{(K)}{\mathbb{k}_P} + i\left[\overset{(K)}{\mathbb{k}_P} \cdot \overset{(K)}{w_P} \right]\overset{(K)}{\mathfrak{e}_4}\,/c \\[2ex]
\overset{(K')}{\mathbb{k}_P} + i\left[\overset{(K')}{\mathbb{k}_P} \cdot \overset{(K')}{\eta_P} \right] \overset{(K')}{\mathfrak{e}_4} \;=\; \overset{(K')}{\mathbb{k}_P} + i\left[\overset{(K')}{\mathbb{k}_P} \cdot \overset{(K')}{w_P} \right]\overset{(K')}{\mathfrak{e}_4}\,/c \\[2ex]
\overset{(P)}{\mathbb{k}_P}
\end{cases}
\qquad (6.18d)$$

liefert. Einsetzen in (E6.17a) ergibt als verallgemeinertes Newtonsches Gesetz mit $\mathfrak{b}$ nach (E6.16)

$$\overset{(K)}{\mathbb{k}_P} + i\left[\overset{(K)}{\mathbb{k}_P} \cdot \overset{(K)}{\eta_P} \right]\overset{(K)}{\mathfrak{e}_4} = \frac{h(\mathfrak{v}_P)}{\sqrt{1 - \overset{(K)}{\eta_P}{}^2}} \left[\frac{d}{d\overset{(K)}{t}}\left[\frac{m_0\ \overset{(K)}{w_P}}{\sqrt{1 - \overset{(K)}{\eta_P}{}^2}} \right] + i\frac{d}{d\overset{(K)}{t}}\left[\frac{m_0\ c}{\sqrt{1 - \overset{(K)}{\eta_P}{}^2}} \right]\overset{(K)}{\mathfrak{e}_4} \right], \qquad (6.19a)$$

mit $h=1$ das Minkowski-Kraftgesetz

$$\overset{(M)}{\mathfrak{k}_P} = \overset{(K)(M)}{\mathbb{k}_P} + i\left[\overset{(K)(M)}{\mathbb{k}_P} \cdot \overset{(K)}{\eta_P} \right]\overset{(K)}{\mathfrak{e}_4} =$$

---

17) Setzt man in (E6.16) z.B. $(K)\overset{\wedge}{=}(P)$, so hat der Beschleunigungsvektor $\overset{(P)}{\mathfrak{b}_P}$ wegen $\overset{(P)}{\eta_P} = \mathbb{0}$ keine Komponente in $\overset{(P)}{\mathfrak{e}_4}$–Richtung, weswegen in Anbetracht von (E6.17) auch $\overset{(P)}{k_{4P}} = 0$ sein muß.

$$= \frac{1}{\sqrt{1 - \overset{(K)}{\eta_P}{}^2}} \left[\frac{d}{\overset{(K)}{d}\,t} \left[\frac{m_0 \overset{(K)}{w_P}}{\sqrt{1 - \overset{(K)}{\eta_P}{}^2}} \right] + i \frac{d}{\overset{(K)}{d}\,t} \left[\frac{m_0\,c}{\sqrt{1 - \overset{(K)}{\eta_P}{}^2}} \right] \overset{(K)}{e}_4 \right] , \qquad (6.19b)$$

mit $h = \sqrt{1 - \overset{(K)}{\eta_P}{}^2} = \left[\tfrac{1}{2}\left[1 + \frac{v \cdot v}{c^2} \right] \right]^{-1/2}$ das Gesetz von Lorentz–Einstein

$$\overset{(LE)}{\ell_P} = \overset{(K)(LE)}{k_P} + i \left[\overset{(K)(LE)}{k_P} \cdot \overset{(K)}{\eta_P} \right] \overset{(K)}{e}_4 = \sqrt{1 - \overset{(K)}{\eta_P}{}^2}\; m_0\, b =$$

$$= \frac{d}{\overset{(K)}{d}\,t} \left[\frac{m_0 \overset{(K)}{w_P}}{\sqrt{1 - \overset{(K)}{\eta_P}{}^2}} \right] + i \frac{d}{\overset{(K)}{d}\,t} \left[\frac{m_0\,c}{\sqrt{1 - \overset{(K)}{\eta_P}{}^2}} \right] \overset{(K)}{e}_4 . \qquad (6.19c)$$

Für beide Gesetze gilt wegen der Identität

$$\frac{d}{\overset{(K)}{d}\,t} \left[\frac{m_0\,c}{\sqrt{1 - \overset{(K)}{\eta_P}{}^2}} \right] = \overset{(K)}{\eta_P} \cdot \frac{d}{\overset{(K)}{d}\,t} \left[\frac{m_0 \overset{(K)}{w_P}}{\sqrt{1 - \overset{(K)}{\eta_P}{}^2}} \right]$$

(vgl. (E6.16a)), daß sich der Imaginär–Anteil als Skalarprodukt des Real–Anteils mit der bezogenen Geschwindigkeit $\overset{(K)}{\eta_P}$ darstellen läßt,

$$\overset{(K)}{k_P} \cdot \overset{(K)}{\eta_P} = \frac{d}{\overset{(K)}{d}\,t} \left[\frac{m_0\,c}{\sqrt{1 - \overset{(K)}{\eta_P}{}^2}} \right] \quad \text{bzw.} \quad \overset{(K)}{k_P} \cdot \overset{(K)}{w_P} = \frac{d}{\overset{(K)}{d}\,t} \left[\frac{m_0\,c^2}{\sqrt{1 - \overset{(K)}{\eta_P}{}^2}} \right] = \frac{d \overset{(K)}{E_P}}{\overset{(K)}{d}\,t} , \qquad (6.20)$$

was, analog zur klassischen Punktmechanik, als Arbeitssatz gedeutet wird mit der (hier anstelle der kinetischen Energie aufscheinenden) Körperenergie

$$\overset{(K)}{E} = m_0 c^2 / \sqrt{1 - \overset{(K)}{\eta_P}{}^2} = m_0 c^2 \overset{(K)}{\zeta_P} , \qquad \overset{(K)}{\zeta_P} = 1 / \sqrt{1 - \overset{(K)}{\eta_P}{}^2} . \qquad (6.20a,b)$$

Die Entscheidung für das Lorentz–Einstein–Gesetz als das "richtige Bewegungsgesetz" fußt auf der Forderung, daß für ein "sich selbst überlassenes" System[18], bestehend aus Punktmassen und "Interaktions–

---

[18] Genauer: Für ein Lorentz–objektiv energetisch abgeschlossenes System.

speichern"[19] jeder Beobachter B_K die Existenz eines Impulserhaltungssatzes feststellen können soll, den

man – analog zur klassischen Mechanik – mit Hilfe des Reaktionsprinzips gerade eben unter Benutzung

des Lorentz–Einstein–Kraftgesetzes erschließen kann. In diesen Impulserhaltungssatz gehen allerdings ein

neben den durch
$$\overset{(K)}{\mathbb{P}}_{mj} = m_j \overset{(K)}{\zeta_j} \overset{(K)}{\eta_j} c = m_j \overset{(K)}{v_j} \Big/ \sqrt{1 - \overset{(K)}{\eta_j}{}^2}\,, \quad j=1..n,$$

definierten Impulsen der einzelnen Punktmassen (mit der jeweiligen "Ruhemasse" m_j) die Impulse

$$\overset{(K)}{\mathbb{P}}_{S_\sigma} = \left[\overset{(S_\sigma)}{Q_\sigma} \big/ c^2\right] \overset{(K)}{\zeta_\sigma} \overset{(K)}{\eta_\sigma} c = \left[\overset{(S_\sigma)}{Q_\sigma} \big/ c^2\right] \overset{(K)}{v_\sigma} \Big/ \sqrt{1 - \overset{(K)}{\eta_\sigma}{}^2}\,, \quad \sigma=1..s,$$

der – hier zunächst als masselos angesehenen – Energiespeicher, worin $\overset{(S_\sigma)}{Q_\sigma}$ deren im jeweiligen Speicher–

Eigenrahmen (S_σ) registrierten Energieinhalte und $\overset{(K)}{v_\sigma}$ deren im (K)–Rahmen registrierte Geschwindig-

keiten bedeuten, sodaß jetzt für "sich selbst überlassene Systeme"

$$\overset{(K)}{\mathbb{P}}_\Sigma = \sum_{j=1}^{n} \overset{(K)}{\mathbb{P}}_{mj} + \sum_{\sigma=1}^{s} \overset{(K)}{\mathbb{P}}_{S_\sigma} = \text{const.}$$

gelten muß, ebenso wie ein in der Form

$$\overset{(K)}{E}_\Sigma = \sum_{j=1}^{n} m_j \overset{(K)}{\zeta_j} + \sum_{\sigma=1}^{s} \left[\overset{(S_\sigma)}{Q_\sigma} \big/ c^2\right] \overset{(K)}{\zeta_\sigma} = \text{const.}$$

auszusprechender Energie–Erhaltungssatz.[20]

Aus dem Vorangegangenen erschließt man die Äquivalenz von Masse und Energie: Ein (Ruhe–) masse-

loser Energiespeicher des (Ruhe–) Energieinhaltes $\overset{(S_\sigma)}{Q_\sigma}$ verhält sich in Bewegung wie eine Ruhe–Masse

$$m_\sigma = \overset{(S_\sigma)}{Q_\sigma} \big/ c^2.[21]$$

---

[19] Etwa elastische Speicher (Federn) bzw. dissipative Speicher (Stoßdämpfer), mit denen während der

Systembewegung (bei gleichzeitigen entsprechenden Körperenergieänderungen der Punktmassen)

(sog. "Prozeß–") Energien ausgetauscht werden.

[20] S.h. etwa [15], [16]

[21] Dieser Befund wird auch als Trägheit der Energie bezeichnet.

Für eine Punktmasse (der Ruhemasse m), die gleichzeitig mit einem Energiespeicher (des Ruheinhaltes Q) ausgerüstet ist[22], hat man daher

$$m_{ges} = m + (Q/c^2)$$

als äquivalente Ruhemasse zu setzen.

---

[22] also etwa Wärme oder Formänderungsenergie speichern kann.

E§7 Algebraische Strukturen für einen in nicht-klassischen Kontinuumstheorien aufscheinenden Zustandsraum-Typ

Während in klassischen (lokalen) Kontinuumstheorien einfacher Stoffe Zustandsräume durch zweistufig-tensorwertige Größen aufgespannt werden, in denen die sog. kinematischen bzw. dynamischen Größen (Verzerrungs- bzw. Verzerrungsgeschwindigkeits- bzw. (Kraft-)Spannungstensoren) der Theorie definiert sind, benötigt man in höhergradig nicht-lokalen Theorien vom Gradiententyp bzw. in Theorien mit nicht-klassischer Kontinuumskinematik entsprechend den darin aufscheinenden kinematischen bzw. dynamischen Tensoren höherer Stufe entsprechend erweiterte Zustandsräume, und zwar, verallgemeinert Solche, wo Zustandsvektoren $\mathfrak{x}$, $\mathfrak{y}$ im Sinne von Ortsvektoren im Zustandsraum gemäß

$$\hat{\mathfrak{x}} = \left[\overset{\langle 0 \rangle}{x} \; ; \; \overset{\langle 1 \rangle}{x} \; ; \; \overset{\langle 2 \rangle}{X} \; ; \; \overset{\langle 3 \rangle}{X} \; ; ...; \; \overset{\langle n \rangle}{X} \right] \hat{=}$$

$$= \left[\overset{\langle 0 \rangle}{x} \; ; \; \overset{\langle 1 \rangle}{x_1}, \overset{\langle 1 \rangle}{x_2}, \overset{\langle 1 \rangle}{x_3}; \; \overset{\langle 2 \rangle}{x_{11}},..., \overset{\langle 2 \rangle}{x_{33}}; \; \overset{\langle 3 \rangle}{x_{111}},..., \overset{\langle 3 \rangle}{x_{333}}; ...; \; \overset{\langle n \rangle}{x_{11..1}},..., \overset{\langle n \rangle}{x_{nn...n}} \right] \qquad (7.1)$$

ein Tupel extensiver Größen $\overset{\langle j \rangle}{X}$ ($j = 0 .. n$) repräsentieren.[1] Mit Rücksicht auf die in solcherart Theorien existierenden multiplikativen Strukturen für die Spannungsleistung ist es zweckmäßig, als Skalarprodukt zweier Zustandsvektoren $(\mathfrak{x}, \mathfrak{y})$ die Größe

$$\mathfrak{x} \odot \mathfrak{y} = \overset{\langle 0 \rangle}{x} \, \overset{\langle 0 \rangle}{y} + \overset{\langle 1 \rangle}{x} \cdot \overset{\langle 1 \rangle}{y} + \overset{\langle 2 \rangle}{X} \cdot\cdot \overset{\langle 2 \rangle}{Y} + ... \overset{\langle n \rangle}{X} \underbrace{\cdots}_{n-fach} \overset{\langle n \rangle}{Y} \qquad (7.2)$$

einzuführen und als dyadisches Produkt $\mathfrak{a} \otimes \mathfrak{b}$ zweier Vektoren $\mathfrak{a}$, $\mathfrak{b}$ einen Operator, der (z.B. in einer "Linksmultiplikationsversion") per

$$\mathfrak{y} = \mathfrak{x} \odot (\mathfrak{a} \otimes \mathfrak{b}) \equiv (\mathfrak{x} \odot \mathfrak{a}) \, \mathfrak{b} \qquad (7.3a)$$

eine lineare Abbildung $\mathfrak{x} \longrightarrow \mathfrak{y}$ vollzieht.

---

[1] In der im Folgenden benutzten einheitlichen Bezeichnung $\overset{\langle j \rangle}{X}$, $j=0..n$, sollen $\overset{\langle 0 \rangle}{X} = \overset{\langle 0 \rangle}{x}$ Skalare, $\overset{\langle 1 \rangle}{X} = \overset{\langle 1 \rangle}{x}$ Vektoren bedeuten.

430 E§7 Algebraische Strukturen für einen ... aufscheinenden Zustandsraum–Typ

An

$$(\mathfrak{x} \odot \mathfrak{a})\,\mathfrak{b} =^{2)} \left[\sum_{j=0}^{n} \overset{\langle j \rangle}{\mathbb{X}} \underbrace{\cdots\cdots}_{j\text{-fach}} \overset{\langle j \rangle}{\mathbb{A}} \right] \left[\overset{\langle 0 \rangle}{b} ; \overset{\langle 1 \rangle}{\mathbb{b}} ; \overset{\langle 2 \rangle}{\mathbb{B}} ; ....; \overset{\langle n \rangle}{\mathbb{B}} \right] \qquad (7.3b)$$

erkennt man (auch hier) die Möglichkeit, eine lineare Abbildung mittels der Prozedur einer

"Matrizenmultiplikationsregel" abzuwickeln, indem man dem Operator $\mathfrak{a} \otimes \mathfrak{b}$ eine

"n x n–Matrix–Struktur" von der Form

$$\mathfrak{a} \otimes \mathfrak{b} = \left[\overset{\langle 0 \rangle}{a} ; \overset{\langle 1 \rangle}{\mathbb{a}} ; \overset{\langle 2 \rangle}{\mathbb{A}} ; ...; \overset{\langle n \rangle}{\mathbb{A}} \right] \otimes \left[\overset{\langle 0 \rangle}{b} ; \overset{\langle 1 \rangle}{\mathbb{b}} ; \overset{\langle 2 \rangle}{\mathbb{B}} ; ...; \overset{\langle n \rangle}{\mathbb{B}} \right]$$

$$\hat{=} \begin{bmatrix} \overset{\langle 0 \rangle \langle 0 \rangle}{a \quad b} & \overset{\langle 0 \rangle \langle 1 \rangle}{a \quad \mathbb{b}} & \overset{\langle 0 \rangle \langle 2 \rangle}{a \quad \mathbb{B}} & \overset{\langle 0 \rangle \langle n \rangle}{a \quad \mathbb{B}} \\[6pt] \overset{\langle 1 \rangle \langle 0 \rangle}{\mathbb{a} \quad b} & \overset{\langle 1 \rangle \langle 1 \rangle}{\mathbb{a} \circ \mathbb{b}} & \overset{\langle 1 \rangle \langle 2 \rangle}{\mathbb{a} \circ \mathbb{B}} & \overset{\langle 1 \rangle \langle n \rangle}{\mathbb{a} \circ \mathbb{B}} \\[6pt] \overset{\langle 2 \rangle \langle 0 \rangle}{\mathbb{A} \quad b} & \overset{\langle 2 \rangle \langle 1 \rangle}{\mathbb{A} \circ \mathbb{b}} & & \overset{\langle 2 \rangle \langle n \rangle}{\mathbb{A} \circ \mathbb{B}} \\[6pt] \vdots & \vdots & \vdots & \vdots \\[6pt] \overset{\langle n \rangle \langle 0 \rangle}{\mathbb{A} \quad b} & \overset{\langle n \rangle \langle 1 \rangle}{\mathbb{A} \circ \mathbb{b}} & \cdots\cdots\cdots & \overset{\langle n \rangle \langle n \rangle}{\mathbb{A} \circ \mathbb{B}} \end{bmatrix} , \qquad (7.4)$$

zuweist. Mit einem als "Zeilenmatrix" notierten "Vektor" $\mathfrak{x} \,\hat{=}\, \left[\overset{\langle 0 \rangle}{x} ; \overset{\langle 1 \rangle}{\mathbb{x}} ; ...; \overset{\langle n \rangle}{\mathbb{X}} \right]$ ist dann

das Ergebnis $(\mathfrak{x} \odot \mathfrak{a})\,\mathfrak{b}$ zu deuten als das "Matrizenprodukt" der "Zeilenmatrix" $\mathfrak{x}$ mit der

n × n–Struktur $\mathfrak{a} \otimes \mathfrak{b}$, wobei zu verabreden ist, die jeweiligen "Vektor-Elemente" $\overset{\langle j \rangle}{\mathbb{X}}$ von $\mathfrak{x}$

mit den entsprechenden "Matrizenelementen" $\overset{\langle j \rangle}{\mathbb{A}} \circ \overset{\langle k \rangle}{\mathbb{B}}$ von $\mathfrak{a} \otimes \mathfrak{b}$ zum j-fach-Skalarpro-

dukt zu bringen. Für entsprechende "Rechtsmultiplikationen" $(\mathfrak{a} \otimes \mathfrak{b}) \odot \mathfrak{x} \equiv \mathfrak{a}\,(\mathfrak{b} \odot \mathfrak{x})$ gilt die

Matrizenmultiplikationsregel sinngemäß mit der Notation von $\mathfrak{x}$ als einspaltige Matrix; das

Ergebnis $\mathfrak{y} = (\mathfrak{a} \otimes \mathfrak{b})\,\mathfrak{x} = \mathfrak{a}\,(\mathfrak{b} \odot \mathfrak{x})$ fällt dann ebenfalls als einspaltige Matrix an.

Eine gegenüber (E7.4) verallgemeinerte Struktur

$$\overset{\langle 2 \rangle}{\mathfrak{A}} \;\hat{=}\; \begin{bmatrix} \overset{\langle 0 \rangle}{a}_{00} & \overset{\langle 1 \rangle}{\mathbb{a}}_{01} & .... & \overset{\langle n \rangle}{\mathbb{A}}_{0n} \\[6pt] \overset{\langle 1 \rangle}{\mathbb{a}}_{10} & \overset{\langle 2 \rangle}{\mathbb{A}}_{11} & .... & \overset{\langle n+1 \rangle}{\mathbb{A}}_{1n} \\[6pt] \overset{\langle n \rangle}{\mathbb{A}}_{n0} & \overset{\langle n+1 \rangle}{\mathbb{A}}_{n1} & .... & \overset{\langle n+n \rangle}{\mathbb{A}}_{nn} \end{bmatrix} \;\hat{=}\; \left[\overset{\langle j+k \rangle}{\mathbb{A}}_{jk} \right] \qquad (7.5)$$

mit der Wirkungsweise eines "zweistufigen Zustandsraum-Tensors" dient zur Notation ei-

---

2) Unter dem "Null–fach–Skalarprodukt" (n=0) ist hierbei die gewöhnliche Multiplikation zweier Skalare zu verstehen.

ner allgemeinen linearen Abbildung

$$\eta = \mathfrak{x} \odot \overset{\langle 2\rangle}{\mathfrak{A}} = \left[\sum_{j=0}^{n} \overset{\langle j\rangle}{\mathbb{X}} \underbrace{\cdots\cdots}_{j-\text{fach}} \overset{\langle j\rangle}{\mathbb{A}}_{j0}; \sum_{j=0}^{n} \overset{\langle j\rangle}{\mathbb{X}} \underbrace{\cdots\cdots}_{j-\text{fach}} \overset{\langle j+1\rangle}{\mathbb{A}}_{j1}; \right.$$
$$\left. \cdots; \sum_{j=0}^{n} \overset{\langle j\rangle}{\mathbb{X}} \underbrace{\cdots\cdots}_{j-\text{fach}} \overset{\langle j+k\rangle}{\mathbb{A}}_{jk}; \cdots; \sum_{j=0}^{n} \overset{\langle j\rangle}{\mathbb{X}} \underbrace{\cdots\cdots}_{j-\text{fach}} \overset{\langle j+n\rangle}{\mathbb{A}}_{jn} \right], \qquad (7.6)$$

mit der z. B. per

$$\Phi(\mathfrak{x}, \mathfrak{z}) = \eta \odot \mathfrak{z} = \mathfrak{x} \odot \overset{\langle 2\rangle}{\mathfrak{A}} \odot \mathfrak{z} = \sum_{j,k=0}^{n} \overset{\langle j\rangle}{\mathbb{X}} \underbrace{\cdots\cdots}_{j-\text{fach}} \overset{\langle j+k\rangle}{\mathbb{A}}_{jk} \underbrace{\cdots\cdots}_{k-\text{fach}} \overset{\langle k\rangle}{\mathbb{Z}} \equiv$$
$$\equiv (\mathfrak{z} \otimes \mathfrak{x}) \odot\!\odot \overset{\langle 2\rangle}{\mathfrak{A}} \equiv \overset{\langle 2\rangle}{\mathfrak{A}} \odot\!\odot (\mathfrak{z} \otimes \mathfrak{x}) \qquad (7.7)$$

allgemeine skalare Bilinearformen erzeugt werden können, in letzterer Version unter Benut-

zung einer durch $\qquad (\mathfrak{a} \otimes \mathfrak{b}) \odot\!\odot (\mathfrak{c} \otimes \mathfrak{d}) = (\mathfrak{a} \odot \mathfrak{d})(\mathfrak{b} \odot \mathfrak{c}) \qquad (7.8)$

definierten Doppeltskalarproduktbildung.

Die Transparenz des Kalküls verbessert man auch hier durch eine Darstellung der Zustands-

vektoren unter Benutzung entsprechender "platzanzeigender" Basisgrößen $e_j (j = 1..n)$, wo-

mit z. B. Zustandsvektoren anstelle der "Klammer-Notation" (E7.1) in der Form

$$\mathfrak{x} = \sum_{j=0}^{n} \overset{\langle j\rangle}{\mathbb{X}} e_j \equiv \sum_{j=0}^{n} e_j \overset{\langle j\rangle}{\mathbb{X}} \qquad (7.9)$$

geschrieben werden sollen. Mit der Definition (E7.2) des Skalarproduktes

$$\mathfrak{x} \odot \eta = \sum_{j=0}^{n} \overset{\langle j\rangle}{\mathbb{X}} \underbrace{\cdots\cdots}_{j-\text{fach}} \overset{\langle j\rangle}{\mathbb{Y}} = \left[\sum_{j=0}^{n} e_j \overset{\langle j\rangle}{\mathbb{X}}\right] \odot \left[\sum_{k=0}^{n} e_k \overset{\langle k\rangle}{\mathbb{Y}}\right]$$

verbindet sich dann folgende "Multiplikationsregel":

a) Die im Sinne von

$$e_j \odot e_k = \delta_{jk} = \begin{cases} 0 \text{ für } j \neq k \\ 1 \text{ für } j = k \end{cases} \qquad (7.10)$$

"orthogonalen" Basisgrößen werden zum "$\odot$-Skalarprodukt" gebracht,

b) die jeweiligen "Vektorkomponenten" $\overset{\langle j\rangle}{\mathbb{X}}$, $\overset{\langle j\rangle}{\mathbb{Y}}$ zum entsprechenden konventionellen

j-fach-Skalarprodukt.

Unter Benutzung von (E7.9) werden dyadische Produkte in der Form

$$a \otimes b = \sum_{j,k=0}^{n} e_j \otimes e_k \; \overset{\langle j\rangle}{A} \circ \overset{\langle k\rangle}{B} \equiv \sum_{j,k=0}^{n} \overset{\langle j\rangle}{A} \circ \overset{\langle k\rangle}{B} \; e_j \otimes e_k$$

dargestellt, was bedeutet die Basisgrößen zum "$\otimes$-Tensorprodukt" und die "Komponenten" zum konventionellen Tensorprodukt zu bringen. Die "Basisgrößen" $e_j \otimes e_k$ fungieren (auch) hier als "Platzanzeiger", die die "Elemente" $\overset{\langle j\rangle}{A} \circ \overset{\langle k\rangle}{B}$ in einer entsprechenden Matrixstruktur (vgl. (E7.4)) lokalisieren. Lineare Abbildungen (E7.3) bzw. (E7.6) werden nach der "Rechenregel" abgearbeitet, daß in

$$\xi \circ \overset{\langle 2\rangle}{\mathfrak{A}} = \sum_{j=0}^{n} \overset{\langle j\rangle}{X} e_j \circ \sum_{\alpha,\beta=1}^{n} \overset{\langle \alpha+\beta\rangle}{A}_{\alpha\beta} e_\alpha \otimes e_\beta \equiv \sum_{\beta=0}^{n} \sum_{j=0}^{n} \overset{\langle j\rangle}{X} \underbrace{\cdots\cdots}_{j\text{-fach}} \overset{\langle j+\beta\rangle}{A}_{j\beta} e_\beta$$

die Basisgrößen e_α ($\alpha = 1 .. n$) zum "$\circ$-Skalarprodukt" unter Beachtung von (E7.10) gebracht werden und die Komponenten $\left[\overset{\langle j\rangle}{X}, \overset{\langle j+\beta\rangle}{A}_{\alpha\beta} \right]$ zum konventionellen jeweiligen j-fach-Skalarprodukt. Entsprechendes gilt für Doppeltskalarprodukte ($\otimes\!\otimes$) :

$$\overset{\langle 2\rangle}{\mathfrak{A}} \otimes\!\otimes \overset{\langle 2\rangle}{\mathfrak{B}} = \left[\sum_{j,k=0}^{n} \overset{\langle j+k\rangle}{A}_{jk} e_j \otimes e_k \right] \otimes\!\otimes \left[\sum_{l,m=0}^{n} e_l \otimes e_m \overset{\langle l+m\rangle}{B}_{lm} \right] = \sum_{j,k=0}^{n} \overset{\langle j+k\rangle}{A}_{jk} \underbrace{\cdots\cdots}_{(j+k)\text{-fach}} \overset{\langle j+k\rangle}{B}_{kj} \qquad (7.11)$$

usw. Durch

$$\overset{\langle 2\rangle}{\mathfrak{E}} \overset{\wedge}{=} \left[1; \overset{\langle 2\rangle}{E}; \overset{\langle 4\rangle}{E}; \overset{\langle 6\rangle}{E};...; \overset{\langle 2n\rangle}{E} \right] \equiv^{3)} \sum_{j=0}^{n} \overset{\langle 2j\rangle}{E} e_j \otimes e_j \equiv \sum_{j=0}^{n} e_j \otimes e_j \overset{\langle 2j\rangle}{E}$$

$$\overset{\wedge}{=} \begin{bmatrix} 1 & 0 & 0 & \cdots & 0 \\ 0 & \overset{\langle 2\rangle}{E} & 0 & \cdots & \\ & & \overset{\langle 4\rangle}{E} & & \\ & & & \ddots & \overset{\langle 2n\rangle}{E} \end{bmatrix} \qquad (7.12a)$$

wird der zweistufige Zustandsraum-Einheitsoperator bezeichnet, der per

$$\xi = \sum_{j=0}^{n} \overset{\langle j\rangle}{X} e_j \equiv \sum_{j=0}^{n} \left[\overset{\langle j\rangle}{X} \underbrace{\cdots\cdots}_{j\text{-fach}} \overset{\langle 2j\rangle}{E} \right] e_j \equiv \sum_{j=0}^{n} \overset{\langle j\rangle}{X} e_j \circ \left[\sum_{l=0}^{n} \overset{\langle 2l\rangle}{E} e_l \otimes e_l \right] \equiv \xi \circ \overset{\langle 2\rangle}{\mathfrak{E}} \qquad (7.12b)$$

$^{3)}$ Man benutze $\overset{\langle 0\rangle}{E} = 1$

die identische Abbildung vollzieht.

Analog §6 (Haupttext)können höherstufige "Zustandsraum-Tensoren $\overset{\langle n\rangle}{\mathfrak{A}}$" definiert werden,

etwa
$$\overset{\langle 3\rangle}{\mathfrak{A}} = \sum_{j=0}^{n} a_i \otimes \overset{\langle 2\rangle}{\mathfrak{A}}_i = \sum_{i,j,k=0}^{n} e_i \otimes e_j \otimes e_k \overset{\langle i+j+k\rangle}{\mathbb{A}}_{ijk} \tag{7.13}$$

usw. Sie dienen z. B. in nichtlokalen Kontinuumstheorien im wesentlichen zum Aufbau von skalaren Multilinearformen, z. B.

$$\Phi(\mathfrak{x}, \mathfrak{y}, \mathfrak{z}) = \mathfrak{z} \odot \left[\mathfrak{y}\odot(\mathfrak{x}\odot \overset{\langle 3\rangle}{\mathfrak{A}}) \right] = \sum_{i,j,k=0}^{n} \overset{\langle k\rangle}{\mathbb{Z}} \underbrace{\cdots\cdots}_{k-fach} \left[\overset{\langle j\rangle}{\mathbb{X}} \underbrace{\cdots\cdots}_{j-fach} \left[\overset{\langle i\rangle}{\mathbb{X}} \underbrace{\cdots\cdots}_{i-fach} \overset{\langle i+j+k\rangle}{\mathbb{A}} \right]\right] =$$

$$= \sum_{i,j,k=0}^{n} \left[\overset{\langle k\rangle}{\mathbb{Z}} \circ \overset{\langle j\rangle}{\mathbb{Y}} \circ \overset{\langle i\rangle}{\mathbb{X}} \right] \underbrace{\cdots\cdots}_{i+j+k-fach} \overset{\langle i+j+k\rangle}{\mathbb{A}}_{ijk} = (\mathfrak{z} \otimes \mathfrak{y} \otimes \mathfrak{x}) \odot\odot\odot \overset{\langle 3\rangle}{\mathfrak{A}} , \tag{7.14a}$$

aber auch zum Aufbau allgemeiner höhergradiger Polynome[4], etwa

$$\mathfrak{x} \odot \left[\mathfrak{x} \odot \left[\mathfrak{x} \odot \overset{\langle 3\rangle}{\mathfrak{A}} \right] \right] = \left[\mathfrak{x} \otimes \mathfrak{x} \otimes \mathfrak{x} \right] \odot\odot\odot \overset{\langle 3\rangle}{\mathfrak{A}} , \tag{7.14b}$$

wobei in solchen Fällen für $\overset{\langle 3\rangle}{\mathfrak{A}}$ wegen der Vertauschbarkeit der vektorischen Faktoren entsprechende "Mischungsvarianten" (vgl. E §4) aufscheinen.

Differentiationen skalarwertiger Funktionen $\mathscr{W}(\mathfrak{z})$ nach (Zustands-)vektorwertigen Variablen $(\mathfrak{z})$ werden im Zusammenhang mit der Erzeugung von Materialgleichungen für dynamische Variable durch "Gradientenbildung" an Potentialen benötigt. Mit

$$\mathscr{W}(\mathfrak{z}) = \bar{\bar{\mathscr{W}}} \left[\overset{\langle 0\rangle}{z}, \overset{\langle 1\rangle}{z}, \overset{\langle 2\rangle}{\mathbb{Z}},..., \overset{\langle n\rangle}{\mathbb{Z}} \right] \tag{7.15a}$$

bekommt man für das totale Differential

$$\mathrm{d}\mathscr{W} = \mathrm{d}\overset{\langle 0\rangle}{z}\,\frac{\partial\bar{\bar{\mathscr{W}}}}{\partial \overset{\langle 0\rangle}{z}} + \mathrm{d}\overset{\langle 1\rangle}{z}\cdot\frac{\partial\bar{\bar{\mathscr{W}}}}{\partial \overset{\langle 1\rangle}{z}} + \mathrm{d}\overset{\langle 2\rangle}{\mathbb{Z}}{}^{T}\cdot\cdot\frac{\partial\bar{\bar{\mathscr{W}}}}{\partial \overset{\langle 2\rangle}{\mathbb{Z}}} +...+ \mathrm{d}\overset{\langle n\rangle}{\mathbb{Z}}{}^{T}\underbrace{\cdots\cdots}_{n-fach}\frac{\partial\bar{\bar{\mathscr{W}}}}{\partial \overset{\langle n\rangle}{\mathbb{Z}}} , \tag{7.15b}$$

was man mit Einführung eines entsprechenden Operators $\mathrm{d}\mathscr{W}/\mathrm{d}\mathfrak{z}$ mit

$$\mathrm{d}\mathscr{W} = \mathrm{d}\mathfrak{z}^{T} \odot \frac{\mathrm{d}\mathscr{W}}{\mathrm{d}\mathfrak{z}} , \tag{7.15c}$$

$$\mathrm{d}\mathfrak{z}^{T} \,\hat{=}\, \left[\mathrm{d}\overset{\langle 0\rangle}{z} ; \mathrm{d}\overset{\langle 1\rangle}{z} ; \mathrm{d}\overset{\langle 2\rangle}{\mathbb{Z}}{}^{T} ;....\mathrm{d}\overset{\langle n\rangle}{\mathbb{Z}}{}^{T}\right] = \sum_{j=0}^{n} \mathrm{d}\overset{\langle j\rangle}{\mathbb{Z}}{}^{T} e_j \equiv \sum_{j=0}^{n} e_j \,\mathrm{d}\overset{\langle j\rangle}{\mathbb{Z}}{}^{T} \tag{7.15d}$$

---

[4] die im Zusammenhang mit Potenzreihenentwicklungen benötigt werden.

gleichsetzt. So entsteht als "Ableitung" die Struktur

$$\frac{\mathrm{d}\mathcal{W}}{\mathrm{d}\mathfrak{z}} = \sum_{j=0}^{n} e_j \frac{\partial\bar{\bar{\mathcal{W}}}}{\partial\,\mathbb{Z}^{\langle j\rangle}} \equiv \sum_{j=0}^{n} \frac{\partial\bar{\bar{\mathcal{W}}}}{\partial\,\mathbb{Z}^{\langle j\rangle}} e_j \;\hat{=}\; \left[\frac{\partial\bar{\bar{\mathcal{W}}}}{\partial\,z^{\langle 0\rangle}} \;;\; \frac{\partial\bar{\bar{\mathcal{W}}}}{\partial\,\mathbb{z}^{\langle 1\rangle}} \;;\; \frac{\partial\bar{\bar{\mathcal{W}}}}{\partial\,\mathbb{Z}^{\langle 2\rangle}} \;;...;\; \frac{\partial\bar{\bar{\mathcal{W}}}}{\partial\,\mathbb{Z}^{\langle n\rangle}} \right] \quad (7.16)$$

Beispiel für eine in das Schema dieser Algebra fallende multiplikative Struktur ist die Spannungsleistung

nicht–lokaler Kontinuumstheorien, die in der Form

$$\rho\,\dot{\mathcal{A}}_{\mathbb{S}} = \overset{\langle 2\rangle}{\mathbb{S}} \cdot\cdot\,\mathbb{C} + \overset{\langle 3\rangle}{\mathbb{S}} \cdot\cdot\cdot\mathbb{C}\circ\mathbb{V} + ... \overset{\langle n\rangle}{\mathbb{S}} \underbrace{\cdot\cdot\cdot\cdot\cdot\cdot}_{n-\mathrm{fach}} \left[\mathbb{C} \circ \underbrace{\mathbb{V}\circ\mathbb{V}\circ..\circ\mathbb{V}}_{(n-2)\mathrm{mal}} \right] \quad (7.17\mathrm{a})$$

anfällt [7] mit den (Eulerschen) Teilspannungstensoren $\overset{\langle j\rangle}{\mathbb{S}}$ bis zur nten Stufe, den räumlichen

Differentialoperatoren $\mathbb{V}$ und den räumlichen Verzerrungsgeschwindigkeiten $\mathbb{C}$.[5] Sie wird unter

Benutzung eines dynamischen bzw. eines kinematischen Zustandsvektors

$$\mathfrak{s} \;\hat{=}\; \left[0;\, 0;\, \overset{\langle 2\rangle}{\mathbb{S}} ;\, \overset{\langle 3\rangle}{\mathbb{S}} ;...;\, \overset{\langle n\rangle}{\mathbb{S}} \right], \qquad \dot{\mathfrak{z}} \;\hat{=}\; \left[0;\, 0;\, \mathbb{C};\, \mathbb{V}\circ\mathbb{C};...;\, \underbrace{\mathbb{V}\circ\mathbb{V}\circ..\circ\mathbb{V}}_{(n-2)\mathrm{mal}}\circ\mathbb{C} \right] \quad (7.17\mathrm{b,c})$$

in der einfachen Form
$$\rho\,\dot{\mathcal{A}}_{\mathbb{S}} = \mathfrak{s}\circ\dot{\mathfrak{z}}^{\mathrm{T}} \quad\quad (7.17\mathrm{d})$$

schreibbar. In nicht–lokalen Theorien der Hyperelastizität gilt z. B. die thermodynamische Hauptglei-

chung[6]
$$\dot{\mathcal{F}} = \dot{\mathcal{A}}_{\mathbb{S}} - \mathcal{S}\dot{\mathrm{T}}, \quad\quad (7.18\mathrm{a})$$

wobei mit dem klassischen Konfigurationsgradienten $\mathbb{F}$ sowie entsprechenden dualen Lagrangeschen Span-

nungstensoren

$$\rho_0\,\dot{\mathcal{A}}_{\mathbb{S}} = \overset{\langle 2\rangle}{\mathbb{S}} \cdot\cdot\,\mathbb{F}^{\mathrm{T}} + \overset{\langle 3\rangle}{\mathbb{S}} \cdot\cdot\cdot\,\mathbb{F}^{\mathrm{T}}\circ\mathbb{V} + \cdot\cdot\cdot \overset{\langle n\rangle}{\mathbb{S}} \underbrace{\cdot\cdot\cdot\cdot\cdot}_{n-\mathrm{fach}} \mathbb{F}^{\mathrm{T}} \circ \underbrace{\mathbb{V}\circ\mathbb{V}\circ..\circ\mathbb{V}}_{(n-2)\mathrm{mal}}$$

geschrieben werden kann[7]. Danach ist

$$\rho_0\,\dot{\mathcal{F}} = (-\rho_0\mathcal{S})\,\dot{\mathrm{T}} + \sum_{j=2}^{n} \overset{\langle j\rangle}{\mathbb{S}} \underbrace{\cdot\cdot\cdot\cdot\cdot}_{j-\mathrm{fach}} \mathbb{F}^{\mathrm{T}}\circ \underbrace{\mathbb{V}\circ\mathbb{V}\circ..\circ\mathbb{V}}_{(j-2)\mathrm{mal}} = \mathfrak{s}\circ\dot{\mathfrak{z}}^{\mathrm{T}} = \dot{\mathfrak{z}}^{\mathrm{T}}\circ\mathfrak{s} \quad (7.18\mathrm{b})$$

sofern man den kaloro–dynamischen Zustandsvektor

---

[5] ρ bedeutet die (momentane) Dichte.

[6] $\mathcal{F}$, $\mathcal{S}$ bedeuten die spezifischen (auf die Masseneinheit bezogenen) Werte der freien Energie und der Entropie, T die absolute Temperatur

[7] ρ_0 bedeutet hier die Dichte der Bezugskonfiguration

$$\mathfrak{s} \stackrel{\wedge}{=} \left[\, -\rho_0 \mathscr{F};\; 0;\; \overset{\langle 2\rangle}{\mathbb{S}};\; \overset{\langle 3\rangle}{\mathbb{S}};\ldots;\; \overset{\langle n\rangle}{\mathbb{S}}\, \right] \tag{7.18c}$$

und den thermisch–kinematischen Zustandsvektor

$$\mathfrak{z} \stackrel{\wedge}{=} \left[\, (T - T_0);\; 0;\; \mathbb{F};\; \mathbb{V} \circ \mathbb{F};\ldots \underbrace{\mathbb{V}\circ\mathbb{V}\circ..\circ\mathbb{V}}_{(\,n-2\,)\,\mathrm{mal}} \circ \mathbb{F}\, \right] \tag{7.18d}$$

einführt. Weil im hyperelastischen Falle $\mathscr{F}$ eine Zustandsfunktion von $\mathfrak{z}$ ist, gilt

$$\dot{\mathscr{F}} = \dot{\mathfrak{z}}^T \circ \frac{\mathrm{d}\mathscr{F}}{\mathrm{d}\mathfrak{z}} \tag{7.19a}$$

und nach Gleichsetzen von (E7.18b) mit (E7.19a)

$$\mathfrak{s} \stackrel{\wedge}{=} \left[\, -\rho_0 \mathscr{F};\; 0;\; \overset{\langle 2\rangle}{\mathbb{S}};\cdots \overset{\langle n\rangle}{\mathbb{S}}\, \right] = \rho_0 \frac{\mathrm{d}\mathscr{F}}{\mathrm{d}\mathfrak{z}} = \rho_0 \left[\, \frac{\partial\mathscr{F}}{\partial T};\; 0;\; \frac{\partial\mathscr{F}}{\partial \mathbb{F}};\ldots;\; \frac{\partial\mathscr{F}}{\partial\underbrace{\mathbb{V}\circ\mathbb{V}\circ..\circ\mathbb{V}}_{(\,n-2\,)\,\mathrm{mal}}\circ\,\mathbb{F}}\, \right] \tag{7.19b}$$

als allgemeine Materialgleichungsstruktur hyperelastischer nicht–lokaler Medien vom Gradiententyp.

In der Theorie nicht–lokaler kelvinartiger Fluide wird die auf die Masseneinheit bezogene (sog. spezifische) Dissipationsleistung gemäß

$$\rho \dot{\mathscr{D}} = F\left(\dot{\mathfrak{z}}^T\right) \tag{7.20a}$$

als Zustandsfunktion der Verzerrungsgeschwindigkeiten und deren Gradienten angenommen, also

$$\dot{\mathfrak{z}} \stackrel{\wedge}{=} \left(0;\; 0;\; \mathbb{C};\; \mathbb{V}\circ\mathbb{C};\;\cdots\; \underbrace{\mathbb{V}\circ\mathbb{V}\circ...\circ\mathbb{V}}_{(\,n-1\,)\,\mathrm{mal}} \circ\,\mathbb{C}\right) \tag{7.20b}$$

gesetzt. Die Dissipationsleistung läßt sich interpretieren als die (Spannungs–)Leistung (Eulerscher) Reibungsspannungen, deren einzelne Teilgrößen $\overset{\langle j\rangle}{\mathbb{S}}$, $j = 2..\,n$, per

$$\mathfrak{s}_R \stackrel{\wedge}{=} \left[\, 0;\; 0;\; \overset{\langle 2\rangle}{\mathbb{S}_R};\; \overset{\langle 3\rangle}{\mathbb{S}_R};\;\cdots\cdots;\; \overset{\langle n\rangle}{\mathbb{S}_R}\, \right] \tag{7.20c}$$

einen dynamischen Vektor definieren, womit

$$\mathfrak{s}_R \circ \dot{\mathfrak{z}}^T = \rho \dot{\mathscr{D}} = F(\dot{\mathfrak{z}}^T) \tag{7.21}$$

festgestellt wird. Weil aufgrund des Dissipationspostulates[8]

---

[8] als "Betrag" eines Zustandsvektors $\mathfrak{z}$ wird analog §6 die Größe $|\mathfrak{z}| = \sqrt{\mathfrak{z}\circ\mathfrak{z}^T}$ bezeichnet

$$F(\dot{\mathfrak{z}}^{T}) \begin{cases} > 0 \text{ für } |\dot{\mathfrak{z}}^{T}| \pm 0 \\ = 0 \text{ für } |\dot{\mathfrak{z}}^{T}| = 0 \end{cases} \tag{7.22a}$$

und dementsprechend weiter[9]

$$\left[\frac{dF}{d\dot{\mathfrak{z}}^{T}}\right]_{\dot{\mathfrak{z}}^{T}=0} = 0 \tag{7.22b}$$

gelten muß, ist die Dissipationsleistung generell in der Form

$$\rho\,\mathscr{D} = \dot{\mathfrak{z}}^{T} \odot \mathfrak{g}\,(\dot{\mathfrak{z}}^{T}) \tag{7.22c}$$

zu strukturieren. Gleichsetzen von (E7.21) mit (E7.22c) ergibt

$$\left[\mathfrak{s}_{R}\,(\dot{\mathfrak{z}}^{T}) - \mathfrak{g}\,(\dot{\mathfrak{z}}^{T})\right] \odot \dot{\mathfrak{z}}^{T} = 0$$

und damit

$$\mathfrak{s}_{R}\,(\dot{\mathfrak{z}}^{T}) = \mathfrak{g}\,(\dot{\mathfrak{z}}^{T}) + \mathfrak{f}^{\times}\,(\dot{\mathfrak{z}}^{T}) \tag{7.23a}$$

als Struktur für isentrope Reibungsspannungs–Materialgleichungen nicht–lokaler Kelvinfluide vom Gradientent yp. In (E7.23a) bezeichnen $\mathfrak{f}^{\times}(\dot{\mathfrak{z}}^{T})$ die sog. "produktneutralen dynamischen Anteile" mit

$$\mathfrak{f}^{\times}\,(\dot{\mathfrak{z}}^{T}) \odot \dot{\mathfrak{z}}^{T} = 0 \,, \tag{7.23b}$$

die mit einer beliebigen Funktion $\mathfrak{f}(\dot{\mathfrak{z}}^{T})$ nach der Vorschrift

$$\mathfrak{f}^{\times}\,(\dot{\mathfrak{z}}^{T}) = \mathfrak{f}\,(\dot{\mathfrak{z}}^{T}) \odot \left[\overset{\langle 2\rangle}{\mathfrak{C}} - \frac{\dot{\mathfrak{z}}^{T} \otimes \dot{\mathfrak{z}}^{T}}{\dot{\mathfrak{z}}^{T} \odot \dot{\mathfrak{z}}^{T}}\right] \tag{7.23c}$$

konstruiert werden können. Für lineare Materialgleichungen und damit auch lineare Funktionen

$$\mathfrak{f}^{\times}\,(\dot{\mathfrak{z}}^{T}) = \dot{\mathfrak{z}}^{T} \odot \overset{\langle 2\rangle}{\mathfrak{A}}_{\mathfrak{f}} \,, \qquad \overset{\langle 2\rangle}{\mathfrak{A}}_{\mathfrak{f}} = \text{const.}, \tag{7.24a}$$

führt (E7.23b) zu

$$\mathfrak{f}^{\times}\,(\dot{\mathfrak{z}}^{T}) \odot \dot{\mathfrak{z}}^{T} = (\dot{\mathfrak{z}}^{T} \otimes \dot{\mathfrak{z}}^{T}) \odot\!\odot \overset{\langle 2\rangle}{\mathfrak{A}}_{\mathfrak{f}} = 0 \,, \tag{7.24b}$$

---

[9] Dazu postuliert man in der inkrementellen Umgebung von $\dot{\mathfrak{z}} = 0$ eine isoenergetische Fläche $F = \text{const} = dF$ im Zustandsraum, nimmt von Letzterer zwei Flächenpunkte $d\dot{\mathfrak{z}}_{1}$ und $d\dot{\mathfrak{z}}_{2}$ in Betracht und hat demgemäß

$$dF = d\dot{\mathfrak{z}}_{1} \odot \left[\frac{dF}{d\dot{\mathfrak{z}}}\right]_{\dot{\mathfrak{z}}=0} = d\dot{\mathfrak{z}}_{2} \odot \left[\frac{dF}{d\dot{\mathfrak{z}}}\right]_{\dot{\mathfrak{z}}=0},$$

so daß hiermit

$$(d\dot{\mathfrak{z}}_{1} - d\dot{\mathfrak{z}}_{2}) \odot \left[\frac{dF}{d\dot{\mathfrak{z}}}\right]_{\dot{\mathfrak{z}}=0}$$

und wegen der Beliebigkeit von $d\dot{\mathfrak{z}}_{1} - d\dot{\mathfrak{z}}_{2}$ in der Tat $(dF/d\dot{\mathfrak{z}})_{\dot{\mathfrak{z}}=0}$ zu folgern ist.

d. h. zu der Feststellung, daß

$$\mathfrak{A}_f \stackrel{\langle 2 \rangle}{=} \begin{bmatrix} \overset{\langle 2 \rangle}{\mathbb{A}}_{11} & \overset{\langle 3 \rangle}{\mathbb{A}}_{12} & \cdots\cdots & \overset{\langle n+1 \rangle}{\mathbb{A}}_{1n} \\[2ex] \overset{\langle 3 \rangle}{\mathbb{A}}_{21} & \overset{\langle 4 \rangle}{\mathbb{A}}_{22} & \cdots\cdots & \overset{\langle n+2 \rangle}{\mathbb{A}}_{2n} \\[1ex] \vdots & & & \\[1ex] \overset{\langle n+1 \rangle}{\mathbb{A}}_{n1} & \cdots & \cdots\cdots & \overset{\langle n+n \rangle}{\mathbb{A}}_{nn} \end{bmatrix} \tag{7.24c}$$

im Sinne von (E7.24b) "antisymmetrisch" sein muß, was

$$\overset{\langle j+k \rangle}{\mathbb{A}}_{jk} = - \overset{\langle j+k \rangle_T}{\mathbb{A}}_{kj} \tag{7.24d}$$

und insbesondere für die "Hauptdiagonalenglieder" mit $j = k$

$$\overset{\langle 2j \rangle}{\mathbb{A}}_{jj} = - \overset{\langle 2j \rangle_T}{\mathbb{A}}_{jj} \tag{7.24e}$$

verlangt. Weitere Detaillierungen verfolge man in speziellen Publikationen [18].

In verallgemeinerten Cosserat-Kontinuumstheorien treten mehrere Variable $\mathfrak{z}_1 .. \mathfrak{z}_m$ vom Typ (E7.1), etwa in Darstellungen für Energiegrößen, auf. Werden die Variablen $\mathfrak{z}_1 ... \mathfrak{z}_m$ als verallgemeinerte (thermo-)kinematische Repräsentanten angesehen, so existieren m entsprechende duale (kaloro-)dynamische Größen $\overset{\times}{\mathfrak{s}}_1 ... \overset{\times}{\mathfrak{s}}_m$, mit denen per

$$\dot{\mathscr{A}}_{\mathfrak{s}} = \sum_{j=1}^{m} \overset{\times}{\mathfrak{s}}_j \odot \dot{\mathfrak{z}}_j^{\,T} \tag{7.25a}$$

generell die an der Masseneinheit in der Zeiteinheit stattfindende Energieabsorption beschrieben wird. Die an der Masseneinheit formulierte erste Hauptgleichung der Thermodynamik

$$\dot{\mathscr{A}}_{\mathfrak{s}} = \dot{\mathscr{F}} + \dot{\mathscr{D}} \tag{7.25b}$$

ist dann zu interpretieren als Energiebilanz in dem Sinne, daß der gesamte "energetische Input" ($\dot{\mathscr{A}}_{\mathfrak{s}}$) einerseits benutzt wird zur "Energiedissipation" ($\dot{\mathscr{D}}$) und andererseits zur Aufstockung des Bestandes an freier Energie ($\mathscr{F}$).

Im Falle hyperelastischer ("thermodynamisch-perfekter") Medien, wo $\dot{\mathscr{D}} = 0$ ist und die freie Energie gemäß

$$\mathscr{F} = \mathscr{F}^+ \left(\mathfrak{z}_1, \dots \mathfrak{z}_m \right) \tag{7.26a}$$

als Zustandsfunktion der thermisch-kinematischen Variablen $\mathfrak{z}_1, \dots \mathfrak{z}_m$ verfügt wird, ist

$$\dot{\mathscr{A}}_{\mathfrak{s}} = \sum_{j=1}^{m} \overset{\times}{\mathfrak{s}}_j \odot \dot{\mathfrak{z}}_j^{\,T} = \dot{\mathscr{F}} \equiv \sum_{j=1}^{m} \frac{\partial \mathscr{F}^+}{\partial \mathfrak{z}_j} \odot \dot{\mathfrak{z}}_j^{\,T} , \tag{7.26b}$$

was wegen der Beliebigkeit der Variablen-Geschwindigkeiten $\dot{\mathfrak{z}}_j$, j=1..m, in Verallgemeinerung von (E7.19b) zu

$$\overset{\times}{\mathfrak{s}}_j = \partial \mathscr{F}^+ / \partial \mathfrak{z}_j , \ \text{j=1..m}, \tag{7.26c}$$

als hyperelastische Materialgleichungen für die dualen dynamischen Variablen $\overset{\times}{\mathfrak{s}}_1 \dots \overset{\times}{\mathfrak{s}}_m$ führt. In Verallgemeinerung von (7.15) bezeichnen in (7.26b,c) $\partial \mathscr{F}^+ / \partial \mathfrak{z}_j$ die partiellen Ableitungen

$$\frac{\partial \mathscr{F}^+}{\partial \mathfrak{z}_j} \overset{\wedge}{=} \left[\frac{\partial \bar{\mathscr{F}}^+}{\partial z_j} ; \frac{\partial \bar{\mathscr{F}}^+}{\partial \mathbb{z}_j} ; \frac{\partial \bar{\mathscr{F}}^+}{\partial \overset{\langle 2 \rangle}{\mathbb{Z}}_j} ; \dots ; \frac{\partial \bar{\mathscr{F}}^+}{\partial \overset{\langle n \rangle}{\mathbb{Z}}_j} \right] , \ \text{j=1..m} , \tag{7.27a}$$

mit
$$\mathscr{F}^+ = \bar{\mathscr{F}}^+ \left[\overset{\langle 0 \rangle}{z_1}, \overset{\langle 1 \rangle}{\mathbb{z}_1}, \dots, \overset{\langle n \rangle}{\mathbb{Z}}_1 ; \overset{\langle 0 \rangle}{z_2}, \overset{\langle 1 \rangle}{\mathbb{z}_2}, \dots, \overset{\langle n \rangle}{\mathbb{Z}}_2 ; \dots ; \overset{\langle 0 \rangle}{z_m}, \overset{\langle 1 \rangle}{\mathbb{z}_m}, \dots, \overset{\langle n \rangle}{\mathbb{Z}}_m \right]. \tag{7.27b}$$

Einfachstes Beispiel ist das klassische Cosserat–Kontinuum, wo jedem Massenpunkt (Q) zwei kinematische (vektor- bzw. versorwertige) Freiheitsgrade $\mathbb{u}(Q,t)$, $\mathbb{R}(Q,t)$ zugewiesen werden, die die Lageänderungen bzw. (mittleren) Drehungen kennzeichnen. Diese "Freiheitsgrad–Felder" werden mittels des "Prinzips der materiellen Objektivität" auf "euklidisch–invariante" Versionen reduziert und aus Letzteren mittels Gradientenbildungen schließlich die kinematischen Variablen $\mathfrak{z}_j$ hervorgebracht.

Euklidisch–invariante Versionen von Freiheitsgradfeldern sind solche, die Lageänderungen bzw. Drehungen eines Körpers nur noch relativ zu den entsprechenden Größen (etwa $\mathbb{u}(P,t)$, $\mathbb{R}(P,t)$) eines Körperpunktes (etwa P) festlegen, und damit identisch sind mit denjenigen Freiheitsgrad–Feldern, die von einem in P installierten Beobachter registriert werden, der sich als "unverschoben" und "unverdreht" empfindet.

Sind also $\bar{\mathbb{r}}(P,t)$, $\mathbb{R}(P,t)$ bzw. $\bar{\mathbb{r}}(Q,t)$, $\mathbb{R}(Q,t)$ die von einem beliebigen Bezugssystem her registrierten Werte der Momentanlagen bzw. Drehungen der Massenelemente eines Körpers, so bekommt man daraus per

$$\bar{r}^{(E)}(Q,t) = \Big[\, \bar{r}(Q,t) - \bar{r}(P,t) \, \Big] \cdot \mathbb{R}^{T}(P,t), \qquad (7.28a)$$

$$\mathbb{R}^{(E)}(Q,t) = \mathbb{R}(Q,t) \cdot \mathbb{R}^{T}(P,t) \qquad (7.28b)$$

die ("auf P bezogenen", d.h. von P aus registrierten) euklidisch–invarianten Freiheitsgradfelder. Unter Be-

nutzung Lagrangescher Darstellungen, die materielle Punkte (P,Q) kennzeichnen durch Ortsvektoren

$\mathbf{r}_{P} = \bar{r}(P,t_{0})$, $\mathbf{r}_{Q} = \bar{r}(Q,t_{0})$ in einer (zu einer Zeit t_{0} eingenommenen) Bezugskonfiguration und der For-

derung nach Taylor–Entwickelbarkeit der Felder $\bar{r}^{(E)}$, $\mathbb{R}^{(E)}$ bekommt man mit $\Delta\mathbf{r} = \mathbf{r}_{Q} - \mathbf{r}_{P}$ und

$\mathbb{F}(P,t) =^{10)} \mathbb{E} + (\nabla \circ \mathbf{u})_{\mathbf{r}_{P},t}$

$$\mathbf{r}^{(E)}(Q,t) =^{11)} \left\{ \left[\, \Delta\mathbf{r} \cdot \mathbb{F} + \frac{\Delta\mathbf{r} \circ \Delta\mathbf{r}}{2!} \cdot\cdot \nabla \circ \mathbb{F} + ... \right] \cdot \mathbb{R}^{T} \right\}_{\mathbf{r}_{P},t} , \qquad (7.29a)$$

$$\mathbb{R}^{(E)}(Q,t) = \left\{ \left[\, \Delta\mathbf{r} \cdot \nabla \circ \mathbb{R} + \frac{\Delta\mathbf{r} \circ \Delta\mathbf{r}}{2!} \cdot\cdot \nabla \circ \nabla \circ \mathbb{R} + ... \right] \cdot \mathbb{R}^{T} \right\}_{\mathbf{r}_{P},t} , \qquad (7.29b)$$

und damit für Cosserat–Theorien den Befund, die euklidisch–invariante (Relativ–) Kinematik eines Kör-

pers (etwa mittels der Prozeduren (E7.29a,b)) vollständig beschreiben zu können durch die Menge der an

einem (Auf–) Punkt P definierten Operatoren

$$\overset{\langle j+2 \rangle}{\mathbb{Z}} = (\, \underbrace{\nabla \circ \nabla \circ ... \circ \nabla}_{j \,-\mathrm{mal}} \circ \mathbb{F})_{\mathbf{r}_{P},t} \cdot \mathbb{R}^{T}(\mathbf{r}_{P},t) \, , \; j=0..\infty, \qquad (7.29c)$$

$$\overset{\langle j+2 \rangle}{\Psi} = (\, \underbrace{\nabla \circ \nabla \circ ... \circ \nabla}_{j \,-\mathrm{mal}} \circ \mathbb{R})_{\mathbf{r}_{P},t} \cdot \mathbb{R}^{T}(\mathbf{r}_{P},t) \, , \; j=1..\infty, \qquad (7.29d)$$

die im Sinne des Prinzips des Determinismus bei der Notation der einer Masseneinheit $dm_{P} = 1$ zukom-

menden freien Energie im hyperelastischen Falle als Zustandsvariable aufscheinen.

Unter Beschränkung beispielsweise auf sog. einfache Medien, wo bis auf die Größen

---

$$10)\quad \mathbf{u}\begin{bmatrix} P \\ Q, \end{bmatrix} t \Big] = \mathbf{u}\begin{bmatrix} \mathbf{r}_{P} \\ \mathbf{r}_{Q} \end{bmatrix}, t \Big] = \begin{cases} \bar{r}(P,t) - \bar{r}(P,t_{0}) = \bar{r}(P,t) - \mathbf{r}_{P} \\ \bar{r}(Q,t) - \bar{r}(Q,t_{0}) = \bar{r}(Q,t) - \mathbf{r}_{Q} \end{cases}$$

bezeichnet das Feld $\mathbf{u} = \mathbf{u}(\mathbf{r},t)$ der Verschiebungen.

11) Die Operatoren ∇ bezeichnen hierin per $d\Phi = d\mathbf{r} \cdot \nabla\Phi$ die sog. "materiellen", d.h. auf die Koordinaten ($\mathbf{r}$) der Bezugskonfiguration bezogenen Ableitungen.

$$\overset{\langle 2\rangle}{\mathbb{Z}} = \mathbb{Z} = \mathbb{F}(\mathbf{r}_p,t)\cdot\mathbb{R}^T(\mathbf{r}_p,t), \qquad \overset{\langle 3\rangle}{\Psi} = (\nabla\circ\mathbb{R})_{\mathbf{r}_p,t}\cdot\mathbb{R}^T(\mathbf{r}_p,t) =^{12)} -\nabla\circ\psi\times\mathbb{E} \qquad (7.30a,b)$$

sämtliche übrigen Variablen als unerheblich gestrichen werden, verbleibt für die freie Energie der Ansatz

$$\mathscr{F}= \mathscr{F}\left[\ T;\ \overset{\langle 2\rangle}{\mathbb{Z}}\ ;\ \overset{\langle 2\rangle}{\Psi}\ \right] = \mathscr{F}^{+}(\mathfrak{z}_1,\mathfrak{z}_2) \qquad (7.31a)$$

mit
$$\overset{\langle 2\rangle}{\mathbb{Z}} = \mathbb{F}\cdot\mathbb{R}^T, \qquad \overset{\langle 2\rangle}{\Psi} = \nabla\circ\psi =^{13)} \frac{1}{2}\left[(\nabla\circ\mathbb{R})\cdot\mathbb{R}^T\right]\cdot\cdot(\mathbb{E}\times\mathbb{E})\ , \qquad (7.31b,c)$$

$$\mathfrak{z}_1 \overset{\wedge}{=} (T;\ 0;\ \overset{\langle 2\rangle}{\mathbb{Z}})\ , \qquad \mathfrak{z}_2 \overset{\wedge}{=} (0;\ 0;\ \overset{\langle 2\rangle}{\Psi})\ . \qquad (7.31d,e)$$

Aus
$$\overset{\times}{\mathfrak{s}}_1 = \frac{\partial\mathscr{F}^{+}}{\partial\mathfrak{z}_1} \overset{\wedge}{=} \left[\frac{\partial\mathscr{F}}{\partial T};\ 0;\ \frac{\partial\ \mathscr{F}}{\partial\ \overset{\langle 2\rangle}{\mathbb{Z}}}\right]\ , \qquad \overset{\times}{\mathfrak{s}}_2 = \frac{\partial\mathscr{F}^{+}}{\partial\mathfrak{z}_2} \overset{\wedge}{=} \left[0;\ 0;\ \frac{\partial\ \mathscr{F}}{\partial\ \overset{\langle 2\rangle}{\Psi}}\right] \qquad (7.32a,b)$$

erschließt man – neben der im ersten Term von (E7.32a) repräsentierten Entropie – die Existenz zweier dynamischer Größen

$$\overset{\langle 2\rangle}{\mathbb{S}}/\rho_0 = \frac{\partial\ \mathscr{F}}{\partial\ \overset{\langle 2\rangle}{\mathbb{Z}}}, \qquad \overset{\langle 2\rangle}{\mathbb{M}}/\rho_0 = \frac{\partial\ \mathscr{F}}{\partial\ \overset{\langle 2\rangle}{\Psi}}, \qquad (7.33a,b)$$

die die Bedeutung von Kraft– bzw. Momentenspannungstensoren haben, und mit denen man insbesondere die entsprechenden Eulerschen Operatoren

$$\mathbb{S} = \bar{\rho}\mathbb{F}^T\cdot\frac{\partial\ \mathscr{F}}{\partial\ \overset{\langle 2\rangle}{\mathbb{Z}}}\cdot\mathbb{R}\ , \qquad \mathbb{M} = \bar{\rho}\mathbb{F}^T\cdot\frac{\partial\ \mathscr{F}}{\partial\ \overset{\langle 2\rangle}{\Psi}}\cdot\mathbb{R}\ , \qquad \bar{\rho}/\rho_0 = 1/(\mathbb{F})_3 \qquad (7.34a\text{–}c)$$

erzeugt, die per
$$\bar{\mathbb{S}}_n = \bar{\mathbf{n}}\cdot\bar{\mathbb{S}}\ , \qquad \bar{\mathbb{m}}_n = \bar{\mathbf{n}}\cdot\bar{\mathbb{M}} \qquad (7.34d,e)$$

die an der Flächeneinheit der Momentankonfiguration angreifenden Kraft– bzw. Momentenspannungen $\bar{\mathbb{S}}_n$ bzw. $\bar{\mathbb{m}}_n$ mit der momentanen Flächenelementen–Normalen $\bar{\mathbf{n}}$ korrelieren.

Man erschließt diese Befunde anhand der mittels des Energieerhaltungspostulates erzeugbaren Feldgleichungen des Problems, die man als lokale Bilanzen der Entropie sowie der Impulse bzw. Drehimpulse

---

12) Wegen $\mathbb{R}\cdot\mathbb{R}^T=\mathbb{E}$, d.h. $d\mathbb{R}\cdot\mathbb{R}^T = -\mathbb{R}\cdot d\mathbb{R}^T = -(d\mathbb{R}\cdot\mathbb{R}^T)^T$ ist $d\mathbb{R}\cdot\mathbb{R}^T$ grundsätzlich antimetrisch, d.h. mit einem Vektor ψ als $d\mathbb{R}\cdot\mathbb{R}^T = -d\psi\times\mathbb{E}$ darzustellen. Mit $d\mathbb{R} = (d\mathbf{r}\cdot\nabla)\mathbb{R} \equiv d\mathbf{r}\cdot\nabla\circ\mathbb{R}$ und $d\psi = (d\mathbf{r}\cdot\nabla)\psi \equiv d\mathbf{r}\cdot\nabla\circ\psi$, d.h. $d\mathbf{r}\cdot\nabla\circ\mathbb{R}\cdot\mathbb{R}^T = -d\mathbf{r}\cdot\nabla\circ\psi\times\mathbb{E}$ folgt dann wegen der Beliebigkeit von $d\mathbf{r}$ Gl. (7.30b)

13) Man multipliziere (7.30b) doppeltskalar mit $\mathbb{E}\times\mathbb{E}$ unter Beachtung von $(\mathbb{E}\times\mathbb{E})\cdot\cdot(\mathbb{E}\times\mathbb{E}) = -2\mathbb{E}$

deuten kann. Bezeichnen $\dot{\mathscr{A}}_{a\Sigma}$ bzw. $\dot{Q}_{a\Sigma}$ die äußeren mechanischen bzw. kalorischen Leistungszufuhren an einem Körper Σ, $\dot{\mathscr{U}}_{\Sigma}$ bzw. $\dot{\mathscr{E}}_{\Sigma}$ die zeitlichen Änderungen seiner inneren bzw. kinetischen Gesamtenergie, so gilt im Sinne des ersten Hauptsatzes der Thermodynamik die Leistungsbilanz

$$\dot{\mathscr{A}}_{a\Sigma} + \dot{Q}_{a\Sigma} = \dot{\mathscr{U}}_{\Sigma} + \dot{\mathscr{E}}_{\Sigma} \ . \tag{7.35a}$$

Darin bedeuten mit der auf die Masseneinheit bezogenen sog. spezifischen inneren Energie $\mathscr{U}$ (je Masseneinheit)

$$\mathscr{U}_{\Sigma} = \int\limits_{(m)} \mathscr{U}\, dm =^{14)} \int\limits_{(V)} \mathscr{U}\, \rho_0\, dV \ ,$$

bzw. mit
$$\mathscr{U} =^{15)} \mathscr{F} + T\mathscr{S}$$

desweiteren

$$\dot{\mathscr{U}}_{\Sigma} = \int\limits_{(V)} \rho_0\,(\dot{\mathscr{F}} + \dot{T}\mathscr{S} + T\dot{\mathscr{S}})\, dV =^{16)} \int\limits_{(V)} \rho_0\left[T\dot{\mathscr{S}} + \frac{\partial\,\mathscr{F}}{\overset{\langle 2\rangle}{\partial\,\mathbb{Z}}}\cdot\cdot\,\overset{\langle\dot{2}\rangle}{\mathbb{Z}}{}^{T} + \frac{\partial\,\mathscr{F}}{\overset{\langle 2\rangle}{\partial\,\Psi}}\cdot\cdot\,\overset{\langle\dot{2}\rangle}{\Psi}{}^{T} \right] dV =$$

$$\overset{(E7.31\,b,c)}{=} \int\limits_{(V)} \rho_0\left[T\dot{\mathscr{S}} + \frac{\partial\,\mathscr{F}}{\overset{\langle 2\rangle}{\partial\,\mathbb{Z}}}\cdot\cdot\left[\dot{\mathbb{R}}\cdot\mathbb{F}^{T} + \mathbb{R}\cdot\dot{\mathbb{F}}^{T} \right] + \frac{\partial\,\mathscr{F}}{\overset{\langle 2\rangle}{\partial\,\Psi}}\cdot\cdot(\dot{\psi}\circ\mathbb{V}) \right] dV \ . \tag{7.35b}$$

In dieser letzteren Formulierung wird beachtet,

1) daß zwischen den materiellen bzw. räumlichen Ableitungen $\mathbb{V}$ bzw. $\bar{\mathbb{V}}$ die aus

$$d\Phi = (d\mathbb{r}\cdot\mathbb{V})\Phi \equiv (d\bar{\mathbb{r}}\cdot\bar{\mathbb{V}})\Phi$$

mit
$$d\bar{\mathbb{r}} = d\mathbb{r}\cdot\mathbb{F}$$

(vgl. (5.9a) Haupttext) erhältliche Beziehung

$$\mathbb{F}\cdot\bar{\mathbb{V}} = \mathbb{V} \ , \quad \bar{\mathbb{V}} = \mathbb{F}^{-1}\cdot\mathbb{V} = \mathbb{V}\cdot\mathbb{F}^{T^{-1}} \tag{7.36a,b}$$

$^{14)}$ Man benutze $dm = \rho_0 dV$ mit dem auf die ("als unverformt" deklarierten) Ausgangskonfiguration $(\mathbb{r})$ bezogenen Volumenelement dV und der "Ausgangsdichte" ρ_0

$^{15)}$ $\mathscr{S} = -\partial\mathscr{F}/\partial T$ bedeutet darin die spezifische Entropie

$^{16)}$ Man beachte $\dot{\mathscr{F}} = \dfrac{\partial\mathscr{F}}{\partial T} + \dfrac{\partial\,\mathscr{F}}{\overset{\langle 2\rangle}{\partial\,\mathbb{Z}}}\cdot\cdot\,\overset{\langle\dot{2}\rangle}{\mathbb{Z}}{}^{T} + \dfrac{\partial\,\mathscr{F}}{\overset{\langle 2\rangle}{\partial\,\Psi}}\cdot\cdot\,\overset{\langle\dot{2}\rangle}{\Psi}{}^{T}$ sowie $\mathscr{S} = -\partial\mathscr{F}/\partial T$

und daher z.B.
$$\dot{\mathbb{F}}^T \cdot \mathbb{F}^{T^{-1}} = (\dot{u} \circ \nabla) \cdot \mathbb{F}^{T^{-1}} = \dot{u} \circ \bar{\nabla} \tag{7.36c}$$

gilt,

2) für den Zusammenhang der Volumenelemente dV bzw. d$\bar{\text{V}}$ in der Ausgangs– bzw. in der Momentan-konfiguration
$$dV = d\bar{V}/(\mathbb{F})_3 = d\bar{V}\,\bar{\rho}/\rho_0 \tag{7.36d}$$
(vgl. (2.37b) Haupttext mit d$\bar{\text{V}}$ anstelle von V_y und dV anstelle von V_x) sowie

3) die Identität
$$\mathbb{R}^T \cdot \dot{\mathbb{R}} = -\mathbb{E} \times \omega \tag{7.36e}$$
(vgl. (3.12d), Haupttext) mit der der Versortransformation $\mathbb{R}(\mathbb{r},t)$ zugehörigen Winkelgeschwindigkeit $\omega(\mathbb{r},t)$ und schließlich

4) die nach einigen Umformungen unter Benutzung von (E7.31c) erreichbare Beziehung[17]

---

[17] Zunächst hat man nach (E7.31c)

$$\dot{\psi} \circ \nabla = \left\{ \frac{1}{2} \left[(\nabla \circ \mathbb{R}) \cdot \mathbb{R}^T \right] \cdot\cdot (\mathbb{E} \times \mathbb{E}) \right\}^{T^{\cdot}} \equiv \frac{1}{2} (\mathbb{E} \times \mathbb{E})^T \cdot\cdot \left\{ (\nabla \circ \mathbb{R}) \cdot \mathbb{R}^T \right\}^{T^{\cdot}} \equiv$$

$$\equiv -\frac{1}{2} (\mathbb{E} \times \mathbb{E}) \cdot\cdot \left\{ \mathbb{R} \cdot (\mathbb{R}^T \circ \nabla) \right\}^{\cdot} = -\frac{1}{2} (\mathbb{E} \times \mathbb{E}) \cdot\cdot \left\{ \dot{\mathbb{R}} \cdot (\mathbb{R}^T \circ \nabla) + \mathbb{R} \cdot (\dot{\mathbb{R}}^T \circ \nabla) \right\} \equiv$$

$$\equiv -\frac{1}{2} (\mathbb{E} \times \mathbb{E}) \cdot\cdot \left\{ \mathbb{R} \cdot \mathbb{R}^T \cdot \dot{\mathbb{R}} \cdot (\mathbb{R}^T \circ \nabla) + \mathbb{R} \cdot \left[\overbrace{\dot{\mathbb{R}}^T \cdot \mathbb{R} \cdot \mathbb{R}^T}^{\downarrow} \circ \nabla \right] \right\} \equiv$$

$$\equiv \frac{1}{2} (\mathbb{E} \times \mathbb{E}) \cdot\cdot \left\{ \mathbb{R} \cdot (\mathbb{E} \times \omega) \cdot (\mathbb{R}^T \circ \nabla) - \mathbb{R} \cdot \left[\overbrace{(\mathbb{E} \times \omega) \cdot \mathbb{R}^T}^{\downarrow} \right] \circ \nabla \right\} \equiv$$

$$\equiv \frac{1}{2} (\mathbb{E} \times \mathbb{E}) \cdot\cdot \left\{ \mathbb{R} \cdot (\mathbb{E} \times \omega) \cdot (\mathbb{R}^T \circ \nabla) - \mathbb{R} \cdot (\mathbb{E} \times \omega) \cdot (\mathbb{R}^T \circ \nabla) - \mathbb{R} \cdot (\mathbb{E} \times \overset{\downarrow}{\omega}) \cdot \mathbb{R}^T \circ \nabla \right\} =$$

$$= -\frac{1}{2} (\mathbb{E} \times \mathbb{E}) \cdot\cdot \left[\mathbb{R} \cdot (\mathbb{E} \times \overset{\downarrow}{\omega}) \cdot \mathbb{R}^T \circ \nabla \right] ,$$

wobei die übergesetzten Pfeile andeuten, auf welche Größe die ∇–Operation anzuwenden ist. Mit der Identität
$$\mathbb{R} \cdot (\mathbb{E} \times \omega) \cdot \mathbb{R}^T \equiv \mathbb{E} \times (\omega \cdot \mathbb{R}^T) ,$$
die man mittels $(x \cdot \mathbb{R}) \times (y \cdot \mathbb{R}) = (x \times y) \cdot \mathbb{R}$ (vgl. (2.39a) Haupttext) mit $y = \omega \cdot \mathbb{R}^T$ verifiziert, ist dann wegen $(\mathbb{E} \times \mathbb{E}) \cdot\cdot (\mathbb{E} \times \mathbb{E}) = -2\mathbb{E}$ in der Tat

$$\dot{\psi} \circ \nabla = -\frac{1}{2} (\mathbb{E} \times \mathbb{E}) \cdot\cdot \left[\mathbb{E} \times (\overset{\downarrow}{\omega} \cdot \mathbb{R}^T) \right] \circ \nabla = -\frac{1}{2} (\mathbb{E} \times \mathbb{E}) \cdot\cdot \left[(\mathbb{E} \times \mathbb{E}) \cdot (\overset{\downarrow}{\omega} \cdot \mathbb{R}^T) \right] \circ \nabla \equiv$$

$$\equiv -\frac{1}{2} \left[(\mathbb{E} \times \mathbb{E}) \cdot\cdot (\mathbb{E} \times \mathbb{E}) \right] \cdot \overset{\downarrow}{\omega} \cdot \mathbb{R}^T \circ \nabla = \overset{\downarrow}{\omega} \cdot \mathbb{R}^T \circ \nabla = \mathbb{R} \cdot (\omega \circ \nabla)$$

$$\dot{\psi}\circ\mathbb{V} = \mathbb{R}\cdot(\omega\circ\mathbb{V}) \equiv \mathbb{R}\cdot(\omega\circ\mathbb{V}\cdot\mathbb{F}^{T^{-1}})\cdot\mathbb{F}^{T} = \mathbb{R}\cdot(\omega\circ\bar{\mathbb{V}})\cdot\mathbb{F}^{T} \tag{7.36f}$$

festgestellt werden können. Dann sind die Umformungen

$$\frac{\partial\,\mathscr{F}}{\underset{\partial\,\mathbb{Z}}{\langle 2\rangle}}\cdot\cdot\left[\dot{\mathbb{R}}\cdot\mathbb{F}^{T} + \mathbb{R}\cdot\dot{\mathbb{F}}^{T}\right] \equiv \frac{\partial\,\mathscr{F}}{\underset{\partial\,\mathbb{Z}}{\langle 2\rangle}}\cdot\cdot\left[\mathbb{R}\cdot(\mathbb{R}^{T}\cdot\dot{\mathbb{R}} + \dot{\mathbb{F}}^{T}\cdot\mathbb{F}^{T^{-1}})\cdot\mathbb{F}^{T}\right] \equiv$$

$$\equiv \left[\mathbb{F}^{T}\cdot\frac{\partial\,\mathscr{F}}{\underset{\partial\,\mathbb{Z}}{\langle 2\rangle}}\cdot\mathbb{R}\right]\cdot\cdot\left[\mathbb{R}^{T}\cdot\dot{\mathbb{R}} + \dot{\mathbb{F}}^{T}\cdot\mathbb{F}^{T^{-1}}\right] \equiv \left[\mathbb{F}^{T}\cdot\frac{\partial\,\mathscr{F}}{\underset{\partial\,\mathbb{Z}}{\langle 2\rangle}}\cdot\mathbb{R}\right]\cdot\cdot(\dot{\mathbb{u}}\circ\bar{\mathbb{V}} - \mathbb{E}\times\omega)\,, \tag{7.37}$$

$$\frac{\partial\,\mathscr{F}}{\underset{\partial\,\Psi}{\langle 2\rangle}}\cdot\cdot\dot{\psi}\circ\mathbb{V} = \frac{\partial\,\mathscr{F}}{\underset{\partial\,\Psi}{\langle 2\rangle}}\cdot\cdot\left[\mathbb{R}\cdot(\omega\circ\bar{\mathbb{V}})\cdot\mathbb{F}^{T}\right] = \left[\mathbb{F}^{T}\cdot\frac{\partial\,\mathscr{F}}{\underset{\partial\,\Psi}{\langle 2\rangle}}\cdot\mathbb{R}\right]\cdot\cdot(\omega\circ\bar{\mathbb{V}}) \tag{7.38}$$

und dementsprechend unter Benutzung der – hier bislang nur als Abkürzungen zu verstehenden – Größen $\bar{\mathbb{S}}$, $\bar{\mathbb{M}}$ nach (E7.34)

$$\dot{\mathcal{U}}_{\Sigma} = \int\limits_{(\bar{V})}\left[\bar{\rho}T\dot{\mathscr{S}} + \bar{\mathbb{S}}\cdot\cdot(\dot{\mathbb{u}}\circ\bar{\mathbb{V}} - \mathbb{E}\times\omega) + \bar{\mathbb{M}}\cdot\cdot(\omega\circ\bar{\mathbb{V}})\right] d\bar{V} \equiv$$

$$\equiv \int\limits_{\bar{0}(\bar{V})}\bar{\mathbb{n}}\cdot\left[\bar{\mathbb{S}}\cdot\bar{\mathbb{u}} + \bar{\mathbb{M}}\cdot\omega)\right] d\bar{O} - \int\limits_{(\bar{V})}\left[\bar{\rho}T\dot{\mathscr{S}} + (\bar{\nabla}\cdot\bar{\mathbb{S}})\cdot\dot{\mathbb{u}} + \left[\bar{\nabla}\cdot\bar{\mathbb{M}} + \bar{\mathbb{S}}\cdot\cdot(\mathbb{E}\times\mathbb{E})\right]\cdot\omega\right]d\bar{V} \tag{7.39}$$

möglich, nachdem man noch das nunmehr auf das Momentanvolumen $(\bar{V})$ bezogene Volumenintegral mit Hilfe des Gaußschen Satzes entsprechend reduziert hat [18].

Die mechanischen Leistungszufuhren $\dot{\mathscr{A}}_{a\Sigma}$ werden – als konvektive Größen! – deklariert durch die Produkte

$$\dot{\mathscr{A}}_{a\Sigma} = \int\limits_{(\bar{V})}\bar{\rho}(\bar{\mathbb{k}}\cdot\dot{\mathbb{u}} + \bar{\mathbb{k}}_{m}\cdot\omega)\,d\bar{V} + \int\limits_{\bar{0}(\bar{V})}(\bar{\mathbb{s}}_{n}\cdot\dot{\mathbb{u}} + \bar{\mathbb{m}}_{n}\cdot\omega)\,d\bar{O}\,, \tag{7.40}$$

worin die den kinematischen Größen $(\dot{\mathbb{u}},\omega)$ dualen dynamischen Vektoren $\bar{\mathbb{k}}$, $\bar{\mathbb{k}}_{m}$ als auf die Masseneinheit bezogene Lastgrößen, die Größen $\bar{\mathbb{s}}_{n}$, $\bar{\mathbb{m}}_{n}$ als (auf die Momentankonfiguration bezogene sog.

---

[18] Man benutze etwa

$$\int\limits_{(\bar{V})}\bar{\mathbb{M}}\cdot\cdot(\omega\circ\bar{\mathbb{V}})\,d\bar{V} = \int\limits_{(\bar{V})}\left[(\bar{\mathbb{M}}\cdot\omega)\cdot\bar{\nabla} - (\bar{\nabla}\cdot\bar{\mathbb{M}})\cdot\omega\right]d\bar{V} =$$

$$= \int\limits_{\bar{0}(\bar{V})}\bar{\mathbb{n}}\cdot\bar{\mathbb{M}}\cdot\omega\,d\bar{O} - \int\limits_{(\bar{V})}(\bar{\nabla}\cdot\bar{\mathbb{M}})\cdot\omega\,d\bar{V}$$

und eine analoge Umformung für den ersten Term.

Eulersche) Kraft– bzw. Momentenspannungen deklariert werden[19], die kalorischen Leistungszufuhren durch

$$\dot{Q}_{a\Sigma} = -\int\limits_{\bar{0}(\bar{V})} \bar{q} \cdot \bar{n}\, d\bar{O} + \int\limits_{(\bar{V})} \bar{\rho}\dot{Q}_a\, d\bar{V} = \int\limits_{(\bar{V})} \bar{\rho}\left[\dot{Q}_a - \frac{\bar{\nabla}\cdot\bar{q}}{\bar{\rho}}\right] d\bar{V} \,, \qquad (7.41)$$

worin $\bar{q}$ den (auf die Flächeneinheit der Momentankonfiguration bezogenen sog. Eulerschen) Wärmefluß–vektor und $\dot{Q}_a$ die auf die Masseneinheit entfallende Wärmezufuhr bedeuten, und schließlich deklariert man – entsprechend den Usancen der klassischen Kontinuumsmechanik – die kinetische Gesamtenergie $\mathscr{E}_\Sigma$ per

$$\mathscr{E}_\Sigma = \int\limits_{(m)} \mathscr{E}\, dm \,, \qquad (7.42a)$$

worin die auf die Masseneinheit bezogene Größe $\mathscr{E}$ als positiv–definite skalarwertige Funktion der Frei–heitsgrad–Geschwindigkeiten $(\dot{u}, \omega)$ vorgesehen wird. Setzt man

$$\mathscr{E}_\Sigma = \frac{1}{2} \int\limits_{(m)} \dot{u}^2 dm \,, \quad \dot{\mathscr{E}}_\Sigma = \int\limits_{(m)} \dot{u}\, \ddot{u}\, dm = \int\limits_{(V)} \dot{u}\ddot{u}\, \bar{\rho}\, d\bar{V} \,, \qquad (7.42b,c)$$

so entspricht dies der klassischen Vorstellung, die sog. "rotatorische Energie" gegenüber der Translato–rischen als von höherer Ordnung klein aufzufassen, wovon jetzt ausgegangen wird.

Einsetzen von (E7.39,40,41,42c) in (E7.35a) ergibt dann

$$\int\limits_{\bar{0}(\bar{V})} \left[(\bar{s}_n - \bar{n}\cdot\bar{S})\cdot\dot{u} + (\bar{m}_n - \bar{n}\cdot\bar{M})\cdot\omega\right] d\bar{O} + \int\limits_{(m)} \left[\dot{Q}_a - \frac{\bar{\nabla}\cdot\bar{q}}{\bar{\rho}} - T\mathscr{S}\right] dm +$$

$$+ \int\limits_{(\bar{V})} \left\{\left[\bar{\nabla}\cdot\bar{S} + \bar{\rho}\bar{k} - \bar{\rho}\ddot{u}\right]\cdot\dot{u} + \left[\bar{\nabla}\cdot\bar{M} + \bar{S}\cdot\cdot\,\mathbb{E}\times\mathbb{E} + \bar{\rho}\bar{k}_m\right]\cdot\omega\right\} d\bar{V} = 0 \,, \qquad (7.43)$$

woraus mit der Vorstellung, einen Körper fiktiv beliebig in zwei Teilkörper ohne Änderung seines energetischen Status zerlegen zu können [18]

$$\bar{s}_n = \bar{n}\cdot\bar{S} \,, \quad \bar{m}_n = \bar{n}\cdot\bar{M} \,,$$

also in der Tat die in (E7.34d,e) prognostizierte Abbildungseigenschaft erschlossen werden kann und des–weiteren, daß daher die in (E7.43) verbliebenen Volumenintegrale verschwinden müssen.

In dem hier in Betracht gezogenen Fall ist die weitere Schlußweise einfach: Sieht man die Massenlasten

---

als geschwindigkeitsunabhängig an[20], so verlangt das Verschwinden der Volumenintegrale für beliebige Felder $\dot{u}$, ω die Existenz der Feldgleichungen

$$\bar{\nabla}\cdot\mathbb{S}+\bar{\rho}\mathbb{k} = \bar{\rho}\ddot{u} \; , \quad \bar{\nabla}\cdot\bar{\mathbb{M}}+\mathbb{S}\cdot\cdot\,\mathbb{E}\times\mathbb{E}+\bar{\rho}\bar{\mathbb{k}}_{\mathrm{m}} = 0 \; , \qquad (7.44a,b)$$

die man in der Tat als lokale Bilanzen der Impulse bzw. Drehimpulse auffassen kann, und – im Nachgang – die Existenz der sog. Entropie–Bilanzgleichung

$$\dot{Q}_{\mathrm{a}} - \frac{\bar{\nabla}\cdot\bar{\mathbb{q}}}{\bar{\rho}} = T\dot{\mathscr{S}} \; , \qquad (7.44c)$$

indem man die von (E7.43) verbliebene Integralversion für beliebige Volumina, also auch für m → dm → 0 fordert.

Vertritt man in Verallgemeinerung von (E7.42b,c) die Auffassung, daß einem Massenelement (dm) eine von dritter Ordnung kleine Trägheitsmomentengröße zuzuordnen sei, so ist

$$\mathscr{E}_{\mathrm{rot}} = \frac{1}{2}\int\limits_{(m)} \omega\cdot\bar{\Theta}\cdot\omega \; \mathrm{dm} \qquad (7.45a)$$

mit einer auf die Masseneinheit bezogenen endlichen Größe Θ zu setzen. Von der klassischen Trägheitsmomentenvorstellung her ist mit einer konstanten Ausgangsgröße Θ_0 die Setzung

$$\bar{\Theta} = \mathbb{R}^{\mathrm{T}}\cdot\mathbb{F}^{\mathrm{T}}\cdot\Theta_0\cdot\mathbb{F}\cdot\mathbb{R} \qquad (7.45b)$$

zu motivieren. Damit wird

$$\left(\omega\cdot\bar{\Theta}\cdot\omega\right)^{\cdot} = 2\omega\cdot\bar{\Theta}\cdot\dot{\omega} + \omega\cdot\dot{\bar{\Theta}}\cdot\omega \equiv$$
$$\equiv 2\omega\cdot\bar{\Theta}\cdot\dot{\omega} + \omega\cdot\mathbb{R}^{\mathrm{T}}\cdot\left[(\mathbb{F}^{\mathrm{T}}\cdot\Theta_0\cdot\mathbb{F})\cdot\bar{\nabla}\circ\dot{u} + \dot{u}\circ\bar{\nabla}\cdot\mathbb{F}^{\mathrm{T}}\cdot\Theta_0\cdot\mathbb{F}\right]\cdot(\mathbb{R}\cdot\omega) \qquad (7.45c)$$

und dementsprechend

$$\dot{\mathscr{E}}_{\Sigma} = \int\limits_{(m)} \mathrm{dm}\left[\dot{u}\cdot\ddot{u} + \omega\cdot\bar{\Theta}\cdot\dot{\omega} + \frac{1}{2}(\dots)\right] \; .$$

Die Auswirkungen auf die Bilanzgleichungen sind verschieden und verlangen insbesondere eine Verallgemeinerung des Kraftspannungsbegriffes. Weil die Hälfte des in (E7.45c) aufscheinenden gestrichelten

---

Ausdrucks, nämlich

$$\left[(\mathbb{F}^{T}\cdot\Theta_{0}\cdot\mathbb{F})\cdot(\mathbb{R}\cdot\omega)\circ(\mathbb{R}\cdot\omega) \right]\cdot\cdot\,\dot{u}\!\!\!\!\!\;\iota\circ\bar{\bar{\nabla}}$$

im anteiligen Volumenintegralanteil von $\mathscr{E}_{\Sigma}^{\cdot}$ in

$$\int\limits_{(\bar{V})} \bar{\rho}\mathbb{F}^{T}\cdot\Theta_{0}\cdot\mathbb{F}\cdot(\mathbb{R}\cdot\omega)\circ(\mathbb{R}\cdot\omega)\cdot\cdot\,\dot{u}\!\!\!\!\!\;\iota\circ\bar{\bar{\nabla}}\ d\bar{V} =$$

$$= \int\limits_{\bar{0}(\bar{V})} \mathbb{n}\cdot\left[\bar{\rho}\mathbb{F}^{T}\cdot\Theta_{0}\cdot\mathbb{F}\cdot(\mathbb{R}\cdot\omega)\circ(\mathbb{R}\cdot\omega)\right]\cdot\dot{u}\!\!\!\!\!\;\iota\ dO - \int\limits_{(\bar{V})} \bar{\nabla}\cdot\left[\bar{\rho}\mathbb{F}^{T}\cdot\Theta_{0}\cdot\mathbb{F}\cdot(\mathbb{R}\cdot\omega)\circ(\mathbb{R}\cdot\omega)\right]\cdot\dot{u}\!\!\!\!\!\;\iota\ dV$$

umgeformt werden kann, ist in der Bilanzgleichung (E7.44a) anstelle von $\bar{\mathbb{S}}$ der "dynamische Spannungs-tensor"

$$\bar{\mathbb{S}}_{\mathrm{Dyn}} = \bar{\mathbb{S}} + \bar{\rho}\mathbb{F}^{T}\cdot\Theta_{0}\cdot\mathbb{F}\cdot(\mathbb{R}\cdot\omega)\circ(\mathbb{R}\cdot\omega)$$

zu benutzen. Gleichung (E7.34d) in der Form $\bar{\mathbb{S}}_{\mathrm{n,Dyn}} = \bar{\mathbb{n}}\cdot\bar{\mathbb{S}}_{\mathrm{Dyn}}$ kann "gerettet" werden mit einer entsprechend verallgemeinerten Definition "dynamischer Randspannungen"[21]. Die Auswirkung auf (E7.44b) besteht im Hinzufügen eines Rotationsbeschleunigungsterms $\dot{\omega}\cdot\bar{\Theta}$ auf der rechten Gleichungsseite. Solcherart klassisch nicht erklärbare Effekte[22], insbesondere die − ungewöhnliche − Unterscheidung zwischen klassischen und verallgemeinerten (dynamischen) Spannungen sind typisch für verallgemeinerte mechanische Theorien, die kinematisch nicht–klassisch modelliert werden [18].

Für kleine Verrückungen setzt man mit dem Drehwinkel β

$$\mathbb{R} \simeq \mathbb{E} - \mathbb{E}\times\beta \ , \quad \mathbb{R}^{T} \simeq \mathbb{E} + \mathbb{E}\times\beta \ ,$$

und findet als Cosserat'sche Dehnungsverzerrung

$$\overset{\langle 2\rangle}{\mathbb{Z}} = \mathbb{F}\cdot\mathbb{R}^{T} = (\mathbb{E}+\nabla\circ u)\cdot(\mathbb{E}+\mathbb{E}\times\beta) \simeq \mathbb{E}+\nabla\circ u + \mathbb{E}\times\beta \Rightarrow \nabla\circ u + \mathbb{E}\times\beta,$$

---

[21] Sie sind dann in der Tat nur noch geeignet gewählte Multiplikatoren zur Beschreibung des mechanischen Oberflächen–Leistungsinputs.

[22] den vorliegenden Effekt kann man etwa als "Coriolis–Effekt" an der deformierbaren Masseneinheit deklarieren, der im Zusammenhang mit deren Rotation auftritt, sofern gleichzeitig eine (hier durch $\mathbb{\acute{F}}$ gekennzeichnete) Konfigurationsänderung zu verzeichnen ist.

indem man noch die Konstante $\mathbb{E}$ sogleich fortläßt.

Die Cosserat'sche Krümmungsverzerrung wird mit

$$(\nabla \circ \mathbb{R}) \cdot \mathbb{R}^T = \left[\nabla \circ (\mathbb{E} - \mathbb{E} \times \beta)\right] \cdot (\mathbb{E} + \mathbb{E} \times \beta) \simeq -\nabla \circ \beta \times \mathbb{E}$$

und demgemäß (vgl. (E7.30b)) $\overset{\psi}{} = \beta$ als

$$\overset{\langle 2 \rangle}{\Psi} = \nabla \circ \beta$$

erhalten (vgl.a.(7.26), Haupttext, mit ω anstelle von β).

E§8   Zur Frage der Deviatorzerlegungen

8.1   Allgemeine Bemerkungen

Die Zerlegung von zweistufigen Tensoren in der klassischen Kontinuumsmechanik in "Deviatoren" ist eine bekannte Verfahrensweise, um in Materialgleichungsanalysen Vorzeichenfragen beantworten bzw. Einschrankungen betr. Materialkonstanten formulieren zu können. Verlangt man etwa, daß eine isotrope skalarwertige bilineare Funktion

$$\mathscr{W}(\mathbb{X}) = \overset{\langle 4\rangle}{\mathbb{J}} \cdot\cdot \mathbb{X}\circ\mathbb{X} \overset{(\text{E.4 . 4d})}{=} a_1\mathbb{X}\cdot\cdot\mathbb{X} + a_2\mathbb{X}\cdot\cdot\mathbb{X}^T + a_3(\mathbb{E}\cdot\cdot\mathbb{X})^2 \tag{8.1}$$

einer zweistufig-tensorwertigen Variablen $\mathbb{X}$ positiv-definit sein soll und fragt, welche Vorzeichen für die "Materialwerte" $a_j(j=1..3)$ hierzu erforderlich sind, dann zerlegt man dazu $\mathbb{X}$ gemäß

$$\mathbb{X}_s = \tfrac{1}{2}(\mathbb{X}+\mathbb{X}^T) , \qquad \mathbb{X}_a = \tfrac{1}{2}(\mathbb{X}-\mathbb{X}^T) \tag{8.2a,b}$$

zunächst in einen symmetrischen bzw. einen antimetrischen Anteil ($\mathbb{X}_s$ bzw. $\mathbb{X}_a$) und schließlich $\mathbb{X}_s$ desweiteren per

$$\mathbb{X}_s = \mathbb{X}_s' + \tfrac{1}{3}(\mathbb{E}\cdot\cdot\mathbb{X}_s)\mathbb{E} \tag{8.2c}$$

in einen spurfreien und in einen zum Einheitsoperator $\mathbb{E}$ proportionalen Anteil[1]

$$\mathbb{X}_s' = \mathbb{X}_s - \tfrac{1}{3}(\mathbb{E}\cdot\cdot\mathbb{X})\mathbb{E} , \quad \mathbb{X}_s'' = \tfrac{1}{3}(\mathbb{E}\cdot\cdot\mathbb{X})\mathbb{E} , \tag{8.2d,e}$$

kann hiermit, weil diese drei sog. "Deviatoren" des Tensors $\mathbb{X}$ im Sinne von

$$\mathbb{X}_s'\cdot\cdot\mathbb{X}_a = 0 , \quad \mathbb{X}_s''\cdot\cdot\mathbb{X}_a = 0 , \quad \mathbb{X}_s'\cdot\cdot\mathbb{X}_s'' = 0 \tag{8.3a-c}$$

zueinander orthogonal sind, die Darstellung (8.1) in

$$\mathscr{W}(\mathbb{X}) = a_1\left[\mathbb{X}_s'\cdot\cdot\mathbb{X}_s' + \frac{X_1^2}{3} + \mathbb{X}_a\cdot\cdot\mathbb{X}_a\right] + a_2\left[\mathbb{X}_s'\cdot\cdot\mathbb{X}_s' + \frac{X_1^2}{3} - \mathbb{X}_a\cdot\cdot\mathbb{X}_a\right] + a_3\frac{X_1^2}{9} =$$

$$= (a_1 + a_2)\,\mathbb{X}_s'\cdot\cdot\mathbb{X}_s' + (a_2 - a_1)\,\mathbb{X}_a\cdot\cdot\mathbb{X}_a^T + \tfrac{1}{3}(a_1 + a_2 + \tfrac{1}{3}a_3)\,X_1^2$$

umformen, und findet schließlich, indem man die Forderung nach "positiver Definitheit"

---

[1] Man beachte $\mathbb{E}\cdot\cdot\mathbb{X}_s = \mathbb{E}\cdot\cdot\mathbb{X} = X_1$, weil $\mathbb{E}\cdot\cdot\mathbb{X}_a = 0$ ist. Der Faktor 1/3 in (8.2c,d,e) bezieht sich auf Darstellungen im $\mathscr{V}_3$ und muß für den $\mathscr{V}_n$ durch 1/n ersetzt werden.

von $\mathscr{W}(\mathbb{X})$ für die durch $\mathbb{X} = \mathbb{X}'_s$, $\mathbb{X} = \mathbb{X}''_s$, $\mathbb{X} = \mathbb{X}_a$ definierten "Teilzustände" getrennt abarbeitet, die drei Restriktionen

$$a_1 + a_2 \geq 0 , \quad a_2 - a_1 \geq 0 , \quad a_1 + a_2 + \frac{a_3}{3} \geq 0 ,$$

d. h. $\qquad a_2 \geq 0 , \quad -a_2 \leq a_1 \leq a_2 , \quad a_3 \geq -3\,(a_1 + a_2) .$ $\qquad$ (8.4a–c)

Um mit solcherart Vorgehensweise Materialkoeffizienten auch im Falle höherstufiger als zweistufiger Argumente abschätzen zu können, bedarf es eines entsprechenden Zerlegungstheorems auch für höherstufige Tensoren, zu dessen Konstruktion man analog (8.2a–e) vorgeht. Die Tatsache, daß wegen

$$\mathbb{X}_s = \mathbb{X} \cdot\cdot \, \overset{\langle 4 \rangle}{\mathbb{E}}_s = \mathbb{X} \cdot\cdot \tfrac{1}{2} (\overset{\langle 4 \rangle}{\mathbb{E}} + \overset{\langle 4 \rangle}{\mathbb{E}}_T) \equiv \mathbb{X} \cdot\cdot \, \overset{\langle 4 \rangle}{\mathbf{M}} ,$$

$$\mathbb{X}_a = \mathbb{X} \cdot\cdot \, \overset{\langle 4 \rangle}{\mathbb{E}}_a = \mathbb{X} \cdot\cdot \tfrac{1}{2} (\overset{\langle 4 \rangle}{\mathbb{E}} - \overset{\langle 4 \rangle}{\mathbb{E}}_T) \equiv \mathbb{X} \cdot\cdot \, \overset{\langle 4 \rangle}{\mathbf{A}} \qquad (8.5a,b)$$

und schließlich $\qquad \mathbb{X}'_s = \mathbb{X} \cdot\cdot \left[\tfrac{1}{2} (\overset{\langle 4 \rangle}{\mathbb{E}} + \overset{\langle 4 \rangle}{\mathbb{E}}_T) - \tfrac{1}{3}\mathbb{E}\circ\mathbb{E} \right] , \quad \mathbb{X}''_s = \mathbb{X} \cdot\cdot \tfrac{1}{3}\mathbb{E}\circ\mathbb{E}$ $\qquad$ (8.5c,d)

in Anbetracht von $\quad \mathbb{X} = \mathbb{X} \cdot\cdot \, \overset{\langle 4 \rangle}{\mathbb{E}} \quad$ die geschilderte Aufsplittung einer Zerlegung der Einheitsgröße $\overset{\langle 4 \rangle}{\mathbb{E}}$ in der Form

$$\overset{\langle 4 \rangle}{\mathbb{E}} = \overset{\langle 4 \rangle}{\mathbb{D}}{}^{(P)}_{[1]} + \overset{\langle 4 \rangle}{\mathbb{D}}{}^{(P)}_{[2]} \qquad (8.6a)$$

mit $\qquad \overset{\langle 4 \rangle}{\mathbb{D}}{}^{(P)}_{[1]} = \overset{\langle 4 \rangle}{\mathbf{M}} = \tfrac{1}{2} (\overset{\langle 4 \rangle}{\mathbb{E}} + \overset{\langle 4 \rangle}{\mathbb{E}}_T) , \quad \overset{\langle 4 \rangle}{\mathbb{D}}{}^{(P)}_{[2]} = \overset{\langle 4 \rangle}{\mathbf{A}} = \tfrac{1}{2} (\overset{\langle 4 \rangle}{\mathbb{E}} - \overset{\langle 4 \rangle}{\mathbb{E}}_T)$ $\qquad$ (8.6b,c)

und $\qquad \overset{\langle 4 \rangle}{\mathbb{D}}{}^{(P)}_{[j]} \cdot\cdot \overset{\langle 4 \rangle}{\mathbb{D}}{}^{(P)}_{[k]} = \begin{cases} 0 \ \text{ für } j \neq k \\[2mm] \overset{\langle 4 \rangle}{\mathbb{D}}{}^{(P)}_{[j]} \text{ für } j=k=1,2 \end{cases}$ $\qquad$ (8.6d)

bzw. in der Form $\qquad \overset{\langle 4 \rangle}{\mathbb{E}} = \overset{\langle 4 \rangle}{\mathbb{D}}{}^{(J)'}_{[1]} + \overset{\langle 4 \rangle}{\mathbb{D}}{}^{(J)''}_{[1]} + \overset{\langle 4 \rangle}{\mathbb{D}}{}^{(J)}_{[2]}$ $\qquad$ (8.7a)

mit $\qquad \overset{\langle 4 \rangle}{\mathbb{D}}_{[I]} = \overset{\langle 4 \rangle}{\mathbb{D}}{}^{(J)''}_{[1]} = \tfrac{1}{3}\mathbb{E}\circ\mathbb{E} , \quad \overset{\langle 4 \rangle}{\mathbb{D}}_{[II]} = \overset{\langle 4 \rangle}{\mathbb{D}}{}^{(J)'}_{[1]} = \overset{\langle 4 \rangle}{\mathbb{D}}{}^{(P)}_{[1]} - \tfrac{1}{3}\mathbb{E}\circ\mathbb{E} ,$

$$\overset{\langle 4 \rangle}{\mathbb{D}}_{[III]} = \overset{\langle 4 \rangle}{\mathbb{D}}{}^{(J)}_{[2]} = \overset{\langle 4 \rangle}{\mathbb{D}}{}^{(P)}_{[2]} , \qquad (8.7b\text{–}d)$$

und $\qquad \overset{\langle 4 \rangle}{\mathbb{D}}_{[j]} \cdot\cdot \overset{\langle 4 \rangle}{\mathbb{D}}_{[k]} = \begin{cases} 0 \ \text{ für } j \neq k \\[2mm] \overset{\langle 4 \rangle}{\mathbb{D}}_{[j]} \text{ für } j=k=I,II,III \end{cases}$ $\qquad$ (8.7e)

entspricht, wobei im ersteren Falle (8.6) die Deviatoren $\overset{\langle 4 \rangle}{\mathbb{D}}{}^{(P)}_{[j]}$ allein aus den Elementen der vierstufigen Permutationsgruppe $\overset{\langle 4 \rangle}{\mathscr{P}} = \left\{ \overset{\langle 4 \rangle}{\mathbb{E}} , \overset{\langle 4 \rangle}{\mathbb{E}}_{\mathrm{T}} \right\}$, im zweiten Falle aus den Elementen

der vierstufigen isotropen Gruppe $\overset{\langle 4 \rangle}{\mathbb{J}} = \left\{ \overset{\langle 4 \rangle}{\mathbb{E}} , \overset{\langle 4 \rangle}{\mathbb{E}}_{\mathrm{T}}, \mathbb{E} \circ \mathbb{E} \right\}$ rekrutiert werden, wird zum Anlaß

genommen, im Falle von Deviatorzerlegungen höherstufiger Tensoren analog aufzusplitten

[24], und zwar

a) in einem ersten Arbeitsgang -analog (8.6a)- eine sog. "irreduzible" (Deviator-)Zerlegung

$$\overset{\langle 2n \rangle}{\mathbb{E}} = \sum_{j=1}^{\alpha(n)} \overset{\langle 2n \rangle}{\mathbb{D}}{}_{[j]}^{(P)} \tag{8.8a}$$

mit
$$\overset{\langle 2n \rangle}{\mathbb{D}}{}_{[j]}^{(P)} \underbrace{\cdots}_{n-fach} \overset{\langle 2n \rangle}{\mathbb{D}}{}_{[k]}^{(P)} \equiv \overset{\langle 2n \rangle}{\mathbb{D}}{}_{[k]}^{(P)} \underbrace{\cdots}_{n-fach} \overset{\langle 2n \rangle}{\mathbb{D}}{}_{[j]}^{(P)} = \begin{cases} 0 \ \ \text{für } j \neq k \\[2mm] \overset{\langle 2n \rangle}{\mathbb{D}}{}_{[j]}^{(P)} \ \ \text{für } j=k=1..\alpha(n) \end{cases} \tag{8.8b,c}$$

zu konstruieren mit Deviatoroperatoren $\overset{\langle 2n \rangle}{\mathbb{D}}{}_{[j]}^{(P)}$, die sich in Form von Linearkombinationen

aus der Menge der Elemente der 2n-stufigen Permutationsgruppe $\overset{\langle 2n \rangle}{\mathscr{P}}$ rekrutieren und an-

schließend

b) eine (8.7b-d) analoge weitere Zerlegung unter Heranziehung der in (8.8) nicht benutzten

Elemente der 2n-stufigen isotropen Gruppe vorzunehmen.

der Arbeitsgang a), d.h.

8.2   die irreduzible Zerlegung des Einheitsoperators in aus Elementen der Permutationsgruppe bestehende Deviatoren

führt auf das Zerlegungsverfahren von Frobenius-Young-Schouten und wird hier zunächst

exemplarisch in konkreter Rechnung für den Fall n=3, d.h. für die Deviatorzerlegung

dreistufiger Tensoren erbracht.

Dabei wird davon ausgegangen, daß[2]

$$\overset{\langle 6 \rangle}{\mathbb{D}}{}_{[1]}^{(P)} = \overset{\langle 6 \rangle}{\mathbf{M}} = \frac{1}{6} \sum_{\substack{j=0,1 \\ k=0,1,2}} \overset{\langle 6 \rangle}{\mathbb{P}}{}_{jk} , \quad \overset{\langle 6 \rangle}{\mathbb{D}}{}_{[2]}^{(P)} = \overset{\langle 6 \rangle}{\mathbf{A}} = \frac{1}{6} \left[\sum_{j=1}^{2} \overset{\langle 6 \rangle}{\mathbb{P}}{}_{0j} - \sum_{j=1}^{2} \overset{\langle 6 \rangle}{\mathbb{P}}{}_{1j} \right] , \quad (8.9\text{a,b})$$

---

[2] Mit den Bezeichnungen von Fußn. 44 von §E4

also in Verallgemeinerung von (8.5a,b) zwei der Deviator–Operatoren mit Denjenigen der vollständigen Mischung bzw. Alternation identisch sein sollen[3], und für allfällig festzustellende weitere Deviatoren ein allgemeiner Ansatz von der Form

$$\overset{\langle 6\rangle}{\mathbb{D}}{}^{(P)}_{[\alpha,\beta]} = \sum_{\substack{j=0,1\\k=0,1,2}} \lambda^{(\alpha,\beta)}_{jk}\, \overset{\langle 6\rangle}{\mathbb{P}}_{jk} \tag{8.10}$$

benutzt. Die Forderung, daß Letztere im Sinne von $\overset{\langle 6\rangle}{\mathbb{D}}{}^{(P)}_{[\alpha,\beta]} \cdots \overset{\langle 6\rangle}{\mathbf{M}} \equiv \overset{\langle 6\rangle}{\mathbf{M}} \cdots \overset{\langle 6\rangle}{\mathbb{D}}{}^{(P)}_{[\alpha,\beta]} = 0$ bzw. $\overset{\langle 6\rangle}{\mathbb{D}}{}^{(P)}_{[\alpha,\beta]} \cdots \overset{\langle 6\rangle}{\mathbf{A}} \equiv \overset{\langle 6\rangle}{\mathbf{A}} \cdots \overset{\langle 6\rangle}{\mathbb{D}}{}^{(P)}_{[\alpha,\beta]} = 0$ zu den beiden "Grund–Operatoren" $\overset{\langle 6\rangle}{\mathbf{M}}$, $\overset{\langle 6\rangle}{\mathbf{A}}$ orthogonal sein müssen, ergeben dann die ersten, den skalaren Koeffizienten $\lambda^{(\alpha,\beta)}_{jk}$ aufzuerlegenden Restriktionen,

nämlich
$$\sum_{j=1}^{2} \lambda^{(\alpha,\beta)}_{0j} = 0, \quad \sum_{j=1}^{2} \lambda^{(\alpha,\beta)}_{1j} = 0, \tag{8.11a,b}$$

wie man unter Benutzung der anliegend abgedruckten Multiplikationstabelle[4] 1 leicht verifiziert.

	$\overset{\langle 6\rangle}{\mathbb{P}}_{00}$	$\overset{\langle 6\rangle}{\mathbb{P}}_{01}$	$\overset{\langle 6\rangle}{\mathbb{P}}_{02}$	$\overset{\langle 6\rangle}{\mathbb{P}}_{10}$	$\overset{\langle 6\rangle}{\mathbb{P}}_{11}$	$\overset{\langle 6\rangle}{\mathbb{P}}_{12}$
$\overset{\langle 6\rangle}{\mathbb{P}}_{00}$	$\overset{\langle 6\rangle}{\mathbb{P}}_{00}$	$\overset{\langle 6\rangle}{\mathbb{P}}_{01}$	$\overset{\langle 6\rangle}{\mathbb{P}}_{02}$	$\overset{\langle 6\rangle}{\mathbb{P}}_{10}$	$\overset{\langle 6\rangle}{\mathbb{P}}_{11}$	$\overset{\langle 6\rangle}{\mathbb{P}}_{12}$
$\overset{\langle 6\rangle}{\mathbb{P}}_{01}$	$\overset{\langle 6\rangle}{\mathbb{P}}_{01}$	$\overset{\langle 6\rangle}{\mathbb{P}}_{02}$	$\overset{\langle 6\rangle}{\mathbb{P}}_{00}$	$\overset{\langle 6\rangle}{\mathbb{P}}_{12}$	$\overset{\langle 6\rangle}{\mathbb{P}}_{10}$	$\overset{\langle 6\rangle}{\mathbb{P}}_{11}$
$\overset{\langle 6\rangle}{\mathbb{P}}_{02}$	$\overset{\langle 6\rangle}{\mathbb{P}}_{02}$	$\overset{\langle 6\rangle}{\mathbb{P}}_{00}$	$\overset{\langle 6\rangle}{\mathbb{P}}_{01}$	$\overset{\langle 6\rangle}{\mathbb{P}}_{11}$	$\overset{\langle 6\rangle}{\mathbb{P}}_{12}$	$\overset{\langle 6\rangle}{\mathbb{P}}_{10}$
$\overset{\langle 6\rangle}{\mathbb{P}}_{10}$	$\overset{\langle 6\rangle}{\mathbb{P}}_{10}$	$\overset{\langle 6\rangle}{\mathbb{P}}_{11}$	$\overset{\langle 6\rangle}{\mathbb{P}}_{12}$	$\overset{\langle 6\rangle}{\mathbb{P}}_{00}$	$\overset{\langle 6\rangle}{\mathbb{P}}_{01}$	$\overset{\langle 6\rangle}{\mathbb{P}}_{02}$
$\overset{\langle 6\rangle}{\mathbb{P}}_{11}$	$\overset{\langle 6\rangle}{\mathbb{P}}_{11}$	$\overset{\langle 6\rangle}{\mathbb{P}}_{12}$	$\overset{\langle 6\rangle}{\mathbb{P}}_{10}$	$\overset{\langle 6\rangle}{\mathbb{P}}_{02}$	$\overset{\langle 6\rangle}{\mathbb{P}}_{00}$	$\overset{\langle 6\rangle}{\mathbb{P}}_{01}$
$\overset{\langle 6\rangle}{\mathbb{P}}_{12}$	$\overset{\langle 6\rangle}{\mathbb{P}}_{12}$	$\overset{\langle 6\rangle}{\mathbb{P}}_{10}$	$\overset{\langle 6\rangle}{\mathbb{P}}_{11}$	$\overset{\langle 6\rangle}{\mathbb{P}}_{01}$	$\overset{\langle 6\rangle}{\mathbb{P}}_{02}$	$\overset{\langle 6\rangle}{\mathbb{P}}_{00}$

$\overset{\langle 6\rangle}{\mathbb{P}}_{00} = \overset{\langle 4\rangle}{\mathbb{P}}{}^{0}_{Z} \cdot\cdot \overset{\langle 6\rangle}{\mathbb{P}}{}^{0}_{Z} = \overset{\langle 6\rangle}{\mathbb{E}}$

$\overset{\langle 6\rangle}{\mathbb{P}}_{01} = \overset{\langle 4\rangle}{\mathbb{P}}{}^{0}_{Z} \cdot\cdot \overset{\langle 6\rangle}{\mathbb{P}}_{Z} = \overset{\langle 4\rangle}{\mathbb{E}}_{T} \cdot\cdot \overset{\langle 6\rangle}{\mathbb{E}}_{T}$

$\overset{\langle 6\rangle}{\mathbb{P}}_{02} = \overset{\langle 4\rangle}{\mathbb{P}}{}^{0}_{Z} \cdot\cdot \overset{\langle 6\rangle}{\mathbb{P}}{}^{2}_{Z} = \overset{\langle 6\rangle}{\mathbb{E}}_{T} \cdot\cdot \overset{\langle 4\rangle}{\mathbb{E}}_{T}$

$\overset{\langle 6\rangle}{\mathbb{P}}_{10} = \overset{\langle 4\rangle}{\mathbb{P}}_{Z} \cdot\cdot \overset{\langle 6\rangle}{\mathbb{P}}{}^{0}_{Z} = \overset{\langle 6\rangle}{\mathbb{E}} \cdot\cdot \overset{\langle 4\rangle}{\mathbb{E}}_{T} = \overset{\langle 4\rangle}{\mathbb{E}}_{T} \cdot\cdot \overset{\langle 6\rangle}{\mathbb{E}}$

$\overset{\langle 6\rangle}{\mathbb{P}}_{11} = \overset{\langle 4\rangle}{\mathbb{P}}_{Z} \cdot\cdot \overset{\langle 6\rangle}{\mathbb{P}}_{Z} = \overset{\langle 6\rangle}{\mathbb{E}}_{T}$

$\overset{\langle 6\rangle}{\mathbb{P}}_{12} = \overset{\langle 4\rangle}{\mathbb{P}}_{Z} \cdot\cdot \overset{\langle 6\rangle}{\mathbb{P}}{}^{2}_{Z} = \overset{\langle 4\rangle}{\mathbb{E}}_{T} \cdot\cdot \overset{\langle 6\rangle}{\mathbb{E}}_{T} \cdot\cdot \overset{\langle 4\rangle}{\mathbb{E}}_{T}$

Tab.1

---

[3] Sie sind im Sinne von $\overset{\langle 6\rangle}{\mathbf{M}} \cdots \overset{\langle 6\rangle}{\mathbf{A}} = \overset{\langle 6\rangle}{\mathbf{A}} \cdots \overset{\langle 6\rangle}{\mathbf{M}} = 0$ zueinander orthogonal (vgl.(E.4.80a,b)) und idempotent (vgl.(E.4.68c),(E.4.75))

[4] in der jeweils im Schnittkästchen der entsprechenden Zeilen (j,k) bzw. Spalten (m,n) die Produkte $\overset{\langle 6\rangle}{\mathbb{P}}_{jk} \cdots \overset{\langle 6\rangle}{\mathbb{P}}_{mn}$ notiert sind.

Als nächstes wird die Forderung nach Kommutativität der Produkte zweier Deviatoren $\mathbb{D}_{[\alpha,\beta]}$, d.h.,

$$\overset{\langle 6\rangle}{\mathbb{D}}{}^{(P)}_{[\alpha]} \cdots \overset{\langle 6\rangle}{\mathbb{D}}{}^{(P)}_{[\beta]} = \overset{\langle 6\rangle}{\mathbb{D}}{}^{(P)}_{[\beta]} \cdots \overset{\langle 6\rangle}{\mathbb{D}}{}^{(P)}_{[\alpha]} \tag{8.12}$$

ausgewertet. Man erhält nach Einsetzen von (8.10) unter Benutzung der Multiplikationstabelle 1 und Koeffizientenvergleich hinsichtlich $\overset{\langle 6\rangle}{\mathbb{P}}_{jk}$, j=0,1, k=0,1,2, für die Faktoren $\lambda_{jk}^{(\alpha,\beta)}$ sechs skalare Gleichungen, wobei die erste Gleichung (für j=k=0) identisch erfüllt ist. Aus den restlichen fünf Gleichungen, nämlich

<u>j=0, k=1</u>:

$$\lambda_{10}^{(\alpha)}\lambda_{11}^{(\beta)} + \lambda_{11}^{(\alpha)}\lambda_{12}^{(\beta)} + \lambda_{12}^{(\alpha)}\lambda_{10}^{(\beta)} = \lambda_{10}^{(\beta)}\lambda_{11}^{(\alpha)} + \lambda_{11}^{(\beta)}\lambda_{12}^{(\alpha)} + \lambda_{12}^{(\beta)}\lambda_{10}^{(\alpha)}, \tag{8.12a}$$

<u>j=0, k=2</u>:

$$\lambda_{10}^{(\alpha)}\lambda_{12}^{(\beta)} + \lambda_{11}^{(\alpha)}\lambda_{10}^{(\beta)} + \lambda_{12}^{(\alpha)}\lambda_{11}^{(\beta)} = \lambda_{10}^{(\beta)}\lambda_{12}^{(\alpha)} + \lambda_{11}^{(\beta)}\lambda_{10}^{(\alpha)} + \lambda_{12}^{(\beta)}\lambda_{11}^{(\alpha)}, \tag{8.12b}$$

<u>j=1, k=0</u>:

$$\lambda_{01}^{(\alpha)}\lambda_{11}^{(\beta)} + \lambda_{02}^{(\alpha)}\lambda_{12}^{(\beta)} + \lambda_{11}^{(\alpha)}\lambda_{02}^{(\beta)} + \lambda_{12}^{(\alpha)}\lambda_{01}^{(\beta)} =$$
$$= \lambda_{01}^{(\beta)}\lambda_{11}^{(\alpha)} + \lambda_{02}^{(\beta)}\lambda_{12}^{(\alpha)} + \lambda_{11}^{(\beta)}\lambda_{02}^{(\alpha)} + \lambda_{12}^{(\beta)}\lambda_{01}^{(\alpha)}, \tag{8.12c}$$

<u>j=1, k=1</u>:

$$\lambda_{01}^{(\alpha)}\lambda_{12}^{(\beta)} + \lambda_{02}^{(\alpha)}\lambda_{10}^{(\beta)} + \lambda_{10}^{(\alpha)}\lambda_{01}^{(\beta)} + \lambda_{12}^{(\alpha)}\lambda_{02}^{(\beta)} =$$
$$= \lambda_{01}^{(\beta)}\lambda_{12}^{(\alpha)} + \lambda_{02}^{(\beta)}\lambda_{10}^{(\alpha)} + \lambda_{10}^{(\beta)}\lambda_{01}^{(\alpha)} + \lambda_{12}^{(\beta)}\lambda_{02}^{(\alpha)}, \tag{8.12d}$$

<u>j=1, k=2</u>:

$$\lambda_{01}^{(\alpha)}\lambda_{10}^{(\beta)} + \lambda_{02}^{(\alpha)}\lambda_{11}^{(\beta)} + \lambda_{10}^{(\alpha)}\lambda_{02}^{(\beta)} + \lambda_{11}^{(\alpha)}\lambda_{01}^{(\beta)} =$$
$$= \lambda_{01}^{(\beta)}\lambda_{10}^{(\alpha)} + \lambda_{02}^{(\beta)}\lambda_{11}^{(\alpha)} + \lambda_{10}^{(\beta)}\lambda_{02}^{(\alpha)} + \lambda_{11}^{(\beta)}\lambda_{01}^{(\alpha)}, \tag{8.12e}$$

erhält man dann die folgenden Befunde:

a) aus (8.12a) oder (8.12b) unter Benutzung von (8.11a,b), d.h. von

$$\lambda_{10}^{(\alpha,\beta)} = -\left[\lambda_{11}^{(\alpha,\beta)} + \lambda_{12}^{(\alpha,\beta)}\right] \tag{8.11c}$$

die Aussage, daß

$$\lambda_{12}^{(\alpha)}/\lambda_{11}^{(\alpha)} = \lambda_{12}^{(\beta)}/\lambda_{11}^{(\beta)} = \text{const} = \kappa_1 \tag{8.13a}$$

ist, und desweiteren wegen (8.11c) dann auch

$$\lambda_{10}^{(\alpha)}/\lambda_{11}^{(\alpha)} = \lambda_{10}^{(\beta)}/\lambda_{11}^{(\beta)} = \text{const} = -(1+\kappa_1) \tag{8.13b}$$

gelten muß,

b) aus (8.12c) bzw. (8.12e) unter Benutzung von (8.13a,b) die Aussagen, daß

$$(1-\kappa_1)\left[\frac{\lambda_{01}^{(\alpha)}-\lambda_{02}^{(\alpha)}}{\lambda_{11}^{(\alpha)}}-\frac{\lambda_{01}^{(\beta)}-\lambda_{02}^{(\beta)}}{\lambda_{11}^{(\beta)}}\right]=0 \quad\text{bzw.}$$

$$(2+\kappa_1)\left[\frac{\lambda_{01}^{(\alpha)}-\lambda_{02}^{(\alpha)}}{\lambda_{11}^{(\alpha)}}-\frac{\lambda_{01}^{(\beta)}-\lambda_{02}^{(\beta)}}{\lambda_{11}^{(\beta)}}\right]=0$$

gelten müssen, woraus

$$\frac{\lambda_{01}^{(\alpha)}-\lambda_{02}^{(\alpha)}}{\lambda_{11}^{(\alpha)}}=\frac{\lambda_{01}^{(\beta)}-\lambda_{02}^{(\beta)}}{\lambda_{11}^{(\beta)}}=\text{const}=\kappa_2 \tag{8.13c}$$

zu folgern ist, während schließlich (8.12d) mit (8.13c) identisch erfüllt wird. Setzt man nun noch nach

(8.11a)

$$\lambda_{01}^{(\alpha,\beta)}+\lambda_{02}^{(\alpha,\beta)}=-\lambda_{00}^{(\alpha,\beta)},$$

so folgen in Kombination mit (8.13c)

$$\lambda_{01}^{(\alpha)}=\frac{1}{2}\left[\lambda_{11}^{(\alpha)}\kappa_2-\lambda_{00}^{(\alpha)}\right]\,,\quad \lambda_{02}^{(\alpha)}=-\frac{1}{2}\left[\lambda_{11}^{(\alpha)}\kappa_2+\lambda_{00}^{(\alpha)}\right]$$

$$\lambda_{01}^{(\beta)}=\frac{1}{2}\left[\lambda_{11}^{(\beta)}\kappa_2-\lambda_{00}^{(\beta)}\right]\,,\quad \lambda_{02}^{(\beta)}=-\frac{1}{2}\left[\lambda_{11}^{(\beta)}\kappa_2+\lambda_{00}^{(\beta)}\right] \tag{8.13d,e}$$

und damit für alle – neben $\overset{\langle 6\rangle}{\mathbf{M}}$ und $\overset{\langle 6\rangle}{\mathbf{A}}$ allfällig anfallende weitere – Deviator–Operatoren $\overset{\langle 6\rangle}{\mathbb{D}}{}_{[\nu]}^{(P)}$, die

das kommutative Gesetz (8.12) erfüllen, die Struktur

$$\overset{\langle 6\rangle}{\mathbb{D}}{}_{[\nu]}^{(P)}=\lambda_{00}^{(\nu)}\overset{\langle 6\rangle}{\mathbb{I}}{}_{00}+\frac{1}{2}\left[\lambda_{11}^{(\nu)}\kappa_2-\lambda_{00}^{(\nu)}\right]\overset{\langle 6\rangle}{\mathbb{P}}{}_{01}-\frac{1}{2}\left[\lambda_{11}^{(\nu)}\kappa_2+\lambda_{00}^{(\nu)}\right]\overset{\langle 6\rangle}{\mathbb{P}}{}_{02}+$$

$$+\lambda_{11}^{(\nu)}\left[-(1+\kappa_1)\overset{\langle 6\rangle}{\mathbb{P}}{}_{10}+\overset{\langle 6\rangle}{\mathbb{P}}{}_{11}+\kappa_1\overset{\langle 6\rangle}{\mathbb{P}}{}_{12}\right]\,, \tag{8.14}$$

mit der man aus

$$\overset{\langle 6\rangle}{\mathbb{D}}{}_{[\alpha]}^{(P)}\cdots\overset{\langle 6\rangle}{\mathbb{D}}{}_{[\beta]}^{(P)}=0 \quad\text{für } \alpha\neq\beta \tag{8.15}$$

nach Koeffizientenvergleich hinsichtlich $\overset{\langle 6\rangle}{\mathbb{P}}{}_{jk}$, j=0,1, k=0,1,2, die folgenden sechs skalaren Gleichungen findet:

$$\text{j=k=0:}\qquad \frac{3}{2}\lambda_{00}^{(\alpha)}\lambda_{00}^{(\beta)}+\lambda_{11}^{(\alpha)}\lambda_{11}^{(\beta)}\left[2(1+\kappa_1+\kappa_1^2)-\frac{\kappa_2^2}{2}\right]=0\,, \tag{8.15a}$$

$$\text{j=0, k=1:}\qquad \frac{3}{2}\lambda_{00}^{(\alpha)}\lambda_{00}^{(\beta)}+\lambda_{11}^{(\alpha)}\lambda_{11}^{(\beta)}\left[2(1+\kappa_1+\kappa_1^2)-\frac{\kappa_2^2}{2}\right]-$$

$$-\frac{3}{2}\kappa_2\left[\lambda_{00}^{(\alpha)}\lambda_{11}^{(\beta)}+\lambda_{00}^{(\beta)}\lambda_{11}^{(\alpha)}\right]=0\,, \tag{8.15b}$$

$$j=0,\ k=2: \qquad \frac{3}{2}\lambda_{00}^{(\alpha)}\lambda_{00}^{(\beta)} + \lambda_{11}^{(\alpha)}\lambda_{11}^{(\beta)}\left[2(1+\kappa_1+\kappa_1^2) - \frac{\kappa_2^2}{2}\right] +$$

$$+ \frac{3}{2}\kappa_2\left[\lambda_{00}^{(\alpha)}\lambda_{11}^{(\beta)} + \lambda_{00}^{(\beta)}\lambda_{11}^{(\alpha)}\right] = 0\ , \tag{8.15c}$$

$$j=1,\ k=0: \qquad \frac{3}{2}(1+\kappa_1)\left[\lambda_{00}^{(\alpha)}\lambda_{11}^{(\beta)} + \lambda_{00}^{(\beta)}\lambda_{11}^{(\alpha)}\right] = 0\ , \tag{8.15d}$$

$$j=1,\ k=1: \qquad \frac{3}{2}\left[\lambda_{00}^{(\alpha)}\lambda_{11}^{(\beta)} + \lambda_{00}^{(\beta)}\lambda_{11}^{(\alpha)}\right] = 0\ , \tag{8.15e}$$

$$j=1,\ k=2: \qquad \frac{3}{2}\kappa_1\left[\lambda_{00}^{(\alpha)}\lambda_{11}^{(\beta)} + \lambda_{00}^{(\beta)}\lambda_{11}^{(\alpha)}\right] = 0\ . \tag{8.15f}$$

Aus (8.15e) folgt

$$\zeta^{(\alpha)} = \frac{\lambda_{11}^{(\alpha)}}{\lambda_{00}^{(\alpha)}} = -\frac{\lambda_{11}^{(\beta)}}{\lambda_{00}^{(\beta)}} = -\zeta^{(\beta)}\ , \ \text{d.h.}\ \ \zeta^{(\alpha)^2} = \left[\frac{\lambda_{11}^{(\alpha)}}{\lambda_{00}^{(\alpha)}}\right]^2 = \zeta^{(\beta)^2} = \left[\frac{\lambda_{11}^{(\beta)}}{\lambda_{00}^{(\beta)}}\right]^2 = \zeta^2, \tag{8.16a}$$

womit dann (8.15a,f) identisch erfüllt und die Gln. (8.15b,c) identisch werden mit Gl. (8.15a) , die unter

Berücksichtigung von (8.16a) auf

$$\frac{3}{2} - \zeta^2\left[2(1+\kappa_1+\kappa_1^2) - \frac{\kappa_2^2}{2}\right] = 0 \tag{8.16b}$$

zu reduzieren ist.[5] Für die weitere Konturierung des Problems benutzt man die Idempotenz–Forderung

$$\mathbb{D}_{[\nu]}^{\langle 6\rangle (P)} \cdots \mathbb{D}_{[\nu]}^{\langle 6\rangle (P)} = \mathbb{D}_{[\nu]}^{\langle 6\rangle (P)}\ , \ \text{die mit}\ \mathbb{D}_{[\nu]}^{\langle 6\rangle (P)}\ \text{nach (8.14) und Koeffizientenvergleich hinsichtlich}$$

$\mathbb{P}_{jk}^{\langle 6\rangle}$ (j=0,1; k=0,1,2) die sechs Gleichungen

$$j=k=0: \qquad \frac{3}{2}\lambda_{00}^{(\nu)^2} + \lambda_{11}^{(\nu)^2}\left[2(1+\kappa_1+\kappa_1^2) - \frac{\kappa_2^2}{2}\right] = \lambda_{00}^{(\nu)}\ , \tag{8.17a}$$

$$j=0,\ k=1: \qquad \frac{3}{2}\lambda_{00}^{(\nu)^2} + \lambda_{11}^{(\nu)^2}\left[2(1+\kappa_1+\kappa_1^2) - \frac{\kappa_2^2}{2}\right] - 3\lambda_{00}^{(\nu)}\lambda_{11}^{(\nu)}\kappa_2 = -\lambda_{11}^{(\nu)}\kappa_2 + \lambda_{00}^{(\nu)}\ , \tag{8.17b}$$

$$j=0,\ k=2: \qquad \frac{3}{2}\lambda_{00}^{(\nu)^2} + \lambda_{11}^{(\nu)^2}\left[2(1+\kappa_1+\kappa_1^2) - \frac{\kappa_2^2}{2}\right] + 3\lambda_{00}^{(\nu)}\lambda_{11}^{(\nu)}\kappa_2 = \lambda_{11}^{(\nu)}\kappa_2 + \lambda_{00}^{(\nu)}\ , \tag{8.17c}$$

$$j=1,\ k=0: \qquad (1+\kappa_1)\,\lambda_{11}^{(\nu)}\,(3\lambda_{00}^{(\nu)} - 1) = 0\ , \tag{8.17d}$$

$$j=1,\ k=1: \qquad \lambda_{11}^{(\nu)}\,(3\lambda_{00}^{(\nu)} - 1) = 0\ , \tag{8.17e}$$

---

[5] An (8.16a) erkennt man dann bereits, daß –neben $\overset{\langle 6\rangle}{\mathbf{M}}$, $\overset{\langle 6\rangle}{\mathbf{A}}$ – nur <u>zwei</u> weitere Deviator–Operatoren $\mathbb{D}_{[\nu]}^{\langle 6\rangle}$ existieren können, weil etwa für drei Operatoren $\mathbb{D}_{[\alpha,\beta,\gamma]}^{\langle 6\rangle}$

$$\zeta^{(\alpha)} = -\zeta^{(\beta)}\ , \quad \zeta^{(\alpha)} = -\zeta^{(\gamma)}\ , \quad \zeta^{(\beta)} = -\zeta^{(\gamma)}$$

gelten müßte, was –man setze die Dritte dieser Gleichungen in die Erste ein – zu $\zeta^{(\alpha)} = \zeta^{(\gamma)}$ führte und im Widerspruch zur zweiten Gleichung stünde.

j=1, k=2: $\kappa_1 \lambda_{11}^{(\nu)} (3\lambda_{00}^{(\nu)} - 1) = 0$ (8.17f)

liefert[6].

Weil (8.17a) nach Division durch $\lambda_{00}^{(\nu)^2}$ in

$$\frac{3}{2} + \zeta^2 \left[2(1+\kappa_1+\kappa_1^2) - \frac{\kappa_2^2}{2} \right] = \frac{1}{\lambda_{00}^{(\nu)}}$$ (8.18a)

übergeht, bekommt man durch Addition mit (8.16b)

$$3 = 1/\lambda_{00}^{(\nu)} \, , \quad \text{d.h. } \lambda_{00}^{(\nu)} = 1/3 \, ,$$ (8.18b)

wonach die (beiden [5]) neben $\overset{\langle 6 \rangle}{\mathbf{M}}$ bzw. $\overset{\langle 6 \rangle}{\mathbf{A}}$ weiteren möglichen Operatoren $\overset{\langle 6 \rangle}{\mathbb{D}}_{[\nu]}$ die gleiche

"Komponente" $\lambda_{00}^{(\nu)} \overset{\langle 6 \rangle}{\mathbb{P}}_{00} = \frac{1}{3} \overset{\langle 6 \rangle}{\mathbb{P}}_{00} = \overset{\langle 6 \rangle}{\mathbb{E}} / 3$ aufweisen müssen. Da die Addition sämtlicher

Operatoren $\overset{\langle 6 \rangle}{\mathbb{D}}_{[\nu]}$ zuzüglich $\overset{\langle 6 \rangle}{\mathbf{M}}$ bzw. $\overset{\langle 6 \rangle}{\mathbf{A}}$ die Einheitsgröße $\overset{\langle 6 \rangle}{\mathbb{E}}$ ergeben muß (vgl.(8.8a)), der

"Komponentenbeitrag" von $\overset{\langle 6 \rangle}{\mathbf{M}} + \overset{\langle 6 \rangle}{\mathbf{A}}$ jedoch $2\times \overset{\langle 6 \rangle}{\mathbb{P}}_{00}/6 = = \overset{\langle 6 \rangle}{\mathbb{P}}_{00}/3 = \overset{\langle 6 \rangle}{\mathbb{E}} / 3$ ist, liegt damit auch

unter diesem Aspekt fest, daß − neben $\overset{\langle 6 \rangle}{\mathbf{M}}$ und $\overset{\langle 6 \rangle}{\mathbf{A}}$ − nur zwei weitere Deviator−Operatoren existieren

können, und zwar die Größen

$$\overset{\langle 6 \rangle}{\mathbb{D}}_{[3]}^{(P)} = \frac{1}{3} \left\{ \overset{\langle 6 \rangle}{\mathbb{P}}_{00} - \frac{1}{2}(\zeta\kappa_2+1) \overset{\langle 6 \rangle}{\mathbb{P}}_{01} + \frac{1}{2}(\zeta\kappa_2-1) \overset{\langle 6 \rangle}{\mathbb{P}}_{02} - \zeta\left[-(1+\kappa_1) \overset{\langle 6 \rangle}{\mathbb{P}}_{10} + \overset{\langle 6 \rangle}{\mathbb{P}}_{11} + \kappa_1 \overset{\langle 6 \rangle}{\mathbb{P}}_{12} \right] \right\},$$

$$\overset{\langle 6 \rangle}{\mathbb{D}}_{[4]}^{(P)} = \frac{1}{3} \left\{ \overset{\langle 6 \rangle}{\mathbb{P}}_{00} + \frac{1}{2}(\zeta\kappa_2-1) \overset{\langle 6 \rangle}{\mathbb{P}}_{01} - \frac{1}{2}(\zeta\kappa_2+1) \overset{\langle 6 \rangle}{\mathbb{P}}_{02} \right.$$

$$\left. + \zeta\left[-(1+\kappa_1) \overset{\langle 6 \rangle}{\mathbb{P}}_{10} + \overset{\langle 6 \rangle}{\mathbb{P}}_{11} + \kappa_1 \overset{\langle 6 \rangle}{\mathbb{P}}_{12} \right] \right\},$$ (8.19a,b)

die man aus (8.14) erhält, wenn man im Sinne von (8.16a)

$$\zeta^{(\alpha)} = - \zeta^{(\beta)} = \zeta$$

setzt. Dabei ist ζ durch κ_1 und κ_2 mittels

$$\zeta = \sqrt{\frac{3/2}{2(1+\kappa_1+\kappa_1^2)-(\kappa_2^2/2)}}$$ (8.19c)

---

[6] wobei Subtraktion von (8.17b) von (8.17c) noch

$$\kappa_2 \lambda_{11}^{(\nu)} (3\lambda_{00}^{(\nu)} - 1) = 0$$ (8.17g)

ergibt.

festzulegen, wie dies (8.16b) verlangt.

Als Ergebnis der Ausschöpfung von (8.8) fallen also für den Fall n=3 (neben $\overset{\langle 6\rangle}{\mathbf{M}}$, $\overset{\langle 6\rangle}{\mathbf{A}}$) zunächst einmal zwei (durch κ_1, κ_2 parametrisierte) Scharen von Deviator–Operatoren an, so daß mit jeweils festgelegten Werten κ_1, κ_2 dreistufige Tensoren bzw. Triaden $\overset{(1)}{\varkappa}\circ\overset{(2)}{\varkappa}\circ\overset{(3)}{\varkappa}$ per

$$\left[\overset{(1)}{\varkappa}\circ\overset{(2)}{\varkappa}\circ\overset{(3)}{\varkappa}\right]_{[j]} = \overset{(1)}{\varkappa}\circ\overset{(2)}{\varkappa}\circ\overset{(3)}{\varkappa}\cdots\overset{\langle 6\rangle}{\mathbb{D}}{}^{(P)}_{[j]} \ , \quad j{=}1..4, \tag{8.20}$$

grundsätzlich in vier deviatorische Anteile $\left[\overset{(1)}{\varkappa}\circ\overset{(2)}{\varkappa}\circ\overset{(3)}{\varkappa}\right]_{[j]}$ zerlegt werden können. Die bisher erreichte Zerlegung ist also nicht eindeutig, wobei noch angemerkt werden soll, daß überdies den Deviator–Operatoren nach (8.9a,b, 19a,b) per[7]

$$\overset{\langle 6\rangle}{\mathbb{D}}{}^{(P)\,*}_{[j]} = \overset{\langle 6\rangle}{\mathbb{P}}_{\alpha\beta}\cdots\overset{\langle 6\rangle}{\mathbb{D}}{}^{(P)}_{[j]}\cdots\overset{\langle 6\rangle}{\mathbb{P}}{}^{-1}_{\alpha\beta}\ , \quad \alpha,\beta{\neq}0,0 \tag{8.21}$$

weitere fünf idempotente Vierer–Tupel zugeordnet werden können, die man allerdings als dem Tupel $\left\langle \overset{\langle 6\rangle}{\mathbb{D}}{}^{(P)}_{[j]} \right\rangle$ äquivalent anzusehen hat insofern, als sie der Deviatorzerlegung einer gegenüber $\overset{(1)}{\varkappa}\circ\overset{(2)}{\varkappa}\circ\overset{(3)}{\varkappa}$ per $\overset{(1)}{\varkappa}\circ\overset{(2)}{\varkappa}\circ\overset{(3)}{\varkappa}\cdots\overset{\langle 6\rangle}{\mathbb{P}}{}^{-1}_{\alpha\beta}$ permutierten –und anschließend rücktransferierten– Triade entsprechen.

Eine eindeutige Reduktion des Problems auf die Frobenius–Young–Zerlegung gelingt schließlich, indem man verlangt, daß die Koeffizienten κ_1, κ_2, ζ ganze Zahlen sein sollen [24]. Mit dieser Forderung erkennt man nämlich aus (8.16b) bzw. (8.19c), d.h. aus

$$4(1+\kappa_1+\kappa_1^2)-\kappa_2^2 = \frac{3}{\zeta^2} \tag{8.21a}$$

zunächst, daß $\zeta{=}1$ sein muß, weil links Produkte ganzer Zahlen stehen sollen, die eben auch auf der rechten Seite eine ganze Zahl bedingen, womit (8.21a) auf

$$\kappa_1^2 + \kappa_1 - \frac{\kappa_2^2-1}{4} = 0 \tag{8.21b}$$

---

[7] Wegen $\overset{\langle 6\rangle}{\mathbb{P}}_{\alpha\beta}\cdots\overset{\langle 6\rangle}{\mathbb{P}}{}^{-1}_{\alpha\beta} = \overset{\langle 6\rangle}{\mathbb{P}}{}^{-1}_{\alpha\beta}\cdots\overset{\langle 6\rangle}{\mathbb{P}}_{\alpha\beta} = \overset{\langle 6\rangle}{\mathbb{E}}$ und damit

$\overset{\langle 6\rangle}{\mathbb{D}}{}^{(P)\,*}_{[j]}\cdots\overset{\langle 6\rangle}{\mathbb{D}}{}^{(P)\,*}_{[k]} = \overset{\langle 6\rangle}{\mathbb{P}}_{\alpha\beta}\cdots\overset{\langle 6\rangle}{\mathbb{D}}_{[j]}\cdots\overset{\langle 6\rangle}{\mathbb{D}}_{[k]}\cdots\overset{\langle 6\rangle}{\mathbb{P}}{}^{-1}_{\alpha\beta}$ sind in der Tat auch die Größen $\overset{\langle 6\rangle}{\mathbb{D}}{}^{*}_{[j]}$ idempotente und zueinander orthogonale Operatoren.

reduziert und z.B. nach κ_1 aufgelöst werden kann:

$$\kappa_1 = -\frac{1}{2}\left(1 \pm \kappa_2\right).\tag{8.21c}$$

Mit ganzahligem

$$\kappa_1 = \kappa \tag{8.21d}$$

folgen damit

$$\kappa_2 = \pm\left(1 + 2\kappa\right)\tag{8.21e}$$

und demgemäß nach (8.19a,b) mit $\zeta = 1$ und den idempotenten, zueinander sowie zu $\overset{\langle 6\rangle}{\mathbf{M}}$, $\overset{\langle 6\rangle}{\mathbf{A}}$

orthogonalen Operatoren

$$\overset{\langle 6\rangle_*}{\mathbb{D}}_{[3]} = \overset{\langle 6\rangle(P)}{\mathbb{D}}_{[3]\,"\kappa=-1"} = \frac{1}{3}\left[\overset{\langle 6\rangle}{\mathbb{P}}_{00} - \overset{\langle 6\rangle}{\mathbb{P}}_{02} - \overset{\langle 6\rangle}{\mathbb{P}}_{11} + \overset{\langle 6\rangle}{\mathbb{P}}_{12}\right] = -\overset{\langle 6\rangle}{\mathbb{P}}_{01}\cdots\overset{\langle 6\rangle_*}{\mathbb{D}}_{[4]}\cdots\overset{\langle 6\rangle}{\mathbb{P}}_{01}$$

$$\overset{\langle 6\rangle_*}{\mathbb{D}}_{[4]} = \overset{\langle 6\rangle(P)}{\mathbb{D}}_{[4]\,"\kappa=-1"} = \frac{1}{3}\left[\overset{\langle 6\rangle}{\mathbb{P}}_{00} - \overset{\langle 6\rangle}{\mathbb{P}}_{01} + \overset{\langle 6\rangle}{\mathbb{P}}_{11} - \overset{\langle 6\rangle}{\mathbb{P}}_{12}\right] = -\overset{\langle 6\rangle}{\mathbb{P}}_{02}\cdots\overset{\langle 6\rangle_*}{\mathbb{D}}_{[3]}\cdots\overset{\langle 6\rangle}{\mathbb{P}}_{02}$$

$$\equiv \overset{\langle 4\rangle}{\mathbb{E}}_T\cdot\cdot\,\overset{\langle 6\rangle(P)}{\mathbb{D}}_{[3]}\cdot\cdot\,\overset{\langle 4\rangle}{\mathbb{E}}_T \tag{8.22a,b}$$

a) für den Fall $\kappa_2 = 1 + 2\kappa$

$$\overset{\langle 6\rangle(P)(a)}{\mathbb{D}}_{[3]} = \frac{1}{3}\left[\overset{\langle 6\rangle}{\mathbb{P}}_{00} - (1+\kappa)\overset{\langle 6\rangle}{\mathbb{P}}_{01} + \kappa\overset{\langle 6\rangle}{\mathbb{P}}_{02} + (1+\kappa)\overset{\langle 6\rangle}{\mathbb{P}}_{10} - \overset{\langle 6\rangle}{\mathbb{P}}_{11} - \kappa\overset{\langle 6\rangle}{\mathbb{P}}_{12}\right]$$

$$\equiv \left[\overset{\langle 6\rangle}{\mathbb{E}} + (1+\kappa)\overset{\langle 6\rangle}{\mathbb{P}}_{02}\right]\cdots\overset{\langle 6\rangle_*}{\mathbb{D}}_{[3]} \equiv \overset{\langle 6\rangle_*}{\mathbb{D}}_{[3]} - (1+\kappa)\overset{\langle 6\rangle_*}{\mathbb{D}}_{[4]}\cdots\overset{\langle 6\rangle}{\mathbb{P}}_{01},$$

$$\overset{\langle 6\rangle(P)(a)}{\mathbb{D}}_{[4]} = \frac{1}{3}\left[\overset{\langle 6\rangle}{\mathbb{P}}_{00} + \kappa\overset{\langle 6\rangle}{\mathbb{P}}_{01} - (1+\kappa)\overset{\langle 6\rangle}{\mathbb{P}}_{02} - (1+\kappa)\overset{\langle 6\rangle}{\mathbb{P}}_{10} + \overset{\langle 6\rangle}{\mathbb{P}}_{11} + \kappa\overset{\langle 6\rangle}{\mathbb{P}}_{12}\right]$$

$$\equiv \overset{\langle 6\rangle_*}{\mathbb{D}}_{[4]} + (1+\kappa)\overset{\langle 6\rangle_*}{\mathbb{D}}_{[4]}\cdots\overset{\langle 6\rangle}{\mathbb{P}}_{01},\tag{8.22c,d}$$

b) für den Fall $\kappa_2 = -(1 + 2\kappa)$

$$\overset{\langle 6\rangle(P)(b)}{\mathbb{D}}_{[3]} = \frac{1}{3}\left[\overset{\langle 6\rangle}{\mathbb{P}}_{00} + \kappa\overset{\langle 6\rangle}{\mathbb{P}}_{01} - (1+\kappa)\overset{\langle 6\rangle}{\mathbb{P}}_{02} + (1+\kappa)\overset{\langle 6\rangle}{\mathbb{P}}_{10} - \overset{\langle 6\rangle}{\mathbb{P}}_{11} - \kappa\overset{\langle 6\rangle}{\mathbb{P}}_{12}\right]$$

$$\equiv \left\{\left[\overset{\langle 6\rangle}{\mathbb{E}} + (1+\kappa)\overset{\langle 6\rangle}{\mathbb{P}}_{02}\right]\cdots\overset{\langle 6\rangle_*}{\mathbb{D}}_{[3]}\right\}^T = \left\{\overset{\langle 6\rangle_*}{\mathbb{D}}_{[3]} - (1+\kappa)\overset{\langle 6\rangle_*}{\mathbb{D}}_{[4]}\cdots\overset{\langle 6\rangle}{\mathbb{P}}_{01}\right\}^T = \overset{\langle 6\rangle(P)(a)T}{\mathbb{D}}_{[3]},$$

$$\overset{\langle 6\rangle(P)(b)}{\mathbb{D}}_{[4]} = \frac{1}{3}\left[\overset{\langle 6\rangle}{\mathbb{P}}_{00} - (1+\kappa)\overset{\langle 6\rangle}{\mathbb{P}}_{01} + \kappa\overset{\langle 6\rangle}{\mathbb{P}}_{02} - (1+\kappa)\overset{\langle 6\rangle}{\mathbb{P}}_{10} + \overset{\langle 6\rangle}{\mathbb{P}}_{11} + \kappa\overset{\langle 6\rangle}{\mathbb{P}}_{12}\right]$$

$$= \left\{\overset{\langle 6\rangle_*}{\mathbb{D}}_{[4]} + (1+\kappa)\overset{\langle 6\rangle_*}{\mathbb{D}}_{[4]}\cdots\overset{\langle 6\rangle}{\mathbb{P}}_{01}\right\}^T = \overset{\langle 6\rangle(P)(a)T}{\mathbb{D}}_{[4]}.\tag{8.22e,f}$$

Zunächst den Fall (8.22c,d) betrachtend, erkennt man, daß sich $\overset{\langle 6\rangle(P)(a)}{\mathbb{D}}_{[3,4]}$ von den "Grundgrößen"

$\overset{\langle 6\rangle_*}{\mathbb{D}}_{[3,4]}$ nur durch einen Summanden ($\pm(1+\kappa)\overset{\langle 6\rangle_*}{\mathbb{D}}_{[4]}\cdots\overset{\langle 6\rangle}{\mathbb{P}}_{01}$) voneinander unterscheiden, der sich

dementsprechend in der Zerlegungsformel

$$\overset{\langle 6\rangle}{\mathbb{E}} = \overset{\langle 6\rangle}{\mathbf{M}} + \overset{\langle 6\rangle}{\mathbf{A}} + \overset{\langle 6\rangle}{\mathbb{D}}{}^{(P)(a)}_{[3]} + \overset{\langle 6\rangle}{\mathbb{D}}{}^{(P)(a)}_{[4]} \equiv \overset{\langle 6\rangle}{\mathbf{M}} + \overset{\langle 6\rangle}{\mathbf{A}} + \overset{\langle 6\rangle}{\mathbb{D}}{}^{*}_{[3]} + \overset{\langle 6\rangle}{\mathbb{D}}{}^{*}_{[4]} \tag{8.23}$$

für beliebige Werte κ heraushebt und daher für die Deviatorzerlegung entbehrlich ist. Entsprechendes gilt

für den Fall b) der sich gegenüber dem Fall a) nur dadurch unterscheidet, daß man –unter Beachtung

von $\overset{\langle 6\rangle}{\mathbb{E}} = \overset{\langle 6\rangle}{\mathbb{E}}{}^{T}$, $\overset{\langle 6\rangle}{\mathbf{M}} = \overset{\langle 6\rangle}{\mathbf{M}}{}^{T}$, $\overset{\langle 6\rangle}{\mathbf{A}} = \overset{\langle 6\rangle}{\mathbf{A}}{}^{T}$ – anstelle der Zerlegungsformel (8.23) deren

transponierte Variante notiert. So verbleiben also effektiv die – neben $\overset{\langle 6\rangle}{\mathbf{M}}$ und $\overset{\langle 6\rangle}{\mathbf{A}}$ weiteren– beiden

Deviator–Operatoren $\overset{\langle 6\rangle}{\mathbb{D}}{}^{(P)}_{[3]} = \overset{\langle 6\rangle}{\mathbb{D}}{}^{*}_{[3]}$, $\overset{\langle 6\rangle}{\mathbb{D}}{}^{(P)}_{[4]} = \overset{\langle 6\rangle}{\mathbb{D}}{}^{*}_{[4]}$ nach (8.22a,b). Die danach einer Triade

$$\overset{(1)}{\varkappa} \circ \overset{(2)}{\varkappa} \circ \overset{(3)}{\varkappa}$$ – neben ihrer vollständigen Mischung bzw. Alternation – zuzuordnenden beiden weiteren

Deviatoren[8]

$$\left[\overset{(1)}{\varkappa} \circ \overset{(2)}{\varkappa} \circ \overset{(3)}{\varkappa}\right]_{[3]} = \overset{(1)}{\varkappa} \circ \overset{(2)}{\varkappa} \circ \overset{(3)}{\varkappa} \cdots \overset{\langle 6\rangle}{\mathbb{D}}{}^{(P)}_{[3]} \equiv$$

$$\equiv \frac{1}{3}\left[\left[\overset{(1)}{\varkappa} \circ \overset{(2)}{\varkappa} + \overset{(2)}{\varkappa} \circ \overset{(1)}{\varkappa}\right]\circ \overset{(3)}{\varkappa} - \overset{(3)}{\varkappa} \circ \left[\overset{(2)}{\varkappa} \circ \overset{(1)}{\varkappa} + \overset{(1)}{\varkappa} \circ \overset{(2)}{\varkappa}\right]\right] , \tag{8.23a}$$

$$\left[\overset{(1)}{\varkappa} \circ \overset{(2)}{\varkappa} \circ \overset{(3)}{\varkappa}\right]_{[4]} = \frac{1}{3}\left[\left[\overset{(1)}{\varkappa} \circ \overset{(2)}{\varkappa} - \overset{(2)}{\varkappa} \circ \overset{(1)}{\varkappa}\right]\circ \overset{(3)}{\varkappa} + \left[\overset{(3)}{\varkappa} \circ \overset{(2)}{\varkappa} - \overset{(2)}{\varkappa} \circ \overset{(3)}{\varkappa}\right]\circ \overset{(1)}{\varkappa}\right] \tag{8.23b}$$

lassen sich nach Frobenius–Young [24][25] in einfacher Weise deuten dergestalt, daß man im Falle (8.23b)

den Set $\overset{(1)}{\varkappa} \circ \overset{(2)}{\varkappa} \circ \overset{(3)}{\varkappa}$ zunächst einmal hinsichtlich des ersten und letzten Vektors mischt, also – vorerst

ohne Zahlenfaktoren –

$$\overset{(1)}{\varkappa} \circ \overset{(2)}{\varkappa} \circ \overset{(3)}{\varkappa} + \overset{(3)}{\varkappa} \circ \overset{(2)}{\varkappa} \circ \overset{(1)}{\varkappa} \tag{8.24a}$$

bildet, diese Struktur anschließend hinsichtlich der (in der in (8.24a) vorliegenden Reihenfolge!) beiden

ersten Vektoren alterniert,

$$\overset{(1)}{\varkappa} \circ \overset{(2)}{\varkappa} \circ \overset{(3)}{\varkappa} - \overset{(2)}{\varkappa} \circ \overset{(1)}{\varkappa} \circ \overset{(3)}{\varkappa} + \overset{(3)}{\varkappa} \circ \overset{(2)}{\varkappa} \circ \overset{(1)}{\varkappa} - \overset{(2)}{\varkappa} \circ \overset{(3)}{\varkappa} \circ \overset{(1)}{\varkappa} ,$$

im Falle (8.23a) zunächst eine Mischung hinsichtlich des ersten und zweiten Vektors vornimmt,

$$\overset{(1)}{\varkappa} \circ \overset{(2)}{\varkappa} \circ \overset{(3)}{\varkappa} + \overset{(2)}{\varkappa} \circ \overset{(1)}{\varkappa} \circ \overset{(3)}{\varkappa} , \tag{8.24b}$$

und anschließend über die ersten und letzten Vektoren alterniert:

$$\overset{(1)}{\varkappa} \circ \overset{(2)}{\varkappa} \circ \overset{(3)}{\varkappa} - \overset{(3)}{\varkappa} \circ \overset{(2)}{\varkappa} \circ \overset{(1)}{\varkappa} + \overset{(2)}{\varkappa} \circ \overset{(1)}{\varkappa} \circ \overset{(3)}{\varkappa} - \overset{(3)}{\varkappa} \circ \overset{(1)}{\varkappa} \circ \overset{(2)}{\varkappa} .$$

Zusammen mit den durch die beiden Grundgrößen $\overset{\langle 6\rangle}{\mathbf{M}}$ und $\overset{\langle 6\rangle}{\mathbf{A}}$ vermittelten Operationen der

---

[8] Hier in einer Form geschrieben, die mit der Angabe in [24], S. 238 unmittelbar verglichen werden kann.

vollständigen Mischung bzw. Alternation eines Sets $\overset{(1)}{\varkappa}$ o $\overset{(2)}{\varkappa}$ o $\overset{(3)}{\varkappa}$ erkennt man so für die Konstruktion

der Deviatoren von $\overset{(1)}{\varkappa}$ o $\overset{(2)}{\varkappa}$ o $\overset{(3)}{\varkappa}$ die einfache Merkregel in Form eines sog.

8.3 Young-Plateaus [25]:

1) Entsprechend der Stufe (3) des irreduzibel zu zerlegenden Vektorsets denkt man sich drei
Kästchen horizontal bzw. vertikal aneinandergereiht und erzeugt dergestalt die Menge aller
Figuren, die möglich sind unter der Bedingung, daß die Anzahl der Kästchen in
untereinander liegenden Reihen nie zunehmen darf.

Für den vorliegenden Fall gibt es demnach die 3 Figuren nach Abb. 8.1, die diese Bedingung erfüllen:

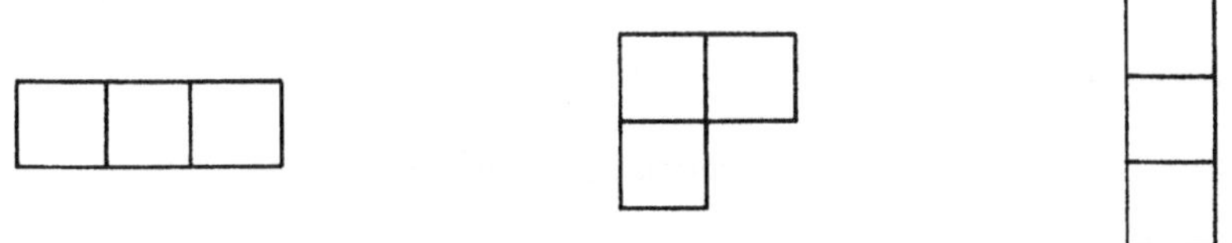

Abb. E8.1

2) In die Figuren nach Abb. 8.1 werden die Ziffern 1,2,3 - als Repräsentanten von $\overset{(1)}{\varkappa}$, $\overset{(2)}{\varkappa}$,
$\overset{(3)}{\varkappa}$ - derart eingetragen, daß sie - stets beginnend mit der Ziffer 1 im linken oberen Eck-
kasten - in jeder Zeile nach rechts und in jeder Spalte nach unten zunehmen. Danach gibt
es im vorliegenden Falle die vier Varianten nach Abb. 8.2, die dann bereits bis auf jeweils
einen Zahlenfaktor die irreduzible Zerlegung des Problems kennzeichnen, indem man verab-
redet, daß die entsprechenden Youg-Plateaus vorschreiben, über welche in Zeilen stehende
Elemente zunächst zu mischen ist während die entsprechenden Spaltenziffern die (von links
aus gezählten und bezifferten) Vektoren im gemischten Set kennzeichnen, die man schließlich zu alternieren hat.

$$
\begin{array}{c}
(1)\ (2)\ (3)\ \ \langle 6\rangle \\
\text{\texttimes}\ \circ\ \text{\texttimes}\ \circ\ \text{\texttimes}\ \dots\ \mathbb{K}_{(123)}
\end{array}
\qquad\qquad
\begin{array}{c}
(1)\ (2)\ (3)\ \ \langle 6\rangle \\
\text{\texttimes}\ \circ\ \text{\texttimes}\ \circ\ \text{\texttimes}\ \dots\ \mathbb{K}_{(13)\langle 12\rangle}
\end{array}
$$

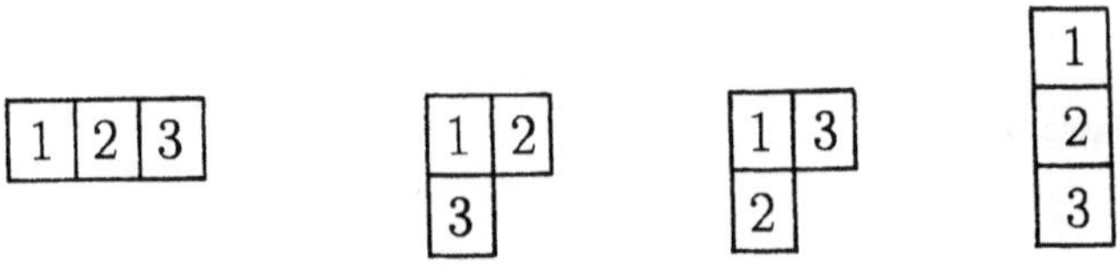

$$
\boxed{1\,|\,2\,|\,3}
\qquad
\begin{array}{|c|c|}\hline 1 & 2 \\\hline 3 \\\cline{1-1}\end{array}
\qquad
\begin{array}{|c|c|}\hline 1 & 3 \\\hline 2 \\\cline{1-1}\end{array}
\qquad
\begin{array}{|c|}\hline 1 \\\hline 2 \\\hline 3 \\\hline\end{array}
$$

$$
\begin{array}{c}
(1)\ (2)\ (3)\ \ \langle 6\rangle \\
\text{\texttimes}\ \circ\ \text{\texttimes}\ \circ\ \text{\texttimes}\ \dots\ \mathbb{K}_{(12)\langle 13\rangle}
\end{array}
\qquad\qquad
\begin{array}{c}
(1)\ (2)\ (3)\ \ \langle 6\rangle \\
\text{\texttimes}\ \circ\ \text{\texttimes}\ \circ\ \text{\texttimes}\ \dots\ \mathbb{K}_{\langle 123\rangle}
\end{array}
$$

a)　　　　　　　b)　　　　　　c)　　　　　　d)

Abb. 8.2

Man erkennt leicht, daß – bis auf Zahlenfaktoren – die Plateaus nach Abb.(8.2a), (8.2d) den Operationen

$$
\begin{array}{ccc}
(1)\ (2)\ (3)\ \ \langle 6\rangle \\
\text{\texttimes}\ \circ\ \text{\texttimes}\ \circ\ \text{\texttimes}\ \cdots\ \mathbf{M}
\end{array}
\quad\text{bzw.}\quad
\begin{array}{ccc}
(1)\ (2)\ (3)\ \ \langle 6\rangle \\
\text{\texttimes}\ \circ\ \text{\texttimes}\ \circ\ \text{\texttimes}\ \cdots\ \mathbf{A}
\end{array}
$$

entsprechen, die Plateaus nach Abb.(8.2b) und

(8.2c) den Operationen $\ \text{\texttimes}\ \circ\ \text{\texttimes}\ \circ\ \text{\texttimes}\ \cdots\ \mathbb{D}_{[3,4]}$.

3)　Die durch die Young-Plateaus definierten Operatoren $\mathbb{K}^{\langle 6\rangle}_{(123)}$, $\mathbb{K}^{\langle 6\rangle}_{(12)\langle 13\rangle}$, $\mathbb{K}^{\langle 6\rangle}_{(13)\langle 12\rangle}$, $\mathbb{K}^{\langle 6\rangle}_{\langle 123\rangle}$ sind bis auf Zahlenfaktoren mit den idempotenten

Frobenius-Young-Operatoren des Problems identisch,

$$
\alpha_1\,\mathbb{K}^{\langle 6\rangle}_{(123)} = \mathbf{M}^{\langle 6\rangle}, \qquad
\alpha_2\,\mathbb{K}^{\langle 6\rangle}_{\langle 123\rangle} = \mathbf{A}^{\langle 6\rangle}, \qquad
\alpha_3\,\mathbb{K}^{\langle 6\rangle}_{(12)\langle 13\rangle} = \mathbb{D}^{\langle 6\rangle (P)}_{[3]},
$$

$$
\alpha_3\,\mathbb{K}^{\langle 6\rangle}_{(13)\langle 12\rangle} = \mathbb{D}^{\langle 6\rangle (P)}_{[4]},
\tag{8.25}
$$

sie werden aus

$$
\mathbb{K}^{\langle 6\rangle}_{(123)} \cdots \mathbb{K}^{\langle 6\rangle}_{(123)} = \left[\mathbf{M}^{\langle 6\rangle} \cdots \mathbf{M}^{\langle 6\rangle} / \alpha_1^2 \equiv \mathbf{M}^{\langle 6\rangle} / \alpha_1^2 \right] = \alpha_1\,\mathbb{K}^{\langle 6\rangle}_{(123)}
$$

$$
\mathbb{K}^{\langle 6\rangle}_{\langle 123\rangle} \cdots \mathbb{K}^{\langle 6\rangle}_{\langle 123\rangle} = \alpha_2\,\mathbb{K}^{\langle 6\rangle}_{\langle 123\rangle}
\tag{8.26}
$$

usw. bestimmt.

So ist etwa im Falle von Abb. 8.2b auf

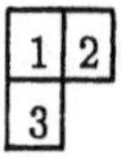

$$
\begin{array}{|c|c|}\hline 1 & 2 \\\hline 3 \\\cline{1-1}\end{array}
\equiv
\begin{array}{c}
(1)\ (2)\ (3)\ \ \langle 6\rangle \\
\text{\texttimes}\ \circ\ \text{\texttimes}\ \circ\ \text{\texttimes}\ \cdots\ \mathbb{K}_{(12)\langle 13\rangle}
\end{array}
= (123 + 213)_{\langle 13\rangle} = 123 - 321 + 213 - 312
\tag{8.27a}
$$

dieselbe Operation nochmals anzuwenden: Mischung über die jeweils auf den ersten beiden Plätzen stehenden Vektoren ergibt,

$$123 + 213 - 321 - 231 + 213 + 123 - 312 - 132 \; ,$$

was nun noch hinsichtlich der ersten und letzten Vektoren zu alternieren ist:

Es entsteht

$$\overset{(1)\;\;(2)\;\;(3)}{\rlap{$\times \;\; \circ \;\; \times \;\; \circ \;\; \times$}}\;\cdots\;\overset{\langle 6 \rangle}{\mathbb{K}}_{(12)\langle 13\rangle} \;\cdots\; \overset{\langle 6 \rangle}{\mathbb{K}}_{(12)\langle 13\rangle}$$

$$= 123 - 321 + 213 - 312 - 321 + 123 - 231 + 132 + 213 - 312 + 123 - 321 - 312 \; + 213 - 132 + 231$$

$$\equiv 3 \times (123 - 321 + 213 - 312) = \overset{(1)\;\;(2)\;\;(3)}{\rlap{$\times \;\; \circ \;\; \times \;\; \circ \;\; \times$}}\;\cdots\; 3\,\overset{\langle 6 \rangle}{\mathbb{K}}_{(12)\langle 13\rangle} \qquad (8.27\text{b})$$

und damit $\alpha_3 = 3$ und demgemäß im Sinne von (8.25)

$$\overset{\langle 6 \rangle}{\mathbb{D}}\vphantom{X}_{[3]}^{(P)} = \frac{1}{3}\,\overset{\langle 6 \rangle}{\mathbb{K}}_{(12)\langle 13\rangle}$$

in Übereinstimmung mit (8.23a) usw.

Eine entsprechende Verfahrensweise zur Identifizierung der achtstufigen Deviator-Operatoren geht von den Figuren nach Abb. 8.3 aus

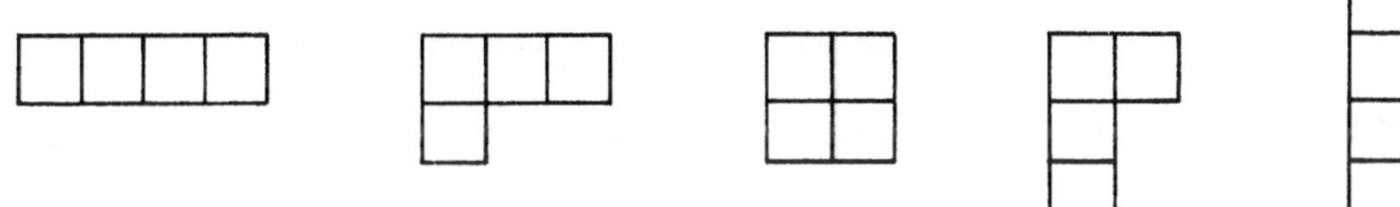

Abb. 8.3

und führt auf insgesamt 10 Deviatoren, wie die Ziffernverteilungen nach Abb. 8.4 zeigen [9], allerdings unter der Voraussetzung, daß sich das Zerlegungsproblem auf extensive Größen

---

[9] Beispielsweise bedeutet hierbei

$$\begin{array}{|c|c|}\hline 1 & 2 \\\hline 3 & 4 \\\hline\end{array} = (1234 + 2134 + 1234 + 1243)_{\langle 13\rangle\langle 24\rangle}$$

$$= 1234 - 3214 + 1234 - 1432 + 2134 - 3124 + 2134 - 2431 + 1234 - 3214 + 1234 - 1432 + 1243 - 4213$$
$$+ 1243 - 1342$$

im vierdimensionalen Vektorraum $\mathscr{V}_4$ bezieht.

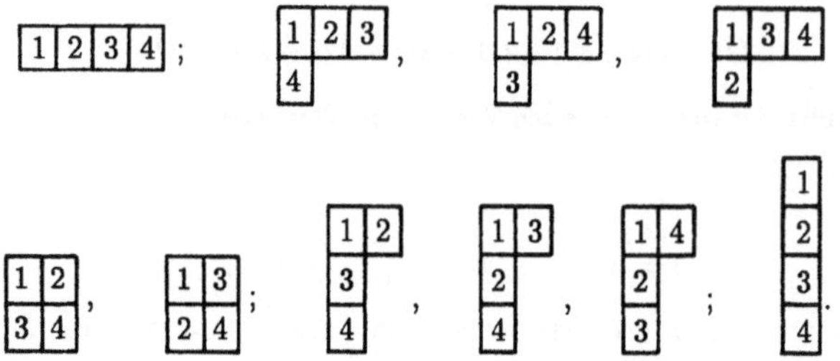

$$\boxed{1\,2\,3\,4} \;;\qquad \begin{array}{ccc}\boxed{1}&\boxed{2}&\boxed{3}\\\boxed{4}&&\end{array},\qquad \begin{array}{ccc}\boxed{1}&\boxed{2}&\boxed{4}\\\boxed{3}&&\end{array},\qquad \begin{array}{ccc}\boxed{1}&\boxed{3}&\boxed{4}\\\boxed{2}&&\end{array}$$

$$\begin{array}{cc}\boxed{1}&\boxed{2}\\\boxed{3}&\boxed{4}\end{array},\qquad \begin{array}{cc}\boxed{1}&\boxed{3}\\\boxed{2}&\boxed{4}\end{array}\;;\qquad \begin{array}{cc}\boxed{1}&\boxed{2}\\\boxed{3}&\\\boxed{4}&\end{array},\qquad \begin{array}{cc}\boxed{1}&\boxed{3}\\\boxed{2}&\\\boxed{4}&\end{array},\qquad \begin{array}{cc}\boxed{1}&\boxed{4}\\\boxed{2}&\\\boxed{3}&\end{array}\;;\qquad \begin{array}{c}\boxed{1}\\\boxed{2}\\\boxed{3}\\\boxed{4}\end{array}.$$

Abb.8.4

Da für im dreidimensionalen Vektorraum definierte Vierersets $\overset{(1)\ (2)\ (3)\ (4)}{\varkappa\ \circ\ \varkappa\ \circ\ \varkappa\ \circ\ \varkappa}$ die vollständige Alternation verschwindet (vgl. §E5), entfällt der letzte Deviator von Abb.8.4. In diesem Falle existieren also nur 9 aus Elementen der 8-stufigen Permutationsgruppe linear aufgebaute Deviatoren $\mathbb{D}^{\langle 8\rangle\,(P)}_{[j]}$.

Die Tatsache, daß die Frobenius-Young-Operatoren $\mathbb{D}^{\langle 2n\rangle\,(P)}_{[j]}$ stets als Abfolge von Mischungen mit anschließenden Alternationen dargestellt werden können ist, abgesehen von deren hiermit zur Verfügung stehenden einfachen Konstruktionsanweisung [10], von Bedeutung für die weitere Zerlegung des Problems in Deviatoren $\mathbb{D}^{\langle 2n\rangle\,(J)}_{[j]}$, die aus Elementen der jeweiligen isotropen Gruppe $\mathbb{J}^{\langle 2n\rangle}$ aufgebaut werden. Die operative Umsetzung der Young–Plateau–Anweisungen führt z. B. im Falle n = 3 zu den Darstellungen

$$\mathbb{D}^{\langle 6\rangle\,(P)}_{[1]} = \overset{\langle 6\rangle}{\mathbf{M}} = \overset{\langle 6\rangle}{\mathbb{M}}_{(123)}, \qquad \mathbb{D}^{\langle 6\rangle\,(P)}_{[2]} = \overset{\langle 6\rangle}{\mathbf{A}} = \overset{\langle 6\rangle}{\mathbb{A}}_{\langle 123\rangle},$$

$$\mathbb{D}^{\langle 6\rangle\,(P)}_{[3]} = \frac{4}{3}\,\overset{\langle 6\rangle}{\mathbb{M}}_{(13)} \cdots \overset{\langle 6\rangle}{\mathbb{A}}_{\langle 12\rangle}, \qquad \mathbb{D}^{\langle 6\rangle\,(P)}_{[4]} = \frac{4}{3}\,\overset{\langle 6\rangle}{\mathbb{M}}_{(12)} \cdots \overset{\langle 6\rangle}{\mathbb{A}}_{\langle 13\rangle} \qquad (8.28\text{a--d})$$

mit

$$\overset{\langle 6\rangle}{\mathbb{M}}_{(12)} = \left[\overset{\langle 6\rangle}{\mathbb{P}}{}_Z^{2} \cdot\cdot\, \overset{\langle 4\rangle}{\mathbf{M}}\right] \cdots \overset{\langle 6\rangle}{\mathbb{P}}{}_Z^{-2} = \left[\overset{\langle 6\rangle}{\mathbb{P}}{}_Z^{2} \cdot\cdot\, \overset{\langle 4\rangle}{\mathbf{M}}\right] \cdots \overset{\langle 6\rangle}{\mathbb{P}}{}_Z = \left[\overset{\langle 6\rangle}{\mathbb{E}}_T \cdot\cdot\, \overset{\langle 4\rangle}{\mathbf{M}}\right] \cdots \overset{\langle 6\rangle}{\mathbb{E}}_T$$

---

[10] die im übrigen Ausdruck des gruppentheoretischen Zugangs zu diesem Problem ist [25]

$$= \frac{1}{2}\left[\overset{\langle 6\rangle}{\mathbb{P}}_{00} + \overset{\langle 6\rangle}{\mathbb{P}}_{12}\right],$$

$$\overset{\langle 6\rangle}{\mathbb{M}}_{(13)} = \left[\overset{\langle 6\rangle}{\mathbb{P}}_Z \cdot\cdot \overset{\langle 4\rangle}{\mathbf{M}}\right]\cdots \overset{\langle 6\rangle}{\mathbb{P}}_Z{}^{-1} = \left[\overset{\langle 6\rangle}{\mathbb{P}}_Z \cdot\cdot \overset{\langle 4\rangle}{\mathbf{M}}\right]\cdots \overset{\langle 6\rangle}{\mathbb{P}}_Z{}^{2} = \overset{\langle 4\rangle}{\mathbb{E}}_T \cdot\cdot \overset{\langle 6\rangle}{\mathbf{M}}_{(12)} \cdot\cdot \overset{\langle 4\rangle}{\mathbb{E}}_T$$

$$= \frac{1}{2}\left[\overset{\langle 6\rangle}{\mathbb{P}}_{00} + \overset{\langle 6\rangle}{\mathbb{P}}_{11}\right],$$

$$\overset{\langle 6\rangle}{\mathbb{A}}_{\langle 12\rangle} = \left[\overset{\langle 6\rangle}{\mathbb{P}}_Z{}^{2} \cdot\cdot \overset{\langle 4\rangle}{\mathbf{A}}\right]\cdots \overset{\langle 6\rangle}{\mathbb{P}}_Z = \left[\overset{\langle 6\rangle}{\mathbb{E}}_T \cdot\cdot \overset{\langle 4\rangle}{\mathbf{A}}\right]\cdots \overset{\langle 4\rangle}{\mathbb{E}}_T = \frac{1}{2}\left[\overset{\langle 6\rangle}{\mathbb{P}}_{00} - \overset{\langle 6\rangle}{\mathbb{P}}_{12}\right],$$

$$\overset{\langle 6\rangle}{\mathbb{A}}_{\langle 13\rangle} = \left[\overset{\langle 6\rangle}{\mathbb{P}}_Z \cdot\cdot \overset{\langle 4\rangle}{\mathbf{A}}\right]\cdots \overset{\langle 6\rangle}{\mathbb{P}}_Z{}^{2} = \overset{\langle 4\rangle}{\mathbb{E}}_T \cdot\cdot \overset{\langle 6\rangle}{\mathbb{A}}_{\langle 12\rangle} \cdot\cdot \overset{\langle 4\rangle}{\mathbb{E}}_T = \frac{1}{2}\left[\overset{\langle 6\rangle}{\mathbb{P}}_{00} - \overset{\langle 6\rangle}{\mathbb{P}}_{11}\right], \quad (8.29\text{a–d})$$

wobei die Klammerindizes die von links aus gemessene Lage der Vektoren $\mathbf{a}$, $\mathbf{b}$, $\mathbf{c}$ einer

Triade $\mathbf{a} \circ \mathbf{b} \circ \mathbf{c}$ kennzeichnen, mit denen Mischungen bzw. Alternationen vollzogen

werden[11].

Daß mit den Prozeduren (8.28c,d) unter Benutzung von (8.29) in der Tat die beiden Elemente $\overset{\langle 6\rangle}{\mathbb{D}}{}^{(P)}_{[3,4]}$

nach (8.22a,b) hervorgebracht werden, ist in konkreter Rechnung leicht nachzuweisen. So ist etwa – man

beachte $\overset{\langle 6\rangle}{\mathbb{P}}_Z{}^{2} = \left[\overset{\langle 4\rangle}{\mathbb{E}}_T \cdot\cdot \overset{\langle 6\rangle}{\mathbb{E}}_T\right]^{2} = \overset{\langle 6\rangle}{\mathbb{E}}_T \cdot\cdot \overset{\langle 4\rangle}{\mathbb{E}}_T$ – in der Tat

$$\overset{\langle 6\rangle}{\mathbb{M}}_{(12)} \cdots \overset{\langle 6\rangle}{\mathbb{A}}_{\langle 13\rangle} = \left[\overset{\langle 6\rangle}{\mathbb{P}}_Z{}^{2} \cdot\cdot \overset{\langle 4\rangle}{\mathbf{M}}\right]\cdots \overset{\langle 6\rangle}{\mathbb{P}}_Z \cdots \overset{\langle 6\rangle}{\mathbb{P}}_Z \cdots \left[\overset{\langle 4\rangle}{\mathbf{A}} \cdot\cdot \overset{\langle 6\rangle}{\mathbb{P}}_Z{}^{2}\right] =$$

$$= \frac{1}{4}\left[\overset{\langle 6\rangle}{\mathbb{E}}_T \cdot\cdot \overset{\langle 4\rangle}{\mathbb{E}}_T \cdot\cdot (\overset{\langle 4\rangle}{\mathbb{E}} + \overset{\langle 4\rangle}{\mathbb{E}}_T)\right]\cdots(\overset{\langle 6\rangle}{\mathbb{E}}_T \cdot\cdot \overset{\langle 4\rangle}{\mathbb{E}}_T)\cdots\left[(\overset{\langle 4\rangle}{\mathbb{E}} - \overset{\langle 4\rangle}{\mathbb{E}}_T)\cdots \overset{\langle 6\rangle}{\mathbb{E}}_T \cdot\cdot \overset{\langle 4\rangle}{\mathbb{E}}_T\right] \equiv$$

---

[11] Man denke sich z. B. zwecks Realisierung von (8.29a), d. h. von

$$(\overset{(1)}{\varkappa} \circ \overset{(2)}{\varkappa} + \overset{(2)}{\varkappa} \circ \overset{(1)}{\varkappa})\circ \overset{(3)}{\varkappa} /2 \equiv \overset{(1)}{\varkappa} \circ \overset{(2)}{\varkappa} \circ \overset{(3)}{\varkappa} \cdots \overset{\langle 6\rangle}{\mathbb{M}}_{(12)},$$

diese "Teilmischung" dadurch erzeugt, daß man von der Triade $\overset{(1)}{\varkappa} \circ \overset{(2)}{\varkappa} \circ \overset{(3)}{\varkappa}$ zunächst einmal per

$$\overset{(1)}{\varkappa} \circ \overset{(2)}{\varkappa} \circ \overset{(3)}{\varkappa} \cdots \overset{\langle 6\rangle}{\mathbb{P}}_Z{}^{2} \equiv \overset{(3)}{\varkappa} \circ \overset{(1)}{\varkappa} \circ \overset{(2)}{\varkappa}$$ die beiden zu mischenden Vektorfaktoren $\overset{(1)}{\varkappa}$, $\overset{(2)}{\varkappa}$ an die

rechts stehende "Mischmaschine" $\overset{\langle 4\rangle}{\mathbf{M}}$ verbringt, alsdann die Mischung vornimmt,

$$\overset{(1)}{\varkappa} \circ \overset{(2)}{\varkappa} \circ \overset{(3)}{\varkappa} \cdots \overset{\langle 6\rangle}{\mathbb{P}}_Z{}^{2} \cdot\cdot \overset{\langle 4\rangle}{\mathbf{M}} = \overset{(3)}{\varkappa} \circ (\overset{(1)}{\varkappa} \circ \overset{(2)}{\varkappa} + \overset{(2)}{\varkappa} \circ \overset{(1)}{\varkappa})/2,$$ und schließlich in letzterer Struktur die

Vektorfaktoren per $(\overset{\langle 6\rangle}{\mathbb{P}}_Z{}^{2})^{-1} = \overset{\langle 6\rangle}{\mathbb{P}}_Z{}^{-2} = \overset{\langle 6\rangle}{\mathbb{P}}_Z$ wieder rücktransferiert:

$$\overset{(1)}{\varkappa} \circ \overset{(2)}{\varkappa} \circ \overset{(3)}{\varkappa} \cdots \left[\overset{\langle 6\rangle}{\mathbb{P}}_Z{}^{2} \cdot\cdot \overset{\langle 4\rangle}{\mathbf{M}}\right]\cdots \overset{\langle 6\rangle}{\mathbb{P}}_Z = (\overset{(1)}{\varkappa} \circ \overset{(2)}{\varkappa} + \overset{(2)}{\varkappa} \circ \overset{(1)}{\varkappa})\circ \overset{(3)}{\varkappa} /2.$$ Entsprechend sind (8.29c–d)

zu deuten.

$$\equiv \frac{1}{4}\left[\overset{\langle 6\rangle}{\mathbb{P}}_{00} - \overset{\langle 6\rangle}{\mathbb{P}}_{02} - \overset{\langle 6\rangle}{\mathbb{P}}_{11} + \overset{\langle 6\rangle}{\mathbb{P}}_{12}\right] = \frac{3}{4}\,\overset{\langle 6\rangle}{\mathbb{D}}{}^{(P)}_{[3]}$$

usw.[12]

Für den Fall n = 4 ergeben die Anweisungen der Young–Plateaus nach Abb.8.4 in der dort

notierten Reihenfolge als achtstufige Deviator-Operatoren die Strukturen

$$\overset{\langle 8\rangle}{\mathbb{D}}{}^{(P)}_{[1]} = \overset{\langle 8\rangle}{\mathbf{M}} = \overset{\langle 8\rangle}{\mathbb{M}}_{(1234)}\ ,\qquad \overset{\langle 8\rangle}{\mathbb{D}}{}^{(P)}_{[2]} = \alpha_2\,\overset{\langle 8\rangle}{\mathbb{M}}_{(123)}\cdots\cdot\overset{\langle 8\rangle}{\mathbb{A}}_{\langle 14\rangle}\ ,$$

$$\overset{\langle 8\rangle}{\mathbb{D}}{}^{(P)}_{[3]} = \alpha_3\,\overset{\langle 8\rangle}{\mathbb{M}}_{(124)}\cdots\cdot\overset{\langle 8\rangle}{\mathbb{A}}_{\langle 13\rangle}\ ,\qquad \overset{\langle 8\rangle}{\mathbb{D}}{}^{(P)}_{[4]} = \alpha_4\,\overset{\langle 8\rangle}{\mathbb{M}}_{(134)}\cdots\cdot\overset{\langle 8\rangle}{\mathbb{A}}_{\langle 12\rangle}\ ,$$

$$\overset{\langle 8\rangle}{\mathbb{D}}{}^{(P)}_{[5]} = \alpha_5\,\overset{\langle 8\rangle}{\mathbb{M}}_{((12)(34))}\cdots\cdot\overset{\langle 8\rangle}{\mathbb{A}}_{\langle\langle 13\rangle\langle 24\rangle\rangle}\ ,$$

$$\overset{\langle 8\rangle}{\mathbb{D}}{}^{(P)}_{[6]} = \alpha_6\,\overset{\langle 8\rangle}{\mathbb{M}}_{((13)(24))}\cdots\cdot\overset{\langle 8\rangle}{\mathbb{A}}_{\langle\langle 12\rangle\langle 34\rangle\rangle}\ ,$$

$$\overset{\langle 8\rangle}{\mathbb{D}}{}^{(P)}_{[7]} = \alpha_7\,\overset{\langle 8\rangle}{\mathbb{M}}_{(12)}\cdots\cdot\overset{\langle 8\rangle}{\mathbb{A}}_{\langle 134\rangle}\ ,\qquad \overset{\langle 8\rangle}{\mathbb{D}}{}^{(P)}_{[8]} = \alpha_8\,\overset{\langle 8\rangle}{\mathbb{M}}_{(13)}\cdots\cdot\overset{\langle 8\rangle}{\mathbb{A}}_{\langle 124\rangle}\ ,$$

$$\overset{\langle 8\rangle}{\mathbb{D}}{}^{(P)}_{[9]} = \alpha_9\,\overset{\langle 8\rangle}{\mathbb{M}}_{(14)}\cdots\cdot\overset{\langle 8\rangle}{\mathbb{A}}_{\langle 123\rangle}\ ,\qquad \overset{\langle 8\rangle}{\mathbb{D}}{}^{(P)}_{[10]} = \overset{\langle 8\rangle}{\mathbb{A}}_{\langle 1234\rangle} = \overset{\langle 8\rangle}{\mathbf{A}}\ , \qquad (8.30)$$

wobei die Faktoren α_j , j = 2...9 aus den Idempotenzforderungen

$$\overset{\langle 8\rangle}{\mathbb{D}}{}^{(P)}_{[j]}\cdots\cdot\overset{\langle 8\rangle}{\mathbb{D}}{}^{(P)}_{[j]} = \overset{\langle 8\rangle}{\mathbb{D}}{}^{(P)}_{[j]}$$

berechnet werden.

Zu den bei $\overset{\langle 8\rangle}{\mathbb{D}}{}^{(P)}_{[j]}$, j = 5,6 auftretenden Doppel–Indizierungen ist anzumerken, daß die über die

jeweiligen Teilgebiete (12), (34) vorzunehmenden Mischungen bzw. Alternationen gleichzeitig ausgeführt

werden müssen. So ist also – ohne Zahlenfaktoren – unter

$$\begin{array}{cccc}(1)\ (2)\ (3)\ (4) & & \langle 8\rangle\\ \times\ \circ\ \times\ \circ\ \times\ \circ\ \times\ \cdots\cdot\ \mathbb{A}_{\langle\langle 13\rangle\langle 24\rangle\rangle}\end{array}\qquad\text{die Operation}$$

$$\begin{array}{l}(1)\ (2)\ (3)\ (4)\quad (3)\ (2)\ (1)\ (4)\quad (1)\ (2)\ (3)\ (4)\quad (1)\ (4)\ (3)\ (2)\\ \times\ \circ\ \times\ \circ\ \times\ \circ\ \times\ -\ \times\ \circ\ \times\ \circ\ \times\ \circ\ \times\ +\ \times\ \circ\ \times\ \circ\ \times\ \circ\ \times\ -\ \times\ \circ\ \times\ \circ\ \times\ \circ\ \times\end{array}$$

---

[12] Mit (8.29) erreicht man übrigens noch die besonders übersichtlichen Darstellungen

$$\overset{\langle 6\rangle}{\mathbb{D}}{}^{(P)}_{[3]} = \frac{4}{3}\,\overset{\langle 6\rangle}{\mathbb{P}}{}^2_Z\cdots\left[\overset{\langle 6\rangle}{\mathbb{E}}\cdot\cdot\overset{\langle 4\rangle}{\mathbf{M}}\right]\cdots\overset{\langle 6\rangle}{\mathbb{P}}{}^2_Z\cdots\left[\overset{\langle 6\rangle}{\mathbb{E}}\cdot\cdot\overset{\langle 4\rangle}{\mathbf{A}}\right]\cdots\overset{\langle 6\rangle}{\mathbb{P}}{}^2_Z\ ,$$

$$\overset{\langle 6\rangle}{\mathbb{D}}{}^{(P)}_{[4]} = \frac{4}{3}\,\overset{\langle 6\rangle}{\mathbb{P}}_Z\cdots\left[\overset{\langle 6\rangle}{\mathbb{E}}\cdot\cdot\overset{\langle 4\rangle}{\mathbf{M}}\right]\cdots\overset{\langle 6\rangle}{\mathbb{P}}_Z\cdots\left[\overset{\langle 6\rangle}{\mathbb{E}}\cdot\cdot\overset{\langle 4\rangle}{\mathbf{A}}\right]\cdots\overset{\langle 6\rangle}{\mathbb{P}}_Z\ , \qquad (8.29e,f)$$

die Orthogonalität letzterer Größen untereinander sowie zu $\overset{\langle 6\rangle}{\mathbf{M}}$ und $\overset{\langle 6\rangle}{\mathbf{A}}$ unmittelbar erkennen lassen.

zu verstehen usw.

Die Konstruktionsanweisungen (8.29,30) lassen übrigens unter dem Gesichtspunkt des (E.4.88) folgenden Befundes die Orthogonalität der Operatoren besonders einfach erkennen. Betrachtet man z. B. den Operator $\overset{\langle 8\rangle}{\mathbb{D}}{}^{(P)}_{[2]}$ von (8.30), so ist

$$\overset{\langle 8\rangle}{\mathbb{D}}{}^{(P)}_{[2]}\cdots\overset{\langle 8\rangle}{\mathbb{D}}{}^{(P)}_{[1]} = \alpha\;\overset{\langle 8\rangle}{\mathbb{M}}_{(123)}\cdots\overset{\langle 8\rangle}{\mathbb{A}}_{\langle 14\rangle}\cdots\overset{\langle 8\rangle}{\mathbb{M}}_{(1234)} = 0$$

unmittelbar zu folgern, weil die Mischung $\overset{\langle 8\rangle}{\mathbb{M}}_{(1234)}$ das "Gebiet" ⟨14⟩ umfaßt, über das zuvor alterniert wurde, entsprechend sind z. B.

$$\overset{\langle 8\rangle}{\mathbb{D}}{}^{(P)}_{[3]}\cdots\overset{\langle 8\rangle}{\mathbb{D}}{}^{(P)}_{[2]} = 0 \quad\text{weil } \langle 14\rangle \text{ in (124) enthalten ist}$$

$$\overset{\langle 8\rangle}{\mathbb{D}}{}^{(P)}_{[5]}\cdots\overset{\langle 8\rangle}{\mathbb{D}}{}^{(P)}_{[2]} = 0 \quad\text{weil } \langle 13\rangle \text{ in (123) enthalten ist}$$

$$\overset{\langle 8\rangle}{\mathbb{D}}{}^{(P)}_{[6]}\cdots\overset{\langle 8\rangle}{\mathbb{D}}{}^{(P)}_{[2]} = 0 \quad\text{''}\quad \langle 12\rangle \text{ '' (123)}\quad\text{''}\quad\text{''}$$

$$\overset{\langle 8\rangle}{\mathbb{D}}{}^{(P)}_{[9]}\cdots\overset{\langle 8\rangle}{\mathbb{D}}{}^{(P)}_{[2]} = 0 \quad\text{''}\quad \langle 123\rangle \text{ '' (123)}\quad\text{''}\quad\text{''}$$

$$\overset{\langle 8\rangle}{\mathbb{D}}{}^{(P)}_{[10]}\cdots\overset{\langle 8\rangle}{\mathbb{D}}{}^{(P)}_{[2]} = 0 \quad\text{''}\quad \text{(123) '' } \langle 1234\rangle\quad\text{''}\quad\text{''}$$

und desweiteren

$$\overset{\langle 8\rangle}{\mathbb{D}}{}^{(P)}_{[7]}\cdots\overset{\langle 8\rangle}{\mathbb{D}}{}^{(P)}_{[2]} = 0 \quad\text{weil in } \langle 134\rangle \text{ und (123) zwei gemeinsame Platzziffern vorliegen}$$

$$\overset{\langle 8\rangle}{\mathbb{D}}{}^{(P)}_{[8]}\cdots\overset{\langle 8\rangle}{\mathbb{D}}{}^{(P)}_{[2]} = 0 \quad\text{weil in } \langle 124\rangle \text{ und (123) zwei gemeinsame Platzziffern vorliegen}$$

usw. So haben also die Young-Anweisungen die Konstruktion genau aller derjenigen (sog. konjungierten[13]) Operationen zur Folge, wo jeweils die (Teil-)Mischungs- bzw. (Teil-)Alternationsgebiete eines Deviator-Operators die (Teil-)Mischungs- bzw. (Teil-)Alternationsgebiete aller übrigen Deviatoren "in mehr als einem Vektorelement überlappen" und dieserhalb die Orthogonalität sicherstellen.

---

[13] das sind solcherart Operationen, bei denen die Platzziffernfolgen der (Teil-)Mischungen und der anschließenden (Teil-)Alternationen nicht mehr als eine Ziffer gemeinsam haben.

8.4 Zerlegungen mittels Deviator-Operatoren aus Elementen der isotropen Gruppen

Analog der in (8.2d,e) angegebenen Vorgehensweise, an dem mittels der beiden Elemente der vierstufigen Permutationsgruppe konstruierten Symmetrie-Operator $\overset{\langle 4 \rangle}{\mathbb{D}}{}_{[1]}^{(P)} = \overset{\langle 4 \rangle}{\mathbf{M}}$ durch Abspaltung des vierstufigen isotropen Symmetrie-Elementes $\mathbb{E} \circ \mathbb{E}$ per

$$\overset{\langle 4 \rangle}{\mathbb{D}}{}_{[1]}^{(J)} = \overset{\langle 4 \rangle}{\mathbb{D}}{}_{[1]}^{(P)} - \frac{1}{3}\mathbb{E} \circ \mathbb{E} = \frac{1}{2}\left[\overset{\langle 4 \rangle}{\mathbb{E}} + \overset{\langle 4 \rangle}{\mathbb{E}}{}_T\right] - \frac{1}{3}\mathbb{E} \circ \mathbb{E} \equiv \overset{\langle 4 \rangle}{\mathbf{M}}{}'$$

eine Zerlegung in der Form

$$\overset{\langle 4 \rangle}{\mathbb{D}}{}_{[1]}^{(P)} = \overset{\langle 4 \rangle}{\mathbf{M}} = \overset{\langle 4 \rangle}{\mathbf{M}}{}' + \overset{\langle 4 \rangle}{\mathbf{M}}{}'' \tag{8.31a}$$

in zwei im Sinne von $\overset{\langle 4 \rangle}{\mathbf{M}}{}' \cdot \cdot \overset{\langle 4 \rangle}{\mathbf{M}}{}'' \equiv \overset{\langle 4 \rangle}{\mathbf{M}}{}'' \cdot \cdot \overset{\langle 4 \rangle}{\mathbf{M}}{}' = 0$ zueinander orthogonale und idempotente Symmetrie-Operatoren

$$\overset{\langle 4 \rangle}{\mathbf{M}}{}' = \overset{\langle 4 \rangle}{\mathbf{M}} - \frac{1}{3}\mathbb{E} \circ \mathbb{E} \, , \quad \overset{\langle 4 \rangle}{\mathbf{M}}{}'' = \frac{1}{3}\mathbb{E} \circ \mathbb{E} \tag{8.31b,c}$$

vorzunehmen, wird auch bei der Konstruktion der die Deviator-Operatoren aus Permutationsgruppen-Elementen ergänzenden Operatoren $\overset{\langle 2n \rangle}{\mathbb{D}}{}_{[j]}^{(J)}$ vorgegangen [24]. Das Problem soll hier exemplarisch nur für den Fall der Zerlegung dreistufiger Tensoren unter Hinweis auf eine diesbezügliche allgemeine Darstellung in [24] referiert werden.

Der Grundgedanke liegt dabei darin, daß man die Frobenius-Young-Zerlegung (8.28a-d) mit unveränderten Alternations-Elementen $\left[\overset{\langle 6 \rangle}{\mathbb{A}}{}_{\langle 12 \rangle},\ \overset{\langle 6 \rangle}{\mathbb{A}}{}_{\langle 13 \rangle},\ \overset{\langle 6 \rangle}{\mathbb{A}}{}_{\langle 123 \rangle}\right]$ übernimmt und -analog (8.31)- nur die Mischungselemente $\left[\overset{\langle 6 \rangle}{\mathbb{M}}{}_{(12)},\ \overset{\langle 6 \rangle}{\mathbb{M}}{}_{(13)},\ \overset{\langle 6 \rangle}{\mathbb{M}}{}_{(123)}\right]$ weiter aufzuspalten versucht unter Zuhilfenahme derjenigen Gruppenelemente der isotropen Gruppe $\left[\overset{\langle 6 \rangle}{\mathbb{J}}\right]$, die in der zugehörigen Permutationsgruppe $\left[\overset{\langle 6 \rangle}{\mathscr{P}}\right]$ nicht enthalten sind.

Solcherart mögliche Aufspaltungen sind an die Forderungen gebunden, daß sie gliedweise den durch $\overset{\langle 6 \rangle}{\mathbb{M}}{}_{(12)},\ \overset{\langle 6 \rangle}{\mathbb{M}}{}_{(13)},\ \overset{\langle 6 \rangle}{\mathbb{M}}{}_{(123)}$ gekennzeichneten (Teil-)Mischungseigenschaften entsprechen müssen, was bedeutet, daß nur solcherart Mischungs-Versionen der isotropen

Elemente zu Abspaltungen taugen.

Vergegenwärtigt man sich zunächst einmal die Abbildungseigenschaften der in Ziffer 8.3 nicht berücksichtigten Elemente der sechsstufigen isotropen Gruppe nach (E.4.21) bei Anwendung auf Triaden $\overset{(1)}{\varkappa} \circ \overset{(2)}{\varkappa} \circ \overset{(3)}{\varkappa}$, d. h., berechnet man

$$\overset{(1)}{\varkappa} \circ \overset{(2)}{\varkappa} \circ \overset{(3)}{\varkappa} \cdots \overset{\langle 6 \rangle}{\mathbb{I}}_1 = (\varkappa \cdot \varkappa) \overset{(1)}{\varkappa} \overset{(2)}{\circ} \overset{(3)}{\mathbb{E}} \,,$$

$$\overset{(1)}{\varkappa} \circ \overset{(2)}{\varkappa} \circ \overset{(3)}{\varkappa} \cdots \overset{\langle 6 \rangle}{\mathbb{I}}_2 = (\varkappa \cdot \varkappa) \overset{(1)}{\varkappa} \overset{(3)}{\circ} \overset{(2)}{\mathbb{E}} \,,$$

$$\overset{(1)}{\varkappa} \circ \overset{(2)}{\varkappa} \circ \overset{(3)}{\varkappa} \cdots \overset{\langle 6 \rangle}{\mathbb{I}}_3 = (\varkappa \cdot \varkappa) \overset{(2)}{\varkappa} \overset{(3)}{\circ} \overset{(1)}{\mathbb{E}} \,,$$

$$\overset{(1)}{\varkappa} \circ \overset{(2)}{\varkappa} \circ \overset{(3)}{\varkappa} \cdots \overset{\langle 6 \rangle}{\mathbb{I}}_4 = (\varkappa \cdot \varkappa) \overset{(1)}{\varkappa} \cdot \overset{(2)(3)\langle 4 \rangle}{\mathbb{E}_T} = {}^{14)} (\varkappa \cdot \varkappa) \sum_{\alpha=1}^{n} \overset{(1)}{\mathbb{e}}_\alpha \overset{(2)}{\circ} \overset{}{\varkappa} \circ \overset{(3)}{\mathbb{e}}_\alpha \,,$$

$$\overset{(1)}{\varkappa} \circ \overset{(2)}{\varkappa} \circ \overset{(3)}{\varkappa} \cdots \overset{\langle 6 \rangle}{\mathbb{I}}_5 = (\varkappa \cdot \varkappa) \overset{(1)}{\varkappa} \cdot \overset{(3)(2)\langle 4 \rangle}{\mathbb{E}_T} = (\varkappa \cdot \varkappa) \sum_{\alpha=1}^{n} \overset{(1)}{\mathbb{e}}_\alpha \overset{(3)}{\circ} \varkappa \circ \overset{(2)}{\mathbb{e}}_\alpha \,,$$

$$\overset{(1)}{\varkappa} \circ \overset{(2)}{\varkappa} \circ \overset{(3)}{\varkappa} \cdots \overset{\langle 6 \rangle}{\mathbb{I}}_6 = (\varkappa \cdot \varkappa) \overset{(2)}{\varkappa} \cdot \overset{(3)(1)\langle 4 \rangle}{\mathbb{E}_T} = (\varkappa \cdot \varkappa) \sum_{\alpha=1}^{n} \overset{(2)}{\mathbb{e}}_\alpha \overset{(3)}{\circ} \varkappa \circ \overset{(1)}{\mathbb{e}}_\alpha \,,$$

$$\overset{(1)}{\varkappa} \circ \overset{(2)}{\varkappa} \circ \overset{(3)}{\varkappa} \cdots \overset{\langle 6 \rangle}{\mathbb{I}}_{15} = (\varkappa \cdot \varkappa) \overset{(1)}{\varkappa} \cdot \overset{(2)(3)\langle 4 \rangle}{\mathbb{E}} = (\varkappa \cdot \varkappa) \overset{(1)}{\mathbb{E}} \overset{(2)}{\circ} \overset{(3)}{\varkappa} \,,$$

$$\overset{(1)}{\varkappa} \circ \overset{(2)}{\varkappa} \circ \overset{(3)}{\varkappa} \cdots \overset{\langle 6 \rangle}{\mathbb{I}}_{10} = (\varkappa \cdot \varkappa) \overset{(1)}{\varkappa} \cdot \overset{(3)(2)\langle 4 \rangle}{\mathbb{E}} = (\varkappa \cdot \varkappa) \overset{(1)}{\mathbb{E}} \overset{(3)}{\circ} \overset{(2)}{\varkappa} \,,$$

$$\overset{(1)}{\varkappa} \circ \overset{(2)}{\varkappa} \circ \overset{(3)}{\varkappa} \cdots \overset{\langle 6 \rangle}{\mathbb{I}}_9 = (\varkappa \cdot \varkappa) \overset{(2)}{\varkappa} \cdot \overset{(3)(1)\langle 4 \rangle}{\mathbb{E}} = (\varkappa \cdot \varkappa) \overset{(2)}{\mathbb{E}} \overset{(3)}{\circ} \overset{(1)}{\varkappa} \,, \tag{8.32}$$

so erkennt man, daß die ersten drei Elemente $\left[\overset{\langle 6 \rangle}{\mathbb{I}}_1, \overset{\langle 6 \rangle}{\mathbb{I}}_2, \overset{\langle 6 \rangle}{\mathbb{I}}_3 \right]$ Mischungen hinsichtlich der beiden hinteren (Basisvektor−)faktoren d. h. "Mischungen vom Typ $\overset{\langle 6 \rangle}{\mathbb{M}}_{(23)}$", die drei Elemente $\overset{\langle 6 \rangle}{\mathbb{I}}_4, \overset{\langle 6 \rangle}{\mathbb{I}}_5, \overset{\langle 6 \rangle}{\mathbb{I}}_6$ "Mischungen vom Typ $\overset{\langle 6 \rangle}{\mathbb{M}}_{(13)}$" und schließlich die drei Elemente $\overset{\langle 6 \rangle}{\mathbb{I}}_{15}, \overset{\langle 6 \rangle}{\mathbb{I}}_{10}, \overset{\langle 6 \rangle}{\mathbb{I}}_9$ "Mischungen vom Typ $\overset{\langle 6 \rangle}{\mathbb{M}}_{(12)}$" repräsentieren. Die Konstruktion entsprechender von $\overset{\langle 6 \rangle}{\mathbb{M}}_{(12)} \cdots \overset{\langle 6 \rangle}{\mathbb{A}}_{\langle 13 \rangle}$ bzw. $\overset{\langle 6 \rangle}{\mathbb{M}}_{(13)} \cdots \overset{\langle 6 \rangle}{\mathbb{A}}_{\langle 12 \rangle}$ abzuspaltender Symmetrieoperatoren wird also im ersteren Falle unter Benutzung der Elemente $\left[\overset{\langle 6 \rangle}{\mathbb{I}}_{15,10,9} \right]$, im zweiten Falle unter Benutzung der Elemente $\left[\overset{\langle 6 \rangle}{\mathbb{I}}_{4,5,6} \right]$ vorgenommen.

[14)] Hier sogleich für den n−dimensionalen Vektorraum $\mathcal{V}_n$ dargestellt.

Bevor dies dargestellt wird, soll zunächst der "einfachere Fall" der Aufspaltung des Symmetrieoperators $\overset{\langle 6\rangle}{\mathbb{M}}_{(123)} = \overset{\langle 6\rangle}{\mathbf{M}}$ in zwei Operatoren $\overset{\langle 6\rangle}{\mathbb{M}'}_{(123)} = \overset{\langle 6\rangle}{\mathbf{M}'}$ und $\overset{\langle 6\rangle}{\mathbb{M}''}_{(123)} = \overset{\langle 6\rangle}{\mathbf{M}''}$ referiert werden,

"einfacher" deshalb, weil $\overset{\langle 6\rangle}{\mathbf{M}''}$, wie man sich an Hand der in (8.32) aufgelisteten Abbildungseigenschaften auch anschaulich klar machen kann, proportional zum totalen Mittelwert aller neun Operatoren von (8.32) sein muß, nämlich mit einem Skalar $\alpha_{(123)}$

$$\overset{\langle 6\rangle}{\mathbb{M}''}_{(123)} = \overset{\langle 6\rangle}{\mathbf{M}''} = \frac{\alpha_{(123)}}{9}\left[\overset{\langle 6\rangle}{\mathbb{I}}_{15} + \overset{\langle 6\rangle}{\mathbb{I}}_{10} + \overset{\langle 6\rangle}{\mathbb{I}}_{9} + \overset{\langle 6\rangle}{\mathbb{I}}_{4} + \overset{\langle 6\rangle}{\mathbb{I}}_{5} + \overset{\langle 6\rangle}{\mathbb{I}}_{6} + \overset{\langle 6\rangle}{\mathbb{I}}_{1} + \overset{\langle 6\rangle}{\mathbb{I}}_{2} + \overset{\langle 6\rangle}{\mathbb{I}}_{3}\right] \equiv$$

$$\equiv \frac{\alpha_{(123)}}{9}\,(\,\overset{\langle 4\rangle}{\mathbb{E}} + \overset{\langle 4\rangle}{\mathbb{E}}_{T} + \mathbb{E}\circ\mathbb{E})\cdot(\,\overset{\langle 4\rangle}{\mathbb{E}} + \overset{\langle 4\rangle}{\mathbb{E}}_{T} + \mathbb{E}\circ\mathbb{E})\,, \tag{8.33a}$$

gelten muß, was sich übrigens auch als

$$\overset{\langle 6\rangle}{\mathbf{M}''} = \alpha_{(123)}\overset{\langle 6\rangle}{\mathbf{M}} \cdots \overset{\langle 6\rangle}{\mathbb{I}}_{j} \cdots \overset{\langle 6\rangle}{\mathbf{M}} \quad \text{mit } j = 15,10,9,4,5,6,1,2,3\;, \tag{8.33b}$$

d. h. als beiderseitige Mischung irgendeines der Elemente von (8.32) schreiben läßt und damit sogleich verdeutlicht, daß dieser Operator – wie $\overset{\langle 6\rangle}{\mathbf{M}}$ selbst! – orthogonal zu $\overset{\langle 6\rangle}{\mathbf{A}}$, $\overset{\langle 6\rangle}{\mathbb{D}}{}^{(P)}_{[3]}$, $\overset{\langle 6\rangle}{\mathbb{D}}{}^{(P)}_{[4]}$ ist. Wegen

$$\overset{\langle 4\rangle}{\mathbb{E}} \cdots \overset{\langle 4\rangle}{\mathbb{E}} = \overset{\langle 4\rangle}{\mathbb{E}}_{T} \cdots \overset{\langle 4\rangle}{\mathbb{E}}_{T} = \mathbb{E}\circ\mathbb{E} \cdots \mathbb{E}\circ\mathbb{E} = {}^{15)} n\mathbb{E} \overset{n=3}{\Longrightarrow} 3\,\mathbb{E}\;,$$

$$\overset{\langle 4\rangle}{\mathbb{E}} \cdots \overset{\langle 4\rangle}{\mathbb{E}}_{T} = \overset{\langle 4\rangle}{\mathbb{E}}_{T} \cdots \overset{\langle 4\rangle}{\mathbb{E}} = \mathbb{E} \cdots \mathbb{E}\circ\mathbb{E} = \overset{\langle 4\rangle}{\mathbb{E}}_{T} \cdots \mathbb{E}\circ\mathbb{E} = \mathbb{E}\circ\mathbb{E} \cdots \overset{\langle 4\rangle}{\mathbb{E}} = \mathbb{E}\circ\mathbb{E} \cdots \overset{\langle 4\rangle}{\mathbb{E}}_{T} = \mathbb{E}$$

und damit

$$(\,\overset{\langle 4\rangle}{\mathbb{E}} + \overset{\langle 4\rangle}{\mathbb{E}}_{T} + \mathbb{E}\circ\mathbb{E}) \cdots (\,\overset{\langle 4\rangle}{\mathbb{E}} + \overset{\langle 4\rangle}{\mathbb{E}}_{T} + \mathbb{E}\circ\mathbb{E}) = 3(n+2)\,\mathbb{E} \overset{n=3}{\Longrightarrow} 15\,\mathbb{E}$$

ist

$$\overset{\langle 6\rangle}{\mathbf{M}''} \cdots \overset{\langle 6\rangle}{\mathbf{M}''} = \frac{3(n+2)}{9}\,\alpha_{(123)}\overset{\langle 6\rangle}{\mathbf{M}''}\,,$$

womit für

$$\frac{3(n+2)}{9}\,\alpha_{(123)} = 1,\ \text{d. h.}\ \frac{\alpha_{(123)}}{9} = \frac{1}{3(n+2)}\,,$$

also per

$$\overset{\langle 6\rangle}{\mathbf{M}''} = \frac{1}{3(n+2)}\,(\,\overset{\langle 4\rangle}{\mathbb{E}} + \overset{\langle 4\rangle}{\mathbb{E}}_{T} + \mathbb{E}\circ\mathbb{E})\cdot(\,\overset{\langle 4\rangle}{\mathbb{E}} + \overset{\langle 4\rangle}{\mathbb{E}}_{T} + \mathbb{E}\circ\mathbb{E}) \tag{8.33c}$$

ein zu $\overset{\langle 6\rangle}{\mathbf{A}}$, $\overset{\langle 6\rangle}{\mathbb{D}}{}^{(P)}_{[3]}$, $\overset{\langle 6\rangle}{\mathbb{D}}{}^{(P)}_{[4]}$ orthogonaler und idempotenter Operator aufgefunden ist. Weil

$$\overset{\langle 6\rangle}{\mathbf{M}} \cdots \overset{\langle 6\rangle}{\mathbf{M}''} \overset{(8.3\,3b)}{=} \overset{\langle 6\rangle}{\mathbf{M}} \cdots \alpha_{(123)}\overset{\langle 6\rangle}{\mathbf{M}} \cdots \overset{\langle 6\rangle}{\mathbb{I}}_{j} \cdots \overset{\langle 6\rangle}{\mathbf{M}}$$

---

15) vgl. Fußn. 14

$$= ^{16)} \alpha_{(123)} \overset{\langle 6\rangle}{\mathbf{M}} \cdots \overset{\langle 6\rangle}{\mathbb{I}}_{j} \cdots \overset{\langle 6\rangle}{\mathbf{M}} = \overset{\langle 6\rangle}{\mathbf{M}''} \tag{8.34a}$$

und desgl.
$$\overset{\langle 6\rangle}{\mathbf{M}''} \cdots \overset{\langle 6\rangle}{\mathbf{M}} = \overset{\langle 6\rangle}{\mathbf{M}''} \tag{8.34b}$$

ist, gilt desweiteren dann

$$\left[\overset{\langle 6\rangle}{\mathbf{M}} - \overset{\langle 6\rangle}{\mathbf{M}''} \right] \cdots \overset{\langle 6\rangle}{\mathbf{M}''} = \overset{\langle 6\rangle}{\mathbf{M}''} - \overset{\langle 6\rangle}{\mathbf{M}''} = 0 \tag{8.34c}$$

und desgl.
$$\overset{\langle 6\rangle}{\mathbf{M}''} \cdots \left[\overset{\langle 6\rangle}{\mathbf{M}} - \overset{\langle 6\rangle}{\mathbf{M}''} \right] = 0 \, , \tag{8.34d}$$

womit Orthogonalität von $\overset{\langle 6\rangle}{\mathbf{M}''}$ zu einem per

$$\overset{\langle 6\rangle}{\mathbf{M}'} = \overset{\langle 6\rangle}{\mathbf{M}} - \overset{\langle 6\rangle}{\mathbf{M}''} \tag{8.35a}$$

darzustellenden und zu $\overset{\langle 6\rangle}{\mathbf{A}}$, $\overset{\langle 6\rangle}{\mathbb{D}}{}^{(P)}_{[3]}$, $\overset{\langle 6\rangle}{\mathbb{D}}{}^{(P)}_{[4]}$ orthogonalen weiteren Symmetrieoperator $\overset{\langle 6\rangle}{\mathbf{M}'}$ festgestellt

wird, der idempotent [17] ist und, zusammen mit $\overset{\langle 6\rangle}{\mathbf{M}''}$ in der Form

$$\overset{\langle 6\rangle}{\mathbf{M}} \overset{(8.35a)}{=} \overset{\langle 6\rangle}{\mathbf{M}'} + \overset{\langle 6\rangle}{\mathbf{M}''} \tag{8.35b}$$

die irreduzible Deviatorzerlegung des sechsstufigen Mischers ermöglicht. Summiert man übrigens sämtliche

Elemente der isotropen Gruppe $\overset{\langle 6\rangle}{\mathbb{J}}$ nach (E.4.21), so bekommt man

$$\sum_{j=1}^{15} \overset{\langle 6\rangle}{\mathbb{I}}_{j} = 6 \overset{\langle 6\rangle}{\mathbf{M}} + \left(\overset{\langle 4\rangle}{\mathbb{E}} + \overset{\langle 4\rangle}{\mathbb{E}}_{T} + \mathbb{E}\circ\mathbb{E} \right) \cdot \left(\overset{\langle 4\rangle}{\mathbb{E}} + \overset{\langle 4\rangle}{\mathbb{E}}_{T} + \mathbb{E}\circ\mathbb{E} \right) \overset{(E.8.33c)}{=}$$

$$= 6 \overset{\langle 6\rangle}{\mathbf{M}} + 3(n+2) \overset{\langle 6\rangle}{\mathbf{M}''} \tag{8.35c}$$

und damit für $\overset{\langle 6\rangle}{\mathbf{M}'}$, $\overset{\langle 6\rangle}{\mathbf{M}''}$ auch die einfachen Darstellungen

$$\overset{\langle 6\rangle}{\mathbf{M}''} = \frac{1}{3(n+2)} \left[\left[\sum_{j=1}^{15} \overset{\langle 6\rangle}{\mathbb{I}}_{j} \right] - 6 \overset{\langle 6\rangle}{\mathbf{M}} \right] , \tag{8.35d}$$

$$\overset{\langle 6\rangle}{\mathbf{M}'} = \overset{\langle 6\rangle}{\mathbf{M}} - \overset{\langle 6\rangle}{\mathbf{M}''} = \frac{1}{3(n+2)} \left[3(n+4) \overset{\langle 6\rangle}{\mathbf{M}} - \sum_{j=1}^{15} \overset{\langle 6\rangle}{\mathbb{I}}_{j} \right] . \tag{8.35e}$$

---

[16] Man beachte $\overset{\langle 6\rangle}{\mathbf{M}} \cdots \overset{\langle 6\rangle}{\mathbf{M}} = \overset{\langle 6\rangle}{\mathbf{M}}$

[17] Wegen $\overset{\langle 6\rangle}{\mathbf{M}} \cdots \overset{\langle 6\rangle}{\mathbf{M}} = \overset{\langle 6\rangle}{\mathbf{M}}$, der Idempotenz von $\overset{\langle 6\rangle}{\mathbf{M}''}$ und (8.34a,b) ist in der Tat

$$\overset{\langle 6\rangle}{\mathbf{M}'} \cdots \overset{\langle 6\rangle}{\mathbf{M}'} = \left[\overset{\langle 6\rangle}{\mathbf{M}} - \overset{\langle 6\rangle}{\mathbf{M}''} \right] \cdots \left[\overset{\langle 6\rangle}{\mathbf{M}} - \overset{\langle 6\rangle}{\mathbf{M}''} \right] = \overset{\langle 6\rangle}{\mathbf{M}} - \overset{\langle 6\rangle}{\mathbf{M}''} \overset{(8.35a)}{=} \overset{\langle 6\rangle}{\mathbf{M}'}$$

Betr. eine weitere Zerlegung von

$$\overset{\langle 6\rangle}{\mathbb{D}}{}^{(P)}_{[3]} = \frac{4}{3}\,\overset{\langle 6\rangle}{\mathbb{M}}_{(12)} \cdots \overset{\langle 6\rangle}{\mathbb{A}}_{\langle 13\rangle} = \frac{1}{3}\left(\overset{\langle 6\rangle}{\mathbb{P}}_{00} - \overset{\langle 6\rangle}{\mathbb{P}}_{02} - \overset{\langle 6\rangle}{\mathbb{P}}_{11} + \overset{\langle 6\rangle}{\mathbb{P}}_{12}\right) \tag{8.36}$$

wird, wie erwähnt, eine Konstruktion unter Benutzung der isotropen Elemente $\overset{\langle 6\rangle}{\mathbb{I}}_{15,10,9}$ mit

(selbstverständlich!)

$$\overset{\langle 6\rangle}{\mathbb{I}}_{j} \cdots \overset{\langle 6\rangle}{\mathbb{M}}_{(12)} = \overset{\langle 6\rangle}{\mathbb{I}}_{j}\,, \quad j = 15,10,9 \tag{8.37a}$$

vorgenommen, allerdings, wie noch deutlich werden wird[18], mit deren beiderseitigen Mischungsvarianten

$$\overset{\langle 6\rangle}{\mathbb{M}}_{(12)} \cdots \overset{\langle 6\rangle}{\mathbb{I}}_{j} \cdots \overset{\langle 6\rangle}{\mathbb{M}}_{(12)}\,, \quad j = 15,10,9\,, \tag{8.37b}$$

wobei mit $\overset{\langle 6\rangle}{\mathbb{M}}_{(12)} = \left(\overset{\langle 6\rangle}{\mathbb{P}}_{00} + \overset{\langle 6\rangle}{\mathbb{P}}_{12}\right)/2$, $\overset{\langle 6\rangle}{\mathbb{A}}_{\langle 13\rangle} = \left(\overset{\langle 6\rangle}{\mathbb{P}}_{00} - \overset{\langle 6\rangle}{\mathbb{P}}_{11}\right)/2$ unter Benutzung der am Ende

dieses Paragraphen abgedruckten Multiplikationstabellen[19] 2a,b

$$\overset{\langle 6\rangle}{\mathbb{M}}_{(12)} \cdots \begin{Bmatrix} \overset{\langle 6\rangle}{\mathbb{I}}_{15} \\ \overset{\langle 6\rangle}{\mathbb{I}}_{10},\ \overset{\langle 6\rangle}{\mathbb{I}}_{9} \end{Bmatrix} \cdots \overset{\langle 6\rangle}{\mathbb{M}}_{(12)} = \begin{cases} \overset{\langle 6\rangle}{\mathbb{I}}_{15} \\ \frac{1}{2}\left(\overset{\langle 6\rangle}{\mathbb{I}}_{10} + \overset{\langle 6\rangle}{\mathbb{I}}_{9}\right) \end{cases}, \tag{8.37c}$$

$$\overset{\langle 6\rangle}{\mathbb{M}}_{(12)} \cdots \begin{Bmatrix} \overset{\langle 6\rangle}{\mathbb{I}}_{15} \\ \overset{\langle 6\rangle}{\mathbb{I}}_{10},\ \overset{\langle 6\rangle}{\mathbb{I}}_{9} \end{Bmatrix} \cdots \overset{\langle 6\rangle}{\mathbb{M}}_{(12)} \cdots \overset{\langle 6\rangle}{\mathbb{A}}_{\langle 13\rangle} = \begin{cases} \frac{1}{2}\left(\overset{\langle 6\rangle}{\mathbb{I}}_{15} - \overset{\langle 6\rangle}{\mathbb{I}}_{1}\right) \\ \frac{1}{4}\left[\left(\overset{\langle 6\rangle}{\mathbb{I}}_{10} - \overset{\langle 6\rangle}{\mathbb{I}}_{2}\right) + \left(\overset{\langle 6\rangle}{\mathbb{I}}_{9} - \overset{\langle 6\rangle}{\mathbb{I}}_{3}\right)\right] \end{cases} \tag{8.37d}$$

festgestellt werden kann. Geht man bei der Konstruktion eines Deviators auf der Basis von (8.37d) von

der Vorstellung aus, daß —wie die drei letzten Formeln von (8.32) nahelegen— die in (8.37d) von $\overset{\langle 6\rangle}{\mathbb{I}}_{9}$ und

$\overset{\langle 6\rangle}{\mathbb{I}}_{10}$ "einfließenden Anteile" sicher "gleichgewichtig" aber "verschieden–gewichtig" gegenüber dem Anteil

von $\overset{\langle 6\rangle}{\mathbb{I}}_{15}$ sein müssen, so wird mit drei zunächst beliebigen Skalaren λ_1, λ_2, $\alpha_{(12)}$ als eine denkbare

Deviatorstruktur die Größe

$$\overset{\langle 6\rangle}{\mathbb{D}}{}^{(J)\prime\prime}_{[3]} = \alpha_{(12)} \overset{\langle 6\rangle}{\mathbb{M}}_{(12)} \cdots \left[\lambda_1 \overset{\langle 6\rangle}{\mathbb{I}}_{15} + \lambda_2\left(\overset{\langle 6\rangle}{\mathbb{I}}_{10} + \overset{\langle 6\rangle}{\mathbb{I}}_{9}\right)\right] \cdots \frac{4}{3}\,\overset{\langle 6\rangle}{\mathbb{M}}_{(12)} \cdots \overset{\langle 6\rangle}{\mathbb{A}}_{\langle 13\rangle}$$

$$= \frac{\alpha_{(12)}}{3}\left[2\lambda_1\left(\overset{\langle 6\rangle}{\mathbb{I}}_{15} - \overset{\langle 6\rangle}{\mathbb{I}}_{1}\right) + \lambda_2\left[\left(\overset{\langle 6\rangle}{\mathbb{I}}_{10} - \overset{\langle 6\rangle}{\mathbb{I}}_{2}\right) + \left(\overset{\langle 6\rangle}{\mathbb{I}}_{9} - \overset{\langle 6\rangle}{\mathbb{I}}_{3}\right)\right]\right] \tag{8.38a}$$

---

[18] vgl. Fußn. 20

[19] Für deren Erstellung ich Herrn Alexandru herzlich danke

nahelegt. Diese Größe ist sogleich als zu $\overset{\langle 6 \rangle}{\mathbb{M}}$ (und damit zu $\overset{\langle 6 \rangle}{\mathbb{M}}{}'$, $\overset{\langle 6 \rangle}{\mathbb{M}}{}''$), $\overset{\langle 6 \rangle}{\mathbb{A}}$ sowie als zu $\overset{\langle 6 \rangle}{\mathbb{D}}{}^{(P)}_{[4]}$

orthogonal zu erkennen[20] desgl. als idempotent[21] für

$$\alpha_{(12)} = \frac{3}{(n-1)(2\lambda_1 - \lambda_2)} \tag{8.38c}$$

bzw.

$$\overset{\langle 6 \rangle}{\mathbb{D}}{}^{(J)''}_{[3]} = \frac{1}{(n-1)(2\lambda_1 - \lambda_2)} \left[2\lambda_1 \left(\overset{\langle 6 \rangle}{\mathbb{I}}{}_{15} - \overset{\langle 6 \rangle}{\mathbb{I}}{}_1 \right) + \lambda_2 \left[\left(\overset{\langle 6 \rangle}{\mathbb{I}}{}_{10} - \overset{\langle 6 \rangle}{\mathbb{I}}{}_2 \right) + \left(\overset{\langle 6 \rangle}{\mathbb{I}}{}_9 - \overset{\langle 6 \rangle}{\mathbb{I}}{}_3 \right) \right] \right] . \tag{8.38d}$$

Analog zur Prozedur der Zerlegung von $\overset{\langle 6 \rangle}{\mathbb{M}}$ muß erreicht werden, daß per $\overset{\langle 6 \rangle}{\mathbb{D}}{}^{(P)}_{[3]} \cdots \overset{\langle 6 \rangle}{\mathbb{D}}{}^{(J)''}_{[3]}$ bzw.
$\overset{\langle 6 \rangle}{\mathbb{D}}{}^{(J)''}_{[3]} \cdots \overset{\langle 6 \rangle}{\mathbb{D}}{}^{(P)}_{[3]}$ ein zu $\overset{\langle 6 \rangle}{\mathbb{D}}{}^{(J)''}_{[3]}$ proportionaler Operator erzeugt wird. Für den Fall
$\overset{\langle 6 \rangle}{\mathbb{D}}{}^{(J)''}_{[3]} \cdots \overset{\langle 6 \rangle}{\mathbb{D}}{}^{(P)}_{[3]}$ ist dies wegen

$$\frac{4}{3} \overset{\langle 6 \rangle}{\mathbb{M}}{}_{(12)} \cdots \overset{\langle 6 \rangle}{\mathbb{A}}{}_{\langle 13 \rangle} \cdots \overset{\langle 6 \rangle}{\mathbb{D}}{}^{(P)}_{[3]} \equiv \overset{\langle 6 \rangle}{\mathbb{D}}{}^{(P)}_{[3]} \cdots \overset{\langle 6 \rangle}{\mathbb{D}}{}^{(P)}_{[3]} = \overset{\langle 6 \rangle}{\mathbb{D}}{}^{(P)}_{[3]}$$

trivial, für die Operation $\overset{\langle 6 \rangle}{\mathbb{D}}{}^{(P)}_{[3]} \cdots \overset{\langle 6 \rangle}{\mathbb{D}}{}^{(J)''}_{[3]}$ hingegen nicht. Berechnet man $\overset{\langle 6 \rangle}{\mathbb{D}}{}^{(P)}_{[3]} \cdots \overset{\langle 6 \rangle}{\mathbb{D}}{}^{(J)''}_{[3]}$

unter Benutzung der in Permutatoren ausgedrückten Version von $\overset{\langle 6 \rangle}{\mathbb{D}}{}^{(P)}_{[3]}$ nach (8.36) unter Zuhilfenah-

me von Tab. 2a, so entsteht

$$\overset{\langle 6 \rangle}{\mathbb{D}}{}^{(P)}_{[3]} \cdots \overset{\langle 6 \rangle}{\mathbb{D}}{}^{(J)''}_{[3]} = \frac{\alpha_{(12)}}{3} (2\lambda_1 - \lambda_2) \left[2 \left(\overset{\langle 6 \rangle}{\mathbb{I}}{}_{15} - \overset{\langle 6 \rangle}{\mathbb{I}}{}_1 \right) - \left(\overset{\langle 6 \rangle}{\mathbb{I}}{}_{10} - \overset{\langle 6 \rangle}{\mathbb{I}}{}_2 \right) - \left(\overset{\langle 6 \rangle}{\mathbb{I}}{}_9 - \overset{\langle 6 \rangle}{\mathbb{I}}{}_3 \right) \right] ,$$

---

[20] Und zwar deshalb, weil wir anstelle von (8.37a) von der beiderseitigen Mischung (8.37b) ausgegangen sind!

[21] Unter Benutzung der am Ende dieser Ziffer abgedruckten Tabelle 2c weist man für

$$\overset{\langle 6 \rangle}{\mathbb{Y}} = \zeta_1 \left(\overset{\langle 6 \rangle}{\mathbb{I}}{}_{15} - \overset{\langle 6 \rangle}{\mathbb{I}}{}_1 \right) + \zeta_2 \left(\overset{\langle 6 \rangle}{\mathbb{I}}{}_{10} - \overset{\langle 6 \rangle}{\mathbb{I}}{}_2 \right) + \zeta_3 \left(\overset{\langle 6 \rangle}{\mathbb{I}}{}_9 - \overset{\langle 6 \rangle}{\mathbb{I}}{}_3 \right)$$

mit beliebigen Skalaren ζ_1, ζ_2, ζ_3 die Identität

$$\overset{\langle 6 \rangle}{\mathbb{Y}} \cdots \overset{\langle 6 \rangle}{\mathbb{Y}} = (n-1)(\zeta_1 - \zeta_3) \overset{\langle 6 \rangle}{\mathbb{Y}} \tag{8.38b}$$

nach, so daß hiernach

$$\overset{\langle 6 \rangle}{\mathbb{D}}{}^{(J)''}_{[3]} \cdots \overset{\langle 6 \rangle}{\mathbb{D}}{}^{(J)''}_{[3]} = \frac{\alpha_{(12)}}{3} (n-1)(2\lambda_1 - \lambda_2) \overset{\langle 6 \rangle}{\mathbb{D}}{}^{(J)''}_{[3]}$$

gelten muß und demgemäß in der Tat $\alpha_{(12)}$ nach (8.38c) gewählt werden muß um

$$\overset{\langle 6 \rangle}{\mathbb{D}}{}^{(J)''}_{[3]} \cdots \overset{\langle 6 \rangle}{\mathbb{D}}{}^{(J)''}_{[3]} = \overset{\langle 6 \rangle}{\mathbb{D}}{}^{(J)''}_{[3]} \quad \text{zu erreichen.}$$

und dies ist identisch mit $\overset{\langle 6\rangle}{\mathbb{D}}{}^{(J)''}_{[3]}$ nur für

$$\lambda_1 = -\lambda_2 \, , \tag{8.39a}$$

womit in

$$\overset{\langle 6\rangle}{\mathbb{D}}{}^{(J)''}_{[3]} \overset{(8.38d)}{=} \frac{1}{3(n-1)} \left[2(\overset{\langle 6\rangle}{\mathbb{I}}_{15} - \overset{\langle 6\rangle}{\mathbb{I}}_{1}) - (\overset{\langle 6\rangle}{\mathbb{I}}_{10} - \overset{\langle 6\rangle}{\mathbb{I}}_{2}) - (\overset{\langle 6\rangle}{\mathbb{I}}_{9} - \overset{\langle 6\rangle}{\mathbb{I}}_{3}) \right] \equiv$$

$$\equiv \frac{1}{3(n-1)} (2\,\overset{\langle 4\rangle}{\mathbb{E}} - \overset{\langle 4\rangle}{\mathbb{E}}_{T} - \mathbb{E}\circ\mathbb{E}) \cdot (\overset{\langle 4\rangle}{\mathbb{E}} - \mathbb{E}\circ\mathbb{E}) \equiv$$

$$= \frac{4}{3}\,\overset{\langle 6\rangle}{\mathbb{M}}_{(12)} \cdots \left[\frac{1}{n-1}(\overset{\langle 6\rangle}{\mathbb{I}}_{15} - \overset{\langle 6\rangle}{\mathbb{I}}_{10} - \overset{\langle 6\rangle}{\mathbb{I}}_{9}) \right] \cdots \overset{\langle 6\rangle}{\mathbb{M}}_{(12)} \cdots \overset{\langle 6\rangle}{\mathbb{A}}_{\langle 13\rangle} \equiv$$

$$\equiv \frac{4}{3}\,\overset{\langle 6\rangle}{\mathbb{M}}{}''_{(12)} \cdots \overset{\langle 6\rangle}{\mathbb{A}}_{\langle 13\rangle} \tag{8.39b}$$

mit

$$\overset{\langle 6\rangle}{\mathbb{M}}{}''_{(12)} = \frac{1}{n-1}\,\overset{\langle 6\rangle}{\mathbb{M}}_{(12)} \cdots (\overset{\langle 6\rangle}{\mathbb{I}}_{15} - \overset{\langle 6\rangle}{\mathbb{I}}_{10} - \overset{\langle 6\rangle}{\mathbb{I}}_{9}) \cdots \overset{\langle 6\rangle}{\mathbb{M}}_{(12)} =$$

$$= \frac{1}{n-1}\,\overset{\langle 6\rangle}{\mathbb{M}}_{(12)} \cdots (\overset{\langle 4\rangle}{\mathbb{E}} - \overset{\langle 4\rangle}{\mathbb{E}}_{T} - \mathbb{E}\circ\mathbb{E}) \cdot \overset{\langle 4\rangle}{\mathbb{E}} \cdots \overset{\langle 6\rangle}{\mathbb{M}}_{(12)} \tag{8.39c}$$

ein idempotenter Operator mit der Eigenschaft

$$\overset{\langle 6\rangle}{\mathbb{D}}{}^{(P)}_{[3]} \cdots \overset{\langle 6\rangle}{\mathbb{D}}{}^{(J)''}_{[3]} = \overset{\langle 6\rangle}{\mathbb{D}}{}^{(J)''}_{[3]} \cdots \overset{\langle 6\rangle}{\mathbb{D}}{}^{(P)}_{[3]} = \overset{\langle 6\rangle}{\mathbb{D}}{}^{(J)''}_{[3]} \tag{8.39d}$$

gewonnen wurde. Mit Letzterem wird schließlich per

$$\overset{\langle 6\rangle}{\mathbb{D}}{}^{(J)'}_{[3]} = \overset{\langle 6\rangle}{\mathbb{D}}{}^{(P)}_{[3]} - \overset{\langle 6\rangle}{\mathbb{D}}{}^{(J)''}_{[3]} \tag{8.40a}$$

der zweite zu $\overset{\langle 6\rangle}{\mathbb{D}}{}^{(J)''}_{[3]}$ (und selbstverständlich zu $\overset{\langle 6\rangle}{\mathbf{A}}$, $\overset{\langle 6\rangle}{\mathbf{M}}$, $\overset{\langle 6\rangle}{\mathbb{D}}{}^{(P)}_{[4]}$) orthogonale und idempotente

Deviator–Operator erzeugt [22] der, zusammen mit $\overset{\langle 6\rangle}{\mathbb{D}}{}^{(J)''}_{[3]}$ den Operator $\overset{\langle 6\rangle}{\mathbb{D}}{}^{(P)}_{[3]}$ aufbaut.

In analoger Weise wird die Operatorzerlegung von

$$\overset{\langle 6\rangle}{\mathbb{D}}{}^{(P)}_{[4]} = \frac{4}{3}\,\overset{\langle 6\rangle}{\mathbb{M}}_{(13)} \cdots \overset{\langle 6\rangle}{\mathbb{A}}_{\langle 12\rangle} = \frac{1}{3}(\overset{\langle 6\rangle}{\mathbb{P}}_{00} - \overset{\langle 6\rangle}{\mathbb{P}}_{01} + \overset{\langle 6\rangle}{\mathbb{P}}_{11} - \overset{\langle 6\rangle}{\mathbb{P}}_{12}) \tag{8.41}$$

vorgenommen. Man bekommt

$$\overset{\langle 6\rangle}{\mathbb{D}}{}^{(P)''}_{[4]} = \frac{4}{3}\,\overset{\langle 6\rangle}{\mathbb{M}}{}''_{(13)} \cdots \overset{\langle 6\rangle}{\mathbb{A}}_{\langle 12\rangle} \tag{8.42a}$$

---

[22] Hierzu beachte man (8.39d) sowie die Idempotenz von $\overset{\langle 6\rangle}{\mathbb{D}}{}^{(J)''}_{[3]}$.

mit

$$\overset{\langle 6\rangle}{\mathbb{M}}{}''_{(13)} = \frac{1}{n-1}\,\overset{\langle 6\rangle}{\mathbb{M}}_{(13)}\cdots(\overset{\langle 6\rangle}{\mathbb{I}}_5 - \overset{\langle6\rangle}{\mathbb{I}}_4 - \overset{\langle6\rangle}{\mathbb{I}}_6)\cdots\overset{\langle 6\rangle}{\mathbb{M}}_{(13)} =$$

$$= \frac{1}{n-1}\,\overset{\langle 6\rangle}{\mathbb{M}}_{(13)}\cdots(\overset{\langle4\rangle}{\mathbb{E}}_T - \overset{\langle4\rangle}{\mathbb{E}} - \mathbb{E}\circ\mathbb{E})\cdot\overset{\langle4\rangle}{\mathbb{E}}_T\cdots\overset{\langle 6\rangle}{\mathbb{M}}_{(13)} \qquad (8.42b)$$

bzw.

$$\overset{\langle 6\rangle}{\mathbb{D}}{}^{(J)''}_{[4]} = \frac{1}{3(n-1)}\left[2(\overset{\langle6\rangle}{\mathbb{I}}_5 - \overset{\langle6\rangle}{\mathbb{I}}_2) - (\overset{\langle6\rangle}{\mathbb{I}}_4 - \overset{\langle6\rangle}{\mathbb{I}}_1) - (\overset{\langle6\rangle}{\mathbb{I}}_6 - \overset{\langle6\rangle}{\mathbb{I}}_3)\right] \equiv$$

$$\equiv \frac{1}{3(n-1)}(2\,\overset{\langle4\rangle}{\mathbb{E}}_T - \overset{\langle4\rangle}{\mathbb{E}} - \mathbb{E}\circ\mathbb{E})\cdot(\overset{\langle4\rangle}{\mathbb{E}}_T - \mathbb{E}\circ\mathbb{E}) \equiv \overset{\langle4\rangle}{\mathbb{E}}_T\cdot\cdot\,\overset{\langle 6\rangle}{\mathbb{D}}{}^{(J)''}_{[3]}\cdot\cdot\,\overset{\langle4\rangle}{\mathbb{E}}_T \qquad (8.42c)$$

und

$$\overset{\langle 6\rangle}{\mathbb{D}}{}^{(J)'}_{[4]} = \overset{\langle 6\rangle}{\mathbb{D}}{}^{(P)}_{[4]} - \overset{\langle 6\rangle}{\mathbb{D}}{}^{(J)''}_{[4]}\,, \qquad (8.42d)$$

indem man die für die Zerlegung von $\overset{\langle 6\rangle}{\mathbb{D}}{}^{(P)}_{[3]}$ dargestellten Überlegungen nunmehr unter Benutzung des "Dreiersets" $\left[\overset{\langle6\rangle}{\mathbb{I}}_5,\ \overset{\langle6\rangle}{\mathbb{I}}_4,\ \overset{\langle6\rangle}{\mathbb{I}}_6\right]$ wiederholt. Hier ist —wie man (8.32) ansieht— die Größe $\overset{\langle6\rangle}{\mathbb{I}}_5$ gegenüber den im Hinblick auf $\overset{\langle 6\rangle}{\mathbb{M}}{}''_{(13)}$ als "gleichgewichtig" einzuschätzenden Größen $\overset{\langle6\rangle}{\mathbb{I}}_4,\ \overset{\langle6\rangle}{\mathbb{I}}_6$ ausgezeichnet.

Die Operatoren $\overset{\langle 6\rangle}{\mathbb{M}}{}''$, $\overset{\langle 6\rangle}{\mathbb{D}}{}^{(J)''}_{[3,4]}$ stellen das sechsstufige Analogon zum Operator $\overset{\langle 4\rangle}{\mathbb{M}}{}''$ dar, der per

$$\overset{\langle2\rangle}{\mathbb{Y}}\cdot\cdot\,\overset{\langle 4\rangle}{\mathbb{M}}{}'' = (\mathbb{E}\cdot\cdot\,\overset{\langle2\rangle}{\mathbb{Y}}/3)\,\mathbb{E}$$

von einem zweistufigen Tensor $\overset{\langle2\rangle}{\mathbb{Y}}$ den "Kugeltensoranteil" abspaltet, und der letzlich durch einen Skalar —nämlich $\mathbb{E}\cdot\cdot\,\overset{\langle2\rangle}{\mathbb{Y}}/3$ — definiert ist. Im vorliegenden Falle sind

$$\overset{\langle3\rangle}{\mathbb{Y}}{}''_{[1]} = \overset{\langle3\rangle}{\mathbb{Y}}\cdots\overset{\langle6\rangle}{\mathbb{M}}{}'' = \qquad (8.33c)$$

$$=^{23)}\frac{1}{3(n+2)}(\overset{\langle3\rangle}{\mathbb{Y}}\cdots\overset{\langle4\rangle}{\mathbb{E}} + \overset{\langle3\rangle}{\mathbb{Y}}\cdots\overset{\langle4\rangle}{\mathbb{E}}_T + \overset{\langle3\rangle}{\mathbb{Y}}\cdot\cdot\,\mathbb{E})\cdot(\overset{\langle4\rangle}{\mathbb{E}} + \mathbb{E}_T + \mathbb{E}\circ\mathbb{E})\,,$$

$$\overset{\langle3\rangle}{\mathbb{Y}}{}''_{[3]} = \overset{\langle3\rangle}{\mathbb{Y}}\cdots\overset{\langle6\rangle}{\mathbb{D}}{}^{(J)''}_{[3]} = \qquad (8.39b)$$

$$=\frac{1}{3(n-1)}(2\,\overset{\langle3\rangle}{\mathbb{Y}}\cdots\overset{\langle4\rangle}{\mathbb{E}} - \overset{\langle3\rangle}{\mathbb{Y}}\cdots\overset{\langle4\rangle}{\mathbb{E}}_T - \overset{\langle3\rangle}{\mathbb{Y}}\cdot\cdot\,\mathbb{E})\cdot(\overset{\langle4\rangle}{\mathbb{E}} - \mathbb{E}\circ\mathbb{E})\,,$$

$$\overset{\langle3\rangle}{\mathbb{Y}}{}''_{[4]} = \overset{\langle3\rangle}{\mathbb{Y}}\cdots\overset{\langle6\rangle}{\mathbb{D}}{}^{(J)''}_{[4]} = \qquad (8.42c)$$

$$=\frac{1}{3(n-1)}(2\,\overset{\langle3\rangle}{\mathbb{Y}}\cdots\overset{\langle4\rangle}{\mathbb{E}}_T - \overset{\langle3\rangle}{\mathbb{Y}}\cdots\overset{\langle4\rangle}{\mathbb{E}} - \overset{\langle3\rangle}{\mathbb{Y}}\cdot\cdot\,\mathbb{E})\cdot(\overset{\langle4\rangle}{\mathbb{E}}_T - \mathbb{E}\circ\mathbb{E}) \qquad (8.43a\text{-}d)$$

die "verallgemeinerten Kugeltensoranteile", die hier durch drei V e k t o r e n, nämlich die

---

23) Man beachte $\overset{\langle3\rangle}{\mathbb{Y}}\cdots\mathbb{E}\circ\mathbb{E} = (\overset{\langle3\rangle}{\mathbb{Y}}\cdot\cdot\,\mathbb{E})\cdot\mathbb{E} = \overset{\langle3\rangle}{\mathbb{Y}}\cdot\cdot\,\mathbb{E}$

in letzteren Formeln unterstrichelten Größen

$$\overset{\langle 3\rangle}{Y}\cdots\overset{\langle 4\rangle}{E}\equiv E\cdot\cdot\overset{\langle 3\rangle}{Y}=^{24)}\sum_{\beta=1}^{n}\left[\sum_{\alpha=1}^{n}y_{\alpha\alpha\beta}\right]e_{\beta}\,,$$

$$\overset{\langle 3\rangle}{Y}\cdots E\circ E=^{24)}\overset{\langle 3\rangle}{Y}\cdot\cdot E=^{25)}\sum_{\beta=1}^{n}\left[\sum_{\alpha=1}^{n}y_{\beta\alpha\alpha}\right]e_{\beta}\,,$$

$$\overset{\langle 3\rangle}{Y}\cdots\overset{\langle 4\rangle}{E}_{T}=^{25)}\sum_{\beta=1}^{n}\left[\sum_{\alpha=1}^{n}y_{\alpha\beta\alpha}\right]e_{\beta}\qquad(8.43\text{e-g})$$

definiert sind. Sie sind Ergebnis einer "links– bzw. rechtsseitigen Spurbildung" an $\overset{\langle 3\rangle}{Y}$ bzw. einer "Spurbildung" im Hinblick auf die "randlichen Faktoren".

Als Beispiel sollen nachfolgend die Deviatoren eines in den beiden hinteren Indizes symmetrischen dreistufigen Tensors $\overset{\langle 3\rangle}{S}=\overset{\langle 3\rangle}{S}\cdot\cdot\overset{\langle 4\rangle}{E}_{T}$ aufgelistet werden. Es ergeben sich zunächst als Frobenius–Young–Deviatoren

$$\overset{\langle 3\rangle}{S}\cdots\overset{\langle 6\rangle}{M}=\frac{1}{3}\left[\overset{\langle 3\rangle}{S}+\overset{\langle 3\rangle}{S}{}^{T}+\overset{\langle 3\rangle}{S}{}^{T}\cdot\cdot\overset{\langle 4\rangle}{E}_{T}\right]\,,$$

$$\overset{\langle 3\rangle}{S}\cdots\overset{\langle 6\rangle}{A}=0,\qquad\overset{\langle 3\rangle}{S}\cdots\overset{\langle 6\rangle}{D}{}_{[3]}^{(P)}=\frac{1}{3}\left[\overset{\langle 3\rangle}{S}-\overset{\langle 3\rangle}{S}{}^{T}\right]\,,$$

$$\overset{\langle 3\rangle}{S}\cdots\overset{\langle 6\rangle}{D}{}_{[4]}=\frac{1}{3}\left[\overset{\langle 3\rangle}{S}-\overset{\langle 3\rangle}{S}{}^{T}\cdot\cdot\overset{\langle 4\rangle}{E}_{T}\right]\qquad(8.44\text{a-d})$$

und für den Fall $\mathcal{V}_{n}=\mathcal{V}_{3}$, d. h. $n=3$

$$\overset{\langle 3\rangle,,}{S}{}_{[1]}=\overset{\langle 3\rangle}{S}\cdots\overset{\langle 6\rangle}{M}{}''=\frac{1}{15}\left[2\,\overset{\langle 3\rangle}{S}\cdots\overset{\langle 4\rangle}{E}-(\overset{\langle 3\rangle}{S}\cdot\cdot E)\right]\cdot\left[\overset{\langle 4\rangle}{E}+\overset{\langle 4\rangle}{E}_{T}+E\circ E\right]\,,$$

$$\overset{\langle 3\rangle,,}{S}{}_{[3]}=\overset{\langle 3\rangle}{S}\cdots\overset{\langle 6\rangle}{D}{}_{[3]}^{(J)},,=\frac{1}{6}\left[\overset{\langle 3\rangle}{S}\cdots\overset{\langle 4\rangle}{E}-(\overset{\langle 3\rangle}{S}\cdot\cdot E)\right]\cdot\left[\overset{\langle 4\rangle}{E}-E\circ E\right]\,,$$

$$\overset{\langle 3\rangle,,}{S}{}_{[4]}=\overset{\langle 3\rangle}{S}\cdots\overset{\langle 6\rangle}{D}{}_{[4]}^{(J)},,=\frac{1}{6}\left[\overset{\langle 3\rangle}{S}\cdots\overset{\langle 4\rangle}{E}-(\overset{\langle 3\rangle}{S}\cdot\cdot E)\right]\cdot\left[\overset{\langle 4\rangle}{E}_{T}-E\circ E\right]\,,\qquad(8.44\text{e-g})$$

womit eine isotrope Zerlegung von $\overset{\langle 3\rangle}{S}=\overset{\langle 3\rangle}{S}\cdot\cdot\overset{\langle 4\rangle}{E}_{T}$ in insgesamt 6 Deviatoren möglich ist, nämlich in

---

24) Hier für eine Orthonormalbasisdarstellung im $\mathcal{V}_{n}$,

$$\overset{\langle 3\rangle}{Y}=\sum_{\alpha,\beta,\gamma=1}^{n}y_{\alpha\beta\gamma}\,e_{\alpha}\circ e_{\beta}\circ e_{\gamma}\quad,$$

notiert.

$$
\overset{\langle 3\rangle}{\mathbb{S}}{}_{[1]}'' \; , \quad
\overset{\langle 3\rangle}{\mathbb{S}}{}_{[1]}' =
\overset{\langle 3\rangle}{\mathbb{S}} \cdots \overset{\langle 6\rangle}{\mathbf{M}}' =
\overset{\langle 3\rangle}{\mathbb{S}} \cdots \left(\overset{\langle 6\rangle}{\mathbf{M}} - \overset{\langle 6\rangle}{\mathbf{M}}''\right) ,
$$

$$
\overset{\langle 3\rangle}{\mathbb{S}}{}_{[3]}'' \; , \quad
\overset{\langle 3\rangle}{\mathbb{S}}{}_{[3]}' =
\overset{\langle 3\rangle}{\mathbb{S}} \cdots \overset{\langle 6\rangle}{\mathbb{D}}{}_{[3]}^{(J)'} =
\overset{\langle 3\rangle}{\mathbb{S}} \cdots \left[\overset{\langle 6\rangle}{\mathbb{D}}{}_{[3]}^{(P)} - \overset{\langle 6\rangle}{\mathbb{D}}{}_{[3]}^{(J)''}\right] ,
$$

$$
\overset{\langle 3\rangle}{\mathbb{S}}{}_{[4]}'' \; , \quad
\overset{\langle 3\rangle}{\mathbb{S}}{}_{[4]}' =
\overset{\langle 3\rangle}{\mathbb{S}} \cdots \overset{\langle 6\rangle}{\mathbb{D}}{}_{[4]}^{(J)'} =
\overset{\langle 3\rangle}{\mathbb{S}} \cdots \left[\overset{\langle 6\rangle}{\mathbb{D}}{}_{[4]}^{(P)} - \overset{\langle 6\rangle}{\mathbb{D}}{}_{[4]}^{(J)''}\right] . \qquad \text{(8.45a-f)}
$$

Analog zum Doppeltskalarprodukt zweistufiger Tensoren läßt sich mit dem Satz der Deviator–Operatoren

auch im höherstufigen Falle eine

8.5 isotrope Zerlegung des p-fachen Skalarproduktes zweier p-stufiger Tensoren

$\overset{\langle p\rangle}{\mathbb{S}}$, $\overset{\langle p\rangle}{\mathbb{C}}$ erreichen. Bezeichnen $\overset{\langle 2p\rangle}{\mathbb{D}}{}_{[\alpha]}$, $\alpha = 1 \ldots \alpha_p$ die Deviator-Operatoren des jeweiligen

Problems, die per

$$
\overset{\langle 2p\rangle}{\mathbb{E}} = \sum_{\alpha=1}^{\alpha_p} \overset{\langle 2p\rangle}{\mathbb{D}}{}_{[\alpha]} \equiv
\overset{\langle 2p\rangle}{\mathbb{E}}{}^{T} = \sum_{\alpha=1}^{\alpha_p} \overset{\langle 2p\rangle}{\mathbb{D}}{}_{[\alpha]}^{T} \qquad \text{(8.46a)}
$$

den 2p-stufigen Einheitsoperator aufbauen, so bekommt man

$$
\overset{\langle p\rangle}{\mathbb{S}} \underbrace{\cdots\cdots}_{\text{p-fach}} \overset{\langle p\rangle}{\mathbb{C}}{}^{T} =
\sum_{\alpha,\beta=1}^{\alpha_p} \overset{\langle p\rangle}{\mathbb{S}} \underbrace{\cdots\cdots}_{\text{p-fach}} \overset{\langle 2p\rangle}{\mathbb{D}}{}_{[\alpha]} \underbrace{\cdots\cdots}_{\text{p-fach}} \overset{\langle 2p\rangle}{\mathbb{D}}{}_{[\beta]}^{T} \underbrace{\cdots\cdots}_{\text{p-fach}} \overset{\langle p\rangle}{\mathbb{C}}{}^{T} \qquad \text{(8.47a)}
$$

und wegen

$$
\overset{\langle 2p\rangle}{\mathbb{D}}{}_{[\alpha]} \underbrace{\cdots\cdots}_{\text{p-fach}} \sum_{\beta=1}^{\alpha_p} \overset{\langle 2p\rangle}{\mathbb{D}}{}_{[\beta]}^{T} \overset{(8.46a)}{\equiv}
\overset{\langle 2p\rangle}{\mathbb{D}}{}_{[\alpha]} \underbrace{\cdots\cdots}_{\text{p-fach}} \sum_{\beta=1}^{\alpha_p} \overset{\langle 2p\rangle}{\mathbb{D}}{}_{[\beta]} \overset{25)}{=}
\overset{\langle 2p\rangle}{\mathbb{D}}{}_{[\alpha]} \qquad \text{(8.46b)}
$$

schließlich

$$
\overset{\langle p\rangle}{\mathbb{S}} \underbrace{\cdots\cdots}_{\text{p-fach}} \overset{\langle p\rangle}{\mathbb{C}}{}^{T} =
\sum_{\alpha=1}^{\alpha_p} \overset{\langle p\rangle}{\mathbb{S}} \underbrace{\cdots\cdots}_{\text{p-fach}} \overset{\langle 2p\rangle}{\mathbb{D}}{}_{[\alpha]} \underbrace{\cdots\cdots}_{\text{p-fach}} \overset{\langle p\rangle}{\mathbb{C}}{}^{T} \equiv
$$

---

25) Man beachte;
$$
\overset{\langle 2p\rangle}{\mathbb{D}}{}_{[\alpha]} \underbrace{\cdots\cdots}_{\text{p-fach}} \overset{\langle 2p\rangle}{\mathbb{D}}{}_{[\beta]} =
\begin{cases}
0 & \text{für } \alpha \neq \beta \\[2mm]
\overset{\langle 2p\rangle}{\mathbb{D}}{}_{[\alpha]}'' & \alpha = \beta
\end{cases}
$$

$$\equiv^{26)} \sum_{\alpha=1}^{\alpha_p} \left[\overset{\langle p \rangle}{\$} \underbrace{\cdots\cdots}_{p\text{-fach}} \overset{\langle 2p \rangle}{\mathbb{D}}_{[\alpha]} \right] \underbrace{\cdots\cdots}_{p\text{-fach}} \left[\overset{\langle 2p \rangle}{\mathbb{D}}_{[\alpha]} \underbrace{\cdots\cdots}_{p\text{-fach}} \overset{\langle p \rangle}{\mathbb{C}}{}^T \right], \qquad (8.47b)$$

also in der Tat eine Aufspaltung des Produktes in eine der Menge der Deviator-Operatoren entsprechende Anzahl von Summanden, die als Produkte von im Sinne von

$$\overset{\langle p \rangle}{\$}_{[\alpha]} \underbrace{\cdots\cdots}_{p\text{-fach}} {}^* \overset{\langle p \rangle}{\mathbb{C}}{}^T_{[\beta]} = 0 \qquad\qquad \text{für } \alpha \neq \beta \qquad (8.48a)$$

zueinander orthogonalen Faktoren

$$\overset{\langle p \rangle}{\$}_{[\alpha]} = \overset{\langle p \rangle}{\$} \underbrace{\cdots\cdots}_{p\text{-fach}} \overset{\langle 2p \rangle}{\mathbb{D}}_{[\alpha]} , \qquad {}^*\overset{\langle p \rangle}{\mathbb{C}}{}^T_{[\alpha]} = \overset{\langle 2p \rangle}{\mathbb{D}}_{[\alpha]} \underbrace{\cdots\cdots}_{p\text{-fach}} \overset{\langle p \rangle}{\mathbb{C}}{}^T , \quad \alpha = 1\ldots \alpha_p \quad (8.48b,c)$$

anfallen.

Für einen in den beiden hinteren Indizes symmetrischen dreistufigen Tensor $\overset{\langle 3 \rangle}{\mathbb{C}} = \overset{\langle 3 \rangle}{\mathbb{C}} \cdots \overset{\langle 4 \rangle}{\mathbb{E}}_T$ beispielsweise bekommt man mit

$$\overset{\langle 6 \rangle}{\mathbf{M}} \cdots \overset{\langle 3 \rangle}{\mathbb{C}}{}^T = \frac{1}{3} \left[\overset{\langle 3 \rangle}{\mathbb{C}}{}^T + \overset{\langle 3 \rangle}{\mathbb{C}} + \overset{\langle 4 \rangle}{\mathbb{E}}_T \cdot\cdot \overset{\langle 3 \rangle}{\mathbb{C}} \right], \quad \overset{\langle 6 \rangle}{\mathbf{A}} \cdots \overset{\langle 3 \rangle}{\mathbb{C}}{}^T = 0,$$

$$\overset{\langle 6 \rangle}{\mathbb{D}}{}^{(P)}_{[3]} \cdots \overset{\langle 3 \rangle}{\mathbb{C}}{}^T = \frac{1}{3} \left[\overset{\langle 3 \rangle}{\mathbb{C}}{}^T - 2\,\overset{\langle 3 \rangle}{\mathbb{C}} + \overset{\langle 4 \rangle}{\mathbb{E}}_T \cdot\cdot \overset{\langle 3 \rangle}{\mathbb{C}} \right],$$

$$\overset{\langle 6 \rangle}{\mathbb{D}}{}^{(P)}_{[4]} \cdots \overset{\langle 3 \rangle}{\mathbb{C}}{}^T = \frac{1}{3} \left[\overset{\langle 3 \rangle}{\mathbb{C}}{}^T + \overset{\langle 3 \rangle}{\mathbb{C}} - 2\,\overset{\langle 4 \rangle}{\mathbb{E}}_T \cdot\cdot \overset{\langle 3 \rangle}{\mathbb{C}} \right] \qquad (8.49\text{a--d})$$

für $\mathcal{V}_n = \mathcal{V}_3$, d. h. $n = 3$ die sechs zu $\overset{\langle 3 \rangle}{\$}_{[\alpha]}$ nach (8.44,45) im Hinblick auf (8.48) dualen Deviatoren

$${}^*\overset{\langle 3 \rangle}{\mathbb{C}}{}^T_{[1]}{}'' = \overset{\langle 6 \rangle}{\mathbf{M}}{}'' \cdots \overset{\langle 3 \rangle}{\mathbb{C}}{}^T = \frac{1}{15} \left[\overset{\langle 4 \rangle}{\mathbb{E}} + \overset{\langle 4 \rangle}{\mathbb{E}}_T + \mathbb{E}\circ\mathbb{E} \right] \cdot \left[2(\overset{\langle 4 \rangle}{\mathbb{E}} \cdots \overset{\langle 3 \rangle}{\mathbb{C}}{}^T) + \mathbb{E} \cdot\cdot \overset{\langle 3 \rangle}{\mathbb{C}}{}^T \right],$$

$${}^*\overset{\langle 3 \rangle}{\mathbb{C}}{}^T_{[3]}{}'' = \overset{\langle 6 \rangle}{\mathbb{D}}{}^{(J)}_{[3]}{}'' \cdots \overset{\langle 3 \rangle}{\mathbb{C}}{}^T = \frac{1}{6} \left[2\,\overset{\langle 4 \rangle}{\mathbb{E}} - \overset{\langle 4 \rangle}{\mathbb{E}}_T - \mathbb{E}\circ\mathbb{E} \right] \cdot \left[\overset{\langle 4 \rangle}{\mathbb{E}} \cdots \overset{\langle 3 \rangle}{\mathbb{C}}{}^T - \mathbb{E} \cdot\cdot \overset{\langle 3 \rangle}{\mathbb{C}}{}^T \right],$$

$${}^*\overset{\langle 3 \rangle}{\mathbb{C}}{}^T_{[4]}{}'' = \overset{\langle 6 \rangle}{\mathbb{D}}{}^{(J)}_{[4]}{}'' \cdots \overset{\langle 3 \rangle}{\mathbb{C}}{}^T = \frac{1}{6} \left[2\,\overset{\langle 4 \rangle}{\mathbb{E}}_T - \overset{\langle 4 \rangle}{\mathbb{E}} - \mathbb{E}\circ\mathbb{E} \right] \cdot \left[\overset{\langle 4 \rangle}{\mathbb{E}} \cdots \overset{\langle 3 \rangle}{\mathbb{C}}{}^T - \mathbb{E} \cdot\cdot \overset{\langle 3 \rangle}{\mathbb{C}}{}^T \right],$$

$${}^*\overset{\langle 3 \rangle}{\mathbb{C}}{}^T_{[1]}{}' = \overset{\langle 6 \rangle}{\mathbf{M}} \cdots \overset{\langle 3 \rangle}{\mathbb{C}}{}^T - {}^*\overset{\langle 3 \rangle}{\mathbb{C}}{}^T_{[1]}{}'', \quad {}^*\overset{\langle 3 \rangle}{\mathbb{C}}{}^T_{[j]}{}' = \overset{\langle 6 \rangle}{\mathbb{D}}{}^{(P)}_{[j]} \cdots \overset{\langle 3 \rangle}{\mathbb{C}}{}^T - {}^*\overset{\langle 3 \rangle}{\mathbb{C}}{}^T_{[j]}{}'', \; j = 3,4.$$

$$(8.50\text{a--e})$$

$\mathbb{P}_{jk}$ \ $\mathbb{I}_\nu$	$\mathbb{I}_1$	$\mathbb{I}_2$	$\mathbb{I}_3$	$\mathbb{I}_4$	$\mathbb{I}_5$	$\mathbb{I}_6$	$\mathbb{P}_{11}$ $\mathbb{I}_7$	$\mathbb{P}_{01}$ $\mathbb{I}_8$	$\mathbb{I}_9$	$\mathbb{I}_{10}$	$\mathbb{P}_{02}$ $\mathbb{I}_{11}$	$\mathbb{P}_{10}$ $\mathbb{I}_{12}$	$\mathbb{P}_{00}$ $\mathbb{I}_{13}$	$\mathbb{P}_{12}$ $\mathbb{I}_{14}$	$\mathbb{I}_{15}$
$\mathbb{P}_{00}$	$\mathbb{I}_1$	$\mathbb{I}_2$	$\mathbb{I}_3$	$\mathbb{I}_4$	$\mathbb{I}_5$	$\mathbb{I}_6$	$\mathbb{I}_7$	$\mathbb{I}_8$	$\mathbb{I}_9$	$\mathbb{I}_{10}$	$\mathbb{I}_{11}$	$\mathbb{I}_{12}$	$\mathbb{I}_{13}$	$\mathbb{I}_{14}$	$\mathbb{I}_{15}$
$\mathbb{P}_{01}$	$\mathbb{I}_3$	$\mathbb{I}_1$	$\mathbb{I}_2$	$\mathbb{I}_6$	$\mathbb{I}_4$	$\mathbb{I}_5$	$\mathbb{I}_{12}$	$\mathbb{I}_{11}$	$\mathbb{I}_{10}$	$\mathbb{I}_{15}$	$\mathbb{I}_{13}$	$\mathbb{I}_{14}$	$\mathbb{I}_8$	$\mathbb{I}_7$	$\mathbb{I}_9$
$\mathbb{P}_{02}$	$\mathbb{I}_2$	$\mathbb{I}_3$	$\mathbb{I}_1$	$\mathbb{I}_5$	$\mathbb{I}_6$	$\mathbb{I}_4$	$\mathbb{I}_{14}$	$\mathbb{I}_{13}$	$\mathbb{I}_{15}$	$\mathbb{I}_9$	$\mathbb{I}_8$	$\mathbb{I}_7$	$\mathbb{I}_{11}$	$\mathbb{I}_{12}$	$\mathbb{I}_{10}$
$\mathbb{P}_{10}$	$\mathbb{I}_2$	$\mathbb{I}_1$	$\mathbb{I}_3$	$\mathbb{I}_5$	$\mathbb{I}_4$	$\mathbb{I}_6$	$\mathbb{I}_8$	$\mathbb{I}_7$	$\mathbb{I}_9$	$\mathbb{I}_{15}$	$\mathbb{I}_{14}$	$\mathbb{I}_{13}$	$\mathbb{I}_{12}$	$\mathbb{I}_{11}$	$\mathbb{I}_{10}$
$\mathbb{P}_{11}$	$\mathbb{I}_3$	$\mathbb{I}_2$	$\mathbb{I}_1$	$\mathbb{I}_6$	$\mathbb{I}_5$	$\mathbb{I}_4$	$\mathbb{I}_{13}$	$\mathbb{I}_{14}$	$\mathbb{I}_{15}$	$\mathbb{I}_{10}$	$\mathbb{I}_{12}$	$\mathbb{I}_{11}$	$\mathbb{I}_7$	$\mathbb{I}_8$	$\mathbb{I}_9$
$\mathbb{P}_{12}$	$\mathbb{I}_1$	$\mathbb{I}_3$	$\mathbb{I}_2$	$\mathbb{I}_4$	$\mathbb{I}_6$	$\mathbb{I}_5$	$\mathbb{I}_{11}$	$\mathbb{I}_{12}$	$\mathbb{I}_{10}$	$\mathbb{I}_9$	$\mathbb{I}_7$	$\mathbb{I}_8$	$\mathbb{I}_{14}$	$\mathbb{I}_{13}$	$\mathbb{I}_{15}$

Tab.2a

Werte $\mathbb{P}_{jk}\cdots\mathbb{I}_\nu$, $\quad j = 0{,}1$, $\quad k = 0{,}1{,}2$, $\quad \nu = 1\ldots15$

(oberer Index <6> wurde aus Raumgründen fortgelassen)

$\mathbb{I}_\nu \diagdown \mathbb{P}_{jk}$	$\mathbb{P}_{00}$	$\mathbb{P}_{01}$	$\mathbb{P}_{02}$	$\mathbb{P}_{10}$	$\mathbb{P}_{11}$	$\mathbb{P}_{12}$
$\mathbb{I}_1$	$\mathbb{I}_1$	$\mathbb{I}_{15}$	$\mathbb{I}_4$	$\mathbb{I}_1$	$\mathbb{I}_{15}$	$\mathbb{I}_4$
$\mathbb{I}_2$	$\mathbb{I}_2$	$\mathbb{I}_{10}$	$\mathbb{I}_5$	$\mathbb{I}_2$	$\mathbb{I}_{10}$	$\mathbb{I}_5$
$\mathbb{I}_3$	$\mathbb{I}_3$	$\mathbb{I}_9$	$\mathbb{I}_6$	$\mathbb{I}_3$	$\mathbb{I}_9$	$\mathbb{I}_6$
$\mathbb{I}_4$	$\mathbb{I}_4$	$\mathbb{I}_1$	$\mathbb{I}_{15}$	$\mathbb{I}_{15}$	$\mathbb{I}_4$	$\mathbb{I}_1$
$\mathbb{I}_5$	$\mathbb{I}_5$	$\mathbb{I}_2$	$\mathbb{I}_{10}$	$\mathbb{I}_{10}$	$\mathbb{I}_5$	$\mathbb{I}_2$
$\mathbb{I}_6$	$\mathbb{I}_6$	$\mathbb{I}_3$	$\mathbb{I}_9$	$\mathbb{I}_9$	$\mathbb{I}_6$	$\mathbb{I}_3$
$\mathbb{P}_{11} = \mathbb{I}_7$	$\mathbb{I}_7$	$\mathbb{I}_{14}$	$\mathbb{I}_{12}$	$\mathbb{I}_{11}$	$\mathbb{I}_{13}$	$\mathbb{I}_8$
$\mathbb{P}_{01} = \mathbb{I}_8$	$\mathbb{I}_8$	$\mathbb{I}_{11}$	$\mathbb{I}_{13}$	$\mathbb{I}_{14}$	$\mathbb{I}_{12}$	$\mathbb{I}_7$
$\mathbb{I}_9$	$\mathbb{I}_9$	$\mathbb{I}_6$	$\mathbb{I}_3$	$\mathbb{I}_6$	$\mathbb{I}_3$	$\mathbb{I}_9$
$\mathbb{I}_{10}$	$\mathbb{I}_{10}$	$\mathbb{I}_5$	$\mathbb{I}_2$	$\mathbb{I}_5$	$\mathbb{I}_2$	$\mathbb{I}_{10}$
$\mathbb{P}_{02} = \mathbb{I}_{11}$	$\mathbb{I}_{11}$	$\mathbb{I}_{13}$	$\mathbb{I}_8$	$\mathbb{I}_7$	$\mathbb{I}_{14}$	$\mathbb{I}_{12}$
$\mathbb{P}_{10} = \mathbb{I}_{12}$	$\mathbb{I}_{12}$	$\mathbb{I}_7$	$\mathbb{I}_{14}$	$\mathbb{I}_{13}$	$\mathbb{I}_8$	$\mathbb{I}_{11}$
$\mathbb{P}_{00} = \mathbb{I}_{13}$	$\mathbb{I}_{13}$	$\mathbb{I}_8$	$\mathbb{I}_{11}$	$\mathbb{I}_{12}$	$\mathbb{I}_7$	$\mathbb{I}_{14}$
$\mathbb{P}_{12} = \mathbb{I}_{14}$	$\mathbb{I}_{14}$	$\mathbb{I}_{12}$	$\mathbb{I}_7$	$\mathbb{I}_8$	$\mathbb{I}_{11}$	$\mathbb{I}_{13}$
$\mathbb{I}_{15}$	$\mathbb{I}_{15}$	$\mathbb{I}_4$	$\mathbb{I}_1$	$\mathbb{I}_4$	$\mathbb{I}_1$	$\mathbb{I}_{15}$

Tab. 2b

Werte $\mathbb{I}_\nu \cdots \mathbb{P}_{jk}$, $\nu = 1...15$, $j = 0,1$, $k = 0,1,2$

(oberer Index <6> wurde aus Raumgründen fortgelassen)

$\mathbb{I}_\alpha \backslash \mathbb{I}_\beta$	$\mathbb{I}_1$	$\mathbb{I}_2$	$\mathbb{I}_3$	$\mathbb{I}_4$	$\mathbb{I}_5$	$\mathbb{I}_6$	$\mathbb{I}_9$	$\mathbb{I}_{10}$	$\mathbb{I}_{15}$
$\mathbb{I}_1$	$\mathbb{I}_1$	$\mathbb{I}_1$	$n\mathbb{I}_1$	$\mathbb{I}_4$	$\mathbb{I}_4$	$n\mathbb{I}_4$	$n\mathbb{I}_{15}$	$\mathbb{I}_{15}$	$\mathbb{I}_{15}$
$\mathbb{I}_2$	$\mathbb{I}_2$	$\mathbb{I}_2$	$n\mathbb{I}_2$	$\mathbb{I}_5$	$\mathbb{I}_5$	$n\mathbb{I}_5$	$n\mathbb{I}_{10}$	$\mathbb{I}_{10}$	$\mathbb{I}_{10}$
$\mathbb{I}_3$	$\mathbb{I}_3$	$\mathbb{I}_3$	$n\mathbb{I}_3$	$\mathbb{I}_6$	$\mathbb{I}_6$	$n\mathbb{I}_6$	$n\mathbb{I}_9$	$\mathbb{I}_9$	$\mathbb{I}_9$
$\mathbb{I}_4$	$\mathbb{I}_1$	$n\mathbb{I}_1$	$\mathbb{I}_1$	$\mathbb{I}_4$	$n\mathbb{I}_4$	$\mathbb{I}_4$	$\mathbb{I}_{15}$	$n\mathbb{I}_{15}$	$\mathbb{I}_{15}$
$\mathbb{I}_5$	$\mathbb{I}_2$	$n\mathbb{I}_2$	$\mathbb{I}_2$	$\mathbb{I}_5$	$n\mathbb{I}_5$	$\mathbb{I}_5$	$\mathbb{I}_{10}$	$n\mathbb{I}_{10}$	$\mathbb{I}_{10}$
$\mathbb{I}_6$	$\mathbb{I}_3$	$n\mathbb{I}_3$	$\mathbb{I}_3$	$\mathbb{I}_6$	$n\mathbb{I}_6$	$\mathbb{I}_6$	$\mathbb{I}_9$	$n\mathbb{I}_9$	$\mathbb{I}_9$
$\mathbb{I}_9$	$n\mathbb{I}_3$	$\mathbb{I}_3$	$\mathbb{I}_3$	$n\mathbb{I}_6$	$\mathbb{I}_6$	$\mathbb{I}_6$	$\mathbb{I}_9$	$\mathbb{I}_9$	$n\mathbb{I}_9$
$\mathbb{I}_{10}$	$n\mathbb{I}_2$	$\mathbb{I}_2$	$\mathbb{I}_2$	$n\mathbb{I}_5$	$\mathbb{I}_5$	$\mathbb{I}_5$	$\mathbb{I}_{10}$	$\mathbb{I}_{10}$	$n\mathbb{I}_{10}$
$\mathbb{I}_{15}$	$n\mathbb{I}_1$	$\mathbb{I}_1$	$\mathbb{I}_1$	$n\mathbb{I}_4$	$\mathbb{I}_4$	$\mathbb{I}_4$	$\mathbb{I}_{15}$	$\mathbb{I}_{15}$	$n\mathbb{I}_{15}$

Tab.2c

Werte $\mathbb{I}_\alpha \cdots \mathbb{I}_\beta$

(oberer Index <6> wurde aus Raumgründen fortgelassen)

Literatur

[1] M. Lagally, Vorlesungen über Vektorrechnung. Akad. Verl.-Gesellsch., Leipzig 1956

[2] Duscheck-Hochrainer, Tensorrechnung I - III. Verl. Springer Wien 1960

[3] Handbuch der Physik, Bd. III,3, Verl. Springer, Berlin, Heidelberg, New York, 1965

[4] R. Trostel, Beitrag zum Thema Pfahlrostberechnung, Der Bauingenieur, 34 (1959)
     Heft 3

[4a] F. Schiel, Statik der Pfahlwerke, Verlag Springer Berlin-Göttingen-Heidelberg 1960

[5] R. Zurmühl, Matrizen und ihre technischen Anwendungen, Verl. Springer, Berlin—
     Göttingen-Heidelberg 1961

[6] R.A. Toupin, Elastic Materials with Couple-stresses, Arch. f. Rat. Mech. a. Anal.
     Vol. 11, No. 5

[7] R. Trostel, Gedanken zur Konstruktion mechanischer Theorien in: Beiträge zu den In-
     genieurwissenschaften (Sattler-Festschrift), TU-Publikation 1985, ISBN 3798310645

[8] C. Alexandru, Zur Theorie der aus rheologischen Materialien bestehenden Faserver-
     bundwerkstoffe, Habilitationsschrift TUB, II. Inst. f. Mechanik (in Vorbereitung)

[9] A. Krawietz, Materialtheorie, Verl. Springer, Berlin-Heidelberg, New York-
     Tokyo 1986

[10] W. C. Müller, Darstellungssätze für isotrope Funktionen, Diss. TU, F.B. Mathematik,
     Berlin 1974

[11] A. Einstein, Grundzüge der Relativitätstheorie, WTB-Taschenbuch, Bd. 58, Verl.
     Vieweg u. Sohn, Braunschweig 1973

[12] G. Silber, Eine Systematik nichtlokaler kelvinhafter Fluide vom Grade 3 auf der Basis
     eines klassischen Kontinuumsmodells, VDI Fortschrittberichte Reihe 18, Nr. 26, 1986

[13] M. Spivak, Differentialgeometrie, I - III, Publish or Perish, Inc. P.O. Box 7108,
     Berkeley, Ca. 94 707, USA, 1970

[14] Bronstein–Semendjajew, Taschenbuch der Mathematik, Verl. Harry Deutsch, Thun, Frankfurt/Main

[15] Pauli, Relativitätstheorie, Editore Boringhieri, Torino, 1963

[16] R. Trostel, Ein Verifizierungsschema für die Grundgleichungen der relativistischen Punktmechanik in: Humanismus und Technik, TU Jahrbuch 1982, ISBN 3 7983 08500

[17] R. Trostel, Gedanken zur klassischen Punktmechanik, in: Humanismus und Technik, TU Jahrbuch 1981, Berlin, ISBN 37 983 0797 0

[18] R. Trostel, Gedanken zur Konstruktion mechanischer Theorien II, Forschungsbericht Nr. 7 des 2. Inst. f. Mechanik, FB 9, TUB, Berlin 1988

[19] G. Sedlacek u. a., Ein computerorientiertes Verfahren zur statischen Berechnung räumlicher Stabwerke, Der Bauingenieur, 60 (1985) Heft 8

[20] K. Sattler, Lehrbuch der Statik II A, Springer Verlag Berlin–Heidelberg–New York 1974

[21] R. Sievert, Beitrag zur Systematik der Cosserat–Kontinua, Diplom–Arbeit am II. Inst. f. Mechanik, Berlin 1985

[22] G. Racah, Determinazione del numero dei tensori isotropi indipendenti di rango n. In: Rend. d. reale Acad. Naz. dei Lincei, 1933, S. 386 – 389

[23] S.-P. Scholz, Ein Algorithmus zur Bestimmung der linear unabhängigen isotropen Gruppenelemente in endlich–dimensionalen Vektorräumen, in: Forschungsbericht Nr. 10 des 2. Inst. f. Mechanik, FB 09, TUB, Berlin 1991

[24] J. A. Schouten, Der Ricci–Kalkül, Grundlehren der math. Wissensch. i. Einzeldarstellungen Bd. X, Springer Verlag Berlin 1924

[25] H. Weyl, Gruppentheorie u. Quantenmechanik, Wiss. Buchgesellschaft, Darmstadt 1981

[26] L.W. Kantorowitsch, G.P. Alikow, Funktionalanalysis in normierten Räumen, Akademie-Verlag Berlin, 1964

[27] Milne-Thomson, antiplane elastic systems, Springer Berlin-Göttingen-Heidelberg, 1962

[28] R.Trostel, Mech. VII,1, Materialgleichungen spezieller Medien, Schriftenreihe Physik. Ing. Wiss., Bd. 13, TUB, ISBN 3798313946

[29] R.Trostel, Mechanik II, Grundlagen der klassischen Kinetik, Schriftenreihe Physik. Ing. Wiss., Bd. 2, TUB, ISBN 3798304017

[30] R.Trostel, Mechanik IV, Schriftenreihe Physik. Ing. Wiss., Bd. 4, TUB, ISBN 3798304033

[31] Hütte, Mathematische Formeln und Tafeln, Verlag v. Wilhelm Ernst & Sohn, Berlin, 1959